C++

Fifth Edition

Primer

中文版

致 *Beth*，

她讓此

與所有的一切都變得可能。

——

致 *Daniel* 與 *Anna*，

他們蘊含了

幾乎

所有的可能性。

—*SBL*

致 *Mark* 與老媽，

感謝他們

無條件的愛與支持。

—*JL*

致 *Andy*，

他教會我

寫程式

以及其他很多事。

—*BEM*

目錄

Contents

3 　字串、向量與陣列　　　　　　　　　　　　81

4 運算式   133

7

類別 **253**

第二篇　C++ 程式庫

8　IO 程式庫 　309

9　循序容器 　325

10

泛用演算法   375

第三篇　給類別作者使用的工具

13　拷貝控制　　　　　　　495

16 模板與泛型程式設計 651

第四篇　進階主題

17 特殊用途的程式庫機能　717

18 用於大型程式的工具　771

19 特殊用途的工具與技巧   819

A 程式庫   865

索引   887

序

Preface

無數的程式設計師使用前幾版的 *C++ Primer* 學會了 C++。在那段時間中，C++ 成熟了很多：它聚焦的重點，也就是其程式設計師社群所注重的，已經從機器（*machine*）效率拓展到投注了更多的心力在程式設計師（*programmer*）的效率上。

2011 年 C++ 標準委員會（C++ standards committee）發行了 ISO C++ 標準的重大改版，這次改版後的標準是 C++ 演化最新的一步，並繼續強調程式設計師效率這個重點。新標準的主要目標是：

- 讓此語言更統一，更容易教授與學習
- 讓標準程式庫（standard libraries）的使用更容易、安全，並且更有效率
- 讓撰寫抽象層（abstractions）和程式庫（libraries）的工作更簡單一些

在這一版中，我們全面地修訂了 *C++ Primer*，使用最新的標準。只要看看前面的新功能目錄（特別列出了涵蓋新功能的章節），你就可以大略了解這個新的標準是如何廣泛影響 C++ 的各個面向。

新標準所增添的某些功能，例如用於型別推論（type inference）的 auto，是無處不在的。這些新機能讓此版中的程式碼更容易閱讀和理解。程式（以及程式設計師！）可以忽略型別的細節，讓人更容易專注於程式原本的意圖。其他的新功能，例如智慧指標（smart pointers）和可移動的容器（move-enabled containers），能讓我們寫出更精密的類別，而且不用去處理錯綜複雜的資源管理議題。結果就是，我們能夠以比本書的第四版（Fourth Edition）簡單得多的方式教你如何撰寫自己的類別。我們，還有你，不再需要去擔心之前標準中妨礙我們學習的諸多細節。

我們有用圖示在書頁邊緣標出了涵蓋新標準所定義之功能的章節。我們希望已經熟悉 C++ 核 `C++ 11` 心的讀者會覺得這些提示有用，可以幫助他們知道要把注意力放在哪裡。我們也希望這些圖示有助於解釋可能還沒每個新功能都支援的編譯器（compilers）所產生的錯誤訊息。雖然本書中幾乎所有的範例都曾在當前版本的 GNU 編譯器底下成功編譯過，我們也理解某些讀者有可能還無法取用這些最新的編譯器。儘管最新的標準加入了很多功能，核心語言仍然沒變，並構成了本書大部分的篇幅。讀者可以使用這些圖示來提醒自己哪些功能在他們的編譯器上可能尚無法使用。

為何要撰寫此書？

現代 C++ 主要由三個部分構成：

- 低階的語言（low-level language），其中很多都是從 C 繼承而來
- 能讓我們定義自己的型別（types）並組織大規模程式與系統的進階語言功能
- 標準程式庫（standard library），它們使用了上述的進階功能來提供實用的資料結構與演算法

大部分的書籍都是依照其演進的順序來介紹 C++ 的。它們先教授 C++ 的 C 子集，然後在書末提及 C++ 較為抽象的功能，作為進階主題來講解。這種做法有兩個問題：讀者可能會深陷低階程式設計中固有的繁複細節，而沮喪放棄。能夠堅持下去的人學會的卻是之後必須學著改掉的壞習慣。

我們採取相反的做法：從一開始我們就使用可以讓程式設計師忽略低階程式細節的那些功能。舉例來說，介紹內建的算術（arithmetic）和陣列（array）型別時，我們就一起介紹了程式庫的 string 與 vector 型別。使用這些程式庫型別的程式更容易撰寫、更容易理解，也較不容易出錯多了。

很常看到的情況是，程式庫被當作「進階」主題來教授。許多書籍使用基於字元陣列指標和動態記憶體管理的低階程式技巧，而不使用程式庫。要讓那些使用低階技巧的程式正確運作，比使用程式庫撰寫相應的 C++ 程式碼還要難得多。

在 *C++ Primer* 中，我們從頭到尾強調的都是良好的程式寫作風格：我們希望幫助你，也就是讀者，從一開始就培養出好習慣，才不用在學習更精深的知識時還得學著改掉壞習慣。我們標示出了特別棘手的部分，並對常見的誤解和陷阱做出警告。

我們也會說明那些規則之所以存在的原因，我們會解釋為什麼（why），而非只是有什麼（what）。我們相信，學習事情的運作原理能幫助讀者更快鞏固對這個語言的掌握。

儘管你不必先懂 C 就能理解本書，我們還是假設你對程式設計有一定的了解，知道如何使用至少一種現代的區塊結構語言（modern block-structured language）來撰寫、編譯並執行程式。特別是，我們假設你有用過變數、寫過並呼叫過函式，也用過編譯器。

第五版的改變

這個新版的 *C++ Primer* 在書頁邊緣標有圖示，幫忙引導讀者。C++ 是一個大型語言，提供了專為各種特殊程式設計問題量身訂做的功能。其中某些功能對經手大型專案的團隊大有助益，但對較小的案子而言或許並非必要。結論就是，並不是每一個程式設計師都必須懂得每個功能的每個細節。我們標注在書頁邊緣的圖示能幫助讀者找出哪些部分可以之後再學，而哪些主題是較為重要的基礎。

我們將涵蓋此語言基本要素的章節用一個人在讀書的圖案標示。以這種方式標注的章節所涵蓋的主題構成了這個語言的核心部分。每個人都應該閱讀並理解這些章節。

我們也標示了涵蓋進階或特殊用途主題的那些章節。初次閱讀時，這種章節可以跳過或快速瀏覽就好。我們以一疊書的圖案來標示它們，代表此時你可以安全地略過它們。先大略讀過這種章節，了解有哪些功能存在，或許會是個好主意。然而，除非你實際需要在你自己的程式中用到它們，不然沒必要花時間研讀那些主題。

為了進一步導引讀者的注意力，我們用放大鏡的圖案標注出了特別棘手的概念。我們希望讀者會花多一點時間透徹的理解有此標示的章節。在這些章節中，有部分主題一開始會讓你搞不清楚為何要先了解它們，但我們認為你最終會發現，這些章節所涵蓋的主題對於理解此語言來說，是不可或缺的。

另一個幫助你閱讀本書的輔助工具，是廣泛使用的交互參考（cross-references）。我們希望這些參考能幫助讀者更輕易找到他們需要的地方，並且能夠輕鬆地跳回前面，參照後面範例所仰賴的內容。

依舊不變的是，C++ Primer 仍然是 C++ 有條理、正確且詳盡的入門指南。我們提供一系列難度遞增的巧妙範例來教導此語言，解說語言功能並展示如何以最好的方式使用 C++。

本書的結構

我們首先在第一篇和第二篇中一起介紹了此語言與程式庫的基礎。這些部分所涵蓋的內容足以讓你，也就是讀者，寫出有用的程式。幾乎所有的 C++ 程式設計都得好好了解在本書這些部分所涵蓋的知識。

除了教導 C++ 的基礎知識，第一篇和第二篇中的內容還有另外一個重要的用途：藉由使用程式庫所定義的抽象機能，你將會變得更善於使用高階程式技巧。通常，程式庫所提供的機能本身就是以 C++ 撰寫的抽象資料型別（abstract data types）。你也能用任何 C++ 程式設計都能取用的同一種類別建構功能來定義程式庫。我們從教授 C++ 的經驗學到的是，先用過設計良好的抽象型別，讀者會比較容易理解如何建置他們自己的型別。

只有在徹底掌握程式庫的使用方法之後，也就是懂得如何寫出程式庫讓你有辦法撰寫的那種抽象程式後，我們才會繼續介紹讓你能夠撰寫你自己的抽象層之 C++ 功能。第三篇和第四篇的焦點是如何以類別（classes）的形式寫出抽象層（abstractions）。第三篇涵蓋基礎知識，而第四篇則包含特殊用途的功能。

在第三篇中，我們涵蓋了拷貝控制（copy control）的議題，以及助你製作跟內建型別（built-in types）一樣好用的類別之其他技巧。類別是物件導向（object-oriented）和泛型（generic）程式設計的基石，也會涵蓋在第三篇中。C++ Primer 在第四篇收尾，其中涵蓋的功能最適合用來組織大型且複雜的系統。我們也在附錄 A 中總結了程式庫所提供的演算法。

輔助閱讀的工具

每章都以「本章總結（summary）」收尾，後面接著詞彙表，列出該章所定義的詞彙，兩者簡短複習了該章最重要的概念。讀者應該使用這些章節作為個人的檢查表：如果你不懂某個詞彙，就重新研讀該章對應的部分。

我們也在內文主體中融入了其他幾個輔助學習的工具：

- 重要的詞彙以**粗體**表示；我們假設讀者已經熟悉的詞彙則以*粗斜體*呈現。每個詞彙都會出現在該章的「定義的詞彙」中。
- 整本書都有特別凸顯的內文，以強調此語言的重要面向、警示常見的陷阱、推薦良好的程式設計實務做法，並提供一般的使用技巧。
- 為了讓讀者更容易找出各種功能和概念之間的關係，我們提供了廣泛的前後交互參考。
- 另外還有提要欄專門討論 C++ 程式新手經常會覺得困難的重要概念和主題。
- 學習任何程式語言都得實際撰寫程式才行。為此，本書提供了廣泛多樣的範例。延伸範例的原始碼可透過下列 URL 在 Web 上取得：

http://www.informit.com/title/0321714113

有關編譯器的注意事項

在本文寫作之時（2012 年 7 月），編譯器供應商們都在忙著更新他們的編譯器，以符合最新的 ISO 標準。我們最常用的編譯器是 4.7.0 版的 GNU compiler。本書中所用到的功能只有非常少數是此編譯器尚未實作的：繼承建構器、成員函式的參考資格修飾符（reference qualifiers for member functions），以及正規表達式程式庫。

致謝

編寫這一版的過程中，標準化委員會的幾個成員和前成員幫了很大的忙，我們非常感激他們：Dave Abrahams、Andy Koenig、Stephan T. Lavavej、Jason Merrill、John Spicer 與 Herb Sutter。他們對新標準某些細微難解之處的理解，提供了莫大的協助。我們也想感謝協力更新 GNU compiler 以實現此標準的那些人。

就跟前幾版的 *C++ Primer* 一樣，我們感謝 Bjarne Stroustrup 對於 C++ 勤勉不懈的奉獻，以及這段時間與作者的友誼之情。我們也要感謝 Alex Stepanov 的創見，才促成了作為標準程式庫核心的容器（containers）與演算法（algorithms）。最後，我們要感謝 C++ 標準委員會的所有成員，謝謝他們多年來為了讓標準更加清楚、精鍊並改善 C++ 所貢獻的心力。

我們也為我們的審閱者們獻上深摯的感謝，他們實用的建議讓我們有辦法改進此書的大大小小各個地方：Marshall Clow、Jon Kalb、Nevin Liber、C. L. Tondo 博士、Daveed Vandevoorde 與 Steve Vinoski。

本書的排版使用 LATEX 及配合隨著 LATEX 一起發行的許多套件。我們對 LATEX 社群獻上他們應得的感謝，謝謝他們讓大家都能取用功能如此強大的排版工具。

最後，我們感謝 Addison-Wesley 的大家，他們主導了本書的整個出版過程：我們的編輯 Peter Gordon 給了我們再次修訂 *C++ Primer* 的動力；Kim Boedigheimer 協助我們跟上排定的時程；Barbara Wood 在文字編輯的階段為我們找出了許多錯誤，以及合作起來還是很令人愉悅的 Elizabeth Ryan，她帶領我們走過設計與製作的過程。

1

快速入門

Getting S tarted

本章目錄

本章介紹 C++ 主要的基本元素：型別（types）、變數（variables）、運算式（expressions）、述句（statements）與函式（functions）。過程中，我們會簡短解說如何編譯並執行程式。

讀過本章並做過習題後，你應該就能撰寫、編譯及執行簡單的程式。後續章節假設你懂得使用本章所介紹的功能，並且會更詳細說明那些功能。

學習新程式語言的**唯一方法**是撰寫程式。在本章中，我們會編寫一個程式來幫一家書店（bookstore）解決一個簡單的問題。

這家書店有一個儲存交易明細的檔案，每個交易都是單一本書賣出多少本的販售記錄。每筆交易含有三個資料元素：

```
0-201-70353-X 4 24.99
```

第一個元素是 ISBN（International Standard Book Number，國際標準書號，即書籍的唯一識別號碼），第二個元素是賣出的本數，最後則是每一本的售出單價。書店老闆不時會查看這個檔案，並計算各本書賣出多少本、該本書所帶來的總收入，以及平均銷售價格。

為了撰寫這個程式，我們得涵蓋 C++ 的幾個基本功能。此外，我們得知道如何編譯和執行程式。

雖然我們尚未設計此程式，不過很容易就可以看出它必須

- 定義變數
- 進行輸入與輸出
- 使用一種資料結構來保存資料
- 測試兩筆記錄是否有相同的 ISBN
- 包含一個迴圈（loop）來處理交易檔案中的每一筆記錄

我們會先看看如何用 C++ 解決這些子問題，然後再寫出我們的書店程式。

1.1 撰寫一個簡單的 C++ 程式

每個 C++ 程式都包含一或多個函式（*functions*），其中一個必須被命名為 **main**。作業系統（operating system）會呼叫 main 來執行 C++ 程式。這裡有一個簡單的 main，除了回傳一個值給作業系統外，它什麼都不做：

```
int main()
{
    return 0;
}
```

一個函式定義（function definition）有四個元素：一個回傳型別（*return type*）、一個函式名稱（*function name*）、一個包在括弧（parentheses）中（可能為空）的參數列（*parameter list*），以及一個函式主體（*function body*）。儘管 main 有其特殊之處，我們定義它的方式與其他任何函式都一樣。

在這個例子中，main 有一個空的參數列（以其中沒有任何東西的 () 表示）。§6.2.5 會討論我們可以為 main 定義的其他參數型別。

main 函式必須有 int 的回傳型別，它是代表整數（integers）的一個型別。型別 int 是一個**內建型別（built-in type）**，這表示它是該語言所定義的型別之一。

函式定義最後的一個部分，也就是函式主體，是**由述句所構成的一個區塊（*a block of statements*）**，以一個左**大括號（open curly brace）**開頭，並以一個右大括號結尾：

```
{
    return 0;
}
```

這個區塊中唯一的述句是一個 return，它是終止函式的一個述句。在此，return 也會送回一個值（value）給該函式的呼叫者（caller）。當 return 述句包含一個值，所回傳的這個值之型別必須與函式的回傳型別相容。在此，main 的回傳型別為 int，而回傳值是 0，也就是一個 int。

> 請注意到 return 述句最後的分號（semicolon）。分號標示 C++ 中大部分述句的結尾。它們很容易被忽略，若被忘記，就可能導致神秘難解的編譯器錯誤訊息。

在多數系統上，從 main 回傳的值是一個狀態指示器（status indicator）。回傳值 0 表示成功。非零的回傳值之意義則是由系統所定義。一般來說，非零回傳值指示發生的錯誤種類。

關鍵概念：型別

型別（types）是程式設計中最基本的概念之一，也是在本書中會一再出現的一個概念。一個型別所定義的是一個資料元素的內容，以及可以在那些資料上進行的運算。

我們的程式所操作的資料儲存在變數中，而每個變數都有一個型別。當名為 v 的變數之型別為 T，我們通常會說「v 有型別 T」或可以互換使用的「v 是一個 T」。

1.1.1 編譯並執行我們的程式

寫好程式之後，我們就得編譯（compile）它。編譯程式的方式取決於你的作業系統和編譯器（compiler）。要了解特定的編譯器如何運作，請查閱參考手冊或詢問知情的同事。

PC 上的許多編譯器都是從 IDE（integrated development environment，整合式開發環境）中執行的，它們內含編譯器與建置（build）用和分析用的工具。這些環境是開發大型程式時的絕佳資產，但要學會如何有效運用，得花不少時間。學習如何使用這種環境已遠超出本書涵蓋範圍。

大部分的編譯器，包括 IDE 內附的，都提供命令列介面（command-line interface）。除非你已經會用 IDE，否則你會發現從命令列介面開始著手會比較容易。這麼做可以讓你先專注在學習 C++ 上。此外，只要了解語言部分，IDE 對你來說就很可能更容易學習。

程式原始碼檔案命名慣例

無論你用的是命令列介面或 IDE，大多數的編譯器都預期你把程式原始碼（source code）儲存在一或多個檔案中。這些程式檔案通常被稱為源碼檔（*source files*）。在多數系統上，源碼檔名稱會以一個後綴（suffix）結尾，這會是一個句號（period）後面接著一或多個字元（characters）。這後綴告訴系統該檔案是一個 C++ 程式。不同的編譯器使用不同的後綴慣例，最常見的包括 .cc、.cxx、.cpp、.cp 與 .C。

從命令列執行編譯器

如果我們用的是命令列介面，我們通常會在一個主控台視窗（console window，例如 UNIX 系統上的 shell 視窗或 Windows 上的命令提示字元視窗）中編譯程式。假設我們的 main 程式位於一個名為 prog1.cc 的檔案中，我們可以用像這樣的命令來編譯它

```
$ CC prog1.cc
```

其中 CC 指的是編譯器，而 $ 是系統提示字元（system prompt）。編譯器會產生一個可執行檔（executable file）。在 Windows 系統上，這個執行檔的名稱會是 prog1.exe。UNIX 編譯器通常會把可執行檔命名為 a.out。

要在 Windows 上執行一個可執行檔，我們只需提供執行檔名稱，而且可以省略 .exe 延伸檔名（file extension）：

```
$ prog1
```

在某些系統上，你必須明確指出該檔案的位置，即使檔案位於目前目錄或資料夾中也一樣。在這種情況中，我們會輸入：

```
$ .\prog1
```

後面接著一個反斜線（backslash）的點字元 . 表示該檔案位於目前的目錄中。

要在 UNIX 上執行一個可執行檔，我們使用檔案全名，包括延伸檔名：

```
$ a.out
```

如果需要指定檔案位置，我們會使用後面接著斜線（forward slash）的點字元 . 來表示我們的可執行檔位於目前的目錄中：

```
$ ./a.out
```

從 main 回傳的值可依隨著系統而變的方式取用。在 UNIX 及 Windows 系統上，執行程式後，你必須發出適當的 echo 命令。

在 UNIX 系統上，我們以下列命令取得狀態：

```
$ echo $?
```

要在 Windows 系統上檢視狀態，就使用：

```
$ echo %ERRORLEVEL%
```

執行 GNU 或 Microsoft 編譯器

執行 C++ 編譯器的命令隨著編譯器和作業系統而變。最常見的編譯器是 GNU 編譯器和 Microsoft Visual Studio 編譯器。預設情況下，執行 GNU 編譯器的命令是 g++：

```
$ g++ -o prog1 prog1.cc
```

這裡的 $ 是系統提示字元。-o prog1 是編譯器的一個引數（argument），指出要放可執行檔的檔案名稱。這道命令會產生一個叫做 prog1 或 prog1.exe 的可執行檔，視作業系統而定。在 UNIX 上，可執行檔沒有後綴，而在 Windows 上，後綴是 .exe。如果省略 -o prog1，編譯器會在 UNIX 系統上產生一個名為 a.out 的可執行檔，Windows 下則是一個 a.exe 檔案。（注意：取決於你所用的 GNU 編譯器版本，你可能得指定 -std=c++0x 以開啟對 C++ 11 的支援。）

執行 Microsoft Visual Studio 2010 編譯器的命令是 cl：

```
C:\Users\me\Programs> cl /EHsc prog1.cpp
```

在此 C:\Users\me\Programs> 是系統提示列，而 \Users\me\Programs 是目前目錄的名稱（即目前資料夾）。cl 命令會調用編譯器，而 /EHsc 是編譯器選項（compiler option），用以開啟標準例外處理（standard exception handling）。Microsoft 編譯器會自動產生一個名稱對應於第一個源碼檔名稱的可執行檔。這個可執行檔具有後綴 .exe，而且名稱與源碼檔檔名相同。在此例中，可執行檔的名稱為 prog1.exe。

編譯器通常會有一些選項可用來產生警告，點出有問題的地方。使用這些選項通常會是好主意。我們偏好使用 GNU 編譯器的 -Wall 和 Microsoft 編譯器的 /W4。

進一步的資訊，請參閱你編譯器的使用者指南。

習題章節 1.1.1

練習 1.1：查閱你編譯器的說明文件，找出它所使用的檔案命名慣例。編譯並執行前面的 main 程式。

練習 1.2：把程式改成回傳 -1。回傳值 -1 經常被用來表示程式執行失敗。重新編譯並再次執行你的程式，看看你的系統如何處理來自 main 的這種錯誤失敗指示器。

1.2 初步認識輸入 / 輸出

C++ 語言並沒有定義用來進行輸入或輸出（IO）的任何述句。取而代之，C++ 包含了一個擴充性的**標準程式庫（standard library）**來提供 IO（以及其他許多的）機能。就很多用途而言，包括本書中的範例，你只需要認識 IO 程式庫的幾個基本概念和運算就行了。

本書中的多數範例都使用 iostream 程式庫。**iostream** 程式庫的基礎是名為 **istream** 和 **ostream** 的兩個型別，分別代表輸入和輸出資料流。一個資料流（stream）是從一個 IO 裝置讀出或寫入的一個字元序列（a sequence of characters）。資料流（*stream*）這個名稱主要是用來指出那些字元是隨著時間循序產生或消耗的。

標準輸入與輸出物件

此程式庫定義了四個 IO 物件。要處理輸入，我們使用型別為 istream 名稱是 **cin**（唸做 *see-in*）的一個物件。這個物件也被稱為**標準輸入（standard input）**。對於輸出，我們使用名為 **cout**（唸做 *see-out*）的一個 ostream 物件。這個物件也被稱為標準輸出（*standard output*）。這個程式庫也定義了其他兩個 ostream 物件，叫做 **cerr** 和 **clog**（分別唸做 *see-err* 和 *see-log*）。我們通常使用被稱為**標準錯誤（standard error）**的 cerr 來發出警告和錯誤訊息，而 clog 用來記錄程式執行過程中的一般資訊。

通常，系統會將每個這種物件關聯至程式在其中執行的視窗。所以，當我們從 cin 讀取，資料就是從正在執行該程式的視窗讀出，而寫入 cout、cerr 或 clog 的時候，輸出就會被寫到相同的視窗中。

用到 IO 程式庫的一個程式

在我們的書店問題中，我們有多筆想用來計算總和的記錄。舉個較為簡單且相關的問題，讓我們先看一下如何將兩個數字加起來。使用 IO 程式庫，我們可以擴充我們的 main 程式，讓它提示使用者提供兩個數字，然後印出它們的總和：

```cpp
#include <iostream>
int main()
{
    std::cout << "Enter two numbers:" << std::endl;
    int v1 = 0, v2 = 0;
    std::cin >> v1 >> v2;
    std::cout << "The sum of " << v1 << " and " << v2
              << " is " << v1 + v2 << std::endl;
    return 0;
}
```

這個程式啟動時會先把

Enter two numbers:

印到使用者的螢幕上，然後等候使用者的輸入。如果使用者輸入了

3 7

後面接著一個 newline（新行字元），然後程式產生下列輸出：

The sum of 3 and 7 is 10

我們程式的第一行是

```cpp
#include <iostream>
```

告訴編譯器我們想要使用 iostream 程式庫。角括號（angle brackets）內的名稱（在此為 iostream）指的是一個**標頭（header）**。用到某個程式庫機能的每個程式都必須引入（include）它關聯的標頭。#include 指示詞必須寫在單一行上，也就是說，標頭的名稱和

#include 都必須出現在同一行上。一般來說，#include 指示詞必須放在任何函式之外。通常，我們會將一個程式所有的 #include 指示詞都放在原始碼檔案的開頭。

寫入資料流

main 主體中的第一個述句執行了一個**運算式（expression）**。在 C++ 中，一個運算式會產出一個結果，並且是由一或更多個運算元（operands）及（通常是）一個運算子（operator）所構成。這個述句中的運算式使用輸出運算子（<< **運算子**）在標準輸出上印出一個訊息：

```
std::cout << "Enter two numbers:" << std::endl;
```

<< 運算子接受兩個運算元：左手邊的運算元必須是一個 ostream 物件，而右手邊的運算元則是要印出的一個值。此運算子會把給定的值印在給定的 ostream 上。輸出運算子的結果是其左手邊的運算元，也就是說，結果是我們在其上寫入給定值的 ostream。

我們的輸出述句用了 << 運算子兩次。因為此運算子會回傳其左邊的運算元，第一個運算子的結果就變成第二個運算子的左運算元。結論就是，我們能將輸出請求鏈串起來。因此，我們的運算式等同於

```
(std::cout << "Enter two numbers:") << std::endl;
```

串鏈中的每個運算子都有與其左運算元相同的物件，在此例中即為 std::cout。又或者是，我們能夠使用兩個述句來產生相同的輸出：

```
std::cout << "Enter two numbers:";
std::cout << std::endl;
```

第一個輸出運算子印出了一個訊息給使用者，該訊息為一個**字串字面值（string literal）**，也就是包在雙引號（double quotation marks）中的字元序列。兩個引號之間的文字會被印到標準輸出。

第二個運算子印出 endl，它是一個特殊值，叫做一個 **manipulator（操作符）**。寫入 endl 有結束目前文字行並且排清（flush）關聯裝置緩衝區（*buffer*）的效果。排清緩衝區的動作確保程式到目前為止產生的所有輸出都實際被寫入到輸出資料流，而非待在記憶體中等候被寫入。

程式設計師經常在除錯（debugging）過程中加入列印述句（print statements）。這種述句應該總是排清資料流。否則的話，如果程式當掉，輸出可能會留在緩衝區中，導致推論出來的程式故障點不正確。

使用來自標準程式庫的名稱

細心的讀者會注意到此程式使用了 std::cout 與 std::endl 而非單純的 cout 與 endl。std:: 這個前綴（prefix）指出名稱 cout 和 endl 定義在名為 **std** 的**命名空間（namespace）**

中。命名空間能讓我們避免我們所定義的名稱和程式庫中相同的名稱不慎產生衝突。標準程式庫定義的所有名稱都在 std 命名空間中。

程式庫使用命名空間的一個副作用是，當我們使用來自程式庫的名稱，必須明確指出我們想要使用來自 std 命名空間的名稱。使用範疇運算子（**scope operator**，即 **:: 運算子**）寫成 std::cout 來表達我們想要使用定義於命名空間 std 中的名稱 cout。§3.1 會展示取用程式庫名稱更簡單的方式。

讀取自一個資料流

向使用者請求輸入之後，接下來我們想要讀取那個輸入。我們先定義名為 v1 和 v2 的兩個變數（*variables*）來存放輸入：

```
int v1 = 0, v2 = 0;
```

我們將這些變數的型別定義為 int，這是代表整數的一個內建型別。我們也會將它們*初始化*（*initialize*）為 0。當我們初始化一個變數，就是在創建該變數的同時，賦予了它所指示的值。

下一個述句

```
std::cin >> v1 >> v2;
```

讀取輸入。輸入運算子（**>> 運算子**）的行為與輸出運算子類似。它接受一個 istream 作為其左運算元，以及一個物件作為其右運算元。它從給定的 istream 讀取資料，並將所讀到的東西儲存在給定的物件中。就像輸出運算子，輸入運算子會回傳其左運算元作為結果。因此，這個運算式等同於

```
(std::cin >> v1) >> v2;
```

因為此運算子會回傳其左運算元，我們可以結合一序列輸入請求成為單一個述句。我們的輸入運算從 std::cin 讀取兩個值，並將第一個儲存在 v1、第二個存在 v2。換句話說，我們的輸入運算會像這樣執行

```
std::cin >> v1;
std::cin >> v2;
```

完成此程式

剩下的就是印出我們的結果：

```
std::cout << "The sum of " << v1 << " and " << v2
          << " is " << v1 + v2 << std::endl;
```

這個述句，雖然比向使用者請求輸入的那個還要長，但在概念上是相似的。它在標準輸出上印出它的每一個運算元。這個範例最有趣的地方是，運算元並非全都是同一種值。某些運算元是字串字面值，例如 "The sum of "。其他的則是 int 值，例如 v1、v2，以及估算

（evaluate）算術運算式 v1 + v2 得到的結果。程式庫定義了負責處理這每一個不同型別的輸入與輸出運算子版本。

習題章節 1.2

練習 1.3：寫一個程式在標準輸出印出 Hello, World。

練習 1.4：我們的程式用到加法運算子（addition operator）+ 來相加兩個數字。寫一個程式，使用乘法運算子（multiplication operator）* 印出乘積（product）。

練習 1.5：我們將輸出寫為一個大型述句。改寫這個程式，使用分開的述句來印出各個運算元。

練習 1.6：解釋下列程式片段是否合法。

```
std::cout    << "The sum of " << v1;
             << " and " << v2;
             << " is " << v1 + v2 << std::endl;
```

如果這個程式是合法的，它會做什麼？如果不合法，那是為什麼呢？你會如何修正它？

1.3 關於註解

在我們的程式變得更複雜之前，我們應該看看 C++ 如何處理註解（*comments*）。註解輔助的是我們程式的讀者。它們通常用來總結演算法的運作、標示變數的用途，或說明可能很難懂的程式片段。編譯器會忽略註解，所以它們對程式的行為或效能沒有影響。

雖然編譯器會忽略註解，但我們程式碼的讀者不會。即使其他部分的系統說明文件已經過時了，程式設計師還是會傾向於相信註解。一個錯誤的註解比完全沒註解還要糟糕，因為它可能誤導讀者。當你更改你的程式碼，請確定你也有更新註解！

C++ 中的註解種類

C++ 中有兩種註解：單行（single-line）和成對（paired）註解。一個單行註解以一個雙斜線（double slash，//）開始，以一個 newline 結尾。目前這行在斜線右方的所有東西都會被編譯器忽略。這種註解可以包含任何文字，包括額外的雙斜線。

另一種註解使用兩個分隔符號（/* 與 */），這是從 C 繼承而來的。這種註解以一個 /* 開頭，並以下一個 */ 結尾。這些註解可以含有不是 */ 的任何東西，包括 newlines。編譯器會把 /* 和 */ 之間的所有東西視為註解的一部分。

這樣的成對註解可以放在允許 tab、空格（space）或 newline 的任何地方。成對註解可以跨越一個程式的多個文字行，但不一定要這樣。當一個成對註解有跨越多行，通常比較好的做法是在視覺上凸顯內部文字行，讓讀者知道它們是一個多行註解的一部分。我們的風格是以一個星號（asterisk）作為註解每一行的開頭，指出整個範圍都是屬於同一個多行註解。

通常，程式中這兩種形式的註解都會有。成對註解一般用於多行的說明，而雙斜線註解常用來作為半行或單行的注記：

```cpp
#include <iostream>
/*
 * 簡單的 main 函式：
 * 讀取兩個數字並寫出它們的總和
 */
int main()
{
    // 提示使用者輸入兩個數字
    std::cout << "Enter two numbers:" << std::endl;
    int v1 = 0, v2 = 0;  // 存放我們所讀取的輸入的變數
    std::cin >> v1 >> v2;  // 讀取輸入
    std::cout << "The sum of " << v1 << " and " << v2
              << " is " << v1 + v2 << std::endl;
    return 0;
}
```

 在這本書中，我們用斜體標示註解，以在一般的程式文字中凸顯它們。在實際的程式中，註解文字是否與程式碼文字有不同呈現方式則取決於你所用的程式設計環境。

成對註解不能內嵌

以 /* 開頭的一個註解會以下一個 */ 結尾。結果就是，一個成對註解不能出現在另一個之中。因為這種失誤而導致的編譯器錯誤訊息可能會很神秘且令人困惑。舉個例子，請在你的系統上編譯下列程式：

```cpp
/*
 * comment pairs  /* */  cannot nest
 * "cannot nest" 會被視為原始碼，
 * 就跟程式的其他部分一樣
 */
int main()
{
    return 0;
}
```

我們常需要在除錯時將一個區塊的程式碼註解掉（comment out）。因為那段程式碼可能含有內嵌的成對註解，所以註解一個程式碼區塊最好的方式就是在我們想要忽略的片段的每一行開頭插入單行註解：

```cpp
// /*
// * 一個單行註解內的所有東西都會被忽略
// * 包括內嵌的成對註解
// */
```

習題章節 1.3

練習 1.7：編譯錯誤地內嵌了註解的一個程式。

練習 1.8：指出下列輸出述句何者是合法的（如果有的話）：

```
std::cout << "/*";
std::cout << "*/";
std::cout << /* "*/" */;
std::cout << /* "*/" /* "/*" */;
```

預測了會發生什麼事之後，編譯含有上述各個述句的一個程式來驗證你的答案。更正你所遇到的任何錯誤。

1.4 流程控制

述句通常都是循序地執行：一個區塊中的第一個述句會先執行，接著是第二個，依此類推。當然，很少有程式（包括解決我們書店問題的那一個）能單以循序執行寫成。取而代之，程式語言提供了各種流程控制述句（flow-of-control statements），讓我們能寫出更為複雜的執行路徑。

1.4.1 **while** 述句

只要一個給定的條件為 true（真），**while 述句**就會重複執行一段程式碼。我們可以使用一個 while 來寫出加總數字 1 到 10（包括兩端）的程式，如下：

```
#include <iostream>
int main()
{
    int sum = 0, val = 1;
    // 只要 val 小於或等於 10，就持續執行這個 while
    while (val <= 10) {
        sum += val;  // 指定 sum + val 給 sum
        ++val;       // 加 1 到 val
    }
    std::cout << "Sum of 1 to 10 inclusive is "
              << sum << std::endl;
    return 0;
}
```

當我們編譯並執行這個程式，它會印出

```
Sum of 1 to 10 inclusive is 55
```

跟之前一樣，一開始我們先引入 iostream 標頭，並定義 main。在 main 中，我們定義了兩個 int 變數：存放總和的 sum，以及用來代表從 1 到 10 各個值的 val。我們賦予 sum 一個初始值 0，並讓 val 從 1 這個值開始。

這個程式新出現的部分是那個 while 述句。一個 while 有這樣的形式

```
while (condition)
    statement
```

一個 while 執行的方式是（反覆地）測試 condition，並執行關聯的 statement 直到 condition
變為 false（假）為止。一個**條件（condition）**是產出的結果要不是 true 就是 false 的一個運
算式。只要 condition 為 true，statement 就會執行。執行 statement 之後，condition 就會再次
被測試。如果 condition 同樣還是 true，那麼 statement 就會再次執行。while 就這樣反覆測
試 condition 並據此執行 statement 直到 condition 變為 false 為止。

在這個程式中，while 述句是

```
// 只要 val 小於或等於 10 就重複執行這個 while
while (val <= 10) {
    sum += val; // 指定 sum + val 給 sum
    ++val;      // 加 1 給 val
}
```

其中的條件用到小於或等於運算子（less-than-or-equal operator，即 **<= 運算子**）來比
較 val 目前的值和 10。只要 val 小於或等於 10，條件就為 true。如果條件為 true，這個
while 的主體就會被執行。在此，主體是由兩個述句構成的一個區塊：

```
{
    sum += val; // 指定 sum + val 給 sum
    ++val;      // 加 1 給 val
}
```

一個**區塊（block）**是包在大括號（curly braces）中的零或多個述句所構成的一個序列。一
個區塊算是一個述句，可以被用在需要述句的任何地方。這個區塊中第一個述句使用複合指
定運算子（compound assignment operator，即 **+= 運算子**）。這個運算子會將其右手邊的
運算元加到左手邊的運算元，然後將結果儲存在左運算元。它的效果基本上就跟一個加法運
算及一個**指定（assignment）**運算相同：

```
sum = sum + val; // 指定 sum + val 到 sum
```

因此，區塊中的第一個述句會把 val 的值加到 sum 目前的值上，並將結果存回 sum。

下一個述句

```
++val; // 加 1 到 val
```

使用前綴的遞增運算子（prefix increment operator，即 **++ 運算子**）。遞增運算子會加 1 到
其運算元。寫 ++val 的意思跟 val = val + 1 相同。

執行 while 主體之後，迴圈（loop）會再次估算（evaluate）其條件。如果（遞增過後的）
val 值仍然小於或等於 10，那麼 while 的主體就會再次執行。迴圈持續進行，測試條件並執
行主體，直到 val 不再小於或等於 10。

只要 val 變得大於 10，程式就會跳出這個 while 迴圈，並繼續執行接在 while 之後的述句。在此，這個述句會印出我們的輸出，後面再接著 return，結束了我們的 main 程式。

習題章節 1.4.1

練習 1.9：寫一個程式用 while 將 50 到 100 的數字加總。

練習 1.10：除了會加 1 到其運算元的 ++ 運算子，另外還有一個會減 1 的遞減運算子（--）。使用遞減運算子寫一個 while，印出從十遞減到零的數字。

練習 1.11：寫個程式提示使用者輸入兩個整數。印出由這兩個整數所指定的範圍內每一個數字。

1.4.2 **for 述句**

在我們的 while 迴圈中，我們使用變數 val 來控制要執行迴圈多少次。我們在條件中測試 val 的值，並在 while 的主體中遞增 val。

這種模式，也就是在條件中使用一個變數，並在主體內遞增該變數，因為太常出現了，所以此語言定義了第二種迴圈 **for 述句**，能夠縮減依循此模式的程式碼。我們可以改寫這個程式，改用一個 for 迴圈來加總 1 到 10 的數字，如下：

```
#include <iostream>
int main()
{
    int sum = 0;
    // 加總從 1 到 10 的值，包括兩端
    for (int val = 1; val <= 10; ++val)
        sum += val; // 等同於 sum = sum + val
    std::cout << "Sum of 1 to 10 inclusive is "
              << sum << std::endl;
    return 0;
}
```

跟之前一樣，我們定義 sum 並將之初始化為零。在這個版本中，我們將 val 定義為 for 述句本身的一部分：

```
for (int val = 1; val <= 10; ++val)
    sum += val;
```

每個 for 述句都有兩個部分：一個標頭（**header**）及一個主體（**body**）。標頭控制主體執行的次數。標頭本身由三個部分構成：一個 *init-statement*（*初始述句*）、一個 *condition*（*條件*）以及一個 *expression*（*運算式*）。在此，*init-statement*

```
int val = 1;
```

定義名為 val 的一個 int，並賦予它初始值 1。變數 val 只存在於 for 之內，你無法在此迴圈結束後使用 val。*init-statement* 僅執行一次，也就是最初進入 for 的那次。*condition*

```
val <= 10
```

將目前的值與 10 做比較。*condition* 每次跑迴圈時都會被測試。只要 val 小於或等於 10，for 主體就會被執行。*expression* 會在 for 主體後執行。這裡，*expression*

```
++val
```

使用前綴遞增運算子，它會加 1 到 val 的值。執行 *expression* 之後，for 會重新測試 *condition*。如果新的 val 值仍然小於或等於 10，for 的迴圈主體就會再次執行。主體執行後，val 會再次被遞增。迴圈會持續進行到 *condition* 不成立為止。

在這個迴圈中，for 主體進行加總運算

```
sum += val; // 等同於 sum = sum + val
```

回顧一下，這個 for 整體的執行流程為：

1. 創建 val 並將之初始化為 1。
2. 測試 val 是否小於或等於 10。如果測試通過，就執行 for 主體。如果測試失敗，就退出迴圈，繼續執行接在 for 主體後的第一個述句。
3. 遞增 val。
4. 重複第 2 步中的測試，只要條件為 true，就持續進行剩下的步驟。

習題章節 1.4.2

練習 1.12：下列 for 迴圈會做什麼呢？ sum 的最終值是什麼呢？

```
int sum = 0;
for (int i = -100; i <= 100; ++i)
    sum += i;
```

練習 1.13：使用 for 迴圈改寫 §1.4.1 的頭兩個練習。

練習 1.14：對照比較使用 for 的迴圈與使用 while 的迴圈。它們各有什麼優缺點呢？

練習 1.15：寫一個程式，其中含有後面補充說明「重訪編譯」中所討論的常見錯誤。讓自己熟悉編譯器產生的那些訊息。

1.4.3 讀取未知數量的輸入

在前面的章節中，我們寫了從數字 1 加總到 10 的程式。這個程式的邏輯延伸會是請使用者輸入一組要加總的數字。在這種情況中，我們並不知道要相加的數字有多少個。取而代之，我們會持續讀取數字，直到沒有數字可讀為止：

```
#include <iostream>
int main()
{
    int sum = 0, value = 0;
    // 持續讀到檔案結尾（end-of-file）為止，以讀取的所有值計算出累計總和
    while (std::cin >> value)
        sum += value; // 等同於 sum = sum + value
    std::cout << "Sum is: " << sum << std::endl;
    return 0;
}
```

如果我們給此程式這樣的輸入

3 4 5 6

那麼我們的輸出會是

Sum is: 18

main 內的第一行定義了兩個 int 變數，名為 sum 和 value，我們將它們初始化為 0。我們會用 value 在讀取輸入的過程中存放每個數字。我們在 while 的條件內讀取資料：

```
while (std::cin >> value)
```

估算這個 while 條件會執行運算式

```
std::cin >> value
```

這個運算式從標準輸入讀取下一個數字，並將那個數字儲存在 value 中。輸入運算子（§1.2）回傳它的左運算元，在此為 std::cin。因此，這個條件會測試 std::cin。

當我們使用一個 istream 作為條件，效果就等於測試該資料流（**stream**）的狀態。若該資料流是有效的，也就是說，該資料流尚未遭遇錯誤，那麼測試就成功通過。一個 istream 會在碰到 *end-of-file*（檔案結尾）或遇到無效輸入（例如讀取一個不是整數的值）時變得無效。處於無效狀態的 istream 會導致條件產出 false。

所以，我們的 while 會持續執行，直到碰到 end-of-file（或輸入錯誤）為止。這個 while 的主體使用複合指定運算子（**compound assignment operator**）來將目前的值加到累計的和。一旦條件測試失敗，while 就會結束。我們會落到下一個述句繼續執行，這會印出後面接著 endl 的 sum。

從鍵盤輸入 END-OF-FILE

當我們用鍵盤輸入資料給程式，不同的作業系統會使用不同的慣例來讓我們輸入檔案結尾（end-of-file）。在 Windows 系統上，我們使用 control-z（按住 Ctrl 鍵再按 z）並按下 Enter 或 Return 鍵。在 UNIX 系統上，包括 Mac OS X 的機器，通常以 control-d 代表檔案結尾。

重訪編譯

編譯器的工作之一是找出程式文字中的錯誤。編譯器無法偵測程式是否有依照程式作者的意圖進行，但它可以偵測出程式形式（*form*）上的錯誤。以下是編譯器最常偵測到的錯誤種類。

語法錯誤（*Syntax errors*）：程式設計師犯了 C++ 語言中的文法錯誤（grammatical error）。下列程式展示常見的語法錯誤，每個註解描述了下一行中的錯誤：

```
// error: missing ) in parameter list for main（main 的參數列少了）
int main ( {
    // error: used colon, not a semicolon, after endl（endl 後用了冒號而非一個分號）
    std::cout << "Read each file." << std::endl:
    // error: missing quotes around string literal（字串字面值少了引號包圍）
    std::cout << Update master. << std::endl;
    // error: second output operator is missing（缺少第二個輸出運算子）
    std::cout << "Write new master." std::endl;
    // error: missing ; on return statement（return 述句上少了 ;）
    return 0
}
```

型別錯誤（*Type errors*）：C++ 中的每個資料項目都有一個關聯的型別。舉例來說，10 這個值的型別為 int（或者，更通俗的說法：「是一個 int」）。"hello" 這個詞，包括雙引號，是一個字串字面值（string literal）。型別錯誤的例子之一是傳入一個字串字面值給預期一個 int 引數（argument）的函式。

宣告錯誤（*Declaration errors*）：C++ 程式中所用到的每個名稱都必須在使用前先宣告。名稱沒有宣告通常會導致錯誤訊息產生。最常見的兩種宣告錯誤是忘記為來自程式庫的名稱使用 std::，以及拼錯了一個識別字（identifier）的名稱：

```
#include <iostream>
int main()
{
    int v1 = 0, v2 = 0;
    std::cin >> v >> v2; // 錯誤：用了 "v" 而非 "v1"
    // 錯誤：cout 沒有定義；應該為 std::cout
    cout << v1 + v2 << std::endl;
    return 0;
}
```

錯誤訊息通常含有行號（line number）以及簡短的描述，說明編譯器認為的出錯原因。以回報的順序來更正錯誤，是良好的實務做法。通常，單一個錯誤可能導致連鎖效應，使得編譯器回報了比實際上更多的錯誤。每次修正後就重新編譯，也是個好主意，或者一次最多只做出少少幾個明顯的更正。這種循環叫作 *edit-compile-debug*（編輯 - 編譯 - 除錯）。

習題章節 1.4.3

練習 1.16：寫出你自己的程式，從 cin 讀取一組整數並印出它們的總和。

1.4.4 if 述句

跟多數語言一樣，C++ 提供了 **if 述句**來支援條件式執行（conditional execution）。我們可以用 if 寫出一個程式來計數輸入中每個不同的值連續出現幾次：

```
#include <iostream>
int main()
{
    // currVal 是我們要計數的數字；我們會將新的值讀入 val
    int currVal = 0, val = 0;
    // 讀取第一個數字，並確保有資料可以處理
    if (std::cin >> currVal) {
        int cnt = 1;  // 儲存我們目前正在處理的值出現之次數
        while (std::cin >> val) {  // 讀取剩餘的數字
            if (val == currVal)    // 如果是相同的值
                ++cnt;             // 加 1 到 cnt
            else {  // 否則，印出前一個值的出現次數
                std::cout << currVal << " occurs "
                          << cnt << " times" << std::endl;
                currVal = val;     // 記住新的值
                cnt = 1;           // 重置計數器（counter）
            }
        } // while 迴圈結束於此
        // 記得為檔案中最後一個值印出次數
        std::cout << currVal << " occurs "
                  << cnt << " times" << std::endl;
    } // 最外層的 if 述句結束於此
    return 0;
}
```

如果我們給這個程式下列輸入：

```
42 42 42 42 42 55 55 62 100 100 100
```

那麼輸出就應該是

```
42 occurs 5 times
55 occurs 2 times
62 occurs 1 times
100 occurs 3 times
```

這個程式中大部分的程式碼都應該很熟悉，因為在前面的程式中有看過。我們先定義了 val 和 currVal：currVal 會記錄我們正在計數的是哪個數字；val 則會在我們讀取輸入的過程中存放各個數字。新的地方是那兩個 if 述句。第一個 if

```
if (std::cin >> currVal) {
    // . . .
} // 最外層的 if 述句結束於此
```

確保輸入不是空的。就像 while，if 會估算一個條件。第一個 if 中的條件會讀取一個值到 currVal 中。如果讀取成功，那麼該條件就為 true，然後我會執行接在條件後、以左大括號（open curly）開頭的區塊。那個區塊結束於緊接在 return 述句之前的右大括號（close curly）。

一旦我們知道有數字要計數，我們就定義 cnt，它會計數每個不同數字出現的次數。我們使用類似前一節的 while 迴圈從標準輸入（重複地）讀取數字。

這個 while 的主體是含有第二個 if 述句的一個區塊：

```
if (val == currVal)   // 如果是相同的值
    ++cnt;            // 加 1 到 cnt
else { // 否則，印出前一個值的出現次數
    std::cout << currVal << " occurs "
              << cnt << " times" << std::endl;
    currVal = val;   // 記住新的值
    cnt = 1;         // 重置計數器（counter）
}
```

這個 if 中的條件使用相等性運算子（equality operator，即 **== 運算子**）來測試 val 是否等於 currVal。若是如此，就執行緊接在條件後的述句。該述句會遞增 cnt，代表我們再一次見到了 currVal。

如果條件為 false，也就是說，val 不等於 currVal，那麼我們就執行接在 else 後的述句。該述句為一個區塊，由一個輸出述句及兩個指定構成。其中的輸出述句印出我們剛處理完成的值之次數。指定述句則將 cnt 重置為 1，並將 currVal 設為 val，也就是我們剛讀取的數字。

WARNING

C++ 的指定（assignment）使用 =，而相等性（equality）則使用 ==。這兩個運算子都能出現在一個條件中。當你想在條件中表達的是 == 卻寫成 = 是一種常見的失誤。

習題章節 1.4.4

練習 1.17：如果輸入的值全都相同，那麼本節中的程式會發生什麼事呢？如果沒有重複的數字呢？

練習 1.18：編譯並執行本節的程式，賦予它相同的值作為輸入。給它不重複的數字，然後再次執行它。

練習 1.19：修改你為 §1.4.1 的練習所寫的那個會印出一個範圍的數字的程式，讓它能夠處理第一個數字小於第二個的輸入。

關鍵概念：C++ 程式的縮排與格式化

C++ 程式大多是沒有格式限制的，代表我們放置大括號、縮排（indentation）、註解，或 newlines 的位置對程式的意義沒有影響。舉例來說，代表 main 主體開頭的大括號可以跟 main 放在同一行，或者像我們所做的那樣，放在下一行的開頭，或放在我們喜歡的任何位置。唯一的要求是左大括號必須是接在 main 的參數列（parameter list）後的第一個非空白、非註解字元。

雖然我們在很大程度上可以隨意格式化程式，但我們所做的選擇會影響到程式的易讀性（readability）。舉例來說，我們可以把 main 寫為單一個很長的文字行。這樣的定義，儘管合法，卻會很難讀。

對於格式化 C 或 C++ 程式的正確之道為何，有無盡的爭議產生。我們認為，並不存在單一種正確的風格，但維持前後一致有其價值。大多數的程式設計師都會將程式的附屬部分縮排，就像我們對 main 中的述句和我們的迴圈主體所做的那樣。我們通常會讓用來界定函式的大括號自成一行。我們也會將複合的 IO 運算式縮排，以對齊運算子。其他的縮排慣例會在我們的程式變得越來越精密時變得明顯。

要牢記在心的是，也有可能出現其他的程式格式化方式。挑選程式化風格時，思考那將會如何影響易讀性和是否容易理解。選定了一種風格後，就要前後一致地使用它。

1.5 類別簡介

解決我們的書店問題前必須理解的唯一剩餘功能是如何藉由定義一個**類別（class）**來定義我們自己的**資料結構**。一個類別定義了一種型別，以及與那個型別相關的一組運算。類別機制是 C++ 最重要的功能之一。事實上，C++ 的設計所專注的一個重點正是如何讓定義出來的**類別型別（class types）**運作起來跟內建型別（built-in types）一樣自然。

在本節中，我們會描述一個簡單的類別，可用於我們要解決的書店問題。我們會在後續章節實作這個類別，在我們學習更多型別、運算式、述句，以及函式的相關知識之後。

要使用一個類別，我們得知道三件事情：

- 它的名稱為何？
- 它定義於何處？
- 它支援什麼運算？

對我們的書店問題而言，我們會假設類別的名稱為 Sales_item，以及它已經定義於名為 Sales_item.h 的標頭檔中。

如我們見過的，要使用程式庫的機能，我們必須引入（include）關聯的標頭。同樣地，我們也透過標頭來取用為我們自己的應用所定義的類別。在慣例上，標頭檔的名稱都衍生自定義在該標頭中的某個類別名稱。我們所寫的標頭檔通常會有後綴 .h，但某些程式會使用 .H、

.hpp 或 .hxx。標準程式庫的標頭一般都沒有後綴。編譯器通常不會在乎標頭檔檔名的形式，但 IDE 有時會。

1.5.1 `Sales_item` 類別

`Sales_item` 類別的用途是要表示一本書的總營收、賣出的本數，以及平均售價。這些資料如何儲存或算出並非我們的考量。要使用一個類別，我們不需要關心它是如何實作的。取而代之，我們得知道的是該型別的物件能進行什麼運算。

每個類別都定義一個型別（type）。型別名稱與類別的名稱一樣。因此，我們的 `Sales_item` 類別定義了一個名為 `Sales_item` 的型別。就跟內建型別一樣，我們可以定義出某個類別型別的變數。當我們寫

```
Sales_item item;
```

我們說的是 `item` 是型別為 `Sales_item` 的一個物件。我們經常把「型別為 `Sales_item` 的一個物件」縮略為「一個 `Sales_item` 物件」，或甚至更簡短的「一個 `Sales_item`」。

除了能夠定義 `Sales_item` 型別的變數，我們還能：

- 呼叫名為 `isbn` 的函式從一個 `Sales_item` 物件擷取 ISBN。
- 使用輸入（`>>`）與輸出（`<<`）運算子來讀取或寫入型別為 `Sales_item` 的物件。
- 使用指定運算子（`=`）來將一個 `Sales_item` 物件指定給另一個。
- 使用加法運算子（`+`）來相加兩個 `Sales_item` 物件。這兩個物件必須指涉相同的 ISBN。結果會是一個新的 `Sales_item` 物件，其 ISBN 就是其運算元的，而賣出本數和營收則是其運算元中對應的值之總和。
- 使用複合指定運算子（`+=`）來將一個 `Sales_item` 物件加到另一個。

關鍵概念：類別定義行為

閱讀這些程式時，要牢記在心的是，`Sales_item` 類別的作者定義了此類別之物件能夠進行的所有動作。也就是說，`Sales_item` 類別定義了一個 `Sales_item` 物件創建時，還有指定、加法或輸出入運算子套用到 `Sales_items` 時，會發生什麼事。

一般來說，類別作者決定了能夠用在該類別型別物件上的所有運算。就現在而言，我們知道能在 `Sales_item` 物件上進行的運算就只有列於本節的那些。

讀取或寫入 **Sales_items**

既然我們已經知道可以把什麼運算用在 Sales_item 物件上，我們就能撰寫用到該類別的程式。舉例來說，下列的程式會從標準輸入讀取資料到一個 Sales_item 物件中，並將那個 Sales_item 寫到標準輸出：

```
#include <iostream>
#include "Sales_item.h"
int main()
{
    Sales_item book;
    // 讀取 ISBN、售出本數，以及售價
    std::cin >> book;
    // 寫入 ISBN、售出本數、總營收，以及平均價格
    std::cout << book << std::endl;
    return 0;
}
```

如果我們給這個程式的輸入是

```
0-201-70353-X 4 24.99
```

那麼輸出就會是

```
0-201-70353-X 4 99.96 24.99
```

我們的輸入表示那本書賣出了四本，每本售價 $24.99，而輸出則代表總售出數為四、總營收是 $99.96，而每本書的平均售價是 $24.99。

這個程式以兩個 #include 指示詞開始，其中一個使用了一種新的形式。來自標準程式庫的標頭被包在角括號（angle brackets，<　>）中。並非標準程式庫一部分的標頭則包在雙引號（double quotes，"　"）中。

在 main 內部我們定義了一個物件，名為 book，我們會用它來存放從標準輸入讀到的資料。下一個述句讀取資料到那個物件，而第三個述句則將之印到標準輸出，後面再印出 endl。

相加 **Sales_item**

一個更有趣的例子是將兩個 Sales_item 物件相加：

```
#include <iostream>
#include "Sales_item.h"
int main()
{
    Sales_item item1, item2;
    std::cin >> item1 >> item2; // 讀取一對交易記錄
    std::cout << item1 + item2 << std::endl; // 印出它們的總和
    return 0;
}
```

如果我們給予這個程式下列輸入

```
0-201-78345-X 3 20.00
0-201-78345-X 2 25.00
```

我們的輸出就會是

```
0-201-78345-X 5 110 22
```

這個程式一開始引入了 Sales_item 和 iostream 標頭。接著我們定義兩個 Sales_item 物件來存放交易記錄。我們從標準輸入讀取資料到這些物件中。輸出運算式進行加法運算,並印出結果。

值得注意的是,這個程式看起來與 1.2 節中的那個程式有多相似:我們都是讀取兩個輸入,然後寫出它們的總和。這個相似性之所以值得注意,是因為我們讀取並印出的不是兩個整數的和,我們讀取與印出的,是兩個 Sales_item 物件之和。更有甚者,整個「加總(sum)」的概念都不一樣了。在 ints 的例子中,我們產生的是傳統的和,也就是將兩個數值加起來的結果。在 Sales_item 物件的例子中,我們在概念上賦予了加總一個新的意義,即將兩個 Sales_item 物件的組成元素各自相加的結果。

使用檔案重導

重複輸入這些交易記錄作為你正在測試的程式之輸入,可能很枯燥乏味。大多數作業系統都支援檔案重導(file redirection),這讓我們將一個檔案名稱與標準輸入和標準輸出產生關聯:

```
$ addItems <infile >outfile
```

假設 $ 是系統提示字元,而我們的加法程式已經編譯為了一個叫做 addItems.exe 的可執行檔(或 UNIX 系統上的 addItems),這道命令將會從名為 infile 的檔案讀取交易記錄,並將其輸出寫到目前目錄中一個名叫 outfile 的檔案。

習題章節 1.5.1

練習 1.20:http://www.informit.com/title/0321714113 含有 Sales_item.h,位在第 1 章的程式碼目錄中。將那個檔案複製到你的工作目錄。用它來撰寫一個程式,讀取一組書籍販售記錄,再將每筆交易記錄寫到標準輸出。

練習 1.21:寫一個程式,讀取兩個具有相同 ISBN 的 Sales_item 物件,並產生它們的總和。

練習 1.22:寫一個程式讀取具有相同 ISBN 的數筆交易記錄。寫出所讀取的所有交易記錄之總和。

1.5.2 成員函式初探

我們相加兩個 Sales_items 的程式應該檢查那些物件是否擁有相同的 ISBN。我們會這樣做：

```
#include <iostream>
#include "Sales_item.h"
int main()
{
    Sales_item item1, item2;
    std::cin >> item1 >> item2;
    // 確認 item1 和 item2 都代表同一本書
    if (item1.isbn() == item2.isbn()) {
        std::cout << item1 + item2 << std::endl;
        return 0;    // 表示成功了
    } else {
        std::cerr << "Data must refer to same ISBN"
                  << std::endl;
        return -1;   // 表示失敗了
    }
}
```

這個程式與之前版本的差異就在 if 以及與其關聯的 else 分支。即使不了解那個 if 條件，我們也知道這個程式在做什麼。如果那個條件測試成功，那我們會寫出相同的輸出，跟之前一樣，然後回傳 0，表示成功。如果條件測試失敗，我們就執行接在 else 後的那個區塊，印出一個訊息，並回傳一個代表錯誤的值。

什麼是成員函式？

這個 if 條件

```
item1.isbn() == item2.isbn()
```

會呼叫名為 isbn 的一個**成員函式（member function）**。成員函式是定義為某個類別一部分的函式。成員函式有時被稱作**方法（methods）**。

一般來說，我們會以一個物件的身分來呼叫一個成員函式。舉例來說，那個相等性運算式的左運算元的第一部分

```
item1.isbn
```

用了點號運算子（dot operator，. 運算子）來表示我們想要的是「名為 item1 的物件之 isbn 成員」。點號運算子只適用於類別型別的物件。左手邊的運算元必須是類別型別的一個物件，而右手邊的運算元必須指明那個型別的一個成員之名稱。點號運算子的結果是右運算元所指名的成員。

當我們使用點號運算子來存取一個成員函式，我們通常是為了呼叫那個函式。我們使用呼叫運算子（call operator，() 運算子）來呼叫一個函式。

呼叫運算子是包圍了一個引數列（a list of *arguments*，可能是空的）的一對括弧（parentheses）。這裡的 isbn 成員函式並不接受引數。因此，

```
item1.isbn()
```

會呼叫 isbn 函式，它是名為 item1 之物件的一個成員。這個函式回傳儲存在 item1 中的 ISBN。

這個相等性運算子的右運算元也以相同的方式執行，回傳儲存在 item2 中的 ISBN。如果 ISBN 相同，該條件就為 true，否則為 false。

習題章節 1.5.2

練習 1.23：寫一個程式，讀取數筆交易記錄，併計數每個 ISBN 出現幾次。

練習 1.24：給予前一個程式代表多個 ISBN 的多筆交易記錄來測試它。每個 ISBN 的交易記錄應該歸為同一組。

1.6 Bookstore 程式

現在我們已經準備好來解決原本的書店（bookstore）問題了。我們得讀取銷售記錄所組成的一個檔案，並產生一個報告，為每本書顯示售出的總本數、總營收，以及平均售價。我們會假設輸出中每個 ISBN 的所有交易記錄都被歸成一組。

我們的程式會將每個 ISBN 的資料結合在名為 total 的一個變數中。我們會用名為 trans 的第二個變數來存放我們讀取的每筆交易記錄。如果 trans 和 total 指涉相同的 ISBN，我們就會更新 total。否則，我們會印出 total，並使用我們剛讀取的交易記錄來重設它：

```cpp
#include <iostream>
#include "Sales_item.h"
int main()
{
    Sales_item total; // 存放下一筆交易記錄資料的變數
    // 讀取第一筆交易記錄，並確保有資料可以處理
    if (std::cin >> total) {
        Sales_item trans; // 用來存放運行總和的變數
        // 讀取並處理剩餘的交易記錄
        while (std::cin >> trans) {
            // 如果我們仍然是在處理同一本書
            if (total.isbn() == trans.isbn())
                total += trans; // 更新累計的 total
            else {
                // 印出前一本書的結果
                std::cout << total << std::endl;
                total = trans; // total 現在指向下一本書
            }
        }
        std::cout << total << std::endl; // 印出最後一筆交易記錄
```

```
        } else {
            // 沒有輸入！警示使用者
            std::cerr << "No data?!" << std::endl;
            return -1;  // 指示失敗
        }
        return 0;
    }
```

這個程式是我們目前看過最複雜的一個，但它只用到我們已經見過的那些機能。

如同以往，一開始我們先引入要用的標頭，即標準程式庫的 iostream，以及我們自己的 Sales_item.h。在 main 中，我們定義了一個名為 total 的物件，我們會用它來加總給定 ISBN 的資料。我們先試著把第一筆交易記錄讀到 total，並測試讀取是否成功。如果讀取失敗，那麼就沒有資料可以處理，我們就退回到最外層的 else 分支，告知使用者沒有輸入可用。

假設我們成功讀取了一筆記錄，就會執行接在最外層 if 後的區塊。那個區塊會先定義名為 trans 的物件，用在讀取過程中存放我們的交易記錄。while 述句會讀取剩餘的所有記錄。就跟前面的程式一樣，while 條件會從標準輸入讀取一個值。在此，我們將一個 Sales_item 物件讀入 trans。只要讀取成功，我們就執行 while 的主題。

while 的主體是單一個 if 述句。這個 if 會檢查 ISBN 是否相等。若是，就用複合指定運算子把 trans 加到 total。如果 ISBN 不相等，我們就印出儲存在 total 中的值，並將 trans 指定給它來重置 total。執行 if 之後，我們回到 while 中的條件，讀取下一筆交易，依此類推，直到沒有記錄可讀為止。

當這個 while 終結，total 所含的就是檔案中最後一個 ISBN 的資料。我們在結束最外層 if 述句的最後一個述句中寫出最後一個 ISBN 的資料。

習題章節 1.6

練習 1.25：使用網站上的 Sales_item.h 標頭，編譯並執行本節中的書店程式。

本章總結

本章介紹的 C++ 知識足以讓你編譯並執行簡單的 C++ 程式。我們看到定義 main 函式的方式，它是作業系統會呼叫來執行程式的一個函式。我們也看到如何定義變數、如何進行輸入與輸出，以及如何撰寫 if、for 和 while 述句。本書結尾介紹 C++ 最基本的機能：類別。在本章中，我們看到如何創建和使用別人定義好的類別之物件。後續章節會展示如何定義我們自己的類別。

定義的詞彙

argument（引數） 傳入一個函式的值。

assignment（指定） 抹滅一個物件目前的值，以一個新的值取代之。

block（區塊） 包在大括號（curly braces）中的零或更多個述句。

buffer（緩衝區） 用來放置資料的一個儲存區。IO 機能通常會將輸入（或輸出）儲存在一個緩衝區中，獨立於程式中的動作讀寫該緩衝區。輸出緩衝區可以明確地排清（flushed）以強制將緩衝區的資料寫出。預設情況下，讀取 cin 就會排清 count；cout 也會在程式正常結束時被排清。

built-in type（內建型別） 由語言本身所定義的型別，例如 int。

cerr 綁定至標準錯誤（standard error）的 ostream 物件，它寫出的裝置通常與標準輸出一樣。預設情況下，寫出到 cerr 的資料不會緩衝。通常用於錯誤訊息或非正常程式邏輯部分的輸出。

character string literal（字元字串字面值） 字串字面值的另一個名稱。

cin 用來從標準輸入讀取資料的 istream 物件。

class（類別） 用來定義我們自己的資料結構及其關聯運算的機能。類別是 C++ 中最基礎的功能之一。程式庫型別，例如 istream 和 ostream，都是類別。

class type（類別型別） 由一個類別所定義的型別。該型別的名稱就是類別的名稱。

clog 綁定到標準錯誤的 ostream 物件。預設情況下，對 clog 的寫出動作有經過緩衝。通常用來把程式執行過程的資訊寫到一個記錄檔（log file）。

comments（註解） 編譯器會忽略的程式文字。C++ 有兩種註解：單行（single-line）與成對（paired）註解。單行註解以一個 // 開頭。從 // 到該行結尾的所有文字都是註解。成對註解以一個 /* 開頭，包含到下一個 */ 之前的所有文字。

condition（條件） 被估算（evaluated）為 true（真）或 false（偽）的一個運算式。零的值是 false，任何其他的值都會產出 true。

cout 用來寫出資料到標準輸出的 ostream 物件。通常用來寫出一個程式的輸出。

curly brace（大括號） 大括號界定區塊。一個左括號（open curly，{）起始一個區塊；一個右括號（close curly，}）終止一個區塊。

data structure（資料結構） 資料與作用在資料上的運算所成的一個邏輯分組（logical grouping）。

edit-compile-debug（編輯 - 編譯 - 除錯） 讓程式正確運作的過程。

end-of-file（檔案結尾） 系統特定的標記，代表一個檔案中已無更多輸入。

expression（運算式） 計算（computation）的最小單元。一個運算式由一或多個運算元（operands）和通常是一個（也可能更多個）運算子所構成。運算式會被估算以產生一個結果。舉例來說，假設 i 與 j 是 int，那麼 i + j 就是一個運算式，會產出那兩個 int 值的總和。

for statement（for 述句） 提供反覆執行（iterative execution）功能的迭代述句（iteration statement）。通常用來重複某個計算固定次數。

function（函式） 計算的具名單元（named unit）。

function body（函式主體） 定義一個函式所進行的動作之區塊。

function name（函式名稱） 眾所周知的函式名稱，可用於呼叫。

header（標頭） 一種機制，讓類別或其他名稱的定義可供給多個程式使用。程式透過 #include 指示詞來使用標頭。

if statement（if 述句） 基於特定條件之值進行的條件式執行（conditional execution）。如果條件為 true（真），if 的主體就會執行。若不是，else 的主體就會被執行，如果有的話。

initialize（初始化） 在創建一個物件的同時賦予它一個值。

iostream 提供程式庫型別用於資料流導向（stream-oriented）輸出入的標頭。

istream 提供資料流導向輸入的程式庫型別。

library type（程式庫型別） 由標準程式庫（standard library）定義的型別，例如 istream。

main 會被作業系統呼叫來執行 C++ 程式的函式。每個程式都必須有一個叫做 main 的函式，而且只能有一個。

manipulator（操作符） 我們讀寫資料時，用來「操作（manipulates）」資料流本身的物件，例如 std::endl。

member function（成員函式） 由一個類別所定義的運算（operation）。通常成員函式會被呼叫來對某個特定的物件進行運算。

methods（方法） 成員函式的同義詞。

namespace（命名空間） 將一個程式庫所定義的名稱放入單一位置的機制。命名空間可以協助避免不經意的名稱衝突（name clashes）。C++ 標準程式庫所定義的名稱位於命名空間 std。

ostream 提供資料流導向輸出功能的程式庫型別。

parameter list（參數列） 函式定義的一部分，規範可用什麼引數來呼叫該函式，可能是空的。

return type（回傳型別） 一個函式所回傳的值之型別。

source file（源碼檔） 這個詞用來描述含有 C++ 程式原始碼的的檔案。

standard error（標準錯誤） 用於錯誤回報的輸出資料流。一般來說，標準輸出和標準錯誤會被綁定到執行程式的視窗。

standard input（標準輸入） 一種輸入資料流，通常關聯至程式在其中執行的視窗。

standard library（標準程式庫） 每個 C++ 編譯器都得支援的型別和函式所成之集合。此程式庫提供用來支援 IO 的型別。C++ 程式設計師通常會稱之為「程式庫（the library）」，代表整個標準程式庫。他們也常用某個程式庫型別來指稱該程式庫的特定部分，例如「iostream 程式庫」就代表標準程式庫中定義了 IO 類別的部分。

standard output（標準輸出） 一種輸出資料流，通常關聯至執行程式的視窗。

statement（述句） 程式的一部分，指出該程式執行時會發生的某個動作。後面接著一個分號（semicolon）的運算式就是一個述句；其他種的述句包括區塊和 if、for，以及 while 述句，它們全都可以包含其他的述句。

std 標準程式庫所使用的命名空間。std::cout 代表我們正在使用定義於 std 命名空間的名稱 count。

string literal（字串字面值） 包在雙引號中的零或更多個字元所成之序列（例如 "a string literal"）。

uninitialized variable（未初始化的變數） 未被賦予初始值的變數。若是變數未被指定初始值，那麼就會以其類別型別之類別定義所規範的方式來初始化。定義於函式內的內建型別變數不會被初始化，除非有明確進行初始化。嘗試使用一個未初始化的變數之值，會產生錯誤。*未初始化的變數是很常見的臭蟲來源*。

variable（變數） 一種具名物件。

while statement（while 述句） 只要一個指定的條件為 true 就反覆執行（iterative execution）的迭代述句（iteration statement）。其主體會被執行零或更多次，取決於條件的真假值（truth value）。

() operator（() 運算子） 呼叫運算子（call operator）。接在函式名稱後面的一對括弧 ()。此運算子會使一個函式被調用（invoked）。函式的引數可放在括弧內傳入。

++ operator（++ 運算子） 遞增運算子（increment operator）。新增 1 到運算元；++i 等同於 i = i + 1。

+= operator（+= 運算子） 一種複合指定運算子（compound assignment operator），會將右運算元加到左運算元，並把結果儲存到左運算元；a += b 等同於 a = a + b。

. operator（. 運算子） 點號運算子（dot operator）。左運算元必須是類別型別的一個物件，而右運算元必須是該物件中某個成員的名稱，此運算子產出給定物件那個名稱的成員。

:: operator（:: 運算子） 範疇運算子（scope operator）。它的用途之一是存取某個命名空間中的名稱。舉例來說，std::cout 指的是來自命名空間 std 的名稱 cout。

= operator（= 運算子） 將右運算元的值指定給左運算元所代表的物件。

-- operator（-- 運算子） 遞減運算子（decrement operator）。從運算元減 1；--i 等同於 i = i - 1。

<< operator（<< 運算子） 輸出運算子。將右運算元寫到左運算元所代表的輸出資料流：cout << "hi" 會將 hi 寫到標準輸出。輸出運算可以串在一起：cout << "hi" << "bye" 會寫出 hibye。

>> operator（>> 運算子） 輸入運算子。從左運算元所指定的輸入資料流讀取資料到右運算元：cin >> i 會將標準輸入的下一個值讀到 i。輸入運算可以串在一起：cin >> i >> j 會先把資料讀到 i，然後再到 j。

#include 讓一個標頭中的程式碼可被一個程式取用的指示詞（directive）。

== operator（== 運算子） 相等性運算子（equality operator）。測試左運算元是否等於右運算元。

!= operator（!= 運算子） 不等性運算子（inequality operator）。測試左運算元是否不等於右運算元。

<= operator（<= 運算子） 小於或等於運算子（less-than-or-equal operator）。測試左運算元是否小於或等於右運算元。

< operator（< 運算子） 小於運算子（less-than operator）。測試左運算元是否小於右運算元。

>= operator（>= 運算子） 大於或等於運算子（greater-than-or-equal operator）。測試左運算元是否大於或等於右運算元。

> operator（> 運算子） 大於運算子（greater-than operator）。測試左運算元是否大於右運算元。

第一篇
基本要素

The Basics

本篇目錄

每個廣泛被使用的程式語言都會提供一組常見功能，各語言之間的細節有所差異。了解一個語言如何提供這些功能是了解該語言的第一步。這些常見功能中最基礎的有：

- 內建型別，像是整數、字元或諸如此類的。
- 變數，它們讓我們得以賦予名稱給我們所用的物件。
- 用來操作這些型別的運算式和述句。
- 控制結構，例如 if 或 while，讓我們能夠條件式或重複地執行一組動作。
- 函式讓我們定義可呼叫的計算單元。

大多數的程式語言皆以兩種方式提供這些基本功能：它們讓程式設計師定義自己的型別來擴充該語言，並透過程式庫常式（library routines）提供語言未內建的實用函式與型別之定義。

在 C++ 中，就跟多數程式語言一樣，一個物件的型別決定了可以在其上進行什麼運算。特定的運算式是否合法取決於該運算式中那些物件的型別。某些語言，例如 Smalltalk 和 Python，會在執行時期（run time）檢查型別。相較之下，C++ 則屬於靜態定型（statically typed）語言，型別檢查是在編譯時期（compile time）進行。結果就是，編譯器必須知道程式中用到的每個名稱之型別。

C++ 提供了一組內建型別、用來操作那些型別的運算子，以及少數幾個用來控制程式流程的述句。這些元素構成了一種「字母集（alphabet）」，讓我們能用以撰寫大型、複雜的真實世界系統。在這個基本層次上，C++ 是一個簡單的語言。它的表達能力源自於能讓程式設計師定義新資料結構的支援機制。使用這些機能，程式設計師能夠形塑該語言，以符合他們的目的，而無須語言設計師預先設想程式設計師的需求。

C++ 中最重要的功能或許就是類別了，它讓程式設計師能定義他們自己的型別。這種型別在 C++ 中有時被稱為「類別型別（class types）」以區別它們和內建在語言中的型別。某些語言只能讓程式設計師定義該型別是由什麼資料構成。其他語言，像是 C++，能讓程式設計師定義包括資料及運算的型別。C++ 的主要設計目標之一是讓程式設計師定義出像內建型別那樣容易使用的自有型別。C++ 的標準程式庫使用這些功能實作出豐富的類別型別及其關聯的函式。

精通 C++ 的第一步，也就是學習該語言和程式庫的基本知識，是第一篇的主題。第 2 章涵蓋了內建型別，並簡短介紹了用來定義新型別的機制。第 3 章介紹兩個最基礎的程式庫型別：string 和 vector。那個章節也涵蓋了陣列，它們是內建於 C++ 和其他許多語言的低階資料結構。第 4 到 6 章涵蓋運算式、述句和函式。這個部分結束於第 7 章，描述建置我們自有類別型別的基礎知識。如我們會看到的，定義我們自己的型別彙整了我們之前所學到的一切，因為撰寫類別就意味著使用第一篇所涵蓋的機能。

變數和基本型別

Variables and Basic Types

本章目錄

型別的基礎是任何程式的基礎:它們告訴我們資料代表的意義,以及我們可以在那些資料上進行什麼運算。

C++ 對型別有廣泛多元的支援。這個語言定義了數種原始型別(字元、整數、浮點數等等)並提供讓我們定義自有資料型別的機制。程式庫使用這些機制來定義更為複雜的型別,例如長度可變的字元字串、向量等等。本章涵蓋那些內建型別,並為 C++ 如何支援更複雜型別的說明做個開頭。

型別決定了我們程式中資料和運算的意義。即使像這麼簡單的述句

```
i = i + j;
```

其意義都取決於 i 和 j 的型別。如果 i 與 j 都是整數，這個述句就有 + 一般的算術意義。然而，如果 i 和 j 都是 Sales_item 物件（§1.5.1），這個述句就會將那兩個物件對應的各部分加起來。

2.1 原始內建型別

C++ 定義了一組原始型別，包括**算術型別**（**arithmetic types**）以及一個特殊的型別，名為 **void**。這些算術型別代表字元、整數、boolean 值，以及浮點數（floating-point numbers）。void 型別沒有關聯的值，而且只能用於少數的幾種情況下，最常用作不回傳值的函式之回傳型別。

 ## 2.1.1 算術型別

這些算術型別可分為兩類：**整數值型別**（**integral types**，其中包括字元和 boolean 型別），及浮點數型別。

這些算術型別的大小，也就是其中所含的位元數（number of bits），會隨著機器種類而不同。標準確保的最小尺寸列於表 2.1。然而，編譯器可為這些型別使用更大的尺寸。因為位元數可能不同，一個型別能夠表達的最大（或最小）值也會不同。

表 2.1：算術型別		
型別	**意義**	**最小尺寸**
bool	boolean 值	（不適用）
char	字元	8 位元
wchar_t	寬字元	16 位元
char16_t	Unicode 字元	16 位元
char32_t	Unicode 字元	32 位元
short	短整數	16 位元
int	整數	16 位元
long	長整數	32 位元
long long	長整數	64 位元
float	單精度（single-precision）浮點數	6 個有效位元（significant digits）
double	雙精度（double-precision）浮點數	10 個有效位元
long double	擴充精度（extended-precision）浮點數	10 個有效位元

bool 型別表示真假值 true 和 false。

字元型別分為數種，大多數都是為了支援國際化（internationalization）而存在。最基本的字元型別是 char。一個 char 保證大到足以存放機器基本字元集（character set）中字元所對應的數值，也就是說，一個 char 的大小與單一個機器位元組（machine byte）相同。

剩下的字元型別，也就是 wchar_t、char16_t 與 char32_t，用於延伸字元集（extended character sets）。wchar_t 型別保證大到足以存放機器最大的延伸字元集中的任何字元。型別 char16_t 與 char32_t 是為 Unicode 字元所設計（Unicode 是一種標準，基本上任何自然語言中所用的字元都能用它表示）。

剩下的整數值型別表示（可能）大小不同的整數值。此語言保證一個 int 至少會跟 short 一樣大，一個 long 至少會跟 int 一樣大，而 long long 至少會跟 long 一樣大。型別 long long 是由新標準所引進。

C++
11

內建型別的機器層級表示法

電腦將資料儲存為一序列的位元組，每個位元存放一個 0 或 1，像是

```
0011011011100010110010000111011 ...
```

大部分的電腦以 2 的乘冪（powers）位元數為大小的組塊（chunks）來處理記憶體。能夠定址的記憶體（addressable memory）最小的組塊稱為一個「位元組（byte）」。儲存的基本單位則稱作一個「字組（word）」，通常是數個位元組的大小。在 C++ 中，一個位元組所擁有的位元數至少會與儲存機器基本字元集中一個字元所需的位元數相同，在多數機器上，一個位元組有 8 個位元，而一個字組則是 32 或 64 位元，也就是 4 或 8 個位元組。

多數電腦會將一個數字（稱為一個「位址（address）」）關聯至記憶體中的每個位元組。在 8-bit 位元組及 32-bit 字組的機器上，我們可能會以下列方式看待記憶體的一個字組

736424	0 0 1 1 1 0 1 1
736425	0 0 0 1 1 0 1 1
736426	0 1 1 1 0 0 0 1
736427	0 1 1 0 0 1 0 0

此處，位元組的位址在左邊，後面接著該位元組的 8 個位元。

我們可以使用一個位址來參考從那個位址開始的數個大小不同的位元集合。你可以說位址 736424 的字組（the word at address 736424）或位址 736427 的位元組（the byte at address 736427）。要賦予給定位址的記憶體意義，我們必須知道那裡所儲存的值是何種型別。型別決定了所用的位元數，以及如何解讀那些位元。

如果位在 736424 的物件有 float 的型別，而且這部機器上的 float 是以 32 個位元來儲存，那麼我們就會知道位於那個位址的物件跨越整個字組。那個 float 的值取決於機器到底是如何儲存浮點數的。又或者，如果位置 736424 的物件是使用 ISO-Latin-1 字元集的機器上的一個 unsigned char，那麼在那個位址的位元組就表示一個分號（semicolon）。

浮點數型別代表單精度、雙精度或擴充精度的值。標準規範了有效位元（significant digits）的最少數目。大多數的編譯器所提供的精確度（precision）都比標準規範的最小值還要高。典型情況下，float 是以一個字組（32 位元）表示，double 以兩個字組（64 位元）表示，而 long double 則是三或四個字組（96 或 128 位元）。通常，float 和 double 型別分別有 7 和 16 個有效位元。long double 型別時常用來容納特殊用途的浮點計算硬體，其精確度比較可能隨實作而變化。

有號（Signed）和無號（Unsigned）型別

除了 bool 和延伸字元型別，整數值型別可以是**有號（signed）**或**無號（unsigned）**的。一個有號型別代表負的（negative）或正的（positive）數字（包括零）；無號型別只能表示大於或等於零的值。

型別 int、short、long、long long 全都是有號的。我們會在型別前面加上 unsigned 來獲得對應的無號型別，例如 unsigned long。型別 unsigned int 可以縮寫為 unsigned。

不同於其他的整數型別，存在有三種不同的基本字元型別：char、signed char、unsigned char。特別是，char 與 signed char 並非相同的型別。雖然有三種字元型別，表示法（representations）只有兩種：有號與無號。（普通的）char 型別使用其中的一種表示法。其他兩種字元表示法何者等同於 char 則取決於編譯器。

在一個無號型別中，所有的位元都用來表示值本身。舉例來說，一個 8-bit 的 unsigned char 可以存放從 0 到 255 的值，包括兩端。

標準並未定義有號型別要如何表示，但有規範其範圍應該平均分為正值與負值。因此，一個 8-bit 的 signed char 保證能夠持有從 –127 到 127 的值；大多數的現代機器所使用的表示法都允許從 –128 到 127 的值。

建議：判斷要使用哪個型別

C++ 跟 C 一樣是設計來讓程式在必要時能夠盡可能靠近硬體。算術型別被定義成可以適應各種硬體的特性。因此，C++ 中算術型別的數字可能會讓人費解。大多數的程式設計師都可以（也應該）限制他們使用的型別以避開這些複雜性。在決定要用哪個型別時，有幾個經驗法則可能會有幫助：

- 當你知道值不能為負時，就用一個無號型別。

- 整數的算術運算就用 int。short 通常太小了，而在實務上，long 的大小經常會與 int 相同。如果你的資料值比 int 保證的最大值還要大，那就使用 long long。

- 別在算術運算式中使用一般的 char 或 bool。只用它們來存放字元或真假值。使用 char 來進行計算特別容易出問題，因為 char 在某些機器上是 signed，在另外一些機器上則是 unsigned。如果你需要一個很小的整數，就明確指定 signed char 或 unsigned char。

- 使用 double 來進行浮點運算；float 通常沒有足夠的精確度，而且雙精度（double-precision）計算的成本與單精度（single-precision）計算的成本之間的差異微乎其微。事實上，在某些機器上，雙精度運算的速度還比單精度還要快。long double 所提供的精確度通常沒必要，而且會帶來可觀的執行時期成本（run-time cost）。

習題章節 2.1.1

練習 2.1：int、long、long long 與 short 之間的差異是什麼？無號型別與有號型別之間的差異呢？float 與 double 之間呢？

練習 2.2：若要計算抵押貸款的付款金額（mortgage payment），你分別會用何種型別來表示利率（rate）、本金（principal）和償還金額（payment）？解釋你選擇該型別的原因。

2.1.2 型別轉換

一個物件的型別定義該物件可能含有的資料，以及那個物件能進行什麼運算。在許多型別所支援的運算中，有一種運算能將給定的型別**轉換（convert）**為另一個相關的型別。

如果我們在預期某個型別的地方使用另一個型別，型別轉換（type conversions）就會自動發生。我們會在 §4.11 中更詳細解說型別的轉換，就現在而言，只需要了解我們將某個型別的值指定給另一個型別的物件時，會發生什麼事。

當我們指定一個算術型別給另一個：

```
bool b = 42;              // b 為 true
int i = b;                // i 有值 1
i = 3.14;                 // i 有值 3
double pi = i;            // pi 有值 3.0
unsigned char c = -1;     // 假設是 8-bit 的 char，c 有值 255
signed char c2 = 256;     // 假設是 8-bit 的 char，c2 的值未定義
```

會發生什麼事取決於那個型別允許的值之範圍：

- 當我們將一個非 bool 的算術型別指定給一個 bool 物件，如果值為 0，結果就會是 false，否則就為 true。

- 當我們指定一個 bool 給其他的某個算術型別，如果那個 bool 是 true，結果值就是 1，若那個 bool 為 false，值就會是 0。

- 當我們指定一個浮點數值給整數值型別的物件，值就會被截斷（truncated）。所儲存的值會是小數點（decimal point）前面的部分。

- 當我們指定一個整數值給浮點數型別的一個物件，小數部分（fractional part）就會是零。如果整數的位元數比浮點物件所能容納的還要多，就會損失精確度。

- 如果我們指定一個範圍外的值給無號型別的一個物件，結果就會是以目標型別所能存放的值之數目，對該值進行模數（modulo）運算之後的餘數（remainder）。舉例來說，一個 8-bit 的 unsigned char 能夠持有從 0 到 255 的值（包括兩端點）。如果我們指定了這個範圍外的值，編譯器就會用那個值除以 256 之後的餘數來指定。因此，指定 -1 給一個 8-bit 的 unsigned char 會賦予該物件 255 的值。

- 如果我們指定一個範圍外的值給有號型別的物件，結果會是**未定義（undefined）**的。這種程式可能在表面上可以運作，也可能當掉，或產生沒有用的值。

> **建議：避免未定義的或由實作定義的行為**
>
> 未定義的行為源自於編譯器沒必要（有時是沒辦法）偵測的錯誤。即使這種程式碼能夠編譯，執行一個未定義的運算式的程式仍然會是錯的。
>
> 遺憾的是，在某些環境或某些編譯器之下，含有未定義行為的程式在表面上看起來可能會是正確的。你沒辦法保證相同的程式以不同的編譯器來編譯，或甚至以相同編譯器的後續版本來編譯，還能夠正確執行。也沒辦法保證某組輸入下行得通的運算，以其他輸入執行仍然可行。
>
> 同樣地，程式通常應該避免由實作定義的行為（implementation-defined behavior），例如假設 int 的大小是固定而且已知的值。這種程式被說是*無法移植*（*nonportable*）的。當這種程式移到另一部機器上，仰賴實作定義行為的程式碼可能會執行失敗。在之前可以正常運作的程式中追查這種問題，就算說得委婉一點，也會是非常不愉快的。

在預期某個算術型別值的地方使用另一個算術型別的值時，編譯器也會進行同樣的型別轉換。舉例來說，當我們使用一個非 bool 值作為條件（§1.4.1），算術型別值就會以我們將那個算術值指定到一個 bool 變數時相同的方式被轉為 bool：

```
int i = 42;
if (i) // 條件會估算為 true
    i = 0;
```

如果值為 0，那麼條件就會是 false；其他所有的（非零）值都會產出 true。

同樣地，當我們在一個算術運算式中使用一個 bool，其值永遠都會被轉為 0 或 1。結果就是，在一個算術運算式中使用一個 bool 幾乎總是可以確定是錯誤的。

涉及無號型別的運算式

雖然我們不太可能刻意指定一個負值給無號型別的物件，但我們可能（而且非常容易）寫出隱含這樣做的程式碼。舉例來說，如果我們在一個算術運算式中同時使用了 unsigned 和 int 值，那個 int 值一般會被轉為 unsigned。一個 int 被轉換為 unsigned 的方式與我們將那個 int 指定到一個 unsigned 時相同：

```
unsigned u = 10;
int i = -42;
std::cout << i + i << std::endl; // 印出 -84
std::cout << u + i << std::endl; // 若是 32-bit 的 int，就印出 4294967264
```

在第一個運算式中，我們將兩個（負的）int 值相加，並獲得了預期的結果。在第二個運算式中，int 值 -42 在加法運算執行前會被轉換為 unsigned。將一個負數轉為 unsigned 的方式就跟我們將那個負值指定給一個 unsigned 物件時相同。值會像上面描述過的那樣「繞回來（wraps around）」。

不管運算元中有一個是無號的，或是兩者皆是，如果我們從一個無號數減去一個值，我們就必須確保結果不能是負的：

```
unsigned u1 = 42, u2 = 10;
std::cout << u1 - u2 << std::endl; // ok：結果是 32
std::cout << u2 - u1 << std::endl; // ok：但結果會繞回來
```

「unsigned 不能小於零」這個事實也影響到我們撰寫迴圈的方式。舉例來說，在 §1.4.1 的練習中，你寫了一個迴圈，使用遞減運算子印出從 10 降到 0 的數字。你寫的迴圈看起來大概會像：

```
for (int i = 10; i >= 0; --i)
    std::cout << i << std::endl;
```

我們可能會認為可以使用一個 unsigned 來改寫這個圈。畢竟，我們並不打算印出負數。然而，這個簡單的型別變更意味著我們的迴圈永遠都不會終止：

```
// 錯誤：u 永遠都無法小於 0；條件永遠都為真
for (unsigned u = 10; u >= 0; --u)
    std::cout << u << std::endl;
```

思考一下當 u 為 0 的時候會發生什麼事。在那次迭代（iteration）中，我們會印出 0，然後執行 for 迴圈中的運算式。那個運算式，也就是 --u 從 u 減去 1。所產生的結果 -1 無法被一個 unsigned 值所容納。就跟其他範圍外的任何值一樣，-1 會被變換為一個 unsigned 值。假設是 **32-bit** 的 int，--u 的結果，在 u 為 0 時會是 4294967295。

撰寫這個迴圈的另一種方式是使用 while 而非 for。使用 while 可以讓我們在印出我們的值之前（而非之後）先遞減：

```
unsigned u = 11;      // 使用比我們想要印出的第一個元素多一的值開始迴圈
while (u > 0) {
    --u;              // 先遞減，所以最後一次迭代會印出 0
    std::cout << u << std::endl;
}
```

這個迴圈一開始先遞減迴圈控制變數的值。在最後一次迭代，u 在進入迴圈時會是 1。我們會遞減那個值，這表示我們將會在該迴圈印出 0。接著，當我們在 while 條件中測試 u 的時候，它的值會是 0，而迴圈就此終止。因為我們先遞減 u，所以必須將 u 初始化為比我們想要印的值還要大一的值。因此，我們將 u 初始化為 11，所以第一個被印出的值是 10。

注意：別混用有號與無號型別

混用了有號和無號值的運算式可能會在有號值為負的時候，產出令人驚訝的結果。要記住的一個重點是，有號值會自動被轉換為無號值。舉例來說，在像 a * b 這樣的運算式中，若 a 是 -1，而 b 是 1，那麼如果 a 和 b 都是 int，則結果值就會如預期的是 -1。然而，如果 a 是 int 而 b 是 unsigned，那麼這個運算式的值會是什麼，就要看在那部機器上，一個 int 到底有多少位元而定。在我們的機器上，此運算式會產出 4294967295。

習題章節 2.1.2

練習 2.3：下列程式碼會產生什麼輸出呢？

```cpp
unsigned u = 10, u2 = 42;
std::cout << u2 - u << std::endl;
std::cout << u - u2 << std::endl;
int i = 10, i2 = 42;
std::cout << i2 - i << std::endl;
std::cout << i - i2 << std::endl;
std::cout << i - u << std::endl;
std::cout << u - i << std::endl;
```

練習 2.4：寫一個程式來檢查你的預測是否正確。若不是，就重複研讀本節，直到你了解問題出在哪裡為止。

2.1.3 字面值

一個值，例如 42，之所以會被稱為一個**字面值（literal）**，就是因為它的值正如字面上所示，不言自明。每個字面值都有一個型別。一個字面值的形式和值決定了它的型別。

整數與浮點數字面值

我們能使用十進位（decimal）、八進位（octal）或十六進位（hexadecimal）記號法來寫出一個整數字面值。以 0（零）開頭的整數字面值會被解讀為八進位。以 0x 或 0X 開頭的會被解讀為十六進位。舉例來說，我們可以用下列三種方式中任何一種來寫出 20 這個值：

```cpp
20 /* 十進位 */ 024 /* 八進位 */ 0x14 /* 十六進位 */
```

一個整數字面值的型別取決於其值和記號法。預設情況下，十進位字面值是有號的，而八進位和十六進位字面值則可能是有號或無號型別。一個十進位字面值會有 int、long 或 long long 中能夠容納其值的最小型別（也就是這個串列中第一個符合的型別）作為它的型別。八進位和十六進位字面值則有 int、unsigned int、long、unsigned long、long long 或 unsigned long long 中能容納其值的最小型別作為型別。使用一個太大而不能放入最大相關型別的字面值會是一種錯誤。並不存在型別為 short 的字面值。在表 2.2 中能看到我們可以使用一個後綴來覆寫這些預設行為。

雖然整數字面值可以儲存在有號型別中，從技術上來說，一個十進位字面值的值永遠都不會是一個負數。如果我們寫出看起來是負數的十進位字面值，例如 -42，其中的負號（minus sign）不會是該字面值的一部分。這個負號會是一個運算子，用以反轉其（字面值）運算元的正負號。

浮點數字面值包括了一個小數點（decimal point）或使用科學記號（scientific notation）指定的一個指數（exponent）。使用科學記號的時候，指數用 E 或 e 來表示：

```cpp
3.14159    3.14159E0    0.   0e0    .001
```

預設情況下，浮點數字面值會有 double 的型別。我們可以使用（下一頁的）表 2.2 中的後綴來覆寫這個預設值。

字元與字元字串字面值

以單引號（single quotes）圍起的一個字元（character）是型別為 char 的字面值。圍在雙引號（double quotation marks）中的零或多個字元則是一個字串字面值（string literal）：

```
'a' // 字元字面值
"Hello World!" // 字串字面值
```

一個字串字面值的型別為常數 chars 所成的陣列（array），我們會在 §3.5.4 中討論這個型別。編譯器會在每個字串字面值後附加一個 null 字元（'\0'），因此，一個字串字面值的實際長度會比表面上多一。舉例來說，字面值 'A' 代表單一字元 A，而字串字面值 "A" 則代表兩個字元所組成的一個陣列，即字母 A 和 null 字元。

看起來相鄰而且只以空格（spaces）、tabs 或 newlines 分隔的兩個字串字面值會被串接（concatenated）為單一個字面值。當我們需要寫出長到單一文字行放不下的字面值時，我們就會使用這種形式的字面值：

```
// 多行字串字面值
std::cout << "a really, really long string literal "
             "that spans two lines" << std::endl;
```

轉義序列（Escape Sequences）

某些字元，例如 backspace（退格字元）或控制字元，並沒有看得見的影像。這種字元是**不可列印（nonprintable）**的。其他字元（單或雙引號、問號，以及反斜線）在此語言中則有特殊意義。我們的程式無法直接使用這些字元。取而代之，我們會用一個**轉義序列（escape sequence**，或稱「跳脫序列」、「逸出序列」）來表示這種字元。一個轉義序列以一個反斜線（backslash）開頭。此語言定義了數個轉義序列：

newline	\n	horizontal tab	\t	alert（bell）	\a
vertical tab	\v	backspace	\b	double quote	\"
backslash	\\	question mark	\?	single quote	\'
carriage return	\r	formfeed	\f		

我們把一個轉義序列當成單一個字元使用：

```
std::cout << '\n';      // 印出一個 newline
std::cout << "\tHi!\n"; // 印出一個 tab 後面接著 "Hi!" 和一個 newline
```

我們也能寫出一般化的轉義序列（generalized escape sequence），也就是 \x 後面接著一或更多個十六進位數字（digits），或是一個 \ 後面接著一、二或三個八進位數字。其中的值代表該字元的數值。這裡有些例子（假設使用的是 Latin-1 字元集）：

\7（bell）	\12（newline）	\40（blank）
\0（null）	\115（'M'）	\x4d（'M'）

就如此語言所定義的轉義序列，我們會在可以使用其他任何字元的地方使用這些轉義序列：

```
std::cout << "Hi \x4dO\115!\n"; // 印出 Hi MOM! 後面接著一個 newline
std::cout << '\115' << '\n';    // 印出 M 後面接著一個 newline
```

請注意，如果一個 \ 後面接了超過三個八進位數字，只有前三個會與那個 \ 產生關聯。舉例來說，"\1234" 代表兩個字元：一個是由八進位值 123 所代表的字元，另一個則是字元 4。相較之下，\x 使用後面接的所有十六進位數字，"\x1234" 表示單一個 16-bit 的字元，由對應那四個十六進位數字的位元所構成。因為大多數的機器都使用 8-bit 的 char，這樣的值不太可能有用處。一般來說，超過 8 位元的十六進位字元透過表 2.2 中的前綴用於延伸字元集。

指定一個字面值的型別

我們能夠覆寫一個整數、浮點數或字元字面值的預設型別，只要提供一個後綴（suffix）或前綴（prefix）就行了，如表 2.2 中所列。

```
L'a'           // 寬字元字面值，型別為 wchar_t
u8"hi!"        // utf-8 字串字面值（utf-8 以 8 位元編碼一個 Unicode 字元）
42ULL          // 無號的整數字面值，型別為 unsigned long long
1E-3F          // 單精度浮點數字面值，型別為 float
3.14159L       // 擴充精度浮點數字面值，型別為 long double
```

當你撰寫一個 long 字面值，請使用大寫的 L，小寫的字母 l 太容易被誤解為數字 1 了。

表 2.2：指定一個字面值的型別		
字元與字元字串字面值		
前綴	意義	型別
u	Unicode 16 字元	char16_t
U	Unicode 32 字元	char32_t
L	寬字元	wchar_t
u8	utf-8（僅限字串字面值）	char
整數字面值 浮點數字面值		
後綴	最小型別	後綴	型別
u 或 U	unsigned	f 或 F	float
l 或 L	long	l 或 L	long double
ll 或 LL	long long		

我們可以單獨指定一個整數字面值的有無號和大小。如果後綴含有一個 U，那麼該字面值就有一個無號型別，所以帶有一個 U 後綴的一個十進位、八進位或十六進位字面值有 unsigned int、unsigned long 或 unsigned long long 中能容納該字面值的最小型別。如果後綴含有一個 L，那麼字面值的型別至少會是 long；如果後綴含有 LL，那麼該字面值的型別要不是 long long 就是 unsigned long long。

我們可以把 U 和 L 或 LL 結合。舉例來說，帶有一個 UL 後綴的字面值會是 unsigned long 或 unsigned long long，取決於其值是否能放入 unsigned long。

Boolean 與指標字面值

true 和 false 這些字詞是型別 bool 的字面值：

```
bool test = false;
```

nullptr 則 是 指 標 字 面 值（pointer literal）。 我 們 會 在 §2.3.2 更 深 入 討 論 指 標 和 nullptr。

習題章節 2.1.3

練習 2.5：判斷下列每個字面值之型別。解釋四個範例中每組字面值之間的差異：

(a) 'a'、L'a'、"a"、L"a"
(b) 10、10u、10L、10uL、012、0xC
(c) 3.14、3.14f、3.14L
(d) 10、10u、10.、10e-2

練習 2.6：下列定義之間的差異是什麼（如果有的話）？

```
int month = 9, day = 7;
int month = 09, day = 07;
```

練習 2.7：這些字面值代表什麼值呢？它們各有什麼型別呢？

(a) "Who goes with F\145rgus?\012"
(b) 3.14e1L　　(c) 1024f　　(d) 3.14L

練習 2.8：使用轉義序列，寫出一個程式印出 2M 後面接著一個 newline。修改這個程式，印出 2，然後一個 tab，然後一個 M，後面接著一個 newline。

2.2 變數

一個變數（*variable*）提供我們一種具名的儲存區（named storage），讓我們的程式加以操作。C++ 中每個型別都有一個型別。型別決定了變數在記憶體中的大小和布局（layout）、能儲存在該記憶體中的值之範圍，以及能夠套用到該變數的運算。C++ 程式設計師常會互換地將變數稱作「變數」或「物件（objects）」。

2.2.1 變數的定義

一個簡單的變數定義由一個**型別指定符（type specifier）**，後面接著逗號（commas）分隔的一串一或多個變數名稱，並以一個分號（semicolon）結尾。這個串列中的每個名稱都有以型別指定符所定義的型別。一個定義可以（選擇性地）為它所定義的一或更多個名稱提供一個初始值（initial value）：

```
int sum = 0, value, // sum、value 與 units_sold 有型別 int
    units_sold = 0; // sum 和 units_sold 有初始值 0
Sales_item item;      // item 有型別 Sales_item（參閱 §1.5.1）
// string 是一種程式庫型別，代表長度可變的一個字元序列
std::string book("0-201-78345-X"); // 以字串字面值初始化的 book
```

book 的定義使用了 std::string 程式庫型別。就像 iostream（§1.2），string 定義於命名空間 std。我們會在第 3 章介紹更多有關 string 的知識。就目前而言，要知道的是，一個 string 是代表一個長度可變的字元序列（variable-length sequence of characters）的型別。string 程式庫提供我們數個初始化 string 物件的方式。其中一種方式是作為一個字串字面值（§2.1.3）的拷貝。因此，book 被初始化來存放字元 0-201-78345-X。

名詞解釋：什麼是物件？

C++ 程式設計師在使用物件（object）這個詞的時候，通常較不那麼嚴謹。最廣義的說，一個物件是指一個記憶體區域（a region of memory），其中能夠含有資料並且具有一個型別。

物件這個詞的某些用法僅指涉類別型別的變數或值。其他用法則會區分具名物件和不具名物件（named and unnamed objects），使用變數（variable）來指稱具名物件。還有其他一些用法會區分物件和值（objects and values），使用物件這個詞來稱呼程式能變更的資料，而值（value）這個詞則指唯讀（read-only）的資料。

在本書中，我們會依循最廣義的用法，也就是一個物件是具有型別的一個記憶體區域。我們會自由使用物件這個詞，不管指稱的物件有內建型別或類別型別、具名或不具名，或是否可讀寫。

初始器（Initializers）

一個被**初始化（initialized）**的物件會在它被創建之時得到所指定的值。用來初始化一個變數的值可以是任意複雜的運算式。當一個定義定義了兩個或更多個變數，各個物件的名稱會即刻變得可見。因此，你能在同一個定義中用較早定義的變數之值來初始化一個變數。

```
// ok：price 有定義，並在被用來初始化 discount 之前就已經初始化過了
double price = 109.99, discount = price * 0.16;
// ok：呼叫 applyDiscount 並使用其回傳值來初始化 salePrice
double salePrice = applyDiscount(price, discount);
```

C++ 中的初始化（initialization）是一個複雜的驚人的主題，也是我們會一再回頭討論的主題。許多程式設計師會對使用 = 符號來初始化一個變數感到困惑。你很容易會把初始化想成是某種形式的指定（assignment），但在 C++ 中，初始化和指定是不同的運算。這個概念特別令人困惑，因為在許多語言中，這種區別並不重要，而且可被忽略。此外，即使是在 C++ 中，此區別經常也是不那麼重要。儘管如此，這仍是本書會重複提到的一個關鍵概念。

> 初始化並非指定。初始化發生在一個變數於創建之時被賦予一個值的時候。指定則會抹消一個物件目前的值，並以一個新的值取代之。

串列初始化

初始化是一個複雜主題的原因之一在於，這個語言定義了數種形式的初始化。舉例來說，我們可以使用下列四種不同方式的任何一種來定義一個名為 `units_sold` 的 int 變數，並將之初始化為 0：

```
int units_sold = 0;
int units_sold = {0};
int units_sold{0};
int units_sold(0);
```

將大括號（curly braces）用於初始化的廣義用法是作為新標準的一部分被引進的。這種形式的初始化在之前僅允許以更為侷限的方式進行。由於我們會在 §3.3.1 中學到的理由，這種形式的初始化被稱為**串列初始化（list initialization）**。使用大括號的初始器串列（braced lists of initializers）現在可以在我們想要初始化一個物件的任何地方使用，在某些情況下，還能用在我們指定一個新的值給一個物件的時候。

與內建型別的變數一起使用時，這種形式的初始化會有一個重要的特性：如果初始器可能導致資訊的損失，編譯器就不會讓我們串列初始化內建型別的變數：

```
long double ld = 3.1415926536;
int a{ld}, b = {ld};      // 錯誤：需要轉換為更狹窄的型別
int c(ld), d = ld;        // ok：可行，但值會被截斷
```

編譯器會駁回 a 與 b 的初始化，因為使用一個 long double 來初始化一個 int 很有可能損失資訊。至少，ld 的小數部分會被截掉。此外，ld 中的整數部分也可能過大而無法放入一個 int。

如這裡所示，其間的差異看起來可能不重要，畢竟我們也不太可能用一個 long double 直接初始化一個 int。然而，如我們會在第 16 章中看到的，這種初始化有可能會不經意的發生。我們會在 §3.2.1 和 §3.3.1 中更深入討論初始化的這些形式。

預設初始化

如果我們定義一個變數的時候不使用初始器，該變數就會**以預設的方式被初始化（default initialized）**。這種變數會被賦予「預設（default）」值。這個預設值會是什麼，則取決於該變數的型別，也可能還取決於該變數是在何處定義的。

一個內建型別物件的值，若未明確初始化，就要以它是在何處定義的來決定。定義在任何函式主體（function body）之外的變數會被初始化為零。只有一個例外（會涵蓋在 §6.1.1 中），也就是在一個函式內定義的內建型別變數都是**未初始化的（uninitialized）**。一個未初始化

的內建型別變數之值是未定義的（undefined，§2.1.2）。試著拷貝或存取其值未定義的變數
是一種錯誤。

各個類別負責控制我們如何初始化制該類別型別的物件。特別是，我們是否能夠定義該型別
的物件而不使用初始器，是由類別來決定的。如果可以，類別就負責決定最終產生的物件會
有什麼值。

大多數的類別都允許我們定義物件而不明確使用初始器。這些類別會替我們設定適當的預設
值。舉例來說，如我們剛才所見，程式庫的 string 類別指出，如果我們沒有提供一個初始器，
那麼所產生的 string 就會是空字串（empty string）：

```cpp
std::string empty;   // empty 隱含地被初始化為空字串
Sales_item item;     // 以預設方式初始化 Sales_item 物件
```

某些類別要求每個物件都明確地被初始化。如果我們試著不以初始器來創建這種類別的物件，
編譯器就會抱怨。

> 定義在一個函式主體內的內建型別未初始化物件會有未定義的值。我們未明確初始化
> 的類別型別物件會有由該類別所定義的值。

習題章節 2.2.1

練習 2.9：解釋下列定義。對那些不合法的定義，請解說何處出錯了，以及如何更正之。

(a) `std::cin >> int input_value;`   (b) `int i = { 3.14 };`
(c) `double salary = wage = 9999.99;`   (d) `int i = 3.14;`

練習 2.10：下列每個變數各有什麼初始值呢（如果有的話）？

```cpp
std::string global_str;
int global_int;
int main()
{
    int local_int;
    std::string local_str;
}
```

 ## 2.2.2 變數宣告與定義

為了讓程式能以符合邏輯的方式分割寫成，C++ 支援常被稱為**個別編譯**（*separate compilation*）
的功能。個別編譯能讓我們將程式分割為數個檔案，其中每一個都能獨立編譯。

當我們將一個程式分為多個檔案，我們就需要一種在那些檔案之間共用程式碼的方法。舉例
來說，定義在某個檔案中的程式碼可能需要使用定義在另一個檔案中的變數。舉個具體範例，
請思考 std::cout 和 std::cin。這些是定義在標準程式庫中某處的物件，然而我們的程式
卻能使用這些物件。

注意：未初始化的變數導致執行期問題

一個未初始化的變數具有未決的值。試著使用一個未初始化的變數值經常是一種難以除錯的錯誤。此外，編譯器並不被要求要偵測這種錯誤，雖然大多數都至少會對未初始化變數的某些使用發出警告。

我們使用一個未初始化變數的時候到底會發生什麼事情是沒有定義的。有時候，我們可能走運，一存取這種物件程式就馬上當掉。只要我們追查到程式當掉的位置，通常很容易就能看出有變數尚未適當地初始化。其他時候，程式順利執行完畢，但卻產生有誤的結果。更糟的是，第一次執行我們程式所產生的結果看起來好像正確，但後續執行卻出錯。此外，在不相關的位置加入程式碼可能會導致原本我們認為正確的程式開始產生錯誤的結果。

我們建議初始化每一個內建型別物件。這並不總是必要的，但在你能確定省略初始器是安全的之前，提供初始器會是比較容易且安全的做法。

要支援個別編譯，C++ 區別所謂的宣告（declarations）和定義（definitions）。一個**宣告**讓程式得知某個名稱。一個想要使用定義在他處的名稱的檔案會引入該名稱的宣告。一個**定義**則創建關聯的那個實體。

一個變數宣告指出一個變數的型別和名稱。一個變數定義是一種宣告。除了指出名稱和型別，一個定義還會配置（allocates）儲存空間，也可能提供一個初始值給該變數。

要獲得不是定義的一個宣告，我們加入 extern 關鍵字，並且不提供明確的初始器：

```
extern int i; // 宣告但不定義 i
int j; // 宣告並定義 j
```

包括一個明確的初始器的任何宣告都算是定義。我們可以為定義為 extern 的一個變數提供初始器，但這麼做會覆寫那個 extern。具有初始器的一個 extern 是一個定義：

```
extern double pi = 3.1416; // 定義
```

在函式內的一個 extern 上提供初始器會產生錯誤。

變數必須剛好只定義一次，但可以被宣告許多次。

宣告和定義之間的區別在此時看起來似乎很模糊，但實際上卻很重要。要在一個以上的檔案中使用某個變數，需要與變數定義分離的宣告。要在多個檔案中使用同一個變數，我們必須在一個檔案中定義那個變數，而且只能在一個檔案中。用到那個變數的其他檔案必須宣告那個變數，而非定義。

我們會在 §2.6.3 和 §6.1.3 中更深入討論 C++ 是如何支援個別編譯的。

習題章節 2.2.2

練習 2.11：解釋下列每一個是宣告還是定義：

   (a) extern int ix = 1024;
   (b) int iy;
   (c) extern int iz;

關鍵概念：靜態定型

C++ 是一種靜態定型（*statically typed*）的語言，這代表型別是在編譯時期（compile time）進行檢查。型別被檢查的過程被稱作型別檢查（*type checking*）。

如我們所見，一個物件的型別限制了該物件能進行的運算。在 C++ 中，編譯器會檢查我們所寫的運算是否有被我們所用的型別支援。如果我們試著進行該型別不支援的動作，編譯器會產生錯誤訊息，並且不會產生執行檔。

隨著我們的程式越變越複雜，我們會看到靜態的型別檢查能幫助我們找出 bugs。然而，靜態檢查的後果之一，是編譯器必須知道我們所用的每個實體之型別。舉例來說，我們必須在使用一個變數之前，定義它的型別。

2.2.3 識別字

C++ 中的識別字（*identifier*）可以由字母（letters）、數字（digits）或底線字元（underscore character）所構成。此語言並沒有對名稱長度設下限制。識別字必須以一個字母或一個底線開頭。識別字有區分大小寫（case-sensitive），大寫字母跟小寫字母會被視為不同：

```
// 定義四個不同的 int 變數
int somename, someName, SomeName, SOMENAME;
```

此語言保留了一組名稱給自己使用，列在表 2.3 和表 2.4 中。這些名稱不能被用作識別字。

標準也保留了一組名稱在標準程式庫中使用。我們在自己程式中定義的識別字不能含有兩個連續的底線，一個識別字也不能以後面緊接著一個大寫字母的一個底線開頭。此外，在一個函式之外定義的識別字不能以一個底線開頭。

變數名稱的慣例

為變數命名時，有幾個一般都被接受的慣例可用。依循這些慣例能夠增進程式的可讀性。

- 一個識別字應該對它的意義做出一些提示。

- 變數名稱一般都是小寫，也就是 index，而非 Index 或 INDEX。

- 就跟 Sales_item 一樣，我們定義的類別通常以一個大寫字母開頭。

- 帶有多個字詞的識別字應該在視覺上區別每一個字，舉例來說，student_loan 或 studentLoan，而非 studentloan。

 前後一致地遵守命名慣例時，它們才能發揮最大用處。

表 2.3：C++ 關鍵字				
alignas	continue	friend	register	true
alignof	decltype	goto	reinterpret_cast	try
asm	default	if	return	typedef
auto	delete	inline	short	typeid
bool	do	int	signed	typename
break	double	long	sizeof	union
case	dynamic_cast	mutable	static	unsigned
catch	else	namespace	static_assert	using
char	enum	new	static_cast	virtual
char16_t	explicit	noexcept	struct	void
char32_t	export	nullptr	switch	volatile
class	extern	operator	template	wchar_t
const	false	private	this	while
constexpr	float	protected	thread_local	
const_cast	for	public	throw	

表 2.4：C++ 運算子的替代名稱					
and	bitand	compl	not_eq	or_eq	xor_eq
and_eq	bitor	not	or	xor	

習題章節 2.2.3

練習 2.12：下列哪一個名稱無效（如果有的話）？

(a) `int double = 3.14;`   (b) `int _;`

(c) `int catch-22;`   (d) `int 1_or_2 = 1;`

(e) `double Double = 3.14;`

2.2.4 一個名稱的範疇

在一個程式的任何定點上,用到的每個名稱都指涉一個特定的實體:一個變數、函式、型別等,
諸如此類的。然而,一個給定的名稱可被重複使用,在程式的不同定點上指涉到不同的實體。

一個**範疇**(**scope**)是指程式的某個部分,在其中一個名稱有特殊的意義。C++ 中大多數的範
疇都由大括號(curly braces)來界定。

相同的名稱可在不同的範疇中指涉不同的實體。名稱從它們被宣告的那個點一直到宣告處所
在範疇的結尾都是可見的。

舉個例子,請思考來自 §1.4.2 的這個程式:

```cpp
#include <iostream>
int main()
{
    int sum = 0;
    // 將從 1 到 10 的值加總起來,包括兩端點
    for (int val = 1; val <= 10; ++val)
        sum += val; // 等同於 sum = sum + val
    std::cout << "Sum of 1 to 10 inclusive is "
                << sum << std::endl;
    return 0;
}
```

這個程式定義了三個名稱,也就是 main、sum 以及 val,並用到命名空間 std,還有來自那
個命名空間的兩個名稱,即 cout 和 endl。

main 這個名稱定義在任何大括號之外。名稱 main,就跟其他大多數定義於函式外的名稱,
具有**全域範疇**(**global scope**)。一旦宣告了,位於全域範疇的名稱就能被整個程式存取。
名稱 sum 定義在一個區塊的範疇中,這個區塊就是 main 函式的主體。從它被宣告的點開始,
一直到這個 main 函式結束為止,它都是可存取的,但在 main 函式外就不能取用。變數 sum
有**區塊範疇**(**block scope**)。名稱 val 定義在 for 述句的範疇中。它可在那個述句中被使用,
但 main 中其他的地方就不行。

建議:在你初次使用它們的時候定義變數

在靠近一個物件初次被使用的地方定義它,通常會是個好主意。這麼做可以增進可讀性,因為
很容易就能找到變數的定義。更重要的是,如果變數定義在靠近初次被使用之處,那麼要賦予
該變數一個有用的初始值,通常會比較容易。

巢狀範疇(Nested Scopes)

範疇可以包含其他範疇。那個被包含的範疇(contained scope,或稱「內嵌的範疇」,
nested scope)被稱為一個**內層範疇**(**inner scope**),包含它的範疇(containing scope)
則被稱作**外層範疇**(**outer scope**)。

只要一個名稱在一個範疇中被宣告了，那個名稱就能被內嵌在該範疇內的那些範疇所使用。
宣告在外層範疇中的名稱，也能被一個內層範疇重新定義：

```cpp
#include <iostream>
// 僅用於說明的程式：對函式而言，這是不良的風格
// 使用全域變數並且定義同名的區域變數
int reused = 42; // reused 具有全域範疇
int main()
{
    int unique = 0; // unique 具有區塊範疇
    // output #1：使用全域的 reused，印出 42 0
    std::cout << reused << " " << unique << std::endl;
    int reused = 0; // 新的區域物件，被命名為 reused，隱藏了全域的 reused
    // output #2：使用區域的 reused，印出 0 0
    std::cout << reused << " " << unique << std::endl;
    // output #3：明確地請求全域的 reused，印出 42 0
    std::cout << ::reused << " " << unique << std::endl;
    return 0;
}
```

output #1 出現在 reused 的區域定義之前。因此，這個輸出述句使用定義在全域範疇中的名
稱 reused。此述句印出 42 0。output #2 發生在 reused 的區域定義之後。區域的 reused
現在位於範疇中。因此，這第二個輸出述句使用名為 reused 的區域物件，而非全域的那一個，
並印出 0 0。output #3 使用範疇運算子（scope operator，§1.2）來覆寫預設的範疇規則。
區域範疇沒有名稱，因此，當範疇運算子的左邊是空的，請求的就是從全域範疇擷取右手邊
的那個名稱。所以，這個運算式使用全域的 reused，並印出 42 0。

WARNING

將一個區域變數的名稱定義成跟函式會用到或可能使用的全域變數一樣，幾乎總是個
壞主意。

習題章節 2.2.4

練習 2.13：下列程式中 j 的值為何？

```cpp
int i = 42;
int main()
{
    int i = 100;
    int j = i;
}
```

練習 2.14：下列程式合法嗎？若是，印出的會是什麼值呢？

```cpp
int i = 100, sum = 0;
for (int i = 0; i != 10; ++i)
    sum += i;
std::cout << i << " " << sum << std::endl;
```

2.3 複合型別

複合型別（compound type）就是以其他型別來定義的一種型別。C++ 擁有幾個複合型別，其中的兩個，即參考（references）和指標（pointers），我們會涵蓋在本章中。

定義複合型別的變數比我們目前為止見過的宣告還要複雜。在 §2.2 中，我們說過簡單宣告的組成是一個型別後面跟著一串變數名稱。更廣義的說，一個宣告是一個**基礎型別（base type）**後面接著一串**宣告器（declarators）**。每個宣告器指名一個變數，並賦予該變數一個與基礎型別關聯的型別。

我們目前為止見過的宣告之宣告器都只是變數名稱。這種變數的型別就是該宣告的基礎型別。更複雜的宣告器會指定具有複合型別的變數，這些複合型別是從宣告的基礎型別建置出來的。

2.3.1 參考

新標準引進了一種新的參考：「rvalue reference（右值參考）」，我們會將它涵蓋在 §13.6.1 中。這種參考主要用在類別內部。嚴格來說，當我們使用 *reference*（參考）這個詞時代表的都是「lvalue reference（左值參考）」。

一個**參考（reference）**為一個物件定義了一個替代名稱（alternative name）。一個參考型別「參考至（refers to）」另一個型別。我們定義一個參考的方式是寫出 &d 這種形式的一個宣告器，其中 d 是被宣告的名稱：

```
int ival = 1024;
int &refVal = ival; // refVal 參考至 ival（是 ival 的另一個名稱）
int &refVal2;       // 錯誤：一個參考必須經過初始化
```

一般來說，當我們初始化一個變數，初始器（initializer）的值會被拷貝到我們所創建的物件中。我們定義一個參考時，就不是拷貝初始器的值，我們會將那個參考**繫結（bind）**到其初始器。一旦初始化，一個參考就會持續繫結至它的初始物件。你沒辦法將一個參考重新繫結（rebind）為參考另一個不同的物件。因為一個參考無法重新繫結，所以參考必須被初始化。

一個參考就是一個別名（Alias）

一個參考並不是一個物件，而只是一個已經存在的物件之另一個名稱。

一個參考被定義之後，在那個參考上的所有運算實際上都是在該參考所繫結的物件上進行：

```
refVal = 2;        // 把 2 指定給 refVal 所參考的物件，也就是 ival
int ii = refVal; // 等同於 ii = ival
```

當我們對一個參考進行指定（assign），我們指定的對象就是那個參考所繫結的物件。當我們擷取一個參考的值，我們擷取的其實是該參考所繫結的物件之值。同樣的，當我們使用一個參考作為初始器，我們實際上用的是該參考所繫結的那個物件：

```
// ok：refVal3 被繫結至 refVal 所繫結的物件，也就是 ival
int &refVal3 = refVal;
// 以 refVal 所繫結的物件中的值來初始化 i
int i = refVal; // ok：將 i 初始化為跟 ival 相同的值
```

因為參考不是物件，我們不能定義對參考的一個參考（a reference to a reference）。

參考的定義

我們可以在單一個定義中定義多個參考。作為參考的每個識別字必須在前面接有 & 符號：

```
int i = 1024, i2 = 2048;     // i 和 i2 都是 int
int &r = i, r2 = i2;         // r 是繫結至 i 的一個參考；r2 是一個 int
int i3 = 1024, &ri = i3;     // i3 是一個 int；ri 是繫結至 i3 的一個參考
int &r3 = i3, &r4 = i2;      // r3 與 r4 都是參考
```

除了我們會在 §2.4.1 和 §15.2.3 中涵蓋的兩個例外，一個參考的型別與該參考所指涉的物件必須完全符合。此外，為了我們會在 §2.4.1 中探討的原因，一個參考只可以繫結至一個物件，而非一個字面值（literal）或更一般的運算式之結果：

```
int &refVal4 = 10;   // 錯誤：初始器必須是一個物件
double dval = 3.14;
int &refVal5 = dval; // 錯誤：初始器必須是一個 int 物件
```

習題章節 2.3.1

練習 2.15：下列哪個定義是無效的（如果有的話）？為什麼呢？

  (a) int ival = 1.01;   (b) int &rval1 = 1.01;
  (c) int &rval2 = ival;   (d) int &rval3;

練習 2.16：如果有的話，下列哪個指定是無效的？如果是有效的，請解釋原因。

```
int i = 0, &r1 = i; double d = 0, &r2 = d;
```
  (a) r2 = 3.14159;   (b) r2 = r1;
  (c) i = r2;   (d) r1 = d;

練習 2.17：下列程式碼會印出什麼呢？

```
int i, &ri = i;
i = 5; ri = 10;
std::cout << i << " " << ri << std::endl;
```

2.3.2 指標

一個 **指標（pointer）** 是「指向（points to）」另一個型別的一種複合型別。就像參考，指標用於對其他物件的間接存取（indirect access）。不同於參考，一個指標本身就是一個物件。指標可以被指定和拷貝，單一個指標在其生命週期中可能會指向數個不同的物件。不同於參考，一個指標不一定要在它定義時被初始化。就像其他的內建型別，定義於區塊範疇中的指標若未被初始化，就會有未定義的值。

WARNING

指標通常難以理解。出於指標錯誤的除錯問題，即使是有經驗的程式設計師也會覺得棘手。

定義一個指標型別的方式是寫出 *d 這種形式的宣告器，其中 d 是被定義的名稱。* 必須重複用在每個指標變數上：

```
int *ip1, *ip2;  // ip1 與 ip2 兩者都是對 int 的指標
double dp, *dp2; // dp2 是對 double 的一個指標；dp 是一個 double
```

取用一個物件的位址

一個指標存放另一個物件的位址（address）。我們用 address-of（取址）運算子（**& 運算子**）：

```
int ival = 42;
int *p = &ival; // p 存有 ival 的位址；p 是對 ival 的一個指標
```

第二個述句將 p 定義為對 int 的一個指標，並將 p 初始化為指向以 ival 為名的物件。因為參考不是物件，它們沒有位址，所以，我們不能定義對參考的指標。

除了涵蓋於 §2.4.2 和 §15.2.3 的兩個例外，指標的型別和指標所指的物件必須匹配：

```
double dval;
double *pd = &dval; // ok：初始器是一個 double 的位址
double *pd2 = pd;   // ok：初始器是對 double 的一個指標
int *pi = pd;    // 錯誤：pi 與 pd 的型別不同
pi = &dval;      // 錯誤：將一個 double 的位址指定給對 int 的一個指標
```

型別必須符合是因為指標的型別會被用來推論該指標所指的物件之型別。如果一個指標定址的是另一個型別的物件，在底層物件上進行的運算會失敗。

指標值

儲存在一個指標中的值（即位址）可能處於下列四種狀態之一：

1. 它可能指向一個物件。
2. 它可能指向緊接在一個物件尾端後的位置。
3. 它可能是一個 null（空值）指標，代表它沒有繫結至任何物件。
4. 它可能是無效（invalid）的，除了上述三種狀態以外的值都是無效的。

試著拷貝或以其他方式存取一個無效指標的值都會是錯誤。就跟我們試著使用未初始化的變數時一樣,這種錯誤是編譯器不太可能偵測得到的那種。存取無效指標的結果是未定義的。因此,我們一定得知道一個給定的指標是否有效。

雖然第 2 和第 3 種狀態的指標是有效的,我們能用這種指標做的事情有其限制。因為這些指標並未指向任何物件,我們可能無法使用它們來存取這些指標(被假設)指向的物件。如果我們試著透過這種指標存取一個物件,其行為會是未定義的。

使用一個指標來存取一個物件

當一個指標指向一個物件,我們可以使用解參考(dereference)運算子(*** 運算子**)來存取那個物件:

```
int ival = 42;
int *p = &ival;  // p 存有 ival 的位址;p 是對 ival 的一個指標
cout << *p;      // * 產出 p 所指的物件;印出 42
```

解參考一個指標會產出該指標所指的物件。我們可以對那個物件進行指定,只要指定給解參考的結果就好了:

```
*p = 0;           // * 產出該物件;我們透過 p 指定一個新的值給 ival
cout << *p; // 印出 0
```

當我們指定給 *p,就等於指定給 p 所指的物件。

> 我們只能解參考指向一個物件的有效指標。

關鍵概念:某些符號有多個意義

某些符號,例如 & 和 *,被用在一個運算式中作為運算子,也被用作宣告的一部分。一個符號被使用的情境(context)決定了該符號的意義:

```
int i = 42;
int &r = i;       // & 跟在一個型別後,而且是宣告的一部分;r 是一個參考
int *p;           // * 跟在一個型別後,而且是宣告的一部分;p 是一個指標
p = &i;           // & 被用在一個運算式中作為 address-of 運算子
*p = i;           // * 被用在一個運算式中作為 dereference 運算子
int &r2 = *p;     // & 是宣告的一部分;* 是 dereference 運算子
```

在宣告中,& 與 * 被用來構成複合型別。在運算式中,相同的這些符號被用來表示一個運算子。因為相同的符號以非常不同的意義被使用,忽略它們的外觀,把它們想成是不同的符號,可能會有所幫助。

Null 指標

一個 **null pointer（空值指標）** 並沒有指向任何物件。程式碼可以在嘗試使用之前檢查一個指標是否為 null。要取得一個 null 指標，有數種方法可用：

```
int *p1 = nullptr;  // 等同於 int *p1 = 0;
int *p2 = 0;        // 以字面值常數 0 直接初始化 p2
// 必須 #include cstdlib
int *p3 = NULL;     // 等同於 int *p3 = 0;
```

C++
11

最直接的做法是使用字面值 **nullptr** 來初始化指標，這是由新標準所引進。nullptr 是具有特殊型別的一個字面值，它可以被轉換（§2.1.2）為任何其他的指標型別。或者是，我們可以將一個指標初始化為字面值 0，如我們在 p2 的定義中所做的那樣。

較舊的程式有時會使用名為 NULL 的**前置處理器變數（preprocessor variable）**，cstdlib 標頭將之定義為 0。

我們會在 §2.6.3 更詳細的描述前置處理器。現在必須知道的是，前置處理器是在編譯器之前執行的一個程式。前置處理器變數就是由這個前置處理器來管理的，並且不是 std 命名空間的一部分。結果就是，我們可以直接參考它們而不必使用 std:: 前綴。

當我們使用一個前置處理器變數，前置處理器會自動將該變數取代為其值。因此，將一個指標初始化為 NULL 等同於將之初始化為 0。現代 C++ 程式一般都應該避免使用 NULL，而改用 nullptr。

將一個 int 變數指定給一個指標是不合法的，即使那個變數的值剛好是 0 也一樣。

```
int zero = 0;
pi = zero; // 錯誤：無法將一個 int 指定給一個指標
```

建議：初始化所有的指標

未初始化的指標是執行期錯誤（run-time errors）常見的來源之一。

跟其他未初始化的任何變數一樣，當我們使用一個未初始化的指標，會發生什麼事是未定義的。使用一個未初始化的指標幾乎總是會導致執行期的當機。然而，要對這種當機進行除錯，有可能出乎意料的困難。

在大多數編譯器底下，當我們用到一個未初始化的指標，記憶體中該指標所在處的位元會被當作一個位址使用。使用一個未初始化的指標，等於是請求存取應該位在那個位址的一個假設的物件。你沒有辦法分辨一個有效的位址和指標被配置的記憶體中剛好存在的位元所構成的無效位址。

對指標來說，我們「應該初始化所有變數」的建議顯得特別重要。如果可能，就只在一個指標應該指向的物件已經被定義之後再定義該指標。如果沒有可繫結至指標的物件，那麼就將指標初始化為 nullptr 或零。這樣一來，程式就能偵測該指標並沒有指向任何物件。

指定和指標

指標和參考都提供了對其他物件的間接存取。然而，它們是如何做到的，有重大的差異存在。最重要的是，參考並不是物件。一旦我們定義了一個參考，就沒辦法使那個參考指涉到不同的物件。當我們使用一個參考，我們所得到的永遠是該參考最初繫結的那個物件。

指標和它所持有的位址之間並不存在這種識別性。就跟其他任何的（非參考）變數一樣，當我們對一個指標進行指定，我們就賦予了那個指標本身一個新的值。指定（assignment）使該指標指向了一個不同的物件：

```cpp
int i = 42;
int *pi = 0;      // pi 被初始化了，但並不定址任何物件
int *pi2 = &i;    // pi2 被初始化為存放 i 的位址
int *pi3;         // 如果 pi3 定義在一個區塊內，pi3 就是未初始化的
pi3 = pi2;        // pi3 和 pi2 指向同一個物件，例如 i
pi2 = 0;          // pi2 現在並未定址任何物件
```

要弄清楚一個指定改變的到底是指標或是指標所指的物件，有可能很困難。要記得的重點是，指定會變更它的左運算元。當我們寫

```cpp
pi = &ival; // pi 中的值改變了，現在 pi 指向 ival
```

我們指定一個新的值給 pi，這改變了 pi 所持有的位址。另一方面，當我們寫

```cpp
*pi = 0;     // ival 中的值改變了，但 pi 沒變
```

然後 *pi（即 pi 所指的值）就改變了。

其他的指標運算

只要一個指標的值是有效的，我們就能在一個條件中使用它。就跟我們在一個條件中使用算術值（§2.1.2）一樣，如果指標為 0，那麼條件就是 false：

```cpp
int ival = 1024;
int *pi = 0;         // pi 是一個有效的 null 指標
int *pi2 = &ival;    // pi2 是一個有效的指標，存有 ival 的位址
if (pi)       // pi 有 0 的值，所以條件會被估算為 false
    // ...
if (pi2)      // pi2 指向 ival，所以它不是 0，條件估算為 true
    // ...
```

任何非零的指標都會被估算（evaluates）為 true。

給定兩個型別相同的有效指標，我們可以使用相等性（equality，==）或不等性（inequality，!=）運算子來比較它們。這些運算子的結果具有型別 bool。如果它們持有相同的位址，那兩個指標就是相等的，否則就不相等。如果兩個指標都是 null，或定址同一個物件，或它們都是超出相同物件一個位置的指標，那麼兩個指標就持有相同的位址（即相等）。請注意，指向某個物件的一個指標，以及超出另一個物件尾端一個位置的指標可能存有相同的位址，這樣的指標比較起來會相等。

因為這些運算用到指標的值，在一個條件或比較中使用的指標必須是一個有效的指標。在條件或比較中使用無效指標的行為是未定義的。

§3.5.3 會涵蓋額外的指標運算。

void* 指標

型別 void* 是一個特殊的指標型別，可以存放任何物件的位址。就像任何其他的指標，一個 void* 指標存放的也是一個位址，但位在那個位址的物件之型別是未知的：

```
double obj = 3.14, *pd = &obj;
// ok：void* 能夠存放任何資料指標型別的位址值
void *pv = &obj; // obj 可以是任何型別的物件
pv = pd;          // pv 能夠存放指向任何型別的指標
```

我們能對一個 void* 指標做的事情有限：我們可以將它與其他的指標做比較，我們可以將它傳給一個函式，或從一個函式回傳它，我們也能夠將它指定給另一個 void* 指標。我們無法使用一個 void* 在它所定址的物件上進行運算：我們並不知道那個物件的型別，而型別決定了我們能在該物件上進行什麼運算。

一般來說，我們會用一個 void* 指標來把記憶體當成記憶體處理，而非使用該指標來取用儲存在那個記憶體中的物件。我們會在 §19.1.1 中涵蓋如何以這種方式使用 void* 指標。§4.11.3 會示範如何取得儲存在一個 void* 指標中的位址。

習題章節 2.3.2

練習 2.18：寫出程式碼來變更一個指標的值。寫出程式碼來變更該指標所指的值。

練習 2.19：解釋指標與參考之間的關鍵差異。

練習 2.20：下列程式會做什麼事呢？

```
int i = 42;
int *p1 = &i;
*p1 = *p1 * *p1;
```

練習 2.21：解釋下列的每個定義。指出哪些是不合法的（如果有的話），並說明原因。

```
int i = 0;
(a) double* dp = &i;    (b) int *ip = i;    (c) int *p = &i;
```

練習 2.22：假設 p 是對 int 的一個指標，請解說下列程式碼：

```
if (p) // ...
if (*p) // ...
```

練習 2.23：給定一個指標 p，你能夠判斷 p 指向的是否為一個有效物件嗎？若是，為什麼呢？若不是，原因為何？

練習 2.24：為什麼 p 的初始化是合法的，但 lp 的不合法呢？

```
int i = 42;    void *p = &i;    long *lp = &i;
```

2.3.3 了解複合型別之宣告

如我們所見,一個變數定義由一個基礎型別和一串宣告器所構成。每個宣告器都能以不同於相同定義中其他宣告器的方式來將其變數關聯至基礎型別。因此,單一個定義可以定義不同型別的變數:

```
// i是一個 int;p是指向 int 的一個指標;r是參照 int 的一個參考
int i = 1024, *p = &i, &r = i;
```

許多程式設計師都會被基礎型別和作為宣告一部分的型別修飾(type modification)之間的互動搞混。

定義多個變數

常見的誤解是,誤以為型別修飾器(* 或 &)會套用到單一述句中定義的所有變數上。之所以會發生問題,有部分是因為我們可以在型別修飾器和被宣告的名稱之間放上空白:

```
int* p; // 合法但可能誤導讀者
```

我們說這個定義可能有誤導之虞,是因為它好像暗示著 int* 是那個述句中每個變數的型別。儘管外觀如此,這個宣告的基礎型別是 int,而非 int*。* 修飾的是 p 的型別。它所說的與同一個述句中可能宣告的任何其他物件無關:

```
int* p1, p2; // p1是對 int 的一個指標;p2是一個 int
```

要定義具有指標或參考型別的多個變數,有兩種常見的風格可用。第一種是將型別修飾器放在識別字的相鄰之處:

```
int *p1, *p2; // p1及 p2 都是對 int 的指標
```

這種風格強調變數具有所指定的複合型別。

第二種把型別修飾器放在型別旁邊,而且每個述句僅定義一個變數:

```
int* p1; // p1是對 int 的一個指標
int* p2; // p2是對 int 的一個指標
```

這種風格強調該宣告定義了一個複合型別。

定義指標或參考沒有唯一的正確之道。重要的是選擇一種風格,並前後一致地使用它。

在本書中,我們使用第一種風格,將 *(或 &)跟變數名稱放在一起。

指向指標的指標(Pointers to Pointers)

一般來說,並沒有限制一個宣告器上可以套用多少個型別修飾器。如果有一個以上的修飾器,它們會以邏輯的方式結合,但並不總是顯而易見。舉個例子,請思考一個指標。一個指標是

記憶體中的一個物件,所以就跟其他物件一樣,具有一個位址。因此,我們可以將一個指標的位址存在另一個指標中。

我們以各自的 * 來表示各個指標層次。也就是說,對指標的一個指標(a pointer to a pointer)寫成 **,指向對指標的一個指標的指標(a pointer to a pointer to a pointer)寫成 ***,依此類推:

```
int ival = 1024;
int *pi = &ival; // pi 指向一個 int
int **ppi = &pi; // ppi 指向對 int 的一個指標
```

在此 pi 是對一個 int 的一個指標(a pointer to an int),而 ppi 這個指標則指向對 int 的一個指標。我們可以將這些物件表示為

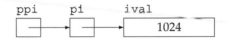

就像解參考(dereferencing)對 int 的一個指標會產出一個 int,解參考對指標的一個指標會產出一個指標。要存取底層的物件,我們必須解參考原本的指標兩次:

```
cout << "The value of ival\n"
     << "direct value: " << ival << "\n"
     << "indirect value: " << *pi << "\n"
     << "doubly indirect value: " << **ppi
     << endl;
```

這個程式以三種不同方式印出 ival 的值:首先是直接印出,然後透過 pi 中對 int 的指標印出,最後,解參考 ppi 兩次來取得 ival 中底層的值。

對指標的參考(References to Pointers)

參考並不是物件。因此,我們不能有對參考的指標。然而,因為指標是一種物件,所以我們能夠對指標的一個參考(a reference to a pointer):

```
int i = 42;
int *p;          // p 是對 int 的一個指標
int *&r = p;     // r 是對指標 p 的一個參考
r = &i; // r 參考一個指標;指定 &i 給 r 使得 p 指向 i
*r = 0; // 解參考 r 會產出 i,也就是 p 所指的物件,再將 i 變為 0
```

理解 r 的型別最容易的方式是從右到左來讀這個定義。最接近變數名稱的符號(在此為 &r 中的 &)就是對變數的型別有最直接效果的符號。因此,我們知道 r 是一個參考。該宣告器的其餘部分決定了 r 所指的東西之型別。下一個符號,在此即為 *,代表 r 所指的型別是指標型別。最後,該宣告的基礎型別指出 r 是一個參考,指涉對 int 的一個指標。

如果你以從右到左的方向讀它們,那麼複雜的指標或參考宣告可能會容易懂些。

習題章節 2.3.3

練習 2.25： 判斷下列每個變數的型別和值。

    (a) int* ip, i, &r = i;　　(b) int i, *ip = 0;　　(c) int* ip, ip2;

2.4 **const** 限定詞

有時候我們會想要定義我們知道其值不能改變的一個變數。舉例來說，我們可能想要使用一個變數來表示一個緩衝區的大小。使用變數可以讓我們在發現原本的大小不是我們所需要之時輕易改變緩衝區大小。另一方面，我們也希望避免程式碼意外賦予我們用來表示緩衝區大小的變數一個新的值。我們有辦法使一個變數無法變更，只要將該變數的型別定義為 **const** 即可：

```
const int bufSize = 512;      // 輸入緩衝區的大小
```

將 bufSize 定義為一個常數（constant）。對 bufSize 的任何指定都算是錯誤：

```
bufSize = 512; // 錯誤：試著寫入 const 物件
```

因為我們無法在創建之後更改一個 const 物件的值，它必須被初始化才行。正如以往，初始器（initializer）可以是一個任意複雜的運算式：

```
const int i = get_size();      // ok：在執行時期初始化
const int j = 42;              // ok：在編譯時期初始化
const int k;                   // 錯誤：k 是未初始化的 const
```

初始化與 **const**

正如我們多次觀察到的，一個物件的型別定義那個物件能夠執行的運算。比起非 const 的版本，一個 const 型別可以使用相同的大多數運算，但並非全部。唯一的限制是，我們只能使用不會變更一個物件的那些運算。因此，舉例來說，我們可以在算術運算式中使用一個 const int，用法跟普通的非 const int 完全相同。一個 const int 轉換為 bool 的方式與普通的 int 相同，諸如此類的。

那些不會改變物件值的運算之中包含了初始化（initialization）：當我們使用一個物件來初始化另一個物件，其中任一個是否為 const 或兩者皆是，並不重要：

```
int i = 42;
const int ci = i;      // ok：i 中的值會被拷貝到 ci 中
int j = ci;            // ok：ci 中的值會被拷貝到 j 中
```

雖然 ci 是一個 const int，但 ci 中的值會是一個 int。ci 的常數性質只對可能會變更 ci 的運算有影響。當我們拷貝 ci 來初始化 j，我們並不在乎 ci 是一個 const。拷貝一個物件並不會改變那個物件。一旦拷貝完成，那個新的物件就無法再存取原本的物件。

預設情況下，**const** 物件是範疇限於一個檔案的區域物件

如果一個 const 物件是以編譯時期的常數來初始化的，像是我們的 bufSize 定義中那樣：

```
const int bufSize = 512; // 輸入緩衝區的大小
```

編譯過程中，編譯器通常會將用到該變數的地方取代為其對應的值。也就是說，編譯器會在我們的程式碼中使用 bufSize 的地方以值 512 來產生程式碼。

為了將那個變數取代為其對應值，編譯器必須知道該變數的初始器。當我們將一個程式分成多個檔案，用到 const 的每個檔案都必須能夠存取其初始器。為了看到初始器，在想要使用該變數值的每個檔案中，那個變數都必須有定義（§2.2.2）。為了支援這種用法，並且避免多次定義相同的變數，const 變數被定義為該檔案的區域變數。當我們在多個檔案中定義了名稱相同的一個 const，效果就好像在各個檔案中為個別的變數寫了定義一般。

有的時候我們會有一個想要跨多個檔案共用的 const 變數，但其初始器並不是一個常數運算式。在這種情況中，我們並不希望編譯器在每個檔案中產生一個個別的變數。取而代之，我們希望這個 const 物件的行為就跟其他的（非 const）變數一樣。我們想要在一個檔案中定義那個 const，並在用到那個物件的其他檔案中宣告它。

要定義一個 const 變數的單一實體（a single instance），我們會在其定義與宣告中都使用關鍵字 extern：

```
// file_1.cc 定義並初始化了其他檔案也能取用的一個 const
extern const int bufSize = fcn();
// file_1.h
extern const int bufSize; // 與定義在 file_1.cc 中的 bufSize 相同
```

在這個程式中，file_1.cc 定義並初始化了 bufSize。因為這個宣告包括了一個初始器，它（一如以往的）會是一個定義。然而，因為 bufSize 是 const，我們必須指定 extern 才能讓 bufSize 在其他檔案中被使用。

file_1.h 中的宣告也是 extern。在這個情況中，extern 代表 bufSize 並不是這個檔案的區域變數，而它的定義會出現在其他地方。

要在多個檔案之間共用一個 const 物件，你必須將那個變數定義為 extern。

習題章節 2.4

練習 2.26： 下列何者是合法的？如果不合法，請解釋原因。

(a) const int buf;   (b) int cnt = 0;
(c) const int sz = cnt;   (d) ++cnt; ++sz;

2.4.1 對 const 的參考

就跟任何其他的物件一樣，我們可以將一個參考繫結至型別為 const 的一個物件。為此，我們使用一個**對 const 的參考**，它是參照到一個 const 型別的一個參考。不同於一般的參考，對 const 的參考無法被用來變更該參考所繫結的物件：

```
const int ci = 1024;
const int &r1 = ci;        // ok：參考和其底層的物件都是 const
r1 = 42;                   // 錯誤：r1 是對 const 的一個參考
int &r2 = ci;              // 錯誤：對一個 const 物件的非 const 參考
```

因為我們無法直接對 ci 進行指定，我們也應該不能夠使用一個參考來變更 ci。因此，r2 的初始化是個錯誤。如果這個初始化是合法的，我們就會能夠使用 r2 來改變其底層物件的值。

術語解釋：const 參考是對 const 的一個參考

C++ 程式設計師習慣把「對 const 的參考」簡稱為「const 參考」。這種簡稱有其道理，只要你記得它是個簡稱。

嚴格來說，並沒有 const 參考這種東西。參考並不是物件，所以我們不能讓一個參考本身變為 const。事實上，因為你沒有辦法讓一個參考指涉不同的物件，在某些意義上來說，所有的參考都是 const。一個參考指涉的是 const 型別或非 const 型別，影響的只是我們可以拿那個參考來做什麼，而非我們是否能夠變動該參考的繫結（binding）本身。

初始化與對 const 的參考

在 §2.3.1 中，我們提過，「一個參考的型別必須匹配它指涉的物件之型別」這個規則有兩個例外存在。第一個例外是，我們能用任何可被轉換（§2.1.2）為該參考之型別的任何運算式來初始化對 const 的一個參考。特別是，我們可以將對 const 的一個參考繫結至一個非 const 物件、一個字面值，或一個更通用的運算式：

```
int i = 42;
const int &r1 = i;        // 我們可以將一個 const int& 繫結至一個普通的 int 物件
const int &r2 = 42;       // ok：r1 是對 const 的一個參考
const int &r3 = r1 * 2;   // ok：r3 是對 const 的一個參考
int &r4 = r * 2;          // 錯誤：r4 是一個普通的、非 const 參考
```

要了解初始化規則中的這個差異，最容易的方法是思考當我們把一個參考繫結至不同型別的一個物件時，會發生什麼事：

```
double dval = 3.14;
const int &ri = dval;
```

這裡 ri 指涉一個 int。在 ri 上進行的運算將會是整數運算，但 dval 是一個浮點數，而非整數。為了確保 ri 所繫結的物件是一個 int，編譯器會把這段程式碼轉換成類似這樣

```
const int temp = dval;   // 從那個 double 創建出一個暫時性的 const int
const int &ri = temp;    // 將 ri 繫結至那個暫時的 temp
```

在這種情況中，ri 被繫結到一個**暫存（temporary）**物件。暫存物件是一種未命名的物件，當編譯器需要一個地方來儲存一個運算式的估算結果，就會建立這種物件。C++ 程式設計師通常使用 temporary 這個字來簡稱暫存物件（temporary object）。

現在思考一下，如果這種初始化是被允許的，但 ri 並不是 const，那可能會發生什麼事？如果 ri 不是 const，我們就能指定給 ri。這麼做會改變 ri 所繫結的物件。那個物件是一個 temporary，而非 dval。使得 ri 指涉到 dval 的程式設計師大概會預期指定給 ri 會變更 dval。畢竟，如果意圖不是要改變 ri 所繫結的物件，那為何要指定給 ri 呢？因為將一個參考繫結至一個 temporary 幾乎可以確定不是程式設計師想要的結果，此語言就使這種行為變得不合法。

對 **const** 的一個參考可能指涉不是 **const** 的一個物件

要了解的一個重點是，對 const 的參考只會限制我們可以透過那個參考做些什麼事。將對 const 的一個參考繫結至一個物件的這個行為並不代表底層的物件本身就是 const。因為底層的物件可能不是 const，它可能會經由其他方式被改變：

```
int i = 42;
int &r1 = i;             // r1 繫結至 i
const int &r2 = i;       // r2 也繫結至 i；但不可以被用來改變 i
r1 = 0;                  // r1 並非 const；i 現在是 0
r2 = 0;                  // 錯誤：r2 是對 const 的一個參考
```

將 r2 繫結至（非 const 的）int i 是合法的。然而，我們不能使用 r2 來變更 i。即便如此，i 中的值仍然可以改變。我們可以直接對它指定來變更 i，或指定給繫結至 i 的另一個參考，例如 r1。

 ### 2.4.2 指標與 **const**

就跟參考一樣，我們能夠定義指向 const 或非 const 型別的指標。就像對 const 的參考，**對 const 的指標**（§2.4.1）也不能用來變更該指標所指的物件。我們只能將一個 const 物件的位址儲存在對 const 的指標中：

```
const double pi = 3.14;      // pi 是 const，其值不能被改變
double *ptr = &pi;           // 錯誤：ptr 是一個普通的指標
const double *cptr = &pi;    // ok：cptr 可以指向一個是 const 的 double
*cptr = 42;                  // 錯誤：無法指定給 *cptr
```

在 §2.3.2 中，我們注意到「指標的型別和它所指的物件必須符合」這個規則有兩個例外存在。第一個例外是，我們可以用一個對 const 的指標指向一個非 const 的物件：

```
double dval = 3.14;          // dval 是一個 double，其值可以被改變
cptr = &dval;                // ok：但不能透過 cptr 來變更 dval
```

就像對 const 的參考，對 const 的指標也沒有告訴我們該指標所指的物件是否為 const。將一個指標定義為對 const 的指標只會影響到我們可以對那個指標做的事情。很重要的是要記住，被一個對 const 的指標所指的物件並不保證不會改變。

 一個有用的觀點是將對 const 的指標或參考想成是「認為它們指向或參考 const」的指標或參考。

const 指標

不同於參考，指標是物件。因此，就跟其他任何物件型別一樣，我們可以有一個本身為 const 的指標。跟其他的 const 物件一樣，一個 **const 指標** 必須被初始化，而一旦初始化，其值（即它所持有的位址）就不能改變。我們指示指標為 const 的方式是在 * 之後放上 const。這種放置方式代表該指標，而非所指的型別，是 const：

```
int errNumb = 0;
int *const curErr = &errNumb;   // curErr 永遠都指向 errNumb
const double pi = 3.14159;
const double *const pip = &pi;  // pip 是指向一個 const 物件的 const 指標
```

如我們在 §2.3.3 中看過的，理解這些宣告最簡單的方式是以從右到左的順序來閱讀它們。在此，最靠近 curErr 的符號是 const，這代表 curErr 本身會是一個 const 物件，而該物件的型別則由宣告器（declarator）其餘的部分構成。宣告器中的下一個符號是 *，它代表 curErr 是一個 const 指標。最後，此宣告的基礎型別決定了 curErr 的型別，現在我們知道 curErr 這個 const 指標指向型別為 int 的一個物件。同樣地，pip 是指向型別為 const double 的物件的一個 const 指標。

一個指標本身是 const 並沒有告訴我們是否可以使用該指標來變更底層的物件。我們能夠變更那個物件與否，完全取決於該指標所指向的東西之型別。舉例來說，pip 是指向 const 的一個 const 指標。pip 所定址的物件之值和儲存在 pip 中的位址都不能變更。另一方面，curErr 定址的則是一個普通的、非 const int。我們可以使用 curErr 來變更 errNumb 的值：

```
*pip = 2.72; // 錯誤：pip 是對 const 的一個指標
// 如果 curErr 所指的物件（即 errNumb）是非零的
if (*curErr) {
    errorHandler();
    *curErr = 0; // ok：重置 curErr 所繫結的物件之值
}
```

習題章節 2.4.2

練習 2.27： 下列哪個初始化是合法的？請解釋原因。

    (a) `int i = -1, &r = 0;`   (b) `int *const p2 = &i2;`

    (c) `const int i = -1, &r = 0;`   (d) `const int *const p3 = &i2;`

    (e) `const int *p1 = &i2;`   (f) `const int &const r2;`

    (g) `const int i2 = i, &r = i;`

練習 2.28： 解釋下列定義。指出其中非法的定義。

    (a) `int i, *const cp;`   (b) `int *p1, *const p2;`

    (c) `const int ic, &r = ic;`   (d) `const int *const p3;`

    (e) `const int *p;`

練習 2.29： 使用前一個練習中的變數，請問下列哪個指定是合法的？請解釋原因。

    (a) `i = ic;`   (b) `p1 = p3;`

    (c) `p1 = &ic;`   (d) `p3 = &ic;`

    (e) `p2 = p1;`   (f) `ic = *p3;`

2.4.3 頂層的 `const`

如我們所見，指標是能夠指向不同物件的一種物件。結果就是，我們能夠獨立地談論一個指標是否為 `const` 和它所指的物件是否為 `const`。我們使用**頂層的 const（top-level const）**來表示指標本身是一個 `const`。當一個指標能夠指向一個 `const` 物件，我們就稱那個 `const` 是一個 **低層 const（low-level const）**。

更廣義的說，頂層 `const` 表示一個物件本身是 `const`。頂層 `const` 可能出現在任何物件型別中，也就是內建的算術型別之一、類別型別，或指標型別。低層 `const` 出現在複合型別（例如指標或參考）的基礎型別中。請注意，指標型別不同於其他的多數型別，可以有獨立的頂層 `const` 和低層 `const`：

```
int i = 0;
int *const p1 = &i;        // 我們不能變更 p1 的值；const 是頂層的
const int ci = 42;         // 我們不能變更 ci；const 是頂層的
const int *p2 = &ci;       // 我們能夠變更 p2；const 是低層的
const int *const p3 = p2;  // 最右邊的 const 是頂層的，最左邊則否
const int &r = ci;         // 參考型別中的 const 永遠都是低層的
```

頂層和低層的分別在拷貝一個物件時會顯得很重要。當我們拷貝一個物件，頂層 `const` 會被忽略：

```
i = ci;       // ok：拷貝 ci 的值；ci 中的頂層 const 會被忽略
p2 = p3;      // ok：所指的型別匹配；p3 中的頂層 const 會被忽略
```

拷貝一個物件並不會改變被拷貝的物件。結果就是，做為拷貝來源或被拷貝的物件是否為 `const` 並不重要。

另一方面，低層 const 永遠都不會被忽略。當我們拷貝一個物件，所涉及的兩個物件都必須有相同的低層 const 資格修飾（qualification）或者那兩個物件的型別之間必須存在轉換方式。一般來說，我們可以將一個非 const 轉換為 const，但不能反方向進行：

```
int *p = p3;       // 錯誤：p3 有低層的 const 但 p 沒有
p2 = p3;           // ok：p2 跟 p3 有相同的低層 const 資格修飾
p2 = &i;           // ok：我們可以將 int* 轉換為 const int*
int &r = ci;       // 錯誤：無法將一個普通的 int& 繫結至一個 const int 物件
const int &r2 = i; // ok：可以將 const int& 繫結至普通的 int
```

p3 有頂層 const 也有低層 const。拷貝 p3 時，我們可以忽略其頂層 const，但不能忽略它指向一個 const 型別的事實。因此，我們不能使用 p3 來初始化 p，後者指向普通的（非 const）int。另一方面，我們能將 p3 指定給 p2。這兩個指標都有相同的（低層 const）型別。p3 是一個 const 指標（即它有一個頂層的 const）的事實並不重要。

習題章節 2.4.3

練習 2.30： 指出下列宣告所宣告的物件是否有頂層或低層的 const。

```
const int v2 = 0; int v1 = v2;
int *p1 = &v1, &r1 = v1;
const int *p2 = &v2, *const p3 = &i, &r2 = v2;
```

練習 2.31： 給定上一個練習的宣告，請判斷下列的指定是否合法。解釋每個例子中頂層或低層 const 是如何套用的。

```
r1 = v2;
p1 = p2; p2 = p1;
p1 = p3; p2 = p3;
```

2.4.4 **constexpr** 與常數運算式

常數運算式（constant expression）是其值不能改變，而且可在編譯時期（compile time）估算的一種運算式。字面值（literal）就是常數運算式。從一個常數運算式初始化的一個 const 物件也是常數運算式。如我們會看到的，這個語言中有幾個情境會需要用到常數運算式。

一個給定的物件（或運算式）是否為常數運算式，取決於其型別和初始器。舉例來說：

```
const int max_files = 20;       // max_files 是一個常數運算式
const int limit = max_files + 1; // limit 是一個常數運算式
int staff_size = 27;            // staff_size 不是一個常數運算式
const int sz = get_size();      // sz 不是一個常數運算式
```

雖然 staff_size 是從一個字面值初始化的，它並不是一個常數運算式，因為它是一個普通的 int，而非一個 const int。另一方面，雖然 sz 是一個 const，其初始器的值要等到執行時期（run time）才能知道，因此 sz 不是一個常數運算式。

constexpr 變數

在一個大型系統中，你可能很難確定一個初始器是否為常數運算式。我們可能以一個我們認為是常數運算式的初始器定義了一個 const 變數。然而，當我們在需要常數運算式的情境中使用那個變數，我們可能會發現那個初始器並非常數運算式。一般來說，這種情境中，一個物件的定義和使用它的地方可能相隔遙遠。

 在新標準之下，我們可以請求編譯器驗證一個變數是否為常數運算式，只要在一個 **constexpr** 宣告中宣告那個變數就行了。宣告為 constexpr 的變數會是隱含的 const，並且必須以常數運算式來初始化：

```
constexpr int mf = 20;          // 20是一個常數運算式
constexpr int limit = mf + 1;   // mf + 1是一個常數運算式
constexpr int sz = size();      // 只有在size是一個constexpr函式時ok
```

雖然我們不能使用一個普通的函式作為一個 constexpr 變數的初始器，我們會在 §6.5.2 中看到，新的標準讓我們可以將特定函式定義為 constexpr。這種函式必須簡單到編譯器可以在編譯時期估算（evaluate）它們。我們可以在一個 constexpr 變數的初始器中使用 constexpr 函式。

> **Best Practices**　一般來說，為你要當作常數運算式的變數使用 constexpr 會是一個好主意。

字面值型別

因為常數運算式是可以在編譯時期估算的運算式，能在一個 constexpr 宣告中使用的型別也有所限制。能在一個 constexpr 中使用的型別被稱作「字面值型別（literal types）」，因為它們簡單到能有字面值。

在我們目前為止用過的型別中，算術、參考，以及指標型別都是字面值型別。我們的 Sales_item 類別和程式庫的 IO 與 string 型別不是字面值型別。因此，我們不能將那種型別的變數定義為 constexpr。我們會在 §7.5.6 和 §19.3 中看到其他種類的字面值型別。

雖然指標和參考都能定義為 constexpr，我們用來初始化它們的物件會有嚴格的限制。我們能用 nullptr 字面值或字面值（也就是常數運算式）0 來初始化一個 constexpr 指標。我們也能指向（或繫結至）保持在固定位址的物件。

出於我們會在 §6.1.1 中涵蓋的理由，在一個函式內定義的變數通常不會儲存在固定位址。因此，我們不能使用一個 constexpr 指標來指向那種變數。另一方面，在任何函式之外定義的物件之位址會是一個常數運算式，所以可以用來初始化一個 constexpr 指標。我們會在 §6.1.1 中看到，函式可以定義能跨越不同次呼叫而存在的變數。就像定義在任何函式外的物件，這些特殊的區域物件也有固定位址。因此，一個 constexpr 參考可以被繫結至（bound to）這種變數，一個 constexpr 指標也能定址（address）這種變數。

指標和 `constexpr`

要理解的一個重點是，當我們在一個 constexpr 宣告中定義一個指標，其中的 constexpr 限定詞是套用到指標上，而非指標所指的型別：

```
const int *p = nullptr;          // p是指向 const int 的一個指標
constexpr int *q = nullptr;      // q是指向 int 的一個 const 指標
```

儘管表面上看起來很像，p 和 q 的型別其實相當不同。p 是對 const 的一個指標，而 q 則是一個常數指標（constant pointer）。之所以會有這個差異，是因為 constexpr 會在它定義的物件上施加一個頂層的 const（§2.4.3）。

就像任何其他的常數指標，一個 constexpr 指標可以指向一個 const 型別，也能指向非 const 型別：

```
constexpr int *np = nullptr;     // np是一個常數指標，指向是 null 的 int
int j = 0;
constexpr int i = 42;            // i 的型別是 const int
// i 和 j 必須定義在任何函式之外
constexpr const int *p = &i;     // p是一個常數指標，指向型別為 const int 的 i
constexpr int *p1 = &j;          // p1是一個常數指標，指向型別為 int 的 j
```

習題章節 2.4.4

練習 2.32：下列程式碼是否合法？若非，你要如何讓它變得合法？

```
int null = 0, *p = null;
```

2.5 處理型別

隨著我們的程式變得更加複雜，我們會看到我們所用的型別也變得更為複雜。型別使用的複雜性有兩種來源。某些型別很難「拼（spell）」，也就是說，它們的形式相當繁瑣，而且容易寫錯。此外，一個複雜型別的形式可能使其用途或意義變得不清不楚。複雜性的另一個來源是，有的時候你很難決定我們需要的到底是哪個型別。要這麼做，我們可能得回頭查看程式的情境。

2.5.1 型別之別名

一個**型別別名（type alias）**是用作其他型別同義詞的一個名稱。型別別名讓我們簡化複雜的型別定義，讓那些型別使用起來比較容易。型別別名也能讓我們強調該型別的用途。

我們可用兩種方式來定義一個型別別名。傳統上，我們會用一個 typedef：

```
typedef double wages;    // wages 是 double 的同義詞
typedef wages base, *p;  // base 是 double 的同義詞，p 則是 double* 的同義詞
```

關鍵字 typedef 可以出現在宣告（§2.3）中作為基礎型別的一部分。包括 typedef 的宣告定義的是型別別名，而非變數。跟在其他宣告中一樣，宣告器（declarators）能夠包含型別修飾器（type modifiers），定義從該定義的基礎型別建置出來的複合型別。

新標準引進了定義型別別名的第二種方式，藉由一種**別名宣告（alias declaration）**：

```
using SI = Sales_item;   // SI 是 Sales_item 的一個同義詞
```

一個別名宣告以關鍵字 using 開頭，後面接著別名以及一個 =。別名宣告將 = 左手邊的名稱定義為出現在右手邊的型別的一個別名。

一個型別別名是一個型別名稱，能夠出現在型別名稱可以出現的任何地方：

```
wages hourly, weekly;    // 等同於 double hourly, weekly;
SI item;                 // 等同於 Sales_item item
```

指標、`const` 以及型別別名

使用代表複合型別的型別別名和 const 的宣告可能產生令人意外的結果。舉例來說，下列宣告使用型別 pstring，它是型別 char * 的一個別名：

```
typedef char *pstring;
const pstring cstr = 0; // cstr 是指向 char 的一個常數指標
const pstring *ps;      // ps 這個指標指向對 char 的一個常數指標
```

這些宣告中的基礎型別為 const pstring。如同以往，出現在基礎型別中的 const 會修改給定的型別。pstring 的型別是「對 char 的指標（pointer to char）」。所以，const pstring 就會是對 char 的一個常數指標，而非對 const char 的一個指標。

你很容易誤把一個使用型別別名的宣告理解成在概念上以對應的型別取代那個別名：

```
const char *cstr = 0;    // const pstring cstr 的錯誤解讀
```

然而，這種解讀是錯的。當我們在一個宣告中使用 pstring，該宣告的基礎型別是一個指標型別。當我們使用 char* 改寫這個宣告，基礎型別會是 char，而 * 是宣告器的一部分。在這種情況中，基礎型別會是 const char。這種改寫將 cstr 宣告為了對 const char 的一個指標，而非對 char 的一個 const 指標。

2.5.2 `auto` 型別指定符

想要將一個運算式的值儲存在一個變數中的情況並非不常見。要宣告這種變數，我們必須知道那個運算式的型別。撰寫一個程式之時，判斷一個運算式的型別可能出乎意料的困難，有時甚至是不可能的。在新標準之下，我們可以讓編譯器為我們找出這個型別，只要使用 auto 型別指定符就可以了。跟 double 這樣的型別指定符不同，auto 指定的不是特定型別，而是告知編譯器從初始器推演出型別來。由此可見，使用 auto 作為其型別的變數必定要有一個初始器：

```
               // item 的型別是從 val1 和 val2 相加後的結果之型別推演出來的
               auto item = val1 + val2;      // item 初始化為 val1 + val2 的結果
```

這裡，編譯器會將 + 套用到 val1 和 val2，並從回傳型別推演出 item 的型別。如果 val1 和 val2 是 Sales_item 物件（§1.5），item 會有 Sales_item 的型別。如果那些變數的型別為 double，那麼 item 就有型別 double，依此類推。

就跟其他的型別指定符一樣，我們可用 auto 來定義多個變數。因為一個宣告只能涉及單一個基礎型別，宣告中的所有變數之初始器都必須有與彼此一致的型別：

```
               auto i = 0, *p = &i;          // ok：i 是 int 而 p 是對 int 的一個指標
               auto sz = 0, pi = 3.14;       // 錯誤：sz 和 pi 的型別不一致
```

複合型別、const 以及 auto

編譯器為 auto 推導的型別並不一定會跟初始器的型別完全吻合。取而代之，編譯器會遵循正常的初始化規則來調整型別。

首先，如我們所見，當我們使用一個參考，我們實際上使用的是該參考所指涉的物件。特別是，當我們使用一個參考作為一個初始器，該初始器就會是對應的物件。編譯器會使用那個物件的型別來進行 auto 的型別推演：

```
               int i = 0, &r = i;
               auto a = r;      // a 是一個 int（r 是 i 的一個別名，它有型別 int）
```

其次，auto 通常會忽略頂層的 const（§2.4.3）。就跟普通初始化一樣，低層的 const 會被保留，例如初始器是對 const 的一個指標時：

```
               const int ci = i, &cr = ci;
               auto b = ci;     // b 是一個 int（ci 中的頂層 const 被丟棄了）
               auto c = cr;     // c 是一個 int（cr 是 ci 的一個別名，其 const 是頂層的）
               auto d = &i;     // d 是一個 int*（一個 int 物件的 & 是 int*）
               auto e = &ci;    // e 是 const int*（一個 const 物件的 & 是低層的 const）
```

如果我們希望推演出來的型別有頂層 const，我們必須明確指出：

```
               const auto f = ci;   // ci 推演出來的型別是 int，f 有型別 const int
```

我們也能指出我們想要對**自動推導型別**（auto-deduced type）的一個參考。一般的初始化規則仍然適用：

```
               auto &g = ci;        // g 是一個 const int&，繫結到了 ci
               auto &h = 42;        // 錯誤：我們不能將一個普通的參考繫結至一個字面值
               const auto &j = 42;  // ok：我們可以將一個 const 參考繫結至一個字面值
```

當我們請求對自動推導型別的一個參考，初始器中的頂層 const 不會被忽略。如同以往，當我們繫結一個參考到一個初始器，const 不會是頂層的。

當我們在同一個述句中定義數個變數，要記住的一個重點是，參考或指標是特定宣告器的一部分，而非該宣告基礎型別的一部分。如同以往，初始器必須提供一致的自動推導型別：

```
auto k = ci, &l = i;     // k 是 int，l 是 int&
auto &m = ci, *p = &ci; // m 是一個 const int&，p 是對 const int 的一個指標
// 錯誤：從 i 推導出來的型別為 int；從 &ci 推導出來的型別是 const int
auto &n = i, *p2 = &ci;
```

習題章節 2.5.2

練習 2.33：使用本節的變數定義，判斷下列這些指定式各會發生什麼事：

```
a = 42; b = 42; c = 42;
d = 42; e = 42; g = 42;
```

練習 2.34：寫一個包含前一個練習中的變數和指定的程式。在指定前後印出那些變數，以檢查你在前面練習的預測是否正確。如果不是，就研讀範例，直到你認為你知道是什麼引導你走向錯誤結論為止。

練習 2.35：判斷從下列各個定義推導出來的型別。一旦你找出型別，就寫個程式來看看你是否正確。

```
const int i = 42;
auto j = i; const auto &k = i; auto *p = &i;
const auto j2 = i, &k2 = i;
```

2.5.3 decltype 型別指定符

我們定義一個變數時，可能會想要編譯器從一個運算式推導出來的型別，但不想要使用那個運算式來初始化該變數。為了這種情況，新標準引進了第二種型別指定符，**decltype**，它會回傳其運算元的型別。編譯器分析運算式來判斷其型別，但不會估算運算式：

```
decltype(f()) sum = x; // sum 具有 f 回傳的任何型別
```

這裡，編譯器並沒有呼叫 f，但它使用這樣的一個呼叫會回傳的型別作為 sum 的型別。也就是說，編譯器賦予 sum 的型別會與我們呼叫 f 時所回傳的型別相同。

decltype 處理頂層 const 和參考的方式稍微與 auto 不同。當我們套用 decltype 的運算式是一個變數時，decltype 會回傳該變數的型別，包括頂層 const 和參考：

```
const int ci = 0, &cj = ci;
decltype(ci) x = 0; // x 有型別 const int
decltype(cj) y = x; // y 有型別 const int& 並且被繫結至 x
decltype(cj) z;      // 錯誤：z 是一個參考，而且必須被初始化
```

因為 cj 是一個參考，decltype(cj) 就會是參考型別。就像其他的任何參考，z 必須被初始化。

值得注意的是，decltype 是定義為參考的變數不會被當作其所指涉的物件之同義詞的唯一情境。

decltype 和參考

當我們將 decltype 套用到不是變數的運算式上，我們會得到那個運算式所產生的型別。如我們在 §4.1.1 中會看到的，某些運算式會使 decltype 產出參考型別。一般來說，decltype 會為能夠產出可以放在指定式左手邊的物件的運算式回傳參考型別：

```
// 一個運算式的 decltype 可能是一種參考型別
int i = 42, *p = &i, &r = i;
decltype(r + 0) b;  // ok：加法產生一個 int；b 是一個（未初始化的）int
decltype(*p) c;     // 錯誤：c 是 int& 而且必須被初始化
```

這裡 r 是一個參考，所以 decltype(r) 會是參考型別。如果我們想要 r 所指涉的型別，我們可以在一個運算式中使用 r，例如 r + 0，這是會產出非參考型別的值的一種運算式。

另一方面，涉及解參考運算子（dereference operator）的運算式就是 decltype 會為之回傳一個參考的運算式。如我們見過的，當我們解參考一個指標，會得到那個指標所指的物件。此外，我們可以指定到那個物件。因此，decltype(*p) 所推導出來的型別是 int&，而非一般的 int。

decltype 和 auto 之間的另一個重要差異是，decltype 所進行的推導取決於它被給定的運算式之形式。可能會令人困惑的是，將變數名稱圍在括弧中會影響 decltype 所回傳的型別。當我們將 decltype 套用到不帶任何括弧的一個變數，我們會得到那個變數的型別。如果我們將那個變數的名稱包在一或多組括弧中，編譯器會把運算元當作一個運算式來估算。一個變數是可以放在指定式（assignment）左手邊的一種運算式。結果就是，套用在這種運算式上的 decltype 會產出一個參考：

```
// 帶括弧的變數（parenthesized variable）之 decltype 永遠是一個參考
decltype((i)) d;   // 錯誤：d 是 int& 而且必須被初始化
decltype(i) e;     // ok：e 是一個（未初始化的）int
```

> **WARNING**
>
> 記得 decltype((variable))（注意，是雙括弧）永遠會是參考型別，但 decltype(variable) 只在 variable 是一個參考時才會是參考型別。

習題章節 2.5.3

練習 2.36： 在下列程式碼中，判斷每個變數的型別，以及程式碼執行完畢之後每個變數的值：

```
int a = 3, b = 4;
decltype(a)  c = a;
decltype((b) ) d = a;
++c;
++d;
```

練習 2.37： 指定（assignment）是會產出參考型別的運算式實例。型別會是指涉左邊運算元型別的一種參考，也就是說，如果 i 是一個 int，那麼運算式 i = x 的型別就會是 int&。藉由這個知識，判斷這段程式碼中每個變數的型別與值：

```
int a = 3, b = 4;
decltype(a)  c = a;
decltype(a = b) d = a;
```

練習 2.38： 描述 decltype 和 auto 之間型別推導的差異。給出一個運算式實例，讓 auto 和 decltype 都會推導出相同的型別，以及一個會推導出不同型別的運算式實例。

 ## 2.6 定義我們自己的資料結構

在最基本的層次，資料結構是將相關的資料元素聚集成組的一種方式，也是使用那些資料的一種策略。舉個例子，我們的 Sales_item 類別將一個 ISBN、該書已經賣出多少本、以及販售的營收包裹在一起。它也提供了一組運算，例如 isbn 函式和 >>、<<、+ 及 += 運算子。

在 C++ 中，我們藉由定義一個類別來定義出我們自己的資料型別。程式庫型別 string、istream 與 ostream 全都被定義為了類別，我們在第 1 章中所用的 Sales_item 型別也是。C++ 對於類別的支援非常廣泛，事實上，本書第三篇部和第四篇主要也是在講述類別相關的功能。雖然 Sales_item 類別相當簡單，在第 14 章學到如何定義我們自己的運算子之前，我們也還無法完整定義這個類別。

 ### 2.6.1 定義 Sales_data 型別

雖然我們尚沒辦法寫出完整的 Sales_item 類別，我們能夠寫出一個更為具體的類別，將同樣的資料元素包裹在一起。我們使用此類別的策略是，使用者將能夠直接存取這些資料元素，而且必須自行實作所需的運算。

因為我們的資料結構並不支援任何運算，我們將這個版本命名為 Sales_data 以和 Sales_item 做出區分。我們類別的定義如下：

```
struct Sales_data {
    std::string bookNo;
    unsigned units_sold = 0;
    double revenue = 0.0;
};
```

我們的類別以關鍵字 **struct** 開頭，後面接著類別名稱，以及一個（可能為空的）類別主體。類別主體由大括號（curly braces）圍起，形成一個新的範疇（§2.2.4）。在該類別內定義的名稱在該類別內必須是唯一的，但可以重複使用定義在類別之外的名稱。

結束類別主體的右大括號（close curly）後面必須跟著一個分號（semicolon）。分號之所以是必要的，是因為我們可以在類別主體後定義變數：

```
struct Sales_data { /* ... */ } accum, trans, *salesptr;
// 等效的，不過是定義這些物件比較好的方式
struct Sales_data { /* ... */ };
Sales_data accum, trans, *salesptr;
```

分號標示著宣告器串列（list of declarators，通常是空的）的結尾。一般來說，定義一個物件作為類別定義的一部分會是個壞主意。這麼做會使程式碼的意義更難懂，因為在單一述句中結合了兩種不同實體的定義，也就是類別和變數。

WARNING 類別定義的尾端忘記放上分號是新手程式設計師常犯的錯誤。

類別資料成員

類別主體定義類別的**成員（members）**。我們的類別只有**資料成員（data members）**。一個類別的資料成員定義該類別型別之物件的內容。每個物件都有自己的類別資料成員。修改一個物件的資料成員不會變更其他任何 Sales_data 物件中的資料。

定義資料成員的方式與定義普通變數相同：我們指定一個基礎型別，後面接著一串一或更多個宣告器。我們的類別有三個資料成員：型別為 string 的成員名為 bookNo、一個名為 units_sold 的 unsigned 成員，以及一個名為 revenue 的成員，其型別為 double。每個 Sales_data 物件都會有這三個資料成員。

在新標準之下，我們可為資料成員提供一個**類別內的初始器（in-class initializer）**。當我們建立物件，這些類別內的初始器會被用來初始化資料成員。沒有初始器的成員會以預設方式初始化（§2.2.1）。因此，我們定義 Sales_data 物件時，units_sold 和 revenue 會被初始化為 0，而 bookNo 會被初始化為空字串。

我們能使用的類別內初始器的形式（§2.2.1）有所限制：它們必須被包在大括號內，或接著一個 = 號。我們不可以在括弧內指定一個類別內初始器。

在 §7.2 中，我們會看到 C++ 有另一個關鍵字 class 可用來定義我們自己的資料結構。我們會在那一節解釋為何我們在此使用 struct。在第 7 章中涵蓋額外的類別相關功能之前，你應該使用 struct 來定義你自己的資料結構。

習題章節 2.6.1

練習 2.39：編譯下列程式，看看你如果忘了類別定義後的分號，會發生什麼事。記住這種訊息以便未來參考。

```
struct Foo { /* empty */ } // 注意：沒有分號
int main()
{
    return 0;
}
```

練習 2.40：寫出你自己版本的 `Sales_data` 類別。

2.6.2 使用 `Sales_data` 類別

不同於 `Sales_item` 類別，我們的 `Sales_data` 類別並沒有提供任何運算。`Sales_data` 的使用者必須自行撰寫他們所需的運算。舉個例子，我們會為來自 §1.5.2 的程式寫出另一個版本，印出兩筆交易總和。我們程式的輸入會是像這樣的交易記錄：

```
0-201-78345-X 3 20.00
0-201-78345-X 2 25.00
```

每筆交易都存有一個 ISBN、售出的本數，以及每本書賣出的售價。

相加兩個 `Sales_data` 物件

因為 `Sales_data` 沒有提供運算，我們必須撰寫自己的程式碼來進行輸入、輸出，以及加法運算。我們假設 `Sales_data` 類別定義於 `Sales_data.h` 中。我們會在 §2.6.3 中看到如何定義這個標頭。

因為這個程式會是目前為止我們寫過最長的程式，我們會分成不同部分來解釋。整體而言，我們的程式會有下列結構：

```
#include <iostream>
#include <string>
#include "Sales_data.h"
int main()
{
    Sales_data data1, data2;
    // 讀取資料到 data1 和 data2 的程式碼
    // 檢查 data1 和 data2 是否有相同 ISBN 的程式碼
    // 若是如此，印出 data1 和 data2 的總和
}
```

就如同在原本的程式中那樣，我們一開始會先引入我們需要的標頭，並定義變數來保存輸入。注意到不同於 `Sales_item` 的版本，我們的新程式引入了 `string` 標頭。我們需要那個標頭，因為我們的程式碼必須管理 `bookNo` 成員，其型別為 `string`。

讀取資料到 **Sales_data** 物件

雖然到第 3 章和第 10 章之前我們都不會詳述程式庫的 string 型別,我們只需要懂得一點有關 string 的知識,就能夠定義並使用我們的 ISBN 成員。string 型別用來保存一序列的字元。其運算包括 >>、<< 與 ==,分別用來讀取、寫入與比較字串。有了這些知識後,我們就能撰寫程式碼來讀取第一筆交易:

```
double price = 0; // 每本書的價格,用來計算總營收
// 讀取第一筆交易:ISBN、售出本數、每本價格
std::cin >> data1.bookNo >> data1.units_sold >> price;
// 從 price 和 units_sold 計算出總營收
data1.revenue = data1.units_sold * price;
```

我們的交易包含每本書售出的價格,但我們的資料結構儲存的是總營收(**total revenue**)。我們會將交易資料讀入名為 price 的一個 double 變數,並藉之計算出 revenue 成員。輸入述句

```
std::cin >> data1.bookNo >> data1.units_sold >> price;
```

使用點號運算子(§1.5.2)來將資料讀入到 data1 物件的 bookNo 和 units_sold 成員。

最後一個述句將 data1.units_sold 和 price 的乘積指定給 data1 的 revenue 成員。

接著我們的程式會重複相同的程式碼來將資料讀入 data2:

```
// 讀取第二個交易
std::cin >> data2.bookNo >> data2.units_sold >> price;
data2.revenue = data2.units_sold * price;
```

印出兩個 **Sales_data** 物件的總和

我們的另外一項任務是檢查這些交易是否有相同的 ISBN。若是如此,我們就印出它們的總和,否則印出錯誤訊息:

```
if (data1.bookNo == data2.bookNo) {
    unsigned totalCnt = data1.units_sold + data2.units_sold;
    double totalRevenue = data1.revenue + data2.revenue;
    // 印出:ISBN、總售出數、總營收、每本的平均售價
    std::cout << data1.bookNo << " " << totalCnt
              << " " << totalRevenue << " ";
    if (totalCnt != 0)
        std::cout << totalRevenue/totalCnt << std::endl;
    else
        std::cout << "(no sales)" << std::endl;
    return 0; // 代表成功
} else { // 交易記錄沒有相同的 ISBN
    std::cerr << "Data must refer to the same ISBN"
              << std::endl;
    return -1; // 代表失敗
}
```

在第一個 if 中，我們比較 data1 和 data2 的 bookNo 成員。如果那些成員有相同的 ISBN，我們就執行大括號內的程式碼。那段程式碼將這兩個變數的各個分量（components）加起來。因為我們得印出平均價格，我們會先計算 units_sold 和 revenue 的總和，並將它們分別儲存到 totalCnt 和 totalRevenue 中。我們印出那些值。接著我們檢查是否有書賣出，如果有，印出計算出來的每本書平均價格。如果沒有，就印出一個訊息提示沒有書賣出。

習題章節 2.6.2

練習 2.41： 使用你的 Sales_data 類別來改寫 §1.5.1、§1.5.2 和 §1.6 中的練習。就現在來說，你應該將你的 Sales_data 類別定義在跟 main 函式相同的檔案中。

 ## 2.6.3 撰寫我們自己的標頭檔

雖然就像我們會在 §19.7 中看到的，我們可以在一個函式內定義一個類別，這種類別的功能性有其限制。結果就是，類別一般不會定義在函式內。當我們在函式外定義一個類別，在任何給定的原始碼檔案中，那個類別的定義只能有一個。此外，如果我們在數個不同的檔案中使用一個類別，那個類別的定義在各個檔案中都必須相同。

為了確保每個檔案中的類別定義都相同，類別通常定義在標頭檔案（header files）中。典型情況下，儲存類別的標頭之名稱會衍生自該類別的名稱。舉例來說，string 程式庫型別就定義在 string 標頭中。同樣地，如我們已經見過的，我們會在名為 Sales_data.h 的一個標頭檔案中定義我們的 Sales_data 類別。

標頭（通常）含有在任何給定的檔案中只能被定義一次的實體（例如類別定義或 const 與 constexpr 變數（§2.4））。然而，標頭經常需要使用來自其他標頭的機能。舉例來說，因為我們的 Sales_data 類別有一個 string 成員，Sales_data.h 就必須 #include 對應的 string 標頭。如我們所見，使用 Sales_data 的程式也得引入 string 標頭才能使用 bookNo 成員。結果就是，使用 Sales_data 的程式將會引入那個 string 標頭兩次：一次直接引入，另一次則是引入 Sales_data.h 的副作用。因為一個標頭不能被引入超過一次，我們必須以引入多次也安全的方式來撰寫我們的標頭。

 每當一個標頭被更新，使用該標頭的那些原始碼檔案必須被重新編譯，以取得新的或變更過的宣告。

前置處理器的簡介

要讓一個標頭能被安全地多次引入，最常見的技巧仰賴**前置處理器（preprocessor）**。前置處理器是 C++ 從 C 繼承而來的，是一個會在編譯器之前執行的程式，它會變更我們程式的原始碼文字。我們的程式已經有仰賴過一個前置處理器機能，也就是 #include。當前置處理器看到一個 #include，它會將那個 #include 取代為指定的標頭之內容。

C++ 程式也使用前置處理器來定義**標頭守衛（header guards）**。標投守衛仰賴前置處理器變數（§2.3.2）。前置處理器變數有兩種可能的狀態：已定義（defined）或未定義（not defined）。**#defined** 指示詞接受一個名稱，並將該名稱定義為一個前置處理器變數。另外有兩個指示詞用來測試一個給定的前置處理器變數是否已經定義：如果變數已經定義 **#ifdef** 就會是 true，而如果變數沒有定義，**#ifndef** 就會是 true。如果測試結果為 true，那麼接在 #ifdef 或 #ifndef 後一直到對應的 **#endif** 前的所有東西都會被處理。

我們可以使用這些機能來避免多重引入，像這樣：

```
#ifndef SALES_DATA_H
#define SALES_DATA_H
#include <string>
struct Sales_data {
    std::string bookNo;
    unsigned units_sold = 0;
    double revenue = 0.0;
};
#endif
```

Sales_data.h 第一次被引入時，#ifndef 測試會成功。前置處理器會處理接在 #ifndef 之前到 #endif 為止的程式行。結果就是，前置處理器變數 SALES_DATA_H 將會被定義，而 Sales_data.h 的內容會被拷貝到我們的程式中。如果我們在同一個檔案較後面的地方引入 Sales_data.h，那 #ifndef 指示詞就會變為 false。介於它和 #endif 之間的程式行則會被忽略。

前置處理器變數的名稱並不遵循 C++ 的範疇規則。

WARNING

前置處理器變數，包括標頭守衛的名稱，在整個程式中都必須是唯一的。典型的情況下，我們會以標頭中類別的名稱為基礎，衍生出守衛的名稱。要避免與程式中其他的實體產生名稱衝突，前置處理器變數通常全以大寫（uppercase）寫成。

Best Practices

即使沒有引入任何其他的標頭，標頭也應該擁有守衛。標頭守衛寫起來很簡單，只要習慣性地定義它們，你就不需要去判斷它們是否必要。

習題章節 2.6.3

練習 2.42：寫出你自己版本的 Sales_data.h 標頭，並用它來改寫 §2.6.2 的練習。

本章總結

型別（types）對於 C++ 中的所有程式設計工作都是不可或缺的。

每種類別都定義了儲存需求和可以在該型別物件上進行的運算。此語言提供了一組基本的內建型別，例如 int 和 char，它們與其在機器上的表示法（representation）有緊密的關聯。型別可以是非 const 或 const 的，一個 const 物件必須經過初始化，而且一旦初始化了，其值就不能改變。此外，我們可以定義複合型別（compound types），例如指標（pointers）或參考（references）。複合型別是以其他型別來定義的一種型別。

這個語言讓我們藉由定義類別（classes）來定義出我們自己的型別。程式庫（library）使用這些類別機能來提供一組較高階的抽象層（higher-level abstractions），例如 IO 或 string 型別。

定義的詞彙

address（位址） 一個號碼，記憶體中的每個位元組都可以透過這種號碼被找到。

alias declaration（別名宣告） 為另一個型別定義一個同義詞（synonym）：使用 *name = type* 來將一個名稱（*name*）宣告為另一個型別（*type*）的同義詞。

arithmetic types（算術型別） 表示 boolean 值、字元、整數和浮點數的內建型別。

array（陣列） 存有一組未命名物件的資料結構，它們是透過索引（index）來存取的。§3.5 會詳細涵蓋陣列。

auto 從其初始器（initializer）推導出變數型別的一個型別指定符（type specifier）。

base type（基礎型別） 型別指定符，可能會由 const 進行資格修飾（qualified），跟在一個宣告中的宣告器（declarators）之前。

bind（繫結） 將一個名稱關聯至一個給定的實體，使得用到該名稱的地方實際上使用的是那個底層的實體（underlying entity）。舉例來說，一個參考就是繫結至一個物件的一個名稱。

byte（位元組） 記憶體中可定址（addressable）的最小單位。在大多數的機器上，一個位元組都是 8 個位元（bits）。

class member（類別成員） 類別的一部分。

compound type（複合型別） 以其他型別定義的一個型別。

const 用來定義不可變更的物件的型別資格修飾器（type qualifier）。const 物件必須被初始化，因為定義之後就沒有辦法給它們值了。

const pointer（常數指標） 是 const 的指標。

const reference（常數參考） 對 const 的參考（reference to const）的通俗同義詞。

constant expression（常數運算式） 可在編譯時期被估算（evaluated）的運算式。

constexpr 代表一個常數運算式的變數。§6.5.2 涵蓋 constexpr 函式。

conversion（轉換） 某個型別的值被轉換為另一個型別之值的過程。此語言定義了內建型別之間的轉換方式。

data member（資料成員） 構成一個物件的資料元素。給定類別的每個物件都有其自己的一份類別資料成員拷貝。資料成員可在於類別中宣告時被初始化。

declaration（宣告） 公告一個定義在他處的變數、函式或型別存在的斷言。名稱必須在定義或宣告之後才能使用。

declarator（宣告器） 一個宣告中，包含被定義的那個名稱和一個選擇性型別修飾器的部分。

decltype 會推導出一個變數或運算式之型別的型別指定符。

default initialization（預設初始化） 沒有給定明確的初始器時，物件的初始化方式。類別型別物件（class type objects）的初始化方式是由該類別所控制。內建型別的物件，若是定義在全域範疇（global scope），就會被初始化為 0。定義於區域範疇（local scope）的則不會被初始化，具有未定義的值。

definition（定義） 為指定了型別的一個變數配置（allocates）儲存空間，並且選擇性地進行初始化。名稱在定義或宣告前不能使用。

escape sequence（轉義序列） 表示字元的替代機制，特別是沒有印出形式、無法列印的那些。一個轉義序列是一個反斜線（backslash）後面跟著一個字元、三個或更少個八進位數字，或一個 x 後面接著一個十六進位數字。

global scope（全域範疇） 在所有其他範疇之外的範疇。

header guard（標頭守衛） 用來避免標頭在單一檔案中被引入超過一次的前置處理器變數。

identifier（識別字） 構成一個名稱（name）的字元序列。識別字有區別大小寫（case-sensitive）。

in-class initializer（類別內初始器） 作為一個類別的資料成員之宣告一部分的初始器。類別內初始器必須跟在一個 = 符號之後，或圍在大括號內。

in scope（範疇內） 目前範疇中看得見的名稱。

initialized（初始化） 一個變數在定義時被賦予了一個初始值（initial value）。變數通常都應該經過初始化。

inner scope（內層範疇） 內嵌在另一個範疇中的範疇。

integral types（整數型別） 參閱算術型別（arithmetic type）。

list initialization（串列初始化） 初始化的形式之一，使用大括號來包圍一或多個初始器。

literal（字面值） 像是數字、字元或字元字串的一種值。其值無法改變。字面值字元包在單引號（single quotes）中，字面值字串則是包在雙引號（double quotes）中。

local scope（區域範疇） 區塊範疇（block scope）的通俗同義詞。

low-level const（低層 const） 並非頂層（top-level）的 const。這種 const 是型別整體的一部分，永遠都不會被忽略。

member（成員） 一個類別的一部分。

nonprintable character（不可列印的字元） 沒有看得見的表示方式的字元，例如控制字元、backspace、newline 等等。

null pointer（null 指標） 其值為 0 的指標。一個 null 指標是有效的，但並沒有指向任何物件。

nullptr 代表 null 指標的字面值常數。

object（物件） 具有一種型別的一個記憶體區域。一個變數則是具有一個名稱的物件。

outer scope（外層範疇） 包含另一個範疇的範疇。

pointer（指標） 持有一個物件的位址、超出一個物件結尾一個位置的位址（address one past the end of an object），或零的一種物件。

pointer to const（對 const 的指標） 能夠存放一個 const 物件的位址的指標。對 const 的指標不能被用來變更它所指的物件的值。

preprocessor（前置處理器） 作為 C++ 程式編譯過程一部分而執行的程式。

preprocessor variable（前置處理器變數） 前置處理器所管理的變數。前置處理器會在我們的程式被編譯之前以對應的值來取代每一個前置處理器變數。

reference（參考） 另一個物件的一個別名。

reference to const（對 const 的指標） 不能改變其所指涉（refers）的物件之值的參考。對

const 的參考可以繫結至一個 const 物件、一個非 const 物件,或一個運算式的結果。

scope(範疇) 程式中名稱具有意義的部分。C++ 有數種層次的範疇:

  global(全域) — 在任何其他範疇之外定義的名稱

  class(類別) — 定義在一個類別內的名稱

  namespace(命名空間) — 定義在一個命名空間內的名稱

  block(區塊) — 定義在一個區塊內的名稱

範疇可以內嵌。一個名稱只要宣告了,在宣告它的範疇結尾之前,都能取用。

separate compilation(個別編譯) 將一個程式分成多個個別的源碼檔的能力。

signed(有號的) 能夠存放負值或正值的整數型別,包括零。

string 代表長度可變的字元序列的程式庫型別。

struct 用來定義一個類別的關鍵字。

temporary(暫存物件) 估算一個運算式時,編譯器所創建的無名物件。一個 temporary 在包含它為之而被創建的運算式之最大運算式結尾前都會存在。

top-level const(頂層 const) 指定一個物件不能被更改的 const。

type alias(型別別名) 作為另一個型別同義詞的一個名稱。透過 typedef 或別名宣告(alias declaration)來定義。

type checking(型別檢查) 編譯器用來驗證給定型別的物件被使用的方式是否與該型別之定義一致的程序。

type specifier(型別指定符) 一個型別的名稱。

typedef 為另一個型別定義一個別名。當 typedef 出現在一個宣告的基礎型別中,在該宣告中定義的名稱就是型別名稱。

undefined(未定義) 此語言未指定意義的使用方式。不管你知不知情,仰賴未定義行為都很容易產生難以追查的執行期錯誤、安全性問題,以及可移植性(portability)問題。

uninitialized(未初始化) 定義時沒有初始值的變數。一般來說,試著存取一個未初始化變數的值都會產生未定義的行為。

unsigned(無號的) 只能存放大於或等於零的值的整數型別。

variable(變數) 一個具名的物件或參考。在 C++ 中,變數必須在它們被使用之前宣告。

void* 能夠指向任何非 const 型別的指標型別。這種指標不能被解參考(dereferenced)。

void type(void 型別) 沒有運算也沒有值的特殊用途型別。你沒辦法定義型別為 void 的變數。

word(字組) 給定機器上,整數計算的自然單位。通常一個字組的大小都足以存放一個位址。在 32 位元的機器上,一個字組的大小通常會是 4 個位元組。

& operator(& 運算子) 取址運算子(address-of operator)。套用在物件上時會產出該物件的位址。

* operator(* 運算子) 解參考運算子(dereference operator)。解參考一個指標的動作會回傳該指標所指的物件。對一個解參考動作的結果進行指定,會將一個新的值指定給底層的物件。

#define 定義前置處理器變數的前置處理器指示詞。

#endif 結束一個 #ifdef 或 #ifndef 區域的前置處理器指示詞。

#ifdef 判斷一個給定的變數是否有定義的前置處理器指示詞。

#ifndef 判斷一個給定的變數是否無定義的前置處理器指示詞。

3

字串、向量與陣列

Strings, Vectors, and Arrays

本章目錄

除了第 2 章所涵蓋的內建型別，C++ 還定義了含有豐富的抽象資料型別（abstract data types）的程式庫。最重要的程式庫型別有 string，它支援長度可變的字元字串（variable-length character strings），還有 vector，它定義大小可變的群集（variable-size collections）。與 string 和 vector 關聯的附帶型別被稱為迭代器（iterators），它們被用來存取一個 string 中的字元，或一個 vector 中的元素。

程式庫所定義的 string 和 vector 型別是更原始的內建陣列型別之抽象層（abstractions）。本章涵蓋陣列，以及程式庫的 vector 和 string 型別。

我們在第 2 章涵蓋的內建型別（*built-in types*）是由 C++ 語言直接定義的。這些型別代表大多數的電腦硬體所具備的機能，例如數字或字元。標準程式庫（**standard library**）定義數個較高階的額外型別，涵蓋電腦硬體通常沒有直接實作的機能。

在本章中，我們會介紹兩個最重要的程式庫型別：string 和 vector。一個 string 是長度可變的一個字元序列。一個 vector 則存放給定型別的物件所成的長度可變的序列。我們也會涵蓋內建的陣列（**array**）型別。就像其他的內建型別，陣列代表的是硬體機能。結果就是，陣列用起來比程式庫的 string 及 vector 型別還不方便。

在開始程式庫型別的探索之前，我們會先看看如何簡化對程式庫中名稱的存取。

3.1 命名空間的 **using** 宣告

截至目前為止，我們都明確地指出我們所用的每個程式庫名稱都位於 std 命名空間中。舉例來說，要從標準輸入讀取，我們會寫 std::cin。這些名稱用到範疇運算子（::，§1.2），它指出編譯器應該在左運算元的範疇中查找右運算元所指的名稱。因此，std::cin 指的是我們想要使用來自命名空間 std 的名稱 cin。

以這種方式參考程式庫名稱可能很麻煩。幸運的是，有更簡單的方式可以使用命名空間成員。最安全的方法是一個 **using 宣告**。§18.2.2 涵蓋使用命名空間名稱的另一種方式。

一個 using 宣告讓我們可以使用一個命名空間中的名稱，而不用以 namespace_name:: 前綴來對名稱進行資格修飾。一個 using 宣告具有這種形式：

```
using namespace::name;
```

一旦進行了 using 宣告，我們就能直接存取 *name*：

```
#include <iostream>
// using 宣告，當我們使用 cin 這個名稱，我們就會取得來自命名空間 std 的那一個
using std::cin;
int main()
{
    int i;
    cin >> i;        // ok：cin 是 std::cin 的同義詞
    cout << i;       // 錯誤：沒有使用 using 宣告，我們必須使用全名
    std::cout << i;  // ok：明確地使用來自命名空間 std 的 cout
    return 0;
}
```

每個名稱都需要一個分別的 **using** 宣告

每個 using 宣告都引入單一個命名空間成員。這種行為讓我們可以精確地確認我們用到哪些名稱。作為範例，我們會為每個用到的程式庫名稱使用 using 宣告來改寫 §1.2 的程式：

```
#include <iostream>
// 為來自標準程式庫的名稱使用 using 宣告
using std::cin;
using std::cout; using std::endl;
int main()
{
    cout << "Enter two numbers:" << endl;
    int v1, v2;
    cin >> v1 >> v2;
    cout << "The sum of " << v1 << " and " << v2
         << " is " << v1 + v2 << endl;
    return 0;
}
```

為 cin、cout 與 endl 使用的 using 意味著我們能夠不帶 std:: 前綴來使用那些名稱。還記得 C++ 程式的形式沒有限制嗎？所以我們能把每個 using 宣告放在自己的一行中，或是將數個宣告結合在單一行上。最重要的部分是，我們所用的每個名稱都必須有一個 using 宣告，而且每個宣告都必須以一個分號結尾。

標頭不應該包含 using 宣告

標頭（§2.6.3）內的程式碼一般來說都不應該使用 using 宣告。原因在於，標頭的內容會被拷貝到進行引入的程式文字中。如果一個標頭使用 using 宣告，那麼引入那個標頭的每個程式都會得到相同的 using 宣告。結果就是，無意使用所指程式庫名稱的程式可能會遭遇非預期的名稱衝突。

給讀者的提醒

從現在開始，我們的範例都假設我們用到的標準程式庫名稱都有進行 using 宣告了。因此，在內文和程式碼範例中我們會用 cin 而非 std::cin。

此外，為了保持程式碼範例的簡短，我們不會顯示 using 宣告，也不會顯示必要的 #include 指示詞。附錄 A 中的表 A.1 為我們在本書中所用的標準程式庫名稱列出其名稱與其對應的標頭。

讀者應該注意的是，在編譯我們的程式碼範例之前，必須為它們加上適當的 #include 和 using 宣告。

習題章節 3.1

練習 3.1：以適當的 using 宣告改寫 §1.4.1 和 §2.6.2 的練習。

3.2 程式庫的 `string` 型別

一個 **string** 是由字元所構成的，長度可變的序列。要使用 string 型別，我們必須引入 string 標頭。因為它是標準程式庫的一部分，所以 string 定義在 std 命名空間中。我們的範例假設了下列程式碼：

```
#include <string>
using std::string;
```

本節描述最常見的 string 運算，§9.5 會涵蓋額外的運算。

除了指定程式庫型別應該提供的運算，標準也對實作者設下了效能需求。結果就是，程式庫型別的效能對一般用途而言都算足夠。

3.2.1 定義並初始化 `string`

每個類別都會定義該型別的物件如何初始化。一個類別可以定義許多方式來初始化該型別的物件。每種方式之間必須以我們得提供的初始器數目或那些初始器的型別來做出區別。表 3.1 列出初始化 string 最常見的方式。有幾個例子：

```
string s1;              // 預設初始化，s1 是空字串（empty string）
string s2 = s1;         // s2 是 s1 的一個拷貝
string s3 = "hiya";     // s3 是那個字串字面值的一個拷貝
string s4(10, 'c');     // s4 是 cccccccccc
```

我們能以預設的方式初始化一個 string（§2.2.1），這會創建出一個空的 string，也就是沒有任何字元的一個 string。當我們提供了一個字串字面值（§2.1.3），來自那個字面值的字元，包括該字面值結尾 null 字元之前的所有字元（但不包括 null 字元），都會被拷貝到那個新創建的 string 中。當我們提供一個計數（count）以及一個字元，這個 string 就會含有給定的字元那個數量的拷貝。

初始化的直接和拷貝形式

在 §2.2.1 中，我們看到 C++ 有數種不同形式的初始化。透過 string，我們可以開始了解這些形式彼此之間有何差異。使用 = 初始化一個變數時，我們是在請求編譯器將右手邊的初始器拷貝到建立出來的物件，藉此 **copy initialize（拷貝初始化）** 那個物件。否則的話，如果我們省略那個 =，我們用的就是 **direct initialization（直接初始化）**。

當我們有單一個初始器，我們可以使用直接或拷貝形式的初始化，用哪個都可以。當我們以一個以上的值來初始化一個變數，就像上面 s4 的初始化那樣，我們必須使用直接形式的初始化：

```
string s5 = "hiya";     // copy initialization
string s6("hiya");      // direct initialization
string s7(10, 'c');     // direct initialization，s7 是 cccccccccc
```

當我們想要使用數個值，我們可以間接地使用初始化的拷貝形式，方法是明確地建立一個（暫時的）物件來進行拷貝：

```
string s8 = string(10, 'c'); // copy initialization，s8 是 cccccccccc
```

s8 的初始器，也就是 string(10, 'c')，會創建給定大小和字元值的一個 *string*，然後將那個值拷貝到 s8 中。這就好像我們是寫

```
string temp(10, 'c'); // temp 是 cccccccccc
string s8 = temp; // 拷貝 temp 到 s8
```

雖然用來初始化 s8 的程式碼是合法的，其可讀性較差，而且相較於 s7 的初始化方式，也沒有補償性的優勢可言。

表 3.1：初始化一個 **string** 的方式	
string s1	預設初始化，s1 是空字串。
string s2(s1)	s2 是 s1 的一個拷貝。
string s2 = s1	等同於 s2(s1)，s2 是 s1 的一個拷貝。
string s3("value")	s3 是那個字串字面值的一個拷貝，不包括 null 字元。
string s3 = "value"	等同於 s3("value")，s3 是那個字串字面值的一個拷貝。
string s4(n, 'c')	以字元 'c' 的 n 個拷貝初始化 s4。

3.2.2 在 **string** 上進行的運算

除了定義物件如何建立和初始化，一個類別也定義了該類別型別的物件能夠進行的運算。一個類別可以定義以名稱呼叫的運算，例如我們 Sales_item 類別（§1.5.2）的 isbn 函式。一個類別也能夠定義各種運算子符號，例如 << 或 +，套用到該類別的型別時所代表的意義。表 3.2（下頁）列出最常見的 string 運算。

讀取和寫入 **string**

如我們在第 1 章看到的，我們使用 iostream 程式庫來讀寫內建型別的值，例如 int、double 等諸如此類。我們使用相同的 IO 運算子來讀寫 string：

```
// 注意：必須加入 #include 和 using 宣告才能編譯這段程式碼
int main()
{
    string s;          // 空字串
    cin >> s;          // 讀入一個由空白分隔的字串到 s 中
    cout << s << endl; // 將 s 寫到輸出
    return 0;
}
```

表 3.2：`string` 運算	
`os << s`	將 s 寫到輸出資料流 os。回傳 os。
`is >> s`	從 is 讀取以空格分隔的字串到 s。回傳 is。
`getline(is, s)`	從 is 讀取一行輸入到 s。回傳 is。
`s.empty()`	如果 s 是空的就回傳 `true`，否則回傳 `false`。
`s.size()`	回傳 s 中的字元數。
`s[n]`	回傳 s 中位在位置 n 的 char 之參考，位置從 0 開始。
`s1 + s2`	回傳 s1 和 s2 串接（concatenation）所成的字串。
`s1 = s2`	以 s2 的一個拷貝取代 s1 中的字元。
`s1 == s2`	如果含有相同的字元，那字串 s1 和 s2 就相等。
`s1 != s2`	相等性（equality）有區分大小寫。
`<`、`<=`、`>`、`>=`	比較運算是區分大小寫的，並且使用字典順序（dictionary ordering）。

這個程式一開始先定義了一個空的 string，叫做 s。下一行讀取標準輸入，將所讀到的儲存在 s 中。string 輸入運算子讀取並捨棄所有的前導空白（例如 spaces、newlines、tabs）。然後它持續讀取字元，直到遇到下一個空白字元為止。

所以，如果這個程式的輸入是　　　　　**Hello World!**　　　　（注意到前導和尾隨的空格），那麼輸出就會是不帶多餘空格的 **Hello**。

就像作用在內建型別上的輸入與輸出運算，string 運算子也會回傳它們左邊的運算元作為結果。因此，我們可以將多次讀或寫鏈串（chain）在一起：

```
string s1, s2;
cin >> s1 >> s2; // 將第一個輸入讀到 s1，第二個讀到 s2
cout << s1 << s2 << endl; // 將這兩個字串都寫出
```

如果我們給這個版本的程式同樣的輸入，也就是　　　　　**Hello World!**　　　　，我們的輸出將會是 "**HelloWorld!**"。

讀取未知數目的 `string`

在 §1.4.3 中，我們寫了一個程式讀取未知數目的 int 值。我們可以撰寫一個類似的程式改讀取 string：

```
int main()
{
    string word;
    while (cin >> word)           // 一直讀到檔案結尾（end-of-file）
        cout << word << endl;     // 寫出每一個字，後面接著一個 newline
    return 0;
}
```

在這個程式中，我們讀取到一個 string 中，而非一個 int。除此之外，while 條件執行的方式就類似之前程式中的那個。這個條件會在讀取完成後測試資料流。如果資料流是有效的，也就是尚未抵達檔案結尾，或遇到無效的輸入，那麼 while 的主體就會被執行。這個主體會在標準輸出印出我們讀到的資料。一旦碰到檔案結尾（或無效輸入），我們就會跳出這個 while。

使用 getline 來讀取一整行

有時候我們不想要忽略我們輸入中的空白。在這種情形中，我們可以使用 **getline** 函式，而非 >> 運算子。getline 函式接受一個輸入資料流以及一個 string。這個函式會讀取給定的資料流，直到第一個 newline，並包括這個 newline，並將它所讀到的，但並**不包括**那個 newline，儲存到它的 string 引數。getline 看到一個 newline 後，即使那是輸入中的第一個字元，它也會停止讀取並回傳。如果輸入中的第一個字元是一個 newline，那麼結果的 string 就是空字串。

就跟輸入運算子一樣，getline 回傳其 istream 引數。結果就是，我們可以使用 getline 作為一個條件，就像我們可以使用輸入運算子（§1.4.3）作為一個條件那樣。舉例來說，我們可以將之前每行寫出一個字的程式改寫為一次寫出一行：

```
int main()
{
    string line;
    // 讀取輸入，一次讀一行，直到檔案結尾為止
    while (getline(cin, line))
        cout << line << endl;
    return 0;
}
```

因為 line 並不包含一個 newline，我們必須寫出我們自己的。如同以往，我們使用 endl 來結束目前文字行，並排清緩衝區。

 導致 getline 回傳的 newline 會被丟棄，這個 newline 不會被儲存在 string 中。

string 的 empty 和 size 運算

empty 函式所做的事正如你所料：它會回傳一個 bool（§2.1），指出 string 是否為空的（empty）。就像 Sales_item 的 isbn 成員（§1.5.2），empty 是 string 的一個成員函式。要呼叫這個函式，我們使用點號運算子（dot operator）來指定我們要在其上執行 empty 函式的物件。

我們可以修改之前的程式只印出非空的文字行：

```
// 一次讀取一個文字行並捨棄空白文字行
while (getline(cin, line))
    if (!line.empty())
        cout << line << endl;
```

這裡的條件用到邏輯的 NOT 運算子（**!運算子**）。這個運算子回傳其運算元的 bool 值的相反。在此，如果 str 非空，條件就為 true。

size 成員回傳一個 string 的長度（即其中的所含的字元數）。我們可以使用 size 來印出大於 80 個字元長的文字行：

```
string line;
// 一次一行地讀取輸入，並印出大於 80 個字元長的文字行
while (getline(cin, line))
    if (line.size() > 80)
        cout << line << endl;
```

string::size_type 型別

依照邏輯，你可能會預期 size 會回傳一個 int，或者回想到 §2.1.1 的 unsigned。然而，size 回傳的是一個 string::size_type 值。這個型別需要一點說明。

string 這個類別，以及其他大多數的程式庫型別，都定義有數個附帶型別。這些附帶型別讓你能夠以獨立於機器的方式使用那些程式庫型別。型別 **size_type** 就是其中的一個附帶型別。要使用 string 所定義的 size_type，我們使用範疇運算子來指出名稱 size_type 是定義在 string 類別中。

雖然我們不知道 string::size_type 的確切型別，我們的確知道它是一個無號型別（§2.1.1），並且大到足以容納任何 string 的大小。用來儲存 string size 運算結果的任何變數都應該有 string::size_type 的型別。

 確實，型別 string::size_type 打起來很繁瑣。在新標準底下，我們可以使用 auto 或 decltype（§2.5.2）要求編譯器提供適當的型別：

```
auto len = line.size(); // len 有型別 string::size_type
```

因為 size 回傳一個無號型別，故要牢記的一個重點是，混有有號和無號資料的運算式可能會有令人驚訝的結果（§2.1.2）。舉例來說，如果 n 是一個存有負值的 int，那麼 s.size() < n 就幾乎可以確定會估算為 true。它產出 true 是因為 n 中的負值會被轉換為一個大型無號值。

> 你可以避免因為 unsigned 和 int 之間的轉換而產生的問題，只要不要在用到 size() 的運算式中使用 int 就行了。

比較 string

string 類別定義了數個用來比較字串的運算子。這些運算子運作的方式是比較 string 中的字元。這種比較是區分大小寫的，一個字母的大寫和小寫是不同的字元。

相等性運算子（== 和 !=）分別測試兩個 string 是否相等或不相等。如果有相同的長度並
包含同樣的字元，那麼兩個 string 就是相等的。關係運算子 <、<=、>、>= 分別測試一個
string 是否小於、小於等於、大於或大於等於另一個。這些運算子使用的策略跟（區分大小
寫的）字典相同：

1. 如果兩個 string 有不同的長度，而且較短的 string 中的每個字元都等於較長 string
   中對應的字元，那麼較短的 string 就小於較長的。

2. 如果兩個 string 中對應位置上的任何字元有不同，那麼字串比較的結果就是比較在字
   串不同處的第一個字元。

舉個例子，思考下列 string：

```
string str = "Hello";
string phrase = "Hello World";
string slang  = "Hiya";
```

根據規則 1，我們可以看到 str 小於 phrase。而套用規則 2，我們會看到 slang 比 str 和
phrase 都還要長。

string 的指定

一般來說，程式庫型別都會致力於讓它們的使用方式跟內建型別一樣簡單。為此，大多數的
程式庫型別都支援指定。對 string 來說，我們可以將一個字串指定給另一個：

```
string st1(10, 'c'), st2; // st1 是 cccccccccc，st2 是一個空字串
st1 = st2;  // 指定：以 st2 的一個拷貝取代 st1 的內容
            // 現在 st1 及 st2 都是空字串了
```

相加兩個 string

相加兩個 string 會產出一個新的 string，它會是左手邊的運算元後面接著右手邊的運算元
所串接而成的一個新字串。也就是說，在 string 上使用加號運算子（+）時，結果會是一個
新的 string，其內容是左邊運算元中的字元之拷貝後接著右邊運算元的字元之拷貝。複合指
定運算子（+=，§1.4.1）則會把右邊運算元附加（appends）到左手邊的 string：

```
string s1  = "hello, ", s2 = "world\n";
string s3 = s1 + s2; // s3 是 hello, world\n
s1 += s2;   // 等同於 s1 = s1 + s2
```

相加字面值和 string

如我們在 §2.1.2 中看過的，如果給定型別到預期型別之間有轉換方式，那我們就能把一個型
別用在預期另一個型別的地方。string 程式庫能讓我們將字元字面值（character literals）
及字元字串字面值（character string literals，§2.1.3）轉換為 string。因為我們可以在預
期一個 string 的地方使用這些字面值，我們能把前面的程式改寫為：

```
string s1 = "hello", s2 = "world"; // s1 和 s2 中都沒有標點符號
string s3 = s1 + ", " + s2 + '\n';
```

當我們混合使用 string 和字串或字元字面值，每個 + 運算子至少要有一個運算元是 string
型別：

```
string s4 = s1 + ", ";            // ok：相加一個 string 和一個字面值
string s5 = "hello" + ", ";       // 錯誤：沒有 string 運算元
string s6 = s1 + ", " + "world";  // ok：每個 + 都有一個 string 運算元
string s7 = "hello" + ", " + s2;  // 錯誤：不能相加字串字面值
```

s4 和 s5 的初始化各自都只涉及單一運算，所以很容易就可以看到初始化是否合法。s6 的初
始化看起來可能令人驚訝，但其運作方式就類似我們將輸入或輸出運算式（§1.2）鏈串起來
時很類似。這個初始化可以像這樣分組

```
string s6 = (s1 + ", ") + "world";
```

子運算式 s1 + ", " 回傳一個 string，這構成了第二個 + 運算子的左運算元。這就好像我
們是寫

```
string tmp = s1 + ", "; // ok：+ 有一個 string 運算元
s6 = tmp + "world";     // ok：+ 有一個 string 運算元
```

另一方面，s7 的初始化則是非法的，只要為運算式加上括弧，就可以看出來：

```
string s7 = ("hello" + ", ") + s2; // 錯誤：不能相加字串字面值
```

現在應該很容易看到第一個子運算式相加了兩個字串字面值。因為這是無法辦到的，所以該
述句是個錯誤。

為了歷史因素，以及與 C 的相容性，字串字面值並非標準程式庫的 string。很重要
的是要記得，當你使用字串字面值及程式庫的 string 時，這些型別是有差異的。

WARNING

習題章節 3.2.2

練習 3.2： 寫一個程式，一次讀取一行的標準輸入。修改你的程式，改成一次讀取一個字詞。

練習 3.3： 解釋空白字元（whitespace characters）在 string 輸入運算子及 getline 函式中
是如何被處理的。

練習 3.4： 寫一個程式來讀取兩個 string，並回報這些 string 是否相等。如果不是，就回報
何者較大。現在，變更此程式來回報這些 string 是否有相同的長度，若非如此，就回報哪個
比較長。

練習 3.5： 寫一個程式從標準輸入讀取 string，並將讀取到的串接起來放到一個大型的
string 中。將串接後的 string 印出。接著，更改程式，以一個空格（space）分隔相鄰的輸入。

3.2.3 處理一個 **string** 中的字元

我們經常得處理一個 string 中的個別字元。我們可能想要檢查看看一個 string 是否含有任
何空白、將字元變為小寫，或看看一個給定的字元是否存在，諸如此類的。

這種處理有部分涉及到了我們如何存取那些字元本身。有的時候，我們得處理每一個字元。其他時候，我們只需要處理一個特定的字元，或可在某個條件滿足後停止處理。我們可以看到，應付這些情況的最佳方式涉及了不同的語言和程式庫機能。

處理字元的另一部分工作則是知悉或變更一個字元的特性。這部分的工作是由一組程式庫函式來處理的，描述於表 3.3（下頁）。這些函式定義於 cctype 標頭。

建議：使用 C++ 版本的 C 程式庫標頭

除了專為 C++ 所定義的機能外，C++ 程式庫也整合了 C 程式庫。C 中的標頭有 *name*.h 這樣形式的名稱。這些標頭的 C++ 版本則被命名為 c*name*，移除了後綴的 .h 並在 *name* 前面加了字母 c。c 代表的是此標頭為 C 程式庫的一部分。

因此，cctype 與 ctype.h 有相同的內容，但存在的形式適用於 C++。特別是，定義在 c*name* 標頭中的名稱是被定義在 std 命名空間內，而定義在 .h 版本中的那些則否。

一般來說，C++ 程式應該使用 c*name* 版本的標頭，而非 *name*.h 版本的。如此一來，源自標準程式庫的名稱就能一致地於 std 命名空間中被找到。若使用 .h 標頭，就等於把責任放在程式設計師身上，要他們記得哪些程式庫名稱繼承字 C，而哪些是 C++ 獨有的。

要處理每個字元？那就用基於範圍的 `for`

如果你想要對一個 string 中的每個字元做些事，目前最佳的做法會是使用由新標準引進的一種述句：**範圍（range）的 for** 述句。這種述句會迭代（iterates）一個給定序列中的元素，並對該序列中的每個值做些運算。其語法形式為

```
for (declaration : expression)
    statement
```

其中 *expression* 是型別代表一種序列的一個物件，而 *declaration* 定義我們會用來存取序列中每個底層元素的變數。每次迭代中，*declaration* 的變數會以 *expression* 中的下個元素之值來初始化。

一個 string 代表一個序列的字元，所以我們可以使用一個 string 作為一個範圍 for 中的 *expression*。舉個簡單的例子，我們可以使用一個範圍 for 將一個 string 的每個字元一行一行的印到輸出：

```
string str("some string");
// 印出 str 中的字元，一行一個字元
for (auto c : str)       // 對於 str 中的每個 char
    cout << c << endl;   // 印出目前的字元，後面接著一個 newline
```

這個 for 迴圈將變數 c 關聯到了 str。我們定義迴圈控制變數的方式與定義其他變數相同。在此，我們使用 auto（§2.5.2）來讓編譯器判斷 c 的型別，在這個例子中會是 char。在每次迭代中，str 中的下個字元會被拷貝到 c。因此，我們可以將這個迴圈解讀為：「對

string str 中的每個字元 c 做某些事情」。這裡的「某些事情」就是印出該字元，並在後面加上一個 newline。

舉個稍微複雜一點的例子，我們會用一個範圍 for 和 ispunct 函式來計數一個 string 中的標點符號字元（punctuation characters）的數目：

```
string s("Hello World!!!");
// punct_cnt 的型別與 s.size 回傳的相同，參閱 §2.5.3
decltype(s.size()) punct_cnt = 0; // 計數 s 中的標點符號字元之數量
for (auto c : s)          // 對 s 中的每個字元
    if (ispunct(c))       // 如果該字元是一個標點符號
        ++punct_cnt;      // 遞增標點符號計數器
cout << punct_cnt
    << " punctuation characters in " << s << endl;
```

這個程式的輸出會是

3 punctuation characters in Hello World!!!

這裡我們使用 decltype（§2.5.3）來宣告我們的計數器 punct_cnt。其型別是呼叫 s.size 所回傳的型別，這會是 string::size_type 型別。我們使用一個範圍 for 來處理這個 string 中的每個字元。這次我們檢查各個字元是否為標點符號。若是，我們就用遞增運算子（§1.4.1）來加 1 到計數器。當範圍 for 執行完畢，我們就印出結果。

表 3.3：cctype 函式	
isalnum(c)	如果 c 是一個字母（letter）或數字（digit）就為 true。
isalpha(c)	如果 c 是一個字母就為 true。
iscntrl(c)	如果 c 是一個控制字元（control character）就為 true。
isdigit(c)	如果 c 是一個數字就為 true。
isgraph(c)	如果 c 不是一個空格（space）但是可列印的（printable）就為 true。
islower(c)	如果 c 是一個小寫（lowercase）字母就為 true。
isprint(c)	如果 c 是一個可列印的字元（即一個空格或有可視表達形式的字元）就為 true。
ispunct(c)	如果 c 是一個標點符號字元（punctuation character，即不是控制字元、數字、字母或可印空白的字元）就為 true。
isspace(c)	如果 c 是空白（whitespace，即一個 space、tab、vertical tab、return、newline 或 form feed）就為 true。
isupper(c)	如果 c 是一個大寫（uppercase）字母就為 true。
isxdigit(c)	如果 c 是一個十六進位數字（hexadecimal digit）就為 true。
tolower(c)	如果 c 是一個大寫字母，就回傳其小寫；否則原封不動地回傳 c。
toupper(c)	如果 c 是一個小寫字母，就回傳其大寫；否則原封不動地回傳 c。

使用一個範圍 **for** 來變更一個 **string** 中的字元

如果我們想要變更一個 string 中字元的值，我們必須將迴圈變數定義為一個參考型別（§2.3.1）。還記得一個參考只不過就是一個給定物件的另一個名稱。當我們使用一個參考做為我們的控制變數，該變數會依序繫結至序列中的每個元素。使用這個參考，我們就可以變更參考所繫結的字元。

假設我們不是要計數標點符號，而是將一個 string 轉為全部大寫的字母。要這麼做，我們可以使用程式庫的 toupper 函式，它接受一個字元，並回傳該字元的大寫版本。要轉換整個 string，我們得在每個字元上呼叫 toupper，並將結果放回去那個字元：

```
string s("Hello World!!!");
// 將 s 轉為大寫
for (auto &c : s)      // 對 s 中的每個 char（注意：c 是一個參考）
    c = toupper(c);  // c 是一個參考，所以指定會改變 s 中的 char
cout << s << endl;
```

這段程式碼的輸出會是

HELLO WORLD!!!

每次迭代中，c 會指涉 s 中的下一個字元。當我們指定給 c，我們改變的是 s 中底層的字元。所以，當我們執行

```
c = toupper(c); // c 是一個參考，所以指定變更的是 s 中的 char
```

我們變更的是 c 所繫結的字元之值。當這個迴圈完成，str 中所有的字元都會是大寫。

只處理某些字元？

當我們需要處理每一個字元，範圍 for 就很適合。然而，有的時候我們只需要存取單一個字元，或是持續取用字元，直到滿足某個條件為止。舉例來說，我們可能只是想要將一個 string 的首字母或第一個字詞大寫。

要存取一個 string 中的個別字元，有兩種方式可用：我們可以使用一個下標（subscript）或迭代器（iterator）。我們會在 §3.4 與第 9 章更深入介紹迭代器。

下標運算子（**[]** 運算子）接受一個 string::size_type（§3.2.2）值，用以代表我們想要存取的字元之位置。此運算子會回傳給定位置上字元的參考。

string 的下標從零開始，如果 s 是至少有兩個字元的一個 string，那麼 s[0] 就是第一個字元，s[1] 是第二個，而最後一個字元則是 s[s.size() - 1]。

我們用來對一個 string 進行下標運算的值必須 >= 0 並且 < size()。
使用在此範圍外的索引所產生的結果是未定義的。
由此可知，對一個空的 **string** 進行下標運算（subscripting）也是未定義的。

下標中的值被稱為「一個下標（a subscript）」或「一個**索引**（an index）」。我們所提供的索引可以是會產出一個整數值的任何運算式。然而，如果我們的索引具有有號型別，其值會被轉換為 string::size_type（§2.1.2）所代表的無號型別。

接下來的例子使用下標運算子來印出一個 string 中的第一個字元：

```
if (!s.empty())            // 確保有字元可以印
    cout << s[0] << endl;   // 印出 s 中的第一個字元
```

存取該字元前，我們會檢查 s 是否為空。任何時候，只要用到下標，我們就得確保給定位置上有值存在。如果 s 是空的，那麼 s[0] 就會是未定義的。

只要 string 不是 const（§2.4），我們就能指定一個新的值到下標運算子所回傳的那個字元。舉例來說，我們可以像這樣將第一個字母大寫：

```
string s("some string");
if (!s.empty())            // 確保 s[0] 中有字元
    s[0] = toupper(s[0]);   // 指定一個新的值給 s 中的第一個字元
```

這個程式的輸出是

Some string

將下標用於迭代

作為另一個範例，我們將 s 中的第一個字詞（word）變更為全部大寫：

```
// 處理 s 中的字元，直到字元用盡或碰到空白為止
for (decltype(s.size()) index = 0;
     index != s.size() && !isspace(s[index]); ++index)
        s[index] = toupper(s[index]); // 將目前字元大寫
```

這個程式產生

SOME string

我們的 for 迴圈（§1.4.2）使用 index 來對 s 進行下標運算。我們使用 decltype 來賦予 index 適當的型別。我們將 index 初始化為 0，如此第一次迭代就會從 s 中的第一個字元開始。每次迭代我們會遞增 index 來查看 s 中的下個字元。在迴圈主體中，我們則會將目前字母大寫。

這個迴圈中新的部分是 for 中的條件。那個條件使用邏輯的 AND 運算子（**&& 運算子**）。這個運算子會在兩個運算元都為 true 時產出 true，否則就為 false。這個運算子的重要之處在於，我們能保證它只會在左運算元為 true 時，才估算其右運算元。在此，我們就能保證除非我們知道 index 在範圍內，不然我們不會對 s 下標。也就是說，s[index] 只會在 index 不等於 s.size() 時執行。因為 index 永遠都不會遞增到超過 s.size() 的值，我們知道 index 永遠都會小於 s.size()。

注意：下標是未經檢查的

當我們使用一個下標，我們必須確保那個下標有在範圍內。也就是，那個下標必須 >= 0 而且 < string 的 size()。簡化使用下標程式碼的一種方式是總是使用型別為 string::size_type 的一個變數作為下標。因為此型別是無號的，我們可以確保下標不會小於零。當我們使用 size_type 值作為下標，我們只需要檢查下標小於 size() 所回傳的值就行了。

 程式庫並沒有被要求檢查一個下標的值。使用範圍外下標的結果是未定義的。

將下標用於隨機存取

在前面的例子中，我們讓下標一次前進一個位置，以按照順序將每個字元大寫。我們也可以計算出一個下標，並直接擷取所指的那個字元，沒必要依序存取字元。

舉個例子，讓我們假設我們有介於 0 到 15 之間的一個數字，而我們想要產生那個數字的十六進位表示值（hexadecimal representation）。我們可以使用一個被初始化來存放 16 個十六進位「數位（digits）」的 string 來這麼做：

```
const string hexdigits = "0123456789ABCDEF"; // 可能的十六進位數位
cout << "Enter a series of numbers between 0 and 15"
     << " separated by spaces. Hit ENTER when finished: "
     << endl;
string result;            // 將用來存放結果產生的十六進位化字串
string::size_type n;      // 存放來自輸入的數字
while (cin >> n)
    if (n < hexdigits.size())    // 忽略無效輸入
        result += hexdigits[n]; // 擷取指出的十六進位數位
cout << "Your hex number is: " << result << endl;
```

如果我們給這個程式的輸入是

12 0 5 15 8 15

那麼輸入將會是

Your hex number is: C05F8F

我們一開始先初始化 hexdigits 來存放十六進位的數位 0 到 F。我們讓那個 string 為 const（§2.4），因為我們不希望那些值改變。在迴圈內我們使用輸入值 n 來對 hexdigits 下標。hexdigits[n] 的值是出現在 hexdigits 中位置 n 的 char。舉例來說，如果 n 是 15，那麼結果就是 F；如果它是 12，那結果就是 C，依此類推。我們將該數位接附到 result，一旦讀取了所有的輸入，就印出它。

每當我們使用一個下標，我們應該考慮如何確認它位在範圍中。在此程式中，我們的下標 n 是一個 string::size_type，如我們所知，這是一種無號型別。結果就是，我們知道 n 保證大於或等於 0。在我們使用 n 來下標 hexdigits 之前，我們會驗證它是否小於 hexdigits 的 size。

習題章節 3.2.3

練習 3.6： 使用一個範圍 for 來將一個 string 中的所有字元改為 X。

練習 3.7： 如果你將前面練習的迴圈控制變數定義為型別 char，會發生什麼事？預測結果，然後修改你的程式，使用一個 char 看看你是否正確。

練習 3.8： 改寫第一個練習中的程式，先使用一個 while，接著再使用一個傳統的 for 迴圈。這三種做法中你比較喜歡哪一個？為什麼？

練習 3.9： 下列程式會做什麼事？它是有效的嗎？如果不是，為何呢？

```
string s;
cout << s[0] << endl;
```

練習 3.10： 寫出一個程式，讀取一串字元，包括標點符號，然後寫出所讀到的東西，但移除標點符號。

練習 3.11： 下列的範圍 for 合法嗎？如果是，c 的型別是什麼呢？

```
const string s = "Keep out!";
for (auto &c : s) { /* ... */ }
```

 ## 3.3 程式庫的 **vector** 型別

一個 **vector** 是物件的一個群集（a collection of objects），其中每個物件都有相同的型別。群集中的每個物件都有一個關聯的索引，讓你得以存取對應的物件。一個 vector 經常被稱作一個**容器（container）**，因為它容納（contains）了其他物件。我們會在第三篇中更詳細介紹容器。

要使用一個 vector，我們必須引入適當的標頭。在我們的範例中，我們也會假設已做出適當的 using 宣告：

```
#include <vector>
using std::vector;
```

一個 vector 是一個**類別模板（class template）**。C++ 具有類別模板及函式模板。撰寫模板需要相當深入的 C++ 知識。的確如此，因為我們到第 16 章之前都不會看到如何建立我們自己的模板！幸運的是，我們不需要知道如何撰寫模板，就能夠使用它們。

模板本身並非函式或類別。取而代之，它可被想成是指示編譯器產生類別或函式的指令。編譯器從模板創建出類別或函式的過程被稱為**實體化（instantiation）**。當我們使用一個模板，我們會指定我們希望編譯器實體化的類別或函式種類。

對類別模板而言，我們會提供額外的資訊來指定要實體化何種類別，這些資訊的本質取決於模板。我們指定資訊的方式永遠都相同：我們會在接於模板名稱之後的一對角括號（angle brackets）內提供資訊。

就 vector 而言，我們所提供的額外資訊是那個 vector 要存放的物件之型別：

```
vector<int> ivec;                // ivec 存放型別為 int 的物件
vector<Sales_item> Sales_vec;    // 存放 Sales_item
vector<vector<string>> file;     // 其元素為 vector 的 vector
```

在這個範例中，編譯器會從 vector 模板產生三種不同的型別：vector<int>、vector<Sales_item> 和 vector<vector<string>>。

> vector 是一個模板，而非一個型別。從 vector 產生的型別必須包含元素型別，例如 vector<int>。

我們可以定義 vector 來存放幾乎所有型別的物件。因為參考（**references**）不是物件（§2.3.1），我們不能有參考所構成的一個 vector。然而，其他大部分的（非參考）內建型別與大多數的類別型別都能有 vector。特別是，我們可以有其元素本身就是 vector 的 vector。

值得注意的是，之前版本的 C++ 使用一種稍微不同的語法來定義其元素本身為 vector（或其他模板型別）的 vector。過去，我們必須在外層 vector 的右角括號和其元素型別之間放上一個空格，也就是 vector<vector<int> > 而非 vector<vector<int>>。

> 某些編譯器可能會要求由 vector 組成的 vector 使用舊式的宣告，例如 vector<vector<int> >。

3.3.1 定義並初始化 **vector**

就跟任何的類別型別一樣，vector 模板控制我們如何定義並初始化 vector。表 3.4 列出了定義 vector 最常見的方式。

我們可以預設初始化一個 vector（§2.2.1），這會建立出指定型別的一個空的 vector：

```
vector<string> svec;  // 預設初始化，svec 沒有元素
```

一個空的 vector 看起來可能沒有什麼用處。然而，如同我們稍後會看到的，我們可以在執行時期（有效率地）新增元素到一個 vector。確實，使用 vector 最常見的方式舊式定義一個最初為空的 vector，而其元素會在執行時期得知它們的值之時被加進去。

我們也可以在定義一個 vector 時，為元素提供初始值。舉例來說，我們可以從另一個 vector 拷貝元素過去。當我們拷貝一個 vector，新的 vector 中的每個元素都會是原 vector 中對應元素的拷貝。這兩個 vector 必須有相同的型別：

```
vector<int> ivec;                // 一開始是空的
// 賦予 ivec 一些值
vector<int> ivec2(ivec);         // 將 ivec 的元素拷貝到 ivec2
vector<int> ivec3 = ivec;        // 將 ivec 的元素拷貝到 ivec3
vector<string> svec(ivec2);      // 錯誤：svec 存有的是 string，而非 int
```

vector 的串列初始化

提供元素值的另一種方式是由新標準所引進，我們能以一串列包在大括號中的零或更多個初始元素值來串列初始化（list initialize，§2.2.1）一個 vector：

```
vector<string> articles = {"a", "an", "the"};
```

這裡所產生的 vector 有三個元素，第一個存有 string "a"，第二個存有 "an"，而最後一個是 "the"。

如我們已經見過的，C++ 提供了數種形式的初始化（§2.2.1）。在許多（但並非全部）情況下，我們可以互換地使用這些形式的初始化。目前為止，我們已經見過兩個例子，其中初始化的形式有其重要性：當我們使用拷貝初始化形式（也就是使用 = 的時候，§3.2.1），我們只能提供單一個初始器（initializer），而當我們提供類別內初始器（§2.6.1），我們必須使用拷貝初始化或使用大括號。第三個限制是，我們只能在使用串列初始化的時候提供一串元素值，其中初始器被包在大括號中。我們不能使用括弧來提供一串初始器：

```
vector<string> v1{"a", "an", "the"}; // 串列初始化
vector<string> v2("a", "an", "the"); // 錯誤
```

創建特定數目的元素

我們能以一個計數（count）和一個元素值來初始化一個 vector。這個計數決定 vector 會有多少個元素，而那個值則是那每個元素的初始值：

```
vector<int> ivec(10, -1);        // 十個 int 元素，每個都被初始化為 -1
vector<string> svec(10, "hi!"); // 十個 string，每個元素都是 "hi!"
```

值初始化

我們通常可以省略那個值，只提供一個大小。在這種情況中，程式庫會為我們創建一個 **value-initialized（值初始化）**的元素初始器。這個程式庫產生的值會被用來初始化容器中的每個元素。元素初始器的值取決於儲存在 vector 中元素的型別。

如果 vector 存放的元素有內建型別，例如 int，那麼這個元素初始器就會有 0 的值。如果那些元素的型別是某種類別型別，例如 string，那麼元素初始器本身就會被預設初始化：

```
vector<int> ivec(10);        // 十個元素，每個都被初始化為 0
vector<string> svec(10);     // 十個元素，每個都是一個空的 string
```

這種形式的初始化有兩個限制：第一個限制是某些類別要求我們總是提供一個明確的初始器（§2.2.1）。如果我們的 vector 存有的物件是我們無法預設初始化的型別，那麼我們必須提供一個初始元素值，你無法僅提供一個大小來創建這種型別的 vector。

第二個限制是，當我們只提供一個元素計數，而沒有提供一個初始值，我們必須使用直接形式的初始化：

```
vector<int> vi = 10; // 錯誤：必須使用直接初始化來提供一個大小
```

這裡我們使用 10 來指示 vector 如何創建這個 vector，我們想要一個帶有十個 value-initialized 元素的 vector。我們並不是把 10「拷貝」到 vector 中。因此，我們不能使用拷貝形式的初始化。我們會在 §7.5.4 看到這種限制的更多介紹。

表 3.4：初始化一個 **vector** 的方式	
vector<T> v1	持有的物件之型別為 T 的 vector。預設初始化，v1 是空的。
vector<T> v2(v1)	v2 有 v1 中每個元素的拷貝。
vector<T> v2 = v1	等同於 v2(v1)，v2 是 v1 中元素的一個拷貝。
vector<T> v3(n, val)	v3 有值為 val 的 n 個元素。
vector<T> v4(n)	v4 有一個 value-initialized 物件的 n 個拷貝。
vector<T> v5{a,b,c . . .}	v5 有跟初器同樣數目的元素；元素是由對應的初器所初始化。
vector<T> v5 = {a,b,c . . . }	等同於 v5{a,b,c . . . }。

串列初始器還是元素計數呢？

在少數幾種情況下，初始化的意義取決於我們用來傳入初始器的是大括號（**curly braces**）還是括弧（**parentheses**）。舉例來說，當我們以單一個 int 值初始化一個 vector<int>，那個值代表的可能是 vector 的大小，也可能是一個元素值。同樣地，如果我們剛好提供了兩個 int 值，那些值可能一個是大小，一個是初始值，又或者它們是雙元素 vector 的個別元素值。我們分別以大括號和括弧來指定我們想用的是哪個意義：

```
vector<int> v1(10);    // v1 有十個值為 0 的元素
vector<int> v2{10};    // v2 有一個值為 10 的元素
vector<int> v3(10, 1); // v3 有十個值為 1 的元素
vector<int> v4{10, 1}; // v4 有兩個值分別為 10 和 1 的元素
```

當我們使用括弧，我們的意思就是提供的值是要用來建構（*construct*）物件。因此，v1 和 v3 分別使用它們的初始器來判斷 vector 的大小，和其大小與元素值。

當我們使用大括號 {...}，我們說的就是，如果可能的話，我們想要串列初始化（*list initialize*）物件。也就是說，如果有辦法把大括號內的值用作一串元素初始器，那麼類別就會那樣做。只有在沒辦法串列初始化物件時，才會考慮其他初始化物件的方式。我們初始化 v2 和 v4 時提供的值可以被用作元素值。這些物件會被串列初始化，所產生的 vector 分別會有一和二個元素。

另一方面，如果我們使用大括號，但沒辦法用那些初始器來串列初始化物件，那麼那些值就會被用來建構物件。

舉例來說，要串列初始化 string 構成的一個 vector，我們必須提供可以被當成 string 用的值。在這種情況中，是要串列初始化元素或建構給定大小的一個 vector，並不存在混淆：

```
vector<string> v5{"hi"};     // 串列初始化：v5 有一個元素
vector<string> v6("hi");     // 錯誤：無法以一個字串字面值建構一個 vector
vector<string> v7{10};       // v7 有十個預設初始化的元素
vector<string> v8{10, "hi"}; // v8 有十個值為 "hi" 的元素
```

雖然除了一個以外，我們都是使用大括號，但只有 v5 是串列初始化的。為了串列初始化 vector，大括號內的值必須跟元素型別符合。我們無法使用一個 int 來初始化一個 string，所以 v7 和 v8 的初始器不能是元素初始器。如果串列初始化不可行，編譯器就會尋找從給定的值初始化物件的其他方式。

習題章節 3.3.1

練習 3.12： 如果有的話，下列哪個 vector 定義是錯誤的？對於合法的那些，請解釋那些定義做些什麼。而不合法的那些，請解釋它們為何不合法。

    (a) vector<vector<int>> ivec;
    (b) vector<string> svec = ivec;
    (c) vector<string> svec(10, "null");

練習 3.13： 下列每個 vector 中各有多少元素？那些元素的值又是什麼？

    (a) vector<int> v1;   (b) vector<int> v2(10);
    (c) vector<int> v3(10, 42);   (d) vector<int> v4{10};
    (e) vector<int> v5{10, 42};   (f) vector<string> v6{10};
    (g) vector<string> v7{10, "hi"};

3.3.2 新增元素到一個 vector

直接初始化一個 vector 的元素只有在我們有少數幾個已知的初始值、想要製作另一個 vector 的拷貝，或是我們想要將所有的元素初始化為相同值的情況下才可行。比較常見的情況是，當我們創建一個 vector，我們並不清楚將會需要多少個元素，或不知道那些元素的值。即使我們確實知道所有的值，如果不同的初始元素值為數眾多，在創建 vector 的時候指定它們可能會很麻煩。

舉個例子，如果我們需要其值為從 0 到 9 的一個 vector，我們可以輕易地使用串列初始化。但如果我們想要的元素是從 0 到 99 或從 0 到 999 呢？串列初始化就會顯得太過笨拙。在這種情況下，比較好的方法是建立一個空的 vector，並使用 vector 名叫 **push_back** 的成員在執行時期加入元素。push_back 運算接受一個值，並把那個值「推放（push）」到 vector 的「後面（back）」作為一個新的最後元素。舉例來說：

```
vector<int> v2;  // 空的 vector
for (int i = 0; i != 100; ++i)
    v2.push_back(i);  // 將循序的整數附加到 v2
// 在迴圈結尾，v2 有 100 元素，值為 0...99
```

即使我們知道最終我們會有 100 個元素，我們仍將 v2 定義為空的。每次迭代都會新增順序中的下一個整數，作為 v2 中的一個新元素。

當我們要創建的 vector 必須到執行時期才會得知 vector 應該有多少個元素，我們也會使用相同的做法。舉例來說，我們可能會讀取輸入，並將讀到的值儲存在 vector 中：

```
// 從標準輸入讀取字詞，並將它們儲存在一個 vector 中作為元素
string word;
vector<string> text;          // 空的 vector
while (cin >> word) {
    text.push_back(word);     // 將 word 附加到 text 中
}
```

同樣地，我們先從最初為空的一個 vector 開始。這次，我們會讀取未知數目個值，並將之存在 text 中。

關鍵概念：vector 能夠有效率地增長

標準要求 vector 的實作必須能夠在執行時期有效率地新增元素。因為 vector 能有效率地增長，定義特定大小的 vector 經常是不必要的，也會導致不好的效能。這個規則的例外是在所有的元素都需要相同的值之時。如果所需的元素值不同，通常更有效率的方法是定義一個空的 vector，並在執行時期得知那些值的時候新增它們。此外，如我們會在 §9.4 中看到的，vector 還提供了能讓我們在新增元素時進一步提升執行期效能的機能。

從一個空的 vector 開始，並在執行時期新增元素，與在 C 和大多數其他語言中使用內建陣列的方式相當不同。特別是，如果你已經習慣使用 C 或 Java，你可能會猜想最好方式是定義出預期大小的 vector，但事實上，相反的做法通常才是比較好的。

新增元素到 vector 對程式設計產生的影響

我們能夠輕易且有效率地新增元素到一個 vector 大大簡化了許多程式設計工作。然而，這種簡單性也意味著我們程式設計身上多了一種新的義務：即使迴圈改變 vector 的大小，我們也必須確保所寫的任何迴圈都還是正確的。

從 vector 的動態本質而來的其他影響，會在我們學到更多使用它們的方法之後變得明顯。然而，有一個影響值得現在提出：出於我們會在 §5.4.3 中探索的因素，如果迴圈的主體會新增元素到 vector，那我們就不能使用範圍 for。

一個範圍 for 的主體必不能改變它所迭代的序列之大小。

習題章節 3.3.2

練習 3.14：寫一個程式從 cin 讀取一序列的 int，並將那些值儲存在一個 vector 中。

練習 3.15：重複前一個程式，但這次改讀取 string。

 ### 3.3.3 其他的 vector 運算

除了 push_back，vector 只提供少數幾個其他的運算，其中大多數與 string 上對應的運算類似。表 3.5 列出了最重要的那些。

我們取用 vector 元素的方式與存取 string 中字元的方式相同：透過它們在 vector 中的位置。舉例來說，我們可以使用一個範圍 for（§3.2.3）來處理一個 vector 中的所有元素：

```
vector<int> v{1,2,3,4,5,6,7,8,9};
for (auto &i : v)            // 對於 v 中的每個元素（注意：i 是一個參考）
    i *= i;                  // 將元素值平方（square）
for (auto i : v)             // 對於 v 中的每個元素
    cout << i << " ";        // 印出該元素
cout << endl;
```

在第一個迴圈中，我們定義我們的控制變數 i 作為一個參考，如此我們方能使用 i 來指定新的值給 v 中的元素。我們讓 auto 推導出 i 的型別。這個迴圈使用一種新形式的複合指定運算子（§1.4.1）。如我們已經見過的，+= 會將右運算元加到左邊，並將結果儲存在左運算元。*= 運算子的行為也類似，只不過它是將左右邊的運算元相乘，將結果儲存在左邊那個。第二個範圍 for 印出每個元素。

empty 和 size 成員的行為就跟對應的 string 成員（§3.2.2）相同：empty 回傳一個 bool 指出該 vector 是否有任何元素，而 size 回傳 vector 中的元素數目。size 成員回傳一個 size_type 值，這個由對應的 vector 型別所定義。

 要使用 size_type，我們必須指出它是在哪個型別中定義的。一個 vector 型別永遠都包括其元素型別（§3.3）：

```
vector<int>::size_type    // ok
vector::size_type         // 錯誤
```

相等性和關係運算子的行為與對應的 string 運算（§3.2.2）相同。如果兩個 vector 有相同數目的元素，而且對應的元素都有相同的值，我們就說它們相等。關係運算子套用一種字典順序：如果兩個 vector 的大小不同，但兩邊都有的元素是相等的，那麼具有較少元素的那個 vector 就小於有較多元素的那一個。如果這些元素的值不同，那麼兩個 vector 之間的關係就由第一個不同的元素之間的關係所決定。

只有在我們能夠比較那些 vector 中的元素時，我們才能夠比較兩個 vector。某些類別型別，例如 string，有定義相等性和關係運算子的意義。其他的，例如我們的 Sales_item，就沒有。Sales_item 所支援的運算只有列在 §1.5.1 中的那些。那些運算並不包括相等性或關係運算子。結果就是，我們無法比較兩個 vector<Sales_item> 物件。

表 3.5：**vector** 的運算	
v.empty()	如果 v 是空的，就回傳 true；否則就回傳 false。
v.size()	回傳 v 中的元素數目。
v.push_back(t)	將帶有值 v 的一個元素加到 v 的尾端。
v[n]	回傳 v 中處於位置 n 的元素的一個參考。
v1 = v2	以 v2 中的元素之拷貝取代 v1 中的元素。
v1 = {a,b,c...}	以逗號分隔的串列中的元素之拷貝取代 v1 中的元素。
v1 == v2	如果它們有相同的元素數，而且 v1 中的每個元素都與
v1 != v2	v2 中對應的元素相等，v1 與 v2 就相等。
<、<=、>、>=	有使用字典順序時的正常意義。

計算一個 **vector** 的索引

我們能用下標運算子（subscript operator，§3.2.3）來擷取一個給定的元素。就跟 string 一樣，vector 的下標從 0 開始；一個下標的型別是其對應的 size_type；而且，假設 vector 不是 const，我們就能寫入下標運算子所回傳的元素。此外，跟我們在 §3.2.3 中做的一樣，我們能夠計算出一個索引，並直接擷取位在那個索引的元素。

舉個例子，讓我們假設我們有一組成績，範圍從 0 到 100。我們想要計算有多少成績落入 10 分為一群的各個叢集。零與 100 之間有 101 個可能的成績。這些成績可以用 11 個叢集來表示：每 10 分一組的 10 個叢集，加上滿分 100 的一個叢集。第一個叢集會計數 0 到 9 的成績有幾個，第二個會計數從 10 到 19 的，依此類推。最後一個叢集計數有多少個分數達到了 100 分。

以這種方式將成績分為叢集，如果我們的輸入為

    42 65 95 100 39 67 95 76 88 76 83 92 76 93

那麼輸出應該是

    0 0 0 1 1 0 2 3 2 4 1

這代表沒有低於 30 的成績，有一個成績在 30 幾分的叢集中，一個在 40 幾分的，沒有 50 幾分的成績，兩個 60 幾分，三個 70 幾分，兩個 80 幾分，四個 90 幾分，還有一個 100。

我們會用具有 11 個元素的一個 vector 來存放每個叢集的計數器。我們能將成績除以 10 來判斷一個給定成績所屬的叢集。當我們將兩個整數相除，我們得到的會是小數部分被截斷的一個整數。舉例來說，42/10 是 4、65/10 是 6、100/10 是 10。一旦我們算出了叢集的索引，我們就可以用它來對我們的 vector 下標，擷取我們想要遞增的計數器：

```
// 計數各個成績的數目，分成十分一組的叢集：0--9, 10--19, ... 90--99, 100
vector<unsigned> scores(11, 0);  // 11 個叢集，一開始全都為 0
unsigned grade;
while (cin >> grade) {          // 讀取成績
    if (grade <= 100)          // 只處理有效的成績
        ++scores[grade/10];    // 為目前的叢集遞增計數器
}
```

我們一開始先定義一個 vector 來存放叢集的計數器。在此，我們希望讓每個元素有相同的值，所以我們配置了所有的 11 個元素，每個都被初始化為 0。其中的 while 條件會讀取成績。在迴圈內，我們檢查所讀到的成績是一個有效的值（也就是小於或等於 100）。假設成績是有效的，我們就遞增適當的 grade 的計數器。

進行遞增的述句是 C++ 程式碼精鍊簡潔的一個好例子。這個運算式

```
++scores[grade/10];  // 遞增目前叢集的計數器
```

等同於

```
auto ind = grade/10;  // 取得對應的索引
scores[ind] = scores[ind] + 1;  // 遞增計數器
```

我們將 grade 除以 10 來計算各個組別的索引，並使用這種除法運算的結果來索引 scores。對 scores 進行下標運算會為該成績擷取回適當的計數器。我們遞增那個元素的值，表示發現了位在給定範圍的一個分數。

就如我們見過的，使用一個下標時，我們應該思考如何確定該索引位於範圍內（§3.2.3）。在這個程式中，我們會驗證輸入為介於 0 與 100 範圍內的一個有效成績。因此我們知道能夠計算出來的索引會在 0 與 10 之間。這些索引介於 0 與 scores.size() - 1 之間。

下標並不會增加元素

C++ 的程式新手有時會以為對一個 vector 進行下標運算會新增元素，實際上並不會。下列程式意圖新增十個元素到 ivec：

```
vector<int> ivec;    // 空的 vector
for (decltype(ivec.size()) ix = 0; ix != 10; ++ix)
    ivec[ix] = ix;   // 災難：ivec 沒有元素
```

然而，這是錯誤的程式碼：ivec 是一個空的 vector，沒有元素可以下標！如我們所見，撰寫這種迴圈的正確方式是使用 push_back：

```
for (decltype(ivec.size()) ix = 0; ix != 10; ++ix)
    ivec.push_back(ix); // ok：新增了一個值為 ix 的元素
```

vector（及 string）上的下標運算子會擷取既存的元素，並不會新增元素。

注意：下標運算只會擷取已知存在的元素！

要理解的一個關鍵重點是，我們只能使用下標運算子（[] 運算子）來擷取實際存在的元素。舉例來說，

```
vector<int> ivec;          // 空的 vector
cout << ivec[0];           // 錯誤：ivec 沒有元素！

vector<int> ivec2(10);     // 帶有十個元素的 vector
cout << ivec2[10];         // 錯誤：ivec2 有元素 0...9
```

下標不存在的元素是種錯誤，但這是編譯器不太可能偵測到的一種錯誤。取而代之，我們在執行時期得到的值會是未定義的。

遺憾的是，嘗試下標不存在的元素是一種極為常見且惡性的程式設計錯誤。所謂的緩衝區溢位（*buffer overflow*）錯誤就是下標不存在的元素所造成的結果。這種臭蟲是 PC 和其他應用中安全性問題最常見的起因。

 確保下標有在範圍內的一個好辦法是盡可能使用範圍的 for 迴圈，完全避免下標運算。

習題章節 3.3.3

練習 3.16： 寫出一個程式印出練習 3.13 中那些 vector 的大小與內容。檢查你對於那個練習的解答是否正確。若非如此，重新研讀 §3.3.1 直到你了解為何出錯為止。

練習 3.17： 從 cin 讀取一序列的字詞，並將那些值儲存為一個 vector。在你讀完了所有的字詞之後，就處理那個 vector 並將每個字詞變為大寫。印出變換後的元素，一行八個字。

練習 3.18： 下列的程式合法嗎？若非，你會如何修正之？

```
vector<int> ivec;
ivec[0] = 42;
```

練習 3.19： 列出定義一個 vector 的三種方法，並賦予它十個元素，每個都有值 42。指出要這麼做是否有偏好的方式以及原因。

練習 3.20： 將一組整數讀到一個 vector 中。印出每對相鄰元素的和。更改你的程式，改印出第一與最後一個元素的和，後面接著第二個和倒數第二個的和，依此類推。

3.4 迭代器簡介

雖然我們可以使用下標來存取一個 string 的字元或一個 vector 中的元素，另外還存在一種更通用的機制，被稱作**迭代器（iterators）**，同樣可用於此目的。如我們會在第三篇中見到的，除了 vector，程式庫還定義了數種其他的容器（containers）。所有的程式庫容器都有迭代器，但只有少數幾個支援下標運算子。嚴格來說，string 不算是容器型別，但 string

支援許多容器運算。如我們所見，string 就跟 vector 一樣，都有下標運算子，而就像 vector，string 也有迭代器。

跟指標（§2.3.2）一樣，迭代器提供給我們對一個物件的間接存取（indirect access）。就迭代器來說，這個物件會是一個容器中的一個元素，或一個 string 中的一個字元。我們可以使用一個迭代器來擷取一個元素，而迭代器也有將一個元素移往另一個的運算。就像指標，一個迭代器可能是有效或無效的。一個有效的迭代器可以代表一個元素，或一個容器中超出最後一個元素一個位置的位置。其他所有的迭代器值都是無效的。

3.4.1 使用迭代器

不同於指標，我們不是使用取址運算子（address-of operator）來獲得一個迭代器。取而代之，具有迭代器的型別會有能夠回傳迭代器的成員。具體而言，這些型別會有名為 **begin** 和 **end** 的成員。begin 成員回傳一個迭代器以代表第一個元素（或第一個字元），如果存在的話：

```
// 編譯器判斷 b 和 e 的型別，參閱 §2.5.2
// b 代表第一個元素，而 e 代表超出 v 中最後一個元素一個位置的位置
auto b = v.begin(), e = v.end(); // b 與 e 具有相同的型別
```

end 回傳的迭代器所在位置「超出」關聯的容器（或 string）「最後一個元素一個位置」（「one past the end」）。這個迭代器代表該容器「尾端後（off the end）」一個不存在的元素。它被作為一個標記指出我們已經處理過了所有的元素。end 所回傳的迭代器經常被稱作 **off-the-end iterator（尾端後迭代器）** 或簡稱為「end 迭代器」。如果容器是空的，begin 回傳的迭代器就與 end 所回傳的相同。

> 如果容器是空的，begin 所回傳的迭代器和 end 回傳的迭代器就相等，它們都是 off-the-end 迭代器。

一般來說，我們並不會知道（或不在意）一個迭代器的確切型別。在這個例子中，我們用了 auto 來定義 b 和 e（§2.5.2）。結果就是，這些變數的型別分別會跟 begin 和 end 成員所回傳的相同。我們會在後面更詳細地說明這些型別。

迭代器運算

迭代器僅支援少數幾個運算，列於表 3.6。我們可以使用 == 或 =! 比較兩個有效的迭代器。如果代表的元素相同，或都是同一個容器的 off-the-end 迭代器，那麼兩個迭代器就相等。否則就不相等。

就跟指標一樣，我們可以對一個迭代器進行解參考（dereference）來取得一個迭代器所代表的元素。此外，就像指標，我們能夠解參考的，只有代表了一個元素的有效迭代器（§2.3.2）。解參考一個無效的迭代器或 off-the-end 迭代器會有未定義的行為。

舉個例子，我們會改寫來自 §3.2.3 的程式，改用迭代器而非下標來將一個 string 的第一個字元大寫：

```
string s("some string");
if (s.begin() != s.end()) { // 確定 s 不是空的
    auto it = s.begin();     // 它代表 s 中的第一個字元
    *it = toupper(*it);       // 將那個字元變為大寫
}
```

就如同在原本的程式中那樣，我們先檢查 s 不是空的。在此，我們藉由比較 begin 和 end 所回傳的迭代器來這麼做。如果 string 是空的，那些迭代器就會相等。如果不相等，那麼 s 中至少就有一個字元。

在 if 的主體內，我們將 begin 回傳的迭代器指定給 it 來獲得對第一個字元的一個迭代器。我們解參考那個迭代器以將該字元傳給 toupper。我們也解參考位於指定左手邊的 it，以將回傳自 toupper 的字元指定給 s 中的第一個字元。就跟在我們原本的程式中一樣，這個迴圈的輸出將會是：

Some string

表 3.6：標準容器迭代器的運算	
*iter	回傳迭代器 iter 所代表的元素的一個參考。
iter->mem	解參考 iter 並從底層的元素擷取出名為 mem 的成員。等同於 (*iter).mem。
++iter	遞增 iter 來參考容器中的下一個元素。
--iter	遞減 iter 來參考容器中的前一個元素。
iter1 == iter2	比較兩個迭代器是否相等（不相等）。如果代表相同的元素或兩者皆
iter1 != iter2	是同一個容器的 off-the-end 迭代器，那麼兩個迭代器就相等。

將迭代器從一個元素移向另一個

迭代器使用遞增（++）運算子（§1.4.1）來從一個元素移到下一個。遞增一個迭代器在邏輯上類似於遞增一個整數。就整數而言，效果會是對該整數的值「加 1（add 1）」。而對迭代器來說，效果會是「讓迭代器前進一個位置（advance the iterator by one position）」。

因為 end 所回傳的迭代器並不代表任何元素，它不能被遞增或解參考。

使用遞增運算子，我們可以改寫我們的程式，改用迭代器來變換一個 string 中第一個字的大小寫：

```
// 處理 s 中的字元，直到耗盡字元或碰到空白為止
for (auto it = s.begin(); it != s.end() && !isspace(*it); ++it)
    *it = toupper(*it); // 將目前字元大寫
```

這個迴圈，就像 §3.2.3 中的那個，會迭代過 s 中的字元，並在遇到空白字元時停止。然而，這個迴圈使用一個迭代器來存取那些字元，而非一個下標。

這個迴圈一開始會以 s.begin 來初始化 it，這意味著 it 表示 s 中的第一個字元（如果有的話）。其中的條件會檢查 it 是否抵達 s 的 end。如果沒有，這個條件接著就會解參考 it 以將目前的字元傳給 isspace 來看看是否完成。在每次迭代的最後，我們執行 ++it 來推進迭代器，以存取 s 中的下一個字元。

這個迴圈的主體，與前面 if 中的最後一個述句相同。我們解參考 it 來將目前的字元傳給 toupper，並將結果產生的大寫字母指定回 it 所代表的字元。

關鍵概念：泛型程式設計

從 C 或 Java 來到 C++ 的程式設計師可能會驚訝於我們在 for 迴圈中使用 != 而非 <，像是上一個與前面程式碼中的那樣。C++ 程式設計師使用 != 是一種習慣。他們這麼做的原因與他們使用迭代器而非下標的原因相同：這種編程風格對於程式庫所提供的各種容器而言都同樣適用。

如我們所見，只有少數幾種程式庫型別，例如 vector 或 string，具有下標運算子。同樣地，所有的程式庫容器都有定義了 == 和 != 運算子的迭代器。那些迭代器大多沒有 < 運算子。藉由習慣性使用迭代器和 !=，我們就不用擔心我們正在處理的容器之確切型別。

迭代器型別

就像我們並不知道一個 vector 或 string 的 size_type 成員之確切型別（§3.2.2），我們一般也不會知道，也沒必要知道，一個迭代器的確切型別。取而代之，就像 size_type，具有迭代器的程式庫型別定義了名為 iterator 與 const_iterator 的型別來代表實際上的迭代器型別：

```
vector<int>::iterator it;            // it 可以讀寫 vector<int> 元素
string::iterator it2;                // it2 可以讀寫一個 string 中的字元
vector<int>::const_iterator it3;     // it3 可以讀取但不能寫入元素
string::const_iterator it4;          // it4 可以讀取但不能寫入字元
```

一個 const_iterator 的行為就像一個 const 指標（§2.4.2）。就跟一個 cons 指標一樣，一個 const_iterator 可讀取但不能寫入它所代表的元素；型別為 iterator 的物件則可以讀取也能寫入。如果一個 vector 或 string 是 const 的，我們就只能使用其 const_iterator 型別。若是非 const 的 vector 或 string，我們使用 iterator 或是 const_iterator 都可以。

專有名詞：迭代器和迭代器型別

迭代器（iterator）這個詞用來指涉三種不同的實體（entities）。我們所指的可能是迭代器的概念，或指一個容器所定義的 iterator 型別，又或者，我們可能指的是作為迭代器的一個物件。

要了解的一個重點是，有一組型別在概念上彼此相關。如果它支援共同的一組動作，那麼一個型別就會是一個迭代器。那些動作讓我們存取一個容器中的元素，並讓我們從一個元素移向另一個。

每個容器類別都定義了一個名為 iterator 的型別，這個 iterator 型別支援一個（概念上的）迭代器之動作。

---

begin 和 end 運算

begin 和 end 所回傳的型別取決於它們所作用的物件是否為 const。如果該物件是 const，那麼 begin 和 end 就會回傳一個 const_iterator；如果該物件並非 const，它們就回傳 iterator：

```
vector<int> v;
const vector<int> cv;
auto it1 = v.begin();    // it1 有型別 vector<int>::iterator
auto it2 = cv.begin();   // it2 h 有型別 vector<int>::const_iterator
```

這個預設行為經常不是我們想要的。出於我們會在 §6.2.3 中解釋的因素，當我們需要讀取但不需要寫入一個物件，通常最好是使用一個 const 型別（例如 const_iterator）。為了讓我們能夠特別請求 const_iterator 型別，新標準引進了名為 cbegin 和 cend 的兩個新函式： `C++ 11`

```
auto it3 = v.cbegin();   // it3 有型別 vector<int>::const_iterator
```

就跟 begin 和 end 成員一樣，這些成員回傳對容器中第一個元素和超出最後一個元素一個位置的迭代器。然而，不管 vector（或 string）是否為 const，它們都會回傳一個 const_iterator。

結合解參考和成員存取

當我們解參考一個迭代器，我們就會取得該迭代器所代表的物件。如果那個物件有一個類別型別，我們可能會想要存取那個物件的成員。舉例來說，我們可能會有一個由 string 組成的 vector，而我們可能得知道一個給定的元素是否為空。假設 it 是參考到這個 vector 中的一個迭代器，我們就可以像下面這樣來檢查 it 所代表的 string 是否為空：

```
(*it).empty()
```

出於我們會在 §4.1.2 中涵蓋的理由，(*it).empty() 中的括弧是必要的。這對括弧指出，將解參考運算子套用到 it，再將點號運算子（§1.5.2）套用到解參考 it 的結果上。沒有括弧的話，點號運算子會套用到 it，而非所產生的結果物件：

```
(*it).empty()      // 解參考 it 並在所產生的物件上呼叫成員 empty
*it.empty()        // 錯誤：嘗試從 it 擷取名為 empty 的成員
                   //       但 it 是一個迭代器，沒有名為 empty 的成員
```

第二個運算式會被解讀為從名為 it 的物件擷取 empty 成員的一個請求。然而，it 是一個迭代器，沒有名為 empty 的成員。因此，第二個運算式是錯的。

為了簡化像這一種的運算式，此語言定義了箭號運算子（**-> 運算子**）。箭號運算子將解參考和成員存取的動作結合到了單一個運算中。也就是說，it->mem 是 (*it).mem 的一個同義詞。

舉例來說，假設我們有一個名為 text 的 vector<string>，存放了來自一個文字檔案的資料。這個 vector 中的每個元素要不是一個句子，就是一個空的 string，表示段落（paragraph break）。如果我們想要從 text 印出第一段的內容，我們就得撰寫一個迴圈，迭代 text 直到我們遇到空的元素為止：

```
// 印出 text 中的每一行，直到第一個空白行為止
for (auto it = text.cbegin();
     it != text.cend() && !it->empty(); ++it)
    cout << *it << endl;
```

我們一開始先初始化 it 來代表 text 中的第一個元素。迴圈會持續進行，直到我們處理完了 text 中的每一個元素，或是我們找到了一個空的元素。只要還有元素尚未處理，而我們也還沒看到一個空元素，我們就印出目前的元素。值得注意的是，因為這個迴圈只進行讀取但不寫入 text 中的元素，我們使用 cbegin 和 cend 來控制迭代動作。

某些 **vector** 運算會使迭代器變得無效

在 §3.3.2 中我們注意到 vector 能夠動態增長的事實有其影響存在。我們也注意到其中一個影響是我們無法在一個範圍 for 迴圈內新增元素到一個 vector。另一個影響是，任何會改變一個 vector 大小的運算，例如 push_back，都有可能使得參考到那個 vector 中的所有迭代器失效。我們會在 §9.3.6 中更詳細探討迭代器是如何失效的。

就目前而言，重要的是了解用到迭代器的迴圈不應該新增元素到那些迭代器所參考的容器中。

習題章節 3.4.1

練習 3.21：使用迭代器重新做一遍 §3.3.3 的第一個練習。

練習 3.22：修改會印出 text 第一個段落的迴圈，改為將 text 中對應到第一個段落的元素全都變為大寫。更新 text 之後，印出其內容。

練習 3.23：寫一個程式來建立帶有十個 int 元素的一個 vector。使用一個迭代器將每個元素的指定為目前值的兩倍。印出這個 vector 來測試你的程式。

3.4.2 迭代器的算術運算

遞增一個迭代器會使那個迭代器一次往前一個元素。所有的程式庫容器都有支援遞增（increment）的迭代器。同樣地，我們可以使用 == 和 != 來比較兩個有效的程式庫容器型別迭代器（§3.4）。

string 和 vector 的迭代器支援可以讓一個迭代器一次移動多個元素的額外運算。它們也支援所有的關係運算子。這些運算，通常我們稱之為**迭代器算術（iterator arithmetic）**，描述於表 3.7 中。

表 3.7：`vector` 和 `string` 迭代器所支援的運算	
iter + n iter - n	將一個整數值 n 加到一個迭代器（或從之減去），會產出在該容器內推前（或倒退）了那麼多個元素的一個迭代器。所產生的迭代器必須代表同一個容器中的元素，或超出其最後一個元素一個位置的位置。
iter1 += n iter1 -= n	迭代器加法和減法的複合指定。指定到 iter1 中的新值，是 iter1 的值加上 n 或從之減去 n 的結果。
iter1 - iter2	將兩個迭代器相減會產出一個數字，將這個數字加到右手邊的迭代器會產出左手邊的迭代器。所產生的迭代器必須代表同一個容器中的元素，或超出其最後一個元素一個位置的位置。
>、>=、<、<=	作用在迭代器上的關係運算子。如果一個迭代器所指涉的元素在容器中出現的位置比另一個迭代器所指涉的元素所在之位置還要前面，我們就說前者小於後者。所產生的迭代器必須代表同一個容器中的元素，或超出其最後一個元素一個位置的位置。

迭代器上的算術運算

我們可以為一個迭代器加上（或減去）一個整數值。這麼做會回傳位置往前（或往後）移動了那麼多的一個迭代器。當我們將一個整數值和一個迭代器相加或相減，結果必須代表相同 vector（或 string）中的一個元素，或代表超出關聯的 vector（或 string）最後一個元素一個位置的位置。舉個例子，我們可以計算出最接近一個 vector 中間的元素之迭代器：

```
// c 計算出最接近 vi 中點的元素之迭代器
auto mid = vi.begin() + vi.size() / 2;
```

如果 vi 有 20 個元素，那麼 vi.size()/2 就是 10。在這種情況中，我們將 mid 設為 vi.begin() + 10。記得下標是從 0 開始的，這個元素等同於 vi[10]，也就是超過第一個元素十個位置的元素。

除了比較兩個迭代器是否相等，我們也能使用關係運算子（<、<=、>、>=）來比較 vector 和 string。在此迭代器必須是有效的，並且必須代表同一個 vector 或 string 中的元素（或超出最後元素一個位置的位置）。舉例來說，假設 it 跟 mid 一樣是對同一個 vector 的迭代器，我們可以像這樣檢查 it 所代表的元素在 mid 之前或之後：

```
if (it < mid)
    // 處理 vi 前半段中的元素
```

我們也能夠將兩個迭代器相減，只要它們所指涉的是相同 vector 或 string 中的元素或 off-the-end 的位置。結果會是那些迭代器之間的距離。這裡的距離所代表的意義是，我們必須如何改變一個迭代器才能得到另一個。結果的型別是一個有效的整數型別，名為 **difference_type**。vector 和 string 兩者都定義了 difference_type。這個型別是有號的，因為相減可能會有負的結果。

使用迭代器算術

用到迭代器算術的一個經典演算法是二元搜尋（binary search）。二元搜尋演算法會在一個排序過的序列中尋找特定的一個值。它運作的方式是查看最接近序列中間的元素。如果那個元素是我們想要的那一個，就完成了。否則，如果那個元素小於我們想要的那個，我們就只看被駁回的那個元素之後的元素，繼續我們的搜尋。如果中間元素大於我們想要找的那個，我們就只在前半段查看，繼續我們的搜尋。我們在縮減的範圍中計算出新的中間元素，並持續查找，直到我們找到那個元素，或元素用完為止。

我們可以像下面這樣使用迭代器來進行二元搜尋：

```
// text 必須排序過
// beg 與 end 將會代表我們正在搜尋的範圍
auto beg = text.begin(), end = text.end();
auto mid = text.begin() + (end - beg)/2;  // 原本的中點
// 當還有元素可以查看，而且我們尚未找到 sought
while (mid != end && *mid != sought) {
    if (sought < *mid)     // 我們所要的元素在前半段嗎？
        end = mid;         // 若是，調整範圍來忽略後半段
    else                   // 我們要的元素在後半段
        beg = mid + 1;     // 從緊接在 mid 之後的元素開始查找
    mid = beg + (end - beg)/2;  // 新的中點
}
```

我們一開始先定義三個迭代器：beg 會是範圍中的第一個元素，end 是超過最後一個元素一個位置的位置，而 mid 是最靠近中間的元素。我們初始化這些迭代器來代表名為 text 的 vector<string> 中的整個範圍。

我們的迴圈會先檢查範圍不是空的。如果 mid 等於 end 目前的值，那我們就耗盡了可以搜尋的元素。在這種情況中，條件會失敗，而我們會退出 while。否則，mid 就會指涉一個元素，而我們會檢查 mid 代表的是否是我們想要的那個。若是，我們的工作就完成了，接著就退出迴圈。

如果我們仍有要處理的元素，while 內的程式碼就會藉著移動 end 或 beg 來調整範圍。如果 mid 所代表的元素大於 sought，我們就知道若 sought 有在 text 中，那麼它會出現在 mid 所代表的元素之前。因此，我們可以忽略 mid 之後的元素，我們將 mid 指定給 end 來這麼做。如果 *mid 比 sought 還要小，那個元素就必定在 mid 所代表的元素之後的範圍中。在這種情況中，我們讓 beg 指向緊接在 mid 之後的元素來調整範圍。我們已經知道 mid 不是我們想要的那個，所以我們可以從範圍中將它移除。

在 while 的結尾，mid 會等於 end 或代表我們正在尋找的元素。如果 mid 等於 end，那麼該元素就不在 text 中。

習題章節 3.4.2

練習 3.24：使用迭代器重做 §3.3.3 的最後一個練習。

練習 3.25：使用迭代器來取代下標，改寫 §3.3.3 的成績叢集程式。

練習 3.26：在前面的二元搜尋程式中，為什麼我們寫的是 mid = beg + (end - beg) / 2; ，而非 mid = (beg + end) /2; ？

3.5 陣列

陣列（**array**）是類似程式庫 vector 型別（§3.3），但在效能和彈性之間提供了不同的取捨。就像 vector，一個陣列是放置單一型別的無名物件的一種容器，並以位置來存取它們。不同於 vector，陣列有固定大小，我們不能新增元素到一個陣列。因為陣列有固定大小，它們有時能為特殊應用提供較佳的執行時期效能。然而，這種執行期優勢的代價是彈性的損失。

如果你無法確定你需要多少個元素，就用 vector。

3.5.1 定義並初始化內建的陣列

陣列是一種複合型別（§2.3）。一個陣列宣告器有 a[d] 這樣的形式，其中 a 是被定義的名稱，而 d 是陣列的尺寸（**dimension**）。這個尺寸指出了元素的數目，並且必須大於零。一個陣列中的元素數是該陣列型別的一部分。結果就是，這個尺寸必須在編譯時期就知道，這表示尺寸必須是一個常數運算式（§2.4.4）：

```
unsigned cnt = 42;          // 不是一個常數運算式
constexpr unsigned sz = 42; // 常數運算式
                            // constexpr 參閱 §2.4.4
int arr[10];                // 十個 int 的陣列
int *parr[sz];              // 由對 int 的 42 個指標組成的陣列
string bad[cnt];            // 錯誤：cnt 不是一個常數運算式
string strs[get_size()];    // 如果 get_size 是 constexpr 就 ok，否則錯誤
```

預設情況下，陣列中的元素都是預設初始化的（§2.2.1）。

就跟內建型別的變數一樣，內建型別的預設初始化陣列若是定義在函式內，就會有未定義的值。

當我們定義一個陣列，我們必須為該陣列指定一個型別。我們無法使用 auto 從一串初始器推導出型別。就像 vector，陣列持有的是物件，因此，不會有由參考構成的陣列存在。

明確地初始化陣列元素

我們能夠串列初始化（§3.3.1）一個陣列中的元素。當我們這麼做的時候，可以省略尺寸。如果我們省略尺寸，編譯器會從初始器的數目將它推算出來。如果我們指定了一個尺寸，那麼初始器的數目必不能超過所指定的大小。如果尺寸大於初始器的數目，那些初始器會用於前面的元素，而剩餘的所有元素都是值初始化的（value initialized，§3.3.1）：

```
const unsigned sz = 3;
int ia1[sz] = {0,1,2};          // 三個 int 的陣列，值分別為 0, 1, 2
int a2[] = {0, 1, 2};           // 尺寸為 3 的一個陣列
int a3[5] = {0, 1, 2};          // 等同於 a3[] = {0, 1, 2, 0, 0}
string a4[3] = {"hi", "bye"};   // 與 a4[] = {"hi", "bye", ""} 相同
int a5[2] = {0,1,2};            // 錯誤：太多的初始器
```

字元陣列是特殊的

字元陣列的初始化有一種額外的形式：我們可以從一個字串字面值（§2.1.3）來初始化這種陣列。當我們這種形式的初始化，很重要的是要記得字串字面值（string literals）會以一個 null 字元結尾。那個 null 字元會連同字面值中的其他字元一起被拷貝到陣列中：

```
char a1[] = {'C', '+', '+'};        // 串列初始化，沒有 null
char a2[] = {'C', '+', '+', '\0'};  // 串列初始化，明確的 null
char a3[] = "C++";                  // 自動加上的 null 終止符（terminator）
const char a4[6] = "Daniel";        // 錯誤：null 沒有空間放
```

a1 的尺寸是 3，a2 和 a3 的尺寸都是 4。a4 的定義有錯。雖然那個字面值只含有六個明確的字元，該陣列的大小必須至少是七，其中六個存放字面值，一個給 null。

沒有拷貝或指定

我們無法把一個陣列初始化為另一個陣列的一個拷貝，將一個陣列指定給另一個也是不合法的：

```
int a[] = {0, 1, 2};    // 三個 int 的陣列
int a2[] = a;           // 錯誤：無法以另一個陣列初始化一個陣列
a2 = a;                 // 錯誤：無法將一個陣列指定給另一個
```

> 某些編譯器會以**編譯器擴充功能（compiler extension）**的形式允許陣列的指定。避免使用非標準的功能通常會是個好主意。用到這種功能的程式，在不同的編譯器底下將無法運作。

了解複雜的陣列宣告

就像 vector，陣列也能存放大多數型別的物件。舉例來說，我們能有以指標構成的一個陣列。因為一個陣列也是一種物件，我們可以定義對陣列的指標和參考。定義持有指標的陣列相當簡單明瞭，定義對一個陣列的指標或參考就複雜了一點：

```
int *ptrs[10];              // ptrs 是對 int 的十個指標所成的一個陣列
int &refs[10] = /* ? */;    // 錯誤：沒有參考所成的陣列
int (*Parray)[10] = &arr;   // Parray 指向由十個 int 組成的一個陣列
int (&arrRef)[10] = arr;    // arrRef 指涉十個 int 所成的一個陣列
```

預設情況下，型別修飾器（type modifiers）的繫結方向是從右到左。從右到左（§2.3.3）閱讀 ptrs 的定義很容易：我們可以看到我們正在定義大小為 10 的一個陣列，名為 ptrs，持有對 int 的指標。

從右到左讀取 Parray 的定義就沒有什麼幫助了。因為陣列尺寸跟在被宣告的名稱後，比較容易的方法是從內到外閱讀陣列宣告，而非從右到左。從內到外閱讀讓我們更容易理解 Parray 的型別。一開始我們先觀察包圍 *Parray 的括弧，這代表 Parray 是一個指標。往右看，我們看到 Parray 指向大小為 10 的一個陣列。往左看，我們看到那個陣列中的元素是 int。因此，Parray 是一個指標，指向由 10 個 int 組成的一個陣列。同樣地，(&arrRef) 指出 arrRef 是一個參考。它所指涉的型別是大小為 10 的一個陣列。那個陣列持有型別為 int 的元素。

當然，能用多少個型別修飾器，並沒有限制：

```
int *(&arry)[10] = ptrs;  // arry 是一個參考，指涉由 10 個指標組成的一個陣列
```

從內到外閱讀這個宣告，我們看到 arry 是一個參考。往右看，我們看到 arry 所指涉的物件是大小為 10 的一個陣列。往左看，我們看到其中元素的型別為指向 int 的指標。因此，arry 是一個參考，指向由 10 個指標組成的一個陣列。

了解陣列宣告一個可能比較容易的方式是從陣列的名稱開始，由內而外閱讀它們。

習題章節 3.5.1

練習 3.27： 假設 txt_size 是一個函式，它不接受引數（arguments），並回傳一個 int 值，下列哪些定義是非法的？解釋原因。

```
unsigned buf_size = 1024;
(a) int ia[buf_size];      (b) int ia[4 * 7 - 14];
(c) int ia[txt_size()];    (d) char st[11] = "fundamental";
```

練習 3.28： 下列陣列中的值是什麼？

```
string sa[10];
int ia[10];
int main() {
    string sa2[10];
    int ia2[10];
}
```

練習 3.29： 列出使用陣列而非 vector 的一些缺點。

3.5.2 存取一個陣列的元素

就跟程式庫的 vector 和 string 型別一樣，我們可以使用一個範圍 for 或下標運算子來存取一個陣列的元素。一如以往，索引從 0 開始。對於有十個元素的一個陣列，索引會是 0 到 9，而非 1 到 10。

當我們使用一個變數來對一個陣列下標，我們一般應該將那個變數定義為型別 **size_t**。size_t 是一種機器特定的無號型別（machine-specific unsigned type），保證夠大可以容納記憶體中任何物件的大小。size_t 型別定義於 cstddef 標頭，它是 C 程式庫 stddef.h 標頭的 C++ 版本。

除了陣列的大小是固定的這個例外，我們使用陣列的方式會與使用 vector 類似。舉例來說，我們可以重新實作 §3.3.3 的成績程式，改用陣列來存放叢集計數器：

```
// 計算十分一組的各個叢集中各有多少個成績：0--9, 10--19,...90--99, 100
unsigned scores[11] = {};    // 11 個叢集，所有的值都初始化為 0
unsigned grade;
while (cin >> grade) {
    if (grade <= 100)
        ++scores[grade/10]; // 為目前的叢集遞增其計數器
}
```

這個程式與前面程式之間唯一的明顯差異是 scores 的宣告。在這個程式中，scores 是由 11 個 unsigned 元素組成的一個陣列。比較不明顯的差異是，這個程式中的下標運算子是定義為此語言一部分的那個。這個運算子可以用在陣列型別的運算元上。前面程式中所用的下標運算子是由程式庫的 vector 模板所定義，並且適用於型別為 vector 的運算元。

就跟使用 string 或 vector 時一樣，要巡訪（traverse）整個陣列，最好使用一個範圍 for。舉例來說，我們可以像這樣印出所產生的 scores：

```
for (auto i : scores) // 對於 scores 中的每個計數器
    cout << i << " "; // 印出那個計數器的值
cout << endl;
```

因為尺寸是每個陣列型別的一部分，系統知道 scores 中有多少個元素。使用一個範圍 for 代表我們不需要管理巡訪的步驟。

檢查下標值

就跟使用 string 和 vector 時一樣，程式設計師要負責確保下標值有在範圍內，也就是說，索引值等於或大於零，並且小於陣列的大小。除了對細節的小心注意，以及徹底測試程式碼之外，沒有什麼能夠阻止程式跨越陣列的邊界。很有可能你的程式可以編譯和執行，但仍然產生致命錯誤。

安全性問題最常見的來源就是緩衝區溢位（buffer overflow）的臭蟲。這種臭蟲會在程式沒有檢查下標而錯誤地使用到陣列或類似資料結構範圍外的記憶體時產生。

習題章節 3.5.2

練習 3.30：辨識出下列程式碼中的索引錯誤：

```
constexpr size_t array_size = 10;
int ia[array_size];
for (size_t ix = 1; ix <= array_size; ++ix)
        ia[ix] = ix;
```

練習 3.31：寫一個程式來定義由十個 int 構成的陣列。賦予每個元素與其在陣列中所在位置相同的值。

練習 3.32：將你在前面定義的陣列拷貝到另一個陣列。使用 vector 改寫你的程式。

練習 3.33：如果我們沒有初始化前面程式中的 scores 陣列，會發生什麼事？

3.5.3 指標與陣列

在 C++ 中，指標與陣列是緊密關聯的。特別是，如我們將會見到的，當我們使用一個陣列，編譯器通常會將之轉換為一個指標。

正常情況下，我們會用取址運算子（address-of operator，§2.3.2）來獲得對一個物件的指標。一般來說，取址運算子可以套用到任何物件上。一個陣列中的元素也是物件。當我們下標一個陣列，結果是位在陣列中那個位置的物件。就跟任何其他的物件一樣，我們可以藉由索取該元素的位址來獲得對一個陣列元素的指標：

```
string nums[] = {"one", "two", "three"}; // string 所成的陣列
string *p = &nums[0]; // p 指向 nums 中的第一個元素
```

然而，陣列有一個特殊性質，我們用到陣列的地方，編譯器大多會自動將之取代為對第一個元素的一個指標：

```
string *p2 = nums; // 等同於 p2 = &nums[0]
```

在多數運算式中，當我們使用陣列型別的一個物件，實際上我們使用的會是指向該陣列第一個元素的一個指標。

「陣列上的運算實際上經常會是在指標上進行的運算」這個事實有各種後果。其中一個是，當我們使用一個陣列作為以 auto（§2.5.2）定義的一個變數的一個初始器，所推導出來的型別會是一個指標，而非一個陣列：

```
int ia[] = {0,1,2,3,4,5,6,7,8,9}; // ia 是有十個 int 的一個陣列
auto ia2(ia);    // ia2 是一個 int*，指向 ia 中的第一個元素
ia2 = 42;        // 錯誤：ia2 是一個指標，而我們無法指定一個 int 給一個指標
```

雖然 ia 是由十個 int 所組成的一個陣列，但當我們使用 ia 作為一個初始器，編譯器對待這個初始化動作的方式就好像我們寫的程式碼是這個樣子：

```
auto ia2(&ia[0]); // 現在可以很清楚的看到 ia2 有型別 int*
```

值得注意的是，我們使用 decltype（§2.5.3）時，並不會發生這種轉換。decltype(ia) 所
回傳的型別是有 10 個 int 的陣列：

```
// ia3 是有十個 int 的一個陣列
decltype(ia) ia3 = {0,1,2,3,4,5,6,7,8,9};
ia3 = p;      // 錯誤：無法指定一個 int* 到一個陣列
ia3[4] = i; // ok：指定 i 的值到 ia3 中的一個元素
```

指標是迭代器

定址一個陣列中元素的指標具有我們在 §2.3.2 中描述的那些運算以外的額外運算。特別是，
指向陣列元素的指標支援跟 vector 和 string 上的迭代器相同的運算（§3.4）。舉例來說，
我們可以使用遞增運算子在陣列中從一個元素移往下一個：

```
int arr[] = {0,1,2,3,4,5,6,7,8,9};
int *p = arr; // p 指向 arr 中的第一個元素
++p;          // p 指向 to arr[1]
```

就像我們能夠用迭代器來巡訪一個 vector 中的元素那樣，我們可以使用指標來巡訪一個陣列
中的元素。當然，要那麼做，我們必須取得對第一個元素的指標，以及超出最後一個元素一
個位置的指標。如我們剛才所見，我們可以使用陣列本身或在第一個元素上使用取址運算來
獲得對第一個元素的指標。我們獲得 off-the-end 指標的方式是使用陣列的另一個特殊性質。
我們可以索取超出陣列最後一個元素一個位置的那個不存在的元素之位址：

```
int *e = &arr[10]; // 超出 arr 中最後一個元素一個位置的指標
```

這裡我們使用下標運算子來索引一個不存在的元素，arr 有十個元素，所以 arr 中的最後一
個元素位在索引位置 9。我們能對這個元素做的唯一事情就是索取其位址，而我們會用它來初
始化 e。就像一個 off-the-end 迭代器（§3.4.1），一個 off-the-end 指標並沒有指向任何元素。
結果就是，我們不能解參考或遞增一個 off-the-end 指標。

使用這些指標，我們就能寫出一個迴圈來印出 arr 中的元素，如下：

```
for (int *b = arr; b != e; ++b)
    cout << *b << endl; // 印出 arr 中的元素
```

程式庫的 **begin** 和 **end** 函式

雖然我們能夠計算出 off-the-end 指標，這麼做卻很容易出錯。為了讓指標的使用更為容易且
安全，新的標準程式庫引進了兩個函式，名為 begin 和 end。這些函式的行為就像名稱相似
的容器成員（§3.4.1）。然而，陣列並不是類別型別，所以這些函式並非成員函式。它們接
受一個陣列作為引數：

```
int ia[] = {0,1,2,3,4,5,6,7,8,9}; // ia 是有十個 int 的一個陣列
int *beg = begin(ia);   // 指向 ia 中第一個元素的指標
int *last = end(ia);    // 超出 ia 中最後一個元素一個位置的指標
```

begin 回傳給定陣列中第一個元素的指標,而 end 回傳超出最後一個元素一個位置的指標:這些函式定義於 iterator 標頭中。

使用 begin 和 end,很容易就能寫出處理一個陣列中元素的迴圈。舉例來說,假設 arr 是一個存有 int 值的一個陣列,我們可以像這樣來找出 arr 中的第一個負值:

```
// pbeg 指向第一個,而 pend 指向超出 arr 最後一個元素一個位置的位置
int *pbeg = begin(arr), *pend = end(arr);
// 找出第一個負的元素,如果已經查看過所有的元素,就停止
while (pbeg != pend && *pbeg >= 0)
    ++pbeg;
```

我們一開始先定義兩個 int 指標,名為 pbeg 和 pend。我們讓 pbeg 代表 arr 中的第一個元素,而 pend 指向超出最後一個元素一個位置的位置。其中的 while 條件使用 pend 來得知解參考 pbeg 是否安全。如果 pbeg 確實有指到一個元素,我們就解參考,並檢查底層的元素是否為負。若是,條件就失敗,我們退出迴圈。若非,我們遞增指標來查看下一個元素。

 超出一個內建陣列最後元素「一個位置」的指標之行為與一個 vector 的 end 運算所回傳的迭代器相同。特別是,我們不能解參考或遞增 off-the-end 指標。

指標算術

定址陣列元素的指標可以使用表 3.6 和表 3.7 中所列的所有迭代器運算。這些運算,包括解參考、遞增、比較、加上一個整數值、兩個指標相減,套用到指向一個內建陣列中元素的指標時,意義與套用到迭代器上時相同。

當我們對一個指標加上(或減去)一個整數值,結果就會是一個新的指標。這個新的指標指向在原本指標前(或後)給定數目個元素的位置:

```
constexpr size_t sz = 5;
int arr[sz] = {1,2,3,4,5};
int *ip = arr;        // 等同於 int *ip = &arr[0]
int *ip2 = ip + 4;    // ip2 指向 arr[4],即 arr 中的最後一個元素
```

把 4 加到 ip 的結果是一個指標,它所指的位置比 ip 目前所指的位置往後移了四個元素。

將一個整數值加到一個指標的結果必定是指向同一個陣列中某個元素的指標,或是指向該陣列最後元素後一個位置的指標:

```
// ok:arr 被轉換為一個指標,指向第一個元素;p 指向 arr 最後元素後一個位置
int *p = arr + sz;  // 小心使用 -- 不要解參考!
int *p2 = arr + 10; // 錯誤:arr 只有 5 個元素;p2 有未定義的值
```

當我們將 sz 加到 arr,編譯器會將 arr 轉換為指向 arr 中第一個元素的指標。當我們將 sz 加到那個指標,我們就會得到一個指標,指向第一個元素後 sz 個位置(即 5 個位置)的元素。

也就是說，它所指的是超出 arr 最後一個元素一個位置的地方。對超出最後一個元素一個位置以上的指標進行運算會發生錯誤，雖然編譯器不太可能偵測到這種錯誤。

就跟使用迭代器時一樣，將兩個指標相減會得到那些指標間的距離。這些指標必須指向同一陣列中的元素：

```
auto n = end(arr) - begin(arr); // n 為 5，即 arr 中元素的數目
```

相減兩個指標的結果會是一個名叫 **ptrdiff_t** 的程式庫型別。跟 size_t 一樣，ptrdiff_t 型別也是機器特定的型別，而且也是定義在 cstddef 標頭中。因為相減可能會產生負的距離，ptrdiff_t 是一個有號的整數型別。

我們可以使用關係運算子來比較指向同一個陣列中元素或超出該陣列結尾一個位置的指標。舉例來說，我們可以像這樣巡訪 arr 中的元素：

```
int *b = arr, *e = arr + sz;
while (b < e) {
    // 使用 *b
    ++b;
}
```

我們無法對指向兩個無關物件的指標使用關係運算子：

```
int i = 0, sz = 42;
int *p = &i, *e = &sz;
// u 未定義：p 與 e 沒有關聯，比較沒有意義！
while (p < e)
```

雖然其實用性在此時尚不明顯，指標算術對 null 指標（§2.3.2）及指向非陣列物件的指標來說也有效這一點還是值得注意。在後者的情況中，指標必須指向相同的物件，或那個物件後的一個位置。如果 p 是一個 null 指標，我們可以為 p 加上或減去其值為 0 的一個整數常數運算式（§2.4.4）。我們也能夠將兩個 null 指標相減，在這種情況下結果會是 0。

解參考和指標算術之間的互動

加上一個整數值到一個指標的結果本身也是一個指標。假設所產生的指標指向一個元素，我們可以對這個結果指標進行解參考：

```
int ia[] = {0,2,4,6,8}; // 有五個型別為 int 的元素之陣列
int last = *(ia + 4); // ok：將 last 初始化為 8，即 ia[4] 的值
```

運算式 *(ia + 4) 計算超出 ia 四個元素的位址，並解參考所產生的指標。這個運算式與 ia[4] 等效。

回想在 §3.4.1 中，我們注意到在含有解參考及點號運算子的運算式中，括弧是必要的。同樣地，這個指標加法周圍的括弧也是不能少的。寫出

```
last = *ia + 4; // ok：last = 4，等同於 ia[0] + 4
```

代表解參考 ia 並把 4 加到解參考出來的值。我們會在 §4.1.2 涵蓋這個行為的原因。

下標與指標

如我們所見，在多數情況下，當我們使用一個陣列的名稱，我們實際上用的是指向該陣列第一個元素的指標。編譯器進行這種變換的地方之一是我們對一個陣列下標的時候。給定

```
int ia[] = {0,2,4,6,8};  // 有五個型別為 int 的元素的陣列
```

如果我們寫 ia[0]，那就是用到一個陣列名稱的運算式。當我們下標一個陣列，我們實際上是對該陣列中一個元素的指標進行下標：

```
int i = ia[2];      // ia 會被轉為指向 ia 中第一個元素的指標
                    // ia[2] 擷取 (ia + 2) 所指的那個元素
int *p = ia;        // p 指向 ia 中的第一個元素
i = *(p + 2);       // 等同於 i = ia[2]
```

我們可以在任何指標上使用下標運算子，只要該指標有指向一個陣列中的元素（或超過最後一個元素一個位置的地方）：

```
int *p = &ia[2];    // p 指向以 2 索引的那個元素
int j = p[1];       // p[1] 等同於 *(p + 1),
                    // p[1] 是與 ia[3] 相同的元素
int k = p[-2];      // p[-2] 是與 ia[0] 相同的元素
```

這最後一個範例指出了陣列與具備下標運算子的程式庫型別（例如 vector 和 string）之間的一個重要差異。程式庫型別會強制讓用於下標的所以是一個無號值。內建的下標運算子則不會。用於內建下標運算子的索引可以是一個負值。當然，所產生的位址必須指向原指標所指的那個陣列中的元素（或結尾後一個位置）。

WARNING

不同於 vector 和 string 的下標，內建下標運算子的索引並非 unsigned 型別。

習題章節 3.5.3

練習 3.34：如果 p1 和 p2 指向同一個陣列中的元素，下列的程式碼會做什麼呢？有 p1 或 p2 的值會讓這段程式碼變得不合法嗎？

```
p1 += p2 - p1;
```

練習 3.35：使用指標寫一個程式來將一個陣列中的元素設為零。

練習 3.36：寫一個程式來比較兩個陣列的相等性。寫一個類似的程式來比較兩個 vector。

3.5.4 C-Style 的字元字串

雖然 C++ 支援 C-style 的字串，它們不應該為 C++ 程式所用。C-style 字串出乎意料地容易產生臭蟲，也是許多安全性問題的根源。它們也很難用！

字元字串字面值（character string literals）是 C++ 從 C 繼承而來的更廣義的構造的一個實例：**C-style character strings（C 式的字元字串）**。C-style 字串並非一個型別，而是如何表示和使用字元字串的一種慣例。遵循此慣例的字串儲存在字元陣列中，而且是**以 null 結尾的（null terminated）**。以 null 結尾的意思是，這種字串中最後一個字元後接著一個 null 字元（'\0'）。一般來說，我們使用指標來操作這種字串。

C 程式庫的字串函式

標準 C 程式庫（The Standard C library）提供了一組函式，列於表 3.8 中，用來在 C-style 的字串上進行運算。這些函式定義在 cstring 標頭中，它是 C 的 string.h 標頭的 C++ 版本。

表 3.8 中的函式並不會驗證它們的字串參數。

傳入這些常式的指標必須指向以 null 結尾的陣列：

```
char ca[] = {'C', '+', '+'};      // 並非 null 結尾
cout << strlen(ca) << endl;       // 災難：ca 並非 null 結尾
```

在這種情況中，ca 是由 char 所成的一個陣列，但並不是以 null 結尾的。結果會是未定義的。這個呼叫最可能的後果是 strlen 會持續查看接在 ca 後的記憶體，直到它遇到一個 null 字元為止。

表 3.8：C-Style 的字元字串函式	
strlen(p)	回傳 p 的長度，不計入 *null* 字元。
strcmp(p1, p2)	比較 p1 和 p2 的相等性。如果 p1 == p2 就回傳 0；如果 p1 > p2 就回傳一個正值；如果 p1 < p2 就回傳一個負值。
strcat(p1, p2)	將 p2 附加到 p1。回傳 p1。
strcpy(p1, p2)	將 p2 拷貝到 p1。回傳 p1。

比較字串

兩個 C-style 字串的比較與比較程式庫 string 的方式相當不同。當我們比較兩個程式庫 string，我們使用一般的關係或相等性運算子：

```
string s1 = "A string example";
string s2 = "A different string";
if (s1 < s2) // false：s2 小於 s1
```

將這些運算子用在定義相似的 C-style 字串會比較指標的值，而非字串本身：

```
const char ca1[] = "A string example";
const char ca2[] = "A different string";
if (ca1 < ca2)  // 未定義的：比較兩個無關的位址
```

記得，當我們使用一個陣列時，我們用的實際上是指向該陣列第一個元素的指標（§3.5.3）。因此，這個條件實際上是比較兩個 const char* 值。這些指標並非定址相同的物件，所以這個比較的結果是未定義的。

要比較字串而非那些指標值，我們可以呼叫 strcmp。這個函式會在字串相等時回傳 0，或依據第一個字串是大於或小於第二個字串來回傳正值或負值：

```
if (strcmp(ca1, ca2) < 0)  // 效果與 string 比較 s1 < s2 相同
```

呼叫者負責目的字串的大小

串接（concatenating）或拷貝 C-style 的字串同樣也與程式庫 string 上的相同運算非常不同。舉例來說，如果我們想要串接 s1 和 s2 這兩個 string，我們可以直接這麼做：

```
// 將 largeStr 初始化為 s1、一個空格以及 s2 的串接結果
string largeStr = s1 + " " + s2;
```

對我們的兩個陣列 ca1 和 ca2 做同樣的事會是一種錯誤。運算式 ca1 + ca2 會試著將兩個指標相加，這是非法而且無意義的。

取而代之，我們可以使用 strcat 和 strcpy。然而，要使用者些函式，我們必須傳入一個陣列來儲存結果字串。我們所傳入的陣列**必須夠大**，可以容納所產生的字串，包括位於尾端的 null 字元。我們在此展示的程式碼，雖然是一種常見的使用模式，但滿載了導致嚴重錯誤的可能性：

```
// 如果我們錯算了 largeStr 的大小，那就會是災難
strcpy(largeStr, ca1);   // 將 ca1 拷貝到 largeStr
strcat(largeStr, " ");   // 在 largeStr 的尾端加上一個空白
strcat(largeStr, ca2);   // 將 ca2 串接到 largeStr
```

問題在於，我們很容易算錯了 largeStr 所需的大小。此外，假設要變更我們想要儲存在 largeStr 中的值，我們就必須記得再次檢查計算出來的大小是否正確。遺憾的是，類似這裡程式碼的程式廣為散布。帶有這種程式碼的程式很容易出錯，而經常也會導致嚴重的安全洩漏問題。

 對大多數的應用來說，使用程式庫的 string 而非 C-style 字串除了比較安全外，也會更有效率。

習題章節 3.5.4

練習 3.37：下列程式會做什麼事呢？

```
const char ca[] = {'h', 'e', 'l', 'l', 'o'};
const char *cp = ca;
while (*cp) {
    cout << *cp << endl;
    ++cp;
}
```

練習 3.38：在本節中，我們注意到試著將兩個指標相加不只是非法的，也沒有意義。為何將兩個指標相加是沒有意義的呢？

練習 3.39：撰寫一個程式來比較兩個 string。現在撰寫一個程式來比較兩個 C-style 字元字串的值。

練習 3.40：寫一個程式來定義從字串字面值初始化的兩個字元陣列。現在定義第三個陣列來存放那兩個陣列串接的結果。使用 strcpy 和 strcat 來將那兩個陣列拷貝到第三個中。

3.5.5 與舊有程式碼的介面

有許多 C++ 程式出現在標準程式庫之前，沒有使用 string 和 vector 型別。此外，很多 C++ 程式會與用 C 或其他無法使用 C++ 程式庫的語言撰寫的程式互動。因此，以現代 C++ 撰寫的程式必須為使用陣列或 C-style 字元字串的程式提供介面。C++ 程式庫提供了機能來讓這種互動更容易管理。

 混用程式庫 string 和 C-Style 字串

在 §3.2.1 中，我們看到我們能以一個字串字面值初始化一個 string：

```
string s("Hello World"); // s 存有 Hello World
```

更廣義地說，我們用到一個字串字面值的地方都可以使用一個 null-terminated 的字元陣列：

- 我們可以使用一個 null-terminated 的字元陣列來初始化或指定一個 string。
- 我們可以使用一個 null-terminated 字元陣列作為 string 加法運算子的一個運算元（但不能兩個運算元都是），或作為 string 複合指定（+=）運算子的右運算元。

反過來的功能性就沒有提供了：沒有直接的方式可以讓你在需要 C-style 字串的地方使用程式庫的 string。舉例來說，你沒有辦法以一個 string 初始化一個字元指標。然而，有一個名叫 c_str 的 string 成員函式經常可以用來達成我們想做的事：

```
char *str = s;          // 錯誤：不能以一個 string 初始化一個 char*
const char *str = s.c_str(); // ok
```

c_str 這個名稱指出函式回傳的是一個 C-style 字元字串。也就是說，它會回傳一個指標，指向一個 null-terminated 字元陣列的開頭，其中存有與 string 中字元相同的資料。這個指標的型別為 const char*，它會防止我們改變陣列的內容。

c_str 所回傳的陣列並不保證可以無限期保持有效。後續用到 s 地方如果可能更改 s 的值，就可能使這個陣列無效。

 WARNING 如果一個程式需要持續存取 str() 所回傳的陣列內容，該程式就必須拷貝 c_str 所回傳的陣列。

使用一個陣列來初始化一個 **vector**

在 §3.5.1 中，我們注意到我們無法以另一個陣列來初始化一個內建陣列。我們也無法以一個 vector 初始化一個陣列。然而，我們可以使用一個陣列來初始化一個 vector。要這麼做，我們指定想拷貝的第一個元素的位址，以及超出最後一個元素一個位置的位址：

```
int int_arr[] = {0, 1, 2, 3, 4, 5};
// ivec 有六個元素，每個都是 int_arr 中對應元素的一個拷貝
vector<int> ivec(begin(int_arr), end(int_arr));
```

用來建構 ivec 的兩個指標示出了要用來初始化 ivec 中元素的值之範圍。第二個指標指向要被拷貝的最後一個元素往後一個位置的地方。在此，我們使用程式庫的 begin 和 end 函式（§3.5.3）來傳遞 int_arr 中第一個元素前端和最後一個元素尾端的指標。結果就是，ivec 會有六個元素，每個都會有與 int_arr 中對應元素相同的值。

所指定的範圍可以是該陣列的一個子集：

```
// 拷貝三個元素：int_arr[1], int_arr[2], int_arr[3]
vector<int> subVec(int_arr + 1, int_arr + 4);
```

這個初始化以三個元素創建了 subVec。這些元素的值是 int_arr[1] 到 int_arr[3] 中的值之拷貝。

建議：使用程式庫型別而非陣列

指標和陣列非常容易出錯。部分的問題是概念性的：指標用於低階的操作，很容易犯下計算錯誤。其他的問題出於語法，特別是指標用的宣告語法。

現代的 C++ 程式應該使用 vector 和迭代器，而非內建的陣列與指標，並使用 string 而非基於陣列的 C-style 字元字串。

3.6 多維陣列

嚴格來說，C++ 並沒有多維度陣列（multidimensional arrays）。一般被稱作是多維陣列的東西實際上是由陣列所構成的陣列（arrays of arrays）。牢記這個事實會在你使用這裡所謂的多維陣列時有所幫助。

習題章節 3.5.5

練習 3.41：寫出一個程式從一個 int 陣列初始化一個 vector。

練習 3.42：寫出一個程式來將由 int 所構成的一個 vector 拷貝到一個 int 陣列。

要定義其元素為陣列的陣列，我們會提供兩個尺寸（dimensions），即陣列本身的尺寸，以及其元素的尺寸：

```
int ia[3][4];  // 大小為 3 的陣列，每個元素都是大小為 4 的一個陣列
// 大小為 10 的陣列，每個元素都是有 20 個元素的一個陣列，其中每個元素都是由 30 個 int
//     所組成陣列
int arr[10][20][30] = {0}; // 將所有的元素都初始化為 0
```

如同我們在 §3.5.1 中見過的。我們可以從內到外來閱讀這些定義，就能更輕易理解它們。先從我們正在定義的名稱（ia）開始，我們看到 ia 是大小為 3 的一個陣列。接下來往右看，我們看到 ia 的元素也有一個尺寸。因此，ia 中的各個元素本身也是大小為 4 的陣列。看向左，我們看到那些元素的型別為 int。所以 ia 是大小為 3 的一個陣列，其中每個元素都是由四個 int 組成的一個陣列。

我們也以相同的方式來閱讀 arr 的定義。首先，我們看到 arr 是大小為 10 的一個陣列。這個陣列的元素本身則是大小為 20 的陣列。其中每個陣列都有 30 個型別為 int 的元素。能用幾個下標並不存在限制。也就是說，我們可已有一個陣列其元素是陣列，而該陣列的元素也是陣列，依此類推。

在一個二維陣列中，第一個尺寸通常指的是列（row）數，而第二個則是欄（column）數。

初始化一個多維陣列的元素

就跟任何陣列一樣，我們能提供圍在大括號中的初始器串列來初始化多維陣列的元素。多維陣列能像這樣在大括號中為每一列提供初始值：

```
int ia[3][4] = {      // 三個元素，每個元素都是大小為 4 的一個陣列
    {0, 1, 2, 3},     // 由 0 索引的列之初始器
    {4, 5, 6, 7},     // 由 1 索引的列之初始器
    {8, 9, 10, 11}    // 由 2 索引的列之初始器
};
```

其中內嵌的大括號是選擇性的。下列的初始化與前面等效，但意義較不清楚：

```
// 等效的初始化，沒有每一列的選擇性大括號
int ia[3][4] = {0,1,2,3,4,5,6,7,8,9,10,11};
```

就像單維陣列，初始器串列中可以跳過元素不填。我們可以像這樣僅初始化每一列的第一個元素：

```
// 只明確地初始化每列第一個元素
int ia[3][4] = {{ 0 }, { 4 }, { 8 }};
```

其餘的元素會跟一般單維陣列相同，都是 value initialized（§3.5.1）。如果內嵌的大括號被省略了，那結果就會非常不同。這段程式碼

```
// 明確地初始化列 0，其餘的元素都是 value initialized
int ix[3][4] = {0, 3, 6, 9};
```

初始化第一列的元素。其餘的元素都被初始化為 0。

下標一個多維陣列

就跟任何陣列一樣，我們可以使用一個下標（subscript）來存取一個多維陣列的元素。要這麼做，我們為每個維度使用一個個別的下標。

如果一個運算式提供的下標數與維度數相同，我們會得到具有指定型別的一個元素。如果我們提供的下標數少於維度數，那麼結果就是位於指定索引的一個內層陣列元素（inner-array element）：

```
// 將 arr 的第一個元素指定給 ia 最後一列的最後一個元素
ia[2][3] = arr[0][0][0];
int (&row)[4] = ia[1]; // 將 row 繫結至 ia 中第二個四元素的陣列
```

在第一個例子中，我們為兩個陣列的所有維度都提供了索引。在左手邊，ia[2] 回傳 ia 中最後一列。它並不會從那個陣列擷取出一個元素，而是回傳該陣列本身。我們下標那個陣列，擷取出元素 [3]，也就是該陣列中最後一個元素。

同樣地，右手邊的運算元有三個維度。我們從最外層的陣列擷取位於索引 0 的陣列。這個運算的結果會是一個大小為 20 的（多維）陣列。我們從那 20 元素的陣列取出第一個元素，得到了大小為 30 的一個陣列。然後我們從那個陣列擷取出第一個元素。

在第二個例子中，我們定義了 row 作為一個參考，指涉由四個 int 組成的一個陣列。我們將那個參考繫結至 ia 中的第二列。

作為另一個範例，我們經常會使用一對巢狀的 for 迴圈來處理一個多維陣列中的元素：

```
constexpr size_t rowCnt = 3, colCnt = 4;
int ia[rowCnt][colCnt]; // 12 個未初始化的元素
// 對於每一列
for (size_t i = 0; i != rowCnt; ++i) {
    // 對於該列中的每一欄
    for (size_t j = 0; j != colCnt; ++j) {
        // 將該元素的位置索引指定為其值
        ia[i][j] = i * colCnt + j;
    }
}
```

外層的 for 處理 ia 中的每個陣列元素。內層的 for 迴圈處理那些內層陣列的元素。在此，我們將每個元素的值設定為每個元素在整個陣列中的索引。

使用一個範圍 `for` 來處理多維陣列

在新的標準之下，我們可以使用一個範圍 `for` 來簡化前面的迴圈：

```
size_t cnt = 0;
for (auto &row : ia)          // 對於外層陣列中的每個元素
    for (auto &col : row) {    // 對於內層陣列中的每個元素
        col = cnt;             // 賦予該元素下一個值
        ++cnt;                 // 遞增 cnt
    }
```

這個元素賦予 ia 各個元素的值與前面的迴圈相同，但這次我們讓系統為我們管理索引。我們想要變更元素的值，所以我們宣告我們的控制變數 row 和 col 作為參考（§3.2.3）。第一個 for 迭代過 ia 中的元素。那些元素都是大小為 4 的陣列。因此，row 的型別為指涉由四個 int 組成的陣列之參考。第二個 for 迭代過那其中的各個 4 元素陣列。因此，col 是 int&。在每次迭代中，我們指定 cnt 的值給 ia 中的下個元素，並遞增 cnt。

在前面的範例中，我們使用參考作為我們的迴圈控制變數，因為我們想要更改陣列中的元素。然而，使用參考還有一個更深的原因。舉個例子，請思考下列迴圈：

```
for (const auto &row : ia)    // 對於外層陣列中的每個元素
    for (auto col : row)      // 對於內層陣列中的每個元素
        cout << col << endl;
```

這個迴圈並沒有寫入元素，但我們仍然將外層迴圈的控制變數定義為了參考。我們這麼做是為了防止一般陣列對指標的轉換（§3.5.3）。如果我們忽略了參考，並像這樣寫這個迴圈：

```
for (auto row : ia)
    for (auto col : row)
```

我們的程式就無法編譯。就跟之前一樣，第一個 for 迭代過 ia，其元素是大小為 4 的陣列。因為 row 並不是一個參考，當編譯器初始化 row 的時候，它會將每個陣列元素（就像陣列型別的任何其他物件一樣）轉換為指向陣列第一個元素的指標。結果就是，在這個迴圈中，row 的型別會是 int*。內層的 for 迴圈是非法的。儘管我們的用意不是那樣，但該迴圈會試著迭代一個 int*。

> 要在一個範圍 for 中使用一個多維陣列，除了最內層的陣列以外，迴圈控制變數都必須是參考（references）。

指標與多維陣列

就跟任何陣列一樣，當我們使用一個多維陣列的名稱，它會自動被轉換為指向該陣列中第一個元素的指標。

當你定義一個指向多維陣列的指標，請記得一個多維陣列實際上就是一個由陣列組成的陣列。

因為一個多維陣列實際上是由陣列組成的一個陣列（an array of arrays），陣列轉換後的指標型別會是指向第一個內層陣列的指標：

```
int ia[3][4];            // 有 3 個元素的陣列，其中每個元素都是由 4 個 int 組成的一個陣列
int (*p)[4] = ia;        // p 指向有四個 int 的陣列
p = &ia[2];              // p 現在指向 ia 中的最後一個元素
```

應用來自 §3.5.1 的策略，我們先注意到 (*p) 指出 p 是一個指標。往右看，我們看到 p 所指的物件有大小為 4 的尺寸，再往左看，我們知道元素的型別是 int。因此，p 是一個指標，指向四個 int 的陣列。

 這個宣告中的括弧是必要的：

```
int *ip[4];        // 指向 int 的指標所構成的陣列
int (*ip)[4];      // 指向有四個 int 作為元素的陣列的指標
```

有了新標準後，我們經常可以不用寫出指向陣列的指標之型別，只要使用 auto 和 decltype（§2.5.2）就行了： `[C++ 11]`

```
// 印出 ia 中每個元素的值，每個內層陣列都自成一行
// p 指向四個 int 的一個陣列
for (auto p = ia; p != ia + 3; ++p) {
    // q 指向有四個 int 的一個陣列的第一個元素，也就是 q 指向一個 int
    for (auto q = *p; q != *p + 4; ++q)
        cout << *q << ' ';
    cout << endl;
}
```

外層的 for 迴圈一開始將 p 初始化為指向 ia 中第一個陣列的指標。那個迴圈會持續執行，直到我們處理過 ia 中所有的三個列為止。遞增運算 ++p 有將 p 移向 ia 中下一列（即下個元素）的效果。

內層的 for 迴圈會印出內層陣列的值。它一開始先讓 q 指向 p 所指的陣列中的第一個元素。*p 的結果會是一個有四個 int 的陣列。跟之一樣，當我們使用一個陣列，它會被自動轉換為指向其第一個元素的指標。內層的 for 迴圈會持續執行，直到處理了內層陣列中的每個元素為止。要取得一個指標指向內層陣列的尾端，我們再次解參考 p 來取得指向該陣列中第一個元素的一個指標。然後我們加 4 到那個指標，以處理每個內層陣列中的四個元素。

當然，我們能使用程式庫的 begin 和 end 函式（§3.5.3）以甚至更簡單的方式寫出這個迴圈：

```
        // p指向 ia 中的第一個陣列
        for (auto p = begin(ia); p != end(ia); ++p) {
            // q指向一個內層陣列中的第一個元素
            for (auto q = begin(*p); q != end(*p); ++q)
                cout << *q << ' '; // 印出 q所指的 int 值
        cout << endl;
    }
```

這裡，我們讓程式庫判斷尾端的指標，並使用 auto 讓我們不用寫出從 begin 回傳的型別。在我們的外層迴圈中，這個型別會是指向由四個 int 組成的一個陣列的指標。在內層迴圈中，該型別會是指向 int 的指標。

型別別名簡化了對多維陣列的指標

型別別名（type alias，§2.5.1）能讓我們更輕易地閱讀、撰寫和理解對多維陣列的指標。舉例來說：

```
    using int_array = int[4]; // 新式的型別別名宣告參閱 §2.5.1
    typedef int int_array[4]; // 等效的 typedef 宣告（§2.5.1）
    // 印出 ia 中每個元素的值，一個內層陣列一行
    for (int_array *p = ia; p != ia + 3; ++p) {
        for (int *q = *p; q != *p + 4; ++q)
            cout << *q << ' ';
        cout << endl;
    }
```

這裡我們先定義 int_array 作為「四個 int 的陣列」這個型別的名稱。我們使用這個型別名稱在內層的 for 迴圈中定義我們的迴圈控制變數。

習題章節 3.6

練習 3.43：寫出三種不同版本的程式來印出 ia 的元素。一個版本應該使用範圍 for 來管理迭代動作，另外兩個應該使用一個普通的 for 迴圈，其中一個使用下標，另一個使用指標。在所有的三個程式中，直接寫出所有的型別。也就是說，別使用型別別名、auto，或 decltype 來簡化程式碼。

練習 3.44：改寫前面的練習，使用一個型別別名作為迴圈控制變數的型別。

練習 3.45：再次改寫程式，這次使用 auto。

本章總結

在程式庫型別中，最重要的有 vector 和 string。一個 string 是長度可變的字元序列，而一個 vector 則是單一型別的物件之容器。

迭代器允許對儲存在一個容器中的物件之間接存取。迭代器用來存取 string 和 vector 中的元素，並在其間移動。

陣列和指向陣列元素的指標提供了與 vector 和 string 程式庫類似的低階功能。一般來說，應該優先選用程式庫的類別，而非內建在語言中的低階陣列和指標。

定義的詞彙

begin string 和 vector 的成員，會回傳第一個元素的迭代器。此外，也是獨立的程式庫函式，接受一個陣列，並回傳指向該陣列第一個元素的指標。

buffer overflow（緩衝區溢位） 嚴重的程式設計臭蟲，會在我們為一個容器（例如 string、vector 或陣列）使用超出範圍的索引時產生。

C-style strings（C 式字串） 以 null 終結（null-terminated）的字元陣列。字串面值就是 C-style 字串。C-style 字串在本質上就很容易造成錯誤。

class template（類別模板） 可以從之創建出特定類別型別的一種藍圖。要使用一個類別模板，我們必須指定額外的資訊。舉例來說，要定義一個 vector，我們要指定元素型別：vector<int> 存放 int。

compiler extension（編譯器擴充功能） 由特定編譯器為此語言新增的功能。仰賴編譯器擴充功能的程式無法輕易移至其他編譯器。

container（容器） 其物件持有給定型別的物件所成群集的一種型別。vector 就是一種容器型別。

copy initialization（拷貝初始化） 使用一個 = 的一種初始化形式。新創建的物件會是給定初始器的一個拷貝。

difference_type 一種 signed 的整數型別，由 vector 和 string 所定義，可以存放任何兩個迭代器之間的距離。

direct initialization（直接初始化） 一種不包含 = 的初始化形式。

empty string 和 vector 的成員。回傳 bool，如果 size 為零就回傳 true，否則為 false。

end string 和 vector 的成員，回傳一個 off-the-end 迭代器。此外，也是獨立的程式庫函式，接受一個陣列，並回傳指向超出陣列最後一個元素一個位置的指標。

getline 定義在 string 標頭的函式，接受一個 istream 以及一個 string。這個函式讀取資料流，直到下一個 newline 為止，將它所讀到的東西儲存到 string，並回傳那個 istream。那個 newline 會被讀取但被捨棄。

index（索引） 用於下標運算子中的值，用以代表從一個 string、vector 或陣列取回的元素。

instantiation（實體化） 產生一個特定模板類別或函式的編譯器程序。

iterator（迭代器） 用來存取一個容器的元素，並在其間移動的一種型別。

iterator arithmetic（迭代器算術） 在 vector 或 string 迭代器上進行的運算：將一個整數值與一個迭代器相加或相減，會產出一個迭代器，處在原迭代器那麼多個元素前或後的位置。從另外一個迭代器減去一個迭代器會產出它們之間的距離。迭代器必須指涉同一個容器中的元素或 off-the-end 的位置。

null-terminated string（以 null 終結的字串） 最後一個字元後接著 null 字元（`'\0'`）的字串。

off-the-end iterator（off-the-end 迭代器） `end` 所回傳的迭代器，指涉一個容器最後一個元素後一個位置的不存在的元素。

pointer arithmetic（指標算術） 可以套用到指標上的算術運算。對陣列的指標支援與迭代器算術相同的運算。

ptrdiff_t 取決於機器的有號整數型別，定義於 `cstddef` 標頭中，它大到能夠存放可能存在的最大陣列中兩個指標的距離。

push_back `vector` 的成員。附加元素到一個 `vector` 的後面。

range for（範圍 for） 迭代由值組成的特定群集的控制述句。

size `string` 和 `vector` 的成員，分別回傳字元數或元素數。為型別回傳一個 `size_type` 值。

size_t 取決於機器的無號整數型別，定義於 `cstddef` 標頭中，大到足以容納可能的最大陣列的大小。

size_type `string` 和 `vector` 類別所定義的型別名稱，分別大到足以包含任何 `string` 或 `vector` 的大小。定義 `size_type` 的程式庫類別將之定義為一個 `unsigned` 型別。

string 代表一序列字元的程式庫型別。

using declarations（using 宣告） 使得來自一個命名空間（namespace）的某個名稱（name）能夠直接被取用的宣告。

　　`using namespace::name;`

使 *name* 能直接取用，無須 *namespace::* 前綴。

value initialization（值初始化） 初始化的一種形式，其中內建型別會被初始化為零，而類別型別則由該類別的預設建構器來初始化。一個類別型別的物件只能在該類別有預設建構器的時候使用 value initialization。在所指定的是一個大小而非一個元素初始器的時候用來初始化一個容器的元素。元素會被初始化為這個編譯器所產生的值之拷貝。

vector 存放一個特定型別的元素所成群集的程式庫型別。

++ operator（++ 運算子） 迭代器型別與指標將遞增運算子（increment operator）的「加一」定義為移動迭代器來指涉下一個元素。

[] operator（[] 運算子） 下標運算子。`obj[i]` 從容器物件 `obj` 產出位於位置 `i` 的元素。索引從零起算，第一個元素是元素 0，而最後一個元素則以 `obj.size() - 1` 來索引。下標回傳一個物件。如果 `p` 是一個指標，而 `n` 是一個整數，`p[n]` 就是 `*(p+n)` 的同義詞。

-> operator（-> 運算子） 箭號運算子。結合解參考運算和點號運算子：`a->b` 是 `(*a).b` 的同義詞。

<< operator（<< 運算子） `string` 程式庫型別定義了一個輸出運算子。這個 `string` 運算子將字元印在一個 `string` 中。

>> operator（>> 運算子） `string` 程式庫型別定義了一個輸入運算子。這個 `string` 運算子讀取以空白分隔的字元組塊，將所讀到的儲存到右邊的（string）運算元。

! operator（! 運算子） 邏輯 NOT 運算子。回傳其運算元的相反 `bool` 值。如果運算元是 `false` 就回傳 `true`，反之亦然。

&& operator（&& 運算子） 邏輯 AND 運算子。如果兩個運算元都是 `true`，結果就是 `true`。右邊運算元只會在左邊運算元為 `true` 時才會估算。

|| operator（|| 運算子） 邏輯 OR 運算子。如果有任一邊的運算元為 `true` 就產出 `true`。右邊運算元只會在左邊運算元為 `false` 時才會估算。

4

運算式
Expressions

C++ 提供了豐富的運算子,並定義了這些運算子套用到內建型別的運算元時會做什麼事。它也允許我們定義套用到類別型別運算元時大多數運算元子的意義。本章專注於語言所定義的運算子,以及它們套用到內建型別運算元時的情況。我們也會看看程式庫所定義的一些運算子。第 14 章會展示如何為我們自己的型別定義運算子。

一個運算式（*expression*）由一或更多個**運算元（operands）**所構成，被估算（evaluate）時會產出一個**結果（result）**。一個**運算式**最簡單的形式就是單一個字面值（literal）或變數（variable）。這種運算式的結果就是變數或字面值之值。更複雜的運算式是由一個**運算子（operator）**和一或多個運算元所組成。

4.1 基礎知識

有幾個基本觀念會影響到運算式如何被估算。我們會先簡短討論適用於大多數（若非全部）運算式的概念。後續章節會更詳細涵蓋這些主題。

4.1.1 基本概念

我們有單元運算子（*unary operators*）和二元運算子（*binary operators*）。單元運算子，例如取址（&）和解參考（*），作用於一個運算元之上。二元運算子，例如相等性（==）和乘法（*），作用於兩個運算元上。其他還有接受三個運算元的一個三元運算子（ternary operator），以及函式呼叫（function call）這個運算子，接受的運算元數沒有限制。

某些符號，例如 *，會同時被當作單元（解參考）和二元（乘法）運算子。使用這種符號的情境（context）決定了該符號代表的是單元運算子或二元運算子。這種符號的用法是獨立的，把它們想成是兩個不同的符號可能會有所幫助。

歸組運算子和運算元

要理解具有多個運算子的運算式，需要先了解運算子的優先序（*precedence*）和結合性（*associativity*），並且這可能取決於運算元的估算順序（*order of evaluation*）。舉例來說，下列運算式的結果取決於運算元如何依據運算子歸組：

```
5 + 10 * 20/2;
```

* 運算子的運算元可能是 10 與 20、10 與 20/2，或 15 與 20、15 與 20/2。了解這種運算式正是下一節的主題。

運算元轉換

作為估算一個運算式過程的一部分，運算元經常會從一個型別被轉換為另一個。舉例來說，二元運算子通常會預期具有相同型別的運算元。只要運算元能被轉換（§2.1.2）為一種共通的型別，這些運算子就能被用在不同型別的運算元上。

雖然規則有點複雜，大部分的轉換都會以意料中的方式發生。舉例來說，我們可以將一個整數轉換為浮點數，反之亦然，但我們無法將一個指標型別轉換為浮點數。可能有點令人意外的是，小的整數型別運算元（例如 bool、char、short 等）一般會被**提升（promoted）**為較大的整數型別，通常是 int。我們會在 §4.11 更詳細地討論轉換。

重載的運算子

此語言定義了運算子套用到內建型別與複合型別時的意義。我們也能為大多數的運算子定義套用到類別型別時的意義。因為這種定義會賦予現存的運算子符號替代的意義，我們稱它們為**重載的運算子（overloaded operators）**。IO 程式庫 >> 和 << 運算子，以及用於 string、vector 和迭代器的運算子都是重載運算子。

使用重載運算子的時候，運算子的意義，包括其運算元和結果的型別，都取決於運算子是如何定義的。然而，運算元的數目及運算子的優先序和結合性都是無法改變的。

Lvalues 和 Rvalues

C++ 中的每個運算式要不是一個 **rvalue**（唸成「are-value」），就是一個 **lvalue**（唸成「ell-value」）。這些名稱繼承自 C，而原本有一種較為好記的用途：lvalues 可以放在一個指定（assignment）的左邊（left-hand side），而 rvalues 不能。

在 C++ 中，其間的區別就沒那麼簡單。在 C++ 中，一個 lvalue 運算式產出一個物件或一個函式。然而，某些 lvalues，例如 const 物件，不能當作一個指定的左運算元。此外，某些運算式會產出物件，但會將它們回傳為 rvalues，而非 lvalues。粗略來說，當我們將一個物件當成一個 rvalue 來用，我們用的就是那個物件的值（其內容）。當我們將一個物件當成一個 lvalue 來用，我們用的是該物件的身份（identity，即它在記憶體中的位置）。

運算子之間的差異在於，它們需要的運算元是 lvalue 或 rvalue，以及它們所回傳的是 lvalues 或 rvalues。重點在於（除了我們會在 §13.6 中涵蓋的一個例外），我們可以在需要一個 rvalue 的時候使用一個 lvalue，但我們無法在需要一個 lvalue（即一個位置）的時候使用一個 rvalue。當我們將一個 lvalue 用在需要一個 rvalue 的地方，該物件的內容（其值）會被使用。我們已經用過了數個涉及 lvalues 的運算子。

- 指定（assignment）需要一個（非 const 的）lvalue 作為它的左運算元，並將其左運算元產出為一個 lvalue。
- 取址運算子（address-of operator，§2.3.2）需要一個 lvalue 運算元，並回傳對其運算元的一個指標作為一個 rvalue。
- 內建的解參考（dereference）和下標（subscript）運算子（§2.3.2 和 §3.5.2）以及迭代器的解參考運算子和 string 與 vector 的下標運算子（§3.4.1、§3.2.3 和 §3.3.3）全都會產出 lvalues。
- 內建的和迭代器的遞增（increment）與遞減（decrement）運算子（§1.4.1 和 §3.4.1）都需要 lvalue 運算元，而其前綴版本（我們目前為止所用的那種）也會產出 lvalues。

在我們介紹運算子的過程中，我們會指明一個運算元是否必須為一個 lvalue，以及該運算子是否會回傳一個 lvalue。

Lvalues 和 rvalues 與 decltype（§2.5.3）並用時，也會產生差異。當我們將 decltype 套用到一個運算式（而非一個變數），如果該運算式產出一個lvalue，結果就會是一個參考型別。

舉個例子，假設 p 是一個 int*。因為解參考會產出一個 lvalue，decltype(*p) 就會是 int&。另一方面，因為取址運算子會產出一個 rvalue，decltype(&p) 就是 int**，也就是一個指向對型別 int 指標的一個指標。

4.1.2 優先序與結合性

帶有兩個或更多個運算子的運算式是**複合運算式（compound expression）**。估算一個複合運算式涉及了運算元相對於運算子的歸組（grouping）動作。優先序與結合性決定了運算元如何歸組。也就是說，它們決定了運算式中每個運算子的運算元各是運算式的哪些部分。程式設計師可以用括弧將複合運算式圍住來進行特定的歸組，以覆寫這些規則。

一般來說，一個運算式的值取決於其子運算式（subexpressions）是如何歸組的。具有較高優先序的運算子之運算元會比低優先序的運算子之運算元更緊密地歸組。結合性則決定優先序相同時，運算元如何歸組。舉例來說，乘法與除法彼此有相等的優先序，但它們的優先序比比加法還要高。因此，乘法和除法的運算元會在加法與減法的運算元之前先歸組。算術運算子是左結合的（**left associative**），這表示相同優先序的運算子會從左到右進行歸組：

- 依據優先序，運算式 3+4*5 是 23，而非 35。
- 根據結合性，運算式 20-15-3 是 2，而非 8。

舉個更複雜的例子，下列運算式從左到右的估算會產出 20：

```
6 + 3 * 4 / 2 + 2
```

其他想像得到的結果包括 9、14 和 36。在 C++ 中，結果會是 14，因為這個運算式等同於

```
// 這個運算式中的括弧符合預設的優先序與結合性
((6 + ((3 * 4) / 2)) + 2
```

括弧會覆寫優先序和結合性

我們能以括弧（parentheses）覆寫正常的歸組動作。估算具有括弧的運算式時，其中每個被括起來的子運算式都會被視為一個單元（unit），除此之外則套用一般的優先序規則。舉例來說，我們可以為上述的運算式加上括弧，以迫使產生的結果是四個可能的值中任一個：

```
// 可用括弧來產生不一樣的組別
cout << (6 + 3) * (4 / 2 + 2) << endl;   // 印出 36
cout << ((6 + 3) * 4) / 2 + 2 << endl;   // 印出 20
cout << 6 + 3 * 4 / (2 + 2) << endl;     // 印出 9
```

優先序與結合性的重要性

我們已經看過優先序影響程式正確性的範例了。舉例來說，思考 §3.5.3 中有關解參考和指標算術的討論：

```
int ia[] = {0,2,4,6,8};  // 帶有五個 int 元素的陣列
int last = *(ia + 4);    // 將 last 初始化為 8，也就是 ia[4] 的值
last = *ia + 4;          // last = 4，等同於 ia[0] + 4
```

如果我們想要存取位於 ia + 4 的元素，那麼在加法周圍的括弧就是必要的。如果沒有括弧，則 *ia 會先歸組，而 4 會被加到 *ia 中的值。

結合性的重要性最常見於輸入和輸出運算式。如我們在 §4.8 中所見，用於 IO 的運算子是左結合的。這種結合性意味著我們可以結合數個 IO 運算為單一個運算式：

```
cin >> v1 >> v2;  // 讀到 v1 中，然後到 v2 中
```

表 4.12 列出了所有的運算子，並以雙線條分隔為了各個區段。位於同一個區段中的運算子有相同的優先序，而其優先序比後續區段中的運算子還要高。舉例來說，前綴遞增和解參考運算子有相同的優先序，並且比算術運算子的優先序還要高。這個表也列出了各個運算子對應的章節，可以找到它們的說明。我們已經見過了其中的某些運算子，並會在本章涵蓋其餘大部分的運算子。然而，有幾個運算子會到後面才介紹。

習題章節 4.1.2

練習 4.1： 5 + 10 * 20/2 回傳的值是什麼？

練習 4.2： 參閱表 4.12，在下列運算式中加入括弧，指出運算元歸組的順序：

(a) * vec.begin()   (b) * vec.begin() + 1

4.1.3 估算的順序

優先序指出運算元如何歸組，但並沒有說明運算元被估算（**evaluated**）的順序。在多數情況下，順序都是未定的。在下列運算式中

```
int i = f1() * f2();
```

我們知道 f1 和 f2 必須在乘法運算進行前被呼叫。畢竟，相乘的會是它們的結果。然而，我們沒辦法知道 f1 是否會先於 f2 被呼叫，或者反過來。

對於沒有指明估算順序的運算子，運算式**參考並更改**（*refer to and change*）相同的物件會是一種錯誤。這麼做的運算式有未定義的行為（§2.1.2）。舉一個簡單的範例，<< 運算子並不保證其運算元會在何時以及如何被估算。結果就是，下列的輸出運算式是未定義的：

```
int i = 0;
cout << i << " " << ++i << endl; // 未定義的
```

因為這個程式未定義，我們無法對它可能的行為下任何結論。編譯器可能會在估算 i 之前估算 ++i，若是如此，輸出將會是 1 1。或者，編譯器可能先估算 i，這時輸出就會是 0 1。**又或者，編譯器可能做出其他完全不同的事**。因為這個運算式有未定義的行為，程式就會出錯，無論編譯器產生的程式碼是什麼。

不過確實有四個運算子會保證其運算元的估算順序。我們在 §3.2.3 中見過，邏輯 AND（&&）運算子保證它左邊的運算元會先被估算。此外，我們也能確定右邊的運算元只會在左運算元為 true 時才會估算。其他會保證估算順序的運算子還有 邏輯 OR（||）運算子（§4.3）、條件（? :）運算子（§4.7），以及逗號（,）運算子（§4.10）。

 估算順序、優先序和結合性

運算元的估算順序獨立於優先序和結合性。在像 f() + g() * h() + j() 這樣的運算式中：

- 優先序保證 g() 和 h() 的結果會相乘。
- 結合性保證 f() 的結果會被加到 g() 與 h() 的乘積，而加法運算的結果會被加到 j() 的值。
- 這些函式被呼叫的順序則沒有保證。

如果 f、g、h 與 j 都是獨立的函式，不會影響到相同物件的狀態或進行 IO，那麼這些函式被呼叫的順序就無關緊要。如果其中有任何函式會影響到相同的物件，那麼這個運算式就是錯的，具有未定義的行為。

習題章節 4.1.3

練習 4.3：大多數二元運算子的估算順序都未定義，以讓編譯器有進行最佳化的機會。這種策略要在有效率的程式碼產生和程式設計師誤用此語言的潛在可能性之間取捨。你認為這是一種可以接受的取捨嗎？為何呢？或為何不是呢？

建議：管理複合運算式

如果你需要撰寫複合運算式，有兩個經驗法則可能會有幫助：

1. 若有疑慮，就使用括弧來歸組，以強制施加你程式所需的邏輯。

2. 如果你會更改一個運算元的值，那就別在同一個運算式中使用那個運算元。

第二個規則有一個重要的例外是，當變更運算元的子運算式本身就是另一個子運算式的運算元。舉例來說，在 *++iter 中，遞增運算改變了 iter 的值。（現在已經改變的）iter 的值則是解參考運算子的運算元。在這個（以及類似的）運算式中，估算的順序並不是問題。遞增（即改變運算元的子運算式）必在解參考估算之前先被估算。這種用法並不會有問題，而且相當常見。

4.2 算術運算子

表 4.1：算術運算子（左結合）		
運算子	**功能**	**用法**
+	單元的加法	+ expr
-	單元的減法	- expr
*	乘法	expr * expr
/	除法	expr / expr
%	取餘數	expr % expr
+	加法	expr + expr
-	減法	expr - expr

表 4.1（以及後續章節中的運算子表格）以優先序來將運算子分組。單元算術運算子（unary arithmetic operators）的優先序比乘法和除法運算子還要高，而後者的優先序則比二元的加法和除法運算子高。高優先序運算子歸組的緊密度比低優先序運算子還要強。這些運算子都是左結合（left associative）的，這表示它們在優先序等級相同時，會以從左到右的方式歸組。

除非特別指明，否則算術運算子可以套用到任何的算術型別（§2.1.1）或可以被轉換為算術型別的任何型別上。這些運算子的運算元和結果都是 rvalues。如 §4.11 描述過的，小型整數型別的運算元會被提升為較大的整數型別，而在這些運算子的估算過程中，所有的運算元都可能被轉換成一個共通的型別。

單元加法運算子以及加法與減法運算子也可以套用到指標上。§3.5.3 涵蓋了二元 + 與 - 用於指標運算元上的情況。套用到指標或算術值的時候，單元加法運算會回傳其運算元之值的一個（可能經過型別提升的）拷貝。

單元減法運算子回傳其運算元之值變負的後的一個（可能經過型別提升的）拷貝：

```
int i = 1024;
int k = -i; // i是 -1024
bool b = true;
bool b2 = -b; // b2是 true！
```

在§2.1.1 中我們注意到 bool 值不應該用於計算。-b 的結果就是一個很好的例子。

對多數的運算子而言，型別為 bool 的運算元都會被提升為 int。在這個例子中，b 的值是 true，它會被提升為 int 值 1（§2.1.2）。那個（提升過後的）值會變為負的，產出 -1。-1 這個值會被轉回為 bool，並用來初始化 b2。這個初始器是一個非零的值，轉為 bool 時會是 true。因此，b2 的值是 true！

注意：溢位與其他的算術例外

某些算術運算式會產出未定義的結果。這些未定義的運算式中有些出於數學的本質，例如除以零的時候。其他的則是因為電腦的本質才變成未定義的，例如溢位（overflow）。當計算出來的值超出了該型別能夠表示的值範圍，就會產生 overflow。

請思考在其上 short 是 16 位元的一部機器。在這種情況中，最大的 short 會是 32767。在這種機器上，下列的複合指定會產生溢位：

```
short short_value = 32767; // short 是 16 位元就為最大值
short_value += 1; // 這個計算 overflows
cout << "short_value: " << short_value << endl;
```

對 short_value 的指定是未定義的。表示 32768 這個有號值需要 17 位元，但能用的只有 16 位元。在許多系統上，發生 overflow 時，不會有任何的編譯期或執行期警告。就跟其他未定義行為一樣，到底會發生什麼事，是不可預知的。在我們的系統上，程式執行完畢後會寫出：

```
short_value: -32768
```

這個值「繞回來（wrapped around）」了：正負號位元（sign bit）之前是 0，現在設為 1 了，結果就是一個負值。在其他系統上，結果可能會不同，或程式行為會不同，包括完全當掉。

套用到算術型別的物件上時，算術運算子 +、-、* 與 / 有它們明確的意義：加法、減法、乘法與除法。兩個整數的除法會回傳一個整數。如果商數（quotient）含有小數部分，那麼就會往零的方向被截斷：

```
int ival1 = 21/6; // ival1是 3，結果被截斷，餘數被捨棄了
int ival2 = 21/7; // ival2是 3，沒有餘數，結果是一個整數值
```

% 運算子，被稱作「餘數（remainder）」或「模數（modulus）」運算子，計算左運算元除以右運算元所產生的餘數（remainder）。% 的運算元必須有整數型別：

```
int ival = 42;
double dval = 3.14;
ival % 12;        // ok：結果是 6
ival % dval;      // 錯誤：浮點數運算元
```

在除法中，如果運算元有相同的正負號，非零的商數就會是正的，否則為負。此語言之前的版本允許一個負的商數往上捨入（round up）或往下捨入（round down）；新的標準則要求商數要朝零的方向捨入（rounded toward zero，即截斷，truncated）。

模數運算子的定義是，如果 m 和 n 是整數，而 n 非零，那麼 (m/n)*n + m%n 就會等於 m。以此推之，如果 m%n 非零，它就跟 m 有相同的正負號。此語言之前的版本在負的 m/n 是朝遠離零的方向捨入的實作中，允許 m%n 與 n 有相同的正負號，但這種實作現在被禁止了。此外，除了在 -m 溢位的難解情況下，(-m)/n 與 m/(-n) 永遠都會等於 -(m/n)，m%(-n) 等於 m%n，而 (-m)%n 等於 -(m%n)。更具體的說：

```
21 % 6;     /* 結果是 3  */   21 / 6;     /* 結果是 3  */
21 % 7;     /* 結果是 0  */   21 / 7;     /* 結果是 3  */
-21 % -8;   /* 結果是 -5 */   -21 / -8;   /* 結果是 2  */
21 % -5;    /* 結果是 1  */   21 / -5;    /* 結果是 -4 */
```

習題章節 4.2

練習 4.4：為下列的運算式加上括弧，顯示它是如何被估算的。編譯這個運算式（不帶括弧的）並印出結果來驗證你的答案。

```
12 / 3 * 4 + 5 * 15 + 24 % 4 / 2
```

練習 4.5：判斷下列運算式的結果。

(a) -30 * 3 + 21 / 5   (b) -30 + 3 * 21 / 5
(c) 30 / 3 * 21 % 5   (d) -30 / 3 * 21 % 4

練習 4.6：寫一個運算式來判斷一個 int 值是偶數（even）或奇數（odd）。

練習 4.7：溢位（overflow）代表什麼呢？展示三個會溢位的運算式。

4.3 邏輯與關係運算子

關係運算子（relational operators）接受算術或指標型別的運算元；邏輯運算子（logical operators）接受任何能夠轉換為 bool 的型別。這些運算子都回傳型別為 bool 的值。帶有零值的算術和指標運算元是 false，而其他所有的值都是 true。這些運算子的運算元都是 rvalues，並且結果也是一個 rvalue。

表 4.2：邏輯與關係運算子			
結合性	運算子	功能	用法
右	!	邏輯 NOT	!expr
左	<	小於	expr < expr
左	<=	小於或等於	expr <= expr
左	>	大於	expr > expr
左	>=	大於或等於	expr >= expr
左	==	相等性	expr == expr
左	!=	不等性	expr != expr
左	&&	邏輯 AND	expr && expr
左	||	邏輯 OR	expr || expr

邏輯 AND 與 OR 運算子

只有在兩個運算元都估算為 true 的時候，邏輯 AND 運算子的整體結果才是 true。如果有任一個運算元估算為 true，那麼邏輯 OR（||）運算子就估算為 true。

邏輯 AND 和 OR 運算子永遠都會在估算右運算元之前先估算它們的左運算元。此外，右運算元只會在左運算元無法決定結果時被估算。這種策略被稱為**短路估算（short-circuit evaluation）**：

* 一個 && 的右邊只有在左邊為 true 時會被估算。
* 一個 || 的右邊只有在左邊為 false 時會被估算。

第 3 章中的幾個程式用到了邏輯 AND 運算子。那些程式使用左運算元來測試估算右運算元是否安全。舉例來說，那裡有一個 for 條件為：

```
index != s.size() && !isspace(s[index])
```

這會先檢查 index 尚未到達它所關聯的 string 之尾端。我們能夠保證，除非 index 在範圍中，不然右運算元不會被估算。

作為使用邏輯 OR 的一個例子，想像我們有儲存在由 string 組成的一個 vector 中的一些文字。我們想要印出那些 string，在每個空 string 或以一個句點結尾的 string 之後加上一個 newline。我們會用一個範圍 for 迴圈（§3.2.3）來處理每個元素：

```cpp
// 請注意到 s 是對 const 的一個參考；元素不會被拷貝而且無法變更
for (const auto &s : text) { // 對於 text 中的每個元素
    cout << s; // 印出目前的元素
    // 空白行和以一個句點結尾的那些會得到一個 newline
    if (s.empty() || s[s.size() - 1] == '.')
        cout << endl;
    else
        cout << " "; // 否則以一個空格分隔就好
}
```

在我們印出目前元素之後，就檢查是否需要印出一個 newline。if 中的條件會先檢查 s 是不是一個空的 string。若是，我們需要印出一個 newline，無論右運算元的值是什麼。只有在 string 不是空的之時，我們才會估算第二個運算式，它會檢查 string 是否以一個句點結尾。在這個運算式中，我們仰賴 || 的短路估算來確保我們只會在 s 不是空的時候對 s 下標。

值得注意的是，我們將 s 宣告為對 const 的一個參考（§2.5.2）。 text 中的元素是 string，而且可能很大。藉由製作一個參考，我們可以避免拷貝那些元素。因為我們不需要寫入那些元素，我們就讓 s 成為對 const 的一個參考。

邏輯的 NOT 運算子

邏輯 NOT 運算子（!）回傳其運算元真假值（truth value）的相反。我們第一次使用這個運算子是在 §3.2.2。作為另一個範例，假設 vec 是由 int 組成的一個 vector ，我們可能會用邏輯 NOT 運算子來看看 vec 是否有元素，方法是將 empty 回傳的值反轉：

```
// 如果有就印出 vec 中的第一個元素
if (!vec.empty())
    cout << vec[0];
```

子運算式

```
!vec.empty()
```

會在對 empty 的呼叫回傳 false 的時候估算為 true。

關係運算子

關係運算子（relational operators，<、<=、>、<=）有它們一般的意義，並且回傳 bool 值。這些運算子是左結合的。

因為關係運算子回傳 bool，將這些運算子鏈串在一起的結果很可能出人意料：

```
// 糟糕！這個條件將 k 與 i < j 的 bool 結果做比較
if (i < j < k) // 如果 k 大於 1 就為 true！
```

這個條件讓 i 與 j 歸組到第一個 < 運算子。那個運算式的 bool 結果是第二個小於運算子的左運算元。也就是說，k 會與第一個比較結果的 true/false 做比較！要達成我們意圖中的測試，我們可以像這樣改寫那個運算式：

```
// ok：如果 i 小於 j 而且 j 小於 k，則條件就為 true
if (i < j && j < k) { /* . . . */ }
```

相等性測試和 bool 字面值

如果我們想要測試一個算術或指標物件的真假值，最直接的方式就是使用那個值作為一個條件：

```
if (val)  { /* . . . */ }   // 如果 val 是任何非零值就為 true
if (!val) { /* . . . */ }   // 如果 val 是零就為 true
```

在這兩個條件中，編譯器會將 val 轉換為 bool。只要 val 是非零值，第一個條件就成功通過；如果 val 是零，第二個條件就成功。

我們可能會想我們能把這種的測試寫為

```
if (val == true) { /* . . . */ }  // 只有 val 等於 1 的時候為 true！
```

這種做法有兩個問題。首先，這比前面的程式碼更長而且較不直接（當然，初學 C++ 時，這種簡略的寫法可能令人困惑）。更重要的是，當 val 不是一個 bool，這個比較並不會如預期中運作。

如果 val 不是一個 bool，那麼在套用 == 之前，true 會被轉為 val 的型別。也就是說，當 val 不是一個 bool，這就好像我們寫的是

```
if (val == 1) { /* . . . */ }
```

如我們所見，當一個 bool 被轉換為另一種算術型別，false 會被轉為 0，而 true 則轉為 1（§2.1.2）。如果我們真的想確定 val 是否為特定的值 1，我們應該寫條件直接測試這一點。

使用 boolean 字面值 true 和 false 作為比較中的運算元通常不是個好主意。這些字面值應該只被用來比較型別為 bool 的物件。

習題章節 4.3

練習 4.8：說明邏輯 AND、邏輯 OR 與相等性運算子中的運算元何時被估算。

練習 4.9：解釋下列 if 中條件的行為：

```
const char *cp = "Hello World";
if (cp && *cp)
```

練習 4.10：為一個 while 迴圈寫出會從標準輸入讀取 int 並在讀到的值等於 42 時停止的條件。

練習 4.11：寫一個運算式測試四個值 a、b、c 與 d，確保 a 大於 b，而 b 大於 c，c 大於 d。

練習 4.12：假設 i、j 與 k 全都是 int，請解釋 i != j < k 的意義。

4.4 指定運算子

一個指定運算子（assignment operator）的左運算元必須是一個可修改的 lvalue。舉例來說，給定

```
int i = 0, j = 0, k = 0;     // 初始化，而非指定
const int ci = i;            // 初始化，而非指定
```

這些指定每個都是非法的：

```
1024 = k;       // 錯誤：字面值為 rvalues
i + j = k;      // 錯誤：算術運算式是 rvalues
ci = k;         // 錯誤：ci 是一個 const（無法修改的）lvalue
```

一個指定的結果是其左運算元，它是一個 lvalue。結果的型別就是左運算元的型別。如果左右邊運算元的型別不同，右運算元會被轉換為左邊的型別：

```
k = 0;          // 結果：型別 int，值為 0
k = 3.14159;    // 結果：型別 int，值為 3
```

在新標準之下，我們可以在右邊使用大括號圍起的一個初始器串列（§2.2.1）：

```
k = {3.14};                        // 錯誤：變窄的轉換
vector<int> vi;                    // 最初是空的
vi = {0,1,2,3,4,5,6,7,8,9};        // vi 現在有十個元素，從 0 到 9 的值
```

C++
11

如果左運算元是內建型別，初始器串列最多可以含有一個值，而那個值必不能要求變窄的轉換（narrowing conversion，§2.2.1）。

對於類別型別，會發生什麼事取決於類別的細節。就 vector 而言，vector 模板定義了自己的指定運算子版本，能夠接受一個初始器串列。這個運算子將左邊的元素取代為右邊串列中的元素。

不管左邊運算元的型別為何，初始器串列都可以是空的。在這種情況下，編譯器會產生一個 value-initialized（(§3.3.1)）的 temporary 並將那個值指定給左運算元。

指定是右結合的

不同於其他的二元運算子，指定是右結合的（right associative）：

```
int ival, jval;
ival = jval = 0; // ok：每個都被指定 0
```

因為指定是右結合的，最右邊的指定 jval = 0 會是最左邊的指定運算子的右運算元。因為指定會回傳它的左運算元，最右邊指定的結果（即 jval）會被指定給 ival。

在一個多重指定中的每個物件都必須有跟其右邊鄰居相同的型別，或是可以轉為那個鄰居型別的一種型別（§4.11）：

```
int ival, *pval;    // ival 是一個 int；pval 是對 int 的一個指標
ival = pval = 0;    // 錯誤：不能將一個指標的值指定給一個 int
string s1, s2;
s1 = s2 = "OK";     // 字串字面值 "OK" 會被轉為 string
```

第一個指定之所以是非法的，是因為 ival 和 pval 有不同的型別，而且從 pval 的型別（int*）到 ival 的型別（int）沒有轉換方式。雖然零是可以被指定給其中任一個物件的值，這還是非法的。

另一方面，第二個指定就沒有問題。字串字面值會被轉換為 string，而那個 string 會被指定給 s2。那個指定的結果是 s2，它有跟 s1 相同的型別。

指定有很低的優先序

指定經常出現在條件中。因為指定有相對低的優先序，我們通常必須為指定加上括弧，才能正確運作。要看看為什麼一個條件中的指定是有用處的，請思考下列迴圈。我們想要呼叫一個函式直到它回傳我們想要的值為止，例如 42：

```
// 這是撰寫這個迴圈的一種囉唆而且因此更容易出錯的方式
int i = get_value(); // 取得第一個值
while (i != 42) {
    // 做些事情 . . .
    i = get_value(); // 取得剩下的值
}
```

這裡我們一開始先呼叫 get_value，後面接著一個迴圈，其條件使用從那個呼叫回傳的值。這個迴圈中最後一個述句會對 get_value 發出另一個呼叫，而迴圈就這樣重複。我們可以用更直接的方式撰寫這段程式碼：

```
int i;
// 撰寫我們迴圈較好的方式，條件做些什麼事現在更清楚了
while ((i = get_value()) != 42) {
    // do something . . .
}
```

條件現在更清楚地表現出我們的意圖：我們想要重複到 get_value 回傳 42 為止。這個條件執行的方式是將 get_value 回傳的結果指定給 i，然後將那個指定的結果與 42 做比較。

沒有括弧的話，!= 的運算元會是從 get_value 回傳的值和 42。那個測試的 true 或 false 結果會被指定給 i，這顯然不是我們要的！

因為指定有比關係運算子低的優先序，在條件中，指定周圍的括弧通常都是必要的。

小心別把相等性和指定運算子搞混了

我們可以在一個條件中使用指定這個事實可能會有令人意外的效應：

```
if (i = j)
```

這個 if 中的條件將 j 的值指定給了 i，然後測試那個指定的結果。如果 j 是非零的，條件就會是 true。我們幾乎可以確定，這段程式碼作者的原意是測試 i 與 j 是否有相同的值：

```
if (i == j)
```

這種臭蟲是惡名昭彰的難找。某些編譯器會好心警告我們這種使用方式，但不是全部的編譯器都會。

複合指定運算子

我們經常會將一個運算子套用到一個物件上，然後將結果指定給相同的物件。作為一個例子，請思考來自 §1.4.2 的加總程式：

```
int sum = 0;
// 將從 1 到 10 的值加總起來，包括端點
for (int val = 1; val <= 10; ++val)
    sum += val; // 等同於 sum = sum + val
```

這種運算不僅常見於加法，其他的算術運算子和位元運算子（會在 §4.8 中涵蓋）也很常見。這些運算子都有它們的複合指定版本：

```
+=   -=  *=  /=  %=     // 算術運算子
<<=  >>= &=  ^=  |=     // 位元運算子，參閱 §4.8
```

每個複合運算子基本上都等同於

```
a = a op b;
```

唯一的差異是，當我們使用複合指定時，左手邊的運算元只會被估算一次。如果我們使用一般的指定，那個運算元就會被估算兩次：一次在運算式的右邊，另一次則是作為左手邊的運算元。在許多，或許是絕大多數的情境中，這個差別並不重要，除了可能的效能影響以外。

習題章節 4.4

練習 4.13：每個指定後的 i 和 d 值各是什麼？

```
int i;   double d;
(a) d = i = 3.5; (b) i = d = 3.5;
```

練習 4.14：解釋這些 if 測試中發生了什麼事：

```
if (42 = i) // ...
if (i = 42) // ...
```

練習 4.15：下列的指定是非法的。為什麼呢？你要如何更正它們呢？

```
double dval; int ival; int *pi;
dval = ival = pi = 0;
```

練習 4.16：雖然下列的程式碼是合法的，它們的行為或許不如程式設計師所預期的。為什麼呢？請以你認為正確的方式改寫這些運算式。

```
(a) if (p = getPtr() != 0)        (b) if (i = 1024)
```

4.5 遞增與遞減運算子

遞增（++）與遞減（--）運算子為對一個物件加 1 或減 1 的動作提供了一種便利的縮寫方式。與迭代器並用時，這些記號的好處就不僅限於方便了，因為許多迭代器並不支援算術運算。

這些運算子有兩種形式：前綴（**prefix**）與後綴（**postfix**）。目前為止，我們只用過前綴形式。這種形式會遞增（或遞減）其運算元，然後產出變更過後的物件作為結果。後綴運算子則是遞增（或遞減）其運算元，但產出的結果是原本尚未變更的值的一個拷貝：

```
int i = 0, j;
j = ++i; // j = 1, i = 1：prefix 產出遞增過後的值
j = i++; // j = 1, i = 2：postfix 產出未遞增的值
```

這些運算子都要求 lvalue 的運算元。前綴運算子回傳物件本身作為一個 lvalue。後綴運算子回傳該物件原本的值的一個拷貝作為一個 rvalue。

建議：只在必要時使用後綴運算子

有 C 背景的讀者可能會對我們在目前所寫的程式中使用前綴遞增感到驚訝。原因很簡單：前綴版本避免了不必要的工作。它將值遞增，然後回傳遞增過後的版本。後綴運算子必須儲存原本的值，才能夠回傳那個未遞增的值作為其結果。如果我們不需要未遞增的值，就不需要後綴運算子所做的額外工作。

對於 int 和指標，編譯器最佳化時，可以去除這種多餘的工夫。對於更為複雜的迭代器型別，這種額外工夫可能更費成本。藉由習慣性使用前綴版本，我們就不用擔心其間的效能差異是否重要。此外，或許更為重要的是，我們能夠更直接地表達我們程式的意圖。

 ## 在單一個運算式中結合解參考和遞增

++ 和 -- 的後綴版本用在我們想要使用一個變數目前的值並在單一個複合運算式中遞增它的時候。

舉個例子，我們可以使用後綴遞增來撰寫一個迴圈，印出一個 vector 中第一個負值之前的值（不包括那個負值）：

```
auto pbeg = v.begin();
// 印出第一個負值之前的元素
while (pbeg != v.end() && *beg >= 0)
    cout << *pbeg++ << endl; // 印出目前的值，並推進 pbeg
```

運算式 *pbeg++ 對於 C++ 和 C 程式設計新手而言，通常令人困惑。然而，因為這種使用模式很常見，C++ 程式設計師還是必須理解這種運算式。

後綴遞增的優先序比解參考運算子的優先序還要高，所以 *pbeg++ 等同於 *(pbeg++)。子運算式 pbeg++ 遞增 pbeg 並產出 pbeg 之前的值的一個拷貝作為結果。因此，* 的運算元是 pbeg 未遞增的值。所以這個述句會印出 pbeg 原本所指的那個元素，然後遞增 pbeg。

這種用法仰賴「後綴遞增會回傳其原本的、未遞增的運算元的一個拷貝」這個事實。如果它回傳的是遞增後的值,我們就會對那個遞增過的值解參考,導致災難性的結果。我們會跳過第一個元素。更糟的是,如果該序列沒有負值,我們就會多解參考一個元素。

建議:簡潔可以是美德

像 *pbeg++ 這樣的運算式一開始可能讓人感到困惑。然而,這是一種實用且廣泛被使用的慣用語。一旦熟悉這種記號,撰寫

```
cout << *iter++ << endl;
```

就會比下面這種囉唆的寫法更輕鬆且不容易出錯

```
cout << *iter << endl;
++iter;
```

花些時間研讀這種程式碼的範例,直到它們的意義顯而意見,絕對是值得的。大多數的 C++ 程式都使用簡潔的運算式,而非較囉唆的等效形式。所以,C++ 程式設計師必須熟悉這種用法。此外,只要習慣這些運算式,你會發現它們較不容易出錯。

記得運算元可能會以任何順序被估算

大多數的運算子都不保證其運算元會以何種順序被估算(§4.1.3)。缺乏保證的順序通常不怎麼重要。只有當一個子運算式會改變用於另一個子運算式中的某個運算元之值,這才會有關係。因為遞增和遞減運算子會變更其運算元,在複合運算式中誤用這些運算子是很常有的事情。

為了描述這種問題,我們會改寫 §3.4.1 中那個會將輸入中第一個字詞的首字母大寫的程式。那個範例用到一個 for 迴圈:

```
for (auto it = s.begin(); it != s.end() && !isspace(*it); ++it)
    *it = toupper(*it); // 將目前的字元大寫
```

這能讓我們分隔解參考 beg 的述句和遞增它的述句。以一個看似等效的 while 取代這個 for

```
// 下列迴圈的行為是未定義的!
while (beg != s.end() && !isspace(*beg))
    *beg = toupper(*beg++); // 錯誤:這個指定未定義
```

會產生未定義的行為。問題在於,在這個修改過的版本中,= 左右的運算元都用到 beg 而且右運算元會變更 beg。因此那個指定變成未定義的。編譯器可能會以下列任一種方式估算此運算式

```
*beg = toupper(*beg);       // 如果左手邊先估算
*(beg + 1) = toupper(*beg); // 如果右手邊先估算
```

也可能以其他方式估算。

練習 4.17：解釋前綴與後綴遞增之間的差異。

練習 4.18：如果前面印出一個 vector 的元素的 while 迴圈使用前綴遞增運算子，會發生什麼事？

練習 4.19：如果 ptr 指向一個 int，而 vec 是一個 vector<int>，而 ival 是一個 int，請解釋下列各個運算式的行為。如果有的話，哪一個很可能是不正確的呢？為什麼？要如何更正呢？

    (a) `ptr != 0 && *ptr++`   (b) `ival++ && ival`
    (c) `vec[ival++] <= vec[ival]`

4.6 成員存取運算子

點號（§1.5.2）與箭號（§3.4.1）運算子用於成員存取（member access）。點號運算子從類別型別（class type）的一個物件擷取一個成員；箭號則是被定義為讓 *ptr->mem* 成為 *(*ptr). mem* 的同義詞：

```
string s1 = "a string", *p = &s1;
auto n = s1.size(); // 執行 string s1 的 size 成員
n = (*p).size();    // 在 p 所指的物件上執行 size
n = p->size();      // 等同於 (*p).size()
```

因為解參考的優先序低於點號，我們必須將那個解參考的子運算式用括弧圍起。如果我們省略括弧，這段程式碼的意義就會變得相當不同：

```
// 執行 p 的 size 成員，然後對其結果進行解參考！
*p.size(); // 錯誤：p 是一個指標，沒有名為 size 的成員
```

這個運算式試著擷取物件 p 的 size 成員。然而，p 是一個指標，並沒有成員，所以這段程式碼將無法編譯。

箭號運算子需要一個指標運算元，並且產出一個 lvalue。如果從之擷取成員的物件是一個 lvalue，那麼點號產出的就是一個 lvalue；否則結果會是一個 rvalue。

練習 4.20：假設 iter 是一個 vector<string>::iterator，指出下列哪些運算式是合法的（如果有的話）。解釋合法運算式的行為，以及那些不合法的錯在哪裡。

    (a) `*iter++;`   (b) `(*iter)++;`   (c) `*iter.empty()`
    (d) `iter->empty();`   (e) `++*iter;`   (f) `iter++->empty();`

4.7 條件運算子

條件運算子（**?: 運算子**）讓我們在一個運算式中內嵌簡單的 **if-else** 邏輯。條件運算子具有下列形式：

    cond ？ *expr1* ： *expr2*；

其中 *cond* 是用來作為條件的運算式，而 *expr1* 和 *expr2* 是相同型別的運算式（或可以轉換為共通型別的）。這個運算子執行的方式是估算 *cond*，如果條件為 true，那麼 *expr1* 就會被估算；否則 *expr2* 會被估算。舉個例子，我們可以使用一個條件運算子來判斷成績通過與否：

```
string finalgrade = (grade < 60) ? "fail" : "pass";
```

這裡的條件會檢查 grade 是否小於 60。如果是，運算式的結果就是 "fail"；否則結果是 "pass"。就像邏輯 AND 和邏輯 OR（&& 與 ||）運算子，條件運算子保證 *expr1* 和 *expr2* 之中只有一個會被估算，

如果兩個運算式都是 lvalue 或者它們能轉換為共通的 lvalue 型別，條件運算子的結果就是一個 lvalue。否則結果會是一個 rvalue。

巢狀的條件運算

我們可以將一個條件運算子內嵌在另一個之內。也就是說，條件運算子可被用作另一個條件運算子的 *cond* 或那兩個 *exprs*。舉個例子，我們會使用一對巢狀的條件式來進行三向測試，指出一個成績是高分通過、正常通過，或沒通過：

```
finalgrade = (grade > 90) ? "high pass"
                          : (grade < 60) ? "fail" : "pass";
```

第一個條件檢查成績是否高於 90。若是，在 ? 之後的運算式就會被估算，產出 "high pass"。如果條件失敗，那個 : 分支就會執行，而它本身就是另一個條件運算式。這個條件式會查看 grade 是否小於 60，如果是，? 分支會被估算，並產出 "fail"；如果不是，: 分支會回傳 "pass"。

條件運算子是右結合的，代表（如同以往）運算元是從右到左歸組的。這個結合性讓右手邊的條件式，即比較 grade 和 60 的那一個，構成了左手邊條件運算式的 : 分支。

WARNING　巢狀的條件式很快就會變得難讀。不要內嵌超過二或三層，會是個好主意。

在一個輸出運算式中使用條件運算子

條件運算子的優先序相當低。當我們在一個較大型的運算式中內嵌一個條件運算式，我們通常必須為這個條件子運算式加上括弧。舉例來說，我們經常使用條件運算子來印出一個值或

另一個值,取決於條件的結果進行。輸出運算式中未完整加上括弧的條件運算子可能會有出乎意料的結果:

```
cout << ((grade < 60) ? "fail" : "pass");    // 印出 pass 或 fail
cout << (grade < 60) ? "fail" : "pass";      // 印出 1 或 0!
cout << grade < 60 ? "fail" : "pass";  // 錯誤:將 cout 與 60 做比較
```

第二個運算式在 grade 和 60 之間使用比較作為 << 運算子的運算元。這會印出值 1 或 0,取決於 grade < 60 是 true 或 false。<< 運算子回傳 cout,它會被條件運算子當成條件來測試。也就是說,這第二個運算式等同於

```
cout << (grade < 60);        // 印出 1 或 0
cout ?  "fail" : "pass";         // 測試 cout 然後產出兩個字面值之一
                                 // 取決於 cout 是 true 或 false
```

最後一個運算式是錯的,因為它等同於

```
cout << grade; // 小於的優先序比移位(shift)低,所以先印出 grade
cout < 60 ? "fail" : "pass"; // 然後把 cout 與 60 做比較!
```

習題章節 4.7

練習 4.21:寫一個程式來使用條件運算子,找出 vector<int> 中有奇數值的元素,並將每個這種值都變成兩倍。

練習 4.22:擴充會指定高分通過、通過或沒通過的程式,讓它也會為介於 60 和 75 之間(包括兩端)的成績指定低分通過(low pass)。撰寫兩個版本:一個只使用條件運算子,另一個應該使用一或更多個 if 述句。你認為哪個版本比較容易理解?為什麼呢?

練習 4.23:下列運算式出於運算子優先序的關係無法編譯。使用表 4.12,解釋為何出錯。你會如何進行修正?

```
string s = "word";
string pl = s + s[s.size() - 1] == 's' ? "" : "s" ;
```

練習 4.24:我們區分高分通過、通過和沒通過的程式仰賴條件運算子是右結合的這個事實。描述如果該運算子是左結合的,會如何進行估算。

4.8 位元運算子

位元運算子接受整數型別的運算元,將之用作位元的群集(collection of bits)。這些運算子讓我們測試或設定個別位元。如我們會在 §17.2 見到的,我們也可以在名為 bitset 的程式庫型別上使用這些運算子,bitset 表示大小有彈性的位元群集。

如同以往,如果運算元是一個「小整數(small integer)」,其值會先被提升(§4.11.1)為一個較大的整數型別。運算元是有號或無號都可以。

表 4.3：位元運算子（左結合）		
運算子	功能	用法
~	位元 NOT	~expr
<<	左移位	expr1 << expr2
>>	右移位	expr1 >> expr2
&	位元 AND	expr1 & expr2
^	位元 XOR	expr1 ^ expr2
|	位元 OR	expr1 | expr2

如果運算元是有號的，而其值是負的，那麼那個「正負號位元（sign bit）」在數個位元運算中如何被處理，取決於所在的機器。此外，進行會改變正負號位元的值的左移運算是未定義的行為。

因為正負號位元的處理方式沒有一定的保證，我們強烈建議只將位元運算子用於 unsigned 型別。

位元移位運算子

我們已經用過重載版本的 >> 和 <<，它們是由 IO 程式庫所定義，用來進行輸入與輸出。這些運算子內建的意義是在它們的運算元上進行位元的移位（shift）運算。它們產出的值是左運算元（可能經過型別提升）之位元根據右運算元指示移位過後的值的一個拷貝。右運算元必不能是負的，而且必須是嚴格小於結果中位元數的一個值。否則，運算就會是未定義的。位元會向左（<<）或向右（>>）移位。移位之後超出尾端的位元會被捨棄：

這些示意圖中，較低的位元在右邊

這些範例假設 char 有 8 個位元，而 int 有 32 個

// 0233 是一個八進位字面值（§2.1.3）

unsigned char bits = 0233;   `1 0 0 1 1 0 1 1`

bits << 8 // bits 被提升為 int 然後往左移位 8 個位元

`0 0 0 0 0 0 0 0` `0 0 0 0 0 0 0 0` `1 0 0 1 1 0 1 1` `0 0 0 0 0 0 0 0`

bits << 31 // 左移 31 個位元，最左邊的位元會被捨棄

`1 0 0 0 0 0 0 0` `0 0 0 0 0 0 0 0` `0 0 0 0 0 0 0 0` `0 0 0 0 0 0 0 0`

bits >> 3 // 右移 3 個位元， 最右邊 3 個位元會被捨棄

`0 0 0 0 0 0 0 0` `0 0 0 0 0 0 0 0` `0 0 0 0 0 0 0 0` `0 0 0 1 0 0 1 1`

左移運算子（<< 運算子）會在右邊插入 0 值的位元。右移運算子（>> 運算子）的行為則取決於左運算元的型別：如果該運算元是 unsigned 的，那麼運算子就會在左邊插入 0 值的位元；如果是有號型別，結果則是由實作定義，可能是拷貝正負號位元，或在左邊插入 0 值位元。

位元 NOT 運算子

位元 NOT 運算子（**~ 運算子**）所產生的值是其運算元反轉（inverted）後的結果。每個 1 位元都被設為 0；每個 0 位元都被設為 1：

$$\text{unsigned char bits = 0227;} \quad \boxed{1\ 0\ 0\ 1\ 0\ 1\ 1\ 1}$$

~bits
$$\boxed{1\ 1\ 1\ 1\ 1\ 1\ 1\ 1}\ \boxed{1\ 1\ 1\ 1\ 1\ 1\ 1\ 1}\ \boxed{1\ 1\ 1\ 1\ 1\ 1\ 1\ 1}\ \boxed{0\ 1\ 1\ 0\ 1\ 0\ 0\ 0}$$

在此，我們的 char 運算元會先被提升為 int。將一個 char 提升為 int 不會讓值有所改變，只是在較高位元位置加上 0 位元。因此，將 bits 提升為 int 會新增 24 個高位位元，而且全部都是 0 值的。經過提升後的值中的位元接著被反轉。

位元 AND、OR 與 XOR 運算子

AND（&）、OR（|）與 XOR（^）會以其兩個運算元所構成的位元模式（bit pattern）來產生新的值：

$$\text{unsigned char b1 = 0145;} \quad \boxed{0\ 1\ 1\ 0\ 0\ 1\ 0\ 1}$$
$$\text{unsigned char b2 = 0257;} \quad \boxed{1\ 0\ 1\ 0\ 1\ 1\ 1\ 1}$$
$$\text{b1 \& b2} \quad \boxed{24 \text{ 個高階位元全都是 } 0}\boxed{0\ 0\ 1\ 0\ 0\ 1\ 0\ 1}$$
$$\text{b1 | b2} \quad \boxed{24 \text{ 個高階位元全都是 } 0}\boxed{1\ 1\ 1\ 0\ 1\ 1\ 1\ 1}$$
$$\text{b1 \^{} b2} \quad \boxed{24 \text{ 個高階位元全都是 } 0}\boxed{1\ 1\ 0\ 0\ 1\ 0\ 1\ 0}$$

對於位元 AND 運算子（**& 運算子**）結果中的每個位元位置，如果兩個運算元都含有 1，則該位元為 1；否則，結果為 0。對於 OR（inclusive or，兼或）運算子（**| 運算子**），如果運算元中任一個有 1 或兩個都有，那位元結果就為 1；否則為 0。對於 XOR（exclusive or，互斥的或）運算子（**^ 運算子**），如果有任一個運算元有 1，但不是兩個都有，那結果位元就為 1；否則結果為 0。

> 把位元運算子和邏輯運算子（§4.3）搞混了，是一種常見的錯誤。例如把位元 & 誤以為邏輯 &&、把位元 | 誤以為邏輯 ||，或將位元 ~ 跟邏輯 ! 搞混）。

使用位元運算子

作為使用位元運算子的一個例子，讓我們假設一位老師的一個班級中有 30 名學生。每週班上會舉行判定通過與否的小考（pass/fail quiz）。我們追蹤記錄結果的方式是，每次小考都為每名學生使用一個位元來代表該次小考成績及格（pass）或被當（fail）。我們可以用一個 unsigned 整數值來表示每次小考：

```
unsigned long quiz1 = 0; // 我們會把這個值當作位元的一個群集使用
```

我們將 quiz1 定義為一個 unsigned long。因此，quiz1 在任何機器上至少都會有 32 位元。
我們明確地初始化 quiz1 來確保那些位元一開始就有定義良好的值。

教師必須能夠設定和測試個別位元。舉例來說，我們希望能夠設定對應 27 號學生的位元，來
指出那個學生通過了該次小考。要表示 27 號學生通過了小考，我們可以創建一個值，其中只
有位元 27 是打開的。如果之後我們用 quiz1 來 bitwise OR（逐位元的 OR 運算）那個值，
除了位元 27 之外的所有位元都保持不變。

就這個範例的用途而言，我們會計數 quiz1 的位元，方法是將 0 指定給最低的位元，1 給下
一個，依此類推。

我們可以使用左移運算子和一個 unsigned long 整數字面值 1（§2.1.3）來取得代表那個 27
號學生的一個值：

```
1UL << 27 // 產生只有位元 27 有設定的一個值
```

1UL 在最低位階有一個 1 和（至少）31 個零位元。我們指定 unsigned long 是因為 int 只
保證會有 16 個位元，而我們需要至少 27 個。這個運算式會將那個 1 位元往左移 27 個位置，
並在其後插入 0 位元。

接著我們將這個值與 quiz1 做 OR。因為我們想要更新 quiz1 的值，我們會用一個複合指定
（§4.4）：

```
quiz1 |= 1UL << 27; // 代表 27 號學生通過了
```

|= 的運作方式與 += 類似。這等同於

```
quiz1 = quiz1 | 1UL << 27; // 等同於 quiz1 |= 1UL << 27;
```

假設教師重新查驗了小考結果，發現 27 號學生實際上沒有通過測試，那麼教師現在就必須
將位元 27 關掉。這次我們需要位元 27 關掉而所有其他位元都打開的一個整數。我們會用
quiz1 和這個值做 bitwise AND 來關掉那個位元：

```
quiz1 &= ~(1UL << 27); // 27 號學生被當了
```

我們藉由反轉前面的值來獲得除了位元 27 以外其他位元都開啟的一個值。前面那個值除了位
元 27 外全都是 0 位元，只有位元 27 是 1。將 bitwise NOT 套用到那個值會關閉位元 27，並
開啟其他的所有位元。當我們將這個值與 quiz1 做 bitwise AND 運算，除了位元 27 外所有
的值都會保持不變。

最後，我們可能想要知道位置 27 的學生情況如何？

```
bool status = quiz1 & (1UL << 27); // 27 號學生的成績如何呢？
```

這裡我們將一個只有位元 27 開啟的值與 quiz1 做 AND 運算。如果 quiz1 的位元 27 也是開
啟的，那結果就是非零（即 true）；否則會估算為零。

移位運算子（即 IO 運算子）是左結合的

雖然許多程式設計師從未直接使用位元運算子，大多數程式設計師都用過這些運算子的重載版本（overloaded versions）來進行 IO。一個重載運算子與該運算子的內建版本有相同的優先序和結合性。因此，即使從未以內建的意義使用它們，程式設計師還是需要了解移位運算子的優先序和結合性。

因為移位運算子是左結合的，所以運算式

```
cout << "hi" << " there" << endl;
```

會像這樣執行

```
( (cout << "hi") << " there" ) << endl;
```

在這個述句中，運算元 "hi" 會與第一個 << 符號歸成一組。其結果則會與第二個歸成一組，然後結果再與第三個歸成一組。

移位運算子有中階的優先序：比算術運算子低，但比關係、指定和條件運算子還要高。這些相對的優先序意味著我們通常得為較低優先序的運算子使用括弧以迫使正確的歸組。

```
cout << 42 + 10;      // ok：+ 有較高的優先序，所以被印出的是 sum
cout << (10 < 42);    // ok：括弧迫使產生我們想要的歸組，印出 1
cout << 10 < 42;      // 錯誤：試著將 cout 與 42 做比較！
```

最後一個 cout 會被解讀為

```
(cout << 10) < 42;
```

這表示「將 10 寫到 cout 上，然後將該運算的結果（即 cout）與 42 做比較」。

習題章節 4.8

練習 4.25：在 int 為 32 位元，char 為 8 位元的機器上使用 Latin-1 字元集，其中 'q' 的位元模式是 01110001，請問 ~'q' << 6 的值是什麼？

練習 4.26：在本節中我們的成績範例中，如果我們使用 unsigned int 作為 quiz1 的型別，會發生什麼事？

練習 4.27：下列各個運算式的結果為何？

```
unsigned long ul1 = 3, ul2 = 7;
(a) ul1 & ul2              (b) ul1 | ul2
(c) ul1 && ul2             (d) ul1 || ul2
```

4.9 `sizeof` 運算子

sizeof 運算子回傳一個運算式或一個型別名稱的大小，以位元組（bytes）為單位。此運算子是右結合的。sizeof 的結果是一個常數運算式（§2.4.4），型別為 size_t（§3.5.2）。這個運算子有兩種形式：

```
sizeof (type)
sizeof expr
```

在第二種形式中，sizeof 回傳給定的運算式所回傳的型別之大小。sizeof 運算子不尋常之
處在於，它不會估算其運算元：

```
Sales_data data, *p;
sizeof(Sales_data); // 存放型別為 Sales_data 的一個物件所需的大小
sizeof data;        // 資料的型別之大小，即 sizeof(Sales_data)
sizeof p;           // 一個指標的大小
sizeof *p;          // p 所指的型別之大小，即 sizeof(Sales_data)
sizeof data.revenue; // Sales_data 的 revenue 成員的型別之大小
sizeof Sales_data::revenue; // 取得 revenue 的大小的替代方式
```

這些範例中最有趣的是 sizeof *p。首先，因為 sizeof 是右結合的，並跟 * 有相同的優先
序，這個運算式的歸組方式是從右到左。也就是說，它等同於 sizeof (*p)。其次，因為
sizeof 不會估算其運算元，p 是無效（即未初始化）的指標（§2.3.2）這件事並不重要。將
一個無效的指標解參考為 sizeof 的運算元之所以是安全的，是因為指標實際上並不會被使
用。sizeof 不需要對指標進行解參考才能知道它會回傳的型別。

在新標準之下，我們可以使用範疇運算子（**scope operator**）來請求一個類別型別之成員的大 C++
11
小。一般來說，我們只能透過該型別的一個物件來存取那個類別的成員。我們不需要提供一
個物件，因為 sizeof 並不需要擷取成員就能知道其大小。

套用 sizeof 的結果部分取決於所涉及的型別：

- sizeof char 或型別為 char 的一個運算式之結果保證會是 1。
- 對一個參考型別的 sizeof 會回傳被參考的型別的一個物件之大小。
- 對一個指標的 sizeof 回傳存放一個指標所需的大小。
- sizeof 一個經過解參考的指標會回傳該指標所指的型別的物件之大小，該指標不需要
  是有效的。
- sizeof 一個陣列會回傳整個陣列的大小。這等同於取元素型別的 sizeof 然後乘以陣列
  中的元素數。請注意，sizeof 並不會將該陣列轉換為一個指標。
- sizeof 一個 string 或 vector 只會回傳這些型別固定部分的大小，不會回傳物件元素
  所佔用的大小。

因為 sizeof 回傳整個陣列的大小，我們可以將此陣列大小除以元素的大小，來判斷一個陣列
中有幾個元素。

```
// sizeof(ia)/sizeof(*ia) 回傳 ia 中的元素數
constexpr size_t sz = sizeof(ia)/sizeof(*ia);
int arr2[sz]; // ok：sizeof 回傳一個常數運算式（§2.4.4）
```

因為 sizeof 回傳一個常數運算式，我們可以使用一個 sizeof 運算式的結果來指定一個陣列
的尺寸。

4.10 逗號運算子

逗號運算子（**comma operator**）接受兩個運算元，它會從左至右進行估算。就跟邏輯 AND 和邏輯 OR 和條件運算子一樣，逗號運算子保證其運算元被估算的順序。

習題章節 4.9

練習 4.28：寫一個程式來印出每個內建型別之大小。

練習 4.29：預測下列程式碼並解釋你的推理。現在執行程式。輸出如你預期嗎？如果不是，請找出原因。

```
int x[10];    int *p = x;
cout << sizeof(x)/sizeof(*x) << endl;
cout << sizeof(p)/sizeof(*p) << endl;
```

練習 4.30：使用表 4.12，為下列運算式加上括弧來產生和預設估算相同的結果：

(a) sizeof x + y   (b) sizeof p->mem[i]
(c) sizeof a < b   (d) sizeof f()

左運算式會被估算，而其結果會被捨棄。一個逗號運算式的結果是其右運算式的值。如果右運算元是一個 lvalue 結果就是一個 lvalue。

逗號運算子一個常見的用處是在 for 迴圈中：

```
vector<int>::size_type cnt = ivec.size();
// 用 size . . . 1 的值指定給 ivec 中的元素
for(vector<int>::size_type ix = 0;
              ix != ivec.size(); ++ix, --cnt)
    ivec[ix] = cnt;
```

這個迴圈在 for 標頭中的運算式中遞增 ix 並遞減 cnt。ix 和 cnt 都會在每次跑迴圈時被更改。只要對 ix 的測試成功，我們就將目前的元素重新設定為 cnt 目前的值。

習題章節 4.10

練習 4.31：本節中的程式使用前綴遞增和遞減運算子。請解釋為何使用前綴而非後綴呢？要做什麼變更才能使用後綴版本呢？使用後綴運算子改寫程式。

練習 4.32：解釋下列迴圈。

```
constexpr int size = 5;
int ia[size] = {1,2,3,4,5};
for (int *ptr = ia, ix = 0;
     ix != size && ptr != ia+size;
     ++ix, ++ptr) { /* ... */ }
```

練習 4.33：使用表 4.12 解釋下列運算式會做些什麼事情：

```
someValue ? ++x, ++y : --x, --y
```

4.11 型別轉換

在 C++ 中,某些型別是彼此相關的。當兩個型別有相關,我們可以在預期相關型別的運算元的地方使用另一個型別的物件或值。

舉個例子,思考下列運算式,它會將 ival 初始化為 6:

```
int ival = 3.541 + 3;  // 編譯器可能會警告精準度的損失
```

這個加法的運算元有不同的型別:3.541 的型別為 double,而 3 則是一個 int。C++ 不會試著將兩個不同型別的值相加,而是定義了一組轉換方式來將運算元變換為共通的型別。這些轉換動作是自動進行的,無須程式設計師介入,有時候程式設計師甚至不知道有這種事。因此,它們被稱呼為**隱含的轉換(implicit conversions)**。

算術型別之間的隱含轉換被定義成會盡可能保留精確度。大多數時候,如果一個運算式有整數和浮點數運算元,其中的整數就會被轉換為浮點數。在此例中,3 會被轉換為 double,再進行浮點數加法,然後結果會是一個 double。

接著就進行初始化。在初始化中,主要是看我們要初始化的物件之型別,初始器(initializer)會被轉換為該物件的型別。在此例中,加法運算的 double 結果會被轉換為 int 並用來初始化 ival。將一個 double 轉換為 int 會截斷 double 的值,捨棄小數點的部分。在這個運算式中,6 這個值被指定給了 ival。

隱含轉換何時發生?

編譯器會在下列情況中自動轉換運算元:

- 在多數運算式中,小於 int 的整數型別之值會先被提升為較大的適當整數型別。
- 在條件中,非 bool 運算式會被轉為 bool。
- 在初始化中,初始器會被轉為變數的型別;在指定中,右運算元會轉為左運算元的型別。
- 在混合了不同型別運算元的算術和關係運算式中,型別會被轉換為共通型別。
- 如我們會在第 6 章中見到的,函式呼叫的過程中也會發生轉換。

4.11.1 算術轉換

我們在 §2.1.2 中介紹過的**算術轉換(arithmetic conversions)**,會將一個算術型別轉為另一個。其間的規則定義了型別轉換的一個階層架構,將運算元轉換為更廣的型別。舉例來說,如果一個運算元的型別是 long double,那麼另一個運算元就會被轉為型別 long double,不管這第二個型別為何。更廣義的說,在混合了浮點數和整數值的運算式中,整數值會被轉為某個適當的浮點型別。

整數提升

整數提升（integral promotions）將小型的整數型別轉為較大型的整數型別。如果該型別中所有可能的值都可以放入一個 int 的話，bool、char、signed char、unsigned char、short 與 unsigned short 都會被提升為 int。否則，其值會被提升為 unsigned int。如我們已經見過許多次的，一個 false 的 bool 會被提升為 0 而 true 則會被提稱為 1。

較大的 char 型別（wchar_t、char16_t 與 char32_t）會被提升為能夠容納該字元型別所有可能的值的最小的 int、unsigned int、long、unsigned long、long long 或 unsigned long long 型別。

無號型別的運算元

如果一個運算子的運算元有不同型別的運算元，那些運算元通常會被轉為一個共通的型別。如果有任何的運算元是某個 unsigned 型別，該型別被轉換的結果取決於在該部機器上整數型別的相對大小。

如同以往，整數提升會先發生。如果結果型別匹配，就不需要進一步的轉換。如果兩個（可能都提升過的）運算元的有無號（signedness）相同，那麼具有較小型別的運算元會被轉為較大的型別。

如果有無號不同，而無號（unsigned）運算元的型別與有號（signed）運算元的型別相同或比較大，有號運算元就會被轉為無號。舉例來說，給定一個 unsigned int 與一個 int，那個 int 會被轉為 unsigned int。值得注意的是，如果那個 int 有負值，那麼結果會如 §2.1.2 中所描述的那樣進行轉換，結果也相同。

剩下的情況是，當有號運算元的型別比無號運算元的型別大。在這種情況中，結果會取決於機器（machine dependent）。如果那個無號型別中的所有值都能放入那個較大的型別，那麼無號運算元就會被轉為有號型別。如果其值放不下，那麼有號運算元會被轉為無號型別。舉例來說，如果運算元是 long 和 unsigned int，而 int 和 long 有相同的大小，那麼 long 會被轉為 unsigned int。如果 long 型別有更多的位元，那麼 unsigned int 會被轉為 long。

了解算術轉換

要了解算術轉換，其中一個方式是研讀大量的範例：

```
bool    flag;          char            cval;
short   sval;          unsigned short  usval;
int     ival;          unsigned int    uival;
long    lval;          unsigned long   ulval;
float   fval;          double          dval;
3.14159L + 'a'; // 'a' 會被提升為 int，然後那個 int 被轉換為 long double
dval + ival;    // ival 被轉換為 double
```

```
dval + fval;        // fval 被轉為 double
ival = dval;        // dval 被轉為 int (藉由截斷)
flag = dval;        // 如果 dval 是 0,那麼 flag 就是 false,否則為 true
cval + fval;        // cval 被提升為 int,然後那個 int 被轉為 float
sval + cval;        // sval 與 cval 被提升為 int
cval + lval;        // cval 轉為 long
ival + ulval;       // ival 轉為 unsigned long
usval + ival;       // 提升的方式取決於 unsigned short 和 int 的大小
uival + lval;       // 轉換取決於 unsigned int 和 long 的大小
```

在第一個加法中,字元常數小寫的 'a' 有型別 char,它是一個數值 (numeric value,
§2.1.1)。那個值是什麼取決於機器的字元集 (character set)。在我們的機器上,'a' 有數
值 97。當我們將 'a' 加到一個 long double,這個 char 值會被提升為 int,然後那個 int
值被轉為一個 long double。轉換後的值被加到那個字面值 (literal)。其他有趣的情況有
涉及無號值的最後兩個運算式。那些運算式中的結果之型別取決於機器。

習題章節 4.11.1

練習 4.34:給定本節中的變數定義,解釋下列運算式會發生何種轉換:

   (a) if (fval)   **(b)** dval = fval + ival;   **(c)** dval + ival * cval;

請記得你得考量運算子的結合性 (associativity)。

練習 4.35:給定下列定義,

```
char cval;        int ival;        unsigned int ui;
float fval;       double dval;
```

辨識出隱含的型別轉換,如果有的話:

   (a) cval = 'a' + 3;   **(b)** fval = ui - ival * 1.0;
   (c) dval = ui * fval;   **(d)** cval = ival + fval + dval;

4.11.2 其他的隱含轉換

除了算術轉換,還有其他的幾種隱含轉換存在。這包括:

陣列至指標的轉換 (Array to Pointer Conversions):在多數運算式中,當我們使用一個陣
列,該陣列會被自動轉換為一個指標,指向該陣列中的第一個元素:

```
int ia[10];         // 十個 int 組成的一個陣列
int* ip = ia;       // 將 ia 轉為指向第一個元素的指標
```

當陣列與 decltype 並用,或作為取址 (address-of,&)、sizeof 或 typeid (我們會在
§19.2.2 中涵蓋之) 運算子的運算元之時,這個轉換不會進行。當我們將一個參考初始化為
一個陣列 (§3.5.1) 這個轉換也會被省略。如我們會在 §6.7 中見到的,當我們在一個運算
式中使用一個函式型別 (function type),也會發生類似的指標轉換。

指標轉換（Pointer Conversions）：其他還有數種指標轉換存在，一個常數整數值 0 和字面值 nullptr 可以被轉換為任何指標型別；一個指向任何非 const 型別的指標可以被轉換為 void*，而對任何型別的指標都可以被轉換為一個 const void*。我們會在 §15.2.2 中看到還有一種額外的指標轉換可套用到經由繼承產生關係的型別。

轉換為 bool（Conversions to bool）：算術或指標型別有對 bool 的自動轉換。如果指標或算術值為零，轉換就會產出 false，任何其他的值都會產出 true：

```
char *cp = get_string();
if (cp) /* ... */         // 如果指標 cp 不是零，就為 true
while (*cp) /* ... */      // 如果 *cp 不是 null 字元就為 true
```

轉換為 const（Conversion to const）：我們可以將對某個非 const 型別的指標轉為指向對應的 const 型別的一個指標，類似的轉換也適用於參考（references）。也就是說，如果 T 是一個型別，我們可以將指向 T 的一個指標或參考分別轉為指向 const T 的指標或參考（§2.4.1 和 §2.4.2）。

```
int i;
const int &j = i;    // 將一個非 const 轉為對 const int 的參考
const int *p = &i;   // 將一個非 const 的位址轉為一個 const 的位址
int &r = j, *q = p;  // 錯誤：從 const 到非 const 的轉換是不被允許的
```

反向的轉換，也就是移除低階的 const，是不存在的。

類別型別所定義的轉換（Conversions Defined by Class Types）：類別型別可以定義編譯器會自動套用的轉換。編譯器一次只會套用一個類別型別的轉換。在 §7.5.4 中，我們會看到一個例子，其中需要多個轉換，而它會被駁回。

我們的程式已經用過類別型別的轉換了：當我們在預期程式庫 string（§3.5.5）的地方使用 C-style 的字元字串，或在一個條件中從一個 istream 讀取，我們就會用到類別型別的轉換：

```
string s, t = "a value"; // 字元字串字面值被轉為型別 string
while (cin >> s) // while 條件將 cin 轉換為 bool
```

上面的條件（cin >> s）讀取 cin 並產出 cin 作為其結果。條件預期型別為 bool 的一個值，但這個條件測試的是一個型別為 istream 的值。IO 程式庫定義了 istream 對 bool 的轉換。那個轉換會（自動）用來將 cin 轉為 bool。所產生的 bool 值取決於資料流的狀態。如果最後的讀取成功，那麼轉換就會產出 true。如果上一次的嘗試失敗，那麼對 bool 的轉換就會產出 false。

4.11.3 明確的轉換

有時我們想要明確地迫使一個物件轉換為不同的型別。舉例來說，我們可能會想要在下列程式碼中使用浮點數除法：

```
int i, j;
double slope = i/j;
```

要那麼做，我們需要一種方式明確地把 i 和 j 轉為 double。我們使用一個 **cast**（強制轉型）來請求明確的轉換。

 雖然有時是必要的，但 cast 本質上就是一種危險的構造。

WARNING

具名的強制轉型

一個具名的強制轉型（named cast）有下列形式：

cast-name<type> (expression);

其中 *type* 是轉換的目標型別，而 *expression* 是要強制轉型的值。如果 *type* 是一個參考，那麼結果就是一個 lvalue。 *cast-name* 可以是 **static_cast**、**dynamic_cast**、**const_cast** 與 **reinterpret_cast** 其中之一。我們會在 §19.2 涵蓋 dynamic_cast，它支持執行時期的型別識別（run-time type identification）。*cast-name* 決定要進行何種轉換。

static_cast

任何定義良好的型別轉換，除了涉及低階 const 的那些，都可以使用一個 static_cast 來請求。舉例來說，我們可以將其中一運算元強制轉型為 double 來迫使我們的運算式使用浮點除法：

```
// cast 用來強制執行浮點除法
double slope = static_cast<double>(j) / i;
```

static_cast 經常用在一個較大的算術型別被指定給一個較小型別之時。這種 cast 告知程式的讀者及編譯器，我們知道而且不在乎潛在的精準度損失。編譯器通常會在出現較大型別對較小型別的指定時產生警告。當我們進行明確的強制轉型，警告訊息就會被關掉。

static_cast 也適合用來進行編譯器不會自動產生的轉換。舉例來說，我們可以使用一個 static_cast 來取回之前儲存在一個 void* 指標（§2.3.2）中的指標值：

```
void* p = &d; // ok：任何非 const 物件的位址都能儲存在一個 void* 中
// ok：將 void* 轉換為原本的指標型別
double *dp = static_cast<double*>(p);
```

當我們將一個指標儲存在一個 void* 中，然後使用一個 static_cast 來將該指標強制轉型為原來的型別，我們能夠保證那個指標值能保持不變。也就是說，強制轉型的結果將會等同於原本的位址值。然而，我們必須確定我們強制轉型的目標型別是那個指標的實際型別，如果型別不對，結果會是未定義的。

const_cast

一個 const_cast 只會變更其運算元中的一個低階（§2.4.3）的 const：

```
const char *pc;
char *p = const_cast<char*>(pc);  // ok：但透過 p 寫入的行為是未定義的
```

慣例上，從一個 const 物件強制轉型為一個非 const 型別的動作被稱為「從 const 強制轉離（casts away the const）」。一旦我們強制轉離了一個物件的 const，編譯器就不再會防止我們寫入那個物件。如果該物件原本不是一個 const，使用一個 cast 來獲取寫入權是合法的。然而，使用一個 const_cast 以寫入一個 const 物件的行為是未定義的。

只有 const_cast 可用來變更一個運算式的常數性質（constness）。試著以其他形式的具名強制轉型改變一個運算式的 const 性質都會是編譯時期錯誤。同樣地，我們無法使用一個 const_cast 來變更一個運算式的型別：

```
const char *cp;
// 錯誤：static_cast 無法強制轉離 const
char *q = static_cast<char*>(cp);
static_cast<string>(cp);  // ok：將字串字面值轉為 string
const_cast<string>(cp);   // 錯誤：const_cast 只會改變常數性質
```

const_cast 最常用於重載的函式（overloaded functions），我們會在 §6.4 中介紹。

reinterpret_cast

一個 reinterpret_cast 一般會對其運算元的位元模式（bit pattern）進行低階的重新解讀。舉個例子，給定下列強制轉型：

```
int *ip;
char *pc = reinterpret_cast<char*>(ip);
```

我們一定不能忘記 pc 所定址的實際物件是一個 int，而非一個字元。假設 pc 是一個普通字元指標的使用很可能在執行時期失敗。舉例來說：

```
string str(pc);
```

很有可能導致怪異的執行時期行為。

使用 pc 來初始化 str 的例子很適合用來說明為何 reinterpret_cast 是一種危險的東西。問題在於，型別改變了，但編譯器沒有發出任何警告或錯誤。當我們以一個 int 的位址初始化 pc，並沒有任何來自編譯器的錯誤或警告產生，這是因為我們明確指出該轉換是沒問題的。後續用到 pc 的地方都會假設它所持有的是一個 char*。編譯器沒有辦法知道它實際上持有的是對 int 的一個指標。因此，以 pc 初始化 str 是絕對正確的，雖然在此例中是沒有意義或可能導致更糟結果的！要追查這種問題的根源是眾所皆知的極端困難，特別是當 ip 對 pc 的強制轉型發生處與 pc 被用來初始化一個 string 的地方位在不同檔案的時候。

reinterpret_cast 在本質上就是依存於機器的。要安全地使用 reinterpret_cast，你得完全理解所涉及的型別，以及編譯器實作這種強制轉型的細節。

舊式強制轉型（Old-Style Casts）

在早期版本的 C++ 中，明確的強制轉型（explicit cast）有下列兩種形式：

```
type (expr);     // 函式形式的強制轉型記號
(type) expr;     // C 語言式的強制轉型記號
```

建議：避免強制轉型

強制轉型會干擾正常的型別檢查動作（§2.2.2）。所以我們強烈建議程式設計師避免強制轉型。這個建議特別適用於 reinterpret_cast。這種強制轉型幾乎總是多災多難的。const_cast 在重載函式的情境中可能會有用處，這涵蓋於 §6.4。其他的 const_cast 使用經常代表設計上有問題。其他的強制轉型，static_cast 和 dynamic_cast，應該要很少用到。每次你編寫強制轉型時，就應該認真思考是否能以其他方式達到同樣的結果。如果強制轉型無法避免，為了減少錯誤發生的機會，我們應該限制強制轉型後的值被使用的範圍，並以說明文件記錄對於所涉及型別的所有假設。

取決於所涉及的型別，舊式的強制轉型會有與 const_cast、static_cast 或 reinterpret_cast 相同的行為。當我們在 static_cast 或 const_cast 也會是合法的情況下使用舊式強制轉型，那麼它們所進行的轉換就會分別跟那些具名的強制轉型一樣。如果前面任一個強制轉型皆不合法，那麼舊式的強制轉型就會進行 reinterpret_cast。舉例來說：

```
char *pc = (char*) ip; // ip 是對 int 的一個指標
```

與使用 reinterpret_cast 有同樣的效果。

WARNING　舊式強制轉型比具名強制轉型更不容易被察覺。因為它們很容易被漏看，要追查出錯的強制轉型就更為困難了。

習題章節 4.11.3

練習 4.36：假設 i 是一個 int 而 d 是一個 double，請寫出運算式 i *= d，讓它進行整數的，而非浮點數的，乘法運算。

練習 4.37：使用具名的強制轉型改寫下列的舊式強制轉型：

```
int i; double d; const string *ps; char *pc; void *pv;
(a) pv = (void*)ps;        (b) i = int(*pc);
(c) pv = &d;               (d) pc = (char*) pv;
```

練習 4.38：解釋下列運算式：

```
double slope = static_cast<double>(j/i);
```

4.12 運算子優先順序表

結合性與運算子		功能	用法	參閱章節
L	::	全域範疇	::name	7.4.1
L	::	類別範疇	class::name	3.2.2
L	::	命名空間範疇	namespace::name	3.1
L	.	成員選擇器	object.member	1.5.2
L	->	成員選擇器	pointer->member	3.4.1
L	[]	下標	expr[expr]	3.5.2
L	()	函式呼叫	name(expr_list)	1.5.2
L	()	型別建構	type(expr_list)	4.11.3
R	++	後綴遞增	lvalue++	4.5
R	--	後綴遞減	lvalue--	4.5
R	typeid	型別 ID	typeid(type)	19.2.2
R	typeid	執行期型別 ID	typeid(expr)	19.2.2
R	明確強制轉型	型別轉換	*cast_name*<type>(expr)	4.11.3
R	++	前綴遞增	++lvalue	4.5
R	--	前綴遞減	--lvalue	4.5
R	~	位元 NOT	~expr	4.8
R	!	邏輯 NOT	!expr	4.3
R	-	單元減號	-expr	4.2
R	+	單元加號	+expr	4.2
R	*	解參考	*expr	2.3.2
R	&	取址	&lvalue	2.3.2
R	()	型別轉換	(type) expr	4.11.3
R	sizeof	物件大小	sizeof expr	4.9
R	sizeof	型別大小	sizeof(type)	4.9
R	sizeof...	參數包大小	sizeof...(name)	16.4
R	new	配置物件	new type	12.1.2
R	new[]	配置陣列	new type[size]	12.1.2
R	delete	解除物件的配置	delete expr	12.1.2
R	delete[]	解除陣列的配置	delete[] expr	12.1.2
R	noexcept	expr 是否能擲出	noexcept(expr)	18.1.4
L	->*	對成員的指標選擇器	ptr->*ptr_to_member	19.4.1
L	.*	對成員的指標選擇器	obj.*ptr_to_member	19.4.1
L	*	乘法	expr * expr	4.2
L	/	除法	expr / expr	4.2
L	%	模數（餘數）	expr % expr	4.2
L	+	加法	expr + expr	4.2
L	-	減法	expr - expr	4.2
L	<<	位元左移	expr << expr	4.8
L	>>	位元右移	expr >> expr	4.8

（接續下頁）

表 4.4：運算子優先序（續）

結合性與運算子		功能	用法	參閱章節
L	<	小於	expr < expr	4.3
L	<=	小於或等於	expr <= expr	4.3
L	>	大於	expr > expr	4.3
L	>=	大於或等於	expr >= expr	4.3
L	==	相等性	expr == expr	4.3
L	!=	不相等性	expr != expr	4.3
L	&	位元 AND	expr & expr	4.8
L	^	位元 XOR	expr ^ expr	4.8
L	|	位元 OR	expr | expr	4.8
L	&&	邏輯 AND	expr && expr	4.3
L	||	邏輯 OR	expr || expr	4.3
R	?:	條件式	expr ? expr : expr	4.7
R	=	指定	lvalue = expr	4.4
R	*=、/=、%=	複合指定	lvalue += expr 等	4.4
R	+=、-=			4.4
R	<<=、>>=			4.4
R	&=、|=、^=			4.4
R	throw	擲出例外	throw expr	5.6
L	,	逗號	expr , expr	4.10

本章總結

C++ 提供很豐富的一組運算子，並定義了它們套用到內建型別值時的意義。此外，該語言也支援運算子重載（operator overloading），這能讓我們為類別型別定義運算子的意義。我們會在第 14 章看到如何為我們自己的型別定義運算子。

要了解涉及多個運算子的運算式，我們必須了解優先序、結合性，以及運算元估算的順序。每個運算子都有優先序層級和結合性。優先序決定複合運算式中的運算子如何歸組。結合性決定優先序層級相同的運算子如何歸組。

大多數的運算子都沒有指定運算元估算的順序：編譯器可以自行決定要先估算左運算元或右運算元。通常，運算元估算的順序不會影響運算式的結果。然而，如果兩個運算元都參考同一個物件，而其中一個運算元會變更那個物件，那麼程式就有嚴重的臭蟲了，而且是很難找到的臭蟲。

最後，運算元經常會從它們最初的型別被自動轉為另一個相關的型別。舉例來說，在每個運算式中，小型的整數型別都會被提升為較大整數型別。內建型別和類別型別都有轉換可用。轉換也可以透過強制轉型（cast）明確的進行。

定義的詞彙

arithmetic conversion（算術轉換） 從一個算術型別轉換到另一個。在二元算術運算子的情境下，算術轉換通常會試著把較小的型別轉為較大的型別來保留精確度（例如整數型別會被轉為浮點數）。

associativity（結合性） 決定具有相同優先序的運算子如何歸組。運算子可以是右結合（right associative，運算子從右到左結合）的，或是左結合（left associative，運算子從左到右結合）的。

binary operators（二元運算子） 接受兩個運算元（operands）的運算子。

cast（強制轉型） 一種明確的轉換。

compound expression（複合運算式） 涉及的運算子多於一個的運算式。

const_cast 將一個低階 const 物件轉為對應的非 const 型別或反過來轉換的一種強制轉型。

conversion（轉換） 某個型別的一個值被變換為另一個型別的值的過程。這個語言定義了內建型別之間的轉換。類別型別的轉入或轉出也是可能的。

dynamic_cast 與繼承和執行期型別辨識合用的一種強制轉型。參閱 §19.2。

expression（運算式） C++ 程式中最底層的計算。運算式一般會把一個運算子套用到一或多個運算元。每個運算式都會產出一個結果。運算式也能被當成運算元使用，所以我們可以撰寫需要估算多個運算子的複合運算式。

implicit conversion（隱含的轉換） 編譯器自動產生的一種轉換。若有一個運算式需要特定的型別，但其運算元的型別不同，如果有適當的轉換方式存在，編譯器就會自動將那個運算元轉為所需的型別。

integral promotions（整數提升） 會將一個較小的整數型別變為其關係最近的較大整數型別的轉換過程。小型整數型別（short、char）的運算元永遠都會被提升，即使在這種轉換看似不必要的情境之下也是。

lvalue 會產出一個物件或函式的運算式。表示一個物件的非 const lvalue 可以是指定（assignment）的左運算元。

operands（運算元） 運算式在其上進行運算的值。每個運算子都有一或更多個與之關聯的運算元。

operator（運算子） 決定一個運算式進行何種動作的符號。此語言定義了一組運算子，以及那些運算子套用到內建型別值之上時的意義。此語言也為每個運算子定義了優先序（precedence）和結合性（associativity），並指定每個運算子接受多少個運算元。運算子可以重載（overloaded）並套用到類別型別的值上。

order of evaluation（估算的順序） 一個運算子的運算元被估算（evaluate）的順序，如果有的話。在多數情況中，編譯器能以任何順序自由估算運算元。然而，運算元永遠都會在運算子本身被估算之前估算。只有 &&、||、?: 和逗號運算子（comma operators）指定了其運算元估算的順序。

overloaded operator（重載的運算子） 一種版本的運算子，定義來與某個類別型別並用。我們會在第 14 章中看到如何定義運算子的重載版本。

precedence（優先序） 定義複合運算式中不同的運算子歸組的順序。具有較高優先序的運算子會比低優先序的運算子結合得更緊密。

promoted（提升） 參閱整數提升。

reinterpret_cast 將運算元的內容解讀為不同的型別。本質上取決於機器，並且是危險的。

result（結果） 估算一個運算式所獲得的值或物件。

rvalue 會產出一個值，但並非那個值所關聯的位置（如果有的話）的運算式。

short-circuit evaluation（短路估算） 用來描述邏輯 AND 和邏輯 OR 運算子如何執行的術語。如果這些運算子的第一個運算元就足以決定整體

的結果，估算就會停止。我們能保證第二個運算元不會被估算。

sizeof 回傳儲存給定型別名稱的一個物件之大小，或給定運算式的型別大小，單位是位元組（bytes）。

static_cast 要求進行定義良好的型別轉換的一種明確請求。通常用來覆寫編譯器原本會進行的隱含轉換。

unary operators（單元運算子） 接受單一個運算元的運算子。

, operator（逗號運算子） 逗號運算子（comma operator）。從左到右估算的一種二元運算子。一個逗號運算式的結果是其右運算元的值。只有在那個運算元是一個 lvalue 的時候結果才會是一個 lvalue。

?: operator（條件運算子） 條件運算子（conditional operator）。提供下列形式的一種 if-then-else 運算式

```
cond ? expr1 : expr2;
```

如果 *cond* 是 true，那麼 *expr1* 就會被估算。否則，被估算的會是 *expr2*。*expr1* 和 *expr2* 的型別必須相同，或可以轉換為一個共通的型別。*expr1* 和 *expr2* 之中只有一個會被估算。

&& operator（邏輯 AND 運算子） 邏輯 AND 運算子（logical AND operator）。如果兩運算元都為 true，結果就為 true。只有在左運算元為 true 時候，右運算元才會被估算。

& operator（位元 AND 運算子） 位元 AND 運算子（bitwise AND operator）。產生一個新的整數值，其中每個位元位置的值由兩個運算元中該位置的值決定，如果兩者都為 1 該位元位置就是 1，否則那個位元就是 0。

^ operator（位元 XOR 運算子） 位元 XOR 運算子（bitwise exclusive or operator）。產生一個新的整數值，其中各個位元位置的值由兩個運算元對應位置的位元值決定，如果有任一個是 1 但並非兩個都是 1，該位置的結果位元就會是 1；否則，該位元會是 0。

|| operator（**邏輯 OR 運算子**） 邏輯 OR 運算子（logical OR operator）。如果有任一個運算元是 true，就產出 true。右運算元只會在左運算元是 false 的時候被估算。

| operator（**位元 OR 運算子**） 位元 OR 運算子（bitwise OR operator）。產生一個新的整數值，其中每個位元位置由兩個運算元對應位置上的位元值決定，如果有任一個運算元在該位置上有 1，結果的該位置就會是 1；否則該位元就為 0。

++ operator（**遞增運算子**） 遞增運算子（increment operator）。遞增運算子有兩種形式，前綴（prefix）和後綴（postfix）。前綴遞增會產出一個 lvalue。它會加 1 到運算元並回傳該運算元變更後的值。後綴遞增會產出一個 rvalue。它加 1 到運算元，並回傳該運算元原本未變更的值的一個拷貝。注意：即使沒有 + 運算子，迭代器（iterators）也會有 ++。

-- operator（**遞減運算子**） 遞減運算子（decrement operator）有兩種形式，前綴和後綴。前綴遞減產出一個 lvalue。它會從運算元減 1，並回傳該運算元變更後的值。後綴遞減產出一個 rvalue。它從運算元減 1 並回傳該運算元原本未變更的值的一個拷貝。注意：即使沒有 -，迭代器也會有 --。

<< operator（**左移運算子**） 左移運算子（left-shift operator）。將左運算元的值的一個（可能提升過的）拷貝中的位元往左移。移動的位元數由右運算元指定。右運算元必須為零或正值，並且必須嚴格小於結果中的位元數。左運算元應該是 unsigned 的；如果左運算元是 signed 的，如果移位導致不同的位元移到正負號位元（sign bit）那結果會是未定義的。

>> operator（**右移運算子**） 右移運算子（right-shift operator）。就跟左移運算子一樣，只不過位元是往右移。如果左運算元是 signed 的，移到結果中的位元是 0 或正負號位元的一個拷貝，就由實作來定義。

~ operator（**位元 NOT 運算子**） 位元 NOT 運算子（bitwise NOT operator）。產生一個新的整數值，其中每個位元都是（可能提升過的）運算元中對應位元反轉過後的一個拷貝。

! operator（**邏輯 NOT 運算子**） 回傳其運算元反轉過後的 bool 值。如果運算元是 false，結果就為 true，反之亦然。

述句

Statements

本章目錄

就像多數語言，C++ 為條件式執行、重複執行同一程式碼主體的迴圈，以及中斷控制流程的跳躍述句提供了述句。本章將詳細介紹 C++ 所支援的述句。

述句（*Statements*）會循序（sequentially）執行，但除了最簡單的程式之外，循序執行並不足夠。因此，C++ 也定義了一組**流程控制**（*flow-of-control*）述句，來讓更複雜的執行路徑變為可能。

5.1 簡單述句

C++ 中大部分的述句都以一個分號（semicolon）結尾。一個運算式，像是 `ival + 5`，會在它後面接著一個分號時變為一個**運算式述句**（**expression statement**）。運算式述句會使該運算式被估算，並捨棄其結果：

```
ival + 5;        // 相當無用的運算式述句
cout << ival;    // 有用的運算式述句
```

第一個述句沒什麼用處：那個加法運算是做了沒錯，但結果並沒有被使用。比較常見的是，一個運算式述句所含有的，是被估算時會有副作用（side effect）的一個運算式，例如指定一個新的值給某個變數，或印出一個結果。

Null 述句

最簡單的述句是空述句（empty statement），也被稱作 **null statement**（**null 述句**）。一個 null statement 就是單一個分號：

```
;  // null statement
```

在語言要求一個述句，但程式邏輯並不需要的地方，null 述句就能配上用場。這種用法最常見於一個迴圈的工作可以在其條件中完成之時。舉例來說，我們可能想要讀取一個輸入資料流，並忽略我們讀到的所有東西，直到我們遇到特定的一個值為止：

```
// 持續讀取，直到碰到檔案結尾或找到等於 sought 的一個輸入為止
while (cin >> s && s != sought)
    ;  // null statement
```

這個條件會從標準輸入讀取一個值，並隱含地測試 `cin` 來看看讀取是否成功。假設讀取成功，條件的第二部分會測試我們讀到的值是否等於 `sought` 中的值。如果找到我們想要的值，這個 while 迴圈就會退出。否則，條件就會再次被估算，從 `cin` 讀取另一個值。

Best Practices　Null statements 的使用應該以註解說明。如此一來，閱讀程式碼的任何人都會知道那個述句是刻意省略的。

小心遺漏或多餘的分號

因為一個 null statement 也是一個述句，在任何預期一個述句的地方，它都是合法的。因此，看起來非法的分號經常不過就只是 null statements 罷了。下列的程式碼片段含有兩個述句，一個運算式述句和 null statement：

```
    ival = v1 + v2;; // ok：第二個分號是多餘的 null statement
```

雖然一個非必要的 null statement 通常是無害的，跟在一個 while 或 if 後面的一個多餘的分號有可能徹底改變程式的意圖。舉例來說，下列程式碼將無限期執行迴圈：

```
// 災難：因為多餘的分號，迴圈主體是這個 null statement
while (iter != svec.end()) ; // 這個 while 主體是空述句
    ++iter; // 遞增並非此迴圈一部份
```

相對於原本意圖，遞增並不是迴圈的一部份。這裡的迴圈主體是由跟在條件後的分號所構成的 null statement。

多餘的 null statements 並不一定是無害的。

複合述句（區塊）

一個**複合述句（compound statement）**，通常被稱為一個**區塊（block）**，是由一對大括號（curly braces）圍起的一序列述句和宣告（有可能是空的）。一個區塊是一個範疇（scope，§2.2.4）。在一個區塊內引進的名稱只能在那個區塊及內嵌在該區塊內的區塊中取用。名稱從其定義處開始到（最接近它的）包圍區塊（enclosing block）之結尾都可使用。

複合述句會在語言要求單一個述句，但我們程式的邏輯需要多個述句時使用。舉例來說，一個 while 或 for 迴圈必須是單一個述句，然而我們經常需要在迴圈主體中執行一個以上的述句。要這麼做，我們會把那些述句包在大括號中，藉此將這些述句序列轉為一個區塊。

舉個例子，請回想 §1.4.1 中程式的那個 while 迴圈：

```
while (val <= 10) {
    sum += val; // 將 sum + val 指定給 sum
    ++val;      // 加 1 到 val
}
```

我們程式邏輯需要兩個述句，但一個 while 迴圈只能含有一個述句。藉由將那些述句包在大括號中，我們就將他們變成了單一個（複合）述句。

一個區塊並不是由一個分號來終結的。

我們也可以寫出沒有述句的一對大括號來定義一個空區塊。一個空區塊與一個 null statement 等效：

```
while (cin >> s && s != sought)
    { } // 空區塊
```

習題章節 5.1

練習 5.1：null statement 是什麼？什麼時候你會用到一個 null statement ？

練習 5.2：區塊是什麼？什麼時候你會用到一個區塊？

練習 5.3：使用逗號運算子（§4.10）改寫來自 §1.4.1 的 while 迴圈，讓它不再需要一個區塊。解釋這種改寫方式增進或減少程式碼的可讀性。

5.2 述句的範疇

我們可以在 if、switch、while 和 for 述句的控制結構內定義變數。定義在控制結構中的變數只在那個述句中看得到，而在該述句結束後就屬範疇外了：

```
while (int i = get_num())  // i 在每次迭代都會被創建並初始化
    cout << i << endl;
i = 0;  // 錯誤：i 在迴圈外無法取用
```

如果我們需要存取控制變數，則那個變數在該述句外必須有定義：

```
// 找出第一個負的元素
auto beg = v.begin();
while (beg != v.end() && *beg >= 0)
    ++beg;
if (beg == v.end())
    // 我們知道 v 中的所有元素都大於或等於零
```

定義在一個控制結構中的一個物件之值是由該結構所用。因此，這種變數必須被初始化。

習題章節 5.2

練習 5.4：解釋下列每個範例，更正你所發現的任何問題。

```
(a) while (string::iterator iter != s.end()) { /* ... */ }
(b) while (bool status = find(word)) { /* ... */ }
    if (!status) { /* ... */ }
```

5.3 條件述句

C++ 提供了兩種述句用於條件式執行（conditional execution）。if 述句依據一個條件決定控制的流程。switch 述句估算一個整數值運算式，並基於該運算式的值挑選數個執行路徑之一。

5.3.1 `if` 述句

一個 **if 述句**會根據一個指明的條件是否為真來條件式地執行另一個述句。if 的形式有兩種：
一種帶有一個 else 分支，另一種沒有。簡單的 if 的語法形式為：

```
if (condition)
    statement
```

一個 **if else 述句**具有下列形式

```
if (condition)
    statement
else
    statement2
```

這兩種形式中，*condition* 都必須包圍在括弧（parentheses）中。*condition* 可以是一個運算式
或一個已初始化的變數宣告（§5.2）。這個運算式或變數必須有能夠轉換（§4.11）為 bool
的型別。如同以往，*statement* 和 *statement2* 中任一個都可以是區塊，也可以兩者皆是。

如果 *condition* 是 true，那麼 *statement* 就會被執行。在 *statement* 執行完畢後，就會接到跟
在 if 後的述句繼續執行。

如果 *condition* 是 false，*statement* 就會被跳過。在一個簡單的 if 中，會接續到 if 後面跟
的述句執行。在 if else 形式中，*statement2* 會被執行。

使用 `if else` 述句

為了以範例說明 if 述句，我們會從一個數值成績計算出字母成績。我們假設這個數值成績的
範圍是從 0 到 100，包括兩端。100 分的成績會得到「A++」，低於 60 分的成績會得到「F」，
而其他的範圍 10 分一組：從 60 到 69 的成績為「D」；70 到 79 的是「C」，依此類推。我們
會用一個 vector 來保存可能的字母成績：

```
const vector<string> scores = {"F", "D", "C", "B", "A", "A++"};
```

要解決這個問題，我們可以使用一個 if else 述句為當掉或通過的成績執行不同的動作：

```
// 如果 grade 小於 60，就是 F，否則就計算出對應的下標
string lettergrade;
if (grade < 60)
    lettergrade = scores[0];
else
    lettergrade = scores[(grade - 50)/10];
```

取決於 grade 的值，我們會執行 if 後的述句，或 else 後的述句。在 else 中，我們會從成
績計算出一個下標（subscript），方法是縮減掉被當成績的那個較大的範圍，然後使用整數
除法（§4.2），這會截斷餘數，計算出適當的 score 索引。

巢狀的 `if` 述句

要讓我們的程式變得更有趣，我們會為通過的成績增添一個加號或減號，賦予結尾是 8 或 9 的成績一個加號，而給結尾是 0、1 或 2 的成績一個減號：

```
if (grade % 10 > 7)
    lettergrade += '+';          // 結尾是 8 或 9 的成績得到一個 +
else if (grade % 10 < 3)
    lettergrade += '-';          // 那些以 0、1 或 2 結尾的得到一個 -
```

這裡我們用到模數運算子（§4.2）來取得餘數，並依據這個餘數來決定是否要加上加號或減號。

接著我們會將新增加號或減號的程式碼整合到從分數獲取字母成績的程式碼：

```
// 如果是不及格的成績，就沒必要檢查是否要增添加減號
if (grade < 60)
    lettergrade = scores[0];
else {
    lettergrade = scores[(grade - 50)/10]; // 擷取字母成績
    if (grade != 100) // 不是 A++ 才增添加減號
        if (grade % 10 > 7)
            lettergrade += '+';          // 結尾是 8 或 9 的成績得到一個 +
        else if (grade % 10 < 3)
            lettergrade += '-';          // 以 0、1 或 2 結尾的得到一個 -
}
```

請注意，我們用了一個區塊來包圍接在第一個 else 後面的兩個述句。如果 grade 是 60 以上，我們就有兩個需要採取的動作：依據分數擷取字母成績，並條件式地設定加或減。

注意你的大括號

當多個述句必須作為一個區塊執行，常見的一個錯誤是忘記加上大括號（curly braces）。在下列的範例中，相對於縮排，增添加減號的程式碼會無條件執行：

```
if (grade < 60)
    lettergrade = scores[0];
else // 錯誤：缺了大括號
    lettergrade = scores[(grade - 50)/10];
    // 儘管表面上看起來是那樣，但沒有大括號會使這段程式碼永遠都執行
    // 不及格的成績會錯誤地得到一個 - 或 +
    if (grade != 100)
        if (grade % 10 > 7)
            lettergrade += '+';          // 結尾是 8 或 9 的得到一個 +
        else if (grade % 10 < 3)
            lettergrade += '-';          // 以 0、1 或 2 結尾的成績得到一個 -
```

要找出這種錯誤，可能會很困難，因為程式看起來是正確的。

為了避免這種問題，某些編程風格（coding styles）建議永遠都在 if 或 else 後使用大括號（也建議以此包圍 while 和 for 述句的主體）。

這麼做可以避免任何可能的混淆。這也代表如果之後程式碼需要新增述句,大括號已經就位了。

 許多編輯器和開發環境都有工具自動縮排程式碼以符合其結構。如果有,使用這類工具會是個好主意。

懸置的 else

當我們將一個 if 內嵌在另一個 if 中,很有可能 if 分支會比 else 分支多。確實,我們的成績程式有四個 if 但只有兩個 else。有個問題是:我們要如何知道一個給定的 else 屬於哪一個 if?

這個問題,通常被稱為**懸置的 else(dangling else)**,普遍存在於許多具有 if 和 if else 述句的程式語言中。不同的語言會以不同的方式解決此問題。在 C++ 中,解決歧義的方式是規定每個 else 都與其前面最接近但尚未配對的 if 匹配。

程式設計師撰寫 if 分支多於 else 分支的程式碼時有時會遇到麻煩。要演示這個問題,我們會使用一組不同的條件改寫用來增添加減號的最內層 if else:

```
// 錯誤:執行的方式並不符合縮排方式,這個 else 會與較內層的 if 配對
if (grade % 10 >= 3)
    if (grade % 10 > 7)
        lettergrade += '+'; // 以 8 或 9 結尾的成績得到一個 +
else
    lettergrade += '-'; // 以 3、4、5、6 或 7 結尾的會得到一個減號!
```

我們程式碼的縮排方式暗示著我們希望那個 else 與外層的 if 配對,我們想要的是當 grade 以小於 3 的數字結尾時就讓那個 else 分支執行。然而,儘管我們意圖是那樣,也不管我們如何縮排,那個 else 分支成了內層 if 的一部分。這段程式碼會為結尾是 3 到 7(包括端點)的成績加上一個 '-'!讓縮排方式符合實際執行情況的話,我們寫出來的會是:

```
// 縮排方式符合執行路徑,但不符合程式設計師的意圖
if (grade % 10 >= 3)
    if (grade % 10 > 7)
        lettergrade += '+'; // 成績以 8 或 9 結尾的得到一個 +
    else
        lettergrade += '-'; // 以 3、4、5、6 或 7 結尾的會得到一個減號!
```

以大括號控制執行路徑

我們可以讓那個 else 成為外層 if 的一部分,方法是將內層的 if 包在一個區塊中:

```
// 為以 8 或 9 結尾的成績增添一個加號,而把一個減號給那些結尾是 0、1 或 2 的
if (grade % 10 >= 3) {
    if (grade % 10 > 7)
        lettergrade += '+'; // 成績以 8 或 9 結尾的得到一個 +
} else                      // 大括號迫使這個 else 與外層的 if 配對
    lettergrade += '-'; // 成績以 0、1 或 2 結尾的會得到一個減號
```

述句不會橫跨區塊邊界，所以內層的 if 結束於在 else 之前的右大括號。這個 else 不可能成為內層 if 的一部分。現在，最接近又未配對的 if 就是外層 if，也就是我們一直以來想要的那個。

習題章節 5.3.1

練習 5.5：使用一個 if-else 述句寫出你自己版本的程式，來從數值成績產生字母成績。

練習 5.6：改寫你的成績程式，使用條件運算子（conditional operator，§4.7）來取代 if-else 述句。

練習 5.7：更正下列各個程式碼片段中的錯誤：

(a)　`if (ival1 != ival2)`
　　　　　`ival1 = ival2`
　　　`else ival1 = ival2 = 0;`

(b)　`if (ival < minval)`
　　　　　`minval = ival;`
　　　　　`occurs = 1;`

(c)　`if (int ival = get_value())`
　　　　　`cout << "ival = " << ival << endl;`
　　　`if (!ival)`
　　　　　`cout << "ival = 0\n";`

(d)　`if (ival = 0)`
　　　　　`ival = get_value();`

練習 5.8：什麼是「懸置的 else」？C++ 中的 else 子句如何解析？

5.3.2 switch 述句

switch 述句提供了在數個（數量可能很多）固定的替代選擇中進行挑選的一種便利方式。舉個例子，假設我們想要計數在某段文字中，五個母音中每一個出現的頻率，我們的程式邏輯如下：

- 讀取輸入中的每個字元。
- 將每個字元與母音組做比較。
- 如果該字元匹配母音之一，就為那個母音的計數值加 1。
- 顯示結果。

舉例來說，當我們將本章的文字作為此程式的輸入，輸出會是：

```
Number of vowel a: 3195
Number of vowel e: 6230
Number of vowel i: 3102
Number of vowel o: 3289
Number of vowel u: 1033
```

要解決這個問題，最直接的方式是使用一個 switch 述句：

```cpp
// 為每個母音初始化計數器
unsigned aCnt = 0, eCnt = 0, iCnt = 0, oCnt = 0, uCnt = 0;
char ch;
while (cin >> ch) {
    // 如果 ch 是一個母音，就遞增對應的計數器
    switch (ch) {
        case 'a':
            ++aCnt;
            break;
        case 'e':
            ++eCnt;
            break;
        case 'i':
            ++iCnt;
            break;
        case 'o':
            ++oCnt;
            break;
        case 'u':
            ++uCnt;
            break;
    }
}
// 印出結果
cout << "Number of vowel a: \t" << aCnt << '\n'
     << "Number of vowel e: \t" << eCnt << '\n'
     << "Number of vowel i: \t" << iCnt << '\n'
     << "Number of vowel o: \t" << oCnt << '\n'
     << "Number of vowel u: \t" << uCnt << endl;
```

switch 述句執行的方式是先估算接在關鍵字 switch 後那個用括弧包起來的運算式。那個運算式可能是一個已初始化的變數宣告（§5.2）。這個運算式會被轉換為整數型別。此運算式的結果會與每個 case 的關聯值做比較。

如果運算的值匹配某個 case 標籤的值，程式就會從那個標籤的第一個述句開始執行。執行一般會從那個述句繼續下去直到 switch 的結尾或碰到一個 break 述句為止。

我們會在 §5.5.1 更詳細說明 break 述句，不過簡而言之，一個 break 會中斷目前的控制流程。在此例中，break 會將控制權轉移到 switch 之外。在這個程式中，switch 是一個 while 的主體中唯一的述句。跳出這個 switch 會使控制權回歸到外層的 while。因為那個 while 中沒有其他的述句，程式就會從那個 while 中的條件接續執行。

若沒找到匹配的，執行就會掉落到接在 switch 後的第一個述句。如我們已經知道的，在這個例子中，退出 switch 會將控制權回交給 while 中的條件。

case 關鍵字及其關聯的值通常統稱為 **case 標籤（case label）**。case 標籤必須是整數值的常數運算式（§2.4.4）：

```
char ch = getVal();
int ival = 42;
switch(ch) {
    case 3.14: // 錯誤：case 標籤是非整數值
    case ival: // 錯誤：case 標籤是非常數
    // ...
```

若有任兩個 case 標籤具有相同的值，那就會是一個錯誤。也存在有一種特例標籤（special-case label），即 default，我們會在後面涵蓋之。

一個 switch 中的控制流程

要理解的一個重點是，執行流程會跨越 case 標籤。找到一個匹配的 case 標籤後，會從那個標籤開始執行，並且接續到後面剩餘的所有 case，直到程式明確中斷它為止。要避免執行到後續 case 的程式碼，我們必須明確告知編譯器停止執行。在多數情況下，下一個 case 標籤前最後一個述句都會是 break。

然而，在某些情況中，預設的 switch 行為正好是所需的。每個 case 標籤都只能有單一個值，但有時我們有兩個或更多個值需要共用一組共通的動作。在這種情況下，我們會省略 break 述句，允許程式一路落經（*fall through*）多個 case 標籤。

舉例來說，我們可能只想要計算母音的總數：

```
unsigned vowelCnt = 0;
// ...
switch (ch)
{
    // 只要有出現 a、e、i、o 或 u，就遞增 vowelCnt
    case 'a':
    case 'e':
    case 'i':
    case 'o':
    case 'u':
        ++vowelCnt;
        break;
}
```

這裡我們將數個 case 標籤堆疊了起來，其間沒有 break。只要 ch 是個母音就會執行相同的程式碼。

因為 C++ 程式的形式自由（free-form），case 標籤不需要出現在新的一行上。我們可以將上面那些 case 列在單一行上，以強調它們代表一個範圍的值：

```
switch (ch)
{
    // 另一種合法語法
    case 'a': case 'e': case 'i': case 'o': case 'u':
        ++vowelCnt;
        break;
}
```

省略 case 尾端的 break 很少是必要的。如果你需要省略一個 break，請附上註解說明其間的邏輯。

忘記加上一個 **break** 是臭蟲常見的來源

一個常見的誤會是，只有與匹配的 case 標關聯的述句會被執行。舉例來說，這裡有我們的母音計數 switch 述句**不正確**的實作：

```
// 警告：這是刻意做錯的！！
switch (ch) {
    case 'a':
        ++aCnt; // 糟糕：應該有一個 break 述句
    case 'e':
        ++eCnt; // 糟糕：應該有一個 break 述句
    case 'i':
        ++iCnt; // 糟糕：應該有一個 break 述句
    case 'o':
        ++oCnt; // 糟糕：應該有一個 break 述句
    case 'u':
        ++uCnt;
}
```

要了解發生了什麼事，先假設 ch 的值是 'e'。執行會跳到接在 case 'e' 標籤後的程式碼，這會遞增 eCnt。接著執行會繼續跨越剩餘的 case 標籤，也一起遞增 iCnt、oCnt 與 uCnt。

雖然為 switch 最後的一個標籤加上 break 並非必要，最安全的辦法還是為它提供一個。如此一來，如果之後需要加上額外的 case，就不怕少加 break。

default 標籤

接在 **default 標籤**後的述句會在沒有 case 標籤符合 switch 運算式的值之時被執行。舉例來說，我們想要新增一個計數器來追蹤讀取了多少個非母音。我們會在 default 情況中遞增此計數器，並將它命名為 otherCnt：

```
// 如果 ch 是一個母音，就遞增對應的計數器
switch (ch) {
    case 'a': case 'e': case 'i': case 'o': case 'u':
        ++vowelCnt;
        break;
    default:
        ++otherCnt;
        break;
}
```

在這個版本中，如果 ch 不是母音，程式就會從 default 標籤開始執行，並遞增 otherCnt。

 即使 default 不是必要的，定義一個 default 標籤有時可能會有用處。定義一個空的 default 段落等於向後續的讀者表明我們有考慮過那種情況。

一個標籤不可以單獨存在，它必須接在一個述句或另一個 case 標籤前。如果一個 switch 以沒事情要做的一個 default case 作為結尾，那麼這個 default 標籤後就必須接著一個 null statement 或一個空的區塊。

在一個 switch 主體內的變數定義

如我們見過的，一個 switch 中的執行可能跳過 case 標籤。當執行跳到一個特定的 case，出現在 switch 內在那個標籤之前的所有程式碼都會被忽略。程式碼會被跳過的這個事實引發了一個有趣的問題：如果被跳過的程式碼包含變數定義，那會發生什麼事？

答案就是：從帶有一個初始器的某個變數是在範疇外的地方跳到該變數是在範疇內的地方是非法行為：

```
case true:
    // 這個 switch 述句是非法的，因為這些初始化可能會被跳過
    string file_name;      // 錯誤：跳過了一個隱含初始化的變數
    int ival = 0;          // 錯誤：跳過了一個明確初始化的變數
    int jval;              // ok：因為 jval 並未初始化
    break;
case false:
    // ok：jval 在範疇內但未經初始化
    jval = next_num(); // ok：指定一個值給 jval
    if (file_name.empty()) // file_name 有在範疇內但沒有初始化
        // ...
```

假設這段程式碼是合法的，那麼任何時候流程控制跳到了 false case，就會跳過 file_name 和 ival 的初始化。那些變數會在範疇中。接在 false 後的程式碼可以使用那些變數。然而，這些變數不會經過初始化。結果就是，如果那個有初始化的變數在控制要轉移至之處是在範疇內，此語言就不允許我們跳過初始化。

如果我們需要為某個特定的 case 定義並初始化一個變數，我們可以藉由在一個區塊內定義該變數來這麼做，如此能夠確保那個變數在後續任何標籤所在位置都是範疇外的。

```
case true:
    {
        // ok：在一個述句區塊中的宣告述句
        string file_name = get_file_name();
        // ...
    }
    break;
case false:
        if (file_name.empty()) // 錯誤：file_name 不在範疇內
```

習題章節 5.3.2

練習 5.9：使用一系列的 if 述句寫一個程式計數從 cin 讀入的文字中母音的總數。

練習 5.10：我們實作的母音計數程式有一個問題：它不會把大寫字母算為母音。寫個能夠將大小寫字母都適切地算為母音的程式，也就是說，你的程式應該將 'a' 及 'A' 都累計到 aCnt，依此類推。

練習 5.11：修改我們的母音計數程式，讓它也計數讀到的空格、tabs 以及 newlines。

練習 5.12：修改我們的母音計數程式，讓它計數下列雙字母序列出現的頻率：ff、fl 與 fi。

練習 5.13：列於後面「用於練習 5.13 的程式碼」中的每個程式都含有一個常見的程式設計錯誤。請找出並更正每個錯誤。

5.4 迭代式的述句

迭代式的述句（iterative statements），通常稱做迴圈（loop），讓我們能夠重複執行直到某個條件變為真為止。while 和 for 述句會在執行主體前測試條件。do while 則是執行其主體，然後再測試條件。

5.4.1 while 述句

一個 **while 述句**會在某個條件為真的情況下，重複執行一個目標述句，其語法形式為

```
while (condition)
    statement
```

在一個 while 中，只要 *condition* 估算的結果為 true，*statement*（經常是一個區塊）就會被執行。*condition* 不能是空的。如果第一次估算 *condition* 就產出 false，*statement* 就不會執行。

其中的條件（condition）可以是一個運算式或一個初始化的變數宣告（§5.2）。一般來說，條件本身或迴圈主體必須做某些事情來改變該運算式的值才行。否則，迴圈可能永遠不會終止。

> **Note** 定義在一個 while 條件或 while 主體中的變數會在每次迭代（iteration）創建和摧毀。

使用一個 while 迴圈

當我們想要無限期的迭代執行，一般就會使用 while 迴圈，例如讀取輸入時。如果我們想要在迴圈完成後取用迴圈控制變數的值，那麼 while 也會有用處。舉例來說：

用於練習 5.13 的程式碼

```
(a)  unsigned aCnt = 0, eCnt = 0, iouCnt = 0;
     char ch = next_text();
     switch (ch) {
         case 'a': aCnt++;
         case 'e': eCnt++;
         default: iouCnt++;
     }

(b)  unsigned index = some_value();
     switch (index) {
         case 1:
             int ix = get_value();
             ivec[ ix ] = index;
             break;
         default:
             ix = ivec.size()-1;
             ivec[ ix ] = index;
     }

(c)  unsigned evenCnt = 0, oddCnt = 0;
     int digit = get_num() % 10;
     switch (digit) {
         case 1, 3, 5, 7, 9:
             oddcnt++;
             break;
         case 2, 4, 6, 8, 10:
             evencnt++;
             break;
     }

(d)  unsigned ival=512, jval=1024, kval=4096;
     unsigned bufsize;
     unsigned swt = get_bufCnt();
     switch(swt) {
         case ival:
             bufsize = ival * sizeof(int);
             break;
         case jval:
             bufsize = jval * sizeof(int);
             break;
         case kval:
             bufsize = kval * sizeof(int);
             break;
     }
```

```
vector<int> v;
int i;
// 持續讀取，直到檔案結尾（end-of-file）或其他的輸入錯誤發生
while (cin >> i)
    v.push_back(i);
// 找出第一個負的元素
auto beg = v.begin();
while (beg != v.end() && *beg >= 0)
    ++beg;
if (beg == v.end())
    // 我們知道 v 中所有的元素都大於或等於零
```

第一個迴圈從標準輸入讀取資料。我們並不知道這個迴圈將會執行多少次。條件會在 cin 讀到無效資料、遭遇其他的輸入失敗，或碰到檔案結尾時失效。第二個迴圈會持續執行直到找到一個負值為止。當迴圈終止，beg 不是等於 v.end() 就是代表 v 中一個值小於零的元素。我們可以在 while 外使用 beg 的狀態來決定進一步的處理工作。

習題章節 5.4.1

練習 5.14：寫個程式從標準輸入讀取 string，尋找重複的字詞。這個程式應該在輸入中找尋一個字詞後緊接著自身的地方。記錄重複最多的次數，以及重複的是哪個字。印出次數最多的重複，或印出一個訊息表示沒有任何字詞重複。舉例來說，如果輸入是

```
how now now now brown cow cow
```

那麼輸出就應該指出 now 這個字出現了三次。

5.4.2 傳統的 for 述句

for 述句的語法形式為：

```
for (init-statement condition; expression)
    statement
```

for 關鍵字以及括弧內的部分經常被稱作 for 標頭（header）。

init-statement 必須是一個宣告述句、運算式述句，或一個 null statement。這些述句都以一個分號結尾，因此這個語法形式也可被想成是

```
for (initializer; condition; expression)
    statement
```

一般來說，*init-statement* 用來初始化或指定最初的值，這個值會在迴圈執行過程中被修改。*condition* 的功用是控制迴圈。只要 *condition* 估算為 true，*statement* 就會被執行。如果第一次估算 *condition* 就產出 false，*statement* 就不會執行。*expression* 通常會修改在 *init-statement* 中初始化或在 *condition* 中測試的那些變數。*expression* 會在迴圈的每次迭代後被估算。如同以往，*statement* 可以是單一述句或一個複合述句。

傳統 `for` 迴圈中的執行流程

給定下列來自 §3.2.3 的 for 迴圈：

```
// 處理 s 中的字元，直到用盡字元或遇到一個空白
for (decltype(s.size()) index = 0;
     index != s.size() && !isspace(s[index]); ++index)
        s[index] = toupper(s[index]);  // 將目前字元大寫
```

估算的順序如下：

1. *init-statement* 會在迴圈啟動時執行一次。在這個例子中，index 被定義了，並初始化為零。

2. 接著，*condition* 被估算。如果 index 不等於 s.size() 且位於 s[index] 的字元不是空白，就執行 for 主體。否則，迴圈結束。如果在第一次迭代條件就為 false，for 的主體就完全不會執行。

3. 如果條件為 true，for 的主體就會執行。在此例中，for 主體會使位在 s[index] 的字元變為大寫。

4. 最後，*expression* 會被估算。在此例中，index 會遞增 1。

這四個步驟代表 for 迴圈的第一次迭代。步驟 1 只會在進入迴圈時執行一次。步驟 2、3 和 4 會一直重複，直到條件估算的結果為 false，也就是說，當我們在 s 中遇到一個空白字元，或 index 大於 s.side() 的時候。

值得記住的一個重點是，在 for 標頭中定義的任何物件都只在 for 迴圈的主體中看得見。因此，在這個例子中，index 無法在 for 完成之後存取。

`for` 標頭中的多重定義

就跟其他的任何宣告一樣，*init-statement* 可以定義數個物件。然而，*init-statement* 只能是單一的宣告述句。因此，所有的變數都必須有相同的基礎型別（§2.3）。舉個例子，我們可以寫一個迴圈在尾端重複一個 vector 的元素，如下：

```
// 記住 v 的 size，並在我們到達原本的最後一個元素時停止
for (decltype(v.size()) i = 0, sz = v.size(); i != sz; ++i)
    v.push_back(v[i]);
```

在這個迴圈中，我們在 *init-statement* 中定義了索引 index，以及迴圈控制變數 sz。

省略部分的 `for` 標頭

在一個 for 標頭中，我們能夠省略 *init-statement*、*condition* 或 *expression* 中任何一個（或全部）。

沒必要初始化時，我們可以使用一個 null 述句作為 *init-statement*。舉例來說，我們可以改寫會在一個 vector 中找尋負值的那個迴圈，讓它使用一個 for：

```
auto beg = v.begin();
for ( /* null */; beg != v.end() && *beg >= 0; ++beg)
    ; // 沒有工作要做
```

請注意這裡的分號是必要的，以指出 *init-statement* 的缺乏，更精確的說，這裡的分號代表一個 null 的 *init-statement*。在這個迴圈中，for 主體也是空的，因為迴圈所有的工作都在 for 條件和運算式中做完了。這裡的條件決定何時停止查看，而運算式則遞增迭代器（iterator）。

省略 *condition* 等同於寫了 true 作為條件。因為條件永遠都會估算為 true，所以 for 迴圈必須含有能夠退出迴圈的一個述句。否則迴圈將會無限期執行下去：

```
for (int i = 0; /* 沒有條件 */ ; ++i) {
    // 處理 i，迴圈內的程式碼必須停止迭代！
}
```

我們也能夠省略 for 標頭的 *expression*。在這種迴圈中，條件或主體必須做些事情來推進迭代。舉個例子，我們可以改寫將輸入讀到由 int 所構成的一個 vector 中的那個 while 迴圈：

```
vector<int> v;
for (int i; cin >> i; /* 沒有 expression */ )
    v.push_back(i);
```

這個迴圈不需要那個運算式是因為其中的條件會改變 i 的值。這裡的條件會測試輸入資料流，以確保迴圈會在我們讀完所有的輸入或遭遇輸入錯誤時結束。

5.4.3 範圍 for 述句

新標準引進了一種較為簡單的 for 述句，可用來迭代過一個容器（container）或其他序列（sequence）的元素。**range for 述句**的語法形式為：

```
for (declaration : expression)
    statement
```

expression 必須代表一個序列，例如一個大括號圍起的初始器串列（§3.3.1）、一個陣列（§3.5），或特定型別的一個物件，例如 vector 或 string 這類具有 begin 和 end 成員，會回傳迭代器（iterators，§3.4）的型別。

declaration 定義一個變數。序列中的每個元素都必須能夠轉換為此變數的型別（§4.11）。確保型別符合最簡單的方法是是使用 auto 型別指定符（§2.5.2）。那樣一來編譯器就會為我們推斷出型別。如果我們想要寫入序列中的元素，迴圈變數必須是參考型別（reference type）。

習題章節 5.4.2

練習 5.15：解釋下列每個迴圈。更正你所偵測到的任何問。

(a)　```
     for (int ix = 0; ix != sz; ++ix) { /* ... */ }
     if (ix != sz)
         // ...
     ```

(b)　```
     int ix;
     for (ix != sz; ++ix) { /* ... */ }
     ```

(c)　```
     for (int ix = 0; ix != sz; ++ix, ++ sz) { /* ... */ }
     ```

**練習 5.16**：while 迴圈特別適合用於某個條件成立時就要重複執行的工作，例如當我們需要不斷讀取值，直到檔案結尾為止的時候。for 迴圈一般被想成是一種逐步迴圈（step loop）：藉由一個索引逐步處理過某個群集（collection）中一整個範圍（range）的值。以這兩個迴圈各自的習慣用法寫出兩個程式使用它們，然後改以另一個迴圈構造改寫這兩個程式。如果你只能使用一種迴圈，你會選哪個？為什麼呢？

**練習 5.17**：給定由 int 組成的兩個 vector，寫一個程式來判斷其中一個 vector 是否為另一個的前綴（prefix）。對於長度不同的 vector，比較較小 vector 的元素數。舉例來說，若給定分別含有 0、1、1 與 2 以及 0、1、1、2、3、5、8 的兩個 vector，你的程式應該回傳 true。

---

每次迭代時，控制變數都會被定義並初始化為序列中的下個值，然後才執行 *statement*。如同以往，*statement* 可以是單一述句或一個區塊。一旦所有的元素都處理過了，執行就結束。

我們已經見過數個這種迴圈，但為了完整，這裡是會將一個 vector 中每個元素都加倍的一個例子：

```
vector<int> v = {0,1,2,3,4,5,6,7,8,9};
// 範圍變數必須是一個參考，如此我們才能寫入元素
for (auto &r : v)      // 對 v 中的每個元素
    r *= 2;            // 讓 v 中每個元素的值都變為兩倍
```

這裡的 for 標頭宣告了迴圈控制變數 r，並將之關聯至 v。我們使用 auto 來讓編譯器為 r 推斷出正確的型別。因為我們想要改變 v 中元素的值，我們將 r 宣告為一個參考。當我們在迴圈內部對 r 進行指定，那個指定會改變 r 所繫結的元素。

以傳統的 for 定義出的等效的範圍 for 會是這樣：

```
for (auto beg = v.begin(), end = v.end(); beg != end; ++beg) {
    auto &r = *beg; // r 必須是一個參考我們才能變更元素
    r *= 2;         // 將 v 中的每個元素變為兩倍
}
```

現在我們知道範圍 for 如何運作了，我們就能了解為何我們會在 §3.3.2 中說我們無法使用一個範圍 for 來新增元素到一個 vector（或其他容器）。在一個範圍 for 中，end() 的值是有快取（cached）的。如果我們新增元素到序列（或從之移除），end 的值可能會無效化（§3.4.1）。我們會在 §9.3.6 更深入討論這個主題。
```

5.4.4 **do while** 述句

do while 述句就像 while，但其條件是在述句主體完成後才被測試。不管條件的值為何，我們至少都會執行迴圈一次。其語法形式如下：

```
do
        statement
while (condition);
```

 一個 do while 結束於括弧圍起的條件後的一個分號。

在 do 中，*statement* 會在 *condition* 被估算前執行。*condition* 不可以是空的。如果 *condition* 估算為 false，那麼迴圈就終結；否則，迴圈就重複。用於 *condition* 中的變數必須在 do while 述句的主體外有定義。

我們可以寫一個程式，使用 do while（無限期地）進行加總：

```cpp
// 重複請求使用者輸入要加總的一對數字
string rsp; // 用於條件；不能定義在 do 內部
do {
    cout << "please enter two values: ";
    int val1 = 0, val2 = 0;
    cin  >> val1 >> val2;
    cout << "The sum of " << val1 << " and " << val2
         << " = " << val1 + val2 << "\n\n"
         << "More? Enter yes or no: ";
    cin  >> rsp;
} while (!rsp.empty() && rsp[0] != 'n');
```

這個迴圈一開始會提示使用者輸入兩個數字，然後印出它們的總和，並詢問使用者是否希望繼續進行加總工作。其中的條件檢查使用者的回應。如果使用者沒給回應，或輸入以一個 n 開頭，就會退出迴圈。否則就重複迴圈。

因為條件會等到述句或區塊執行後才會被估算，do while 不允許條件內的變數定義：

```cpp
do {
    // ...
    mumble(foo);
} while (int foo = get_foo()); // 錯誤：在一個 do 條件中宣告
```

假設我們可以在條件中定義變數，那麼那些變數的使用必然會發生在它們定義之前！

練習 5.18：解釋下列的迴圈。更正你所偵測到的任何問題。

```
(a)  do
         int v1, v2;
         cout << "Please enter two numbers to sum:" ;
         if (cin >> v1 >> v2)
             cout << "Sum is: " << v1 + v2 << endl;
     while (cin);
(b)  do {
         // ...
     } while (int ival = get_response());
(c)  do {
         int ival = get_response();
      } while (ival);
```

練習 5.19：寫一個程式，使用 do while 向使用者重複請求兩個 string，並回報哪個 string 比較短。

5.5 跳躍述句

跳躍述句（jump statements）會中斷（interrupt）執行的流程。C++ 提供了四種跳躍：break、continue 與 goto，這些涵蓋於本章，還有 return 述句，這會在 §6.3 中描述。

5.5.1 **break** 述句

一個 **break 述句**會終止包覆在外層最接近的 while、do while、for 或 switch 述句。執行會於緊接在被終結的述句之後的述句繼續。

break 只能出現在迭代述句（iteration statement）或 switch 述句（包括嵌入在這種迴圈中的述句或區塊的內部）中。一個 break 只會影響包覆在外最接近的迴圈或 switch：

```
string buf;
while (cin >> buf && !buf.empty()) {
    switch(buf[0]) {
    case '-':
        // 處理到第一個空白為止
        for (auto it = buf.begin()+1; it != buf.end(); ++it) {
            if (*it == ' ')
                break; // #1，離開 for 迴圈
            // ...
        }
        // break #1 會把控制權轉移至此
        // 剩餘的 '-' 處理：
        break; // #2 離開 switch 述句
    case '+':
        // ...
    } // 結束 switch
```

```
        // switch 尾端：break #2 將控制權轉移至此
    } // 結束 while
```

標示為 #1 的 break 終止接在連字號 case 標籤後的 for 迴圈。它並沒有終止外圍的 switch 述句，而事實上甚至沒有終止那個 case 的處理。處理流程接續於 for 後面的第一個述句，那裡可能會有額外的程式碼用以處理一個連字號（hyphen）或者那個 break 完結了該區段。

標為 #2 的 break 終結 switch，但並沒有終結外圍的 while 迴圈。處理流程會接在那個 break 之後，繼續執行 while 中的條件。

習題章節 5.5.1

練習 5.20：寫一個程式從標準輸入讀取一序列的 string，直到相同的字詞（word）連續出現兩次，或所有的字都已讀完為止。使用一個 while 迴圈從文字輸入一次讀取一個字。使用 break 述句在某個字連續出現兩次時，終結迴圈。如果是出現兩次，就印出那個字，不然就印出一個訊息指出沒有重複的字。

5.5.2 **continue** 述句

continue 述句會終止最接近的外圍迴圈目前的迭代（current iteration），並即刻開始下次迭代。一個 continue 只能出現在 for、while 或 do while 迴圈內，包括出現在內嵌於此類迴圈中的那些述句或區塊內部。跟 break 一樣，在巢狀迴圈（nested loop）內的一個 continue 只會影響最接近的外圍迴圈。不同於 break，除非那個 switch 內嵌在某個迭代述句中，不然一個 continue 不能出現在 switch 內。

一個 continue 會中斷目前的迭代，執行流程仍然留在迴圈內。對 while 或 do while 而言，執行流程會接著估算條件。在傳統的 for 迴圈中，執行會接續於 for 標頭內的 *expression*。在一個範圍 for 中，執行會接著用序列中的下一個元素來初始化控制變數。

舉例來說，下列的迴圈會從標準輸入一次讀入一個字。只有以一個底線（underscore）開頭的字詞會被處理。對於任何其他的值，我們會終止目前迭代，然後取得下個輸入：

```
string buf;
while (cin >> buf && !buf.empty()) {
    if (buf[0] != '_')
        continue; // 取得另一個輸入
    // 仍然在此？輸入以一個底線開頭；處理 buf ...
}
```

練習 5.21：修改 §5.5.1 中的練習，讓它僅尋找以一個大寫字母開頭的重複字詞。

5.5.3 goto 述句

goto 述句提供了一種方式，讓你從 goto 無條件跳躍到相同函式中的另一個述句。

程式不應該使用 goto。goto 會使程式難以理解而且不容易修改。

一個 goto 述句的語法形式為

```
goto label;
```

其中 *label* 是一個識別字（identifier），識別一個述句。一個**帶標籤的述句（labeled statement）**是前面接著一個識別字和一個冒號（colon）的述句：

```
end: return;  // 帶標籤的述句；可以是一個 goto 的目標
```

標籤識別字（label identifiers）獨立於用於變數的名稱和其他識別字之外。因此，一個標籤可以跟程式中的另一個實體有相同的識別字，而不會干擾該識別字的其他使用。goto 與它向之轉移控制權的帶標籤述句必須位在同一個函式（function）中。

就跟 switch 述句一樣，一個 goto 無法將控制權從某個有初始化的變數是在範疇外的地方轉移到該變數是在範疇內的地方：

```
    // ...
    goto end;
    int ix = 10;  // 錯誤：goto 跳過了一個有初始化的變數定義
end:
    // 錯誤：這裡的程式碼可以使用 ix，但 goto 跳過了它的宣告
    ix = 42;
```

往回跳過一個已經執行過的定義是沒有問題的。跳回到一個變數被定義之前的地方會摧毀該變數並再次建構它：

```
    //   往回跳過一個已經初始化過的變數定義是沒問題的
  begin:
    int sz = get_size();
    if (sz <= 0) {
        goto begin;
    }
```

在此 sz 會在 goto 執行時被摧毀。跳回 begin 後，當控制流程再次經過其定義，這個變數會重新被定義並初始化。

> **習題章節 5.5.3**
>
> **練習 5.22：** 本節最後一個會跳回 begin 的那個範例用一個迴圈來寫會比較好。請改寫那段程式碼，消除 goto 的使用。

5.6 **try** 區塊與例外處理

例外（exceptions）是執行時期發生的異常狀況，例如失去資料庫連線，或遭遇非預期的輸入，是在程式正常功能以外的異常。處理異常行為很可能會是設計任何系統時最困難的部分。

例外處理通常會在程式的某個部分偵測到它無法解決的問題而且也沒辦法繼續執行下去時使用。在這種情況下，偵測到問題的部分需要某種方式來示意有事情發生而它無法繼續執行。此外，偵測到問題的部分也需要在不知道程式的哪個部分會處理例外情況的前提下進行示意。一旦示意完發生了什麼事，偵測到問題的部分就停止處理工作。

含有可能提出例外的程式碼的程式（通常）會有另一個部分來處理所發生的事，不管是何事。舉例來說，如果問題是無效的輸入，處理問題的部分可能會要求使用者提供正確的輸入。如果失去資料庫連線，處理的部分可能會對作業員提出警示。

例外處理支援程式偵測問題的部分（detecting part）和處理問題的部分（handling part）之間的這種合作。在 C++ 中，例外處理涉及了

- **throw** 運算式，偵測問題的部分用它來表明它碰上了無法處理的事情。我們說一個 throw **提出（raises）**一個例外。
- **try** 區塊，處理問題的部分用它來處理被提出的例外。一個 try 區塊以關鍵字 try 開頭，並以一或多個 **catch 子句**做結。在一個 try 區塊內執行的程式碼所擲出的例外通常會由其中一個 catch 子句來處理。因為它們負責「處理（handle）」例外，catch 子句也被稱作**例外處理器（exception handlers）**。
- 一組 **exception 類別**，用來在一個 throw 和與其關聯的一個 catch 之間傳遞所發生的事情的資訊。

在本節剩餘的部分，我們會介紹例外處理的這三個組成部分。我們也會在 §18.1 更深入探討例外。

5.6.1 **throw** 運算式

程式偵測問題的部分使用一個 throw 運算式來提出一個例外。一個 throw 由關鍵字 throw 後面接著一個運算式所構成。這個運算式的型別決定了所發現的例外是哪一種。一個 throw 運算式後面通常會接著一個分號，使它成為一個運算式述句（expression statement）。

舉個簡單的例子，請回想 §1.5.2 中那個會將兩個型別為 Sales_item 的物件相加的程式。那個程式會檢查它所讀到的記錄是否指到同一本書。若非如此，它會印出一個訊息並退出。

```
Sales_item item1, item2;
cin >> item1 >> item2;
// 先檢查 item1 和 item2 是否代表同一本書
if (item1.isbn() == item2.isbn()) {
    cout << item1 + item2 << endl;
    return 0; // 代表成功
} else {
    cerr << "Data must refer to same ISBN"
              << endl;
    return -1;  // 代表失敗
}
```

在更為真實的程式中，可能會讓相加兩個物件的部分與管理使用者互動的部分彼此分離。在此例中，我們可以改寫其中的測試，擲出一個例外，而非回傳錯誤指示器：

```
// 先檢查資料是否來自相同項目（item）
if (item1.isbn() != item2.isbn())
    throw runtime_error("Data must refer to same ISBN");
// 如果仍然在此，那麼 ISBN 就會是相同的
cout << item1 + item2 << endl;
```

在這段程式碼中，如果 ISBN 有異，我們就會擲出（throw）一個運算式，它是型別為 runtime_error 的一個物件。擲出一個例外的動作會終止目前的函式，並將控制權轉移到知道如何處理那個錯誤的某個處理器（handler）。

型別 runtime_error 是標準程式庫的例外型別（standard library exception types）之一，定義於 stdexcept 標頭中。我們會在 §5.6.3 進一步談論這些型別。我們必須賦予 runtime_error 一個 string 或 C-style 的字元字串（§3.5.4）。該字串為發生的問題提供額外的資訊。

5.6.2 try 區塊

一個 try 區塊的一般形式為

```
try {
    program-statements
} catch (exception-declaration) {
    handler-statements
} catch (exception-declaration) {
    handler-statements
} // ...
```

一個 try 區塊以關鍵字 try 開頭，後面接著一個區塊，如同以往，這個區塊會是包在大括號中的一序列述句。

接在 try 區塊後的，是一連串一或多個 catch 子句（**clauses**）。一個 catch 由三個部分構成：關鍵字 catch、在括弧內的一個物件（可能無名）宣告（這被稱為一個**例外宣告，exception declaration**），以及一個區塊。當一個 catch 被選取來處理某個例外，其關聯的區塊就會被執行。一旦 catch 處理完畢，流程就會在 try 區塊最後一個 catch 子句後緊接的述句接續執行。

try 內的 *program-statements* 構成了程式的正常邏輯。就像任何其他的區塊，它們可以含有任何 C++ 述句，包括宣告。就跟任何區塊一樣，在一個 try 區塊內宣告的變數在該區塊外是無法取用的，特別是，那些 catch 子句也無法存取它們。

撰寫一個處理器

在前面的例子中，我們用了一個 throw 來避免相加代表不同本書的兩個 Sales_item。我們想像相加兩個 Sales_item 的程式部分會和程式中與使用者溝通的部分相互分離。與使用者互動的部分可能會含有像下面這樣的程式碼來處理所擲出的例外：

```
while (cin >> item1 >> item2) {
    try {
        // 執行會相加兩個 Sales_item 的程式碼
        // 如果相加失敗，程式碼就會擲出一個 runtime_error 例外
    } catch (runtime_error err) {
        // 提醒使用者 ISBN 必須一樣，並提示輸入另一對記錄
        cout << err.what()
             << "\nTry Again? Enter y or n" << endl;
        char c;
        cin >> c;
        if (!cin || c == 'n')
            break;  // 跳出 while 迴圈
    }
}
```

管理與使用者互動的程式一般邏輯出現在那個 try 區塊內。這個部分的程式碼之所以包在一個 try 中，是因為它可能會擲出一個型別為 runtime_error 的例外。

這個 try 區塊有單一個 catch 子句，處理型別為 runtime_error 的例外。區塊中接在 catch 後的述句會在 try 內的程式碼擲出一個 runtime_error 時被執行。我們的 catch 處理錯誤的方式是印出一個訊息，並要求使用決定是否繼續。如果使用者輸入 'n'，那麼 break 就會被執行，我們會退出 while。否則，執行會掉落至 while 結尾的右大括號，將控制權轉移回 while 的條件以進行下一次迭代。

請求使用者輸入的提示會印出來自 err.what() 的回傳值。我們知道 err 的型別是 runtime_error，所以我們可以推斷 what 是 runtime_error 類別的一個成員函式（**member function**，§1.5.2）。標準程式庫的每個例外類別都定義了一個名為 what 的成員函式。這些函式不接受引數（**arguments**）並回傳一個 C-style 的字元字串（即一個 const char*）。

runtime_error 的 what 成員會回傳用來初始化那個特殊物件的 string 的一個拷貝。如果前一節所描述的程式碼擲出一個例外，那麼這個 catch 就會印出

```
Data must refer to same ISBN
Try Again? Enter y or n
```

搜尋處理器時會退出函式

在複雜的系統中，一個程式的執行路徑在遇到擲出例外的程式碼前可能會經過多個 try 區塊。舉例來說，一個 try 區塊可能呼叫含有一個 try 的某個函式，而這個函式會呼叫另一個具有自己的 try 的函式，依此類推。

處理器的搜尋過程會在這個呼叫串鏈（call chain）上反向進行。當某個例外被擲出，直接擲出該例外的函式會先被搜尋。如果找不到符合的 catch，那個函式就會終止。呼叫擲出例外的函式之函式會接著被搜尋。如果找不到處理器，該函式也會退出。接著再搜尋那個函式的呼叫者，依此類推，往回在執行路徑上搜尋，直到具有適當型別的一個 catch 被找到了為止。

如果找不到適當的 catch，執行流程就會轉移到名為 **terminate** 的一個程式庫函式。這個函式的行為取決於所在系統，但能保證會停止程式進一步的執行。

在沒有定義任何 try 區塊的程式中發生的例外也會以相同方式處理：畢竟，若沒有 try 區塊，就不會有任何處理器。如果一個程式沒有 try 區塊，而有某個例外發生，那麼 terminate 就會被呼叫，退出程式。

注意：撰寫能安全處理例外的程式碼非常困難

要了解的一個重點是，例外會中斷程式的正常流程。在例外發生的地方，呼叫者所請求的某些計算可能已經完成，然而其他的依然未完成。一般來說，跳過部分的程式可能意味著一個物件會處在無效或不完整的狀態，或有某項資源未釋放，諸如此類的。會在例外處理過程中進行適當「清理（clean up）」的程式，我們就稱之為 *exception safe*。撰寫 exception safe 的程式相當困難，也（遠遠）超出這本語言入門書的範圍。

某些程式使用例外單純是為了在有例外情況發生時終結程式。這種程式一般不會擔心例外的安全性。

會處理例外並繼續執行的通常都必須一直注意是否可能發生例外，以及程式必須做什麼來確保物件處於有效狀態、資源不會外漏，還有程式如何回復到適當的狀態。

我們偶爾會指出一些常用來提升例外安全性的特殊技巧。然而，程式需要穩固的例外處理的讀者應該注意到，我們所涵蓋的技巧本身並不足以達到例外安全性。

5.6.3 標準例外

C++ 程式庫定義了數個類別用來回報在標準程式庫函式中遭遇的問題。這些例外類別也被預期用在我們所寫的程式中。這些類別定義在四個標頭中：

- exception 標頭定義最一般的例外類別，名為 exception。它所傳達的僅是有例外發生，但不提供額外資訊。
- stdexcept 標頭定義了數個一般用途的例外類別，列於表 5.1。
- new 標頭定義 bad_alloc 例外型別，會在 §12.1.2 中涵蓋。
- type_info 標頭定義 bad_cast 例外型別，會在 §19.2 中涵蓋。

表 5.1：定義於 **<stdexcept>** 的標準例外類別	
exception	最一般的問題。
runtime_error	只能在執行時期（run time）被偵測到的問題。
range_error	執行期錯誤：產生的結果值超出了有意義的範圍。
overflow_error	執行期錯誤：計算溢位了（overflowed）。
underflow_error	執行期錯誤：計算下溢了（underflowed）。
logic_error	程式邏輯中的錯誤。
domain_error	邏輯錯誤：所給的引數不存在結果。
invalid_argument	邏輯錯誤：不適當的引數。
length_error	邏輯錯誤：試圖創建一個大於該型別最大大小的物件。
out_of_range	邏輯錯誤：用了一個在有效範圍外的值。

程式庫例外類別僅有少數幾個運算。我們可以創建、拷貝及指定任何例外型別的物件。

我們只能預設初始化（default initialize，§2.2.1）exception、bad_alloc 與 bad_cast 物件，你無法為這些例外型別的物件提供初始器（initializer）。

其他的例外型別有相反的行為：我們可以用一個 string 或 C-style 字串初始化那些物件，但我們**無法**預設初始化它們。當我們創建這些其他的例外型別的物件，我們必須提供一個初始器，這個初始器用來提供所發生的錯誤之額外資訊。

這些例外型別只定義了單一個名為 what 的運算，這個函式不接受引數，並會回傳一個 const char*，指向一個 C-style 的字元字串（§3.5.4）。這個 C-style 字元字串的用途是為所擲出的例外提供某種文字敘述。

what 所回傳的 C-style 字串之內容取決於例外物件的型別。對於接受一個字串初始器的那些型別，what 函式會回傳那個字串。對於其他型別，what 所回傳的字串之值會隨著編譯器而變。

習題章節 5.6.3

練習 5.23：寫一個程式從標準輸入讀取兩個整數，並印出第一個數字除以第二個的結果。

練習 5.24：改寫你的程式，讓它在第二個數字是零的時候擲出一個例外。以一個零輸入測試你的程式，看看如果你不 catch 例外，在你的系統上會發生什麼事。

練習 5.25：改寫前一個練習你寫的程式，使用一個 try 區塊來 catch 那個例外。這個 catch 子句應該印出一個訊息給使用者，並要求他們提供一個新的數字，並重複 try 裡面的程式碼。

本章總結

C++ 提供了有限的幾個述句。其中大多數會影響一個程式中的控制流程:

- while、for 和 do while 述句提供了迭代式執行。
- if 與 switch 提供了條件式執行。
- continue 會停止一個迴圈目前的迭代。
- break 會退出一個迴圈或 switch 述句。
- goto 會把控制權轉移到一個帶標籤的述句。
- try 與 catch 定義一個 try 區塊,包圍一序列可能擲出例外的述句。catch 子句專門用來處理被包圍的那些程式碼可能擲出的例外。
- throw 運算式述句會退出一個區塊的程式碼,把控制權轉移到關聯的某個 catch 子句。
- return 會停止一個函式的執行(我們會在第 6 章涵蓋 return 述句)。

此外,還有運算式述句和宣告述句。一個運算式述句會使其中的運算式被估算。變數的宣告和定義在第 2 章中描述過了。

定義的詞彙

block(區塊) 圍在大括號中零或多個述句所構成的序列。一個區塊算是一個述句,所以它能夠出現在預期一個述句的任何地方。

break statement(break 述句) 終止最接近的外圍迴圈或 switch 述句。執行轉移到接在被終止的迴圈或 switch 後的第一個述句。

case label(case 標籤) 一個 switch 述句中接在關鍵字 case 後的常數運算式(§2.4.4)。同一個 switch 述句中任兩個 case 標籤都不能有相同的值。

catch clause(catch 子句) 由 catch 關鍵字、括弧中的一個例外宣告,以及一個述句區塊所構成。在一個 catch 子句內的程式碼會進行任何需要的步驟,以處理型別定義在其例外宣告中的一個例外。

compound statement(複合述句) 區塊的同義詞。

continue statement(continue 述句) 終止最接近的外圍迴圈目前的迭代。執行轉移至

while 或 do 中的迴圈條件,或範圍 for 的下次迭代,或傳統 for 迴圈標頭中的運算式。

dangling else(懸置的 else) 一種口語詞,用來指稱這種問題:在 if 比 else 多的 if 情況下,如何處理巢狀的 if 述句。在 C++ 中,一個 else 永遠都會與最接近的未匹配的 if 配成對。注意到大括號(curly braces)可用來有效地隱藏一個內層的 if,讓程式設計師能夠控制給定的 else 要與哪個 if 配對。

default label(default 標籤) 在 switch 運算式中計算出來未被其他 case 標籤匹配的任何值都會匹配這個標籤。

do while statement(do while 述句) 就像 while,只不過條件是在迴圈結尾測試,而非在開頭。do 裡面的述句至少會執行一次。

exception classes(例外類別) 標準程式庫所定義的一組類別,用來代表錯誤。表 5.1 列出了一般用途的例外類別。

exception declaration（**例外宣告**） 一個 catch 子句中的宣告。這個宣告指明那個 catch 能夠處理的例外型別。

exception handler（**例外處理器**） 處理在程式另一個部分提出的例外的程式碼。catch 子句的同義詞。

exception safe（**有例外安全性的**） 用來形容能在有例外擲出時正確動作的程式。

expression statement（**運算式述句**） 後面跟著一個分號的一個運算式。運算式述句會導致其中的運算式被估算。

flow of control（**控制流程**） 一個程式的執行路徑。

for statement（**for 述句**） 提供迭代式執行的迭代述句。一般用來逐步處理過一個容器中的元素，或以給定的次數重複某項計算。

goto statement（**goto 述句**） 導致無條件跳躍的一種述句，會將控制權轉移到同一個函式中所指定的帶標籤述句。goto 會使一個程式的控制流程變得不清楚，應該避免使用。

if else statement（**if else 述句**） 條件式地執行跟在 if 或 else 後的程式碼，依據條件的真假值進行。

if statement（**if 述句**） 依據所指定的條件之值進行的條件式執行。如果條件為 true，那麼 if 主體就會被執行。如果不是，控制權就流向 if 述句後面的述句。

labeled statement（**帶標籤的述句**） 前面接著一個標籤（label）的述句。一個標籤就是後面接著一個冒號的識別字。標籤識別字獨立於同一個識別字的其他用途。

null statement（**空述句**） 一個空的述句。由單一個分號來表示。

raise（**提出**） 經常用作 throw（擲出）的同義詞。C++ 程式設計師會交替使用「throwing（擲出）」或「raising（提出）」例外來描述例外的丟出。

range for statement（**範圍 for 述句**） 會迭代處理過一個序列的述句。

switch statement（**switch 述句**） 一種條件式述句，會先估算接在 switch 關鍵字後的運算式。控制權會傳到 case 標籤符合該運算式值的帶標籤述句。如果沒有符合的標籤，就會接著執行 default 標籤（如果有的話），或者掉到 switch 之外，如果沒有 default 標籤。

terminate 會在例外沒有被捕捉的情況下被呼叫的程式庫函式。terminate 會放棄程式的執行。

throw expression（**throw 運算式**） 會中斷目前執行路徑的運算式。每個 throw 都會擲出一個物件，並把控制權轉到最接近而且能夠處理所擲出的例外型別之外圍 catch 子句。

try block（**try 區塊**） 由關鍵字 try 和一或多個 catch 子句圍起的區塊。如果一個 try 區塊內的程式碼提出了一個例外，而其中一個 catch 子句匹配該例外的型別，那麼例外就會由那個 catch 處理。否則，例外就由外圍的某個 try 區塊處理或者程式終止。

while statement（**while 述句**） 只要一個指定的條件是 true，就持續執行其目標述句的一種迭代述句。述句會被執行零或多次，取決於條件的真假值。

6

函式

Functions

本章描述如何定義和宣告函式。我們會涵蓋引數如何傳遞，以及結果值如何從函式回傳。在 C++ 中，函式可以重載（overloaded），這表示我們可以為數個不同的函式使用相同的名稱。我們會涵蓋如何重載函式，以及編譯器如何為特定的呼叫從數個重載函式中挑選匹配的版本。本章最後會介紹指向函式的指標。

一個函式就是具有名稱的一個程式碼區塊。我們執行這段程式碼的方式是呼叫（calling）該函式。一個函式可以接受零或多個引數，而且（通常）會產出一個結果。函式可以被重載（overloaded），這表示同樣的名稱可以指稱數個不同的函式。

 ## 6.1 函式基礎

一個函式（*function*）定義通常由一個回傳型別（*return type*）、一個名稱，以及一串零或多個參數（*parameters*）所組成。參數指定的方式是以逗號區隔列出，並圍在括弧中。函式所進行的動作指定在一個述句區塊（§5.1）中，稱作函式主體（*function body*）。

我們透過**呼叫運算子**（**call operator**）來執行一個函式，它是一對括弧（a pair of parentheses）。呼叫運算子接受一個運算式，這個運算式是一個函式或指向一個函式。括弧裡面是以逗號分隔的一串引數（*arguments*）。引數用來初始化函式的參數。一個呼叫運算式的型別就是該函式的回傳型別。

撰寫一個函式

舉個例子，我們會寫一個函式來判斷一個給定的數字之階乘值（**factorial**）。一個數字 n 的階乘是數字從 1 到 n 的乘積，例如 5 的階層就是 120。

```
1 * 2 * 3 * 4 * 5 = 120
```

我們可以將這個函式定義如下：

```cpp
// val 的階乘是 val * (val - 1) * (val - 2) ... * ((val - (val - 1)) * 1)
int fact(int val)
{
    int ret = 1; // 計算過程中用來存放結果的區域變數
    while (val > 1)
        ret *= val--; // 指定 ret * val 給 ret 並遞減 val
    return ret; // 回傳結果
}
```

我們的函式名為 fact。它接受一個 int 參數，並回傳一個 int 值。為了計算階乘值，我們在 while 迴圈內使用後綴遞減運算子（postfix decrement operator，§4.5）以在每次迭代都將 val 的值遞減 1。return 述句結束了 fact 的執行，並回傳 ret 的值。

呼叫一個函式

要呼叫 fact，我們必須提供一個 int 值。呼叫的結果也會是一個 int：

```cpp
int main()
{
    int j = fact(5); // j 等於 120，也就是 fact(5) 的結果
    cout << "5! is " << j << endl;
    return 0;
}
```

一個函式呼叫會做兩件事：以對應的引數初始化函式的參數，並將控制權轉交給那個函式。呼叫端函式（*calling* function）的執行會暫停，開始執行被呼叫的函式（*called* function）。

一個函式的執行是從其參數的（隱含）定義和初始化開始。因此，當我們呼叫 fact，發生的第一件事情就是名為 val 的 int 變數被創建出來。這個變數會以對 fact 的呼叫中所提供的引數來初始化，在此即為 5。

一個函式的執行會在遇到一個 return 述句時結束。就像函式呼叫，return 述句會做兩件事：它會在 return 中回傳值（如果有的話），並將控制權從被呼叫的函式轉移回呼叫端函式。函式所回傳的值會被用來初始化呼叫運算式的結果，接著就會繼續執行呼叫在其中發生的運算式所剩餘的部分。因此，我們對 fact 的呼叫等同於：

```
int val = 5;        // 以字面值 5 來初始化 val
int ret = 1;        // 來自 fact 主體的程式碼
while (val > 1)
    ret *= val--;
int j = ret;        // 將 j 初始化為 ret 的一個拷貝
```

參數與引數

引數是函式參數的初始器（initializers）。第一個引數初始化第一個參數，第二個引數初始化第二個參數，依此類推。雖然我們知道哪個引數初始化哪個參數，我們無法保證引數被估算的順序（§4.1.3）。編譯器能自由選擇要以何種順序估算那些引數。

每個引數的型別都必須符合對應的參數，就像任何初始器的型別都要符合它所初始化的物件之型別一樣。我們傳入引數的數目必須與函式具有的參數數目一樣。因為每次呼叫都保證會傳入與函式參數一樣多的引數，參數永遠都會被初始化。

因為 fact 有單一個型別為 int 的參數，我們每次呼叫它時都必須提供能夠轉換為 int 的單一個引數（§4.11）：

```
fact("hello");      // 錯誤：引數型別有誤
fact();             // 參數：引數太少
fact(42, 10, 0);    // 錯誤：引數太多
fact(3.14);         // ok：引數會被轉換為 int
```

第一個呼叫會失敗，是因為不存在將 const char* 轉換為 int 的方法。第二與第三個呼叫傳入了錯誤數量的引數。fact 函式必須以一個引數呼叫，以任何其他數目的引數呼叫它，都是錯誤。最後一個呼叫是合法的，因為 double 能夠轉換為 int。在此呼叫中，引數會隱含地被轉為 int（經由截斷）。轉換之後，這個呼叫等同於

```
fact(3);
```

函式參數列

一個函式的參數列（parameter list）可以是空的但不能省略。通常我們定義沒有參數的函式時會寫出一個空的參數列。為了與 C 相同，我們也可以使用關鍵字 void 來表示沒有參數：

```
void f1(){ /* ... */ }       // 隱含的空參數列
void f2(void){ /* ... */ }   // 明確的空參數列
```

一個參數列通常由逗號分隔的一串參數所構成，其中每個看起來都像帶有單一個宣告器（declarator）的宣告。即使兩個參數的型別相同，型別還是必須重複：

```
int f3(int v1, v2) { /* ... */ }       // 錯誤
int f4(int v1, int v2) { /* ... */ }   // ok
```

任兩個參數都不能有相同的名稱。此外，在函式最外層範疇（outermost scope）的區域變數不能使用跟任何參數相同的名稱。

參數名稱是選擇性的。然而，你沒辦法使用無名的參數。因此，參數一般都會有名稱。偶爾一個函式會有沒用到的參數，這種參數經常不會命名，以代表它們沒有被使用。不命名一個參數並不會改變呼叫時必須提供的引數數目。一個呼叫必須為每一個參數提供一個引數，即使那個參數並未被使用。

函式回傳型別

大多數的型別都能當作一個函式的回傳型別。特別是，回傳型別可以是 void，這代表函式並不會回傳值。然而，回傳型別不可以是陣列型別（§3.5）或函式型別。不過函式可以回傳指向一個陣列或函式的一個指標。我們會在 §6.3.3 看到如何定義會回傳對陣列指標（或參考）的函式，並在 §6.7 看到如何定義回傳對函式指標（pointers to functions）的函式。

6.1.1 區域物件

在 C++ 中，名稱具有範疇（scope，§2.2.4），而物件具有**生命週期（lifetimes）**。了解這兩個概念是很重要的事。

- 一個名稱的範疇是在其中可以看到該名稱的那部分程式文字。
- 一個物件的生命週期是程式執行時該物件存在的期間。

如我們所見，一個函式的主體是一個區塊述句。如同以往，這個區塊構成了一個新的範疇，我們可以在其中定義變數。定義在一個函式內的參數與變數被稱作**區域變數（local variables）**。它們對那個函式而言是「區域性（local）」的，並且會**遮擋（hide）**在外層範疇中所做的名稱宣告。

習題章節 6.1

練習 6.1：參數和引數之間的差異為何？

練習 6.2：指出下列函式何者是錯的，並描述原因，以及你會如何進行更正。

```
(a)  int f() {
         string s;
         // ...
         return s;
     }
(b)  f2(int i) { /* ... */ }
(c)  int calc(int v1, int v1) /* ... */ }
(d)  double square(double x) return x * x;
```

練習 6.3：撰寫並測試你自己版本的 fact。

練習 6.4：編寫一個與使用者互動的函式，請求輸入一個數字並產生該數字的階乘。從 main 呼叫此函式。

練習 6.5：撰寫一個函式回傳其引數的絕對值（absolute value）。

定義在所有函式外的物件在程式的整個執行期間都會存在。這種物件會在程式啟動時被創建，而且到程式結束才會被摧毀。一個區域變數的生命週期則取決於它被定義的方式。

自動物件（Automatic Objects）

對應一般區域變數的物件會在函式的控制路徑通過該變數的定義時被創建。它們會在控制路徑通過該變數被定義處的區塊之結尾時摧毀。只在一個區塊執行時存在的物件被稱為**自動物件（automatic objects）**。執行離開一個區塊後，在該區塊中創建的自動物件之值是未定義的。

參數是自動物件。用於參數的儲存區是在函式起始時配置的。參數是在函式主體的範疇中定義的，因此它們會在函式終結時被摧毀。

對應函式參數的自動物件會由傳入函式的引數來初始化。對應區域變數的自動物件會在它們的定義含有初始器（initializer）時被初始化。否則，它們就是預設初始化的（default initialized，§2.2.1），這意味著內建型別的未初始化區域變數會有未定義的值。

區域 static 物件

有時候你可能會需要其生命週期可以在不同函式呼叫間存續的區域變數。我們可以將一個區域變數定義為 static 來獲得這種物件。每個**區域 static 物件**都會在執行第一次經過物件的定義時被初始化。區域性的 static 並不會在函式結束時被摧毀，它們是在程式終結時才被摧毀。

舉個簡單的例子，這裡有個函式會計數它被呼叫了幾次：

```
size_t count_calls()
{
    static size_t ctr = 0;  // 值會跨越呼叫存續
    return ++ctr;
}
int main()
{
    for (size_t i = 0; i != 10; ++i)
        cout << count_calls() << endl;
    return 0;
}
```

這個程式會印出從 1 到 10 的數字，包括兩端。

在控制第一次流經 ctr 的定義之前，ctr 就會被創建並被賦予一個 0 的初始值。每次呼叫都會遞增 ctr 並回傳其新值。每當 count_calls 被執行，變數 ctr 就已經存在了，並且具有上次函式退出前留在那個變數中的值。因此，第二次調用（invocation）時，ctr 的值是 1，第三次時是 2，依此類推。

如果一個區塊 static 變數沒有明確的初始器，它就是值初始化的（value initialized，§3.3.1），代表內建型別的區域 static 變數會被初始化為零。

習題章節 6.1.1

練習 6.6：解釋參數、區域變數，以及區域 static 變數之間的差異。各自給出一個函式為例，說明它們何時可能會有用處。

練習 6.7：撰寫一個會在它第一次被呼叫時回傳 0，然後之後每次被呼叫就依序產生對應數字的函式。

 ## 6.1.2 函式宣告

就跟其他任何的名稱一樣，一個函式的名稱必須在我們使用之前宣告。就像變數（§2.2.2），一個函式只能被定義一次，但可以多次被宣告。除了我們會在 §15.3 中涵蓋的一個例外，我們可以宣告尚未被定義的一個函式，只要我們永遠都不使用那個函式就行。

一個函式宣告就像是一個函式定義，只不過宣告沒有函式主體。在一個宣告中，函式主體被一個分號取代了。

因為函式宣告沒有主體，所以也不需要參數名稱。因此，宣告中經常會省略參數名稱。雖然參數名稱並非必要，它們可以幫助函式的使用者了解函式在做什麼：

```
      // 所選的參數名稱用來指示這裡的迭代器代表要印出的一個範圍的值
void print(vector<int>::const_iterator beg,
           vector<int>::const_iterator end);
```

回傳型別、函式名稱,以及參數型別這三個元素描述了函式的介面(interface)。它們指定了呼叫函式所需的所有資訊。函式宣告也被稱為**函式原型(function prototype)**。

函式宣告放在標頭檔中

回想我們提過,變數是在標頭檔(header files,§2.6.3)中宣告,並在原始碼檔案(source files,簡稱「源碼檔」)中定義的。出於同樣的原因,函式也應該宣告於標頭檔中,並在源碼檔中定義。

你可能會很想要把一個函式宣告直接放在用到該函式的每個源碼檔中,而這也是合法的。然而,這麼做很繁瑣而且容易出錯。當我們為函式宣告使用標頭檔,我們可以確保給定函式的所有宣告都是吻合的。此外,如果函式的介面有變,就只有一個宣告需要做更動。

定義一個函式的源碼檔應該引入(include)含有該函式宣告的標頭。如此編譯器就會驗證定義和宣告是否一致。

> 宣告(*declare*)一個函式的標頭應該被引入到定義(*define*)那個函式的源碼檔。

習題章節 6.1.2

練習 6.8:撰寫一個名為 `Chapter6.h` 的標頭檔,其中含有你為 §6.1 中的習題所寫的函式之宣告。

6.1.3 個別編譯

隨著我們的程式變得複雜,我們會想要將程式的各個部分儲存在個別的檔案中。舉例來說,我們可能會將我們為 §6.1 中的習題所寫的函式儲存在一個檔案中,並將用到那些函式的程式碼儲存到其他的源碼檔中。要讓程式能以符合邏輯的方式撰寫,C++ 支援常被稱為**個別編譯**(*separate compilation*)的功能。個別編譯讓我們能將程式分為數個檔案,其中每一個都能獨立編譯。

編譯與連結多個源碼檔

舉個例子,假設我們 `fact` 函式的定義是在名為 `fact.cc` 的一個檔案中,而其宣告位在名為 `Chapter6.h` 的一個標頭檔中。我們的 `fact.cc` 檔案,跟其他用到這些函式的任何檔案一樣,將會引入 `Chapter6.h` 標頭。我們會將呼叫 `fact` 的一個 `main` 函式儲存在名為 `factMain.cc` 的第二個檔案中。

要產生一個可執行檔（*executable file*），我們必須告知編譯器要去哪找我們用到的所有程式碼。我們可能會像下面這樣編譯那些檔案：

```
$ CC factMain.cc fact.cc # 產生 factMain.exe 或 a.out
$ CC factMain.cc fact.cc -o main # 產生 main 或 main.exe
```

這裡 CC 是我們編譯器的名稱，$ 是我們的系統提示符號（system prompt），而 # 則起始一個命令列註解（command-line comment）。現在我們就可以執行這個可執行檔，而這會執行我們的 main 函式。

如果我們只修改了我們源碼檔中的一個，我們會希望只需要重新編譯那個實際上有改變的檔案就好。大多數的編譯器都提供了分別編譯各個檔案的方式。這種過程通常會產出一個帶有 .obj（Windows）或 .o（UNIX）延伸檔名的檔案，指出該檔案含有目的碼（*object code*）。

編譯器會讓我們將目的檔連結（*link*）在一起形成一個可執行檔。在我們所用的系統上，我們會像這樣分別編譯我們的程式：

```
$ CC -c factMain.cc      # 產生 factMain.o
$ CC -c fact.cc          # 產生 fact.o
$ CC factMain.o fact.o   # 產生 factMain.exe 或 a.out
$ CC factMain.o fact.o -o main # 產生 main 或 main.exe
```

你得查看你的編譯器使用者手冊來了解如何編譯和執行由多個源碼檔所構成的程式。

習題章節 6.1.3

練習 6.9：寫出你自己版本的 fact.cc 和 factMain.cc 檔案。這些檔案應該引入你來自前一節習題的 Chapter6.h。使用這些檔案來了解你的編譯器如何支援個別編譯。

6.2 引數傳遞

如我們所見，每次我們呼叫一個函式，其參數（parameters）就會被創建並由在該呼叫中傳入的引數（arguments）來初始化。

參數初始化的運作方式與變數初始化一樣。

就跟其他的任何變數一樣，一個參數的型別決定了該參數與其引數之間的互動。如果參數是一個參考（reference，§2.3.1），那麼參數就會繫結至（bound to）其引數，否則就會拷貝該引數的值。

當一個參數是參考，我們會說其對應的引數是「**passed by reference（由參考傳遞）**」，或者說那個函式是「**called by reference（以參考呼叫）**」。就跟其他的任何參考一樣，一個參考參數（reference parameter）是它所繫結的物件的一個別名（alias），也就是說，那個參數是其對應的引數的一個別名。

拷貝了引數值後，參數與引數就是互相獨立的物件了。我們說這種引數是「**由值傳遞（passed by value）**」或者說那個函式是「**called by value（以值呼叫）**」。

6.2.1 藉由值傳遞引數

當我們初始化一個非參考型別的變數，初始器的值就會被拷貝。對該變數進行的變更不會影響到初始器：

```
int n = 0;              // 型別為 int 的一般變數
int i = n;              // i 是 n 中的值的一個拷貝
i = 42;                 // i 中的值改變了，但 n 沒有變化
```

藉由值傳遞一個引數的方式也完全相同，函式對參數所做的事情不會影響引數。舉例來說，在 fact（§6.1）內，參數 val 會被遞減：

```
        ret *= val--;    // 遞減 val 的值
```

雖然 fact 會變更 val 的值，這個變動對傳入 fact 的引數沒有影響。呼叫 fact(i) 不會改變 i 的值。

指標參數

指標（pointers，§2.3.2）的行為就跟其他任何的非參考型別一樣。當我們拷貝一個指標，該指標的值會被拷貝。拷貝之後，兩個指標就是不同的東西了。然而，一個指標也賦予我們對該指標所指的物件間接的存取能力。我們能夠透過指標來進行指定，改變那個物件的值（§2.3.2）：

```
int n = 0, i = 42;
int *p = &n, *q = &i;   // p 指向 n；q 指向 i
*p = 42;                // n 中的值改變了；p 沒有改變
p = q;                  // p 現在指向 i；i 和 n 中的值不變
```

同樣的行為也適用於指標參數：

```
// 接受一個指標並把其所指的值設為零的函式
void reset(int *ip)
{
    *ip = 0; // 變更 ip 所指的物件之值
    ip = 0; // 只變更 ip 的區域性拷貝；引數沒有變化
}
```

呼叫 reset 之後，該引數所指的物件將會是 0，但那個指標引數本身並沒有改變：

```
int i = 42;
reset(&i);                      // 變更 i 但不會動到 i 的位址
cout << "i = " << i << endl;    // 印出 i = 0
```

熟悉 C 程式設計的程式設計師經常會使用指標參數（pointer parameters）來存取一個函式外的物件。在 C++ 中，程式設計師一般會改用參考參數（reference parameters）。

習題 6.2.1

練習 6.10：使用指標撰寫一個函式來將兩個 int 的值對調（swap）。呼叫此函式並印出對調後的值來測試之。

 ## 6.2.2 藉由參考傳遞引數

回想一下，在一個參考上進行的運算實際上是在該參考所指涉的物件上進行的（§2.3.1）：

```
int n = 0, i = 42;
int &r = n;           // r 繫結至 n（也就是說，r 是 n 的另一個名稱）
r = 42;               // n 現在是 42
r = i;                // n 現在有跟 i 相同的值
i = r;                // i 有與 n 相同的值
```

參考參數會利用這個行為。它們經常被用來讓一個函式可以更改其一或多個引數的值。

舉個例子，我們可以改寫上一節的 reset 程式，改接受一個參考而非一個指標：

```
// 接受對 int 的一個參考並將給定的物件設為零
void reset(int &i) // i 只是傳給 reset 的物件的另一個名稱
{
    i = 0; // 改變 i 所指涉的物件的值
}
```

就跟其他任何的參考一樣，一個參考參數會直接繫結至用來初始化它的物件。當我們呼叫這個版本的 reset，i 會被繫結至我們所傳入的任何 int 物件。如同其他參考，對 i 所做的變更是更動到 i 所指涉的物件。在此，那個物件就是 reset 的引數。

當我們呼叫這個版本的 reset，我們直接傳入一個物件，沒必要傳入其位址：

```
int j = 42;
reset(j); // j 是經由參考傳遞的，j 中的值改變了
cout << "j = " << j << endl; // 印出 j = 0
```

在這個呼叫中，參數 i 只是 j 的另一個名稱。在 reset 任何用到 i 的地方就等於用到 j。

使用參考來避免拷貝

拷貝大型類別型別或大型容器的物件可能很沒效率。更有甚者，某些類別型別（包括 IO 型別）是無法拷貝的。函式必須使用參考參數來操作型別無法拷貝的物件。

舉個例子，我們會撰寫一個函式來比較兩個 string 的長度。因為 string 可能很長，我們希望避免拷貝它們，所以我們會讓參數是參考。因為比較兩個 string 並不涉及修改它們，我們會讓這些參數是對 const 的參考（§2.4.1）：

```cpp
// 比較兩個 string 的長度
bool isShorter(const string &s1, const string &s2)
{
    return s1.size() < s2.size();
}
```

如我們在 §6.2.3 所見，函式應該為它們不需要變更的參考參數使用對 const 的參考。

在一個函式內不會被變更的參考參數應該要是對 const 的參考。

使用參考參數來回傳額外資訊

一個函式只能回傳單一個值。然而，有的時候一個函式需要回傳多個值。參考參數就能讓我們回傳多個結果。舉個例子，我們會定義一個名為 find_char 的函式，它會回傳一個給定的字元在一個 string 中出現的第一個位置。我們也希望此函式回傳該字元出現的次數。

我們要如何定義能夠回傳一個位置和一個出現次數的函式？我們可以定義一種新的型別，其中含有位置和次數。一種較為容易的解法是傳入一個額外的參考引數，以放置出現次數：

```cpp
// 回傳 s 中 c 第一個出現處的索引
// 參考參數 occurs 計數 c 的出現次數
string::size_type find_char(const string &s, char c,
                            string::size_type &occurs)
{
    auto ret = s.size();      // 第一次出現的位置，如果有的話
    occurs = 0;               // 設定出現計數參數
    for (decltype(ret) i = 0; i != s.size(); ++i) {
        if (s[i] == c) {
            if (ret == s.size())
                ret = i;      // 記住 c 的第一次出現
            ++occurs;         // 遞增出現計數
        }
    }
    return ret;               // 計算出來的次數會放在 occurs 中隱含地回傳
}
```

當我們呼叫 find_char 我們必須傳入三個引數：要在其中搜尋的 string、要尋找的字元，以及一個 size_type（§3.2.2）物件用以存放出現次數。假設 s 是一個 string，而 ctr 是一個 size_type 物件，我們可以像這樣呼叫 find_char：

```
auto index = find_char(s, 'o', ctr);
```

呼叫之後，ctr 的值會是 o 出現的次數，而 index 將會指涉第一個出現位置，如果有的話。否則，index 會等於 s.size() 而 ctr 會是零。

習題章節 6.2.2

練習 6.11：撰寫並測試接受一個參考的你自己版本的 reset。

練習 6.12：改寫 §6.2.1 中練習 6.10 的程式，使用參考而非指標來對調兩個 int 的值。你認為哪個版本比較容易使用，原因何在？

練習 6.13：假設 T 是一個型別的名稱，請解釋宣告為 void f(T) 和宣告為 void f(T&) 的函式之間的差異。

練習 6.14：給出例子說明何時一個參數應該是參考型別。也給出參數不應該是參考的一個例子。

練習 6.15：解釋 find_char 的每個參數之型別背後的原因。特別是，為什麼 s 是對 const 的一個參考，但 occurs 卻是一個普通的參考？為什麼這些參數是參考，但 char 參數 c 卻不是？如果我們讓 s 是一個普通的參考，可能會發生什麼事？如果讓 occurs 是對 const 的一個參考會怎樣呢？

 ## 6.2.3 **const 參數與引數**

當我們使用是 const 的參數，很重要的是要記得 §2.4.3 中我們對於頂層 const（**top-level const**）的討論。如我們在那節看到的，一個頂層 const 就是套用到物件本身的 const：

```
const int ci = 42;      // 我們無法改變 ci，這個 const 是頂層的
int i = ci;             // ok：當我們拷貝 ci，它的頂層 const 會被忽略
int * const p = &i;     // const 是頂層的，我們無法指定給 p
*p = 0;                 // ok：透過 p 的變更是被允許的，i 現在是 0
```

就跟其他任何的初始化一樣，當我們拷貝一個引數來初始化一個參數時，頂層的 const 會被忽略。結果就是，在參數上的頂層的 const 會被忽略。我們可以傳入一個 const 或非 const 物件給具有頂層 const 的一個參數：

```
void fcn(const int i) { /* fcn 可以讀取但不能寫入 i */ }
```

我們傳給它一個 const int 或普通的 int 來呼叫 fcn。參數上的頂層 const 會被忽略的這個事實有一個可能出人意料的後果：

```
void fcn(const int i) { /* fcn 可以讀取但不能寫入 i */ }
void fcn(int i) { /* ... */ } // 錯誤：重新定義了 fcn(int)
```

在 C++ 中，我們可以定義具有相同名稱的數個不同函式。然而，這只有在它們的參數列之間的差異夠大時才有辦法做到。因為頂層的 const 會被忽略，我們可以傳入完全相同的型別給任一個版本的 fcn。第二個版本的 fcn 是個錯誤：儘管看起來是那樣，但其參數列實際上與第一個版本的 fcn 的參數列沒有不同。

指標或參考參數和 const

因為參數初始化的方式與變數一樣，記住通用的初始化規則是有幫助的。我們可以用一個非 const 物件來初始化具有低層 const（low-level const）的物件，但不能反過來，而一個普通的參考必須以相同型別的物件來初始化。

```
int i = 42;
const int *cp = &i;      // ok：但 cp 不能更改 i（§2.4.2）
const int &r = i;        // ok：但 r 不能更改 i（§2.4.1）
const int &r2 = 42;      // ok：（§2.4.1）
int *p = cp;     // 錯誤：p 和 cp 的型別不吻合（§2.4.2）
int &r3 = r;     // 錯誤：r3 和 r 的型別不吻合（§2.4.1）
int &r4 = 42;    // 錯誤：不能用一個字面值初始化一個普通的參考（§2.3.1）
```

完全相同的初始化規則也適用於參數傳遞：

```
int i = 0;
const int ci = i;
string::size_type ctr = 0;
reset(&i);   // 呼叫具有一個 int* 參數的 reset 版本
reset(&ci);  // 錯誤：不能用對一個 const int 物件的指標初始化一個 int*
reset(i);    // 呼叫具有一個 int& 參數的 reset 版本
reset(ci);   // 錯誤：無法將一個普通的參考繫結至 const 物件 ci
reset(42);   // 錯誤：無法將一個普通的參考繫結至一個字面值
reset(ctr);  // 錯誤：型別不吻合，ctr 有無號的型別
// ok：find_char 的第一個參數是對 const 的一個參考
find_char("Hello World!", 'o', ctr);
```

我們只能在 int 物件上呼叫參考版本的 reset（§6.2.2）。我們無法傳入一個字面值（literal）、一個會估算為 int 的運算式、一個需要轉換的物件，或一個 const int 物件。同樣地，我們只能傳入一個 int* 給指標版本的 reset（§6.2.1）。另一方面，我們可以傳入一個字串字面值作為第一個引數給 find_char（§6.2.2）。那個函式的參考參數是對 const 的一個參考，而我們可能以字面值初始化對 const 的參考。

盡可能使用對 const 的參考

一個還滿常見的錯誤是將函式不會更改的參數定義為（普通的）參考。這麼做會讓函式的呼叫者誤以為該函式可能變更其引數的值。此外，使用一個參考而非對 const 的參考會不當地

限制能與該函式並用的引數型別。如我們剛看過的，我們無法傳入一個 const 物件、一個字面值，或一個需要轉換的物件給普通的參考參數。

這種錯誤的效應可能會出乎意料的廣泛。舉個例子，思考我們來自 §6.2.2 的 find_char 函式。那個函式（正確地）讓它的 string 參數是對 const 的一個參考。假若我們將那個參數定義為一般的 string&：

```
// 不良設計：第一個參數應該是一個 const string&
string::size_type find_char(string &s, char c,
                            string::size_type &occurs);
```

我們只能在一個 string 物件上呼叫 find_char。一個像是

```
find_char("Hello World", 'o', ctr);
```

的呼叫會在編譯時期失敗。

更不容易發現的是，我們不能在其他（正確地）將它們的參數定義為對 const 的參考的函式內使用這個版本的 find_char。舉例來說，我們可能想要在會判斷一個 string 是否表示一個句子的函式內使用 find_char：

```
bool is_sentence(const string &s)
{
    // i 如果 s 的結尾有單一個句號，那麼 s 就是一個句子
    string::size_type ctr = 0;
    return find_char(s, '.', ctr) == s.size() - 1 && ctr == 1;
}
```

如果 find_char 接受一個普通的 string&，那麼這個對 find_char 的呼叫會產生編譯期錯誤。問題在於，s 是對 const string 的一個參考，但 find_char （錯誤地）被定義成接受一個普通的參考。

你可能會想要修改 is_sentence 中的參數型別來修正這個問題。但這種修補方式只會使得錯誤傳播出去：is_sentence 的呼叫者只能傳遞非 const 的字串。

修正此問題的正確方法是修改 find_char 中的參數。如果沒辦法修改 find_char，那麼就在 is_sentence 內部定義一個 s 的區域性 string 拷貝，然後將那個 string 傳給 find_char。

6.2.4 陣列參數

陣列有兩個特性會影響到我們如何定義和使用作用於陣列之上的函式：我們無法拷貝一個陣列（§3.5.1），而我們使用一個陣列的時候，它（通常）會被轉換為一個指標（§3.5.3）。因為我們無法拷貝一個陣列，我們就沒辦法藉由值來傳遞一個陣列，我們實際上是傳入一個指標，指向陣列的第一個元素。

即使我們無法藉由值傳入一個陣列，我們可以寫入看起來像一個陣列的參數：

習題章節 6.2.3

練習 6.16：下列函式，雖然是合法的，但其用處比預期低。請找出並解除這個函式所受的限制：

```cpp
bool is_empty(string& s) { return s.empty(); }
```

練習 6.17：寫一個函式來判斷一個 string 是否含有任何大寫字母。寫一個函式來將一個 string 全都變為小寫。你在這些函式中使用的參數有相同的型別嗎？若是，為什麼呢？若非，為何沒有？

練習 6.18：為下列每個函式撰寫宣告。當你編寫這些宣告時，使用函式名稱來表明函式所做的事。

　　(a) 一個名為 compare 的函式，它會回傳一個 bool 並有兩個參數，這兩個參數都是對名為 matrix 的類別的參考。

　　(b) 一個名為 change_val 的函式，它會回傳一 vector<int> 迭代器，並接受兩個參數：其一是一個 int，而另一個是某個 vector<int> 的迭代器。

練習 6.19：給定下列宣告，判斷哪些呼叫是合法的，而哪些是非法的。對於那些非法的呼叫，請解釋不合法的原因。

```cpp
double calc(double);
int count(const string &, char);
int sum(vector<int>::iterator, vector<int>::iterator, int);
vector<int> vec(10);
```
(a) calc(23.4, 55.1);　　　　(b) count("abcda", 'a');
(c) calc(66);　　　　　　　　(d) sum(vec.begin(), vec.end(), 3.8);

練習 6.20：什麼時候參考參數應該是對 const 的參考呢？如果我們在一個參數可以是對 const 的參考之時讓它是一個普通的參考，那會發生什麼事呢？

```cpp
// 儘管表面上如此，print 的這三個宣告是相等的
// 每個函式都有單一個型別為 const int* 的參數
void print(const int*);
void print(const int[]);      // 展現出此函式接受一個陣列的意圖
void print(const int[10]);   // （頂多）作為說明文件用途的維度大小
```

儘管看起來是那樣，這些宣告其實是相等的：每一個都宣告了帶有型別為 const int* 的單一個參數的函式。編譯器檢查對 print 的呼叫時，它只會檢查引數是否有型別 const int*：

```cpp
int i = 0, j[2] = {0, 1};
print(&i);  // ok：&i 是 int*
print(j);    // ok：j 會被轉換為一個 int*，指向 j[0]
```

如果我們傳入一個陣列給 print，那個引數會自動被轉換為一個指標，指向該陣列的第一個元素，而該陣列的大小並不重要。

WARNING　如同其他會用到陣列的任何程式碼，接受陣列參數的函式必須確保陣列的所有使用都落在陣列的邊界內。

因為陣列是作為指標傳入的，函式一般不會知道所給的陣列之大小。它們必須仰賴由呼叫者所提供的額外資訊。管理指標參數有三個常見的技巧。

使用一個標記來指定一個陣列的範圍

管理陣列引數的第一個做法需要陣列本身含有一個結尾標記（end marker）。C-style 的字元字串（§3.5.4）就是這種做法的一個實例。C-style 字串儲存在字元陣列中，其中字串最後一個字元後接著一個 null 字元。處理 C-style 字串的函式會在看到一個 null 字元時停止處理陣列：

```
void print(const char *cp)
{
    if (cp)             // 如果 cp 不是一個 null 指標
        while (*cp)     // 只要它所指的字元不是一個 null 字元
            cout << *cp++;   // 印出該字元，並推進指標
}
```

這種慣例對於具有明顯的結尾標記值（像是 null 字元）但普通資料中不會出現該標記的資料來說很適合。對於某些資料來說，這就不是那麼好的方法了，例如 int，因為範圍中的每個值都是一個合法的值。

使用標準程式庫的慣例

用來管理陣列引數的第二種技巧是傳入兩個指標，一個指向陣列中的第一個元素，另一個指向陣列中最後一個元素後的一個位置。這種做法的靈感源自於標準程式庫中所用的技巧。我們會在第二篇中學到有關這種程式設計風格的知識。使用這種做法，我們會像這樣印出一個陣列中的元素：

```
void print(const int *beg, const int *end)
{
    // 印出所有元素，從 beg 開始一直到但不包括 end
    while (beg != end)
        cout << *beg++ << endl; // 印出目前元素
                                //   並推進指標
}
```

這個 while 用到解參考（dereference）和後綴遞增運算子（§4.5）來印出目前元素並將 beg 一次推進一個元素以處理整個陣列。迴圈會在 beg 等於 end 的時候停止。

要呼叫這個函式，我們會傳入兩個指標，一個指向我們想要印出的元素中的第一個，而另一個指向剛好超過最後一個元素的地方：

```
int j[2] = {0, 1};
// j 會被轉換為指向 j 中第一個元素的一個指標
// 第二個引數也是一個指標，指向超出 j 結尾一個位置的地方
print(begin(j), end(j)); // begin 和 end 函式，請參閱 §3.5.3
```

只要呼叫者正確地計算那些指標，這個函式就是安全的。這裡我們讓程式庫的 begin 和 end 函式（§3.5.3）來提供那些指標。

明確地傳入一個大小參數

用於陣列引數的第三種做法，在 C 程式和較舊的 C++ 程式中很常見，就是定義一個第二參數，指出陣列的大小（**size**）。使用這種做法，我們會像這樣改寫 print：

```
// const int ia[] 等同於 const int* ia
// size 明確地傳入，用來控制對 ia 的元素之存取
void print(const int ia[], size_t size)
{
    for (size_t i = 0; i != size; ++i) {
        cout << ia[i] << endl;
    }
}
```

這個版本使用 size 參數來判斷有多少元素要印出。當我們呼叫 print，我們必須傳入這個額外的參數：

```
int j[] = { 0, 1 };  // 大小為 2 的 int 陣列
print(j, end(j) - begin(j));
```

只要傳入的大小不超過陣列的實際大小，這個函式就能安全執行。

陣列參數與 `const`

注意到我們所有的三個版本的 print 函式都將它們的陣列參數定義為對 const 的指標。§6.2.3 中對於參考的討論也同樣適用於指標。當一個函式不需要對陣列元素的寫入存取權，陣列參數就應該是對 const 的指標（§2.4.2）。只有在函式需要變更元素值的時候，一個參數才應該是對非 const 型別的一個普通指標。

陣列參考參數

就像我們能夠把一個變數定義為對陣列的一個參考（§3.5.1），我們也能夠將一個參數定義為對陣列的一個參考。一如以往，參考參數會繫結到對應的引數，在此即為一個陣列：

```
// ok：參數是對陣列的一個參考；維度大小是該型別的一部份
void print(int (&arr)[10])
{
    for (auto elem : arr)
        cout << elem << endl;
}
```

&arr 周圍的括弧是必要的（§3.5.1）：

```
f(int &arr[10])    // 錯誤：將 arr 宣告為由參考組成的一個陣列
f(int (&arr)[10])  // ok：arr 是對由十個 int 組成的陣列的一個參考
```

因為陣列的大小是其型別的一部份，仰賴函式主體中的維度大小是安全的。然而，大小是型別一部份的這個事實也限制了這個版本的 print 的有用性。我們只能為剛好有十個 int 元素的陣列呼叫這個函式：

```
int i = 0, j[2] = {0, 1};
int k[10] = {0,1,2,3,4,5,6,7,8,9};
print(&i);   // 錯誤：引數不是由十個 int 組成的一個陣列
print(j);    // 錯誤：引數不是由十個 int 組成的一個陣列
print(k);    // ok：引數是由十個 int 組成的一個陣列
```

我們會在 §16.1.1 中看到如何將這個函式寫成可以允許我們傳入對任意大小的陣列的一個參考參數。

傳入一個多維陣列

請回想 C++ 中並不存在多維陣列（multidimensional arrays，§3.6）。取而代之，看起來像是一個多維陣列的東西實際上是由陣列組成的一種陣列（an array of arrays）。

就跟任何陣列一樣，一個多維陣列會作為一個指標被傳入，同樣指向第一個元素（§3.6）。因為我們所面對的是陣列的陣列，那個元素會是一個陣列，所以該指標是對陣列的一個指標。第二維度（與後續的任何維度）的大小是元素型別的一部分，而且必須指定：

```
// matrix 指向陣列中的第一個元素，該陣列的元素本身是由十個 int 組成的陣列
void print(int (*matrix)[10], int rowSize) { /* ... */ }
```

將 matrix 宣告為一個指向由十個 int 組成的陣列的指標。

> 同樣地，*matrix 周圍的括弧是必要的：
> ```
> int *matrix[10];     // 十個指標組成的陣列
> int (*matrix)[10];   // 指標，指向由十個 int 組成的陣列
> ```

我們也能使用陣列語法定義我們的函式。一如以往，編譯器會忽略第一個維度，所以最好是不要包括它：

```
// 等效的定義
void print(int matrix[][10], int rowSize) { /* ... */ }
```

宣告 matrix 為看起來像一個二維陣列的東西。事實上，該參數是一個指標，指向由十個 int 組成的一個陣列。

6.2.5 main：處理命令列選項

我們可以發現 main 是 C++ 程式如何傳遞陣列給函式的一個好例子。到目前為止，我們都以一個空的參數列來定義 main：

```
int main() { ... }
```

然而，我們有時候需要傳入引數給 main。main 的引數最常見的用途是讓使用者指定一組選項（options）來引導程式的作業。舉例來說，假設我們的 main 程式是名為 prog 的一個可執行檔，我們可以像這樣傳入選項給程式：

習題章節 6.2.4

練習 6.21：撰寫一個函式，接受一個 int 和對 int 的一個指標，並回傳所接受的 int 值和指標所指的值之中比較大的那一個。你應該為這個指標使用什麼型別呢？

練習 6.22：寫一個函式來對調兩個 int 指標。

練習 6.23：為本節所呈現的那些 print 函式寫出你自己的版本。呼叫那些函式中的每一個來印出定義如下的 i 與 j：

```
int i = 0, j[2] = {0, 1};
```

練習 6.24：解釋下列函式的行為。如果程式碼中有問題，請解釋問題為何，以及你會如何修正它們。

```
void print(const int ia[10])
{
    for (size_t i = 0; i != 10; ++i)
        cout << ia[i] << endl;
}
```

```
prog -d -o ofile data0
```

這樣的命令列選項（command-line options）會透過兩個（選擇性的）參數傳入給 main：

```
int main(int argc, char *argv[]) { ... }
```

第二個參數 argv 是由指標組成的一個陣列，這種指標指向 C-style 的字元字串。第一個參數 argc 傳入那個陣列中的字串數。因為第二個參數是一個陣列，我們也能將 main 定義為

```
int main(int argc, char **argv) { ... }
```

表明 argv 指向一個 char*。

當引數被傳入 main，argv 中的第一個元素指向程式的名稱或空字串。後續的元素傳入在命令列上提供的引數。剛好超過最後一個指標的元素保證是 0。

給定前面的命令列，argc 會是 5，而 argv 會放置下列的 C-style 字元字串：

```
argv[0] = "prog"; // 或 argv[0] 可能指向一個空字串
argv[1] = "-d";
argv[2] = "-o";
argv[3] = "ofile";
argv[4] = "data0";
argv[5] = 0;
```

當你使用 argv 中的引數，請記得選擇性的引數是從 argv[1] 開始；argv[0] 含有程式的名稱，而非使用者輸入。

習題章節 6.2.5

練習 6.25：撰寫接受兩個引數的一個 main 函式。串接所提供的引數,並印出所產生的 string。

練習 6.26：寫一個程式接受在本節中呈現的那些選項。印出傳入 main 的引數之值。

6.2.6 帶有不定參數的函式

有的時候我們事先並不知道我們需要傳入多少引數給一個函式。舉例來說,我們可能想要寫一個程序來印出我們的程式所產生的錯誤訊息。我們想要使用單一個函式來印出那些錯誤訊息,以使用統一的方式處理它們。然而,對我們錯誤列印函式的不同呼叫可能會傳入不同的引數,對應不同類型的錯誤訊息。

新的標準提供兩種主要的方式來撰寫函式接受數目不定的引數:如果所有的引數都有相同的型別,我們可以傳入名為 initializer_list 的一個程式庫型別。如果引數的型別不同,我們可以撰寫一種特殊的函式,叫做 variadic template(**參數可變的模板**),我們會在 §16.4 中涵蓋。

C++ 也有一種特殊的參數型別,即 ellipsis(省略符號),可用來傳入數目不定的引數。我們會在本節中簡短地看一下 ellipsis。然而,值得注意的是,這項機能通常只應該用於需要與 C 函式界接的程式中。

initializer_list 參數

我們可以使用一個 **initializer_list** 參數撰寫函式,接受單一型別但數目未知的引數。initializer_list 是一個程式庫型別,用來表示其中的值都是指定型別的一種陣列(§3.5)。這個型別定義於 initializer_list 標頭中。initializer_list 所提供的運算列於表 6.1 中。

表 6.1:**initializer_list** 上的運算	
initializer_list<T> lst;	預設初始化;型別為 T 的元素所成的一個空串列。
initializer_list<T> lst{a,b,c...};	lst 有跟初始器(initializers)數目一樣多的元素;這些元素是對應的初始器的拷貝。串列中的元素是 const。
lst2(lst)	拷貝或指定一個 initializer_list 並不會拷貝
lst2 = lst	串列中的元素。拷貝之後,原來的跟拷貝的會共用那些元素。
lst.size()	串列中的元素數目。
lst.begin()	回傳指標指向 lst 中的第一個元素和超過最後元素一個位置的地方。
lst.end()	

就像 vector，initializer_list 是一個模板型別（template type，§3.3）。當我們定義
一個 initializer_list，我們必須指定該串列（list）將會包含的元素之型別：

```
initializer_list<string> ls;      // string 所成的 initializer_list
initializer_list<int> li;         // int 所成的 initializer_list
```

跟 vector 不同的是，initializer_list 中的元素永遠都會是 const 值，你沒辦法更改
initializer_list 中元素的值。

我們可以像這樣來撰寫從數目可變的引數產生錯誤訊息的函式：

```
void error_msg(initializer_list<string> il)
{
    for (auto beg = il.begin(); beg != il.end(); ++beg)
        cout << *beg << " " ;
    cout << endl;
}
```

initializer_list 上的 begin 和 end 運算與對應的 vector 成員（§3.4.1）類似。
begin() 成員給出一個指標指向串列中的第一個元素，而 end() 則是超過最後一個元素
一個位置的 off-the-end（尾端後）指標。我們的函式初始化 beg 來代表第一個元素，並
迭代過 initializer_list 中的每個元素。在迴圈的主體中，我們會對 beg 進行解參考
（dereference）以取用目前的元素並印出其值。

當我們傳入一序列的值給一個 initializer_list 參數，我們必須將該序列以大括號圍起：

```
// expected、actual 為 string
if (expected != actual)
    error_msg({"functionX", expected, actual});
else
    error_msg({"functionX", "okay"});
```

這裡我們呼叫相同的函式 error_msg，在第一次呼叫傳入三個值，而在第二次傳入兩個值。

具有一個 initializer_list 參數的函式也能有其他參數。舉例來說，我們的除錯系統可能
會有一個類別、具名的錯誤碼 ErrCode 用來代表各種錯誤。我們可以修改我們的程式，除了
一個 initializer_list 外也接受一個 ErrCode：

```
void error_msg(ErrCode e, initializer_list<string> il)
{
    cout << e.msg() << ": ";
    for (const auto &elem : il)
        cout << elem << " " ;
    cout << endl;
}
```

因為 initializer_list 有 begin 和 end 成員，我們能夠使用一個範圍 for（§5.4.3）來處
理那些元素。這個程式，就跟我們之前的版本一樣，一次迭代一個元素，逐步處理傳入給 il
參數用大括號圍起的值串列。

要呼叫這個版本，我們需要修改我們的呼叫，多傳入一個 ErrCode 引數：

```
if (expected != actual)
    error_msg(ErrCode(42), {"functionX", expected, actual});
else
    error_msg(ErrCode(0), {"functionX", "okay"});
```

Ellipsis 參數

Ellipsis 參數之所以會出現在 C++ 中，是為了讓程式能與用到 C 程式庫中 varargs 機能的 C 程式碼互動。一般來說，ellipsis 參數不應該用於其他目的。你 C 編譯器的說明文件會描述如何使用 varargs。

> Ellipsis 參數應該只用於 C 與 C++ 共通的型別之上。特別是，大多數類別型別的物件傳入給一個 ellipsis 參數時，都無法正確拷貝。

一個 ellipsis 參數只能出現在參數列中作為最後一個元素，而它可以有兩種形式：

```
void foo(parm_list, ...);
void foo(...);
```

第一種形式為 foo 的某些參數指定了型別。對應到那些指定參數的引數會一如以往地進行型別檢查。對應到 ellipsis 參數的引數不會做型別檢查。在這第一個形式中，接在參數宣告後的逗號是選擇性的。

習題章節 6.2.6

練習 6.27： 撰寫一個函式，接受一個 initializer_list<int> 並產生該串列中元素的總和。

練習 6.28： 在具有 ErrCode 參數的那第二個版本的 error_msg 中，for 迴圈中的 elem 之型別為何？

練習 6.29： 當你在一個範圍 for 中使用一個 initializer_list，你會使用一個參考作為迴圈的控制變數嗎？若是，為什麼呢？如果不是，為何不呢？

6.3 回傳型別與 return 述句

一個 return 述句會終結目前正在執行的函式，並將控制權交回到該函式被呼叫的地方。return 述句有兩種形式：

```
return;
return expression;
```

6.3.1 沒有回傳值的函式

不帶任何值的 return 只能用於回傳型別為 void 的函式中。回傳 void 的函式並不一定要含有一個 return。在一個 void 函式中，最後一個述句後會有一個隱含的 return 發生。

典型的情況下，void 函式使用一個 return 在某個中間點退出函式。return 的這種用法就類似使用 break 述句（§5.5.1）來退出一個迴圈。舉例來說，我們可以寫一個在值完全相同的情況下不會做任何事的 swap 函式：

```
void swap(int &v1, int &v2)
{
    // 如果這些值已經相同，就沒必要對調，單純 return 就好
    if (v1 == v2)
        return;
    // 如果跑到這裡，那就有工作要做了
    int tmp = v2;
    v2 = v1;
    v1 = tmp;
    // 不需要明確的 return
}
```

這個函式會先檢查傳入的值是否相等，如果是，就退出函式。如果值不相等，函式就將之對調。最後一個指定述句後會發生一個隱含的 return。

具有 void 回傳型別的一個函式可以使用第二種形式的 return 述句來回傳呼叫另一個 void 函式的結果。從一個 void 函式回傳任何其他的運算式都會是編譯時期錯誤。

6.3.2 回傳一個值的函式

return 述句的第二種形式提供函式的結果。回傳型別不是 void 的函式中的每個 return 都必須回傳一個值。所回傳的值之型別必須跟函式的回傳型別相同，或者它必須有能夠隱含轉換成該型別（§4.11）的某種型別。

雖然 C++ 無法保證一個結果的正確性，但它能保證每個 return 都包含適當型別的一個結果。雖然無法在所有情況下都辦到，但編譯器會試著確保會回傳一個值的函式只會透過一個有效的 return 述句退出。舉例來說：

```
// 錯誤的回傳值，這段程式碼無法編譯
bool str_subrange(const string &str1, const string &str2)
{
    // 同樣的大小：回傳正常的相等性測試
    if (str1.size() == str2.size())
        return str1 == str2; // ok：== returns bool
    // 找出較小的 string 的大小；條件運算子，請參閱 §4.7
    auto size = (str1.size() < str2.size())
                ? str1.size() : str2.size();
```

```
    // 依序前進查看每個元素，直到較小的 string 的大小為止
    for (decltype(size) i = 0; i != size; ++i) {
        if (str1[i] != str2[i])
            return; // 錯誤 #1：沒有回傳值；編譯器應該要偵測到這種錯誤
    }
    // 錯誤 #2：控制流程可能會流出函式結尾而沒有 return
    // 編譯器可能會偵測不到這種錯誤
}
```

for 迴圈中的 return 是個錯誤，因為它沒有回傳一個值。編譯器應該偵測到這種錯誤。

第二個錯誤之所以會發生，是因為函式沒有在迴圈後提供一個 return。如果我們以是另一個字串子集的一個 string 來呼叫這個函式，執行流程就會掉出那個 for。應該要有一個 return 來處理那種情況才對。編譯器有可能偵測不到這種錯誤。如果它沒偵測到這種錯誤，那執行時期會發生什麼事，是未定義的。

> 忘記在含有一個 return 的迴圈後提供一個 return 是一種錯誤。然而，許多編譯器不會偵測到這種錯誤。

值是如何回傳的？

值回傳的方式與變數和參數初始化的方式完全相同：回傳值被用來初始化位於呼叫端的一個暫存物件（temporary），然後那個暫存物件就是該次函式呼叫的結果。

很重要的一點是要牢記會回傳區域變數的函式中的初始化規則。舉個例子，我們可以撰寫一個函式，給定一個計數器（counter）、一個字詞（word），以及一個結尾（ending），此函式會在計數器大於 1 的時候回傳該字詞的複數版本：

```
    // 如果 ctr 大於 1，就回傳 word 的複數版本
    string make_plural(size_t ctr, const string &word,
                                   const string &ending)
    {
        return (ctr > 1) ? word + ending : word;
    }
```

這個函式的回傳型別是 string，這代表回傳值會被拷貝到呼叫端。這個函式回傳 word 的一個拷貝，或回傳將 word 和 ending 加在一起所產生的一個不具名的暫存 string。

就跟任何其他的參考一樣，當一個函式回傳一個參考，該參考就只是它所指涉的物件的另一個名稱。舉個例子，請思考會回傳一個參考，指涉它的兩個 string 參數中較短那一個的一個函式：

```
    // 回傳一個參考，指涉兩個 string 中較短的那一個
    const string &shorterString(const string &s1, const string &s2)
    {
        return s1.size() <= s2.size() ? s1 : s2;
    }
```

這裡的參數和回傳型別是對 const string 的參考。這些 string 不會在函式被呼叫或結果回傳時被拷貝。

永遠都不要回傳對區域物件的參考或指標

當一個函式執行完畢，其儲存區就會被釋放（§6.1.1）。當一個函式終止，對區域物件的參考會指涉已經無效的記憶體：

```
// 災難：這個函式回傳對區域物件的一個參考
const string &manip()
{
    string ret;
    // 以某種方式變換 ret
    if (!ret.empty())
        return ret;       // 錯的：回傳對區域物件的參考！
    else
        return "Empty"; // 錯的："Empty" 是區域性的暫存 string
}
```

這兩個 return 述句都會回傳一個未定義的值，如果我們試著使用 manip 所回傳的值，會發生什麼事是沒有定義的。在第一個 return 中，應該很明顯可以看到該函式回傳了對某個區域物件的一個參考。在第二種情況中，那個字串字面值（string literal）被轉換成了一個區域性的暫存 string 物件。這個物件，就像名為 ret 的 string，對 manip 而言是區域性的。這個暫存物件所在的儲存區會在函式結束時被釋放。這兩個 return 都會指涉到無法再使用的記憶體。

確保 return 是安全的一個好方法是質問：參考指涉到什麼現有（*preexisting*）物件？

回傳對區域物件的參考是錯誤的行為，基於相同的理由，回傳對區域物件的指標也是錯的。只要函式執行完畢，那些區域物件就會被釋放。指標會指向不存在的物件。

回傳類別型別的函式與呼叫運算子

就跟其他運算子一樣，呼叫運算子也有結合性和優先序（§4.1.2）。呼叫運算子的優先序和點號及箭號運算子（§4.6）相同。跟那些運算子一樣，呼叫運算子是左結合的。結果就是，如果函式回傳一個指標、參考或類別型別的物件，我們就能使用呼叫的結果來呼叫所產生的物件之成員。

舉例來說，我們可以像這樣來決定較短的 string 的大小：

```
// 呼叫 shorterString 所回傳的 string 的 size 成員
auto sz = shorterString(s1, s2).size();
```

因為這些運算子是左結合的，shorterString 的結果就會是點號運算子的左運算元。這個運算子會擷取那個 string 的 size 成員，而這個成員就會是第二個呼叫運算子的左運算元。

回傳的參考是 Lvalue

一個函式呼叫是否為 lvalue（§4.1.1）取決於該函式的回傳型別。回傳參考的函式呼叫是
lvalue，其他的回傳型別則產出 rvalue。回傳參考的函式呼叫能像其他 lvalue 一樣被使用。
特別是，我們可以指定值給一個函式的結果，只要它回傳的是對非 const 的參考就行：

```cpp
char &get_val(string &str, string::size_type ix)
{
    return str[ix]; // get_val 假設給定的索引是有效的
}
int main()
{
    string s("a value");
    cout << s << endl;        // 印出 a value
    get_val(s, 0) = 'A';      // 將 s[0] 改為 A
    cout << s << endl;        // 印出 A value
    return 0;
}
```

在一個指定式的左手邊看到函式呼叫可能會讓人感到驚訝。然而，這並不涉及什麼特殊的事。
其回傳值是一個參考，所以該呼叫是一個 lvalue。就跟任何其他的 lvalue 一樣，它可以作為
指定運算子的左運算元出現。

如果回傳型別是是對 const 的一個參考，那麼（一如以往）我們就不能對該呼叫的結果進行
指定：

```cpp
shorterString("hi", "bye") = "X"; // 錯誤：回傳的值是 const
```

串列初始化回傳值

C++11

在新標準底下，函式可以回傳由大括號圍起的一串值。就跟任何其他的回傳一樣，這個串列
會被用來初始化代表函式回傳值的暫存物件。如果該串列是空的，那個暫存物件就會是值初
始化的（§3.3.1）。否則的話，回傳的值取決於函式的回傳型別。

舉個例子，請回想來自 §6.2.6 的 error_msg 函式。那個函式接受數目不定的 string 引數，
並印出由所給的那些 string 所構成的一個錯誤訊息。這裡我們不呼叫 error_msg，在這個
函式中我們會回傳一個 vector，其中放有錯誤訊息的 string：

```cpp
vector<string> process()
{
    // ...
    // expected 和 actual 都是 string
    if (expected.empty())
        return {}; // 回傳一個空的 vector
    else if (expected == actual)
        return {"functionX", "okay"}; // 回傳串列初始化的 vector
    else
        return {"functionX", expected, actual};
}
```

在第一個回傳述句中，我們回傳了一個空串列。在這種情況中，process 所回傳的 vector 將會是空的。否則，我們會回傳以二或三個元素初始化的一個 vector，取決於 expected 和 actual 是否相等。

在回傳內建型別的函式中，一個大括號圍起的串列至多可以含有一個值，而那個值必定不能需要變窄的轉換（narrowing conversion，§2.2.1）。如果函式回傳一個類別型別，那麼類別本身會定義那些初始器的使用方式（§3.3.1）。

從 main 回傳

「只要函式的回傳型別不是 void 就必定得回傳一個值」這個規則有一個例外：main 可以在沒有回傳的情況下終止。如果控制流程抵達了 main 的尾端，而那裡沒有 return，那麼編譯器就會隱含地插入一個 return 回傳 0。

如我們在 §1.1 見過的，從 main 回傳的值會被視為一個狀態指示器。一個零的回傳代表成功，其他大多數的值都代表失敗。非零值的意義取決於各種機器。要讓回傳值獨立於機器，cstdlib 標頭定義了兩個前置處理器變數（preprocessor variables，§2.3.2），我們可用它們來表明成功或失敗：

```cpp
int main()
{
    if (some_failure)
        return EXIT_FAILURE; // 定義於 cstdlib
    else
        return EXIT_SUCCESS; // 定義於 cstdlib
}
```

因為這些是前置處理器變數，我們必定不能在它們前面加上 std::，也不能在 using 宣告中提到它們。

遞迴（Recursion）

呼叫自己的函式，無論是直接或間接，都被稱作遞迴函式（*recursive function*）。舉個例子，我們可以改寫我們的階乘函式，使用遞迴：

```cpp
// 計算 val!，也就是 1 * 2 * 3 ... * val
int factorial(int val)
{
    if (val > 1)
        return factorial(val-1) * val;
    return 1;
}
```

在這個實作中，我們會遞迴地呼叫 factorial 來計算從 val 中原本的值往回數的數字之階乘。一旦我們將 val 縮減為 1，我們就回傳 1 來停止遞迴。

一個遞迴函式必定要有一個執行路徑是不涉及遞迴呼叫的，否則函式就會「永遠」遞迴，這表示函式會持續呼叫自身，直到程式堆疊（program stack）耗盡為止。

這種函式有時被描述為「含有一個**遞迴迴圈**（**recursion loop**）」。在 factorial 的例子中，停止條件發生在 val 是 1 的時候。

下列表格追蹤傳入 5 這個值之時，factorial 的執行軌跡。

表 6.2：`factorial(5)` 的執行軌跡		
呼叫	**回傳**	**值**
factorial(5)	factorial(4) * 5	120
factorial(4)	factorial(3) * 4	24
factorial(3)	factorial(2) * 3	6
factorial(2)	factorial(1) * 2	2
factorial(1)	1	1

 main 函式不可以呼叫自己。

習題章節 6.3.2

練習 6.30：編譯前面所呈現的 str_subrange 版本，看看你的編譯器會如何處理我們提過的那些錯誤。

練習 6.31：何時回傳一個參考是有效的呢？那麼對 const 的參考呢？

練習 6.32：指出下列的函式是否合法。若是，解釋為何如此；如果不是，更正所有的錯誤並解釋之。

```
int &get(int *arry, int index) { return arry[index]; }
int main() {
    int ia[10];
    for (int i = 0; i != 10; ++i)
        get(ia, i) = i;
}
```

練習 6.33：寫一個遞迴函式印出一個 vector 的內容。

練習 6.34：如果 factorial 中的停止條件是 if (val != 0) 會發生什麼事？

練習 6.35：對 factorial 的呼叫中，為什麼我們傳入 val - 1 而非 val-- ？

6.3.3 回傳對陣列的一個指標

因為我們不能拷貝陣列，所以一個函式不能回傳一個陣列。然而，一個函式可以回傳對陣列的指標或參考（§3.5.1）。遺憾的是，用來定義會回傳對陣列的指標或參考的函式之語法可能令人望而生畏。幸好，有簡化這種宣告的方式存在。最直接明瞭的方法是使用一個型別別名（type alias，§2.5.1）：

```
typedef int arrT[10];     // arrT 是由十個 int 所構成的陣列這種型別的同義詞
using arrT = int[10];     // 等效的 arrT 宣告，請參閱 §2.5.1
arrT* func(int i);        // func 回傳一個指標，指向由十個 int 組成的陣列
```

這裡 arrT 是由十個 int 組成的陣列之同義詞。因為我們無法回傳一個陣列，所以我們將回傳型別定義為指向此型別的指標。因此，func 這個函式接受單一個 int 引數，並回傳一個指標，指向有十個 int 的陣列。

宣告會回傳對陣列指標的函式

若不要使用型別別名來宣告 func，我們必須記得跟在名稱後的陣列維度（dimension）必須被定義：

```
int arr[10];              // arr 是由十個 int 組成的一個陣列
int *p1[10];              // p1 是由十個指標構成的一個陣列
int (*p2)[10] = &arr;     // p2 指向由十個 int 組成的一個陣列
```

就跟這些宣告一樣，如果我們想要定義一個函式回傳對陣列的指標，那麼維度就必須接在函式的名稱後出現。然而，一個函式還包括一個參數列，它也跟在名稱後。這個參數列在維度之前出現。因此，回傳對陣列指標的函式之形式為：

Type (**function*(*parameter_list*))[*dimension*]

就跟任何的陣列宣告一樣，*Type* 是元素的型別，而 *dimension* 是陣列的大小。(**function*(*parameter_list*)) 周圍的括弧是必要的，原因與我們定義 p2 時它們也是必要的相同。沒有括弧，我們定義的會是回傳由指標所構成的陣列的一個函式。

舉個具體的例子，下面 func 的宣告沒有使用型別別名：

```
int (*func(int i))[10];
```

要了解這個宣告，像這樣思考可能會有幫助：

- func(int) 指出我們可以用一個 int 引數來呼叫 func。
- (*func(int)) 指出我們可以解參考（dereference）那個呼叫的結果。
- (*func(int))[10] 指出解參考呼叫 func 的結果會產出大小為十的一個陣列。
- int (*func(int))[10] 指出那個陣列中的元素型別為 int。

使用尾端回傳型別（Trailing Return Type）

在新標準底下，簡化 func 宣告的另一個方式是使用**尾端回傳型別（trailing return type）**。 `C++11`
你可以為任何函式定義尾端回傳（trailing returns），但對於具有複雜回傳型別的函式而言最有用，例如對陣列的指標（或參考）。一個尾端回傳型別跟在參數列後，前面接著 ->。為了表明回傳跟在參數列後，我們在回傳型別一般出現的地方使用 auto：

```
// fcn 接受一個 int 引數，並回傳一個指標，指向由十個 int 組成的一個陣列
auto func(int i) -> int(*)[10];
```

因為回傳型別在參數列之後才出現，我們很容易看出 func 回傳一個指標，而那個指標指向有十個 int 的陣列。

使用 decltype

作為另一種替代方式，如果我們清楚我們函式為之回傳指標的的陣列為何，我們就能使用 decltype 來宣告那個回傳型別。舉例來說，下列函式回傳一個指標，指向兩個陣列之一，取決於其參數的值：

```
int odd[] = {1,3,5,7,9};
int even[] = {0,2,4,6,8};
// 回傳一個指標，指向由五個 int 元素組成的一個陣列
decltype(odd) *arrPtr(int i)
{
    return (i % 2) ? &odd : &even;  // 回傳對陣列的一個指標
}
```

arrPtr 的回傳型別使用 decltype 來指出該函式回傳一個指標，指向 odd 所具有的型別，無論那為何。那個物件是一個陣列，所以 arrPtr 回傳一個指標，指向有五個 int 的一個陣列。唯一比較棘手的部分是，我們必須記得 decltype 並不會自動將一個陣列轉為其對應的指標型別。decltype 所回傳的型別是一個陣列型別，對此我們必須加上一個 * 來指出 arrPtr 回傳一個指標。

習題章節 6.3.3

練習 6.36：宣告一個會回傳一個參考的函式，該參考指涉有十個 string 的一個陣列，而且不使用尾端回傳、decltype 或型別別名。

練習 6.37：為前一個練習中的函式撰寫三個額外的宣告。其中一個應該使用型別別名，一個使用尾端回傳，而第三個則使用 decltype。你喜歡哪個形式？為什麼呢？

練習 6.38：修改 arrPtr 函式，改回傳對陣列的一個參考。

 ## 6.4 重載的函式

出現在相同範疇內，具有相同名稱但參數列不同的函式就是**重載的（overloaded）**。舉例來說，在 §6.2.4 我們定義了數個名為 print 的函式：

```
void print(const char *cp);
void print(const int *beg, const int *end);
void print(const int ia[], size_t size);
```

這些函式進行相同的一般動作,但套用到不同的參數型別上。當我們呼叫這些函式,編譯器能夠依據我們傳入的引數型別推論出我們想要的是哪個函式:

```
int j[2] = {0,1};
print("Hello World");              // 呼叫 print(const char*)
print(j, end(j) - begin(j));       // 呼叫 print(const int*, size_t)
print(begin(j), end(j));           // 呼叫 print(const int*, const int*)
```

函式重載讓我們不用發明和記住只為了輔助編譯器找出要呼叫誰而存在的那些名稱。

 main 函式不能重載。

定義重載函式

請思考一種資料庫應用,有數個函式可用來找尋一筆記錄,依據名字、電話號碼、帳號,等等。函式重載讓我們定義一組函式,每個名稱都叫做 lookup,差異只在於它們進行搜尋的方式。我們可以傳入數個型別中的某個值來呼叫 lookup:

```
Record lookup(const Account&);   // 以 Account 尋找
Record lookup(const Phone&);     // 以 Phone 尋找
Record lookup(const Name&);      // 以 Name 尋找
Account acct;
Phone phone;
Record r1 = lookup(acct);    // 呼叫接受 Account 的版本
Record r2 = lookup(phone);   // 呼叫接受 Phone 的版本
```

這裡,所有的三個函式都共用同一個名稱,然而它們是三個不同的函式。編譯器使用引數型別來找出要呼叫哪個函式。

重載的函式之間參數的數目或型別一定要不同。上面的每個函式都接受單一個參數,但這些參數有不同的型別。

兩個只差在回傳型別的函式是錯誤的。如果兩個函式的參數列相同,但回傳型別不同,那麼第二個宣告就會是個錯誤:

```
Record lookup(const Account&);
bool lookup(const Account&); // 錯誤:只有回傳型別不同
```

判斷兩個參數型別是否不同

兩個參數列有可能是完全等效的,即使它們看起來不同:

```
// 每一對都宣告相同的函式
Record lookup(const Account &acct);
Record lookup(const Account&); // 參數名稱會被忽略
typedef Phone Telno;
Record lookup(const Phone&);
Record lookup(const Telno&); // Telno 和 Phone 是相同型別
```

在第一對中，第一個宣告有指明參數名稱。參數名稱只有說明文件的效果。它們不會改變參數列的意義。

在第二對中，那些型別看起來相同，但 Telno 並不是一個新的型別，它是 Phone 的同義詞。型別別名（§2.5.1）為既存的型別提供替代的名稱，這並不會創建一個新的型別。因此，那兩個參數只差在一個使用別名，而另一個使用那個別名所對應的型別，所以它們並非不同。

重載與 const 參數

如我們在 §6.2.3 見到的，頂層的 const（top-level const，§2.4.3）對於可能被傳入到函式的物件沒有效果。具有頂層 const 的一個參數與沒有頂層 const 的參數之間是無法區辨的：

```
Record lookup(Phone);
Record lookup(const Phone);      // 重新宣告 Record lookup(Phone)
Record lookup(Phone*);
Record lookup(Phone* const);     // 重新宣告 Record lookup(Phone*)
```

在這些宣告中，第二個宣告宣告了與第一個相同的函式。

另一方面，我們可以依據參數是對給定型別的 const 版本或非 const 版本的參考（或指標）來進行重載，這種 const 是低階的：

```
// 接受 const 和非 const 的參考或指標的函式有不同的參數
// 四個獨立的重載函式之宣告
Record lookup(Account&);         // 這個函式接受對 Account 的一個參考
Record lookup(const Account&);   // 這個新的函式接受一個 const 參考
Record lookup(Account*);         // 新的函式，接受對 Account 的一個指標
Record lookup(const Account*);   // 新函式，接受對 const 的一個指標
```

在這些例子中，編譯器可以依據引數是否為 const 來分辨要呼叫哪個函式。因為並不存在源自（from）const 的轉換（§4.11.2），我們只能傳入一個 const 物件（或對 const 的指標）給具有 const 參數的那個版本。因為有朝向（to）const 的轉換存在，在非 const 物件或對非 const 的指標上，我們呼叫任一個版本都行。然而，如我們會在 §6.6.1 中看到的，當我們傳入一個非 const 物件或對非 const 的指標，編譯器會偏好非 const 的版本。

const_cast 與重載

在 §4.11.3 中，我們注意到 const_cast 在重載函式的情境下最有用處。舉個例子，請回想 §6.3.2 的 shorterString 函式：

```
// 回傳一個參考，指涉兩個 string 中較短的那一個
const string &shorterString(const string &s1, const string &s2)
{
    return s1.size() <= s2.size() ? s1 : s2;
}
```

建議：何時不要重載一個函式名稱？

雖然重載讓我們不必為常見的運算發明（並記住）名稱，我們應該只重載實際上會進行類似作業的函式。在某些情況中，提供不同的函式名稱確實可以增加資訊，使得程式更容易理解。請思考會在一個 Screen（畫面）移動游標的一組函式。

```
Screen& moveHome();
Screen& moveAbs(int, int);
Screen& moveRel(int, int, string direction);
```

乍看之下，以 move 這個名稱重載這組函式似乎會比較好：

```
Screen& move();
Screen& move(int, int);
Screen& move(int, int, string direction);
```

然而，重載這些函式後，我們就喪失了原本存在於函式名稱中的資訊。雖然游標的移動是這些函式所共有的一般作業，各個移動本身的具體特質卻是每個函式所獨有的。舉例來說，moveHome 就代表一種特殊的游標動作。是否要重載這些函式，取決於下列這兩個呼叫中何者比較容易理解：

```
// 哪個比較容易理解？
myScreen.moveHome(); // 我們認為是這一個！
myScreen.move();
```

這個函式接受並回傳對 const string 的參考。我們會用一對非 const string 引數來呼叫該函式，但會得到對 const string 的一個參考作為結果。我們可能會想要有一種版本的 shorterString，當給定非 const 引數，會產出一個普通的參考。我們可以使用 const_cast 來編寫這種版本的函式：

```
string &shorterString(string &s1, string &s2)
{
    auto &r = shorterString(const_cast<const string&>(s1),
                            const_cast<const string&>(s2));
    return const_cast<string&>(r);
}
```

這個版本會將其引數強制轉型（cast）為對 const 的參考，以呼叫 const 版本的 shorterString。那個函式回傳對 const string 的一個參考，而我們知道它繫結至我們原本的非 const 引數中的其中一個。因此，我們知道在回傳時將那個 string 強制轉換回一個普通的 string& 是安全的。

呼叫一個重載的函式

一旦我們定義了一組重載函式，我們就得有辦法以適當的引數呼叫它們。**函式匹配**（**Function matching**，也稱作**重載解析**，**overload resolution**）就是一個特定的函式呼叫與一組重載的函式中特定的一個產生關聯的過程。編譯器判斷要呼叫哪個函式的方法是比較呼叫中的引數和重載組合中每個函式所提供的參數。

在許多,或許是絕大多數,情況中,程式設計師要判斷一個特定的呼叫是否合法以及哪個函式會被呼叫,都是簡單明瞭的。重載組合中的函式經常差在引數的數目,或其引數的型別彼此不相關。在這些情況中,很容易就能判斷被呼叫的是哪個函式。如果重載的那些函式有相同的參數數目,而那些參數之間有轉換關係(§4.11),那麼要判斷被呼叫的是哪個函式就沒那麼顯而易見了。我們會在§6.6中看到編譯器如何解析涉及了轉換的呼叫。

至於現在,重要的是了解對於任何的重載函式呼叫,有三種可能的結果存在:

- 編譯器找到恰好一個函式是實際引數的**最佳匹配(best match)**,然後產生程式碼來呼叫那個函式。

- 沒有函式的參數符合呼叫中的引數,在這種情況下,編譯器會發出錯誤訊息,指出**沒有匹配(no match)**。

- 有一個以上的函式符合,而且其中沒有任何一個是最明顯的匹配。這種情況也是一種錯誤,這是有**歧義的呼叫(ambiguous call)**。

習題章節 6.4

練習 6.39:解釋下列每組宣告中第二個宣告的效果。指出何者是非法的,如果有的話。

```
(a)   int calc(int, int);
      int calc(const int, const int);
(b)   int get();
      double get();
(c)   int *reset(int *);
      double *reset(double *);
```

6.4.1 重載與範疇

> 一般來說,區域性的宣告一個函式都是壞主意。然而,為了解說範疇如何與重載互動,我們將會違反這項實務規則,並使用區域性的函式宣告。

WARNING

C++ 的程式新手時常對範疇(scope)與重載(overloading)之間的互動感到困惑。然而,就範疇來說,重載並沒有什麼特殊的性質可言:一如以往,如果我們在內層範疇宣告了一個名稱,那個名稱就會遮蔽(hide)在外層的某個範疇中宣告的名稱之使用。名稱無法跨範疇重載:

```
string read();
void print(const string &);
void print(double);        // 重載 print 函式
void fooBar(int ival)
{
    bool read = false;     // 新的範疇:遮蔽外層的 read 宣告
    string s = read();     // 錯誤:read 是一個 bool 變數,不是一個函式
```

```
        // 不好的實務做法：在區域範疇宣告函式通常是種壞主意
        void print(int);       // 新的範疇：遮蔽之前的 print 實體
        print("Value: ");      // 錯誤：print(const string &) 被遮蔽了
        print(ival);           // ok：print(int) 看得見
        print(3.14);           // ok：呼叫 print(int)，print(double) 被遮蔽了
    }
```

大多數的讀者都不會驚訝對 read 的呼叫是種錯誤。編譯器處理對 read 的呼叫時，它找到 read 的區域性定義。那個名稱是一個 bool 變數，而我們無法呼叫一個 bool。因此，那個呼叫是非法的。

完全相同的程序被用來解析對 print 的呼叫。fooBar 中 print(int) 的宣告遮蔽了前面的 print 宣告。這就好像只有一個 print 函式可用一樣，也就是接受單一個 int 參數的那一個。

當我們呼叫 print，編譯器會先尋找那個名稱的宣告。它找到了接受一個 int 的區域性 print 宣告。只要找到一個名稱，編譯器就會忽略那個名稱在任何外層範疇的使用。取而代之，編譯器會假設它所找到的宣告就是我們所用的名稱之宣告。剩下的就是看那個名稱的使用是否有效了。

在 C++ 中，名稱的查找先於型別檢查。

那第一個呼叫傳入了一個字串字面值，但範疇內唯一的 print 宣告卻有一個 int 參數。字串字面值無法被轉換為一個 int，所以這個呼叫是個錯誤。print(const string&) 函式，雖然可以匹配此呼叫，但因為被遮蔽了，所以沒納入考慮。

當我們傳入一個 double 來呼叫 print，就會重複同樣的程序。編譯器找到區域性的 print(int) 定義。double 引數可以被轉換為一個 int，所以此呼叫是合法的。

假如我們在跟其他的 print 函式相同的範疇中宣告了 print(int)，那麼它就會是 print 的另一個重載的版本。在那種情況中，這些呼叫的解析方式就會不同，因為編譯器會看到三個函式：

```
void print(const string &);
void print(double);  // 重載 print 函式
void print(int);     // 另一個重載的實體
void fooBar2(int ival)
{
    print("Value: ");    // 呼叫 print(const string &)
    print(ival);         // 呼叫 print(int)
    print(3.14);         // 呼叫 print(double)
}
```

6.5 特殊用途的功能

在本節中,我們將會涵蓋三個與函式有關的功能,它們在許多,但非全部,程式中都有用處:
預設引數(default arguments)、行內(inline)和 constexpr 函式,以及經常會在除錯時
使用的一些機能。

6.5.1 預設引數

有些函式會有在多數(但非全部)呼叫中都會被賦予某個特定值的參數。在這種情況中,我
們可以將那個常用的值宣告為該函式的一個**預設引數(default argument)**。具有預設引數
的函式被呼叫時可以帶有那個引數,也可以不帶。

舉例來說,我們可能會使用一個 string 來表示一個視窗的內容。預設情況下,我們可能希望
那個視窗有特定的高度、寬度和背景字元。然而,我們也可能想要讓使用者能夠傳入預設值
以外的其他值。為了容納預設和指定值,我們將會像這樣宣告我們的函式以定義視窗:

```
typedef string::size_type sz; // typedef 請參閱 §2.5.1
string screen(sz ht = 24, sz wid = 80, char backgrnd = ' ');
```

這裡我們為每個參數都提供了一個預設值。一個預設引數會被指定為參數列中參數的初始器。
我們可以為一或多個參數定義預設值。然而,如果一個參數有預設引數,那麼跟在它後面的
所有參數也都必須有預設引數。

以預設引數呼叫函式

如果我們想要使用預設引數,就在呼叫函式時省略那個引數。因為 screen 為它所有的參數都
提供了預設值,我們能用零個、一個、兩個或三個引數來呼叫 screen:

```
string window;
window = screen();  // 等同於 screen(24,80,' ')
window = screen(66);// 等同於 screen(66,80,' ')
window = screen(66, 256);        // screen(66,256,' ')
window = screen(66, 256, '#');  // screen(66,256,'#')
```

呼叫中的引數是以位置來解析的。預設引數用於一個呼叫尾端(最右方)的引數。舉例來說,
要覆寫 backgrnd 的預設值,我們也必須為 ht 和 wid 提供引數:

```
window = screen(, , '?'); // 錯誤:只能省略尾端引數
window = screen('?');      // 呼叫 screen('?',80,' ')
```

注意到在第二個呼叫中,我們傳入了單一個字元值,這是合法的。儘管合法,這不太可能
是我們想要的做。這個呼叫之所以合法,是因為 '?' 是一個 char,而一個 char 可被轉換
(§4.11.1)為最左邊的參數之型別。那個參數是 string::size_type,這是一個 unsigned
的整數型別。在這個呼叫中,char 引數會隱含地被轉換為 string::size_type,並被傳入
作為 ht 的引數。在我們的機器上,'?' 有十六進位值 0x3F,也就是十進位的 63。因此,這
個呼叫傳入了 63 給 ht 參數。

設計具有預設引數的函式時,有部分的工作就是排列參數的順序,讓那些最不可能使用預設值的參數先出現,而那些最可能使用預設值的參數最後出現。

預設引數宣告

雖然一般的實務做法是在標頭中宣告一個函式一次,多次重新宣告一個函式也是合法的。然而,在一個給定的範疇內,每個參數的預設值只能指定一次。因此,任何後續的宣告只能為之前尚未指定預設值的參數加上預設值。如同以往,預設值只能在右邊的所有參數都有預設值的情況下指定。舉例來說,給定

```
// 高度和寬度參數沒有預設值
string screen(sz, sz, char = ' ');
```

我們無法修改一個已經宣告的預設值:

```
string screen(sz, sz, char = '*'); // 錯誤:重新宣告
```

但我們可以像這樣新增一個預設引數:

```
string screen(sz = 24, sz = 80, char); // ok:新增了預設引數
```

 預設引數一般應該與函式宣告一起在適當的標頭中指定。

預設引數初始器

區域變數不可以用作預設引數。除了這個限制外,預設引數可以是型別能夠轉換為參數之型別的任何運算式:

```
// wd、def 與 ht 的宣告必須出現在一個函式之外
sz wd = 80;
char def = ' ';
sz ht();
string screen(sz = ht(), sz = wd, char = def);
string window = screen(); // 呼叫 screen(ht(), 80,' ')
```

用作預設引數的名稱會在函式宣告的範疇中解析。那些名稱所代表的值會在呼叫的時候估算:

```
void f2()
{
    def = '*'; // 變更一個預設引數的值
    sz wd = 100; // 隱藏 wd 的外層定義,但並未改變預設值
    window = screen(); // 呼叫 screen(ht(), 80,'*')
}
```

在 f2 內,我們更改了 def 的值。對 screen 的呼叫傳入了這個更新過的值。我們的函式也宣告了一個區域變數,遮蔽了外層的 wd。然而,這個區域名稱 wd 與傳入給 screen 的預設引數無關。

練習 6.40：下列哪個宣告是錯的？為什麼呢？

```
(a) int ff(int a, int b = 0, int c = 0);
(b) char *init(int ht = 24, int wd, char bckgrnd);
```

練習 6.41：下列哪個呼叫是非法的呢？為什麼呢？如果有的話，哪個是合法的，但不太可能是程式設計師所期望的？為什麼呢？

```
char *init(int ht, int wd = 80, char bckgrnd = ' ');
(a) init();     (b) init(24,10);     (c) init(14, '*');
```

練習 6.42：賦予 make_plural（§6.3.2）的第二個參數一個 's' 的預設引數。印出字詞 success 和 failure 的單數與複數版本來測試你的程式。

6.5.2 行內與 constexpr 函式

在 6.3.2 中，我們寫了一個小型的函式，它會回傳一個參考，指涉它的兩個 string 參數中較短的那一個。為這樣的小型運算定義一個函式的好處包括：

- 閱讀和理解對 shorterString 的呼叫會比閱讀和理解等效的條件運算式容易。
- 使用一個函式能確保一統的行為。每個測試都能保證以相同的方式進行。
- 如果我們需要更改這個計算，修改函式會比變更出現等效運算式的每個地方更容易。
- 那個函式可以重複使用，而不必為其他的應用程式重寫一個。

然而，讓 shorterString 成為一個函式有一個潛在的缺點：呼叫一個函式會比估算等效的運算式還要來得慢。在大部分的機器上，函式呼叫會進行很多工作：呼叫之前會先儲存暫存器（registers）的內容，並在回傳後復原、引數可能需要拷貝，而程式會分支到新的位置。

inline 函式避免了函式呼叫的負擔

指定為 **inline** 的函式（通常）每次呼叫都會在「行內（in line）」就地展開來。如果 shorterString 是被定義為 inline，那麼這個呼叫

```
cout << shorterString(s1, s2) << endl;
```

（大概）就會在編譯過程中被展開成類似這樣的東西：

```
cout << (s1.size() < s2.size() ? s1 : s2) << endl;
```

藉此，讓 shorterString 成為一個函式的執行期負擔就這樣被移除了。

我們可以在函式的回傳型別前放上關鍵字 inline 來將 shorterString 定義為一個行內函式（inline function）：

```
// inline 版本:找出兩個 string 中較短的那一個
inline const string &
shorterString(const string &s1, const string &s2)
{
    return s1.size() <= s2.size() ? s1 : s2;
}
```

inline 的指定只是對編譯器的一種請求。編譯器可以選擇忽略這項請求。

一般來說,inline 機制是為了最佳化經常被呼叫的小型直行函式而存在。許多編譯器不會 inline 一個遞迴函式。一個 75 行的函式也幾乎可以確定不會在行內展開。

constexpr 函式

constexpr 函式是能被用在常數運算式(constant expression,§2.4.4)中的一種函式。一個 constexpr 函式的定義方式就跟其他函式一樣,但必須符合特定的限制:return 的型別和每個參數都必須是字面值型別(literal type,§2.4.4),而函式主體必須只含有剛好一個 return 述句:

```
constexpr int new_sz() { return 42; }
constexpr int foo = new_sz(); // ok: foo 是一個常數運算式
```

這裡我們將 new_sz 定義為一個不接受引數的 constexpr。編譯器可以在編譯時期驗證對 new_sz 的呼叫會回傳一個常數運算式,所以我們可以使用 new_sz 來初始化我們的 constexpr 變數 foo。

可以這麼做的時候,編譯器會將對一個 constexpr 函式的呼叫取代為其結果值。為了要能夠即刻展開這種函式,constexpr 函式隱含就是 inline 的。

一個 constexpr 函式的主體可以含有其他的述句,只要那些述句不會在執行時期產生任何動作就行。舉例來說,一個 constexpr 函式可以含有 null 述句、型別別名(§2.5.1),或是 using 宣告。

一個 constexpr 函式能夠回傳不是常數的一個值:

```
// scale(arg) 會是個常數運算式,只要 arg 是一個常數運算式
constexpr size_t scale(size_t cnt) { return new_sz() * cnt; }
```

如果其引數是一個常數運算式,scale 函式就會回傳一個常數運算式,否則就不會:

```
int arr[scale(2)];   // ok: scale(2) 是一個常數運算式
int i = 2;           // i 不是一個常數運算式
int a2[scale(i)];    // 錯誤: scale(i) 不是一個常數運算式
```

當我們傳入一個常數運算式，例如字面值 2，那麼回傳的就會是一個常數運算式。在這種情況中，編譯器會將對 scale 的那個呼叫取代為所產生的值。

如果我們以不是常數運算式的東西呼叫 scale，例如 int 物件 i，那麼回傳的就不是一個常數運算式。如果我們在需要常數運算式的情境下使用 scale，編譯器會檢查結果是否為常數運算式。如果不是，編譯器會產生一個錯誤訊息。

> 一個 constexpr 函式不一定要回傳一個常數運算式。

將 inline 與 constexpr 函式放在標頭檔中

不同於其他函式，inline 和 constexpr 函式可以在程式中被定義多次。畢竟，編譯器需要其定義，而非只是宣告，才能展開程式碼。然而，一個給定的 inline 或 constexpr 的所有定義都必須吻合。結果就是，inline 和 constexpr 函式一般會定義在標頭中。

習題章節 6.5.2

練習 6.43：你會將下列哪個宣告和定義放在一個標頭中？或放在源碼檔中？請解釋原因。

    (a) inline bool eq(const BigInt&, const BigInt&) {...}
    (b) void putValues(int *arr, int size);

練習 6.44：將 §6.2.2 的 isShorter 函式改寫為 inline。

練習 6.45：重新檢視你為前面的練習所寫的程式，判斷它們是否應該被定義為 inline。如果是，就那麼做。若非，請解釋它們為何不應該是 inline。

練習 6.46：有可能將 isShorter 定義為一個 constexpr 嗎？若是，就那麼做。如果沒辦法，請解釋原因。

6.5.3 用於除錯的輔助功能

C++ 程式設計師有時會使用一種類似 header guards（§2.6.3）的技巧來條件式地執行除錯程式碼。這背後的想法是，程式中可以含有只會在程式開發過程中執行的除錯程式碼。當應用程式開發完成，準備正式上線，那些除錯用的程式碼就會被關閉。這種做法用到兩個前置處理器機能：assert 和 NDEBUG。

assert 前置處理器巨集

assert 是一種**前置處理器巨集（preprocessor macro）**。前置處理器巨集是行為有點類似 inline 函式的一種前置處理器變數。assert 巨集接受單一個運算式，用來當作一個條件：

```
assert(expr);
```

估算 *expr*，而如果該運算式為 false（即零），那麼 assert 會寫出一個訊息，然後終止程式。如果運算式為 true（即非零），那麼 assert 什麼都不會做。

assert 巨集定義在 cassert 標頭中。如我們提過的，前置處理器的名稱是由前置處理器來管理，而非編譯器（§2.3.2）。因此，我們會直接使用前置處理器名稱，不用為它們提供 using 宣告。也就是說，我們會寫 assert，而非 std::assert，並且不會為 assert 提供 using 宣告。

就跟前置處理器變數一樣，巨集名稱在程式中必須是唯一的。引入 cassert 標頭的程式不可以定義名為 assert 的變數、函式或其他實體。實務上，避免為了我們的目的使用 assert 名稱會是個好主意，即便我們不引入 cassert 也一樣。許多標頭都會引入 cassert 標頭，這代表即使你沒有直接引入那個檔案，你的程式最終還是很有可能引入它。

assert 巨集通常用來檢查「不可能發生（cannot happen）」的條件。舉例來說，會對輸入的文字進行某些操作的程式可能會知道它被賦予的所有字詞永遠都會比某個門檻值（threshold）長。那個程式可能會含有像這樣的述句

```
assert(word.size() > threshold);
```

NDEBUG 前置處理器變數

assert 的行為取決於名為 NDEBUG 的前置處理器變數之狀態。如果 NDEBUG 有定義，assert 就什麼都不會做。預設情況下，NDEBUG 並沒有定義，所以 assert 預設就會進行執行時期的檢查。

我們可以提供一個 #define 來定義 NDEBUG，藉此「關閉」除錯。或者，大部分的編譯器都提供能讓我們定義前置處理器變數的命令列選項：

```
$ CC -D NDEBUG main.C # Microsoft 編譯器就用 /D
```

這個效果等同於在 main.c 的開頭寫上 #define NDEBUG。

如果 NDEBUG 有定義，就會避開檢查各種條件所涉及的潛在的執行時期負擔。當然，也不會進行執行時期的檢查。因此，asserter 應該只被用來驗證真的不應該是可能的東西。它對於程式的除錯可能有輔助的用處，但不應該被用來取代程式應該做的執行時期邏輯檢查或錯誤檢查。

除了使用 assert，我們也能使用 NDEBUG 來撰寫我們自己的條件式除錯程式碼。如果 NDEBUG 沒有定義，介於 #ifndef 與 #endif 之間的程式碼就會被執行。如果 NDEBUG 有定義，那些程式碼就會被忽略：

```
void print(const int ia[], size_t size)
{
#ifndef NDEBUG
// _ _func_ _ 是由編譯器所定義的一個區域性的 static，用以存放函式的名稱
cerr << _ _func_ _ << ": array size is " << size << endl;
#endif
// ...
```

這裡我們用到一個名為 _ _func_ _ 的變數來印出我們正在除錯的函式之名稱。編譯器會在每個函式中定義 _ _func_ _，它是一個區域性的 static 陣列，由 const char 所構成，用來存放函式的名稱。

除了 C++ 編譯器所定義的 _ _func_ _ 外，前置處理器也定義了除錯時可能會有用處的其他四個名稱：

_ _FILE_ _ 含有檔案名稱的字串字面值

_ _LINE_ _ 含有目前行號的整數字面值

_ _TIME_ _ 含有檔案編譯時間的字串字面值

_ _DATE_ _ 含有檔案編譯日期的字串字面值

我們可以使用這些常數在錯誤訊息中回報額外的資訊：

```
if (word.size() < threshold)
    cerr << "Error: " << _ _FILE_ _
            << " : in function " << _ _func_ _
            << " at line " << _ _LINE_ _ << endl
            << " Compiled on " << _ _DATE_ _
            << " at " << _ _TIME_ _ << endl
            << " Word read was \"" << word
            << "\": Length too short" << endl;
```

如果我們給了這個程式一個比 threshold 還要短的 string，那麼就會產生下列錯誤訊息：

```
Error: wdebug.cc : in function main at line 27
        Compiled on Jul 11 2012 at 20:50:03
        Word read was "foo": Length too short
```

6.6 函式匹配

在許多（如果不是絕大多數的話）情況中，很容易就能找到哪個重載函式匹配一個給定的呼叫。然而，當重載的函式有相同的參數數目，或者一或多個參數的型別之間有轉換關係，那麼這就不是那麼簡單了。舉個例子，思考下列的函式與函式呼叫組合：

```
void f();
void f(int);
void f(int, int);
void f(double, double = 3.14);
f(5.6); // 呼叫 void f(double, double)
```

習題章節 6.5.3

練習 6.47：修改你在 §6.3.2 的練習中寫的那個以遞迴印出一個 vector 內容的程式，讓它能夠條件式地印出其執行相關的資訊。舉例來說，你可能會在每次呼叫印出 vector 的大小。編譯並執行該程式，先開啟除錯來執行，然後關閉除錯再次執行。

練習 6.48：解釋這個迴圈所做的事，以及這是否為 assert 的良好用法：

```
string s;
while (cin >> s && s != sought) { } // 空的主體
assert(cin);
```

判斷候選函式與合用的函式

函式匹配的第一步會為給定的呼叫識別出一組應該考慮的重載函式。這個集合中的函式就是**候選函式（candidate functions）**。候選函式就是名稱與被呼叫的函式相同，而且在呼叫處看得到其宣告的函式。在這個例子中，有四個名為 f 的候選函式。

第二步會從候選函式集合中選出能以給定呼叫中的引數來呼叫的那些函式。選出來的那些函式就是**合用的函式（viable functions）**。所謂的合用，就是一個函式的參數數目必須與呼叫中的引數數目相同，而且每個引數的型別都必須匹配，或者能夠轉換為，其對應參數的型別。

依據引數數目，我們可以消除我們候選函式其中的兩個。沒有參數的那個函式以及有兩個 int 參數的那個對此呼叫而言並不合用。我們的呼叫只有一個引數，而這些函式分別有零個和兩個參數。

接受單一個 int 的函式，以及接受兩個 double 的那個函式可能會是合用的。這兩個函式都能以單一個引數來呼叫。接受兩個 double 的那個函式有一個預設引數，這表示它能以一個引數被呼叫。

當一個函式具有預設引數（§6.5.1），呼叫所需的引數看起來可能會比實際上還少。

藉由引數數目刪減了候選函式後，我們下一步會看引數型別是否符合參數的型別。就跟任何呼叫一樣，一個引數匹配其參數，可能是因為型別剛好吻合，或者存在著轉換方式可以把引數型別轉為參數的型別。在這個例子中，剩餘的兩個函式都是合用的：

- f(int) 之所以合用，是因為有轉換方式可以把型別 double 的引數轉為型別為 int 的參數。

- f(double, double) 之所以合用，是因為該函式的第二個參數有提供預設引數，而其第一個參數的型別為 double，剛好符合呼叫中引數的型別。

如果沒有合用的函式，編譯器會發出訊息抱怨沒有匹配的函式。

如果有的話，找出最佳匹配

函式匹配的第三步判斷哪個合用函式能夠為呼叫提供最佳的匹配。這個過程會查看呼叫中的每個引數，並選出對應的參數最符合引數的那個（或那些）合用函式。我們會在下一節詳細解說所謂的「最佳」是什麼，但主要的概念是，引數和參數的型別之間越接近，匹配程度就越好。

在我們的例子中，呼叫中只有一個（明確的）引數。那個引數的型別是 double。要呼叫 f(int)，引數必須得從 double 轉為 int。另一個合用的函式 f(double, double) 則可以完全符合那個引數。完全符合會比需要轉換的匹配還要好。因此，編譯器會將 f(5.6) 這個呼叫解析為對具有兩個 double 參數的那個函式的呼叫。編譯器會為第二個、省略掉的引數提供預設引數。

多個參數的函式匹配

如果有兩個或更多個引數，函式匹配就會比較複雜。給定相同的函式名稱 f，讓我們分析下列呼叫：

    f(42, 2.56);

選出一組合用函式的方式會與只有一個參數時相同。編譯器會挑選具有所需的參數數目，而且引數型別符合參數型別的那些函式。在此，合用的函式為 f(int, int) 及 f(double, double)。然後編譯器會逐個引數判斷哪個（或哪些）函式是最佳匹配。如果有一個而且只有一個符合下列條件的函式存在，那就是整體而言的最佳匹配：

- 每個引數的匹配程度都不會比任何其他的合用函式差
- 至少有一個引數的匹配程度比其他任何合用函式所提供的都還要好

如果看過每個引數後，沒有單一個函式是最適合的，那個該呼叫就是錯誤。編譯器會抱怨那個呼叫有歧義。

在這個呼叫中，若我們只看第一個引數，我們會發現函式 f(int, int) 是完全符合的。要匹配第二個函式，int 引數 42 必須被轉換為 double。透過內建轉換的匹配比起完全符合者，是「比較不好的」。只考慮第一個引數的話，f(int, int) 會是比 f(double, double) 還要好的匹配。

當我們看到第二個引數，f(double, double) 會是引數 2.56 的完美匹配。若要呼叫 f(int, int)，2.56 必須從 double 轉為 int 才行。當我們只考慮第二個參數，函式 f(double, double) 會是較佳的匹配。

編譯器會駁回這個呼叫，因為它是有歧義的：就呼叫的其中一個引數而言，每個合用函式都是比另一個還要好的匹配。你可能會想透過明確的強制轉型（casting，§4.11.3）其中一個引數來迫使匹配發生。然而，在設計良好的系統中，任何的引數強制轉型都不應該是必要的。

 Best Practices 對重載函式的呼叫不應該需要強制轉型。強制轉型的需求意味著參數組合的設計不良。

習題章節 6.6

練習 6.49：候選函式是什麼？合用函式是什麼？

練習 6.50：給定前面的 f 宣告，為下列每個呼叫列出合用的函式。指出哪個函式是最佳匹配，哪個呼叫因為沒有匹配或歧義而是非法的。

    (a) f(2.56, 42)   (b) f(42)   (c) f(42, 0)   (d) f(2.56, 3.14)

練習 6.51：寫出 f 的四個版本。每個函式都應該印出一個足以區別的訊息。檢查你在前一個練習的答案。如果你的答案是錯的，就研讀這一節，直到你了解為何答案是錯的為止。

6.6.1 引數型別之轉換

為了判斷最佳匹配，編譯器會為可用來將每個引數之型別轉為其對應參數之型別的轉換方法做排名。轉換法的排位方式如下：

1. 完全符合。完全符合會在下列情況發生：
   - 引數和參數的型別完全相同。
   - 引數是從陣列或函式型別轉為對應的指標型別（§6.7 涵蓋函式指標）。
   - 頂層的 const（top-level const）會被加到引數或從之移除。
2. 透過 const 轉換（§4.11.2）的匹配。
3. 透過提升（promotion，§4.11.1）的匹配。
4. 透過算術（§4.11.1）或指標轉換（§4.11.2）的匹配。
5. 透過類別型別轉換的匹配（§14.9 涵蓋這些轉換）。

需要提升或算術轉換的匹配

內建型別之間的提升或轉換在函式匹配的情境下可能產出令人驚訝的結果。幸好，設計良好的系統很少會包含參數之間關係像接下來的範例那麼接近的函式。

為了分析一個呼叫，要記住的一個重點是，小型的整數型別永遠都會被提升為 int 或更大的整數型別。給定兩個函式，其中一個接受一個 int，而另一個接受一個 short，那麼 short 的那個版本就只會在型別為 short 的值上被呼叫。雖然較小的整數看起來可能是比較接近的匹配，那些值會被提升為 int，而呼叫 short 版本會需要進行轉換：

```
void ff(int);
void ff(short);
ff('a'); // char 提升為 int，呼叫 f(int)
```

所有的算術轉換都會被視為與彼此相等。舉例來說，從 int 到 unsigned int 的轉換不會比從 int 到 double 的轉換還要有更高的優先序。舉個具體的例子，請思考

```
void manip(long);
void manip(float);
manip(3.14); // 錯誤：有歧義的呼叫
```

字面值 3.14 是一個 double。那個型別可被轉換為 long 或 float。因為有兩種可能的算術轉換存在，所以這個呼叫有歧義。

函式匹配與 const 引數

呼叫重載函式時，如果差異只在於參考或指標參數指向的是不是 const，那麼編譯器會使用引數的 const 性質來決定要呼叫哪個函式：

```
Record lookup(Account&);        // 這個函式接受指涉 Account 的一個參考
Record lookup(const Account&);  // 接受一個 const 參考的新函式
const Account a;
Account b;
lookup(a);  // 呼叫 lookup(const Account&)
lookup(b);  // 呼叫 lookup(Account&)
```

在第一個呼叫中，我們傳入 const 物件 a。我們無法將一個普通的參考繫結至一個 const 物件。在此，唯一合用的函式是接受對 const 參考的那一個。此外，那個呼叫是引數 a 的完全匹配。

在第二個呼叫中，我們傳入非 const 物件 b。對於這個呼叫，兩個函式都是合用的。我們可以用 b 來初始化對 const 或對非 const 的一個參考，都可以。然而，從一個非 const 物件初始化對 const 的參考需要進行轉換。接受非 const 參數的版本對 b 而言是完全符合的，所以優先選用的就是非 const 的那個版本。

指標參數的運作方式也類似。如果兩個函式的差異只在於指標參數所指的是 const 或非 const，編譯器就能依據引數的 const 性質區辨要呼叫哪個函式：如果引數是對 const 的一個指標，呼叫就會匹配接受一個 const* 的函式；否則，如果引數是對非 const 的一個指標，接受一個普通指標的函式就會被呼叫。

習題章節 6.6.1

練習 6.52：給定下列宣告，

```
void manip(int, int);
double dobj;
```

下列呼叫中每個轉換的排位（§6.6.1）為何？

(a) manip('a', 'z'); (b) manip(55.4, dobj);

練習 6.53：說明下列宣告組合中第二個宣告的效果。如果有的話，指出哪個是非法的。

```
(a)    int calc(int&, int&);
       int calc(const int&, const int&);
(b)    int calc(char*, char*);
       int calc(const char*, const char*);
(c)    int calc(char*, char*);
       int calc(char* const, char* const);
```

6.7 指向函式的指標

函式指標（function pointer）只不過就是代表一個函式而非一個物件的指標。就像其他的任何指標，一個函式指標指向特定的型別。一個函式的型別是由其回傳型別和參數的型別所決定。函式的名稱不是其型別的一部份。舉例來說：

```
// 比較兩個 string 的長度
bool lengthCompare(const string &, const string &);
```

有型別 bool(const string&, const string&)。要宣告一個能夠指向這種函式的指標，我們會在函式名稱的地方宣告一個指標：

```
// pf 指向會回傳 bool 並接受兩個 const string 參考的函式
bool (*pf)(const string &, const string &); // 未初始化
```

從我們宣告的名稱開始，我們看到 pf 前面接著一個 *，所以 pf 是一個指標。右邊則是一個參數列，這表示 pf 指向一個函式。往左看，我們看到這個函式回傳的型別是 bool。因此，pf 指向有兩個 const string& 參數並回傳 bool 的函式。

> *pf 周圍的括弧是必要的。如果我們省略括弧，那麼我們就是將 pf 宣告為會回傳對
> bool 指標的一個函式：
>
> ```
> // 宣告一個名為 pf 的函式，它會回傳一個 bool*
> bool *pf(const string &, const string &);
> ```

使用函式指標

當我們使用一個函式的名稱作為一個值，那個函式會自動被轉為一個指標。舉例來說，我們
可以像這樣指定 lengthCompare 的位址給 pf：

```
pf = lengthCompare;        // pf 現在指向名為 lengthCompare 的函式
pf = &lengthCompare;       // 等效的指定：取址（address-of）運算子是選擇性的
```

此外，我們可以用一個函式指標來呼叫該指標所指的函式。我們可以直接這樣做，無須對指
標進行解參考：

```
bool b1 = pf("hello", "goodbye");      // 呼叫 lengthCompare
bool b2 = (*pf)("hello", "goodbye");   // 等效的呼叫
bool b3 = lengthCompare("hello", "goodbye"); // 等效的呼叫
```

對一種函式型別的指標和對另一種函式型別的指標之間沒有轉換方式存在。然而，如同以往，
我們可以指定 nullptr（§2.3.2）或一個零值的整數常數運算式給一個函式指標，來表示該
指標沒有指向任何函式：

```
string::size_type sumLength(const string&, const string&);
bool cstringCompare(const char*, const char*);
pf = 0;                    // ok：pf 沒有指向任何函式
pf = sumLength;            // 錯誤：回傳型別不同
pf = cstringCompare;       // 錯誤：參數型別不同
pf = lengthCompare;        // ok：函式與指標型別完全符合
```

對重載函式的指標

如同以往，當我們使用一個重載函式，上下文的情境脈絡一定要能夠清楚表明用的是哪個版
本。當我們宣告指向重載函式的一個指標

```
void ff(int*);
void ff(unsigned int);
void (*pf1)(unsigned int) = ff; // pf1 指向 ff(unsigned)
```

編譯器會使用指標的型別來判斷要用哪個重載函式。指標的型別必須完全匹配其中的一個重
載函式：

```
void (*pf2)(int) = ff;        // 錯誤：沒有參數列匹配的 ff
double (*pf3)(int*) = ff;     // 錯誤：ff 的回傳型別和 pf3 不匹配
```

函式指標參數

就跟陣列（§6.2.4）一樣，我們無法定義函式型別的參數，但可以有參數是對函式的指標。
就像陣列，我們可以寫出看起來像函式型別的一個參數，但它會被當成一個指標來對待：

```
// 第三個參數是一個函式型別，但會被自動當成對函式的指標看待
void useBigger(const string &s1, const string &s2,
               bool pf(const string &, const string &));
// 等效的宣告：明確定義參數為指向函式的一個指標
void useBigger(const string &s1, const string &s2,
               bool (*pf)(const string &, const string &));
```

若要傳入一個函式作為引數，我們可以直接這麼做。它會直接被轉為一個指標：

```
// 自動將函式 lengthCompare 轉為對函式的一個指標
useBigger(s1, s2, lengthCompare);
```

如我們剛在 useBigger 的宣告所看到的，撰寫函式指標型別很容易就變得繁瑣。型別別名
（§2.5.1），還有 decltype（§2.5.3），都可以讓我們簡化用到函式指標的程式碼：

```
// Func 和 Func2 有函式型別
typedef bool Func(const string&, const string&);
typedef decltype(lengthCompare) Func2;  // 等效的型別
// FuncP 和 FuncP2 有對函式型別的指標
typedef bool(*FuncP)(const string&, const string&);
typedef decltype(lengthCompare) *FuncP2;  // 等效的型別
```

這裡，我們用了 typedef 來定義我們的型別。Func 和 Func2 都是函式型別，而 FuncP 和
FuncP2 則是指標型別。要注意的一個重點是，decltype 回傳函式型別，並沒有進行對指標
的自動轉換。因為 decltype 回傳一個函式型別，如果我們想要的是指標，我們必須自行加
上 *。我們可以使用下列這些型別中任一個來宣告 useBigger：

```
// 使用型別別名的等效 useBigger 宣告
void useBigger(const string&, const string&, Func);
void useBigger(const string&, const string&, FuncP2);
```

這兩個宣告都宣告相同的函式。在第一個宣告中，編譯器會自動將 Func 所代表的函式型別轉
為一個指標。

回傳對函式的指標

就跟陣列（§6.3.3）一樣，我們無法回傳一個函式型別，但可以回傳一個指標指向函式型別。
同樣地，我們必須將回傳型別寫成一個指標型別，編譯器會自動將一個函式回傳型別視為對
應的指標型別。同樣也跟陣列回傳一樣，目前為止宣告一個函式回傳對函式的一個指標最容
易的方法是使用一個型別別名：

```
using F = int(int*, int);    // F 是一個函式型別，不是一個指標
using PF = int(*)(int*, int);  // PF 是一個指標型別
```

這裡我們用了型別別名（§2.5.1）宣告來將 F 定義為一個函式型別，而宣告 PF 為對函式型別的一個指標。要記住的事情是，不同於具有函式型別的參數，這個回傳型別不會自動被轉為一個指標型別。我們必須明確指定回傳型別是一個指標型別：

```
PF f1(int);   // ok：PF 是對函式的一個指標；f1 回傳對函式的一個指標
F  f1(int);   // 錯誤：F 是一個函式型別；f1 不能回傳一個函式
F *f1(int);   // ok：明確指定回傳型別為一個對函式的指標
```

當然，我們也可以直接宣告 f1，就像這樣

```
int (*f1(int))(int*, int);
```

從裡面往外閱讀這個宣告，我們看到 f1 是一個參數列，所以 f1 是一個函式。f1 前面接著一個 *，所以 f1 回傳一個指標。那個指標的型別本身有一個參數列，所以該指標指向一個函式。那個函式回傳一個 int。

為了完整性起見，值得一提的是，我們可以使用一個尾端回傳（§6.3.3）來簡化會回傳對函式指標的函式之宣告：

```
auto f1(int) -> int (*)(int*, int);
```

為函式指標型別使用 **auto** 或 **decltype**

如果我們知道要回傳哪個（或哪些）函式，我們可以使用 decltype 來簡化函式指標回傳型別的撰寫工作。舉例來說，假設我們有兩個函式，而這兩個函式都會回傳 string::size_type，並有兩個 const string& 參數。我們可以寫出第三個函式，它接受一個 string 參數，並回傳一個指標指向那兩個函式之一，如下：

```
string::size_type sumLength(const string&, const string&);
string::size_type largerLength(const string&, const string&);
// 取決於其 string 參數的值，
// getFcn 會回傳對 sumLength 或對 largerLength 的指標
decltype(sumLength) *getFcn(const string &);
```

宣告 getFcn 時，唯一棘手的部分是要記得，當我們套用 decltype 到一個函式，它會回傳一個函式型別，而非對函式型別的一個指標。我們必須加上一個 * 來指出我們回傳的是一個指標，而非一個函式。

習題章節 6.7

練習 6.54： 為一個函式撰寫宣告，它有兩個 int 參數，並回傳一個 int，然後再宣告一個 vector，其元素具有這種函式指標型別。

練習 6.55： 寫出四個函式，為兩個 int 值進行加、減、乘和除。將這些函式的指標儲存到你為前一個練習所寫的 vector。

練習 6.56： 呼叫那個 vector 中的每個元素，並印出它們的結果。

本章總結

函式是具名的計算單元，它們對程式的組成結構是不可或缺的，即使是中等大小的程式。每個函式都有一個回傳型別、一個名稱、一個（可能為空的）參數列，以及一個函式主體。這個函式主體是一個區塊，會在函式被呼叫時執行。當一個函式被呼叫，傳入函式的引數必須與對應參數的型別相容。

在 C++ 中，函式可以重載：同樣的名稱可被用來定義不同函式，只要函式中參數的數目或型別不同就行了。編譯器會依據呼叫中的引數自動找出要呼叫哪個函式。從一組重載函式中選出正確函式的過程被稱作函式匹配。

定義的詞彙

ambiguous call（有歧義的呼叫） 這是函式匹配過程中，若兩個或更多個函式所提供的匹配程度對某個呼叫來說一樣好，就會產生的編譯器錯誤。

arguments（引數） 在一個函式呼叫中提供的值，用來初始化函式的參數。

assert 接受單一個運算式的前置處理器巨集，它會把該運算式用來當作一個條件。當前置處理器變數 NDEBUG 沒有定義，assert 會估算那個條件，如果條件為 false，就寫出一個訊息並終止程式。

automatic objects（自動物件） 只會在一個函式執行過程中存在的物件。它們會在控制權傳到它們的定義時被創建，並在它們定義處的區塊結束時被摧毀。

best match（最佳匹配） 為了一個呼叫從一組重載函式選出的函式。如果存在一個最佳匹配，那麼所選的函式至少對呼叫中的一個引數來說，會比所有其他的合用候選函式還要更加匹配，而且就其餘的引數而言匹配程度也不會更差。

call by reference（以參考呼叫） 參閱 pass by reference（由參考傳遞）。

call by value（以值呼叫） 參閱 pass by value（以值傳遞）。

candidate functions（候選函式） 解析一個函式呼叫時，會被考慮的函式集合。候選函式就是名稱被用於呼叫，而且呼叫時能在範疇中找到宣告的所有的那些函式。

constexpr 會回傳一個常數運算式的函式。一個 constexpr 函式隱含是 inline 的。

default argument（預設引數） 呼叫函式時若有引數被省略，就會提供所指定的這個值。

executable file（可執行檔） 作業系統會執行的檔案，含有對應我們程式的程式碼。

function（函式） 可呼叫的計算單元（callable unit of computation）。

function body（函式主體） 定義函式動作的區塊。

function matching（函式匹配） 呼叫一個重載函式時，編譯器用來進行解析的程序。用於呼叫的引數會與每個重載函式的參數列做比較。

function prototype（函式原型） 函式的宣告，由一個函式的名稱、回傳型別，以及參數型別所構成。要呼叫一個函式，其原型必須在呼叫之前就已經宣告了。

hidden names（遮蔽名稱） 在一個範疇內宣告的名稱，會遮蔽之前在那個範疇之外宣告的相同名稱。

initializer_list 程式庫的類別，表示由單一型別的物件所構成，以逗號區隔並圍在大括號內的一個串列。

inline function（行內函式）　請求編譯器在呼叫處展開一個函式，如果可能的話。行內函式避開了一般的函式呼叫負擔。

link（連結）　把多個目的檔（object files）放在一起形成一個可執行程式的編譯步驟。

local static objects（區域的靜態物件）　其值會跨越函式呼叫存在的區域物件。區域性的 static 物件會在控制權抵達它們的使用之前被創建和初始化，並且會在程式結束時被摧毀。

local variables（區域物件）　定義在一個區塊內的變數。

no match（沒有匹配）　函式匹配過程中，沒有函式的參數匹配一個給定的呼叫中的引數時，就會產生這種編譯時期錯誤。

object code（目的碼）　編譯器會將我們的原始碼轉為這種格式。

object file（目的檔）　存放編譯器從一個給定的源碼檔案所產生的目的碼（object code）的檔案。一個可執行檔會在一或多個目的檔被連結起來之後產生。

object lifetime（物件生命週期）　每個物件都有關聯的生命週期。定義在一個區塊內的非 static 會在它們的定義被碰到後，其定義處的區塊結束前存在。全域物件會在程式啟動時被創建。區域性的 static 物件會在程式第一次執行過該物件定義之前被創建。全域物件和區域性 static 物件會在 main 函式結束時被摧毀。

overload resolution（重載解析）　參閱 function matching（函式匹配）。

overloaded function（重載函式）　與其他至少一個函式同名的函式。重載函式之間的參數數目或型別必須有所差異才行。

parameters（參數）　在函式參數列中宣告的區域變數。參數是由在每個函式呼叫中所提供的引數來初始化的。

pass by reference（由參考傳遞）　描述引數如何傳遞給參考型別的參數。參考參數的運作方式與任何其他的參考使用相同，參數會繫結至對應的引數。

pass by value（以值傳遞）　引數被傳給非參考型別的參數的方式。一個非參考參數就是其對應的引數之值的一個拷貝。

preprocessor macro（前置處理器巨集）　行為類似行內函式的前置處理器機能。除了 assert 外，現代的 C++ 程式非常少用到前置處理器巨集。

recursion loop（遞迴迴圈）　描述省略了停止條件的遞迴函式，它會不斷呼叫自身，直到耗盡了程式堆疊為止。

recursive function（遞迴函式）　直接或間接呼叫自己的函式。

return type（回傳型別）　函式宣告的一部分，指定函式回傳的值之型別。

separate compilation（個別編譯）　可以將一個程式分成個別的源碼檔案編譯的能力。

trailing return type（尾端回傳型別）　在參數列之後指定的回傳型別。

viable functions（合用函式）　能夠匹配給定的函式呼叫的候選函式子集。合用函式的參數數目與呼叫的引數數目相同，而且每個引數的型別都能轉換為對應的參數型別。

( ) operator（( ) 運算子）　呼叫運算子。執行一個函式。函式的名稱或函式指標接在括弧前，其中圍住一個（可能為空的）逗號分隔的引數串列。

7

類別
Classes

本章目錄

在 C++ 中，我們使用類別來定義我們自己的資料型別（data types）。藉由定義出型別來反映我們試著解的問題中的概念，我們可以讓程式更容易撰寫、除錯和修改。

本章接續從第 2 章開始的類別說明。這裡我們會專注於資料抽象化（data abstraction）的重要性，這讓我們區分一個物件的實作（implementation）和那個物件能夠進行的運算（operations）。在第 13 章中，我們會學到如何控制物件被拷貝、移動、指定或摧毀時要發生的事。第 14 章我們會學到如何定義我們自己的運算子。

類別（**class**）背後最基礎的概念是**資料抽象化**（**data abstraction**）和**封裝**（**encapsulation**）。資料抽象化這種程式設計技巧仰賴**介面**（**interface**）和**實作**（**implementation**）之間的區別。一個類別的介面由該類別的使用者能夠執行的運算所構成。實作則包括類別的資料成員（**data members**）、構成介面的那些函式之主體，以及定義該類別所需但不提供一般用途的任何函式。

封裝動作強制施加了類別的介面和實作之間的區別。被封裝的類別會隱藏其實作，類別的使用者可以使用介面，但無法取用實作。

使用資料抽象化和封裝的類別會定義一個**抽象資料型別**（**abstract data type**）。在一個抽象資料型別中，類別設計者擔心類別如何實作。使用該類別的程式設計師不需要知道型別的運作方式。取而代之，他們會抽象地（*abstractly*）思考型別所做的事。

7.1 定義抽象資料型別

我們在第 1 章中使用的 Sales_item 類別是一種抽象資料型別。我們使用一個 Sales_item 物件的方式是使用其介面（即 §1.5.1 中所描述的運算）。我們沒辦法存取儲存在一個 Sales_item 物件中的資料成員。確實，我們甚至不知道那個類別有什麼資料成員。

我們的 Sales_data 類別（§2.6.1）不是一個抽象資料型別。它讓該類別的使用者存取其資料成員，並要求使用者撰寫他們自己的運算。要讓 Sales_data 變為一個抽象型別，我們得定義運算給 Sales_data 的使用者使用。只要 Sales_data 定義了它自己的運算，我們就能封裝（也就是隱藏）其資料成員。

7.1.1 設計 Sales_data 類別

最終，我們想要讓 Sales_data 支援與 Sales_item 類別相同的運算組合。Sales_item 類別有一個**成員函式**（**member function**，§1.5.2），名為 isbn，並支援 +、=、+=、<< 與 >> 運算子。

我們會在第 14 章學到如何定義我們自己的運算子。至於現在，我們會為那些運算定義普通的（具名）函式。為了我們會在 §14.1 中說明的原因，進行加法和 IO 的函式不會是 Sales_data 的成員。取而代之，我們會將那些函式定義為一般的函式。處理複合指定（compound assignment）的函式會是成員之一，而為了我們會在 §7.1.5 中解釋的理由，我們的類別並不需要定義指定。

因此，Sales_data 的介面由下列運算構成：

- 回傳物件的 ISBN 的 isbn 成員函式
- 能將一個 Sales_data 物件加到另一個的 combine 成員函式
- 一個名為 add 的函式，用以相加兩個 Sales_data 物件

- 從一個 istream 讀取資料到一個 Sales_data 物件中的 read 函式
- 在一個 ostream 上印出一個 Sales_data 物件的值的 print 函式

關鍵概念：不同種類的程式設計角色

程式設計師通常將那些會執行他們應用程式的人稱作*使用者*（*users*）。同樣地，類別的設計者會為類別的*使用者*設計和實作類別。在這種情況下，使用者是程式設計師，而非應用程式最終的使用者。

當我們提到*使用者*時，上下文能清楚表明所代表的是何種使用者。如果我們提到*使用者程式碼*（*user code*）或 Sales_data 類別的使用者，我們指的是使用類別的程式設計師。如果我們說到書店應用程式的*使用者*，我們代表的是執行此應用程式的書店管理員。

 C++ 程式設計師經常會用使用者來交替指稱應用程式的使用者和類別的使用者。

在簡單的應用中，類別的使用者和類別的設計者可能會是同一個人。即使是在這種情況中，區分這些角色也會有用處。設計一個類別的介面時，我們應該思考如何讓類別更容易使用。使用類別的時候，我們不應該去想類別的運作方式。

成功的應用程式作者善於了解應用程式使用者的需求，並創造出滿足那些需求的實作。同樣地，優秀的類別設計者會仔細去了解使用他們類別的那些程式設計師的需求。一個設計良好的類別會有直覺易用的介面，還有效率足以應付其用途的實作。

使用修改過後的 **Sales_data** 類別

思考如何實作我們的類別前，讓我們看一下可以如何使用我們的介面函式。舉個例子，我們可以使用這些函式來寫出用於 Sales_data 物件而非 Sales_item 的書店程式（§1.6）：

```
Sales_data total;                    // 存放累計和的變數
if (read(cin, total)) {              // 讀取第一筆交易記錄
    Sales_data trans;                // 存放資料給下一筆交易記錄使用的變數
    while(read(cin, trans)) {        // 讀取剩餘的交易記錄
        if (total.isbn() == trans.isbn())    // 檢查 isbns
            total.combine(trans);    // 更新累計總和
        else {
            print(cout, total) << endl;  // 印出結果
            total = trans;           // 處理下一本書
        }
    }
    print(cout, total) << endl;      // 印出最後一筆交易記錄
} else {                             // 沒有輸入了
    cerr << "No data?!" << endl;     // 通知使用者
}
```

我們一開始先定義一個 Sales_data 物件來存放運行總和（running total）。在 if 條件內，我們呼叫 read 來將第一筆交易讀到 total 中。這個條件運作起來就像我們用 >> 運

算子寫過的其他迴圈。就像 >> 運算子，我們的 read 函式會回傳其資料流參數（**stream parameter**），而條件會對它進行檢查（§4.11.2）。如果 read 失敗，我們會退到 else 印出一個錯誤訊息。

如果有資料要讀取，我們定義 trans，用來存放每筆交易記錄。while 中的條件也會檢查 read 所回傳的資料流。只要 read 中的輸入作業成功，條件就會成立，而我們就有另一筆交易記錄要處理。

在 while 中，我們呼叫 total 和 trans 的 isbn 成員來擷取它們各別的 ISBN。如果 total 和 trans 都指涉同一本書，我們會呼叫 combine 來將 trans 的各個分量加到 total 的運行總和中。如果 trans 代表一本新的書，我們就會呼叫 print 來為前一本書印出總和。因為 print 回傳對其資料流參數的一個參考，我們可以用 print 的結果作為 << 的左運算元。我們這麼做是要在 print 所產生的輸出後印出一個 newline。我們接著將 trans 指定到 total，藉此設定好開始處理檔案中下本書的記錄。

當我們耗盡輸入，我們必須記得為最後一筆交易印出資料，這是在 while 迴圈後的對 print 的呼叫中進行。

習題章節 7.1.1

練習 7.1：為來自 §1.6 的交易處理程式寫出另一個版本，使用你為 §2.6.1 中練習所定義的 Sales_data 類別。

7.1.2 定義修訂版的 **Sales_data** 類別

我們修改過的類別會與我們在 §2.6.1 中定義的版本有相同的資料成員：bookNo，一個代表 ISBN 的 string；units_sold，指出該本書售出幾本的一個 unsigned，以及 revenue，代表那些交易銷售總額的一個 double。

如我們所見，我們的類別會有兩個成員函式，combine 和 isbn。此外，我們會賦予 Sales_data 另一個成員函式以回傳那些書販售的平均價格（**average price**）。這個函式，我們會將之命名為 avg_price，並不對外提供一般使用。它會是實作的一部分，而非介面的一部分。

我們定義（§6.1）和宣告（§6.1.2）類似普通函式的成員函式。成員函式**必須**在類別內部宣告。成員函式**可以**在類別本身內定義，或在類別主體外部。是介面一部分的非成員函式，例如 add、read 和 print，是在類別外宣告和定義的。

知道這些之後，我們就準備好撰寫修訂版的 Sales_data 了：

```
struct Sales_data {
    // 新成員：Sales_data 物件上的運算
    std::string isbn() const { return bookNo; }
    Sales_data& combine(const Sales_data&);
    double avg_price() const;
```

```
        // 資料成員跟 §2.6.1 的版本比起來沒變
        std::string bookNo;
        unsigned units_sold = 0;
        double revenue = 0.0;
    };
    // 非成員的 Sales_data 介面函式
    Sales_data add(const Sales_data&, const Sales_data&);
    std::ostream &print(std::ostream&, const Sales_data&);
    std::istream &read(std::istream&, Sales_data&);
```

 定義在類別中的函式隱含就是 inline（§6.5.2）的。

定義成員函式

雖然每個成員都必須定義在其類別內部，成員函式的主體在類別主體的內部或外部定義都可以。在 Sales_data 中，isbn 是定義在類別內；combine 和 avg_price 會定義在別處。

我們會先從解釋 isbn 函式開始，它會回傳一個 string，並有空的參數列：

```
    std::string isbn() const { return bookNo; }
```

就跟其他函式一樣，成員函式的主體是一個區塊。在此，那個區塊含有單一個 return 述句，回傳一個 Sales_data 物件的 bookNo 資料成員。這個函式有趣的地方在於它如何拿到要從之擷取 bookNo 成員的物件。

介紹 this

讓我們再次看一下對 isbn 成員函式的呼叫：

```
    total.isbn()
```

這裡我們用到點號運算子（§4.6）來擷取名為 total 的物件之 isbn 成員，然後再呼叫它。

除了我們會在 §7.6 中涵蓋的一個例外，我們呼叫一個成員函式時，是代表一個物件這麼做的。當 isbn 指涉 Sales_data 的成員（例如 bookNo），它隱含指涉的是在其上函式被呼叫的那個物件之成員。在這個呼叫中，當 isbn 回傳 bookNo，它是隱含地回傳 total.bookNo。

要存取它們在其上被呼叫的那個物件，成員函式會透過一個額外的隱含參數，名為 **this**。當我們呼叫一個成員函式，this 會以我們在其上調用函式的那個物件之位址來初始化 this。舉例來說，當我們呼叫

```
    total.isbn()
```

編譯器會傳入 total 給 isbn 中隱含的 this 參數。這就好像編譯器會把該呼叫改寫為

```
    // 用來演示對成員函式的呼叫如何被轉譯的虛擬程式碼
    Sales_data::isbn(&total)
```

這會傳入 total 的位址來呼叫 Sales_data 的 isbn 成員。

在一個成員函式內,我們可以直接指涉在其上該函式被呼叫的那個物件之成員。我們不需要使用成員存取運算子來使用 this 所指的那個物件之成員。對於該類別成員的任何直接使用都會被假設是透過 this 的隱含參考。也就是說,當 isbn 用到 bookNo,它是隱含地使用 this 所指的物件之成員。這就好像我們是寫 this->bookNo 一樣。

這個 this 參數是為我們隱含地定義的。確實,我們自行定義名為 this 的參數或變數是非法的行為。在一個成員函式的主體內,我們可以使用 this。像這樣定義 isbn 會是合法的,雖然並非必要:

```
std::string isbn() const { return this->bookNo; }
```

因為 this 原本的用意就是要永遠指涉「這個(this)」物件,所以 this 是一個 const 指標(§2.4.2)。我們無法變更 this 所存有的位址。

介紹 const 成員函式

有關 isbn 函式,另一個重要的部分是跟在參數列後的關鍵字 const。這個 const 的用途是修改隱含的 this 指標的型別。

預設情況下,this 的型別是對非 const 版本的類別型別的一個 const 指標。舉例來說,預設情況下,Sales_data 成員函式中的 this 之型別為 Sales_data *const。雖然 this 是隱含的,它依然遵循正常的初始化規則,這表示(預設情況下)我們無法將 this 繫結至一個 const 物件(§2.4.2)。而這個事實則意味著,我們無法在一個 const 物件上呼叫一個普通的成員函式。

如果 isbn 是一個普通的函式,而 this 是一個普通的指標參數,我們會將 this 宣告為 Sales_data *const。畢竟,isbn 的主體不會更改 this 所指的物件,因此,如果 this 是對 const 的一個指標(§6.2.3),我們的函式就會更有彈性。

然而,this 是隱含的,而且不會出現在參數列中。沒有地方可以指出 this 應該是對 const 的一個指標。此語言解決這個問題的方法是讓我們在一個成員函式的參數列後面放上 const。跟在參數列後的一個 const 表示 this 是對 const 的一個指標。以這種方式使用 const 的成員函式是 **const 成員函式**。

我們可以把 isbn 的主體想成是這樣寫的

```
// 演示隱含的 this 指標如何使用的虛擬程式碼
// 這段程式碼是非法的:我們不可以明確地定義 this 指標
// 注意到 this 是對 const 的一個指標,因為 isbn 是一個 const 成員
std::string Sales_data::isbn(const Sales_data *const this)
{ return this->isbn; }
```

「this 是對 const 的一個指標」這個事實代表 const 成員函式不能更改它們在其上被呼叫的那個物件。因此，isbn 可以讀取但無法寫入它在其上被呼叫的那個物件的資料成員。

 是 const 的物件，以及對 const 物件的參考或指標只可以呼叫 const 成員函式。

類別範疇和成員函式

請回想我們說過，一個類別本身就是一個範疇（§2.6.1）。一個類別的成員函式之定義是內嵌在該類別本身的範疇內。因此，isbn 用到的名稱 bookNo 會被解析為定義在 Sales_data 內部的資料成員。

值得注意的是，即使 bookNo 是在 isbn 之後定義的，isbn 也能使用 bookNo。如我們會在 §7.4.1 中見到的，編譯器會以兩個步驟處理類別：成員的宣告會先編譯，然後再處理成員函式的主體，如果有的話。因此，成員函式的主體可以使用它們類別的其他成員，不管那些成員出現在該類別中的何處。

在類別外定義一個成員函式

就跟其他的任何函式一樣，當我們在類別主體外定義一個成員函式，該成員的定義必須符合其宣告。也就是說，回傳型別、參數列，以及名稱都必須與類別主體中的宣告吻合。如果成員是被宣告為一個 const 成員函式，那麼定義也必須在參數列後指定 const。在類別外部定義的成員之名稱必須包括它所屬的類別之名稱：

```
double Sales_data::avg_price() const {
    if (units_sold)
        return revenue/units_sold;
    else
        return 0;
}
```

函式名稱 Sales_data::avg_price 用到範疇運算子（§1.2）來指出我們定義的是在 Sales_data 類別範疇中宣告的名為 avg_price 的函式。只要編譯器看到這個函式名稱，剩餘的程式碼就會被解讀成是位在該類別的範疇內。因此，當 avg_price 指涉 revenue 和 units_sold，它就是隱含地指涉 Sales_data 的成員。

定義一個回傳「this」物件的函式

combine 函式的行為被設計的像是複合指定運算子 +=。在其上這個函式被呼叫的物件代表指定（assignment）的左運算元。右運算元是作為一個明確的引數傳入的：

```
Sales_data& Sales_data::combine(const Sales_data &rhs)
{
    units_sold += rhs.units_sold; // 加上 rhs 的成員
```

```
        revenue += rhs.revenue; // this 物件的成員
        return *this; // 回傳在其上這個函式被呼叫的那個物件
    }
```

當我們的交易處理程式呼叫

```
    total.combine(trans); // 更新累計總和
```

total 的位址會繫結到隱含的 this 參數，而 rhs 則會繫結到 trans。因此，當 combine 執行

```
    units_sold += rhs.units_sold; // 加上 rhs 的成員
```

其效果就是將 total.units_sold 與 trans.units_sold 相加，將結果存回 total.units_sold。

這個函式有趣的地方在於它的回傳型別和 return 述句。一般來說，當我們定義了一個作業方式類似內建運算子的函式，我們的函式就應該模仿那個運算子的行為。內建的指定運算子會回傳它們的左運算元作為一個 lvalue（§4.4）。要回傳一個 lvalue，我們的 combine 函式必須回傳一個參考（§6.3.2）。因為左手邊的運算元是一個 Sales_data 物件，回傳型別就是 Sales_data&。

如我們所見，我們不需要使用隱含的 this 指標來存取成員函式在其上執行的那個物件之成員。然而，我們確實需要使用 this 來存取作為一個整體的該物件：

```
    return *this; // 回傳函式在其上被呼叫的那個物件
```

這裡的 return 述句解參考了 this 來獲取函式在其上執行的那個物件。也就是說，對於上面的呼叫，我們會回傳對 total 的一個參考。

習題章節 7.1.2

練習 7.2： 為你在 §2.6.2 的練習寫的 Sales_data 類別加上 combine 和 isbn 成員。

練習 7.3： 修改 §7.1.1 你寫的交易處理程式，使用那些成員。

練習 7.4： 撰寫一個名為 Person 的類別，代表一個人的名稱和地址。使用一個 string 來存放那些元素。後續的練習會逐步新增功能到這個類別。

練習 7.5： 在你的 Person 中提供運算來回傳人的名稱和地址。這些函式應該是 const 嗎？解釋你的選擇。

 ### 7.1.3 定義非成員的類別相關函式

類別作者經常會定義輔助函式，例如我們的 add、read 和 print 函式。雖然這種函式定義的運算在概念上是類別介面的一部分，它們並非類別本身的一部分。

定義成員函式的方式就與定義其他函式的方式相同。就像其他的任何函式，我們一般會區分函式的宣告和定義（§6.1.2）。在概念上是類別一部分，但沒定義在類別內的函式，通常是

跟類別本身一樣宣告（但並非定義）在同一個標頭中。那樣一來使用者只需要引入一個檔案就能使用其介面的任何部分。

 一般來説，是類別介面一部分的非成員函式應該宣告在與類別本身相同的標頭中。

定義 **read** 和 **print** 函式

read 和 print 函式所做的事跟 §2.6.2 中的程式碼相同，而且一如所料，我們函式的主體看起來很像那裡所呈現的程式碼：

```
// 輸入的交易記錄包括 ISBN、售出本數，以及銷售價格
istream &read(istream &is, Sales_data &item)
{
    double price = 0;
    is >> item.bookNo >> item.units_sold >> price;
    item.revenue = price * item.units_sold;
    return is;
}
ostream &print(ostream &os, const Sales_data &item)
{
    os << item.isbn() << " " << item.units_sold << " "
       << item.revenue << " " << item.avg_price();
    return os;
}
```

read 函式從給定的資料流讀取資料到給定的物件中。print 函式在給定的資料流上印出所給的物件之內容。

然而，這些函式有兩個值得注意的重點。首先，read 和 print 都接受指涉它們各自 IO 類別型別的一個參考。IO 類別是無法被拷貝的型別，所以我們只能藉由參考來傳遞它們（§6.2.2）。此外，對一個資料流的讀取或寫入都會變動那個資料流，所以這兩個函式都接受一般的參考，而非對 const 的參考。

要注意的第二件事情是 print 不會印出一個 newline。一般來說，進行輸出的函式應該只做最少量的格式化工作。如此使用者程式碼才能自行決定是否需要 newline。

定義 **add** 函式

add 函式接受兩個 Sales_data 物件，並回傳一個新的 Sales_data 表示它們的總和：

```
Sales_data add(const Sales_data &lhs, const Sales_data &rhs)
{
    Sales_data sum = lhs;      // 將資料成員從 lhs 拷貝到 sum
    sum.combine(rhs);          // 從 rhs 將資料成員加到 sum
    return sum;
}
```

在函式的主體中，我們定義了一個新的 Sales_data 物件，名為 sum，用來存放兩筆交易的總和。我們將 sum 初始化為 lhs 的一個拷貝。預設情況下，拷貝一個類別物件會拷貝那個物件的成員。拷貝之後，sum 的 bookNo、units_sold 與 revenue 成員將會有與 lhs 中那些資料相同的值。接著我們呼叫 combine 來將 rhs 的 units_sold 和 revenue 成員加到 sum。完成後，我們就回傳 sum 的一個拷貝。

習題章節 7.1.3

練習 7.6： 定義你自己版本的 add、read 與 print 函式。

練習 7.7： 改寫你為 §7.1.2 中練習所寫的交易處理程式，使用這些新的函式。

練習 7.8： 為什麼 read 將它的 Sales_data 參數定義為一個普通的參考，而 print 將其參數定義為對 const 的一個參考？

練習 7.9： 為你在 §7.1.2 練習中所寫的程式碼新增能夠讀取和印出 Person 物件的運算。

練習 7.10： 下列 if 述句中的條件在做些什麼？

```
if (read(read(cin, data1), data2))
```

7.1.4 建構器

每個類別都會定義其型別的物件可以如何初始化。類別控制物件初始化的方式是定義一或多個叫做**建構器（constructors）**的特殊成員函式。建構器的工作是初始化類別物件的資料成員。建構器會在類別型別的物件被創建時執行。

在本節中，我們會介紹定義建構器的基礎知識。建構器是出乎意料複雜的主題。確實，我們還會在 §7.5、§15.7、§18.1.3 以及第 13 章中做更多的相關說明。

建構器的名稱與類別相同。不同於其他函式，建構器沒有回傳型別。跟其他的函式一樣，建構器會有一個（可能為空的）參數列，以及一個（可能為空的）函式主體。一個類別可以有多個建構器。就跟其他任何的重載函式（§6.4）一樣，這些建構器之間的參數數目和型別必須彼此不同。

不同於其他成員函式，建構器不可以被宣告為 const（§7.1.2）。當我們創建某個類別型別的一個 const 物件，那個物件會到其建構器完成了該物件的初始化工作之後，才會展現 const 性質。因此，建構器可在建構過程中寫入 const 物件。

合成的預設建構器

我們的 Sales_data 類別並沒有定義任何建構器，然而我們所撰寫的用到 Sales_data 物件的程式卻能夠正確地編譯和執行。舉個例子，前面 §7.1.1 的程式定義了兩個物件：

```
    Sales_data total;  // 存放累計總和的變數
    Sales_data trans;  // 存放資料給下一筆交易用的變數
```

這個問題會自然湧現：total 和 trans 是如何初始化的？

我們並沒有為那些物件提供初始器（initializer），所以我們知道它們是預設初始化的（default initialized，§2.2.1）。類別控制預設初始化的方法是定義一個特殊的建構器，叫做**預設建構器（default constructor）**。這個預設建構器不接受任何引數。

如我們會看到的，預設建構器在各個方面都很特殊，其中之一就是，如果我們的類別沒有明*確地*定義任何建構器，編譯器就會隱含地為我們定義預設建構器。

編譯器所產生的建構器稱為**合成的預設建構器（synthesized default constructor）**。對大多數的類別來說，這個合成建構器初始化類別的每個資料成員的方式如下：

- 如果類別中有初始器（initializer，§2.6.1）可用，就用它來初始化該成員。
- 否則，就預設初始化（default-initialize，§2.2.1）該成員。

因為 Sales_data 為 units_sold 和 revenue 提供了初始器，合成的預設建構器就會用那些值來初始化資料成員。它會將 bookNo 預設初始化為空字串。

某些類別無法仰賴合成的預設建構器

只有相當簡單的類別，例如 Sales_data 目前的定義，能夠仰賴合成的預設建構器。一個類別必須定義自己的預設建構器最常見的原因就是：編譯器只會在我們沒有為該類別定義任何*其他的*建構器時才會為我們產生預設建構器。如果我們有定義建構器，類別就不會有預設建構器，除非我們自行定義那個建構器。這個規則的基礎是，如果一個類別在某種情況下需要控制物件的初始化，那麼該類別很有可能在所有情況下都需要這種控制。

編譯器只會在一個類別沒有宣告建構器的時候產生一個預設建構器。

定義預設建構器的第二個理由是，對於某些類別來說，合成的預設建構器所做的事情是錯的。還記得我們說過，定義在一個區塊內的內建或複合型別（例如陣列或指標）物件在預設初始化的時候會有未定義的值（§2.2.1）。同樣的規則也適用於預設初始化的內建型別成員。因此，具有內建或複合型別成員的類別一般都應該在類別內初始化那些成員，或定義它們自己版本的預設建構器。否則，使用者可能會創造出其成員帶有未定義值的物件。

具有內建或複合型別成員的類別應該*只*在所有的這些成員都有類別內初始器的情況下仰賴合成的預設建構器。

某些類別必須定義它們自己的預設建構器的第三個理由是，有時候編譯器無法合成。舉例來說，如果類別有一個成員具有類別型別（class type），而那個類別沒有預設建構器，那麼編譯器就無法初始化該成員。對於這種類別，我們必須定義自己的預設建構器。否則，這種類別將不會有可用的預設建構器。我們會在 §13.1.6 中看到會使得編譯器無法產生適當預設建構器的其他情況。

定義 Sales_data 建構器

對於我們的 Sales_data 類別，我們會定義四個具有下列參數的建構器：

- 從之讀取交易記錄的一個 istream&。
- 一個 const string& 用來代表一個 ISBN、一個 unsigned 代表售出的本數，以及一個 double 代表書籍售出的價格。
- 代表 ISBN 的一個 const string&。這個建構器會為其他的成員使用預設值。
- 一個空的參數列（即預設建構器），如同我們剛才看到的，這是我們必須定義的，因為我們有定義其他的建構器。

將這些成員加到我們的類別，現在我們有

```
struct Sales_data {
    // 新增的建構器
    Sales_data() = default;
    Sales_data(const std::string &s): bookNo(s) { }
    Sales_data(const std::string &s, unsigned n, double p):
                bookNo(s), units_sold(n), revenue(p*n) { }
    Sales_data(std::istream &);
    // 跟之前一樣的其他成員
    std::string isbn() const { return bookNo; }
    Sales_data& combine(const Sales_data&);
    double avg_price() const;
    std::string bookNo;
    unsigned units_sold = 0;
    double revenue = 0.0;
};
```

= default 所代表的意義

我們先解釋這個預設建構器：

```
    Sales_data() = default;
```

首先，注意到這個建構器定義的是預設建構器，因為它不接受任何引數。我們定義這個建構器只是因為除了預設建構器外，我們也想提供其他的建構器。我們希望這個建構器所做的事情完全與我們之前所用的合成建構器完全相同。

在新標準之下，如果我們想要預設行為，我們可以在參數列後寫上 **= default** 來要求編譯 器為我們產生建構器。這個 = default 可以跟宣告一起出現在類別主體內，或在類別主體外 的定義上。跟任何其他的函式一樣，如果 = default 出現在類別主體內，預設建構器將會是 inlined 的；如果它出現在類別外的定義上，該成員預設不會是 inlined 的。

> **WARNING**
>
> Sales_data 的預設建構器之所以能夠運行，是因為我們為具有內建型別的資料成員 提供了初始器。如果你的編譯器不支援類別內的初始器，你的預設建構器就應該使用 建構器初始器串列（稍後會馬上提到）來初始化該類別的每個成員。

建構器初始器串列（Constructor Initializer List）

現在我們會看看我們定義在那個類別內的另外兩個建構器：

```
Sales_data(const std::string &s): bookNo(s) { }
Sales_data(const std::string &s, unsigned n, double p):
          bookNo(s), units_sold(n), revenue(p*n) { }
```

這些定義中新的部分是其中的冒號（colon）和其間的程式碼，還有定義了（空的）函式主體 的大括號。這個新的部分就是**建構器初始器串列（constructor initializer list）**，它為被創 建的物件之一或多個資料成員提供了初始值。建構器初始器是一串的成員名稱，其中每個後 都跟著那個成員的初始值，放在括弧內（或在大括號內）。多個成員初始器之間是以逗號來 分隔。

具有三個參數的那個建構器使用它的頭兩個參數來初始化 bookNo 和 units_sold 成員。 revenue 的初始器是由本數乘以每本價格來計算。

具有單一個 string 參數的那個建構器使用那個 string 來初始化 bookNo，但並未明確地初 始化 units_sold 和 revenue 成員。當某個成員在建構器初始器串列中被省略了，它就會隱 含地被初始化，使用的程序與合成的預設建構器所用的相同。在此，那些成員是由類別內的 初始器來初始化的。因此，接受一個 string 的那個建構器等同於

```
// 具有的行為跟前面定義的原來的那個建構器相同
Sales_data(const std::string &s):
          bookNo(s), units_sold(0), revenue(0){ }
```

如果有存在而且賦予成員正確的值，那麼建構器使用類別內的初始器（in-class initializer） 通常是最好的。另一方面，如果你的編譯器尚未支援類別內的初始器，那麼每個建構器都應 該明確地初始化內建型別的每個成員。

>
> **Best Practices**
>
> 建構器不應該覆寫類別內初始器，除非你想要使用不同的初始值。如果你無法使用類 別內初始器，那麼每個建構器都應該明確地初始化具有內建型別的每個成員。

值得注意的一點是，兩個建構器都有空的函式主體。這些建構器所需要做的唯一工作就是賦予資料成員它們的值。如果沒有進一步的工作要做，那麼函式主體就是空的。

在類別主體外定義一個建構器

不同於我們的其他建構器，接受一個 istream 的建構器確實有工作要做。在它的函式主體內，這個建構器會呼叫 read 來賦予資料成員新的值：

```
Sales_data::Sales_data(std::istream &is)
{
    read(is, *this); // read 會從 is 讀取一筆交易記錄到 this 物件
}
```

建構器沒有回傳型別，所以這個定義是從我們要定義的函式之名稱開始。跟其他任何的成員函式一樣，當我們在類別主體外定義一個建構器，我們必須指出那個建構器所屬的類別。因此，Sales_data::Sales_data 指出我們正在定義名為 Sales_data 的 Sales_data 成員。這個成員是一個建構器，因為它的名稱與它的類別相同。

在這個建構器中，並不存在建構器初始器串列，雖然嚴格來說，講說建構器初始器串列是空的會比較正確。即使建構器初始器串列是空的，這個物件的成員仍會在建構器主體被執行之前被初始化。

沒有出現在建構器初始器串列中的成員是由對應的類別內初始器（如果有的話）來初始化，或者是預設初始化的。對 Sales_data 而言，這表示當函式主體開始執行，bookNo 會是空的 string，而 units_sold 和 revenue 都會是 0。

要了解對 read 的呼叫，請記得 read 的第二個參數是對 Sales_data 物件的一個參考。在 §7.1.2 中，我們注意到我們用了 this 來存取整個物件，而非該物件的某個成員。在此，我們使用 *this 來傳入「這個（**this**）」物件作為 read 函式的一個引數。

習題章節 7.1.4

練習 7.11：為你的 Sales_data 類別新增建構器，並寫一個程式來使用那每一個建構器。

練習 7.12：將接受一個 istream 的 Sales_data 建構器之定義移到 Sales_data 類別的主體中。

練習 7.13：改寫 §7.1.1 的程式，使用這個 istream 建構器。

練習 7.14：寫出另一個版本的預設建構器，讓它將那些成員明確地初始化為我們提供作為類別內初始器的那些值。

練習 7.15：新增適當的建構器到你的 Person 類別中。

7.1.5 拷貝、指定與解構

除了定義類別型別的物件如何初始化外，類別也控制我們拷貝、指定或摧毀該類別型別的物件時會發生什麼事。物件會在幾個情境下被拷貝，例如當我們初始化一個變數或當我們以值傳遞或回傳一個物件的時候（§6.2.1 和 §6.3.2）。物件會在我們使用指定運算子（§4.4）的時候被指定。物件會在停止存在的時候被摧毀，例如區域物件會在退出它們被創建處所在區塊時被摧毀（§6.1.1）。儲存在一個 vector（或一個陣列）中的物件會在那個 vector（或陣列）被摧毀時，一起被摧毀。

如果我們沒有定義那些運算，編譯器就會為我們合成之。一般來說，編譯器為我們產生的版本執行的方式是拷貝、指定或摧毀該物件的每個成員。舉例來說，§7.1.1 我們的書店程式中，當編譯器執行這個指定

```
total = trans; // 處理下一本書
```

它執行的方式就好像我們是這樣寫的

```
// Sales_data 的預設指定等同於：
total.bookNo = trans.bookNo;
total.units_sold = trans.units_sold;
total.revenue = trans.revenue;
```

我們會在第 13 章展示如何定義我們自己版本的這些運算。

某些類別不能仰賴合成的版本

雖然編譯器會為我們合成拷貝、指定，和解構運算，要了解的一個重點是，對於某些類別來說，預設版本的行為並不恰當。特別是，對於會在類別物件本身之外配置資源的類別來說，合成的版本不太可能正確運作。舉個例子，在第 12 章中，我們會看到 C++ 程式如何配置和管理動態記憶體。如我們會在 §13.1.4 中看到的，有管理動態記憶體的類別，通常不太能仰賴那些運算的合成版本。

然而，值得注意的是，需要動態記憶體的許多類別可以（一般也應該這麼做）使用一個 vector 或 string 來管理必要的儲存區。使用 vector 和 string 的類別可以避免配置和釋放記憶體所涉及的複雜性。

此外，為拷貝、指定和解構合成的版本在具有 vector 和 string 成員的類別上能夠正確運作。當我們拷貝或指定具有 vector 成員的一個物件，vector 類別會負責該成員中元素的拷貝或指定工作。物件被摧毀時，那個 vector 成員也會被摧毀，而那個 vector 中的那些元素也會因此被摧毀。對 string 來說也是如此。

在你知道如何定義那些會在第 13 章中涵蓋的運算之前，你的類別所配置的資源應該直接儲存作為該類別的資料成員。

7.2 存取控制與封裝

到這裡,我們已經為我們的類別定義了一個介面,但並沒有什麼會強迫使用者去使用這個介面。我們的類別尚未封裝(encapsulated),使用者可以一探 Sales_data 物件的內部,並操弄其實作。在 C++ 中,我們使用**存取指定符(access specifiers)**來強制施加封裝:

- 在 **public** 指定符後定義的成員,程式的所有部分都能存取它們。public 成員定義了類別的介面。

- 在 **private** 指定符後定義的成員,類別的成員函式可以存取它們,但使用該類別的程式碼無法存取之。private 的部分封裝(即隱藏)了實作。

再次定義 Sales_data,現在我們有

```
class Sales_data {
public: // 新增了存取指定符
    Sales_data() = default;
    Sales_data(const std::string &s, unsigned n, double p):
              bookNo(s), units_sold(n), revenue(p*n) { }
    Sales_data(const std::string &s): bookNo(s) { }
    Sales_data(std::istream&);
    std::string isbn() const { return bookNo; }
    Sales_data &combine(const Sales_data&);
private: // 新增了存取指定符
    double avg_price() const
        { return units_sold ? revenue/units_sold : 0; }
    std::string bookNo;
    unsigned units_sold = 0;
    double revenue = 0.0;
};
```

是介面一部分的建構器和成員函式(例如 isbn 和 combine)跟在 public 指定符後;是實作一部分的資料成員和函式則跟在 private 指定符後。

一個類別可以含有零或更多個存取指定符,而一個存取指定符可以多常出現,也沒有限制。每個存取指定符都指定了後續成員的存取層級。所指定的存取層級在下一個存取指定符出現之前或類別主體結束前都仍有效果。

使用 class 或 struct 關鍵字

我們還做了另一個更細微難察的變更:我們使用 **class 關鍵字**而非 **struct** 來開啟類別定義。這項變更嚴格來說只是風格上的不同,定義一個類別型別時,使用其中任一個關鍵字都行。唯一的差異僅在於 struct 和 class 的預設存取層級。

一個類別可以在第一個存取指定符之前定義成員。這種成員的存取層級取決於該類別的定義方式。如果我們使用 struct 關鍵字,那麼在第一個存取指定符之前定義的成員就是 public 的;如果我們使用 class,那麼那些成員就會是 private 的。

就程式設計的風格（**programming style**）來說，如果我們要定義的類別預期它所有的成員都是 public 的，那麼我們就用 struct。如果我們預期要有 private 成員，那麼就用 class。

> **Note** 使用 class 和使用 struct 來定義一個類別之間唯一的差異是預設的存取層級。

習題章節 7.2

練習 7.16：如果有的話，存取指定符在一個類別定義內出現的位置和頻率有什麼限制？怎麼樣的成員應該定義於一個 public 指定符之後？什麼種的應該是 private？

練習 7.17：如果有的話，使用 class 和使用 struct 之間有什麼差異？

練習 7.18：什麼事封裝？它的用處何在？

練習 7.19：指出你的 Person 類別中哪個成員你會宣告為 public，而哪個會定義為 private。解釋你的選擇。

7.2.1 Friends

既然 Sales_data 的資料成員現在是 private 的，我們的 read、print 與 add 函式就無法編譯了。問題在於，雖然這些函式是 Sales_data 介面的一部分，它們並不是該類別的成員。

一個類別能夠允許另一個類別或函式存取其非 public 成員，方法是讓那個類別或函式變為一個 **friend（朋友）**。一個類別讓一個函式成為它的 friend 的方式是為那個函式引入前面接著關鍵字 friend 的宣告：

```
class Sales_data {
// 為非成員的 Sales_data 運算增加了 friend 宣告
friend Sales_data add(const Sales_data&, const Sales_data&);
friend std::istream &read(std::istream&, Sales_data&);
friend std::ostream &print(std::ostream&, const Sales_data&);
// 其他成員和存取指定符就跟之前一樣
public:
    Sales_data() = default;
    Sales_data(const std::string &s, unsigned n, double p):
                bookNo(s), units_sold(n), revenue(p*n) { }
    Sales_data(const std::string &s): bookNo(s) { }
    Sales_data(std::istream&);
    std::string isbn() const { return bookNo; }
    Sales_data &combine(const Sales_data&);
private:
    std::string bookNo;
    unsigned units_sold = 0;
    double revenue = 0.0;
};
// Sales_data 介面非成員部分的宣告
```

```
Sales_data add(const Sales_data&, const Sales_data&);
std::istream &read(std::istream&, Sales_data&);
std::ostream &print(std::ostream&, const Sales_data&);
```

Friend 宣告在一個類別定義內只能出現一次，它們可以出現在類別中的任何地方。Friends 不是類別的成員，不會受到它們宣告處所在的區段之存取控制層級影響。我們會在 §7.3.4 對這種朋友關係（friendship）做更多說明。

 一般來說，將 friend 宣告集中在類別定義的開頭或尾端會是個好主意。

關鍵概念：封裝的好處

封裝提供了兩個重要的優勢：

- 使用者程式碼因此不會不小心毀損一個經過封裝的物件之狀態。
- 經過封裝的類別之實作可以隨時間演進，而不需要使用者層級的程式碼有所變更。

藉由將資料成員定義為 private，類別的作者能夠自由更動資料。如果實作改變了，只需要檢視類別程式碼，看看那些改變有什麼影響。只有在介面改變時，使用者程式碼才需要變更。如果資料是 public 的，那麼用到舊有資料成員的任何程式碼都可能出錯。這樣一來就得找出並改寫仰賴舊有表示值（representation）的任何程式碼，程式才能再次被使用。

讓資料成員變為 private 的另外一個好處是，資料會被隔絕於使用者可能引進的錯誤之外。如果有個臭蟲毀損了一個物件的狀態，那麼要搜尋臭蟲所在的範圍就可以被限制住：只有是實作一部分的程式碼可能導致這種錯誤。搜尋錯誤所需的工夫有了限制，大大地降低了維護和保持程式正確性的困難度。

 雖然使用者程式碼在類別定義有變時無須變更，任何時候類別有了變化，用到該類別的源碼檔都還是必須重新編譯。

Friends 的宣告

一個 friend 宣告只會影響到存取控制，它並不是函式的一般性宣告。如果我們希望類別的使用者能夠呼叫一個 friend 函式，那麼我們也必須在 friend 宣告之外個別宣告那個函式。

要讓類別的使用者能夠看到一個 friend，我們通常會在與類別本身相同的標頭中宣告每個 friend（在該類別外部）。因此，我們的 Sales_data 標頭應該為 read、print 與 add 提供另外的宣告（除了類別主體內的 friend 宣告外）。

 許多編譯器並沒有強制施加「friend 函式必須在使用前於類別外部宣告」的這種規則。

某些編譯器允許在沒有函式一般宣告時，對 friend 函式的呼叫。即使你的編譯器允許這種呼叫，為 friend 提供個別的宣告仍然會是好主意。如此一來，如果你用到強制施加這個規則的編譯器，你就不用更改你的程式碼。

習題章節 7.2.1

練習 7.20：friend 在什麼時候會有用處呢？討論使用 friend 的優缺點。

練習 7.21：更新你的 Sales_data 類別來隱藏其實作。你寫來使用 Sales_data 運算的那些程式應該都要能夠繼續運作。重新編譯帶有你的新類別定義的那些程式，驗證它們仍然可運行。

練習 7.22：更新你的 Person 類別，隱藏其實作。

7.3 額外的類別功能

Sales_data 相當簡單，但仍能讓我們探索此語言支援類別的不少功能。在本節中，我們會涵蓋 Sales_data 不需要使用的一些額外的類別相關功能。這些功能包括型別成員、類別型別成員的類別內初始器、mutable 資料成員、inline 成員函式、從成員函式回傳 *this，以及更多有關如何定義和使用類別型別與類別朋友關係（class friendship）的說明。

7.3.1 再訪類別成員

要探索額外的這些功能，我們會定義一對彼此合作的類別，名為 Screen 與 Window_mgr。

定義一個型別成員

一個 Screen 代表顯示器（display）上的一個視窗（window）。每個 Screen 都有一個 string 成員，存放那個 Screen 的內容，以及三個 string::size_type 成員，用來代表游標（cursor）的位置和畫面（screen）的高與寬。

除了定義資料和函式成員，一個類別也能為型別定義自己的區域名稱。一個類別所定義的型別名稱也會受到相同的存取控制規範，跟其他的成員一樣，可以是 public 或 private：

```
class Screen {
public:
    typedef std::string::size_type pos;
private:
    pos cursor = 0;
    pos height = 0, width = 0;
    std::string contents;
};
```

我們在 Screen 的 public 部分定義 pos，因為我們要讓使用者使用那個名稱。Screen 的使用者不應該知道 Screen 使用一個 string 來存放其資料。藉由將 pos 定義為一個 public 成員，我們就能隱藏 Screen 如何實作的細節。

pos 的宣告有兩點需要注意。首先，雖然我們之前使用 typedef（§2.5.1），我們也能用型別別名（§2.5.1）來達到相同效果：

```cpp
class Screen {
public:
    // 宣告型別成員的替代方式：使用型別別名
    using pos = std::string::size_type;
    // 其他的成員如同以往
};
```

第二點是，為了我們會在 §7.4.1 解釋的原因，不同於一般的成員，定義型別的成員必須在被使用前就出現。結果就是，型別成員通常會出現在類別的開頭處。

類別 Screen 的成員函式

要讓我們的類別更有用一點，我們會新增一個建構器，讓使用者能夠定義畫面的大小和內容，還有用來移動游標和取得給定位置上字元的成員：

```cpp
class Screen {
public:
    typedef std::string::size_type pos;
    Screen() = default; // 必要的，因為 Screen 有另一個建構器
    // 游標透過其類別內初始器初始化為 0
    Screen(pos ht, pos wd, char c): height(ht), width(wd),
                                    contents(ht * wd, c) { }
    char get() const                        // 取得游標處的字元
        { return contents[cursor]; }        // 隱含的 inline
    inline char get(pos ht, pos wd) const;  // 明確的 inline
    Screen &move(pos r, pos c);             // 之後可改成 inline
private:
    pos cursor = 0;
    pos height = 0, width = 0;
    std::string contents;
};
```

因為我們已經提供了一個建構器，編譯器就不會自動為我們產生一個預設建構器。如果我們的類別要有一個預設建構器，我們就必須明確地那樣說。在此，我們使用 = default 要求編譯器為我們合成預設建構器的定義（§7.1.4）。

也值得注意的是，我們的第二個建構器（接受三個引數的那個）為 cursor 成員隱含地使用類別內初始器（§7.1.4）。如果我們的類別並沒有 cursor 的類別內初始器，我們就得連同其他成員一起明確地初始化 cursor。

讓成員變為 inline

類別經常會有能夠受益於 inline 的小型函式。如我們見過的，定義在類別內的成員函式會自動是 inline 的（§6.5.2）。因此，Screen 的建構器和會回傳游標所指字元的那個版本的 get 預設就是 inline 的。

我們可以明確地將一個成員函式宣告為 inline 作為類別主體內其宣告的一部分。或者，我們可以在類別主體外部的函式定義上指定 inline：

```
inline                          // 我們可以在定義上指定 inline
Screen &Screen::move(pos r, pos c)
{
    pos row = r * width;        // 計算列的位置
    cursor = row + c;           // 將游標移到那個列中所指定的欄位（column）
    return *this;               // 回傳 this 物件作為一個 lvalue
}
char Screen::get(pos r, pos c) const // 在類別中宣告為 inline
{
    pos row = r * width;        // 計算列的位置
    return contents[row + c];   // 回傳位於給定欄位的字元
}
```

雖然不是一定要這麼做，在宣告和定義上都指定 inline 是合法的。然而，只在類別外的定義上指定 inline 可以使類別更容易閱讀。

> 基於我們在標頭中定義 inline 函式（§6.5.2）相同的原因，inline 成員應該被定義在跟對應的類別定義相同的標頭中。

重載成員函式

就像非成員函式，成員函式也可以重載（§6.4），只要函式之間的參數數目或型別有所差異就行。用於非成員函式的函式匹配程序（function-matching）（§6.4）也同樣用於對成員函式的呼叫。

舉例來說，我們的 Screen 類別定義了兩個版本的 get。一個版本會回傳目前游標所在的字元，另一個回傳由列（row）與欄（column）所指定的位置上的字元。編譯器藉由引數的數目來判斷要執行哪個版本：

```
Screen myscreen;
char ch = myscreen.get();   // 呼叫 Screen::get()
ch = myscreen.get(0,0);     // 呼叫 Screen::get(pos, pos)
```

mutable 資料成員

有的時候（但不常見）會出現一個類別中有某個資料成員我們希望能夠修改的情形出現，即使是在一個 const 成員函式內也是如此。我們標示這種成員的方式是在它們的宣告中引入 mutable 關鍵字。

一個 **mutable 資料成員** 永遠都不會是 const 的，即使它是一個 const 物件的一個成員也是如此。因此，一個 const 成員函式可以修改一個 mutable 成員。舉個例子，我們會給

Screen 一個名為 access_ctr 的 mutable 成員，我們用它來追蹤每個 Screen 成員函式被呼叫的頻率：

```
class Screen {
public:
    void some_member() const;
private:
    mutable size_t access_ctr; // 即使是在一個 const 物件中也可以修改
    // 其他的成員如同以往
};
void Screen::some_member() const
{
    ++access_ctr; // 維護一個計數器，計算對任何成員函式的呼叫次數
    // 這個成員需要做的其他事
}
```

儘管 some_member 是一個 const 的成員函式，它仍然可以變更 access_ctr 的值。那個成員是一個 mutable 成員，所以任何的成員函式，包括 const 函式，都能夠改變它的值。

類別型別的資料成員的初始器

除了定義 Screen 類別，我們還會定義一個 **window manager**（視窗管理員）類別，代表一個給定的顯示器上的 Screen 集合。這個類別將會有一個由 Screen 構成的一個 vector，其中每個元素都代表一個特定的 Screen。預設情況下，我們會希望我們的 Window_mgr 類別一開始有單一個、預設初始化的 Screen。在新的標準之下，指定這個預設值最好的方式是使用一個類別內初始器（§2.6.1）：

```
class Window_mgr {
private:
    // 這個 Window_mgr 所追蹤的 Screen
    // 預設情況下，一個 Window_mgr 會有一個標準大小的空白 Screen
    std::vector<Screen> screens{Screen(24, 80, ' ')};
};
```

當我們初始化類別型別的一個成員，我們是在提供引數給那個成員的型別的某個建構器。在此，我們以單一元素的初始器串列初始化（**list initialize**）了我們的 vector 成員（§3.3.1）。那個初始器含有一個 Screen 值，被傳入到 vector<Screen> 建構器來創建一個單元素的 vector。那個值由接受兩個大小參數及一個字元的 Screen 建構是所創建，來建立一個具有給定大小的空白畫面。

如我們所見，類別內初始器必須使用 = 形式的初始化（我們初始化 Screen 的資料成員時所用的）或使用大括號的直接初始化（如我們為 screens 所做的那樣）。

當我們提供一個類別內初始器，我們必須在一個 = 符號後或大括號內這麼做。

7.3.2 回傳 *this 的函式

接下來我們會新增能在游標位置或給定位置設定字元的函式：

```
class Screen {
public:
    Screen &set(char);
    Screen &set(pos, pos, char);
    // 跟之前一樣的其他成員
};
inline Screen &Screen::set(char c)
{
    contents[cursor] = c;      // 在目前游標位置設定新的值
    return *this;              // 回傳 this 物件作為一個 lvalue
}
inline Screen &Screen::set(pos r, pos col, char ch)
{
    contents[r*width + col] = ch;   // 將指定的位置設定為給定的值
    return *this;                   // 回傳 this 物件作為一個 lvalue
}
```

就跟 move 運算一樣，我們的 set 函式回傳一個參考指涉它們在其上被呼叫的那個物件（§7.1.2）。回傳一個參考的函式是 lvalue（§6.3.2），這表示它們回傳物件本身，而非物件的一個拷貝。如果我們將這些動作串接在一起成為單一個運算式：

```
// 將游標移動到給定位置，並設定那個位置上的字元
myScreen.move(4,0).set('#');
```

這些運算會在同一個物件上執行。在這個運算式中，我們會先在 myScreen 內 move（移動）其中的 cursor（游標），然後在 myScreen 的 contents（內容）成員 set（設定）一個字元。也就是說，這個述句等同於

```
myScreen.move(4,0);
myScreen.set('#');
```

假設我們定義 move 和 set 來回傳 Screen，而非 Screen&，這個述句就會以相當不同的方式執行。在此，它們會等同於：

```
      // 如果 move 回傳 Screen 而非 Screen&
      Screen temp = myScreen.move(4,0); // 回傳值會被拷貝
      temp.set('#'); // myScreen 內的 contents 不會改變
```

如果 move 有一個非參考回傳型別,那麼 move 的回傳值就會是 *this(§6.3.2)的一個拷貝。對 set 的呼叫會改變暫存的拷貝,而非 myScreen。

從一個 const 成員函式回傳 *this

接著,我們會新增一個運算,我們會將之命名為 display,用來印出 Screen 的內容。我們希望這個運算也能夠引入一序列的 set 和 move 運算中。因此,就像 set 和 move,我們的 display 函式會回傳一個參考,指涉它在其上執行的那個物件。

邏輯上來說,顯示(**display**)一個 Screen 並不會改變該物件,所以我們應該讓 display 成為一個 const 成員。如果 display 是一個 const 成員,那麼 this 就是對 const 的一個指標,而 *this 則是個 const 物件。因此,display 的回傳型別必須是 const Sales_data&。然而,如果 display 回傳對 const 的一個參考,我們就沒辦法將 display 內嵌到一系列的動作中了:

```
      Screen myScreen;
      // 如果 display 回傳一個 const 參考,那麼對 set 的呼叫就是一個錯誤
      myScreen.display(cout).set('*');
```

即使 myScreen 是一個非 const 物件,對 set 的呼叫也無法編譯。問題在於,const 版本的 display 回傳對 const 的一個參考,而我們無法在一個 const 物件上呼叫 set。

回傳 *this 作為一個參考的 const 成員函式的回傳型別應該是對 const 的一個參考。

基於 const 的重載

我們可以依據它是否為 const 來重載一個成員函式,就像我們可以依據一個指標參數是否指向 const 來重載一個函式一樣(§6.4)。非 const 的版本對於 const 物件來說並不合用。我們只能在一個 const 物件上呼叫 const 成員函式。在一個非 const 物件上,任一種版本都能呼叫,但非 const 版本會是較佳的匹配。

在這個例子中,我們會定義一個名為 do_display 的 private 成員來執行印出 Screen 的實際工作。每個 display 運算都會呼叫這個函式,然後回傳它在其上執行的那個物件:

```
      class Screen {
      public:
          // 基於物件是否為 const 的 display 重載
          Screen &display(std::ostream &os)
                          { do_display(os); return *this; }
          const Screen &display(std::ostream &os) const
                          { do_display(os); return *this; }
      private:
```

```
        // 執行顯示一個 Screen 的實際工作的函式
        void do_display(std::ostream &os) const {os << contents;}
        // 其他的成員不變
};
```

跟在其他情境中一樣，當一個成員呼叫另一個成員，this 指標會隱含地傳遞。因此，當 display 呼叫 do_display，它自己的 this 指標會隱含地被傳到 do_display。當非 const 版本的 display 呼叫 do_display，其 this 指標會隱含地從對非 const 的指標轉為對 const 的指標（§4.11.2）。

當 do_display 執行完畢，每個 display 函式都會解參考 this 來回傳它們在其上執行的那個物件。在非 const 的版本中，this 指向一個非 const 物件，所以那個版本的 display 會回傳一個普通的（非 const）參考；const 成員則回傳對 const 的一個參考。

當我們在一個物件上呼叫 display，那個物件是否為 const 決定了哪個版本的 display 會被呼叫：

```
Screen myScreen(5,3);
const Screen blank(5, 3);
myScreen.set('#').display(cout);      // 呼叫非 const 版本
blank.display(cout);                  // 呼叫 const 版本
```

> **建議：為共通的程式碼使用私有的工具函式（PRIVATE UTILITY FUNCTIONS）**
>
> 某些讀者可能會驚訝我們竟然花費力氣定義了一個個別的 do_display 運算。畢竟，對 do_display 的呼叫並沒有比在 do_display 內部進行的動作簡單到哪去。為什麼要這樣做呢？
>
> 我們這樣做有幾個理由：
>
> - 避免在多個地方撰寫相同程式碼的一種習慣
> - 我們預期 display 的運算會隨著我們類別的演進而變得更加複雜。隨著所涉及的動作變得越來越複雜，將那些動作寫在同一個地方就顯得越來越合理。
> - 我們很可能會想要在開發過程中為 do_display 新增除錯資訊，而這些資訊會在該程式碼的最終正式版本中移除。如果只有一個 do_display 定義需要更改以新增或移除除錯程式碼，那麼事情就會簡單得多。
> - 這個額外的函式呼叫並不涉及任何多餘負擔。我們將 do_display 定義在類別主體內，所以它隱含就是 inline 的。因此，呼叫 do_display 很可能會沒有執行時期的額外負擔。
>
> 實務上，設計良好的 C++ 程式通常會有很多像 do_display 那樣的小型函式，會被呼叫來進行其他某些函式應該做的「實際」作業。

7.3.3 類別型別

每個類別都定義了一個獨特的型別。即使定義了相同的成員，兩個不同的類別還是會定義出兩個不同的型別。舉例來說：

練習 7.27：為你版本的 Screen 新增 move、set 與 display 運算。執行下列程式碼來測試你的類別：

```
Screen myScreen(5, 5, 'X');
myScreen.move(4,0).set('#').display(cout);
cout << "\n";
myScreen.display(cout);
cout << "\n";
```

練習 7.28：如果前面練習中的 move、set 與 display 的回傳型別為 Screen 而非 Screen&，會發生什麼事？

練習 7.29：修改你的 Screen 類別，讓 move、set 與 display 函式回傳 Screen，檢查你在前一個練習的預測。

練習 7.30：透過 this 指標來指涉成員是合法但多餘的動作。討論明確使用 this 指標來存取成員的優缺點。

```
struct First {
    int memi;
    int getMem();
};
struct Second {
    int memi;
    int getMem();
};
First obj1;
Second obj2 = obj1; // 錯誤：obj1 和 obj2 的型別不同
```

即使兩個類別有完全相同的成員，它們仍然算是不同的型別。每個類別的成員都與來自任何其他類別（或任何其他範疇）的成員不同。

我們可以直接指涉類別型別，只要把類別名稱當成一個型別名稱就行了。或者，我們可以使用接在關鍵字 class 或 struct 後的類別名稱：

```
Sales_data item1;         // 型別為 Sales_data 的預設初始化物件
class Sales_data item1; // 等效的宣告
```

指涉一個類別型別的這兩個方法都是等效的。第二個方法繼承自 C，在 C++ 中也是有效的。

類別宣告

就像我們可以在其定義外宣告一個函式（§6.1.2），我們也可以宣告一個類別而不定義它：

```
class Screen; // Screen 類別的宣告
```

這個宣告，有時稱為**前向宣告（forward declaration）**，將 Screen 這個名稱引入了程式中，並指出 Screen 指涉一個類別型別。一個宣告之後，再看到定義前，型別 Screen 都是一個**不完整的型別（incomplete type）**，我們知道 Screen 是一個類別型別，但不知道那個型別含有什麼成員。

我們只能以有限的幾種方式使用一個不完整的型別：我們可以定義指向這種型別的指標或參考，而我們可以宣告（但不能定義）使用不完整型別作為參數或回傳型別的函式。

在我們能夠撰寫出創建一個類別的程式碼之前，這個類別必須有定義，不可以只有宣告。否則，編譯器不會知道這種物件需要多大的儲存區。同樣地，一個參考或指標被用來存取一個型別的成員之前，這個類別必須有定義。畢竟，如果那個類別尚未定義，編譯器不可能知道那個類別有什麼成員。

除了我們會在 §7.6 描述的一個例外，資料成員只能在一個類別已經定義的前提下被指定為那個類別型別。這個型別必須完整，因為編譯器得知道資料成員需要多少儲存空間。因為一個類別直到其類別主體完結前都尚未定義，一個類別沒辦法有以自己為型別的資料成員。然而，只要類別名稱一被看見，該類別就被視為已經宣告了（但尚未定義）。因此，一個類別可以有指向自己型別的指標或參考作為資料成員：

```
class Link_screen {
    Screen window;
    Link_screen *next;
    Link_screen *prev;
};
```

習題章節 7.3.3

練習 7.3.1：定義一對類別 X 與 Y，其中 X 有指向 Y 的指標，而 Y 有型別為 X 的一個物件。

7.3.4 重訪朋友關係

我們的 Sales_data 類別將三個非成員函式定義為了 friend（§7.2.1）。一個類別也可以讓另一個類別變成它的朋友（friend），或它也可以將另一個（之前定義過的）類別的特定成員函式宣告為 friend。此外，friend 函式也能定義在類別主體內。這種函式隱含是 inline 的。

類別之間的朋友關係

作為類別朋友關係（class friendship）的一個實例，我們的 Window_mgr 類別（§7.3.1）有成員需要存取它管理的 Screen 物件的內部資料。舉例來說，假設我們想要為 Window_mgr 新增一個成員，名為 clear，它會將一個特定的 Screen 的內容重置為全部空白。要達成這件事，clear 需要存取 Screen 的 private 資料成員。要允許這種存取，Screen 可以將 Window_mgr 標示為它的朋友：

```
class Screen {
    // Window_mgr 的成員能夠存取類別 Screen 的私有部分
    friend class Window_mgr;
    // ... Screen 類別的其餘部分
};
```

一個 friend 類別的成員函式可以存取與它建立朋友關係的類別的所有成員，包括非 public 成員。現在 Window_mgr 是 Screen 的一個 **friend**，我們就可以像這樣來寫 Window_mgr 的 clear 成員：

```
class Window_mgr {
public:
    // 視窗上每個畫面的位置 ID
    using ScreenIndex = std::vector<Screen>::size_type;
    // 將位於給定位置的 Screen 重置為全部空白
    void clear(ScreenIndex);
private:
    std::vector<Screen> screens{Screen(24, 80, ' ')};
};
void Window_mgr::clear(ScreenIndex i)
{
    // s 是一個參考，指涉我們想要清除（clear）的那個 Screen
    Screen &s = screens[i];
    // 將那個 Screen 的內容全都重置為空白
    s.contents = string(s.height * s.width, ' ');
}
```

我們一開始先定義 s 作為指涉 screens vector 中位置 i 的 Screen 的一個參考。然後我們使用那個 Screen 的 height 和 width 來計算具有適當數目個空白字元的一個新 string。我們指定那個空白字串給 contents 成員。

如果 clear 不是 Screen 的一個 **friend**，這段程式碼就無法編譯。clear 函式將不被允許使用 Screen 的 height、width 或 contents 成員。因為 Screen 同意與 Window_mgr 建立朋友關係，Screen 的所有成員對 Window_mgr 中的函式來說都能夠存取。

很重要的一點是要了解朋友關係並沒有遞移性（**transitive**）。也就是說，如果類別 Window_mgr 有它自己的朋友，那些朋友並不會有對 Screen 的特殊存取權。

 每個類別都控制哪些類別或函式是其朋友。

讓一個成員函式變為一個 Friend

不必讓整個 Window_mgr 類別都變為朋友，Screen 可以選擇僅指定 clear 成員具有存取權。當我們宣告一個成員函式為 **friend**，我們必須指出那個函式所屬的類別為何：

```
class Screen {
    // Window_mgr::clear 必須在 class Screen 之前就宣告
    friend void Window_mgr::clear(ScreenIndex);
    // ... 其餘的 Screen 類別
};
```

要讓一個成員函式變為一個朋友，我們得小心設計我們程式的結構，考慮到宣告和定義之間的互相依存性。在這個例子中，我們必須像這樣排列我們的程式：

- 首先，定義 Window_mgr 類別，它宣告但無法定義 clear。clear 可以使用 Screen 的成員之前，Screen 必須先被宣告才行。

- 接著，定義類別 Screen，包括 clear 的 **friend** 宣告。

- 最後，定義 clear，它現在可以參考 Screen 中的成員了。

重載函式與朋友關係

雖然重載函式共用了一個共通的名稱，它們仍然是彼此不同的函式。因此，一個類別必須把一組重載函式中它希望成為朋友的每個函式都宣告為 **friend**：

```
// 重載的 storeOn 函式
extern std::ostream& storeOn(std::ostream &, Screen &);
extern BitMap& storeOn(BitMap &, Screen &);
class Screen {
    // ostream 版本的 storeOn 可以存取 Screen 物件的 private 部分
    friend std::ostream& storeOn(std::ostream &, Screen &);
    // ...
};
```

類別 Screen 讓接受一個 ostream& 的那個 storeOn 版本成為了它的朋友。接受一個 BitMap& 的那個版本對於 Screen 則沒有特殊的存取權。

Friend 宣告和範疇

被用在一個 **friend** 宣告之前，類別和非成員函式並不一定要已經被宣告了。當一個名稱首次出現在一個 **friend** 宣告中，那個名稱會隱含地被假設成是周圍範疇的一部分。然而，這個 friend 本身實際上並不是在那個範疇中宣告的（§7.2.1）。

即使我們在類別內定義了該函式，我們仍然必須在該類別外提供一個宣告來讓那個函式可被看見。即使我們只是從賦予朋友關係的那個類別的成員呼叫 friend，其宣告都必須存在：

```
struct X {
    friend void f() { /* friend 函式可被定義在類別主體中 */ }
    X() { f(); } // 錯誤：f 沒有宣告
    void g();
    void h();
};
void X::g() { return f(); } // 錯誤：f 尚未宣告
```

```
void f();                    // 宣告定義在 X 內的函式
void X::h() { return f(); } // ok：f 的宣告現在有在範疇中了
```

要了解的一個重點是，一個 friend 會影響到存取權，但並不是一般意義上的宣告。

要記得，某些編譯器並不會強制施行 friend 的查找規則（§7.2.1）。

習題章節 7.3.4

練習 7.32：定義你自己版本的 Screen 和 Window_mgr，其中 clear 是 Window_mgr 的成員，而且是 Screen 的朋友。

7.4 類別範疇

每個類別都定義自己的新範疇。在類別範疇外，一般的資料和函式成員只能夠透過一個物件、一個參考，或一個指標，使用一個成員存取運算子（§4.6）來存取。我們使用範疇運算子在類別中存取型別成員。在任一種情況下，跟在運算子後的名稱都必須是所關聯的類別之成員。

```
Screen::pos ht = 24, wd = 80; // 使用 Screen 所定義的 pos 型別
Screen scr(ht, wd, ' ');
Screen *p = &scr;
char c = scr.get(); // 從物件 scr 擷取 get 成員
c = p->get();       // 從 p 所指的物件擷取 get 成員
```

範疇與定義在類別外的成員

一個類別就是一個範疇的這個事實解釋了為什麼在類別外部定義一個成員函式時，除了函式名稱外，我們也得提供類別名稱（§7.1.2）。在類別之外，成員的名稱是隱藏起來的。

只要類別名稱被看到，定義剩餘的部分，包括參數列和函式主體，都屬於該類別的範疇中。結果就是，我們不需要資格修飾（qualification）就能指涉其他的類別成員。

舉例來說，請回想 Window_mgr 類別的 clear 成員（§7.3.4）。那個函式的參數用到 Window_mgr 所定義的一個型別：

```
void Window_mgr::clear(ScreenIndex i)
{
    Screen &s = screens[i];
    s.contents = string(s.height * s.width, ' ');
}
```

因為編譯器看到這個參數列是在注意到「我們現在位於類別 Window_mgr 的範疇內」之後，所以沒必要指定我們想要的是 Window_mgr 所定義的 ScreenIndex。基於同樣的理由，函式主體中 screens 的使用指的是宣告在 Window_mgr 類別內的名稱。

另一方面，一個函式的回傳型別一般都會出現在函式名稱之前。當一個成員函式是定義在類別主體之外，在回傳型別中使用的任何名稱都在類別範疇之外。結果就是，回傳型別必須指定它所屬的類別。舉例來說，我們可能想要為 Window_mgr 新增一個名為 addScreen 的函式，用以新增另一個畫面到顯示器。這個成員會回傳一個 ScreenIndex 值，使用者之後可用它來找到這個 Screen：

```cpp
class Window_mgr {
public:
    // 新增一個 Screen 到視窗並回傳其索引
    ScreenIndex addScreen(const Screen&);
    // 其他的成員一如以往
};
// 進入到 Window_mgr 範疇之前會先看到回傳型別
Window_mgr::ScreenIndex
Window_mgr::addScreen(const Screen &s)
{
    screens.push_back(s);
    return screens.size() - 1;
}
```

因為回傳型別出現在類別名稱被看見之前，它所在位置是在類別 Window_mgr 的範疇之外。要為回傳型別使用 ScreenIndex，我們必須指定該型別在其中被定義的那個類別。

習題章節 7.4

練習 7.33：如果我們賦予 Screen 一個定義如下的 size 成員，會發生什麼事呢？修正你所找出的任何問題。

```cpp
pos Screen::size() const
{
    return height * width;
}
```

7.4.1 名稱查找與類別範疇

在我們目前見過的程式中，**名稱查找**（**name lookup**，找出哪個宣告匹配某個名稱使用的程序）都相當的簡單明瞭：

- 首先，在那個名稱使用所處的區塊尋找該名稱的宣告。這只會考慮在使用前宣告的那些名稱。
- 如果找不到那個名稱，就去外層的範疇找。
- 如果找不到宣告，那該程式就有錯。

定義在類別內的成員函式中，名稱的解析方式看起來可能會與這些查找規則不同。然而，在此外表是騙人的。類別定義會以兩個階段處理：

- 首先，成員宣告會被編譯。
- 只有在看過整個類別後，函式主體才會被編譯。

> 成員函式的定義會在編譯器處理完該類別中所有的宣告之後才會被處理。

類別的處理分成兩個階段讓我們更容易組織類別程式碼。因為成員函式的主體直到整個類別被看過之前都不會被處理，它們就能夠使用定義在該類別內的任何名稱。如果函式定義是與成員的宣告同時處埋的，那麼我們就必須注意成員函式的順序，讓它們只參考到已經見過的名稱。

類別成員宣告的名稱查找

這個雙步驟的處理僅適用於在一個成員函式主體中使用的名稱。在宣告中使用的名稱，包括用於回傳型別和參數列型別的名稱，在使用前都必須已經見過。如果一個成員宣告用了尚未在類別內見過的名稱，編譯器就會在該類別定義處的範疇中尋找那個名稱，例如：

```
typedef double Money;
string bal;
class Account {
public:
    Money balance() { return bal; }
private:
    Money bal;
    // ...
};
```

當編譯器看到 balance 函式的呼叫，它會在 Account 類別中找尋 Money 的宣告。編譯器只會考慮 Account 內在 Money 的使用之前出現的那些宣告。因為找不到匹配的成員，接著編譯器就會在外圍範疇中尋找宣告。在此例中，編譯器會找到 Money 的 typedef。那個型別會被用作函式 balance 的回傳型別，並作為資料成員 bal 的型別。另一方面，balance 的函式主體只會在整個類別都被看過之後處理。因此，那個函式內的 return 回傳名為 bal 的成員，而非來自外層範疇的那個 string。

型別名稱是特殊的

一般來說，即使來自某個外層範疇的名稱已經在內層範疇中被使用，內層範疇仍然可以重新定義那個名稱。然而，在一個類別中，如果某個成員用了來自某個外層範疇的一個名稱，而那個名稱是一個型別，那麼該類別後續就不能重新定義那個名稱：

```
typedef double Money;
class Account {
public:
    Money balance() { return bal; } // 使用來自外層範疇的 Money
private:
    typedef double Money; // 錯誤：無法重新定義 Money
    Money bal;
    // ...
};
```

值得注意的是，即使 Account 內的 Money 定義用到的型別與外層範疇中的定義相同，這段程式碼仍然有錯。

雖然重新定義一個型別名稱是種錯誤，編譯器並不被要求找出這種錯誤。某些編譯器會默默地接受這種程式碼，即使程式有誤也是如此。

 型別名稱的定義通常應該出現在一個類別的開頭。如此一來，用到那個型別的任何成員都會在該型別名稱已經被定義之後才會被看到。

成員定義內的一般區塊範疇名稱查找

在一個成員函式主體中使用的名稱之解析過程如下：

- 首先，在那個成員函式內找尋該名稱的宣告。如同以往，函式主體中，只有出現在該名稱使用處之前的宣告會被考慮。
- 如果成員函式內找不到宣告，就在類別內找尋宣告。類別的所有成員都會納入考慮。
- 如果類別中找不到那個名稱的宣告，就在成員函式定義之前找尋在範疇中的宣告。

一般來說，把另一個成員的名稱用在一個成員函式中作為參數的名稱，不會是什麼好主意。然而，為了展示名稱是如何解析的，我們會在 dummy_fcn 函式中違犯這個一般的實務規則：

```
// 注意：這段程式碼僅用於說明，實際上是不良的做法
// 參數和成員使用相同的名稱一般都是種壞主意
int height; // 定義後續會在 Screen 中使用的一個名稱
class Screen {
public:
    typedef std::string::size_type pos;
    void dummy_fcn(pos height) {
        cursor = width * height; // 哪個 height？參數那個
    }
private:
    pos cursor = 0;
    pos height = 0, width = 0;
};
```

編譯器處理 dummy_fcn 內的乘法運算式時，它會先在該函式的範疇中找尋那個運算式所用的名稱。函式的參數位在函式的範疇中。因此，用於 dummy_fcn 主體中的名稱 height 指的就是那個參數宣告。

在此，height 參數遮蔽了名為 height 的成員。如果我們想要覆寫這種一般性的查找規則，我們可以這樣做：

```
// 不良實務做法：成員函式的區域姓名稱不應該遮蔽成員名稱
void Screen::dummy_fcn(pos height) {
    cursor = width * this->height; // 成員 height
    // 指定成員的另一個方式
    cursor = width * Screen::height; // 成員 height
}
```

雖然類別成員被遮蔽，我們仍然可以使用那個成員，只要以類別的名稱對那個成員的名稱做資格修飾就好了，或明確地使用 this 指標。

確保我們取得的是名為 height 的成員最好的方法就是賦予那個參數一個不同的名稱：

```
// 良好實務做法：不把成員的名稱拿來給參數或其他區域變數使用
void Screen::dummy_fcn(pos ht) {
    cursor = width * height; // 成員 height
}
```

在此，當編譯器尋找名稱 height 的時候，它不會在 dummy_fcn 中找到。編譯器接著會搜尋 Screen 中的所有宣告。即使 height 的宣告出現在 dummy_fcn 內它的使用之後，編譯器仍然會把這個使用解析成叫做 height 的資料成員。

類別範疇之後，就在外圍範疇中尋找

如果編譯器沒有在函式或類別範疇中找到名稱，它就會在外圍範疇（surrounding scope）中尋找那個名稱。在我們的例子中，height 這個名稱是定義在外層範疇，在 Screen 的定義之前。然而，外層範疇中的物件被我們名為 height 的成員遮蔽了。如果我們想要來自外層範疇的名稱，我們可以使用範疇運算子明確地要求：

```
// 不好的實務做法：別遮蔽你需要用到的外圍範疇名稱
void Screen::dummy_fcn(pos height) {
    cursor = width * ::height;// 哪個 height？全域的那個
}
```

即使外層的物件被遮蔽了，你還是可以使用範疇運算子來存取該物件。

名稱會在檔案中它們出現處被解析

當一個成員是在其類別的外部定義，名稱查找的第三個步驟就包括在成員定義的範疇中宣告的名稱，以及出現在類別定義的範疇中的那些。舉例來說：

```cpp
int height; // 定義後續會在 Screen 內使用的一個名稱
class Screen {
public:
    typedef std::string::size_type pos;
    void setHeight(pos);
    pos height = 0; // 遮蔽外層範疇中 height 的宣告
};
Screen::pos verify(Screen::pos);
void Screen::setHeight(pos var) {
    // var：指的是參數
    // height：指的是類別成員
    // verify：指的是全域函式
    height = verify(var);
}
```

請注意，全域函式 verify 的宣告在類別 Screen 的定義之前都是不可見的。然而，名稱查找的第三個步驟包括成員定義在其中出現的那個範疇。在此例中，verify 的宣告出現在 setHeight 被定義之前，因此可以被使用。

習題章節 7.4.1

練習 7.34：如果我們把 pos 的 typedef 放到前面 Screen 類別中作為該類別的最後一行，那會發生什麼事？

練習 7.35：解釋下列程式碼，指出其中每個名稱的使用分別用到哪個 Type 或 initVal 的定義？說明你會如何修正遇到的任何錯誤？

```cpp
typedef string Type;
Type initVal();
class Exercise {
public:
    typedef double Type;
    Type setVal(Type);
    Type initVal();
private:
    int val;
};
Type Exercise::setVal(Type parm) {
    val = parm + initVal();
    return val;
}
```

7.5 再訪建構器

建構器是任何 C++ 類別的關鍵部分。我們在 §7.1.4 涵蓋了建構器的基礎概念。在本節中,我們會涵蓋建構器的一些額外的能力,並更深入探討前面介紹的主題。

7.5.1 建構器初始器串列

定義變數的時候,我們通常會立即初始化它們,而非定義它們,然後再指定值給它們:

```
string foo = "Hello World!";    // 定義並初始化
string bar;                     // 預設初始化為空字串
bar = "Hello World!";           // 指定一個新的值給 bar
```

初始化(initialization)和指定(assignment)之間的分別也完全適用於物件的資料成員。如果我們沒有明確地任建構器初始器串列中初始化一個成員,那麼那個成員在建構器主體開始執行之前就會被預設初始化。舉例來說:

```
// 撰寫 Sales_data 建構器合法但不嚴謹的方法:沒有建構器初始器
Sales_data::Sales_data(const string &s,
                       unsigned cnt, double price)
{
    bookNo = s;
    units_sold = cnt;
    revenue = cnt * price;
}
```

這個版本與 §7.1.4 中原本的定義有相同的效果:當建構器執行完成,資料成員會存放相同的值。差異在於,原本的版本*初始化*了它的資料成員,然而這個版本是*指定值*給資料成員。這個差異是否重要,取決於資料成員的型別。

建構器初始器有時是必要的

我們經常可以,但並不總是如此,忽略成員是初始化的還是被指定的之間的差異。是 const 或參考的成員必須被初始化。同樣地,若成員所屬的類別型別沒有定義預設建構器,那也必須被初始化。舉例來說:

```
class ConstRef {
public:
    ConstRef(int ii);
private:
    int i;
    const int ci;
    int &ri;
};
```

就像其他任何的 const 物件或參考，成員 ci 和 ri 必須被初始化。結果就是，對於這些成員，省略其建構器初始器會是種錯誤：

```
// 錯誤：ci 和 ri 必須被初始化
ConstRef::ConstRef(int ii)
{                    // 指定：
    i = ii;       // ok
    ci = ii;      // 錯誤：無法對一個 const 進行指定
    ri = i;       // 錯誤：ri 沒初始化
}
```

建構器的主體開始執行的時候，初始化就完成了。我們初始化是 const 或參考的資料成員的唯一機會是在建構器初始器中。撰寫這個建構器的正確方式是：

```
// ok：明確初始化參考和 const 成員
ConstRef::ConstRef(int ii): i(ii), ci(ii), ri(i) { }
```

> 如果成員是 const、參考，或沒有提供預設建構器的類別型別，我們就必須使用建構器初始器串列來為它們提供值。

建議：使用建構器初始器

在許多類別中，初始化和指定之間的差異，嚴格來說只是底層效率的問題：一個資料成員可以被初始化，然後再被指定值，但它也可以一開始就直接被初始化。

比效率更重要的議題是，某些資料成員一定要初始化。藉由習慣性的使用建構器初始器，你就能避免看到出乎意料的編譯時期錯誤，告訴你類別中有成員需要建構器初始器。

成員初始化的順序

正如你所料，建構器初始器中，每個成員都只能被指名一次。畢竟，賦予一個成員兩個初始值代表什麼意思呢？

可能更令人驚訝的是，建構器初始器串列僅指定了要用來初始化成員的值，而非那些初始化進行的順序。

成員會以它們出現在類別定義中的順序來初始化：第一個成員會先初始化，然後接著下一個，依此類推。初始器出現在建構器初始器串列中的順序並不會改變初始化的順序。

初始化的順序經常也不怎麼重要。然而，如果一個成員是以另一個成員來初始化的，那麼成員被初始化的順序當然就會很重要。

舉個例子，思考下列類別：

```
class X {
    int i;
    int j;
public:
    // 未定義：i 是在 j 之前初始化的
    X(int val): j(val), i(j) { }
};
```

在這個例子中，建構器初始器讓事情看起來好像是 j 以 val 來初始化，然後 j 再被用來初始化 i。然而，i 會先被初始化。這個初始器的效果其實是以未定義的 j 值來初始化 i！

某些編譯器很好心的會在建構器初始器中資料成員的順序跟它們宣告的順序不同時產生警告。

> 以成員宣告的順序來撰寫建構器初始器是一個好主意。此外，如果可能，避免使用成員來初始化另外的成員。

如果可能，比較好的做法是使用建構器的參數來撰寫成員初始器，而非使用同一個物件上的另一個成員。如此一來，我們甚至不用去考慮成員初始化的順序。舉例來說，把 X 的建構器寫成這樣會比較好：

```
X(int val): i(val), j(val) { }
```

在這個版本中，i 與 j 初始化的順序並不重要。

預設引數和建構器

Sales_data 預設建構器的動作與接受單一個 string 引數的那些建構器很類似。唯一的差異在於，接受一個 string 引數的建構器使用那個引數來初始化 bookNo。預設建構器會（隱含地）使用那個 string 預設建構器來初始化 bookNo。我們可以將那些建構器改寫為具有一個預設引數的單一個建構器（§6.5.1）：

```
class Sales_data {
public:
    // 定義預設建構器和接受一個 string 引數的建構器
    Sales_data(std::string s = ""): bookNo(s) { }
    // 剩餘的建構器不變
    Sales_data(std::string s, unsigned cnt, double rev):
          bookNo(s), units_sold(cnt), revenue(rev*cnt) { }
    Sales_data(std::istream &is) { read(is, *this); }
    // 剩餘的成員一如以往
};
```

我們類別的這個版本所提供的介面與 §7.1.4 原來的版本相同。兩個版本都能在不給引數或給了單一個 string 引數的時候創建出同樣的物件。因為我們呼叫這個建構器的時候不帶引數，這個建構器就定義了我們類別的預設建構器。

為其所有參數提供了預設引數的建構器也定義預設建構器。

值得注意的是，我們或許不應該把預設引數用在接受三個引數的那個 Sales_data 建構器上。如果使用者提供了不為零的售出本數，我們會想要確保使用者也提供那些書售出的價格。

習題章節 7.5.1

練習 7.36： 下列的初始器有誤。找出並修正問題。

```cpp
struct X {
    X (int i, int j): base(i), rem(base % j) { }
    int rem, base;
};
```

練習 7.37： 使用來自本節的 Sales_data 版本，判斷哪個建構器被用來初始化下列各個變數，並列出每個物件中資料成員的值：

```cpp
Sales_data first_item(cin);

int main() {
    Sales_data next;
    Sales_data last("9-999-99999-9");
}
```

練習 7.38： 我們可能想要提供 cin 作為接受一個 istream& 的建構器之預設引數。寫出使用 cin 作為一個預設引數的建構器宣告。

練習 7.39： 讓接受一個 string 和接受一個 istream& 的兩個建構器都有預設引數是合法的嗎？若非，為何呢？

練習 7.40： 選擇下列的抽象層（abstractions）之一（或你自己找的抽象層）。判斷該類別中需要什麼資料。提供適當的一組建構器。解釋你的決策。

    (a) Book   (b) Date   (c) Employee
    (d) Vehicle   (e) Object   (f) Tree

7.5.2 委派建構器

新標準拓展了建構器初始器的使用，讓我們定義所謂的 **委派建構器（delegating constructors）**。一個委派建構器使用自己類別的另一個建構器來進行初始化。我們說它將部分（或全部）的工作「委派（delegate）」給了其他建構器。 `C++11`

跟任何其他的建構器一樣，一個委派建構器會有一個成員初始器串列，以及一個函式主體。在一個委派建構器中，成員初始器串列會有單一個項目，其名稱是該類別本身。就像其他的成員初始器，這個類別名稱後面跟著一串放在括弧內的引數。這個引數列必須匹配該類別中另外一個建構器。

舉個例子，我們會改寫 Sales_data 類別，像這樣使用委派建構器：

```
class Sales_data {
public:
    // 非委派的建構器以對應的引數初始化成員
    Sales_data(std::string s, unsigned cnt, double price):
            bookNo(s), units_sold(cnt), revenue(cnt*price) { }
    // 剩餘的建構器都會將工作委派給其他建構器
    Sales_data(): Sales_data("", 0, 0) {}
    Sales_data(std::string s): Sales_data(s, 0,0) {}
    Sales_data(std::istream &is): Sales_data()
                                        { read(is, *this); }
    // 其他的成員一如以往
};
```

在這個版本的 Sales_data 中，除了一個以外，其他所有的建構器都會委派它們的工作。第一個建構器接受三個引數，使用那些引數來初始化資料成員，而沒有進行額外的工作。在這個版本的類別中，我們定義預設建構器使用那個三引數的建構器來進行它的初始化工作。它一樣也沒有做額外的工作，從它空的建構器主體就可看出。接受一個 string 的建構器也會委派工作給三引數的建構器。

接受一個 istream& 的建構器也會委派。它委派給預設建構器，而預設建構器接著委派給三引數的建構器。一旦那些建構器完成了它們的工作，istream& 建構器的主體就會執行。其建構器主體呼叫 read 來讀取所給的 istream。

當一個建構器委派工作給另一個建構器，接受工作的建構器之建構器初始器串列和函式主體都會被執行。在 Sales_data 中，接受工作的建構器之函式主體剛好是空的。假設其函式主體含有程式碼，那些程式碼就會在控制權回到委派工作的建構器之函式主體之前執行。

習題章節 7.5.2

練習 7.41： 改寫你自己版本的 Sales_data 類別，改為使用委派建構器。新增一個述句到每個建構器的主體，讓它們在被執行的時候印出一個訊息。盡可能以所有方式寫出宣告來建構一個 Sales_data 物件。研究輸出，直到你確信你了解委派建構器之間的執行順序為止。

練習 7.42： 對於你為 §7.5.1 的練習 7.40 所寫的類別，判斷其中是否有任何建構器可以使用委派。若有，就為你的類別撰寫委派建構器。如果沒有，就看看抽象層的清單，選出一個你認為會使用委派建構器的。為那個抽象層撰寫類別定義。

7.5.3 預設建構器的角色

預設建構器會在一個物件是預設初始化或者值初始化（**value initialized**）的時候自動被使用。
預設初始化的發生時機為

- 當我們在區塊範疇定義非 static 變數（§2.2.1）或陣列（§3.5.1）而不帶初始器的時候
- 一個類別本身所具有的成員之型別會使用合成的預設建構器（§7.1.4）的時候
- 當類別型別的成員沒有在建構器初始器串列中被明確初始化的時候（§7.1.4）

值初始化則發生在

- 陣列初始化的過程中，當我們提供的初始器數目少於陣列大小之時（§3.5.1）
- 不帶初始器定義一個區域性 static 物件的時候（§6.1.1）
- 當我們寫出形式為 T() 的運算式，而其中 T 是一個型別名稱的時候（接受單一個引數來指定其 vector 大小（§3.3.1）的 vector 建構器就用了一個這種的引數來值初始化其元素初始器）。

類別必須有一個預設建構器才能被用在這些情境中。大部分的這些情境都應該很明顯。

比較不那麼明顯的可能是，對於其資料成員沒有預設建構器的那些類別的衝擊：

```
class NoDefault {
public:
    NoDefault(const std::string&);
    // 接下來是額外的成員，但沒有其他的建構器
};
struct A {   // my_mem 預設是 public 的，參閱 §7.2
    NoDefault my_mem;
};
A a;          // 錯誤：無法為 A 合成一個建構器
struct B {
    B() {}   // 錯誤：b_member 沒有初始器
    NoDefault b_member;
};
```

實務上，如果有定義其他的建構器，那提供一個預設建構器幾乎永遠是正確的選擇。

使用預設建構器

下列的 obj 宣告可以順利編譯，編譯器不會產生抱怨。然而，當我們試著使用 obj

```
Sales_data obj(); // ok：但定義一個函式，而非一個物件
if (obj.isbn() == Primer_5th_ed.isbn()) // 錯誤：obj 是一個函式
```

編譯器會抱怨說我們無法將成員存取記號套用到一個函式上。問題在於,雖然我們試著宣告一個預設初始化的物件,obj 實際上是宣告了一個不接受參數的函式,此函式回傳型別為 Sales_data 的一個物件。

定義使用預設建構器來初始化的一個物件的正確方式是移除那個尾隨的空括弧:

```
// ok:obj 是一個預設初始化的物件
Sales_data obj;
```

C++ 程式新手常見的一個錯誤是試著像這樣宣告一個以預設建構器初始化的物件:

```
Sales_data obj(); // 糟糕!宣告了一個函式,而非一個物件
Sales_data obj2;   // ok:obj2 是一個物件,而非一個函式
```

習題章節 7.5.3

練習 7.43:假設我們有一個名為 NoDefault 的類別,它有一個接受一個 int 的建構器,但沒有預設建構器。定義一個類別 C,其中具有型別為 NoDefault 的一個成員。為 C 定義預設建構器。

練習 7.44:下列的宣告是合法的嗎?如果不是,為什麼呢?

```
vector<NoDefault> vec(10);
```

練習 7.45:如果我們把前一個練習中的 vector 定義為存放型別為 C 的物件,那會怎樣?

練習 7.46:如果有的話,下列哪個述句不是真的?為什麼?

(a) 一個類別至少必須提供一個建構器。
(b) 預設建構器是具有空的參數列的一個建構器。
(c) 如果一個類別沒有有意義的預設值,類別就不應該提供預設建構器。
(d) 如果一個類別沒有定義預設建構器,編譯器就會產生一個,將每個資料成員初始化為其關聯型別的預設值。

7.5.4 隱含的類別型別轉換

如我們在 §4.11 中所見,此語言在內建型別之間定義了數個自動的轉換。我們也注意到類別也能定義隱含的轉換。能以單一個引數呼叫的每個建構器都定義了一種**轉向**(*to*)某個類別型別的隱含轉換。這種建構器有時被稱作**轉換建構器**(**converting constructors**)。我們會在 §14.9 看到如何定義從一個類別型別轉為另一個的轉換。

能以單一個引數被呼叫的建構器定義了從該建構器的參數型別轉成其類別型別的一種隱含轉換。

接受一個 string 的，和接受一個 istream 的 Sales_data 建構器都定義了從那些型別轉至 Sales_data 的隱含轉換。也就是說，在預期型別為 Sales_data 的物件之處，我們可以使用一個 string 或一個 istream：

```
string null_book = "9-999-99999-9";
// 建構一個暫存的 Sales_data 物件
// 其中 units_sold 和 revenue 等於 0 而 bookNo 等於 null_book
item.combine(null_book);
```

這裡，我們以一個 string 引數呼叫 Sales_data 的 combine 成員函式。這個呼叫完全是合法的，編譯器會自動從所給的 string 創建出一個 Sales_data 物件。這個新產生的（暫存）Sales_data 會被傳給 combine。因為 combine 的參數是對 const 的一個參考，我們可以傳入一個暫存物件給那個參數。

只允許一個類別型別的轉換

在 §4.11.2 中，我們注意到編譯器只會自動套用一個類別型別的轉換。舉例來說，下列程式碼有誤，因為它隱含地使用了兩個轉換：

```
// 錯誤：需要兩個使用者定義的轉換：
//  (1) 將 "9-999-99999-9" 轉為 string
//  (2) 將那個（暫存的）string 轉為 Sales_data
item.combine("9-999-99999-9");
```

如果我們想要進行這個呼叫，我們可以明確地把那個字元字串轉為一個 string 或一個 Sales_data 物件：

```
// ok：明確轉換為 string，隱含轉換為 Sales_data
item.combine(string("9-999-99999-9"));
// ok：隱含轉換為 string，明確轉為 Sales_data
item.combine(Sales_data("9-999-99999-9"));
```

類別型別轉換並不一定總是有用

string 對 Sales_data 的轉換是否有用，取決於我們認為使用者會如何使用這種轉換。在這個例子中，這是沒問題的。null_book 中的 string 大概代表著一個不存在的 ISBN。

更有問題的是從 istream 到 Sales_data 的轉換：

```
// 使用這個 istream 建構器來建造一個物件以傳入 combine
item.combine(cin);
```

這段程式碼會隱含地將 cin 轉為 Sales_data。這個轉換會執行接受一個 istream 的那個 Sales_data 建構器。那個建構器會藉由讀取標準輸入來創建一個（暫存的）Sales_data 物件。然後該物件會被傳入給 combine。

這個 Sales_data 物件是暫存用的（§2.4.1）。一旦 combine 完成，我們就無法存取它。在效果上，我們等同於創建了一個會在其值被加到 item 中之後就會被捨棄的物件。

抑制建構器所定義的隱含轉換

我們可以在需要隱含轉換的情境中避免建構器的使用，方法是將建構器宣告為 **explicit**：

```cpp
class Sales_data {
public:
    Sales_data() = default;
    Sales_data(const std::string &s, unsigned n, double p):
                bookNo(s), units_sold(n), revenue(p*n) { }
    explicit Sales_data(const std::string &s): bookNo(s) { }
    explicit Sales_data(std::istream&);
    // 剩餘的成員一如以往
};
```

現在，這兩個建構器都不能被用來隱含地創建一個 Sales_data 物件。我們前面的使用都沒辦法編譯：

```cpp
item.combine(null_book);    // 錯誤：string 建構器是明確的
item.combine(cin);          // 錯誤：istream 建構器是明確的
```

explicit 關鍵字只有用在能以單一個引數呼叫的建構器上的時候才有意義。需要更多個引數的建構器不會被用來進行隱含轉換，所以沒必要將這種建構器標示為 explicit。explicit 關鍵字僅用於類別內的建構器宣告。它不會在類別主體外所做的定義上重複出現：

```cpp
// 錯誤：explicit 只被允許用在類別標頭中建構器的宣告上
explicit Sales_data::Sales_data(istream& is)
{
    read(is, *this);
}
```

explicit 建構器只能用於直接初始化

隱含轉換發生的情境之一是我們使用拷貝形式的初始化（透過一個 =，§3.2.1）時。我們無法把 explicit 建構器用於這種形式的初始化，我們必須使用直接初始化：

```cpp
Sales_data item1(null_book); // ok：直接初始化
// 錯誤：無法將 explicit 建構器用於拷貝形式的初始化
Sales_data item2 = null_book;
```

 當一個建構器被宣告為 explicit，它就只能被用在直接形式的初始化（§3.2.1）。此外，編譯器將不會把這種建構器用在自動轉換中。

為轉換明確地使用建構器

雖然編譯器不會把一個 explicit 建構器用於隱含的轉換，我們可以明確使用這種建構器來迫使轉換發生：

```
// ok：引數是一個明確建構起來的 Sales_data 物件
item.combine(Sales_data(null_book));
// ok：static_cast 可以使用一個 explicit 建構器
item.combine(static_cast<Sales_data>(cin));
```

在第一個呼叫中，我們直接使用了 Sales_data 建構器。這個呼叫使用接受一個 string 的 Sales_data 建構器建構了一個暫存的 Sales_data 物件。在第二個呼叫中，我們使用一個 static_cast（§4.11.3）來進行一種明確的轉換，而非隱含的。在這個呼叫中，static_cast 使用 istream 建構器來建構一個暫存的 Sales_data 物件。

具有 **explicit** 建構器的程式庫類別

我們用過的一些程式庫類別具有單一參數的建構器：

- 接受型別為 const char*（§3.2.1）的單一參數的 string 建構器不是 explicit。
- 接受一個大小（§3.3.1）的 vector 建構器是 explicit。

習題章節 7.5.4

練習 7.47：說明接受一個 string 的 Sales_data 建構器是否應該為 explicit。讓這個建構器成為 explicit 會有什麼好處呢？缺點又有哪些？

練習 7.48：假設 Sales_data 的建構器不是 explicit，下列定義中會發生什麼運算呢？

```
string null_isbn("9-999-99999-9");
Sales_data item1(null_isbn);
Sales_data item2("9-999-99999-9");
```

如果 Sales_data 建構器是 explicit，會發生什麼事呢？

練習 7.49：對於下列三個 combine 的宣告，解釋如果我們呼叫 i.combine(s)，而 i 是 Sales_data，s 是一個 string，會發生什麼事？

```
(a) Sales_data &combine(Sales_data);
(b) Sales_data &combine(Sales_data&);
(c) Sales_data &combine(const Sales_data&) const;
```

練習 7.50：判斷你的 Person 類別的建構器是否應該為 explicit。

練習 7.51：為什麼你會認為 vector 將它的單一參數建構器定義為 explicit，但 string 沒有？

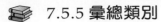 7.5.5 彙總類別

一個**彙總類別**（**aggregate class**）賦予使用者對其成員的直接存取，並具有特殊的初始化語法。若符合下列條件，就可以說一個類別是一個 aggregate

- 它所有的資料成員都是 public
- 它沒有定義任何建構器
- 它沒有類別內初始器（in-class initializers，§2.6.1）
- 它沒有基礎類別（base classes）或 virtual 函式，這是我們會在第 15 章中涵蓋的類別相關功能

舉例來說，下列類別就是一個 aggregate：

```
struct Data {
    int ival;
    string s;
};
```

我們可以提供由大括號圍起的成員初始器串列來初始化一個彙總類別的資料成員：

```
// val1.ival = 0; val1.s = string("Anna")
Data val1 = { 0, "Anna" };
```

初始器必須以資料成員的宣告順序出現。也就是說，第一個成員的初始器要排第一，接著是第二個，依此類推。舉例來說，下列就是錯的：

```
// 錯誤：無法使用 "Anna" 來初始化 ival，或以 1024 初始化 s
Data val2 = { "Anna" , 1024 };
```

就像陣列元素的初始化（§3.5.1），如果初始器串列的元素數比類別所具有的成員數還要少，那麼尾端的成員會是值初始化的（value initialized，§3.5.1）。初始器串列所含有的元素必定不能比類別的成員多。

值得注意的是，明確地初始化類別型別物件之成員，有三個主要的缺點：

- 這要求該類別所有的資料成員都得是 public 的。
- 這把正確初始化每個物件所有成員的責任丟給了類別的使用者（而非類別作者）。這種初始化很繁瑣而且常出錯，因為很容易會忘記某個初始器，或提供了不適當的初始器。
- 如果新增或移除了成員，所有的初始化都必須隨之更新。

7.5.6 字面值類別

在 §6.5.2 中，我們注意到一個 constexpr 函式的參數和回傳型別必須是字面值型別（literal types）。除了算術型別、參考和指標，某些類別也是字面值型別。不同於其他類別，是字面值型別的類別可以有本身是 constexpr 的函式成員。這種成員必須符合 constexpr 函式的所有要求。這些成員函式隱含是 const（§7.1.2）的。

資料成員全都是字面值型別的彙總類別（aggregate class，§7.5.5）是字面值型別。符合下列限制的非彙總類別也會是字面值類別：

- 資料成員全都得有字面值型別。
- 類別必須至少有一個 constexpr 建構器。
- 如果一個資料成員有一個類別內初始器，那麼內建型別的成員之初始器必須是一個常數運算式（constant expression，§2.4.4），或者，如果成員有類別型別，那麼初始器就必須使用該成員自己的 constexpr 建構器。
- 類別必須為它的解構器（destructor）使用預設定義，也就是負責摧毀該類別型別的物件的那個成員（§7.1.5）。

constexpr 建構器

雖然建構器不可以是 const（§7.1.4），字面值類別中的建構器可以是 constexpr（§6.5.2）函式。確實，一個字面值類別必須提供至少一個 constexpr 建構器。

一個 constexpr 建構器可以被宣告為 = default（§7.1.4，或是作為一個 deleted 函式，這會在 §13.1.6 中涵蓋）。否則，一個 constexpr 建構器必須符合建構器的要求，這表示它可以沒有 return 述句，而對 constexpr 函式來說，代表它唯一能擁有的可執行述句是 return 述句（§6.5.2）。結果就是，constexpr 建構器的主體通常都是空的。我們定義一個 constexpr 建構器的方式是在它的宣告前面加上關鍵字 constexpr：

```
class Debug {
public:
    constexpr Debug(bool b = true): hw(b), io(b), other(b) { }
    constexpr Debug(bool h, bool i, bool o):
                                    hw(h), io(i), other(o) { }
    constexpr bool any() { return hw || io || other; }
    void set_io(bool b) { io = b; }
```

```
        void set_hw(bool b) { hw = b; }
        void set_other(bool b) { hw = b; }
    private:
        bool hw;      // 除了 IO 錯誤外的硬體錯誤
        bool io;      // IO 錯誤
        bool other;   // 其他的錯誤
    };
```

一個 constexpr 建構器必須初始化每個資料成員。初始器必須使用一個 constexpr 建構器或者是一個常數運算式。

一個 constexpr 建構器被用來產生是 constexpr 的物件，並用於 constexpr 函式中的參數或回傳型別：

```
constexpr Debug io_sub(false, true, false); // 除錯 IO
if (io_sub.any()) // 等同於 if(true)
    cerr << "print appropriate error messages" << endl;
constexpr Debug prod(false); // 正式版沒有除錯
if (prod.any()) // 等同於 if(false)
    cerr << "print an error message" << endl;
```

習題章節 7.5.6

練習 7.53：定義你自己版本的 Debug。

練習 7.54：Debug 中以 set_ 開頭的成員應該被宣告為 constexpr 嗎？如果不是，為什麼呢？

練習 7.55：§7.5.5 的 Data 類別是一個字面值類別嗎？如果不是，為何呢？如果是，請解釋為什麼它是。

7.6 static 類別成員

類別有的時候需要與該類別關聯的成員，而非該類別的個別物件。舉例來說，一個銀行帳號類別可能需要一個資料成員來表示目前的基礎利率（**prime interest rate**）。在此，我們會想要將這個利率關聯到該類別，而非每個個別的物件。從效率的角度來看，沒理由讓每個物件都儲存利率。更重要的是，如果利率改變，我們會希望每個物件都有新的值。

宣告 static 成員

我們在其宣告加上關鍵字 static 來指出一個成員關聯至類別本身。就像其他的任何成員，static 成員可以是 public 或 private 的。一個 static 資料成員的型別可以是 const、參考、陣列、類別型別等等。

舉個例子,我們定義了一個類別來表示銀行的帳號記錄:

```
class Account {
public:
    void calculate() { amount += amount * interestRate; }
    static double rate() { return interestRate; }
    static void rate(double);
private:
    std::string owner;
    double amount;
    static double interestRate;
    static double initRate();
};
```

一個類別的 static 成員存在於任何物件之外。物件不會含有與 static 資料成員關聯的資料。因此,每個 Account 物件都會含有兩個資料成員:owner 和 amount。interestRate 物件只有一個,由所有的 Account 物件共用。

同樣地,static 成員函式並沒有繫結至任何物件,它們沒有 this 指標。結果就是,static 成員函式不可以宣告為 const,而我們也不能在一個 static 成員的主體中使用 this。這項限制適用於 this 的明確使用,也適用呼叫一個非 static 成員時對 this 的隱含使用。

使用類別的 **static** 成員

我們可以透過範疇運算子直接存取一個 static 成員:

```
double r;
r = Account::rate();        // 使用範疇運算子存取一個 static 成員
```

即使 static 成員不是其類別的物件的一部分,我們可以使用類別的一個物件、參考或指標來存取一個 static 成員:

```
Account ac1;
Account *ac2 = &ac1;
// 呼叫 static 成員 rate 函式的等效方式
r = ac1.rate();             // 透過一個 Account 物件或參考
r = ac2->rate();            // 透過對 Account 物件的指標
```

成員函式可以直接使用 static 成員,無須範疇運算子:

```
class Account {
public:
    void calculate() { amount += amount * interestRate; }
private:
    static double interestRate;
    // 剩餘的成員一如以往
};
```

定義 static 成員

就跟任何其他的成員函式一樣，我們可以在類別主體的內部或外部定義 static 成員函式。當我們在類別的外部定義一個 static 成員，我們不會重複 static 關鍵字。這個關鍵字只會與宣告一起出現在類別主體內：

```
void Account::rate(double newRate)
{
    interestRate = newRate;
}
```

 就跟任何的類別成員一樣，當我們指涉在類別主體外的一個類別 static 成員，我們必須指定它在其中被定義的類別。不過 static 關鍵字只用於類別主體內的宣告。

因為 static 資料成員不是類別型別的個別物件的一部分，它們不會在我們創建類別的物件時被定義。結果就是，它們不會由類別的建構器來初始化。此外，一般來說，我們不可以在類別內初始化一個 static 成員。取而代之，我們必須在類別主體外定義並初始化每個 static 資料成員。就跟其他任何的物件一樣，一個 static 資料成員只能被定義一次。

就像全域物件（§6.1.1），static 資料成員是定義在任何函式之外。因此，一旦它們被定義，它們就會持續存在，直到程式執行完畢為止。

我們定義一個 static 資料成員的方式類似於在類別外定義類別成員函式的方式。我們指名該物件的型別，後面接著類別名稱、範疇運算子，以及該成員自己的名稱：

```
// 定義並初始化一個 static 類別成員
double Account::interestRate = initRate();
```

這個述句定義了名為 interestRate 的物件，它是類別 Account 的一個 static 成員，並有 double 的型別。一旦類別名稱被看見，定義的剩餘部分就會在該類別的範疇內。結果就是，我們可以直接使用 initRate 作為 interestRate 的初始器，而不用資格修飾（qualification）。也請注意，雖然 initRate 是 private 的，我們還是可以用它來初始化 interestRate。就跟任何其他的成員定義一樣，一個靜態資料成員（**static data member**）的定義可以取用其類別的 private 成員。

 確保物件只剛好被定義一次最好的辦法，就是將 static 資料成員的定義放在含有類別非 inline 成員函式的定義的相同檔案中。

static 資料成員的類別內初始化

一般來說，類別的 static 成員不可以在類別主體中初始化。然而，我們可以為具有 const
整數型別的 static 成員提供類別內初始器，而且必須為是字面值型別的 constexprs 的
static 成員（§7.5.6）這麼做。這種初始器必須是常數運算式。這種成員本身就是常數運
算式，它們可以被用在需要常數運算式的地方。舉例來說，我們可以使用一個已初始化的
static 資料成員來指定一個陣列成員的維度：

```
class Account {
public:
    static double rate() { return interestRate; }
    static void rate(double);
private:
    static constexpr int period = 30; // period 是一個常數運算式
    double daily_tbl[period];
};
```

如果該成員只被用在編譯器能夠替換上該成員值的情境中，那麼一個已初始化的 const 或
constexpr static 就不需要分別定義。然而，如果我們是在無法代換上其值的情境中使用
該成員，那麼該成員就必須有一個定義存在。

舉例來說，如果我們只用 period 來定義 daily_tbl 的維度，那麼就不需要在 Account 外部
定義 period。然而，如果我們省略了定義，那麼很有可能即使是看似無關緊要的程式變更都
可能導致程式無法編譯，就因為少了定義。舉例來說，如果我們將 Account::period 傳入給
接受一個 const int& 的函式，那麼 period 就必須被定義。

如果有在類別內提供一個初始器，那麼成員的定義就必定不能指定一個初始值：

```
// 沒有初始器的 static 成員定義
constexpr int Account::period; // 類別定義中有提供初始器
```

即使一個 const static 資料成員是在類別主體中初始化的，那個成員一般來說還是
應該被定義在類別定義之外。

static 成員能以一般成員無法被使用的方式使用

如我們所見，static 成員是獨立於任何其他物件存在的。結果就是，它能以對非 static
資料成員來說是非法的方式被使用。舉個例子，一個 static 資料成員可以有不完整的型別
（incomplete type，§7.3.3）。特別是，一個 static 資料成員的型別可以跟它所屬的類別
型別相同。一個非 static 資料成員被限制只能被宣告為對其類別的一個物件之指標或參考：

```
class Bar {
public:
    // ...
private:
    static Bar mem1;        // ok：static 成員可以有不完整的型別
    Bar *mem2;              // ok：指標成員可以有不完整的型別
    Bar mem3;               // 錯誤：資料成員必須有完整的型別
};
```

static 和一般成員之間的另一個差異是，我們可以把一個 static 成員當作一個預設引數使用（§6.5.1）：

```
class Screen {
public:
    // bkground 指的是一個靜態成員
    // 它會在之後的類別定義中被宣告
    Screen& clear(char = bkground);
private:
    static const char bkground;
};
```

一個非 static 資料成員不可以被用作預設引數，因為其值是它作為成員所屬的物件的一部分。使用一個非 static 資料成員作為預設引數，並不會提供要從之獲取該成員的值的物件，所以是種錯誤。

習題章節 7.6

練習 7.56：static 類別成員是什麼？static 成員的好處是什麼？它們與一般成員的差異在哪？

練習 7.57：撰寫你自己版本的 Account 類別。

練習 7.58：如果有的話，下列哪個 static 資料成員宣告和定義是錯的？請解釋原因。

```
// example.h
class Example {
public:
    static double rate = 6.5;
    static const int vecSize = 20;
    static vector<double> vec(vecSize);
};
// example.C
#include "example.h"
double Example::rate;
vector<double> Example::vec;
```

本章總結

類別是 C++ 中最基礎的功能。類別讓我們為我們的應用定義新的型別,使我們的程式更簡短,更容易修改。

資料抽象化,也就是定義資料和函式成員的能力,還有封裝,即保護類別成員不供一般存取的能力,都是類別所必須的。我們藉由將成員實作定義為 private 來封裝一個類別。類別可以把其他的類別或函式標示為 friend,來允許對方存取它們的非 public 成員。

類別可以定義建構器,它們是控制物件如何初始化的特殊成員函式。建構器可以重載。建構器應該使用一個建構器初始器串列來初始化所有的資料成員。

類別也可以定義 mutable 或 static 成員。一個 mutable 成員是永遠不會是 const 的資料成員,其值可以在一個 const 成員函式中改變。一個 static 成員可以是函式或資料。static 成員是獨立於類別型別的物件而存在的。

定義的詞彙

abstract data type(抽象資料型別） 封裝(隱藏)了自己的實作的資料結構。

access specifier(存取指定符） 關鍵字 public 和 private。用來定義成員是否能被類別的使用者存取,或只限於該類別的朋友或成員才能存取。指定符在一個類別內可以出現多次。每個指定符會設定跟在它之後,而在下個指定符之前的那些成員之存取權限。

aggregate class(彙總類別） 只有 public 成員,而且沒有類別內初始器或建構器的類別。一個 aggregate 的成員能以大括號圍起的初始器串列來初始化。

class(類別） 讓我們定義自己的抽象資料型別的 C++ 機能。類別可以有資料、函式,或型別成員。一個類別定義一個新的型別,以及一個新的範疇。

class declaration(類別宣告） 關鍵字 class(或 struct)後面接著類別名稱,再接著一個分號。如果一個類別有宣告但沒有定義,它就是一個不完整的型別。

class 關鍵字 用來定義類別的關鍵字。預設情況下,成員是 private 的。

class scope(類別範疇） 每個類別都定義了一個範疇。類別範疇比其他範疇還要複雜:在類別主體中定義的成員函式可以使用在定義後出現的名稱。

const member function(const 成員函式） 不能更改一個物件的普通成員(也就是不是 static 也不是 mutable)的成員函式。一個 const 成員中的 this 指標是對 const 的指標。一個成員函式可以依據該函式是否為 const 來重載。

constructor(建構器） 一種特殊的成員函式,用來初始化物件。每個建構器都應該賦予每個資料成員一個定義良好的初始值。

constructor initializer list(建構器初始器串列） 指定一個類別的資料成員的初始值。成員會在建構器的主體執行之前被初始化為在初始器串列中所指定的值。沒有在初始器串列中初始化的類別成員會是預設初始化的。

converting constructor(轉換建構器） 能以單一個引數呼叫的非 explicit 建構器。這種建構器會隱含地將引數的型別轉為類別的型別。

data abstraction（**資料抽象化**） 專注於一個型別之介面的程式設計技巧。資料抽象化讓程式設計師得以忽略一個型別是如何表示的細節，而只需要思考該型別所能進行的運算。資料抽象化對於物件導向（object-oriented）程式設計和泛型（generic）程式設計來說都是不可或缺的。

default constructor（**預設建構器**） 沒有提供初始器的時候使用的建構器。

delegating constructor（**委派建構器**） 建構器初始器串列中只有一個項目的建構器，這個項目標示了同一個類別的另一個建構器，用以進行初始化。

encapsulation（**封裝**） 實作與介面的區隔。封裝隱藏了一個型別的實作細節。在 C++ 中，強制施加封裝的方式是把實作放在一個類別的 `private` 部分。

explicit constructor（**明確的建構器**） 能以單一個引數呼叫，但不能用在隱含轉換中的建構器。讓一個建構器變成明確（explicit）的方式是在它的宣告之前加上 `explicit` 關鍵字。

forward declaration（**前向宣告**） 一個尚未定義的名稱之宣告。最常用於出現在類別定義之前的類別宣告。參閱 incomplete type。

friend（**朋友**） 一個類別給出存取其非 public 成員權限的機制。朋友的存取權與成員相同。類別和函式都可以被指名為朋友。

implementation（**實作**） 一個類別中定義不是要給該型別使用者用的資料與運算的那些成員（通常是 `private` 的）。

incomplete type（**不完整的型別**） 宣告了但沒有定義的型別。你無法使用一個不完整型別來定義一個變數或類別成員。定義對不完整型別的參考或指標則是合法的。

interface（**介面**） 一個型別支援的（`public`）運算。一般來說，介面不包括資料成員。

member function（**成員函式**） 是函式的類別成員。一般的成員函式會透過隱含的 `this` 指標繫結至類別型別的某個物件。`static` 成員函式並沒有繫結至一個物件，而且沒有 `this` 指標。成員函式可以重載，重載時，隱含的 `this` 指標會參與函式匹配。

mutable data member（**可變的資料成員**） 永遠都不會是 `const` 的資料成員，即使它是一個 `const` 物件的成員也是如此。一個 `mutable` 成員可以在一個 `const` 函式內被更改。

name lookup（**名稱查找**） 一個名稱的使用與其宣告配對的過程。

private members（**私有成員**） 在一個 `private` 存取指定符後定義的成員，只有朋友或其他的類別成員可以取用。類別有用到但不是型別介面一部分的資料成員和工具函式通常都會被宣告為 `private`。

public members（**公開成員**） 在一個 `public` 存取指定符後定義的成員，類別的任何使用者都能取用。一般來說，只有定義了類別介面的函式應該被定義在 `public` 區段中。

struct **關鍵字** 用來定義一個類別的關鍵字。預設情況下，成員會是 `public` 的。

synthesized default constructor（**合成的預設建構器**） 編譯器為沒有名確定義任何建構器的類別所創建（合成）的預設建構器。若有提供，這個建構器會從它們的類別內初始器初始化資料成員；否則就預設初始化資料成員。

this **指標** 會傳入給每個非 `static` 成員函式作為一個額外引數的隱含值。`this` 指標指向函式在其上被調用的那個物件。

= default 在一個類別內預設建構器的宣告的參數列後使用的語法，用以告知編譯器應該產生建構器，即使該類別沒有其他的建構器也一樣。

第二篇
C++ 程式庫

The C++ Library

本篇目錄

每次 C++ 語言改版時,其程式庫也會隨之增長。確實,新標準的篇幅幾乎有三分之二是用在程式庫上。雖然我們無法深入涵蓋每一個程式庫機能,我們會介紹每個 C++ 程式設計師都應該熟練運用的程式庫核心機能,我們會在這一部分涵蓋之。

我們會先在第 8 章涵蓋基本的 IO 程式庫機能。除了使用程式庫讀寫與主控台視窗(console window)關聯的資料流(streams),程式庫也定義了型別來讓我們讀寫具名檔案,以及對 string 進行記憶體內的 IO(in-memory IO)。

程式庫的中心是數個容器類別和一整個家族的泛用演算法(generic algorithms),讓我們能夠寫出簡潔又有效率的程式。程式庫會負責處理內部細節,特別是記憶體管理(memory management)的部分,讓我們的程式專注於需要解決的實際問題。

在第 3 章中,我們介紹過 vector 容器型別。我們會在第 9 章中學到更多有關 vector 的知識,其中我們也會涵蓋其他的循序容器(sequential container)型別。我們也會涵蓋由 string 型別所提供的更多運算。我們可以把一個 string 想成是一種特殊的容器,其中只包含字元。string 型別支援許多的容器運算,雖然並非全部。

第 10 章介紹泛用演算法。這些演算法通常會作用在一個循序容器或其他序列（sequence）中某個範圍的元素上。演算法程式庫提供了各種經典演算法的高效能實作，例如排序或搜尋，以及其他常見的作業。舉例來說，其中有一個 copy 演算法，它會把元素從一個序列拷貝到另一個；還有 find，它會尋找給定的元素，諸如此類的。這些演算法從兩個面向來說是泛用的：它們可以被套用到不同種類的序列上，而那些序列可以含有大多數型別的元素。

程式庫也提供了數種關聯式容器（associative containers），它們是第 11 章的主題。一個關聯式容器中的元素是透過鍵值（key）來存取的。關聯式容器有許多運算是與循序容器共通的，也定義有專屬於關聯式容器的運算。

這個部分以第 12 章做結，那裡會介紹用於管理動態記憶體的語言和程式庫機能。這一章涵蓋新的程式庫類別中最重要的一個，它是智慧指標（smart pointers）的標準化版本。藉由使用智慧指標，我們可以讓用到動態記憶體的程式碼更加穩固。這一章以一個加長版的範例做結，運用了第二篇中所介紹的程式庫機能。

8

IO 程式庫
The IO Library

C++ 語言並沒有直接處理輸入與輸出。取而代之，IO 是由定義在標準程式庫中一系列的型別所處理。這些型別支援對裝置的寫入和讀取，例如檔案和主控台視窗。還有額外的型別允許讀寫 string 的記憶體內 IO（in-memory IO）。

IO 程式庫定義了讀寫內建型別值的運算。此外，像 string 這樣的類別通常也會定義類似的 IO 運算以處理它們類別型別的物件。

本章介紹 IO 程式庫的基礎。後續章節則會涵蓋額外的功能：第 14 章會介紹如何撰寫我們自己的輸入與輸出運算子，而第 17 章則會涵蓋如何控制格式化（formatting），以及如何進行檔案上的隨機存取。

我們寫過的程式都已經有用到許多 IO 程式庫機能。確實，我們在 §1.2 就介紹過大多數的這些機能：

- istream（輸入資料流）型別，提供輸入運算
- ostream（輸出資料流）型別，提供輸出運算
- cin，讀取標準輸入（standard input）的一個 istream 物件
- cout，寫入標準輸出（standard output）的一個 ostream 物件
- cerr，一個 ostream 物件，通常用於程式的錯誤訊息，寫出至標準錯誤（standard error）
- >> 運算子，用來從一個 istream 物件讀取輸入
- << 運算子，用來將輸出寫入到一個 ostream 物件
- getline 函式（§3.2.2），它會從一個給定的 istream 讀取一行輸入到一個給定的 string 中。

8.1 IO 類別

我們目前用過的 IO 型別和物件操作的都是 char 資料。預設情況下，這些物件都連接到使用者的主控台視窗。當然，真實的程式沒辦法限制 IO 僅從主控台視窗讀寫。程式經常需要讀取或寫入具名檔案（named files）。此外，能使用 IO 運算來處理一個 string 中的字元會很方便。應用程式也可能會需要讀寫需要寬字元（wide-character）支援的語言。

為了支援這些不同種類的 IO 處理，除了我們已經用過的 istream 與 ostream 型別，程式庫還定義了一組 IO 型別。這些列於表 8.1 的型別，分別定義於三個標頭：iostream 定義用來讀寫資料流（stream）的基本型別、fstream 定義用來讀寫具名檔案的型別，而 sstream 則定義用來讀寫記憶體內 string 的型別。

表 8.1：IO 程式庫的型別和標頭	
標頭	**型別**
iostream	istream、wistream 讀取自一個資料流
	ostream、wostream 寫入到一個資料流
	iostream、wiostream 讀寫一個資料流
fstream	ifstream、wifstream 讀自一個檔案
	ofstream、wofstream 寫入一個檔案
	fstream、wfstream 讀寫一個檔案
sstream	istringstream、wistringstream 讀取自一個 string
	ostringstream、wostringstream 寫入到一個 string
	stringstream、wstringstream 讀寫一個 string

為了支援用到寬字元的語言，程式庫定義了一組操作 wchar_t 資料（§2.1.1）的型別和物件。寬字元版的名稱都以一個 w 開頭。舉例來說，wcin、wcout 與 wcerr 是分別對應到 cin、cout 與 cerr 的寬字元物件。寬字元型別和物件定義在與普通 char 型別相同的標頭中。舉例來說，fstream 標頭就定義了 ifstream 和 wifstream 型別。

IO 型別之間的關係

概念上，裝置種類和字元大小都不會影響到我們想要執行的 IO 運算。舉例來說，我們想要使用 >> 來讀取資料，不管我們是讀取自一個主控台視窗、一個磁碟檔案，或是一個 string。同樣地，我們會想要使用這個運算子，而不用去管所讀的字元是要用一個 char 來存放或者使用一個 wchar_t。

程式庫藉由**繼承（inheritance）**來讓我們忽略這些不同種類的資料流之間的差異。就跟模板（templates，§3.3）一樣，我們可以使用彼此之間有繼承關係的類別，但不用了解繼承運作的細節。我們會在第 15 章和 §18.3 涵蓋 C++ 如何支援繼承。

簡而言之，繼承讓我們可以說一個特定的類別繼承自（inherits from）另一個類別。一般來說，我們使用一個繼承類別的物件的方式，就好像該物件的型別是被繼承的那個類別一樣。

型別 ifstream 與 istringstream 繼承自 istream。因此，我們可以把型別為 ifstream 或 istringstream 的物件當成是 istream 物件來使用。使用這些型別的物件之方式就跟我們使用 cin 時一樣。舉例來說，我們可以在一個 ifstream 或 istringstream 物件上呼叫 getline，而我們也可以使用 >> 從一個 ifstream 或 istringstream 讀取資料。同樣地，型別 ofstream 與 ostringstream 繼承自 ostream。因此，我們可以把這些型別的物件當成 cout 來使用。

 我們在本節剩餘部分涵蓋的所有東西都同樣適用於一般的資料流、檔案資料流，以及 string 資料流，char 資料流或寬字元資料流版本也都適用。

8.1.1 IO 物件不能拷貝或指定

如我們在 §7.1.3 中見過的，我們無法拷貝（copy）或指定（assign）IO 型別的物件：

```
ofstream out1, out2;
out1 = out2;              // 錯誤：無法指定資料流物件
ofstream print(ofstream); // 錯誤：無法初始化 ofstream 參數
out2 = print(out2);       // 錯誤：無法拷貝資料流物件
```

因為我們無法拷貝 IO 型別，我們沒辦法有參數或回傳型別是資料流型別之一（§6.2.1）。進行 IO 的函式通常會透過參考傳遞或回傳資料流。讀寫一個 IO 物件會改變其狀態，所以這種參考必定不能是 const。

8.1.2 條件狀態

進行 IO 時，要面對的一個事實是可能會有錯誤發生。有時錯誤是可復原的，其他的則發生在系統底層，超出程式更正錯誤的能力範圍。IO 類別定義了一些函式與旗標（flags），列於表 8.2 中，讓我們能夠存取和操作一個資料流的**條件狀態（condition state）**。

作為 IO 錯誤的一個例子，請思考下列程式碼：

```
int ival;
cin >> ival;
```

如果我們在標準輸入中輸入了 Boo，讀取就會失敗。輸入運算子預期會讀到一個 int，但卻得到字元 B。結果就是，cin 會進入一種錯誤狀態。同樣地，如果我們輸入一個檔案結尾（end-of-file），cin 也會處於錯誤狀態。

一旦有錯誤發生，在該資料流上後續的 IO 運算就會失敗。我們只能在資料流處於非錯誤狀態時對它讀寫。因為一個資料流可能會處在錯誤狀態，程式碼一般都應該在試著使用前，先檢查一個資料流是否沒有問題。判斷一個資料流物件的狀態最簡單的方式是將該物件當作一個條件：

```
while (cin >> word)
// ok：讀取運算成功 ...
```

這個 while 條件檢查從 >> 運算式回傳的資料流狀態。如果那個輸入運算成功，狀態就仍然有效，而那個條件會成功。

質詢一個資料流的狀態

使用一個資料流作為條件只能告訴我們該資料流是否有效。它不會告訴我們發生了什麼事。有的時候我們也需要知道資料流為何是無效的。舉例來說，碰到檔案結尾時我們要做的事，很有可能會與遇到 IO 裝置錯誤時的處置不同。

IO 資料庫定義了一個獨立於機器的整數型別，名為 iostate，用以傳達有關資料流狀態的資訊。這種型別被當作一組位元來使用，與 §4.8 中我們使用 quiz1 變數的方式相同。IO 類別定義了四種 iostate 型別的 constexpr 值（§2.4.4），代表特定的位元模式。這些值被用來表示特定的 IO 條件。它們可與位元運算子（bitwise operators，§4.8）並用，以在一個運算中測試或設定多個旗標。

badbit 表示系統層級的失誤，例如無法復原的讀取或寫入錯誤。若 badbit 被設定，通常不太可能再繼續使用一個資料流。failbit 會在可復原的錯誤出現後設定，例如預期數值資料時讀到一個字元。我們經常能夠更正這種問題，並繼續使用資料流。到達檔案結尾時，eofbit 與 failbit 兩者都會設定。保證會有值 0 的 goodbit，代表資料流上沒有失誤。如果 badbit、failbit 或 eofbit 有任一者被設定，那麼估算該資料流的條件就會失敗。

程式庫也定義了一組函式來質詢這些旗標的狀態。good 運算會在沒有錯誤位元被設定的時候回傳 true。bad、fail 和 eof 會在對應的位元有設定時回傳 true。此外,fail 會在 badbit 有設定時回傳 true。因此,判斷一個資料流整體狀態的正確方式是使用 good 或 fail。確實,我們把一個資料流當作條件使用時,所執行的程式碼就等同於呼叫 !fail()。eof 與 bad 只會顯露那些特定的錯誤是否發生。

表 8.2:IO 程式庫條件狀態	
strm::iostate	*strm* 是列於表 8.1 中的 IO 型別之一。iostate 是一個獨立於機器的整數型別,代表一個資料流的條件狀態。
strm::badbit	用來表示一個資料流已毀損的 *strm*::iostate 值。
strm::failbit	用來表示一個 IO 運算失敗的 *strm*::iostate 值。
strm::eofbit	用來表示一個資料流碰到檔案結尾的 *strm*::iostate 值。
strm::goodbit	用來表示一個資料流並未處在錯誤狀態的 *strm*::iostate 值。這個值保證是零。
s.eof()	如果資料流 s 中的 eofbit 有設定,就為 true。
s.fail()	如果資料流 s 中的 failbit 或 badbit 有設定,就為 true。
s.bad()	如果資料流 s 中的 badbit 有設定,就為 true。
s.good()	如果資料流 s 處於有效狀態,就為 true。
s.clear()	將資料流 s 中所有的條件值都重置為有效狀態。回傳 void。
s.clear(flags)	將 s 的條件重置為 flags。flags 的型別為 *strm*::iostate。回傳 void。
s.setstate(flags)	將所指定的條件新增到 s。flags 的型別為 *strm*::iostate。回傳 void。
s.rdstate()	將 s 目前的條件回傳作為一個 *strm*::iostate 值。

管理條件狀態

rdstate 成員回傳一個 iostate 值,對應到目前資料流的狀態。setstate 運算會開啟所給定的條件位元,以指出有問題發生。clear 成員是重載的(§6.4):一個版本不接受引數,而第二個版本接受型別為 iostate 的單一引數。

不接受引數的那個 clear 版本會把所有的失誤位元關閉。clear() 之後,對 good 的呼叫會回傳 true。我們可以像這樣使用這些成員:

```
// 記住 cin 的目前狀態
auto old_state = cin.rdstate();  // 記住 cin 目前的狀態
cin.clear();                      // 使 cin 變為有效
process_input(cin);               // 使用 cin
cin.setstate(old_state);          // 現在將 cin 重置回舊有狀態
```

接受一個引數的 clear 版本預期代表資料流新狀態的一個 iostate 值。要關閉單一條件,我們使用 rdstate 成員和位元運算子來產生所要的新狀態。

舉例來說，下列的程式碼會關閉 failbit 和 badbit，但不會動到 eofbit：

```
// 關閉 failbit 和 badbit 但所有其他的位元都不變
cin.clear(cin.rdstate() & ~cin.failbit & ~cin.badbit);
```

習題章節 8.1.2

練習 8.1：寫出接受並回傳一個 istream& 的函式。這個函式應該持續讀取資料流，直到碰到檔案結尾為止。此函式應該將它所讀到的東西印出至標準輸出。重設資料流，讓它在回傳前變為有效。

練習 8.2：呼叫你的函式來測試它，傳入 cin 作為一個引數。

練習 8.3：什麼導致下列的 while 終止？

```
while (cin >> i) /* ... */
```

8.1.3 管理輸出緩衝區

每個輸出資料流都管理了一個緩衝區（buffer），用以存放程式要讀寫的資料。舉例來說，下列程式碼執行時

```
os << "please enter a value: ";
```

那個字面值字串會立即被印出，或者作業系統可能將那個資料儲存在一個緩衝區中以便之後印出。使用緩衝區讓作業系統能將我們程式的數個輸出運算結合成單一的系統層級寫入動作。因為寫入一個裝置可能很耗時，讓作業系統將數個輸出運算結合成單一次寫入，能夠帶來重大的效能提升。

有幾個條件會導致緩衝區被排清（flushed），也就是，被寫入到實際的輸出裝置或檔案：

- 程式正常結束。所有的輸出緩衝區都會作為 main 的 return 動作的一部分而被排清。
- 在某些時候，緩衝區可能會變滿，在這種情況下，寫出下個值之前它會先被排清。
- 我們可以使用像 endl（§1.2）這樣的操作符（manipulator）明確排清緩衝區。
- 我們可以使用 unitbuf 操作符來設定資料流的內部狀態，讓它在每次輸出運算後排清緩衝區。預設情況下，unitbuf 會為 cerr 而設定，所以對 cerr 的寫入會立即排清。
- 一個輸出資料流可能會被綁到另一個資料流。在這種情況下，輸出資料流就會在它被綁至的資料流被讀或寫時排清。預設情況下，cin 和 cerr 都被綁到 cout。因此，讀取 cin 或寫入 cerr 都會使得 cout 中的緩衝區被排清。

排清輸出緩衝區

我們的程式已經用過 endl 操作符，它會結束目前這一行，並排清緩衝區。另外還有兩個類似的操作符：flush 和 ends。flush 排清資料流但不會新增字元到輸出；ends 插入一個 **null** 字元到緩衝區中，然後將之排清：

```
cout << "hi!" << endl;  // 寫入 hi 以及一個 newline，然後排清緩衝區
cout << "hi!" << flush; // 寫入 hi，然後排清緩衝區，不新增資料
cout << "hi!" << ends;  // 寫入 hi 以及一個 null，然後清空緩衝區
```

unitbuf 操作符

如果我們想要在每次輸出後都排清，我們可以使用 unitbuf 操作符。這個操作符告訴資料流在後續的每次寫入之後都做一次 flush。nounitbuf 操作符則回復資料流，使用正常的、由系統管理的緩衝區排清方式：

```
cout << unitbuf; // 所有的寫入都會即刻被排清
// 任何輸出都會即刻排清，沒有緩衝
cout << nounitbuf; // 回復到正常緩衝
```

注意：如果程式當掉，緩衝區不會排清

如果程式異常結束，輸出緩衝區不會排清。當一個程式當掉，很有可能該程式所寫的資料會停留在輸出緩衝區中等候印出。

除錯一個當掉的程式時，一定要確保你認為應該被寫出的任何輸出都有實際被排清。程式設計師花了很多時間在追查看似沒有執行但實際上是緩衝區沒有排清，因而程式當掉時輸出未實行的程式碼。

將輸入和輸出資料流綁在一起

當一個輸入資料流被綁到（tied to）一個輸出資料流，讀取那個輸入資料流的任何嘗試都會先排清與該輸出資料流關聯的緩衝區。程式庫將 cout 綁到了 cin，所以述句

```
cin >> ival;
```

會使得與 cout 關聯的緩衝區被排清。

> 互動式系統通常都應該將它們的輸入資料流綁到它們的輸出資料流。這麼做意味著所有的輸出，包括給使用者看的提示，都會在試著讀取輸入前被寫出。

tie 有兩個重載的版本（§6.4）：一個版本不接受引數，並回傳指向這個物件目前所綁至的輸出資料流（如果有的話）的一個指標。如果該資料流沒有綁定，此函式會回傳 **null** 指標。

第二個版本的 tie 接受一個指標，指向一個 ostream，並將自身綁到那個 ostream。也就是說，x.tie(&o) 會將資料流 x 綁到輸出資料流 o。

我們可以把一個 istream 或 ostream 物件綁到另一個 ostream：

```
cin.tie(&cout);         // 僅用於展示：程式庫會為我們將 cin 和 cout 綁定
// old_tie 指向目前綁到 cin 的資料流（如果有的話）
ostream *old_tie = cin.tie(nullptr); // cin 不再綁定
// 綁定 cin 和 cerr，這並不是個好主意，因為 cin 應該綁到 cout
cin.tie(&cerr);         // 讀取 cin 會排清 cerr，而非 cout
cin.tie(old_tie);       // 重新建立 cin 與 cout 之間的綁定關係
```

要將一個給定的資料流綁到一個新的輸出資料流，我們傳入一個指標給 tie，這個指標指向那個新的資料流。要完全解除對該資料流的綁定，我們傳入一個 null 指標。每個資料流一次最多可以綁定到一個資料流。然而，多個資料流可以將自身綁到相同的 ostream。

8.2 檔案輸入與輸出

fstream 標頭定義了三個型別來支援檔案 IO：**ifstream** 來從一個給定的檔案讀取，**ofstream** 則寫入到一個給定的檔案，還有 **fstream**，它讀寫一個給定的檔案。在 §17.5.3 中，我們會描述如何使用相同的檔案來同時進行輸入與輸出。

這些型別所提供的運算與我們之前用在物件 cin 和 cout 上的相同。特別是，我們可以使用 IO 運算子（<< 與 >>）來讀取或寫入檔案，我們可以使用 getline（§3.2.2）來讀取一個 ifstream，而在 §8.1 涵蓋的說明也適用於這些型別。

除了它們從 iostream 型別繼承而來的行為，定義在 fstream 中的型別新增了成員來管理與資料流關聯的檔案。這些運算，列於表 8.3 中，可以在 fstream、ifstream 或 ofstream 的物件上被呼叫，但在其他 IO 型別上就不行。

表 8.3：**fstream** 限定的運算	
fstream fstrm;	創建一個未繫結的檔案資料流。*fstream* 是定義在 fstream 標頭中的型別之一。
fstream fstrm(s);	創建一個 *fstream* 並開啟名為 s 的檔案。s 可以有型別 string 或可以是指向一個 C-style 字元字串的指標（§3.5.4）。這些建構器是 explicit 的（§7.5.4）。預設的檔案 mode（模式）取決於 *fstream* 的型別。
fstream fstrm(s, mode);	就像前一個建構器，但將 s 開啟在給定的 mode。
fstrm.open(s) fstrm.open(s, mode)	開啟 s 所指名的檔案並將那個檔案繫結至 fstrm。s 可以是一個 string 或者一個指標，指向一個 C-style 的字元字串。預設的檔案 mode 取決於 *fstream* 的型別。回傳 void。
fstrm.close()	關閉 fstrm 所繫結的檔案。回傳 void。
fstrm.is_open()	回傳一個 bool，指出與 fstrm 關聯的檔案是否成功開啟而且尚未被關閉。

8.2.1 使用檔案資料流物件

當我們想要讀取或寫入一個檔案,我們會定義一個檔案資料流物件,並將那個物件關聯至該檔案。每個檔案資料流類別都定義了一個叫做 open 的成員函式,它會進行所在系統找出給定檔案並將之開啟所需的任何動作,以供讀取或寫入。

當我們創建一個檔案資料流,我們可以(選擇性地)提供一個檔案名稱。當我們提供一個檔案名稱,open 就會自動被呼叫:

```
ifstream in(ifile);    // 建構一個 ifstream 並開啟給定的檔案
ofstream out;          // 沒有關聯到任何檔案的輸出檔案資料流
```

這段程式碼將 in 定義為一個輸入資料流,它以 string 引數 ifile 所指名的檔案來初始化。它將 out 定義為一個尚未與檔案關聯的輸出資料流。在新標準之下,檔案名稱可以是程式庫的 string 或 C-style 的字元陣列(§3.5.4)。之前版本的程式庫只允許 C-style 的字元陣列。

C++
11

把一個 `fstream` 用在需要 `iostream&` 之處

如我們在 §8.1 提過的,我們可以把一個繼承型別的物件用在預期被繼承的型別之物件的地方。這個事實意味著,接受對某個 iostream 型別的參考或指標的函式也能在對應的 fstream(或 sstream)型別上呼叫。也就是說,如果我們有一個函式接受一個 ostream&,我們可以傳給該函式一個 ofstream 物件來呼叫它,對於 istream& 與 ifstream 來說也是如此。

舉例來說,我們可以使用 §7.1.3 的 read 和 print 函式來讀取或寫入具名檔案。在這個例子中,我們會假設輸入和輸出檔的名稱被當成引數傳入給了 main(§6.2.5):

```
ifstream input(argv[1]);      // 開啟銷售的交易記錄檔案
ofstream output(argv[2]);     // 開啟輸出檔
Sales_data total;             // 要存放運行總和的變數
if (read(input, total)) {     // 讀取第一筆交易記錄
    Sales_data trans;         // 存放下一筆交易記錄資料的變數
    while(read(input, trans)) {        // 讀取剩餘的交易記錄
        if (total.isbn() == trans.isbn())     // 檢查 isbns
            total.combine(trans);    // 更新運行總和
        else {
            print(output, total) << endl;    // 印出結果
            total = trans;           // 處理下一本書
        }
    }
    print(output, total) << endl;    // 印出上一筆交易記錄
} else                               // 沒有輸入
    cerr << "No data?!" << endl;
```

除了使用具名檔案,這段程式碼與 §7.1.1 的加總程式幾乎完全相同。重要的部分在於對 read 和 print 的呼叫。我們可以傳入我們的 fstream 物件給這些函式,即使它們的參數是分別定義為 istream& 和 ostream& 也沒關係。

open 和 close 成員

當我們定義一個空的檔案資料流物件，我們可以在之後呼叫 open 來將一個檔案關聯至該物件：

```
ifstream in(ifile);        // 建構一個 ifstream 並開啟給定的檔案
ofstream out;              // 沒有與任何檔案關聯的輸出檔案資料流
out.open(ifile + ".copy"); // 開啟所指定的檔案
```

如果對 open 的呼叫失敗，failbit 就會被設定（§8.1.2）。因為對 open 的呼叫可能會失敗，通常比較好的做法是驗證 open 是否成功：

```
if (out) // 檢查 open 是否成功
// open 成功了，所以我們可以使用這個檔案
```

這個條件類似於那些我們在 cin 上用過的那些。如果 open 失敗了，這個條件就會失敗，而我們就不會嘗試使用 out。

只要一個檔案資料流被開啟，它就會持續關聯至所指定的檔案。確實，在已經開啟的一個檔案資料流上呼叫 open 一定會失敗，並設定 failbit。後續對那個檔案資料流的使用都會失敗。要將一個檔案資料流關聯到一個不同的檔案，我們必須先關閉現有的檔案。一旦該檔案被關閉，我們就能開啟一個新的：

```
in.close();           // 關閉檔案
in.open(ifile + "2"); // 開啟另一個檔案
```

如果 open 成功，那麼 open 就會設定資料流的狀態，所以 good() 會是 true。

自動的建構與解構

請思考一個程式，其 main 函式接受一個檔案清單，列出它應該要處理的檔案（§6.2.5）。這種程式可能會有像下面這樣的一個迴圈：

```
// 對於傳入程式的每個檔案
for (auto p = argv + 1; p != argv + argc; ++p) {
    ifstream input(*p); // 創建 input 並開啟該檔案
    if (input) {        // 如果檔案沒有問題，就 "process"（處理）這個檔案
        process(input);
    } else
        cerr << "couldn't open: " + string(*p);
} // input 已跑出範疇，並會在每次迭代中被摧毀
```

每次迭代都會建構一個新的 ifstream 物件，名為 input，並開啟它來讀取所給的檔案。如同以往，我們會檢查 open 是否成功。若是，我們就將該檔案傳入一個會讀取並處理輸入的函式。若非，我們印出一個錯誤訊息，然後繼續進行。

因為 input 是定義在構成 for 主體的區塊內，它會在每次迭代（iteration，§5.4.1）時被創建和摧毀。當一個 fstream 物件跑出了範疇，它所繫結的檔案就會自動被關閉。在下一次迭代中，input 會重新創建。

當一個 fstream 物件被摧毀，close 會自動被呼叫。

習題章節 8.2.1

練習 8.4：撰寫一個函式來開啟一個檔案以進行輸入，並將它的內容讀到一個由 string 構成的 vector 中，讓每一行都儲存為這個 vector 中的一個個別元素。

練習 8.5：改寫前面的程式，將每個字詞都儲存成個別的元素。

練習 8.6：改寫 §7.1.1 的書店程式，從一個檔案讀取其交易記錄。將檔案的名稱作為一個引數傳入給 main（§6.2.5）。

8.2.2 檔案模式

每個資料流都有一個關聯的**檔案模式（file mode）**用以代表檔案可以如何被使用。表 8.4 列出了這些檔案模式以及它們的意義。

表 8.4：檔案模式
in   開啟來輸入（input）
out   開啟來輸出（output）
app   每次寫入前都移到尾端
ate   開啟後就即刻移到尾端
trunc   截斷（truncate）檔案
binary   以二進位模式（binary mode）進行作業

我們會在開啟檔案時提供一個檔案模式，要不是在我們呼叫 open 的時候，就是在我們以一個檔案名稱初始化一個資料流而間接開啟檔案之時。

我們可以指定的模式有下列限制：

- out 只能為 ofstream 或 fstream 物件而設定。
- in 只能為 ifstream 或 fstream 物件設定。
- trunc 只能在 out 也有指定時設定
- 只要沒有指定 trunc 就可以指定 app。如果 app 有指定，檔案永遠都會被開啟在輸出模式，即使 out 沒有明確指定也是一樣。
- 預設情況下，開啟在 out 模式的檔案都會被截斷（truncated），即使我們沒有指定 trunc 也是一樣。要保留以 out 開啟的檔案之內容，就指定 app，在這種情況下，我們只能寫入到檔案的尾端，或者我們也必須指定 in，這樣檔案就是開啟來讀寫的（§17.5.3 會涵蓋如何使用同一個檔案來輸入和輸出）。
- ate 與 binary 模式可以在任何的檔案資料流物件型別上指定，並可與任何其他的檔案模式搭配。

每個檔案資料流型別都定義了一種預設的檔案模式，這會在我們沒有指定模式的時候使用。與一個 ifstream 關聯的檔案會開啟於 in 模式；與一個 ofstream 關聯的檔案會開啟在 out 模式；而與一個 fstream 關聯的檔案則是同時開啟在 in 和 out 模式。

將檔案開啟在 out 模式會捨棄既有的資料

預設情況下，當我們開啟一個 ofstream，檔案的內容就會被捨棄。避免一個 ostream 清空給定檔案的唯一方式是指定 app：

```
// file1 在下列這些情況下都會被截斷
ofstream out("file1"); // out 和 trunc 是隱含的
ofstream out2("file1", ofstream::out); // trunc 是隱含的
ofstream out3("file1", ofstream::out | ofstream::trunc);
// 要保留檔案的內容，我們必須明確指定 app 模式
ofstream app("file2", ofstream::app); // out 是隱含的
ofstream app2("file2", ofstream::out | ofstream::app);
```

要保留由一個 ofstream 所開啟的檔案現有的資料，唯一的辦法就是明確指定 app 或 in 模式。

檔案模式會在每次 open 被呼叫時決定

一個給定的資料流的檔案模式可以在每次開啟檔案時變更。

```
ofstream out; // 沒有設定檔案模式
out.open("scratchpad"); // 模式隱含為 out 和 trunc
out.close(); // 關閉 out，如此我們才能將之用於不同檔案
out.open("precious", ofstream::app); // 模式是 out 和 app
out.close();
```

對 open 的第一個呼叫並沒有明確指定輸出模式，這個檔案是隱含地開啟於 out 模式。一如以往，out 隱含 trunc。因此，目前目錄底下名為 scratchpad 的檔案將會被截斷。我們開啟名為 precious 的檔案時，會要求附加（append）模式。該檔案中的任何資料都會留存，而所有的寫入都會在檔案的尾端進行。

只要 open 被呼叫，檔案模式就會設定，不管是明確或隱含進行。若沒有指定模式，就會使用預設值。

習題章節 8.2.2

練習 8.7： 修改前一節的書店程式，將其輸出寫到一個檔案。將該檔案的名稱作為 main 的第二個引數傳入。

練習 8.8： 修改上一個練習的程式，將其輸出附加到給定的檔案。在同一個輸出檔上執行這個程式至少兩次，以確保資料有被保留。

8.3 **string** 資料流

sstream 標頭定義了三個型別來支援記憶體內的 IO（in-memory IO），這些型別會讀取或寫入一個 string，好像那個 string 是一個 IO 資料流一樣。

istringstream 型 別 讀 取 一 個 string；**ostringstream** 寫 入 一 個 string， 而 **stringstream** 則讀寫 string。 就像 fstream 型別， 定義在 sstream 中的型別繼承自 iostream 標頭中我們用過的那些型別。除了它們所繼承的運算，定義在 sstream 中的型別也新增了成員來管理與資料流關聯的 string。這些運算列於表 8.5。它們可以在 stringstream 物件上呼叫，但不能在其他 IO 型別上呼叫。

請注意，雖然 fstream 和 sstream 共用 iostream 的介面，它們並沒有其他的交互關係。特別是，我們不能在一個 stringstream 上使用 open 或 close，也不能把 str 用在一個 fstream 上。

表 8.5：**stringstream** 限定的運算	
sstream strm;	strm 是一個未繫結的 stringstream。*sstream* 是定義在 sstream 標頭中的型別之一。
sstream strm(s);	strm 是一個 *sstream*，它存有 string s 的一個拷貝。這個建構器是 explicit 的（§7.5.4）。
strm.str()	回傳 strm 所持有的 string 的一個拷貝。
strm.str(s)	將 string s 拷貝到 strm。回傳 void。

8.3.1 使用一個 **istringstream**

我們經常會在要對一整行做些處理，還要對一行中的個別字詞做其他處理的時候使用一個 istringstream。

舉個例子，假設我們有一個檔案，其中列出了一些人和他們相關的電話號碼。某些人只有一個號碼，但其他的有好幾個，例如一個家裡電話、辦公室電話、手機號碼等等。我們的輸入檔案看起來可能會像這樣：

```
morgan 2015552368 8625550123
drew 9735550130
lee 6095550132 2015550175 8005550000
```

這個檔案中的每筆記錄都以一個名字開頭，後面接著一或更多個電話號碼。我們會先定義一個簡單的類別來表示我們的輸入資料：

```
// 成員預設是 public 的，請參閱 §7.2
struct PersonInfo {
    string name;
    vector<string> phones;
};
```

型別 PersonInfo 的物件會有一個成員表示那個人的名字，還有一個 vector 存放數目不定的相關電話號碼。

我們的程式會讀取資料檔案，並建置出由 PersonInfo 所構成的一個 vector。這個 vector 中的每個元素都對應到檔案中的一筆記錄。我們會在一個迴圈中處理輸入，讀取每個人的記錄，然後擷取出名字和電話號碼：

```
string line, word; // 分別存放來自輸入的一個文字行和字詞
vector<PersonInfo> people; // 將會存有來自輸入的所有記錄
// 一次讀取一行輸入，直到 cin 碰到檔案結尾（或其他錯誤）為止
while (getline(cin, line)) {
    PersonInfo info; // 創建一個物件來存放這筆記錄的資料
    istringstream record(line); // 將 record 繫結到我們剛讀到的 line
    record >> info.name; // 讀取名字
    while (record >> word) // 讀取電話號碼
        info.phones.push_back(word); // 並儲存它們
    people.push_back(info); // 將這筆記錄附加到 people
}
```

這裡我們用 getline 從標準輸入讀取一整筆記錄。如果對 getline 的呼叫成功，那麼 line 就會存有來自輸入檔案的一筆記錄。在 while 內，我們定義了一個區域性的 PersonInfo 物件來存放目前記錄的資料。

接著我們將一個 istringstream 繫結至我們剛讀到的文字行。我們現在可以在那個 istringstream 上使用輸入運算子來讀取目前記錄中的每個元素。我們先讀取名稱，後面接著一個 while 迴圈來讀取那個人的電話號碼。

內層的 while 會在我們讀完 line 中的所有資料時結束。這個迴圈的運作方式類似我們寫來讀取 cin 的那些。差別在於，這個迴圈是從一個 string 讀取資料，而非從標準輸入。當 string 完全被讀取，就會發出「end-of-file」的訊號，然後在 record 上的下一次輸入作業就會失敗。

我們結束外層 while 迴圈的方式是將剛處理完的 PersonInfo 附加到 vector 中。外層的 while 會持續執行，直到我們在 cin 上碰到檔案結尾為止。

習題章節 8.3.1

練習 8.9：使用你為 §8.1.2 第一個練習所寫的函式來印出一個 istringstream 物件的內容。

練習 8.10：寫一個程式來將一個檔案的每一行儲存到一個 vector<string> 中。現在使用一個 istringstream 來讀取這個 vector 的每個元素，一次讀取一個字詞。

練習 8.11：這一節中的程式在外層的 while 迴圈內定義它的 istringstream 物件。如果 record 是定義在那個迴圈外，你得做出什麼變更才行？改寫那個程式，將 record 的定義移到那個 while 之外，再看看你是否想出了所有必要的變更。

練習 8.12：為什麼我們沒在 PersonInfo 中使用類別內初始器？

8.3.2 使用 `ostringstream`

當我們需要一點一滴建置出我們的輸出，但想要在之後再印出這些輸出，那 ostringstream 就很實用。舉例來說，我們可能想要驗證和重新格式化我們在前一個範例中讀到的電話號碼。如果所有的號碼都是有效的，我們希望印出一個全新的檔案，含有重新格式化過後的號碼。如果一個人有任何的無效號碼，我們就不會將它們放到新的檔案中。取而代之，我們會寫出一個錯誤訊息，其中含有那個人的名字，並列出他們的無效號碼。

因為我們不想要放入有無效號碼的人的任何資料，所以在我們見過並驗證了他們的所有號碼之前，我們都沒辦法產生輸出。然而，我們可以將這個輸出「寫到」記憶體中的一個 ostringstream：

```
for (const auto &entry : people) {          // 對於 people 中的每個項目
    ostringstream formatted, badNums;       // 每次迴圈建立的物件
    for (const auto &nums : entry.phones) { // 對於每個號碼
        if (!valid(nums)) {
            badNums << " " << nums;          // badNums 中的 string
        } else
                                            // 「寫到」格式化過的 string
            formatted << " " << format(nums);
    }
    if (badNums.str().empty())              // 沒有無效號碼
        os << entry.name << " "             // 印出名字
           << formatted.str() << endl;      // 並重新格式化號碼
    else                                    // 否則，印出名字和無效的號碼
        cerr << "input error: " << entry.name
             << " invalid number(s) " << badNums.str() << endl;
}
```

在這個程式中，我們假設了兩個函式 valid 和 format，分別用來驗證和重新格式化電話號碼。這個程式最有趣的部分是字串資料流 formatted 和 badNums 的使用。我們使用一般的輸出運算子（<<）來寫入這些物件。但這些「寫入」實際上是 string 的字串操作。它們新增字元到 formatted 和 badNums 內的 string。

習題章節 8.3.2

練習 8.13：改寫這一節的電話號碼程式，從一個具名檔案讀取資料，而非從 cin。

練習 8.14：為什麼我們將 entry 和 nums 宣告為 const auto & ？

本章總結

C++ 使用程式庫類別來處理資料流導向的輸入與輸出：

- `iostream` 類別處理對主控台的 IO
- `fstream` 類別處理對具名檔案的 IO
- `stringstream` 類別進行對記憶體內 `string` 的 IO

`fstream` 與 `stringstream` 跟 `iostream` 類別之間有繼承關係。輸入類別繼承自 `istream` 而輸出類別繼承自 `ostream`。因此，可以在 `istream` 物件上進行的運算也可以在一個 `ifstream` 或 `istringstream` 上進行。對輸出類別來說也是如此，它們繼承自 `ostream`。

每個 IO 物件都維護了一組條件狀態，用以表示是否能夠透過該物件進行 IO。如果遭遇錯誤，例如在輸入資料流上碰到檔案結尾，那麼物件就會進入排除障礙前無法繼續輸入的狀態。程式庫提供了一組函式來設定和測試這些狀態。

定義的詞彙

condition state（條件狀態） 任何資料流類別都能使用的旗標和關聯函式，指出給定的資料流是否可用。

file mode（檔案模式） `fstream` 類別定義的旗標，可以在開啟檔案的時候指定，控制檔案被使用的方式。

file stream（檔案資料流） 讀取或寫入一個具名檔案的資料流物件。除了一般的 `iostream` 運算，檔案資料流也定義了 `open` 和 `close` 成員。`open` 成員接受一個 `string` 或一個 C-style 的字元字串，用以指名要開啟的檔案，以及一個選擇性的開啟模式引數。`close` 成員關閉資料流所繫結的檔案，`open` 另一個檔案之前必須先呼叫它。

fstream 讀寫同一個檔案的檔案資料流。預設情況下，`fstream` 是以 `in` 和 `out` 模式開啟的。

ifstream 讀取一個輸入檔的檔案資料流。預設情況下，`ifstream` 是以 `in` 模式開啟。

inheritance（繼承） 讓一個型別繼承另一個型別之介面的程式設計功能。`ifstream` 與 `istringstream` 類別繼承自 `istream` 和 `ofstream`，而 `ostringstream` 類別則繼承自 `ostream`。第 15 章涵蓋繼承。

istringstream 讀取一個給定 `string` 的字串資料流。

ofstream 寫入一個輸出檔案的檔案資料流。預設情況下，`ofstream` 是以 `out` 模式開啟。

ostringstream 寫入一個給定 `string` 的字串資料流。

string stream（字串資料流） 讀取或寫入一個 `string` 的資料流物件。除了一般的 `iostream` 運算，字串資料流還定義了一個重載的成員，叫做 `str`。不帶引數呼叫 `str` 會回傳該字串資料流所繫結的 `string`。以一個 `string` 呼叫它會將字串資料流繫結到那個 `string` 的一個拷貝。

stringstream 讀取和寫入一個給定 `string` 的字串資料流。

循序容器

Sequential Containers

本章目錄

這一章擴展第 3 章的內容，完成我們對於標準程式庫循序容器（sequential containers）的討論。一個循序容器中元素的順序對應元素被加到該容器的位置。程式庫也定義了數個關聯式容器（associative containers），這種容器存放的元素之位置取決於與每個元素關聯的一個鍵值（key）。我們會在第 11 章涵蓋關聯式容器專屬的運算。

這些容器類別共用一個共通的介面，而每個容器會以自己的方式擴充這個介面。這個共通的介面讓程式庫更容易學習，我們在一種容器上學到的很容易就能運用到其他種容器。每種容器都有自己不同的效能和功能性取捨。

一個容器（*container*）存放具有指定型別的一組物件。**循序容器（sequential containers）**
讓程式設計師控制元素儲存和取用的順序。這個順序不取決於元素的值。取而代之，這個順
序對應到元素被放到容器中的位置。相較之下，有序和無序的關聯式容器（會在第 11 章中涵
蓋）會依據一個鍵值（key）的值來儲存它們的元素。

程式庫也提供了三種容器轉接器（container adaptors），每個都會藉由定義容器運算的不同
介面來轉接一個容器型別。我們會在本章結尾涵蓋轉接器。

這一章以 §3.2、§3.3 與 §3.4 所涵蓋的素材為基礎。我們假設讀者已經熟悉在那裡
介紹的主題。

9.1 循序容器總覽

循序容器，列於表 9.1 中，全都提供對其元素的循序快速存取。然而，這些容器基於下列考量
各自有不同的效能取捨：

- 新增或刪除容器元素的成本
- 對容器元素進行非循序存取的成本

表 9.1：循序的容器型別

vector	大小有彈性的陣列：支援快速的隨機存取。插入或刪除不在後端的元素可能會比較慢。
deque	有兩端開口的佇列（queue）。支援快速的隨機存取。在前端或後端的插入或刪除也快速。
list	雙向連結串列（doubly linked list）。僅支援雙向的循序存取。在 list 中任一點的插入或刪除都很快速。
forward_list	單向連結串列（singly linked list）。僅支援單向的循序存取。在串列中任一點的插入與刪除都很快速。
array	大小固定的陣列。支援快速的隨機存取。無法新增或刪除元素。
string	一種特化的容器，類似 vector，包含字元。快速的隨機存取。在後端的插入與刪除都很快速。

除了 array 這個例外（它是種固定大小的容器），容器都提供了有效率且彈性的記憶體管理。
我們可以新增或移除元素，增長或縮減容器的大小。容器用來儲存它們元素的策略對於這些
運算的效率有一定的影響，有時影響還很大。在某些情況中，這些策略也影響到一個特定的
容器是否能夠提供特定的運算。

舉例來說，string 和 vector 將它們的元素保存在連續的記憶體中。因為元素是連續的，可
以很快從其索引（index）計算出一個元素的位址。

然而，在這些容器之一的中間新增或刪除元素很花時間：在移除或插入處之後的所有元素都必須移動以保持連續性。此外，新增元素有的時候可能需要配置額外的儲存空間。在那種情形中，所有的元素都必須被移至新的儲存區。

list 和 forward_list 是設計來讓我們可以在容器中的任何位置快速新增或移除元素。代價就是，這些型別不支援對元素的隨機存取：我們只能藉由迭代整個容器逐個存取元素。此外，這些容器的記憶體額外負擔與 vector、deque 與 array 相較之下，通常都很大。

deque 是較為複雜的資料結構。就像 string 與 vector，deque 也支援快速的隨機存取。而跟 string 和 vector 一樣，在一個 deque 的中間新增或移除元素（很有可能）是昂貴的作業。然而，在 deque 任一端新增或移除元素會是快速的作業，可與新增元素到 list 或 forward_list 相比。

forward_list 與 array 型別是新標準所加入的。array 是內建陣列比較安全，也更容易使用的替代品。就像內建陣列，程式庫的 array 有固定的大小。結果就是，array 不支援新增或移除元素，或調整容器大小的運算。forward_list 的設計目標是希望比得上最佳的手寫的單向鏈結串列。因此，forward_list 並沒有 size 運算，因為相較於手寫的串列，儲存或計算大小會帶來不少額外負擔。對其他的容器而言，size 保證會是快速、常數時間的運算。

因為我們會在 §13.6 中解釋的理由，新的程式庫容器比之前發行的版本要快上很多。程式庫容器幾乎總是能表現得跟最精雕細琢的其他替代選擇一樣好（而且通常會更好）。現代的 C++ 程式應該使用程式庫的容器，而非像陣列那樣較為原始的結構。

判斷要使用哪個循序容器

一般來說，最好是使用 vector，除非有優先選用其他容器的好理由。

挑選要用的容器時，可以遵循幾個經驗法則：

- 除非你有使用另一種容器的理由，不然都使用 vector。
- 如果你的程式有很多小型元素，而空間的額外負擔有關係，那就別用 list 或 forward_list。
- 如果程式需要對元素的隨機存取，就用 vector 或 deque。
- 如果程式需要在容器中間插入或刪除元素，就用 list 或 forward_list。
- 如果程式需要在前端或尾端而非中間插入或刪除元素，就用 deque。

- 如果程式只需要在讀取輸入的同時在容器的中間插入元素,而後續需要對元素的隨機存取:

  - 首先,判斷你是否真的需要在容器中間新增元素。通常比較容易的是附加(append)到一個 vector,然後呼叫程式庫的 sort 函式(我們會在 §10.2.3 中涵蓋)在輸入完成後,重新排序容器。

  - 如果你必須插入到中間,那就考慮在輸入階段使用一個 list。一旦輸入完成,就將那個 list 拷貝到一個 vector 中。

如果程式需要隨機存取,而且需要在容器中間插入或刪除元素呢?這個判斷取決於存取 list 或 forward_list 中元素和在一個 vector 或 deque 中新增或插入元素比較起來的相對成本。一般來說,應用程式的主要作業(存取動作比較多或插入刪除動作比較多)會決定容器型別的選擇。在這種情況中,對使用這兩種容器的應用程式做效能測試大概會是必要的。

Best Practices 如果你不確定要用哪個容器,就將你的程式碼寫成僅使用 vector 和 list 所共通的運算:使用迭代器(iterators),而非下標(subscripts),並且避免對元素的隨機存取。如此一來,必要時要改用 vector 或 list 都會比較容易。

習題章節 9.1

練習 9.1:對於下列的程式任務,何者是最適當的?一個 vector ?一個 deque 或 一個 list ?解釋你的選擇背後的原因。如果沒理由偏好任一種容器,也請解釋為什麼。

(a) 讀取固定數目的字詞,在它們被輸入的過程中,以字母順序將它們插入到容器中。我們將在下一章看到,對於這種問題,關聯式容器會是較佳的解法。
(b) 讀取未知數目的字詞。永遠都將新的字詞插入到尾端。從前端移除下一個值。
(c) 從一個檔案讀取未知數目個整數。排序這些數字,然後將它們印到標準輸出。

 ## 9.2 容器程式庫概觀

在容器型別上進行的運算可以構成一種階層架構體系:

- 某些運算(表 9.2)所有的容器型別都有提供。
- 其他的運算專屬於循序容器(表 9.3)、關聯式容器(表 11.7),或無序容器(表 11.8)。
- 還有一些運算只有這些容器中的一個小子集能夠使用。

在本節中，我們會涵蓋所有的這些容器所共通的面向。接著本章剩餘部分會專注於循序容器，而我們會在第 11 章中涵蓋專屬於關聯式容器的運算。

一般來說，每個容器都是定義在與該型別同名的一個標頭檔案中。也就是說，deque 是在 deque 標頭中，list 在 list 標頭中，依此類推。這些容器是類別模板（**class templates**，§3.3）。就跟 vector 一樣，我們必須提供額外的資訊來產生一個特定的容器型別。對大部分（但非全部）的容器來說，我們必須提供的資訊都是元素型別：

```
list<Sales_data>        // 存放 Sales_data 物件的 list
deque<double>           // 存放 double 的 deque
```

容器能存放的型別之限制

幾乎所有的型別都能用作循序容器的元素型別。特別是，我們能夠定義出一個容器，其中的元素型別本身是另一種容器。我們定義這種容器的方式與其他任何的容器型別都一樣：我們在角括號（**angle brackets**）中指定元素型別（在此例中是一種容器型別）：

```
vector<vector<string>> lines; // vector 所組成的 vector
```

這裡，lines 是一個 vector，其元素則是由 string 所組成的 vector。

> **Note** 較舊的編譯器可能會要求角括號之間的一個空格，例如
> vector<vector<string> >。

雖然幾乎任何的型別都能儲存在一個容器中，某些容器的運算會在元素型別上設下它們自己的限制。我們可以為不符合某個運算限定需求的一個型別定義容器，但我們只能在符合運算需求的元素型別上進行運算。

舉個例子，接受一個大小（size）引數的循序容器建構器（§3.3.1）會使用元素型別的預設建構器。某些類別沒有預設建構器。我們可以定義出存放這種型別之物件的一個容器，但無法只使用一個元素數來建構這種容器：

```
// 假設 noDefault 是沒有預設建構器的一個型別
vector<noDefault> v1(10, init); // ok：提供了元素初始器
vector<noDefault> v2(10);       // 錯誤：必須提供一個元素初始器
```

隨著我們描述容器的運算，我們會注意到每個容器運算在元素型別上所施加的其他限制。

習題章節 9.2

練習 9.2：定義一個 list，讓其中的元素是存放 int 的 deque。

表 9.2：容器運算

型別別名

iterator	此容器型別的迭代器（iterator）之型別
const_iterator	可以讀取但不能更改其元素的迭代器型別
size_type	大到足以容納此容器型別之容器最大可能大小的無號整數型別
difference_type	大到足以容納兩個迭代器之間差距的有號整數型別
value_type	元素型別
reference	元素的 lvalue 型別；value_type& 的同義詞
const_reference	元素的 const lvalue 型別（即 const value_type&）

建構

C c;	預設建構器，空的容器（array，參閱 §9.2.4）
C c1(c2);	將 c1 建構為 c2 的一個拷貝
C c(b, e);	Copy elements 從迭代器 b 和 e 所表示的範圍拷貝元素（**對 array 來說無效**）
C c{a,b,c...};	串列初始化 c

指定和對調

c1 = c2	將 c1 中的那些元素換成 c2 中那些
c1 = {a,b,c...}	將 c1 中的那些元素換成串列中的那些（**對 array 來說無效**）
a.swap(b)	將 a 中的元素與 b 中的那些對調
swap(a, b)	等同於 a.swap(b)

大小

c.size()	c 中的元素數（**對 forward_list 來說無效**）
c.max_size()	c 能夠存放的最大元素數
c.empty()	如果 c 有任何元素，就為 false，否則就為 true

新增或移除元素（對 array 來說無效）

注意：這些運算的介面會隨著容器型別而變

c.insert(*args*)	將 *args* 所指定的元素拷貝到 c
c.emplace(*inits*)	使用 *inits* 在 c 中建構一個元素
c.erase(*args*)	移除 *args* 所指定的元素
c.clear()	從 c 移除所有元素，回傳 void

相等性和關係運算子

==、!=	相等性，對所有的容器型別都有效
<、<=、>、>=	關係運算（**對無序的關聯式容器無效**）

獲取迭代器

c.begin()、c.end()	回傳指向 c 中第一個元素的迭代器，以及指向超出最後一個元素一個位置處的迭代器
c.cbegin()、c.cend()	回傳 const_iterator

可反向的容器額外的成員（對 forward_list 無效）

reverse_iterator	以相反順序定址元素的迭代器
const_reverse_iterator	無法寫入元素的反向迭代器
c.rbegin()、c.rend()	回傳迭代器指向 c 中最後一個元素，以及超過第一個元素一個位置處的迭代器
c.crbegin()、c.crend()	回傳 const_reverse_iterator

9.2.1 迭代器

就跟容器一樣,迭代器(iterators)也有共通的介面:如果一個迭代器提供了一種運算,那麼該運算受支援的方式對每個提供該運算的迭代器來說都相同。舉例來說,在標準容器型別上的所有迭代器都能讓我們存取容器的元素,而它們都是提供差距運算子(dereference operator)來這麼做。同樣地,程式庫容器的迭代器全都定義了遞增運算子(increment operator)來從一個元素移到下一個。

除了一個例外,容器迭代器支援列於表 3.6 中的所有運算。其中的例外是 forward_list 迭代器不支援遞減(--)運算子。列於表 3.7 中的迭代器算術運算僅適用於 string、vector、deque 與 array 的迭代器。我們無法把這些運算用在其他任何容器型別的迭代器上。

迭代器範圍

迭代器範圍的概念對標準程式庫來說是不可或缺的。

一個**迭代器範圍(iterator range)**由一對迭代器組成,其中每個迭代器都指向同一個容器中的一個元素,或超出最後一個元素一個位置處(*one past the last element*)。這兩個迭代器,通常被稱作 begin 和 end,或(有些誤導之虞)稱作 first 和 last,標示了容器一個範圍中的元素。

last 這個名稱,雖然經常被使用,其實是有點誤導的,因為那第二個迭代器永遠都不會指向範圍中的最後一個元素。取而代之,它指向超出最後一個元素一個位置的那個點(a point one past the last element)。範圍中的元素包括由 first 所表示的元素,以及從 first 開始一直到 last 的每個元素,但並不包括 last。

這種元素範圍被稱作**左包含區間(left-inclusive interval)**。這種範圍的標準數學記號是

    [begin, end)

這代表範圍從 begin 開始,結束於但不包括 end。迭代器 begin 和 end 必須指涉同一個容器。迭代器 end 可以等於 begin 但絕對不能指向 begin 所代表的元素之前的元素。

構成一個迭代器範圍的迭代器之需求

如果符合下列條件,兩個迭代器 begin 和 end 就構成了一個迭代器範圍

- 它們指向同一個容器的元素,或超出尾端一個位置處,而且
- 你能夠藉由重複遞增 begin 來抵達 end。換句話說,end 必定不能在 begin 之前。

編譯器無法強制施加這些需求。要由我們來確保我們的程式依循這些慣例。

使用左包含範圍對程式設計的影響

程式庫使用左包含範圍是因為這種範圍有三個便利的特性。假設 begin 和 end 代表一個有效的迭代器範圍，那麼

- 若 begin 等於 end，那範圍就是空的
- 如果 begin 不等於 end，那麼範圍中至少會有一個元素，而 begin 指向該範圍中的第一個元素
- 我們可以遞增 begin 數次，直到 begin == end

這些特性表示我們可以安全地寫出像下面這樣的迴圈來處理一個範圍的元素：

```
while (begin != end) {
    *begin = val;          // ok：範圍不為空，所以 begin 代表第一個元素
    ++begin;               // 推進迭代器以取得下一個元素
}
```

如果 begin 與 end 構成一個有效的迭代器範圍，我們知道若 begin == end，那麼範圍就是空的。在這種情況下，我們會退出迴圈。如果範圍非空，我們知道 begin 指向這個非空範圍中的一個元素。因此，在 while 的主體內，我們知道解參考 begin 是安全的，因為 begin 必定有指向一個元素。最後，因為迴圈主體有遞增 begin，我們也知道迴圈終究會完結。

習題章節 9.2.1

練習 9.3：構成迭代器範圍的迭代器有什麼條件要求？

練習 9.4：寫一個函式接受指涉一個 vector<int> 的一對迭代器，以及一個 int 值。在該範圍中尋找那個值，並回傳一個 bool 指出是否有找到。

練習 9.5：改寫前面的程式來回傳一個迭代器指向所要求的元素。注意到這個程式必須處理沒有找到那個元素的情況。

練習 9.6：下列程式有什麼錯？你會如何更正之？

```
list<int> lst1;
list<int>::iterator iter1 = lst1.begin(),
                    iter2 = lst1.end();
while (iter1 < iter2) /* ... */
```

9.2.2 容器型別成員

每個容器都定義了數個型別，如表 9.2 中所示。我們已經用過了這種容器定義型別中的三個：size_type（§3.2.2）、iterator 與 const_iterator（§3.4.1）。

除了我們已經用過的迭代器型別，大多數的容器都提供了反向迭代器。簡而言之，一個反向迭代器是往回走過一個容器的迭代器，反轉迭代器運算的意義。舉例來說，在一個反向迭代器上的 ++ 會產出前一個元素。我們會在 §10.4.3 中對反向迭代器做更多說明。

剩餘的型別別名讓我們使用儲存在一個容器中的元素之型別，而不用知道那個型別為何。如果我們需要元素型別，我們會參照容器的 value_type。如果我們需要對那個型別的一個參考，我們會使用 reference 或 const_reference。這些元素相關的型別別名在泛型程式中最有用，這我們會在第 16 章中涵蓋。

要使用這些型別之一，我們必須指名它們是其成員的那個類別：

```
// iter 是 list<string> 所定義的 iterator 型別
list<string>::iterator iter;
// count 是 vector<int> 所定義的 difference_type 型別
vector<int>::difference_type count;
```

這些宣告使用範疇運算子（§1.2）來說我們想要 list<string> 類別的 iterator 成員，以及 vector<int> 所定義的 difference_type。

> **習題章節 9.2.2**
>
> **練習 9.7**：什麼型別應該被用作 int 組成的一個 vector 的索引？
>
> **練習 9.8**：什麼型別應該用來讀取 string 組成的一個 list 的元素？那寫入呢？

9.2.3 begin 與 end 成員

begin 和 end 運算（§3.4.1）會產出指涉容器中第一個元素和超出最後一個元素一個位置處的迭代器。這些迭代器最常被用來構成一個迭代器範圍，包含了容器中的所有元素。

如表 9.2 中所示，有幾個版本的 begin 和 end 存在：帶有一個 r 的版本會回傳反向迭代器（涵蓋於 §10.4.3）。以 c 開頭的那些則會回傳 const 版本的相關迭代器：

```
list<string> a = {"Milton", "Shakespeare", "Austen"};
auto it1 = a.begin();   // list<string>::iterator
auto it2 = a.rbegin();  // list<string>::reverse_iterator
auto it3 = a.cbegin();  // list<string>::const_iterator
auto it4 = a.crbegin(); // list<string>::const_reverse_iterator
```

沒有以 c 開頭的那些函式是重載的。也就是說，其實有兩個名為 begin 的成員。一個是 const 成員（§7.1.2），它會回傳容器的 const_iterator 型別。另一個是非 const 的，並回傳容器的 iterator 型別。對 rbegin、end 與 rend 來說也類似。當我們在一個非 const 物件上呼叫這些成員的其中一個，我們會得到回傳 iterator 的版本。只有在一個 const 物件上呼叫這些函式時，我們才會得到 const 版本的迭代器。就跟對 const 的指標和參考，我們可以把一個普通的 iterator 轉為對應的 const_iterator，但反過來不行。

c 的版本是由新標準所引進，用來支援與 begin 和 end 並用的 auto（§2.5.2）。在過去，我們沒有選擇，只能說我們想要哪個型別的迭代器：

```
// 型別是明確指定的
list<string>::iterator it5 = a.begin();
list<string>::const_iterator it6 = a.begin();
// iterator 或 const_iterator，取決於 a 的型別
auto it7 = a.begin();  // 只有在 a 是 const 的時候為 const_iterator
auto it8 = a.cbegin(); // it8 是 const_iterator
```

當我們把 auto 與 begin 或 end 一起使用，我們得到的迭代器型別會取決於容器型別。我們想要如何使用迭代器則無關緊要。c 版本讓我們取得一個 const_iterator，不管容器的型別為何。

> **Best Practices**　若不需要寫入權限，就用 cbegin 和 cend。

習題章節 9.2.3

練習 9.9：begin 和 cbegin 函式之間的差異為何？

練習 9.10：下列四個物件的型別為何？

```
vector<int> v1;
const vector<int> v2;
auto it1 = v1.begin(), it2 = v2.begin();
auto it3 = v1.cbegin(), it4 = v2.cbegin();
```

 ## 9.2.4 定義和初始化一個容器

每個容器型別都定義了一個預設建構器（§7.1.4）。除了 array 這個例外，預設建構器會創建所指定型別的一個空的容器。同樣除了 array 外，其他的建構器接受容器大小和元素的初始值作為引數。

將容器初始化為另一個容器的一個拷貝

要創建出一個新的容器作為另一個容器的一個拷貝，有兩種方式：我們可以直接拷貝該容器，或（array 除外）我們可以拷貝由一對迭代器所表示的一個範圍的元素。

要將一個容器創建為另一個容器的一個拷貝，容器和元素的型別必須匹配。當我們傳遞迭代器，沒有容器型別必須完全相同這種需求存在。此外，新容器與原本容器中元素的型別可以不同，只要我們正在拷貝的元素能夠轉換（§4.11）為我們正在初始化的容器之元素型別就行了：

表 9.3：定義和初始化容器	
`C c;`	預設建構器。如果 C 是 array，那麼 c 中的元素就是預設初始化的，否則 c 為空。
`C c1(c2)` `C c1 = c2`	c1 是 c2 的一個拷貝。c1 和 c2 必須有相同的型別（也就是說，它們必須有相同的容器型別，並存放相同的元素型別，對 array 來說還必須有相同的大小）。
`C c{a,b,c...}` `C c = {a,b,c...}`	c 是初始器串列中元素的一個拷貝。串列中的元素之型別必須與 C 的元素型別相容。對於 array，串列必須有相同數目的元素，或者元素數少於 array 的大小，缺少的任何元素都是值初始化的（§3.3.1）。
`C c(b, e)`	c 是由 b 和 e 所標示的範圍中之元素的一個拷貝。元素的型別必須與 C 的元素型別相容（**對 array 無效**）。
接受一個大小的建構器只對循序容器（不包括 array）有效	
`C seq(n)`	seq 有 n 個值初始化的元素，這個建構器是 explicit（§7.5.4）的。**對 string 無效**。
`C seq(n,t)`	seq 有帶有值 t 的 n 個元素。

```
// 每個容器都有三個元素，以給定的初始器來初始化
list<string> authors = {"Milton", "Shakespeare", "Austen"};
vector<const char*> articles = {"a", "an", "the"};
list<string> list2(authors);           // ok：型別相符
deque<string> authList(authors);       // 錯誤：容器型別不符
vector<string> words(articles);        // 錯誤：元素型別必須符合
// ok：將 const char* 元素轉換為 string
forward_list<string> words(articles.begin(), articles.end());
```

 當我們初始化一個容器作為另一個容器的一個拷貝，兩個容器的容器型別和元素型別都必須完全相同。

接受兩個迭代器的建構器用它們來表示我們想要拷貝的一個範圍的元素。如同以往，這些迭代器標示要被拷貝的第一個元素和超出最後一個元素一個位置處。新的容器之大小等於範圍中的元素數目。新的容器中的每個元素都由範圍中對應元素的值來初始化。

因為這些迭代器表示一個範圍，我們可以使用這個建構器來拷貝一個容器的子序列（subsequence）。舉例來說，假設 it 是一個迭代器，代表 authors 中的一個元素，我們可以寫

```
// 拷貝 it 所表示的元素之前的元素，但不包括 it
deque<string> authList(authors.begin(), it);
```

串列初始化

C++
11
在新標準之下，我們可以串列初始化（list initialize，§3.3.1）一個容器：

```
// 每個容器都有三個元素，從所給的初始器來初始化
list<string> authors = {"Milton", "Shakespeare", "Austen"};
vector<const char*> articles = {"a", "an", "the"};
```

當我們這麼做，我們就為容器中的每個元素明確指定了值。對於 array 以外的型別，這個初始器串列也隱含地指定了容器的大小：容器的元素會與初始器的元素一樣多。

循序容器與大小相關的建構器

除了循序容器和關聯式容器都有的建構器之外，我們也能以一個大小（size）和一個（選擇性的）元素初始器來初始化循序容器（array 除外）。如果我們沒有提供一個元素初始器，程式庫會為我們創建值初始化的元素（§3.3.1）：

```
vector<int> ivec(10, -1);     // 十個 int 元素，每個都初始化為 -1
list<string> svec(10, "hi!"); // 十個 string，每個元素都是 "hi!"
forward_list<int> ivec(10);   // 十個元素，每個都初始化為了 0
deque<string> svec(10);       // 十個元素，每個都是一個空的 string
```

如果元素型別是內建型別或具有預設建構器的類別型別（§9.2），那我們就能使用接受一個大小引數的建構器。如果元素型別沒有預設建構器，那麼除了大小外，我們還得指定一個明確的元素初始器。

接受一個大小的建構器只對循序容器有效，對關聯式容器而言它們並不受支援。

程式庫 **array** 有固定大小

就像內建陣列的大小是其型別的一部分那樣，程式庫 array 的大小也是其型別的一部分。當我們定義一個 array，除了指定元素的型別，我們也指定容器大小：

```
array<int, 42>      // 型別為：存放 42 個 int 的 array
array<string, 10>   // 型別為：存放 10 個 string 的 array
```

要使用一個 array 型別，元素型別和大小兩者都必須指定：

```
array<int, 10>::size_type i;   // array 型別包括元素型別和大小
array<int>::size_type j;       // 錯誤：array<int> 不是一個型別
```

因為大小是 array 型別的一部分，array 並沒有支援一般的容器建構器。那些建構器，不管是隱含或明確的，都會決定容器的大小。允許使用者傳入一個大小引數給一個 array 建構器，（最好的情況下）可以說是多餘的，而且容易出錯。

array 的固定大小本質也影響到 array 所定義的建構器之行為。不同於其他的容器，一個預設建構的 array 並不是空的：它有跟其大小一樣多的元素。這些元素是預設初始化的（§2.2.1），就跟內建陣列中的元素一樣（§3.5.1）。如果我們串列初始化 array，初始器的數目必須等於或小於 array 的大小。如果初始器的數目較少，那麼所提供的初始器就會被用在前面的元素，而剩餘的任何元素都會是值初始化的（§3.3.1）。在這兩種情況中，如果元素型別是類別型別，那麼該類別就必須有一個預設建構器，以進行值初始化：

```
array<int, 10> ia1; // 十個預設初始化的 int
array<int, 10> ia2 = {0,1,2,3,4,5,6,7,8,9}; // 串列初始化
array<int, 10> ia3 = {42}; // ia3[0] 是 42，剩餘的元素為 0
```

值得注意的是，雖然我們無法拷貝或指定內建陣列型別的物件（§3.5.1），array 就沒有這種限制：

```
int digs[10] = {0,1,2,3,4,5,6,7,8,9};
int cpy[10] = digs; // 錯誤：內建陣列無法拷貝或指定
array<int, 10> digits = {0,1,2,3,4,5,6,7,8,9};
array<int, 10> copy = digits; // ok：只要 array 的型別吻合就行
```

就跟任何的容器一樣，初始器的型別必須與我們正在創建的容器相同。對 array 來說，元素型別和大小必須相同，因為一個 array 的大小是其型別的一部分。

習題章節 9.2.4

練習 9.11： 為創建和初始化一個 vector 的六種方法都寫出一個例子。解釋每個 vector 會含有什麼值。

練習 9.12： 解釋接受一個要拷貝的容器的建構器和接受兩個迭代器的建構器之間的差異。

練習 9.13： 你會如何以一個 list<int> 初始化一個 vector<double> 呢？那以一個 vector<int> 初始化呢？撰寫程式碼來檢查你的答案。

9.2.5 指定和 swap

指定（assignment）相關的運算子，列於表 9.4 中，作用在整個容器上。指定運算子會將左邊容器中整個範圍的元素取代為右運算元的元素的拷貝：

```
c1 = c2;         // 以 c2 中元素的拷貝取代 c1 的內容
c1 = {a,b,c};    // 指定之後，c1 的大小為 3
```

第一個指定之後，左右邊的容器是相等的。如果容器的大小曾經不同，那麼在指定後，兩邊容器的大小都會變為右運算元的大小。在第二個指定之後，c1 的 size 會是 3，而那就是在大括號圍起的串列中所提供的值的數目。

不同於內建陣列，程式庫的 array 型別允許指定運算。左右邊的運算元必須有相同的型別：

```
array<int, 10> a1 = {0,1,2,3,4,5,6,7,8,9};
array<int, 10> a2 = {0}; // 元素都有值 0
a1 = a2;     // 取代 a1 中的元素
a2 = {0};    // 錯誤：無法將一個大括號圍起的串列指定給一個 array
```

因為右邊運算元的大小可能會與左運算元的大小不同，array 型別並不支援 assign，而且它不允許來自大括號串列值的指定。

表 9.4：容器的指定運算	
c1 = c2	將 c1 中的元素取代為 c2 中元素的拷貝。c1 和 c2 必須有相同型別。
c = {a,b,c...}	以初始器串列中元素的拷貝來取代 c1 中的元素。**（對 array 無效）**
swap(c1, c2) c1.swap(c2)	將 c1 中的元素與 c2 中的元素互換。c1 和 c2 必須是相同型別。 swap 通常會比從 c2 到 c1 拷貝元素還要快很多。
	assign 運算對關聯式容器或 array 來說無效
seq.assign(b,e)	將 seq 中的元素以迭代器 b 和 e 所代表的元素取代。迭代器 b 和 e 不可以指向 seq 中的元素。
seq.assign(il)	以初始器串列 il 中的元素取代 seq 中的元素。
seq.assign(n,t)	以值為 t 的 n 個元素取代 seq 中的元素。

WARNING

指定相關的運算會使指向左手邊容器的迭代器、參考，以及指標無效化。不過 string 在 swap 之後還是有效，而（除了 array 外），它們所指的容器會被對調。

使用 assign（僅限循序容器）

指定運算子（assignment operator）要求左運算元和右運算元要有相同的型別。它會將右運算元所有的元素拷貝到左運算元中。循序容器（array 除外）也定義了一個名為 assign 的成員，它能讓我們從一個不同但相容的型別進行指定，或以容器的一個子序列來指定。assign 運算會將左邊容器中的所有元素取代為它的引數所指定的元素（之拷貝）。舉例來說，我們可以使用 assign 來將一個 vector 的一個範圍的 char* 值指定給一個由 string 組成的 list：

```
list<string> names;
vector<const char*> oldstyle;
names = oldstyle; // 錯誤：容器型別不符合
// ok：可以從 const char* 轉為 string
names.assign(oldstyle.cbegin(), oldstyle.cend());
```

對 assign 的呼叫會將 names 中的元素取代為由那些迭代器所表示的元素之拷貝。assign 的引數決定了容器將會有多少元素，以及有什麼值。

 WARNING 因為既有的元素會被取代，傳入 assign 的迭代器必定不能指向 assign 在其上被呼叫的那個容器。

第二個版本的 assign 接受一個整數值，以及一個元素值。它會將容器中的元素取代為指定數目個元素，而每個元素都會有所指定的元素值：

```
// 等同於 slist1.clear();
// 後面接著 slist1.insert(slist1.begin(), 10, "Hiya!");
list<string> slist1(1);        // 一個元素，它會是空的 string
slist1.assign(10, "Hiya!");  // 十個元素，每個都是 Hiya!
```

使用 swap

swap 運算會將型別相同的兩個容器之內容對調。呼叫 swap 之後，兩個容器中的元素會互換：

```
vector<string> svec1(10); // 具有十個元素的 vector
vector<string> svec2(24); // 具有 24 個元素的 vector
swap(svec1, svec2);
```

swap 之後，svec1 含有 24 個 string 元素，而 svec2 含有十個。除了 array 這個例外，對調兩個容器的動作保證會很快速，元素本身不會對調，互換的是內部的資料結構。

 Note 除了 array，swap 不會拷貝、刪除，或插入任何元素，而且保證會以常數時間執行。

元素沒有移動這個事實意味著，除了 string 這個例外，容器的迭代器、參考和指標都不會被無效化。它們所指的元素會與對調（**swap**）之前相同。然而，在 swap 之後，那些元素會在不同的容器中。舉例來說，如果 iter 在 swap 之前代表位於 svec1[3] 的 string，那麼在 swap 之後，它會代表位於 svec2[3] 的元素。不同於其他容器，在一個 string 上呼叫 swap 會使迭代器、參考和指標無效化。

不同於 swap 在其他容器上的行為，對調兩個 array 會實際調換元素。結果就是，對調兩個 array 需要的時間與 array 中的元素數目成正比。

swap 之後，指標、參考和迭代器仍然繫結到它們在 swap 前所代表的相同元素。當然，那個元素所具有的值已經與其他 array 中對應元素的值對調了。

在新的程式庫中，容器提供了成員版和非成員版的兩種 swap。早期版本的程式庫只定義成員版的 swap。非成員的 swap 在泛型程式中最為重要。就習慣而言，最好是使用非成員版的 swap。

C++ 11

習題章節 9.2.5

練習 9.14：寫一個程式來將一個 list 中的元素指定給一個 vector，其中的 list 由 char*
指標組成，這些指標指向 C-style 的字元字串，而 vector 則是由 string 組成。

9.2.6 容器大小的運算

除了一個例外，容器型別有三個與大小有關的運算。size 成員（§3.2.2）回傳容器中的元素
數目；empty 會在 size 為零的時候回傳 true，否則回傳 false；而 max_size 會回傳一個
數字，這個數字大於或等於該型別的容器所能包含的元素數。為了我們會在下一節中解釋的
理由，forward_list 提供了 max_size 和 empty，但沒有提供 size。

9.2.7 關係運算子

每個容器型別都支援相等性運算子（== 和 !=）；除了無序的關聯式容器，所有的容器也支援
關係運算子（>、>=、<、<=）。左右邊的運算元必須是同一種容器，而且必須存放相同型別
的元素。也就是說，我們只能將一個 vector<int> 與另一個 vector<int> 做比較。我們無
法將一個 vector<int> 和一個 list<int> 或 vector<double> 做比較。

比較兩個容器時，兩邊的元素會逐對比較（pairwise comparison）。這些運算子的運作方式
與 string 關係比較（§3.2.2）類似：

- 如果兩個容器的大小相同，而所有的元素都相等，那麼兩個容器就是相等的；否則，它
  們不相等。

- 如果容器的大小不同，但較小那一個的每個元素等於較大那個的對應元素，那麼大小較
  小那個就小於另一個。

- 如果任一個容器都不是另一個的初始子序列（subsequence），那麼比較結果就取決於
  第一個不相等的元素之比較。

下列範例演示了這些運算子的運作方式：

```
vector<int> v1 = { 1, 3, 5, 7, 9, 12 };
vector<int> v2 = { 1, 3, 9 };
vector<int> v3 = { 1, 3, 5, 7 };
vector<int> v4 = { 1, 3, 5, 7, 9, 12 };
v1 < v2      // true：v1 與 v2 差在元素 [2]：v1[2] 小於 v2[2]
v1 < v3      // false：所有的元素都相等，但 v3 的元素數較少
v1 == v4     // true：每個元素相等，而且 v1 與 v4 有相同的 size()
v1 == v2     // false：v2 的元素數比 v1 少
```

關係運算子會使用它們元素的關係運算子

> 只有在其元素型別定義有適當的比較運算之時，我們才能使用關係運算子來比較兩個容器。

容器的相等性運算子會使用元素的 == 運算子，而關係運算子使用元素的 < 運算子。如果元素的型別不支援所需的運算子，那麼我們就不能在存放該型別的容器上使用對應的運算。舉例來說，我們在第 7 章中定義的 Sales_data 型別並沒有定義 == 或 < 運算。因此，我們無法比較存有 Sales_data 元素的兩個容器：

```
vector<Sales_data> storeA, storeB;
if (storeA < storeB) // 錯誤：Sales_data 沒有小於運算子
```

習題章節 9.2.7

練習 9.15： 寫一個程式來判斷兩個 vector<int> 是否相等。

練習 9.16： 重複之前的程式，但將一個 list<int> 中的元素與一個 vector<int> 做比較。

練習 9.17： 假設 c1 和 c2 是容器，下列用法在 c1 和 c2 的型別上設下了什麼限制（如果有的話）？

```
if (c1 < c2)
```

9.3 循序容器的運算

循序與關聯式容器之間的差異在於它們組織其元素的方式。這些差異影響元素如何被儲存、存取、新增和移除。前一節涵蓋了所有容器都共通的運算（列於表 9.2 中那些）。我們會在本章剩餘部分涵蓋循序容器專屬的運算。

9.3.1 新增元素至一個循序容器

除了 array。所有的程式庫容器都提供彈性的記憶體管理。我們可以動態地新增或移除元素，在執行時期變更容器的大小。表 9.5 列出了新增元素到一個（非 array）循序容器中的運算。

當我們使用這些運算，我們必須記得容器使用不同的策略來配置（**allocate**）元素，而這些策略會影響到效能。在一個 vector 或 string 尾端以外，或一個 deque 的開端和尾端以外的任何地方新增元素，都需要移動元素。

此外，新增元素到一個 vector 或 string 可能會使整個物件被重新配置。重新配置一個物件需要配置新的記憶體，並且將元素從舊的位置移到新位置。

使用 **push_back**

在 §3.3.2 中，我們看到 push_back 會將一個元素附加到一個 vector 的後端。除了 array 和 forward_list，每個循序容器（包括 string 型別）都支援 push_back。

舉個例子，下列的迴圈會一次讀取一個 string 到 word；

```
// 讀取自標準輸入，將每個字詞放到容器的尾端
string word;
while (cin >> word)
    container.push_back(word);
```

對 push_back 的呼叫會在 container 的末端創建一個新的元素，並將 container 的 size 遞增 1。那個元素的值是 word 的一個拷貝。container 的型別可以是 list、vector 或 deque 中任一個。

因為 string 只是字元的一個容器，我們可以使用 push_back 來新增字元到 string 的末端：

```
void pluralize(size_t cnt, string &word)
{
    if (cnt > 1)
        word.push_back('s'); // 等同於 word += 's'
}
```

關鍵概念：容器元素是拷貝

當我們使用一個物件來初始化一個容器，或將一個物件插入到一個容器中，被放入容器中的是該物件的值之拷貝，而非物件本身。就跟我們傳入一個物件給非參考參數時一樣（§6.2.1），容器中的元素和作為那個值的來源的物件之間並沒有關係。後續對容器中該元素的變更，對原本的物件並沒有影響，反之亦然。

使用 **push_front**

除了 push_back，list、forward_list 與 deque 容器還支援一個類似的運算，名叫 push_front。這個運算會插入一個新的元素在容器的前端：

```
list<int> ilist;
// 新增元素到 ilist 的開頭
for (size_t ix = 0; ix != 4; ++ix)
    ilist.push_front(ix);
```

這個迴圈新增了元素 0、1、2、3 到 ilist 的開頭。每個元素都被插入到該 list 的新的前端。也就是說，當我們插入 1，它會跑到 0 的前面，而 2 會在 1 的前面，依此類推。因此，在像這樣的迴圈中新增的元素會以相反順序出現。執行這個迴圈後，ilist 會放有序列 3,2,1,0。

請注意，像 vector 那樣提供元素的快速隨機存取的 deque 有提供 push_front，即使 vector 沒有提供。一個 deque 保證在容器前端或後端的元素插入與刪除動作會是常數時間。就跟 vector 一樣，在一個 deque 的前端或後端以外的地方插入元素很可能會是昂貴的運算。

表 9.5：新增元素到一個循序容器的運算
這些運算會改變容器的大小；**array 沒有支援它們。**
forward_list 有特殊版本的 insert 和 emplace，請參閱 §9.3.4。
push_back 和 emplace_back 對 forward_list 來說無效。
push_front 和 emplace_front 對 vector 或 string 來說無效。

c.push_back(t) c.emplace_back(*args*)	在 c 的後端（back）創建具有值 t 的元素或從 *args* 建構出來的元素。回傳 void。
c.push_front(t) c.emplace_front(*args*)	在 c 的前端（front）創建具有值 t 的元素或從 *args* 建構出來的元素。回傳 void。
c.insert(p,t) c.emplace(p, *args*)	在迭代器 p 所代表的元素前創建一個具有值 t 的元素或從 *args* 建構出來的元素。回傳一個迭代器指向被新增的那個元素。
c.insert(p,n,t)	在迭代器 p 所表示的元素前插入 n 個具有值 t 的元素。回傳一個迭代器指向所插入的第一個元素；如果 n 為零，就回傳 p。
c.insert(p,b,e)	在迭代器 p 代表的元素前插入迭代器 b 和 e 表示的範圍中的元素。b 和 e 不可以指向 c 中的元素。回傳一個迭代器指向所插入的第一個元素；如果範圍是空的，就回傳 p。
c.insert(p,il)	il 是由大括號圍起的元素值串列。在迭代器 p 所代表的元素前插入所給定的值。回傳一個迭代器指向第一個插入的元素；如果串列是空的，就回傳 p。

 新增元素到一個 vector、string 或 deque 可能會使容器所有既存的迭代器、參考和指標都無效化。

在容器中的指定位置新增元素

push_back 與 push_front 運算提供了在循序容器的末端或開端插入單一個元素的便利方式。更廣義的說，insert 成員能讓我們在容器中的任何位置插入零或更多個元素。vector、deque、list 與 string 都有支援 insert 成員。forward_list 提供了這些成員的特殊版本，我們將會在 §9.3.4 中涵蓋。

每個 insert 函式都接受一個迭代器作為它的第一個引數。這個迭代器指出要在容器中的哪個地方放入元素。它能夠指向容器中的任何位置，包括超出容器尾端一個位置處。因為這個迭代器可能指向容器尾端之後不存在的一個元素，而也因為在容器開頭插入元素是很有用的動作，元素會被插入在這個迭代器所表示的位置之前。舉例來說，這個述句

```
slist.insert(iter, "Hello!"); // 緊接在 iter 前面插入 "Hello!"
```

會緊接在 iter 所代表的元素之前插入具有值 "Hello!" 的一個 string。

雖然某些容器沒有 push_front 運算，但 insert 上就沒有類似的限制存在。我們可以在一個容器的開頭 insert 元素，而不用去擔心該容器是否有 push_front：

```
vector<string> svec;
list<string> slist;
// 等同於呼叫 slist.push_front("Hello!");
slist.insert(slist.begin(), "Hello!");
// vector 上沒有 push_front，但我們可以在 begin() 前 insert
// 警告：除了一個 vector 的尾端，在其他任何地方插入都可能會很慢
svec.insert(svec.begin(), "Hello!");
```

在一個 vector、deque 或 string 的任何地方插入元素都是合法的。然而，這麼做有可能會是昂貴的運算。

插入一個範圍的元素

insert 在初始的迭代器引數之後的引數類似於接受相同參數的容器建構器。接受一個元素數和一個值的版本會在給定位置前加入指定數目個完全相同的元素：

```
svec.insert(svec.end(), 10, "Anna");
```

這段程式碼會在 svec 的尾端插入十個元素，並將那每個元素初始化為 string "Anna"。

接受一對迭代器或一個初始器串列的 insert 版本會在給定位置前插入來自給定範圍的那些元素：

```
vector<string> v = {"quasi", "simba", "frollo", "scar"};
// 在 slist 的開頭插入 v 的最後兩個元素
slist.insert(slist.begin(), v.end() - 2, v.end());
slist.insert(slist.end(), {"these", "words", "will",
                           "go", "at", "the", "end"});
// 執行期錯誤：代表拷貝來源範圍的迭代器
// 所指的容器必定不能與我們現在要變更的那一個相同
slist.insert(slist.begin(), slist.begin(), slist.end());
```

當我們傳入一對迭代器，那些迭代器不可以指向與我們現在要新增元素的那一個容器相同的容器。

在新標準底下，接受一個元素數和一個範圍的那個 insert 版本會回傳一個迭代器指向所插入的第一個元素。（在之前的程式庫版本中，這些運算會回傳 void）如果範圍是空的，就不會有元素被插入，而此運算會回傳它的第一個參數。

使用來自 **insert** 的回傳值

我們可以使用 insert 所回傳的值來重複插入元素到容器中的指定位置:

```
list<string> lst;
auto iter = lst.begin();
while (cin >> word)
    iter = lst.insert(iter, word); // 等同於呼叫 push_front
```

 了解這個迴圈如何運作是很重要的,特別是,要了解為何此迴圈等同於呼叫 push_front。

迴圈之前,我們將 iter 初始化為了 lst.begin()。對 insert 的第一個呼叫接受我們剛讀到的 string 並把它放在 iter 所代表的元素之前。insert 所回傳的值是指向這個新元素的一個迭代器。我們將那個迭代器指定給 iter,並重複 while,讀取另一個字詞。只要還有字要插入,每次歷經這個 while 就會插入一個新的元素到 iter 之前,並將新插入的元素的位置重新指定給 iter。那個元素就是(新的)第一個元素。因此,每次迭代都會插入一個元素到 lst 中第一個元素之前。

使用 Emplace 運算

新的標準引進了三個新的成員:emplace_front、emplace 與 emplace_back,它們會建構元素而非拷貝元素。這些運算對應 push_front、insert 與 push_back 運算的地方在於,它們分別讓我們將一個元素放在容器的前頭、給定位置或在後端。

當我們呼叫一個 push 或 insert 成員,我們傳入元素型別的物件,而那些物件會被拷貝到容器中。當我們呼叫 emplace 成員,我們是傳入引數給該元素型別的一個建構器。emplace 成員使用那些引數直接在容器所管理的空間中建構一個元素。舉例來說,假設 c 持有 Sales_data (§7.1.4) 元素:

```
// 在 c 的尾端建構一個 Sales_data 物件
// 使用三引數的 Sales_data 建構器
c.emplace_back("978-0590353403", 25, 15.99);
// 錯誤:沒有接受三個引數的 push_back 版本
c.push_back("978-0590353403", 25, 15.99);
// ok:我們創建了一個暫存的 Sales_data 物件來傳入 push_back
c.push_back(Sales_data("978-0590353403", 25, 15.99));
```

對 emplace_back 的呼叫,而第二個對 push_back 的呼叫都會創建一個新的 Sales_data 物件。在對 emplace_back 的呼叫中,那個物件是直接在容器所管理的空間中創建的。對 push_back 的呼叫則創建一個區域性的暫存物件,它會被推入到容器中。

一個 emplace 函式的引數會隨著元素型別而變。其引數必須匹配該元素型別的某個建構器:

```
// iter 指向 c 中的一個元素，它存有 Sales_data 元素
c.emplace_back(); // 使用 Sales_data 的預設建構器
c.emplace(iter, "999-999999999"); // 使用 Sales_data(string)
// 使用的 Sales_data 建構器是接受一個 ISBN、一個計數，以及一個價格的那一個
c.emplace_front("978-0590353403", 25, 15.99);
```

 emplace 函式在容器中建構元素。這些函式的引數必須匹配該元素型別的某個建構器。

習題章節 9.3.1

練習 9.18：寫一個程式從標準輸入讀取一序列的 string 到一個 deque 中。使用迭代器撰寫一個迴圈來印出這個 deque 中的元素。

練習 9.19：改寫前面練習的程式，改用一個 list。列出你需要變更的地方。

練習 9.20：寫一個程式從一個 list<int> 拷貝元素到兩個 deque 中。偶數值元素放到其中一個 deque，而奇數的放到另一個。

練習 9.21：解釋前面使用 insert 的回傳值新增元素到一個 list 的迴圈如果改成插入到一個 vector，那要如何才能運作。

練習 9.22：假設 iv 是由 int 組成的一個 vector，那麼下列程式哪裡有誤呢？你會如何更正這些問題？

```
vector<int>::iterator iter = iv.begin(),
                      mid = iv.begin() + iv.size()/2;
while (iter != mid)
    if (*iter == some_val)
        iv.insert(iter, 2 * some_val);
```

 ## 9.3.2 存取元素

表 9.6 列出了我們可以用來存取循序容器中元素的運算。如果容器沒有元素，那麼這些存取運算會是未定義的。

每個循序容器，包括 array，都有一個 front 成員，而除了 forward_list 外，也都有一個 back 成員。這些運算分別回傳一個參考指向第一個和最後一個元素：

```
// 先檢查有元素存在，再解參考迭代器或呼叫 front 或 back
if (!c.empty()) {
    // val1 和 val2 是 c 中第一個元素的值的拷貝
    auto val = *c.begin(), val2 = c.front();
    // val3 和 val4 是 c 中最後一個元素的拷貝
    auto last = c.end();
    auto val3 = *(--last);  // 無法遞減 forward_list 迭代器
    auto val4 = c.back();   // forward_list 沒有支援
}
```

這個程式以兩種方式獲取對 c 中第一個和最後一個元素的參考。直接的做法是呼叫 front 或 back。間接地，我們也可以解參考 begin 所回傳的迭代器，或遞減然後解參考 end 所回傳的迭代器。

這個程式中有兩個值得注意的地方：end 迭代器指向超出容器尾端一個位置的（不存在的）元素。要擷取最後一個元素，我們必須先遞減（decrement）那個迭代器。另一個重點是，呼叫 front 或 back（或解參考來自 begin 或 end 的迭代器）之前，我們會先檢查 c 不是空的。如果容器是空的，那麼在 if 內的運算就會是未定義的。

表 9.6：存取一個循序容器中元素的運算
at 和下標運算子（subscript operator）只對 string、vector、deque 和 array 有效。back 對 forward_list 無效。

c.back()	回傳一個參考指向 c 中最後一個元素。如果 c 是空的，就是未定義。
c.front()	回傳一個參考指向 c 中第一個元素。如果 c 是空的，就是未定義。
c[n]	回傳一個參考指向由無號整數值 n 所索引的元素。如果 n >= c.size()，就是未定義。
c.at(n)	回傳一個參考指向 n 所索引的元素。如果索引超出範圍，就擲出 out_of_range 例外。

在一個空的容器上呼叫 front 或 back，就像用了一個範圍外的下標，是嚴重的程式設計錯誤。

存取成員回傳參考

存取一個容器中元素的這些成員（即 front、back、下標，以及 at）會回傳參考（references）。如果容器是一個 const 物件，那回傳的就是對 const 的一個參考。如果容器不是 const，那回傳的就是一個普通的參考，可用來變更所擷取的元素之值：

```
if (!c.empty()) {
    c.front() = 42;       // 指定 42 給 c 中的第一個元素
    auto &v = c.back();   // 取得一個參考指向最後一個元素
    v = 1024;             // 變更 c 中的元素
    auto v2 = c.back();   // v2 不是一個參考，它是 c.back() 的一個拷貝
    v2 = 0;               // c 中的元素沒改變
}
```

如同以往，如果我們用 auto 來儲存來自這其中一個函式的回傳值，而我們想要使用那個變數來變更元素，我們就必須記得將我們的變數定義為一種參考型別。

下標和安全的隨機存取

提供快速隨機存取的容器（string、vector、deque 與 array）也提供下標運算子（§3.3.3）。如我們所見，下標運算子接受一個索引（index），並回傳一個參考指向位於容

器中那個位置的元素。這個索引必須「在範圍內」（即大於或等於 0，而且小於容器的大小）。
程式必須負責確保索引是有效的，下標運算子不會檢查索引是否在範圍內。使用超出範圍的
值作為一個索引是嚴重的程式設計錯誤，而且是編譯器不會偵測的問題。

如果我們想要確保索引是有效的，我們可以改用 at 成員。at 成員的行為就像下標運算子，
但如果索引是無效的，at 會擲出一個 out_of_range 例外（§5.6）：

```
vector<string> svec;      // 空的 vector
cout << svec[0];          // 執行時期錯誤：svec 中沒有元素！
cout << svec.at(0);       // 擲出一個 out_of_range 例外
```

習題章節 9.3.2

練習 9.23： 在本節的第一個程式中，如果 c.size() 是 1，那 val、val2、val3 與 val4 的
值會是什麼？

練習 9.24： 寫一個程式使用 at、下標運算子、front 和 begin 擷取一個 vector 中的第一個
元素。以一個空的 vector 測試你的程式。

 ### 9.3.3 清除元素

就像新增元素到（非 array）容器有數種方式可用，移除元素也有數種方式。這些成員列於
表 9.7。

 移除元素的成員不會檢查它們的引數。程式設計師必須在移除它們之前確保那些元素
存在。

pop_front 與 pop_back 成員

pop_front 與 pop_back 函式分別會移除第一個和最後一個元素。就像 vector 和 string 沒
有 push_front 可用，那些型別也沒有 pop_front。同樣地，forward_list 也沒有 pop_
back。跟元素存取成員一樣，我們不可以在一個空的容器上使用 pop 運算。

這些運算會回傳 void。如果你需要你即將要 pop 掉的值，你必須在做 pop 之前先儲存那個值：

```
while (!ilist.empty()) {
    process(ilist.front()); // 以 ilist 目前頂端的元素做些事情
    ilist.pop_front();      // 完成了，移除那第一個元素
}
```

表 9.7：循序容器上的 **erase** 運算
這些運算會改變容器的大小，所以 **array** 沒有支援。 **forward_list** 有一個特殊版本的 **erase**，參閱 §9.3.4。 **pop_back** 對 **forward_list** 無效；**pop_front** 對 **vector** 和 **string** 無效。

c.pop_back()	移除 c 中的最後一個元素。如果 c 為空，就是未定義。回傳 void。
c.pop_front()	移除 c 中的第一個元素。如果 c 為空，就是未定義。回傳 void。
c.erase(p)	移除迭代器 p 所代表的元素，並回傳一個迭代器指向被刪除元素的後一個元素，如果 p 代表最後一個元素，那就回傳 off-the-end（尾端後）的迭代器。如果 p 是 off-the-end 迭代器，就是未定義。
c.erase(b,e)	移除迭代器 b 和 e 所代表的範圍中的元素。回傳一個迭代器指向最後一個被刪除的元素後的元素，或在 e 本身是 off-the-end 迭代器的時候，回傳一個 off-the-end 迭代器。
c.clear()	移除 c 中的所有元素。回傳 void。

 在一個 deque 的開頭或尾端以外的任何地方移除元素，會使所有的迭代器、參考和指標無效化。指向一個 vector 或 string 中在移除點之後元素的迭代器、參考和指標也會無效化。

在容器中移除一個元素

erase 會移除容器中位於指定位置的元素。我們可以刪除由一個迭代器表示的單一元素，或由一對迭代器代表的一個範圍的元素。這兩種形式的 erase 都會回傳一個迭代器指向（最後一個）被移除的元素之後的位置。也就是說，如果 j 是跟在 i 後的元素，那麼 erase(i) 會回傳一個指向 j 的迭代器。

舉個例子，下列迴圈會清除一個 list 中的奇數元素：

```
list<int> lst = {0,1,2,3,4,5,6,7,8,9};
auto it = lst.begin();
while (it != lst.end())
    if (*it % 2)                // 如果元素是奇數
        it = lst.erase(it);     // 刪除這個元素
    else
        ++it;
```

在每次迭代中，我們會檢查目前的元素是否為奇數。如果是，我們會 erase 那個元素，將 it 設定來代表我們刪除的元素後的元素。如果 *it 是偶數，我們就會遞增 it，如此下次迭代我們就會看到下個元素。

移除多個元素

成對迭代器版本的 erase 能讓我們刪除一個範圍的元素：

```
// 刪除兩個迭代器之間一個範圍的元素
// 回傳一個迭代器指向緊接在我們最後移除的元素後的那個元素
elem1 = slist.erase(elem1, elem2); // 呼叫之後 elem1 == elem2
```

迭代器 elem1 指向我們想要刪除的第一個元素，而 elem2 指向我們想要刪除的最後一個元素後一個位置處。

要刪除一個容器中的所有元素，我們可以呼叫 clear 或將來自 begin 和 end 的迭代器傳入給 erase：

```
slist.clear();  // 刪除容器中所有的元素
slist.erase(slist.begin(), slist.end());  // 等效的
```

習題章節 9.3.3

練習 9.25：在前面刪除了一個範圍元素的程式中，如果 elem1 和 elem2 相等，會發生什麼事？如果 elem2 或 elem1 與 elem2 兩者都是 off-the-end 迭代器呢？

練習 9.26：使用下列的 ia 定義，將 ia 拷貝到一個 vector 以及一個 list 中。使用單迭代器版的 erase 從你的 list 移除奇數值，並從你的 vector 移除偶數值。

```
int ia[] = { 0, 1, 1, 2, 3, 5, 8, 13, 21, 55, 89 };
```

9.3.4 專用的 `forward_list` 運算

要了解為何 forward_list 會有特殊版的運算用以新增或移除元素，請思考從一個單向連結串列（singly linked list）移除一個元素時必定會發生什麼事。如圖 9.1 中所示，移除一個元素會改變序列中的連結。在此，移除 $elem_3$ 會改變 $elem_2$；$elem_2$ 曾經指向 $elem_3$，但移除 $elem_3$ 後，$elem_2$ 就指向 $elem_4$。

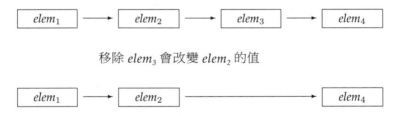

圖 9.1：**forward_list 專用的運算**

當我們新增或移除一個元素，在我們所新增或移除的那個元素之前的元素會有不同的後繼者。為了新增或移除一個元素，我們得存取其前置元素（predecessor）以更新元素的連結。然而，forward_list 是一個單向連結串列。在一個單向連結串列中，沒有簡單的方法可以取得一個元素的前置元素。為此，在一個 forward_list 中新增或移除元素的運算，運作的方式是更改在給定元素後的元素。如此，我們就一定能存取到受到變更影響的那些元素了。

因為這些運算運作的方式與在其他容器上進行的運算不同，forward_list 就沒有定義 insert、emplace 或 erase。取而代之，它定義了名為 insert_after、emplace_after 與 erase_after 的成員。

舉例來說，在我們的示範說明中，為了移除 *elem₃*，我們會在代表 *elem₂* 的迭代器上呼叫 `erase_after`。為了支援這些運算，`forward_list` 也定義了 `before_begin`，它會回傳一個 **off-the-beginning（開端前）** 迭代器。這個迭代器讓我們在串列中第一個元素前那個不存在的元素「後」新增或刪除元素。

表 9.8：在一個 `forward_list` 中插入或移除元素的運算	
`lst.before_begin()` `lst.cbefore_begin()`	代表緊接在串列開頭前的不存在的元素之迭代器。這個迭代器不能被解參考。`cbefore_begin()` 會回傳一個 `const_iterator`。

`lst.insert_after(p,t)`
`lst.insert_after(p,n,t)`
`lst.insert_after(p,b,e)`
`lst.insert_after(p,il)`
	在迭代器 p 所代表的元素之後（*after*）插入元素。t 是一個物件、n 是一個計數、b 和 e 是代表一個範圍（b 與 e 絕對不可以指向 `lst`）的迭代器，而 il 是大括號圍起的一個串列。回傳一個迭代器指向最後一個插入的元素。如果該範圍是空的，就回傳 p。如果 p 是 off-the-end 迭代器，就是未定義。

`emplace_after(p, args)`	使用 *args* 在迭代器 p 所表示的那個元素後建構一個元素。回傳一個迭代器指向那個新元素。如果 p 是 off-the-end 迭代器，就是未定義。
`lst.erase_after(p)` `lst.erase_after(b,e)`	移除在迭代器 p 所代表的那個元素之後的元素，或移除從迭代器 b 後那一個元素一直到但不包括 e 所代表的那個元素這個範圍的元素。回傳一個迭代器指向最後一個刪除的元素後的那一個元素，如果沒有這種元素，就回傳 off-the-end 迭代器。如果 p 代表 `lst` 中最後一個元素，或者它是 off-the-end 迭代器，那就是未定義。

當我們新增或移除一個 `forward_list` 中的元素，我們必須追蹤記錄兩個迭代器，一個指向我們正在查看的那個元素，另一個指向那個元素的前置元素（predecessor）。舉個例子，我們可以改寫前面從一個 `list` 移除奇數值元素的迴圈，改用一個 `forward_list`：

```cpp
forward_list<int> flst = {0,1,2,3,4,5,6,7,8,9};
auto prev = flst.before_begin();  // 代表 flst 在「開頭前（off the start）」的元素
auto curr = flst.begin();         // 代表 flst 的第一個元素
while (curr != flst.end()) {      // 當還有元素要處理
    if (*curr % 2)                          // 如果該元素是奇數
        curr = flst.erase_after(prev);      // 刪除它並移動 curr
    else {
        prev = curr;              // 移動迭代器來表示下一個
        ++curr;                   // 元素和下個元素的前一個元素
    }
}
```

這裡，curr 代表我們正在查看的元素，而 prev 代表 curr 前的元素。我們呼叫 begin 來初始化 curr，所以第一次迭代會檢查那第一個元素是偶數或奇數。我們以 before_begin 來初始化 prev，它會回傳一個迭代器指向緊接 curr 之前的那個不存在的元素。

當我們找到一個奇數值元素，我們就將 prev 傳給 erase_after。這個呼叫會刪除 prev 所代表的元素之後的元素，也就是說它會刪除 curr 所表示的元素。我們將 curr 重置為 erase_after 的回傳值，這使 curr 代表了序列中的下個元素，而我們讓 prev 保持不變。prev 仍然代表之前的 curr 的（新）值。如果 curr 所代表的元素不是奇數，那麼這兩個迭代器都得移動，這在 else 中進行。

習題章節 9.3.4

練習 9.27：寫一個程式來尋找並移除一個 forward_list<int> 中的奇數值元素。

練習 9.28：寫一個函式接受一個 forward_list<string>，以及兩個額外的 string 引數。這個函式應該找到第一個 string 然後緊接著它，將第二個 string 插入到它後方。如果那第一個 string 沒找到，那麼就將第二個 string 插入串列的尾端。

9.3.5 調整一個容器的大小

除了常見的例外 array 以外，我們可以使用 resize（描述於表 9.9）來使一個容器變大或變小。如果目前的大小大於所請求的大小，元素會從容器的後端被刪除；如果目前的大小小於新大小，元素會被加到容器的後端：

```
list<int> ilist(10, 42);    // 十個 int：每個都有值 42
ilist.resize(15);           // 新增五個值為 0 的元素到 ilist 的後端
ilist.resize(25, -1);       // 新增十個值為 -1 的元素到 ilist 的後端
ilist.resize(5);            // 從 ilist 的後端清除 20 個元素
```

resize 運算接受一個選擇性的元素值（element-value）引數，用來初始化加到該容器的任何元素。如果缺少這個引數，所新增的元素會是值初始化的（§3.3.1）。如果容器持有類別型別的元素，而 resize 新增了元素，我們必須提供一個初始器或該元素型別必須有一個預設建構器。

表 9.9：循序容器的大小運算

resize 對 array 無效。

c.resize(n)	重新調整 c 的大小，讓它有 n 個元素。如果 n < c.size()，多餘的元素會被捨棄。如果必須加入新的元素，它們會是值初始化的。
c.resize(n,t)	重新調整 c 的大小，讓它有 n 個元素。所新增的任何元素都有值 t。

 如果 resize 縮小容器，那麼迭代器、參考和指標，只要指向的是被刪除的元素，就會無效化。vector、string 或 deque 有可能無效化所有的迭代器、指標和參考。

習題章節 9.3.5

練習 9.29：如果 vec 存有 25 個元素，那麼 vec.resize(100) 會做些什麼事呢？如果我們接著寫了 vec.resize(10) 會怎樣呢？

練習 9.30：如果有的話，接受單一引數的 resize 版本對元素型別有何限制呢？

9.3.6 容器運算可能使迭代器變得無效

新增元素到容器，或從之移除元素的運算可能會使對容器元素的指標、參考或迭代器無效化。一個無效化的指標、參考或迭代器不再代表一個元素。使用一個無效化的指標、參考或迭代器是嚴重的程式設計錯誤，所導致的問題很可能跟使用未初始化的指標（§2.3.2）一樣。

在新增元素到容器的一個運算之後

- 如果容器有重新配置，那麼指涉一個 vector 或 string 的迭代器、指標或參考就會變得無效。如果沒發生重新配置，插入點之前對元素的間接參考都仍然有效；對插入點之後的元素的則變得無效。

- 如果我們在前端或後端之外的任何位置新增元素，那麼指涉一個 deque 的迭代器、指標和參考都會無效。如果我們在前端或後端新增，迭代器就會無效化，但對既有元素的參考和指標則不會。

- 對一個 list 或 forward_list 的迭代器、指標和參考（包括尾端後及開端前迭代器）都仍有效。

當我們從一容器移除元素，對被移除元素的迭代器、指標和參考都會無效化，這點應該不令人驚訝。畢竟，那些元素已經被摧毀了。在我們移除一個元素後，

- 對一個 list 或 forward_list 的所有其他的迭代器、參考和指標（包括尾端後和開端前迭代器）都仍有效。

- 如果被移除的元素是在前端或後端以外的任何地方，那麼對一個 deque 的所有其他的迭代器、參考或指標都會無效化。如果我們在 deque 的尾端後堆移除元素，那麼 off-the-end（尾端後）迭代器會無效化，但其他的迭代器、參考和指標則不受影響；如果我們從前端移除，它們也不會受到影響。

- 對一個 vector 或 string 的在移除點之前的元素的所有其他迭代器、參考或指標都仍然有效。注意：移除元素的時候，off-the-end 迭代器永遠都會無效化。

WARNING

使用已經無效化的迭代器、指標或參考，會是一種嚴重的執行期錯誤。

撰寫會改變一個容器的迴圈

新增或移除一個 vector、string 或 deque 的迴圈必須準備好應付迭代器、參考或指標可能無效化的事實。程式必須確保迭代器、參考或指標在每次迴圈都有更新過。如果迴圈呼叫 insert 或 erase，那麼更新一個迭代器就很容易：

```cpp
// 移除偶數值元素並插入重複的奇數值元素的怪異迴圈
vector<int> vi = {0,1,2,3,4,5,6,7,8,9};
auto iter = vi.begin(); // 呼叫 begin 而非 cbegin，因為我們會改變 vi
while (iter != vi.end()) {
    if (*iter % 2) {
        iter = vi.insert(iter, *iter);   // 複製目前元素
        iter += 2; // 推進到超過這個元素和插入到它之前的元素
    } else
        iter = vi.erase(iter);           // 移除偶數元素
        // 別推進迭代器，iter 代表的是在我們消除的元素之後的元素
}
```

這個程式移除偶數值元素，並複製每個奇數值元素。我們會在 insert 和 erase 動作之後更新迭代器，因為這兩個動作都可能使迭代器無效化。

在對 erase 的呼叫之後，沒必要遞增迭代器，因為從 erase 回傳的迭代器代表序列中的下一個元素。對 insert 的呼叫之後，我們會遞增迭代器兩次。記得，insert 會在所給的位置前插入，並回傳一個迭代器指向所插入的元素。因此，呼叫 insert 之後，iter 代表的是在我們正在處理的元素前的那個（新加入的）元素。我們加上了二來跳過我們新增的元素及剛處理過的元素。這麼做會使迭代器定位至下一個未處理過的元素。

避免儲存 end 回傳的迭代器

當我們在一個 vector 或 string 中新增或移除元素，或在一個 deque 中移除第一個元素以外的任何元素，end 所回傳的元素**永遠**都會無效化。因此，新增或移除元素的迴圈都一定得呼叫 end 而非使用儲存起來的拷貝。部分也是因為這個原因，C++ 標準程式庫實作的方式讓呼叫 end() 是一種非常快速的作業。

舉個例子，思考處理每個元素並在原本的元素後新增一個元素的一個迴圈。我們希望這個迴圈忽略所新增的元素，只處理原本的元素。每次插入後，我們會將迭代器定位好，以代表下

一個原本的元素。如果我們試著儲存 end() 所回傳的迭代器來「最佳化」這個迴圈,那麼等著我們的將會是災難:

```
// 災難:這個迴圈的行為未定義
auto begin = v.begin(),
    end = v.end(); // 儲存 end 迭代器的值是個壞主意
while (begin != end) {
    // 做些處理
    // 插入新的值並重新指定 begin,否則會無效
    ++begin; // 推進 begin,因為我們想要在這個元素後插入
    begin = v.insert(begin, 42); // 插入這個新值
    ++begin; // 推進 begin 超過我們剛新增的元素
}
```

這段程式碼的行為未定義。在許多實作上,結果會產生無窮迴圈。問題在於,我們將 end 運算所回傳的值儲存到了一個名為 end 的區域變數中。在該迴圈的主體中,我們新增了一個元素。新增一個元素會使儲存在 end 中的迭代器無效化。那個迭代器現在不再指向 v 中的一個元素或超出 v 中最後一個元素一個位置的元素。

 在會於一個 deque、string 或 vector 中插入或刪除元素的迴圈中,不要快取(cache)end() 所回傳的迭代器。

我們必須在每次插入後重新計算 end() 迭代器,而非儲存它:

```
// 較安全的方式:每次迴圈新增或刪除元素時,都重新計算
while (begin != v.end()) {
    // 做一些處理
    ++begin; // 推進 begin,因為我們想要在這個元素之後插入
    begin = v.insert(begin, 42); // 插入新的值
    ++begin; // 推進 begin 超過我們剛新增的元素
}
```

9.4 **vector** 的增長方式

為了支援快速的隨機存取,vector 元素是以連續的方式儲存,每個元素都與前一個元素相鄰。一般來說,我們不應該在意一個程式庫型別是如何實作的;我們應該關心的只是如何使用它。然而,對 vector 和 string 來說,有些實作細節會其介面之上洩漏。

已知元素是連續的,而容器的大小是彈性的,請思考當我們新增一個元素到 vector 或 string 時,必定會發生什麼事情:如果沒有空間放置新的元素,這種容器不能單純把該元素放到記憶體的其他位置,因為元素必須是連續的。取而代之,容器必須配置新的記憶體來存放既有的元素加上一個新的元素,將元素從舊的位置移到新的空間中,加上那個新的元素,然後釋放(deallocate)舊有記憶體。如果 vector 每次新增元素的時候都要進行這種記憶體的配置與釋放,那麼效能將會慢到無法接受。

習題章節 9.3.6

練習 9.31： 前面移除偶數值元素並複製奇數值元素的程式在 `list` 或 `forward_list` 上是行不通的。為什麼呢？請修改程式讓它在這些型別上也可行。

練習 9.32： 前面程式如果把對 `insert` 的呼叫寫成下列這樣，是合法的嗎？如果不是，為什麼呢？

```
iter = vi.insert(iter, *iter++);
```

練習 9.33： 在本節最後一個例子中，如果我們沒有把 `insert` 的結果傳給 `begin` 的話會怎樣？寫個省略此指定的程式來看看你的預期是否正確。

練習 9.34： 假設 `vi` 是 `int` 所組成的，包括偶數值和奇數值的一個容器，請預測下列迴圈的行為。在你分析過這個迴圈後，寫一個程式來測試你的預期是否正確。

```
iter = vi.begin();
while (iter != vi.end())
    if (*iter % 2)
        iter = vi.insert(iter, *iter);
    ++iter;
```

為了避免這些成本，程式庫的實作者使用一種策略來降低容器重新配置的次數。要取得新的記憶體時，`vector` 和 `string` 通常會配置大於當下所需的容量。容器會將這種儲存區保留起來，在必要時使用它來配置新的元素。因此，就不需要為每個新的元素重新配置容器了。

這種配置策略比每次新增元素時都重新配置容器要有效率多了。事實上，它的效率好到 `vector` 增長的效率通常會比 `list` 或 `deque` 還要高，即使 `vector` 每次重新配置記憶體時都得移動它所有元素也是一樣。

管理容量的成員

`vector` 和 `string` 提供了成員（描述於表 9.10）來讓我們與配置記憶體部分的實作互動。`capacity` 運算告訴我們在必須配置更多空間之前，容器可以存放多少元素。`reserve` 運算讓我們告訴容器它應該準備好存放多少元素。

 `reserve` 不會改變容器中的元素數，它只影響 `vector` 會預先配置（preallocate）多少記憶體。

只有在所請求的空間超過目前的容量之時，對 `reserve` 的呼叫會改變 `vector` 的容量（capacity）。如果所請求的大小大於目前容量，`reserve` 至少會配置跟所要求的量一樣多的空間（可能配置更多）。

如果所請求的大小小於或等於既有的容量，reserve 什麼都不會做。特別是，以小於 capacity 的一個大小呼叫 reserve 並不會使容器歸還記憶體。因此，呼叫 reserve 之後，capacity 將會大於或等於傳入 reserve 的引數。

結果就是，對 reserve 的呼叫永遠都不會降低容器所用的空間量。同樣地，resize 成員（§9.3.5）只會改變容器中的元素數，而非其容量。我們無法使用 resize 來降低一個容器所保留（reserve）的記憶體。

在新程式庫之下，我們可以呼叫 shrink_to_fit 來要求一個 deque、vector 或 string 歸還不需要的記憶體。這個函式表示我們不再需要任何多餘的容量。然而，實作可以自由選擇是否要忽略這種請求。沒辦法保證呼叫 shrink_to_fit 一定會歸還記憶體。

表 9.10：容器的大小管理
shrink_to_fit 僅對 vector、string 和 deque 有效。 **capacity 和 reserve 只對 vector 和 string 有效。**

c.shrink_to_fit()	請求將 capacity() 降到等於 size()。
c.capacity()	必須重新配置前，c 可以有的元素數。
c.reserve(n)	為至少 n 個元素配置空間。

capacity 和 size

了解 capacity 和 size 之間的差異是很重要的。一個容器的 size 就是它已經存放的元素數目；它的 capacity 則是必須配置更多空間之前它能夠存放多少元素。

下列的程式碼演示了 size 和 capacity 之間的互動：

```
vector<int> ivec;
// size 應該是零；capacity 則是實作定義的
cout << "ivec: size: "  << ivec.size()
     << " capacity: "   << ivec.capacity() << endl;
// 給予 ivec 24 個元素
for (vector<int>::size_type ix = 0; ix != 24; ++ix)
    ivec.push_back(ix);

// size 應該是 24；capacity 將會 >= 24 而且是實作定義的
cout << "ivec: size: "  << ivec.size()
     << " capacity: "   << ivec.capacity() << endl;
```

在我們的系統上執行時，這段程式碼會產生下列輸出：

```
ivec: size: 0 capacity: 0
ivec: size: 24 capacity: 32
```

我們知道一個空的 vector 的 size 是零，很明顯也能看出我們的程式庫也把一個空的 vector 的 capacity 設為了零。當我們新增元素到這個 vector，我們知道 size 會與我們所新增的元素數相同。capacity 至少必須與 size 一樣大，但也可以更大。會多配置多少空間的相關細節，將隨著程式庫的實作而變。在這個實作底下，逐個新增 24 個元素會產生 32 的 capacity。

視覺上，我們可以把 ivec 目前的狀態想成是

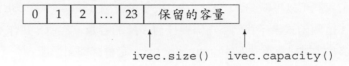

我們現在可以 reserve 一些額外的空間：

```
ivec.reserve(50); // 將 capacity 設為至少 50；可以更多
// size 應該是 24；capacity 會 >= 50 而且是實作定義的
cout << "ivec: size: "  << ivec.size()
     << " capacity: "  << ivec.capacity() << endl;
```

這裡，輸出代表著對 reserve 的呼叫配置了剛好跟我們所請求的一樣多的空間：

ivec: size: 24 capacity: 50

接著我們可以像這樣使用保留的空間：

```
// 新增元素來使用多餘的容量
while (ivec.size() != ivec.capacity())
    ivec.push_back(0);
// capacity 應該不變，而 size 和 capacity 現在相等了
cout << "ivec: size: "  << ivec.size()
     << " capacity: "   << ivec.capacity() << endl;
```

這輸出指出，此時我們已用盡保留的空間，而 size 和 capacity 現在相等了：

ivec: size: 50 capacity: 50

因為我們只使用保留的容量，這個 vector 沒必要進行任何配置工作。事實上，只要沒有運算超出 vector 的容量，vector 就必定不能重新配置其元素。

如果現在我們新增另外一個元素，vector 就必須重新配置自己：

```
ivec.push_back(42); // 新增一或更多元素
// size 應該是 51；capacity 會 >= 51 而且是實作定義的
cout << "ivec: size: "  << ivec.size()
     << " capacity: "   << ivec.capacity() << endl;
```

程式這個部分的輸出會是

ivec: size: 51 capacity: 100

這表示這個 vector 實作似乎依循「每次必須配置新儲存區時，就將目前的容量加倍」的策略。

我們可以呼叫 shrink_to_fit 來要求將超出目前所需量的記憶體歸還給系統：

```
ivec.shrink_to_fit();  // 要求歸還記憶體
// size 應該不變；capacity 則是實作定義的
cout << "ivec: size: "  << ivec.size()
     << " capacity: "   << ivec.capacity() << endl;
```

呼叫 shrink_to_fit 只是一種請求，並不保證程式庫一定會歸還記憶體。

 每個 vector 實作都能挑選自己的配置策略。然而，除非絕對必要，不然它必定不能配置新的記憶體。

一個 vector 只能在使用者在 size 等於 capacity 時執行插入作業，或以超過目前 capacity 的值呼叫 resize 或 reserve 的時候重新配置。所配置的記憶體量超出指定量多少，則由實作決定。

每個實作都被要求得遵循能讓 push_back 有效率新增元素到 vector 的策略。從技術上來說，就是在一個最初為空的 vector 上呼叫 push_back *n* 次來創建一個 *n* 元素的 vector 所需的執行時間永遠都不能超過 *n* 的常數倍。

習題章節 9.4

練習 9.35： 解釋一個 vector 的 capacity 和其 size 之間的差異。

練習 9.36： 一個容器可以有小於它 size 的 capacity 嗎？

練習 9.37： 為什麼 list 或 array 沒有 capacity 成員呢？

練習 9.38： 寫一個程式來探索在你所用的程式庫中 vector 如何成長。

練習 9.39： 解釋下列的程式片段做些什麼事：

```
vector<string> svec;
svec.reserve(1024);
string word;
while (cin >> word)
        svec.push_back(word);
svec.resize(svec.size()+svec.size()/2);
```

練習 9.40： 如果前一個練習中的程式讀取 256 個字詞，那麼在 resize 之後，它的 capacity 最有可能是什麼？如果讀了 512 個呢？那 1,000 個？1,048 個呢？

9.5 額外的 **string** 運算

除了循序容器共通的運算外，string 型別還提供了幾個額外的運算。在多數情況下，這些額外的運算要不是支援 string 和 C-style 字元陣列之間的緊密互動，就是加入了能讓我們使用索引來代替迭代器的版本。

string 程式庫定義了為數眾多的函式。幸好，這些函式都使用重複的模式。因為支援的函式數量多，本節初次讀來可能令人感到頭腦麻木，所以讀者可能會想要略讀而過。一旦你知道有哪些種類的運算可用，你就可以在需要用到特定運算的時候，回頭研究細節。

 ### 9.5.1 建構字串的其他方式

除了我們在 §3.2.1 中涵蓋的建構器，以及 string 與其他循序容器共享的建構器（表 9.3）以外，string 型別還支援另外三個建構器，描述於表 9.11。

表 9.11：建構 **string** 的其他方式
n、len2 與 pos2 全都是無號值
string s(cp, n);　　　　　　s 是 cp 所指的陣列中的前 n 個字元的一個拷貝。那個陣列至少必須有 n 個字元。
string s(s2, pos2);　　　　　s 是 s 這個 string 中從索引 pos2 開始的字元的一個拷貝。如果 pos2 > s2.size()，就是未定義。
string s(s2, pos2, len2);　s 是 s2 從索引位置 pos2 開始的 len2 個字元的一個拷貝。如果 pos2 > s2.size() 就是未定義。不管 len2 的值為何，最多只會拷貝 s2.size() - pos2 個位元。

接受一個 string 或 const char* 的建構器還接受額外的（選擇性）引數，讓我們指定要拷貝多少字元。當我們傳入一個 string，我們也可以指定要從哪裡開始拷貝的索引：

```
const char *cp = "Hello World!!!";  // null 終結（null-terminated）的陣列
char noNull[] = {'H', 'i'};         // 不是 null 終結的
string s1(cp);  // 拷貝到 cp 中的 null 為止；s1 == "Hello World!!!"
string s2(noNull,2);    // 從 no_null 拷貝兩個字元；s2 == "Hi"
string s3(noNull);      // 未定義：noNull 不是 null 終結的
string s4(cp + 6, 5);   // 從 cp[6] 開始拷貝 5 個字元；s4 == "World"
string s5(s1, 6, 5);    // 從 s1[6] 開始拷貝 5 個字元；s5 == "World"
string s6(s1, 6);       // 從 s1[6] 開始拷貝到 s1 的結尾；s6 == "World!!!"
string s7(s1,6,20);     // ok，只拷貝到 s1 的結尾；s7 == "World!!!"
string s8(s1, 16);      // 擲出一個 out_of_range 例外
```

一般來說，當我們以一個 const char* 創建一個 string，指標所指的陣列就必須是 null 終結（null terminated）的；字元會一直拷貝到 null 為止。如果我們也傳入一個數目字，陣列就不必是 null 終結的。如果我們沒有傳入一個計數，而且沒有 null 存在，或所給的數字大於陣列的大小，那麼該運算就是未定義的。

當我們從一個 string 拷貝，我們可以提供一個選擇性的起始位置（**starting position**）和一個計數（**count**）。這個起始位置必須小於或等於給定 string 的大小。如果位置大於大小，那建構器就會擲出一個 out_of_range 例外（§5.6）。當我們傳入一個計數，那麼就會拷貝那個數目的字元，從所給的位置開始。不管我們請求了多少字元，程式庫最多只會拷貝到 string 的大小，不會更多了。

substr 運算

substr 運算（描述於表 9.12）會回傳一個 string，它是原本 string 的部分或全部拷貝。我們可以傳入選擇性的開始位置和計數給 substr：

```
string s("hello world");
string s2 = s.substr(0, 5);      // s2 = hello
string s3 = s.substr(6);         // s3 = world
string s4 = s.substr(6, 11);     // s3 = world
string s5 = s.substr(12);        // 擲出一個 out_of_range 例外
```

如果位置超出了 string 的大小，substr 函式就會擲出一個 out_of_range 例外（§5.6）。如果位置加上計數之後大於大小，那麼計數會被調整到僅拷貝至 string 的尾端。

表 9.12：子字串運算
s.substr(pos, n)   回傳一個 string 包含 s 從 pos 開始的 n 個字元。pos 預設是 0。 n 預設是會使程式庫拷貝 s 中從 pos 開始的所有字元的一個值。

習題章節 9.5.1

練習 9.41：寫一個程式從一個 vector<char> 初始化一個字串。

練習 9.42：假設你想要一次讀取一個字元到一個 string 中，而你知道你至少得讀取 100 個字元，那你會如何增進你程式的效能呢？

9.5.2 修改字串的其他方式

string 型別支援循序容器指定運算子，以及 assign、insert 與 erase 運算（§9.2.5、§9.3.1 和 §9.3.3）。它也定義了額外版本的 insert 和 erase。

除了接受迭代器版本的 insert 和 erase，string 也提供接受一個索引（**index**）的版本。這個索引代表要 erase 的起始元素，或是在那之前要 insert 給定值的位置：

```
s.insert(s.size(), 5, '!'); // 在 s 的結尾插入五個驚嘆號
s.erase(s.size() - 5, 5);   // 從 s 移除最後五個字元
```

string 程式庫也提供接受 **C-style** 字元陣列的 insert 和 assign 版本。舉例來說，我們可以使用一個 **null-terminated** 的字元陣列作為要 insert 或 assign 到一個 string 中的值：

```
const char *cp = "Stately, plump Buck";
s.assign(cp, 7);              // s == "Stately"
s.insert(s.size(), cp + 7);  // s == "Stately, plump Buck"
```

這裡，我們先呼叫 assign 來取代 s 的內容。我們指定到 s 中的字元是從 cp 所指的那個字元開始的七個字元。我們所請求的字元數必須小於或等於 cp 所指的陣列中的字元數（null 終結符除外）。

當我們在 s 上呼叫 insert，我們指出我們想要在 s[size()] 這個不存在的元素之前插入字元。在此例中，我們拷貝超過 cp 的前七的字元，直到終結的 **null** 為止。

我們也可以把來自另一個 string 或子字串的字元指定來 insert 或 assign：

```
string s = "some string", s2 = "some other string";
s.insert(0, s2); // 插入 s2 的一個拷貝在 s 中位置 0 之前
// 插入來自 s2 從 s2[0] 開始的 s2.size() 個字元到 s[0] 之前
s.insert(0, s2, 0, s2.size());
```

append 和 replace 函式

string 類別定義了兩個額外的成員，append 和 replace，它們能夠改變一個 string 的內容。表 9.13 總結了這些函式。append 運算是在尾端插入的一種速記法：

```
string s("C++ Primer"), s2 = s; // 把 s 和 s2 初始化為 "C++ Primer"
s.insert(s.size(), " 4th Ed."); // s == "C++ Primer 4th Ed."
s2.append(" 4th Ed."); // 等效的：將 " 4th Ed." 附加到 s2；s == s2
```

replace 運算是呼叫 erase 和 insert 的一種速記法：

```
// 將 "4th" 取代為 "5th" 的等效方式
s.erase(11, 3);            // s == "C++ Primer Ed."
s.insert(11, "5th");       // s == "C++ Primer 5th Ed."
// 起始位置是 11，消除三個字元，然後插入 "5th"
s2.replace(11, 3, "5th"); // 等效的：s == s2
```

在對 replace 的呼叫中，我們所插入的文字剛好與我們所移除的文字之大小相同。我們可以插入一個較大或較小的 string：

```
s.replace(11, 3, "Fifth"); // s == "C++ Primer Fifth Ed."
```

在這個呼叫中，我們移除三個字元，但在它們的位置插入了五個字元。

表 9.13：修改 **string** 的運算	
s.insert(*pos, args*)	在 *pos* 前面插入 *args* 所指定的字元。*pos* 可以是一個索引或一個迭代器。接受索引的版本會回傳對 s 的一個參考；接受迭代器的版本會回傳一個迭代器，代表所插入的第一個字元。
s.erase(pos, len)	從位置 pos 開始的地方移除 len 個字元。如果 len 被省略，就會移除從 pos 到 s 尾端的字元。回傳對 s 的一個參考。
s.assign(*args*)	依據 *args* 移除 s 中的字元。回傳對 s 的一個參考。
s.append(*args*)	將 *args* 附加到 s。回傳對 s 的一個參考。
s.replace(*range, args*)	從 s 移除 *range* 這個範圍的字元，並以 *args* 所構成的字元取代它們。*range* 不是一個索引，就是一個長度或指向 s 中的一對迭代器。回傳對 s 的一個參考。

***args* 可以是下列之一；append 和 assign 可以使用所有的形式**

str 必須跟 s 不同，而迭代器 b 與 e 不可以指向 s

str	string str。
str、pos、len	str 從 pos 開始的 len 個字元。
cp、len	cp 所指的字元陣列的 len 個字元。
cp	指標 cp 所指的 null-terminated 陣列。
n、c	字元 c 的 n 個拷貝。
b、e	迭代器 b 與 e 所構成的範圍。
初始器串列	圍在大括號中，以逗號區隔的字元串列。

replace 和 insert 的 *args* 取決於 *range* 和 *pos* 是如何指定的。

replace (pos、len、*args*)	replace (b、e、*args*)	insert (pos、*args*)	insert (iter、*args*)	*args* 可以是
yes	yes	yes	no	str
yes	no	yes	no	str、pos、len
yes	yes	yes	no	cp、len
yes	yes	no	no	cp
yes	yes	yes	yes	n、c
no	yes	no	yes	b2、e2
no	yes	no	yes	初始器串列

變更一個 **string** 的許多重載方式

列於表 9.13 的 append、assign、insert 與 replace 函式有幾個重載的版本。這些函式的引數會依據我們如何指定要新增的字元，以及要改變 string 的哪個部分而變。幸好，這些函式都有共通的介面。

assign 與 append 函式不需要指定要改變 string 的哪個部分：assign 永遠都會取代 string 的整個內容，而 append 永遠都會新增到 string 的尾端。

replace 函式提供了兩種方式來指定要移除的字元範圍。我們可用一個位置或一個長度來指定範圍，或用迭代器範圍。

insert 函式給我們兩種方式來指定插入點：使用一個索引或迭代器。在這兩種情況中，新的元素都會被插到給定的索引或迭代器之前。

指定要新增到 string 中的字元有幾種方式可行。新的字元可以取自另一個 string、來自一個字元指標、源自一個大括號圍起的字元串列，或作為一個字元和一個計數。當字元是來自一個 string 或一個字元指標，我們可以傳入額外的引數來控制是否要拷貝引數的部分或全部字元。

並非每個函式都支援每個版本的引數。舉例來說，就不存在接受一個索引和一個初始器串列版本的 insert。同樣地，如果我們想要使用一個迭代器指定插入點，那麼我們就不能傳入一個字元指標作為新字元的來源。

習題章節 9.5.2

練習 9.43：寫一個函式，它接受三個 string、s、oldVal 與 newVal。使用迭代器，以及 insert 和 erase 函式，將 s 中出現的所有 oldVal 都取代為 newVal。用它來取代常見的縮寫，例如把 "tho" 取代為 "though" 或 "thru" 取代為 "through"，藉此測試你的函式。

練習 9.44：使用一個索引和 replace 改寫前一個函式。

練習 9.45：撰寫一個函式，接受代表名稱的一個 string 和另外兩個 string，分別代表一個前綴（prefix），例如 "Mr." 或 "Ms."，以及一個後綴（suffix），例如 "Jr." 或 "III"。使用迭代器和 insert 及 append 函式，產生並回傳一個新的 string，其中後綴和前綴被加到了所給的名稱。

練習 9.46：使用一個位置和長度改寫前面的練習，以管理 string。這次僅使用 insert 函式。

 ### 9.5.3 **string 搜尋運算**

string 類別提供了六個不同的搜尋函式（**search functions**），其中每個都有四個重載版本。表 9.14 描述了這些搜尋成員以及它們的引數。這些搜尋運算每個都會回傳一個 string::size_type 值，它是吻合處的索引。如果沒有匹配之處，函式會回傳一個 static 成員（§7.6），名為 string::npos。程式庫將 npos 定義為了一個 const string::size_type，並以 -1 這個值初始化。因為 npos 是 unsigned 型別，這個初始器意味著 npos 等於 string 可以有的最大可能大小（§2.1.2）。

> string 的搜尋函式回傳 string::size_type，這是一個 unsigned 型別。結果就是，使用一個 int 或其他的有號型別來存放從這些函式回傳的值會是個壞主意（§2.1.2）。

find 函式進行最簡單的搜尋。它會找尋其引數，然後回傳所找到的第一個匹配的索引，或在無匹配之時回傳 npos：

```
string name("AnnaBelle");
auto pos1 = name.find("Anna"); // pos1 == 0
```

會回傳 0，也就是在 "AnnaBelle" 中找到子字串 "Anna" 所在的索引。

搜尋（或其他的 string）運算都試區分大小寫的（case sensitive）。當我們在 string 中找尋一個值，大小寫會有差異：

```
string lowercase("annabelle");
pos1 = lowercase.find("Anna"); // pos1 == npos
```

這段程式碼會把 pos1 設為 npos，因為 Anna 沒有匹配 anna。

一個稍微更複雜的問題需要找尋對搜尋字串中任何字元的匹配。舉例來說，下列的程式碼會找出 name 中的第一個數字：

```
string numbers("0123456789"), name("r2d2");
// 回傳 1，也就是 name 中第一個數字的索引
auto pos = name.find_first_of(numbers);
```

除了找尋匹配，我們也可以呼叫 find_first_not_of 來找尋第一個沒有在搜尋引數中的位置。舉例來說，要找出一個 string 中的第一個非數值字元，我們可以寫

```
string dept("03714p3");
// 回傳 5，它是對字元 'p' 的索引
auto pos = dept.find_first_not_of(numbers);
```

表 9.14：string 搜尋運算

搜尋運算會回傳所找的字元之索引，或在沒找到時回傳 npos

s.find(*args*)	在 s 中找出 *args* 第一個出現處。
s.rfind(*args*)	在 s 中找出 *args* 的最後一個出現處。
s.find_first_of(*args*)	在 s 中找出 *args* 中任何字元的第一個出現處。
s.find_last_of(*args*)	在 s 中找出 *args* 中任何字元的最後一個出現處。
s.find_first_not_of(*args*)	在 s 中找出不在 *args* 中的第一個字元。
s.find_last_not_of(*args*)	在 s 中找出不在 *args* 中的最後一個字元。

***args* 必須是下列之一**

c、pos	在 s 中從位置 pos 開始的地方找尋字元 c。pos 預設為 0。
s2、pos	在 s 中從位置 pos 開始的地方找尋 s2 這個 string。pos 預設為 0。
cp、pos	尋找指標 cp 所指的 C-style null-terminated 字串。從 s 中位置 pos 開始查看。pos 預設為 0。
cp、pos、n	尋找指標 cp 所指的陣列中的前 n 個字元。從 s 中位置 pos 開始查看。pos 或 n 沒有預設值。

指定開始搜尋處

我們可以傳入一個選擇性的開始位置給 find 運算。這個選擇性的引數指出要開始搜尋的位置。預設情況下，這個位置會被設為零。一個常見的程式設計模式使用這個選擇性的引數，以迴圈處理一個 string 找尋所有的出現處：

```
    string::size_type pos = 0;
    // 每次迭代都會在 name 中找尋下個數字
    while ((pos = name.find_first_of(numbers, pos))
                  != string::npos) {
        cout << "found number at index: " << pos
             << " element is " << name[pos] << endl;
        ++pos; // 移至下一個字元
    }
```

while 中的條件會將 pos 重設為第一個遇到的數字的索引，從 pos 目前的值開始。只要 find_first_of 回傳一個有效的索引，我們就會印出目前的結果並遞增 pos。

假設我們忽略了遞增 pos，迴圈就永遠不會終止。要了解為何如此，請思考我們沒做地增的話，會發生什麼事。在第二次跑迴圈時，我們會先看 pos 所索引的字元。那個字元會是一個數字，所以 find_first_of 會（重複地）回傳 pos！

往回搜尋

我們目前用過的 find 運算都是從左往右找。程式庫提供了從右往左找的類似運算。rfind 成員搜尋所指定的子字串的最後一個出現處，也就是最右邊的出現處：

```
    string river("Mississippi");
    auto first_pos = river.find("is"); // 回傳 1
    auto last_pos = river.rfind("is"); // 回傳 4
```

find 回傳 1 的索引，代表第一個 "is" 的開頭處，而 rfind 回傳的索引是 4，代表 "is" 最後一個出現處的開頭。

同樣地，find_last 函式的行為就像 find_first 函式，只不過它們回傳最後一個匹配，而非第一個：

- find_last_of 搜尋匹配要找的 string 任何元素的最後一個字元。
- find_last_not_of 搜尋不匹配要找的 string 任何元素的最後一個字元。

這些運算都接受一個選擇性的第二引數，指出要在 string 中的哪個位置開始尋找。

 ### 9.5.4 compare 函式

除了關係運算子（relational operators，§3.2.2）外，string 還提供了一組 compare 函式，類似於 C 程式庫的 strcmp 函式（§3.5.4）。就像 strcmp，s.compare 會回傳一個零，或者一個正值或負值，取決於 s 是等於、大於或小於所給的引數構成的字串。

習題章節 9.5.3

練習 9.4.7：寫一個程式在 "ab2c3d7R4E6" 這個 string 中找出每個數值字元，然後每個字母字元。寫出兩個版本的此程式。第一個應該使用 find_first_of，而第二個用 find_first_not_of。

練習 9.48：給定前面 §9.5.3 的 name 和 numbers 定義，請問 numbers.find(name) 會回傳什麼呢？

練習 9.49：如果一個字母的某部分延伸到中線之上，我們就說這個字母有一個 ascender（出頭部分），例如 d 或 f；如果一個字母的某部分延伸到中線之下，我們就說這個字母有一個 descender（伸尾部分）。寫一個程式讀取含有字詞的一個檔案，並回報既不含有 ascender 也沒有 descender 的最長字詞。

如表 9.15 中所示，compare 有六個版本。其引數會隨著我們是比較兩個 string 或比較一個 string 和一個字元陣列而變。在這兩種情況中，我們都可以比較整個字串，或其中的部分字串。

表 9.15：s.compare 可能的引數	
s2	把 s 與 s2 做比較。
pos1、n1、s2	把 s 從 pos1 開始的 n1 個字元與 s2 做比較。
pos1、n1、s2、pos2、n2	把 s 從 pos1 開始的 n1 個字元與 s2 中從 pos2 開始的 n2 個字元做比較。
cp	把 s 與 cp 所指的 null-terminated 陣列做比較。
pos1、n1、cp	把 s 從 pos1 開始的 n1 個字元與 cp 做比較。
pos1、n1、cp、n2	把 s 從 pos1 開始的 n1 個字元與從指標 cp 開始的 n2 個字元做比較。

9.5.5 數值轉換

字串經常會含有代表數字（number）的字元。舉例來說，我們將數值 15 表示為具有兩個字元的一個 string，即字元 '1' 後面接著字元 '5'。一般來說，一個數字的字元表示值（character representation）會與它的數值（numeric value）不同。儲存在一個 16 位元的 short 的數值 15 有 0000000000001111 這樣的位元模式（bit pattern），然而字元字串 "15" 表示為兩個 Latin-1 char 會有位元模式 0011000100110101。第一個位元組（byte）代表字元 '1'，它有八進位值 061，而第二個位元組代表 '5'，在 Latin-1 中則有 065 的八進位值。

新標準引進了數個函式能在數值資料和程式庫的 string 之間進行轉換：

```
int i = 42;
string s = to_string(i);    // 將 int i 轉換為它的字元表示值
double d = stod(s);         // 將 string s 轉為浮點數
```

表 9.16：在 **string** 和數字之間的轉換
to_string(val); 回傳 val 的 string 表示值的重載函式。val 可以是任何算術型別（§2.1.1）。每個浮點型別都有自己版本的 to_string，而 int 或更大的整數型別也有。一如以往，小型的整數型別會被提升（§4.11.1）。
stoi(s, p, b) stol(s, p, b) stoul(s, p, b) stoll(s, p, b) stoull(s, p, b) 將 s 中有數值內容的初始子字串分別回傳為一個 int、long、unsigned long、long long、unsigned long long。b 代表用於轉換的數值基數（numeric base）；b 預設為 10。p 是對 size_t 的一個指標，其中放置 s 中第一個非數值字元的索引；p 預設為 0，在那種情況中，函式不會儲存索引。
stof(s, p) stod(s, p) stold(s, p) 將 s 中的初始數值子字串分別回傳為一個 float、double 或 long double。p 的行為與整數轉換中所描述的相同。

這裡，我們呼叫 to_string 來將 42 轉換為它對應的 string 表示值，然後呼叫 stod 將那個 string 轉為浮點數。

在我們要轉為數值的 string 中，第一個非空白字元必須是可能出現在一個數字中的字元：

```
string s2 = "pi = 3.14";
// 轉換 s 中以一個數字開頭的第一個子字串，d = 3.14
d = stod(s2.substr(s2.find_first_of("+-.0123456789")));
```

在對 stod 的這個呼叫中，我們呼叫 find_first_of（§9.5.3）來取得 s 中可以是數字一部分的第一個字元。我們將 s 從那個位置開始的子字串傳入給了 stod。stod 函式讀取它被給予的 string，直到它找到一個不可能是數字一部分的字元為止。然後它就將所找到的數字字元表示值轉為對應的雙精度浮點數值（double precision floating-point value）。

string 中第一個非空白字元必須是一個加減號（+ 或 -）或一個數字（digit）。這個 string 能以 0x 或 0X 開頭來代表十六進位。對於轉換至浮點數的函式，這個 string 也能以一個小數點（decimal point，.）開頭，而且可以含有一個 e 或 E 來代表指數（exponent）。對於轉換至整數型別的函式，取決於其基數，string 可以含有對應超出 9 的數字的字母字元。

如果 string 不能被轉換為一個數字，這些函式會擲出一個 invalid_argument 例外（§5.6）。如果轉換過程產生了一個無法表示的值，它們會擲出 out_of_range。

9.6 容器轉接器

除了循序容器，程式庫還定義了三個循序容器轉接器：stack、queue 與 priority_queue。

習題章節 9.5.5

練習 9.50：寫個程式來處理其元素代表整數值的一個 vector<string>。產生該 vector 中所有元素的總和。修改此程式，讓它加總代表浮點數值的 string。

練習 9.51：寫出具有三個 unsigned 成員分別代表年、月、日的一個類別。撰寫一個建構器，接受一個代表日期的 string。你的建構器應該處理各種日期格式，例如 January 1, 1900、1/1/1900、Jan 1, 1900 等等。

轉接器（adaptor）是程式庫中的一個概念。這包括了容器、迭代器，以及函式轉接器。基本上，轉接器就是讓一個東西的行為變得像另一個東西的一種機制。一個容器轉接器接受一個現有的容器型別，並讓它的行為表現得像一個不同的型別。舉例來說，stack 轉接器接受一個循序容器（array 及 forward_list 除外），並讓它運作起來像一個 stack 一樣。表 9.17 列出了所有容器轉接器共通的運算和型別。

表 9.17：容器轉接器共通的運算和型別	
size_type	大到足以容納這個型別最大的物件之大小的型別。
value_type	元素型別。
container_type	轉接器在其上實作的底層容器之型別。
A a;	創建一個名為 a 的空轉接器。
A a(c);	以容器 c 的一個拷貝創建一個新的轉接器，名為 a。
關係運算子	每個轉接器都支援所有的關係運算子：==、!=、<、<=、>、>=。這些運算子會回傳比較底層容器的結果。
a.empty()	如果 a 有任何元素，就為 false，否則為 true。
a.size()	a 中的元素數目。
swap(a, b)	對調 a 和 b 的內容；a 與 b 必須有相同的型別，包括它們在其上實作的容器之型別。
a.swap(b)	

定義一個轉接器

每個轉接器都定義了兩個建構器：創建一個空物件的預設建構器，以及接受一個容器，並藉由拷貝所給的容器來初始化轉接器的另一個建構器。舉例來說，假設 deq 是一個 deque<int>，我們可以使用 deq 來初始化一個新的 stack，如下所示：

```
stack<int> stk(deq); // 將來自 deq 的元素拷貝至 stk
```

預設情況下，stack 與 queue 都是以 deque 為基礎來實作的，而 priority_queue 則是在一個 vector 上實作的。我們可以覆寫預設的容器型別，只要在創建轉接器時，指名一個循序容器作為第二個型別引數就行了：

```
// empty stack 在 vector 上實作的空堆疊
stack<string, vector<string>> str_stk;
// str_stk2 是在 vector 上實作的，而且最初存放有 svec 的一個拷貝
stack<string, vector<string>> str_stk2(svec);
```

哪種容器可以用於一個給定的轉接器有其限制存在。所有的轉接器都需要新增和移除元素的能力。因此，它們不能建置在一個 array 之上。同樣地，我們不能使用 forward_list，因為所有的轉接器都需要新增、移除或存取容器中最後一個元素。一個 stack 只需要 push_back、pop_back 與 back 運算，所以我們能為一個 stack 使用任何剩餘的容器型別。queue 轉接器需要 back、push_back、front 與 push_front，所以它能建置在一個 list 或 deque 之上，但不能在 vector 上。一個 priority_queue 除了 front、push_back 與 pop_back 運算外，也需要隨機存取，它可以建置在一個 vector 或 deque 之上，但不能在 list 上。

堆疊轉接器（Stack Adaptor）

stack 型別定義在 stack 標頭中。一個 stack 所提供的運算列於表 9.18。下列的程式示範 stack 的使用方式：

```
stack<int> intStack; // 空的堆疊
// 填滿堆疊
for (size_t ix = 0; ix != 10; ++ix)
    intStack.push(ix); // intStack 存有 0 ... 9 包括兩端
while (!intStack.empty()) { // 只要 intStack 中還有值
    int value = intStack.top();
    // 使用 value 的程式碼
    intStack.pop(); // pop 出最頂端的元素，並重複
}
```

宣告

```
stack<int> intStack; // 空堆疊
```

定義 intStack 是一個空的 stack 存放整數元素。for 迴圈新增十個元素，將每個初始化為從零開始的序列中的下個整數。while 迴圈迭代整個 stack，檢視 top 值，並將之從 stack 上 pop 出來，直到 stack 是空的為止。

表 9.18：除了表 9.17 中以外的其他堆疊運算	
預設使用 deque，也能在 list 或 vector 上實作。	
s.pop()	從 stack 移除最頂端的元素，但不回傳。
s.push(item)	藉由拷貝或移動 item，在 stack 上創建一個新的頂端元素，或從
s.emplace(args)	*args* 建構出該元素。
s.top()	回傳 stack 頂端的元素，但不回傳。

每個容器轉接器都以底層容器型別所提供的運算定義了自己的運算。我們只能使用轉接器的運算，不能使用底層容器型別的運算。舉例來說，

```
intStack.push(ix); // intStack 存放 0 ... 9包括兩端
```

會在 intStack 作為基礎的 deque 物件上呼叫 push_back。雖然 stack 是以一個 deque 來實作的，我們對於 deque 的運算並沒有直接的存取權。我們不能在一個 stack 上呼叫 push_back，我們必須使用名為 push 的 stack 運算。

佇列轉接器（Queue Adaptors）

queue 和 priority_queue 轉接器定義在 queue 標頭中。表 9.19 列出了那些型別所支援的運算。

表 9.19：表 9.17 以外的 **queue** 和 **priority_queue** 運算	
預設情況下，queue 使用 deque 而 priority_queue 使用 vector； **queue 也能使用 list 或 vector，priority_queue 能使用一個 deque。**	
`q.pop()`	從 queue 移除，但不回傳，前端的元素，或從 priority_queue 移除（但不回傳）最高優先序的元素。
`q.front()` `q.back()`	回傳，但不移除，q 的前端或後端元素。**只對 queue 有效。**
`q.top()`	回傳，但不移除，最高優先序的元素。**只對 priority_queue 有效。**
`q.push(item)` `q.emplace(args)`	在 queue 的尾端或 priority_queue 中適當的位置創建一個帶有值 item 的元素，或從 args 建構出元素來。

程式庫的 queue 使用一種先進、先出（first-in, first-out，FIFO）的儲存區和擷取原則。進入佇列的物件放置在尾端，而離開佇列的物件則是從前端移除。依據抵達順序安排客人座位的餐廳，就是 FIFO 佇列的一個實例。

priority_queue 讓我們在佇列所存放的元素之間建立出一種優先順序（priority）。新增的元素會被放到具有較低優先序的所有元素之前。依據預約時間而不管抵達時間來保留客人座位的餐廳，就是優先序佇列（priority queue）的實例之一。預設情況下，程式庫使用元素型別上的 < 運算子來判斷相對的優先序。我們會在 §11.2.2 學到如何覆寫這個預設值。

習題章節 9.6

練習 9.52： 使用一個 stack 來處理帶括號的運算式。當你看到一個左括號（open parenthesis），就記錄下來。當你在左括號之後看到一個右括號（close parenthesis），就將頂端往下一直到左括號（而且包括它）的元素都從 stack 中 pop 出來。push 一個值到 stack 上，代表一個帶括號的運算式已被取代。

本章總結

程式庫容器是存放一個給定型別的物件的模板型別。在一個循序容器中,元素是依照位置來排序和存取的。這些循序容器都使用一個共通的標準界面:如果兩個循序容器提供一個特定的運算,那麼該運算對這兩個容器而言,會有相同的介面和意義。

所有的容器(array 除外)都提供有效率的動態記憶體管理。我們可以新增元素到容器,無須擔心要把元素儲存在哪裡。容器本身會管理它的儲存區。vector 和 string 都透過它們的 reserve 和 capacity 成員提供更仔細的記憶體管理控制。

大多數情況下,容器定義的運算都出乎意料的少。容器定義了建構器、新增或移除元素的運算、判斷容器大小的運算,以及回傳迭代器指向特定元素的運算。其他有用的運算,例如排序或搜尋,不是由容器型別所定義,而是由標準演算法定義,這會在第 10 章中涵蓋。

當我們使用新增或移除元素的容器運算,一定要記得的是,這些運算有可能使指向容器中元素的迭代器、指標或參考無效化。許多會無效化一個迭代器的運算,例如 insert 或 erase,都會回傳一個新的迭代器,讓程式設計師得以藉此維護在容器中的位置。用到的容器運算會改變容器大小的迴圈在迭代器、指標和參考的的使用上應該特別小心。

定義的詞彙

adaptor(轉接器) 給定一個型別、函式或迭代器,讓它行為表現得像另一個的程式庫型別、函式或迭代器。有三個循序容器轉接器可用:stack、queue 與 priority_queue。每個轉接器都是在一個底層的循序容器型別上定義了一個新的介面。

array 大小固定的循序容器。要定義一個 array,除了指定元素型別外,我們還得給出大小。一個 array 中的元素能以它們的位置索引來存取。支援對元素的快速隨機存取。

begin 會回傳一個迭代器指向容器中第一個元素的容器運算,如果有的話。如果容器為空,那就回傳 off-the-end 迭代器。所回傳的迭代器是否為 const,則取決於容器的型別。

cbegin 回傳一個 const_iterator 指向容器中第一個元素的容器運算,如果有的話。如果容器是空的,就回傳 off-the-end 迭代器。

cend 這個容器運算會回傳一個 const_iterator 指向超過容器尾端一個位置的那個(不存在的)元素。

container(容器) 存放給定型別的一組物件的型別。每個程式庫容器型別都是一個模板型別。要定義一個容器,我們必須指定要儲存在容器中的元素型別。除了 array 以外,程式庫的容器都是大小可變的。

deque 循序容器。一個 deque 的元素能以它們的位置索引來存取。支援對元素的快速隨機存取。在所有面向都像一個 vector,不過它還支援在容器的前端及後端的快速插入或刪除,而且在這兩端插入或刪除後,不會調動其元素的位置。

end 回傳一個迭代器指向超出容器尾端一個位置的那個(不存在的)元素。回傳的迭代器是否為 const 則取決於容器的型別。

forward_list 代表一個單向連結串列的循序容器。一個 forward_list 中的元素只能循序存取，從一個給定的元素開始，要取得另一個元素只能藉由巡訪它們之間的每個元素。forward_list 上的迭代器並不支援遞減（--）。支援在 forward_list 任何位置的快速插入（或刪除）。不同於其他容器，插入和刪除發生在所給的迭代器位置之後。因此，forward_list 有一個「開端之前（before-the-beginning）」的迭代器來搭配一般的 off-the-end 迭代器。新元素加入後，迭代器仍然會是有效的。當一個元素被移除，僅有指向該元素的迭代器會無效化。

iterator range（迭代器範圍） 由一對迭代器所表示的元素範圍。第一個迭代器代表序列中的第一個元素，而第二個迭代器代表超出最後一個元素一個位置處。如果範圍是空的，那麼迭代器會是相等的（反之亦然，如果迭代器不相等，那麼它們代表的就是非空的範圍）。如果範圍不是空的，那麼重複遞增第一個迭代器就一定會抵達第二個迭代器。藉由遞增迭代器，序列中的每個元素都能被處理到。

left-inclusive interval（左包含區間） 一個範圍的值，包含其第一個元素，但不包含最後一個。一般表示為 [i, j)，代表這種序列從 i 開始並且包括它，然後延續到 j，但不包括之。

list 代表一個雙向連結串列（doubly linked list）。一個 list 中的元素只能循序地存取。從一個給定的元素開始，我們只能藉由巡訪其間的每個元素，才能取得另一個元素。list 上的迭代器遞增（++）和遞減（--）兩種運算都支援。支援在 list 中任何位置的快速插入（或刪除）。加入新元素時，迭代器也仍保持有效。移

除一個元素時，只有指向該元素的迭代器會無效化。

off-the-beginning iterator（開端前迭代器） 這種迭代器代表緊接在一個 forward_list 開頭前的那個（不存在的）元素。會從 forward_list 的成員 before_begin 回傳。就跟 end() 迭代器一樣，它不能被解參考。

off-the-end iterator（尾端後迭代器） 這種迭代器代表範圍中最後一個元素後一個位置處。常被稱作「end iterator（結尾迭代器）」。

priority_queue 循序容器的一種轉接器，它會產出一種佇列，元素被插入時，不是在尾端，而是依據一個指定的優先序層級進行。預設情況下，優先序是使用元素型別的小於運算子來判斷的。

queue 循序容器的轉接器，它所產出的型別可以讓我們新增元素到尾端，或從前端移除元素。

sequential container（循序容器） 存放單一型別的物件之有序集合的型別。一個循序容器中的元素是以位置來存取的。

stack 循序容器的轉接器，會產出讓我們只從一端新增或移除元素的型別。

vector 循序容器。一個 vector 中的元素可以透過它們的位置索引來存取。支援對元素的快速隨機存取。我們只能在後端有效率的新增或移除 vector 元素。新增元素到一個 vector 可能會導致它重新配置，使得所有對它的迭代器都無效化。新增（或移除）一個 vector 中間的元素會使插入點（或刪除點）之後的所有元素的迭代器無效。

10

泛用演算法

Generic Algorithms

本章目錄

程式庫容器定義的運算出乎意料的少。程式庫沒有為每個容器加上大量的功能性,而是提供了一組演算法(algorithms),它們大部分獨立於任何特定的容器型別。這些演算法是**泛用**(*generic*)的:它們作用在不同型別的容器和各種型別的元素上。

本章主題將對泛用演算法以及迭代器做更詳盡的介紹。

循序容器（*sequential containers*）定義了數個運算：大多數情況下，我們可以新增或移除元素、存取第一個或最後一個元素、判斷一個容器是否為空，以及獲取對第一個元素或超出最後一個元素一個位置處的迭代器。

我們可以想像到其他許多你可能會想要做的實用作業：我們可能想要找出一個特定元素、取代或移除一個特定的值、重新排列容器元素，諸如此類的。

不把這些運算定義成每個容器型別的成員，標準程式庫定義了一組**泛用演算法**（**generic algorithms**）：叫做「演算法」，是因為它們實作了常見的經典演算法，例如排序與搜尋，而「泛用」則是因為它們作用在不同型別的元素上，而且跨多種容器型別，不僅是像 vector 或 list 這樣的程式庫型別，也包含內建的陣列型別，以及，如我們會看到的，其他種類的序列（sequences）也適用。

10.1 概觀

大部分的演算法都是定義在 algorithm 標頭中。程式庫也定義了一組泛用的數值演算法，它們定義於 numeric 標頭中。

一般來說，演算法不會直接作用在一整個容器上。取而代之，它們的作業方式是巡訪（traverse）由兩個迭代器所界定的一個範圍的元素（§9.2.1）。常見的情況下，演算法巡訪該範圍的過程中，它會對每個元素做些事情。舉例來說，假設我們有一個由 int 組成的 vector，而我們想要知道那個 vector 是否存有一個特定的值。要回答這個問題，最簡單的方式是呼叫程式庫的 find 演算法：

```
int val = 42; // 我們要找的值
// 如果有在 vec 中，result 就會代表我們想要的那個元素，如果沒有，就會是 vec.cend()
auto result = find(vec.cbegin(), vec.cend(), val);
// 回報 result
cout << "The value " << val
     << (result == vec.cend()
          ? " is not present" : " is present") << endl;
```

find 的頭兩個引數是代表一個範圍的元素的迭代器，而第三個引數則是一個值。find 會將給定範圍中的每個元素與所給的值做比較。它會回傳一個迭代器指向第一個等於該值的元素。如果沒有吻合的，find 就會回傳它的第二個迭代器來表示失敗。因此，我們可以比較回傳值和第二個迭代器引數來判斷是否有找到該元素。我們在輸出述句中進行這個測試，它用到條件運算子（§4.7）來回報是否有找到那個值。

因為 find 是透過迭代器來運作的，我們可以使用相同的 find 函式在任何型別的容器中找尋值。舉例來說，我們可以使用 find 在一個由 string 所構成的 list 中找尋一個值：

```
string val = "a value"; // 我們要找的值
// 這個對 find 的呼叫會查看這個 list 中的 string 元素
auto result = find(lst.cbegin(), lst.cend(), val);
```

同樣地,因為指標在內建陣列上的行為就跟迭代器一樣,我們可以使用 find 在一個陣列中尋找:

```
int ia[] = {27, 210, 12, 47, 109, 83};
int val = 83;
int* result = find(begin(ia), end(ia), val);
```

這裡我們使用程式庫的 begin 和 end 函式(§3.5.3)來傳入對 ia 中第一個元素和超過最後一個元素一個位置處的指標。

我們也能在序列的一個子範圍中尋找,只要傳入迭代器(或指標)指向那個子範圍的第一個元素和超過最後一個元素一個位置處就行了。舉例來說,這個呼叫會在 ia[1]、ia[2] 與 ia[3] 這幾個元素中尋找匹配:

```
// 從 ia[1] 開始搜尋元素,一直到但不包含 ia[4]
auto result = find(ia + 1, ia + 4, val);
```

演算法的運作方式

要看看演算法如何被用在各種型別的容器上,讓我們更靠近一點檢視 find。它的工作是在一個未排序的元素序列中找尋一個特定元素。概念上,我們可以列出 find 必須採取的步驟:

1. 它會存取序列中的第一個元素。
2. 它將那個元素與我們想要的值做比較。
3. 如果這個元素匹配我們想要的,find 就會回傳一個值識別出該元素。
4. 否則,find 會推進到下個元素,並重複步驟 2 和 3。
5. find 必須在抵達序列末端時停止。
6. 如果 find 抵達序列末端,它就得回傳一個值表示沒有找到該元素。這個值和第 3 步回傳的必須有相容的型別。

這些運算都不取決於存放那些元素的容器型別。只要有迭代器可用來存取那些元素,find 就不會以任何方式依存於容器型別(甚至不管元素有沒有儲存在一個容器中)。

迭代器讓演算法獨立於容器

除了第二步以外,find 函式中的所有步驟都能以迭代器運算處理:迭代器的解參考運算子(dereference operator)能讓我們取用一個元素的值;如果有找到匹配的元素,find 可以回傳對那個元素的迭代器;迭代器遞增運算子移動到下個元素;「off-the-end」迭代器則表示 find 到達了所給的序列之末端;而 find 可以回傳 off-the-end 迭代器(§9.2.1)來表示找不到所給的值。

但演算法確實依存於元素型別的運算

雖然迭代器讓演算法獨立於容器，大多數的演算法都使用元素型別上的一（或更多）個運算。
舉例來說，步驟 2 用到元素型別的 == 運算子來將每個元素和所給的值做比較。

其他的演算法則要求元素型別有 < 運算子。然而，如我們會看到的，大部分的演算法都提供
了方式來讓我們以自己的運算取代預設的運算子。

習題章節 10.1

練習 10.1： algorithm 標頭定義了一個名為 count 的函式，它跟 find 一樣，接受一對迭代器
和一個值。count 會計數那個值出現的頻率。將一個序列的 int 讀到一個 vector 中，然後印
出 count 所計算的，有多少個元素有那個給定的值。

練習 10.2： 重複前面的程式，但將值讀到由 string 構成的一個 list 中。

關鍵概念：演算法永遠都不會執行容器的運算

泛用演算法本身並不會執行容器運算。它們單純透過迭代器和迭代器運算來運作。「演算法以
迭代器運算運作，而非藉由容器運算運作」這個事實有一個或許出乎意料但必要的後果：演算
法永遠都不會更改底層容器的大小。演算法可以改變儲存在容器中的元素的值，而它們也能在
容器中到處移動元素。然而，它們不能直接新增或移除元素。

如我們會在 §10.4.1 中看到的，有一個特殊類別的迭代器，即插入者（inserters），所做的事
不僅止於巡訪它們所繫結的序列。當我們對這些迭代器進行指定，它們會在底層的容器上執行
插入運算。當一個演算法作用在這些迭代器其中一個，這種迭代器可以有新增元素到容器的效
果。然而，**演算法**本身永遠都不會這麼做。

 # 10.2 演算法初探

程式庫提供了超過 100 個演算法。幸好，就跟容器一樣，這些演算法都有一致的架構。理解
這個架構可以讓演算法的學習和使用比記憶所有的一百多個演算法還要容易。在本章中，我
們會示範如何使用這些演算法，並描述它們作為特徵的統一原則。附錄 A 會列出所有的演算
法，以它們的運作方式來分類。

除了少數幾個例外，這些演算法都作用在一個範圍的元素。我們會將這個範圍稱作「輸入範
圍（input range）」。接受一個輸入範圍的演算法永遠都會用它們的頭兩個參數來代表那個
範圍。這些參數是迭代器，代表要處理的第一個元素和超出最後一個元素一個位置處。

雖然大部分的演算法作用在輸入範圍的方式都類似，它們的差異在於如何使用在那個範圍中
的元素。理解這些演算法最基本的方法是了解它們是否會讀取元素、寫入元素或重新安排元
素的順序。

10.2.1 唯讀演算法

有幾個演算法只會讀取它們輸入範圍中的元素,永遠都不會寫入。find 函式就是這種演算法之一,用在 §10.1 練習中的 count 函式也是。

其他的唯讀演算法還有 accumulate,它定義在 numeric 標頭中。accumulate 函式接受三個引數。頭兩個指定要加總的一個範圍的元素。第三個是這個總和的初始值。假設 vec 是一個整數序列,下列程式碼

```
// 加總 vec 中的元素,以值 0 開始加總
int sum = accumulate(vec.cbegin(), vec.cend(), 0);
```

會將 sum 設為等於 vec 中元素的總和,使用 0 作為加總的起點。

accumulate 第三個引數的型別決定了要用哪個加法運算子,並且是 accumulate 所回傳的型別。

演算法和元素型別

「accumulate 使用它的第三個引數作為加總的起點」這個事實,有一個重大的後果:你必須能夠將元素型別加到那個總和的型別。也就是說,序列中的元素必須匹配那第三個引數的型別,或能轉換至該型別。在這個例子中,vec 中的元素可以是 int,也可以是 double 或 long long,或可以被加到一個 int 的任何其他型別。

舉另一個例子,因為 string 有一個 + 運算子,我們可以呼叫 accumulate 來串接由 string 構成的一個 vector 的元素:

```
string sum = accumulate(v.cbegin(), v.cend(), string(""));
```

這個呼叫會將 v 中的每個元素串接到一個最初為空的 string。注意到,我們明確的創建了一個 string 作為第三個參數。以字串字面值(**string literal**)的形式傳入一個空字串會是編譯期錯誤:

```
// 錯誤:const char* 上沒有 + 運算
string sum = accumulate(v.cbegin(), v.cend(), "");
```

假設我們傳入一個字串字面值,那麼用來存放總和的物件之型別會是 const char*。那個型別決定了會使用哪個 + 運算子。因為型別 const char* 沒有 + 運算子,這個呼叫就沒辦法編譯。

一般來說,最好是使用 cbegin() 和 cend()(§9.2.3)來搭配讀取但不寫入元素的演算法。然而,如果你計畫使用演算法所回傳的迭代器來更改一個元素的值,那麼你就得傳入 begin() 和 end()。

作用在兩個序列上的演算法

另一個唯讀演算法是 equal，它能讓我們判斷兩個序列是否存放相同的值。它會將來自第一個序列的每個元素與第二個序列中對應的元素做比較。如果對應的元素相等，就回傳 true，否則為 false。此演算法接受三個迭代器：頭兩個（一如以往）代表第一個序列中的元素範圍；第三個則代表第二個序列中的第一個元素：

```
// roster2 至少應該要有與 roster1 一樣多的元素
equal(roster1.cbegin(), roster1.cend(), roster2.cbegin());
```

因為 equal 透過迭代器運作，我們可以呼叫 equal 來比較不同型別的容器中的元素。此外，只要我們能用 == 來比較元素型別，元素型別就不一定得相同。舉例來說，roster1 可以是一個 vector<string>，而 roster2 是一個 list<const char*>。

然而，equal 做了一個關鍵的重要假設：它假設第二個序列至少必須與第一個一樣大。這個演算法會查看第一個序列中的每個元素。它假設第二個序列中會有與那些元素對應的元素。

接受代表第二個序列的單一迭代器的演算法假設第二個序列至少與第一個一樣大。

習題章節 10.2.1

練習 10.3： 使用 accumulate 來加總一個 vector<int> 中的元素。

練習 10.4： 假設 v 是一個 vector<double>，那麼如果有錯的話，呼叫 accumulate(v.cbegin(), v.cend(), 0) 是哪裡不對呢？

練習 10.5： 在 rosters 上對 equal 的呼叫中，如果那兩個 rosters 都存有 C-style 的字串，而非程式庫的 string，那會怎樣？

10.2.2 寫入容器元素的演算法

某些演算法會指定新的值給一個序列中的元素。當我們使用會對元素做指定的演算法，我們必須小心確保演算法所寫入的序列之元素數至少與我們要求演算法寫入的一樣多。記得，演算法不會進行容器運算，所以它們沒有辦法改變容器的大小。

某些演算法會寫入輸入範圍中的元素。這些演算法並非本質上就是危險的，因為它們只會寫入跟指定的範圍內一樣多的元素。

舉個例子，fill 演算法接受表示一個範圍的一對迭代器，以及一個值作為第三個引數。fill 會將所給的值指定到輸入序列中的每個元素：

關鍵概念：迭代器引數

有些演算法會從兩個序列讀取元素。構成這些序列的元素可被儲存在不同種的容器中。舉例來說，第一個序列可以存在一個 vector 中，而第二個可以存在一個 list、deque、內建陣列或其他的序列中。此外，這兩個序列中的元素型別並不一定要完全匹配。這裡所要求的是，我們必須要能夠比較來自這兩個序列的元素。舉例來說，在 equal 演算法中，元素型別不需要是完全相同的，但我們必須能用 == 來比較來自兩個序列的元素。

作用在兩個序列上的演算法之間差在我們如何傳入第二個序列。某些演算法，例如 equal，接受三個迭代器：頭兩個代表第一個序列的範圍，而第三個迭代器表示第二個序列中的第一個元素。其他的接受四個迭代器：頭兩個代表第一個序列中的元素範圍，而接下來的兩個則代表第二個序列的範圍。

使用單一個迭代器來代表第二個序列的演算法假設第二個序列至少與第一個一樣大。這得由我們負責確保這種演算法不會試著存取第二個序列中不存在的元素。舉例來說，equal 演算法會將它第一個序列中的每個元素與第二個中的元素做比較。如果第二個序列是第一個的一個子集，那麼我們的程式就有嚴重的錯誤：equal 將會試著存取超出第二個序列尾端的元素。

```
fill(vec.begin(), vec.end(), 0); // 將每個元素重置為 0
// 將容器的一個子序列設為 10
fill(vec.begin(), vec.begin() + vec.size()/2, 10);
```

因為 fill 寫入的是它被賦予的輸入序列，所以只要我們傳入一個有效的輸入序列，寫入動作就會是安全的。

演算法不會檢查寫入運算

某些演算法接受代表不同目的地的一個迭代器。這些演算法會指定新的值給一個序列的元素，從這個目的地迭代器（destination iterator）所表示的元素開始。舉例來說，fill_n 函式接受單一個迭代器、一個計數（count），以及一個值。它會將所給的值指定給從該迭代器所代表的元素開始的指定數目個元素。我們可以使用 fill_n 來指定一個新的值給一個 vector 中的元素：

```
vector<int> vec; // 空的 vector
// 使用 vec 給予它各個值
fill_n(vec.begin(), vec.size(), 0); // 將 vec 的所有元素重置為 0
```

fill_n 函式假設它可以安全地寫入指定數目個元素。也就是說，對於這種形式的呼叫：

```
fill_n(dest, n, val)
```

fill_n 會假設 dest 指向一個元素，而序列中從 dest 開始至少有 n 個元素。

在沒有元素的容器上呼叫 fill_n（或會寫入元素的類似演算法）是相當常見的初學者錯誤：

```
vector<int> vec; // 空的 vector
// 災難：試著寫入 vec 中十個（不存在的）元素
fill_n(vec.begin(), 10, 0);
```

對 fill_n 的這個呼叫是場災難。我們指定了應該寫入十個元素，但那些元素並不存在，vec 是空的。結果會是未定義的。

 寫入一個目的地迭代器的演算法假設那個目的地大到足以容納被寫入的元素數。

back_inserter 簡介

確保演算法有足夠的元素來存放輸出的一個方式是使用一個**插入迭代器（insert iterator）**。一個插入迭代器是會新增元素到一個容器的迭代器。一般來說，當我們透過一個迭代器對一個容器元素進行指定，我們指定的對象就是那個迭代器所表示的元素。當我們透過一個插入迭代器進行指定，具有右邊值的一個新元素會被新增到容器中。

我們會在 §10.4.1 更深入討論插入迭代器。然而，為了示範如何使用會寫入容器的演算法，我們會用 **back_inserter**，它是定義在 iterator 標頭中的一個函式。

back_inserter 接受對容器的一個參考，並回傳一個插入迭代器，繫結至那個容器。當我們透過此迭代器進行指定，指定式會呼叫 push_back 來將帶有給定值的一個元素加到容器中：

```
vector<int> vec;        // 空的 vector
auto it = back_inserter(vec); // 透過 it 指定會新增元素到 vec
*it = 42;               // vec 現在有具有值 42 的一個元素
```

我們會頻繁地使用 back_inserter 創建一個迭代器來用作演算法的目的地。舉例來說：

```
vector<int> vec; // 空的 vector
// ok：back_inserter 創建了一個插入迭代器，會新增元素到 vec
fill_n(back_inserter(vec), 10, 0); // 附加十個元素到 vec
```

在每次迭代中，fill_n 都會對給定序列中的一個元素進行指定。因為，我們傳入了由 back_inserter 所回傳的一個迭代器，每次的指定都會在 vec 上呼叫 push_back。結果就是，這個對 fill_n 的呼叫會新增十個元素到 vec 的尾端，每個都有值 0。

拷貝演算法

copy 演算法是會寫入到由一個目的地迭代器所表示的輸出序列中元素的另一個演算法實例。這個演算法接受三個迭代器。頭兩個代表一個輸入範圍；第三個代表目的地序列的開頭。這個演算法會將它輸入範圍中的元素拷貝到目的地中的元素。必定要滿足的是，傳入給 copy 的目的地至少必須與輸入範圍一樣大。

舉個例子，我們可以使用 copy 來將一個內建陣列拷貝到另一個去：

```
int a1[] = {0,1,2,3,4,5,6,7,8,9};
int a2[sizeof(a1)/sizeof(*a1)]; // a2 的大小與 a1 一樣
// ret 指向拷貝到 a2 中的最後一個元素之後
auto ret = copy(begin(a1), end(a1), a2); // 將 a1 拷貝到 a2 中
```

這裡我們定義了一個名為 a2 的陣列，並使用 sizeof 來確保 a2 有跟陣列 a1 一樣多的元素（§4.9）。然後我們呼叫 copy 來將 a1 拷貝到 a2 中。對 copy 的呼叫後，兩個陣列中的元素會有相同的值。

copy 所回傳的值是其目的地迭代器（經過遞增後）的值。也就是說，ret 指向剛超過拷貝到 a2 中最後一的元素的地方。

有幾個演算法都提供所謂的「拷貝」版本（"copying" versions）。這些演算法會計算出新的元素值，但不是將它們放回其輸入序列，而是演算法會創建一個新的序列來包含結果。

舉例來說，replace 演算法讀取一個序列，並將其中出現給定值的地方都取代為另一個值。這個演算法接受四個參數：兩個迭代器表示輸入範圍，以及兩個值。它會將等於第一個值的每個元素取代為第二個值：

```
// 將每個帶有值 0 的元素取代為 42
replace(ilst.begin(), ilst.end(), 0, 42);
```

這個呼叫會將所有的 0 取代為 42。如果我們想要讓原本的序列保持不變，我們可以呼叫 replace_copy。這個演算法接受一個迭代器作為第三個引數，代表要寫入調整過後的序列的一個目的地：

```
// 使用 back_inserter 以在必要時增長目的地
replace_copy(ilst.cbegin(), ilst.cend(),
             back_inserter(ivec), 0, 42);
```

在這個呼叫之後，ilst 並不會改變，而 ivec 會含有 ilst 的一個拷貝，只不過 ilst 中每個帶有值 0 的元素在 ivec 中會有值 42。

10.2.3 改變容器元素順序的演算法

某些演算法會重新安排一個容器中的元素順序。這種演算法的一個明顯的例子就是 sort。對 sort 的一個呼叫會重新安排輸入範圍中的元素，使用元素型別的 < 運算子來排列它們的順序。

舉個例子，假設我們想要分析在一組童話故事中用到的字詞。假設我們有一個 vector 存放數個故事的文字。我們想要縮簡這個 vector，讓每個字只出現一次，不管那個字在給定的任何故事中出現了多少次。

為了示範，我們會使用下列的簡單故事作為我們的輸入：

the quick red fox jumps over the slow red turtle

給定這個輸入，我們的程式應該產生下列 vector：

fox	jumps	over	quick	red	slow	the	turtle

消除重複的

要消除重複的字詞，我們會先排序 vector，讓重複的字詞與彼此相鄰。一旦 vector 排序好了，我們就能使用另一個程式庫演算法，名為 unique，來重新排列 vector，讓那些唯一（**unique**）的元素出現在 vector 的第一個部分。因為演算法無法進行容器運算，我們會用 vector 的 erase 成員來實際移除那些元素：

```cpp
void elimDups(vector<string> &words)
{
    // 以字母順序排列字詞，讓我們可以找到重複的字
    sort(words.begin(), words.end());
    // unique 會重新排列輸入範圍，讓每個字詞只出現在一次在
    // 該範圍前面的部分，然後回傳一個迭代器指向剛超過這個「唯一」範圍的位置
    auto end_unique = unique(words.begin(), words.end());
    // erase 使用一個 vector 運算來移除非唯一的元素
    words.erase(end_unique, words.end());
}
```

sort 演算法接受兩個迭代器表示要排序的元素範圍。在這個呼叫中，我們會排序整個 vector。在對 sort 的呼叫後，words 會重新安排為

fox	jumps	over	quick	red	red	slow	the	the	turtle

請注意到 red 和 the 這些字詞出現了兩次。

 ## 使用 **unique**

一旦 words 經過排序，我們會想要只保留每個字的一個拷貝。unique 演算法會重新安排輸入範圍，來「消除」相鄰的重複項目，並回傳一個迭代器表示那些唯一值（**unique values**）範圍的結尾。

在對 unique 的呼叫後，vector 會存放

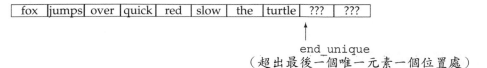

fox | jumps | over | quick | red | slow | the | turtle | ??? | ???

end_unique
（超出最後一個唯一元素一個位置處）

words 的大小不變，它仍有十個元素。那些元素的順序改變了，相鄰的重複項目被「移除」了。我們為移除加上引號，是因為 unique 沒有移除任何元素。取而代之，它覆寫了相鄰的重複項目，讓唯一的元素出現在序列的前端。unique 所回傳的迭代器代表超出最後一個唯一元素的一個位置處。超出該點的元素仍然存在，但我們不知道它們有什麼值。

> 程式庫演算法是透過迭代器來運作，而非容器。因此，演算法不能（直接）新增或移除元素。

使用容器運算來移除元素

要實際移除沒用到的元素，我們必須使用容器運算，這是在對 erase 的呼叫（§9.3.3）中進行。我們移除從 end_unique 所指開始一直到 words 尾端的那個範圍的元素。這個呼叫後，words 含有八個來自輸入的唯一字詞。

值得注意的是，即使 words 沒有重複的字詞，對 erase 的這個呼叫也會是安全的。在那種情況下，unique 會回傳 words.end()。erase 的兩個引數就會有同一個值：words.end()。迭代器相等，就表示傳入給 erase 的範圍是空的。消除一個空範圍不會有任何效果，所以即使輸入沒有重複項目，我們的程式依然正確。

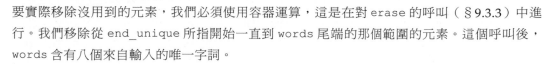

習題章節 10.2.3

練習 10.9：實作你自己版本的 elimDups。在讀取輸入後、呼叫 unique 後，以及呼叫 erase 後都印出 vector，以測試你的程式。

練習 10.10：為何你認為演算法不會變更容器的大小？

10.3 自訂運算

許多演算法都會比較輸入序列中的元素。預設情況下，這種演算法會使用元素型別的 < 或 == 運算子。程式庫也定義了這些演算法的另一種版本，讓我們可以提供自己的運算來取代預設運算子。

舉例來說，sort 演算法使用元素型別的 < 運算子。然而，我們可能想要以不同於 < 所定義的順序來排列一個序列，或者我們的序列的元素之型別（例如 Sales_data）可能沒有 < 運算子。在這些情況中，我們得覆寫 sort 的預設行為。

10.3.1 傳遞函式給演算法

舉個例子，假設我們想要在呼叫 elimDups 之後印出 vector（§10.2.3）。然而，我們也假設我們想要看到字詞是以其大小排序的，而相同大小則以字母順序排列。為了以長度重排 vector，我們會用重載的第二個版本的 sort。這個版本的 sort 接受一個 **predicate（判斷式）** 作為第三引數。

Predicates

一個判斷式（predicate）是一種運算式，它可被呼叫並會回傳一個可作為條件的值。程式庫演算法所用的判斷式有**單元判斷式（unary predicates**，代表它們有單一個參數）或**二元判斷式（binary predicates**，代表它們有兩個參數）。接受判斷式的演算法會在輸入範圍的元素上呼叫給定的判斷式。因此，元素型別必須能夠轉換為判斷式的參數型別。

接受一個二元判斷式的 sort 版本使用給定的判斷式來取代 <，以進行元素的比較。我們提供給 sort 的判斷式必須符合我們會在 §11.2.2 中描述的要求。至於現在，我們必須知道的是，此運算必須為輸入序列中所有可能的元素定義一個前後一致的順序。來自 §6.2.2 的 isShorter 函式就是符合這些需求的一個函式實例，所以我們能夠傳入 isShorter 給 sort。這麼做會以大小重新排序元素：

```cpp
// 要用來以字詞長度進行排序的比較函式
bool isShorter(const string &s1, const string &s2)
{
    return s1.size() < s2.size();
}
// 以字詞長度排序，從最短的到最長的
sort(words.begin(), words.end(), isShorter);
```

如果 words 含有與 §10.2.3 中相同的資料，這個呼叫會使 words 中長度為 3 的所有字詞都排在長度為 4 的字詞前，然後其後再接著長度 5 的字詞，依此類推。

排序演算法

當我們以大小排序 words，我們也想要在大小相同的元素間保持字母順序。要讓長度相同的字詞以字母順序排列，我們可以使用 stable_sort 演算法。穩定排序（**stable sort**）會在相等的元素之間保持原有的順序。

一般來說，我們並不會在意排序過的序列中相等元素的相對順序。畢竟，它們是相等的。然而，在這個例子中，我們定義「相等」為「有相同的長度」。查看其內容時，我們會發現長度相等的元素仍然與彼此有差異。藉由呼叫 stable_sort，我們就能在長度相同的那些元素之間維持字母順序：

```
elimDups(words); // 讓字詞以字母順序排列，並移除重複的項目
// 以長度重新排序，長度相等的字詞之間則維持字母順序
stable_sort(words.begin(), words.end(), isShorter);
for (const auto &s : words) // 沒必要拷貝字串
    cout << s << " "; // 以一個空格作為間隔印出每個元素
cout << endl;
```

假設這個呼叫前 words 就是以字母順序排列，那麼在呼叫之後，words 會以元素大小來排序，而每種長度的字詞內都會維持字母順序。如果我們在原本的 vector 上執行這段程式碼，輸出就會是

fox red the over slow jumps quick turtle

習題章節 10.3.1

練習 10.11：寫一個程式使用 stable_sort 和 isShorter 來排序傳入你版本的 elimDups 的一個 vector。印出這個 vector 來驗證你的程式是正確的。

練習 10.12：寫一個名為 compareIsbn 的函式來比較兩個 Sales_data 物件的 isbn() 成員。使用這個函式來 sort 存放了 Sales_data 物件的一個 vector。

練習 10.13：程式庫定義了一個名為 partition 的演算法，它接受一個判斷式，並藉以分割（partition）容器，讓判斷式為 true 的那些值出現在第一部分，而判斷式為 false 的那些則出現在第二部分。這個演算法會回傳一個迭代器指向判斷式會回傳 true 的最後一個元素後一個位置處。寫一個函式接受一個 string 並回傳一個 bool 來指出該 string 是否含有五個或更多個字元。用這個函式來分割 words。印出有五個以上字元的元素。

10.3.2 Lambda 運算式

傳入演算法的判斷式必須剛好只有一個或兩個參數，取決於演算法接受單元判斷式或二元判斷式。然而，有時我們想要做的處理需要的引數超過演算法的判斷式所允許的。舉例來說，你為前一節最後一個練習所寫的解答必須將 5 這個大小寫死到用來分割序列的判斷式中。如果分割序列時，可以不用為每種可能的大小都寫一個判斷式，那就會更有用處。

舉一個相關例子，我們會改寫 §10.3.1 的程式來回報有多少個字詞是等於一個給定的大小或更大。我們也會更改輸出，讓它只印出大於或等於給定大小的那些字詞。

我們會命名為 biggies 的這個函式的草圖如下：

```
void biggies(vector<string> &words,
            vector<string>::size_type sz)
{
```

```
elimDups(words);  // 讓字詞以字母順序排列，並移除重複的項目
// 以長度重新排序，長度相等的字詞之間則維持字母順序
stable_sort(words.begin(), words.end(), isShorter);
// 取得一個迭代器指向 size() >= sz 的第一個元素
// 計算大小 >= sz 的元素之數目
// 印出給定大小或更大的字詞，每個後面都跟著一個空格
}
```

我們新的問題是找到 vector 中具有給定大小的第一個元素。只要知道那個元素，我們就能用其位置來計算多少元素有那個大小或更大。

我們能使用程式庫的 find_if 演算法來找出具有特定大小的一個元素。跟 find（§10.1）一樣，find_if 演算法接受表示一個範圍的一對迭代器。不同於 find，find_if 的第三個引數是一個判斷式。find_if 演算法會在輸入範圍中的每個元素上呼叫所給的判斷式。它會回傳判斷式為之回傳一個非零值的第一個元素，或在沒找到這種元素時，回傳其結尾迭代器。

我們很容易就可以寫出一個函式接受一個 string 以及一個大小，然後回傳一個 bool 指出所給的 string 的大小是否大於給定的大小。然而，find_if 接受一個單元判斷式：我們傳入 find_if 的任何函式都必須有剛好一個參數，而且能以輸入序列中的元素來呼叫。我們沒辦法傳入代表大小的第二個引數。要解決我們問題的這個部分，我們得使用一些額外的語言機能。

Lambda 簡介

我們可以傳入任何種類的**可呼叫物件（callable object）**給演算法。如果我們能對它套用呼叫運算子（§1.5.2），一個物件或運算式就是可呼叫的（callable）。也就是說，如果 e 是一個可呼叫的運算式，我們就能寫 e(args)，其中 args 是以逗號分隔的零或多個引數所成串列。

我們到目前為止所用的 callable 都是函式或函式指標（§6.7）。另外還有兩種 callable：重載了函式呼叫運算子的類別（這會在 §14.8 中涵蓋），以及 **lambda expressions（lambda 運算式）**。

C++
11

一個 lambda expression 代表一個可呼叫的程式碼單元。它可被想成是一個無名的 inline 函式。就跟任何函式一樣，一個 lambda 有一個回傳型別、一個參數列，以及一個函式主體。不同於函式，lambda 可以被定義在一個函式內。一個 lambda expression 有這種形式：

  [*capture list*] (*parameter list*) -> *return type* { *function body* }

其中 *capture list*（捕捉串列）是定義在外圍函式中的一個區域變數串列（通常是空的）；*return type*（回傳型別）、*parameter list*（參數列）和 *function body*（函式主體）就跟一般函式相同。然而，不同於一般函式，一個 lambda 必須使用尾端回傳（trailing return，§6.3.3）來指定其回傳型別。

我們可以省略參數列和回傳型別中任一個，也可以兩者都省略，但永遠都得包括捕捉串列和函式主體：

```
auto f = [] { return 42; };
```

這裡，我們將 f 定義為了一個可呼叫物件，它不接受引數，並且回傳 42。

我們呼叫一個 lambda 的方式就跟呼叫一個函式一樣，都是使用呼叫運算子：

```
cout << f() << endl;  // 印出 42
```

在一個 lambda 中省略括弧和參數列，就等同於指定了一個空的參數列。因此，我們呼叫 f 的時候，引數列是空的。如果我們省略回傳型別，lambda 就會有一個推論出來的回傳型別，取決於函式主體中的程式碼。如果函式主體只是一個 return 述句，那麼回傳型別就會從所回傳的運算式之型別推論出來。否則，回傳型別就是 void。

> 如果 lambda 的函式主體含有單一 return 述句以外的任何東西，沒有指定回傳型別，就會回傳 void。

傳入引數給 Lambda

就跟一般的函式呼叫一樣，對 lambda 的呼叫中，引數會被用來初始化 lambda 的參數。一如以往，引數和參數的型別必須匹配。不同於一般的函式，一個 lambda 不能有預設引數（§6.5.1）。因此，對一個 lambda 的呼叫永遠都會有跟那個 lambda 參數一樣多的引數。一旦參數初始化完畢，函式主體就會執行。

作為接受引數的 lambda 範例，我們可以寫出一個 lambda 讓它的行為跟我們的 isShorter 函式一樣：

```
[](const string &a, const string &b)
    { return a.size() < b.size();}
```

空的捕捉串列代表這個 lambda 不會使用外圍函式的任何區域變數。這個 lambda 的參數，就跟 isShorter 的參數一樣，是對 const string 的參考。同樣地，就像 isShorter，這個 lambda 的函式主體會比較它參數的 size()，然後依據所給引數的相對大小回傳一個 bool。

我們可以使用這個 lambda 來改寫對 stable_sort 的呼叫，如下：

```
// 以大小排序 words，但相同大小的字詞間維持字母順序
stable_sort(words.begin(), words.end(),
            [](const string &a, const string &b)
              { return a.size() < b.size();});
```

當 stable_sort 需要比較兩個元素，它就會呼叫所給的 lambda expression。

使用捕捉串列

我們現在已經準備好解決我們原本的問題，也就是寫一個能傳入 find_if 的可呼叫運算式。我們想要一個運算式來比較輸入序列中每個 string 的長度和 biggies 函式中 sz 參數的值。

雖然一個 lambda 可以出現在一個函式內，它只能在它有指定要用哪些變數之時，使用那個函式的區域變數。一個 lambda 會在它的捕捉串列（capture list）中指定它會使用的那些區域變數。這個捕捉串列會引導 lambda 包含在 lambda 本身中存取那些變數所需的資訊。

在此，我們的 lambda 會捕捉 sz，而且會有單一個 string 參數。我們 lambda 的主體會把所給的 string 的大小和捕捉到的 sz 值做比較：

```
[sz](const string &a)
    { return a.size() >= sz; };
```

在作為一個 lambda 開頭的 [] 中，我們可以提供以逗號分隔的一串定義在外圍函式中的名稱。

因為這個 lambda 捕捉了 sz，這個 lambda 的主體就能使用 sz。這個 lambda 沒有捕捉 words，所以無法存取那個變數。假設我們賦予這個 lambda 一個空的捕捉串列，我們的程式碼將無法編譯：

```
// 錯誤：sz 未捕捉
[](const string &a)
    { return a.size() >= sz; };
```

 一個 lambda 可以使用其外圍函式的某個區域變數，但只有在這個 lambda 有將那個變數捕捉在其捕捉串列中的時候才行。

呼叫 `find_if`

使用這個 lambda，我們可以找到大小至少與 sz 一樣的第一個元素：

```
// 取得一個迭代器指向 size() >= sz 的第一個元素
auto wc = find_if(words.begin(), words.end(),
            [sz](const string &a)
                { return a.size() >= sz; });
```

對 find_if 的呼叫會回傳一個迭代器指向至少與所給的 sz 一樣長的第一個元素，或在沒有這種元素存在時，回傳 words.end() 的一個拷貝。

我們可以使用從 find_if 回傳的迭代器來計算有多少元素出現在那個迭代器與 words 結尾之間（§3.4.2）：

```
// 計算大小 >= sz 的元素有多少
auto count = words.end() - wc;
cout << count << " " << make_plural(count, "word", "s")
    << " of length " << sz << " or longer" << endl;
```

我們的輸出述句會呼叫 make_plural（§6.3.2）來印出 word 或 words，取決於大小是否等於 1。

for_each 演算法

我們問題的最後一個部分是印出 words 中長度為 sz 或更長的元素。為了這麼做，我們會用 for_each 演算法。這個演算法接受一個可呼叫物件，並在輸入範圍中的每個元素上呼叫那個物件：

```
// 印出給定大小或更長的字詞，每個後面都跟著一個空格
for_each(wc, words.end(),
         [](const string &s){cout << s << " ";});
cout << endl;
```

這個 lambda 中的捕捉串列是空的，而主體中用到兩個名稱：它自己的參數 s 和 cout。

捕捉串列是空的，因為我們只會為定義在外圍函式中的（非 static）變數使用捕捉串列。一個 lambda 可以使用它出現處的函式的外部所定義的名稱。在這個例子中，cout 就不是定義在 biggies 中的區域性名稱，那個名稱定義在 iostream 標頭中。只要 iostream 標頭在 biggies 出現處的範疇中有被引入，我們的 lambda 就能使用 cout。

> 捕捉串列僅用於區域性的非 static 變數；lambda 可以直接使用區域性的 static 以及定義在該函式外的變數。

全部整合起來

既然我們已經分別探討過各個部分，現在就來看整個程式合起來的樣子：

```
void biggies(vector<string> &words,
             vector<string>::size_type sz)
{
    elimDups(words);  // 讓 words 以字母順序排列，並移除重複的
    // 以大小排列 words，但相同大小的字詞間維持字母順序
    stable_sort(words.begin(), words.end(),
                [](const string &a, const string &b)
                  { return a.size() < b.size();});
    // 取得一個迭代器指向 size() >= sz 的第一個元素
    auto wc = find_if(words.begin(), words.end(),
                [sz](const string &a)
                  { return a.size() >= sz; });
    // 計算大小 >= sz 的元素數目
    auto count = words.end() - wc;
    cout << count << " " << make_plural(count, "word", "s")
         << " of length " << sz << " or longer" << endl;
    // 印出給定大小或更長的字詞，每個後面都跟著一個空格
    for_each(wc, words.end(),
             [](const string &s){cout << s << " ";});
    cout << endl;
}
```

練習 10.14：寫出一個 lambda 接受兩個 int 並回傳它們的總和。

練習 10.15：撰寫一個 lambda，從其外圍函式捕捉一個 int，並接受一個 int 參數。這個 lambda 應該回傳所捕捉的 int 和那個 int 參數。

練習 10.16：使用 lambda 寫出你自己版本的 biggies。

練習 10.17：改寫 §10.3.1 的練習 10.12，在對 sort 的呼叫中使用一個 lambda，而非 compareIsbn 函式。

練習 10.18：改寫 biggies，使用 partition 來取代 find_if。我們在 §10.3.1 的練習 10.13 描述過 partition 演算法。

練習 10.19：改寫前面的練習，改用 stable_partition，它就像 stable_sort，會在分割後的序列中保留原本的元素順序。

10.3.3 Lambda 的捕捉與回傳

當我們定義一個 lambda，編譯器會產生一個新（無名的）類別型別，對應那個 lambda。我們會在 §14.8.1 中看到這些類別是如何產生的。至於現在，就實用性上，要了解的是當我們傳入一個 lambda 給一個函式，我們就定義了一個新的型別和該型別的一個物件：這個引數是一個無名的物件，具有編譯器所產生的類別型別。同樣地，當我們使用 auto 來定義由一個 lambda 初始化的一個變數，我們做的就是定義了一個物件，其型別是從那個 lambda 產生而來。

預設情況下，從一個 lambda 產生的類別含有一個資料成員對應於那個 lambda 所捕捉的變數。就跟任何類別的資料成員一樣，一個 lambda 的資料成員會在一個 lambda 物件被創建出來時初始化。

捕捉其值（Capture by Value）

類似於參數的傳遞，我們可以藉由值（by value）或藉由參考（by reference）來捕捉變數。表 10.1 涵蓋了形成一個捕捉串列的各種方式。目前為止，我們的 lambda 都是以值捕捉變數。就像以值傳遞的參數，這種變數必須能夠被拷貝。跟參數不同的是，一個被捕捉的變數之值會在 lambda 被創建時捕捉，而非它被呼叫時：

```
void fcn1()
{
    size_t v1 = 42;  // 區域變數
    // 將 v1 拷貝到一個叫做 f 的可呼叫物件中
    auto f = [v1] { return v1; };
    v1 = 0;
    auto j = f();  // j 是 42，f 會在我們創建它的時候儲存 v1 的一個拷貝
}
```

因為值是在 lambda 創建時拷貝的，後續對那個被捕捉的變數之更動，對於 lambda 內對應的值來說，沒有影響。

以參考捕捉（Capture by Reference）

我們也能定義以參考捕捉變數的 lambda。舉例來說：

```
void fcn2()
{
    size_t v1 = 42; // 區域變數
    // 物件 f2 含有對 v1 的一個參考
    auto f2 = [&v1] { return v1; };
    v1 = 0;
    auto j = f2(); // j 是 0；f2 指涉 v1；它並沒有儲存它
}
```

v1 前面的 & 代表 v1 應該被捕捉為一個參考。以參考捕捉的變數，行為就跟其他的任何參考一樣。當我們在 lambda 的主體內使用那個變數，我們用的，就是那個參考所繫結的物件。在此，當 lambda 回傳 v1，它回傳的就是 v1 所指的那個物件的值。

參考捕捉跟參考回傳（reference returns，§6.3.2）有同樣的問題和限制。如果我們以參考捕捉一個變數，我們必須確定所參考的物件在 lambda 執行的時候有存在。一個 lambda 所捕捉的變數都是區域變數（local variables）。這些變數在函式執行完畢後就會消失。如果一個 lambda 有可能在函式結束後被執行，那麼捕捉時所指涉的區域變數早已不存在。

參考捕捉有時是必要的。舉例來說，我們可能希望 biggies 函式接受對一個要寫入的 ostream 的一個參考，以及一個要用作分隔符號的字元：

```
void biggies(vector<string> &words,
             vector<string>::size_type sz,
             ostream &os = cout, char c = ' ')
{
    // 用來像之前一樣重新排列 words 的程式碼
    // 印出 count 的述句被改寫成印出到 os
    for_each(words.begin(), words.end(),
             [&os, c](const string &s) { os << s << c; });
}
```

我們無法拷貝 ostream 物件（§8.1.1），捕捉 os 的唯一方法就是透過參考（或透過對 os 的一個指標）。

當我們傳入一個 lambda 給一個函式，就像對 for_each 的這個呼叫中，那個 lambda 會即刻執行。以參考捕捉 os 沒有問題，因為 biggies 中的變數在 for_each 執行時有存在。

我們也能從一個函式回傳一個 lambda。這個函式可以直接回傳一個可呼叫物件，或者函式可以回傳某個類別的一個物件，其中包含了一個可呼叫物件作為資料成員。如果函式回傳一個 lambda，那麼那個 lambda 必定不能含有參考捕捉，理由就跟函式必定不能回傳對區域變數的參考一樣。

當我們藉由參考捕捉一個變數，我們必須確保那個變數在 lambda 執行時有存在。

建議：讓你的 lambda 的捕捉保持簡單

一個 lambda 捕捉在 lambda 創建時（即定義那個 lambda 的程式碼執行時）到那個 lambda 本身被執行時之間保存著資訊。確保所捕捉的資訊在每次 lambda 執行時都有預期中的意義，是程式設計師的責任。

以值捕捉一個普通的變數，例如一個 int、string 或其他的非指標型別，通常很簡單明瞭。在這種情況中，我們只需要注意捕捉的時候變數是否有我們所需的值。

如果我們捕捉一個指標或迭代器，或以參考捕捉一個變數，我們必須確保迭代器、指標或參考所繫結的物件在 lambda 每次執行時都存在。此外，我們還得確定該物件有我們想要的值。在 lambda 創建後到它執行的過程中，可能會有其他程式碼會改變 lambda 捕捉所指的物件之值。指標（或參考）被捕捉那時的物件值可能是我們想要的，但那個物件的值在 lambda 執行時可能已經變得非常不同。

作為一個原則，我們可以盡量減少我們所捕捉的資料量，以避免捕捉可能帶來的問題。此外，如果可能，就避免捕捉指標或參考。

隱含的捕捉

我們可以不用明確列出我們想要使用的外圍函式變數，而讓編譯器從 lambda 主體中的程式碼推斷出我們使用哪些變數。要指示編譯器推論出捕捉串列，我們就在捕捉串列中使用一個 & 或 =。& 告訴編譯器以參考來捕捉，而 = 則表示以值捕捉。舉例來說，我們可以改寫傳入 find_if 的 lambda：

```
// sz 隱含地透過值捕捉
wc = find_if(words.begin(), words.end(),
            [=](const string &s)
                { return s.size() >= sz; });
```

如果我們想要以值捕捉某些變數，而以參考捕捉另外一些變數，我們可以混合隱含和明確捕捉：

```
void biggies(vector<string> &words,
            vector<string>::size_type sz,
            ostream &os = cout, char c = ' ')
{
    // 其他的處理都跟之前一樣
    // os 隱含地以參考捕捉；c 明確地以值捕捉
    for_each(words.begin(), words.end(),
            [&, c](const string &s) { os << s << c; });
    // os 明確地以參考捕捉；c 隱含地以值捕捉
    for_each(words.begin(), words.end(),
            [=, &os](const string &s) { os << s << c; });
}
```

當我們混合隱含和明確捕捉，捕捉串列中的第一個項目必須是一個 & 或 =。這個符號分別將預設的捕捉模式設定為以參考（by reference）或以值（by value）。

當我們混合隱含和明確捕捉，明確捕捉的變數必須使用替代的形式，也就是說，如果隱含的捕捉是以參考進行（使用 &），那麼明確指名的變數必須以值捕捉，因此它們的名稱不可以有一個 & 接在前面。又或者，如果隱含的捕捉是以值進行（使用 =），那麼明確指名的變數就必須在前面接上一個 & 來指出它們是要以參考捕捉的。

表 10.1：Lambda 的捕捉串列	
`[]`	空的捕捉串列。這個 lambda 不可以使用來自外圍函式的變數。一個 lambda 只能在捕捉了之後才能使用區域變數。
`[`*names*`]`	*names* 是由逗號分隔的名稱所成的一個串列，這些名稱是外圍函式的區域名稱。預設情況下，捕捉串列中的變數會被拷貝。前面接著 & 的名稱會以參考捕捉。
`[&]`	隱含是以參考進行的捕捉串列。用在 lambda 主體中來自外圍函式的實體是透過參考來使用的。
`[=]`	隱含是以值進行的捕捉串列。在 lambda 中用到的，來自外圍函式的實體會被拷貝到 lambda 主體中。
`[&,` *identifier_list*`]`	*identifier_list* 是來自外圍函式的零或更多個變數所成的逗號分隔串列。這些變數是以值來捕捉的，而隱含捕捉的任何變數都是以參考捕捉的。*identifier_list* 中名稱的前面必須接著一個 &。
`[=,` *reference_list*`]`	包含在 *reference_list* 中的變數是以參考捕捉的，而任何隱含捕捉的變數都是以值捕捉的。*reference_list* 中的名稱不能包含 this，而且前面必須接著一個 &。

可變的 Lambda（Mutable Lambda）

預設情況下，一個 lambda 不可以變更它以值拷貝的一個變數的值。如果我們想要變更一個捕捉起來的變數的值，我們必須在參數列後面接著關鍵字 mutable。可變的 lambda 不可以省略參數列：

```
void fcn3()
{
size_t v1 = 42; // 區域變數
// f 能夠變更它所捕捉的變數之值
auto f = [v1] () mutable { return ++v1; };
v1 = 0;
auto j = f(); // j is 43
}
```

以參考捕捉的變數是否能夠變更，（一如以往）取決於那個參考所指的是一個 const 或非 const 型別：

```
void fcn4()
{
    size_t v1 = 42; // 區域變數
```

```
        // v1 是對一個非 const 變數的參考
        // 我們可以透過 f2 內的參考來變更那個變數
        auto f2 = [&v1] { return ++v1; };
        v1 = 0;
        auto j = f2();  // j 是 1
    }
```

指定 Lambda 的回傳型別

我們目前為止所寫的 lambda 只有單一個 return 述句。結果就是，我們不需要指定回傳型別。預設情況下，如果一個 lambda 的主體含有除了一個 return 外的任何述句，那個 lambda 就會被假設會回傳 void。就像其他回傳 void 的函式，被推斷為回傳 void 的 lambda 不可以回傳一個值。

作為一個簡單的例子，我們可以使用程式庫的 transform 演算法和一個 lambda 來將一個序列中的每個負值取代為它的絕對值（absolute value）：

```
        transform(vi.begin(), vi.end(), vi.begin(),
                  [](int i) { return i < 0 ? -i : i; });
```

transform 函式接受三個迭代器和一個 callable。頭兩個迭代器代表一個輸入序列，而第三個迭代器表示一個目的地。這個演算法會在輸入序列的每個元素上呼叫所給的 callable，並將結果寫到目的地。就跟這個呼叫中一樣，目的地迭代器可以跟代表輸入起點的迭代器相同。當輸入迭代器和目的地迭代器是同一個，transform 會將輸入範圍中的每個元素取代為在該元素上呼叫給定的 callable 的結果。

在這個呼叫中，我們傳入一個 lambda，它回傳其參數的絕對值。這個 lambda 的主體是單一個 return 述句，它會回傳一個條件運算式的結果。我們不需要指定回傳型別，因為那個型別可以從這個條件運算子的型別推斷出來。

然而，如果我們使用一個 if 述句來撰寫看似等效的程式，我們的程式碼將無法編譯：

```
        // 錯誤：無法推導出 lambda 的回傳型別
        transform(vi.begin(), vi.end(), vi.begin(),
                  [](int i) { if (i < 0) return -i; else return i; });
```

我們 lambda 的這個版本會把回傳型別推斷為 void，但我們卻回傳了一個值。

C++
11

當我們需要為一個 lambda 定義一個回傳型別，我們必須使用一個尾端回傳型別（trailing return type，§6.3.3）：

```
        transform(vi.begin(), vi.end(), vi.begin(),
                  [](int i) -> int
                  { if (i < 0) return -i; else return i; });
```

在這個例子中，transform 的第四個引數是帶有一個空捕捉串列的 lambda，它接受單一個型別為 int 的參數，並回傳型別為 int 的一個值。它的函式主體是一個 if 述句，回傳其參數的絕對值。

習題章節 10.3.3

練習 10.20：程式庫定義了一個名為 `count_if` 的演算法。就像 `find_if`，這個函式接受代表一個輸入範圍的一對迭代器，以及會將之套用到所給範圍中每個元素上的一個判斷式。`count_if` 回傳一個計數（count），代表該判斷式是 **true** 的頻率。使用 `count_if` 來部分改寫我們的程式，計算有多少字詞的長度大於 6。

練習 10.21：寫出一個 lambda，它捕捉一個 int 區域變數，並遞減該變數，直到它降到 0 為止。一旦該變數變成 0，額外的呼叫就不應該再遞減該變數。這個 lambda 應該回傳一個 bool 指出所捕捉的變數是否為 0。

10.3.4 繫結引數

Lambda 運算式對於我們不需要用在一或兩個地方以上的簡單運算來說最實用。如果我們需要在許多地方進行相同的運算，我們一般會定義一個函式而非多次寫出相同的 lambda 運算式。同樣地，如果一個運算需要很多述句，通常最好還是使用一個函式。

使用一個函式來取代具有空捕捉串列的一個 lambda 通常是很簡單明瞭的。如我們所見，我們可以使用一個 lambda 或我們的 `isShorter` 函式來依據字詞長度排序 vector。同樣地，要取代會印出我們 vector 內容的 lambda 也很容易，只要撰寫一個函式，接受一個 string 並將那個給定的 string 印出到標準輸出就行了。

然而，要寫出一個函式來取代會捕捉區域變數的 lambda，就沒那麼容易了。舉例來說，我們用在 `find_if` 呼叫中的 lambda 會將一個 string 與一個給定的大小做比較。我們可以輕易寫出一個函式來做同樣的工作：

```
bool check_size(const string &s, string::size_type sz)
{
    return s.size() >= sz;
}
```

然而，我們無法把這個函式當作 `find_if` 的一個引數。如我們所見，`find_if` 接受一個單元判斷式，所以傳入 `find_if` 的 callable 必須接受單一個引數。biggies 傳入 `find_if` 的 lambda 使用它的捕捉串列來儲存 sz。為了使用 `check_size` 來取代那個 lambda，我們必須想辦法傳入一個引數給 sz 參數。

程式庫的 **bind** 函式

我們可以使用一個新的程式庫函式來解決如何傳入一個大小引數給 `check_size` 的問題，這個函式名為 **bind**，定義在 functional 標頭中。bind 函式可以被想成是一個通用的函式轉接器（§9.6）。它接受一個可呼叫物件，並產生一個新的 callable 來「轉接（adapt）」原物件的參數列。

`C++ 11`

對 bind 的呼叫之一般形式為：

```
auto newCallable = bind(callable, arg_list);
```

其中 *newCallable* 本身是一個可呼叫物件，而 *arg_list* 是一個以逗號區隔的引數串列，對應到所給的 *callable* 的參數。也就是說，當我們呼叫 *newCallable*，*newCallable* 會呼叫 *callable*，傳入 *arg_list* 中的引數。

arg_list 中的引數可以包括 _n 型式的名稱，其中 *n* 是一個整數。這些引數是「預留位置（placeholders）」，代表 *newCallable* 的參數。它們為將來會被傳入 *newCallable* 的引數「佔位置」。數字 *n* 是在所產生的 callable 中的參數位置：_1 是 *newCallable* 中的第一個參數，_2 是第二個，依此類推。

繫結 check_size 的 sz 參數

作為一個簡單的範例，我們會使用 bind 來產生一個物件，它會以一個固定的值作為其大小參數來呼叫 check_size，如下：

```
// check6 是一個可呼叫物件，它接受一個型別為 string 的引數
// 並在給予它的 string 上以值 6 呼叫 check_size
auto check6 = bind(check_size, _1, 6);
```

對 bind 的這個呼叫只有一個預留位置，這表示 check6 接受單一個引數。這個預留位置出現在 *arg_list* 的首位，這表示 check6 中的此參數對應 check_size 的第一個參數。那個參數是一個 const string&，這表示 check6 中的參數也是一個 const string&。因此，對 check6 的一個呼叫必須傳入型別為 string 的一個引數，而 check6 會將它當成第一個引數傳給 check_size。

arg_list 中的第二個引數（即 bind 的第三個引數）是 6 這個值。這個值會被繫結到 check_size 的第二個參數。每當我們呼叫 check6，它就會傳入 6 作為 check_size 的第二個引數：

```
string s = "hello";
bool b1 = check6(s); // check6(s) 呼叫 check_size(s, 6)
```

使用 bind，我們就能將原本基於 lambda 的 find_if 呼叫

```
auto wc = find_if(words.begin(), words.end(),
              [sz](const string &a)
```

取代為使用 check_size 的版本：

```
auto wc = find_if(words.begin(), words.end(),
              bind(check_size, _1, sz));
```

對 bind 的這個呼叫會產生一個可呼叫物件，它將 check_size 的第二個引數繫結到了 sz 的值。當 find_if 在 words 中的 string 上呼叫這個物件，那些呼叫就會接著呼叫 check_size 並傳入所給的 string 和 sz。所以，find_if（在效果上等同於）會在輸入範圍中的每個 string 上呼叫 check_size，並將那個 string 的大小與 sz 做比較。

使用 placeholders 名稱

_n 定義在名為 placeholders 的一個命名空間中，而這個命名空間本身則定義在 std 命名空間（§3.1）中。要使用這些名稱，我們必須提供這兩個命名空間的名稱。就像我們其他的範例，我們對 bind 的呼叫假設有適當的 using 宣告存在。舉例來說，_1 的 using 宣告是：

```
using std::placeholders::_1;
```

這個宣告指出我們正在使用名稱 _1，它定義在命名空間 placeholders 中，而後者定義在 std 這個命名空間中。

我們必須為所用的每個 placeholder（預留位置）名稱提供一個個別的 using 宣告。撰寫這種宣告可能很繁瑣和容易出錯。我們不個別宣告每個 placeholder，我們可以使用會在 §18.2.2 做更詳細介紹的不同形式的 using。這個形式：

```
using namespace namespace_name;
```

指出，我們想要讓來自 namespace_name 的所有名稱都可被我們的程式取用。舉例來說：

```
using namespace std::placeholders;
```

會讓 placeholders 所定義的所有名稱都可使用。就像 bind 函式，placeholders 命名空間是定義在 functional 標頭中。

bind 的引數

如我們所見，我們可以使用 bind 來固定一個參數的值。更廣義的說，我們可以使用 bind 來繫結或重新安排所給的 callable 中的參數。舉例來說，假設 f 是具有五個參數的一個可呼叫物件，下列對 bind 的呼叫：

```
// g是接受兩個引數的一個可呼叫物件
auto g = bind(f, a, b, _2, c, _1);
```

會產生一個新的 callable，它接受兩個引數，由預留位置 _2 和 _1 代表。這個新的 callable 會將它的引數當作第三和第四引數傳入給 f。f 的第一個、第二個和第四個引數會被繫結到給定的值，分別是 a、b 與 c。

g 的引數會依據位置繫結到那些預留位置。也就是說，g 的第一個引數會被繫結到 _1，而第二個引數繫結到 _2。因此，當我們呼叫 g，g 的第一個引數會被當作 f 的最後一個引數傳入；g 的第二個引數會被當作 f 的第三個引數傳入。在效果上，對 bind 的這個呼叫會將

```
g(_1, _2)
```

映射到

```
f(a, b, _2, c, _1)
```

也就是說，呼叫 g 的時候，就會把 g 的引數用於那些預留位置，連同已繫結的引數 a、b 與 c。舉例來說，呼叫 g(X, Y) 就等於呼叫

```
f(a, b, Y, c, X)
```

使用 **bind** 來重新排列參數

作為使用 bind 重新安排引數的一個更具體的例子,我們可以使用 bind 來反轉 isShorter 的意義,只要這樣寫:

```
// 以字詞長度排序,從最短到最長
sort(words.begin(), words.end(), isShorter);
// 以字詞長度排序,從最長到最短
sort(words.begin(), words.end(), bind(isShorter, _2, _1));
```

在第一個呼叫中,當 sort 需要比較兩個元素 A 和 B,它會呼叫 isShorter(A, B)。在對 sort 的第二個呼叫中,isShorter 的引數對調了。在這種情況中,當 sort 比較元素,就會好像是 sort 呼叫了 isShorter(B, A) 一樣。

繫結參考參數

預設情況下,bind 的引數中不是預留位置的那些會被拷貝到 bind 所回傳的可呼叫物件中。然而,就像 lambda,有的時候會有我們想要繫結但希望以參考傳遞的引數,或者我們可能想要繫結其型別無法拷貝的一個引數。

舉例來說,要取代會以參考捕捉一個 ostream 的 lambda:

```
// os 是一個區域變數指向一個輸出資料流
// c 是型別為 char 的一個區域變數
for_each(words.begin(), words.end(),
         [&os, c](const string &s) { os << s << c; });
```

我們可以輕易地撰寫一個函式來做同樣的工作:

```
ostream &print(ostream &os, const string &s, char c)
{
    return os << s << c;
}
```

然而,我們無法直接使用 bind 來取代 os 的捕捉:

```
// 錯誤:無法拷貝 os
for_each(words.begin(), words.end(), bind(print, os, _1, ' '));
```

因為 bind 會拷貝它的引數,而我們無法拷貝一個 ostream。如果我們想要傳入一個物件給 bind 而不拷貝它,我們必須使用程式庫的 **ref** 函式:

```
for_each(words.begin(), words.end(),
         bind(print, ref(os), _1, ' '));
```

ref 會回傳一個物件,它含有給定的參考,而且本身是可以拷貝的。另外也有一個 **cref** 函式,它會產生一個類別來存放對 const 的一個參考。就像 bind,ref 與 cref 函式都是定義在 functional 標頭中。

回溯相容性（backward compatibility）：繫結引數

舊版的 C++ 提供了一組更為受限，但卻更複雜的機能來將引數繫結至函式。程式庫定義了兩個名為 bind1st 和 bind2nd 的函式。跟 bind 一樣，這些函式接受一個函式，並會產生一個新的可呼叫物件，它會將其參數之一繫結到一個給定的值，以呼叫所給的函式。然而，這些函式分別只能繫結第一或第二個參數。因為它們的實用性非常有限，在新的標準中，它們已經被棄用（*deprecated*）了。被棄用的功能就是未來發行版中可能不會受到支援的功能。現代的 C++ 程式都應該使用 bind。

習題章節 10.3.4

練習 10.22：改寫程式來計數大小是 6 或更小的字詞數目，使用函式來取代 lambda。

練習 10.23：bind 接受多少引數？

練習 10.24：使用 bind 和 check_size 來找出由 int 構成的一個 vector 中其值大於所指定的 string 值之長度的第一個元素。

練習 10.25：在 §10.3.2 的練習中，你寫了使用 partition 的 biggies 版本。改寫那個函式，改用 check_size 和 bind。

10.4 再訪迭代器

除了為每個容器所定義的迭代器之外，程式庫還在 iterator 標頭中定義了數種額外的迭代器。這些迭代器包括

- **插入迭代器（insert iterators）**：這些迭代器繫結至一個容器，而且可被用來插入元素到該容器中。

- **資料流迭代器（stream iterators）**：這些迭代器繫結至輸入或輸出資料流，並且可被用來迭代處理所關聯的 IO 資料流。

- **反向迭代器（reverse iterators）**：這些迭代器往回移動，而非前進。程式庫容器，除了 forward_list 外，都有反向迭代器。

- **移動迭代器（move iterators）**：這些特殊用途的迭代器會移動而非拷貝它們的元素。我們會在 §13.6.2 涵蓋移動迭代器。

10.4.1 插入迭代器

一個插入器（inserter）是一種迭代器轉接器（§9.6），它接受一個容器，並產出一個能把元素新增到指定容器的迭代器。當我們透過一個插入迭代器指定一個值，那個迭代器會呼叫一個容器運算在給定容器中指定的位置新增一個元素。這些迭代器所支援的運算列於表 10.2 中。

插入器有三種。它們之間的差異在於元素會在何處插入：

- `back_inserter`（§10.2.2）會創建一個使用 `push_back` 的迭代器。
- **`front_inserter`** 會創建一個使用 `push_front` 的迭代器。
- **`inserter`** 創建一個使用 `insert` 的迭代器。元素會被插到給定的迭代器所表示的元素之前。

> 我們只能在容器有 `push_front` 的時候使用 `front_inserter`。同樣地，只能在有 `push_back` 的時候使用 `back_inserter`。

表 10.2：插入迭代器運算
`it = t` 　在 it 目前代表的位置上插入 t 這個值。取決於插入迭代器的種類，並假設 c 是 it 所繫結的容器，呼叫 `c.push_back(t)`、`c.push_front(t)` 或 `c.insert(t, p)`，其中 p 是給入 inserter 的迭代器位置。
`*it`、`++it`、`it++` 　這些運算存在，但不會對 it 做任何事。這每個運算子都會回傳 it。

要理解的一個重點是，當我們呼叫呼叫 `inserter(c, iter)`，我們所得到的迭代器，在連續使用下，會插入元素到原本由 iter 所代表的元素前。也就是說，如果 it 是由 inserter 所產生的一個迭代器，那麼像這樣的指定：

```
*it = val;
```

的行為會像是：

```
it = c.insert(it, val); // it 指向新加入的元素
++it; // 遞增 it，以讓它代表跟之前一樣的元素
```

`front_inserter` 所產生的迭代器之行為表現，與 `inserter` 所創建的相當不同。當我們使用 `front_inserter`，元素永遠都會被插入到那時容器中第一個元素的前面。即使我們傳入給 inserter 的位置最初代表第一個元素，只要我們插入了一個元素在該元素之前，那個元素就不再是容器開頭的那一個：

```
list<int> lst = {1,2,3,4};
list<int> lst2, lst3; // 空串列
// 拷貝完成後，lst2 含有 4 3 2 1
copy(lst.cbegin(), lst.cend(), front_inserter(lst2));
// 拷貝完成後，lst3 含有 1 2 3 4
copy(lst.cbegin(), lst.cend(), inserter(lst3, lst3.begin()));
```

當我們呼叫 `front_inserter(c)`，我們會得到一個插入迭代器，它會連續的呼叫 `push_front`。隨著每個元素被插入，它會變成 c 中新的第一個元素。因此，`front_inserter` 會產出一個迭代器反轉它插入的序列的順序，`inserter` 和 `back_inserter` 就不會。

習題章節 10.4.1

練習 10.26：解釋三種插入迭代器之間的差異。

練習 10.27：除了 unique（§10.2.3），程式庫還定義了名為 unique_copy 的函式，它接受第三個迭代器，代表要將唯一元素（**unique elements**）拷貝到那裡的一個目的地。寫一個程式使用 unique_copy 來將唯一元素從一個 vector 拷貝到最初為空的一個 list。

練習 10.28：將一個存放了從 1 到 9（包括兩端）的值的 vector 拷貝到其他的三個容器。分別使用一個 inserter、一個 back_inserter，以及一個 front_inserter 來新增元素到那些容器。預測輸出序列會如何隨著插入器的種類變化，並執行你的程式來驗證你的預測。

10.4.2 **iostream** 迭代器

即使 iostream 型別不是容器，還是有迭代器可以用在 IO 型別（§8.1）的物件上。一個 **istream_iterator**（表 10.3）會讀取一個輸入資料流，而一個 **ostream_iterator**（表 10.4）會寫入一個輸出資料流。這些迭代器會將它們對應的資料流當成指定型別的元素所成之序列來看待。透過資料流迭代器，我們就能使用泛用演算法來從資料流物件讀取資料，或寫入資料。

istream_iterator 上的運算

當我們創建一個資料流迭代器，我們必須指定該迭代器會讀取或寫入的物件型別。一個 istream_iterator 使用 >> 來讀取一個資料流。因此，一個 istream_iterator 所讀取的型別必須定義有輸入運算子。當我們創建一個 istream_iterator，我們可以將它繫結到一個資料流。又或者，我們可以預設初始化那個迭代器，這會創建出一個我們可以用作 off-the-end 值的迭代器。

```cpp
istream_iterator<int> int_it(cin);      // 從 cin 讀取 int
istream_iterator<int> int_eof;          // 結尾迭代器值
ifstream in("afile");
istream_iterator<string> str_it(in);    // 從 "afile" 讀取 string
```

舉個例子，我們可以使用一個 istream_iterator 來將標準輸入讀取到一個 vector 中：

```cpp
istream_iterator<int> in_iter(cin);     // 從 cin 讀取 int
istream_iterator<int> eof;              // istream 的「end」迭代器
while (in_iter != eof) // 當仍有有效的輸入要讀取
    // 後綴遞增會讀取資料流並回傳該迭代器舊的值
    // 我們解參考那個迭代器來取得讀自資料流的前一個值
    vec.push_back(*in_iter++);
```

這個迴圈會從 cin 讀取 int，並將所讀到的儲存在 vec。每次迭代時，這個迴圈會檢查 in_iter 是否與 eof 相等。那個迭代器被定義為空的 istream_iterator，用來當作結尾迭代器（end iterator）。

繫結到一個資料流的一個迭代器會在關聯的資料流碰到檔案結尾或遭遇 IO 錯誤時等於結尾迭代器（end iterator）。

這個程式最困難的部分是 push_back 的引數，它會用到解參考（dereference）和後綴遞增（postfix increment）運算子。這個運算式的運作方式就像我們寫過的，結合解參考和後綴遞增的那些運算式（§4.5）。後綴遞增會讀取下一個值來推進資料流，但回傳的是迭代器舊的值。那個舊的值含有讀自資料流的前一個值。我們解參考那個迭代器來獲取該值。

更有用的是，我們可以將這個程式改寫為

```
istream_iterator<int> in_iter(cin), eof; // 從 cin 讀取 int
vector<int> vec(in_iter, eof); // 以一個迭代器範圍建構 vec
```

這裡，我們從代表一個範圍的元素的一對迭代器建構出了 vec。那些迭代器是 istream_iterator，這表示該範圍是藉由讀取所關聯的資料流來獲得的。這個建構器會持續讀取 cin 直到它碰到檔案結尾或遇到了一個不是 int 的輸入。所讀到的元素會被用來建構 vec。

表 10.3：`istream_iterator` 運算

`istream_iterator<T> in(is);`	in 會從資料流 is 讀取型別為 T 的值。
`istream_iterator<T> end;`	一個讀取型別為 T 的值的 istream_iterator 的 off-the-end（結尾後）迭代器。
`in1 == in2` `in1 != in2`	in1 和 in2 必須讀取相同的型別。如果它們都是結尾值或都繫結到相同的輸入資料流，它們就相等。
`*in`	回傳讀自資料流的值。
`in->mem`	(*in).mem 的同義詞。
`++in、in++`	使用該元素型別的 >> 運算子從輸入資料流讀取下個值。一如以往，前綴版本會回傳一個參考指向遞增後的迭代器。後綴版本會回傳舊的值。

將演算法用於資料流迭代器

因為演算法是透過迭代器運算來運作的，而資料流迭代器至少支援了一些迭代器運算，所以至少有些演算法可與資料流迭代器合用。我們會在 §10.5.1 中看到如何知道演算法是否能與資料流迭代器並用。舉個例子，我們可以用一對 istream_iterator 來呼叫 accumulate：

```
istream_iterator<int> in(cin), eof;
cout << accumulate(in, eof, 0) << endl;
```

這個呼叫會產生讀自標準輸入的值之總和。如果這個程式的輸入是

```
23 109 45 89 6 34 12 90 34 23 56 23 8 89 23
```

那麼輸出就會是 664。

istream_iterator 可使用惰性估算 (Lazy Evaluation)

當我們將一個 istream_iterator 繫結至一個資料流,我們無法得到保證說它會即刻讀取資料流。實作被允許能夠延遲資料流的讀取,到我們使用迭代器時再開始。我們得到的保證是,在我們第一次解參考迭代器之前,資料流會已經被讀取了。對大多數的程式而言,這個讀取即時的或延遲的,並沒有差異。然而,如果我們創建了一個沒使用就摧毀的 istream_iterator,或者如果我們要同步從兩個不同的物件讀取相同資料流的動作,那麼我們可能就會很關心讀取何時發生。

ostream_iterator 上的運算

一個 ostream_iterator 可為具有輸出運算子 (<< 運算子) 的任何型別而定義。當我們創建一個 ostream_iterator,我們可以 (選擇性的) 提供一個第二引數,指定要跟在每個元素後印出的一個字元字串。那個字串必須是一個 C-style 的字元字串 (即一個字串字面值,或指向一個 null-terminated 陣列的一個指標)。我們必須將一個 ostream_iterator 繫結至一個指定的資料流。並沒有空的或 off-the-end ostream_iterator 存在。

表 10.4:ostream_iterator 運算	
ostream_iterator<T> out(os);	out 將型別為 T 的值寫到輸出資料流 os。
ostream_iterator<T> out(os, d);	out 將後面跟著 d 的,型別為 T 的值寫到輸出資料流 os。d 指向一個 null-terminated 字元陣列。
out = val	使用 << 運算子將 val 寫到 out 所繫結的 ostream。val 的型別必須與 out 可以寫入的型別相容。
*out、++out、out++	這些運算存在,但不會對 out 做任何事。這每個運算子都會回傳 out。

我們可以使用一個 ostream_iterator 來寫入一個序列的值:

```
ostream_iterator<int> out_iter(cout, " ");
for (auto e : vec)
    *out_iter++ = e; // 這個指定將此元素寫到 cout
cout << endl;
```

這個程式將來自 vec 的每個元素寫到 cout,而每個元素後都會跟著一個空格。每次我們指定一個值給 out_iter,寫入動作就會實行。

值得注意的是,對 out_iter 進行指定時,我們可以省略解參考和遞增,也就是說,我們可以像這樣寫出等效的迴圈

```
for (auto e : vec)
    out_iter = e; // 這個指定將此元素寫到 cout
cout << endl;
```

`*` 與 `++` 不會在一個 `ostream_iterator` 上做任何事，所以省略它們對我們的程式沒有影響。然而，我們還是選擇將此迴圈寫成第一種形式。那個迴圈會以與我們使用其他迭代器型別一致的方式使用迭代器。我們可以輕易地變更這個迴圈，讓它可以執行在其他迭代器型別上。此外，這個迴圈的行為對我們程式碼的讀者來說，將會更加清楚。

我們可以不用自己寫這種迴圈，而是呼叫 `copy` 輕鬆地印出 `vec` 中的元素：

```
copy(vec.begin(), vec.end(), out_iter);
cout << endl;
```

資料流迭代器與類別型別並用

我們可以為具有輸入運算子（`>>`）的任何型別創建一個 `istream_iterator`。同樣地，我們也能定義一個 `ostream_iterator`，只要該型別有輸出運算子（`<<`）就行了。因為 `Sales_item` 輸入和輸出運算子都有，所以我們能用 IO 迭代器來改寫 §1.6 的書店程式：

```
istream_iterator<Sales_item> item_iter(cin), eof;
ostream_iterator<Sales_item> out_iter(cout, "\n");
// 將第一筆交易記錄儲存在 sum 中，並讀取下一筆記錄
Sales_item sum = *item_iter++;
while (item_iter != eof) {
    // 如果目前的交易記錄（儲存在 item_iter 中的）有相同的 ISBN
    if (item_iter->isbn() == sum.isbn())
        sum += *item_iter++;        // 將之加到到 sum 並讀取下一筆記錄
    else {
        out_iter = sum;             // 寫入目前的 sum
        sum = *item_iter++;         // 讀取下一筆交易記錄
    }
}
out_iter = sum; // 記得印出最後一組記錄
```

這個程式使用 `item_iter` 從 `cin` 讀取 `Sales_item` 的交易記錄。它使用 `out_iter` 來將所產生的總和寫到 `cout`，每筆輸出的後面都跟著一個 newline。定義了我們的迭代器之後，我們使用 `item_iter` 來初始化 `sum` 為第一筆交易記錄的值：

```
// 將第一筆交易記錄儲存在 sum 並讀取下一筆記錄
Sales_item sum = *item_iter++;
```

這裡，我們解參考了 `item_iter` 上後綴遞增的結果。這個運算式讀取下筆交易記錄，並以之前儲存在 `item_iter` 中的值來初始化 `sum`。

`while` 迴圈會持續執行，直到我們在 `cin` 上碰到檔案結尾為止。在 `while` 內，我們檢查 `sum` 和剛讀到的記錄是否指向同一本書。若是，我們就將最新讀到的 `Sales_item` 加到 `sum`。如果 ISBN 不同，我們就將 `sum` 指定給 `out_iter`，這會印出 `sum` 目前的值，後面接著一個 newline。印出了之前的書的總和後，我們就指定最新讀到的交易記錄的一個拷貝給 `sum`，並遞增迭代器，這會讀取下一筆交易記錄。迴圈會持續執行，直到遭遇錯誤或檔案結尾。退出之前，我們記得印出與輸入中最後一本書關聯的那些值。

練習 10.29：使用資料流迭代器寫一個程式來將一個文字檔讀到由 string 組成的一個 vector 中。

練習 10.30：使用資料流迭代器、sort 和 copy 從標準輸入讀取一個序列的整數，並將之排序，然後再將它們寫回到標準輸出。

練習 10.31：更新前一個練習的程式，讓它只印出唯一的元素。你的程式應該使用 unqiue_copy（§10.4.1）。

練習 10.32：改寫 §1.6 的書店程式，使用一個 vector 來存放那些交易記錄，並用各種演算法來進行處理。使用 sort 搭配 §10.3.1 中你的 compareIsbn 函式來依序排列交易記錄，然後使用 find 和 accumulate 來加總。

練習 10.33：寫一個程式接受一個輸入檔案以及兩個輸出檔案的名稱。輸入檔應該存放整數。使用一個 istream_iterator 讀取那個輸入檔。使用 ostream_iterator，將奇數寫到第一個輸出檔。每個值後面都應該跟著一個空格。將偶數寫到第二個檔案，這些值每一個都要放在個別的一行中。

10.4.3 反向迭代器

一個反向迭代器（reverse iterator）是往回巡訪一個容器的迭代器，從最後一個元素朝向第一個元素。一個反向迭代器反轉了遞增（和遞減）的意義。遞增（++it）一個反向迭代器會使該迭代器移到前一個元素；遞減（--it）則會將迭代器移到下一個元素。

除了 forward_list 以外，所有容器都有反向迭代器。我們獲取反向迭代器的方法是呼叫 rbegin、rend、crbegin 與 crend 成員。這些成員回傳的反向迭代器指向容器中最後一個元素，以及「超過」容器開頭一個位置處（也就是開頭的前一個元素）。就跟一般的迭代器一樣，反向迭代器也分成 const 的和非 const 的。

圖 10.1 在名為 vec 的一個假想的 vector 上展示了這四個迭代器之間的關係。

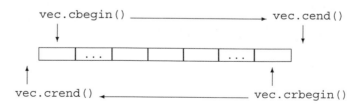

圖 10.1：比較 begin/cend 和 rbegin/crend 迭代器

舉個例子，下列的迴圈會以相反順序印出 vec 的元素：

```
vector<int> vec = {0,1,2,3,4,5,6,7,8,9};
// vector 從後往前的反向迭代器
for (auto r_iter = vec.crbegin();        // 將 r_iter 繫結至最後一個元素
            r_iter != vec.crend();       // crend 指向第一個元素的前一個位置
            ++r_iter)                     // 遞減迭代器一個元素
    cout << *r_iter << endl;             // 印出 9, 8, 7, ...0
```

雖然遞增和遞減運算子的意義反轉可能會讓人感到困惑，這麼做可以讓我們輕易地使用演算法來順向或反向處理一個容器。舉例來說，我們能傳入一對反向迭代器給 sort 來以遞減的順序排序我們的 vector：

```
sort(vec.begin(), vec.end()); // 以「正常」順序排序 vec
// 反向排序：將最小的元素放在 vec 的尾端
sort(vec.rbegin(), vec.rend());
```

反向迭代器需要遞減運算子

不意外的是，我們只能從一個支援 -- 也支援 ++ 的迭代器來定義一個反向迭代器。畢竟，一個反向迭代器的目的就是反向移動迭代器走過整個序列。除了 forward_list，標準容器上的迭代器全都支援遞減及遞增。然而，資料流迭代器沒有，因為你不可能在一個資料流中反向移動。因此，你不可能從一個 forward_list 或資料流迭代器創建出一個反向迭代器。

反向迭代器與其他迭代器之間的關係

假設我們有一個名為 line 的 string，其中含有一個以逗號分隔的字詞串列，而我們想要印出 line 中的第一個字。使用 find，這項任務就很容易：

```
// 在一個逗號分隔的串列中尋找第一個元素
auto comma = find(line.cbegin(), line.cend(), ',');
cout << string(line.cbegin(), comma) << endl;
```

如果 line 中有一個逗號，那麼 comma 就指向那個逗號；否則，它會是 line.cend()。當我們從 line.cbegin() 到 comma 印出這個 string，我們印出的字元就到逗號為止，如果沒有逗號，那就會是整個 string。

如果我們想要最後一個字，我們可以改用反向迭代器：

```
// 找出一個逗號分隔的串列中的最後一個元素
auto rcomma = find(line.crbegin(), line.crend(), ',');
```

因為我們傳入 crbegin() 與 crend()，這個呼叫會從 line 中的最後一個字元開始，往回搜尋。當 find 執行完畢，如果有一個逗號，那麼 rcomma 就指向 line 中那個最後的逗號，也就是說，它指向反向搜尋的過程中第一個找到的逗號。如果沒有逗號，那麼 rcomma 就會是 line.crend()。

最有趣的地方在我們要試著印出找到的字詞時。看起來很明顯的方式

```
// 錯的：將會以反向產生字詞
cout << string(line.crbegin(), rcomma) << endl;
```

會產生多餘的輸出。舉例來說，假設我們的輸入是

    FIRST,MIDDLE,LAST

那麼這個述句會印出 TSAL ！

圖 10.2 展示了這個問題：我們使用的是反向迭代器，它會反向處理 string。因此，我們的輸出述句會從 crbegin 反向印出 line。取而代之，我們希望從 rcomma 往前印到 line 的結尾。然而，我們無法直接使用 rcomma。那個迭代器是一個反向迭代器，這表示它會朝著字串開頭往回移動。我們需要的是將 rcomma 變回一般的迭代器，會在 line 中往前移動的迭代器。我們可以呼叫 reverse_iterator 的 base 成員來這麼做，它會給我們對應的一般迭代器：

```
// ok：取得正向迭代器，讀到 line 的尾端
cout << string(rcomma.base(), line.cend()) << endl;
```

給定跟前面一樣的輸入，這個述句就會如預期印出 LAST。

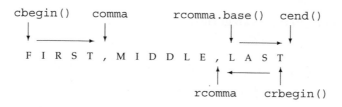

圖 10.2：反向迭代器和一般迭代器之間的差異

展示於圖 10.2 中的物件顯示了一般迭代器和反向迭代器之間的關係。舉例來說，rcomma 與 rcomma.base() 指向不同的元素，line.crbegin() 與 line.cend() 也是。這些差異是必要的，以確保那個範圍的元素，不管是正向處理或反向處理，都是相同的。

從技術上來說，一般迭代器和反向迭代器之間的關係也考量到了左包含範圍（left-inclusive range，§9.2.1）的特性。重點在於，[line.crbegin(), rcomma) 和 [rcomma.base(), line.cend()) 都指向 line 中相同的元素。為了保持這種特性，rcomma 和 rcomma.base() 必須產出相鄰的位置，而非相同的位置，crbegin() 與 cend() 也是。

「反向迭代器是要用來表示範圍，而這些範圍是不對稱」的這個事實有一個重大的後果：當我們從一個普通的迭代器初始化或指定一個反向迭代器，所產生迭代器不會指向與原本相同的元素。

習題章節 10.4.3

練習 10.34：使用 reverse_iterator 反向印出一個 vector。

練習 10.35：現在使用一般的迭代器反向印出元素。

練習 10.36：使用 find 在一個 int 所成的 list 中找出最後一個具有值 0 的元素。

練習 10.37：給定一個具有十個元素的 vector，拷貝從位置 3 到 7 的元素，反向放到一個 list 中。

 ## 10.5 泛用演算法的結構

對任何的演算法來說，最基本的特質都是它對其迭代器要求的運算組合。某些演算法，例如 find，只需要透過迭代器存取元素的能力、能夠遞增迭代器，以及比較兩個迭代器的相等性。其他的，例如 sort，則需要讀取、寫入和隨機存取元素的能力。演算法所需的迭代器運算可分成五個**迭代器分類（iterator categories）**，列於表 10.5 中。每個演算法都指定必須為其每一個迭代器參數提供何種迭代器。

分類演算法的第二個方式是（如我們在本章開頭所做的那樣）依據它們是否會讀取、寫入，或重新排列序列中的元素。附錄 A 涵蓋了如此分類的所有演算法。

這些演算法也共用了一組參數傳遞的慣例，以及一組命名慣例，這我們會在檢視迭代器分類之後涵蓋。

表 10.5：迭代器分類	
輸入迭代器（input iterator）	讀取，但不寫入；單回（single-pass），僅遞增
輸出迭代器（output iterator）	寫入，但不讀取；單回，僅遞增
正向迭代器（forward iterator）	讀取及寫入；多回（multi-pass），僅遞增
雙向迭代器（bidirectional iterator）	讀取及寫入；多回，遞增及遞減
隨機存取迭代器（random-access iterator）	讀取及寫入；多回，完整的迭代器算術

 ### 10.5.1 五種迭代器分類

就像容器，迭代器也定義了一組共通的運算。某些運算是所有的迭代器都有提供的；其他的運算則只有特定種類的迭代器提供。舉例來說，ostream_iterator 只有遞增、解參考和指定。vector、string 與 deque 上的迭代器支援這些運算，還支援遞減、關係和算術運算子。

迭代器是以它們所提供的運算來分類的，而這些分類形成了某種階層架構。除了輸出迭代器這個例外，在較高分類的迭代器會提供較低分類的迭代器所提供的全部運算。

標準為泛用和數值演算法的每個迭代器參數指定了最低分類。

舉例來說，find 實作了對一個序列的單回（onepass）、唯讀的巡訪，最少需要一個輸入迭代器。replace 函式需要至少是正向迭代器的一對迭代器。同樣地，replace_copy 的頭兩個迭代器需要正向迭代器，而它代表一個目的地的第三個迭代器，至少必須是一個輸出迭代器，諸如此類的。對於每個參數，迭代器都必須至少跟規定的最低需求一樣強大。傳入能力較低的迭代器是一種錯誤。

許多編譯器不會抱怨我們傳入了錯誤分類的迭代器給演算法。

WARNING

迭代器分類

輸入迭代器：能夠讀取一個序列中的元素。一個輸入迭代器必須提供

- 相等性和不等性運算子（==、!=）以比較兩個迭代器
- 前綴和後綴遞增（++）以推進迭代器
- 解參考運算子（*）以讀取一個元素；解參考只能出現在一個指定式的右手邊
- 箭號運算子（->）作為 (*it).member 的同義詞，也就是說，解參考迭代器並從底層的物件擷取一個成員（member）。

輸入迭代器只能循序（sequentially）使用。我們可以得到的保證是，*it++ 會是有效的，但遞增一個輸入迭代器可能會使指向該資料流的所有其他迭代器都無效化。結果就是，我們沒辦法保證我們可以儲存一個輸入迭代器的狀態，然後透過那個儲存的迭代器檢視一個元素。因此，輸入迭代器只能用於單回演算法（single-pass algorithms）。find 與 accumulate 演算法需要輸入迭代器；istream_iterator 就是輸入迭代器。

輸出迭代器（output iterators）：可以想成具有跟輸入迭代器互補的功能性；它們會寫入而非讀取元素。輸出迭代器必須提供

- 前綴和後綴遞增（++）以推進迭代器
- 解參考（*），它只能出現在一個指定式的左手邊（對一個解參考後的輸出迭代器進行指定會寫入底層的元素）。

我們只能對給定的一個輸出迭代器的值指定一次。就像輸入迭代器，輸出迭代器只能用於單回演算法。用作一個目的地的迭代器通常都是輸出迭代器。舉例來說，copy 的第三個參數是一個輸出迭代器。ostream_iterator 型別就是一種輸出迭代器。

正向迭代器（forward iterators）：能夠讀取和寫入一個給定的序列。它們只會以一個方向移動來走過該序列。正向迭代器支援輸入迭代器和輸出迭代器的所有運算。此外，它們還能多次讀取或寫入相同的元素。因此，我們可以使用一個正向迭代器儲存起來的狀態。所以

使用正向迭代器的演算法可以多次處理過該序列。replace 演算法需要一個正向迭代器；forward_list 上的迭代器就是正向迭代器。

雙向迭代器（bidirectional iterators）：可以正向或反向讀寫一個序列。除了支援正向迭代器的所有運算外，一個雙向迭代器還支援前綴與後綴遞減（--）運算子。reverse 演算法需要雙向迭代器，而除了 forward_list 以外，程式庫容器都提供符合雙向迭代器需求的迭代器。

隨機存取迭代器（random-access iterators）：對序列中的任何位置都提供常數時間的存取。這些迭代器支援雙向迭代器的所有功能性。此外，隨機存取迭代器還支援表 3.7 的運算：

- 關係運算子（<、<=、> 與 >=）比較兩個迭代器的相對位置。
- 一個迭代器和一個整數值上的加法與減法運算子（+、+=、- 與 -=）。運算結果會是該迭代器在序列中推進（或後退）那個整數數目的元素。
- 套用到兩個迭代器時，減法運算子（-）會產出兩個迭代器之間的距離。
- 下標運算子（iter[n]）作為 *(iter + n) 的同義詞。

sort 演算法需要隨機存取迭代器。array、deque、string 與 vector 的迭代器都是隨機存取迭代器，就跟我們用來存取一個內建陣列元素的指標一樣。

習題章節 10.5.1

練習 10.38：列出五個迭代器分類，以及每個分類所支援的運算。

練習 10.39：list 有何種迭代器？那麼 vector 呢？

練習 10.40：你認為 copy 需要何種迭代器呢？那 reverse 或 unique 呢？

 ## 10.5.2 演算法參數模式

疊加在任何演算法分類之上的是一組參數慣例。了解這些參數慣例可以幫助你學習新的演算法，知道了參數的意義後，你就能專心理解演算法所執行的作業。大多數的演算法都有下列四個形式之一：

```
alg (beg, end, other args);
alg (beg, end, dest, other args);
alg (beg, end, beg2, other args);
alg (beg, end, beg2, end2, other args);
```

其中 alg 是演算法的名稱，而 beg 和 end 代表演算法要作用在其上的輸入範圍。雖然幾乎所有的演算法都接受一個輸入範圍，其他參數的出現與否，則取決於所進行的工作。列於這裡最常見的 dest、beg2 與 end2 全都是迭代器。使用時，這些迭代器都扮演類似的角色。除了這些迭代器參數外，有些演算法也接受額外的非迭代器參數，它們是演算法限定的。

具有單一個目的地迭代器的演算法

一個 dest 參數是代表演算法可以寫入其輸出的一個目的地（destination）的迭代器。演算法假設它能安全地寫入所需的任意多個元素。

> 寫入到一個輸出迭代器的演算法假設該目的地大到足以存放其輸出。

如果 dest 是直接指涉一個容器的迭代器，那麼演算法就會將其輸出寫入到該容器中既有的元素。更常見的是，dest 會被繫結到一個插入迭代器（§10.4.1）或一個 ostream_iterator（§10.4.2）。一個插入迭代器會新增元素到容器，藉此確保那裡有足夠的空間。一個 ostream_iterator 寫入一個輸出資料流，同樣不會有可以寫入多少個元素的問題。

具有第二個輸入序列的演算法

單獨接受 beg2 或 beg2 與 end2 都接受的演算法使用那些迭代器來代表第二個輸入範圍。這些演算法通常會使用來自第二個範圍的元素與第一個範圍搭配進行一些計算。

當一個演算法 beg2 與 end2 都接受，這些迭代器就代表第二個範圍。這種演算法接受兩個指定完整的範圍：由 [beg, end) 代表的第一個輸入範圍，以及由 [beg2, end2) 表示的第二個輸入範圍。

只接受 beg2（而沒有 end2）的演算法把 beg2 當成第二個輸入範圍的第一個元素對待。這個範圍的結尾並未指定。取而代之，這些演算法假設該範圍起始於 beg2，而且至少與 beg、end 所代表的那一個一樣大。

> 單獨接受 beg2 的演算法假設起始於 beg2 的那個序列至少與 beg 及 end 所代表的範圍一樣大。

10.5.3 演算法命名慣例

除了參數慣例外，演算法也遵循一組命名和重載慣例。這些慣例所處理的是，我們如何提供一個運算來取代預設的 < 或 == 運算子，以及演算法是否會寫入它的輸入序列，或是寫到另外的一個目的地。

某些演算法使用重載來傳入一個判斷式

接受一個判斷式（predicate）來取代 < 或 == 運算子的，以及沒有接受其他引數的演算法，通常都是重載的。這種函式的一個版本使用元素型別的運算子來比較元素；第二種接受一個額外的參數，它是要用來取代 < 或 == 的一個判斷式：

```
unique(beg, end);          // 使用 == 運算子來比較元素
unique(beg, end, comp);    // 使用 comp 來比較元素
```

這兩個呼叫都會移除相鄰的重複元素來重新排列所給的序列。第一個使用元素型別的 == 運算子來檢查是否重複；第二個呼叫 comp 來判斷兩個元素是否相等。因為這兩個版本的函式之引數數目有差異，所以在要呼叫哪個函式上，並沒有可能的歧義（ambiguity，§6.4）。

具有 _if 版本的演算法

接受一個元素值的演算法通常會有一個名稱不同（而非重載）的版本，它接受一個判斷式（§10.3.1）來取代那個值。這種接受一個判斷式的演算法會後綴有 _if：

```
find(beg, end, val);       // 在輸入範圍中找出 val 的第一個實例
find_if(beg, end, pred);   // 找出使 pred 為 true 的第一個實例
```

這些演算法都會在輸入範圍中找尋指定元素的第一個實例。find 演算法會找尋一個指定的值；find_if 演算法找尋使得 pred 回傳一個非零值的值。

這些演算法提供了一個改名過的版本，而非重載的版本，因為這兩個版本的演算法都接受相同數目的引數。因此重載的歧義是有可能的，雖然很罕見。為了避免任何可能的歧義，程式庫提供為這些演算法提供了另外命名的版本。

分辨會進行拷貝的版本

預設情況下，會重新排列元素的演算法會將重排過的元素寫回給定的輸入範圍。這些演算法提供了第二種版本，會寫入到一個指定的輸出目的地。如我們見過的，寫入到一個目的地的演算法會在它們的名稱後附加 _copy（§10.2.2）：

```
reverse(beg, end);               // 反轉輸入範圍中的元素順序
reverse_copy(beg, end, dest);    // 將順序相反的元素拷貝到 dest
```

某些演算法 _copy 及 _if 版本都有提供。這些版本接受一個目的地迭代器和一個判斷式：

```
// 從 v1 移除奇數元素
remove_if(v1.begin(), v1.end(),
                        [](int i) { return i % 2; });
// 只從 v1 拷貝偶數元素到 v2 中；v1 不變
remove_copy_if(v1.begin(), v1.end(), back_inserter(v2),
                [](int i) { return i % 2; });
```

這兩個呼叫都用到一個 lambda（§10.3.2）來判斷一個元素是否為奇數。在第一個呼叫中，我們從輸入序列本身移除奇數元素。在第二個中，我們將非奇數（即偶數）的元素從輸入範圍拷貝到 v2。

習題章節 10.5.3

練習 10.41：僅依據演算法和引數名稱，描述下列每個程式庫演算法所進行的作業：

```
replace(beg, end, old_val, new_val);
replace_if(beg, end, pred, new_val);
replace_copy(beg, end, dest, old_val, new_val);
replace_copy_if(beg, end, dest, pred, new_val);
```

10.6 容器限定的演算法

不同於其他的容器，list 和 forward_list 定義了數個演算法作為成員。特別是，串列（list）型別定義了它們自己版本的 sort、merge、remove、reverse 與 unique。sort 的泛用版本需要隨機存取迭代器。結果就是，sort 不能與 list 和 forward_list 並用，因為這些型別分別只提供雙向和正向迭代器。

串列型別所定義的其他演算法的泛用版本可以用於串列，但要以效能作為代價。這些演算法會調換輸入序列中的元素。一個串列可以藉由變更元素間的連結來「對調（swap）」它的元素，而非對調那些元素的值。結果就是，這些演算法的串列專用版本能夠達到比對應的泛用版本更好的效能。

這些 list 限定的運算描述於表 10.6。沒有列在那個表中，接受適當迭代器的泛用演算法，在 list 和 forward_list 上執行起來就跟在其他容器上一樣有效率。

list 和 forward_list 應該優先選用串列成員版本，而非泛用版本。

表 10.6：是 **list** 和 **forward_list** 成員的演算法	
這些運算回傳 void。	
lst.merge(lst2)	將來自 lst2 的元素合併到 lst。lst 與 lst2 都必須排序過。
lst.merge(lst2, comp)	元素會從 lst2 被移除。在 merge 之後，lst2 會是空的。第一個版本使用 < 運算子；第二個版本使用所給的比較運算。
lst.remove(val)	呼叫 erase 來移除 == 給定值的每個元素，或是使得所給的單元
lst.remove_if(pred)	判斷式成立的那些值。
lst.reverse()	反向排序 lst 中的元素。
lst.sort()	使用 < 或所給的比較運算來排序 lst 的元素。
lst.sort(comp)	
lst.unique()	呼叫 erase 來移除相同值的連續拷貝。第一個版本使用 ==；第
lst.unique(pred)	二個版本使用所給的二元判斷式。

splice 成員

串列型別也定義了一個 splice 演算法，會在表 10.7 中描述。這個演算法是串列資料結構專屬的，因此這個演算法並不需要泛用版本。

表 10.7：**list** 和 **forward_list** 的 **splice** 成員之引數		
lst.splice(*args*) 或 flst.splice_after(*args*)		
(p, lst2)	p 是對 lst 中一個元素的迭代器，或緊接在 flst 中一個元素前的一個迭代器。將 lst2 的所有元素移到 lst 中緊接 p 之前的位置，或 flst 中緊接 p 之後的位置。從 lst2 移除元素。lst2 的型別必須 lst 或 flst 一樣，而且不可以是同一個串列。	
(p, lst2, p2)	p2 是指到 lst2 中的一個有效迭代器。將 p2 所代表的元素移到 lst 中，或移動緊接在 p2 後的元素到 flst。lst2 跟 lst 或 flst 可以是同一個串列。	
(p, lst2, b, e)	b 和 e 必須代表 lst2 中的一個有效範圍。移動來自 lst2 給定範圍中的元素。lst2 與 lst（或 flst）可以是相同的串列，但 p 必定不能代表所給的範圍中的元素。	

串列限定的運算確實會改變容器

大多數的串列限定演算法都與它們對應的泛用版本類似，但並非完全相同。然而，串列限定和泛用版本之間的一個關鍵差異是，串列版本會變更底層的容器。舉例來說，remove 的串列版本會移除所指的元素。unique 的串列版本會移除第二個開始的後續重複項目。

同樣地，merge 和 splice 對它們的引數是有破壞性的。舉例來說，泛用版本的 merge 會將合併後的序列寫到一個給定的目的地迭代器，兩個輸入序列都不會改變。串列的 merge 函式會摧毀所給的串列，被合併到 merge 在其上被呼叫的物件中的過程中，元素會從引數串列移除。merge 之後，來自兩個串列的元素都會繼續存在，但它們全都變成了同一個串列的元素。

習題章節 10.6
練習 10.4.2：重新實作 §10.2.3 中我們寫的，會消除重複字詞的程式，改用一個 list 而非 vector。

本章總結

標準程式庫定義了大約 100 個獨立於型別的演算法，它們作用於序列之上。序列可以是某個程式庫容器型別中的元素、一個內建陣列，或（舉例來說）藉由讀取或寫入一個資料流所產生的。演算法達到型別獨立性的方法是透過迭代器來運作。大多數的演算法都接受一對代表一個範圍的元素的迭代器作為它們的頭兩個引數。額外的迭代器引數可能還包含代表一個目的地的輸出迭代器，或代表第二個輸入序列的另一個迭代器或另一對迭代器。

迭代器依據它們所支援的運算被分成五大類。這些迭代器分類是輸入、輸出、正向、雙向，以及隨機存取。如果有支援某個迭代器分類所需的運算，我們就說一個迭代器屬於那個特定的分類。

就像迭代器依據它們的運算來分類，演算法的迭代器參數也以它們所需的迭代器運算分類。只會讀取它們的序列的演算法僅需要輸入迭代器運算。那些會寫入目的地迭代器的，只需要輸出迭代器的動作，依此類推。

演算法永遠都不會直接改變它們作用的序列之大小。它們可以從一個位置拷貝元素到另一個，但無法直接新增或移除元素。

雖然演算法無法直接新增元素到一個序列，插入迭代器就可以辦到。一個插入迭代器繫結至一個容器，當我們指定容器的元素型別的一個值給一個插入迭代器，該迭代器就會將給定的元素新增到容器。

`forward_list` 和 `list` 容器為某些泛用演算法定義了它們自己的版本。不同於那些泛用演算法，這些串列限定的版本會修改所給的串列。

定義的詞彙

back_inserter 一種迭代器轉接器，接受對一個容器的參考，並產生一個插入迭代器，使用 `push_back` 來新增元素到所指定的容器。

bidirectional iterator（雙向迭代器） 與正向迭代器（forward iterators）有相同的運算，但還有使用 `--` 在序列中往回移動的能力。

binary predicate（二元判斷式） 具有兩個參數的判斷式。

bind 將一或多個引數繫結到一個可呼叫運算式的程式庫函式。`bind` 定義於 `functional` 標頭。

callable object（可呼叫物件） 可以作為呼叫運算子左運算元的物件。對函式的指標、lambda，以及定義有重載的函式呼叫運算子的類別之物件，都是可呼叫物件。

capture list（捕捉串列） lambda expression 中指定外圍情境中哪些變數可以存取的部分。

cref 一個程式庫函式，它會回傳一個可拷貝的物件，其中存放有對一個 `const` 物件的參考，而所指的這個物件的型別是無法拷貝的。

forward iterator（正向迭代器） 可以讀寫元素，但不需要支援 `--` 的迭代器。

front_inserter 一種迭代器轉接器，給定一個容器，它會產生一個插入迭代器，這個插入迭代器使用 `push_front` 來新增元素到該容器的開頭。

generic algorithms（泛用演算法） 獨立於型別的演算法。

input iterator（輸入迭代器） 可以讀取但無法寫入序列元素的迭代器。

insert iterator（插入迭代器） 這種迭代器轉接器會產生一個使用容器運算來新增元素到給定容器的迭代器。

inserter（插入器） 這種迭代器轉接器接受一個迭代器，以及對一個容器的參考，然後產生一個插入迭代器，使用 `insert` 新增元素到給定的迭代器所指的元素之前。

istream_iterator 讀取一個輸入資料流的資料流迭代器。

iterator categories（迭代器分類） 依據迭代器支援的運算區分所產生的迭代器概念性分類。迭代器分類形成一種階層架構，其中較強大的分類會提供與較弱的分類相同的運算。演算法使用迭代器分類來指定迭代器引數必須支援什麼運算。只要迭代器提供了至少那個層級的運算，就能被使用。舉例來說，某些演算法只需要輸入迭代器。這種演算法可在任何迭代器上被呼叫，只有僅符合了輸出迭代器需求的那些不行。需要隨機存取迭代器的演算法只能用在支援隨機存取運算的迭代器上。

lambda expression（lambda 運算式） 程式碼的可呼叫單元。一個 lambda 有點類似一個無名的 inline 函式。一個 lambda 以一個捕捉串列開頭，這允許 lambda 存取外圍函式中的變數。跟函式一樣，它有一個（可能為空的）參數列、回傳型別，以及一個函式主體。一個 lambda 可以省略回傳型別。如果函式主體是單一個 `return` 述句，回傳型別就能從所回傳的物件之型別推論出來。否則，省略的回傳型別預設會是 `void`。

move iterator（移動迭代器） 這種迭代器轉接器產生的迭代器能夠移動元素，而非拷貝它們。移動迭代器涵蓋於第 13 章。

ostream_iterator 寫入一個輸出資料流的迭代器。

output iterator（輸出迭代器） 可以寫入但不一定會讀取元素的迭代器。

predicate（判斷式） 回傳能被轉換為 `bool` 的一個型別的函式。通常被泛用演算法用來測試元素。程式庫所用的判斷式要不是單元（接受一個引數）的，就是二元（接受兩個）的。

random-access iterator（隨機存取迭代器） 有跟雙向迭代器相同的運算，再加上用來比較迭代器值的關係運算子，以及下標運算子和迭代器上的算術運算，因此支援對元素的隨機存取。

ref 從其型別無法拷貝的物件的一個參考產生一個可拷貝的物件的程式庫函式。

reverse iterator（反向迭代器） 在一個序列中往回移動的迭代器。這些迭代器會使 ++ 和 -- 的意義互換。

stream iterator（資料流迭代器） 可以繫結至一個資料流的迭代器。

unary predicate（單元判斷式） 具有一個參數的判斷式。

11

關聯式容器

Associative Containers

本章目錄

關聯式容器和循序容器有一個基本差異：關聯式容器中的元素是以一個鍵值（key）來儲存和取回的。相較之下，循序容器中的元素是由它們在容器中的位置（position）來儲存和取用的。

雖然關聯式容器跟循序容器有許多共通的行為，但它們跟循序容器的差異就反映在鍵值的使用方式上。

關聯式容器（*associative containers*）支援透過一個鍵值（key）的高效率查找與取回。兩個主要的**關聯式容器（associative-container）**型別是 **map** 和 **set**。一個 map 中的元素是鍵值與值對組（key–value pairs）：鍵值作為 map 中的索引，而值則代表與那個索引關聯的資料。一個 set 元素只含有一個鍵值；一個 set 支援有效率地查詢一個給定的鍵值是否存在。我們可以使用一個 set 來存放我們想要在某種文字處理過程中忽略的字詞。字典（dictionary）會是 map 的好用處：字詞會是鍵值，而其定義則是值。

程式庫提供了八種關聯式容器，列於表 11.1 中。這八種之間的差異可用三個維度描述：每個容器都是 (1) 一個 set 或 map，(2) 需要唯一鍵值或允許多重鍵值（multiple keys），還有 (3) 是否為有順序地儲存元素。允許多重鍵值的容器包括字詞 multi；那些沒有讓其鍵值保持有序的會以 unordered 這個字詞開頭。因此，一個 unordered_multiset 就是允許多重鍵值，而且元素並沒有依序儲存的集合（set），而一個 set 則具有唯一鍵值，而且依序儲存。無序容器（unordered containers）使用一個 hash function（雜湊函數）來組織它們的元素。我們會在 §11.4 中更詳細介紹 hash 函數。

map 和 **multimap** 定義在 map 標頭中；set 和 **multiset** 型別則定義在 set 標頭中；而無序容器則在 unordered_map 和 unordered_set 標頭中。

表 11.1：關聯式容器型別

元素以鍵值排序	
map	關聯式陣列；存放鍵值與值對組
set	鍵值就是值的容器
multimap	一個鍵值能在其中出現多次的 map
multiset	一個鍵值能在其中出現多次的 set
無序群集	
unordered_map	以一個 hash（雜湊）函數組織的 map
unordered_set	以一個 hash 函數組織的 set
unordered_multimap	經雜湊（hashed）的 map；鍵值能夠出現多次
unordered_multiset	經雜湊的 set；鍵值能夠出現多次

 ## 11.1 使用關聯式容器

雖然大多數的程式設計師都熟悉像是 vector 或 list 那樣的資料結構，有許多從未用過關聯式資料結構。在我們檢視程式庫是如何支援這些型別的細節之前，先以一個範例展示我們可以如何使用這些容器，可能會有所幫助。

map 是 key–value pairs（鍵值與值對組）所成的一種群集（collection）。舉例來說，每個對組（pair）可能含有一個人的名字（name）作為鍵值，然後一個電話號碼（phone number）作為其值。我們會描述這樣的資料結構是「將名字對映到電話號碼（mapping names to phone numbers）」。map 型別常被稱作**關聯式陣列（associative array）**。一個關聯式陣列就像是「普通」的陣列，只不過其下標（subscripts）不一定得是整數。一個 map 中的值是以一個鍵值找到，而非藉由它們的位置。

給定名字對電話號碼的一個 map，我們會用一個人的名字作為下標來擷取那個人的電話號碼。

相較之下，一個 set 單純是鍵值所成的一個群集。一個 set 在我們單純只是想要知道一個值是否存在時最有用處。舉例來說，一家商業機構可能會定義一個名為 bad_checks 的一個 set 來存放開過空頭支票的人的名字。接受支票前，這家商業機構會查詢 bad_checks 看看該顧客的名字是否有出現。

使用一個 map

仰賴關聯式陣列的一個經典範例是字詞計數程式：

```cpp
// 計算輸入中每個字詞出現的次數
map<string, size_t> word_count; // 從 string 對映到 size_t 的空 map
string word;
while (cin >> word)
        ++word_count[word]; // 擷取並遞增 word 的計數器
for (const auto &w : word_count) // 對於 map 中的每個元素
    // 印出結果
    cout << w.first << " occurs " << w.second
        << ((w.second > 1) ? " times" : " time") << endl;
```

這個程式讀取其輸入，並回報每個字詞出現的頻率。

就像循序容器，關聯式容器也是模板（templates，§3.3）。要定義一個 map，我們必須鍵值和值的型別都指定。在這個程式中，map 儲存元素，其中鍵值是 string 而值是 size_t（§3.5.2）。當我們要為 word_count 添標（subscript），我們會使用一個 string 作為下標，而我們會取回與那個 string 關聯的 size_t 計數器。

這個 while 迴圈在標準輸入一次讀取一個字詞。它用每個字詞來為 word_count 添標。如果 word 尚未出現在 map 中，下標運算子會創建一個新的元素，其鍵值為 word，而值為 0。不管是否要創建元素，我們都會遞增它的值。

一旦我們讀完了所有的輸入，範圍 for（§3.2.3）就會迭代過 map，印出每個字詞以及對應的計數器。當我們從一個 map 擷取一個元素，我們會得到一個型別為 pair 的物件，這會在 §11.2.3 中說明。簡而言之，pair 是一個模板型別，用以存放兩個（public）資料成員，名為 first 和 second。map 所用的 pair 有一個 first 成員作為鍵值，而 second 成員則是對應的值。因此，輸出述句的效果就是印出每個字詞及其關聯的計數器。

如果我們在本節中的第一段文字上執行這個程式，我們的輸出會是

```
Although occurs 1 time
Before occurs 1 time
an occurs 1 time
and occurs 1 time
...
```

使用一個 set

我們程式的一個邏輯延伸是忽略像是「the」、「and」、「or」之類的字。我們會用一個
set 來存放我們想要忽略的這些字詞，並僅計數沒有在此集合中的那些字詞：

```
// 計算輸入中每個字詞出現的次數
map<string, size_t> word_count; // 從 string 映射到 size_t 的空 map
set<string> exclude = {"The", "But", "And", "Or", "An", "A",
                       "the", "but", "and", "or", "an", "a"};
string word;
while (cin >> word)
    // 只計算沒有在 exclude 中的字詞
    if (exclude.find(word) == exclude.end())
        ++word_count[word]; // 擷取並遞增 word 的計數器
```

就像其他的容器，set 是一個模板。要定義一個 set，我們會指定其元素的型別，在此即為
string。就像循序容器，我們能夠串列初始化（list initialize，§9.2.4）一個關聯式容器中
的元素。我們的 exclude 集合存有 12 個我們想要忽略的字詞。

這個程式和之前程式間的重要差異是，計數每個字詞前，我們會檢查該字詞是否在排除集合
中。我們會在 if 中進行這項檢查：

```
// 只計數沒有在 exclude 中的字詞
if (exclude.find(word) == exclude.end())
```

對 find 的呼叫會回傳一個迭代器。如果給定的鍵值有在 set 中，該迭代器就指向那個鍵值。
如果沒找到該元素，find 就會回傳 off-the-end 迭代器。在這個版本中，我們只會為沒有在
exclude 中的 word 更新計數器。

如果我們在跟之前相同的輸入上執行這個版本，我們的輸出會是

```
Although occurs 1 time
Before occurs 1 time
are occurs 1 time
as occurs 1 time
...
```

習題章節 11.1

練習 11.1：描述一個 map 和一個 vector 之間的差異。

練習 11.2：給出一個例子指出何時 list、vector、deque、map 與 set 中每一個何時會最有
用處。

練習 11.3：寫出你自己版本的字詞計數程式。

練習 11.4：擴充你的程式來忽略大小寫和標點符號。舉例來說，「example.」、「example,」
和「Example」全都應該遞增相同的計數器。

11.2 關聯式容器的概觀

關聯式容器（不管是有序或無序）都支援涵蓋於 §9.2 和列於表 9.2 的通用容器運算。關聯式容器並不支援循序容器的基於位置的運算，例如 push_front 或 back。因為這些元素是以它們的鍵值儲存的，所以這些運算對於關聯式容器來說沒有意義。此外，關聯式容器不支援接受一個元素值及一個計數的建構器或插入運算。

除了與循序容器共通的運算外，這些關聯式容器也提供了循序容器沒有的一些運算（表 11.7）和型別別名（表 11.3）。此外，無序的容器也提供了調整它們 hash 效能的運算，這會在 §11.4 中涵蓋。

關聯式容器的迭代器是雙向的（§10.5.1）。

11.2.1 定義關聯式容器

如我們所見，當我們定義一個 map，我們必須指出鍵值和值的型別；當我們定義一個 set，我們只需指定一個鍵值型別，因為沒有值的型別。這些關聯式容器都會定義一個預設建構器，它會為指定的型別創建一個空的容器。我們也可以初始化一個關聯式容器作為相同型別的另一個容器的一個拷貝，或者從一個範圍的值來初始化，只要那些值可被轉換為該容器的型別就行。在新標準之下，我們也能夠串列初始化那些元素：

```cpp
map<string, size_t> word_count; // 空的
// 串列初始化
set<string> exclude = {"the", "but", "and", "or", "an", "a",
                       "The", "But", "And", "Or", "An", "A"};
// 三個元素；作者的姓氏對應到名字
map<string, string> authors = { {"Joyce", "James"},
                                {"Austen", "Jane"},
                                {"Dickens", "Charles"} };
```

一如以往，初始器必須可轉換為容器中的型別。對 set 來說，元素型別就是鍵值型別。

當我們初始化一個 map，我們必須鍵值與值都提供。我們將每個鍵值與值對組（key-value pair）包在大括號內：

{key, value}

來指出這些項目一起構成了 map 中的一個元素。鍵值是每個對組中的第一個元素，而值是第二個。因此，authors 會將姓氏（last names）對應到名字（first names），並以三個元素初始化。

初始化一個 **multimap** 或 **multiset**

一個 map 或一個 set 中的鍵值必須是唯一的。一個給定的鍵值只能有一個元素。multimap 和 multiset 就沒有這種限制，

它們可以有數個元素具有相同的鍵值。舉例來說，我們用來計數字詞的 map 每個給定的字詞必須只有一個元素。另一方面，在一個字典中，一個特定的字詞可以有數個關聯的定義。

下列的範例顯示了具有唯一鍵值的容器和具有多重鍵值的容器之間的差異。首先，我們創建了一個由 int 組成的 vector，名為 ivec，它有 20 個元素：從 0 到 9（包括兩端）的每個整數都有兩個拷貝。我們會用這個 vector 來初始化一個 set 和一個 multiset：

```
// 定義具有 20 個元素的一個 vector，存放從 0 到 9 的每個數字的兩個拷貝
vector<int> ivec;
for (vector<int>::size_type i = 0; i != 10; ++i) {
    ivec.push_back(i);
    ivec.push_back(i);    // 每個數字的重複拷貝
}
// iset 存有來自 ivec 的唯一元素；miset 存有全部的 20 個元素
set<int> iset(ivec.cbegin(), ivec.cend());
multiset<int> miset(ivec.cbegin(), ivec.cend());
cout << ivec.size() << endl;     // 印出 20
cout << iset.size() << endl;     // 印出 10
cout << miset.size() << endl;    // 印出 20
```

即使我們以整個 ivec 容器初始化了 iset，iset 依然只有十個元素：ivec 中每個不同的數字都一個。另一方面，miset 則有 20 個元素，與 ivec 中的元素數目相同。

習題章節 11.2.1

練習 11.5：解釋 map 和 set 之間的差異。何時你會使用 map，何時會用 set？

練習 11.6：解釋 set 和 list 之間的差異。何時你會用 set，何時會用 list？

練習 11.7：定義一個 map 其中鍵值是家族姓氏，而值是一個 vector，由孩子的名字構成。寫出程式碼來新增家族，以及新增孩子到既有的家族。

練習 11.8：寫一個程式將排除字（excluded words）儲存在一個 vector 中，而非在一個 set 中。使用一個 set 的好處是什麼？

11.2.2 對於鍵值型別的要求

關聯式容器會對要用做鍵值的型別設下限制。我們會在 §11.4 無序容器中涵蓋鍵值的需求條件。對於有序容器，例如 map、multimap、set、multiset，鍵值型別必須定義比較元素的方法。預設情況下，程式庫使用鍵值型別的 < 運算子來比較鍵值。在集合型別（**set types**）中，鍵值就是元素型別；在映射型別（**map types**）中，鍵值則是第一個型別。因此，§11.1 中 word_count 的鍵值型別為 string。同樣地，exclude 的鍵值型別為 string。

傳入排序演算法的可呼叫物件（§10.3.1）必須符合跟關聯式容器中鍵值一樣的需求。

有序容器的鍵值型別

就像我們可以為演算法提供自己的比較運算（§10.3），以取代鍵值上的 < 運算子。所指定的運算必須在鍵值型別上定義一種**嚴格的弱次序（strict weak ordering）**。我們可以把這種嚴格的弱次序想成是「小於（less than）」，雖然我們的函式用的可能是更為複雜的程序。無論我們如何定義它，這種比較函式必須具備下列特性：

- 兩個鍵值不可以都「小於」彼此；如果 k1「小於」k2，那麼 k2 必須永遠都不「小於」k1。

- 如果 k1「小於」k2，而 k2「小於」k3，那麼 k1 必定「小於」k3。

- 如果有兩個鍵值，而任一個都不「小於」另一個，那麼我們會說這些鍵值是「等效」的。如果 k1「等於」k2，而 k2「等於」k3，那麼 k1 就必須「等於」k3。

如果兩個鍵值等效（equivalent，即兩者都不「小於」彼此），那麼容器就會將它們視為相等（equal）。如果我們把它們用作一個 map 的鍵值，那就只會有一個元素與這些鍵值關聯，而任一個都能用來存取對應的值。

在實務上，最重要的是，定義了「行為正常」的 < 運算子的一個型別可被當作一個鍵值使用。

為鍵值型別使用一個比較函式

一個容器用來組織其元素的運算之型別也是該容器的型別的一部分。要指定我們自己的運算，我們必須在定義一個關聯式容器之型別時，提供該運算的型別。定義容器時，我們會用角括號（angle brackets）來指出所定義的是何種型別的容器，而運算型別（operation type）就是跟在角括號內的元素型別後指定的。

角括號內的每個型別就只是，一個型別。我們提供一個特定的比較運算（其型別必須與我們在角括號內指定的型別一樣）作為創建一個容器時，建構器的一個引數。

舉例來說，我們無法直接定義 Sales_data 的一個 multiset，因為 Sales_data 沒有 < 運算子。然而，我們可以使用 §10.3.1 中練習的 compareIsbn 函式來定義一個 multiset。那個函式依據兩個給定的 Sales_data 物件的 ISBN 定義了一種嚴格弱次序。這種 compareIsbn 函式看起來應該像這樣

```
bool compareIsbn(const Sales_data &lhs, const Sales_data &rhs)
{
    return lhs.isbn() < rhs.isbn();
}
```

要使用我們自己的運算，我們必須定義具有兩個型別的 multiset：鍵值型別為 Sales_
data，還有比較型別，它是能夠指向 compareIsbn 的一個函式指標型別（§6.7）。當我
們定義這種型別的物件，我們必須提供一個指標指向我們想用的運算。在此，我們提供對
compareIsbn 的一個指標：

```
// bookstore 可能會有數筆交易記錄有相同的 ISBN
// bookstore 中的元素會以 ISBN 排序
multiset<Sales_data, decltype(compareIsbn)*>
    bookstore(compareIsbn);
```

這裡，我們使用 decltype 來指定我們運算的型別，記得，當我們使用 decltype 來形成一個
函式指標時，我們必加上一個 * 來指出我們正在使用指向給定函式型別的一個指標（§6.7）。
我們以 compareIsbn 初始化 bookstore，這表示當我們新增元素到 bookstore，那些元素
將會呼叫 compareIsbn 來決定順序。也就是說，bookstore 中的元素將會以它們的 ISBN
成員排序。我們可以寫出 compareIsbn 而非 &compareIsbn 作為建構器引數，因為使用
一個函式的名稱時，如果需要，它會自動被轉換為一個指標（§6.7）。我們也可以寫成
&compareIsbn，效果相同。

習題章節 11.2.2

練習 11.9：定義一個 map，將字詞關聯至由行號所成的一個 list，這些行號代表該字詞出現處。

練習 11.10：我們有可能定義從 vector<int>::iterator 映射到 int 的一個 map 嗎？那從
list<int>::iterator 到 int 的呢？在每個例子中，如果沒辦法，那是為什麼呢？

練習 11.11：不使用 decltype 來重新定義 bookstore。

11.2.3 **pair** 型別

在我們檢視關聯式容器上的運算前，我們需要知道名為 **pair** 的程式庫型別，它定義於
utility 標頭中。

一個 pair 存有兩個資料成員。就像容器，pair 是一個模板，從之我們可以產生出特定的型
別來。創建一個 pair 時，我們必須提供兩個型別名稱。pair 的資料成員會有對應的型別。
並沒有限制兩個型別要相同：

```
pair<string, string> anon;           // 存放兩個 string
pair<string, size_t> word_count;     // 存放一個 string 和一個 size_t
pair<string, vector<int>> line;      // 存放 string 和 vector<int>
```

預設的 pair 建構器會值初始化（value initializes，§3.3.1）那些資料成員。因此，anon 會是由兩個空的 string 組成的 pair，而 line 則存有一個空的 string 和一個空的 vector。word_count 中的 size_t 值會得到 0 這個值，而 string 成員則被初始化為空的 string。

我們也能為每個成員提供初始器：

```
pair<string, string> author{"James", "Joyce"};
```

會創建一個名為 author 的 pair，並以 "James" 與 "Joyce" 這些值來初始化。

表 11.2：pair 上的運算	
pair<T1, T2> p;	p 是一個 pair，具有型別分別是 T1 和 T2，並以值初始化（§3.3.1）的成員。
pair<T1, T2> p(v1, v2);	p 是一個 pair，具有型別 T1 和 T2；而 first 和 second 成員則分別以 v1 和 v2 初始化。
pair<T1, T2> p = {v1, v2};	等同於 p(v1, v2)。
make_pair(v1, v2)	回傳以 v1 和 v2 初始化的一個 pair。這個 pair 的型別會從 v1 和 v2 的型別推論而出。
p.first	回傳 p 名為 first 的（public）資料成員。
p.second	回傳 p 名為 second 的（public）資料成員。
p1 *relop* p2	關係運算子（<、>、<=、>=）。關係運算子被定義為字典順序：舉例來說，如果 p1.first < p2.first 或 !(p2.first < p1.first) && p1.second < p2.second，那 p1 < p2 就為 true。使用元素的 < 運算子。
p1 == p2	如果它們的 first 及 second 成員都分別相等，那麼兩個 pair 就相等。使用元素的 == 運算子。
p1 != p2	

不同於其他的程式庫型別，pair 的資料成員是 public 的（§7.2）。這些成員分別名為 first 和 second。我們使用一般的成員存取記號（§1.5.2）來存取這些成員，舉例來說，就像我們在 §11.1 字詞計數程式的輸出述句中做的那樣：

```
// 印出結果
cout << w.first << " occurs " << w.second
     << ((w.second > 1) ? " times" : " time") << endl;
```

這裡，w 是對 map 中一個元素的參考。一個 map 中的元素都是 pair。在這個述句中，我們印出了該元素的 first 成員，它是一個鍵值，後面接著 second，它則是計數器。程式庫只在 pair 上定義了有限的幾個運算，列於表 11.2 中。

用來創建 **pair** 物件的一個函式

想像我們有一個需要回傳一個 pair 的函式。在新標準底下，我們可以串列初始化（list initialize，§6.3.2）這些回傳值：

`C++ 11`

```
pair<string, int>
process(vector<string> &v)
{
    // 處理 v
    if (!v.empty())
        return {v.back(), v.back().size()}; // 串列初始化
    else
        return pair<string, int>(); // 明確建構的回傳值
}
```

如果 v 不是空的，我們會回傳由 v 中最後一個 string 及該 string 的大小所組成的一個
pair。否則。我們會明確地建構並回傳一個空的 pair。

在早期版本的 C++ 中，我們無法使用大括號圍起的初始器來回傳像是 pair 這樣的型別。取
而代之，我們可能會將兩個回傳都寫成明確地建構回傳值：

```
if (!v.empty())
    return pair<string, int>(v.back(), v.back().size());
```

又或者，我們可能會用 make_pair 從它的兩個參數產生具有適當型別的一個新的 pair：

```
if (!v.empty())
    return make_pair(v.back(), v.back().size());
```

習題章節 11.2.3

練習 11.12： 寫一個程式讀取一個序列的 string 和 int，將每對存到一個 pair 中。再將所成
的那些 pair 存到一個 vector 中。

練習 11.13： 在前面練習的程式中，至少有三種方式可用來創建那些 pair。寫出三個版本的那
個程式，分別以那三種方式各自創建那些 pair。說明你認為哪種形式最容易撰寫和理解，並
解釋原因。

練習 11.14： 擴充你為 §11.2.1 中的練習所寫的，會將孩子映射到他們家族名稱的那個 map，
讓 vector 儲存一個 pair，其中存放小孩的名字與生日。

11.3 在關聯式容器上進行的運算

除了表 9.2 中所列的那些型別，關聯式容器也定義了列於表 11.3 中的型別。這些型別代表容
器的鍵值與值型別。

對 set 型別來說，**key_type** 和 **value_type** 都是相同的，存放在一個 set 中的值就是鍵值。
在一個 map 中，元素則是鍵值與值對組（key–value pairs）。也就是說，每個元素都是一個
pair 物件，含有一個鍵值和一個關聯的值。因為我們無法改變一個元素的鍵值，這些 pair
的鍵值部分會是 const：

表 11.3：關聯式容器額外的型別別名	
key_type	這個容器型別的鍵值之型別
mapped_type	與每個鍵值關聯的型別；**僅限 map**
value_type	對 set 來說，等同於 key_type；對 map 而言是 pair<const key_type, mapped_type>

```
set<string>::value_type v1;        // v1是一個 string
set<string>::key_type v2;          // v2是一個 string
map<string, int>::value_type v3;   // v3是一個 pair<const string, int>
map<string, int>::key_type v4;     // v4是一個 string
map<string, int>::mapped_type v5;  // v5是一個 int
```

就跟循序容器一樣（§9.2.2），我們使用範疇運算子來擷取一個型別成員，例如 map<string, int>::key_type。

只有 map 型別（unordered_map、unordered_multimap、multimap 與 map）有定義 **mapped_type**。

11.3.1 關聯式容器迭代器

當我們解參考一個迭代器，我們會取得一個參考指向容器的 value_type 的一個值。對 map 來說，這個 value_type 是一個 pair，其中 first 存放了 const 的鍵值，而 second 存放著值：

```
// 取得一個迭代器指向 word_count 中的一個元素
auto map_it = word_count.begin();
// *map_it 是對一個 pair<const string, size_t>物件的一個參考
cout << map_it->first;          // 印出這個元素的鍵值
cout << " " << map_it->second;  // 印出元素的值
map_it->first = "new key";      // 錯誤：鍵值是 const 的
++map_it->second; // ok：我們可以透過一個迭代器變更這個值
```

要記得的重點是，一個 map 的 value_type 是 pair，而我們能夠改變那個 pair 的值，但不能改變其鍵值成員。

set 的迭代器是 **const** 的

雖然 set 型別 iterator 與 const_iterator 型別都有定義，但這兩種型別的迭代器在 set 中都只會賦予我們唯讀的存取權。就像我們無法改變一個 map 元素的鍵值部分，一個 set 中的鍵值也是 const 的。我們可以使用一個 set 迭代器來讀取一個元素的值，但無法寫入：

```
set<int> iset = {0,1,2,3,4,5,6,7,8,9};
set<int>::iterator set_it = iset.begin();
if (set_it != iset.end()) {
    *set_it = 42;                    // 錯誤：一個 set 中的鍵值是唯讀的
    cout << *set_it << endl;         // ok：可以讀取鍵值
}
```

跨越一個關聯式容器的迭代

map 與 set 型別有提供表 9.2 中所有的 begin 和 end 運算。一如以往，我們可以使用那些函式來獲取可用來巡訪容器的迭代器。舉例來說，我們可以改寫前面 §11.1 字詞計數程式中印出結果的迴圈，如下：

```
// 取得定位於第一個元素的一個迭代器
auto map_it = word_count.cbegin();
// 將目前的迭代器與 off-the-end 迭代器做比較
while (map_it != word_count.cend()) {
    // 解參考迭代器來印出元素的鍵值與值對組
    cout << map_it->first << " occurs "
         << map_it->second << " times" << endl;
    ++map_it; // 遞增迭代器來表示下個元素
}
```

這個迴圈中的 while 條件和迭代器的遞增看起來很像我們寫來印出一個 vector 或一個 string 內容的程式。我們初始化了一個迭代器 map_it 指向 word_count 中的第一個元素。只要迭代器不等於 end 值，我們就印出目前的元素，然後遞增迭代器。輸出述句會解參考 map_it 來取得 pair 的成員，除此之外，就跟原本程式中的那個一樣。

 這個程式的輸出是以字母順序。當我們使用一個迭代器來巡訪一個 map、multimap、set 或 multiset，迭代器會以遞增的鍵值順序產出元素。

關聯式容器與演算法

一般來說，我們並不會把泛用演算法（第 10 章）和關聯式容器並用。鍵值是 const 的事實意味著我們不能將關聯式容器的迭代器傳入給會寫入或重排容器元素的演算法，這種演算法需要寫入元素。set 型別中的元素是 const，而在 map 中的那些則是 pair，其第一個元素也是 const。

關聯式容器能與會讀取元素的演算法並用。然而，這種演算法中有許多都會搜尋序列。因為一個關聯式容器中的元素能藉由它們的鍵值（快速）找到，使用泛用的搜尋演算法幾乎一定會是壞主意。舉例來說，如我們會在 §11.3.5 中看到的，關聯式容器定義了一個名為 find 的成員，它會直接擷取具有給定鍵值的元素。我們會用泛用的 find 演算法來搜尋一個元素，但這種演算法做的是循序搜尋。使用容器定義的 find 成員會比呼叫泛用版本快很多。

實務上，如果真的要這麼做，我們會把關聯式容器當作演算法的來源序列或目的地使用。舉例來說，我們可能會用泛用的 copy 演算法從一個關聯式容器拷貝元素到另一個序列。同樣地，我們可以呼叫 inserter 來將一個插入迭代器（§10.4.1）繫結到一個關聯式容器。藉由 inserter，我們可以使用關聯式容器作為另一個演算法的目的地。

習題章節 11.3.1

練習 11.15：一個 int 對 vector<int> 的 map 中，mapped_type、key_type 與 value_type 分別是什麼？

練習 11.16：使用一個 map 迭代器來撰寫一個運算式，將一個值指定給一個元素。

練習 11.17：假設 c 是由 string 構成的一個 multiset，而 v 是由 string 組成的一個 vector，請解釋下列呼叫。指出各個呼叫是否是合法的：

```
copy(v.begin(), v.end(), inserter(c, c.end()));
copy(v.begin(), v.end(), back_inserter(c));
copy(c.begin(), c.end(), inserter(v, v.end()));
copy(c.begin(), c.end(), back_inserter(v));
```

練習 11.18：不使用 auto 或 decltype 寫出前面迴圈中 map_it 的型別。

練習 11.19：定義一個你會在來自 §11.2.2 名為 bookstore 的 multiset 上呼叫 begin() 進行初始化的變數。不使用 auto 或 decltype 寫出那個變數的型別。

11.3.2 新增元素

insert 成員（表 11.4）新增一個元素或一個範圍的元素。因為 map 和 set（及其對應的無序型別）含有唯一的鍵值，插入一個已經存在的元素不會有任何效果：

```
vector<int> ivec = {2,4,6,8,2,4,6,8};       // ivec 有八個元素
set<int> set2;                               // empty set
set2.insert(ivec.cbegin(), ivec.cend());     // set2 有四個元素
set2.insert({1,3,5,7,1,3,5,7}); // set2 現在有八個元素
```

接受一對迭代器或一個初始器串列的 insert 版本運作起來類似於對應的建構器（§11.2.1），只有具備給定鍵值的第一個元素會被插入。

新增元素到一個 **map**

當我們 insert 到一個 map 中，我們必須記得其元素型別為一個 pair。常見的情況是，我們手上並沒有想要插入的一個 pair 物件。取而代之，我們會在 insert 的引數列中創建一個 pair：

```
// 新增字詞到 word_count 的四種方式
word_count.insert({word, 1});
word_count.insert(make_pair(word, 1));
word_count.insert(pair<string, size_t>(word, 1));
word_count.insert(map<string, size_t>::value_type(word, 1));
```

如我們所見，在新標準之下，創建一個 pair 最簡單的方式是在引數列中使用大括號圍起的初始化。或者，我們可以呼叫 make_pair 或明確地建構那個 pair。對 insert 最後一個呼叫中的引數：

```
map<string, size_t>::value_type(s, 1)
```

`C++11`

建構了適當型別的一個 pair 物件以插入到 map 中。

表 11.4：關聯式容器的 insert 運算	
c.insert(v) c.emplace(*args*)	v 是 value_type 物件；*args* 用來建構一個元素。對 map 和 set 來說，元素只會在具有給定鍵值的那個元素尚未出現在 c 中的時候才會被插入（或建構）。回傳一個 pair，其中含有一個迭代器指向具有給定鍵值的那個元素，以及一個 bool 指出該元素是否是被插入的。對 multimap 與 multiset 來說，插入（或建構）所給的元素，並回傳一個迭代器指向新的元素。
c.insert(b, e) c.insert(il)	b 和 e 是代表一個範圍的 c::value_type 值的迭代器；il 是大括號圍起的這種值的一個串列。回傳 void。對 map 和 set 來說，若鍵值尚未在 c 中，就插入元素。對 multimap 與 multiset 來說，插入該範圍中的每個元素。
c.insert(p, v) c.emplace(p, *args*)	就像 insert(v)（或 emplace(*args*)），但使用迭代器 p 作為一個提示，告知應該從哪裡開始找尋要儲存那個新元素的地方。回傳一個迭代器指向具有給定鍵值的元素。

測試來自 **insert** 的回傳值

insert（或 emplace）所回傳的值取決於容器型別和參數。對於具有唯一鍵值的容器，新增單一元素的 insert 和 emplace 版本會回傳一個 pair，讓我們知道插入是否有發生。這個 pair 的 first 成員是一個迭代器，指向具有給定鍵值的元素；second 是一個 bool，指出該元素是否是被插入的，或是原本就有了。如果鍵值已經有在容器中，那麼 insert 什麼都不會做，而回傳值的 bool 部分會是 false。如果鍵值不在，那麼元素就會被插入，而 bool 會是 true。

舉個例子，我們會改寫我們的字詞計數程式，使用 insert：

```
// 計數輸入中每個字詞出現次數的一種更囉唆的方式
map<string, size_t> word_count; // 從 string 到 size_t 的空 map
string word;
while (cin >> word) {
    // 插入一個元素，其鍵值等於 word 而值為 1；
    // 如果 word 已經在 word_count 中，insert 什麼都不會做
    auto ret = word_count.insert({word, 1});
    if (!ret.second) // word 已經在 word_count 中了
        ++ret.first->second; // 遞增計數器
}
```

對於每個 word，我們都會試著以 1 這個值 insert 它。如果 word 已經在 map 中了，那就什麼都不會發生。特別是，與 word 關聯的計數器不會變。

如果 word 不是已經在 map 中,那麼 string 就會被加到 map,而其計數器值會被設為 1。

if 測試會檢視回傳值的 bool 部分。如果那個值是 false,那麼插入就沒有發生。在這種情況中,word 已經在 word_count 中,所以我們必須遞增與那個元素關聯的值。

解讀語法

這個版本的字詞計數程式中遞增計數器的述句可能難以理解。我們先為它加上括弧來反映出運算子的優先序(§4.1.2),就會讓這個運算式更容易理解:

```
++((ret.first)->second);  // 等效運算式
```

逐步解釋這個運算式:

ret 存放 insert 所回傳的值,這會是一個 pair。

ret.first 是那個 pair 的 first 成員,它是一個 map 迭代器,指向具有給定鍵值的元素。

ret.first-> 解參考那個迭代器來擷取該元素。map 中的元素也是 pair。

ret.first->second 是那個映射元素 pair 的值的部分。

++ret.first->second 遞增那個值。

將這些全都整合起來,就是此遞增述句會擷取具有鍵值 word 的那個元素之迭代器,並遞增與我們試著插入的鍵值關聯的計數器。

對於使用舊版編譯器,或正在閱讀新標準出現前的程式碼的讀者,宣告和初始化 ret 也會有點棘手:

```
pair<map<string, size_t>::iterator, bool> ret =
             word_count.insert(make_pair(word, 1));
```

應該很容易就可以看出來,我們正在定義一個 pair,而這個 pair 的第二個型別是 bool。那個 pair 的第一個型別就有比較難理解了。它是由 map<string, size_t> 型別所定義的 iterator 型別。

新增元素到 **multiset** 或 **multimap**

我們的字詞計數程式仰賴「一個給定的鍵值只能出現一次」這個事實。也就是說,任何給定的字詞都只會關聯到一個計數器。有的時候,我們會希望能新增具有相同鍵值的額外元素。舉例來說,我們可能想要將作者映射到他們所寫的書。在這種情況中,一個作者可能會需要多個項目,所以我們會用一個 multimap 而非一個 map。因為一個 multi 容器中的鍵值不需要是唯一的,在這些型別上的 insert 一定會插入一個元素:

```
multimap<string, string> authors;
// 新增第一個具有鍵值 Barth, John 的元素
authors.insert({"Barth, John", "Sot-Weed Factor"});
// ok：新增第二個具有鍵值 Barth, John 的元素
authors.insert({"Barth, John", "Lost in the Funhouse"});
```

對於允許多個鍵值的容器，接受單一個元素的 insert 運算會回傳一個迭代器指向那個新的元素。沒必要回傳一個 bool，因為 insert 永遠都會在這些型別上新增一個元素。

習題章節 11.3.2

練習 11.20：改寫 §11.1 的字詞計數程式，使用 insert 取代下標。你認為哪個程式比較容易撰寫跟閱讀？說明你的理由。

練習 11.21：假設 word_count 是從 string 到 size_t 的一個 map，而 word 是一個 string，請解釋下列迴圈：

```
while (cin >> word)
    ++word_count.insert({word, 0}).first->second;
```

練習 11.22：給定一個 map<string, vector<int>>，為插入一個元素的 insert 版本寫出用作一個引數以及回傳值的型別。

練習 11.23：改寫 §11.2.1 練習中儲存由孩子名字所成的 vector 並帶有家族姓氏作為鍵值的那個 map，改用一個 multimap。

11.3.3 清除元素

關聯式容器定義了三個版本的 erase，它們會在表 11.5 中描述。就跟循序容器一樣，我們可以傳入給 erase 一個迭代器或一對迭代器，來 erase（消除）一個元素或一個範圍的元素。這些版本的 erase 類似於循序容器上的對應運算：指定的元素會被移除，而該函式會回傳 void。

關聯式容器提供了額外的 erase 運算，接受一個 key_type 引數。這個版本會移除具有給定鍵值的所有元素（如果有的話），然後回傳一個計數指出有多少元素被移除了。我們可以用這個版本在印出結果前，從 word_count 移除特定的字詞：

```
// 依據一個鍵值進行清除，會回傳所移除的元素數
if (word_count.erase(removal_word))
    cout << "ok: " << removal_word << " removed\n";
else cout << "oops: " << removal_word << " not found!\n";
```

對於具有唯一鍵值的容器，erase 的回傳永遠都會是零或一。如果回傳值是零，就代表我們想要消除的元素不在那個容器中。

對於允許多重鍵值的型別,被移除的元素數可以大於一:

```
auto cnt = authors.erase("Barth, John");
```

如果 authors 是我們在 §11.3.2 中創建的 multimap,那麼 cnt 就會是 2。

表 11.5:從一個關聯式容器移除元素	
c.erase(k)	從 c 移除每個具有鍵值 k 的元素。回傳 size_type 指出所移除的元素數。
c.erase(p)	從 c 移除迭代器 p 所代表的元素。p 必須實際指向 c 中的一個元素;它必須不等於 c.end()。回傳一個迭代器指向 p 後的元素,或在 p 代表 c 中最後一個元素時,回傳 c.end()。
c.erase(b, e)	移除迭代器對組 b 和 e 所表示的範圍中的元素。回傳 e。

11.3.4 為一個 map 添標

map 與 unordered_map 容器提供下標運算子(subscript operator)和一個對應的 at 函式(§9.3.2),描述於表 11.6。set 型別不支援下標,因為 set 中的鍵值沒有所關聯的「值」。元素本身就是鍵值,所以「擷取與一個鍵值關聯的值」這種運算沒有意義。我們無法為一個 multimap 或 unordered_multimap 添標,因為與一個給定的鍵值關聯的值可能有多個。

就像我們用過的其他下標運算子,map 的下標接受一個索引(即一個鍵值),並擷取與那個鍵值關聯的值。然而,不同於其他的下標運算子,如果那個鍵值尚不存在,就會有一個**新的元素被創建出來**,並插入到 map 中作為那個鍵值的元素,其所關聯的值是值初始化的(§3.3.1)。

舉例來說,當我們寫

```
map <string, size_t> word_count; // 空的 map
// 插入一個值初始化的元素,具有鍵值 Anna,然後指定 1 給它的值
word_count["Anna"] = 1;
```

下列的步驟就會發生:

- word_count 會被搜尋,看看有沒有鍵值為 Anna 的元素。沒找到那個元素。
- 一個新的鍵值與值對組會被插入到 word_count 中。鍵值是一個存有 Anna 的 const string。其值是值初始化的,在此就代表其值是 0。
- 新插入的元素會被擷取出來,並被賦予值 1。

因為下標運算子可能會插入一個元素，我們只能在不是 const 的一個 map 上使用下標。

 為一個 map 添標所產生的行為與對一個陣列或 vector 添標相當不同：使用尚未出現的一個鍵值會新增一個帶有那個鍵值的元素到 map 中。

表 11.6：**map 與 unordered_map** 的下標運算	
c[k]	回傳帶有鍵值 k 的元素；如果 c 中沒有 k，就新增具有鍵值 k 的一個新的、值初始化的元素。
c.at(k)	檢查對具有鍵值 k 的元素之存取權；如果 k 不在 c 中，就擲出一個 out_of_range 例外（§5.6）。

使用從一個下標運算回傳的值

map 的下標運算與我們用過的其他下標運算子不同的另一個地方是它的回傳型別。一般來說，解參考一個迭代器回傳的型別和下標運算子回傳的型別是相同的。但對 map 來說並非如此：當我們為一個map 添標，我們會得到一個mapped_type 物件；當我們解參考一個map 迭代器，我們會得到一個 value_type 物件（§11.3）。

跟其他下標運算共通的是，map 的下標運算子會回傳一個 lvalue（§4.1.1）。因為回傳的是一個 lvalue，我們就可以讀取或寫入那個元素：

```
cout << word_count["Anna"];      // 擷取 Anna 索引的元素，印出 1
++word_count["Anna"];            // 擷取元素並加 1 給它
cout << word_count["Anna"];      // 擷取該元素，並印出它；印出 2
```

 不同於 vector 或 string，map 的下標運算子所回傳的型別會與解參考一個 map 迭代器所獲得的型別不同。

「如果尚未存在一個 map 中，下標運算子會新增一個元素」這個事實能讓我們寫出非常簡潔的程式，例如我們字詞計數程式中的那個迴圈（§11.1）。另一方面，有的時候我們只想要知道一個元素是否存在，而**不想要**在它不在時新增該元素。在這種情況下，我們就不能使用下標運算子。

11.3.5 存取元素

關聯式容器提供了各種方式來找出一個給定的元素，這描述於表 11.7。要用哪個運算取決於我們試著解決的是什麼問題。如果我們在意的只是一個特定的元素是否有在容器中，那最好可能是使用 find。對於只能存放唯一鍵值的容器，我們使用的是 find 或 count 或許沒什麼差異。然而，對於具有多重鍵值的容器，count 要做的工作就比較多了：如果元素有出現，它仍然得計數有多少元素具有相同的鍵值。如果我們不需要計數，最好就使用 find：

習題章節 11.3.4

練習 11.24：下列的程式做些什麼？

```
map<int, int> m;
m[0] = 1;
```

練習 11.25：將下列程式與前一個練習中的程式做比較。

```
vector<int> v;
v[0] = 1;
```

練習 11.26：什麼型別可被用來為一個 map 添標？下標運算子會回傳什麼型別呢？給出一個具體的例子，也就是，定義一個 map，然後寫出可被用來為那個 map 添標的型別，以及會從下標運算子回傳的型別。

```
set<int> iset = {0,1,2,3,4,5,6,7,8,9};
iset.find(1);      // 回傳一個迭代器指向 key == 1 的元素
iset.find(11);     // 回傳 == iset.end() 的迭代器
iset.count(1);   // 回傳 1
iset.count(11);  // 回傳 0
```

使用 **find** 來取代 **map** 的下標

對於 map 與 unordered_map 型別，下標運算子提供了取回一個值最簡單的方法。然而，如我們剛看到的，使用下標會有一個重大的副作用：如果鍵值尚未出現在 map 中，那麼下標運算就會插入具有那個鍵值的一個元素。這個行為是否正確，取決於我們的期望。我們的字詞計數程式就仰賴「使用一個不存在的鍵值作為下標會插入具有那個鍵值且值為 0 的一個元素」這個事實。

有的時候，我們想要知道帶有給定鍵值的一個元素是否存在，而且不想要更動 map。這時我們就無法使用下標運算子來判斷一個元素是否出現，因為下標運算子會在鍵值不存在時插入一個新的元素。在這種情況中，我們應該使用 find：

```
if (word_count.find("foobar") == word_count.end())
    cout << "foobar is not in the map" << endl;
```

在一個 **multimap** 或 **multiset** 中尋找元素

在要求唯一鍵值的關聯式容器中找尋一個元素是一件簡單的事，元素要不在容器中，要不就不在。對於允許多重鍵值的容器，這個過程就更為複雜：可能會有許多元素帶有給定的鍵值。當一個 multimap 或 multiset 有多個元素具有一個給定的鍵值，那些元素就會在容器中彼此相鄰。

表 11.7：在一個關聯式容器中尋找元素的運算
lower_bound 與 upper_bound 對無序容器來說無效。 **下標和 at 運算只能用於不是 const 的 map 與 unordered_map。**
c.find(k)　　　　　回傳一個迭代器指向（第一個）具有鍵值 k 的元素，或在 k 不存於容器中時，回傳 off-the-end 迭代器。
c.count(k)　　　　　回傳具有鍵值 k 的元素之數目。對於具有唯一鍵值的容器，結果永遠會是零或一。
c.lower_bound(k)　回傳一個迭代器指向具有的鍵值不小於 k 的第一個元素。
c.upper_bound(k)　回傳一個迭代器指向具有的鍵值大於 k 的第一個元素。
c.equal_range(k)　回傳一對迭代器代表具有鍵值 k 的那些元素。如果 k 沒出現，那兩個成員都會是 c.end()。

舉例來說，給定我們從作者映射到書名的 map，我們可能想要印出一個特定的作者所有的書。我們能以三種不同的方式解決這個問題。最顯而易見的方式是使用 find 和 count：

```
string search_item("Alain de Botton"); // 我們要找的作者
auto entries = authors.count(search_item); // 元素數
auto iter = authors.find(search_item); // 這位作者的第一個項目
// 以迴圈處理這位作者的項目數
while(entries) {
    cout << iter->second << endl; // 印出每本書名
    ++iter; // 推進到下一本書
    --entries; // 記錄我們已經印了多少
}
```

我們一開始先呼叫 count 來判斷該位作者有多少個項目，並呼叫 find 來取得一個迭代器指向具有這個鍵值的第一個元素。for 迴圈的迭代次數取決於從 count 回傳的數字。特別是，如果這個 count 是零，那麼迴圈就永遠都不會執行。

 我們可以保證，迭代過一個 multimap 或 multiset 會回傳一個序列中具有給定鍵值的所有元素。

一個不同的、迭代器導向的解法

又或者，我們可以使用 lower_bound 與 upper_bound 來解決我們的問題。這每個運算都接受一個鍵值並回傳一個迭代器。如果鍵值有在容器中，從 lower_bound 回傳的迭代器就會指向那個鍵值的第一個實例，而 upper_bound 所回傳的迭代器會指向緊接該鍵值最後一個實例後的地方。如果元素不在 multimap 中，那麼 lower_bound 與 upper_bound 會回傳相等的迭代器，兩個都會指向該鍵值可被插入而不會擾亂順序的位置。因此，在相同的鍵值上呼叫 lower_bound 和 upper_bound 會產出一個迭代器範圍（§9.2.1），代表具有該鍵值的所有元素。

當然，這些運算回傳的迭代器可能是容器本身的 off-the-end 迭代器。如果我們在找的元素有容器中最大的鍵值，，那麼在那個鍵值上的 upper_bound 就會回傳 off-the-end 迭代器。

如果鍵值不存在，而且大於容器中的任何鍵值，那麼從 lower_bound 回傳的也會是 off-the-end 迭代器。

> lower_bound 所回傳的迭代器可能不會指向具有給定鍵值的一個元素。如果鍵值不在容器中，那麼 lower_bound 會指向該鍵值可以被插入，同時仍會保持容器中元素順序的第一個位置。

使用這些運算，我們可以將我們的程式如下改寫：

```
// authors 和 search_item 的定義跟前面一樣
// beg 和 end 代表這個作者的範圍元素
for (auto beg = authors.lower_bound(search_item),
          end = authors.upper_bound(search_item);
     beg != end; ++beg)
    cout << beg->second << endl; // 印出每本書名
```

這個程式所做的事情跟前面使用 count 和 find 的程式一樣，但更直接地完成了任務。對 lower_bound 的呼叫定位了 beg，讓它指向匹配 search_item 的第一個元素（如果有的話）。如果沒有這種元素，那麼 beg 就會指向鍵值大於 search_item 的第一個元素，這有可能是 **off-the-end** 迭代器。對 upper_bound 的呼叫將 end 設定到指向剛超過最後一個具有給定鍵值的元素的地方。這些運算並未指出鍵值是否存在。重要的是，回傳值的行為就像是一個迭代器範圍（§9.2.1）。另一方面，有的時候我們只想要知道一個元素是否存在，而

如果沒有具有該鍵值的元素，那麼 lower_bound 和 upper_bound 就會是相等的。兩個都會指向該鍵值可被插入，同時能夠維持容器順序的地方。

假設有元素帶有此鍵值，beg 會指向第一個這種元素。我們可以遞增 beg 來巡訪具有此鍵值的元素。end 中的迭代器就代表我們見過了所有的那些元素。當 beg 等於 end，我們就看過具有此鍵值的所有元素了。

因為這些迭代器構成了一個範圍，我們可以使用一個 for 迴圈來巡訪該範圍。這個迴圈會執行零或多次，並印出範圍中的那些項目（如果有的話）。如果沒有元素，那麼 beg 和 end 就會相等，而迴圈永遠都不會執行。否則，我們知道對 beg 的遞增最終將會抵達 end，而在那個過程中，我們將會印出與該名作者關聯的每筆記錄。

> 如果 lower_bound 和 upper_bound 回傳相同的迭代器，那麼所給的鍵值就不在容器中。

equal_range 函式

解決這個問題剩餘的方式是三種做法中最直接的：不呼叫 upper_bound 與 lower_bound，我們呼叫 equal_range。

這個函式接受一個鍵值,並回傳迭代器組成的一個 pair。如果鍵值有存在,那麼第一個迭代器就指向該鍵值的第一個實例,而第二個迭代器指向超出該鍵值最後一個實例一個位置處。如果沒找到匹配的元素,那麼第一個和第二個迭代器都會指向鍵值可插入的位置。

我們可以使用 equal_range 再次改寫我們的程式:

```
// authors 和 search_item 的定義跟之前一樣
// pos 存放了代表這個鍵值的元素範圍的迭代器
for (auto pos = authors.equal_range(search_item);
     pos.first != pos.second; ++pos.first)
   cout << pos.first->second << endl; // 印出每本書名
```

這個程式基本上與前面使用 upper_bound 和 lower_bound 的完全相同。只不過這次不使用 beg 和 end 這些區域變數來存放迭代器範圍,我們改用 equal_range 所回傳的 pair。這個 pair 的 first 成員存放的迭代器跟 lower_bound 會回傳的相同,而 second 存放的迭代器跟 upper_bound 會回傳的相同。因此,在這個程式中,pos.first 等同於 beg,而 pos.second 等同於 end。

習題章節 11.3.5

練習 11.27:何種問題你會使用 count 來解決?什麼你會改用 find?

練習 11.28:定義並初始化一個變數來存放在一個 string 對 int 所成 vector 的 map 上呼叫 find 的結果。

練習 11.29:upper_bound、lower_bound 與 equal_range 在你傳入的鍵值不存於容器中時,會回傳什麼?

練習 11.30:解釋用在本節最後一個程式的輸出運算式中的運算元 pos.first->second 有什麼意義?

練習 11.31:寫一個程式定義由作者和他們的作品組成的一個 multimap。使用 find 在這個 multimap 中尋找一個元素,並 erase 那個元素。請確定你的程式在你要找的元素不在 map 中時也能正確運作。

練習 11.32:使用來自前一個練習的 multimap,寫出一個程式以字母順序印出作者清單和他們的作品。

11.3.6 一個字詞變換映射

作為本節結尾,我們會寫一個程式來示範一個 map 的創建、搜尋和迭代處理。我們寫的程式會,給定一個 string,將之變換為另一個。我們程式的輸入是兩個檔案。第一個檔案含有會用來變換第二個檔案中文字的規則。每個規則都由一個可能會出現在輸入檔案中的字詞,以及要用來取代它位置的片語組成。我們的想法是,只要那第一個字詞出現在輸入中,我們就會以對應的片語取代它。第二個檔案含有要變換的文字。

如果字詞變換檔案的內容是

```
brb be right back
k okay?
y why
r are
u you
pic picture
thk thanks!
18r later
```

而我們給予要進行變換的文字是

```
where r u
y dont u send me a pic
k thk 18r
```

那麼這個程式應該產生下列輸出：

```
where are you
why dont you send me a picture
okay? thanks! later
```

字詞變換程式

我們的解法會用到三個函式。word_transform 函式會管理整體的處理。它會接受兩個 ifstream 引數：第一個會繫結到字詞變換檔案，而第二個則繫結到我們想要變換的文字檔。buildMap 函式會讀取變換規則檔案，並建立從每個字詞到其變換結果的一個 map。transform 函式會接受一個 string，並回傳其變換結果（如果有的話）。

我們會先從定義 word_transform 函式開始。重要的部分是對 buildMap 和 transform 的呼叫：

```
void word_transform(ifstream &map_file, ifstream &input)
{
    auto trans_map = buildMap(map_file);  // 儲存變換規則
    string text;                          // 存放來自輸入的每一行
    while (getline(input, text)) {    // 讀取一行輸入
        istringstream stream(text); // 讀取每個字詞
        string word;
        bool firstword = true;          // 控制是否要印出一個空格
        while (stream >> word) {
            if (firstword)
                firstword = false;
            else
                cout << " ";      // 在字詞間印出一個空格
            // transform 回傳它的第一個引數或其變換結果
            cout << transform(word, trans_map); // 印出結果
        }
        cout << endl;             // 處理完這行輸入
    }
}
```

這個函式一開始會先呼叫 buildMap 來產生字詞變換用的 map。我們將結果儲存在 trans_map 中。函式剩餘的部分處理 input 檔案。while 迴圈使用 getline 一次讀取一行輸入檔案中的文字。我們逐行讀取是因為這樣我們輸出中的換行（**line breaks**）就會跟它們在輸入檔案中的位置一樣。要從每一行取得字詞，我們使用一個巢狀的 while 迴圈，它用一個 istringstream（§8.3）來處理目前這一行的每個字詞。

內層的 while 印出輸出的時候，使用 bool firstword 來判斷是否要印出一個空格。對 transform 的呼叫會獲取要印的字詞。從 transform 回傳的值要不是 word 中原本的 string，就是來自 trans_map 的對應轉換結果。

建置變換映射

buildMap 函式讀取給定的檔案，並建置出變換映射（**transformation map**）。

```cpp
map<string, string> buildMap(ifstream &map_file)
{
    map<string, string> trans_map;  // 存放變換規則
    string key;  // 要變換的一個字詞
    string value;  // 要用以取代的片語
    // 將第一個字詞讀到 key 中，而將該行剩餘部分讀到 value 中
    while (map_file >> key && getline(map_file, value))
        if (value.size() > 1)  // 檢查是否有適用的變換
            trans_map[key] = value.substr(1);  // 跳過前導的空格
        else
            throw runtime_error("no rule for " + key);
    return trans_map;
}
```

map_file 中的每一行都對應一個規則。每個規則都是一個字詞後面跟著一個片語，這個片語可能含有多個字詞。我們使用 >> 來將我們要變換的字詞讀到 key 中，並呼叫 getline 來將該行剩餘部分讀到 value 中。因為 getline 不會跳過前導空格（**leading spaces**，§3.2.2），我們就需要跳過字詞及其對應規則之間的空格。在我們儲存變換結果之前，我們會確認我們得到了一個以上的字元。若是如此，我們會呼叫 substr（§9.5.1）來跳過區隔變換片語及其對應字詞的空格，並將那個子字串存到 trans_map 中。

注意到我們使用下標運算子來新增鍵值與值對組（**key–value pairs**）。隱含地，我們忽略了一個字詞在我們的變換檔案中出現一次以上的情況。如果一個字詞確實出現多次，那我們迴圈會將其中最後一個對應的片語放到 trans_map 中。當 while 執行完成，trans_map 就會含有我們變換輸入所需的資料。

產生一個變換

transform 函式會進行實際的變換工作。其參數為指向要變換的 string 的參考，以及指向變換 map 的參考。如果所給的 string 有在 map 中，transform 就會回傳對應的變換結果。如果所給的 string 不在 map 中，transform 會回傳其引數：

```
const string &
transform(const string &s, const map<string, string> &m)
{
    // 實際的映射工作，這部分是此程式的核心部分
    auto map_it = m.find(s);
    // 如果此字詞有在變換映射中
    if (map_it != m.cend())
        return map_it->second;   // 使用替換的字詞
    else
        return s;                // 否則原封不動回傳
}
```

我們會先呼叫 find 來判斷所給的 string 是否有在 map 中。如果有，那麼 find 就會回傳一個迭代器指向對應的元素。否則，find 會回傳 off-the-end 迭代器。如果有找到該元素，我們就會解參考那個迭代器，獲取一個 pair，其中放有該元素的鍵值與值（§11.3）。我們回傳 second 成員，它是要用來取代 s 的變換結果。

習題章節 11.3.6

練習 11.33：實作你自己版本的字詞變換程式。

練習 11.34：若在 transform 函式中使用下標運算子來取代 find，會發生什麼事？

練習 11.35：在 buildMap 中，把這個

```
    trans_map[key] = value.substr(1);
```

改寫為

```
    trans_map.insert({key, value.substr(1)})
```

如果有的話，會有什麼效果？

練習 11.36：我們的程式沒有檢查任一個輸入檔的有效性。特別是，它假設變換檔案中的規則都是合理的。如果那個檔案中有一行只有一個鍵值、一個空格，然後就是檔案結尾，那會發生什麼事？預測其行為，然後以你版本的程式來做檢查。

11.4 無序的容器

新標準定義了四種**無序（unordered）**的**關聯式容器**。這些容器不使用一個比較運算來組織它們的元素，而是使用一種 *hash function*（雜湊函數），以及鍵值型別的 == 運算子。無序容器最有用的時機是，當我們有一種鍵值型別，其元素之間沒有明顯的順序關係。這些容器對於維護元素順序的成本令人望而卻步的應用來說，也很實用。

雖然 hashing（雜湊）理論上能得到較好的平均效能，要在實務上達到好的結果，通常需要相當不少的效能測試和調整。結果就是，使用有序容器通常會比較容易（經常也會產生較佳效能）。

如果鍵值型別本質上就是無序的，或者效能測試之下，顯示出有 hashing 可以解決的問題，就使用無序容器。

使用一個無序容器

除了管理 hashing 的運算，無序容器還提供了與有序容器一樣的運算（find、insert 等）。那表示我們在 map 和 set 上用過的運算也適用於 unordered_map 和 unordered_set。對於允許多重鍵值的無序版本容器，也是如此。

結果就是，我們通常可以使用無序容器來取代對應的有序容器，反之亦然。然而，因為那些元素並非有序儲存，使用無序容器的程式之輸出（一般來說）會與使用有序容器的相同程式有所差異。

舉例來說，我們可以改寫 §11.1 原本的字詞計數程式，改用一個 unordered_map：

```
// 計數出現次數，但字詞不會以字母順序排列
unordered_map<string, size_t> word_count;
string word;
while (cin >> word)
    ++word_count[word];  // 擷取並遞增 word 的計數器
for (const auto &w : word_count)  // 對於 map 中的每個元素
    // 印出其結果
    cout << w.first << " occurs " << w.second
         << ((w.second > 1) ? " times" : " time") << endl;
```

word_count 的型別是這個程式與原程式之間唯一的差異。如果我們在與原本程式相同的輸入上執行這個版本：

containers. occurs 1 time
use occurs 1 time
can occurs 1 time
examples occurs 1 time
...

輸入中的每個字詞都會得到相同的次數。然而，輸出不太可能會是依據字母順序排列。

管理貯體（Buckets）

無序容器會被組織成由貯體所構成的一個群集（a collection of buckets），每個貯體都會存放零或更多個元素。這些容器使用一個 hash function（雜湊函數）來將元素映射至貯體。要存取一個元素，容器會先計算元素的 hash code（雜湊碼），這指出要搜尋哪個貯體。容器會將具有一個給定 hash value（雜湊值）的所有元素都放到同一個貯體。如果容器允許多個元素具有一個給定的鍵值，那麼具有相同鍵值的所有元素都會在同一個貯體中。結果就是，一個無序容器的效能取決於其 hash function 的品質，以及其貯體的數量和大小。

以相同的引數呼叫時，hash function 必須永遠都產出相同的結果。理想上，hash function 也會把每個特定的值映射到一個唯一的貯體。然而，一個 hash function 也被允許將具有不同鍵值的元素放到相同的貯體。當一個貯體存有數個元素，那些元素會被循序搜尋以找到我們要的那個。常見的情況下，計算一個元素的 hash code 並找出它的貯體會是一種快速的運算。然而，如果那個貯體有很多元素，就可能需要進行許多比較才得以找到一個特定的元素。

無序容器提供了一組函式，列於表 11.8 中，讓我們用以管理那些貯體。這些成員讓我們詢問容器狀態的相關資訊，並在需要時迫使容器重新組織自身。

表 11.8：無序容器的管理運算	
貯體介面（Bucket Interface）	
`c.bucket_count()`	使用中的貯體數。
`c.max_bucket_count()`	這個容器能夠存放的最大貯體數。
`c.bucket_size(n)`	第 n 個貯體中的元素數。
`c.bucket(k)`	在其中可以找到具有鍵值 k 的元素的貯體。
貯體迭代（Bucket Iteration）	
`local_iterator`	能夠存取一個貯體中元素的迭代器型別。
`const_local_iterator`	貯體迭代器的 const 版本。
`c.begin(n)`、`c.end(n)`	指向貯體 n 中第一個元素，以及超出最後一個元素一個位置處的迭代器。
`c.cbegin(n)`、`c.cend(n)`	回傳 `const_local_iterator`。
雜湊策略	
`c.load_factor()`	每個貯體的平均元素數。回傳 float。
`c.max_load_factor()`	c 試著維持的平均貯體大小。c 新增貯體來保持 `load_factor <= max_load_factor`。回傳 float。
`c.rehash(n)`	重新組織儲存區，讓 `bucket_count >= n` 而且 `bucket_count > size/max_load_factor`。
`c.reserve(n)`	進行重組，讓 c 可以存放 n 個元素，而不用進行 rehash。

無序容器的鍵值型別的要求

預設情況下，無序容器使用鍵值型別上的 == 運算子來比較元素。他們也使用型別為 hash<key_type> 的一個物件來為每個元素產生一個 hash code。程式庫為內建型別，包括指標，提供了各種版本的 **hash** 模板。它也為某些程式庫型別定義了 hash，包括 string，還有我們會在第 12 章中描述的智慧指標型別（smart pointer types）。因此，我們可以直接定義鍵值是內建型別（包括指標型別）、string 或智慧指標的無序容器。

然而，我們無法直接定義出使用我們自己的類別型別（class types）作為其鍵值型別的無序容器。不同於其他容器，我們無法直接使用 hash template（雜湊模板），取而代之，我們必須提供我們自己版本的 hash 模板。我們會在 §16.5 中看到如何這麼做。

就跟為有序容器覆寫鍵值上的預設比較運算（§11.2.2）一樣，我們也可以使用類似的策略來取代預設的 hash。要使用 Sales_data 作為鍵值，我們得提供函式來取代 == 運算子，並計算一個 hash code。我們會先從定義這些函式開始：

```
size_t hasher(const Sales_data &sd)
{
    return hash<string>()(sd.isbn());
}
bool eqOp(const Sales_data &lhs, const Sales_data &rhs)
{
    return lhs.isbn() == rhs.isbn();
}
```

我們的 hasher 函式使用 string 型別的程式庫 hash 的一個物件從 ISBN 成員產生 一個 hash code。同樣地，eqOp 會以比較它們 ISBN 的方式來比較兩個 Sales_data 物件。

我們可以使用這些函式來定義一個 unordered_multiset，如下：

```
using SD_multiset = unordered_multiset<Sales_data,
                        decltype(hasher)*, decltype(eqOp)*>;
// 引數是貯體大小和指向 hash function 和相等性運算子的指標
SD_multiset bookstore(42, hasher, eqOp);
```

要簡化 bookstore 的宣告，我們會先為其 hash 和相等性運算與我們的 hasher 和 eqOp 型別相同的一個 unordered_multiset 定義一個型別別名（§2.5.1）。使用那個型別，我們就能定義 bookstore，傳入我們希望 bookstore 使用的函式之指標。

如果我們的類別有自己的 == 運算子，我們可以只覆寫 hash function 就行了：

```
// 使用 FooHash 來產生 hash code，Foo 必須有一個 == 運算子
unordered_set<Foo, decltype(FooHash)*> fooSet(10, FooHash);
```

習題章節 11.4

練習 11.37：無序容器相較於有序版本的相同容器，有什麼好處呢？有序版本的優勢又是什麼？

練習 11.38：改寫字詞計數（word-counting）和字詞變換（word-transformation）程式，改用一個 unordered_map。

本章總結

關聯式容器支援透過鍵值的高效率元素查找和取回動作。鍵值的使用區別了關聯式容器和循序容器，後者中元素是以位置存取的。

有八種關聯式容器存在，依據下列條件分類：

- 是 map 或 set。一個 map 會儲存鍵值與值對組（key-value pairs），而一個 set 僅儲存鍵值。
- 是否需要唯一鍵值。
- 鍵值是否保持順序。

有序容器使用一個比較函式來依據鍵值排列元素。預設情況下，比較是以鍵值上的 < 運算進行的。無序容器使用鍵值型別的 == 運算子，以及型別為 hash<key_type> 的一個物件來組織它們的元素。

鍵值非唯一的元素在名稱中包含 multi 這個字詞；使用 **hashing** 的那些則以字詞 unordered 開頭。一個 set 是一個有序的群集，其中每個鍵值只出現一次；一個 unordered_multiset 是無序的鍵值群集，其中鍵值可以出現多次。

這些關聯式容器有許多與循序容器共通的運算。然而，關聯式容器定義了一些新的運算，並重新定義循序和關聯式容器共通的某些運算的意義或回傳型別。這些運算中的差異反映出了關聯式容器中鍵值的使用。

有序容器的迭代器透過鍵值依序存取元素。具有相同鍵值的元素在有序和無序容器中都會儲存在與彼此相鄰的位置。

定義的詞彙

associative array（關聯式陣列） 元素以鍵值索引而非以位置索引的陣列。我們說陣列將一個鍵值映射到它關聯的值。

associative container（關聯式容器） 存放一個群集的物件並支援高效率鍵值查找的型別。

hash 特殊的程式庫模板，無序容器可用來管理它們元素的位置。

hash function（雜湊函式） 將給定型別的值映射到整數的（size_t）值。相等的值必定映射到相等的整數；不相等的值應該盡可能映射到不相等的整數。

key_type 關聯式容器所定義的型別，它是用來儲存和取回值所用的鍵值之型別。對 map 來說，key_type 是用來索引 map 的型別。對 set 來說，key_type 和 value_type 是相同的。

map 定義一個關聯式陣列的關聯式容器。跟 vector 一樣，map 是一個類別模板（class template）。然而，一個 map 是以兩種型別來定義的：鍵值的型別和關聯值的型別。在一個 map 中，一個給定的鍵值只能出現一次。每個鍵值都會與一個特定的值關聯。解參考一個 map 迭代器會產出一個 pair，其中存有一個 const 鍵值和其關聯的值。

mapped_type 映射型別定義的型別，它是映射中與鍵值關聯的值之型別。

multimap 類似於 `map` 的關聯式容器，只不過在 `multimap` 中，一個給定的鍵值可以出現一次以上。`multimap` 並不支援下標。

multiset 存放鍵值的關聯式容器型別。在 `multiset` 中，一個給定的鍵值可以出現一次幾上。

pair 存放兩個 `public` 資料成員的型別，分別名為 `first` 和 `second`。`pair` 型別是一種模板型別，它接受兩個型別參數，用作這些成員的型別。

set 存放鍵值的關聯式容器。在一個 `set` 中，一個給定的鍵值只能出現一次。

strict weak ordering（嚴格弱次序） 關聯式容器中所用的鍵值之間的關係。在嚴格若次序中，你能夠比較任何的兩個值，並判斷其中哪個小於另一個。如果任一個值都不小於另一個，那麼兩個值就被視為相等。

unordered container（無序容器） 使用 hashing 而非鍵值上的比較運算來儲存和取用元素的關聯式容器。這些容器的效能取決 hash function 的品質。

unordered_map 元素是鍵值與值對組（key-value pairs）的容器，每個鍵值只允許一個元素。

unordered_multimap 元素是鍵值與值對組（key-value pairs）的容器，每個鍵值都允許多個元素。

unordered_multiset 儲存鍵值的容器，每個鍵值都允許多個元素。

unordered_set 儲存鍵值的容器，每個鍵值只允許一個元素。

value_type 儲存在一個容器中的元素之型別。對於 `set` 與 `multiset`，`value_type` 與 `key_type` 是相同的。對於 `map` 與 `multimap`，這個型別會是一個 `pair`，其 `first` 成員有型別 `const key_type` 而 `second` 成員有型別 `mapped_type`。

* operator（* 運算子） 解參考運算子。套用到 `map`、`set`、`multimap` 或 `multiset` 迭代器時，`*` 會產出一個 `value_type`。注意，對 `map` 與 `multimap` 來說，`value_type` 是一個 `pair`。

[ ] operator（[ ] 運算子） 下標運算子。只為 `map` 和 `unordered_map` 型別的非 const 物件定義。對於映射型別，`[]` 接受的索引必須是 `key_type`（或可以被轉換到 `key_type` 的型別）。會產出一個 `mapped_type` 值。

12

動態記憶體
Dynamic Memory

我們目前寫過的程式都使用生命週期定義明確的物件。全域物件會在程式啟動時配置,並在程式結束時摧毀。區域的自動物件會在進入它們於其中定義的區塊時創建,並在離開時摧毀。區域的 static 物件會在它們的初次使用前配置,並在程式結束時被摧毀。

除了支援自動和 static 物件,C++ 也能讓我們動態配置物件。動態配置的物件具有的生命週期獨立於它們被創建之處,它們會持續存在,直到被明確釋放為止。

要如何正確釋放動態物件被發現是一種非常常見的臭蟲來源。為了讓動態物件的使用變得更安全,程式庫定義了兩種智慧指標型別,用以管理動態配置的物件。某些智慧指標能確保它們所指的物件會在適當時被自動釋放。

我們的程式只用過靜態（static）或堆疊（stack）記憶體。靜態記憶體用於區域的 static 物件（§6.1.1）、類別的 static 資料成員（§7.6），以及在任何函式外定義的變數。堆疊記憶體用於定義在函式內的非 static 物件。在靜態或堆疊記憶體中配置的物件會由編譯器自動創建和摧毀。堆疊物件僅存在於它們定義處的區塊正在執行的時候；static 物件會在它們被使用之前配置，而它們會在程式結束時被摧毀。

除了靜態或堆疊記憶體，每個程式都還有一個集區（pool）的記憶體可用。這個記憶體被稱作**自由存放區（free store）**或 **heap（堆積）**。程式會把 heap 用於**動態配置（dynamically allocate）**的物件，也就是程式在執行時期（run time）配置的物件。程式負責控制動態物件的生命週期，我們的程式碼必須在不再需要這種物件時時明確摧毀它們。

雖然有時是必要的，但動態記憶體是惡名昭彰的難以正確管理。

12.1 動態記憶體與智慧指標

在 C++ 中，動態記憶體的管理是透過一對運算子來進行：**new** 會在動態記憶體中配置並且選擇性的初始化一個物件，並回傳指向該物件的一個指標；**delete** 接受對一個動態物件的指標，摧毀該物件，並釋放關聯的記憶體。

動態記憶體之所以問題重重，是因為要確保何時是釋放記憶體的正確時機，出乎意料的困難。我們要不是忘了釋放記憶體，導致記憶體洩漏（memory leak），就是釋放了仍有指標指向它們的記憶體，在這種情況中，我們就會有一個指標指向不再有效的記憶體。

為了讓動態記憶體的使用變得更容易（而且更安全），新的程式庫提供了兩個**智慧指標（smart pointer）**型別來管理動態物件。一個智慧指標的行為就跟一般指標一樣，只不過有一個重大差異：它會自動刪除它所指的物件。新的程式庫定義了兩種智慧指標，它們差在管理底層指標的方式：**shared_ptr** 允許多個指標指向相同的物件，而 **unique_ptr** 它「擁有（owns）」它所指的物件。程式庫也定義了一個搭配用的類別，名為 **weak_ptr**，它是一種弱參考（weak reference）指向由一個 shared_ptr 管理的一個物件。這三個全部都定義在 memory 標頭中。

12.1.1 shared_ptr 類別

就像 vector，智慧指標是模板（§3.3）。因此，創建一個智慧指標的時候，我們必須提供額外的資訊，在此，就是該指標可以指的型別。跟 vector 一樣，我們會在角括號內提供這個型別，而角括號則跟在我們所定義的智慧指標的型別名稱後：

```
shared_ptr<string> p1; // 可以指向一個 string 的 shared_ptr
shared_ptr<list<int>> p2; // 可以指向由 int 組成的一個 list 的 shared_ptr
```

一個預設初始化的智慧指標持有一個 null 指標（§2.3.2）。在 §12.1.3 中，我們會涵蓋初始化一個智慧指標的其他方式。

我們使用一個智慧指標的方式類似使用指標。解參考（dereferencing）一個智慧指標會回傳指標所指的那個物件。當我們在一個條件中使用一個智慧指標，效果就等於測試該指標是否為 null：

```
// 如果 p1 不是 null，檢查它是否為一個空 string
if (p1 && p1->empty())
    *p1 = "hi"; // 若是如此，就解參考 p1 來指定一個新的值給那個 string
```

表 12.1 列出了 shared_ptr 和 unique_ptr 共通的運算。專屬於 shared_ptr 的那些則列於表 12.2。

make_shared 函式

配置並使用動態記憶體最安全的方式是呼叫名為 make_shared 的程式庫函式。這個函式會在動態記憶體中配置並初始化一個物件，然後回傳一個 shared_ptr 指向該物件。就像智慧指標，make_shared 也是定義於 memory 標頭中。

當我們呼叫 make_shared，我們必須指定我們想要創建的物件之型別。我們會以我們使用模板類別的相同方式進行，在函式名稱後接著圍在角括號中的一個型別：

```
// shared_ptr 指向值為 42 的一個 int
shared_ptr<int> p3 = make_shared<int>(42);
// p4 指向一個 string，其值為 9999999999
shared_ptr<string> p4 = make_shared<string>(10, '9');
// p5 指向一個 int，其值被值初始化（§3.3.1）為 0
shared_ptr<int> p5 = make_shared<int>();
```

就像循序容器的 emplace 成員（§9.3.1），make_shared 也使用其引數來建構給定型別的一個物件。舉例來說，對 make_shared<string> 的呼叫必須傳入與 string 的其中一個建構器匹配的引數。對 make_shared<int> 的呼叫可以傳入我們會用來初始化一個 int 的任何值。如果我們沒有傳入任何引數，那麼物件就會是值初始化的（§3.3.1）。

當然，一般來說我們會使用 auto（§2.5.2）來讓定義一個物件以存放 make_shared 結果的工作更容易一些：

```
// p6 指向一個動態配置的，空的 vector<string>
auto p6 = make_shared<vector<string>>();
```

拷貝和指定 shared_ptr

當我們拷貝或指定一個 shared_ptr，每個 shared_ptr 都會追蹤記錄有多少其他的 shared_ptr 指向相同的物件：

```
auto p = make_shared<int>(42); // p 所指的物件有一個使用者
auto q(p);    // p 和 q 指向相同的物件
              // p 和 q 所指的物件有兩個使用者
```

表 12.1：**shared_ptr** 和 **unique_ptr** 共通的運算	
shared_ptr<T> sp unique_ptr<T> up	可以指向型別為 T 的物件的 null 智慧指標。
p	使用 p 作為條件，如果 p 指向一個物件就為 true。
*p	解參考 p 來得到 p 所指的物件。
p->mem	(*p).mem 的同義詞。
p.get()	回傳 p 中的指標。使用時請小心，回傳的指標所指的物件會在智慧指標刪除它的時候消失。
swap(p, q) p.swap(q)	對調 p 與 q 中的指標。

我們可以把一個 shared_ptr 想成它有一個關聯的計數器，通常被稱作**參考計數（reference count）**。每當我們拷貝一個 shared_ptr，這個計數就會遞增。舉例來說，與一個 shared_ptr 關聯的計數器會在我們用它來初始化另一個 shared_ptr 的時候、用它當作指定式右運算元的時候，或者我們以值將它傳入函式（§6.2.1）或從函式回傳（§6.3.2）的時候遞增。這個計數器則會在我們指定一個新的值給 shared_ptr 和 shared_ptr 本身被摧毀時遞減，例如一個區域性的 shared_ptr 超出範疇（§6.1.1）的時候。

只要一個 shared_ptr 的計數器降為零，這個 shared_ptr 就會自動釋放它所管理的物件：

```
auto r = make_shared<int>(42); // r 所指的 int 有一個使用者
r = q;  // 指定給 r，讓它指向一個不同的位址
        // 遞增 q 所指的物件的使用計數
        // 遞減 r 曾指過的那個物件的使用計數
        // r 曾指的那個物件沒有使用者了，那個物件會自動被釋放
```

這裡我們配置了一個 int，並將對那個 int 的一個指標儲存到 r 中。接著，我們指定一個新的值給 r。在此，r 是指向我們之前配置的那個物件的唯一 shared_ptr。那個 int 會在指定 q 給 r 的過程中自動被釋放。

 是否要使用一個計數器或其他資料結構來追蹤記錄有多少指標共用狀態，是由實作自己決定的。關鍵點在於，類別要記錄有多少 shared_ptr 指向同一個物件，並在適當的時候自動釋放那個物件。

shared_ptr 會自動摧毀它們的物件…

當指向一個物件的最後一個 shared_ptr 被摧毀了，shared_ptr 類別就會自動摧毀那個 shared_ptr 所指的物件。它會透過另一個特殊成員函式來這麼做，它被稱作一個**解構器（destructor）**。類似於建構器，每個類別都有一個解構器。就像建構器會控制初始化，解構器會控制該類別型別的物件被摧毀時會發生什麼事。

表 12.2：`shared_ptr` 專屬的運算	
`make_shared<T>(`*args*`)`	回傳一個 `shared_ptr` 指向型別為 `T` 的一個動態配置的物件。使用 *args* 來初始化那個物件。
`shared_ptr<T> p(q)`	`p` 是 `shared_ptr` `q` 的一個拷貝，會遞增 `q` 中的計數。`q` 中的指標必須能夠轉換為 `T*`（§4.11.2）。
`p = q`	`p` 與 `q` 是存放著能夠轉換成彼此的指標的 `shared_ptr`。遞減 `p` 的參考計數並遞增 `q` 的計數；如果 `p` 的計數降為 0，就刪除 `p` 既有的記憶體。
`p.unique()`	如果 `p.use_count()` 是一，就回傳 `true`，否則為 `false`。
`p.use_count()`	回傳與 `p` 共用的物件數；可能會是緩慢的運算，主要用於除錯。

解構器一般會釋放一個物件所配置的資源。舉例來說，`string` 建構器（以及其他的 `string` 成員）會配置記憶體來存放構成 `string` 的字元。`string` 解構器會釋放那個記憶體。同樣地，有數個 `vector` 運算會配置記憶體來存放 `vector` 中的元素。`vector` 的解構器會摧毀那些元素，並釋放那些元素所用的記憶體。

`shared_ptr` 的解構器會遞減那個 `shared_ptr` 所指的物件的參考計數。如果這個計數降為零，`shared_ptr` 解構器就會摧毀那個 `shared_ptr` 所指的物件，並釋放該物件所用的記憶體。

…並自動釋放關聯的記憶體

「`shared_ptr` 類別會自動釋放不再需要的動態物件」的這個事實讓動態記憶體的使用變得相當容易。舉例來說，我們可能有一個函式會回傳一個 `shared_ptr` 指向一個動態配置的物件，其型別為 `Foo`，而且可由型別為 `T` 的引數來初始化：

```
// factory 會傳一個 shared_ptr 指向一個動態配置的物件
shared_ptr<Foo> factory(T arg)
{
    // 適當地處理 arg
    // shared_ptr 會負責刪除這個記憶體
    return make_shared<Foo>(arg);
}
```

因為 `factory` 會回傳一個 `shared_ptr`，我們可以確定 `factory` 所配置的物件會在適當時機被釋放。舉例來說，下列的函式會將 `factory` 所回傳的 `shared_ptr` 儲存在一個區域變數中：

```
void use_factory(T arg)
{
    shared_ptr<Foo> p = factory(arg);
    // 使用 p
} // p 離開了其範疇，p 所指的記憶體會自動釋放
```

因為 p 對 use_factory 來說是區域性的，它會在 use_factory 結束時被摧毀（§6.1.1）。當 p 被摧毀，它的參考計數會遞減，並受檢查。在此，p 是指向 factory 所回傳的記憶體的唯一物件。因為 p 即將消失，p 所指的物件也會被摧毀，而那個物件所在的記憶體會被釋放。

如果有其他的 shared_ptr 指向它，那個記憶體就不會被釋放：

```
shared_ptr<Foo> use_factory(T arg)
{
    shared_ptr<Foo> p = factory(arg);
    // 使用 p
    return p;  // 我們回傳 p 的時候參考計數會遞增
} // p 離開範疇了，p 所指的記憶體沒有釋放
```

在這個版本中，use_factory 中的 return 述句會回傳 p 的一個拷貝給其呼叫者（§6.3.2）。拷貝一個 shared_ptr 會遞增那個物件的參考計數。現在，當 p 被摧毀，p 所指的記憶體會有另外一個使用者存在。shared_ptr 類別會確保只要還有任何的 shared_ptr 接附到那個記憶體，那個記憶體本身就不會被釋放。

因為到最後一個 shared_ptr 消失之前，記憶體都不會被釋放，很重要的是要確保不再需要後，shared_ptr 不會仍然存在。如果你忘了摧毀程式不再需要的 shared_ptr，程式會正確執行，但可能會浪費記憶體。你用完之後，shared_ptr 仍然會存在的一種可能是，你將 shared_ptr 放到一個容器中，後續你重新排序了該容器，使得你不再需要所有的元素。只要你不再需要那些元素，你就應該確保有 erase 那些 shared_ptr 元素。

如果你將 shared_ptr 放到一個容器中，而你後續需要使用其中的某些元素，而非全部元素，請記得清除你不再需要的元素。

其資源具有動態生命週期的類別

程式可能會因為下列三個目的之一使用動態記憶體：

1. 他們不知道將會需要多少物件
2. 他們不清楚他們所需的物件之確切型別
3. 他們想在數個物件之間共用資料

容器類別就是會為第一個目的使用動態記憶體的類別實例之一，而我們會在第 15 章看到第二個目的的例子。在本節中，我們會定義一個類別，它使用動態記憶體來讓數個物件共用相同的底層資料。

目前為止，我們用過的類別所配置的資源存在的時間就跟對應的物件一樣長。舉例來說，每個 vector 都「擁有」它自己的元素。當我們拷貝一個 vector，原來的 vector 和其拷貝中的元素會是分別的東西，與彼此無關：

```
vector<string> v1; // 空的 vector
{ // 新範疇
    vector<string> v2 = {"a", "an", "the"};
    v1 = v2; // 將元素從 v2 拷貝到 v1
} // v2 被摧毀了，這會摧毀 v2 中的元素
  // v1 有三個元素，它們是原本在 v2 中那些元素的拷貝
```

一個 vector 配置的元素只會在 vector 本身存在時存在。當一個 vector 被摧毀，這個 vector 中的元素也會被摧毀。

有些類別配置的資源會有獨立於原物件的生命週期。舉個例子，假設我們想要定義一個名為 Blob 的類別，用以存放一個群集的元素。不同於容器，我們希望是彼此拷貝的 Blob 物件共用相同的元素。也就是說，當我們拷貝一個 Blob，原本那個和其拷貝都應該指涉相同的底層元素。

一般來說，當兩個物件共用底層的資料，我們就不能在該型別的物件消失時，單方面摧毀其資料：

```
Blob<string> b1; // 空的 Blob
{ // 新的範疇
    Blob<string> b2 = {"a", "an", "the"};
    b1 = b2; // b1 和 b2 共用相同的元素
} // b2 被摧毀了，但 b2 中的元素不能被摧毀
  // b1 指向原本在 b2 中創建的元素
```

在這個例子中，b1 和 b2 共用相同的元素。當 b2 超出範疇，那些元素仍會存在，因為 b1 仍在使它們。

使用動態記憶體的一個常見的理由是允許多個物件共用相同的狀態。

定義 **StrBlob**

最後，我們會將我們的 Blob 類別實作為一個模板，但我們要到 §16.1.2 才會學到如何這樣做。至於現在，我們會為我們的類別定義一個能夠管理 string 的版本。因此，我們會將這個版本的類別命名為 StrBlob。

實作一個新的群集（collection）型別最容易的方式是使用程式庫容器之一來管理元素。如此，我們能讓程式庫型別管理那些元素本身的儲存區。在此，我們會用一個 vector 來存放我們的元素。

然而，我們無法直接將這個 vector 儲存在一個 Blob 物件中。一個物件的成員會在物件本身被摧毀時一起被摧毀。舉例來說，假設 b1 和 b2 是共用相同 vector 的兩個 Blob。如果那個 vector 是儲存在其中一個 Blob 中，例如 b2，那麼那個 vector 及其元素在 b2 離開範疇後，就會消失。要確保那些元素持續存在，我們會將那個 vector 儲存在動態記憶體中。

要實作我們想要的資料共用，我們會賦予每個 StrBlob 一個 shared_ptr 指向一個動態配置的 vector。那個 shared_ptr 成員會追蹤記錄有多少 StrBlob 共用同一個 vector，而且會在使用那個 vector 的最後一個 StrBlob 被摧毀時，刪除那個 vector。

我們仍然需要決定我們的類別會提供什麼運算。至於現在，我們會實作 vector 運算的一小個子集。我們也會更改存取元素的運算（例如 front 與 back）：在我們的類別中，如果使用者試著存取不存在的元素，這些運算就會擲出一個例外。

我們的類別會有一個預設建構器，以及參數型別為 initializer_list<string>（§6.2.6）的一個建構器。這個建構器會接受一個大括號圍起的初始器串列。

```cpp
class StrBlob {
public:
    typedef std::vector<std::string>::size_type size_type;
    StrBlob();
    StrBlob(std::initializer_list<std::string> il);
    size_type size() const { return data->size(); }
    bool empty() const { return data->empty(); }
    // 新增和移除元素
    void push_back(const std::string &t) {data->push_back(t);}
    void pop_back();
    // 元素存取
    std::string& front();
    std::string& back();
private:
    std::shared_ptr<std::vector<std::string>> data;
    // 如果 data[i] 無效，就擲出 msg
    void check(size_type i, const std::string &msg) const;
};
```

在這個類別中，我們實作了 size、empty 與 push_back 成員。這些成員會將它們的工作透過 data 指標轉發給底層的 vector。舉例來說，一個 StrBlob 上的 size() 會呼叫 data->size()，依此類推。

StrBlob 建構器

每個建構器都使用它的建構器初始器串列（§7.1.4）來初始化其 data 成員，指向一個動態配置的 vector。預設建構器會配置一個空的 vector：

```cpp
StrBlob::StrBlob(): data(make_shared<vector<string>>()) { }
StrBlob::StrBlob(initializer_list<string> il):
                data(make_shared<vector<string>>(il)) { }
```

接受一個 initializer_list 的建構器會將其參數傳到對應的 vector 建構器（§2.2.1）。那個建構器會藉由拷貝串列中的值來初始化 vector 的元素。

元素存取成員

pop_back、front 與 back 運算會存取 vector 中的成員。這些運算必須在試著存取一個元素之前檢查該元素是否存在。因為有數個成員都需要做相同的檢查，我們會賦予我們的類別一個 private 工具函式，名為 check，它會驗證一個給定的索引是否在範圍中。除了一個索引，check 還接受一個 string 引數，它會將之傳到例外處理器。這個 string 描述出了什麼錯：

```
void StrBlob::check(size_type i, const string &msg) const
{
    if (i >= data->size())
        throw out_of_range(msg);
}
```

pop_back 和元素存取成員會先呼叫 check。如果 check 成功，這些成員就會把它們的工作轉發給底層的 vector 運算：

```
string& StrBlob::front()
{
    // 如果 vector 是空的，check 就會擲出例外
    check(0, "front on empty StrBlob");
    return data->front();
}
string& StrBlob::back()
{
    check(0, "back on empty StrBlob");
    return data->back();
}
void StrBlob::pop_back()
{
    check(0, "pop_back on empty StrBlob");
    data->pop_back();
}
```

front 與 back 成員應該重載於 const 之上（§7.3.2）。這些版本的定義就留作練習。

拷貝、指定和摧毀 **StrBlob**

就像我們的 Sales_data 類別，StrBlob 使用預設版本的運算來拷貝、指定和摧毀其型別的物件（§7.1.5）。預設情況下，這些運算會拷貝、指定和摧毀該類別的資料成員。我們的 StrBlob 只有一個資料成員，它是一個 shared_ptr。因此，當我們拷貝、指定或摧毀一個 StrBlob，它的 shared_ptr 成員會被拷貝、指定或摧毀。

如我們所見，拷貝一個 shared_ptr 會遞增其參考計數；將一個 shared_ptr 指定給另外一個會遞增右運算元的計數，並遞減左運算元的計數；而摧毀一個 shared_ptr 會遞減計數。如果一個 shared_ptr 降為零，shared_ptr 所指的物件就會自動被摧毀。因此，StrBlob 建構器所配置的 vector 就會在指向那個 vector 的最後一個 StrBlob 被摧毀時，自動摧毀。

習題章節 12.1.1

練習 12.1：在這段程式碼最後，b1 和 b2 會有多少個元素？

```
StrBlob b1;
{
    StrBlob b2 = {"a", "an", "the"};
    b1 = b2;
    b2.push_back("about");
}
```

練習 12.2：寫出你自己版本的 StrBlob 類別，包括 const 版的 front 和 back。

練習 12.3：這個類別需要 const 版本的 push_back 和 pop_back 嗎？如果是，就新增它們。如果不需要，為何呢？

練習 12.4：在我們的 check 函式中，我們沒有檢查 i 是否大於零。為什麼省略該檢查不會有問題呢？

練習 12.5：我們並沒有讓接受一個 initializer_list 的建構器是 explicit 的（§7.5.4）。討論這種設計決策的優缺點。

12.1.2 直接管理記憶體

這個語言本身定義了兩個運算子來配置（allocate）和釋放（free）動態記憶體。new 運算子配置記憶體，而 delete 則會釋放由 new 所配置的記憶體。

為了我們描述這些運算子的過程會變得越來越清楚的理由，使用這些運算子來管理記憶體會比使用智慧指標更容易出錯得多。此外，會管理自己記憶體的類別，不同於使用智慧指標的那些，無法仰賴會拷貝、指定和摧毀類別物件的成員之預設定義（§7.1.4）。因此，使用智慧指標的程式很可能更容易撰寫和除錯。

在你閱讀第 13 章之前，你的類別應該只在它們用智慧指標來管理記憶體時配置動態記憶體。

WARNING

使用 **new** 來動態配置和初始化物件

在自由存放區（free store）配置的物件是無名的，因此 **new** 並沒有提供方法來命名它所配置的物件。取而代之，new 會回傳一個指標指向它所配置的物件：

```
int *pi = new int;   // pi 指向一個動態配置的，
                     // 無名的、未初始化的 int
```

這個 new 運算式會在自由存放區建構一個型別為 int 的物件，並回傳對那個物件的一個指標。

預設情況下，動態配置的物件是預設初始化的（§2.2.1），這表示內建或複合型別的物件具有未定義的值；類別型別的物件是由它們的預設建構器初始化的：

```
string *ps = new string;     // 初始化為空 string
int *pi = new int;           // pi 指向一個未初始化的 int
```

我們可以使用直接初始化（§3.2.1）初始化一個動態配置的物件。我們可以使用傳統的建構器（使用括弧），而在新標準底下，我們也可以使用串列初始化（使用大括號）： C++ 11

```
int *pi = new int(1024);     // pi 所指的物件有 1024 這個值
string *ps = new string(10, '9'); // *ps 是 "9999999999"
// 具有十個元素的 vector，存放從 0 到 9 的值
vector<int> *pv = new vector<int>{0,1,2,3,4,5,6,7,8,9};
```

我們也可以值初始化（§3.3.1）一個動態配置的物件，方法是在型別名稱後接著一對空的括弧：

```
string *ps1 = new string;    // 預設初始化為空的 string
string *ps = new string();   // 值初始化為空的 string
int *pi1 = new int;          // 預設初始化；*pi1 是未定義
int *pi2 = new int();        // 值初始化為 0；*pi2 是 0
```

對於定義了它們自己建構器（§7.1.4）的類別型別（例如 string），請求值初始化並沒有什麼後果可言；無論形式為何，物件都是由預設建構器來初始化的。對內建型別來說，差別就很大了，一個值初始化的內建型別物件有定義良好的值，但預設初始化的物件就沒有。同樣地，仰賴合成預設建構器的類別中內建型別的成員，如果沒在類別主體中初始化就會依然是未初始化的（§7.1.4）。

 就跟我們通常會初始化變數一樣，為了相同的理由，初始化動態配置的物件也會是個好主意。

當我們在括弧內提供一個初始器，我們可以使用 auto（§2.5.2）從那個初始器推論出我們想要配置的物件之型別。然而，因為編譯器使用初始器的型別來推論要配置的型別，我們只能把 auto 跟括弧內的單一個初始器一起使用： C++ 11

```
auto p1 = new auto(obj);     // p 指向型別為 obj 的一個物件
                             // 那個物件會從 obj 初始化
auto p2 = new auto{a,b,c};   // 錯誤：必須為初始器使用括弧
```

p1 的型別是一個指標，指向從 obj 自動推斷出來的型別。如果 obj 是一個 int，那麼 p1 就是 int*；如果 obj 是一個 string，那麼 p1 就是一個 string*，依此類推。新配置的物件會以 obj 的值來初始化。

動態配置的 const 物件

使用 new 來配置 const 物件是合法的：

```
// 配置並初始化一個 const int
const int *pci = new const int(1024);
// 配置一個預設初始化的 const 空 string
const string *pcs = new const string;
```

就像其他的任何 const，一個動態配置的 const 物件必須被初始化。定義有一個預設建構器
（§7.1.4）的類別型別的 const 動態物件可以隱含的初始化。其他型別的物件必須明確地初
始化。因為所配置的物件是 const，new 所回傳的指標會是對 const 的指標（§2.4.2）。

記憶體耗盡

雖然現代的機器大多都有很大的記憶體容量，自由存放區耗盡永遠都還是可能發生。一旦程
式用盡它可用的所有記憶體，new 運算就會失敗。預設情況下，如果 new 沒辦法配置所請求
的儲存區，它會擲出型別為 bad_alloc 的一個例外（§5.6）。我們可以使用一種不同形式的
new 來避免 new 擲出一個例外：

```
// 如果配置失敗，new 會回傳一個 null 指標
int *p1 = new int; // 如果配置失敗，new 會擲出 std::bad_alloc
int *p2 = new (nothrow) int; // 如果配置失敗，new 會回傳一個 null 指標
```

因為我們會在 §19.1.2 中解釋的原因，這個形式的 new 被稱為 **placement new（放置型
new）**。一個 placement new 運算式讓我們傳入額外的引數給 new。在此，我們傳入一個名
為 nothrow 的物件，這是由程式庫所定義的。當我們傳入 nothrow 給 new，就等於告訴 new
它一定不能擲出例外。如果這形式的 new 無法配置所請求的儲存區，它會回傳一個 null 指標。
bad_alloc 和 nothrow 都是定義在 new 標頭中。

釋放動態記憶體

為了避免記憶體耗盡，我們必須在使用完畢後，將動態配置的記憶體歸還給系統。我們透過
一個 **delete 運算式** 來歸還記憶體。一個 delete 運算式接受一個指標指向我們想要釋放的物
件：

```
delete p; // p 必須指向一個動態配置的物件或者是 null
```

指標值和 delete

我們傳入 delete 的指標必須指向動態配置的記憶體或是 null 指標（§2.3.2）。刪除不是由
new 配置的記憶體的指標，或者刪除相同的指標值多於一次，都是未定義的：

```
int i, *pi1 = &i, *pi2 = nullptr;
double *pd = new double(33), *pd2 = pd;
delete i;        // 錯誤：i 不是一個指標
delete pi1;      // 未定義：pi1 指向一個區域值
delete pd;       // ok
delete pd2;      // 未定義：pd2 所指的記憶體已經被釋放了
delete pi2;      // ok：刪除 null 指標永遠都是 ok 的
```

編譯器會因為 i 的 delete 產生一個錯誤，因為它知道 i 不是一個指標。在 pi1 和 pd2 上執行 delete 所產生的錯誤比較有潛在的危險：一般來說，編譯器無法分辨一個指標是指向靜態配置的物件或是動態配置的物件。同樣地，編譯器無法知道一個指標所定址的記憶體是否已經被釋放了。大多數的編譯器都會接受這些 delete 運算式，即使它們是錯的。

雖然一個 const 物件的值無法修改，該物件本身是可被摧毀的。就跟其他的任何動態物件一樣，一個 const 動態物件被釋放的方式也是藉由在指向該物件的一個指標上執行 delete：

```
const int *pci = new const int(1024);
delete pci;  // ok：刪除一個 const 物件
```

動態配置的物件會持續存在直到它們被釋放為止

如我們在 §12.1.1 看過的，透過一個 shared_ptr 管理的記憶體會在最後一個指向它的 shared_ptr 摧毀時被刪除。使用內建指標來管理的記憶體則非如此。透過一個內建指標管理的動態物件會持續存在，直到被明確刪除為止。

回傳指向動態記憶體的指標（而非智慧指標）的函式，會把責任交給它們的呼叫者，呼叫者必須記得刪除那些記憶體才行：

```
// factory 回傳一個指標指向一個動態配置的物件
Foo* factory(T arg)
{
    // 適當地處理 arg
    return new Foo(arg);  // 呼叫者負責刪除這個記憶體
}
```

就像我們前面的 factory 函式（§12.1.1），這個版本的 factory 會配置一個物件，但不會 delete 它。factory 的呼叫者得負責在所配置的物件沒用時釋放這個記憶體。遺憾的是，呼叫者很常會忘記這樣做：

```
void use_factory(T arg)
{
    Foo *p = factory(arg);
    // 使用 p 但不要刪除它
}  // p 離開範疇了，但 p 所指的記憶體沒有被釋放！
```

在此，我們的 use_factory 函式呼叫 factory，這會配置型別為 Foo 的一個新的物件。當 use_factory 回傳，區域變數 p 會被摧毀。那個變數是一個內建指標，而非智慧指標。

不同於類別型別，內建型別的物件被摧毀時，什麼都不會發生。特別是，當一個指標離開其範疇，該指標所指的物件什麼事都不會發生。如果那個指標指向動態記憶體，那個記憶體不會自動被釋放。

透過內建指標（而非智慧指標）管理的動態記憶體在明確釋放前，都會持續存在。

在這個例子中，p 是指向 factory 所配置的記憶體的唯一指標。一旦 use_factory 回傳，那個程式就沒有辦法釋放那些記憶體了。依據我們整體程式的邏輯，我們應該記得在 use_factory 內釋放那個記憶體來修正這個臭蟲：

```
void use_factory(T arg)
{
    Foo *p = factory(arg);
    // 使用 p
    delete p;  // 既然不再需要它，記得釋放記憶體
}
```

或者，如果我們系統中的其他程式碼需要使用 use_factory 所配置的物件，我們應該將那個函式改成回傳一個指標指向它所配置的記憶體：

```
Foo* use_factory(T arg)
{
    Foo *p = factory(arg);
    // 使用 p
    return p;  // 呼叫者必須刪除記憶體
}
```

> **注意：動態記憶體的管理很容易出錯**
>
> 使用 new 和 delete 來管理動態記憶體會有三種常見的問題：
>
> 1. 忘記 delete 記憶體。忽略刪除動態記憶體被稱作是「記憶體洩漏（memory leak）」，因為那些記憶體永遠都不會回歸到自由存放區（free store）。進行測試以找出記憶體洩漏是很困難的，因為它們通常無法被刪除，除非應用程式執行的夠久，實際耗盡了記憶體才有可能。
> 2. 在物件被刪除後使用它。這種錯誤有的時候可以藉由刪除之後將指標設為 null 來偵測。
> 3. 重複刪除相同的記憶體。這種錯誤可能發生在有兩個指標定址同一個動態配置的物件之時。如果 delete 套用到其中一個指標，那麼物件的記憶體就會被歸還到自由存放區。如果我們後續 delete 了第二個指標，那麼自由存放區就有可能毀損。
>
> 這些種類的錯誤很容易犯，但要找出它們或修正它們非常困難。
>
> 你可以全都使用智慧指標以避免所有的這些問題。智慧指標只會在沒有剩餘的智慧指標指向該記憶體時，負責刪除那些記憶體。

在 delete 後重置一個指標的值…

當我們 delete 一個指標，那個指標就變得無效。雖然那個指標已經無效，但在許多機器上，該指標將持續存有（被釋放的）動態記憶體的位址。delete 之後，指標會變成所謂的**懸置指標（dangling pointer）**。一個懸置指標就是指向曾經存放某個物件的記憶體但不再如此的一種指標。

未初始化的指標有的問題（§2.3.2），懸置指標全都有。我們可以在指標快要離開其範疇之前刪除與它關聯的記憶體，藉此避免懸置指標的問題。如此一來，就沒有機會在一個指標所關聯的記憶體被釋放之後，使用那個指標了。如果我們得保留那個指標，我們可以在使用 delete 之後指定 nullptr 給那個指標。這麼做可以清楚表達出那個指標不再指向任何物件。

…只能提供有限的防護

動態記憶體的一個根本問題是，可能會有數個指標指向相同的記憶體。重置我們用來 delete 那個記憶體的指標能讓我們檢查那一個特定的指標，但對仍然指向那個（已被釋放的）記憶體的其他指標而言，沒有任何效果。舉例來說：

```
int *p(new int(42));// p 指向動態記憶體
auto q = p;          // p 和 q 指向相同的記憶體
delete p;            // 使 p 和 q 兩者都無效化
p = nullptr;         // 指出 p 不再繫結至一個物件
```

在此，p 和 q 都指向同一個動態配置的物件。我們 delete 那個記憶體，並將 p 設為 nullptr，代表那個指標不再指向一個物件。然而，重置 p 對 q 沒有影響，後者會在我們刪除 p 所指（也是 q 所指！）的記憶體時變得無效。在真實的系統中，要找出指向相同記憶體的所有指標，是出乎意料困難的事。

習題章節 12.1.2

練習 12.6：寫一個函式回傳一個動態配置的，由 int 所構成的 vector。將那個 vector 傳入給另一個函式，它會讀取標準輸入來賦予那些元素值。將那個 vector 傳入另一個函式來印出我們讀到的值。記得在適當的時機 delete 那個 vector。

練習 12.7：重做前面的練習，這次使用 shared_ptr。

練習 12.8：說明下列函式是否哪裡有錯。

```
bool b() {
    int* p = new int;
    // ...
    return p;
}
```

練習 12.9：解釋下列程式碼會做什麼事：

```
int *q = new int(42),  *r = new int(100);
r = q;
auto q2 = make_shared<int>(42), r2 = make_shared<int>(100);
r2 = q2;
```

12.1.3 併用 **shared_ptr** 與 **new**

如我們所見，如果我們沒有初始化一個智慧指標，它會被初始化為一個 null 指標。如表 12.3 中所述，我們也能以 new 回傳的一個指標來初始化一個智慧指標：

```
shared_ptr<double> p1; // 能夠指向一個 double 的 shared_ptr
shared_ptr<int> p2(new int(42)); // p2 指向一個 int，其值為 42
```

接受指標的智慧指標建構器是 explicit 的（§7.5.4）。因此，我們無法隱含地將一個內建指標轉為智慧指標；我們必須使用直接形式的初始化（§3.2.1）來初始化一個智慧指標：

```
shared_ptr<int> p1 = new int(1024); // 錯誤：必須使用直接初始化
shared_ptr<int> p2(new int(1024));  // ok：使用直接初始化
```

p1 的初始化隱含地要求編譯器從 new 所回傳的 int* 創建出一個 shared_ptr。因為我們無法隱含地將一個指標轉為一個智慧指標，這個初始化是一種錯誤。基於相同的理由，回傳一個 shared_ptr 的函式無法在它的回傳述句中隱含地轉換一個普通的指標：

```
shared_ptr<int> clone(int p) {
    return new int(p); // 錯誤：隱含轉換為 shared_ptr<int>
}
```

我們必須明確地將一個 shared_ptr 繫結至我們想要回傳的指標：

```
shared_ptr<int> clone(int p) {
    // ok：明確地創建一個 shared_ptr<int> from int*
    return shared_ptr<int>(new int(p));
}
```

預設情況下，用來初始化一個智慧指標的指標必須指向動態記憶體，因為智慧指標預設會使用 delete 來釋放關聯的物件。我們可以將智慧指標繫結至其他種資源的指標。然而，要這麼做，我們必須提供自己的運算來取代 delete。我們會在 §12.1.4 看到如何提供自己的刪除程式碼。

別混合使用普通指標和智慧指標…

一個 shared_ptr 只能協調是自己拷貝的其他 shared_ptr 的解構工作。確實，這個事實就是我們建議使用 make_shared 而非 new 的原因。那樣我們就能在配置的同時將一個 shared_ptr 繫結到該物件。你沒辦法不經意地將相同的記憶體繫結至一個以上的獨立創建的 shared_ptr。

思考作用在一個 shared_ptr 上的下列函式：

```
// ptr 會在 process 被呼叫時創建並初始化
void process(shared_ptr<int> ptr)
{
    // 使用 ptr
} // ptr 超出範疇，並被摧毀了
```

表 12.3：定義和變更 **shared_ptr** 的其他方式	
`shared_ptr<T> p(q)`	p 管理內建指標 q 所指的物件；q 必須指向由 new 所配置的記憶體，並且必須能夠轉換為 T*。
`shared_ptr<T> p(u)`	p 預設來自 unique_ptr u 的所有權；使得 u 變為 null。
`shared_ptr<T> p(q, d)`	p 預設內建指標 q 所指的物件的所有權。q 必須可轉換為 T*（§4.11.2）。p 會使用可呼叫物件 d（§10.3.2）來取代 delete 以釋放 q。
`shared_ptr<T> p(p2, d)`	p 是 shared_ptr p2 的一個拷貝，如表 12.2 中所述，只不過 p 使用可呼叫物件 d 來取代 delete。

`p.reset()`
`p.reset(q)`
`p.reset(q, d)`
	如果 p 是指向其物件的唯一一個 shared_ptr，reset 會釋放 p 現有的物件。如果有傳入選擇性內建指標的 q，就讓 p 指向 q，否則使 p 變為 null。若有提供 d，我們會呼叫 d 來釋放 q，否則使用 delete 來釋放 q。

process 的參數是以值傳遞的，所以 process 的引數會被拷貝到 ptr。拷貝一個 shared_ptr 會遞增其參考計數。因此，在 process 內，這個計數至少是 2。當 process 執行完成，ptr 的參考計數會遞減，但不能降為零。因此，當區域變數 ptr 被摧毀，ptr 所指的記憶體將不會被刪除。

使用這個函式的正確方式是傳入一個 shared_ptr 給它：

```
shared_ptr<int> p(new int(42)); // 參考計數是 1
process(p); // 拷貝 p 會遞增其計數；在 process 中，參考計數是 2
int i = *p; // ok：參考計數是 1
```

雖然我們不能傳入一個內建指標給 process，我們可以傳入一個從某個內建指標明確建構出來的（暫存的）shared_ptr 給 process。然而，這麼做很有可能會是種錯誤：

```
int *x(new int(1024)); // 危險：x 是一個普通的指標，而非一個智慧指標
process(x); // 錯誤：無法將 int* 轉換為 shared_ptr<int>
process(shared_ptr<int>(x)); // 合法，但其記憶體將被刪除！
int j = *x; // 未定義：x 是一個懸置指標！
```

在這個呼叫中，我們傳入了一個暫存的 shared_ptr 給 process。那個暫存物件會在呼叫於其中出現的運算式執行完畢後被摧毀。摧毀這個暫存物件會遞減參考計數，使之降為零。這個暫存物件所指的記憶體會在此暫存物件被摧毀時釋放。

但 x 會持續指向那個（已被釋放的）記憶體；x 現在成為了一個懸置指標。嘗試使用 x 的行為是未定義的。

當我們將一個 shared_ptr 繫結到一個普通的指標，我們就將管理該記憶體的責任交給了那個 shared_ptr。一旦我們把一個指標的責任交給了 shared_ptr，我們就不應該再使用一個內建指標來存取那個 shared_ptr 現在所指的記憶體。

…而且別使用 get 來初始化或指定另一個智慧指標

智慧指標定義了一個名為 get 的函式(描述於表 12.1),它會回傳一個內建指標指向智慧指標所管理的物件。這個函式主要是要在我們需要傳入一個內建指標給無法使用智慧指標的程式碼時使用。使用 get 回傳值的程式碼必定不能 delete 那個指標。

雖然編譯器不會抱怨,將另一個智慧指標繫結到 get 所回傳的指標,會是一種錯誤:

```
shared_ptr<int> p(new int(42)); // 參考計數是 1
int *q = p.get(); // ok:但別把 q 用在任何可能刪除其指標的情境中
{ // 新的區塊
// 未定義:兩個獨立的 shared_ptr 指向相同的記憶體
shared_ptr<int>(q);
} // 區塊結束,q 會被摧毀,而 q 所指的記憶體會被釋放
int foo = *p; // 未定義;p 所指的記憶體會被釋放
```

在這種情況中,p 和 q 都會指向相同的記憶體。因為它們是各自獨立創建的,兩者皆有參考計數 1。當定義 q 的區塊結束時,q 就會被摧毀。摧毀 q 會釋放 q 所指的記憶體。這使得 p 變成了懸置指標,代表試著使用 p 時會發生什麼事,是沒有定義的。此外,當 p 被摧毀,對那個記憶體的指標會第二次被 delete。

其他的 shared_ptr 運算

shared_ptr 類別提供我們幾個其他的運算,列於表 12.2 和表 12.3。我們可以使用 reset 指定一個新的指標給 shared_ptr:

```
p = new int(1024);        // 錯誤:無法指定一個指標給一個 shared_ptr
p.reset(new int(1024)); // ok:p 指向一個新的物件
```

就跟指定(assignment)一樣,reset 會更新參考計數,而且,適當的時候,會刪除 p 所指的物件。reset 成員時常會與 unique 一起使用來控制對數個 shared_ptr 共用的物件之變更。變更底層的物件之前,我們會檢查我們是否是唯一的使用者。如果不是,就在更動前先製作一個新的拷貝:

```
if (!p.unique())
    p.reset(new string(*p)); // 我們並不孤獨;配置一個新的拷貝
*p += newVal; // 既然我們是唯一的指標,變更這個物件就不會有問題
```

習題章節 12.1.3

練習 12.10：解釋下列對前面 §12.1.3 中定義的 process 函式的呼叫是否正確。如果不是，你會如何更正這個呼叫？

```
shared_ptr<int> p(new int(42));
process(shared_ptr<int>(p));
```

練習 12.11：如果我們像這樣呼叫 process，會發生什麼事？

```
process(shared_ptr<int>(p.get()));
```

練習 12.12：使用 p 和 sp 的宣告來解釋下列對 process 的呼叫。如果呼叫是合法的，請說明它做些什麼事。如果不是，請解釋原因：

```
auto p = new int();
auto sp = make_shared<int>();

(a) process(sp);
(b) process(new int());
(c) process(p);
(d) process(shared_ptr<int>(p));
```

練習 12.13：如果我們執行下列程式碼，會發生什麼事？

```
auto sp = make_shared<int>();
auto p = sp.get();
delete p;
```

12.1.4 智慧指標和例外

在 §5.6.2 中，我們注意到使用例外處理在一個例外發生後接續處理的程式都需要確保例外發生時資源有正確地釋放。要確保資源有釋放，一個簡單的辦法就是使用智慧指標。

當我們使用一個智慧指標，智慧指標的類別會確保記憶體在沒用時會被釋放，即使不是正常退出該區塊，也是如此：

```
void f()
{
    shared_ptr<int> sp(new int(42)); // 配置一個新的物件
    // 擲出沒有在 f 內被捕捉的一個例外的程式碼
} // shared_ptr 會在函式結束時自動被釋放
```

當一個函式退出，不管是正常處理程序，或因為例外，所有的區域物件都會被摧毀。在此，sp 是一個 shared_ptr，所以摧毀 sp 會檢查其參考計數。這裡，sp 是指向它管理的記憶體的唯一指標，那個記憶體會在摧毀 sp 的過程中被釋放。

相較之下，我們直接管理的記憶體不會在例外發生時自動被釋放。如果我們使用內建的指標來管理記憶體，而且有例外在一個 new 之後，但在對應的 delete 之前發生，那麼那個記憶體就不會被釋放：

```
void f()
{
    int *ip = new int(42);    // 動態配置一個新的物件
    // 擲出沒有在 f 內被捕捉的一個例外的程式碼
    delete ip;                // 在退出前釋放記憶體
}
```

如果例外在 new 和 delete 之間發生，而且沒有在 f 內被捕捉，那麼這個記憶體就永遠無法被釋放。函式 f 外沒有對這個記憶體的指標存在，因此，沒辦法釋放這個記憶體。

智慧指標和愚類別（Dumb Classes）

許多 C++ 類別，包括所有的程式庫類別，都定義有解構器（destructors，§12.1.1）負責清理物件所用的資源。然而，不是所有的類別都這麼乖巧聽話。特別是，設計來同時讓 C 和 C++ 使用的類別一般會要求使用者明確釋放所用的任何資源。

有配置資源，但沒有定義解構器來釋放那些資源的類別，可能會遭遇我們使用動態記憶體時同一種的錯誤。我們很容易會忘記釋放資源。同樣地，如果一個例外發生在資源配置好了到它被釋放之間，程式就會洩漏資源。

我們通常可以使用管理動態記憶體的同一種技巧來管理沒有表現良好的解構器的類別。舉例來說，想像我們正在使用 C 和 C++ 都能使用的一個網路程式庫。使用這個程式庫的程式可能會包含像這樣的程式碼

```
struct destination;        // 代表我們所連接的目的地
struct connection;         // 使用該連線所需的資訊
connection connect(destination*);    // 開啟連線
void disconnect(connection);         // 關閉給定的連線
void f(destination &d /* 其他的參數 */)
{
    // 取得一個連線；必須記得在完成後關閉它
    connection c = connect(&d);
    // 使用這個連線
    // 如果我們忘記在退出 f 前呼叫 disconnect，就沒有辦法關閉 c 了
}
```

如果 connection 有一個解構器，那個解構器會在 f 執行完畢時自動關閉連線。然而，connection 並沒有解構器。這個問題跟我們前面使用一個 shared_ptr 來避免記憶體洩漏的程式幾乎完全相同。事實證明，我們也能使用一個 shared_ptr 來確保 connection 有正確關閉。

使用我們自己的刪除程式碼

預設情況下，shared_ptr 假設它們指向動態記憶體。因此，當一個 shared_ptr 被摧毀，它預設就會在它所持有的指標上執行 delete。

要使用一個 shared_ptr 來管理一個 connection，我們必須先定義一個函式來取代 delete。你必須要能夠以儲存在 shared_ptr 內的指標來呼叫這個**刪除器（deleter）**函式。在此，我們的刪除器必須接受型別為 connection* 的單一個引數：

```
void end_connection(connection *p) { disconnect(*p); }
```

當我們創建一個 shared_ptr，我們可以傳入一個選擇性的引數指向一個刪除器函式（§6.7）：

```
void f(destination &d /* 其他的參數 */)
{
    connection c = connect(&d);
    shared_ptr<connection> p(&c, end_connection);
    // 使用這個連線
    // 當 f 退出，即使是因為例外，這個連線仍會正確地關閉
}
```

當 p 被摧毀，它不會在它儲存的指標上執行 delete。取而代之，p 會在那個指標上呼叫 end_connection。接著，end_connection 會呼叫 disconnect，藉此確保連線有關閉。如果 f 正常退出，那麼 p 就會在回傳過程中被摧毀。此外，如果有例外發生，p 也會被摧毀，而連線也會關閉。

注意：智慧指標常見的陷阱

只有在使用正確時，智慧指標才能提供管理動態配置記憶體的安全性和便利性。為了正確使用智慧指標，我們必須堅守一組慣例：

- 別用相同的內建指標值來初始化（或 reset）一個以上的指標。
- 別 delete 回傳自 get() 的指標。
- 別使用 get() 來初始化或 reset 另一個智慧指標。
- 如果你使用 get() 所回傳的一個指標，要記得那個指標會在對應的最後一個智慧指標消失後變得無效。
- 如果你使用一個智慧指標來管理 new 所配置的記憶體以外的資源，記得傳入一個刪除器（§12.1.4、§12.1.5）。

習題章節 12.1.4

練習 12.14：撰寫你自己版本的函式來使用一個 shared_ptr 管理 connection。

練習 12.15：改寫第一個練習，使用一個 lambda（§10.3.2）取代 end_connection 函式。

12.1.5 `unique_ptr`

一個 `unique_ptr`「擁有（**owns**）」它所指的物件。不同於 `shared_ptr`，一次只有一個 `unique_ptr` 可以指向一個給定的物件。一個 `unique_ptr` 所指的物件會在那個 `unique_ptr` 被摧毀時摧毀。表 12.4 列出了 `unique_ptr` 專屬的運算。兩者共通的運算則列於表 12.1。

不同於 `shared_ptr`，沒有類似 `make_shared` 的程式庫函式會回傳一個 `unique_ptr`。取而代之，當我們定義一個 `unique_ptr`，我們會將它繫結至 `new` 所回傳的一個指標。跟 `shared_ptr` 一樣，我們必須使用直接形式的初始化：

```
unique_ptr<double> p1;  // 可以指向一個 double 的 unique_ptr
unique_ptr<int> p2(new int(42)); // p2 指向值為 42 的 int
```

因為一個 `unique_ptr` 擁有它所指的物件，`unique_ptr` 不支援一般的拷貝或指定：

```
unique_ptr<string> p1(new string("Stegosaurus"));
unique_ptr<string> p2(p1);       // 錯誤：unique_ptr 沒有拷貝
unique_ptr<string> p3;
p3 = p2;                         // 錯誤：unique_ptr 沒有指定
```

表 12.4：`unique_ptr` 的運算（也請參照表 12.1）	
`unique_ptr<T> u1` `unique_ptr<T, D> u2`	可以指向型別為 T 的物件的 **null** `unique_ptr`。u1 會使用 `delete` 來釋放其指標；u2 會使用一個型別為 D 的可呼叫物件來釋放其指標。
`unique_ptr<T, D> u(d)`	指向型別為 T 並使用 d 來取代 `delete` 的物件的 **null** `unique_ptr`，d 必須是型別為 D 的一個物件。
`u = nullptr`	刪除 u 所指的物件；使得 u 變為 **null**。
`u.release()`	放棄 u 所持有的指標之控制權；回傳 u 所持有的指標，並使 u 變為 **null**。
`u.reset()`	刪除 u 所指的物件。
`u.reset(q)`	如果提供了內建指標 q，就讓 u 指向那個物件。
`u.reset(nullptr)`	否則使 u 變為 **null**。

雖然我們無法拷貝或指定一個 `unique_ptr`，我們可以將所有權（**ownership**）從一個（非 `const` 的）`unique_ptr` 轉移給另一個，方法是呼叫 `release` 或 `reset`：

```
// 將所有權從 p1（它指向 string Stegosaurus）轉移給 p2
unique_ptr<string> p2(p1.release()); // release 使得 p1 變為 null
unique_ptr<string> p3(new string("Trex"));
// 將所有權從 p3 轉移至 p2
p2.reset(p3.release()); // reset 刪除 p2 曾指向的記憶體
```

`release` 成員回傳目前儲存在 `unique_ptr` 中的指標，並使那個 `unique_ptr` 變為 **null**。因此，p2 會以曾儲存在 p1 中的指標值來初始化，而 p1 會變為 **null**。

reset 成員接受一個選擇性的指標並重新定位 unique_ptr 指向所給的指標。如果 unique_ptr 不是 null，那麼 unique_ptr 所指的物件就會被刪除。在 p2 上對 reset 的呼叫，因此會釋放以 "Stegosaurus" 初始化的 string 所用之記憶體，將 p3 的指標轉移給 p2，並使 p3 變為 null。

呼叫 release 會解除一個 unique_ptr 和它所管理的物件之間的關聯。通常 release 回傳的指標會被用來初始化或指定給另一個智慧指標。在那種情況下，管理這個記憶體的責任單純是從一個智慧指標轉移到另一個。然而，如果我們沒有使用另一個智慧指標來存放從 release 所回傳的指標，我們的程式就得負責那個資源的釋放工作：

```
p2.release(); // 錯的：p2 不會釋放記憶體，而我們會失去那個指標
auto p = p2.release(); // ok，但我們必須記得 delete(p)
```

傳遞和回傳 unique_ptr

「我們無法拷貝一個 unique_ptr」這個規則有一個例外：我們可以拷貝或指定即將被摧毀的 unique_ptr。最常見的例子是當我們從一個函式回傳一個 unique_ptr 的時候：

```
unique_ptr<int> clone(int p) {
    // ok：從 int* 明確創建一個 unique_ptr<int>
    return unique_ptr<int>(new int(p));
}
```

又或者，我們也可以回傳一個區域物件的拷貝：

```
unique_ptr<int> clone(int p) {
    unique_ptr<int> ret(new int (p));
    // ...
    return ret;
}
```

在這兩種情況中，編譯器都知道回傳的物件即將被摧毀。在這種情況下，編譯器會進行一種特殊的「拷貝」，這會在 §13.6.2 中討論。

回溯相容性：auto_ptr

早期版本的程式庫包括一個名為 auto_ptr 的類別，它具有 unique_ptr 的某些特性，但非全部。特別是，你不能將一個 auto_ptr 儲存在容器中，也不能從一個函式回傳。

雖然 auto_ptr 仍然是標準程式庫的一部分，程式應該優先選用 unique_ptr。

傳入刪除器給 unique_ptr

就像 shared_ptr，預設情況下，unique_ptr 使用 delete 來釋放一個 unique_ptr 所指的物件。跟 shared_ptr 一樣，我們可以在一個 unique_ptr 中覆寫預設的刪除器（default deleter，§12.1.4）。然而，因為我們會在 §16.1.6 中描述的原因，unique_ptr 管理其刪除器的方式與 shared_ptr 有所差異。

覆寫一個 unique_ptr 中的刪除器會影響到 unique_ptr 型別，以及我們建構（或 reset）該型別物件的方式。類似於覆寫關聯式容器的比較運算（§11.2.2），我們必須在角括號（angle brackets）內提供刪除器型別，連同 unique_ptr 能夠指的型別。我們會在創建或 reset 這種型別的物件時提供指定型別的一個可呼叫物件：

```
// p 指向型別為 objT 的一個物件，並使用型別為 delT 的一個物件來釋放該物件
// 它會呼叫型別為 delT，名為 fcn 的一個物件
unique_ptr<objT, delT> p (new objT, fcn);
```

作為一個更具體的例子，我們會改寫我們的連線程式，使用一個 unique_ptr 取代 shared_ptr，如下：

```
void f(destination &d /* 其他所需的參數 */)
{
    connection c = connect(&d);  // 開啟連線
    // 當 p 被摧毀，連線會被關閉
    unique_ptr<connection, decltype(end_connection)*>
    p(&c, end_connection);
    // 使用連線
    // 當 f 退出，即使是因為例外，連線將會正確的關閉
}
```

這裡，我們使用 decltype（§2.5.3）來指定函式指標型別。因為 decltype（end_connection）會回傳一個函式型別，我們必須記得加上一個 * 表示我們正在使用對該型別的一個指標（§6.7）。

習題章節 12.1.5

練習 12.16：當我們試著拷貝或指定一個 unique_ptr，編譯器並不總是會給出容易理解的錯誤訊息。寫一個含有這些錯誤的程式，看看你編譯器的診斷資訊。

練習 12.17：下列哪些 unique_ptr 的宣告是合法的，或可能導致後續的程式錯誤？解釋每一個的問題所在。

```
int ix = 1024, *pi = &ix, *pi2 = new int(2048);
typedef unique_ptr<int> IntP;
```

(a) IntP p0(ix);   (b) IntP p1(pi);
(c) IntP p2(pi2);   (d) IntP p3(&ix);
(e) IntP p4(new int(2048)); (f) IntP p5(p2.get());

練習 12.18：為什麼 shared_ptr 沒有 release 成員呢？

12.1.6 `weak_ptr`

一個 weak_ptr（表 12.5）是沒有控制它所指的物件的生命週期的一種智慧指標。取而代之，一個 weak_ptr 所指的物件是由某個 shared_ptr 所管理的。將一個 weak_ptr 繫結到一個 shared_ptr 並不會改變那個 shared_ptr 的參考計數。一旦指向該物件的最後一個 shared_ptr 消失，那個物件本身將會被刪除。即使有 weak_ptr 指向它，那個物件仍會被刪除，因此名為 weak_ptr，這描述了 weak_ptr「弱性（**weakly**）」共用其物件的概念。

當我們創建一個 weak_ptr，我們會從一個 shared_ptr 初始化它：

```
auto p = make_shared<int>(42);
weak_ptr<int> wp(p);  // wp 與 p 弱性共用；p 中的使用計數不變
```

這裡 wp 和 p 都指向同樣的物件。因為這個共用是弱性的，創建 wp 並不會改變 p 的計數參考；wp 所指的物件有可能被刪除。

因為物件可能不再存在，我們無法使用一個 weak_ptr 來直接存取其物件。要存取那個物件，我們必須呼叫 lock。lock 函式會檢查 weak_ptr 所指的物件是否仍然存在。若是，lock 會回傳一個 shared_ptr 指向那個共用物件。就跟任何其他的 shared_ptr 一樣，我們能保證只要那個 shared_ptr 存在，它所指的底層物件就會繼續存在至少跟它一樣長的時間。舉例來說：

```
if (shared_ptr<int> np = wp.lock()) {  // 如果 np 不是 null 就為 true
    // 在 if 內，np 會與 p 共用其物件
}
```

這裡我們只會在對 lock 的呼叫成功時，進入那個 if 的主體。在 if 內，能夠安全地使用 np 來存取那個物件。

表 12.5：`weak_ptr`	
weak_ptr<T>	w 能夠指向型別為 T 的物件的 **null** weak_ptr。
weak_ptr<T>	w(sp) 指向與 shared_ptr sp 相同物件的 weak_ptr。T 必須可轉換為 sp 所指的型別。
w = p	p 可以是一個 shared_ptr 或 weak_ptr。指定之後，w 會與 p 共享所有權。
w.reset()	讓 w 變為 **null**。
w.use_count()	與 w 共享所有權的 shared_ptr 數目。
w.expired()	如果 w.use_count() 是零，就回傳 true，否則為 false。
w.lock()	如果 expired 為 ture，就回傳一個 **null** shared_ptr，否則回傳一個 shared_ptr 給 w 所指的物件。

經過檢查的指標類別

為了示範 weak_ptr 何時有用處，我們會為 StrBlob 類別定義一個伴隨的指標類別。我們指標類別，命名為 StrBlobPtr，將會儲存一個 weak_ptr 指向它從之初始化的 StrBlob 的

data 成員。藉由使用 weak_ptr，我們不會影響到一個給定的 StrBlob 所指的 vector 的生命週期。然而，我們可以防止使用者試著存取不再存在的 vector。

StrBlobPtr 將會有兩個資料成員：wptr 是 null 或指向一個 StrBlob 中的一個 vector；還有 curr，它是這個物件目前代表的元素之索引。就像它搭配的 StrBlob 類別，我們的指標類別會有一個 check 成員來驗證解參考 StrBlobPtr 是安全的：

```
// StrBlobPtr 會在試著存取一個不存在的元素時擲出一個例外
class StrBlobPtr {
public:
    StrBlobPtr(): curr(0) { }
    StrBlobPtr(StrBlob &a, size_t sz = 0):
        wptr(a.data), curr(sz) { }
    std::string& deref() const;
    StrBlobPtr& incr(); // 前綴版本
private:
    // 如果檢查成功，check 會回傳一個 shared_ptr 指向 vector
    std::shared_ptr<std::vector<std::string>>
        check(std::size_t, const std::string&) const;
    // 儲存一個 weak_ptr，這表示底層的 vector 可能被摧毀了
    std::weak_ptr<std::vector<std::string>> wptr;
    std::size_t curr; // 在陣列中的目前位置
};
```

預設的建構器會產生一個 null 的 StrBlobPtr。它的建構器初始器串列（§7.1.4）會明確地將 curr 初始化為零，並隱含地初始化 wptr 為一個 null 的 weak_ptr。第二個建構器接受對 StrBlob 的一個參考及一個選擇性的索引值。這個建構器將 wptr 初始化為指向給定的 StrBlob 物件的 shared_ptr 中的 vector，並將 curr 初始化為 sz 的值。我們使用一個預設引數（§6.5.1）來將 curr 預設初始化為代表第一個元素。如我們所見，sz 參數會被 StrBlob 的 end 成員所用。

值得注意的是，我們無法將一個 StrBlobPtr 繫結至一個 const StrBlob 物件。這種限制源自於「建構器接受對型別為 StrBlob 的非 const 物件的一個參考」這個事實。

StrBlobPtr 的 check 成員與 StrBlob 中的那個不同，因為它必須檢查它所指的 vector 是否仍然存在：

```
std::shared_ptr<std::vector<std::string>>
StrBlobPtr::check(std::size_t i, const std::string &msg) const
{
    auto ret = wptr.lock(); // 這個 vector 仍然存在嗎？
    if (!ret)
        throw std::runtime_error("unbound StrBlobPtr");
    if (i >= ret->size())
        throw std::out_of_range(msg);
    return ret; // 否則，回傳一個 shared_ptr 指向那個 vector
}
```

因為一個 weak_ptr 並不參與其對應的 shared_ptr 的參考計數，這個 StrBlobPtr 所指的 vector 有可能已經被刪除。如果這個 vector 消失，lock 會回傳一個 null 指標。在此，對那個 vector 的任何參考都會失敗，所以我們擲出一個例外。否則，check 會驗證它被給予的索引。如果那個值沒問題，check 會回傳它從 lock 獲得的 shared_ptr。

指標運算

我們會在第 14 章學習如何定義我們自己的運算子。至於現在，我們已經定義過名為 deref 與 incr 的函式來解參考和遞增 StrBlobPtr。

deref 成員呼叫 check 來驗證使用 vector 是安全的，而且 curr 也在範圍內：

```
std::string& StrBlobPtr::deref() const
{
    auto p = check(curr, "dereference past end");
    return (*p)[curr]; // (*p) 是這個物件所指的 vector
}
```

如果 check 成功，p 就會是這個 StrBlobPtr 所指的 vector 的一個 shared_ptr。運算式 (*p)[curr] 會解參考那個 shared_ptr 來取得 vector，並使用下標運算子來擷取及回傳位於 curr 的元素。

incr 成員也會呼叫 check：

```
// 前綴：回傳指向遞增過的物件的一個參考
StrBlobPtr& StrBlobPtr::incr()
{
    // 如果 curr 已經指向超過容器尾端的地方，就無法遞增它
    check(curr, "increment past end of StrBlobPtr");
    ++curr;       // 推進目前的狀態
    return *this;
}
```

我們也賦予我們的 StrBlob 類別 begin 和 end 運算。這些成員會回傳 StrBlobPtr 指向 StrBlob 中的第一個元素或超出最後一個元素一個位置處。此外，因為 StrBlobPtr 會存取 StrBlob 的 data 成員，我們也必須使 StrBlobPtr 是 StrBlob 的一個 friend（§7.3.4）：

```
class StrBlob {
    friend class StrBlobPtr;
    // 其他的成員跟 §12.1.1 中一樣
    StrBlobPtr begin(); // 回傳 StrBlobPtr 指向第一個元素
    StrBlobPtr end();    // 以及超出最後元素一個位置處
};
// 這些成員在 StrStrBlob 和 StrStrBlobPtr 定義之後才能定義
StrBlobPtr StrBlob::begin() { return StrBlobPtr(*this); }
StrBlobPtr StrBlob::end()
    { return StrBlobPtr(*this, data->size()); }
```

習題章節 12.1.6

練習 12.19：定義你自己版本的 StrBlobPtr 並更新你的 StrBlob，加上適當的 friend 宣告，以及 begin 和 end 成員。

練習 12.20：寫一個程式讀取一個輸入檔案，一次讀取一行到一個 StrBlob 中，並使用一個 StrBlobPtr 來印出那個 StrBlob 中的每個元素。

練習 12.21：我們可以把 StrBlobPtr 的 deref 成員寫成這樣：

```
std::string& deref() const
{ return (*check(curr, "dereference past end"))[curr]; }
```

你認為哪個版本比較好，為什麼呢？

練習 12.22：要對 StrBlobPtr 做出什麼變更，以創建一個能與 const StrBlob 合用的類別？定義一個名為 ConstStrBlobPtr，可以指向 const StrBlob 的類別。

 ## 12.2 動態陣列

new 和 delete 運算子一次配置一個物件，有些應用則需要一次為許多物件配置儲存區的能力。舉例來說，vector 和 string 將它們的元素儲存在連續的記憶體中，並且必須在容器需要重新配置（§9.4）時，一次配置數個元素。

要支援這種用法，此語言和程式庫提供了兩種方式來一次配置一個陣列的物件。這個語言定義了第二種的 new 運算式來配置和初始化一個陣列的物件。程式庫包括了一個模板類別，名為 allocator，讓我們區分配置和初始化。因為我們會在 §12.2.2 中解釋的原因，使用一個 allocator 通常會提供更好的效能及更有彈性的記憶體管理。

許多的應用，或許甚至是絕大多數，對於動態陣列（dynamic arrays）都沒有直接的需求。當一個應用程式需要數目不定的物件，以我們處理 StrBlob 的方式進行幾乎都一定會更容易、更快速而且更安全：使用一個 vector（或其他的程式庫容器）。出於我們會在 §13.6 中解釋的原因，使用程式庫容器的好處在新標準之下甚至會更加明顯。支援新標準的程式庫通常會比之前的版本快很多。

大部分的應用都應該使用程式庫容器，而非動態配置的陣列。使用容器會容易些，比較不會產生記憶體管理的臭蟲，而且也很有可能給出更好的效能。

如我們見過的，使用容器的類別可以使用預設版本的拷貝、指定和解構（§7.1.5）運算。配置動態陣列的類別必須定義它們自己版本的這些運算以在物件被拷貝、指定或摧毀時，管理關聯的記憶體。

閱讀第 13 章之前，不要在類別中的程式碼配置動態陣列。

12.2.1 new 與陣列

我們會在一個型別名稱後的一對方括號（square brackets）中指定要配置的物件數，以要求 new 配置一個陣列的物件。在這種情況中，new 會配置請求數目的物件，並（假設配置成功）回傳一個指標指向第一個：

```
// 呼叫 get_size 來判斷要配置多少 int
int *pia = new int[get_size()]; // pia 指向這些 int 中的第一個
```

方括號中的大小必須有整數型別，但不一定要是個常數。

我們也可以使用一個型別別名（type alias，§2.5.1）來表示陣列型別，以配置一個陣列。在這種情況中，我們省略方括號：

```
typedef int arrT[42];     // arrT 是有 42 個 int 的陣列型別之名稱
int *p = new arrT;        // 配置有 42 個 int 的一個陣列；p 指向第一個
```

這裡，new 配置了由 int 所構成的一個陣列，並回傳一個指標指向其中第一個。即使我們的程式碼中沒有方括號，編譯器會使用 new[] 執行這個運算式。也就是說，編譯器執行這個運算式的方式就好像我們是寫

```
int *p = new int[42];
```

配置一個陣列會產出對元素型別的一個指標

雖然由 new T[] 配置的記憶體常被稱為「動態陣列」，這種用法其實有點誤導。當我們使用 new 來配置一個陣列，我們並沒有取得該陣列型別的一個物件。取而代之，我們取得的是對該陣列元素型別的一個指標。即使我們使用一個型別別名來定義一個陣列型別，new 並不會配置該陣列型別的一個物件。在這種情況中，我們甚至看不到「我們正在配置一個陣列」這個事實，因為並沒有 [*num*]。即便如此，new 還是會回傳對其元素型別的一個指標。

因為這個配置的記憶體並不具備一個陣列型別，我們無法在動態陣列上呼叫 begin 或 end（§3.5.3）。這些函式使用陣列的維度（這是一個陣列型別的一部分）分別回傳一個指標指向第一個元素，以及超出最後元素一個位置處。基於相同理由，我們也無法使用一個範圍 for 來處理一個（所謂的）動態陣列中的元素。

要記得的一個重點是，我們稱作動態陣列的東西並不具備陣列型別。

初始化由動態配置的物件所組成的一個陣列

預設情況下，以 new 配置的物件，不管是配置為單一個物件或在一個陣列中，都是預設初始化的。我們可以值初始化（§3.3.1）一個陣列中的元素，只要在其大小後接上一對空括弧就行了。

```
int *pia = new int[10];           // 十個未初始化的 int 所成之區塊
int *pia2 = new int[10]();         // 十個初始化為 0 的 int 值所成之區塊
string *psa = new string[10];      // 十個空 string 所成區塊
string *psa2 = new string[10]();   // 十個空 string 所成區塊
```

在新標準之下，我們也可以提供大括號圍起的元素初始器串列：

```
// 以對應的初始器初始化的十個 int 所成區塊
int *pia3 = new int[10]{0,1,2,3,4,5,6,7,8,9};
// 十個 string 所成區塊；前四個是以給定的初始器初始化的
// 其餘元素是值初始化的
string *psa3 = new string[10]{"a", "an", "the", string(3,'x')};
```

就像我們初始化內建陣列型別的一個物件時一樣（§3.5.1），初始器會被用來初始化陣列中前面的元素。如果初始器的數目比元素少，剩餘的元素會是值初始化的。如果初始器的數目多於給定的大小，那麼 new 運算式會失敗，不會配置儲存區。在這種情況中，new 會擲出型別為 bad_array_new_length 的一個例外。就像 bad_alloc，這個型別也是定義於 new 標頭。

雖然我們可以使用空的括弧來值初始化一個陣列的元素，我們無法在括弧內提供元素初始器。我們無法在括弧內提供一個初始值也意味著，我們無法使用 auto 來配置一個陣列（§12.1.2）。

動態配置一個空陣列是合法的

我們可以使用一個任意的運算式來決定要配置的物件數：

```
size_t n = get_size();    // get_size 回傳所需的元素數
int* p = new int[n];       // 配置一個陣列存放那些元素
for (int* q = p; q != p + n; ++q)
    /* 處理這個陣列 */ ;
```

一個有趣的問題是：如果 get_size 回傳 0，那會發生什麼事？答案就是，我們的程式碼仍能運作無礙。以等於 0 的 n 呼叫 new[n] 是合法的，即使我們無法創建大小為 0 的陣列變數也是如此：

```
char arr[0]; // 錯誤：無法定義一個零長度的陣列
char *cp = new char[0]; // ok：cp 不能被解參考
```

當我們使用 new 來配置一個大小為零的陣列，new 會回傳一個有效的非零指標。那個指標被保證會有與 new 回傳的任何其他指標有不同的值。這個指標的行為就像是一個零元素陣列的 off-the-end 指標（§3.5.3）。使用這個指標的方式就跟使用一個 off-the-end 迭代器一樣。這個指標可以像前面的迴圈中那樣被比較。我們可以加零到這種指標（或從之減零），而且可以將這個指標減掉自己，產出零。這個指標無法被解參考，畢竟，它什麼元素都沒有指向。

在我們的假想迴圈中，如果 get_size 回傳 0，那麼 n 也會是 0。對 new 的呼叫會配置零個物件。for 中的條件會失敗（p 等於 q + n，因為 n 是 0）。因此，該迴圈的主體不會被執行。

釋放動態陣列

要釋放一個動態陣列,我們使用一種特殊形式的 delete,它會包括一對空的方括號:

```
delete p;           // p 必須指向動態配置的物件或是 null
delete [] pa;       // pa 必須指向一個動態配置的陣列或是 null
```

第二個述句會摧毀 pa 所指的陣列中的元素,並且釋放對應的記憶體。一個陣列中的元素會以相反順序摧毀,也就是說,最後一個元素會先摧毀,然後是倒數第二個,依此類推。

當我們 delete 對一個陣列的指標,那對空的方括號是必要的:它們向編譯器指出那個指標定址一個物件陣列中的第一個元素。如果我們在 delete 一個指向陣列的指標時忽略了方括號(或在我們 delete 指向一個物件的指標時提供它們),其行為都是未定義的。

請回想,我們使用定義一個陣列型別的型別別名時,我們配置陣列時,new 沒有使用 []。即使如此,我們還是必須在刪除對那個陣列的指標時使用方括號:

```
typedef int arrT[42];    // arrT 是有 42 個 int 的陣列型別之名稱
int *p = new arrT;       // 配置有 42 個 int 的一個陣列;p 指向其中第一個
delete [] p;             // 方括號是必要的,因為我們配置的是一個陣列
```

儘管看起來是那樣,p 所指的是一個物件陣列的第一個元素,而非型別為 arrT 的單一物件。因此,我們必須在刪除 p 時使用 []。

 delete 對陣列指標時,如果我們忘記使用方括號,或者我們在刪除對物件的指標時使用它們,編譯器不太可能對我們發出警告。取而代之,我們的程式會在執行時出現異常行為,而沒有任何警告。

智慧指標和動態陣列

程式庫提供了另一個版本的 unique_ptr,能夠管理 new 所配置的陣列。要使用一個 unique_ptr 來管理動態記憶體,我們必須在物件型別後加上一對空的方括號:

```
// up 指向由十個未初始化的 int 所構成的一個陣列
unique_ptr<int[]> up(new int[10]);
up.release(); // 自動使用 delete[] 來刪除其指標
```

型別指定符(<int[]>)中的方括號指出,up 所指的不是一個 int 而是由 int 構成的一個陣列。因為 up 指向一個陣列,up 摧毀它所管理的指標時,它會自動使用 delete[]。

指向陣列的 unique_ptr 所提供的運算與我們在 §12.1.5 中使用的那些稍有不同。這些運算描述於表 12.6。當一個 unique_ptr 指向一個陣列,我們無法使用點號和箭號成員存取運算子。畢竟,這種 unique_ptr 所指的是一個陣列,而非一個物件,所以這種運算子會是沒有意義的。另一方面,當一個 unique_ptr 指向一個陣列,我們可以使用下標運算子來存取該陣列中的元素:

```
for (size_t i = 0; i != 10; ++i)
    up[i] = i; // 指定一個新的值給每個元素
```

表 12.6：對陣列的 `unique_ptr`
成員存取運算子（點號和箭號）在對陣列的 `unique_ptr` 上不受支援。 **其他的 `unique_ptr` 則不變。**

`unique_ptr<T[]> u`	u 可以指向型別為 T 的一個動態配置的陣列。
`unique_ptr<T[]> u(p)`	u 指向內建指標 p 所指的動態配置的陣列。p 必須能夠轉換為 T*（§4.11.2）。
`u[i]`	回傳 u 擁有的陣列中在位置 i 上的物件。**u 必須指向一個陣列。**

不同於 `unique_ptr`，`shared_ptr` 並沒有提供直接的支援來管理動態陣列。如果我們想要使用一個 `shared_ptr` 來管理一個動態陣列，我們必須提供自己的刪除器：

```
// 要使用一個 shared_ptr，我們必須提供一個刪除器
shared_ptr<int> sp(new int[10], [](int *p) { delete[] p; });
sp.reset(); // 使用我們所提供的 lambda，它使用 delete[] 來釋放該陣列
```

這裡我們傳入一個 lambda（§10.3.2），它使用 delete[] 作為刪除器。

假設我們沒有提供刪除器，這段程式碼將會是未定義的。預設情況下，`shared_ptr` 使用 delete 來摧毀它所指的物件。如果那個物件是一個動態陣列，使用 delete 所產生的問題，就會跟刪除對動態陣列的指標時忘記使用 [] 一樣（§12.2.1）。

`shared_ptr` 沒有直接支援陣列的管理這個事實影響到我們存取陣列中元素的方式：

```
// shared_ptr 沒有下標運算子，而且不支援指標的算術運算
for (size_t i = 0; i != 10; ++i)
    *(sp.get() + i) = i; // 使用 get 來取得一個內建指標
```

`shared_ptr` 沒有下標運算子，而這種智慧指標型別也不支援指標算術。結果就是，要存取該陣列中的元素，我們必須使用 get 來取得一個內建指標，再以正常方式使用。

習題章節 12.2.1

練習 12.23：寫一個程式來串接兩個字串字面值，將結果放到一個動態配置的 char 陣列中。寫一個程式來串接兩個程式庫 string，它們的值跟第一個程式中使用的字面值一樣。

練習 12.24：寫一個程式從標準輸入讀取一個字串到一個動態配置的字元陣列中。描述你的程式如何處理大小不定的輸入。給予你的程式一個長度超過你所配置的陣列的字串資料，藉此測試它。

練習 12.25：給予下列的 new 運算式，你會怎麼 delete pa 呢？

```
int *pa = new int[10];
```

12.2.2 **allocator** 類別

new 有一個面向限制了其彈性，就是 new 結合了記憶體的配置，以及在那個記憶體中建構物件的動作。同樣地，delete 結合了解構（destruction）和釋放（deallocation）動作。配置單一個物件時，結合配置和初始化通常就是我們想要的。在這種情況中，我們幾乎能夠確定該物件應該要有什麼值。

當我們配置一個區塊的記憶體，我們經常會計畫在必要時，於那個記憶體中建構物件。在這種情況中，我們會想要將記憶體的配置和物件的建構區分開來。將建構與配置分離，意味著我們可以配置大量的記憶體，並且只在實際需要建立它們時，再付出建構物件所需的額外負擔。

一般來說，將配置和建構結合在一起，可能會浪費資源。舉例來說：

```
string *const p = new string[n];      // 建構 n 個空的 string
string s;
string *q = p;                        // q指向第一個 string
while (cin >> s && q != p + n)
    *q++ = s;                         // 指定一個新的值給 *q
const size_t size = q - p;            // 記住我們讀取了多少個 string
// 使用此陣列
delete[] p; // p指向一個陣列；必須記得使用 delete[]
```

這個 new 運算式配置並初始化了 n 個 string。然而，我們可能不需要 n 個 string，少一點可能就夠了。因此，我們可能會建立出從未被使用的物件。此外，對於我們確實有用到的物件，我們會即刻指定新的值來蓋過之前初始化的 string，所用的元素被寫入了兩次：第一次是在預設初始化時，以及後續對它們指定時。

更重要的是，沒有預設建構器的類別無法動態配置為一個陣列。

allocator 類別

程式庫的 **allocator** 類別，定義於 memory 標頭中，能讓我們分離配置與建構。它可配置具有型別的、未經建構的原始記憶體。表 12.7 描述了 allocator 支援的運算。在本節中，我們會介紹 allocator 的運算。§13.5 中，我們會看到例子展示這個類別通常會如何被使用。

就像 vector，allocator 是一種模板（§3.3）。要定義一個 allocator，我們必須指定一個特定的 allocator 能夠配置的物件型別。一個 allocator 物件配置記憶體時，它所配置出來的記憶體有適當的大小，並經過對齊排列，能夠存放給定型別的物件：

```
allocator<string> alloc;              // 能夠配置 string 的物件
auto const p = alloc.allocate(n);     // 配置 n 個未建構的 string
```

對 allocate 的這個呼叫會為 n 個 string 配置記憶體。

表 12.7：標準的 **allocator** 類別和自訂演算法	
allocator<T> a	定義名為 a 的一個 allocator 物件，它能夠為型別為 T 的物件配置記憶體。
a.allocate(n)	配置新的、未經建構的記憶體來存放型別為 T 的 n 個物件。
a.deallocate(p, n)	解除存放 n 個型別為 T 的物件的記憶體之配置，從 T* 指標 p 中的位址開始。p 必須是之前由 allocate 所回傳的一個指標，而且 n 必須是 p 創建時所請求的那個大小。呼叫 deallocate 之前，使用者必須在我們在這個記憶體中建構的任何物件上執行 destroy 才行。
a.construct(p, *args*)	p 必須是對型別 T 的一個指標，指向未經處理的原始記憶體；*args* 會被傳到型別 T 的一個建構器，被用來在那個記憶體中建構一個 p 所指的物件。
a.destroy(p)	在 T* 指標 p 所指的物件上執行解構器（§12.1.1）。

allocator 配置未經建構的記憶體

一個 allocator 所配置的記憶體是*未經建構*（*unconstructed*）的。我們使用這個記憶體的方式是在其中建構物件。在新程式庫中，construct 成員接受一個指標，以及零或多個額外的引數，它會在給定的位置建構一個元素。那些額外的引數用來初始化建構中的物件。就像

make_shared（§12.1.1）的引數，這些額外的引數必須是正在建構的物件之型別的有效初始器。特別是，如果該物件有一個類別型別，這些引數就必須匹配那個類別的某個建構器：

```
auto q = p; // q 會指向超過最後一個建構的元素一個位置處
alloc.construct(q++);          // *q 是空的 string
alloc.construct(q++, 10, 'c'); // *q 是 cccccccccc
alloc.construct(q++, "hi");    // *q 是 hi!
```

在早期版本的程式庫中，construct 只接受兩個引數：要建構一個物件的指標，以及該元素型別的一個值。因此，我們只能拷貝一個元素到未經建構的空間中，無法使用該元素型別的其他建構器。

使用尚未在其中建構物件的原始記憶體，是一種錯誤：

```
cout << *p << endl; // ok：使用 string 的輸出運算子
cout << *q << endl; // 災難：q 指向未經建構的記憶體！
```

> ⚠ **WARNING**
> 我們必須 construct 物件才能夠使用 allocate 所回傳的記憶體。以其他方式使用未經建構的記憶體，都是未定義的行為。

當我們使用物件完畢，我們必須摧毀我們所建構的那些元素，這是藉由在每個建構出來的元素上呼叫 destroy 來進行。destroy 函式接受一個指標，並在所指的物件上執行解構器（§12.1.1）：

```
    while (q != p)
        alloc.destroy(--q);          // 釋放我們實際配置的 string
```

在我們迴圈的開頭，q 指向最後一個建構的元素後一個位置。我們會在呼叫 destroy 之前遞減 q。因此，對 destroy 的第一個呼叫時，q 會指向最後一個建構的元素。我們會在最後一次迭代 destroy 第一個元素，在那之後，q 就會等於 p，迴圈就此結束。

> **WARNING**　我們只能 destroy 實際建構出來的元素。

一旦元素被摧毀，我們就可以重新利用那個記憶體來存放其他的 string 或將那個記憶體歸還給系統。我們呼叫 deallocate 來釋放記憶體：

```
    alloc.deallocate(p, n);
```

我們傳入 deallocate 的指標不能是 null，它必須指向 allocate 所配置的記憶體。此外，傳入 deallocate 的大小引數必須跟獲取該指標所指的記憶體用的 allocate 呼叫中的一樣。

拷貝與填入未初始化的記憶體之演算法

作為 allocator 類別的搭配，程式庫也定義了兩個演算法，用來在未初始化的記憶體中建構物件。這些函式，如表 12.8 中所述，定義在 memory 標頭中。

表 12.8：allocator 演算法
這些函式會在目的地中建構元素，而非指定給它們。
uninitialized_copy(b, e, b2)
從迭代器 b 和 e 代表的範圍中拷貝元素到到未經建構的，由迭代器 b2 代表的原始記憶體。b2 所表示的記憶體必須大到足以存放輸入範圍中的元素之拷貝。
uninitialized_copy_n(b, n, b2)
從迭代器 b 所表示的元素開始，拷貝 n 個元素到從 b2 開始的原始記憶體中。
uninitialized_fill(b, e, t)
在迭代器 b 與 e 所表示的原始記憶體範圍中建構物件為 t 的拷貝。
uninitialized_fill_n(b, n, t)
從 b 開始建構 unsigned 數字的 n 個物件。b 必須代表未經建構的原始記憶體，大到足以存放給定數目個物件。

舉個例子，假設我們有 int 構成的一個 vector 想要拷貝到動態記憶體中。我們會配置有 vector 中 int 兩倍數目多的記憶體。我們會從原本的 vector 拷貝元素來建構新配置記憶體的前半部，而後半部的元素則是以一個給定值填入（**fill**）來建構：

```
// 配置 vi 所存放的元素數的兩倍
auto p = alloc.allocate(vi.size() * 2);
// 從 p 開始建構元素為 vi 中元素的拷貝
auto q = uninitialized_copy(vi.begin(), vi.end(), p);
// 將剩餘的元素初始化為 42
uninitialized_fill_n(q, vi.size(), 42);
```

就像 copy 演算法（§10.2.2），uninitialized_copy 接受三個迭代器。頭兩個代表一個輸入序列，而第三個代表那些元素要被拷貝進去的目的地。傳入 uninitialized_copy 的那個目的地迭代器必須代表未經建構的記憶體。不同於 copy，uninitialized_copy 會在其目的地中建構元素。

跟 copy 一樣，uninitialized_copy 回傳其（遞增過的）目的地迭代器。因此，對 uninitialized_copy 的呼叫會回傳一個指標，指向超過最後一個建構的元素一個位置處。在這個例子中，我們將那個指標儲存在 q 中，它會被我們傳入 uninitialized_fill_n。這個函式，就像 fill_n（§10.2.2），接受指向目的地的一個指標、一個計數（count），以及一個值。它會以給定的值在所給的目的地開始之處建構給定數目個物件。

習題章節 12.2.2

練習 12.26：改寫 §12.2.2 開頭處的程式，改用一個 allocator。

 # 12.3 使用程式庫：一個文字查詢程式

要為我們對程式庫的討論做個總結，我們會實作一個簡單的文字查詢程式（text-query program）。我們的程式會讓使用者以可能出現的字詞搜尋一個給定的檔案。查詢的結果會是該字詞出現的次數，以及一串行號，列出那個字詞在哪出現。如果一個字詞在同一行出現多次，我們只會顯示該行一次。行號會以遞增的次序列出，也就是說，line 7 應該顯示於 line 9 之前，依此類推。

舉例來說，我們可能會讀取含有本章輸入的檔案，並找尋 element 這個字詞。輸出的前幾行會是

```
element occurs 112 times
    (line 36) A set element contains only a key;
    (line 158) operator creates a new element
    (line 160) Regardless of whether the element
    (line 168) When we fetch an element from a map, we
    (line 214) If the element is not found, find returns
```

後面會接著出現 element 這個字的剩餘的 100 多行。

12.3.1 此查詢程式之設計

開始設計一個程式的好方法是列出程式所需的運算。知道我們需要哪些運算可以幫助我們預見可能會用到的資料結構。先從需求開始，我們的程式需要進行的任務包括：

- 讀取輸入時，程式必須記得每個字出現在哪幾行。因此，這個程式需要一次讀取一行輸入，並將那些文字行拆分成個別字詞。
- 產生輸出時，
  - 程式必須能夠擷取與一個給定的字詞關聯的行號
  - 行號必須以遞增次序出現，而且不能重複
  - 程式必須能夠印出輸入檔中出現在給定行號上的文字

這些需求能藉由各種程式庫機能相當適切地滿足：

- 我們會使用一個 vector<string> 來儲存整個輸入檔案的一個拷貝，輸入檔中的每一行都會是這個 vector 中的一個元素。當我們想要印出一個文字行，我們可以使用其行號作為索引。
- 我們會用一個 istringstream（§8.3）來將每一行拆成字詞。
- 我們會用一個 set 來存放每個字詞在輸入中出現的行號。使用一個 set 能保證每行都只會出現一次，而且行號會以遞增次序儲存。
- 我們會用一個 map 來將每個字詞關聯到該字詞出現的行號集合（set of line numbers）。使用 map 能讓我們擷取任何給定字詞的 set。

因為我們稍後會解釋的理由，我們的解法也會用到 shared_ptr。

資料結構

雖然我們可以使用 vector、set 與 map 直接撰寫我們的程式，如果我們能定義出更為抽象的解決方案，將會更有用處。我們會先設計一個類別，以讓檔案的查詢變得容易的方式存放輸入檔案。我們會將之命名為 TextQuery 的這個類別，將會存放一個 vector 和一個 map。其中，vector 將存放輸入檔的文字，而 map 會將那個檔案中的每個字詞關聯到該字詞出現的行號所成的 set。這個類別會有一個建構器讀取給定的輸入檔案，以及一個用來進行查詢的運算。

這個查詢運算的工作相當簡單：它會在其 map 中查看給定的字詞是否有出現。設計這個函式最困難的部分在於決定這個查詢函式應該回傳什麼。一旦我們找到一個字詞，我們就需要知道它出現的頻率、它出現的行號，以及那些行號所對應的文字。

要回傳所有的那些資料，最簡單的方式是定義第二個類別，我們會將之命名為 QueryResult，用以存放一個查詢的結果。這個類別將會有一個 print 函式來印出 QueryResult 中的結果。

在類別間共用資料

我們的 QueryResult 類別用來表示一個查詢的結果。這種結果包括與給定字詞關聯的行號所組成的 set，以及輸入檔中對應的各行文字。這些資料儲存在型別為 TextQuery 的物件中。

QueryResult 所需的資料儲存在 TextQuery 物件中，我們必須決定要如何存取它們。我們可以拷貝行號的 set，但那可能會是昂貴的作業。此外，我們當然不會想要拷貝 vector，因為那等同於拷貝整個檔案以印出該檔案的一個小個（通常是會是那樣）子集。

我們可以回傳指向 TextQuery 物件中的迭代器（或指標）來避免製作拷貝。然而，這種做法可能遭遇一種常見陷阱：如果一個 TextQuery 物件在其對應的 QueryResult 使用之前就被摧毀了呢？在這種情況中，QueryResult 會指向一個已經不存在的物件中的資料。

我們需要同步 TextQuery 物件以及代表其結果的 QueryResult 的生命週期，最後的這個觀察暗示了這種設計問題的一個解法。既然這兩個類別會在概念上「共用（share）」資料，我們就會用 shared_ptr（§12.1.1）來反映資料結構的共享。

使用 TextQuery 類別

設計一個類別時，在實際實作其成員前，先寫程式使用該類別，可能會有幫助。如此一來，我們就能看看該類別是否有我們所需的運算。舉例來說，下列的程式使用我們所提議的 TextQuery 與 QueryResult 類別。這個函式接受一個 ifstream 指向我們想要處理的檔案，並與使用者互動，為給定字詞印出結果：

```
void runQueries(ifstream &infile)
{
    // infile 是一個 ifstream，它是我們想要查詢的檔案
    TextQuery tq(infile);  // 儲存該檔案，並建置查詢用的 map
    // 使用迴圈迭代來與使用者互動：提示輸入一個字詞，以尋找並印出結果
    while (true) {
        cout << "enter word to look for, or q to quit: ";
        string s;
        // 在我們碰到輸入的檔案結尾或 'q' 被輸入時停止
        if (!(cin >> s) || s == "q") break;
        // 執行查詢並印出結果
        print(cout, tq.query(s)) << endl;
    }
}
```

我們會先以一個給定的 ifstream 初始化一個名為 tq 的 TextQuery 物件。TextQuery 的建構器將那個檔案讀到它的 vector 中，並建置 map 把輸入中的字詞關聯到它們出現的行號。

這個 while 迴圈會進行（無限期地）迭代來與使用者互動，請求使用者輸入一個字詞來查詢並印出相關結果。其迴圈條件測試字面值 true（§2.1.3），所以它永遠都會成功。我們會在第一個 if 之後透過 break（§5.5.1）來退出迴圈。

那個 if 會檢查讀取是否成功。如果是，它也會檢查使用者是否輸入了一個 q 要退出。一旦我們有了要查找的字詞，我們就會請 tq 去尋找那個字詞，然後呼叫 print 來印出搜尋的結果。

習題章節 12.3.1

練習 12.27：TextQuery 和 QueryResult 類別只會用到我們已經涵蓋過的功能。先別往前看，寫出你自己版本的這些類別。

練習 12.28：寫一個程式來實作文字查詢，但不定義類別來管理資料。你的程式應該接受一個檔案，並與使用者互動，以查詢那個檔案中的字詞。使用 vector、map 與 set 容器來存放該檔案的資料，以及產生查詢的結果。

練習 12.29：我們其實可以把用來管理使用者互動的迴圈寫成一個 do while（§5.4.4）。改寫那個迴圈，使用 do while。請解釋你偏好哪個版本以及原因。

12.3.2 定義查詢程式類別

我們會先定義我們的 TextQuery 類別。使用者會提供要從之讀取輸入檔案的一個 istream 以創建這個類別的物件。此類別也提供 query 運算，它接受一個 string 並回傳一個 QueryResult 代表那個 string 出現的文字行。

這個類別的資料成員必須考慮到預期中與 QueryResult 物件的資料共享。QueryResult 類別將會共用代表輸入檔案的 vector，以及存放與輸入中每個字詞關聯的行號的 set。因此，我們的類別會有兩個資料成員：一個 shared_ptr 指向一個動態配置的 vector 用以存放輸入檔案，以及將 string 映射到 shared_ptr<set> 的一個 map。這個 map 會將檔案中的每個字詞關聯到一個動態配置的 set，其中放有該字詞出現的行號。

為了讓我們的程式碼更容易讀一點，我們也會定義一個型別成員（§7.3.1）來指涉行號，它們會是 string 所構成的 vector 之索引：

```
class QueryResult;  // 查詢函式中回傳型別所需的宣告
class TextQuery {
public:
    using line_no = std::vector<std::string>::size_type;
    TextQuery(std::ifstream&);
    QueryResult query(const std::string&) const;
private:
    std::shared_ptr<std::vector<std::string>> file; // 輸入檔案
    // 將每個字詞映射到出現行號集合的 map
    std::map<std::string,
            std::shared_ptr<std::set<line_no>>> wm;
};
```

這個類別最困難的部分是釐清類別名稱。一如以往，對於會放到標頭檔中的程式碼，我們會在使用程式庫名稱時加上 std::（§3.1）。在這種情況中，std:: 的重複使用讓程式碼一開始有點難以閱讀。舉例來說，

```
std::map<std::string, std::shared_ptr<std::set<line_no>>> wm;
```

改寫成這樣時會比較容易理解

```
map<string, shared_ptr<set<line_no>>> wm;
```

TextQuery 建構器

TextQuery 建構器接受一個 ifstream，它會從之一次讀取一行：

```
// 讀取輸入檔案，並建置文字行對行號的 map
TextQuery::TextQuery(ifstream &is): file(new vector<string>)
{
    string text;
    while (getline(is, text)) {      // 對於檔案中的每一行
        file->push_back(text);       // 記住這行的文字
        int n = file->size() - 1;    // 目前的行號
        istringstream line(text);    // 將文字行拆成字詞
        string word;
        while (line >> word) {       // 對於該行中的每個字詞
            // 如果 word 尚未在 wm 中，就進行下標以添加一個新的項目
            auto &lines = wm[word]; // lines 是一個 shared_ptr
            if (!lines) // 我們第一次看到 word 的時候，其指標會是 null
                lines.reset(new set<line_no>); // 配置一個新的 set
            lines->insert(n); // 插入這個行號
        }
    }
}
```

這個建構器的初始器配置了一個新的 vector 來存放來自輸入檔的文字。我們使用 getline 在那個檔案中一次讀取一行資料，並將每一行放到 vector 中。因為 file 是一個 shared_ptr，我們使用 -> 運算子來解參考 file 以擷取 file 所指的 vector 的 push_back 成員。

接著我們使用一個 istringstream（§8.3）來處理剛讀到的文字行中的每個字詞。內層的 while 使用 istringstream 的輸入運算子從目前文字行讀取每個字詞到 word 中。在那個 while 內，我們使用 map 的下標運算子來擷取與 word 關聯的 shared_ptr<set>，並將 lines 繫結到那個指標。請注意到 lines 是一個參考，所以對 lines 所做的變更都會動到 wm 中的元素。

如果 word 不在 map 中，下標運算子會新增 word 到 wm（§11.3.4）。與 word 關聯的元素是值初始化的，這表示如果下標運算子新增 word 到 wm，lines 將會是一個 **null** 指標。如果 lines 為 **null**，我們就會配置一個新的 set，並呼叫 reset 來更新 lines 指涉的 shared_ptr，指向這個新配置的 set。

不管我們有沒有創建一個新的 set，我們都會呼叫 insert 來新增目前的行號。因為 lines 是一個參考，對 insert 的呼叫會新增一個元素到 wm 中的 set。如果一個給定的字詞在同一行出現超過一次，對 insert 的這個呼叫就什麼也不會做。

QueryResult 類別

QueryResult 類別有三個資料成員：一個 string，它是查詢的字詞、指向含有輸入檔案的 vector 的一個 shared_ptr，還有一個 shared_ptr 指向該字詞出現的行號所成的 set。它唯一的成員函式是初始化這三個成員的一個建構器：

```cpp
class QueryResult {
friend std::ostream& print(std::ostream&, const QueryResult&);
public:
    QueryResult(std::string s,
                std::shared_ptr<std::set<line_no>> p,
                std::shared_ptr<std::vector<std::string>> f):
        sought(s), lines(p), file(f) { }
private:
    std::string sought;  // 這個查詢代表的字詞
    std::shared_ptr<std::set<line_no>> lines;  // 它所在的文字行
    std::shared_ptr<std::vector<std::string>> file;  // 輸入檔案
};
```

這個建構器唯一的工作就是將其引數儲存到對應的資料成員中，這它會在建構器的初始器串列中進行（§7.1.4）。

query 函式

query 函式接受一個 string，用來找出 map 中對應的行號 set。如果有找到那個 string，query 函式就會從給定的 string、TextQuery 的 file 成員，以及從 wm 擷取而來的 set 建構出一個 QueryResult。

唯一的問題是：如果沒找到給定的 string，那我們應該回傳什麼呢？在這種情況中，沒有 set 可以回傳。我們解決這個問題的方式是定義一個區域性的 static 物件，它是一個 shared_ptr 指向一個空的行號集合。如果沒找到那個字詞，我們就會回傳這個 shared_ptr 的一個拷貝：

```cpp
QueryResult
TextQuery::query(const string &sought) const
{
    // 如果沒找到 sought 我們就會回傳一個指標指向這個 set
    static shared_ptr<set<line_no>> nodata(new set<line_no>);
    // 使用 find 而非下標，以避免新增字詞到 wm！
    auto loc = wm.find(sought);
    if (loc == wm.end())
        return QueryResult(sought, nodata, file);  // 沒找到
    else
        return QueryResult(sought, loc->second, file);
}
```

印出結果

這個 print 函式會在它被賦予的資料流上印出給定的 QueryResult 物件：

```
ostream &print(ostream & os, const QueryResult &qr)
{
    // 如果有找到該字詞，就印出出現次數和所有的出現位置
    os << qr.sought << " occurs " << qr.lines->size() << " "
        << make_plural(qr.lines->size(), "time", "s") << endl;
    // 印出該字詞出現的每一行
    for (auto num : *qr.lines) // 對於這個 set 中的每個元素
        // 別用從 0 開始的行號來困惑使用者
        os << "\t(line " << num + 1 << ") "
            << *(qr.file->begin() + num) << endl;
    return os;
}
```

我們使用 qr.lines 所指的 set 的大小來回報找到了多少匹配。因為那個 set 是在一個 shared_ptr 中，我們必須記得解參考 lines。我們呼叫 make_plural（§6.3.2）來印出 time 或 times，取決於大小是否等於 1。

在 for 裡面，我們迭代處理 lines 所指的 set。那個 for 的主體印出行號，並改用人類習慣的計數方式。set 中的數字是 vector 中元素的索引，而它們是從零起算的。然而，大多數的使用者會認為第一行的行號是 1，所以我們會系統性地為行號加上 1，以轉換成這種較常見的記法。

我們會使用行號從 file 所指的 vector 擷取一個文字行。請回想，當我們加上一個數字到一個迭代器，我們會得到 vector 中那麼多個元素遠的元素（§3.4.2）。因此，file->begin() + num 就是在 file 所指的 vector 開頭後的第 num 個元素。

注意到這個函式正確地處理了沒找到字詞的情況。在這種情況中，set 會是空的。第一個輸出述句會注意到該字詞出現 0 次。因為 *res.lines 是空的，for 迴圈就不會執行。

習題章節 12.3.2

練習 12.30：定義你自己版本的 TextQuery 和 QueryResult 類別，並執行 §12.3.1 的 runQueries 函式。

練習 12.31：如果我們使用一個 vector 而非一個 set 來存放行號，會有什麼差異呢？哪個做法比較好？為什麼呢？

練習 12.32：改寫 TextQuery 和 QueryResult 類別，使用一個 StrBlob 而非一個 vector<string> 來存放輸入檔案。

練習 12.33：在第 15 章中，我們會擴充我們的查詢系統，並且會需要在 QueryResult 類別中添加一些額外的成員。新增名為 begin 和 end 成員，它們會回傳迭代器指向一個給定的查詢所回傳的行號 set 中，以及一個名為 get_file 的成員，回傳一個 shared_ptr 指向 QueryResult 物件中的檔案。

本章總結

在 C++ 中，記憶體是透過 new 運算式來配置，並透過 delete 運算式來釋放。程式庫也定義了一個 allocator 類別來配置動態記憶體區塊。

配置動態記憶體的程式得負責釋放它們所配置的記憶體。要如何正確釋放動態記憶體，是常見的臭蟲來源：記憶體要不是永遠都沒被釋放，就是在仍有指標指向它時被釋放。新的程式庫定義了智慧指標，即 shared_ptr、unique_ptr 與 weak_ptr，使動態記憶體的管理變得安全許多。一個智慧指標會在記憶體沒有其他使用者時自動釋放之。如果可能，現代的 C++ 程式都應該使用智慧指標。

定義的詞彙

allocator 配置未經建構的記憶體的程式庫類別。

dangling pointer（懸置指標） 所指的記憶體曾有一個物件，但該物件已不在的一個指標。出於懸置指標的程式錯誤是惡名昭彰的難以除錯。

delete 釋放 new 所配置的記憶體。delete p 會釋放 p 所指的物件，而 delete [] p 會釋放 p 所指的陣列。p 可以是 null 或指向 new 所配置的記憶體。

deleter（刪除器） 摧毀它所繫結的物件時，傳入一個智慧指標用以取代 delete 的函式。

destructor（解構器） 會在物件離開範疇或被刪除時，進行清理工作的特殊成員函式。

dynamically allocated（動態配置） 在自由存放區（free store）上配置的物件。在自由存放區上配置的物件會持續存在，直到被明確刪除或程式終結為止。

free store（自由存放區） 讓程式用來存放動態配置物件的記憶體集區（memory pool）。

heap（堆積） free store 的同義詞。

new 從 free store 配置記憶體。new T 配置並建構一個型別為 T 的物件，然後回傳對那個物件的一個指標。如果 T 是一個陣列型別，new 就會回傳一個指標，指向該陣列中的第一個元素。同樣地，new [n] T 會配置型別為 T 的 n 個物件，並回傳一個指標指向該陣列中的第一個元素。預設情況下，所配置的物件是預設初始化的。我們也可以提供選擇性的初始器。

placement new（放置型的 new） 一種形式的 new，它接受在關鍵字 new 後的括弧中傳入的額外引數；舉例來說，new (nothrow) int 告訴 new 它不應該擲出例外。

reference count（參考計數） 追蹤有多少使用者共用一個共通物件的計數器。智慧指標藉由它得知何時可以安全地刪除指標所指的記憶體。

shared_ptr 提供共享所有權的智慧指標：物件會在指向它的最後一個 shared_ptr 被摧毀時刪除。

smart pointer（智慧指標） 行為表現像是一個指標，但可以被檢查看看是否可以安全使用的程式庫型別。這種型別會負責在適當時刪除記憶體。

unique_ptr 提供唯一所有權的智慧指標：指向一個物件的 unique_ptr 被摧毀時，該物件就會被刪除。unique_ptr 無法直接拷貝或指定。

weak_ptr 指向由某個 shared_ptr 管理的物件的智慧指標。決定是否要刪除其物件時，那個 shared_ptr 並不會把 weak_ptr 算在內。

第三篇
給類別作者使用的工具

Tools for Class Authors

本篇目錄

類別是 C++ 的核心概念。第 7 章開始，詳盡涵蓋了類別是如何定義的。那章涵蓋對任何的類別使用而言都是基礎的主題：類別範疇（class scope）、資料隱藏（data hiding）和建構器（constructors）。它也介紹了各種重要的類別功能：成員函式（member functions）、隱含的 this 指標、friend 以及 const、static 和 mutable 成員。在這個部分中，我們會擴充對於類別的說明，介紹拷貝控制、重載運算子（overloaded operators）、繼承（inheritance）和模板（templates）。

如我們所見，在 C++ 中，類別定義了建構器來控制該類別型別的物件初始化時會發生什麼事。類別也可以控制物件被拷貝、指定、移動或摧毀時，應該發生什麼事。就這方面而言，C++ 與其他語言有所差異，有許多語言並沒有賦予類別設計者控制這些作業的能力。第 13 章涵蓋這些主題。這章也涵蓋由新標準所引進的兩個重要的概念：rvalue 參考（rvalue references）和移動運算（move operations）。

第 14 章檢視運算子重載，這能讓類別型別的運算元可與內建運算子並用。運算子重載是 C++ 讓我們創建出跟內建型別一樣直覺易用的新類別的方式之一。

類別能夠重載的運算子中包括了函式呼叫運算子（funtion call operator）。我們可以「呼叫」這種類別的物件，就好像它們是函式一樣。我們也會看看新的程式庫機能，它們能讓我們更容易以一致的方式使用不同型別的可呼叫物件。

本章最後會帶我們看看另一種特殊的成員函式：轉換運算子（conversion operators）。這些運算子定義了從類別型別的物件的隱含轉換。編譯器會在相同的情境中，基於相同的理由，套用這些運算，就像內建型別間的轉換一樣。

這個部分的最後兩章涵蓋 C++ 如何支援物件導向（object-oriented）和泛型（generic）程式設計。

第 15 章涵蓋繼承和動態繫結（dynamic binding）。連同資料抽象化，繼承和動態繫結都是物件導向程式設計的基礎之一。繼承讓我們更容易定義相關的型別，而動態繫結讓我們撰寫獨立於型別的程式碼，能夠忽略透過繼承產生關聯的型別之間的差異。

第 16 章涵蓋函式和類別模板。模板讓我們撰寫獨立於型別的泛型類別和函式。新標準引進了數個與模板有關的新功能：variadic templates（參數可變的模板）、模板型別別名，以及控制實體化（instantiation）的新方法。

撰寫我們自己的物件導向或泛用型別需要對 C++ 有相當良好的理解。幸好，我們不需要了解如何建置它們的細節就能運用物件導向和泛用型別。舉例來說，標準程式庫廣泛使用我們會在第 15 章和 16 章中研究的機能，而且我們已經用過程式庫型別和演算法，也不需要知道它們是如何實作的。

因此，讀者應該了解第三篇涵蓋相當進階的主題。撰寫模板或物件導向類別需要對 C++ 的基礎有很好的理解，而且對於如何定義較為基本的類別掌握良好。

13

拷貝控制

Copy Control

本章目錄

如我們在第 7 章中看到的，每個類別都定義一種新的型別，並定義該型別的物件能夠進行的運算。在那章中，我們也學到類別可以定義建構器，它們負責控制該類別型別的物件創建時會發生什麼事。

在本章中，我們會學習類別如何控制該類別型別的物件被拷貝、指定、移動或摧毀時會發生什麼事。類別透過特殊的成員函式控制這些動作：拷貝建構器、移動建構器、拷貝指定運算子、移動指定運算子，以及解構器。

當我們定義一個類別，我們會明確地或隱含地規範該類別型別的物件被拷貝、移動、指定和摧毀時會發生什麼事。一個類別定義了五個特殊的成員函式來控制這些運算：**拷貝建構器（copy constructor）**、**拷貝指定運算子（copy-assignment operator）**、**移動建構器（move constructor）**、**移動指定運算子（move-assignment operator）**，以及**解構器（destructor）**。拷貝和移動建構器定義一個物件以同型別的另一個物件初始化時，會發生什麼事。拷貝和移動指定運算子定義我們將某個類別型別的一個物件指定給相同的那個類別型別的另一個物件時，會發生什麼事。解構器定義該型別的一個物件停止存在時，會發生什麼事。整體而言，我們會將這些運算稱作**拷貝控制**。

如果一個類別沒有定義所有的拷貝控制成員，編譯器會自動定義缺少的運算。因此，許多類別可能會忽略拷貝控制（§7.1.5）。然而，對於某些類別來說，仰賴預設定義會導致災難。經常，實作拷貝控制運算最困難的部分就是判斷出我們何時需要定義它們。

> 拷貝控制是定義任何 C++ 類別時都不可或缺的部分。C++ 的程式設計師新手經常會對「需要定義物件被拷貝、移動、指定或摧毀時會發生什麼事」這件事感到困惑。這個困惑還會因為編譯器會在我們沒有明確定義這些運算時為我們定義它們而加重，雖然編譯器定義的版本之行為可能不是我們所預期的。

13.1 拷貝、指定與摧毀

我們一開始會先涵蓋最為基礎的運算，也就是拷貝建構器、拷貝指定運算子，以及解構器。我們會在 §13.6 涵蓋（由新標準引進的）移動運算。

13.1.1 拷貝建構器

如果一個建構器的第一個參數是對類別型別的一個參考，而且任何額外的參數都有預設值：

```
class Foo {
public:
    Foo();              // 預設建構器
    Foo(const Foo&);    // 拷貝建構器
    // ...
};
```

為了我們稍後會解釋的原因，第一個參數必須是一個參考型別。那個參數幾乎總是對 const 的一個參考，雖然我們也可以定義拷貝建構器讓它接受對非 const 的一個參考。這個拷貝建構器會隱含地用在數個情況中。因此，這個拷貝建構器通常不應該是 explicit 的（§7.5.4）。

合成的拷貝建構器

當我們沒有一個類別定義拷貝建構器，編譯器會為我們合成一個。不同於合成的預設建構器（§7.1.4），即使我們定義了其他建構器，還是會有拷貝建構器被合成出來。

如我們會在§13.1.6中見到的，某些類別的**合成的拷貝建構器（synthesized copy constructor）**會防止我們拷貝該類別型別的物件。不然的話，合成的拷貝建構器會**逐個成員（memberwise）**拷貝其引數的成員到正在建立的物件中（§7.1.5）。編譯器會從給定的物件依序拷貝每個非 const 成員到正在建立的物件中。

每個成員的型別決定該成員如何被拷貝：類別型別的成員會以那個類別的拷貝建構器來拷貝；內建型別的成員會直接拷貝雖然我們無法直接拷貝一個陣列（§3.5.1），合成的拷貝建構器會以拷貝每個元素的方式來拷貝陣列型別的成員。類別型別的元素是使用該元素的拷貝建構器來拷貝的。

舉個例子，我們 Sales_data 類別的合成版拷貝建構器等同於：

```
class Sales_data {
public:
    // 其他的成員和建構器跟以前一樣
    // 宣告等同於合成的拷貝建構器
    Sales_data(const Sales_data&);
private:
    std::string bookNo;
    int units_sold = 0;
    double revenue = 0.0;
};
// 等同於會為 Sales_data 合成的拷貝建構器
Sales_data::Sales_data(const Sales_data &orig):
    bookNo(orig.bookNo),              // 使用 string 的拷貝建構器
    units_sold(orig.units_sold),      // 拷貝 orig.units_sold
    revenue(orig.revenue)             // 拷貝 orig.revenue
    { }                               // 空的主體
```

拷貝初始化

我們現在已經準備好全面理解直接初始化（direct initialization）和拷貝初始化（copy initialization）之間的差異了（§3.2.1）：

```
string dots(10, '.');                 // 直接初始化
string s(dots);                       // 直接初始化
string s2 = dots;                     // 拷貝初始化
string null_book = "9-999-99999-9";   // 拷貝初始化
string nines = string(100, '9');      // 拷貝初始化
```

當我們使用直接初始化，我們是在要求編譯器使用一般的函式匹配（function matching，§6.4）來選擇最匹配我們提供的引數的建構器。當我們使用**拷貝初始化**，我們是在要求編譯將右手邊的運算元拷貝到正在建立的物件中，必要的話就轉換那個運算元（§7.5.4）。

拷貝初始化一般會使用拷貝建構器。然而，如我們會在 §13.6.2 中見到的，如果一個類別有一個移動建構器，那麼拷貝初始化有時就會使用那個移動建構器，而非拷貝建構器。至於現在，要知道的重點是，當拷貝初始化發生，那個拷貝初始化就需要拷貝建構器或移動建構器中任一個。

拷貝初始化不只發生在我們使用一個 = 定義變數的時候，也會在下列這些情況發生

- 傳遞一個物件作為非參考型別的參數之引數時
- 從一個具有非參考回傳型別的函式回傳一個物件時
- 以大括號初始化一個陣列中的元素或一個彙總類別（aggregate class，§7.5.5）的成員時

某些類別型別也會為它們配置的物件使用拷貝初始化。舉例來說，程式庫容器會在我們初始化容器時，拷貝初始化它們的元素，或是在我們呼叫一個 insert 或 push 成員（§9.3.1）的時候。相較之下，一個 emplace 成員所創建的元素則是直接初始化的（§9.3.1）。

參數和回傳值

在一個函式呼叫的過程中，具有非參考型別的參數都是拷貝初始化的（§6.2.1）。同樣地，當一個函式有非參考的回傳型別，其回傳值會被用來拷貝初始化位於呼叫位置的呼叫運算子之結果（§6.3.2）。

「拷貝建構器被用來初始化類別型別的非參考參數」的這個事實解釋了為什麼拷貝建構器自己的參數必須是一個參考。如果那個參數不是一個參考，那麼這個呼叫永遠都不會成功：要呼叫那個拷貝建構器，我們得使用拷貝建構器來拷貝引數，但是為了拷貝引數，我們就得呼叫拷貝建構器，依此類推，無限輪迴。

拷貝初始化的限制

如我們所見，如果我們使用的某個初始器需要一個 explicit 建構器（§7.5.4）的轉換，那我們使用的是拷貝或直接初始化，就有差異了：

```
vector<int> v1(10);       // ok：直接初始化
vector<int> v2 = 10;      // 錯誤：接受一個大小的建構器是 explicit 的
void f(vector<int>);      // f 的參數是拷貝初始化的
f(10); // 錯誤：無法使用一個 explicit 建構器來拷貝一個引數
f(vector<int>(10));       // ok：從一個 int 直接建構出一個暫存的 vector
```

直接初始化 v1 沒有問題，但看似等效的，v2 的拷貝初始化卻是個錯誤，因為接受單一個大小參數的 vector 建構器是 explicit 的。基於我們無法拷貝初始化 v2 的相同理由，我們也無法在傳入一個引數或從一個函式回傳一個值的時候，隱含地使用一個 explicit 建構器。如果我們想要使用一個 explicit 建構器，我們就必須明確地（explicitly）這樣做，就像上面例子中的最後一行一樣。

編譯器可以繞過拷貝建構器

在拷貝初始化的過程中，編譯器被允許（但非有義務那樣做）跳過拷貝或移動建構器，並直接創建物件。也就是說，編譯器可以將這個

```
string null_book = "9-999-99999-9";  // 拷貝初始化
```

改寫成

```
string null_book("9-999-99999-9");   // 編譯器略過了拷貝建構器
```

然而，即使編譯器略過了對拷貝或移動建構器的呼叫，拷貝和移動建構器還是必須存在，而且在程式執行到那個點時，必須是可存取的（也就是不是 private 的）。

習題章節 13.1.1

練習 13.1：什麼是拷貝建構器？何時會使用它呢？

練習 13.2：解釋為什麼下列宣告是非法的：

```
Sales_data::Sales_data(Sales_data rhs);
```

練習 13.3：拷貝一個 StrBlob 的時候會發生什麼事呢？那 StrBlobPtr 呢？

練習 13.4：假設 Point 是具有一個 public 拷貝建構器的類別型別，在這個程式片段中識別出該拷貝建構器的每個使用：

```
Point global;
Point foo_bar(Point arg)
{
    Point local = arg, *heap = new Point(global);
    *heap = local;
    Point pa[ 4 ] = { local, *heap };
    return *heap;
}
```

練習 13.5：給定下列一個類別的概述，撰寫會拷貝所有成員的一個拷貝建構器。你的建構器應該動態配置一個新的 string（§12.1.2），並拷貝 ps 所指的物件，而非拷貝 ps 本身。

```
class HasPtr {
public:
    HasPtr(const std::string &s = std::string()):
        ps(new std::string(s)), i(0) { }
private:
    std::string *ps;
    int i;
};
```

13.1.2 拷貝指定運算子

就像一個類別會控制該類別的物件如何被初始化,它也會控制其類別的物件如何被指定
(assign):

```
Sales_data trans, accum;
trans = accum; // 使用 Sales_data 的拷貝指定運算子
```

就跟拷貝建構器一樣,編譯器會在類別沒有定義自己版本的時候合成一個拷貝指定運算子。

簡介重載指定

在我們檢視合成的指定運算子之前,我們需要多了解一下**重載的運算子(overloaded
operators)**,這我們會在第 14 章中詳細涵蓋。

重載的運算子是一種函式,其名稱有 operator 後面再接著被定義的運算子的符號。因此,
指定運算子(assignment operator)是一個名為 operator= 的函式。就跟任何其他的函式一
樣,一個運算子函式會有一個回傳型別和一個參數列。

一個重載運算子中的參數代表該運算子的運算元(operands)。某些運算子,也包括指定,
必須被定義為成員函式。當一個運算子是一個成員函式,左手邊的運算元會被繫結到隱含的
this 參數(§7.1.2)。二元運算子(a binary operator),例如指定,其右手邊的運算元會
被當作一個明確的參數傳入。

拷貝指定運算子接受型別與該類別相同型別的一個引數:

```
class Foo {
public:
    Foo& operator=(const Foo&); // 指定運算子
    // ...
};
```

為了與內建型別(§4.4)的指定一致,指定運算子通常會回傳對它們左運算元的一個參考。
也值得注意的是,程式庫一般會要求儲存在一個容器中的型別具有會回傳一個參考指向其左
運算元的指定運算子。

Best
Practices   指定運算子一般應該回傳一個參考指向它們的左運算元。

合成的拷貝指定運算子

就跟拷貝建構器一樣,如果類別沒有定義自己的版本,編譯器就會為該類別產生一個**合成的
拷貝指定運算子**。類似於拷貝建構器,對某些類別來說,合成的拷貝指定運算子並不允許指
定(§13.1.6)。不然的話,它就會將右手邊物件的每個非 static 成員指定到左手邊物件對
應的成員,使用該成員之型別的拷貝指定運算子。陣列成員的指定方式是指定該陣列中的每
個元素。合成的拷貝指定運算子會回傳對其左手邊物件的一個參考。

舉個例子，下列程式碼等同於合成的 Sales_data 拷貝指定運算子：

```
// 等同於合成的拷貝指定運算子
Sales_data&
Sales_data::operator=(const Sales_data &rhs)
{
    bookNo = rhs.bookNo;              // 呼叫 string::operator=
    units_sold = rhs.units_sold;     // 使用內建的 int 指定
    revenue = rhs.revenue;           // 使用內建的 double 指定
    return *this;                    // 回傳一個參考指向 this 物件
}
```

習題章節 13.1.2

練習 13.6：什麼是拷貝指定運算子？這種運算子用於何時？合成的拷貝指定運算子會做些什麼事？它會在何時合成？

練習 13.7：當我們指定一個 StrBlob 給另外一個，會發生什麼事？那 StrBlobPtr 呢？

練習 13.8：為 §13.1.1 的練習 13.5 撰寫指定運算子。就像拷貝建構器，你的指定運算子應該拷貝 ps 所指的物件。

13.1.3 解構器

解構器的運作方式與建構器相反：建構器會初始化一個物件的非 static 資料成員，也可以做其他事情。解構器會進行釋放一個物件用到的資源所需的任何工作，並摧毀該物件的非 static 資料成員。

解構器是一個成員函式，其名稱是由類別名稱前綴有一個波狀符號（tilde，~）所構成。它沒有回傳值，也不接受參數：

```
class Foo {
public:
    ~Foo(); // 解構器
    // ...
};
```

因為它不接受參數，所以它也不能重載。對於一個給定的類別來說，永遠都只會有一個解構器。

解構器做些什麼事？

就像建構器具有一個初始化的部分，以及一個函式主體（§7.5.1），解構器也有一個函式主體，以及一個解構的部分。在一個建構器中，成員會在函式主體執行前被初始化，而成員會依據它們在類別中出現的順序初始化。在一個解構器中，函式主體會先執行，然後成員會被摧毀。成員會以它們被初始化的相反順序被摧毀。

一個解構器的函式主體會進行類別設計者希望在物件用完之後執行的任何作業。常見的情況下，解構器會釋放一個物件在其生命週期過程中所配置的資源。

在一個解構器中，沒有類似於建構器初始器串列（constructor initializer list）的東西來控制成員如何被摧毀，解構的部分是隱含的。一個成員被摧毀時會發生什麼事，取決於該成員的型別。類別型別的成員被摧毀的方式是透過執行該成員自己的解構器來進行。內建的型別沒有解構器，所以摧毀內建型別的成員時，不會做什麼事。

 內建指標型別的成員之隱含解構並**不會** delete 該指標所指的物件。

不同於一般的指標，智慧指標（§12.1.1）是類別型別，並有解構器。因此，不同於普通的指標，是智慧指標的成員會在解構階段自動被摧毀。

當一個解構器被呼叫

每當其型別的物件被摧毀，就會自動使用解構器：

- 變數會在離開其範疇時被摧毀。
- 一個物件的成員會在它們是其一部分的物件被摧毀時摧毀。
- 一個容器中的元素，不管是程式庫的容器或陣列，都會在容器被摧毀時一起摧毀。
- 動態配置的物件會在 delete 運算子被套用到指向該物件的一個指標時被摧毀（§12.1.2）。
- 暫存物件會在該暫存物件在其中被創建的完整運算式結束時被摧毀。

因為解構器會自動執行，我們的程式可以配置資源，而（通常）不用去擔心那些資源何時被釋放。

舉例來說，下列的程式碼片段定義了四個 Sales_data 物件：

```
{ // 新的範疇
    // p 和 p2 指向動態配置的物件
    Sales_data *p = new Sales_data;          // p 是一個內建指標
    auto p2 = make_shared<Sales_data>();     // p2 是一個 shared_ptr
    Sales_data item(*p);      // 拷貝建構器會將 *p 拷貝到 item
    vector<Sales_data> vec;  // 區域物件
    vec.push_back(*p2);       // 拷貝 p2 所指的物件
    delete p;                 // 解構器會在 p 所指的物件上被呼叫
} // 退出區域範疇；解構器會在 item、p2 與 vec 上被呼叫
  // 摧毀 p2 會遞減其使用計數；如果這個計數降為 0，物件就會被釋放
  // 摧毀 vec 會摧毀 vec 中的元素
```

這些物件每個都含有一個 string 成員，它們會配置動態記憶體來將字元包含在其 bookNo 成員中。然而，我們的程式碼必須直接管理的唯一記憶體是我們直接配置的物件。我們的程式碼只會直接釋放繫結至 p 的動態配置物件。

其他的 Sales_data 物件會在它們超出範疇時自動被摧毀。當區塊結束，vec、p2 與 item 全都會超出範疇，這表示 vector、shared_ptr 與 Sales_data 的解構器將會分別在那些物件上執行。vector 解構器將會摧毀我們推放（push）到 vec 上的元素。shared_ptr 解構器將會遞減 p2 所指的物件的參考計數。在這個例子中，計數將會降到零，所以 shared_ptr 解構器會刪除 p2 配置的 Sales_data 物件。

在所有的情況下，Sales_data 解構器都會隱含地摧毀 bookNo 成員。摧毀 bookNo 會執行 string 解構器，這會釋放用來儲存 ISBN 的記憶體。

 對一個物件的參考或指標超出範疇時，解構器不會執行。

合成的解構器

編譯器會為沒有定義自己解構器的任何類別定義一個**合成的解構器（synthesized destructor）**。就跟拷貝解構器和拷貝指定運算子一樣，對某些類別來說，合成解構器是被定義來防止該型別的物件被摧毀用的（§13.1.6）。不然的話，合成的解構器會有一個空的函式主體。

舉例來說，合成的 Sales_data 解構器等同於：

```cpp
class Sales_data {
public:
    // 除了摧毀成員外，沒有其他工作要做，而前者會自動發生
    ~Sales_data() { }
    // 其他的成員就跟之前一樣
};
```

那些成員會在（空的）解構器主體執行之後，自動被摧毀。特別是，string 的解構器會被執行，以釋放 bookNo 成員所用的記憶體。

要了解的一個重點是，解構器的主體不會直接摧毀成員本身。成員會在解構器主體之後隱含的解構階段中被摧毀。作為物件摧毀過程的一部分，除了逐個摧毀成員（memberwise destruction）外，還會執行解構器主體。

13.1.4 Three/Five 規則

如我們所見，有三個基本的運算用來控制型別物件的拷貝：拷貝建構器、拷貝指定運算子，以及解構器。此外，如我們會在 §13.6 中見到的，在新標準之下，一個類別也能夠定義一個移動建構器（move constructor）和移動指定運算子（move-assignment operator）。

並沒有要求說我們得定義所有的這些運算：我們可以定義其中一或兩個，無須定義它們全部。然而，正常來說，這些運算應該被想成是一個單元。一般而言，只要其中一個而無須定義它們全部，是很少見的情況。

需要解構器的類別就需要拷貝和指定

一個經驗法則是，判斷一個類別是否需要定義自己版本的拷貝控制成員時，可以先看看該類別是否需要一個解構器。通常，解構器的需求會比拷貝建構器或指定運算子的需求更為明顯，如果類別需要一個解構器，幾乎就可以確定也會需要一個拷貝建構器和拷貝指定運算子。

我們在練習中用過的 `HasPtr` 類別就是一個好例子（§13.1.1）。那個類別會在它的建構器中配置動態記憶體。合成的建構器不會 `delete` 是指標的一個資料成員。因此，這個類別需要定義一個解構器來釋放其建構器所配置的記憶體。

比較不清楚的是，也是我們的經驗法則所告訴我們的，就是 `HasPtr` 也需要一個拷貝建構器和拷貝指定運算子。

思考一下，如果我們賦予 HasPtr 一個解構器，但使用合成版的拷貝建構器和拷貝指定運算子，那會發生什麼事：

```
class HasPtr {
public:
    HasPtr(const std::string &s = std::string()):
        ps(new std::string(s)), i(0) { }
    ~HasPtr() { delete ps; }
    // 錯的：HasPtr 需要一個拷貝建構器和拷貝指定運算子
    // 其他成員跟之前一樣
};
```

在這個版本的類別中，在建構器中配置的記憶體會在一個 HasPtr 物件被摧毀時釋放。遺憾的是，我們引入了一個嚴重的臭蟲！這個版本的類別使用合成版的拷貝和指定。那些函式會拷貝指標成員，意味著可能會有多個 HasPtr 物件指向相同的記憶體：

```
HasPtr f(HasPtr hp)      // HasPtr 是以值傳遞的，所以它會被拷貝
{
    HasPtr ret = hp;     // 拷貝所給的 HasPtr
    // 處理 ret
    return ret;          // ret 和 hp 被摧毀了
}
```

當 f 回傳，hp 和 ret 都被摧毀了，而 HasPtr 解構器會在這些物件的每一個上執行。那個解構器會 delete ret 和 hp 中的指標成員。但這些物件含有相同的指標值。這個程式碼將會 delete 那個指標兩次，這會是一種錯誤（§12.1.2）。會發生什麼事，是未定義的。

此外，f 的呼叫者可能仍在使用傳入 f 的物件：

```
HasPtr p("some values");
f(p);               // 當 f 完成，p.ps 所指的記憶體會被釋放
HasPtr q(p);        // 現在 p 和 q 都指向無效的記憶體！
```

p（以及 q）所指的記憶體不再有效。它會在 hp（或 ret！）被摧毀時，回歸到系統。

如果一個類別需要解構器，幾乎就可以確定它也會需要拷貝指定運算子和拷貝建構器。

需要拷貝的類別就需要指定，反之亦然

雖然有許多類別需要定義全部的拷貝控制成員（或全都不定義），某些類別則有需要做來拷貝或指定物件的工作，但不需要解構器。

舉個例子，思考會賦予每個物件自己的唯一序號（serial number）的一個類別。這樣的類別會需要一個拷貝建構器來為被創建的物件產生一個新的、不同的序號。那個建構器會從給定的物件拷貝所有的其他資料成員。這個類別也需要自己的拷貝指定運算子來避免對左手邊物件的序號之指定。然而，這個類別就不需要解構器。

這個例子暗示了第二個經驗法則：如果一個類別需要拷貝建構器，幾乎就可以確定它也需要拷貝指定運算子。反之亦然，如果類別需要指定運算子，幾乎就可以確定它也會需要拷貝建構器。儘管如此，需要拷貝建構器或拷貝指定運算子中任一個的類別，就不一定也會需要解構器了。

習題章節 13.1.4

練習 13.14：假設 numbered 這個類別具備的預設建構器會為每個物件產生一個唯一的序號，儲存在名為 mysn 的一個資料成員中。假設 numbered 使用合成的拷貝控制成員，並給定下列這個函式：

```
void f (numbered s) { cout << s.mysn << endl; }
```

下列程式碼的輸出會是什麼呢？

```
numbered a, b = a, c = b;
f(a); f(b); f(c);
```

練習 13.15：假設 numbered 具有一個拷貝建構器，它會產生一個新的序號。這會改變前面練習中呼叫的輸出嗎？如果會，為什麼呢？會產生什麼輸出呢？

練習 13.16：如果 f 中的參數是 const numbered&，會怎樣呢？那會改變輸出嗎？如果是，為什麼呢？會產生什麼輸出呢？

練習 13.17：撰寫對應於前三個練習的 numbered 和 f，並檢查你是否正確地預測了輸出。

13.1.5 Using **= default**

我們可以明確地要求編譯器產生合成版本的拷貝控制成員，只要將它們定義為 = default（§7.1.4）就行了：

```
class Sales_data {
public:
    // 拷貝控制；使用 default
    Sales_data() = default;
    Sales_data(const Sales_data&) = default;
    Sales_data& operator=(const Sales_data &);
    ~Sales_data() = default;
    // 其他的成員跟之前一樣
};
Sales_data& Sales_data::operator=(const Sales_data&) = default;
```

當我們在類別主體內的成員宣告上指定 = default，所合成的函式就隱含是 inline 的（就跟定義在類別主體中的任何其他成員函式一樣）。如果我們希望那個合成的成員是一個 inline 函式，我們可以在該成員的定義上指定 = default，就跟我們在拷貝指定運算子的定義中做的一樣。

我們只能在具有合成版本的成員函式（即預設建構器或拷貝控制成員）上使用 =
default。

13.1.6 防止拷貝

大多數的類別都應該定義預設和拷貝建構器，以及拷貝指定運算子，不管是明確地或
隱含地。

雖然大多數的類別都應該（也一般都會）定義一個拷貝建構器，以及一個拷貝指定運算子，
對某些類別來說，這些運算真的沒有合理的意義可言。在這種情況中，類別必須被定義成會
防止拷貝或指定的進行。舉例來說，iostream 類別就會防止拷貝，以避免讓多個物件寫入或
讀取相同的 IO 緩衝區。表面上看起來，我們好像可以藉由不定義拷貝控制成員來防止拷貝。
然而，這種策略是行不通的：如果我們的類別沒有定義那些運算，編譯器就會合成它們。

將一個函式定義為已刪除

在新標準底下，我們可以把拷貝建構器和拷貝指定運算子定義為**已刪除的函式（deleted** **_{**C++
11**}**
functions）**來防止拷貝。一個已刪除的函式是被宣告了但不能以任何其他方式使用的函式。
我們表達想要將一個函式定義為已刪除的方法是在其參數列後接著 = delete：

```
struct NoCopy {
    NoCopy() = default;        // 使用合成的預設建構器
    NoCopy(const NoCopy&) = delete;          // 不能拷貝
    NoCopy &operator=(const NoCopy&) = delete;  // 不能指定
    ~NoCopy() = default;       // 使用合成的解構器
    // 其他的成員
};
```

= delete 向編譯器（以及我們程式碼的讀者）指出，我們是刻意不定義這些成員。

不同於 = default，= delete 必須出現在一個已刪除函式的第一個宣告上。這種差異是這
些宣告的意義之邏輯後果。一個預設成員只影響編譯器會產生什麼程式碼，因此 = default
在編譯器產生程式碼之前都不需要。另一方面，編譯器需要知道一個函式是否為已刪除，才
能禁止嘗試使用它的運算。

此外，跟 = default 不同的是，我們可以在任何函式上指定 = delete（我們只能在編譯器
可以合成的預設建構器或拷貝控制成員上使用 = default）。雖然已刪除函式的主要用途是
抑制拷貝控制控制成員，已刪除函式在我們想要引導函式匹配（function-matching）程序時，
有時也會有用處。

解構器不應該是一個 Deleted（已刪除）成員

值得注意的是，我們並沒有刪除解構器。如果解構器被刪除，那就無法摧毀那個型別的物件。
編譯器不會讓我們定義其型別具有一個已刪除解構器的變數或創建該型別的暫存物件。此外，
如果一個類別的某個成員之型別具有一個已刪除的解構器，我們也無法定義該類別的變數或
暫存物件。如果一個成員有已刪除的解構器，那麼該成員就無法被摧毀。如果其中有一個成
員無法被摧毀，那麼作為一個整體的物件就無法摧毀。

雖然我們無法定義這種型別的變數或成員，我們可以動態配置具有已刪除解構器的物件。然
而，我們無法釋放它們：

```
struct NoDtor {
    NoDtor() = default; // 使用合成的預設建構器
    ~NoDtor() = delete; // 我們無法摧毀型別為 NoDtor 的物件
};
NoDtor nd;   // 錯誤：NoDtor 解構器是已刪除的
NoDtor *p = new NoDtor(); // ok：但我們無法 delete p
delete p;    // 錯誤：NoDtor 解構器是已刪除的
```

如果一個型別具有已刪除的解構器，你就不可能定義該型別的物件，或刪除指向動態
配置的該型別物件的指標。

拷貝控制成員有可能被合成為 Deleted（已刪除）

如我們所見，如果我們沒有定義拷貝控制成員，編譯器就會為我們定義它們。同樣地，如果
一個類別沒有定義建構器，編譯器就會為那個類別定義一個預設建構器（§7.1.4）。對某些
類別而言，編譯器會將這些合成的成員定義為已刪除函式：

- 如果類別有一個成員自身的解構器是已刪除的，或無法取用（例如 private），那麼合
  成的解構器就會被定義為已刪除。

- 如果類別有一個成員其拷貝建構器已刪除或無法取用，那麼合成的拷貝建構器就會被定
  義為已刪除。如果類別有一個成員具有已刪除或無法取用的解構器，那同樣也會定義為
  已刪除。

- 如果一個成員有一個已刪除或無法取用的拷貝指定運算子，或該類別有一個 const 或參
  考成員，那麼合成的拷貝指定運算子就會被定義為已刪除。

- 如果類別有一個成員具有一個已刪除或無法取用的解構器，或具備沒有類別內初始器
  （in-class initializer，§2.6.1）的一個參考成員，或有一個 const 成員其型別沒有明確
  地定義一個預設建構器，而且那個成員沒有類別內初始器，那麼合成的預設建構器就會
  被定義為已刪除。

基本上，這些規則意味著，如果一個類別有某個資料成員無法預設建構、拷貝、指定或摧毀，那對應的成員就會是一個已刪除函式。

一個成員有一個已刪除或無法取用的解構器會導致合成的預設和拷貝建構器被定義為已刪除，可能會讓人感到驚訝。這個規則背後的原因在於，如果不是這樣，我們就能創建出我們無法摧毀的物件。

編譯器不會為其參考成員或 const 成員無法預設建構的類別合成預設建構器，應該就不令人訝異了。具有一個 const 成員的類別無法使用合成的拷貝指定運算子應該也不令人驚訝：畢竟，那個運算子會嘗試對每個成員進行指定。你不可能指定一個新的值給一個 const 物件。

雖然我們可以指定一個新的值給一個參考，這麼做會改變那個參考所指涉的那個物件之值。如果拷貝指定運算子有為這種類別合成出來，那麼左手邊的運算元就會持續指涉跟指定之前相同的物件。它不會指涉跟右手邊運算元相同的物件。因為這種行為不太可能是我們想要的，如果類別具有一個參考成員，合成的拷貝指定運算子就會被定義為已刪除。

我們會在 §13.6.2、§15.7.2 和 §19.6 中看到，一個類別還有其他面向會使得它的拷貝成員被定義為已刪除。

> 基本上，拷貝控制成員會在無法拷貝、指定或摧毀該類別的某個成員時，被合成為已刪除。

private 拷貝控制

在新標準之前，類別防止拷貝的方法是將它們的拷貝建構器和拷貝指定運算子宣告為 private：

```
class PrivateCopy {
    // 沒有存取指定符，下列的成員預設會是 private，請參閱 §7.2
    // 拷貝控制是 private 所以一般的使用者程式碼是無法取用的
    PrivateCopy(const PrivateCopy&);
    PrivateCopy &operator=(const PrivateCopy&);
    // 其他成員
public:
    PrivateCopy() = default; // 使用合成的預設建構器
    ~PrivateCopy(); // 使用者可以定義這個型別的物件，但無法拷貝它們
};
```

因為解構器是 public 的，使用者就能夠定義 PrivateCopy 物件。然而，因為拷貝建構器和拷貝指定運算子都是 private 的，使用者程式碼將無法拷貝這種物件。然而，該類別的 friend 與成員將仍然可以製作拷貝。要防止 friend 與成員的拷貝，我們會將這些成員定義為 private，但不會定義它們。

除了會涵蓋在 §15.2.1 中的一個例外，宣告但不定義一個成員函式（§6.1.2）是合法的行為。試著使用一個未定義的成員會導致連結時期的失誤（link-time failure）。藉由宣告（但不定義）一個 private 的拷貝建構器，我們可以預先阻止拷貝該類別型別的物件的任何嘗試：試著製作一個拷貝的使用者程式碼會在編譯時期被標示為錯誤，而在成員函式或 friend 中進行拷貝，則會導致連結時期的錯誤。

Best
Practices

> 想要防止拷貝的類別應該使用 = delete 定義它們的拷貝建構器和拷貝指定運算子，而非讓那些成員變為 private。

習題章節 13.1.6

練習 13.18：定義一個 Employee 類別含有一個雇員名稱（employee name），以及一個唯一的雇員識別號（employee identifier）。賦予此類別一個預設建構器和接受一個 string 代表雇員名稱的建構器。每個建構器都應該藉由遞增一個 static 資料成員來產生一個唯一的 ID。

練習 13.19：你的 Employee 類別需要定義自己版本的拷貝控制成員嗎？如果是，為什麼呢？如果不是，又為何？實作出你認為 Employee 所需的任何拷貝控制成員。

練習 13.20：請說明當我們拷貝、指定或摧毀我們 TextQuery 與 QueryResult 類別（§12.3）的物件時，會發生什麼事？

練習 13.21：你認為 TextQuery 與 QueryResult 類別需要定義它們自己版本的拷貝控制成員嗎？如果是，為什麼呢？如果不是，為何不？實作你認為這些類別需要的任何拷貝控制運算。

 ## 13.2 拷貝控制與資源管理

一般來說，有管理不在類別內的資源的類別必須定義拷貝控制成員。如我們在 §13.1.4 中看到的，這種類別會需要解構器來釋放物件所配置的資源。只要類別需要解構器，幾乎就可以確定它也會需要拷貝建構器和拷貝指定運算子。

為了定義這些成員，我們得先決定拷貝我們型別的物件代表什麼意義。一般來說，我們會有兩種選擇：我們可以定義拷貝運算來使該類別的行為表現跟一個值（value）或一個指標（pointer）一樣。

行為表現跟值一樣的類別擁有他們自己的狀態（own state）。當我們拷貝一個類值物件（value-like object），原本的物件跟其拷貝會是與彼此獨立的。對其拷貝所做的變更，不會影響到原來的物件，反之亦然。

行為表現像指標的類別會共用狀態（share state）。當我們拷貝這種類別的物件，原物件及其拷貝都會使用相同的底層資料。對拷貝所做的變更也會改變原本的，反之亦然。

在我們用過的程式庫類別中，程式庫容器和 string 類別具有類值的行為。不令人意外地，shared_ptr 類別提供了類指標（pointer-like）的行為，就跟我們的 StrBlob 類別（§12.1.1）一樣。IO 型別和 unique_ptr 並不允許拷貝或指定，所以它們既不提供類值行為，也不提供類指標行為。

要示範這兩種做法，我們會為練習中所用的 HasPtr 類別定義拷貝控制成員。首先，我們會讓該類別的行為表現像是一個值，然後我們會重新實作該類別，讓它表現得跟指標一樣。

我們的 HasPtr 有兩個成員，一個 int 和對 string 的一個指標。一般來說，類別會直接拷貝內建型別（指標除外）的成員，這種成員都是值，所以正常來說應該會表現得跟值一樣。拷貝指標成員時我們會做些什麼事，決定了像是 HasPtr 的類別會有類值行為或類指標行為。

習題章節 13.2

練習 13.22： 假設我們想要讓 HasPtr 表現得跟值一樣。也就是說，每個物件都應該有它自己的 string 拷貝，而該物件就指向那個拷貝。我們會在下一節展示拷貝控制成員的定義。然而，你已經知道實作那些成員所需的一切了。在繼續讀下去前，請寫出 HasPtr 的拷貝建構器和拷貝指定運算子。

13.2.1 行為表現跟值一樣的類別

要提供類值（valuelike）行為，每個物件都必須有該類別所管理的資源的自己一份拷貝。那表示每個 HasPtr 物件都必須有 ps 所指的 string 的自己一份拷貝。要實作類值行為，HasPtr 需要

- 拷貝那個 string 而不只是指標的一個拷貝建構器
- 一個解構器以釋放那個 string
- 一個拷貝指定運算子來釋放該物件目前的 string，並從其右手邊運算元拷貝 string

HasPtr 的類值版本為

```cpp
class HasPtr {
public:
    HasPtr(const std::string &s = std::string()):
        ps(new std::string(s)), i(0) { }
    // 每個 HasPtr 都有 ps 所指的那個 string 的自己一份拷貝
    HasPtr(const HasPtr &p):
        ps(new std::string(*p.ps)), i(p.i) { }
    HasPtr& operator=(const HasPtr &);
    ~HasPtr() { delete ps; }
private:
    std::string *ps;
    int i;
};
```

我們的類別簡單到我們可以將除了指定運算子以外的所有東西都定義在類別主體中。第一個建構器接受一個（選擇性的）string 引數。那個建構器會動態配置那個 string 的自己一份拷貝，並將對那個 string 的一個指標儲存在 ps 中。拷貝建構器也配置了那個 string 的自有的一個個別拷貝。解構器會在指標成員 ps 上執行 delete 來釋放在其建構器中配置的記憶體。

類值的拷貝指定運算子

指定運算子通常會結合解構器和拷貝建構器的動作。就像解構器，指定會摧毀左運算元的資源。就像拷貝建構器，指定會從右運算元拷貝資料。然而，關鍵重點在於，這些動作是以正確的順序進行，即使一個物件是被指定到自身也是如此。此外，如果可能，我們也應該將指定運算子撰寫成萬一有例外發生（§5.6.2,）也會讓左運算元停留在一個合理的狀態。

在這種情況中，我們可以先拷貝右手邊，以處理自我指定（self-assignment），並讓我們的程式碼在有例外發生時也依然安全。製作了拷貝之後，我們就會釋放左手邊，並更新指標，讓它指向新配置的那個 string：

```
HasPtr& HasPtr::operator=(const HasPtr &rhs)
{
    auto newp = new string(*rhs.ps); // 拷貝底層的 string
    delete ps; // 釋放舊有的記憶體
    ps = newp; // 從 rhs 拷貝資料到這個物件
    i = rhs.i;
    return *this;  // 回傳這個物件
}
```

在這個指定運算子中，我們很清楚地先做了建構器的工作：newp 的初始器與 HasPtr 的拷貝建構器中 ps 的初始器一模一樣。就跟在解構器中一樣，接著我們會 delete ps 目前所指的 string。剩餘的就是拷貝指向新配置的 string 的指標，以及來自 rhs 的 int 值到這個物件。

關鍵概念：指定運算子

撰寫一個指定運算子時，有兩個重點要牢記在心：

- 就算一個物件是指定給自身，指定運算子也得正確運作。
- 大多數的指定運算子都與解構器和拷貝建構器有共通的作業。

撰寫指定運算子時可用的一個良好模式是，先將右手邊的運算元拷貝到一個區域性的暫存物件中。在那個拷貝完成之後，就能安全地摧毀左手邊運算元現有的成員。一旦左手邊的運算元被摧毀，就將暫存物件中的資料拷貝到左運算元的成員中。

為了展示為自我指定做好防護的重要性，請思考一下，若將指定運算子寫成這樣，會發生什麼事：

```
// 撰寫指定運算子的錯誤方式！
HasPtr&
HasPtr::operator=(const HasPtr &rhs)
{
    delete ps; // 釋放這個物件所指的 string
    // 如果 rhs 和 *this 是同樣的物件，我們就會從已被刪除的記憶體拷貝資料！
    ps = new string(*(rhs.ps));
    i = rhs.i;
    return *this;
}
```

如果 rhs 和這個物件是相同的物件，刪除 ps 就會釋放 *this 和 rhs 兩者都指向的 string。當我們試著在 new 運算式中拷貝 *(rhs.ps)，那個指標就會指向無效的記憶體。會發生什麼事，就是未定義的。

讓指定運算子正確運作，即使在物件被指定給自身時也是如此，是至關重要的。這麼做的一個好方法是在摧毀左手邊運算元之前，先拷貝右手邊的運算元。

習題章節 13.2.1

練習 13.23： 比較你為前一節的練習所寫作為解答的拷貝控制成員，以及這裡所呈現的程式碼。請確定你理解了你的程式碼和我們的程式碼之間的差異（如果有的話）。

練習 13.24： 如果本節中的 HasPtr 版本沒有定義一個解構器，會發生什麼事？如果 HasPtr 沒有定義拷貝建構器呢？

練習 13.25： 假設我們想要定義行為像是一個值的 StrBlob 版本。也假設我們想要繼續使用一個 shared_ptr 以讓我們的 StrBlobPtr 類別仍然可以使用對 vector 的一個 weak_ptr。你修改過的類別將會需要一個拷貝建構器和拷貝指定運算子，但不會需要解構器。解釋這個拷貝建構器和拷貝指定運算子必須做什麼。說明此類別不需要解構器的原因。

練習 13.26： 為前一個練習所描述的 StrBlob 類別寫出你自己的版本。

13.2.2 定義行為表現跟指標（Pointers）一樣的類別

為了讓我們的 HasPtr 有像指標一樣的行為，我們需要拷貝建構器和拷貝指定運算子來拷貝其指標成員，而非那個指標所指的 string。我們的類別仍會需要自己的解構器以釋放接受一個 string 的建構器所配置的記憶體（§13.1.4）。不過在這種情況中，解構器不能單方面釋放它關聯的 string。它只能在指向那個 string 的最後一個 HasPtr 消失之後才能那麼做。

要讓一個類別表現得像一個指標，最簡單的方式就是使用 shared_ptr 來管理類別中的指標。拷貝（或指定）一個 shared_ptr 會拷貝（或指定）該 shared_ptr 所指的指標。shared_ ptr 類別本身會追蹤有多少使用者共用所指的物件。沒有使用者的時候，shared_ptr 類別就負責釋放那個資源。

然而，有的時候我們想要直接管理一項資源。在這種情況中，使用一個**參考計數**（**reference count**，§12.1.1）可能會有用。為了展示參考計數的運作方式，我們會重新定義 HasPtr 來提供類指標的行為，但我們會進行自己的參考計數。

參考計數

參考計數的運作方式如下：

- 除了初始化物件，每個建構器（除了拷貝建構器）都會創建一個計數器（counter）。這個計數器會追蹤有多少物件與我們正在創建的物件共用了狀態。當我們創建一個物件，就只會有一個這種物件存在，所以我們會將這個計數器初始化為 1。

- 拷貝建構器不會配置一個新的計數器，取而代之，它會拷貝所給物件的資料成員，包括那個計數器。拷貝建構器會遞增這個共通的計數器，代表那個物件的狀態有另一個使用者存在。

- 建構器會遞減該計數器，代表共用的狀態少了一名使用者。如果這個計數降為零，解構器就會刪除那個狀態。

- 拷貝指定運算子會遞增右手邊運算元的計數器，並遞減左手邊運算元的計數器。如果左運算元的計數器降為零，就等於沒有使用者。在這種情況中，拷貝指定運算子必須摧毀左運算元的狀態。

唯一的小問題是決定這個參考計數要放在哪裡。這個計數器不能是一個 HasPtr 物件的直接成員。要看看為什麼，請思考下列範例中會發生什麼事：

```
HasPtr p1("Hiya!");
HasPtr p2(p1);   // p1 與 p2 指向同一個 string
HasPtr p3(p1);   // p1、p2 與 p3 全都指向相同的 string
```

如果參考計數是儲存在每個物件中，我們要如何在 p3 被創建時正確地更新它？我們可以遞增 p1 中的計數，並將那個計數拷貝到 p3 中，但我們要如何更新 p2 中的計數器呢？

解決這個問題的方式之一是將那個計數器儲存在動態記憶體中。當我們創建一個物件，我們也會配置一個新的計數器。當我們拷貝或指定一個物件，我們就會拷貝對那個計數器的指標。如此一來，拷貝和原物件都會指向相同的計數器。

定義一個具備參考計數功能的類別

藉由參考計數，我們可以像這樣寫出 HasPtr 的類指標版本：

```
class HasPtr {
public:
    // 建構器配置了一個新的 string 以及一個新的計數器，並將之設為 1
    HasPtr(const std::string &s = std::string()):
      ps(new std::string(s)), i(0), use(new std::size_t(1)) {}
    // 拷貝建構器拷貝所有的三個資料成員，並遞增計數器
    HasPtr(const HasPtr &p):
        ps(p.ps), i(p.i), use(p.use) { ++*use; }
    HasPtr& operator=(const HasPtr&);
    ~HasPtr();
private:
    std::string *ps;
    int i;
    std::size_t *use;  // 負責追蹤有多少物件共用 *ps 的成員
};
```

這裡，我們新增了一個新的資料成員，名為 use，它會追蹤有多少物件共用了同一個 string。接受一個 string 的建構器會配置這個計數器，並將之初始化為 1，代表這個物件的 string 成員有一個使用者。

類指標的拷貝成員讓參考計數有點「費勁」

當我們拷貝或指定一個 HasPtr 物件，我們會希望拷貝和原物件都指向相同的 string。也就是說，當我們拷貝一個 HasPtr，我們會拷貝 ps 本身，而非 ps 所指的 string。當我們製作一個拷貝，我們也會遞增與那個 string 關聯的計數器。

拷貝建構器（我們定義在類別內的那個）會從所給的 HasPtr 拷貝所有的三個成員。這個建構器也會遞增 use 成員，代表 ps 和 p.ps 所指的 string 有另一個使用者。

解構器不能無條件的 delete ps，因為可能有其他的物件指向那個記憶體。取而代之，解構器會遞減參考計數，代表共用那個 string 的物件少了一個。如果計數器降為零，那麼解構器就會釋放 ps 和 use 所指的記憶體：

```
HasPtr::~HasPtr()
{
    if (--*use == 0) {   // 如果參考計數降為 0
        delete ps;       // 就刪除那個 string
        delete use;      // 以及計數器
    }
}
```

拷貝指定運算子，一如以往，會進行與拷貝建構器和解構器共通的工作。也就是說，指定運算子必須遞增右運算元的計數器（即拷貝建構器的工作）並遞減左運算元的計數器，而且要在適當時刪除所用的記憶體（即解構器的工作）。

此外，跟之前一樣，運算子必須能夠處理自我指定的情況。我們會在遞減左手邊物件中的計數之前，先遞增 rhs 中的計數，以做到這一點。

如此一來，如果兩個物件是相同的，那麼計數器就會在我們檢查 ps（和 use）是否應該被刪除之前先被遞增：

```
HasPtr& HasPtr::operator=(const HasPtr &rhs)
{
    ++*rhs.use;          // 遞增右運算元的使用計數（use count）
    if (--*use == 0) {   // 然後遞減這個物件的計數器
        delete ps;       // 如果沒有其他使用者
        delete use;      // 釋放這個物件配置的記憶體
    }
    ps = rhs.ps;         // 從 rhs 拷貝資料到這個物件
    i = rhs.i;
    use = rhs.use;
    return *this;        // 回傳這個物件
}
```

習題章節 13.2.2

練習 13.27：定義你自己的有參考計數的 HasPtr 版本。

練習 13.28：給定下列類別，實作一個預設建構器，以及必要的拷貝控制成員。

```
(a) class TreeNode {          (b) class BinStrTree {
    private:                      private:
        std::string value;            TreeNode *root;
        int        count;        };
        TreeNode   *left;
        TreeNode   *right;
    };
```

13.3 Swap（對調）

除了定義拷貝控制成員，有管理資源的類別經常也會定義一個名為 swap 的函式（§9.2.5）。如果我們計畫將類別用於會重新排列元素的演算法（§10.2.3），那麼定義 swap 就特別重要了。這種演算法會在需要互換兩個元素時呼叫 swap。

如果一個類別定義了它自己的 swap，那麼演算法就會使用類別專用的那個版本。否則，它會使用程式庫所定義的 swap 函式。雖然，跟之前一樣，我們不知道 swap 是如何實作的，概念上很容易就可以看出對調兩個物件涉及了一個拷貝和兩個指定動作。舉例來說，對調我們類值 HasPtr 類別（§13.2.1）的兩個物件的程式碼，看起來可能會像這樣：

```
HasPtr temp = v1;      // 製作 v1 的值的一個暫存拷貝
v1 = v2;               // 將 v2 的值指定給 v1
v2 = temp;             // 將儲存起來的 v1 值指定給 v2
```

這段程式碼拷貝了原本在 v1 中的 string 兩次，一次在 HasPtr 拷貝建構器拷貝 v1 到 temp 的時候，而另一次在指定運算子指定 temp 給 v2 的時候。指定 v2 給 v1 時，它也拷貝了原本在 v2 中的 string。如我們所見，拷貝一個類值的 HasPtr 會配置一個新的 string，並拷貝 HasPtr 所指的 string。

原則上，這些記憶體的配置都沒必要。我們不配置 string 的新拷貝，我們會想要使用 swap 來對調指標。也就是說，我們希望對調兩個 HasPtr 的動作執行起來像這樣：

```
string *temp = v1.ps;    // 製作 v1.ps 中指標的一個暫存拷貝
v1.ps = v2.ps;           // 將 v2.ps 中的指標指定給 v1.ps
v2.ps = temp;            // 將儲存起來的 v1.ps 指標指定給 to v2.ps
```

撰寫我們自己的 swap 函式

我們可以定義一個作用在我們類別上的 swap 來覆寫 swap 的預設行為。swap 的典型實作是：

```
class HasPtr {
    friend void swap(HasPtr&, HasPtr&);
    // 其他的成員就跟 §13.2.1 中一樣
};
inline
void swap(HasPtr &lhs, HasPtr &rhs)
{
    using std::swap;
    swap(lhs.ps, rhs.ps);    // 將指標對調，而非 string 資料
    swap(lhs.i, rhs.i);      // 對調 int 成員
}
```

一開始我們先把 swap 定義為一個 friend 來賦予它 HasPtr 的（private）資料成員的存取權限。因為，swap 的存在是為了最佳化我們的程式碼，我們將 swap 定義為了一個 inline 函式（§6.5.2）。swap 的主體會在所給物件的資料成員上呼叫 swap。在這種情況中，我們先 swap 指標，然後再對調繫結至 rhs 和 lhs 的 int 成員。

 不同於拷貝控制成員，swap 永遠都不是必要的。然而，定義 swap 對會配置資源的類別來說，可能會是重大的最佳化。

swap 函式應該呼叫 swap，而非 std::swap

這段程式碼中有一個重要但細微難察之處：雖然在這一個例子中它無關緊要，但讓 swap 函式呼叫 swap 而非 std::swap 是必要的。在 HasPtr 函式中，資料成員有內建型別。內建型別沒有型別限定的 swap 版本。在這種情況中，這些呼叫都會調用 std::swap。

然而，如果一個類別的某個成員有自己型別限定版的 swap 函式，呼叫 std::swap 就會是種錯誤。舉例來說，假設我們有另一個名為 Foo 的類別，它有一個名為 h 的成員，其型別為

HasPtr。如果我們沒有撰寫一個 Foo 版本的 swap，那麼程式庫版本的 swap 就會被使用。如我們已經見到的，程式庫的 swap 會製作 HasPtr 所管理的 string 的不必要的拷貝。

我們可以為 Foo 撰寫一個 swap 函式來避免這些拷貝。然而，如果我們將 Foo 版本的 swap 寫成：

```
void swap(Foo &lhs, Foo &rhs)
{
    // 錯的：這個函式使用程式庫版本的 swap，而非 HasPtr 的版本
    std::swap(lhs.h, rhs.h);
    // 對調 Foo 的其他成員
}
```

這段程式碼可以編譯並執行。然而，這段程式碼與單純使用預設版本的 swap 比起來，並沒有效能上的差異。問題在於，我們明確地請求了程式庫版本的 swap。然而，我們並不想要 std 中的版本，我們想要為 HasPtr 物件定義的那一個。

撰寫這個 swap 函式的正確方式是：

```
void swap(Foo &lhs, Foo &rhs)
{
    using std::swap;
    swap(lhs.h, rhs.h); // 使用 HasPtr 版本的 swap
    // 對調型別 Foo 的其他成員
}
```

對 swap 的每個呼叫都必須是未經資格修飾（unqualified）的。也就是說，每個呼叫都應該是 swap，而非 std::swap。基於我們會在 §16.3 中解釋的原因，如果有型別限定版的 swap 存在，那個版本跟 std 中定義的那個比起來，會是較佳的匹配。結果就是，如果有型別限定版的 swap 存在，對 swap 的呼叫就會匹配型別專用的那個版本。如果沒有型別專用的版本存在，那麼（假設範疇中有 swap 的 using 宣告）對 swap 的呼叫就會使用 std 中的版本。

非常細心的讀者可能會疑惑，為何 swap 內的 using 宣告不會遮蔽 HasPtr 版本的 swap（§6.4.1）的宣告。我們會在 §18.2.3 中解釋為何這段程式碼行得通。

在指定運算子中使用 swap

定義 swap 的類別通常會使用 swap 來定義它們的指定運算子。這些運算子會使用一種被稱為 **copy and swap（拷貝並對調）**的技巧。這種技巧會對調左運算元與右運算元的一個拷貝：

```
// 注意到 rhs 是以值傳遞的，這表示 HasPtr 的拷貝建構器
// 會將右手邊運算元中的 string 拷貝到 rhs 中
HasPtr& HasPtr::operator=(HasPtr rhs)
{
    // 將左運算元的內容與區域變數 rhs 對調
    swap(*this, rhs);    // rhs 現在指向 this 物件曾用過的記憶體
    return *this;        // rhs 被摧毀了，這會 delete rhs 中的指標
}
```

在這個版本的指定運算子中，參數不是一個參考。取而代之，我們會以值傳遞右手邊運算元。因此，rhs 是右手邊運算元的一個拷貝。拷貝一個 HasPtr 會配置那個物件的 string 的一個新的拷貝。

在指定運算子的主體中，我們呼叫 swap，這會將 rhs 的資料成員與 *this 中那些對調。這個呼叫將曾在左手邊運算元中的指標放到 rhs 中，並將之前在 rhs 中的指標放到 *this 中。因此，在 swap 之後，*this 中的指標成員就會指向新配置的 string，它是右手邊運算元的一個拷貝。

當這個指定運算子執行完畢，rhs 會被摧毀，而 HasPtr 的解構器會執行。那個解構器會 delete rhs 現在所指的記憶體，藉此釋放左手邊運算元曾指向的記憶體。

這個技巧有趣之處在於，它會自動處理自我指定的情況，並且自動就具備例外安全性（exception safe）。藉由在變更左運算元之前先拷貝右運算元，它就能以我們在原本的指定運算子（§13.2.1）中相同的方式來處理自我指定了。它也以跟原本定義相同的方式來管理例外安全性。唯一可能擲出例外的程式碼是拷貝建構器中的 new 運算式。如果有例外發生，它會在我們變更左運算元之前發生。

使用 copy and swap 的運算子自動就具備例外安全性，並且能正確地處理自我指定。

習題章節 13.3

練習 13.29： 解釋為什麼 swap(HasPtr&, HasPtr&) 中對 swap 的呼叫不會導致遞迴迴圈。

練習 13.30： 為你類值版本的 HasPtr 撰寫並測試一個 swap 函式。賦予你的 swap 一個列印述句，來提示它何時被執行。

練習 13.31： 賦予你的類別一個 < 運算子，並定義由 HasPtr 所構成的一個 vector。賦予那個 vector 一些元素，然後 sort 那個 vector。注意 swap 何時被呼叫。

練習 13.32： 定義一個 swap 函式對 HasPtr 的類指標版本有什麼好處嗎？如果有，好處是什麼？若無，為什麼呢？

13.4 一個 Copy-Control 範例

雖然拷貝控制最常用於需要配置資源的類別，資源管理卻不是一個類別需要定義這些成員的唯一原因。某些類別會有一些記錄工作或其他的動作，必須要由拷貝控制成員來做。

作為需要拷貝控制才能進行某些記錄工作的一個例子，我們會概述可能會被用在郵件處理應用程式中的兩個類別。這些類別，Message 與 Folder，分別代表電子郵件（email，或其他種類的訊息）

以及其中可能出現訊息的目錄（directories）。每個 Message 都能出現在多個 Folder 中。然而，任何給定 Message 的內容都只會有一份拷貝。如此一來，如果一個 Message 的內容改變了，那些改變將會在我們從 Message 的任何 Folder 檢視它的內容時，呈現出來。

為了追蹤哪些 Message 在哪些 Folder 中，每個 Message 都會儲存一個 set 的指標指向它在其中出現的那些 Folder，而每個 Folder 都會含有一個 set 的指標指向其 Message。圖 13.1 顯示了這種設計。

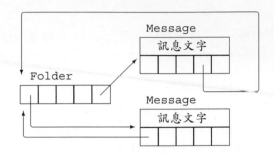

圖 13.1：Message 和 Folder 類別的設計

我們的 Message 類別會提供 save 和 remove 運算來新增或移除特定 Folder 的一個 Message。要創建一個新的 Message，我們會指定訊息的內容，而非 Folder。要將一個 Message 放到一個特定的 Folder 中，我們必須呼叫 save。

當我們拷貝一個 Message，拷貝的和原來的會是不同的 Message，但兩個 Message 都應該出現在同一組（set）的 Folder 中。因此，拷貝一個 Message 將會拷貝其內容和 Folder 指標所成的 set。我們也必須新增一個指標到那每一個 Folder 中，以指向那個新創建的 Message。

當我們摧毀一個 Message，那個 Message 就不再存在。因此，摧毀一個 Message 必須從曾經含有那個 Message 的那些 Folder 移除指向該 Message 的指標。

當我們指定一個 Message 給另一個，我們會將左手邊 Message 的 contents（內容）取代為右手邊中的那些。我們也必須更新 Folder 的那個 set，從左手邊 Message 的 Folder 移除它，並將這個 Message 加到右手邊 Message 所在的那些 Folder。

看看這一串運算，我們可以看到解構器和拷貝指定運算子都必須從指向它的那些 Folder 移除這個訊息。同樣地，拷貝建構器和拷貝指定運算子都會新增一個 Message 到給定的一串 Folder。我們會定義一對 private 的工具函式來執行這些任務。

拷貝指定運算子通常會進行跟拷貝建構器和解構器中所需的相同的工作。在這種情況中，那些共通的作業應該放到 private 的工具函式中。

Folder 類別會需要類似的拷貝控制成員來從它所儲存的 Message 新增或移除自己。

我們會將 Folder 類別的設計與實作留下來作為練習。然而，我們會假設 Folder 類別有名為 addMsg 和 remMsg 的成員分別來進行從給定的 Folder 中的訊息集合新增或移除這個 Message 所需的任何工作。

Message 類別

給定這種設計，我們可以將 Message 類別寫成這樣：

```
class Message {
    friend class Folder;
public:
    // folders 會隱含地被初始化為空的 set
    explicit Message(const std::string &str = ""):
        contents(str) { }
    // 管理對此 Message 的指標的拷貝控制
    Message(const Message&);            // 拷貝建構器
    Message& operator=(const Message&); // 拷貝指定
    ~Message();                         // 解構器
    // 從指定的 Folder 的訊息集合新增或移除這個 Message
    void save(Folder&);
    void remove(Folder&);
private:
    std::string contents;       // 實際的訊息文字
    std::set<Folder*> folders;  // 含有這個 Message 的那些 Folder
    // 拷貝建構器、指定和解構器所使用的工具函式
    // 新增這個 Message 到指向該參數的那些 Folder
    void add_to_Folders(const Message&);
    // 從 folders 中的每個 Folder 移除這個 Message
    void remove_from_Folders();
};
```

這個類別定義了兩個資料成員：contents，用以儲存訊息文字（**message text**），以及 folders 用來儲存這個 Message 在其中出現的那些 Folder 之指標。接受一個 string 的建構器會將給定的 string 拷貝到 contents 中，並（隱含地）初始化 folders 為空集合。因為這個建構器具有一個預設引數，它也是 Message 的預設建構器（§7.5.1）。

save 和 remove 成員

除了拷貝控制，Message 類別只有兩個 public 成員：save 會將 Message 放到給定的 Folder 中，而 remove 則會將之拿出：

```
void Message::save(Folder &f)
{
    folders.insert(&f); // 新增給定的 Folder 到我們的 Folder 串列中
    f.addMsg(this);     // 新增這個 Message 到 f 的 Message 集合
}
void Message::remove(Folder &f)
{
```

```
        folders.erase(&f);    // 把給定的 Folder 從我們的 Folder 串列拿出
        f.remMsg(this);        // 從 f 的 Message 集合移除這個 Message
    }
```

為了儲存（或移除）一個 Message，我們需要更新那個 Message 的 folders 成員。當我們存放（save）一個 Message，我們會儲存對那個給定 Folder 的一個指標；當我們移除一個 Message，我們就移除那個指標。

這些運算也必須更新所給的 Folder。更新 Folder 是 Folder 類別透過其 addMsg 和 remMsg 成員來進行的工作，它們分別會新增或移除對給定 Message 的一個指標。

Message 類別的拷貝控制

當我們拷貝一個 Message，這個拷貝應該出現在與原本 Message 相同的那組 Folder 中。因此，我們必須巡訪那些 Folder 指標所成的 set，新增對那個新訊息的一個指標到指向原本 Message 的每一個 Folder。拷貝建構器和拷貝指定運算子都需要進行這種工作，所以我們會定義一個函式來進行這種共通的處理：

```
    // 新增這個 Message 到指向 m 的那些 Folder
    void Message::add_to_Folders(const Message &m)
    {
        for (auto f : m.folders) // 對於持有 m 的每個 Folder
            f->addMsg(this);     // 新增對這個 Message 的一個指標到那個
    }
```

這裡我們在 m.folders 中的每個 Folder 上呼叫 addMsg。addMsg 函式會新增對這個 Message 的一個指標到那個 Folder。

Message 的拷貝建構器會拷貝所給物件的資料成員：

```
    Message::Message(const Message &m):
        contents(m.contents), folders(m.folders)
    {
        add_to_Folders(m); // 新增這個 Message 到指向 m 的那些 Folder
    }
```

並呼叫 add_to_Folders 新增對新創建的 Message 的一個指標到含有原 Message 的每個 Folder。

Message 解構器

當一個 Message 被摧毀，我們必須從指向它的那些 Folder 移除這個 Message。這種工作與拷貝指定運算子也要做，所以我們會定義一個共通的函式來進行：

```
    void Message::remove_from_Folders()
    {
        for (auto f : folders)      // 對於 folders 中的每個指標
            f->remMsg(this);        // 從那個 Folder 移除這個 Message
        folders.clear();            // 沒有 Folder 指標指向這個 Message
    }
```

remove_from_Folders 函式的實作類似於 add_to_Folders 的,只不過它使用 remMsg 來移除目前的 Message。

給定 remove_from_Folders 函式,解構器的撰寫就很簡單了:

```
Message::~Message()
{
    remove_from_Folders();
}
```

對 remove_from_Folders 的呼叫確保沒有 Folder 具有指向我們正在摧毀的 Message 的指標。編譯器會自動調用 string 解構器來釋放 contents,以及 set 的解構器來清理那些成員所用的記憶體。

Message 的拷貝指定運算子

就跟大多數的指定運算子一樣,我們的 Folder 拷貝指定運算子必須進行拷貝建構器和解構器的工作。一如以往,關鍵在於我們如何組織我們的程式碼,讓它即使處於左右邊運算元剛好是相同物件的情況下,也能正確執行。

在這種情況中,我們會在插入指標到右運算元的 folders 中之前,先從左運算元的 folders 移除對這個 Message 的指標,藉此做好對自我指定的防護:

```
Message& Message::operator=(const Message &rhs)
{
    // 插入指標前先移除它們,以處理自我指定
    remove_from_Folders();        // 更新既有的 Folder
    contents = rhs.contents;      // 從 rhs 拷貝訊息內容
    folders = rhs.folders;        // 從 rhs 拷貝 Folder 指標
    add_to_Folders(rhs);          // 新增這個 Message 到那些 Folder
    return *this;
}
```

如果左右運算元是相同物件,那麼它們就有相同的位址。假設我們在呼叫 add_to_Folders 之後才呼叫 remove_from_Folders,我們就已經從它對應的所有 Folder 移除了這個 Message。

Message 的 swap 函式

程式庫為 string 和 set(§9.2.5)都定義了它們版本的 swap。因此,我們的 Message 將受益於定義自己版本的 swap。藉由定義 Message 專用的 swap 版本,我們能夠避免 contents 和 folders 成員的多餘拷貝。

然而,我們的 swap 函式也必須管理指向被對調的 Message 的 Folder 指標。在像是 swap(m1, m2) 這樣的呼叫後,曾經指向 m1 的那些 Folder 現在必須指向 m2,反之亦然。

我們會對每個 folders 成員做兩回處理，以管理那些 Folder 指標。第一回會從它們分別對應的 Folder 移除 Message。接著我們會呼叫 swap 來對調資料成員。這次我們會對 folders 進行第二回處理，新增指標到調換過的 Message：

```
void swap(Message &lhs, Message &rhs)
{
    using std::swap; // 在此例中，並不是絕對需要，但是良好習慣
    // 從它們（原本）對應的 Folder 移除對每個 Message 的指標
    for (auto f: lhs.folders)
        f->remMsg(&lhs);
    for (auto f: rhs.folders)
        f->remMsg(&rhs);
    // 對調 contents 和 Folder 指標的 set
    swap(lhs.folders, rhs.folders); // 使用 swap(set&, set&)
    swap(lhs.contents, rhs.contents); // swap(string&, string&)
    // 新增對每個 Message 的指標到它們（新的）對應的 Folder
    for (auto f: lhs.folders)
        f->addMsg(&lhs);
    for (auto f: rhs.folders)
        f->addMsg(&rhs);
}
```

習題章節 13.4

練習 13.33：為什麼 Message 的 save 和 remove 成員的參數是一個 Folder&？為什麼我們不把那個參數定義為 Folder？或是 const Folder&？

練習 13.34：撰寫本節所描述的 Message 類別。

練習 13.35：如果 Message 使用合成版的拷貝控制成員，那會發生什麼事？

練習 13.36：設計並實作對應的 Folder 類別。那個類別應該存有一個 set 指向那個 Folder 中的 Message。

練習 13.37：新增成員到 Message 類別，以在 folders 中插入或移除一個給定的 Folder*。這些成員類似於 Folder 的 addMsg 和 remMsg 運算。

練習 13.38：我們並沒有使用 copy and swap 來定義 Message 的指定運算子。你認為為什麼呢？

13.5 管理動態記憶體的類別

某些類別需要在執行時期配置容量不定的儲存區。這種類別經常可以（而且如果可以的話，一般都應該）使用程式庫容器來存放它們的資料。舉例來說，我們的 StrBlob 類別就使用一個 vector 來管理其元素的底層儲存區。

然而，這個策略並非對每個類別都可行，某些類別需要進行它們自己的配置工作。這種類別一般都必須定義它們自己的拷貝控制成員，以管理它們所配置的記憶體。

舉個例子，我們會實作一個簡化過的程式庫 vector 類別。在我們所做的簡化中，其中一個就是讓我們的類別不是模板（template）。取而代之，我們的類別將持有 string。因此，我們會稱我們的類別為 StrVec。

StrVec 類別設計

請回想一下，vector 類別會將其元素儲存在連續的空間中。要獲取可接受的效能，vector 會配置足夠的儲存區來存放比所需的還要多的元素（§9.4）。會新增元素的每個 vector 成員都會檢查是否有足夠的空間放另外一個元素。如果是，該成員就會在下個可用位置建構一個物件。如果沒有足夠的空間，那麼 vector 就會重新配置：vector 會取得新的空間，將現有的元素移到那個空間，釋放舊有空間，然後新增那個新的元素。

我們會在我們的 StrVec 類別中使用類似的策略。我們會使用一個 allocator 來獲取原始記憶體（§12.2.2）。因為一個 allocator 所配置的記憶體是未經建構的，需要新增一個元素時，我們會使用 allocator 的 construct 成員在那個空間中創建物件。同樣地，當我們移除一個元素，我們會使用 destroy 成員來摧毀該元素。

每個 StrVec 都會有三個指標，指向它用於其元素的空間：

- elements 指向所配置的記憶體中的第一個元素
- first_free 指向緊接最後一個實際元素後面處
- cap 指向剛超過所配置的記憶體結尾的地方

圖 13.2 顯示了這些指標的意義。

圖 13.2：StrVec 記憶體的配置策略

除了這些指標，StrVec 也會有一個 static 資料成員，名為 alloc，它是一個 allocator<string>。這個 alloc 成員會配置一個 StrVec 所用的記憶體。我們的類別也會有四個工具函式：

- alloc_n_copy 會配置空間並拷貝一個給定範圍的元素。
- free 會摧毀所建構的元素，並釋放其空間。
- chk_n_alloc 會確保有空間可以至少再新增一個元素到 StrVec。如果沒有空間放另一個元素，chk_n_alloc 會呼叫 reallocate 來取得更多空間。
- reallocate 會在用盡空間時重新配置 StrVec。

雖然我們的焦點在於實作，我們也會定義源自 vector 介面的幾個成員。

StrVec 類別定義

概述了這個實作後，我們現在就能定義我們的 StrVec 類別了：

```cpp
// 一個類似 vector 的類別之記憶體配置策略簡化過的實作
class StrVec {
public:
    StrVec(): // allocator 成員是預設初始化的
        elements(nullptr), first_free(nullptr), cap(nullptr) { }
    StrVec(const StrVec&);              // 拷貝建構器
    StrVec &operator=(const StrVec&);   // 拷貝指定
    ~StrVec();                          // 解構器
    void push_back(const std::string&); // 拷貝該元素
    size_t size() const { return first_free - elements; }
    size_t capacity() const { return cap - elements; }
    std::string *begin() const { return elements; }
    std::string *end() const { return first_free; }
    // ...
private:
    static std::allocator<std::string> alloc; // 配置元素
    void chk_n_alloc()  // 由新增元素到一個 StrVec 的函式所用
        { if (size() == capacity()) reallocate(); }
    // 拷貝建構器、指定和解構器所使用的工具
    std::pair<std::string*, std::string*> alloc_n_copy
        (const std::string*, const std::string*);
    void free(); // 摧毀元素並釋放空間
    void reallocate();      // 取得更多空間並拷貝現有的元素
    std::string *elements;  // 指向陣列中第一個元素的指標
    std::string *first_free; // 指向陣列中第一個有空的元素的指標
    std::string *cap;       // 指向超出陣列結尾一個位置處的指標
};
// alloc 必須定義於 StrVec 的實作檔案中
allocator<string> StrVec::alloc;
```

類別主體定義了數個成員：

- 預設建構器（隱含地）預設初始化 alloc 並且（明確地）初始化指標為 nullptr，代表沒有元素。

- size 成員回傳實際使用的元素數，這等於 first_free - elements。

- capacity 成員回傳 StrVec 能夠存放的元素數，這等於 cap - elements。

- chk_n_alloc 會在沒有空間新增另一個元素時致使 StrVec 重新配置，這會在 cap == first_free 時發生。

- begin 與 end 成員分別回傳對第一個元素的指標（即 elements）和指向超出最後一個建構的元素一個位置處的指標（即 first_free）。

使用 `construct`

`push_back` 函式會呼叫 `chk_n_alloc` 已確保有空間可以放一個元素。當 `chk_n_alloc` 回傳，`push_back` 就知道是否有空間放置新元素。它會要求其 `alloc` 成員來建構一個新的最後元素：

```cpp
void StrVec::push_back(const string& s)
{
    chk_n_alloc(); // 確保有空間放置另一個元素
    // 在 first_free points 所指的元素中建構 s 的一個拷貝
    alloc.construct(first_free++, s);
}
```

當我們使用一個 allocator，我們必須記得那個記憶體是*未經建構的*（*unconstructed*，§12.2.2）。要使用這個原始記憶體，我們必須呼叫 `construct`，它會在那個記憶體中建構一個物件。`construct` 的第一個引數必須是一個指標，指向對 `allocate` 的呼叫所配置的未經建構的空間。剩餘的引數則決定要使用哪個建構器來建構要放入那個空間中的物件。在這個情況中，只有一個額外的引數。那個引數的型別為 `string`，所以這個呼叫會使用 `string` 的拷貝建構器。

值得注意的是，對 `construct` 的呼叫也會遞增 `first_free` 以指出已經建構了一個新的元素。它使用後綴遞增（postfix increment，§4.5），所以這個呼叫會在 `first_free` 目前的值中建構一個物件，並遞增 `first_free` 以指向下一個未經建構的元素。

`alloc_n_copy` 成員

`alloc_n_copy` 成員會在我們拷貝或指定一個 `StrVec` 時被呼叫。我們的 `StrVec` 類別，就像 `vector`，會有類值的行為（valuelike behavior，§13.2.1），當我們拷貝或指定一個 `StrVec`，我們必須配置獨立的記憶體，並將元素從原本的地方拷貝到新的 `StrVec`。

`alloc_n_copy` 成員會配置足夠的儲存區來存放給定範圍的元素，並會將那些元素拷貝到新配置的空間。這個函式會回傳一個 `pair`（§11.2.3）的指標，指向新空間的開頭，以及剛超過它所拷貝的最後一個元素後的位置：

```cpp
pair<string*, string*>
StrVec::alloc_n_copy(const string *b, const string *e)
{
    // 配置空間來存放跟給定範圍中一樣多的元素
    auto data = alloc.allocate(e - b);
    // 初始化並回傳從 data 建構出來的一個 pair，以及
    // uninitialized_copy 所回傳的值
    return {data, uninitialized_copy(b, e, data)};
}
```

`alloc_n_copy` 會計算要配置多少空間，方法是將對超出最後元素一個位置的指標減去對第一個元素的指標。配置了記憶體後，這個函式接著得在那個空間中建構所給元素的拷貝。

它會在回傳述句中進行拷貝，這會串列初始化回傳值（§6.3.2）。回傳的 pair 的 first 成員
指向所配置記憶體的開頭；second 則是從 uninitialized_copy 回傳的值（§12.2.2）。那
個值會是一個指標，指向超過最後一個建構的元素一個位置處。

free 成員

free 成員必須 destroy 元素，然後釋放這個 StrVec 所配置的空間。其中的 for 迴圈呼叫
allocator 成員以相反順序 destroy，從最後一個建構的元素開始，結束於第一個：

```cpp
void StrVec::free()
{
    // 不可以傳入 deallocate 一個 0 指標；如果元素為 0，就沒有工作要做
    if (elements) {
        // 以相反順序 destroy 舊元素
        for (auto p = first_free; p != elements; /* empty */)
            alloc.destroy(--p);
        alloc.deallocate(elements, cap - elements);
    }
}
```

destroy 函式會執行 string 解構器。string 解構器會釋放 string 它們本身所配置的任何
儲存區。

一旦元素被摧毀，我們就呼叫 deallocate 來釋放這個 StrVec 所配置的空間。我們傳
入 deallocate 的指標必須是之前從 allocate 呼叫產生出來的。因此，我們會在呼叫
deallocate 之前先檢查 elements 不是 null。

拷貝控制成員

有了我們的 alloc_n_copy 與 free 成員，我們類別的拷貝控制成員就簡單了。拷貝建構器
會呼叫 alloc_n_copy：

```cpp
StrVec::StrVec(const StrVec &s)
{
    // 呼叫 alloc_n_copy 來配置與 s 中一樣數目的元素
    auto newdata = alloc_n_copy(s.begin(), s.end());
    elements = newdata.first;
    first_free = cap = newdata.second;
}
```

並將那個呼叫的結果指定給資料成員。alloc_n_copy 的回傳值是一個 pair 的指標。first
指標指向第一個建構的元素，而 second 指向剛超出最後一個建構的元素結尾處。因為
alloc_n_copy 會配置跟所給的元素剛好一樣多的空間，cap 也會指向剛超過最後一個建構的
元素後。

解構器會呼叫 free：

```cpp
StrVec::~StrVec() { free(); }
```

拷貝指定運算子會在釋放其現有元素之前,先呼叫 alloc_n_copy。藉由這麼做,它就能防護自我指定的情況:

```
StrVec &StrVec::operator=(const StrVec &rhs)
{
    // 呼叫 alloc_n_copy 來配置跟 rhs 中剛好一樣多的元素
    auto data = alloc_n_copy(rhs.begin(), rhs.end());
    free();
    elements = data.first;
    first_free = cap = data.second;
    return *this;
}
```

就像拷貝建構器,拷貝指定運算子也使用 alloc_n_copy 所回傳的值來初始化其指標。

重新配置時,移動而非拷貝元素

在我們撰寫 reallocate 成員之前,我們應該思考一下它必須做些什麼。這個函式會

- 為一個新的、較大的 string 陣列配置記憶體
- 建構這個空間的前半部以存放現有的元素
- 摧毀現有記憶體中的元素並釋放那個記憶體

觀察這個步驟清單,我們可以看到重新配置一個 StrVec 意味著從舊的 StrVec 記憶體拷貝每個 string 到新的。雖然我們不知道 string 的實作細節,我們的確知道 string 有類值行為。當我們拷貝一個 string,原本的 string 和新的 string 是彼此獨立的。對原 string 所做的變更,不會影響到拷貝,反之亦然。

因為 string 的行為跟值一樣,我們可以推斷出每個 string 都必須有構成那個 string 的字元的一份自己的拷貝。拷貝一個 string 就必須為那些字元配置記憶體,而摧毀一個 string 必須釋放那個 string 所用的記憶體。

拷貝一個 string 會拷貝其資料,是因為一般來說,我們拷貝一個 string 後,那個 string 就會有兩個使用者。然而,當我們重新配置一個 StrVec 中 string 的拷貝,在拷貝之後,那些字串就只會有一個使用者。我們從舊空間拷貝元素到新的空間後,就會立即摧毀原本的 string。

拷貝這些 string 中的資料是不必要的。如果我們能避免每次重新配置時,配置和釋放那些 string 本身所需的額外負擔,我們 StrVec 的效能就會好很多。

移動建構器和 `std::move`

我們能使用新程式庫所引進的兩個新機能來避免 string 的拷貝。首先,有數個程式庫類別,包括 string,都定義了所謂的「移動建構器(move constructors)」。string 移動建構器的運作方式之細節,就跟其他任何的實作細節一樣,並沒有公開。然而,我們可以知道, C++
11

移動建構器的作用一般都是將資源從所給的物件「移動」到所建構的物件。我們也知道程式庫會保證「移動來源（**moved-from**）」的 string 仍會處於一種有效的、可解構的狀態。對 string 來說，我們可以想像每個 string 都會有一個指標指向由 char 所成的一個陣列。我們可以推測，string 的移動建構器會拷貝指標，而非為那些字元本身配置空間並拷貝。

我們會用的第二個程式庫機能是名為 **move** 的一個程式庫函式，它定義在 utility 標頭中。就現在來說，move 有兩個我們必須知道的重點。首先，出於我們會在 §13.6.1 中解釋的原因，當 reallocate 在新的記憶體中建構那些 string，它必須呼叫 move 來表達它想要使用 string 的移動建構器。如果它省略了那個呼叫來 move（移動）string，就會使用拷貝建構器。第二，為了我們會在 §18.2.3 中涵蓋的因素，我們通常不會為 move 提供一個 using 宣告（§3.1）。使用 move 的時候，我們會呼叫 std::move，而非 move。

reallocate 成員

藉由這些資訊，我們現在就能撰寫我們的 reallocate 成員。我們會先呼叫 allocate 來配置新的空間。每次重新配置，我們都會將 StrVec 的容量（**capacity**）加倍。如果 StrVec 是空的，我們就配置一個元素的空間：

```
void StrVec::reallocate()
{
    // 我們會為目前大小兩倍多的元素配置空間
    auto newcapacity = size() ? 2 * size() : 1;
    // 配置新的記憶體
    auto newdata = alloc.allocate(newcapacity);
    // 將資料從舊的記憶體移到新的
    auto dest = newdata;      // 指向新陣列中下一個有空的位置
    auto elem = elements;     // 指向舊陣列中的下個元素
    for (size_t i = 0; i != size(); ++i)
        alloc.construct(dest++, std::move(*elem++));
    free();  // 移動元素之後就釋放舊有空間
    // 更新我們的資料結構指向新的元素
    elements = newdata;
    first_free = dest;
    cap = elements + newcapacity;
}
```

for 迴圈會迭代過現有的元素並在新的空間中 construct 一個對應的元素。我們使用 dest 來指向要在其中建構新 string 的記憶體，並使用 elem 來指向原陣列中的一個元素。我們使用後綴遞增讓 dest（和 elem）指標在這兩個陣列中一次移動一個元素。

對 construct 的呼叫中的第二個引數（即決定要用哪個建構器的那個引數（§12.2.2））是 move 所回傳的值。呼叫 move 所回傳的結果會使 construct 使用 string 移動建構器。因為我們用的是移動建構器，那些 string 所管理的記憶體不會被拷貝。取而代之，我們所建構的每個 string 都會接管 elem 所指的 string 的記憶體所有權。

移動元素後，我們呼叫 free 來摧毀舊元素，並釋放這個 StrVec 在呼叫 reallocate 之前所用的記憶體。那些 string 本身不再管理它們曾指向的記憶體，它們資料的管理責任已經移交給新的 StrVec 記憶體中的元素。我們不知道舊的 StrVec 記憶體中的 string 有什麼值，但我們能夠保證在那些物件上執行 string 解構器是安全的。

剩下的工作就是更新那些指標，以定址新配置並且初始化過的陣列。first_free 和 cap 指標分別被設定為指向超過最後建構的元素一個位置處，以及超過配置空間結尾一個位置處。

習題章節 13.5

練習 13.39： 寫出你自己版本的 StrVec，包括 reserve、capacity（§9.4），以及 resize（§9.3.5）。

練習 13.40： 為你的 StrVec 類別新增接受一個 initializer_list<string> 的建構器。

練習 13.41： 在 push_back 內的 construct 呼叫中，為何我們使用後綴遞增（postfix increment）？如果用的是前綴遞增（prefix increment），會發生什麼事？

練習 13.42： 用你的 StrVec 類別來取代你 TextQuery 與 QueryResult 類別中的 vector<string>（§12.3）作為測試。

練習 13.43： 改寫 free 成員使用 for_each 和一個 lambda（§10.3.2）來取代 for 迴圈以 destroy 元素。你偏好哪個實作？為什麼呢？

練習 13.44： 撰寫一個名為 String 的類別作為程式庫 string 類別的簡化版本。你的類別應該至少要有一個預設建構器，以及接受對 C-style 字串的指標的一個建構器。使用一個 allocator 來配置你的 String 類別所用的記憶體。

13.6 移動物件

新標準的主要特色之一就是可以移動而非拷貝一個物件的能力。如我們在 §13.1.1 中見過的，許多情況下都會製作拷貝。其中某些情況下，物件會在拷貝之後即刻摧毀。在這種情況中，移動那個物件，而非拷貝，可以提供明顯的效能增益。

如我們剛看過的，我們的 StrVec 類別就是這種多餘拷貝的好例子。重新配置的過程中，我們沒必要將元素從舊的記憶體拷貝到新的，應該移動才對。移動而非拷貝的第二個理由出現在像是 IO 或 unique_ptr 這種類別中。這些類別都有不可以共用的資源（例如指標或 IO 緩衝區）。因此，這些型別的物件無法拷貝，但可以移動。

在這個語言的早期版本底下，你沒有直接的方式能夠移動一個物件。即使沒有拷貝的需求，我們也得製作拷貝。如果物件很大，或者那些物件本身需要記憶體配置（例如 string），製作不必要的拷貝就會是昂貴的作業。同樣地，在之前版本的程式庫中，儲存在容器中的類別必須是可以拷貝的。在新標準底下，我們可以將容器用於無法被拷貝的型別上，只要它們能夠移動。

程式庫容器、string 以及 shared_ptr 類別除了拷貝外，也支援移動。IO 和 unique_ptr 類別可以移動但不能拷貝。

 ## 13.6.1 Rvalue 參考

 為了支援移動運算，新標準引進了一種新的參考，叫做 **rvalue reference（右值參考）**。一個 rvalue reference 是必須繫結到一個 rvalue 的參考。rvalue reference 的取得方式是使用 && 而非 &。如我們會看到的，rvalue reference 的重要特性是，它們只能被繫結到一個即將被摧毀的物件。因此，我們能夠自由地將來自一個 rvalue reference 的資源「移到」另一個物件。

請回想一下，lvalue 和 rvalue 都是一個運算式的特性（§4.1.1）。有些運算式會產出或需要 lvalue，其他的則會產出或需要 rvalue。一般來說，一個 lvalue 運算式指涉一個物件的識別身分（identity），而一個 rvalue 運算式則指涉一個物件的值（value）。

就像任何的參考，一個 rvalue 參考只是一個物件的另一個名稱。如我們所知，我們無法將一般的參考（需要與 rvalue reference 做出區分時，我們會稱它們為 **lvalue reference**）繫結到需要轉換的運算式、或字面值，或會回傳一個 rvalue 的運算式（§2.3.1）。rvalue reference 則有相反的繫結特性：我們可以將一個 rvalue reference 繫結到那些種類的運算式，但無法直接將一個 rvalue reference 繫結到一個 lvalue：

```
int i = 42;
int &r = i;              // ok：r 指涉 i
int &&rr = i;            // 錯誤：無法將一個 rvalue reference 繫結到一個 lvalue
int &r2 = i * 42;        // 錯誤：i * 42 是一個 rvalue
const int &r3 = i * 42;  // ok：我們可以將對 const 的一個參考繫結到一個 rvalue
int &&rr2 = i * 42;      // ok：把 rr2 繫結到乘法的結果
```

回傳 lvalue reference 的函式，連同指定、下標、解參考和前綴的遞增或遞減運算子，全都是會回傳 lvalue 的運算式實例。我們可以把一個 lvalue reference 繫結到這些運算式的結果。

回傳非參考型別的函式，連同算術、關係、位元和後綴的遞增或遞減運算子，全都會產出 rvalue。我們無法將一個 lvalue reference 繫結到這些運算式，但我們可以將一個對 const 的 lvalue reference 或一個 rvalue reference 繫結到這種運算式。

Lvalue 是永恆的，Rvalue 則是一時的

檢視 lvalue 和 rvalue 運算式的清單，應該可以清楚看出 lvalue 和 rvalue 彼此之間有一個重要差異：lvalue 具有續存的狀態，而 rvalue 則是字面值（literals）或在估算（evaluating）運算式的過程中建立的暫存物件（temporary objects）。

因為 rvalue reference 只能繫結到暫時存在的東西，我們知道

- 所指涉的物件即將被摧毀
- 那個物件不能有其他使用者

這些事實合起來意味著，使用一個 rvalue reference 的程式碼能夠自由地接管來自那個參考所指的物件的資源。

 rvalue reference 指涉即將被摧毀的物件。因此，我們可以從一個 rvalue reference 所繫結的物件「偷取」狀態。

變數是 Lvalue

雖然我們很少這樣想，一個變數（variable）其實就是具有一個運算元（operand）但沒有運算子（operator）的一種運算式（expression）。就跟其他任何的運算式一樣，一個變數運算式具有 lvalue/rvalue 特性。變數運算式是 lvalue。這可能令人驚訝，但後果就是，我們無法將一個 rvalue reference 繫結到定義為某個 rvalue reference 型別的變數：

```
int &&rr1 = 42;     // ok：字面值是 rvalue
int &&rr2 = rr1;    // 錯誤：運算式 rr1 是一個 lvalue！
```

有了前面「rvalue 代表短暫存在的物件」的觀察，一個變數是一個 lvalue 這件事，應該就不意外了。畢竟，一個變數會持續存在，直到離開範疇為止。

 一個變數是一個 lvalue，我們無法直接將一個 rvalue reference 繫結到一個變數，即使那個變數是定義為一個 *rvalue reference* 型別也一樣。

程式庫的 **move** 函式

雖然我們無法直接將一個 rvalue reference 繫結到一個 lvalue，我們可以明確地將一個 lvalue 強制轉型（cast）為它所對應的 rvalue reference 型別。我們也可以呼叫名為 **move** 的一個新的程式庫函式來獲取繫結到一個 lvalue 的一個 rvalue reference，這個函式定義於 utility 標頭中。move 函式使用我們會在 §16.2.6 中描述的機能來為所給的物件回傳一個 rvalue reference。

C++
11

```
int &&rr3 = std::move(rr1);  // ok
```

呼叫 move 等於告訴編譯器我們有一個想要當成 rvalue 對待的 lvalue。要知道的一個重點是，對 move 的呼叫也代表我們承諾，除了對它指定或摧毀它以外，我們不會再次使用 rr1。呼叫 move 之後，我們不能對作為移動來源的物件（moved-from object）有任何假設。

我們可以摧毀一個作為移動來源的物件，也可以指定新的值給它，但我們不能使用它的值。

如我們所見，跟我們使用程式庫中大多數名稱不同的是，我們並沒有為 move（§13.5）提供一個 using 宣告（§3.1）。我們呼叫 std::move 而非 move。我們會在 §18.2.3 中解釋這種用法的原因。

 用到 move 的程式碼應該使用 std::move 而非 move。這麼做可以避免潛在的名稱衝突。

習題章節 13.6.1

練習 13.45：說明 rvalue reference 和 lvalue reference 之間的區別。

練習 13.46：何種參考可以被繫結到下列初始器？

```
int f();
vector<int> vi(100);
int? r1 = f();
int? r2 = vi[0];
int? r3 = r1;
int? r4 = vi[0] * f();
```

練習 13.47：賦予你在 §13.5 練習 13.44 的 String 類別中的拷貝建構器和拷貝指定運算子一個述句，在每次該函式執行時，印出一則訊息。

練習 13.48：定義一個 vector<String> 並在那個 vector 上呼叫 push_back 數次。執行你的程式，看看 String 多常被拷貝。

13.6.2 移動建構器和移動指定

就像 string 類別（以及其他的程式庫類別），我們自己的類別如果可以拷貝也可以移動，也會有好處。要讓我們自己的型別能夠進行移動運算，我們會定義一個移動建構器（move constructor）以及一個移動指定運算子（move-assignment operator）。這些成員類似於對應的拷貝運算，只不過它們會從所給的物件「偷取」資源，而非拷貝它們。

就像拷貝建構器，移動建構器也有一個初始參數是對該類別型別的一個參考。跟拷貝建構器不同的是，移動建構器中的參考參數是一個 rvalue reference。與拷貝建構器一樣，任何額外的參數都必須有預設引數。

除了移動資源，移動建構器也必須確保作為移動來源的物件（moved-from object）停留在即使摧毀該物件也無害的狀態。特別是，一旦其資源移動完，原本的物件必須不再指向移動後的那些資源，管理那些資源的責任已由新創建的物件承擔。

舉個例子，我們會定義 StrVec 的移動建構器來將元素從一個 StrVec 移動，而非拷貝，到另一個：

```
StrVec::StrVec(StrVec &&s) noexcept // move 不會擲出任何例外
    // 成員初始器接管 s 中的資源
    : elements(s.elements), first_free(s.first_free), cap(s.cap)
{
    // 讓 s 停留在能夠安全執行解構器的狀態
    s.elements = s.first_free = s.cap = nullptr;
}
```

我們稍後會解釋 noexcept 的用法（它表達的是我們的建構器不會擲出任何例外），先讓我們看看這個建構器做些什麼事。

不同於拷貝建構器，移動建構器並不會配置任何新的記憶體，它會接管所給的 StrVec 中的記憶體。從它的引數接管記憶體後，這個建構器的主體會將給定物件中的指標設為 nullptr。一個物件被移動（moved from）之後，該物件會持續存在。最終，這個 moved-from object（作為移動來源的物件）會被摧毀，這表示解構器將會在那個物件上執行。StrVec 解構器會在 first_free 上呼叫 deallocate。如果我們忽略沒改到 s.first_free，那麼摧毀這個 moved-from object 將會刪除我們剛才移動過的記憶體。

移動運算、程式庫容器，以及例外

因為一個移動運算執行的方式是「偷取」資源，一般來說，它本身並不會配置任何資源。因此，移動運算通常不會擲出任何例外。當我們寫了一個不擲出例外的移動運算，我們應該告知程式庫這件事。如我們所見，除非程式庫知道我們的移動建構器不會擲出例外，它就會進行額外的工作以處理移動我們類別型別的物件可能擲出的例外。

告知程式庫的方式之一是在我們的建構器上指定 noexcept。我們之後會涵蓋 noexcept，它是由新標準所引進，更多的細節都在 §18.1.4 中。至於現在，要知道的重點是，noexcept 是讓我們承諾一個函式不會擲出任何例外的一種方式。我們會在一個函式的參數列後指定 noexcept。在一個建構器中，noexcept 出現在參數列和起始建構器初始器串列（constructor initializer list）的 : 之間：

`C++11`

```
class StrVec {
public:
    StrVec(StrVec&&) noexcept; // 移動建構器
    // 其他的成員跟之前一樣
};
StrVec::StrVec(StrVec &&s) noexcept : /* 成員初始器 */
{ /* 建構器主體 */ }
```

如果定義出現在類別外，我們就必須在類別標頭中的宣告和定義上都指定 noexcept。

不會擲出例外的移動建構器和移動指定運算子應該被標示為 noexcept。

了解為何需要 noexcept 可以幫助我們加深對於程式庫如何與我們寫的型別物件互動的理解。我們需要指出移動運算不會擲出例外,是因為兩個相互影響的事實:首先,雖然移動運算通常不會擲出例外,它們被允許這麼做。其次,程式庫容器能夠保證例外發生時它們會進行一些處理。舉個例子,vector 保證,我們呼叫 push_back 的時候若有例外發生,vector 本身不會改變。

現在讓我們思考一下 push_back 內發生了什麼。像是對應的 StrVec 運算(§13.5),vector 上的 push_back 可能會要求 vector 重新配置。當一個 vector 重新配置,它會把元素從舊的空間移到新的記憶體,就像我們在 reallocate 中做的一樣(§13.5)。

如我們所見,移動一個物件通常會改變作為移動來源的物件(moved-from object)之值。如果重新配置使用一個移動建構器,而那個建構器移動了部分而非全部的元素後就擲出一個例外,就會有問題產生。舊空間中作為移動來源的元素已經改變了,而新空間中未經建構的元素則尚未存在。在這種情況中,vector 就無法滿足「vector 必須沒變」的需求。

另一方面,如果 vector 使用拷貝建構器,而有一個例外發生,它就能輕易地達成這個需求。在這種情況中,雖然元素正在新記憶體中建構,舊元素仍然保持不變。如果有例外發生,vector 可以釋放它所配置(但無法成功建構)的空間然後回傳。原本的 vector 元素依然存在。

要避免這種潛在的問題,vector 在重新配置的時候,必須使用拷貝建構器而非移動建構器,除非它知道該元素型別的移動建構器不會擲出例外。如果我們希望我們型別的物件在像是 vector 重新配置的這種情況下被移動而非拷貝,我們必須明確告知程式庫可以安全地使用我們的移動建構器。我們這麼做的方式是將移動建構器(以及移動指定運算子)標示為 noexcept。

移動指定運算子

移動指定運算子(move-assignment operator)所做的工作與解構器和移動建構器相同。就像移動建構器,如果我們的移動指定運算子不會擲出任何例外,我們就應該讓它成為 noexcept。就像拷貝指定運算子,一個移動指定運算子必須對自我指定做好防護:

```
StrVec &StrVec::operator=(StrVec &&rhs) noexcept
{
    // 自我指定的直接測試
    if (this != &rhs) {
        free();                        // 釋放既有的元素
        elements = rhs.elements;       // 從 rhs 接管資源
        first_free = rhs.first_free;
        cap = rhs.cap;
        // 讓 rhs 停留在可解構的狀態
        rhs.elements = rhs.first_free = rhs.cap = nullptr;
    }
    return *this;
}
```

在這種情況下,我們會直接檢查 this 指標和 rhs 的位址是否相同。如果是,右和左運算元就指涉相同的物件,沒有工作需要做。不然的話,我們就會釋放左運算元曾用的記憶體,然後從給定的物件接管記憶體。就跟在移動建構器中一樣,我們將 rhs 中的指標設為 nullptr。

我們還費心去檢查自我指定,可能會讓人感到驚訝。畢竟,移動指定需要一個 rvalue 作為右運算元。我們會做這個檢查,是因為那個 rvalue 可能是呼叫 move 的結果。就跟在任何其他的指定運算子中一樣,關鍵在於,使用來自右運算元的那些(可能相同的)資源之前,不要釋放左手邊的資源。

作為移動來源的物件在移動後必須可解構

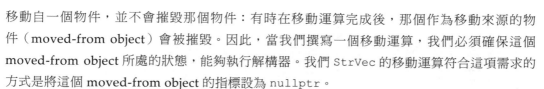

移動自一個物件,並不會摧毀那個物件:有時在移動運算完成後,那個作為移動來源的物件(moved-from object)會被摧毀。因此,當我們撰寫一個移動運算,我們必須確保這個 moved-from object 所處的狀態,能夠執行解構器。我們 StrVec 的移動運算符合這項需求的方式是將這個 moved-from object 的指標設為 nullptr。

除了讓這個 moved-from object 停留在一種能安全摧毀的狀態,移動運算還必須保證那個物件仍然有效。一般來說,一個有效的物件就是能夠安全地被賦予一個新值,或能以不仰賴其目前值的其他方式使用的物件。另一方面,關於留存在一個 moved-from object 中的值,移動運算就沒有任何需求了。因此,我們的程式永遠都不應該仰賴一個 moved-from object 中的值。

舉例來說,當我們移動自一個程式庫 string 或容器物件,我們知道 moved-from object 仍會有效。因此,我們可以在這種 moved-from object 上執行像是 empty 或 size 之類的運算。然而,我們並不知道會得到什麼結果。我們可能會預期一個 moved-from object 是空的,但這並不受保證。

我們的 StrVec 移動運算會讓 moved-from object 停留在與預設初始化的物件相同的狀態中。因此,StrVec 的所有運算都會繼續以跟其他預設初始化的 StrVec 相同的方式運作。其他有更為複雜內部結構的類別,就可能有不同的行為。

> 一個移動運算後,「moved-from」物件必須仍然是一個有效的、可解構的物件,但使用者不能對它的值有任何假設。
>
> **WARNING**

合成的移動運算

就像拷貝建構器和拷貝指定運算子,編譯器也會合成移動建構器和移動指定運算子。然而,但它合成移動運算的條件與它合成拷貝運算的條件相當不同。

回想一下,如果我們沒有宣告我們自己的拷貝建構器或拷貝指定運算子,編譯器一定會合成那些運算(§13.1.1 和 §13.1.2)。這些拷貝運算會被定義成逐個成員拷貝或指定物件,或是被定義為已刪除函式(deleted functions)。

跟拷貝運算不同的是，對某些類別來說，編譯器完全不會合成移動運算。特別是，如果一個類別定義了它自己的拷貝建構器、拷貝指定運算子或解構器，移動建構器和移動指定運算子就不會合成。因此，某些類別不會有移動建構器或移動指定運算子。如我們稍後會看到的，如果一個類別沒有移動運算，對應的拷貝運算就會透過正常的函式匹配程序被用來代替移動運算。

編譯器只會在類別沒有定義它自己的任何拷貝控制成員，而且該類別的每個非 static 的資料成員都能被移動時，才會合成一個移動建構器或一個移動指定運算子。編譯器能夠移動內建型別的成員。如果成員的類別有對應的移動運算，那它也能移動一個類別型別的成員：

```
// 編譯器會為 X 與 hasX 合成移動運算
struct X {
    int i;              // 內建型別可以移動
    std::string s;   // string 有定義它自己的移動運算
};
struct hasX {
    X mem; // X 有合成的移動運算
};
X x, x2 = std::move(x);          // 使用合成的移動建構器
hasX hx, hx2 = std::move(hx);    // 使用合成的移動建構器
```

> 編譯器只會在一個類別沒有定義任何自己的拷貝控制成員，而且所有的資料成員都能移動建構或移動指定時，才會合成移動建構器或移動指定運算子。

不同於拷貝運算，一個移動運算永遠都不會隱含地被定義為一個已刪除函式（deleted function）。然而，如果我們使用 = default（§7.1.4）明確地要求編譯器產生一個移動運算，但編譯器無法移動所有的成員，那麼移動運算就會被定義為已刪除（deleted）。除了一個重要的例外，合成的移動運算何時會被定義為 deleted 的規則，類似於拷貝運算的（§13.1.6）：

- 不同於拷貝建構器，如果類別有一個成員定義了它自己的拷貝建構器，但沒有也定義一個移動建構器，或者如果該類別有一個成員沒有定義它自己的拷貝運算，而且編譯器無法為它合成一個移動建構器，移動建構器就會被定義為 deleted。

- 如果類別有一個成員它自己的移動建構器或移動指定運算子是 deleted 或無法存取，移動建構器或移動指定運算子就會被定義為 deleted。

- 就像拷貝建構器，如果解構器是 deleted 或無法取用，移動建構器就會被定義為 deleted。

- 就像拷貝指定運算子，如果類別有一個 const 或參考成員，移動指定運算子就會被定義為 deleted。

舉例來說，假設 Y 是定義了自己的拷貝建構器但沒有也定義自己的移動建構器的類別：

```
// 假設 Y 是定義了自己的拷貝建構器，但沒有也定義自己的移動建構器的類別
struct hasY {
    hasY() = default;
    hasY(hasY&&) = default;
    Y mem; // hasY 會有一個 deleted 的移動建構器
};
hasY hy, hy2 = std::move(hy); // 錯誤：移動建構器已刪除
```

編譯器可以拷貝型別 Y 的物件，但不能移動它們。類別 hasY 明確地請求了一個移動建構器，但編譯器無法產生。因此，hasY 會得到一個 deleted 的移動建構器。假設 hasY 省略了其移動建構器的宣告，那麼編譯器就完全不會合成 hasY 的移動建構器。如果它們被定義為 deleted，移動運算就不會合成。

移動運算和合成的拷貝控制成員之間還有最後的一種互動：一個類別是否有定義它自己的移動運算會影響拷貝運算的合成方式。如果類別有定義一個移動建構器或一個移動指定運算子，那麼該類別的合成拷貝建構器和拷貝指定運算子會被定義為 deleted。

有定義一個移動建構器或移動指定運算子的類別也必須定義它們自己的拷貝運算。否則，那些成員預設將會被定義為 deleted。

Rvalue 會被拷貝，Lvalue 會被移動…

當一個類別有移動建構器也有拷貝建構器，編譯器就會使用正常的函式匹配來判斷要用哪個建構器（§6.4）。指定也類似。舉例來說，在我們的 StrVec 類別中，拷貝版本接受對 const StrVec 的一個參考。因此，它們可被用在能轉為 StrVec 的任何型別上。移動版本接受一個 StrVec&&，而且只能在引數是一個（非 const 的）rvalue 時使用：

```
StrVec v1, v2;
v1 = v2;                    // v2 是一個 lvalue；拷貝指定
StrVec getVec(istream &);  // getVec 回傳一個 rvalue
v2 = getVec(cin);          // getVec(cin) 是一個 rvalue；移動指定
```

在第一個指定中，我們將 v2 傳到指定運算子。v2 的型別是 StrVec，而運算式 v2 則是一個 lvalue。指定的移動版本是不可行的（§6.6），因為我們無法隱含地將一個 rvalue reference 繫結到一個 lvalue。因此，這個指定使用拷貝指定運算子。

在第二個指定中，我們從一個 getVec 呼叫的結果進行指定。那個運算式是一個 rvalue。在這種情況中，兩個指定運算子都是可行的，我們可以將 getVec 的結果繫結到任一個運算子的參數。呼叫拷貝指定運算子需對對 const 的轉換，而 StrVec&& 是一個完全匹配。因此，第二個指定使用移動指定運算子。

…但 Rvalue 會在沒有移動建構器的時候被拷貝

如果一個類別有拷貝建構器但沒有定義一個移動建構器呢？在這種情況中，編譯器不會合成
移動建構器，這表示該類別有一個拷貝建構器，但沒有移動建構器。如果一個類別沒有移動
建構器，函式匹配程序確保那個型別會被拷貝，即使我們試著呼叫 move 來移動它們也是如此：

```
class Foo {
public:
    Foo() = default;
    Foo(const Foo&);       // 拷貝建構器
    // 其他的成員，但 Foo 沒有定義一個移動建構器
};
Foo x;
Foo y(x);                  // 拷貝建構器；x 是一個 lvalue
Foo z(std::move(x));       // 拷貝建構器，因為沒有移動建構器
```

z 的初始化中對 move(x) 的呼叫會回傳一個 Foo&& 繫結到 x。Foo 的拷貝建構器是可行的，
因為我們可以將一個 Foo&& 轉換為一個 const Foo&&。因此，z 的初始化使用 Foo 的拷貝建
構器。

值得注意的是，使用拷貝建構器來取代一個移動建構器幾乎可以確定是安全的（指定運算子
也類似）。一般來說，拷貝建構器會滿足對應的移動建構器的需求：它會拷貝給定的物件，
並讓原本的物件停留在一個有效的狀態。確實，拷貝建構器甚至不會改變原物件的值。

如果一個類別有一個可用的拷貝建構器，而且沒有移動建構器，物件就會由拷貝建構
器來「移動」。拷貝指定運算子和移動指定也類似。

Copy-and-Swap 指定運算子與移動

我們定義一個 copy-and-swap 指定運算子的 HasPtr 類別版本（§13.3）就是函式匹配與移
動運算之間互動的一個良好範例。如果我們新增一個移動建構器到這個類別，在效果上，它
等同於也得到一個移動指定運算子：

```
class HasPtr {
public:
    // 新增了移動建構器
    HasPtr(HasPtr &&p) noexcept : ps(p.ps), i(p.i) {p.ps = 0;}
    // 指定運算子是移動指定運算子也是拷貝指定運算子
    HasPtr& operator=(HasPtr rhs)
                { swap(*this, rhs); return *this; }
    // 其他的成員跟在 §13.2.1 中一樣
};
```

在這個版本的類別中，我們新增了一個移動建構器，它會從其給定的引數接管值。建構器主
體將給定的 HasPtr 的指標成員設為了零，以確保可以安全地摧毀 moved-from object。這個
函式所做的事情都不會擲出例外，所以我們將之標示為 noexcept（§13.6.2）。

現在讓我們看一下指定運算子。那個運算子有一個非參考參數,這代表那個參數是拷貝初始化(§13.1.1)的。取決於引數的型別,拷貝初始化使用拷貝建構器或移動建構器;lvalue 會被拷貝而 rvalue 則被移動。因此,這個單一個指定運算子的作用就同時是拷貝指定和移動指定運算子。

舉例來說,假設 hp 和 hp2 都是 HasPtr 物件:

```
hp = hp2;  // hp2 是一個 lvalue;拷貝建構器用來拷貝 hp2
hp = std::move(hp2);  // 移動建構器用來移動 hp2
```

在第一個指定中,右運算元是一個 lvalue,所以移動建構器是不可行的。拷貝建構器會被用來初始化 rhs。拷貝建構器會配置一個新的 string,並拷貝 hp2 所指的 string。

在第二個指定中,我們會調用 std::move 來將一個 rvalue reference 繫結到 hp2。在這種情況中,拷貝建構器和移動建構器都是可行的。然而,因為那個引數是一個 rvalue reference,對移動建構器來說就是完全匹配。移動建構器從 hp2 拷貝指定,它不會配置任何記憶體。

不管使用的是拷貝或移動建構器,指定運算子的主體都會 swap 兩個運算元的狀態。對調 HasPtr 會將兩個物件的指標(和 int)成員互換。在 swap 之後,rhs 會存有對一個 string 的指標,這個 string 是曾經由左手邊所擁有的那個。那個 string 會在 rhs 超出範疇時被摧毀。

建議:更新 THE RULE OF THREE

所有的五個拷貝控制成員都應該被想成是一個單元:一般來說,如果一個類別有定義其中的任何運算,它通常就應該定義它們全部。如我們所見,某些類別**必須**定義拷貝建構器、拷貝指定運算子,還有解構器,才能正確運作(§13.1.4)。這種類別通常會有拷貝成員必須拷貝的資源。一般來說,拷貝一項資源就無可避免地會帶來一些額外負擔。定義移動建構器和移動指定運算子的類別可以在拷貝並非必要的那些情況中避開這種額外負擔。

Message 類別的移動運算

定義有它們自己的拷貝建構器和拷貝指定運算子的類別一般也能受益於移動運算的定義。舉例來說,我們的 Message 和 Folder 類別(§13.4)應該定義移動運算。藉由定義移動運算,Message 類別可以使用 string 和 set 的移動運算來避免拷貝 contents 與 folders 成員的額外負擔。

然而,除了移動 folders 成員,我們也必須更新指向原來 Message 的每個 Folder。我們必須移除對舊 Message 的指標,並新增指標指向新的。

移動建構器和移動指定運算子都需要 Folder 指標，所以我們會先定義一個運算來進行這個共通作業：

```
// 將 Folder 指標從 m 移動到這個 Message
void Message::move_Folders(Message *m)
{
    folders = std::move(m->folders); // 使用 set 的移動指定
    for (auto f : folders) { // 對於每個 Folder
        f->remMsg(m); // 從 Folder 移除舊的 Message
        f->addMsg(this); // 新增這個 Message 到那個 Folder
    }
    m->folders.clear(); // 確保摧毀 m 是無害的
}
```

這個函式會先移動 folders 集合。藉由呼叫 move，我們使用 set 的移動指定，而非其拷貝指定。假設我們省略了對 move 的呼叫，這個程式碼仍然可以運作，但拷貝是不必要的。該函式接著會迭代那些 Folder，移除對原 Message 的指標，然後新增一個指標指向新的 Message。

值得注意的是，插入一個元素到 set 可能會擲出一個例外：新增一個元素到容器需要配置記憶體，這表示 bad_alloc 例外可能會被擲出（§12.1.2）。因此，不同於我們的 HasPtr 與 StrVec 移動運算，Message 的移動建構器和移動指定運算子可能會擲出例外。我們不會把它們標示為 noexcept（§13.6.2）。

這個函式結束的方式是在 m.folders 上呼叫 clear。move 之後，我們知道 m.folders 是有效的，但不知道它有什麼內容。因為 Message 解構器會迭代過 folders，我們希望能夠確定那個 set 是空的。

Message 移動建構器會呼叫 move 來移動 contents 並預設初始化其 folders 成員：

```
Message::Message(Message &&m) : contents(std::move(m.contents))
{
    move_Folders(&m); // 移動 folders 並更新 Folder 指標
}
```

在這個建構器的主體中，我們會呼叫 move_Folders 來移除對 m 的指標，並將指標插入這個 Message。

移動指定運算子會為自我指定進行直接的檢查：

```
Message& Message::operator=(Message &&rhs)
{
    if (this != &rhs) {        // 直接檢查自我指定
        remove_from_Folders();
        contents = std::move(rhs.contents); // 移動指定
        move_Folders(&rhs); // 重設 Folders 以指向這個 Message
    }
    return *this;
}
```

就跟任何指定運算子一樣，移動指定運算子必須摧毀左運算元的舊有狀態。在這種情況中，摧毀左運算元需要我們從現有的 folders 移除對這個 Message 的指標，這我們在對 remove_from_Folders 的呼叫中進行。從其 Folder 移除它本身後，我們呼叫 move 來將 contents 從 rhs 移到 this 物件。剩下的就是呼叫 move_Messages 來更新 Folder 指標。

移動迭代器

StrVec 的 reallocate 成員（§13.5）使用一個 for 迴圈來呼叫 construct 從舊的記憶體拷貝元素到新的。作為撰寫那個迴圈的一種替代方式，如果我們能呼叫 uninitialized_copy 來建構那個新配置的空間，事情就會容易些。然而，uninitialized_copy 所做的就像它的名稱所指出的那樣：它拷貝元素。沒有類似的程式庫函式能讓我們「移動」物件到未經建構的記憶體中。

取而代之，新的程式庫定義了一個**移動迭代器**轉接器（**move iterator** adaptor，§10.4）。一個移動迭代器轉接其給定的迭代器的方式是改變該迭代器的解參考運算子（dereference operator）之行為。一般來說，一個迭代器解參考運算子會回傳對元素的一個 lvalue reference。不同於其他迭代器，一個移動迭代器的解參考運算子會產出一個 rvalue reference。

我們會呼叫程式庫的 make_move_iterator 函式來將一個普通的迭代器變換成一個移動迭代器。這個函式接受一個迭代器並回傳一個移動迭代器。

原迭代器的所有其他運算都會如常運作。因為這些迭代器支援正常的迭代器運算，我們可以傳入一對移動迭代器給演算法。特別是，我們可以傳入移動迭代器給 uninitialized_copy：

```cpp
void StrVec::reallocate()
{
    // 配置空間來放置目前大小兩倍多的元素
    auto newcapacity = size() ? 2 * size() : 1;
    auto first = alloc.allocate(newcapacity);
    // 移動元素
    auto last = uninitialized_copy(make_move_iterator(begin()),
                                   make_move_iterator(end()),
                                   first);
    free();                  // 釋放舊有空間
    elements = first;        // 更新指標
    first_free = last;
    cap = elements + newcapacity;
}
```

uninitialized_copy 會在輸入序列中的每個元素上呼叫 construct 來將該元素「拷貝」到目的地中。那個演算法使用迭代器的解參考運算子來從輸入序列擷取元素。因為我們傳入移動迭代器，解參考運算子會產出一個 rvalue reference，這表示 construct 會使用移動建構器來建構那些元素。

值得注意的是，標準程式庫並沒有保證哪些演算法能與移動迭代器並用，哪些不能。因為移動一個物件可能會抹去來源，你應該只把移動迭代器傳入你**確信**不會在對一個元素進行指定或將該元素傳給一個使用者定義的函式後存取那個元素的演算法。

建議：別太快想移動

因為一個 moved-from object 有不確定的狀態，在一個物件上呼叫 std::move 是一種危險的作業。當我們呼叫 move，我們必須完全確定 moved-from object 不會有其他的使用者。

審慎且明智地用在類別程式碼內，move 可以提供重大的效能增益。隨隨便便用在一般的使用者程式碼（相對於類別的實作程式碼）中，移動一個物件更有可能導致神秘難找的臭蟲，而非為應用程式帶來任何效能增益。

在類別實作程式碼（例如移動建構器或移動指定運算子）之外，只在你確定你得進行移動而這個移動保證是安全的時候使用 std::move。

習題章節 13.6.2

練習 13.49： 新增一個移動建構器和移動指定運算子到你的 StrVec、String 與 Message 類別。

練習 13.50： 在你 String 類別的移動運算中放入列印述句，並重新執行 §13.6.1 習題 13.48 用到一個 vector<String> 的程式，看看什麼時候避開了拷貝。

練習 13.51： 雖然 unique_ptr 無法被拷貝，在 §12.1.5 中，我們撰寫了一個 clone 函式，它會以值回傳一個 unique_ptr。解釋為何那個函式是合法的，以及它是如何運作的。

練習 13.52： 詳細解釋前面 HasPtr 物件的指定中發生了什麼事。特別是，逐步描述 hp、hp2 和 HasPtr 指定運算子中 rhs 參數的值有什麼變化。

練習 13.53： 就底層的效能而言，HasPtr 的指定運算子並非理想。請解釋為何如此。為 HasPtr 實作一個拷貝指定和移動指定運算子，並比較在你新的移動指定運算子底下執行的運算，和 copy-and-swap 的版本較之如何。

練習 13.54： 如果我們定義一個 HasPtr 移動指定運算子，但沒有變更 copy-and-swap 運算子，會發生什麼事呢？撰寫程式碼來測試你的答案。

 ### 13.6.3 Rvalue 參考和成員函式

拷貝和移動版本都提供，也能為建構器和指定之外的成員函式帶來好處。這種能夠進行移動的成員通常會使用

跟拷貝與移動建構器以及指定運算子相同的參數模式：一個版本接受對 const 的一個 lvalue reference，而第二個版本接受對非 const 的一個 rvalue reference。

舉例來說，有定義 push_back 的程式庫容器提供兩種版本：一個有 **rvalue reference** 參數，而另一個有 const 的 **lvalue reference**。假設 X 是元素型別，這些容器定義：

```
void push_back(const X&);        // 拷貝：繫結至任何種類的 X
void push_back(X&&);             // 移動：僅繫結至型別 X 可修改的 rvalue
```

我們傳入能夠被轉為型別 X 的任何物件給第一個版本的 push_back。這個版本會從其參數拷貝資料。我們只能傳入不是 const 的一個 rvalue 給第二個版本。這個版本對非 const 的 **rvalue** 來說是完全匹配（也是較佳的匹配），並且會在我們傳入一個可修改的 **rvalue**（§13.6.2）時執行。這個版本可以自由地從它的參數偷取資源。

一般來說，沒必要為運算定義出會接受一個 const X&& 或一個（普通的）X& 的版本。通常，我們會在想要「偷取」自引數時傳入一個 rvalue reference。為了這麼做，引數必定不能是 const。同樣地，拷貝自一個物件不應該改變被拷貝的物件。因此，通常不會需要定義接受一個（普通的）X& 參數的版本。

 區分移動或拷貝一個參數的重載函式通常會有一個接受 const T& 的版本，以及一個接受 T&& 的版本。

舉一個更具體的範例，我們會賦予我們的 StrVec 類別第二個版本的 push_back：

```
class StrVec {
public:
    void push_back(const std::string&); // 拷貝元素
    void push_back(std::string&&);       // 移動元素
    // 其他的成員如同以往
};
// 跟 §13.5 中原來的版本一樣
void StrVec::push_back(const string& s)
{
    chk_n_alloc(); // 確保有空間放置另一個元素
    // 在 first_free 所指的元素中建構 s 的一個拷貝
    alloc.construct(first_free++, s);
}
void StrVec::push_back(string &&s)
{
    chk_n_alloc(); // 若必要，就重新配置 StrVec
    alloc.construct(first_free++, std::move(s));
}
```

這些成員幾乎完全一樣。差異在於，**rvalue reference** 版本的 push_back 會呼叫 move 來將其參數傳入給 construct。如我們所見，construct 函式使用其第二個以後的引數之型別來判斷要使用哪個建構器。因為 move 回傳一個 **rvalue reference**，construct 的引數之型別是 string&&。因此，string 的移動建構器會被用來建構新的最後一個元素。

當我們呼叫 push_back，引數的型別決定了新的元素是要被拷貝或移動到容器中：

```
StrVec vec;  // 空的 StrVec
string s = "some string or another";
vec.push_back(s);          // 呼叫 push_back(const string&)
vec.push_back("done");     // 呼叫 push_back(string&&)
```

這些呼叫之間差在引數是一個 lvalue 或一個 rvalue（從 "done" 創建出來的暫存 string）。
這些呼叫據此解析。

Rvalue 和 Lvalue 參考成員函式

一般來說，我們可以在一個物件上呼叫某個成員函式，不管那個物件是一個 lvalue 或
rvalue。舉例來說：

```
string s1 = "a value", s2 = "another";
auto n = (s1 + s2).find('a');
```

這裡，我們在產生自相加兩個 string 的 string rvalue 上呼叫 find（§9.5.3）成員。有的時
候，這種用法可能會出人意料：

```
s1 + s2 = "wow!";
```

這裡我們對串接那些 string 的 rvalue 結果進行指定。

在新標準之前，我們沒有辦法防止這種用法。為了維持回溯相容性，程式庫類別繼續允許對
rvalue 的指定，然而，我們可能會想要在我們自己的類別中避免這種用法。在這種情況中，
我們會想要強迫左運算元（即 this 所指的物件）是一個 lvalue。

我們表明 this 的 lvalue/rvalue 特性的方式與我們定義 const 成員函式時相同（§7.1.2）。
我們會在參數列後放上一個**參考資格修飾符（reference qualifier）**：

C++
11

```
class Foo {
public:
    Foo &operator=(const Foo&) &; // 只能指定給可修改的 lvalues
    // Foo 的其他成員
};
Foo &Foo::operator=(const Foo &rhs) &
{
    // 進行指定 rhs 給這個物件所需的任何工作
    return *this;
}
```

參考資格修飾符可以是 & 或 &&，分別表示 this 可以指向一個 rvalue 或 lvalue。就像 const
資格修飾符，一個參考資格修飾符只能出現在一個（非 static 的）成員函式上，而且必須在
該函式的宣告及定義上都有。

我們只能在一個 lvalue 上執行由 & 資格修飾的函式，而只能在一個 rvalue 上執行由 && 資格
修飾的函式：

```
Foo &retFoo();    // 回傳一個參考；對 retFoo 的呼叫是一個 lvalue
Foo retVal();     // 以值回傳；對 retVal 的呼叫是一個 rvalue
Foo i, j;         // i 和 j 是 lvalue
i = j;            // ok：i 是一個 lvalue
retFoo() = j;     // ok：retFoo() 回傳一個 lvalue
retVal() = j;     // 錯誤：retVal() 回傳一個 rvalue
i = retVal();     // ok：我們可以傳入一個 rvalue 作為指定的右運算元
```

一個函式可以同時受 const 和參考的資格修飾。在這種情況中，參考資格修飾符必須跟在 const 資格修飾符後面：

```
class Foo {
public:
    Foo someMem() & const;      // 錯誤：const 資格修飾符必須先出現
    Foo anotherMem() const &;   // ok：const 資格修飾符先出現了
};
```

重載和參考函式

就像我們可以基於它是否為 const 來重載一個成員函式（§7.3.2），我們也可以依據其參考資格修飾符來重載一個函式。此外，我們可以藉由其參考資格修飾符和它是否為一個 const 成員來進行重載。舉個例子，我們會賦予 Foo 一個 vector 成員，以及一個名為 sorted 的函式，它會回傳其中 vector 已排序的 Foo 物件的一個拷貝：

```
class Foo {
public:
    Foo sorted() &&;         // 能在可修改的值上執行
    Foo sorted() const &;    // 可以在任何種類的 Foo 上執行
    // Foo 的其他成員
private:
    vector<int> data;
};
// 這個物件是一個 rvalue，所以我們會就地排序
Foo Foo::sorted() &&
{
    sort(data.begin(), data.end());
    return *this;
}
// 這個物件可以是 const 或是一個 lvalue；無論哪個我們都無法就地排序
Foo Foo::sorted() const & {
    Foo ret(*this);                              // 製作一個拷貝
    sort(ret.data.begin(), ret.data.end());  // 排序該拷貝
    return ret;                                  // 回傳那個拷貝
}
```

當我們在一個 rvalue 上執行 sorted，直接排序 data 成員是安全的。那個物件是一個 rvalue，這表示它沒有其他的使用者，所以我們可以改變該物件本身。當我們在一個 const rvalue 或一個 lvalue 上執行 sorted，我們就無法改變這個物件，所以我們會在排序之前拷貝 data。

重載的解析會使用呼叫 sorted 的物件的 **lvalue/rvalue** 特性來判斷要使用哪個版本：

```
retVal().sorted();  // retVal() 是一個 rvalue，呼叫 Foo::sorted() &&
retFoo().sorted();  // retFoo() 是一個 lvalue，呼叫 Foo::sorted() const &
```

當我們定義 const 成員函式，我們可以定義只差在一個有經 const 資格修飾，另一個沒有的兩個版本。參考資格修飾的函式則沒有類似的預設行為。當我們定義兩個或更多個具有相同名稱和相同參數列的成員，我們必須為全部的那些函式提供一個參考資格修飾符，或者全都不提供：

```
class Foo {
public:
    Foo sorted() &&;
    Foo sorted() const; // 錯誤：必須有參考資格修飾符
    // Comp 是一個函式型別的型別別名（參見 §6.7）
    // 它可被用來比較 int 值
    using Comp = bool(const int&, const int&);
    Foo sorted(Comp*);          // ok：不同的參數列
    Foo sorted(Comp*) const;    // ok：任一個版本都沒經過參考資格修飾
};
```

在此，const 版本的 sorted 中，沒有參數的那個之宣告，是一種錯誤。還有第二個版本的 sorted 也沒有參數，但該函式有一個參考資格修飾符，所以那個函式的 const 版本也必須有一個參考資格修飾符。另一方面，接受對一個比較運算的指標的 sorted 版本則沒有問題，因為任一個函式都沒有一個資格修飾符。

> 如果一個成員函式有一個參考資格修飾符，那個成員具有相同參數列的所有版本都必須有參考資格修飾符。

習題章節 13.6.3

練習 13.55：新增 push_back 的一個 **rvalue reference** 版本到你的 StrBlob。

練習 13.56：如果我們將 sorted 定義成下列這樣，那會發生什麼事？

```
Foo Foo::sorted() const & {
    Foo ret(*this);
    return ret.sorted();
}
```

練習 13.57：如果我們將 sorted 定義成這樣，會發生什麼事呢？

```
Foo Foo::sorted() const & { return Foo(*this).sorted(); }
```

練習 13.58：撰寫它們的 sorted 函式中有列印述句的 Foo 類別版本，以測試你為前兩個練習所提供的答案。

本章總結

每個類別都控制我們拷貝、移動、指定或摧毀其型別的物件時，會發生什麼事。特殊的成員函式，即拷貝建構器、移動建構器、拷貝指定運算子、移動指定運算子，以及解構器，就是用來定義這些運算。移動建構器和移動指定運算子接受一個（通常為非 const 的） rvalue reference；拷貝版本接受一個（通常是非 const 的）lvalue reference。

如果一個類別沒有宣告任何的這些運算，編譯器就會自動定義它們。若沒定義為 deleted（已刪除），這些運算會逐個成員初始化、移動、指定或摧毀物件：依序接受每個非 static 的資料成員，這些合成的運算會依據成員的型別進行適當的作業，以移動、拷貝、指定或摧毀那個成員。

配置記憶體或其他資源的類別幾乎永遠都會需要該類別定義拷貝控制成員以管理所配置的資源。如果一個類別需要一個解構器，那麼幾乎可以確定的是，它也得定義移動和拷貝建構器，以及移動和拷貝指定運算子。

定義的詞彙

copy and swap 撰寫指定運算子用的技巧，它會拷貝右運算元，然後呼叫 swap 來將該拷貝與左運算元對調。

copy-assignment operator（拷貝指定運算子） 指定運算子的一種版本，它接受與其型別相同的一個物件。一般來說，拷貝指定運算子會有一個參數是對 const 的參考，並會回傳對其物件的一個參考。如果類別沒有明確提供拷貝指定運算子，編譯器就會合成一個。

copy constructor（拷貝建構器） 初始化一個新物件作為另一個同型別的物件之拷貝的建構器。以值傳遞物件到函式，或從函式傳回時，就會隱含地套用拷貝建構器。如果我們沒有提供拷貝建構器，編譯器會為我們合成一個。

copy control（拷貝控制） 控制類別型別物件被拷貝、移動、指定和摧毀時，會發生什麼事的特殊成員。如果類別沒有宣告它們，編譯器就會為那些運算合成適當的定義。

copy initialization（拷貝初始化） 我們使用 = 來為新創建的物件提供一個初始器時，所用的初始化形式。以值傳遞或回傳一個物件，或初始化一個陣列或彙總類別（aggregate class）時，也會使用。拷貝初始化使用拷貝建構器或移動建構器，取決於初始器是 lvalue 或 rvalue。

deleted function（已刪除函式） 不可以使用的函式。我們刪除一個函式的方式是在其宣告上指定 = delete。已刪除函式的一個常見用途是告訴編譯器不要為類別合成拷貝或移動運算。

destructor（解構器） 當物件超出範疇或被刪除時，負責清理工作的特殊成員。編譯器會自動摧毀每個資料成員。類別型別的成員的摧毀方式是調用它們的解構器；摧毀內建型別或複合型別的成員時，不做任何工作。特別是，指標成員所指的物件不會被解構器刪除。

lvalue reference（左值參考） 可以繫結至一個 lvalue 的參考。

memberwise copy/assign（逐成員的拷貝或刪除） 合成的拷貝或移動建構器，和拷貝或移動指定運算子的運作方式。依序接受每個非 static 的資料成員，合成的拷貝或移動建構器會從給定的物件拷貝或移動對應的成員以初始化每個成員；拷貝或移動指定運算會從右運算元拷貝指定或移動指定每個成員到左邊。內建或複合型別的成員會直接初始化或指定。類別型別的

成員會使用該成員對應的拷貝或移動建構器，或
者拷貝或移動指定運算子來進行初始化或指定。

move（移動） 用來將一個 rvalue reference 繫
結到一個 lvalue 的程式庫函式。呼叫 move 等同
於隱含地承諾，除了摧毀或指定新值給它之外，
我們不會使用 moved-from object（作為移動來
源的物件）。

**move-assignment operator（移動指定運算
子）** 指定運算子的一種版本，它接受對其型別
的一個 rvalue reference。通常，一個移動指定
運算子會從右運算元移動資料到左邊。指定之
後，我們必須能夠在右運算元上安全地執行解構
器。

move constructor（移動建構器） 接受對其型
別的一個 rvalue reference 的建構器。通常，一
個移動建構器會從它的參數移動資料到新創建的
物件中。移動之後，我們必須能夠在所給的引數
上安全地執行解構器。

move iterator（移動迭代器） 一種迭代器轉接
器（iterator adaptor），它所產生的迭代器被解
參考時，會產出一個 rvalue reference。

overloaded operator（重載的運算子） 一種函
式，它們會重新定義一個運算子套用到類別型別
的運算元時的意義。本章展示了如何定義指定運
算子，第 14 章會更詳細地涵蓋重載運算子。

reference count（參考計數） 經常用於拷貝控
制成員的程式設計技巧。一個參考計數負責追蹤
有多少物件共用狀態。建構器（除了拷貝或移動
建構器）會將參考計數設為 1。每次有一個新的

拷貝被製作出來，該計數就會遞增。當一個物件
被摧毀，該計數就會遞減。指定運算子和解構器
都會檢查遞減過的參考計數是否降為零，如果
是，它們就會摧毀該物件。

reference qualifier（參考資格修飾符） 用來表
示一個非 static 成員函式可在一個 lvalue 或
一個 rvalue 上被呼叫的符號。資格修飾符 & 或
&& 跟在參數列或 const 資格修飾符（如果有的
話）的後面。由 & 資格修飾的函式只能在 lvalue
上被呼叫，而由 && 資格修飾的函式只可以在
rvalue 上被呼叫。

rvalue reference（右值參考） 指向一個即將被
摧毀的物件的參考。

**synthesized assignment operator（合成的指定
運算子）** 一種版本的拷貝或移動指定運算子，
由編譯器為沒有明確定義指定運算子的類別所創
建（合成）。除非定義為 deleted，一個合成的
指定運算子會逐個成員指定（移動）右運算元到
左邊。

**synthesized copy/move constructor（合成的
拷貝或移動建構器）** 一種版本的拷貝或移動建
構器，由編譯器為沒有明確定義對應的建構器的
類別所產生。除非它被定義為 deleted，一個合
成的拷貝或移動建構器會逐個成員初始化新物
件，方法是從給定的物件拷貝或移動成員。

synthesized destructor（合成的解構器） 一種
版本的解構器，由編譯器為沒有名確定義解構器
的類別所創建（合成）。合成的解構器具有一個
空的函式主體。

14

重載的運算與轉換

Overloaded Operations and Conversions

在第 4 章中,我們看到 C++ 為內建型別定義了大量的運算子和自動轉換。這些機能使程式設計師能寫出豐富多樣混合型別的運算式。

C++ 讓我們定義運算子套用到類別型別的物件上時的意義。也讓我們為類別型別定義轉換。類別型別的轉換會像內建型別的轉換一樣,會在必要時被隱含用來將一個型別的物件轉為另一個型別。

運算子重載（*operator overloading*）能讓我們定義一個運算子被套用到類別型別的運算元上時，應該要有什麼意義。審慎明智地使用運算子重載可以讓我們的程式更容易撰寫和閱讀。舉個例子，因為我們原本的 `Sales_item` 類別型別（§1.5.1）定義了輸入、輸出和加法運算子，我們可以像這樣印出兩個 `Sales_item` 的總和：

```
cout << item1 + item2;  // 印出兩個 Sales_item 的總和
```

相較之下，我們的 `Sales_data` 類別（§7.1）尚未有重載的運算子，印出它們總和的程式碼會比較囉唆，因此也較不清楚：

```
print(cout, add(data1, data2));  // 印出兩個 Sales_data 的總和
```

14.1　基本概念

重載運算子是具有特殊名稱的函式：關鍵字 `operator` 後面接著要定義的那個運算子之符號。就跟其他的任何函式一樣，一個重載運算子會有一個回傳型別、一個參數列，以及一個主體。

一個重載運算子函式所具有的參數數目跟該運算子所有的運算元數一樣。單元運算子（**unary operator**）有一個參數；二元運算子（**binary operator**）有兩個。在一個二元運算子中，左手邊的運算元會被傳入第一個參數，而右手邊的運算元則被傳入第二個。除了重載的函式呼叫運算子（**function-call operator**） `operator()` 外，重載運算子不可以有預設引數（§6.5.1）。

如果一個運算子函式是一個成員函式，那第一個（左手邊）運算元就會被繫結到隱含的 `this` 指標（§7.1.2）。因為這第一個運算元隱含地繫結到 `this`，一個成員運算子函式有的（明確）參數會比運算子所有的運算元數少一個。

當一個重載運算子是一個成員函式，`this` 會繫結到左運算元。成員運算子函式的（明確）參數數，比運算元數少一。

一個運算子函式必須是某個類別的一個成員，或至少有一個參數是類別型別：

```
// 錯誤：無法為 int 重新定義內建運算子
int operator+(int, int);
```

這種限制意味著，我們無法改變運算子套用到內建型別運算元時的意義。

我們可以重載大多數的運算子，但並非全部。表 14.1 顯示一個運算子是否可以重載。我們會在 §19.1.1 涵蓋 `new` 和 `delete` 的重載。

我們只能重載既有的運算子，而且不能發明新的運算子符號。舉例來說，我們不能定義 `operator**` 來提供指數（**exponentiation**）運算。

有四個符號（`+`、`-`、`*` 與 `&`）既是單元運算子，也是二元運算子。這些運算子中任一種都能被重載，兩種都重載也行。參數的數目決定了所定義的是哪個運算子。

一個重載運算子與對應的內建運算子有相同的優先序和結合性（§4.1.2）。無論運算元型別為何

```
    x == y + z;
```

永遠都等同於 x == (y + z)。

<table>
<tr><td colspan="6" align="center">表 14.1：運算子</td></tr>
<tr><td colspan="6" align="center">可以重載的運算子</td></tr>
<tr><td>+</td><td>-</td><td>*</td><td>/</td><td>%</td><td>^</td></tr>
<tr><td>&</td><td>|</td><td>~</td><td>!</td><td>,</td><td>=</td></tr>
<tr><td><</td><td>></td><td><=</td><td>>=</td><td>++</td><td>--</td></tr>
<tr><td><<</td><td>>></td><td>==</td><td>!=</td><td>&&</td><td>||</td></tr>
<tr><td>+=</td><td>-=</td><td>/=</td><td>%=</td><td>^=</td><td>&=</td></tr>
<tr><td>|=</td><td>*=</td><td><<=</td><td>>>=</td><td>[]</td><td>()</td></tr>
<tr><td>-></td><td>->*</td><td>new</td><td>new []</td><td>delete</td><td>delete []</td></tr>
<tr><td colspan="6" align="center">不可以重載的運算子</td></tr>
<tr><td colspan="6" align="center">::   .*   .   ?:</td></tr>
</table>

直接呼叫一個重載的運算子函式

一般來說，我們會在適當型別的引數上使用運算子，藉此間接地「呼叫」重載的運算子函式。然而，我們也可以直接呼叫一個重載的運算子函式，方法就跟我們呼叫普通函式一樣。我們指出函式名稱，並傳入具有適當型別的適當數目個引數：

```
    // 對一個非成員的運算子函式之等效呼叫
    data1 + data2;              // 一般的運算式
    operator+(data1, data2);    // 等效的函式呼叫
```

這些呼叫是等效的：兩個都會呼叫非成員函式 operator+，傳入 data1 作為第一個引數，以及 data2 作為第二個。

我們明確呼叫一個成員運算子函式的方式就跟呼叫其他任何成員函式一樣。我們指出要在其上執行該函式的一個物件（或指標）的名稱，然後使用點號（或箭號）來擷取我們想要呼叫的函式：

```
    data1 += data2;             // 基於運算式的「呼叫」
    data1.operator+=(data2);    // 對一個成員運算子函式的等效呼叫
```

這些述句呼叫成員函式 operator+=，將 this 繫結到 data1 的位址，並傳入 data2 作為一個引數。

某些運算子不應該重載

請回想一下，有幾個運算子會保證運算元被估算（evaluate）的順序。因為使用一個重載運算子實際上是一種函式呼叫，這些保證就無法適用於重載的運算子。特別是，邏輯 AND、邏輯 OR（§4.3）以及逗號（§4.10）運算子對於運算元估算順序的保證並不會保留。

此外，重載版的 && 或 || 運算子並不會保留內建運算子的短路估算（short-circuit evaluation）特性。兩個運算元都一定會被估算。

因為這些運算子的重載版本並沒有保留估算的順序或短路估算行為，重載它們通常是種壞主意。當剛好用到這些運算子重載版本的程式碼不遵循使用者習慣的估算保證，使用者很可能感到意外。

不重載逗號的另一個理由（也適用於取址運算子，address-of operator）是，不同於其他大多數的運算子，這個語言有定義逗號和取址運算子套用到類別型別的物件上時的意義。因為這些運算子有內建的意義，它們一般都不應該被重載。若是這些運算子表現得與它們一般的意義不同，類別的使用者會趕到很驚訝。

一般來説，逗號、取址、邏輯 AND、邏輯 OR 運算子都不應該被重載。

使用與內建意義一致的定義

當你設計一個類別，你永遠都應該先思考該類別要提供哪些運算。只有在你知道需要哪些運算之後，你才應該去思考是否要把每個運算定義為一個普通函式或一個重載運算子。邏輯上能夠映射至一個運算子的那些運算才是定義為重載運算子的良好候選：

- 如果類別有進行 IO，移位運算子（shift operators）的定義就要與 IO 在內建型別上執行時一致。

- 如果類別有用來測試相等性的一個運算，就定義 operator==。如果類別有 operator==，它通常也應該有 operator!=。

- 如果類別有單一個自然的排序運算，就定義 operator<。如果類別有 operator<，它大概也應該有所有的關係運算子。

- 一個重載運算子的回傳型別通常應該與該運算子的內建版本所回傳的型別相容：邏輯和關係運算子應該回傳 bool，算術運算子應該回傳類別型別的一個值，而指定和複合指定應該回傳對左運算元的一個參考。

指定和複合指定運算子

指定運算子的行為應該類似於合成的運算子：指定之後，左運算元和右運算元中的值應該相同，而該運算子應該回傳一個參考指向其左運算元。重載的指定應該一般化指定的內建意義，而非迴避它。

注意：請審慎明智地使用運算子重載

每個運算子都有用於內建型別時的關聯意義。舉例來說，二元的 + 就與加法（addition）有強烈的關聯。把二元的 + 映射到一個類別型別的類似運算，可以提供便利的縮寫記號。舉例來說，程式庫的 string 型別，依循許多程式語言的共通慣例，就用 + 來表示串接（concatenation），把一個 string「加」到另一個。

運算子重載在內建運算子與我們型別的運算有邏輯上的映射關係時，最有用處。使用重載的運算子而非發明具名運算，可以讓我們的程式更加自然和直覺化。過度使用或根本就是濫用運算子重載可能會使我們的類別變得難以理解。

運算子重載的明顯濫用在實務上很少出現。舉個例子，負責任的程式設計師絕對不會定義 operator+ 來進行減法。較常見但仍然不可取的，是扭曲一個運算子的「正常」意義以強迫符合一個給定的型別。運算子應該被用在對使用者來說不太可能有歧義的運算之上。如果看起來可以有多種詮釋，那麼就說一個運算子有模稜兩可的意義。

如果一個類別有算術（§4.2）或位元（bitwise，§4.8）運算子，那麼也提供對應的複合指定運算子，通常會是個好主意。不用說，+= 運算子應該被定義成與內建運算子有相同的行為：它應該表現得像是 + 後面跟著 = 一樣。

選擇成員或非成員實作

當我們定義一個重載運算子，我們必須決定是否要讓該運算子成為一個類別成員，或是作為一個普通的非成員函式。在某些情況中，你沒有選擇，某些運算子必須是成員；而在其他情況中，如果一個運算子是一個成員，那麼我們可能就無法適當地定義它。

下列的指導原則有助於判斷要讓一個運算子作為成員，還是作為一般的非成員函式：

- 指定（=）、下標（[]）、呼叫（()）和成員存取箭號（->）運算子**必須**被定義為成員。
- 複合指定運算子一般**應當**是成員。然而，不同於指定，它們並不一定要是成員。
- 會改變它們物件的狀態或緊密綁定到它們所給型別的運算子，像是遞增（increment）、遞減（decrement）和解參考（dereference），通常都應該是成員。
- 對稱的運算子（symmetric operators），也就是那些可能會轉換它們運算元的，例如算術（arithmetic）、相等性（equality）、關係（relational）和位元（bitwise）運算子，通常應該被定義為一般的非成員函式。

程式設計師會預期能在具有混合型別的運算式中使用對稱運算子。舉例來說，我們可以相加一個 int 和一個 double。加法是對稱的，因為我們可以使用任一個型別作為左運算元或右運算元。如果我們想要提供涉及類別物件的類似的混合型別運算式，那麼運算子必須被定義為一個非成員函式。

當我們將一個運算子定義為一個成員函式，那左運算元就必須是該運算子是其成員的類別的一個物件。舉例來說：

```
string s = "world";
string t = s + "!";        // ok：我們可以把一個 const char* 加到一個 string
string u = "hi" + s;       // 如果 + 是 string 的一個成員，就會是錯誤
```

如果 operator+ 是 string 類別的一個成員，那麼第一個加法運算就會等同於 s.operator+("!")。同樣地，"hi" + s 就會與 "hi".operator+(s) 等效。然而，"hi" 的型別是 const char*，而那是一個內建型別，它甚至沒有成員函式。

因為 string 把 + 定義為一個一般的非成員函式，"hi" + s 就等同於 operator+("hi", s)。就跟任何的函式呼叫一樣，其中任何一個引數都可以被轉換為參數的型別。唯一的要求是，至少有一個運算元具備類別型別，而兩個運算元都能被（無歧義地）轉換為 string。

習題章節 14.1

練習 14.1：重載運算子與內建運算子之間有什麼差異呢？在哪些方面重載運算子會跟內建運算子一樣呢？

練習 14.2：為 Sales_data 的輸入、輸出、加法和複合指定運算子撰寫重載的宣告。

練習 14.3：string 與 vector 都定義了一個重載的 == 用以比較那些型別的物件。假設 svec1 與 svec2 是存放 string 的 vector，請識別出下列各個運算式中套用了哪個版本的 ==：

    (a) "cobble" == "stone"   (b) svec1[0] == svec2[0]
    (c) svec1 == svec2   (d) "svec1[0] == "stone"

練習 14.4：說明如何判斷下列何者應該是類別成員：

    (a) %   (b) %=   (c) ++   (d) ->   (e) <<   (f) &&   (g) ==   (h) ()

練習 14.5：在 §7.5.1 練習 7.40 中，你為下列類別撰寫了輪廓。請判斷你的類別應該提供什麼重載運算子（如果需要的話）。

    (a) Book   (b) Date   (c) Employee
    (d) Vehicle   (e) Object   (f) Tree

14.2 輸入與輸出運算子

如我們所見，IO 程式庫使用 >> 和 << 來進行輸入與輸出。IO 程式庫本身定義了這些運算子可用來讀寫內建型別的版本。支援 IO 的類別一般會為這些運算子定義用於該類別型別的物件的版本。

14.2.1 **重載輸出運算子** <<

一般來說，一個輸出運算子的第一個參數會是對一個非 const ostream 物件的參考。這個 ostream 是非 const 的，因為寫入資料流會改變其狀態。參數是一個參考，是因為我們無法拷貝一個 ostream 物件。

第二個參數一般應該是對 const 的一個參考，指向我們想要列印的類別型別。參數是一個參考以避免拷貝該引數。它可以是 const，因為（一般來說）列印一個物件並不會改變那個物件。

為了與其他的輸出運算子一致，operator<< 通常會回傳它的 ostream 參數。

Sales_data 的輸出運算子

舉個例子，我們會為 Sales_data 轉寫輸出運算子：

```
ostream &operator<<(ostream &os, const Sales_data &item)
{
    os << item.isbn() << " " << item.units_sold << " "
        << item.revenue << " " << item.avg_price();
    return os;
}
```

除了它的名稱，這個函式與我們先前的 print 函式（§7.1.3）一模一樣。列印一個 Sales_data 意味著印出它的三個資料元素，以及計算出來的平均售價。每個元素都以一個空格區隔。印出那些值之後，運算子會回傳一個參考，指向它剛寫入的那個 ostream。

輸出運算子通常只會進行最少的格式化

內建型別的輸出運算子只會進行少量的格式化（formatting）工作，如果有的話。特別是，它們不會印出 newline。使用者會預期類別的輸出運算子也有類似的行為表現。如果該運算子有印出一個 newline，那麼使用者就沒辦法把描述性的文字印在跟物件同一行了。進行最少量格式化的輸出運算子能讓使用者控制他們輸出的細節。

Best Practices　一般來說，輸出運算子應該僅以最少的格式化印出物件的內容。它們不應該印出一個 newline。

IO 運算子必須是非成員函式

遵循 iostream 程式庫慣例的輸入與輸出運算子必須是一般的非成員函式。這些運算子不可以是我們類別的成員。如果是，那麼左運算元就必須是我們類別型別的一個物件：

```
Sales_data data;
data << cout; // 如果 operator<< 是 Sales_data 的一個成員
```

如果這些運算子是任何類別的成員，它們就必須是 istream 或 ostream 的成員。然而，那些類別是標準程式庫的一部分，而我們無法新增成員到程式庫中的類別。

因此，如果我們想要為我們的型別定義 IO 運算子，我們必須將它們定義為非成員函式。當然，IO 運算子通常會需要讀取或寫入非 public 的資料成員。結果就是，IO 運算子通常也必須被宣告為 friend（§7.2.1）。

習題章節 14.2.1

練習 14.6： 為你的 Sales_data 類別定義一個輸出運算子。

練習 14.7： 為你在 §13.5 的練習中所寫的 String 類別定義一個輸出運算子。

練習 14.8： 為 §7.5.1 練習 7.40 中你選的類別定義一個輸出運算子。

 ## 14.2.2 重載輸入運算子 >>

一般來說，輸入運算子的第一個參數都是一個參考，指向作為讀取來源的資料流，而第二個參數則是指向作為存放位置的（非 const）物件的一個參考。此運算子通常會回傳對它被給定的資料流的一個參考。第二個參數必須是非 const，因為輸入運算子的目的就是把資料讀到這個物件中。

Sales_data 輸入運算子

舉個例子，我們會把 Sales_data 的輸入運算子寫成這樣：

```
istream &operator>>(istream &is, Sales_data &item)
{
    double price; // 沒必要初始化；使用前我們會先把資料讀到 price 中
    is >> item.bookNo >> item.units_sold >> price;
    if (is) // 檢查輸入是否成功
        item.revenue = item.units_sold * price;
    else
        item = Sales_data(); // 輸入失敗：賦予物件預設的狀態
    return is;
}
```

除了 if 述句，這個定義類似於我們前面的 read 函式（§7.1.3）。if 檢查讀取是否成功。如果有 IO 錯誤發生，運算子會將給定的物件重置為空的 Sales_data。如此一來，物件就保證會處在一致的狀態。

 輸入運算子必須處理輸入可能失敗的可能性；輸出運算子一般不用去管。

輸入過程中的錯誤

輸入運算子中可能會發生的錯誤類型包括：

- 一個讀取運算可能因為資料流含有錯誤型別的資料而失敗。舉例來說，讀取 bookNo 後，輸入運算子假設下兩個項目會是數值資料。如果輸入的是非數值資料，那個讀取和後續對於該資料流的任何使用都會失敗。

- 任何的讀取都可能碰到檔案結尾（**end-of-file**），或輸入資料流中的其他錯誤。

我們不檢查每次讀取，而是在讀取了所有的資料後，使用那些資料前，做一次檢查：

```
if (is) // 檢查輸入是否成功
    item.revenue = item.units_sold * price;
else
    item = Sales_data(); // 輸入失敗：賦予物件預設的狀態
```

如果有任何的讀取運算失敗，price 就會有一個未定義的值。因此，在使用 price 之前，我們會先檢查輸入資料流是否仍然有效。如果是，我們就進行計算，然後把結果儲存到 revenue 中。如果有錯誤，我們不去在意哪個輸入失敗，取而代之，我們將整個物件重置為空的 Sales_data，即指定一個新的、預設初始化的 Sales_data 物件給 item。這個指定之後，item 的 bookNo 成員會有一個空的 string，而其 revenue 和 units_sold 成員將會是零。

如果物件在錯誤發生前就可能已經部分變更了，讓物件恢復成一種有效的狀態，就顯得特別重要。舉例來說，在這個輸入運算子中，我們可能會在成功讀取一個新的 bookNo 之後遭遇一個錯誤。讀取 bookNo 之後的錯誤意味著舊物件的 units_sold 和 revenue 成員沒有改變。所產生的影響會是將一個不同的 bookNo 關聯到那些資料。

藉由讓物件停留在一個有效的狀態，我們就能（稍微）保護到忽略了輸入錯誤可能性的使用者。物件會處在一種可用的狀態，其成員全都是有定義的。同樣地，該物件不會產生誤導人的結果，其資料在內部上是一致的。

Best Practices 輸入運算子應該決定要做什麼事來進行錯誤復原，如果要做的話。

指出錯誤

某些輸入運算子需要進行額外的資料驗證。舉例來說，我們的輸入運算子可能會檢查我們所讀的 bookNo 有適當的格式。在這種情況中，輸入運算子可能需要設定資料流的條件狀態，以指出有失誤發生（§8.1.2），即使嚴格來說實際的 IO 是成功的。通常一個輸入運算子應該只設定 failbit。設定 eofbit 暗指檔案已經耗盡，而設定 badbit 則代表該資料流已毀損。這些錯誤最好留給 IO 程式庫本身來指出。

習題章節 14.2.2

練習 14.9：為你的 `Sales_data` 類別定義一個輸入運算子。

練習 14.10：給定下列輸入，請描述 `Sales_data` 輸入運算子的行為：

  (a) `0-201-99999-9 10 24.95`   (b) `10 24.95 0-210-99999-9`

練習 14.11：如果有的話，下列 `Sales_data` 的輸入運算子有什麼問題呢？如果我們提供這個運算子前一個練習中的資料，會發生什麼事呢？

```
istream& operator>>(istream& in, Sales_data& s)
{
    double price;
    in >> s.bookNo >> s.units_sold >> price;
    s.revenue = s.units_sold * price;
    return in;
}
```

練習 14.12：為你在 §7.5.1 練習 7.40 中使用的類別定義一個輸入運算子。確保那個運算子能夠處理輸入錯誤。

14.3 算術與關係運算子

一般來說，我們會將算術和關係運算子定義為非成員函式，以允許左右運算元的轉換（§14.1）。這些運算子不應該需要改變任一個運算元的狀態，所以參數一般都是對 `const` 的參考。

一個算術運算子通常會產生一個新的值，它是在兩個運算元上進行計算的結果。那個值與任一個運算元都不同，並且是在一個區域變數中計算的。運算會回傳這個區域值的一個拷貝作為其結果。定義某個算術運算子的類別通常也會定義對應的複合指定運算子。當一個類別兩種運算子都有，通常定義算術運算子使用複合指定會比較有效率：

```
// 假設兩個物件都指向同一本書
Sales_data
operator+(const Sales_data &lhs, const Sales_data &rhs)
{
    Sales_data sum = lhs;        // 從 lhs 拷貝資料成員到 sum 中
    sum += rhs;                  // 把 rhs 加到 sum
    return sum;
}
```

這個定義基本上與我們原本的 `add` 函式（§7.1.3）完全相同。我們將 `lhs` 拷貝到區域變數 `sum` 中。然後我們使用 `Sales_data` 的複合指定運算子（我們會在 §14.4 定義它）來把那些值從 `rhs` 加到 `sum`。我們回傳 `sum` 的一個拷貝來作為這個函式的結尾。

算術運算子和相關的複合指定都有定義的類別，一般應該使用複合指定來實作算術運算子。

習題章節 14.3

練習 14.13：如果有的話，你認為 `Sales_data` 應該支援另外的哪些運算子（表 4.1）？定義出你認為該類別應該包含的那些運算子。

練習 14.14：為什麼你會認為定義 `operator+` 去呼叫 `operator+=` 會比較有效率，而不是反過來呢？

練習 14.15：§7.5.1 練習 7.40 中你所選的類別應該要定義算術運算子嗎？如果有，請實作它們。如果沒有，請解釋原因。

14.3.1 相等性運算子

一般來說，C++ 中的類別都會定義相等性運算子（equality operator）來測試兩個物件是否相等。也就是說，它們通常都會比較每一個資料成員，然後只在所有對應的成員都相等時，才視兩個物件為相等。依據這種設計哲學，我們的 `Sales_data` 相等性運算子應該比較 `bookNo` 以及銷售數字：

```
bool operator==(const Sales_data &lhs, const Sales_data &rhs)
{
    return lhs.isbn() == rhs.isbn() &&
            lhs.units_sold == rhs.units_sold &&
            lhs.revenue == rhs.revenue;
}
bool operator!=(const Sales_data &lhs, const Sales_data &rhs)
{
    return !(lhs == rhs);
}
```

這些函式的定義很簡單。更重要的是這些函式所體現的設計原則：

- 如果一個類別有一個運算能用來判斷兩個物件是否相等，它應該把那個函式定義為 `operator==` 而非一個具名函式：使用者將預期能夠使用 `==` 來比較物件。提供 `==` 意味著他們不用為該運算學習並記住一個新的名稱；而定義有 `==` 運算子的類別也比較容易與程式庫容器和演算法並用。

- 如果一個類別定義了 `operator==`，那個運算子一般應該判斷給定的物件是否含有等效的資料。

- 一般來說，相等性運算子應該具有遞移性（transitive），這表示如果 a == b 及 b == c 都是 true，那麼 a == c 也應該是 true。

- 如果一個類別定義了 operator==，它也應該定義 operator!=。使用者會預期如果他們可以使用 ==，那就應該也能使用 !=，反之亦然。

- 相等性或不等性運算子（inequality operators）的其中一個應該把工作委派給另一個。也就是說，這些運算子之一應該進行比較物件的實際工作，而另一個應該呼叫實際做工的那個。

Best Practices 相等性對它們來說有邏輯上意義的類別一般都應該定義 operator==。定義有 == 的類別讓使用者能夠更容易把該類別與程式庫演算法一起使用。

習題章節 14.3.1

練習 14.16：為你的 StrBlob（§12.1.1）、StrBlobPtr（§12.1.6）、StrVec（§13.5）和 String（§13.5）類別定義相等性和不等性運算子。

練習 14.17：你為 §7.5.1 練習 7.40 所選的類別應該定義相等性運算子嗎？如果是，請實作它們。如果不是，請解釋原因。

14.3.2 關係運算子

定義有相等性運算子的類別經常（但非總是）也會定義關係運算子。特別是，因為關聯式容器和某些演算法會使用小於運算子（less-than operator），定義 operator< 可能會有用處。

一般來說，關係運算子應該

1. 定義出與作為關聯式容器的鍵值必須滿足的需求（§11.2.2）一致的一種順序關係（ordering relation），以及

2. 如果類別兩種運算子都有，就得定義出與 == 一致的關係。特別是，如果兩個物件彼此 !=，那麼一個物件就應該 < 另一個。

雖然我們可能認為我們的 Sales_data 類別應該支援關係運算子，事實證明它或許不應該這麼做。背後的理由細微難察，而且值得了解。

我們可能會想，能以類似 compareIsbn（§11.2.2）的方式定義 <。那個函式會藉由比較 ISBN 來比較 Sales_data 物件。雖然 compareIsbn 提供了符合需求 1 的一種順序關係，那個函式所產出的結果與我們的 == 定義並不一致。因此，它並不符合需求 2。

即使兩筆交易的 ISBN 相同，Sales_data 的 == 運算子也會在它們的 revenue 或 units_sold 成員不同時，將它們視為不等。如果我們定義 < 運算子只比較 ISBN 成員，那麼具有相同 ISBN 但 units_sold 或 revenue 不同的兩個物件比較起來會不相等，但任一個物件都不會小於另一個。一般來說，如果我們有兩個物件，而任一個都不小於另一個，那我們會預期那些物件是相等的。

因此，我們可能會認為，應該把 operator< 定義為依序比較每個資料元素。我們可以把 operator< 定義成比較 isbn 相等的物件時，會依序先查看 units_sold 然後再看 revenue 成員。

然而，這種順序並沒有邏輯上的必要性。取決於我們計畫如何使用該類別，我們也可能會想要把順序定義為先依據 revenue 或 units_sold 中任一個。我們可能希望具有較少 units_sold 的那些物件「小於」有較多的那些。或者我們可能想要把具有較小 revenue 的那些視為「小於」具有較大的那些。

對於 Sales_data 來說，< 沒有單一的邏輯定義。因此，這個類別最好是完全不要定義 <。

如果 < 有唯一的邏輯定義存在，類別通常就應該定義 < 運算子。然而，如果類別也有 ==，就必須把 < 定義的與 == 產出的結果一致。

習題章節 14.3.2

練習 14.18： 為你的 StrBlob、StrBlobPtr、StrVec 與 String 類別定義關係運算子。

練習 14.19： 你為 §7.5.1 練習 7.40 所選的類別應該定義關係運算子嗎？如果是，請實作它們。如果不是，請解釋原因。

14.4 指定運算子

除了會把類別型別的一個物件指定給相同型別的另一個物件的拷貝或移動指定運算子（§13.1.2 和 §13.6.2），一個類別也可以定義允許其他型別作為右運算元的額外的指定運算子。

舉個例子，除了拷貝或移動指定運算子，程式庫的 vector 類別定義了第三個指定運算子，它接受由大括號圍起的一個元素串列（§9.2.5）。我們可以像這樣使用這個運算子：

```
vector<string> v;
v = {"a", "an", "the"};
```

我們也可以新增這個運算子到我們的 StrVec 類別（§13.5）：

```
class StrVec {
public:
    StrVec &operator=(std::initializer_list<std::string>);
    // 其他的成員跟在 §13.5 中一樣
};
```

為了與內建型別的指定（以及與我們已經定義的拷貝或移動指定運算子）一致，我們新的指定運算子會回傳對其左運算元的一個參考：

```
StrVec &StrVec::operator=(initializer_list<string> il)
{
    // alloc_n_copy 配置空間並從所給的範圍拷貝元素
    auto data = alloc_n_copy(il.begin(), il.end());
    free();  // 摧毀這個物件中的元素，並釋放空間
    elements = data.first;  // 更新資料成員指向那個新的空間
    first_free = cap = data.second;
    return *this;
}
```

就跟拷貝和移動指定運算子一樣，其他重載的指定運算子必須釋放現有的元素並創建新的。不同於拷貝和移動指定運算子，這個運算子不需要檢查自我指定。參數是一個 initializer_list<string>（§6.2.6），這表示 il 不能是跟 this 所代表的物件相同的物件。

Note   指定運算子可以重載。指定運算子，不管參數型別為何，都必須定義為成員函式。

複合指定運算子

複合指定運算子（compound assignment operators）沒必要是成員。然而，我們偏好在類別內定義所有的指定，包括複合指定。為了與內建的複合指定一致，這些運算子應該回傳對它們左運算元的一個參考。舉例來說，這裡有 Sales_data 的複合指定運算子的定義：

```
// 成員二元運算子：左運算元繫結到隱含的 this 指標
// 假設兩個物件都指向同一本書
Sales_data& Sales_data::operator+=(const Sales_data &rhs)
{
    units_sold += rhs.units_sold;
    revenue += rhs.revenue;
    return *this;
}
```

Best Practices   指定運算子必須是，而複合指定運算子一般應該被定義為成員。這些運算子應該回傳一個參考指向左運算元。

14.5 下標運算子

表示元素能透過位置取得的容器之類別，通常會定義下標運算子（subscript operator），即 operator[]。

習題章節 14.4

練習 14.20：為你的 Sales_data 類別定義加法和複合指定運算子。

練習 14.21：把 Sales_data 的運算子寫成 + 會進行實際的加法，而 += 會呼叫 +。討論這種做法的缺點，與 §14.3 和 §14.4 定義這些運算子的方式做比較。

練習 14.22：定義一種版本的指定運算子，可以將代表一個 ISBN 的 string 指定到 Sales_data。

練習 14.23：為你的 StrVec 類別版本定義一個 initializer_list 指定運算子。

練習 14.24：判斷你用於 §7.5.1 練習 7.40 中的類別是否需要拷貝或移動指定運算子。如果是，就定義那些運算子。

練習 14.25：實作你的類別應該定義的任何其他指定運算子。解釋哪些型別應該用作運算元，以及原因。

 下標運算子必須是一個成員函式。

為了相容於下標（subscript）的一般意義，下標運算子通常會回傳一個參考指向所擷取的元素。藉由回傳一個參考，下標就可被用在一個指定的任一邊。結果就是，這種運算子的 const 和非 const 版本都定義，通常也會是個好主意。套用到一個 const 物件時，下標應該回傳對 const 的一個參考，讓人沒辦法對所回傳的物件進行指定。

 如果類別有一個下標運算子，它通常應該定義兩個版本：一個回傳普通的參考，而另一個則是一個 const 成員，並回傳對 const 的一個參考。

舉個例子，我們會為 StrVec（§13.5）定義下標：

```cpp
class StrVec {
public:
    std::string& operator[](std::size_t n)
        { return elements[n]; }
    const std::string& operator[](std::size_t n) const
        { return elements[n]; }
    // 其他的成員跟在 §13.5 中一樣
private:
    std::string *elements;  // 指向陣列中第一個元素的指標
};
```

我們使用這些運算子的方式就類似我們為 vector 或陣列添標（subscript）時那樣。因為下標會回傳對元素的一個參考，如果 StrVec 是非 const，我們就能對那個元素進行指定；如果我們下標一個 const 物件，我們就無法：

```
// 假設 svec 是一個 StrVec
const StrVec cvec = svec; // 從 svec 拷貝元素到 cvec
// 如果 svec 有任何元素，就在第一個上執行 string 的 empty 函式
if (svec.size() && svec[0].empty()) {
    svec[0] = "zero";    // ok：下標回傳對 string 的一個參考
    cvec[0] = "Zip";     // 錯誤：下標 cvec 會回傳對 const 的一個參考
}
```

習題章節 14.5

練習 14.26： 為你的 StrVec、String、StrBlob 與 StrBlobPtr 類別定義下標運算子。

14.6 遞增與遞減運算子

遞增（++）與遞減（--）運算子最常為了迭代器類別而實作。這些運算子讓類別在一個序列的元素之間移動。此語言並沒有要求這些運算子得是類別的成員。然而，因為這些運算子會改變它們在其上作用的物件之狀態，我們還是會偏好讓它們是成員。

對內建型別來說，遞增與遞減運算子有前綴（**prefix**）和後綴（**postfix**）兩種版本。如你所料，我們也能為我們的類別定義這些運算子的前綴與後綴版本。我們會先看看前綴版本，然後實作後綴版本。

定義有遞增或遞減運算子的類別應該前綴和後綴兩種版本都定義。這些運算子通常應該被定義為成員。

定義前綴遞增或遞減運算子

為了展示遞增和遞減運算子，我們會為我們的 StrBlobPtr 類別（§12.1.6）定義這些運算子：

```
class StrBlobPtr {
public:
    // 遞增和遞減
    StrBlobPtr& operator++(); // 前綴運算子
    StrBlobPtr& operator--();
    // 其他的成員一如以往
};
```

為了與內建的運算子一致，前綴運算子應該回傳一個參考，指向對遞增過或遞減過的物件。

遞增和遞減運算子的運作方式與彼此類似，它們會呼叫 check 來驗證 StrBlobPtr 仍然有效。如果是，check 也會驗證給定的索引是否有效。如果 check 沒有擲出一個例外，這些運算子就會回傳一個參考指向這個物件。

在遞增的情況中，我們會將 curr 目前的值傳給 check。只要那個值小於底層 vector 的大小，check 就會回傳。如果 curr 已經位在 vector 的尾端，check 就會擲出例外：

```
// 前綴：回傳一個參考指向遞增或遞減後的物件
StrBlobPtr& StrBlobPtr::operator++()
{
    // 如果 curr 已經指向超過容器尾端的地方，就無法遞增它
    check(curr, "increment past end of StrBlobPtr");
    ++curr; // 推進目前的狀態
    return *this;
}
StrBlobPtr& StrBlobPtr::operator--()
{
    // 如果 curr 是零，遞減它會產出一個無效的下標
    --curr; // 將目前狀態往回移一個元素
    check(curr, "decrement past begin of StrBlobPtr");
    return *this;
}
```

遞減運算子會在呼叫 check 之前先遞減 curr。如此一來，如果 curr（它是一個 unsigned 數字）已經是零，我們傳入 check 的值就會是一個很大的正值，表示一個無效的下標（§2.1.2）。

區分前綴與後綴運算子

前綴和後綴運算子都定義，會出現一個問題：一般的重載無法區分這些運算子。前綴和後綴版本都使用相同的符號，意味著這些運算子的重載版本會有相同的名稱。它們也有相同數目和型別的運算元。

為了解決這個問題，後綴版本接受一個額外（未使用）的參數，其型別為 int。當我們使用一個後綴運算子，編譯器會提供 0 作為這個參數的引數。雖然後綴函式可以使用這個額外的參數，它通常不應該那麼做。後綴運算子的正常工作並不需要那個參數。它唯一的用途就是區分前綴函式與其後綴版本。

我們現在可以新增後綴運算子到 StrBlobPtr：

```
class StrBlobPtr {
public:
    // 遞增和遞減
    StrBlobPtr operator++(int); // 後綴運算子
    StrBlobPtr operator--(int);
    // 其他的成員一如以往
};
```

為了與內建運算子一致，後綴運算子應該回傳舊的（未遞增或未遞減的）值。那個值
會被回傳為一個值，而非一個參考。

後綴版本必須在遞增物件之前記住該物件目前的狀態：

```
// 後綴：遞增或遞減物件，但回傳未改變之前的值
StrBlobPtr StrBlobPtr::operator++(int)
{
    // 這裡不需要檢查；對前綴遞增的呼叫會做好檢查
    StrBlobPtr ret = *this;  // 儲存目前的值
    ++*this;      // 推進一個元素；前綴的 ++ 會檢查遞增動作
    return ret;  // 回傳所儲存的狀態
}
StrBlobPtr StrBlobPtr::operator--(int)
{
    // 這裡不需要檢查；對前綴遞減的呼叫會做好檢查
    StrBlobPtr ret = *this;  // 儲存目前的值
    --*this;       // 往回移動一個元素；前綴的 -- 會檢查遞減動作
    return ret;  // 回傳所儲存的狀態
}
```

我們這裡的每個運算子都會呼叫它自己的前綴版本來進行實際的工作。舉例來說，後綴遞增
運算子會執行

```
++*this
```

這個運算式呼叫前綴遞增運算子。那個運算子會檢查遞增是安全的，然後擲出例外或遞增
curr。假設 check 沒有擲出一個例外，後綴函式會回傳儲存在 ret 中的拷貝。因此，回傳之
後，該物件本身已經推進，但所回傳的值反映的是原本未遞增的值。

 那個 int 參數沒被使用，所以我們並未賦予它名稱。

明確呼叫後綴運算子

如我們在 §14.1 所見，我們可以明確地呼叫一個重載的運算子，而不僅是將它用於運算式中
作為一個運算子。如果我們想要透過函式呼叫來調用後綴版本，那我們就必須傳入一個值作
為那個整數引數：

```
StrBlobPtr p(a1);     // p 指向 a1 內的 vector
p.operator++(0);      // 呼叫後綴的 operator++
p.operator++();       // 呼叫前綴的 operator++
```

傳入的值通常會被忽略，但卻是必要的，以告知編譯器選用後綴版本。

14.7 成員存取運算子

解參考（`*`）和箭號（`->`）運算子經常用於代表迭代器的類別，以及智慧指標類別（§12.1）中。我們也能以符合邏輯的方式新增這些運算子到我們的 `StrBlobPtr` 類別：

```
class StrBlobPtr {
public:
    std::string& operator*() const
    { auto p = check(curr, "dereference past end");
      return (*p)[curr]; // (*p) 是這個物件所指的那個 vector
    }
    std::string* operator->() const
    { // 把真正的工作委派給解參考運算子
     return & this->operator*();
    }
    // 其他的成員一如以往
};
```

解參考運算子會檢查 `curr` 仍然在範圍內，如果是，就回傳一個參考指向 `curr` 所代表的元素。箭號運算子藉由呼叫解參考運算子並回傳那個運算子所回傳的元素之位址，來避開實際的工作。

 箭號運算子必須是一個成員。解參考運算子沒必要是成員，但通常也應該是成員。

值得注意的是，我們將這些運算子定義為 `const` 成員。不同於遞增和遞減運算子，擷取一個元素並不會改變 `StrBlobPtr` 的狀態。也請注意，這些運算子會回傳一個參考或指標指向非 `const` 的 `string`。它們之所以這麼做，是因為我們知道一個 `StrBlobPtr` 只能被繫結到一個非 `const` 的 `StrBlob`（§12.1.6）。

我們使用這些運算子的方式就跟我們在指標或 `vector` 迭代器上使用對應的運算時一樣：

```
StrBlob a1 = {"hi", "bye", "now"};
StrBlobPtr p(a1);              // p指向 a1 內的那個 vector
*p = "okay";                   // 指定給 a1 中的第一個元素
cout << p->size() << endl;     // 印出 4，即 a1 中第一個元素的大小
cout << (*p).size() << endl;   // 等同於 p->size()
```

箭號運算子回傳值的限制

就跟大多數的其他運算子一樣，我們可以定義 operator* 來進行我們喜歡的任何處理（雖然這麼做並不是好主意）。也就是說，我們可以定義 operator* 回傳一個固定的值，例如 42，或或印出套用它的物件之內容，或其他任何事。對重載的箭號來說就不是如此了。箭號運算子永遠都不會失去它成員存取（**member access**）的基本意義。當我們重載箭號，我們改變箭號從之擷取特定成員的物件。我們不能改變「箭號擷取一個成員」這個事實。

當我們寫 point->mem，point 必須是指向類別物件的一個指標，或它必須是其類別具有重載的 operator-> 的一個物件。取決於 point 的型別，寫了 point->mem 就等同於

```
(*point).mem;            // point 是內建的指標型別
point.operator()->mem;   // point 是類別型別的一個物件
```

否則，程式碼就有錯。也就是說，point->mem 會像這樣執行：

1. 如果 point 是一個指標，就會套用內建的箭號運算子，這表示此運算式是 (*point).mem 的同義詞。那個指標會被解參考，而所指的成員會從結果物件中擷取出來。如果 point 所指的型別沒有名為 mem 的成員，那麼程式碼就有錯。

2. 如果 point 是其類別定義有 operator-> 的一個物件，那麼 point.operator->() 就會被用來擷取 mem。如果那個結果是一個指標，那麼步驟 1 就會在該指標上執行。如果結果是一個物件，而該物件本身具有一個重載的 operator->()，那麼這個步驟就會在那個物件上重複。這個程序會持續進行，直到指向具有所要的成員的一個物件之指標被回傳，或是回傳了其他的值，在這種情況下，程式碼就有錯。

> 重載的箭號運算子必須回傳對某個類別型別的一個指標，或是定義有自己箭號運算子的某個類別型別的一個物件。

習題章節 14.7

練習 14.30：新增解參考和箭號運算子到你的 StrBlobPtr 類別，以及你在 §12.1.6 練習 12.22 中所定義的 ConstStrBlobPtr。注意到 ConstStrBlobPtr 中的運算子必須回傳 const 參考，因為 ConstStrBlobPtr 中的資料成員指向一個 const vector。

練習 14.31：我們的 StrBlobPtr 類別並沒有定義拷貝建構器、指定運算子或解構器。為什麼這不會有問題？

練習 14.32：定義一個類別存放對 StrBlobPtr 的一個指標。為這個類別定義重載的箭號運算子。

14.8 函式呼叫運算子

重載呼叫運算子（**call operator**）的類別讓以它為型別的物件能被當作函式使用。因為這種類別也能夠儲存狀態，所以可以比一般的函式更有彈性。

舉個簡單的例子，下列名為 absInt 的 struct 具有一個呼叫運算子，會回傳其引數的絕對值：

```
struct absInt {
    int operator()(int val) const {
        return val < 0 ? -val : val;
    }
};
```

這個類別定義單一個運算：函式呼叫運算子。那個運算子接受型別為 int 的一個引數，並回傳該引數的絕對值。

我們使用呼叫運算子的方式是對一個 absInt 物件套用一個引數列，看起來就像函式呼叫那樣：

```
int i = -42;
absInt absObj;        // 具有一個函式呼叫運算子的物件
int ui = absObj(i);   // 傳入 i 給 absObj.operator()
```

雖然 absObj 是一個物件，而非一個函式，我們還是可以「呼叫」這個物件。呼叫一個物件會執行它重載的呼叫運算子。在這種情況中，那個運算子接受一個 int 值，並回傳它的絕對值。

 函式呼叫運算子必須是一個成員函式。一個類別可以定義多個版本的呼叫運算子，每個與其他的都必須在參數的數目和型別上有差異。

定義有呼叫運算子的類別之物件被稱為**函式物件（function objects）**。這種物件「行為就像函式」，因為我們可以呼叫它們。

具有狀態的函式物件類別

就跟其他的任何類別一樣，一個函式物件類別（function-object class）除了 operator() 外，也能有其他的成員。函式物件類別經常會含有資料成員，用來自訂呼叫運算子中的作業。

舉個例子，我們會定義一個類別，印出一個 string 引數。預設情況下，我們的類別會寫入 cout，並會接在每個 string 後印出一個空格。我們也會讓我們類別的使用者提供不同的資料流以供寫入，或提供不同的區隔符號。我們可以把這個類別定義成這樣：

```
class PrintString {
public:
    PrintString(ostream &o = cout, char c = ' '):
        os(o), sep(c) { }
    void operator()(const string &s) const { os << s << sep; }
private:
    ostream &os;        // 要寫入的資料流
    char sep;           // 要印在每個輸出後的字元
};
```

我們的類別有一個建構器，接受對輸出資料流的一個參考以及用作分隔符號的一個字元。它使用 cout 和一個空格作為這些參數的預設引數（（§6.5.1）。函式呼叫運算子的主體會在印出給定的 string 時使用這些成員。

當我們定義 PrintString 物件，我們可以使用預設值或提供我們自己的值作為分隔符號或輸出資料流：

```
PrintString printer;         // 使用預設值；印出至 cout
printer(s);                  // 在 cout 印出 s 後面接著一個空格
PrintString errors(cerr, '\n');
errors(s);                   // 在 cerr 印出 s 後面接著一個 newline
```

函式物件最常用作泛用演算法的引數。舉例來說，我們可以使用程式庫的 for_each 演算法（§10.3.2）和我們的 PrintString 類別來印出一個容器的內容：

```
for_each(vs.begin(), vs.end(), PrintString(cerr, '\n'));
```

for_each 的第三個引數是型別為 PrintString 的一個暫存物件，我們以 cerr 及一個 newline 字元初始化它。對 for_each 的呼叫會印出 vs 中的每個元素到 cerr，後面都接著一個 newline。

習題章節 14.8

練習 14.33：一個重載的函式呼叫運算子可以接受多少個運算元？

練習 14.34：定義一個函式物件類別來進行一種 if-then-else 運算：這個類別的呼叫運算子應該接受三個參數。它應該測試它的第一個參數，而當測試成功，它應該回傳它的第二個參數；否則，它應該回傳它的第三個參數。

練習 14.35：撰寫一個像是 PrintString 的類別，從一個 istream 讀取一行輸入，並回傳一個 string 表示我們所讀到的東西。如果讀取失敗，就回傳空的 string。

練習 14.36：使用來自前面練習的類別，讀取標準輸入，並將每一行都儲存為一個 vector 中的一個元素。

練習 14.37：撰寫一個類別測試兩個值是否相等。使用該類別的物件和程式庫演算法寫一個程式來取代一個序列中給定的值出現的每個地方。

14.8.1 Lambdas 是函式物件（Function Objects）

在前一節中，我們使用一個 PrintString 物件作為 for_each 呼叫的一個引數。這個用法類似於我們在 §10.3.2 中寫的，會使用 lambda expression（lambda 運算式）的那個程式。當我們撰寫一個 lambda，編譯器會將那個運算式轉譯為一個無名類別的一個無名物件（§10.3.3）。

產生自一個 lambda 的這個類別含有一個重載的函式呼叫運算子。舉例來說，我們傳入作為 stable_sort 最後一個引數的 lambda：

```
// 以大小排序 words，而大小相同的字詞則維持字母順序
stable_sort(words.begin(), words.end(),
            [](const string &a, const string &b)
              { return a.size() < b.size();});
```

其行為就像類別看起來如下的一個無名物件：

```
class ShorterString {
public:
    bool operator()(const string &s1, const string &s2) const
    { return s1.size() < s2.size(); }
};
```

所產生的類別有單一個成員，它是一個函式呼叫運算子，接受兩個 string 並比較它們的長度。參數列與函式主體則跟 lambda 相同。如我們在 §10.3.3 中所見，預設情況下，lambda 不可以改變它們所捕捉的變數。因此，預設情況下，產生自一個 lambda 的類別中的函式呼叫運算子會是一個 const 成員函式。如果 lambda 被宣告為 mutable，那麼呼叫運算子就不是 const。

我們可以改寫對 stable_sort 的呼叫，使用這個類別，而非 lambda expression：

```
stable_sort(words.begin(), words.end(), ShorterString());
```

那第三個引數是一個新創建的 ShorterString 物件。stable_sort 中的程式碼會在每次比較兩個 string 時「呼叫」這個物件。這個物件被呼叫時，它會執行其呼叫運算子的主體，並在第一個 string 的大小小於第二個時回傳 true。

表示具有捕捉的 Lambdas 的類別

如我們所見，當一個 lambda 以參考捕捉一個變數，程式必須負責確保參考所指的變數在那個 lambda 執行時仍然存在（§10.3.3）。因此，編譯器被允許直接使用那個參考，而不用將那個參考儲存在所產生的類別中作為一個資料成員。

相較之下，以值捕捉的變數會被拷貝到 lambda 中（§10.3.3）。因此，從以值捕捉變數的 lambda 產生的類別會有對應每個這種變數的資料成員。這些類別也會有一個建構器以所捕捉的變數之值初始化這些資料成員。舉一個例子，§10.3.2 中，用來找尋長度大於或等於給定界限的第一個 string 的 lambda：

```
// 取得一個迭代器指向 size() >= sz 的第一個元素
auto wc = find_if(words.begin(), words.end(),
                  [sz](const string &a)
```

會產生看起來像這樣的一個類別

```
class SizeComp {
    SizeComp(size_t n): sz(n) { } // 每個被捕捉的變數之參數
    // 呼叫運算子與 lambda 有相同的回傳型別、參數和主體
    bool operator()(const string &s) const
        { return s.size() >= sz; }
private:
    size_t sz; // 以值捕捉的每個變數都有一個資料成員
};
```

不同於我們的 `ShorterString` 類別，這個類別有一個資料成員，以及一個建構器用以初始化那個成員。這個合成的類別並沒有預設建構器，要使用這個類別，我們必須傳入 一個引數：

```
// 取得一個迭代器指向 size() >= sz 的第一個元素
auto wc = find_if(words.begin(), words.end(), SizeComp(sz));
```

從一個 lambda expression 產生的類別會有一個已刪除（deleted）的預設建構器、已刪除的指定運算元，以及一個預設解構器。該類別是否有預設的或已刪除的拷貝或移動建構器，則一如以往取決於所捕捉的資料成員之型別（§13.1.6 和 §13.6.2）。

習題章節 14.8.1

練習 14.38：寫一個類別測試一個給定的 string 之長度是否符合一個給定的界限。使用該類別的物件撰寫一個程式，回報一個輸入檔中，有多少字詞的長度落在 1 到 10 之間（包括兩端）。

練習 14.39：修改前面的程式，回報長度從 1 到 9，以及 10 或更多的字詞分別有多少。

練習 14.40：改寫 §10.3.2 的 biggies 函式，使用函式物件類別取代 lambda。

練習 14.41：你認為新標準為何要新增 lambda 呢？說明你何時會使用 lambda，何時會自行撰寫類別。

14.8.2 程式庫定義的函式物件

標準程式庫定義了一組類別，用以代表算術、關係和邏輯運算子。每個類別都定義了一個呼叫運算子以套用那個具名的運算。舉例來說，plus 類別的函式呼叫運算子會套用 + 到一對運算元；modulus 類別定義的呼叫運算子會套用二元的 % 運算子；equal_to 類別則套用 ==，依此類推。

這些類別都是我們會為之提供單一個型別的模板（templates）。這個型別指出呼叫運算子的參數型別。舉例來說，plus<string> 會套用 string 的加法運算子到 string 物件；而 plus<int> 的運算元則是 int；plus<Sales_data> 對 Sales_data 套用 +，依此類推：

```
plus<int> intAdd;              // 能夠相加兩個 int 值的函式物件
negate<int> intNegate;         // 能夠反轉一個 int 值正負號的函式物件
// 使用 intAdd::operator(int, int) 來相加 10 與 20
int sum = intAdd(10, 20);              // 等同於 sum = 30
sum = intNegate(intAdd(10, 20));       // 等同於 sum = -30
// 使用 intNegate::operator(int) 來產生 -10 作為
// intAdd::operator(int, int) 的第二個參數
sum = intAdd(10, intNegate(10));       // sum = 0
```

這些型別，列於表 14.2 中，都是定義在 functional 標頭中。

表 14.2：程式庫的函式物件

算術的	關係的	邏輯的
plus<Type>	equal_to<Type>	logical_and<Type>
minus<Type>	not_equal_to<Type>	logical_or<Type>
multiplies<Type>	greater<Type>	logical_not<Type>
divides<Type>	greater_equal<Type>	
modulus<Type>	less<Type>	
negate<Type>	less_equal<Type>	

將一個程式庫函式物件與演算法並用

代表運算子的函式物件類別通常會被用來覆寫某個演算法所用的預設運算子。如我們所見，預設情況下，排序演算法使用 operator<，它一般會將序列排列為遞增的順序（ascending order）。若要排列為遞減順序（descending order），我們可以傳入型別為 greater 的一個物件。這個類別會產生一個呼叫運算子來調用底層元素型別的大於運算子（greater-than operator）。舉例來說，如果 svec 是一個 vector<string>，

```
// 傳入一個暫時性的函式物件，套用 < 運算子到兩個 string
sort(svec.begin(), svec.end(), greater<string>());
```

會將 vector 排列為遞減順序。第三個引數是型別為 greater<string> 的一個無名物件。當 sort 比較元素，這裡不會套用元素型別的 < 運算子，而是呼叫所給的 greater 函式物件。那個物件會套用 > 到 string 元素。

這些程式庫函式物件的一個重要面向是，程式庫保證它們能用於指標。回想一下，比較兩個不相關的指標是未定義的（§3.5.3）。然而，我們可能會想要依據它們在記憶體中的位址排序由指標所構成的一個 vector。儘管我們直接這麼做時是未定義的，我們依然可以透過其中一個程式庫函式物件來這麼做：

```
vector<string *> nameTable; // 指標所成的 vector
// 錯誤：nameTable 中的指標是不相關的，因此 < 是未定義的
sort(nameTable.begin(), nameTable.end(),
     [](string *a, string *b) { return a < b; });
// ok：程式庫保證指標型別上的 less 是定義良好的
sort(nameTable.begin(), nameTable.end(), less<string*>());
```

也值得注意的是，關聯式容器使用 less<key_type> 來排列它們的元素。結果就是，我們可以由指標構成的一個 set，或使用指標作為一個 map 中的鍵值（key），而不用直接指定less。

習題章節 14.8.2

練習 14.42：使用程式庫的函式物件和轉接器，定義一個運算式來

    (a) 計算大於 1024 的值有多少個
    (b) 找出第一個不等於 pooh 的字串
    (c) 將所有的值乘以 2

練習 14.43：使用程式庫的函式物件，判斷一個給定的 int 值是否能夠以一個 int 容器中的任何元素來整除。

14.8.3 可呼叫的物件和 `function`

C++ 有數種可呼記的物件（callable objects）：函式與對函式的指標、lambda（§10.3.2）、bind 所創建的物件（§10.3.4），以及重載了函式呼叫運算子的類別。

就跟其他的任何物件一樣，一個可呼叫的物件也會有一個型別。舉例來說，每個 lambda 都有其唯一的（無名）類別型別。函式與函式指標之型別會隨著它們的回傳型別和引數型別而變，諸如此類的。

然而，具有不同型別的兩個可呼叫物件可能共用相同的**呼叫特徵式（call signature）**。呼叫特徵式指出呼叫該物件會回傳什麼型別，以及必須在呼叫中傳入的引數型別。一個呼叫特徵式對應一個函式型別。舉例來說：

```
int(int, int)
```

就是接受兩個 int 並回傳一個 int 的一個函式型別。

不同的型別可以有相同的呼叫特徵式

有的時候，我們想要將共用一個呼叫特徵式的數個可呼叫物件視為具有相同的型別。舉例來說，思考下列不同型別的呼叫可呼叫物件：

```
// 一般的函式
int add(int i, int j) { return i + j; }
// lambda，它會產生一個無名的函式物件類別
auto mod = [](int i, int j) { return i % j; };
// 函式物件類別
struct divide {
    int operator()(int denominator, int divisor) {
        return denominator / divisor;
    }
};
```

這些 callable 中每一個都會套用一種算術運算到它的參數。即使每個都有不同的型別，它們全都共有相同的呼叫特徵式：

```
int(int, int)
```

我們可以想要使用這些 callable 來建置一個簡單的桌上型計算器。為了這麼做，我們想要定義一個**函式表（function table）**來儲存對這些 callable 的「指標」。當程式需要執行某個特定的運算，它會在表中找出要呼叫的函式。

在 C++ 中，函式表能輕易地使用一個 map 來實作。在這種情況中，我們會使用對應一個運算子符號的 string 作為鍵值；而值將會是實作那個運算子的函式。當我們想要估算一個給定的運算子，我們會以那個運算子來索引這個 map，然後呼叫所產生的元素。

如果我們所有的函式都是獨立的函式，並假設我們只處理型別 int 的二元運算子，我們可以把這個 map 定義為

```
// 將一個運算子映射至對一個函式的指標，這種函式接受兩個 int 並回傳一個 int
map<string, int(*)(int,int)> binops;
```

我們可以像這樣把對 add 的一個指標放入 binops 中：

```
// ok：add 是指向適當型別的函式的一個指標
binops.insert({"+", add}); // {"+", add} 是一個 pair，請參閱 §11.2.3
```

然而，我們無法儲存 mod 或型別為 divide 的一個物件到 binops 中：

```
binops.insert({"%", mod}); // 錯誤：mod 不是對函式的一個指標
```

問題在於，mod 是一個 lambda，而每個 lambda 都有它自己的類別型別。那個型別並不匹配儲存在 binops 中的值之型別。

程式庫的 function 型別

我們可以使用名為 **function** 的一新的程式庫型別來解決這個問題，它定義在 functional 標頭中；表 14.3 列出了 function 所定義的運算。 `C++11`

function 是一個模板。就跟我們用過的其他模板一樣，我們必須在創建一個 function 型別時提供額外的資訊。在這種情況中，那個資訊就是這個特定的 function 型別能夠表示的物件之呼叫特徵式。就跟其他的模板一樣，我們會在角括號（angle brackets）內指定這個型別：

```
function<int(int, int)>
```

這裡我們宣告了一個 function 型別，它可以表示會回傳一個 int 結果並具有兩個 int 參數的可呼叫物件。我們可以使用這個型別來表示我們桌上型計算器的任何型別：

```
function<int(int, int)> f1 = add;        // 函式指標
function<int(int, int)> f2 = divide();   // 一個函式物件類別的物件
function<int(int, int)> f3 = [](int i, int j) // lambda
                                { return i * j; };
cout << f1(4,2) << endl; // 印出 6
```

```
cout << f2(4,2) << endl; // 印出 2
cout << f3(4,2) << endl; // 印出 8
```

我們現在可以使用這個 function 型別重新定義我們的 map：

```
// 這個表會把可呼叫物件對應到每個二元運算子
// 所有的 callable 都必須接受兩個 int 並回傳一個 int
// 元素可以是一個函式指標、函式物件或 lambda
map<string, function<int(int, int)>> binops;
```

我們可以把我們的每一個可呼叫物件加到這個 map，不管它們是函式指標、lambda 或函式物件：

```
map<string, function<int(int, int)>> binops = {
{"+", add},                                   // 函式指標
{"-", std::minus<int>()},                     // 程式庫函式物件
{"/", divide()},                              // 使用者定義的函式物件
{"*", [](int i, int j) { return i * j; }},    // 無名的 lambda
{"%", mod} };                                 // 具名的 lambda 物件
```

我們的 map 有五個元素。雖然底層的可呼叫物件之型別都與彼此不同，我們還是可以把這些不同的型別儲存在共通的 function<int(int, int)> 型別中。

如同以往，當我們索引一個 map，我們會取得一個參考指向關聯的值。當我們索引 binops，我們會得到一個參考指向型別為 function 的一個物件。這個 function 重載了呼叫運算子。那個呼叫運算子接受自己的引數，並將它們傳遞給它所儲存的可呼叫物件：

```
binops["+"](10, 5); // 呼叫 add(10, 5)
binops["-"](10, 5); // 使用 minus<int> 物件的呼叫運算子
binops["/"](10, 5); // 使用 divide 物件的呼叫運算子
binops["*"](10, 5); // 呼叫這個 lambda 函式物件
binops["%"](10, 5); // 呼叫這個 lambda 函式物件
```

這裡我們呼叫了儲存在 binops 中的每個運算。在第一個呼叫中，我們取回的元素存有一個函式指標，指向我們的 add 函式。呼叫 binops["+"](10, 5) 會使用那個指標來呼叫 add，傳入 10 與 5 的值給它。在下一個呼叫中，binops["-"] 回傳一個 function，它儲存型別為 std::minus<int> 的一個物件。我們會呼叫那個物件的呼叫運算子，依此類推。

重載的函式與 function

我們無法（直接）把一個重載函式的名稱儲存到型別為 function 的一個物件中：

```
int add(int i, int j) { return i + j; }
Sales_data add(const Sales_data&, const Sales_data&);
map<string, function<int(int, int)>> binops;
binops.insert( {"+", add} ); // 錯誤：哪個 add？
```

解決這種歧義的方式之一是儲存一個函式指標（§6.7）而非該函式的名稱：

```
int (*fp)(int,int) = add; // 這個指標指向接受兩個 int 的那個 add 版本
binops.insert( {"+", fp} ); // ok：fp 指向正確版本的 add
```

表 14.3：`function` 上的運算	
`function<T> f;`	f 是一個 null 的 function 物件，它可以儲存呼叫特徵式等同於函式型別 T（即 T 是 *retType(args)*）的可呼叫物件。
`function<T> f(nullptr);`	明確地建構一個 null 的 function。
`function<T> f(obj);`	將可呼叫物件 obj 的一個拷貝儲存在 f 中。
`f`	把 f 當成一個條件使用；如果 f 存有一個可呼叫物件，就為 true；否則為 false。
`f(`*args*`)`	傳入 *args* 來呼叫 f 中的物件。
定義為 `function<T>` 成員的型別	
`result_type`	這個 function 型別的可呼叫物件會回傳的型別。

`argument_type`
`first_argument_type`
`second_argument_type`
	當 T 剛好有一個或兩個引數時所定義的型別。如果 T 有一個引數，`argument_type` 就是那個型別的同義詞。如果 T 有兩個引數，`first_argument_type` 和 `second_argument_type` 就是那些引數型別的同義詞。

又或者是，我們可以使用一個 lambda 來消除歧義：

```
// ok：使用一個 lambda 分清楚我們想要使用的是哪個版本的 add
binops.insert( {"+", [](int a, int b) {return add(a, b);} } );
```

這個 lambda 主體中的呼叫傳遞了兩個 int。那個呼叫只能匹配接受兩個 int 的 add 版本，所以那就是這個 lambda 執行時會被呼叫的函式。

新程式庫中的 function 類別與之前程式庫版本中名為 unary_function 和 binary_function 的類別無關。這些類別因為較廣義的 bind 函式（§10.3.4）而被棄用了。

習題章節 14.8.3

練習 14.44：撰寫你自己版本的簡單桌上型計算器來處理二元運算。

14.9 重載、轉換與運算子

在 §7.5.4 中，我們看到能以一個引數呼叫的一個非 explicit 建構器定義了一種隱含的轉換。這種建構器會將一個物件從引數的型別轉至（*to*）該類別型別。我們也可以定義轉自（*from*）類別型別的轉換。要定義轉自一個類別型別的轉換，我們會定義一個轉換運算子（conversion operator）。

轉換建構器（converting constructors）和轉換運算子定義**類別型別的轉換（class-type conversions）**。

14.9.1 轉換運算子

轉換運算子（conversion operator）是一種特殊的成員函式，可以把某個類別型別的值轉為其他型別的值。一個轉換函式通常會有這樣的一般形式：

```
operator type() const;
```

其中 *type* 代表一個型別。轉換運算子可定義給能夠是函式回傳型別（§6.1）的任何型別（除了 void 以外）。轉換至一個陣列或一個函式型別是不被允許的。轉換到指標型別，不管是資料或函式指標，以及轉換至參考型別，都是被允許的。

轉換運算子沒有明確寫定的回傳型別，也沒有參數，而且它們必須被定義為成員函式。轉換運算一般不應該改變它們正在轉換的物件。因此，轉換運算子通常應該被定義為 const 成員。

> 一個轉換函式必須是成員函式，不能指定回傳型別，而且必須有一個空的參數列。這種函式通常應該是 const 的。

定義具有轉換運算子的類別

舉個例子，我們會定義一個小型的類別，來表示從 0 到 255 的範圍中的一個整數：

```cpp
class SmallInt {
public:
    SmallInt(int i = 0): val(i)
    {
        if (i < 0 || i > 255)
            throw std::out_of_range("Bad SmallInt value");
    }
    operator int() const { return val; }
private:
    std::size_t val;
};
```

我們的 SmallInt 類別定義了轉至與轉自其型別的轉換。建構器會把算術型別的值轉為一個 SmallInt。轉換運算子會把 SmallInt 物件轉為 int：

```cpp
SmallInt si;
si = 4; // 隱含地將 4 轉為 SmallInt，然後呼叫 SmallInt::operator=
si + 3; // 隱含地將 si 轉為 int，後面接著整數的加法運算
```

雖然編譯器一次只會套用一個使用者定義的轉換（§4.11.2），一個隱含的使用者定義轉換（user-defined conversion）前後可以接著一個標準的（內建）轉換（§4.11.1）。因此，我們可以傳入任何的算術型別給 SmallInt 建構器。同樣地，我們可以使用轉換運算子來將一個 SmallInt 轉為 int，然後將所產生的 int 值轉為另一個算術型別：

```
// double 引數會透過內建的轉換被轉為 int
SmallInt si = 3.14;  // 呼叫 SmallInt(int) 建構器
// SmallInt 轉換運算子將 si 轉為 int;
si + 3.14;  // 那個 int 會透過內建的轉換被轉為 double
```

因為轉換運算子是隱含套用的，你沒辦法傳入引數給這些函式。因此，轉換運算子不可以被定義成會接受參數。雖然轉換函式並沒有指定回傳型別，每個轉換函式都必須回傳其對應型別的一個值：

```
class SmallInt;
operator int(SmallInt&);                    // 錯誤：非成員
class SmallInt {
public:
    int operator int() const;               // 錯誤：回傳型別
    operator int(int = 0) const;            // 錯誤：參數列
    operator int*() const { return 42; }    // 錯誤：42 不是一個指標
};
```

注意：避免過度使用轉換函式

就像重載運算子的使用，審慎明智的使用轉換運算子可以大大簡化類別設計者的工作，並讓類別的使用更加容易。然而，某些轉換可能會誤導人。如果類別型別和轉換型別之間沒有明顯的單一映射，那麼轉換運算子就有誤導之虞。

舉例來說，思考代表 Date（日期）的一個類別。我們可能會認為提供從 Date 到 int 的轉換是個好主意。然而，這種轉換函式應該回傳什麼值呢？這種函式可能回傳年、月、日的十進位表示值。舉例來說，July 30, 1989（1989 年 7 月 30 日）可能被表視為 int 值 19800730。又或者，轉換運算子可能回傳一個 int 表示從某個曆元點（epoch point，例如 January 1, 1970）起算所經過的天數。這兩種轉換都有我們想要的特性，也就是後面的日期會對應到較大的整數，所以兩者都可能有用。

問題在於，型別為 Date 的物件和型別為 int 的值之間並沒有單一的一對一映射關係存在。在這種情況中，最好是不要定義轉換運算子。取而代之，類別應該定義一或多個普通成員，以各種的這些形式擷取資訊。

轉換運算子可能產出令人意外的結果

實務上，類別鮮少提供轉換運算子。比較常見的是，使用者會對自動發生的轉換感到驚訝，而不是因為轉換的存在而得到幫助。然而，這個經驗法則有一個重要的例外：類別定義對 bool 的轉換並非不常見。

在早期版本的標準底下，想要定義對 bool 轉換的類別面臨一種問題：因為 bool 是一種算術型別，一個被轉換為 bool 的類別型別物件只能用在預期算術型別的情境中。這種轉換可能以出人意料的方式發生。特別是，如果 istream 有對 bool 的轉換，那麼下列的程式碼就能編譯：

```
int i = 42;
cin << i;  // 如果對 bool 的轉換不是明確的，這段程式碼就會是合法的！
```

這個程式試著在一個輸入資料流上使用輸出運算子。沒有為 istream 定義的 <<，所以這段程式碼幾乎可以確定是錯的。然而，這段程式碼可以使用 bool 轉換運算子來將 cin 轉為 bool。所產生的 bool 會被提升為 int，並被用作內建版本的左移運算子（left-shift operator）的左運算元。那個提升過的值（可能是 1 或 0）會被往左移 42 個位置。

explicit 轉換運算子

要防止這種問題，新的標準引進了 **explicit 轉換運算子**：

```
class SmallInt {
public:
    // 編譯器不會自動套用這個轉換
    explicit operator int() const { return val; }
    // 其他的成員一如以往
};
```

就跟 explicit 的建構器（§7.5.4）一樣，編譯器（通常）不會使用一個 explicit 轉換運算子來進行隱含的轉換：

```
SmallInt si = 3;  // ok：SmallInt 建構器不是 explicit 的
si + 3;  // 錯誤：需要隱含的轉換，但 operator int 是 explicit 的
static_cast<int>(si) + 3;  // ok：明確地請求轉換
```

如果轉換運算子是 explicit 的，我們仍然能夠進行轉換。然而，除了一個例外，我們必須透過強制轉型（cast）明確地那麼做。

那個例外是，編譯器會把一個 explicit 的轉換套用到用作條件（condition）的一個運算式上。也就是說，一個 explicit 會被隱含地用來轉換一個運算式，如果它被用作

- 一個 if、while 或 do 述句的條件
- 一個 for 述句標頭中的條件運算式
- 邏輯 NOT（!）、OR（||）或 AND（&&）運算子的運算元
- 條件運算子（?:）中的條件運算式

轉換為 bool

在早期版本的程式庫中，IO 型別定義了對 void* 的轉換。它們這麼做是為了避免會在下面演示的問題。在新標準底下，IO 程式庫則是定義了對 bool 的 explicit 轉換。

每當我們把一個資料流物件（**stream object**）用在一個條件中，我們就會使用為 IO 型別所定義的 operator bool。舉例來說，

```
while (std::cin >> value)
```

while 中的條件會執行輸入運算子，它會讀資料到 value 中，並回傳 cin。為了估算這個條件，cin 會透過 istream 的 operator bool 轉換函式被隱含地轉換。那個函式會在 cin 的條件狀態是 good（§8.1.2）的時候回傳 true，否則為 false。

> 對 bool 的轉換通常是要用在條件中。因此，operator bool 一般應該被定義為 explicit。

習題章節 14.9.1

練習 14.45：撰寫轉換運算子來將 Sales_data 轉為 string 和 double。你認為這些運算子應該回傳什麼值呢？

練習 14.46：說明定義這些 Sales_data 轉換運算子是否是好主意，以及它們是否應該為 explicit。

練習 14.47：解釋這兩個轉換運算子之間的差異：

```
struct Integral {
    operator const int();
    operator int() const;
};
```

練習 14.48：判斷 §7.5.1 練習 7.40 中你所用的類別是否應該有對 bool 的轉換。如果是，請解釋原因，並說明這個運算子是否應該是 explicit。如果不是，請解釋為何不。

練習 14.49：不管那樣做是不是好主意，為前面練習的類別定義一個對 bool 的轉換。

14.9.2 避免模稜兩可的轉換

如果一個類別有一或多個轉換，很重要的是要確保從類別型別到目標型別的轉換只存在一種方式。如果有多種方式可以進行轉換，那麼就很難寫出無歧義的程式碼。

多重轉換路徑的出現，可能會經由兩種方式。第一種發生在兩個類別提供相互轉換（**mutual conversions**）之時。舉例來說，相互轉換發生在一個類別 A 定義了接受類別 B 物件的轉換建構器，而且 B 本身也定義了對型別 A 的一個轉換運算子。

產生多重轉換路徑的第二種方式是定義多個轉換至或自它們之間本身就有轉換關係的型別。最明顯的例子是內建的算術型別。一個給定的類別通常應該最多只定義源自或轉向一個算術型別的轉換。

 一般來說，定義具有相互轉換，或能夠轉自或轉至兩個算術型別的類別，都不是好主意。

引數匹配與相互轉換

在下列範例中，我們定義了兩種方式來從一個 B 獲得一個 A：不是使用 B 的轉換運算子，就是使用 A 的，接受一個 B 的建構器：

```
// 兩個類別型別之間有相互轉換，通常不是好主意
struct B;
struct A {
    A() = default;
    A(const B&);          // 把一個 B 轉換為一個 A
    // 其他的成員
};
struct B {
    operator A() const; // 也將一 B 轉換為一個 A
    // 其他的成員
};
A f(const A&);
B b;
A a = f(b); // 錯誤，有歧義的：f(B::operator A())
            //  或 f(A::A(const B&))
```

因為從一個 B 獲得一個 B 有兩種方式存在，編譯器不知道要執行哪個轉換，對 f 的那個呼叫是有歧義的。這個呼叫可以使用接受一個 B 的 A 建構器，也可以使用會將 B 轉為 A 的 B 轉換運算子。因為這兩個函式都一樣好，所以該呼叫就會出錯。

如果我們想要進行這個呼叫，我們必須明確地呼叫那個轉換運算子或建構器：

```
A a1 = f(b.operator A()); // ok：使用 B 的轉換運算子
A a2 = f(A(b)); // ok：使用 A 的建構器
```

請注意，我們無法使用強制轉型（cast）來解決這個歧義，強制轉型本身也會產生相同的歧義。

歧義與對內建型別的多重轉換

歧義也會發生在類別定義的轉換會轉向（或轉自）多個本身有轉換關係的型別時。示範用的最好例子，也是特別有問題的一個，就是類別定義了建構器來轉自或轉換來轉至一個以上的算術型別。

舉例來說，下列的類別具有的轉換建構器轉自兩個不同的算術型別，也有轉至兩個不同算術型別的轉換運算子：

```
struct A {
    A(int = 0);  // 這通常不是好主意：有兩個
    A(double);   // 轉自算術型別的轉換
    operator int() const;       // 這通常也不是好主意：有兩個
    operator double() const;    // 轉至算術型別的轉換
    // 其他的成員
};
void f2(long double);
A a;
f2(a);  // 錯誤，有歧義：f(A::operator int())
        // 或 f(A::operator double())
long lg;
A a2(lg);  // 錯誤，有歧義：A::A(int) 或 A::A(double)
```

在對 f2 的呼叫中，任一個轉換都不是 long double 的完全匹配。然而，任一個轉換都可以使用，後面跟著標準的轉換以得到 long double。因此，沒有一個轉換比另一個好，這個呼叫有歧義。

我們會在試著以一個 long 初始化 a2 時遇到相同的問題。任一個建構器都不是 long 的完全匹配。每個都會需要在使用建構器之前先轉換引數：

- 標準的 long 對 double 轉換，後面跟著 A(double)
- 標準的 long 對 int，後面跟著 A(int)

這些轉換程序是無法區辨的，所以該呼叫有歧義。

對 f2 的呼叫，以及 a2 的初始化，都是有歧義的，因為所需要的標準轉換具有相同的位階（rank，§6.6.1）。當使用者定義的轉換被使用，標準轉換的位階（如果有的話），就會被用來選擇最佳匹配：

```
short s = 42;
// 將 short 提升為 int 比 short 對 double 的轉換還要好
A a3(s);  // 使用 A::A(int)
```

在此，把一個 short 提升為 int 會被優先選用，而非 short 對 double 的轉換。因此 a3 會使用 A::A(int) 建構器來建構，它在（提升過後的）s 值上執行。

> 當兩個使用者定義的轉換被使用時，接在那個轉換函式之前或之後的標準轉換的位階，如果有的話，會被用來選擇最佳的匹配。

重載的函式和轉換建構器

在多個轉換之間挑選的過程，會在我們呼叫一個重載函式時變得更加複雜。如果有兩個或更多個轉換提供了合用（viable）的匹配，那麼那些轉換會被視為一樣好。

舉個例子，產生歧義的問題會出現在重載函式接受的參數只差在類別型別，而且那些類別定義了相同的轉換建構器：

注意：轉換與運算子

要為一個類別正確地設計出重載運算子、轉換建構器和轉換函式，需要花費不少心思。特別是，如果一個類別轉換運算子和重載運算子都有定義，那就很容易產生歧義。有幾個經驗法則可能會有幫助：

- 別定義相互轉換的類別：如果類別 Foo 有一個建構器會接受類別 Bar 的一個物件，就別賦予 Bar 轉換至型別 Foo 的轉換運算子。
- 避免對內建算術型別的轉換。特別是，如果你定義了對某個算術型別的一個轉換，那麼就
  - 別定義那些運算子接受算術型別的重載版本。如果使用者需要使用這些運算子，轉換運算會轉換你型別的物件，然後就可使用內建的運算子。
  - 別定義對多個算術型別的轉換。讓標準轉換提供轉向其他算術型別的轉換。

最簡單的原則是：除了對 bool 的 explicit 轉換以外，避免定義轉換函式，並把非 explicit 的建構器留給那些「明顯就是對的」的場合。

```
struct C {
    C(int);
    // 其他的成員
};
struct D {
    D(int);
    // 其他的成員
};
void manip(const C&);
void manip(const D&);
manip(10); // 錯誤，有歧義：manip(C(10)) 或 manip(D(10))
```

這裡，C 和 D 都有接受一個 int 的建構器。任一個建構器都能被用來匹配一個版本的 manip。因此，這個呼叫有歧義：它可能表示將 int 轉為 C 然後呼叫第一個版本的 manip，或它也可以代表將 int 轉為 D，然後呼叫第二個版本。

呼叫者可以明確地建構正確的型別來消除歧義：

```
manip(C(10)); // ok：呼叫 manip(const C&)
```

需要使用一個建構器或強制轉型來為一個重載函式呼叫中的引數進行轉換，經常是不良設計的跡象。

重載函式和使用者定義的轉換

在對一個重載函式的呼叫中，如果兩個（或更多個）使用者定義的轉換提供了合用的匹配，那些轉換會被視為一樣好。

可能需要的任何標準轉換的位階不會被考慮在內。是否也需要某個內建轉換，只會在重載的集合可以使用相同的轉換函式匹配時，才會被考慮。

舉例來說，即使其中一個類別定義的建構器需要為引數進行標準轉換，我們對 manip 的呼叫還是會有歧義：

```
struct E {
    E(double);
    // 其他的成員
};
void manip2(const C&);
void manip2(const E&);
// 錯誤，有歧義：有兩個不同的使用者定義轉換可以使用
manip2(10); // manip2(C(10)) 或 manip2(E(double(10)))
```

在此，C 有轉自 int 的一個轉換，而 E 有轉自 double 的一個轉換。對於 manip2(10) 呼叫來說，這兩個 manip2 函式都是合用的：

- manip2(const C&) 之所以合用，是因為 C 有一個接受 int 的轉換建構器。那個建構器是該引數的一個完全匹配。
- manip2(const E&) 是合用的，因為 E 有接受 double 的一個轉換建構器，而我們可以使用一個標準轉換來轉換 int 引數以使用那個轉換建構器。

因為對重載函式的呼叫需要與彼此不同的使用者定義轉換，這個呼叫是有歧義的。特別是，即使其中一個呼叫需要標準轉換，而另一個是完全匹配，編譯器仍會將這個呼叫標示為錯誤。

 在對一個重載函式的呼叫中，額外標準轉換的位階（如果有的話）只在合用的函式需要相同的使用者定義轉換時，才有重要性。如果需要的是不同的使用者定義轉換，那麼呼叫就有歧義。

14.9.3 函式匹配與重載的運算子

重載的運算子是重載函式。一般的函式匹配（function matching，§6.4）程序會被用來判斷要把哪個運算子，不管是內建或重載的，套用到一個給定的運算式上。然而，當一個運算子函式被用在一個運算式中，候選函式所成的集合會比我們使用呼叫運算子呼叫一個函式時還要廣。如果 a 有一個類別型別，那麼運算式 a *sym* b 可能是

```
a.operatorsym(b); // a 有一個 operatorsym 作為一個成員函式
operatorsym(a, b);// operatorsym 是一個普通的函式
```

不同於一般的函式呼叫，我們無法使用呼叫的形式來區辨我們是在呼叫一個非成員或一個成員函式。

練習 14.50：指出 ex1 和 ex2 可能的類別型別轉換程序。解釋這些初始化是否合法。

```
struct LongDouble {
    LongDouble(double = 0.0);
    operator double();
    operator float();
};
LongDouble ldObj;
int ex1 = ldObj;
float ex2 = ldObj;
```

練習 14.51：指出呼叫每一個版本的 calc 所需要的轉換程序（如果有的話），並解釋最佳的合用函式被選取的原因。

```
void calc(int);
void calc(LongDouble);
double dval;
calc(dval); // 哪個 calc ？
```

當我們將一個重載運算子用於類別型別的運算元上，候選函式會包括那個運算子一般的非成員版本，以及內建版本。此外，如果左運算元有類別型別，那麼該類別所定義的重載版本運算子，如果有的話，也應該算在內。

當我們呼叫一個具名函式，同名的成員與非成員函式**不會**重載彼此。之所以沒有重載，是因為我們用來呼叫一個具名函式的呼叫語法有區分成員和非成員函式。當一個呼叫是透過類別型別的一個物件（或是透過對該種物件的一個參考或指標）進行的，那麼就只會考慮那個類別的成員函式。當我們在一個運算式中使用一個重載的運算子，沒有東西可以指出我們用的是成員函式還是非成員函式。因此，成員與非成員版本都必須考慮在內。

　用於一個運算式中的運算子之候選函式集合，可能包含非成員及成員函式。

舉個例子，我們會為 SmallInt 類別定義一個加法運算子：

```
class SmallInt {
    friend
    SmallInt operator+(const SmallInt&, const SmallInt&);
public:
    SmallInt(int = 0);                      // 轉換自 int
    operator int() const { return val; }    // 轉換至 int
private:
    std::size_t val;
};
```

我們可以使用這個類別來相加兩個 SmallInt，但若我們試著進行混合模式的算術，我們就會遇上歧義問題：

```
SmallInt s1, s2;
SmallInt s3 = s1 + s2;   // 使用重載的 operator+
int i = s3 + 0;          // 錯誤：有歧義
```

第一個加法使用重載版本的 +，它接受兩個 SmallInt 值。第二個加法運算是有歧義的，因為我們可以將 0 轉為一個 SmallInt，並使用 SmallInt 版本的 +，或將 s3 轉換為 int，然後在 int 上使用內建的加法運算子。

WARNING　　對算術型別的轉換函式和對相同類別型別的重載運算子都提供，可能會導致重載運算子和內建運算子之間的歧義。

習題章節 14.9.3

練習 14.52： 如果有的話，哪個 operator+ 會被選來套用到下列每一個加法運算式？列出候選函式、合用函式，以及每個合用函式的引數適用的型別轉換：

```
struct LongDouble {
    // 成員 operator+ 用於說明用途；+ 通常是非成員
    LongDouble operator+(const SmallInt&);
    // 其他成員跟 §14.9.2 中一樣
};
LongDouble operator+(LongDouble&, double);
SmallInt si;
LongDouble ld;
ld = si + ld;
ld = ld + si;
```

練習 14.53： 給定前面 SmallInt 的定義，判斷下列加法運算式是否合法。如果是，用的是哪個加法運算子呢？如果不是，你會如何變更程式碼，讓它變得合法呢？

```
SmallInt s1;
double d = s1 + 3.14;
```

本章總結

一個重載的運算子必須是類別的成員，或至少要有一個運算元是類別型別。重載運算子與對應的運算子套用到內建型別時，有相同的運算元數、結合性，以及優先序。當一個運算子被定義為一個成員，它的隱含 this 指標會被繫結到其第一個運算元。指定、下標、函式呼叫，以及箭號運算子，都必須是類別成員。

重載了函式呼叫運算子 operator() 的類別之物件，被稱為「函式物件」。這種物件經常與標準演算法搭配使用。lambda expressions 是定義簡單的函式物件類別的一種簡便方式。

一個類別能夠定義轉換至或轉換自其型別，而且會自動被使用的轉換。能以單一引數呼叫的非 explicit 建構器定義了從參數型別到該類別型別的轉換；非 explicit 的轉換運算子定義了從該類別型別到其他型別的轉換。

定義的詞彙

call signature（呼叫特徵式） 代表一個可呼叫物件的介面。一個呼叫特徵式包括回傳型別，以及圍在括弧中，以逗號區隔的一串引數型別。

class-type conversion（類別型別轉換） 轉至或轉自類別型別的轉換分別是由建構器和轉換運算子來定義的。接受單一引數的非 explicit 建構器定義了從引數型別到類別型別的一種轉換。轉換運算子定義從類別型別到指定型別的轉換。

conversion operator（轉換運算子） 定義從類別型別到其他型別的轉換的一個成員函式。一個轉換運算子必須是它從之轉換的類別的一個成員，而且通常是一個 const 成員。這些運算子沒有回傳型別，也不接受參數。它們回傳可轉換到該轉換運算子之型別的一個值。也就是說，operator int 回傳一個 int，operator string 回傳一個 string，依此類推。

explicit conversion operator（明確的轉換運算子） 前面接著 explicit 關鍵字的轉換運算子。這種運算子只會在條件中被用來進行隱含轉換。

function object（函式物件） 定義了重載的呼叫運算子的類別之物件。函式物件可用在一般預期函式的地方。

function table（函式表） 一種容器，通常是一個 map 或一個 vector，存有可被呼叫的值。

function template（函式模板） 可以代表任何可呼叫型別的程式庫模板。

overloaded operator（重載的運算子） 重新定義其中一個內建運算子之意義的函式。重載運算子函式的名稱是 operator 後面接著被定義的符號。重載的運算子必須至少有一個運算元是類別型別。重載的運算子跟它們對應的內建運算子有相同的優先序、結合性，以及運算元數目。

user-defined conversion（使用者定義的轉換） 類別型別轉換的同義詞。

15

物件導向程式設計

Object-Oriented Programming

本章目錄

物件導向程式設計以三個重要的概念為基礎：涵蓋於第 7 章的資料抽象化（data abstraction），以及會在本章涵蓋的繼承（inheritance）和動態繫結（dynamic binding）。

繼承和動態繫結會以兩種方式影響到我們如何撰寫程式：它們能讓我們更輕易定義與其他類別相似但並非完全相同的新類別，它們也能讓我們更容易寫出可以忽略這些相似型別之間差異細節的程式。

許多應用程式包括了與彼此相關但又稍微不同的概念。舉例來說，我們的書店程式可以為不同的書籍提供不同的定價策略。某些書只能以給定的價格販售，其他的則可能會有優惠。我們可以為買了指定本數的消費者提供折扣。又或者，我們可以只為購買的頭幾本提供折扣，超出的則以原價售出，依此類推。物件導向程式設計（object-oriented programming，OOP）就很適合這種應用。

15.1 OOP 之概觀

物件導向程式設計（object-oriented programming） 中的關鍵概念是資料抽象化、繼承，以及動態繫結。藉由資料抽象化，我們可以定義將介面與實作分離的類別（第 7 章）。透過繼承，我們可以定義出類別作為模型，以捕捉相似型別之間的關係，而動態繫結則能讓我們使用那些型別的物件，不用去在意它們之間差異的細節。

繼承

藉由**繼承（inheritance）**產生關聯的類別會構成一種階層架構（hierarchy）。通常這個階層架構的根部會有一個**基礎類別（base class）**，而其他的類別則會直接或間接繼承它。這些繼承自基礎類別的類別被稱為**衍生類別（derived classes）**。基礎類別定義了階層架構中那些型別共通的成員。每個衍生類別都會定義專屬衍生類別本身的那些成員。

為了幫我們不同的定價策略建置模型，我們會定義一個名為 Quote 的類別，它會是我們階層架構的基礎類別。一個 Quote 物件代表未折扣的書籍。從 Quote 我們會繼承名為 Bulk_quote 的第二個類別，來表示能以某個數量折扣（quantity discount）販售的書籍。

這些類別會有下列兩個成員函式：

- isbn()，它會回傳 ISBN。這個運算並不會依存於它所繼承的類別之細節，它只會在類別 Quote 中被定義。
- net_price(size_t)，它會回傳購買一本書特定數目的本數時的價格。這個運算是型別限定的，Quote 和 Bulk_quote 都會定義它們自己版本的這個函式。

在 C++ 中，一個基礎類別會區分取決於型別的函式，以及它會預期它的衍生類別原封不動繼承的函式。基礎類別會把它預期其衍生類別會為自身定義的那些函式定義為 **virtual**。知道這些之後，我們就可以開始撰寫我們的 Quote 類別：

```
class Quote {
public:
    std::string isbn() const;
    virtual double net_price(std::size_t n) const;
};
```

一個衍生類別必須指定它想要繼承的類別。它會在一個**類別衍生串列（class derivation list）**中這麼做，它是一個冒號後面跟著一個逗號區隔的基礎類別串列，其中每一個都可以有選擇性的存取指定符：

```
class Bulk_quote : public Quote { // Bulk_quote 繼承自 Quote
public:
    double net_price(std::size_t) const override;
};
```

因為 Bulk_quote 在它的衍生串列（derivation list）中使用 public，我們可以把型別為 Bulk_quote 的物件當作 Quote 物件來用。

一個衍生類別必須在它自己的類別主體中包含它想要為自身定義的所有虛擬函式（virtual functions）的宣告。衍生類別可以在這些函式上使用 virtual 關鍵字，但這並非必要。出於我們會在 §15.3 中解釋的原因，新標準讓一個衍生類別可以明確地表示它希望一個成員函式**覆寫（override）**它所繼承的一個 virtual。它會在其參數列之後指定 override 來這麼做。

動態繫結

透過**動態繫結（dynamic binding）**，我們可以使用相同的程式碼來互換地處理型別為 Quote 或 Bulk_quote 的物件。舉例來說，下列函式印出購買一本給定的書，給定數目本時的總價：

```
// 計算並印出給定數目本的價格，並套用任何折扣
double print_total(ostream &os,
                   const Quote &item, size_t n)
{
    // 取決於繫結到 item 參數的物件之型別
    // 呼叫 Quote::net_price 或者 Bulk_quote::net_price
    double ret = item.net_price(n);
    os << "ISBN: " << item.isbn() // 呼叫 Quote::isbn
       << " # sold: " << n << " total due: " << ret << endl;
     return ret;
}
```

這個函式相當簡單，它會印出在其參數上呼叫 isbn 和 net_price 的結果，並回傳呼叫 net_price 所計算出來的值。

儘管如此，這個函式有兩個有趣之處：出於我們會在 §15.2.3 中解釋的原因，因為 item 參數是對 Quote 的一個參考，我們可以在一個 Quote 物件或一個 Bulk_quote 物件上呼叫這個函式，兩者皆可。還有，出於我們會在 §15.2.1 中解釋的原因，因為 net_price 是一個虛擬函式，也因為 print_total 會透過一個參考呼叫 net_price，所執行的 net_price 版本將會取決於我們傳入 print_total 的物件之型別：

```
// basic 的型別為 Quote；bulk 的型別為 Bulk_quote
print_total(cout, basic, 20); // 呼叫 Quote 版本的 net_price
print_total(cout, bulk, 20); // 呼叫 Bulk_quote 版本的 net_price
```

第一個呼叫傳入一個 Quote 物件給 print_total。當 print_total 呼叫 net_price，
Quote 的版本就會執行。在下個呼叫中，引數是一個 Bulk_quote，所以 Bulk_quote 版本
的 net_price（它會套用折扣）將會執行。因為要執行哪個版本的決策取決於引數的型別，
該決策到執行時期（run time）才能下定。因此，動態繫結有時也被稱作**執行期繫結（run-time
binding）**。

在 C++ 中，動態繫結發生在一個虛擬函式透過對某個基礎類別的一個參考（或指標）
被呼叫之時。

15.2 定義基礎與衍生類別

從許多（但非全部）方面來說，基礎和衍生類別的定義方式就跟其他我們已經見過的類別一
樣。在本節中，我們會涵蓋用來定義藉由繼承產生關聯的類別的基本功能。

15.2.1 定義基礎類別

我們會先完成我們 Quote 類別的定義：

```
class Quote {
public:
    Quote() = default; // = default 參閱 §7.1.4
    Quote(const std::string &book, double sales_price):
                      bookNo(book), price(sales_price) { }
    std::string isbn() const { return bookNo; }
    // 為指定數目的項目回傳總銷售金額
    // 衍生的類別會覆寫並套用不同的折扣演算法
    virtual double net_price(std::size_t n) const
                { return n * price; }
    virtual ~Quote() = default; // 解構器的動態繫結
private:
    std::string bookNo; // 這個項目的 ISBN 數字
protected:
    double price = 0.0; // 正常的，未折扣價格
};
```

這個類別中新的部分是 net_price 函式上使用的 virtual，還有解構器，以及 protected
存取指定符。我們會在 §15.7.1 中解說虛擬解構器（virtual destructors），至於現在，值得
注意的是，用作一個繼承階層架構根部的類別幾乎總是會定義一個虛擬解構器。

基礎類別一般都應該一個虛擬解構器。即使它們不做任何工作，虛擬解構器也是必要
的。

成員函式與繼承

衍生類別會繼承它們基礎類別的成員。然而，一個衍生類別必須要能夠為像是 net_price 這樣取決於型別的運算提供自己的定義。在這種情況中，衍生類別必須提供自己的定義來**覆寫**（override）它從基礎類別繼承而來的定義。

在 C++ 中，一個基礎類別必須區分它預期其衍生類別會覆寫的函式，以及那些它預期其衍生類別會原封不動繼承的函式。預期衍生類別會覆寫的那些函式，基礎類別會將它們定義為 **virtual**。當我們透過一個指標或參考呼叫一個虛擬函式，那個呼叫將會是動態繫結的。取決於該參考或指標所繫結的物件之型別，可能會執行基礎類別中的版本，或是其中一個衍生類別中的版本。

一個基礎類別指定一個成員函式應該被動態繫結的方式是在它的宣告前放上關鍵字 virtual。任何非 static 的成員函式（§7.6），除了建構器外，都可以是虛擬（**virtual**）的。virtual 關鍵字只會出現在類別內的宣告上，而且不可以用在出現於類別主體外的函式定義上。在基礎類別中被宣告為 virtual 的函式在衍生類別中也隱含是 virtual 的。我們會在 §15.3 更詳細介紹虛擬函式。

沒有被宣告為 virtual 的成員函式是在編譯時期（compile time）解析的，而非執行時期。對 isbn 成員來說，這正是我們想要的行為。isbn 函式並不依存衍生型別的細節。在 Quote 或 Bulk_quote 物件上執行時，它的行為都完全相同。在我們的繼承階層架構中，只會有一個版本的 isbn 函式存在。因此，執行 isbn() 的時候，不會有要執行哪個函式的問題。

存取控制與繼承

一個衍生類別繼承在其基礎類別中定義的成員。然而，衍生類別中的成員函式並不一定會取用從基礎類別繼承而來的成員。跟使用基礎類別的任何其他程式碼一樣，一個衍生類別可以存取其基礎類別的 public 成員，但不能存取 private 成員。然而，有的時候，一個基礎類別會有它希望讓其衍生類別使用，然而仍然禁止其他使用者存取的成員。我們會在 **protected** 存取指定符後指定這種成員。

我們的 Quote 類別預期它的衍生類別定義它們自己的 net_price 函式。要這麼做，那些類別需要存取 price 成員。因此，Quote 將那個成員定義為 protected。衍生類別存取 bookNo 的方式跟普通的使用者一樣，即呼叫 isbn 函式。所以，bookNo 成員是 private 的，繼承自 Quote 的類別也無法存取它。我們會在 §15.5 更詳細說明 protected 成員。

習題章節 15.2.1

練習 15.1：什麼是虛擬成員？

練習 15.2：protected 存取指定符與 private 有何不同？

練習 15.3：定義你自己版本的 Quote 類別和 print_total 函式。

15.2.2 定義衍生的類別

一個衍生類別必須指出它繼承自哪個（或哪些）類別。它會在它的**類別衍生串列（class derivation list）**中這麼做，那是一個冒號後面跟著以逗號分隔的一串之前定義過的類別之名稱。每個基礎類別名稱前面都可以接著一個選擇性的存取指定符，那會是 public、protected 或 private 其中之一。

一個衍生類別必須宣告它想要覆寫的每一個繼承而來的成員函式。因此，我們的 Bulk_quote 類別必須包括一個 net_price 成員：

```
class Bulk_quote : public Quote { // Bulk_quote 繼承自 Quote
    Bulk_quote() = default;
    Bulk_quote(const std::string&, double, std::size_t, double);
    // 覆寫基礎版本以實作大量購買（bulk purchase）的折扣策略
    double net_price(std::size_t) const override;
private:
    std::size_t min_qty = 0;      // 要套用折扣的最低購買量
    double discount = 0.0;        // 要套用的折扣
};
```

我們的 Bulk_quote 類別從它的 Quote 基礎類別繼承 isbn 函式，以及 bookNo 和 price 資料成員。它定義了它自己版本的 net_price，並且還有兩個額外的資料成員 min_qty 與 discount。這些成員指出了最低購買量，以及購買那個數字的本數之後可以套用的折扣。

我們會在§15.5 中更詳細解說衍生串列中所用的存取指定符。至於現在，知道了會有用處的是，這種存取指定符決定了一個衍生類別的使用者是否被允許知道該衍生類別繼承自其基礎類別。

當那個衍生（derivation）是 public 的，基礎類別的 public 成員也會變成衍生類別介面的一部分。此外，我們可以將公開衍生型別（publicly derived type）的一個物件繫結至對其基礎型別的一個指標或參考。因為我們在衍生串列中用了 public，Bulk_quote 的介面隱含就會有 isbn 函式，所以我們可以在預期 Quote 的指標或參考的地方使用一個 Bulk_quote 物件。

大多數的類別都僅直接繼承自一個基礎類別。這種形式的繼承被稱為「單一繼承（single inheritance）」，構成了本章的主題。§18.3 會涵蓋衍生串列中有多個基礎類別的類別。

衍生類別中的虛擬函式

衍生類別經常會，雖然並非永遠，覆寫它們繼承的虛擬函式。如果一個衍生類別沒有覆寫來自其基礎的一個 virtual，那麼，就跟其他成員一樣，衍生的類別會繼承定義在其基礎類別中的那個版本。

一個衍生類別可以在它所覆寫的函式上使用 virtual 關鍵字，但這並非必要。出於我們會在§15.3 中解釋的原因，新標準會讓衍生類別明確指出它希望某個成員函式覆寫它所繼承的一個 virtual。它那麼做的方式是在參數列後指定 override，如果該成員是一個 const（§7.1.2）或參考函式（§13.6.3），那就是在 const 或參考資格修飾符（reference qualifier）之後。

衍生類別物件和衍生對基礎的轉換（Derived-to-Base Conversion）

一個衍生類別含有多個部分：一個子物件（subobject）含有在衍生類別本身中定義的（非static）成員，加上對應到衍生類別所繼承的每個基礎類別的子物件。因此，一個 Bulk_quote 物件會含有四個資料元素：繼承自 Quote 的 bookNo 和 price 資料成員，以及 Bulk_quote 所定義的 min_qty 和 discount 成員。

雖然標準並沒有指定衍生物件在記憶體中如何布局，我們可以把一個 Bulk_quote 物件想成由兩個部分構成，如圖 15.1 中所表示的那樣。

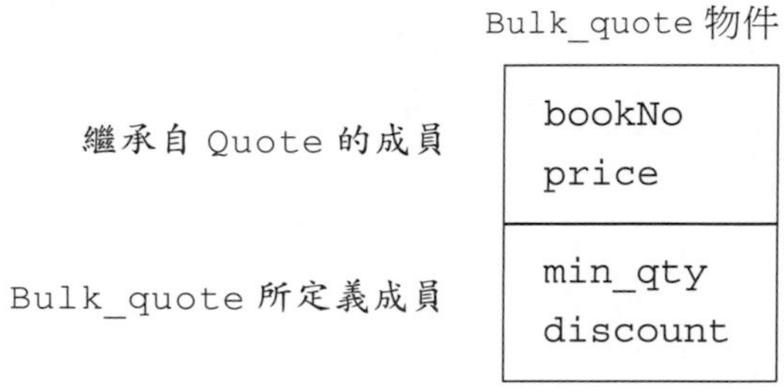

Bulk_quote 物件

繼承自 Quote 的成員

| bookNo |
| price |

Bulk_quote 所定義成員

| min_qty |
| discount |

一個物件的基礎部分和衍生部分並不保證會連續地儲存。

圖 15.1 是顯示類別如何運作的一種概念圖，而非實際情形。

圖 15.1：一個 Bulk_quote 物件概念上的結構

因為衍生物件含有對應其基礎類別的子部分，我們可以把一個衍生型別的物件當成其基礎型別的物件使用。特別是，我們可以把一個基礎類別參考或指標繫結到一個衍生物件的基礎類別部分。

```
Quote item;          // 基礎型別的物件
Bulk_quote bulk;     // 衍生型別的物件
Quote *p = &item;    // p 指向一個 Quote 物件
p = &bulk;           // p 指向 bulk 的 Quote 部分
Quote &r = bulk;     // r 繫結至 bulk 的 Quote 部分
```

這種轉換經常被稱為**衍生對基礎**的轉換（**derived-to-base** conversion）。就跟其他的任何轉換一樣，編譯器會隱含地套用衍生對基礎轉換（§4.11）。

衍生對基礎轉換是隱含的，意味著我們可以把衍生型別的一個物件或對衍生型別的一個參考用在需要基礎型別參考的地方。同樣地，我們可以把對衍生型別的一個指標用在需要基礎型別指標的地方。

「一個衍生物件含有對應其基礎類別的子物件」這個事實是了解繼承運作方式的關鍵。

衍生類別建構器

雖然一個衍生物件含有繼承自它基礎的成員，它無法直接初始化那些成員。就跟會創建基礎
類別型別物件的任何其他程式碼一樣，衍生類別必須使用一個基礎類別建構器來初始化它的
基礎類別部分。

 每個類別都控制它的成員如何被初始化。

一個物件的基礎類別部分，會在建構器的初始化階段（§7.5.1）中，連同衍生類別的資料成
員一起被初始化。類似於我們初始化一個成員的方式，一個衍生類別建構器也會使用它的建
構器初始器串列（constructor initializer list）來傳入引數到一個基礎類別建構器。舉例來說，
具有四個參數的 Bulk_quote 建構器：

```
Bulk_quote(const std::string& book, double p,
           std::size_t qty, double disc) :
           Quote(book, p), min_qty(qty), discount(disc) { }
    // 跟以前一樣
};
```

傳入它的頭兩個參數（代表 ISBN 和價格）給 Quote 建構器。那個 Quote 建構器初始化
Bulk_quote 的基礎類別部分（即 bookNo 和 price 成員）。當（空的）Quote 建構器主
體執行完成，被建構的物件之基礎類別部分就已經初始化完成。接著直接成員 min_qty 和
discount 會被初始化。最後，執行 Bulk_quote 建構器（空的）函式主體。

就跟資料成員一樣，除非另外指定，一個衍生物件的基礎部分是預設初始化的。要使用一個
不同的基礎類別建構器，我們使用基礎類別的名稱，後面接著（如同以往）一個括弧圍起的
引數串列，來提供一個建構器初始器。那些引數會被用來選擇要用的基礎類別建構器，以初
始化衍生物件的基礎類別部分。

 基礎類別會先被初始化，然後衍生類別的成員會以它們在類別中的宣告順序被初始化。

從衍生類別使用基礎類別的成員

一個衍生類別可以存取其基礎類別的 public 和 protected 成員：

```
    // 如果購買了指定數量的項目，就用折扣過的價格
    double Bulk_quote::net_price(size_t cnt) const
    {
        if (cnt >= min_qty)
            return cnt * (1 - discount) * price;
        else
            return cnt * price;
    }
```

這個函式會產生一個折扣過後的價格:如果給定的數量大於 min_qty,我們就套用 discount (它被儲存為一個小數) 到 price。

我們會在 §15.6 中更詳細說明範疇 (scope) 相關的資訊,至於現在,值得了解的是,一個衍生類別的範疇是內嵌在其基礎類別的範疇內。因此,衍生類別的一個成員如何使用定義在自己類別中的成員 (例如 min_qty 和 discount),和它如何使用定義在其基礎中的成員 (例如 price) 之間並無差異。

關鍵概念:尊重基礎類別的介面

要了解的一個重點是,每個類別都定義有自己的介面 (interface)。與類別型別的一個物件互動時,應該使用該類別的介面,即使那個物件是某個衍生物件的基礎類別部分也是一樣。

因此,衍生類別的建構器不應該直接初始化它基礎類別的成員。一個衍生建構器的建構器主體可以指定值給它的 public 或 protected 基礎類別成員。雖然它能夠對那些成員進行指定,它一般不應該那麼做。就像基礎類別的其他使用者,一個衍生類別應該尊重其基礎類別的介面,使用建構器來初始化它繼承而來的成員。

繼承和 static 成員

如果一個基礎類別定義了一個 static 成員 (§7.6),整個階乘架構中就只定義了那麼一個成員。不管有多少類別衍生自一個基礎類別,每個 static 成員都只會存在單一實體。

```
class Base {
public:
    static void statmem();
};
class Derived : public Base {
    void f(const Derived&);
};
```

static 成員遵守一般的存取控制規則。如果成員在基礎類別中是 private 的,那麼衍生類別就無法存取它。假設成員是可存取的,我們可以透過基礎 (base) 或衍生 (derived) 來使用一個 static 成員:

```
void Derived::f(const Derived &derived_obj)
{
    Base::statmem();      // ok: Base 定義 statmem
    Derived::statmem();   // ok: Derived 繼承 statmem
    // ok: 衍生物件可被用來存取來自基礎的 static
    derived_obj.statmem();  // 透過一個 Derived 物件存取
    statmem();              // 透過這個物件存取
}
```

衍生類別的宣告

一個衍生類別的宣告方式就跟其他的任何類別一樣（§7.3.3）。宣告含有類別名稱，但不包含其衍生串列：

```
class Bulk_quote : public Quote;    // 錯誤：衍生串列不能出現在此
class Bulk_quote;                    // ok：宣告一個衍生類別的正確方式
```

一個宣告的用途是公告一個名稱的存在，以及它所代表的是何種實體，例如一個類別、函式或變數。衍生串列，以及定義所有的其他細節，都必須一起出現在類別主體中。

用作一個基礎類別的類別

在我們能夠將之用為一個基礎類別之前，一個類別必須被定義，而不僅是宣告：

```
class Quote;  // 宣告了但未定義
// 錯誤：Quote 必須有定義
class Bulk_quote : public Quote { ... };
```

這個限制的原因應該很容易了解：每個衍生類別都含有，而且可以使用，它繼承自其基礎類別的成員。要使用那些成員，衍生類別必須知道它們是什麼。這個規則的一個後果是，你不可能從自身衍生出一個類別來。

基礎類別本身也可以是一個衍生類別：

```
class Base { /* ... */ };
class D1: public Base { /* ... */ };
class D2: public D1 { /* ... */ };
```

在這種階層架構中，Base 是 D1 的一個**直接基礎（direct base）**，並且是 D2 的一個**間接基礎（indirect base）**。直接基礎類別會在衍生串列中被指名。間接基礎就是衍生類別透過它的直接基礎類別繼承而來的。

每個類別都會繼承其直接基礎類別的所有成員。最外沿的衍生類別（most derived class）會繼承它直接基礎的成員。直接基礎中的成員包括它所繼承而來的那些，依此類推，一直在繼承串鏈（inheritance chain）中往上延伸。從效果上來看，最外沿的衍生物件含有對應其直接基礎的一個子物件，還有對應它每一個間接基礎的子物件。

防止繼承

有時我們會定義不想要其他人繼承的類別。又或者我們不想去考慮定義出來的類別是否適合作為一個基礎類別。在新標準底下，我們可以在類別名稱後加上 final 來防止一個類別被當成基礎來用：

<code>C++
11</code>

```
class NoDerived final { /* */ };  // NoDerived 不能是一個基礎類別
class Base { /* */ };
// Last 是 final；我們無法繼承自 Last
class Last final : Base { /* */ };   // Last 不可以是基礎類別
class Bad : NoDerived { /* */ };     // 錯誤：NoDerived 是 final
class Bad2 : Last { /* */ };          // 錯誤：Last 是 final
```

習題章節 15.2.2

練習 15.4：下列宣告，如果有的話，何者是不正確的？請解釋原因。

```
class Base { ... };
(a) class Derived : public Derived { ... };
(b) class Derived : private Base { ... };
(c) class Derived : public Base;
```

練習 15.5：定義你自己版本的 Bulk_quote 類別。

練習 15.6：傳入 Quote 及 Bulk_quote 物件給 §15.2.1 練習中你的 print_total 函式，以測試它。

練習 15.7：定義一個類別來實作一個有限制的折扣策略，購買書籍的折扣最高只套用到一個給定的本數限制上，如果購買本數超過該限制，超出限制的那些書就只適用正常的價格。

15.2.3 轉換與繼承

WARNING

了解基礎類別和衍生類別之間的轉換，是理解 C++ 中物件導向程式設計運作方式的必要條件。

一般來說，我們只能將一個參考或指標繫結到型別與對應的參考或指標相同的一個物件（§2.3.1 和 §2.3.2），或繫結到涉及可接受的 const 轉換的一個型別（§4.11.2）。有繼承關係的類別是重要的例外：我們可以將對一個基礎類別型別的指標或參考繫結到衍生自那個基礎類別的型別之物件。舉例來說，我們可以使用一個 Quote& 來指向一個 Bulk_quote 物件，而我們可以將一個 Bulk_quote 物件的位址指定給一個 Quote*。

「我們能將對基礎類別的一個參考（或指標）繫結到一個衍生物件」這個事實有一個關鍵且重要的後果：當我們使用對基礎類別的一個參考（或指標），我們並不知道那個指標或參考所繫結之物件的實際型別。那個物件有可能是基礎類別的一個物件，也可能是衍生類別的一個物件。

Note

就像內建指標，智慧指標類別（§12.1）也支援衍生對基礎的轉換，我們可以將對衍生物件的一個指標儲存在對基礎型別的一個智慧指標中。

靜態型別與動態型別

當我們使用有繼承關係的型別，我們經常會需要區分變數或其他運算式的**靜態型別（static type）**與該運算式所代表的物件之**動態型別（dynamic type）**。一個運算式的靜態型別在編譯時期（compile time）就已經知道了，它是一個變數所宣告的型別，或是一個運算式產出的型別。動態型別則是記憶體中那個變數或運算式代表的物件之型別。動態型別可能要到執行時期（run time）才能確定。

舉例來說，當 print_total 呼叫 net_price（§15.1）：

```
double ret = item.net_price(n);
```

我們知道 item 的靜態型別是 Quote&。動態型別則取決於 item 所繫結的引數之型別。那個型別必須等到執行時期有一個呼叫被執行時，才能知道。如果我們傳入一個 Bulk_quote 物件給 print_total，那麼 item 的靜態型別就會與動態型別不同。如我們所見，item 的靜態型別是 Quote&，但在此其動態型別為 Bulk_quote。

不是參考也不是指標的一個運算式之動態型別永遠都會與該運算式的靜態型別相同。舉例來說，型別為 Quote 的一個變數永遠都是一個 Quote 物件，我們沒辦法做任何事情來改變那個變數對應的物件之型別。

 必須了解的一個重點是，對一個基礎類別的指標或參考之靜態型別可能會與其動態型別不同。

基礎對衍生的隱含轉換並不存在⋯

從衍生到基礎的轉換之所以能夠存在，是因為每個衍生物件都含有基礎類別型別的指標或參考可以繫結的基礎類別部分。基礎類別的物件就沒有類似的保證存在了。一個基礎類別物件可以作為一個獨立物件存在，或是作為某個衍生物件的一部分。不是衍生物件一部分的基礎物件只會有基礎類別所定義的成員，它不會有衍生類別所定義的成員。

因為一個基礎物件可以是也可以不是某個衍生物件的一部分，基礎類別對其衍生類別，並不存在自動轉換：

```
Quote base;
Bulk_quote* bulkP = &base;   // 錯誤：無法將基礎轉為衍生
Bulk_quote& bulkRef = base;  // 錯誤：無法將基礎轉為衍生
```

如果這些指定是合法的，我們可能就會試著使用 bulkP 或 bulkRef 來使用 base 中不存在的成員。

有時有點令人意外的是，即使一個基礎指標或參考是繫結到一個衍生物件，我們還是無法從基礎轉為衍生：

```
Bulk_quote bulk;
Quote *itemP = &bulk;        // ok：動態型別為 Bulk_quote
Bulk_quote *bulkP = itemP;   // 錯誤：無法將基礎轉為衍生
```

編譯器沒辦法（在編譯時期）知道某個特定的轉換在執行時期是否會是安全的。編譯器只會查看指標或參考的靜態型別以判斷轉換是否合法。如果基礎類別有一或更多個虛擬函式，我們可以使用一個 dynamic_cast（這會在 §19.2.1 中涵蓋）來請求在執行時期檢查某個轉換。又或者，在我們知道從基礎到衍生的轉換是安全的那些情況中，我們可以使用一個 static_cast（§4.11.3）來覆寫編譯器的行為。

…而物件之間也沒有轉換

衍生對基礎的自動轉換僅適用於對參考或指標型別的轉換。從衍生類別型別（derived-class type）到基礎類別型別（base-class type）的轉換並不存在。儘管如此，經常我們還是能夠把衍生類別的一個物件轉換為它的基礎類別型別。然而，這種轉換的行為可能不會是我們所想的那樣。

請記得，當我們初始化或指定類別型別的一個物件，我們實際上是在呼叫一個函式。初始化的時候，我們呼叫的是一個建構器（§13.1.1 和 §13.6.2）；當我們進行指定，我們呼叫的是指定運算子（§13.1.2 和 §13.6.2）。這些成員一般都會有一個參數是對該類別型別的 const 版本的一個參考。

因為這些成員接受參考，衍生對基礎的轉換能讓我們傳入一個衍生物件給基礎類別的某個拷貝或移動運算。這些運算不是虛擬的。當我們傳入一個衍生物件給基礎類別的建構器，所執行的建構器是定義在基礎類別中。那個建構器只會知道那個基礎類別本身的成員。同樣地，如果我們指定一個衍生物件給一個基礎物件，所執行的指定運算子會是定義在基礎類別中的那一個。那個運算子也是只會知道基礎類別本身的成員。

舉例來說，我們的書店類別使用合成版本的拷貝和指定（§13.1.1 和 §13.1.2）。我們會在 §15.7.2 中更詳細討論拷貝控制和繼承，至於現在，知道了會有用的是，合成版本會逐個成員拷貝或指定類別的資料成員，就跟任何其他的類別一樣：

```
Bulk_quote bulk;        // 衍生型別的物件
Quote item(bulk);       // 使用 Quote::Quote(const Quote&) 建構器
item = bulk;            // 呼叫 Quote::operator=(const Quote&)
```

當 item 被建構，Quote 的拷貝建構器就會執行。那個建構器只知道 bookNo 和 price 成員。它會從 bulk 的 Quote 部分拷貝那些成員，並忽略是 bulk 的 Bulk_quote 部分的那些成員。bulk 對 item 的指定也類似，只有 bulk 的 Quote 部分會被指定給 item。

因為 Bulk_quote 部分被忽略了，我們說 bulk 的 Bulk_quote 部分被**切掉（sliced down）**了。

當我們以衍生型別的一個物件來初始化或指定給基礎型別的一個物件，所拷貝、移動或指定的，只有那個衍生物件的基礎類別部分。該物件的衍生部分會被忽略。

15.3　虛擬函式

如我們所見，在 C++ 中，動態繫結發生在一個虛擬成員函式（virtual member function）透過對一個基礎類別型別的參考或指標（§15.1）被呼叫時。因為到執行時期之前我們都不知道該函式的哪個版本會被呼叫，虛擬函式必須**永遠都是**有定義的。一般來說，如果我們沒有使用一個函式，我們就不需要為那個函式提供一個定義（§6.1.2）。然而，我們必須定義每一個虛擬函式，不管它們是否被使用，因為編譯器沒辦法判斷一個虛擬函式是否會被使用。

習題章節 15.2.3

練習 15.8： 定義靜態型別和動態型別。

練習 15.9： 一個運算式的靜態型別什麼時候會與它的動態型別不同？給出靜態與動態型別不同的三個例子。

練習 15.10： 回想一下 §8.1 的討論，解釋 §8.2.1 會把一個 ifstream 傳入 Sales_data 的 read 函式的那個程式是如何運作的。

關鍵概念：彼此有繼承關係的型別之間的轉換

在有繼承關係的類別之間進行轉換，有三件重要的事得了解：

- 從衍生到基礎的轉換僅適用於指標或參考型別。
- 並不存在從基礎類別型別到衍生型別的隱含轉換。
- 就像任何的成員，衍生至基礎的轉換可能因為存取控制的關係而無法取用。我們會在 §15.5 涵蓋可存取性。

雖然自動的轉換僅適用於指標和參考，一個繼承階層架構中的大多數類別都會（隱含或明確）定義拷貝控制成員（第 13 章）。因此，我們經常可以拷貝、移動或指定衍生型別的物件到一個基礎型別物件。然而，拷貝、移動或指定衍生型別的物件到基礎型別的物件只會拷貝、移動或指定該物件中基礎類別部分的成員。

對虛擬函式的呼叫可能會在執行時期解析

當一個虛擬函式透過一個參考或指標被呼叫，編譯器會產生程式碼在執行時期決定要呼叫哪個函式。被呼叫的函式就是對應到該指標或參考所繫結的物件之動態型別的那一個。

舉個例子，參考 §15.1 我們的 print_total 函式。那個函式會在它名為 item 的參數上呼叫 net_price，該參數有型別 Quote&。因為 item 是一個參考，也因為 net_price 是虛擬的，在執行時期被呼叫的 net_price 版本取決於繫結到 item 的引數實際的（動態）型別：

```
Quote base("0-201-82470-1", 50);
print_total(cout, base, 10);     // 呼叫 Quote::net_price
Bulk_quote derived("0-201-82470-1", 50, 5, .19);
print_total(cout, derived, 10);  // 呼叫 Bulk_quote::net_price
```

在第一個呼叫中，item 繫結至型別為 Quote 的一個物件。因此，當 print_total 呼叫 net_price，執行的是 Quote 所定義的版本。在第二個呼叫中，item 被繫結到一個 Bulk_quote 物件。在這個呼叫中，print_total 就會呼叫 Bulk_quote 版本的 net_price。

要理解的一個重點是，動態繫結只會發生在一個虛擬函式透過指標或參考被呼叫時：

```
base = derived;            // 拷貝衍生的 Quote 部分到基礎
base.net_price(20);        // 呼叫 Quote::net_price
```

當我們在具有普通（即非參考或非指標）型別的一個運算式上呼叫一個虛擬函式，那個呼叫會在編譯時期繫結。舉例來說，當我們在 base 上呼叫 net_price，就不會產生要執行哪個版本的 net_price 的問題。我們可以改變 base 表示的物件之值（即內容），但沒辦法改變那個物件的型別。因此，這個呼叫會在編譯時期解析（resolved）為 Quote 版本的 net_price。

關鍵概念：C++ 中的多型

OOP 背後的關鍵概念是多型（polymorphism），polymorphism 這個字源自於代表「許多形式（many forms）」的希臘文字。我們說彼此有繼承關係的型別是多型的型別（polymorphic types），因為我們可以使用這些型別的「許多形式」同時忽略它們之間的差異。「參考和指標的靜態與動態型別可以不同」的事實是 C++ 支援多型的基石。

當我們透過對基礎類別的參考或指標呼叫定義在基礎類別中的一個函式，我們並不知道該成員在其上執行的那個物件之型別是什麼。那個物件可以是一個基礎類別的物件，或是衍生類別的物件。如果該函式是虛擬的，那麼要執行哪個函式的決策，會推延到執行時期才下定。所執行的虛擬函式版本是參考所繫結的或指標所指的物件之型別定義的那個。

另一方面，對非虛擬函式（nonvirtual functions）的呼叫都是在編譯時期繫結的。同樣地，在一個物件上呼叫任何函式（虛擬與否）也是在編譯時期繫結的。一個物件的型別已經固定，不會變動，我們沒辦法讓一個物件的動態型別與它的靜態型別不同。因此，在一個物件上進行的呼叫會在編譯時期繫結至該物件的型別所定義的版本。

 只有在呼叫是透過一個參考或指標進行時，虛擬函式才會在執行時期解析。只有在那些情況下，一個物件的動態型別才可能與它的靜態型別不同。

一個衍生類別中的虛擬函式

當一個衍生類別覆寫一個虛擬函式，它可以，但並非必要，重複 virtual 關鍵字。一旦函式被宣告為 virtual，它在所有的衍生類別中都會是 virtual 的。

覆寫繼承而來的虛擬函式的一個衍生類別函式（derived-class function）跟它所覆寫的基礎類別型別（base-class function）必須有完全相同的參數型別。

除了一個例外，衍生類別中一個 virtual 的回傳型別也必須跟基礎類別的函式之回傳型別吻合。那個例外是回傳一個參考（或指標）指向它們本身之間有繼承關係的型別的那些 virtual。也就是說，如果 D 衍生自 B，那麼一個基礎類別的 virtual 就能夠回傳一個 B*，而衍生類別中的版本則可以回傳一個 D*。然而，這種回傳型別需要從 D 到 B 的衍生對基礎轉換是可取用的。§15.5 涵蓋如何判斷一個基礎類別是否可存取。我們會在 §15.8.1 中看到這種虛擬函式的例子。

 在基礎類別中是 virtual 的函式在衍生類別中也隱含是 virtual 的。當一個衍生類別覆寫一個 virtual，基礎與衍生類別中的參數必須完全吻合。

final 和 override 指定符

如我們會在 §15.6 中看到的，一個衍生類別定義與其基礎類別中一個 virtual 同名但具有不同參數列的函式，是合法的。編譯器會將這樣的函式視為獨立於那個基礎類別函式。在這種情況中，衍生的版本並沒有覆寫基礎類別中的版本。實務上，這種宣告經常是種失誤，類別作者想要覆寫基礎類別的一個 virtual，但卻在指定參數列時犯錯了。

C++
11　要找出這種臭蟲是出乎意料的困難。在新標準底下，我們可以在衍生類別中的一個虛擬函式上指定 override。這麼做可以讓我們的意圖更清楚，而且（更重要的）可以請求編譯器幫我們找出這種問題。如果一個標示為 override 的函式沒有覆寫既有的一個虛擬函式，編譯器就會駁回程式：

```
struct B {
    virtual void f1(int) const;
    virtual void f2();
    void f3();
};
struct D1 : B {
    void f1(int) const override; // ok：f1 匹配基礎中的 f1
    void f2(int) override; // 錯誤：B 沒有 f2(int) 函式
    void f3() override; // 錯誤：f3 不是 virtual
    void f4() override; // 錯誤：B 沒有名為 f4 的函式
};
```

在 D1 中，f1 上的 override 指定符是沒有問題的，基礎和衍生版本的 f1 都是 const 成員，而且接受一個 int 並回傳 void。D1 中的 f1 正確地覆寫了它繼承自 B 的那個 virtual。

D1 中的 f2 宣告並不匹配 B 中的 f2 宣告，定義在 B 中的版本不接受引數，而定義在 D1 中的那個則接受一個 int。因為這些宣告並不匹配，D1 中的 f2 就沒有覆寫來自 B 的 f2，它會是剛好具有相同名稱的一個新函式。因為我們說這個宣告是一個 override，但它實際上不是，編譯器就會產生一個錯誤。

因為只有虛擬函式能被覆寫，編譯器也會駁回 D1 中的 f3。那個函式在 B 中不是 virtual，所以並不存在要覆寫的函式。

同樣地，f4 也是有錯的，因為 B 甚至沒有名為 f4 的函式。

我們也可以把一個函式標示為 final。試圖覆寫被定義為 final 的函式的任何嘗試都會被標示為錯誤：

```
struct D2 : B {
    // 從 B 繼承 f2() 和 f3() 並覆寫 f1(int)
    void f1(int) const final; // 後續的類別不能覆寫 f1(int)
};
struct D3 : D2 {
    void f2();                // ok：覆寫繼承自間接基礎 B 的 f2
    void f1(int) const; // 錯誤：D2 宣告 f2 為 final
};
```

final 與 override 指定符出現在參數列（包括任何 const）後面，以及尾端回傳（§6.3.3）後面。

虛擬函式與預設引數

跟其他的任何函式一樣，虛擬函式可以有預設引數（§6.5.1）。如果一個呼叫使用一個預設引數，所用的值會是我們透過它呼叫該函式的那個靜態型別所定義的值。

也就是說，當一個呼叫是透過對基礎的參考或指標進行的，預設引數會是定義在基礎類別中的那些。即使執行的是該函式的衍生版本，用的仍然會是基礎類別的引數。在這種情況中，那個衍生的函式會收到為那個函式的基礎類別版本所定義的預設引數。如果衍生函式仰賴的是傳入不同的引數，那程式就不會如預期執行。

具有預設引數的虛擬函式在基礎和衍生類別中都應該使用相同的引數值。

繞過虛擬機制

在某些情況下，我們會想要避免虛擬函式呼叫的動態繫結；我們想要迫使呼叫使用那個 **virtual** 的某個特定版本。我們可以使用範疇運算子（**scope operator**）來那麼做。舉例來說，這段程式碼：

```
// 呼叫來自基礎類別的版本，不管 baseP 的動態型別為何
double undiscounted = baseP->Quote::net_price(42);
```

呼叫 net_price 的 Quote 版本，不管 baseP 實際所指的物件的型別是什麼。這個呼叫會在編譯時期解析。

一般來說，應該只有成員函式（或 friend）需要使用範疇運算子來避開虛擬機制。

為什麼我們會想要規避虛擬機制呢？最常見的原因是，衍生類別的虛擬函式要呼叫基礎類別的版本。在這種情況中，基礎類別的版本可能會進行階層架構中所有型別都共通的作業。衍生類別中的版本則進行自己的型別專用的額外工作。

> 如果想要呼叫其基礎類別版本的一個衍生版虛擬函式省略了範疇運算子，那個呼叫就會在執行時期解析為對衍生版本自身的呼叫，導致無限遞迴。

習題章節 15.3

練習 15.11：為你的 Quote 類別階層架構新增一個虛擬的 debug 函式，以顯示各個類別的資料成員。

練習 15.12：把一個成員函式同時定義為 override 和 final 可能會有用處嗎？為什麼有或為何沒有？

練習 15.13：給定下列類別，解釋每個 print 函式的功用：

```
class base {
public:
    string name() { return basename; }
    virtual void print(ostream &os) { os << basename; }
private:
    string basename;
};
class derived : public base {
public:
    void print(ostream &os) { print(os); os << " " << i; }
private:
    int i;
};
```

如果這段程式碼中有問題存在，你會如何修正它呢？

練習 15.14：給定來自前一個練習的類別以及下列物件，判斷執行時期被呼叫的函式是哪一個：

```
base bobj;         base *bp1 = &bobj;      base &br1 = bobj;
derived dobj;      base *bp2 = &dobj;      base &br2 = dobj;
(a) bobj.print();      (b) dobj.print();      (c) bp1->name();
(d) bp2->name();       (e) br1.print();       (f) br2.print();
```

15.4 抽象基礎類別

想像我們想要擴充我們的書店類別來支援數種折扣策略。除了數量折扣，我們可能想要提供另一種折扣方式，是購買本數到特定數目前有優惠，之後就以原價販售。又或者，我們想要為特定數量以上的購買提供折扣，但在那個數量以下的就沒有折扣。

這些折扣策略都有的共通點是它們都需要一個數量（quantity）和折扣數（discount amount）。我們可以定義一個名為 Disc_quote 的新類別來儲存數量和折扣數，以支援這些不同的策略。像 Bulk_quote 這樣代表特定折扣策略的類別，則會繼承自 Disc_quote。每個衍生類別都會定義自己版本的 net_price 來實作其折扣策略。

在我們能夠定義 Disc_quote 類別之前，我們必須決定要怎麼處理 net_price。我們的 Disc_quote 類別並沒有對應到任何特定的折扣策略，所以沒有意義可以歸給這個類別的 net_price。

我們可以定義沒有自己版本 net_price 的 Disc_quote。在這種情況中，Disc_quote 會從 Quote 繼承 net_price。

然而，這種設計會讓我們的使用者有辦法寫出荒謬無理的程式碼。使用者可以提供一個數量和折扣數來創建一個型別為 Disc_quote 的物件。把那個 Disc_quote 物件傳入像 print_total 那樣的函式，就會使用 Quote 版本的 net_price。這樣所計算出來的價格將不會包含在物件創建時提供的折扣。這種狀況一點道理也沒有。

純粹的虛擬函式

仔細思考一下這個問題，就會發現我們的困難點並不只是我們不知道如何定義 net_price。實務上，我們還想要完全防止使用者創建 Disc_quote 物件。這個類別代表書籍折扣的一般性概念，而非某個具體的折扣策略。

我們可以強制施加這個設計目的，清楚表明這個 net_price 沒有意義，方法是將 net_price 定義為一個**純粹的虛擬**函式（**pure virtual** function）。不同於一般的 virtual，一個 pure virtual 函式並不需要被定義。我們指出一個虛擬函式是 pure 的方式是在函式主體的位置（即緊接在結束宣告的分號之前）使用 = 0。= 0 只能出現在類別主體中一個虛擬函式的宣告上：

```cpp
// 用來存放折扣數和數量的類別
// 衍生類別會使用這些資料實作定價策略
class Disc_quote : public Quote {
public:
    Disc_quote() = default;
    Disc_quote(const std::string& book, double price,
            std::size_t qty, double disc):
                Quote(book, price),
                quantity(qty), discount(disc) { }
    double net_price(std::size_t) const = 0;
protected:
    std::size_t quantity = 0;    // 要套用折扣的購買數量
    double discount = 0.0;       // 要套用的小數折扣
};
```

就像我們之前的 Bulk_quote 類別，Disc_quote 也定義一個預設建構器，以及接受四個參數的一個建構器。雖然我們無法直接定義這個型別的物件，在衍生自 Disc_quote 的類別中的建構器會使用 Disc_quote 的建構器來建構它們物件的 Disc_quote 部分。具有四個參數的那個建構器會將它頭兩個參數傳入給 Quote 建構器，並直接初始化它自己的成員 discount 和 quantity。預設建構器會預設初始化那些成員。

值得注意的是，我們可以為一個 pure virtual 提供定義。然而，其函式主體必須定義在類別外。也就是說，我們無法在類別內為 = 0 的一個函式提供函式主體。

具有 Pure Virtual 的類別是抽象基礎類別

含有（或繼承了但沒覆寫）一個 pure virtual 函式的類別是**抽象基礎類別（abstract base class）**。一個抽象基礎類別定義了一個介面來讓後續的類別去覆寫。我們無法（直接）創建型別為抽象基礎類別的物件。因為 Disc_quote 把 net_price 定義為一個 pure virtual，我們就無法定義型別為 Disc_quote 的物件。我們可以定義繼承自 Disc_quote 的類別的物件，只要那些類別有覆寫 net_price：

```
// Disc_quote 宣告了 pure virtual 函式，而 Bulk_quote 會覆寫之
Disc_quote discounted; // 錯誤：無法定義一個 Disc_quote 物件
Bulk_quote bulk; // ok：Bulk_quote 沒有純粹虛擬函式
```

繼承自 Disc_quote 的類別必須定義 net_price，不然那些類別也會是抽象的。

 我們無法創建型別為抽象基礎類別的物件。

衍生類別的建構器只會初始化它的直接基礎類別（Direct Base Class）

現在我們可以重新實作 Bulk_quote 來繼承 Disc_quote 而非直接繼承 Quote：

```
// 當同一本書賣出了指定的數目，就會套用折扣
// 這個折扣被表示為一個小數，用以降低正常的價格
class Bulk_quote : public Disc_quote {
public:
    Bulk_quote() = default;
    Bulk_quote(const std::string& book, double price,
            std::size_t qty, double disc):
        Disc_quote(book, price, qty, disc) { }
    // 覆寫基礎版本以實作數量折扣策略
    double net_price(std::size_t) const override;
};
```

這個版本的 Bulk_quote 有一個直接的基礎類別 Disc_quote，以及一個間接基礎類別 Quote。每個 Bulk_quote 物件都會有三個子物件：一個（空的）Bulk_quote 部分、一個 Disc_quote 子物件，以及一個 Quote 子物件。

如我們所見，每個類別都會控制其型別的物件之初始化。因此，即使 Bulk_quote 沒有自己的資料成員，它也提供了同樣的四個參數的建構器，跟在我們原本的類別裡面一樣。我們新

的建構器將它的引數傳給 Disc_quote 的建構器。那個建構器接著會執行 Quote 的建構器。Quote 建構器初始化 bulk 的 bookNo 和 price 成員。當 Quote 建構器結束，Disc_quote 建構器就會執行，並初始化 quantity 和 discount 成員。此時，Bulk_quote 建構器恢復執行。那個建構器沒有進一步的初始化或其他工作要做。

> **關鍵概念：重構**
>
> 新增 Disc_quote 到 Quote 的階層架構中，就是重構（*refactoring*）的一個例子。重構涉及了重新設計類別階層架構，將某個類別的運算或資料移到另一個。在物件導向的應用中，重構是很常見的事情。
>
> 值得注意的是，即使我們改變了繼承階層架構，使用 Bulk_quote 或 Quote 的程式碼都無須改變。然而，當類別重構過（或以其他方式更改過），我們就必須重新編譯用到那些類別的任何程式碼。

> **習題章節 15.4**
>
> **練習 15.15：** 定義你自己版本的 Disc_quote 和 Bulk_quote。
>
> **練習 15.16：** 改寫代表一個有限制的折扣策略的類別，也就是你在 §15.2.2 的習題中寫的那個，改繼承自 Disc_quote。
>
> **練習 15.17：** 試著定義型別為 Disc_quote 的一個物件，並看看你會從編譯器得到什麼錯誤。

15.5 存取控制與繼承

就像每個類別都會控制自己成員的初始化（§15.2.2），每個類別也會控制其成員對某個衍生類別來說是否**可存取（accessible）**。

protected 成員

如我們所見，一個類別會把 protected 用在它願意分享給衍生類別，但想防止一般存取的那些成員。protected 指定符可以被想成是 private 和 public 的混合品：

- 就像 private，protected 成員對其類別的使用者而言，是無法存取的。
- 就像 public，protected 成員可讓此類別所衍生的類別之成員和 **friend** 存取。

此外，protected 還有另一個重要的特性：

- 一個衍生類別類別或 **friend** 只能透過一個衍生物件來存取基礎類別的 protected 成員。衍生類別對基礎類別物件的 protected 成員沒有特殊存取權。

要理解最後這個規則，請參考下列範例：

```
class Base {
protected:
    int prot_mem; // protected 成員
};
class Sneaky : public Base {
    friend void clobber(Sneaky&);      // 能夠存取 Sneaky::prot_mem
    friend void clobber(Base&);        // 不能存取 Base::prot_mem
    int j;                             // j 預設是 private 的
};
// ok：clobber 能夠存取 Sneaky 物件中的 private 和 protected 成員
void clobber(Sneaky &s) { s.j = s.prot_mem = 0; }
// 錯誤：clobber 不能存取 Base 中的 protected 成員
void clobber(Base &b) { b.prot_mem = 0; }
```

如果衍生類別（和 friend）能夠存取一個基礎類別物件中的受保護的成員（protected members），那麼我們第二個版本的 clobber（接受 Base&）就會是合法的。那個函式不是 Base 的一個 friend，但它卻會被允許更改型別為 Base 的一個物件，只要沿著 Sneaky 這條線定義一個新的類別，我們就能繞過 protected 為任何類別所提供的防護。

為了防止這種用法，一個衍生類別的成員和 friend 只能在內嵌於一個衍生型別物件內的基礎類別物件中存取 protected 成員，它們對基礎型別的普通物件沒有特殊的存取權。

public、private 與 protected 的繼承

對類別所繼承的一個成員的存取權，受到基礎類別中那個成員的存取指定符和衍生類別的衍生串列（derivation list）中的存取指定符的組合影響。舉一個例子，思考下列的階層架構：

```
class Base {
public:
    void pub_mem(); // public 成員
protected:
    int prot_mem;   // protected 成員
private:
    char priv_mem;  // private 成員
};
struct Pub_Derv : public Base {
    // ok：衍生類別可以存取 protected 成員
    int f() { return prot_mem; }
    // 錯誤：private 成員對衍生類別而言是無法存取的
    char g() { return priv_mem; }
};
struct Priv_Derv : private Base {
    // private 的衍生不會影響衍生類別中的存取
    int f1() const { return prot_mem; }
};
```

衍生的存取指定符不會影響一個衍生類別的成員（和 friend）是否可以存取其直接基礎類別的成員。對基礎類別的成員之存取是由基礎類別本身中的存取指定符所控制。Pub_Derv

與 Priv_Derv 可以存取 protected 成員 prot_mem。兩者皆不能存取 private 成員 priv_mem。

衍生存取指定符的用途是控制衍生類別（包括其他衍生自衍生類別的類別）的**使用者**對繼承自 Base 的成員的存取權：

```
Pub_Derv d1;        // 繼承自 Base 的成員是 public
Priv_Derv d2;       // 繼承自 Base 的成員是 private
d1.pub_mem();       // ok：pub_mem 在衍生類別中是 public
d2.pub_mem();       // 錯誤：pub_mem 在衍生類別中是 private
```

Pub_Derv 與 Priv_Derv 都繼承 pub_mem 函式。如果繼承是 public 的，成員就保有它們的存取規格（access specification）。因此，d1 可以呼叫 pub_mem。在 Priv_Derv 中，Base 的成員是 private 的；那個類別的使用者不可以呼叫 pub_mem。

一個衍生類別所用的衍生存取指定符也控制來自繼承了那個衍生類別的類別的存取：

```
struct Derived_from_Public : public Pub_Derv {
    // ok：Base::prot_mem 在 Pub_Derv 仍然是 protected
    int use_base() { return prot_mem; }
};
struct Derived_from_Private : public Priv_Derv {
    // 錯誤：Base::prot_mem 在 Priv_Derv 中是 private
    int use_base() { return prot_mem; }
};
```

衍生自 Pub_Derv 的類別可以存取來自 Base 的 prot_mem，因為那個成員在 Pub_Derv 中仍然是一個 protected 成員。相較之下，從 Priv_Derv 衍生的類別則沒有這種存取權。對它們來說，Priv_Derv 繼承自 Base 的所有成員都是 private 的。

假設我們有另一個類別，例如 Prot_Derv，使用 protected 的繼承，那麼 Base 的 public 成員在那個類別中，就會是 protected 成員。Prot_Derv 的使用者會沒辦法存取 pub_mem，但 Prot_Derv 的成員和 **friend** 都可以存取繼承而來的成員。

衍生對基礎轉換的可用性

衍生對基礎的轉換（§15.2.2）是否可用，取決於是哪段程式碼試著使用轉換，也取決於在該衍生類別衍生串列中所用的存取指定符。假設 D 繼承自 B：

- 只有在 D 公開地（**publicly**）繼承自 B，使用者程式碼才可以使用衍生對基礎的轉換。如果 D 使用 protected 或 private 來繼承 B，那麼使用者程式碼就不可以使用該轉換。
- D 的成員函式和 **friend** 可以使用對 B 的轉換，不管 D 是如何繼承 B 的。轉至直接基礎類別的衍生對基礎轉換對衍生類別的成員和 **friend** 來說永遠都是可取用的。

● 如果 D 是使用 public 或 protected 繼承自 B，那麼衍生自 D 的類別的成員函式和 friend 就可以使用衍生對基礎的轉換。如果 D 私密地（privately）繼承自 B，那這種程式碼就不可以使用該轉換。

 在你程式碼中任何給定的位置，如果基礎類別的一個 public 成員是可存取的，那麼衍生對基礎的轉換也會是可存取的，但反過來就不是這樣。

關鍵概念：類別設計和 protected 成員

沒有繼承的時候，我們可以把一個類別想成有兩種不同的使用者：一般使用者和實作者（implementors）。一般使用者寫的程式碼用到該類別型別的物件，這種程式碼只能存取該類別的 public（介面）成員。實作者撰寫的程式碼包含在該類別的成員和 friend 中。該類別的成員和 friend 可以存取 public 部分，也能存取 private 的（實作）部分。

在繼承之下，就會有第三種使用者出現，也就是衍生類別。基礎類別會把它實作中那些願意讓它衍生類別使用的部分標示為 protected。一般使用者的程式碼仍然無法取用 protected 成員；private 成員依然無法讓基礎類別和它們的 friend 取用。

就跟任何其他的類別一樣，被用作一個基礎類別的類別會讓它的介面成員是 public 的。被用作基礎類別的類別可以將它的實作分割為衍生類別可取用的成員，以及只有該基礎類別及其 friend 能夠取用的成員。如果一個實作成員（implementation member）提供的某個運算或資料是衍生類別需要用在其實作中的，那它就應該是 protected。否則，實作成員應該是 private 的。

朋友關係與繼承

就像朋友關係（friendship）沒有遞移性（§7.3.4），朋友關係也不可以繼承。基礎類別的朋友（friends）對於其衍生類別的成員沒有特殊存取權，而衍生類別的朋友對基礎類別也沒有特殊存取權：

```
class Base {
    // 新增朋友宣告；其他的成員跟之前一樣
    friend class Pal; // Pal 不能存取衍生自 Base 的類別
};
class Pal {
public:
    int f(Base b) { return b.prot_mem; } // ok：Pal 是 Base 的一個 friend
    int f2(Sneaky s) { return s.j; } // 錯誤：Pal 不是 Sneaky 的朋友
    // 對一個基礎類別的存取是由該基礎類別所控制，即使是在衍生物件內也是一樣
    int f3(Sneaky s) { return s.prot_mem; } // ok：Pal 是一個 friend
};
```

f3 是合法的事實可能令人驚訝，但它是「每個類別都控制對自己成員的存取」這個概念的邏輯延伸。Pal 是 Base 的一個 friend，所以 Pal 可以存取 Base 物件的成員。這個存取權包括對內嵌在 Base 衍生型別的物件中的 Base 物件的存取權。

當一個類別讓另一個類別成為一個朋友，朋友關係只對那個類別成立。朋友的基礎類別和衍生類別對成為朋友的類別沒有特殊存取權：

```
// D2 沒辦法存取 Base 中的 protected 或 private 成員
class D2 : public Pal {
public:
    int mem(Base b)
        { return b.prot_mem; }  // 錯誤：朋友關係無法繼承
};
```

朋友關係無法繼承，每個類別都控制對其成員的存取。

豁免個別成員

有的時候我們得變更衍生類別繼承的一個名稱的存取層級。我們可以提供一個 using 宣告（§3.1）來這麼做：

```
class Base {
public:
    std::size_t size() const { return n; }
protected:
    std::size_t n;
};
class Derived : private Base {  // 注意：private 的繼承
public:
    // 讓與該物件的 size 有關的成員維持同樣的存取層級
    using Base::size;
protected:
    using Base::n;
};
```

因為 Derived 使用 private 繼承，所繼承的成員 size 和 n（預設）會是 Derived 的 private 成員。那個 using 宣告調整了那些成員的可存取性。Derived 的使用者能夠存取 size 成員，而後續衍生自 Derived 的類別則可以存取 n。

一個類別內的 using 宣告可以指名一個直接或間接基礎類別的任何可存取（即非 private）成員。對指定在 using 宣告中一個名稱的存取，取決於接在那個 using 宣告之前的存取指定符。也就是說，如果一個 using 宣告出現在該類別的一個 private 部分中，那個名稱就只限成員和 friend 存取。如果該宣告是在一個 public 區段中，該類別的所有使用者就都能取用那個名稱。如果該宣告是在一個 protected 區段中，那個名稱的存取就只限於成員、朋友和衍生類別。

衍生類別只能為它被允許存取的名稱提供 using 宣告。

預設的繼承防護等級

在 §7.2 中，我們看到以 struct 和 class 關鍵字定義的類別具有不同的預設存取指定符。同樣地，預設的衍生指定符取決於用了哪個關鍵字來定義一個衍生類別。預設情況下，以 class 關鍵定義的衍生類別具有 private 的繼承，以 struct 定義的衍生類別則具有 public 的繼承：

```
class Base { /* ... */ };
struct D1 : Base { /* ... */ }; // 預設是 public 繼承
class D2 : Base { /* ... */ };  // 預設是 private 繼承
```

認為使用 struct 關鍵字定義的類別和那些以 class 定義的之間有更深層的差異，是一種常見的誤解。唯一的差別僅在於成員的預設存取指定符，以及預設的衍生存取指定符。沒有其他分別了。

一個私密衍生的類別應該明確指定 private，而非仰賴預設值。明確表示可以清楚指明私有繼承是刻意的，而非疏忽。

習題章節 15.5

練習 15.18：給定前面 §15.5 的類別，假設每個物件的型別就如註解中所指的那樣，請判斷下列哪些指定是合法的。解釋那些非法的為何不被允許：

```
Base *p = &d1;   // d1 有型別 Pub_Derv
p = &d2;         // d2 有型別 Priv_Derv
p = &d3;         // d3 有型別 Prot_Derv
p = &dd1;        // dd1 有型別 Derived_from_Public
p = &dd2;        // dd2 有型別 Derived_from_Private
p = &dd3;        // dd3 有型別 Derived_from_Protected
```

練習 15.19：假設前面的每個類別都有一個這種形式的成員函式：

```
void memfcn(Base &b) { b = *this; }
```

那麼對每個類別，請判斷這個函式是否合法。

練習 15.20：撰寫程式碼來測試你對前面兩個習題的答案。

練習 15.21：挑選下列含有一整個族系的型別的通用抽象層之一（或自己找一個）。將那些型別組織為一個繼承階層架構：

(a) 圖形檔按格式（例如 gif、tiff、jpeg、bmp）

(b) 幾何基元（geometric primitives，例如方塊、圓形、球體、圓錐體）

(c) C++ 語言型別（例如類別、函式、成員函式）

練習 15.22：對於你在前一個習題中挑選的類別，請識別出一些可能的虛擬函式，以及 public 和 protected 成員。

15.6 繼承之下的類別範疇

每個類別都定義自己的範疇（scope，§7.4）其中定義了它的成員。在繼承底下，衍生類別的範疇是巢狀的（nested，§2.2.4）內嵌在其基礎類別的範疇中。如果有個名稱在衍生類別的範疇中無法解析，就會在外圍的基礎類別範疇尋找那個名稱的定義。

「衍生類別的範疇內嵌在其基礎類別的範疇內」這個事實可能令人驚訝。畢竟，基礎和衍生類別是定義在我們程式文字的不同部分中。然而，就是這個階層架構式的巢狀類別範疇讓衍生類別的成員能夠使用其基礎類別的成員，就好像那些成員是衍生類別的一部分一樣。舉例來說，當我們寫

```
Bulk_quote bulk;
cout << bulk.isbn();
```

isbn 這個名稱的使用會像這樣來解析：

- 因為我們在型別為 Bulk_quote 的物件上呼叫 isbn，搜尋就會從 Bulk_quote 類別開始。那個類別中找不到 isbn 這個名稱。

- 因為 Bulk_quote 是衍生自 Disc_quote，接著就會搜尋 Disc_quote 類別。仍然沒找到那個名稱。

- 因為 Disc_quote 衍生自 Quote，接著就搜尋 Quote 類別。在那個類別中找到名稱 isbn，isbn 的使用會被解析為 Quote 中的 isbn。

名稱查找發生在編譯時期

一個物件、參考或指標的靜態型別（§15.2.3）決定了那個物件的哪個成員是合用的。即使靜態和動態型別可能不同（例如使用對基礎類別的參考或指標時可能發生的那樣），還是由靜態型別來決定什麼成員可以使用。舉一個例子，我們可能會新增一個成員到 Disc_quote 類別，它會回傳一個 pair（§11.2.3）存放著最少（或最多）數量以及折扣後價格：

```
class Disc_quote : public Quote {
public:
    std::pair<size_t, double> discount_policy() const
        { return {quantity, discount}; }
    // 其他的成員跟之前一樣
};
```

我們只能透過型別為 Disc_quote 或 Disc_quote 之衍生類別的一個物件、指標或參考來使用 discount_policy：

```
Bulk_quote bulk;
Bulk_quote *bulkP = &bulk;     // 靜態和動態型別相同
Quote *itemP = &bulk;          // s 靜態與動態型別不同
bulkP->discount_policy();       // ok：bulkP 的型別是 Bulk_quote*
itemP->discount_policy();       // 錯誤：itemP 的型別是 Quote*
```

雖然 bulk 有一個名為 discount_policy 的成員,那個成員透過 itemP 是看不見的。itemP 的型別是對 Quote 的一個指標,這表示 discount_policy 的搜尋會先從類別 Quote 類別開始。Quote 類別沒有名為 discount_policy 的成員,所以我們無法在型別為 Quote 的一個物件、參考或指標上呼叫那個成員。

名稱衝突和繼承

就像任何其他的範疇,衍生類別可以重複使用定義在它其中一個直接或間接基礎類別中的名稱。一如以往,定義在內層範疇(即衍生類別)的名稱會遮蔽外層範疇(即基礎類別)中的名稱(§2.2.4):

```
struct Base {
    Base(): mem(0) { }
protected:
    int mem;
};
struct Derived : Base {
    Derived(int i): mem(i) { }  // 初始化 Derived::mem 為 i
                                // Base::mem 是預設初始化的
    int get_mem() { return mem; }   // 回傳 Derived::mem
protected:
    int mem;  // 遮蔽基礎中的 mem
};
```

get_mem 內對 mem 的參考會被解析為 Derived 中的名稱。假設我們是寫

```
Derived d(42);
cout << d.get_mem() << endl; // 印出 42
```

那麼輸出就會是 42。

 與基礎類別中某個成員同名的衍生類別成員會遮蔽那個基礎類別成員的直接使用。

使用範疇運算子來使用被遮蔽的成員

我們可以透過範疇運算子(scope operator)來使用被遮蔽的基礎類別成員:

```
struct Derived : Base {
    int get_base_mem() { return Base::mem; }
    // ...
};
```

範疇運算子會覆寫正常的查找程序,並指引編譯器在類別 Base 的範疇中開始查找 mem。如果我們以這個版本的 Derived 來執行上面的程式碼,d.get_mem() 的結果就會是 0。

 除了覆寫繼承而來的虛擬函式,衍生類別通常不應該重複使用在它的基礎類別中定義的名稱。

> **關鍵概念：名稱查找與繼承**
>
> 了解函式呼叫如何解析（resolve）是理解 C++ 中繼承的關鍵。給定 p->mem()（或 obj.mem()）這個呼叫，會發生下列四個步驟：
>
> - 首先判斷 p（或 obj）的靜態型別。因為我們正在呼叫一個成員，該型別必須是一個類別型別。
> - 在對應 p（或 obj）靜態型別的類別中查找 mem，如果沒找到 mem，就在直接基礎類別中查找，並且一直在類別串鏈中往上尋找，直到找到 mem，或搜尋了最後一個類別為止。如果在該類別或其外圍基礎類別中都沒找到 mem，那麼該呼叫就無法編譯。
> - 一旦找到 mem，就進行正常的型別檢查（§6.1），看看在所找到的定義之下，這個呼叫是否合法。
> - 假設這個呼叫是合法的，編譯器就會產稱程式碼，這會隨著該呼叫是否是 virtual 而有變化：
>   - 如果 mem 是虛擬的，而那個呼叫是透過一個參考或指標進行的，那麼編譯器就會產生程式碼在執行時期依據該物件的動態型別判斷要執行哪個版本。
>   - 否則，如果該函式不是虛擬的，或者那個呼叫是在一個物件（而非一個參考或指標）上進行的，編譯器就會產生一般的函式呼叫。

一如以往，名稱查找發生在型別檢查之前

如我們所見，宣告在一個內層範疇的函式並不會重載（overload）宣告在外層範疇中的函式（§6.4.1）。因此，定義在一個衍生類別中的函式並不會重載定義在其基礎類別中的成員。就跟任何其他的範疇一樣，如果衍生類別（即一個內層範疇）中的一個成員與某個基礎類別成員有相同的名稱，那麼那個衍生成員在衍生類別的範疇中就會遮蔽那個基礎類別成員。即使這些函式有不同的參數列，基礎類別的成員仍會被遮蔽：

```
struct Base {
    int memfcn();
};
struct Derived : Base {
    int memfcn(int); // 遮蔽基礎中的 memfcn
};
Derived d; Base b;
b.memfcn();         // 呼叫 Base::memfcn
d.memfcn(10);       // 呼叫 Derived::memfcn
d.memfcn();         // 錯誤：沒有引數的 memfcn 被遮蔽了
d.Base::memfcn();   // ok：呼叫 Base::memfcn
```

Derived 中的 memfcn 宣告遮蔽了 Base 中的 memfcn 宣告。毫不意外地，透過 b（它是個 Base 物件）的第一個呼叫，會呼叫基礎類別中的版本。同樣地，第二個呼叫（透過 d）會呼叫來自 Derived 的那一個。可能會令人驚訝的是，第三個呼叫，即 d.memfcn() 是非法的。

要解析這個呼叫，編譯器會在 Derived 中查找 memfcn 這個名稱。那個類別定義有一個名為 memfcn 的成員，而搜尋停止。一旦找到那個名稱，編譯器就不會再找下去了。Derived 中的 memfcn 版本預期一個 int 引數。這個呼叫沒有提供那樣的引數，所以有錯。

 虛擬函式與範疇

現在我們可以了解為什麼虛擬函式在基礎和衍生類別中都必須有相同的參數列了（§15.3）。如果基礎與衍生成員所接受的引數彼此不同，那就沒辦法透過對基礎類別的參考或指標呼叫衍生版本了。舉例來說：

```
class Base {
public:
    virtual int fcn();
};
class D1 : public Base {
public:
    // 遮蔽基礎中的 fcn；這個 fcn 不是 virtual
    // D1 繼承 Base::fcn() 的定義
    int fcn(int);        // 參數列與 Base 中的 fcn 不同
    virtual void f2();   // 在 Base 中不存在的新的虛擬函式
};
class D2 : public D1 {
public:
    int fcn(int);    // 非虛擬函式遮蔽 D1::fcn(int)
    int fcn();       // 覆寫來自 Base 的 virtual fcn
    void f2();       // 覆寫來自 D1 的 virtual f2
};
```

D1 中的 fcn 函式不會覆寫來自 Base 的 virtual fcn，因為它們有不同的參數列。取而代之，它會遮蔽（hide）來自基礎的 fcn。從效果上來說，D1 會有兩個名為 fcn 的函式：D1 從 Base 繼承了一個名為 fcn 的 virtual，並定義了自己名為 fcn 的非虛擬成員，接受一個 int 參數。

透過基礎類別呼叫一個被遮蔽的 Virtual

給定了上述的類別，讓我們看看呼叫這些函式的數種方式：

```
Base bobj; D1 d1obj; D2 d2obj;
Base *bp1 = &bobj, *bp2 = &d1obj, *bp3 = &d2obj;
bp1->fcn(); // 虛擬呼叫，會在執行時期呼叫 Base::fcn
bp2->fcn(); // 虛擬呼叫，會在執行時期呼叫 Base::fcn
bp3->fcn(); // 虛擬呼叫，會在執行時期呼叫 D2::fcn
D1 *d1p = &d1obj; D2 *d2p = &d2obj;
bp2->f2(); // 錯誤：Base 沒有名為 f2 的成員
d1p->f2(); // 虛擬呼叫，會在執行時期呼叫 D1::f2()
d2p->f2(); // 虛擬呼叫，會在執行時期呼叫 D2::f2()
```

前三個呼叫都是透過對基礎類別的指標進行的。因為 fcn 是虛擬的，編譯器會產生程式碼在執行時期判斷要呼叫哪個版本。

那個判斷會依據該指標所繫結的物件之實際型別來下定。對 bp2 來說，底層的物件會是一個 D1。那個類別並沒有覆寫不接受引數的 fcn 函式。因此，透過 bp2 的呼叫會（在執行時期）被解析為定義在 Base 中的版本。

接下來的三個呼叫，是透過具有不同型別的指標進行的。每個指標都指向這個階層架構中的其中一個型別。第一個呼叫是非法的，因為類別 Base 中沒有 f2()。該指標剛好指向一個衍生物件這點則無關緊要。

為了完整起見，讓我們看一下對非虛擬函式 fcn(int) 的呼叫：

```
Base *p1 = &d2obj; D1 *p2 = &d2obj; D2 *p3 = &d2obj;
p1->fcn(42); // 錯誤：Base 沒有接受一個 int 的 fcn 版本
p2->fcn(42); // 靜態地繫結，呼叫 D1::fcn(int)
p3->fcn(42); // 靜態地繫結，呼叫 D2::fcn(int)
```

在這每個呼叫中，指標剛好都指向型別為 D2 的一個物件。然而，呼叫一個非虛擬函式時，動態型別並不重要。被呼叫的版本僅取決於指標的靜態型別。

覆寫重載的函式

就跟任何其他函式一樣，一個成員函式（虛擬與否）可以被重載。一個衍生類別可以重載它所繼承的零或多個重載函式。如果一個衍生類別希望所有的重載版本都能透過其型別取用，那它就必須覆寫它們全部，或者都不覆寫。

有的時候，一個類別需要覆寫重載集合中的某些函式，但非全部。在這種情況中，為了覆寫該類別需要特化的那一個函式而覆寫每一個基礎版本，會是很繁瑣的工作。

我們不覆寫繼承而來的每一個基礎類別版本，衍生類別可以為那個重載成員提供一個 using 宣告（§15.5）。一個 using 宣告僅指定一個名稱，它不可以指定參數列。因此，為一個基礎類別成員函式使用的一個 using 宣告會把那個函式的所有重載實體都帶到衍生類別的範疇。把所有的名稱都帶到其範疇中之後，衍生類別就只需要定義真正取決於其型別的那些函式。其他的則可以使用繼承而來的定義。

在一個類別內使用 using 的正常規則也適用於重載函式的名稱（§15.5），基礎類別中函式的每個重載實體都必須是衍生類別可取用的。對那些沒有被衍生類別重新定義的重載版本的存取權，則會是 using 宣告處生效的存取權。

習題章節 15.6

練習 15.23：假設前面類別 D1 想要覆寫它繼承而來的 fcn 函式，你會如何修改那個類別？假設你修改了那個類別，讓 fcn 符合 Base 中的定義，那一節中的那些呼叫會如何被解析呢？

15.7 建構器和拷貝控制

就像其他的任何類別，繼承階層架構（inheritance hierarchy）中的類別會控制其型別的物件被創建、拷貝、移動、指定或摧毀時會發生什麼事。至於其他的類別，如果一個類別（基礎或衍生的）自己沒有定義拷貝控制運算其中的一個，編譯器就會合成那個運算。此外，如同以往，這些成員中任何一個的合成版本都可能會是已刪除函式（deleted function）。

15.7.1 虛擬解構器

繼承對於一個基礎類別的拷貝控制之主要衝擊在於，基礎類別一般應該定義一個虛擬解構器（virtual destructor，§15.2.1）。這個解構器需要是 virtual 的，才能讓繼承階層架構中的物件是可以動態配置（dynamically allocated）的。

回想一下，解構器會在我們 delete 對一個動態配置的物件之指標時執行（§13.1.3）。如果那個指標指向某個繼承階層架構中的一個型別，那個指標的靜態型別有可能會與被摧毀的物件之動態型別不同（§15.2.2）。舉例來說，如果我們 delete 型別為 Quote* 的一個指標，那個指標所指的可能會是一個 Bulk_quote 物件。如果該指標指向 Bulk_quote，編譯器就必須知道它應該執行 Bulk_quote 的解構器才行。就跟任何其他的函式一樣，我們安排執行正確解構器的方式是在基礎類別中把解構器定義為 virtual：

```
class Quote {
public:
    // 如果指向衍生物件的基礎指標被刪除了，就會需要虛擬的解構器
    virtual ~Quote() = default;  // 解構器的動態繫結
};
```

就像其他的任何 virtual，解構器的虛擬本質會被繼承。因此，衍生自 Quote 的類別會有虛擬解構器，不管它們用的是合成的解構器或是定義它們自己的版本。只要基礎類別的解構器是 virtual 的，當我們 delete 對基礎的一個指標，就會執行正確的解構器：

```
Quote *itemP = new Quote;       // 相同的靜態與動態型別
delete itemP;                   // Quote 版本的解構器被呼叫
itemP = new Bulk_quote;         // 靜態與動態型別不同
delete itemP;                   // Bulk_quote 的解構器被呼叫
```

當對基礎的一個指標指向一個衍生物件，在其上執行 delete 時，如果基礎的解構器不是 virtual 的，就會出現未定義的行為。

基礎類別的解構器是「如果一個類別需要解構器，它也會需要拷貝和指定」這個經驗法則（§13.1.4）的一個重要的例外。基礎類別幾乎一定會需要解構器，如此它才能讓解構器是 virtual 的。如果一個基礎類別有一個空的解構器只是為了讓它是 virtual 的，那麼該類別具有解構器的事實並不代表它也會需要指定運算子或拷貝建構器。

虛擬解構器會關閉合成的移動

基礎類別需要虛擬解構器的事實對於基礎和衍生類別的定義有一個重要的間接影響：如果一個類別定義了一個解構器，即使是使用 = default 來選用合成版本，編譯器也不會為那個類別合成一個移動運算（move operation，§13.6.2）。

習題章節 15.7.1

練習 15.24：何種類別需要虛擬解構器？一個虛擬解構器必須進行什麼作業？

15.7.2 合成的拷貝控制與繼承

一個基礎或函式類別中合成的拷貝控制成員執行起來就像任何其他的合成建構器、指定運算子或解構器：它們會逐個成員（memberwise）的初始化、指定或摧毀類別本身的成員。此外，這些合成的成員會使用來自基礎類別的對應運算初始化、指定或摧毀一個物件的直接基礎部分。舉例來說，

- 合成的 Bulk_quote 預設建構器會執行 Disc_quote 的預設建構器，而後者會接著執行 Quote 的預設建構器。

- Quote 的預設建構器會將 bookNo 預設初始化為空字串，並使用類別內的初始器（in-class initializer）來將 price 初始化為零。

- 當 Quote 建構器執行完畢，Disc_quote 建構器會接著執行，它使用類別內的初始器來初始化 qty 和 discount。

- 當 Disc_quote 建構器執行完成，Bulk_quote 建構器會接續執行，但沒有其他的工作要做了。

同樣地，合成的 Bulk_quote 拷貝建構器會使用（合成的）Disc_quote 拷貝建構器，而後者會使用（合成的）Quote 拷貝建構器。Quote 的拷貝建構器會拷貝 bookNo 和 price 成員，而 Disc_quote 的拷貝建構器會拷貝 qty 和 discount 成員。

值得注意的是，這種基礎類別的成員本身是合成的（如我們 Quote 階層架構中那樣）或有使用者提供的定義，並無關緊要。重要的是，對應的成員要是可存取的（§15.5），而且不是已刪除函式。

我們的每個 Quote 類別都會使用合成的解構器。衍生類別會隱含地那麼做，而 Quote 類別則是明確地這麼做，將它的（虛擬）解構器定義為了 = default。這個合成的解構器（一如以往）是空的，而它隱含的解構部分會摧毀該類別的成員（§13.1.3）。除了摧毀它自己的成員，衍生類別中解構器的解構階段也會摧毀其直接基礎。那個解構器還會調用其直接基礎的解構器，如果有的話。如此類推，一直往階層架構的根部前進。

如我們所見，Quote 沒有合成的移動運算，因為它定義了一個解構器。我們移動一個 Quote 物件（§13.6.2）的時候將會使用（合成的）拷貝運算。如我們即將看到的，Quote 沒有移動運算的事實意味著它的衍生類別也沒有。

基礎類別和衍生類別中的 Deleted 拷貝控制

基礎或衍生類別的合成預設建構器，或任何的拷貝控制成員，都可以基於跟其他類別相同的原因（§13.1.6 和 §13.6.2）被定義為已刪除（deleted）。此外，一個基礎類別被定義的方式也可能導致衍生類別的成員被定義為 deleted：

- 如果基礎類別中的預設建構器、拷貝建構器、拷貝指定運算了或解構器是 deleted 或無法取用（§15.5），那麼衍生類別中對應的成員也會被定義為 deleted，因為編譯器無法使用基礎類別的成員來建構、指定或摧毀物件的基礎類別部分。

- 如果基礎類別有無法取用或 deleted 的解構器，那麼衍生類別中合成的預設和拷貝建構器也會被定義為 deleted，因為沒有辦法摧毀衍生物件的基礎部分。

- 如同以往，編譯器不會合成一個 deleted 的移動運算。如果基礎類別中對應的運算是 deleted 或無法取用，那麼我們使用 = default 來請求一個移動運算時，它在衍生類別中會是一個已刪除函式（deleted function），因為基礎類別的部分無法移動。如果基礎類別的解構器是 deleted 或無法取用，移動建構器也會是 deleted。

舉一個例子，這個基礎類別 B，

```
class B {
public:
    B();
    B(const B&) = delete;
    // 其他的成員，不包括一個移動建構器
};
class D : public B {
    // 沒有建構器
};
D d;            // ok：D 合成的預設建構器使用 B 的預設建構器
D d2(d);        // 錯誤：D 的合成版拷貝建構器是 deleted
D d3(std::move(d)); // 錯誤：隱含地使用 D 的 deleted 拷貝建構器
```

有一個可存取的預設建構器，以及一個明確地刪除的拷貝建構器。因為有定義拷貝建構器，所以編譯器不會為類別 B 合成一個移動建構器（§13.6.2）。因此，我們不能移動也不能拷貝型別為 B 的物件。如果一個衍生自 B 的類別想要讓它的物件可以被拷貝或移動，那個衍生類別就得定義它自己版本的那些建構器。當然，那個類別就必須決定如何拷貝或移動其基礎類別部分中的成員。實務上，如果一個基礎類別沒有預設的拷貝或移動建構器，那麼其衍生類別通常也不會有。

移動運算和繼承

如我們所見，大多數的基礎類別都定義有虛擬解構器。因此，預設情況下，基礎類別一般不會得到合成的移動運算。此外，預設情況下，衍生自沒有移動運算的基礎類別的類別也不會得到合成的移動運算。

因為基礎類別中移動運算的缺乏會抑制其衍生類別合成移動運算，基礎類別一般應該定義移動運算，如果那麼做是合理的話。我們的 Quote 類別可以使用合成的版本。然而，Quote 必須明確地定義那些成員。一旦它定義了它的移動運算，它也必須明確地定義拷貝的版本（§13.6.2）：

```cpp
class Quote {
public:
    Quote() = default;                       // 逐個成員預設初始化
    Quote(const Quote&) = default;            // 逐個成員拷貝
    Quote(Quote&&) = default;                 // 逐個成員拷貝
    Quote& operator=(const Quote&) = default;    // 拷貝指定
    Quote& operator=(Quote&&) = default;         // 移動指定
    virtual ~Quote() = default;
    // 其他的成員跟之前一樣
};
```

現在，Quote 物件就能逐個成員拷貝、移動、指定或摧毀。此外，衍生自 Quote 的類別也會自動獲得合成的移動運算，除非它們有會以其他方式排除移動的成員。

習題章節 15.7.2

練習 15.25： 我們為什麼為 Disc_quote 定義了一個預設建構器？移除那個建構器對 Bulk_quote 的行為有什麼影響（如果有的話）？

15.7.3 衍生類別的拷貝控制成員

如我們在 §15.2.2 中所見，衍生類別建構器的初始化階段會初始化一個衍生物件的基礎類別部分，也會初始化它自己的成員。因此，衍生類別的拷貝或移動建構器必須拷貝或移動它的基礎部分，以及該衍生類別中的成員。同樣地，衍生類別的指定運算子也必須指定衍生物件的基礎部分中的成員。

不同於建構器和指定運算子，解構器只負責摧毀衍生類別所配置的資源。回想一下，一個物件的成員是隱含地被摧毀的（§13.1.3）。同樣地，一個衍生物件的基礎類別部分會自動被摧毀。

當一個衍生類別定義了拷貝或移動運算，那個運算就負責整個物件的拷貝或移動，包括基礎類別的成員。

定義一個衍生的拷貝或移動建構器

當我們為衍生類別定義一個拷貝或移動建構器（§13.1.1 和 §13.6.2），我們一般會使用對應的基礎類別建構器來初始化物件的基礎部分：

```cpp
class Base { /* ... */ };
class D: public Base {
public:
    // 預設情況下，，基礎類別的預設建構器初始化一個物件的基礎部分
    // 要使用拷貝或移動建構器，我們必須明確地
    // 在建構器初始器串列中呼叫那個建構器
    D(const D& d): Base(d) // 拷貝基礎的成員
                /* D 的成員的初始器 */ { /* ... */ }
    D(D&& d): Base(std::move(d)) // 移動基礎的成員
                /* D 的成員的初始器 */ { /* ... */ }
};
```

初始器 Base(d) 傳入一個 D 物件給基礎類別的建構器。雖然理論上 Base 可以有具備一個型別為 D 的參數的建構器，但實務上那不太可能。取而代之，Base(d) 會（一般來說）匹配 Base 的拷貝建構器。型別為 D 的物件 d 會被繫結到那個建構器中的 Base& 參數。Base 的拷貝建構器會將 d 的基礎部分拷貝到正在創建的物件中。假設那個基礎類別的初始器被省略了，

```cpp
// 可能有錯的 D 拷貝建構器定義
// 基礎類別部分是預設初始化的，而非拷貝
D(const D& d) /* 成員初始器，但沒有基礎類別初始器 */
    { /* ... */ }
```

Base 的預設建構器會被用來初始化一個 D 物件的基礎部分。假設 D 的建構器從 d 拷貝衍生的成員，這個新建構的物件將會有奇怪的組態：它的 Base 成員會有預設值，然而它的 D 成員會有從另一個物件拷貝的資料。

預設情況下，基礎類別的預設建構器會初始化一個衍生物件的基礎類別部分。如果我們想要拷貝（或移動）基礎類別部分，我們必須在衍生類別的建構器初始器串列中明確地使用基礎類別的拷貝（或移動）建構器。

衍生類別的指定運算子

就像拷貝和移動建構器，一個衍生類別的指定運算子（§13.1.2 和 §13.6.2）也必須明確地指定它的基礎部分：

```
// Base::operator=(const Base&) 不會自動被調用
D &D::operator=(const D &rhs)
{
    Base::operator=(rhs);  // 指定基礎部分
    // 如同以往地指定衍生類別中的成員
    // 妥當地處理自我指定並釋放現有資源
    return *this;
}
```

這個運算子一開始會先明確地呼叫基礎類別的指定運算子來指定衍生物件基礎部分的成員。那個基礎類別運算子（應該要）會正確地處理自我指定，並在適當的時候釋放左運算元基礎部分中的舊有值，並從 rhs 指定新的值。一旦那個運算子執行完畢，我們就會接著進行任何所需的工作來指定衍生類別中的成員。

值得注意的是，衍生的建構器或指定運算子可以使用它對應的基礎類別運算，不管基礎類別是定義了該運算子自己的版本，或是使用合成版本。舉例來說，對 Base::operator= 的呼叫會執行類別 Base 中的拷貝指定運算子。那個運算子是明確地由 Base 類別所定義，或是由編譯器合成，一點也不重要。

衍生類別的解構器

回想一下，一個物件的資料成員會在解構器的主體執行完成後，被隱含地摧毀（§13.1.3）。同樣地，一個物件的基礎類別部分也會隱含地被摧毀。因此，不同於建構器和指定運算子，一個衍生的解構器只需負責摧毀由衍生類別所配置的資源：

```
class D: public Base {
public:
    // Base::~Base 自動被調用
    ~D() { /* 進行清理衍生成員所需的任何工作 */ }
};
```

物件是以它們被建構的相反順序來摧毀的：衍生的解構器會先執行，然後調用基礎類別的解構器，如此一直在繼承階層架構中往回進行。

在建構器和解構器中對 Virtual 的呼叫

如我們所見，一個衍生物件的基礎類別部分會先建構。而在基礎類別建構器執行的同時，物件的衍生部分是尚未初始化的。同樣地，衍生物件是以相反順序摧毀的，所以基礎類別的建構器執行的時候，衍生部分早已被摧毀。因此，這些基礎類別成員正在執行的時候，物件都是不完整的。

考慮到這個不完整性，編譯器在建構或解構的過程中，對待物件的方式，就好像它的型別改變了一樣。也就是說，一個物件正在建構的時候，它會被視為跟建構器有相同的類別；對虛擬函式的呼叫被繫結的方式就會好像它們跟建構器本身有相同的型別一樣。對解構器來說也是一樣。這種繫結適用於直接被呼叫的 virtual 或建構器（或解構器）所呼叫的函式間接呼叫的 virtual。

為了理解這個行為，請思考如果一個 virtual 的衍生類別版本從一個基礎類別建構器被呼叫，那會發生什麼事。這個 virtual 大概會存取衍生物件的成員。畢竟，如果這個 virtual 不需要使用衍生物件的成員，衍生類別或許使用基礎類別中的版本就好。然而，基礎建構器執行的時候，那些成員尚未初始化。如果這種存取是被允許的，程式大概就會當掉。

 如果建構器或解構器呼叫一個 virtual，所執行的版本會是對應到建構器或解構器型別的那一個。

習題章節 15.7.3

練習 15.26： 定義 Quote 和 Bulk_quote 的拷貝控制成員，進行與合成版本相同的工作。賦予它們與其他的建構器列印述句，以識別正在執行的是哪個函式。使用這些類別撰寫程式，並預測什麼物件會被創建或摧毀。把你的預測和輸出做比較，並持續實驗，直到你的預測正確為止。

15.7.4 繼承的建構器

在新標準底下，衍生類別可以重複使用其直接基礎類別所定義的建構器。雖然，如我們會看到的，就繼承的一般意義而言，這種建構器並沒有被繼承，但我們還是很常形容這種建構器是「繼承而來（inherited）」的。跟類別只能初始化它的直接基礎類別（direct base class）一樣，一個類別只能從它的直接基礎繼承建構器。一個類別不能繼承預設、拷貝和移動建構器。如果衍生類別沒有直接定義那些建構器，編譯器會一如以往地合成它們。

衍生類別繼承其基礎類別建構器的方式是提供一個 using 宣告，指名其（直接）基礎類別。舉一個例子，我們可以重新定義我們的 Bulk_quote 類別（§15.4）從 Disc_quote 繼承它的建構器：

```
class Bulk_quote : public Disc_quote {
public:
    using Disc_quote::Disc_quote; // 繼承 Disc_quote 的建構器
    double net_price(std::size_t) const;
};
```

一般來說，一個 using 宣告只會使一個名稱在目前範疇變得可見。套用到建構器的時候，using 宣告會使編譯器產生程式碼。編譯器會產生對應到基礎中每一個建構器的衍生建構器。也就是說，對於基礎類別中的每個建構器，編譯器都會在衍生類別中產生一個具有相同參數列的建構器。

這些編譯器產生的建構器有這種形式：

> *derived* (*parms*) : *base* (*args*) { }

其中 *derived* 是衍生類別的名稱，*base* 是基礎類別的名稱，*parms* 是建構器的參數列，而 *args* 會將來自衍生建構器的參數傳入給基礎建構器。在我們的 Bulk_quote 類別中，繼承的建構器會等同於

```
Bulk_quote(const std::string& book, double price,
           std::size_t qty, double disc):
       Disc_quote(book, price, qty, disc) { }
```

如果衍生類別有任何自己的資料成員，那些成員會是預設初始化的（§7.1.4）。

繼承的建構器之特徵

不同於一般成員的 using 宣告，建構器的 using 宣告並不會改變繼承的建構器之存取層級。舉例來說，不管 using 宣告出現在哪裡，在基礎中是 private 的建構器，在衍生中也會是 private，對 protected 和 public 建構器來說也是如此。

此外，一個 using 宣告無法指定 explicit 或 constexpr。如果基礎中的一個建構器是 explicit（§7.5.4）或 constexpr（§7.5.6）的，繼承而來的建構器也會有相同的特性。

如果一個基礎類別建構器有預設引數（§6.5.1），那些引數並不會被繼承。取而代之，衍生的類別會得到多個繼承的建構器，其中具有預設引數的每個參數都會依序被省略。舉例來說，如果基礎具有的建構器有兩個參數，其中第二個有預設引數，衍生類別就會得到兩個建構器：一個具有兩個參數（而且沒有預設引數），而第二個建構器會有單一個參數，對應到基礎類別中最左邊、沒有預設引數的那個參數。

如果基礎類別有數個建構器，那麼除了兩個例外，衍生類別就會繼承來自其基礎類別的每個建構器。第一個例外是，一個衍生類別可以繼承某些建構器，然後為其他的建構器定義自己的版本。如果如果衍生類別定義的建構器與基礎類別中的某一個建構器有相同的參數，那個建構器就不會被繼承。定義在衍生類別中的那一個會被用來取代那個繼承的建構器。

第二例外是，預設、拷貝和移動建構器不會繼承。這些建構器會依據正常的規則被合成。一個繼承的建構器不會被視為使用者定義的建構器。因此，只含有繼承的建構器的類別也會有合成的預設建構器。

習題章節 15.7.4

練習 15.27：重新定義你的 Bulk_quote 類別來繼承其建構器。

15.8 容器與繼承

當我們使用一個容器來儲存源於某個繼承階層架構的物件，我們通常必須間接地儲存那些物件。我們無法把有繼承關係的型別的物件直接放到一個容器中，因為我們沒有辦法定義出容器來存放不同型別的元素。

舉個例子，假設我們想要定義一個 vector 來存放一位顧客想要買的數本書。應該很容器就可以看出，我們無法使用一個 vector 來存放 Bulk_quote 物件。我們無法把 Quote 物件轉換為 Bulk_quote（§15.2.3），所以我們不能把 Quote 物件放到那個 vector。

比較不明顯的是，我們也不能使用存放型別為 Quote 的物件的一個 vector。在這種情況中，我們可以把 Bulk_quote 物件放到容器中，然而，那些物件將不再是 Bulk_quote 物件：

```cpp
vector<Quote> basket;
basket.push_back(Quote("0-201-82470-1", 50));
// ok，但只會拷貝物件的 Quote 部分到 basket 中
basket.push_back(Bulk_quote("0-201-54848-8", 50, 10, .25));
// 呼叫 Quote 所定義的版本，印出 750，也就是 15 * $50
cout << basket.back().net_price(15) << endl;
```

basket 中的元素是 Quote 物件。當我們新增一個 Bulk_quote 物件到這個 vector，它的衍生部分會被忽略（§15.2.3）。

 因為衍生物件被指定給一個基礎型別物件時會被「切掉」，容器和有繼承關係的型別並沒辦法很好地一起使用。

把（智慧指標），而非物件，放在容器中

當我們需要一個容器存放有繼承關係的物件，我們通常會定義容器來存放對基礎類別的指標（最好是智慧指標，§12.1）。一如以往，那些指標所指的物件之動態型別可以是基礎類別型別或衍生自該基礎的某個型別：

```cpp
vector<shared_ptr<Quote>> basket;
basket.push_back(make_shared<Quote>("0-201-82470-1", 50));
basket.push_back(
    make_shared<Bulk_quote>("0-201-54848-8", 50, 10, .25));
// 呼叫 Quote 定義的版本；印出 562.5，即 15 * $50 減去折扣
cout << basket.back()->net_price(15) << endl;
```

因為 basket 存放的是 shared_ptr，我們必須解參考 basket.back() 所回傳的值，以取得要在其上執行 net_price 的物件。我們會在對 net_price 的呼叫中使用 -> 來這麼做。一如以往，所呼叫的 net_price 版本取決於那個指標所指的物件之動態型別。

值得注意的是，我們把 basket 定義為了 shared_ptr<Quote>，然而在第二個 push_back 中，我們傳入一個 shared_ptr 給一個 Bulk_quote 物件。就像我們可以把對衍生型別的一

個普通指標轉為對基礎類別型別的一個指標（§15.2.2），我們也可以把對衍生型別的一個智慧指標轉為對基礎類別型別的一個智慧指標。因此，make_shared<Bulk_quote> 會回傳一個 shared_ptr<Bulk_quote> 物件，它會在我們呼叫 push_back 的時候被轉為 shared_ptr<Quote>。因此，儘管看起來是那樣，basket 的所有元素都具有相同型別。

習題章節 15.8

練習 15.28：定義一個 vector 來存放 Quote 物件，但把 Bulk_quote 物件放到這個 vector 中。計算這個 vector 中所有元素的總 net_price（淨價）。

練習 15.29： 重複你的程式，但這次儲存對型別 Quote 物件的 shared_ptr。解釋這個版本所產生的總和與前一個程式不一致的地方，如果沒有偏差，就解釋為何沒有。

15.8.1 撰寫一個 Basket 類別

C++ 中物件導向程式設計的諷刺之一，就是我們無法使用物件直接支援這種機制。取而代之，我們必須使用指標和參考。因為指標會為我們的程式帶來複雜性，我們經常會定義輔助類別來幫助我們管理這種複雜性。我們會先定義一個類別來表示一個 basket（購物籃）：

```
class Basket {
public:
    // Basket 使用合成的預設建構器和拷貝控制成員
    void add_item(const std::shared_ptr<Quote> &sale)
        { items.insert(sale); }
    // 印出每本書的總價，以及購物籃中所有項目的總價
    double total_receipt(std::ostream&) const;
private:
    // multiset 成員所需要的，用來比較 shared_ptr 的函式
    static bool compare(const std::shared_ptr<Quote> &lhs,
                        const std::shared_ptr<Quote> &rhs)
    { return lhs->isbn() < rhs->isbn(); }
    // 用來存放多個 quotes 的 multiset，以 compare 成員排序
    std::multiset<std::shared_ptr<Quote>, decltype(compare)*>
                items{compare};
};
```

我們的類別使用一個 multiset（§11.2.1）來存放那些交易記錄，如此我們才能儲存同一本書的多筆交易記錄，而一本給定的書的所有交易記錄也會被放在一起（§11.2.2）。

我們 multiset 中的元素是 shared_ptr，而 shared_ptr 並沒有小於運算子。因此，我們必須提供自己的比較運算以排序那些元素（§11.2.2）。這裡，我們定義了一個 private static 成員，名為 compare，它會比較 shared_ptr 所指的物件的 isbn。我們透過一個類別內初始器來初始化我們的 multiset 來使用這個比較函式（§7.3.1）：

```
// 用來存放多個 quotes 的 multiset，以 compare 成員排序
std::multiset<std::shared_ptr<Quote>, decltype(compare)*>
items{compare};
```

這個宣告可能很難讀，但若從左讀到右，我們可以看到我們在定義的是由 shared_ptr 所組成的 multiset，其中的 shared_ptr 指向 Quote 物件。這個 multiset 會使用與我們的 compare 成員相同型別的一個函式來排序元素。這個 multiset 成員名為 items，而我們會初始化 items 來使用 compare 函式。

定義 Basket 的成員

Basket 類別只定義兩個運算。我們在類別內定義 add_item 成員。那個成員接受一個 shared_ptr 指向一個動態配置的 Quote，並將那個 shared_ptr 放到 multiset 中。第二個成員，total_receipt，會印出那個 basket 內容的明細帳單，並回傳那個 basket 中所有項目的價格：

```
double Basket::total_receipt(ostream &os) const
{
    double sum = 0.0;  // 存放運行總和（running total）
    // iter 指向具有相同 ISBN 的一批元素中的第一個元素
    // upper_bound 回傳一個迭代器指向剛超過那批元素結尾的地方
    for (auto iter = items.cbegin();
              iter != items.cend();
              iter = items.upper_bound(*iter)) {
        // 我們知道 Basket 中至少會有一個具有這個鍵值的元素
        // 為此書印出單行項目
        sum += print_total(os, **iter, items.count(*iter));
    }
    os << "Total Sale: " << sum << endl;  // 印出最後的總價
    return sum;
}
```

我們的 for 迴圈一開始定義並初始化 iter 指向 multiset 中的第一個元素。其條件檢查 iter 是否等於 items.cend()。如果是，我們就處理完了所有的購買，我們會跳出 for。否則，就處理下一本書。

有趣的地方在於這個 for 中的「遞增」運算式。不像讀取每個元素的一般迴圈，我們會推進 iter 來指向下一個鍵值。我們會呼叫 upper_bound 來跳過匹配目前鍵值的所有元素（§11.3.5）。對 upper_bound 的呼叫所回傳的迭代器指向與 iter 具有相同鍵值的最後一個元素後。我們取回的迭代器代表的不是集合的結尾，就是下一本書。

在這個 for 迴圈中，我們呼叫 print_total（§15.1）來印出 basket 中每一本書的細節：

```
sum += print_total(os, **iter, items.count(*iter));
```

print_total 的引數是要在其上寫入的一個 ostream、要處理的一個 Quote，以及一個計數（count）。當我們解參考 iter，我們會得到一個 shared_ptr 指向我們想要印出的物

件。要取得那個物件,我們必須解參考那個 shared_ptr。因此,**iter 是一個 Quote 物件(或型別衍生自 Quote 的物件)。我們使用 multiset 的 count 成員(§11.3.5)來判斷 multiset 中有多少元素具有相同的鍵值(即相同的 ISBN)。

如我們所見,print_total 會對 net_price 進行虛擬呼叫,所以所產生的價格取決於 **iter 的動態型別。print_total 函式印出給定書籍的總和,並回傳它所計算出來的總價。我們將那個結果加到 sum 中,它會在我們完成 for 迴圈的時候印出。

隱藏指標

Basket 的使用者仍然得處理動態記憶體,因為 add_item 接受一個 shared_ptr。因此,使用者必須撰寫像這樣的程式碼:

```
Basket bsk;
bsk.add_item(make_shared<Quote>("123", 45));
bsk.add_item(make_shared<Bulk_quote>("345", 45, 3, .15));
```

我們的下一步會是重新定義 add_item,讓它接受一個 Quote 物件,而非一個 shared_ptr。這個新版本的 add_item 會處理記憶體配置,所以我們的使用者就不再需要那麼做。我們會定義兩個版本,一個會拷貝其給定的物件,而另一個會從之移動(§13.6.3):

```
void add_item(const Quote& sale);   // 拷貝給定的物件
void add_item(Quote&& sale);        // 移動給定的物件
```

唯一的問題是,add_item 不知道要配置什麼型別。進行記憶體配置時,add_item 會拷貝(或移動)它的 sale 參數。某個地方會有一個 new 運算式,像是:

```
new Quote(sale)
```

遺憾的是,這個運算式不會做正確的事:new 配置我們所請求的型別的一個物件。這個運算式配置型別為 Quote 的一個物件,並拷貝 sale 的 Quote 部分。然而,sale 可能指向一個 Bulk_quote 物件,在那種情況中,該物件會被切掉(**sliced down**)。

模擬虛擬拷貝

我們解決這個問題的方式是賦予我們的 Quote 類別一個虛擬成員,它會配置自身的一個拷貝:

```
class Quote {
public:
    // 用來回傳自身的一個動態配置拷貝的虛擬函式
    // 這些成員使用參考資格修飾符,參閱 §13.6.3
    virtual Quote* clone() const & {return new Quote(*this);}
    virtual Quote* clone() &&
                        {return new Quote(std::move(*this));}
    // 其他的成員跟之前一樣
};
class Bulk_quote : public Quote {
    Bulk_quote* clone() const & {return new Bulk_quote(*this);}
```

```
    Bulk_quote* clone() &&
                      {return new Bulk_quote(std::move(*this));}
    // 其他的成員跟之前一樣
};
```

因為我們有拷貝版和移動版的 add_item，我們會定義 lvalue 和 rvalue 版本的 clone（§13.6.3）。每個 clone 函式都會配置自己型別的一個新物件。const 的 lvalue reference 成員會拷貝自身到那個新配置的物件中；rvalue reference 成員則會移動自己的資料。

藉由 clone，很容易就能寫出我們新版本的 add_item：

```
class Basket {
public:
    void add_item(const Quote& sale)  // 拷貝給定的物件
        { items.insert(std::shared_ptr<Quote>(sale.clone())); }
    void add_item(Quote&& sale)  // 移動給定的物件
        { items.insert(
            std::shared_ptr<Quote>(std::move(sale).clone())); }
    // 其他的成員跟之前一樣
};
```

就像 add_item 本身，clone 會依據它是在一個 lvalue 或 rvalue 上被呼叫來重載。因此，第一個版本的 add_item 會呼叫 const lvalue 版本的 clone，而第二個版本會呼叫 rvalue reference 的版本。注意到，在 rvalue 的版本中，雖然 sale 的型別是一個 rvalue reference 型別，sale（就跟其他任何變數一樣）是一個 lvalue（§13.6.1）。因此，我們呼叫 move 來將一個 rvalue reference 繫結到 sale。

我們的 clone 函式也是 virtual 的。執行的是 Quote 或 Bulk_quote 的函式，取決於（如同以往）sale 的動態型別。不管我們是拷貝或移動資料，clone 都會回傳一個指標指向有自己型別的新配置物件。我們將一個 shared_ptr 繫結到那個物件，並呼叫 insert 來將這個新配置的物件加到 items。請注意，因為 shared_ptr 支援衍生對基礎的轉換（§15.2.2），我們可以將一個 shared_ptr<Quote> 繫結到一個 Bulk_quote*。

習題章節 15.8.1

練習 15.30：撰寫你自己版本的 Basket 類別，並用它來比較相同交易記錄的價格，如前面練習所用的那樣。

15.9 重訪文字查詢

作為繼承的最後一個例子，我們會擴充 §12.3 的文字查詢（text-query）應用程式。在那節中所寫的類別讓我們在一個檔案中尋找一個給定字詞出現的地方。

我們想要擴充那個系統來支援更複雜的查詢。在我們的例子中，我們會對下列簡單的故事進行查詢：

```
Alice Emma has long flowing red hair.
Her Daddy says when the wind blows
through her hair, it looks almost alive,
like a fiery bird in flight.
A beautiful fiery bird, he tells her,
magical but untamed.
"Daddy, shush, there is no such thing,"
she tells him, at the same time wanting
him to tell her more.
Shyly, she asks, "I mean, Daddy, is there?"
```

我們的系統應該支援下列查詢：

- 字詞（word）查詢找出匹配一個給定 string 的所有文字行：

```
Executing Query for: Daddy
Daddy occurs 3 times
(line 2) Her Daddy says when the wind blows
(line 7) "Daddy, shush, there is no such thing,"
(line 10) Shyly, she asks, "I mean, Daddy, is there?"
```

- NOT 查詢，使用 ~ 運算子來產出不匹配查詢的文字行：

```
Executing Query for: ~(Alice)
~(Alice) occurs 9 times
(line 2) Her Daddy says when the wind blows
(line 3) through her hair, it looks almost alive,
(line 4) like a fiery bird in flight.
. . .
```

- OR 查詢，使用 | 運算子來回傳匹配兩個查詢中任一個的文字行：

```
Executing Query for: (hair | Alice)
(hair | Alice) occurs 2 times
(line 1) Alice Emma has long flowing red hair.
(line 3) through her hair, it looks almost alive,
```

- AND 查詢，使用 & 運算子回傳兩個查詢都匹配的文字行：

```
Executing query for: (hair & Alice)
(hair & Alice) occurs 1 time
(line 1) Alice Emma has long flowing red hair.
```

此外，我們希望能夠結合這些運算，例如

```
fiery & bird | wind
```

我們會使用一般的 C++ 優先序規則（§4.1.2）來估算（evaluate）像這個例子一樣的複合運算式。因此，這個查詢會匹配 fiery 與 bird 都出現，或 wind 出現的文字行：

```
Executing Query for: ((fiery & bird) | wind)
((fiery & bird) | wind) occurs 3 times
(line 2) Her Daddy says when the wind blows
(line 4) like a fiery bird in flight.
(line 5) A beautiful fiery bird, he tells her,
```

我們的輸出會印出查詢，使用括弧來指出該查詢被解讀的方式。就跟我們原本的實作一樣，我們的系統會以遞增順序顯示文字行，而且不會重複顯示相同的文字行。

15.9.1 一個物件導向的解法

我們可能會想，應該使用 §12.3.2 的 TextQuery 類別來表示我們的字詞查詢，然後從那個類別衍生出我們其他的查詢。

然而，這種設計是有問題的。要知道為什麼，請參考一個 NOT 查詢。字詞查詢會找尋特定的一個字詞。為了讓一個 NOT 查詢是字詞查詢的一種，我們必須能夠識別出 NOT 查詢要搜尋的字詞。一般來說，不會有這種字詞存在。取而代之，NOT 查詢會有一個它要將其值反轉的查詢（一個字詞查詢或其他種的查詢）。同樣地，AND 查詢和 OR 查詢會有它們要將其結果結合的兩個查詢。

這個觀察指出，在我們的模型中，我們可以讓不同種類的查詢是具有一個共通基礎類別的幾個獨立類別：

```
WordQuery       // Daddy
NotQuery        // ~Alice
OrQuery         // hair | Alice
AndQuery        // hair & Alice
```

這些類別只會有兩個運算：

- eval，它接受一個 TextQuery 物件，並回傳一個 QueryResult。eval 函式會使用給定的 TextQuery 物件來找出該查詢匹配的文字行。
- rep，它會回傳底層查詢的 string 表示值。這個函式會為 eval 所用來創建一個 QueryResult 以表示匹配，並被輸出運算子用來印出查詢運算式。

抽象基礎類別

如我們所見，我們的四個查詢型別彼此之間沒有繼承關係，在概念上，它們算是兄弟姊妹。每個類別都有相同的介面，這暗示著我們會需要定義一個抽象基礎類別（abstract base class，§15.4）來表示那個介面。我們將這個抽象基礎類別命名為 Query_base，意味著它的角色是作為我們查詢階層架構的根。

我們的 Query_base 類別會把 eval 與 rep 定義為 pure virtual 函式（§15.4）。我們表示一種特定查詢的每個類別都必須覆寫這些函式。我們會直接從 Query_base 衍生出 WordQuery 與 NotQuery。

> ### 關鍵概念：繼承（inheritance） vs. 合成（composition）
>
> 繼承階層架構的設計本身就是一個複雜的主題，也遠遠超出這本語言入門的涵蓋範圍。然而，有一個設計原則非常重要，每一位程式設計師都應該熟悉。
>
> 當我們設計一個類別，讓它公開地（publicly）繼承另一個類別，這個衍生類別應該反映出與那個基礎類別的「是一個（Is A）」關係。在設計良好的類別階層架構中，公開衍生類別的物件可被用在預期基礎類別物件的任何地方。
>
> 型別之間的另一個常見關係是「有一個（Has A）」。以「Has A」關係產生關聯的型別之間，意味著成員身分（membership）的存在。
>
> 在我們的書店範例中，我們的基礎類別代表的概念是以規定價格販售的書籍之報價（quote）。我們的 Bulk_quote「是一種（is a）」報價，只是具有不同的定價策略。我們的書店類別「有一個（have a）」價格（price）和 ISBN。

AndQuery 與 OrQuery 類別共有一個我們系統中其他類別沒有的特性：每個都有兩個運算元。考量到這種特性，我們會定義另一個抽象基礎類別，名為 BinaryQuery，來表示具有兩個運算元的查詢。AndQuery 與 OrQuery 類別會繼承這個 BinaryQuery，而後者則會繼承 Query_base。這些抉擇帶給我們的類別設計就如圖 15.2 所示。

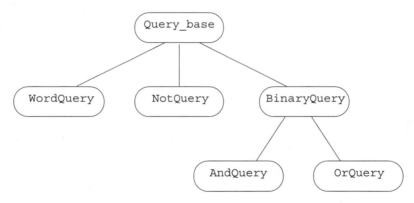

圖 15.2：Query_base 的繼承階層架構

將一個階層架構隱藏在一個介面類別中

我們的程式負責查詢的估算（evaluating），而非建置它們。然而，我們必須能夠建立查詢，才能執行我們的程式。要這麼做，最簡單的方式是撰寫 C++ 運算式來創建查詢。舉例來說，我們可能會想要撰寫這樣的程式碼來產生前面描述的複合查詢

```
Query q = Query("fiery") & Query("bird") | Query("wind");
```

這種問題描述暗示著使用者層級的程式碼不會直接使用繼承的類別。取而代之，我們會定義一個名為 Query 的介面類別（interface class），它會隱藏這個階層架構。這個 Query 類別會儲存對 Query_base 的一個指標。這個指標會繫結到衍生自 Query_base 的型別的一個物件。Query 類別會提供跟 Query_base 類別相同的運算：有 eval 用來估算關聯的查詢，以及 rep 用來產生 string 版本的查詢。它也會定義一個重載的輸出運算子來顯示關聯的查詢。

使用者只會透過 Query 物件上的運算間接地創建並操作 Query_base 物件。我們會在 Query 物件上定義三個重載的運算子，以及接受一個 string 的 Query 建構器。這些函式每一個都會動態配置衍生自 Query_base 的型別的一個新物件：

- & 會產生一個 Query 繫結到一個新的 AndQuery。
- | 會產生一個 Query 繫結到一個新的 OrQuery。
- ~ 會產生一個 Query 繫結到一個新的 NotQuery。
- 接受一個 string 的 Query 建構器會產生一個新的 WordQuery。

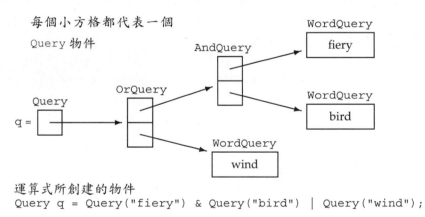

```
Query q = Query("fiery") & Query("bird") | Query("wind");
```

圖 15.3：Query 運算式所創建的物件

理解這些類別的運作方式

要理解的一個重點是，這個應用程式中很多的工作都是在建置物件以表示使用者的查詢。舉例來說，像上面那樣的一個運算式會產生一組彼此相關的物件，如圖 15.3 所示。

一旦那三個物件建置完成，估算一個查詢（或產生它的表示值）基本上就是依循那些連結，要求每個物件估算（或顯示）自身的一個（由編譯器所管理的）程序。舉例來說，如果我們在 q 上呼叫 eval（即在該樹狀結構的根部），那個呼叫會要求 q 所指的 OrQuery 去 eval 自己。估算這個 OrQuery 會在它的兩個運算元上呼叫 eval，也就是在 AndQuery 上，以及找尋字詞 wind 的 WordQuery 之上。估算那個 AndQuery 會估算它的兩個 WordQuery，分別產生字詞 fiery 與 bird 的結果。

剛入門物件導向程式設計的時候，理解一個程式最困難的部分，經常就是了解其設計。一旦你徹底熟悉其設計，實作就會自然顯現。作為理解這個設計的輔助，我們會在表 15.1 中總結這個範例中所用的類別。

習題章節 15.9.1

練習 15.31：給定了都是 string 的 s1、s2、s3 與 s4，判斷下列運算式會創建出什麼物件。

(a) `Query(s1) | Query(s2) & ~ Query(s3);`
(b) `Query(s1) | (Query(s2) & ~ Query(s3));`
(c) `(Query(s1) & (Query(s2)) | (Query(s3) & Query(s4)));`

15.9.2 `Query_base` 與 `Query` 類別

我們會先從定義 `Query_base` 類別開始我們的實作：

```
// 作為具體查詢型別之基礎類別的抽象類別；所有的成員都是 private 的
class Query_base {
    friend class Query;
protected:
    using line_no = TextQuery::line_no; // 用於 eval 函式
    virtual ~Query_base() = default;
private:
    // eval 回傳匹配這個 Query 的 QueryResult
    virtual QueryResult eval(const TextQuery&) const = 0;
    // rep 是查詢的字串表示值（string representation）
    virtual std::string rep() const = 0;
};
```

eval 與 rep 都是 **pure virtual** 函式，這使得 Query_base 是一個抽象基礎類別（§15.4）。因為我們不預期使用者或衍生類別會直接使用 Query_base，所以 Query_base 沒有 public 成員。Query_base 的所有使用都是透過 Query 物件進行。我們會賦予 Query 類別朋友關係，因為 Query 的成員會呼叫 Query_base 中的 **virtual**。

line_no 這個 protected 成員，會在 eval 函式內被使用。同樣地，解構器也是 protected 的，因為它會被衍生類別的解構器（隱含地）使用。

表 15.1：概括查詢程式的設計

查詢程式的介面類別和運算

TextQuery	讀取一個給定檔案並建置出一個查找映射（lookup map）的類別。這個類別有一個 query 運算，它接受一個 string 引數，並回傳一個 QueryResult 代表那個 string 出現的文字行（§12.3.2）。
QueryResult	存放一個 query 運算結果的類別（§12.3.2）。
Query	一個介面類別，指向衍生自 Query_base 的型別的一個物件。
Query q(s)	將 Query q 繫結到存放著 string s 的一個新的 WordQuery。
q1 & q2	回傳一個 Query 繫結到存放著 q1 和 q2 的一個新的 AndQuery 物件。
q1 | q2	回傳一個 Query 繫結到存放著 q1 和 q2 的一個新的 OrQuery 物件。
~q	回傳一個 Query 繫結到存放著 q 的一個新的 NotQuery 物件。

查詢程式的實作類別

Query_base	查詢類別的抽象基礎類別。
WordQuery	衍生自 Query_base 會找尋一個給定字詞的類別。
NotQuery	衍生自 Query_base 的類別，代表其 Query 運算元沒有在其中出現的一組文字行。
BinaryQuery	衍生自 Query_base 的抽象基礎類別，代表具有兩個 Query 運算元的查詢。
OrQuery	衍生自 BinaryQuery 的類別，會回傳它的兩個運算元在其中出現的行號之聯集（union）。
AndQuery	衍生自 BinaryQuery 的類別，會回傳它的兩個運算元在其中出現的行號之交集（intersection）。

Query 類別

Query 類別提供了對 Query_base 繼承階層架構的介面（並將之隱藏）。每個 Query 物件都會存放一個 shared_ptr 指向對應的 Query_base 物件。因為 Query 是 Query_base 類別唯一的介面，Query 必須定義自己版本的 eval 和 rep。

接受一個 string 的 Query 建構器會創建一個新的 WordQuery 並將它的 shared_ptr 成員繫結到那個新創建的物件。&、| 與 ~ 運算子分別會創建 AndQuery、OrQuery 與 NotQuery 物件。這些運算子會回傳一個 Query 物件繫結到這個新產生的物件。為了支援這些運算子，Query 需要接受對 Query_base 的一個 shared_ptr 的建構器，並要儲存它被給定的指標。我們會讓這個建構器是 private 的，因為我們不希望一般的使用者程式碼定義 Query_base 物件。由於這個建構器是 private 的，我們會需要讓這些運算子變為 friend。

給定了前面的設計，Query 類別本身就簡單了：

```
// 用來管理 Query_base 繼承階層架構的介面類別
class Query {
    // 這些運算子需要存取 shared_ptr 建構器
    friend Query operator~(const Query &);
    friend Query operator|(const Query&, const Query&);
    friend Query operator&(const Query&, const Query&);
```

```
public:
    Query(const std::string&); // 建置一個新的 WordQuery
    // 介面函式：呼叫對應的 Query_base 運算
    QueryResult eval(const TextQuery &t) const
                                { return q->eval(t); }
    std::string rep() const { return q->rep(); }
private:
    Query(std::shared_ptr<Query_base> query): q(query) { }
    std::shared_ptr<Query_base> q;
};
```

我們會先把創建 Query 物件的運算子指定為 friend。這些運算子需要是 friend 才能使用 private 的建構器。

在 Query 的 public 介面中，我們會宣告，但尚不會定義，接受一個 string 的建構器。那個建構器會創建一個 WordQuery 物件，所以我們要到定義了 WordQuery 類別之後才有辦法定義這個建構器。

另外兩個 public 成員代表 Query_base 的介面。這每一個 Query 運算都會使用它的 Query_base 指標來呼叫對應的（virtual）Query_base 運算。所呼叫的實際版本會在執行時期決定，並取決於 q 所指的物件之型別。

Query 輸出運算子

輸出運算子是顯示我們的查詢系統整體如何運作的好例子：

```
std::ostream &
operator<<(std::ostream &os, const Query &query)
{
    // Query::rep 透過它的 Query_base 指標對 rep() 進行了虛擬呼叫
    return os << query.rep();
}
```

當我們印出一個 Query，輸出運算子會呼叫類別 Query 的（public）rep 成員。那個函式透過它的指標成員對這個 Query 所指的物件之 rep 成員進行虛擬呼叫。也就是說，當我們寫

```
Query andq = Query(sought1) & Query(sought2);
cout << andq << endl;
```

輸出運算子會在 andq 上呼叫 Query::rep，而接著 Query::rep 會透過它對 Query_base 版本的 rep 的 Query_base 指標進行虛擬呼叫。因為 andq 指向一個 AndQuery 物件，那個呼叫會執行 AndQuery::rep。

習題章節 15.9.2

練習 15.32：當型別為 Query 的一個物件被拷貝、移動、指定或摧毀，會發生什麼事？

練習 15.33：那麼型別為 Query_base 的物件呢？

15.9.3 衍生的類別

衍生自 Query_base 的類別最有趣的地方在於它們是如何被表示的。WordQuery 類別是最直接明瞭的,它的功用就是存放搜尋字詞。

其他的類別則作用於一或兩個運算元。NotQuery 有單一個運算元,而 AndQuery 與 OrQuery 則有兩個運算元。在這些類別的每一個中,運算元可以是衍生自 Query_base 的任何具體類別的物件:一個 NotQuery 可以套用到一個 WordQuery、AndQuery、OrQuery 或另一個 NotQuery。為了允許這種彈性,運算元必須被儲存在對 Query_base 的指標中。如此我們就能將這種指標繫結至我們所需的任何具體類別。

然而,我們不儲存一個 Query_base 指標,我們的類別會使用一個 Query 物件。就像使用者程式碼因為介面類別的使用而簡化,我們也可以使用相同的類別來簡化我們自己的類別。

現在既然我們已經知道這些類別的設計,我們就能實作它們。

WordQuery 類別

一個 WordQuery 會搜尋一個給定的 string。它是會實際在給定的 TextQuery 物件上進行查詢的唯一運算:

```
class WordQuery: public Query_base {
    friend class Query; // Query 使用 WordQuery 建構器
    WordQuery(const std::string &s): query_word(s) { }
    // 具體類別:WordQuery 定義所有繼承而來的 pure virtual 函式
    QueryResult eval(const TextQuery &t) const
                    { return t.query(query_word); }
    std::string rep() const { return query_word; }
    std::string query_word; // 要找尋的字詞
};
```

就 像 Query_base,WordQuery 沒 有 public 的 成 員;WordQuery 必 須 讓 Query 是 一 個 friend,才能允許 Query 存取 WordQuery 的建構器。

每個具體的查詢類別都必須定義繼承的 **pure virtual** 函式 eval 和 rep。我們在 WordQuery 類別的主體內定義這兩個運算:eval 呼叫它被給定的 TextQuery 參數的 query 成員,這會在檔案中進行實際的搜尋動作;rep 回傳這個 WordQuery 所代表的 string(即 query_word)。

定義了 WordQuery 類別之後,我們現在就可以定義接受一個 string 的 Query 建構器:

```
inline
Query::Query(const std::string &s): q(new WordQuery(s)) { }
```

這個建構器配置一個 WordQuery 並初始化它的指標成員指向那個新創建的物件。

NotQuery 類別與 ~ 運算子

~ 運算子產生一個 NotQuery，它持有一個 Query，並對之進行否定運算：

```
class NotQuery: public Query_base {
    friend Query operator~(const Query &);
    NotQuery(const Query &q): query(q) { }
    // 具體類別：NotQuery 定義所有繼承的 pure virtual 函式
    std::string rep() const {return "~(" + query.rep() + ")";}
    QueryResult eval(const TextQuery&) const;
    Query query;
};
inline Query operator~(const Query &operand)
{
    return std::shared_ptr<Query_base>(new NotQuery(operand));
}
```

因為 NotQuery 的成員全都是 private，我們會先讓 ~ 運算子成為一個 **friend**。為了 rep 一個 NotQuery，我們會將 ~ 符號和底層 Query 的表示值串接在一起。我們為輸出加上括弧，以確保優先序對讀者來說很清楚明瞭。

值得注意的是，在 NotQuery 自己的 rep 成員中對 rep 的呼叫（最終會進行 rep: query.rep() 虛擬呼叫的那個）是對 Query 類別的 rep 成員的一個非虛擬呼叫。Query::rep 接著會呼叫 q->rep()，這就是透過其 Query_base 指標的一個虛擬呼叫。

~ 運算子會動態配置一個新的 NotQuery 物件。回傳時會（隱含地）用到接受一個 shared_ptr<Query_base> 的 Query 建構器。也就是說，那個 return 述句等同於

```
// 配置一個新的 NotQuery 物件
// 將所產生的 NotQuery 指標繫結到一個 shared_ptr<Query_base>
shared_ptr<Query_base> tmp(new NotQuery(expr));
return Query(tmp);  // 使用接受一個 shared_ptr 的 Query 建構器
```

eval 成員複雜到我們會將它實作在類別主體之外。我們會在 §15.9.4 定義 eval 函式。

BinaryQuery 類別

BinaryQuery 類別是一個抽象基礎類別，存放作用在兩個運算元上的查詢型別所需的資料：

```
class BinaryQuery: public Query_base {
protected:
    BinaryQuery(const Query &l, const Query &r, std::string s):
            lhs(l), rhs(r), opSym(s) { }
    // 抽象類別：BinaryQuery 沒有定義 eval
    std::string rep() const { return "(" + lhs.rep() + " "
                                          + opSym + " "
                                          + rhs.rep() + ")"; }
    Query lhs, rhs;  // 左手邊和右手邊運算元
    std::string opSym;  // 運算子的名稱
};
```

一個 BinaryQuery 中的資料有兩個 Query 運算元，以及對應的運算子符號。其建構器接受兩個運算元，以及運算子符號，其中每一個都儲存在對應的資料成員中。

要 rep 一個 BinaryQuery，我們產生由左運算元的表示值後接著運算子，後面再接著右運算元的表示值的帶括弧運算式。就跟我們顯示一個 NotQuery 時一樣，對 rep 的呼叫最終會對 lhs 和 rhs 所指的 Query_base 物件的 rep 函式進行虛擬呼叫。

 BinaryQuery 類別沒有定義 eval 函式，所以繼承了一個 pure virtual。因此，BinaryQuery 也是一個抽象基礎類別，我們無法創建 BinaryQuery 型別的物件。

AndQuery 與 OrQuery 類別和關聯的運算子

AndQuery 與 OrQuery 類別，以及它們對應的運算子，彼此相當類似：

```
class AndQuery: public BinaryQuery {
    friend Query operator&(const Query&, const Query&);
    AndQuery(const Query &left, const Query &right):
                        BinaryQuery(left, right, "&") { }
    // 具體類別：AndQuery 繼承 rep 並定義其餘的 pure virtual
    QueryResult eval(const TextQuery&) const;
};
inline Query operator&(const Query &lhs, const Query &rhs)
{
    return std::shared_ptr<Query_base>(new AndQuery(lhs, rhs));
}
class OrQuery: public BinaryQuery {
    friend Query operator|(const Query&, const Query&);
    OrQuery(const Query &left, const Query &right):
                BinaryQuery(left, right, "|") { }
    QueryResult eval(const TextQuery&) const;
};
inline Query operator|(const Query &lhs, const Query &rhs)
{
    return std::shared_ptr<Query_base>(new OrQuery(lhs, rhs));
}
```

這些類別讓對應的運算子成為 friend，並定義一個建構器以適當的運算子創建它們的 BinaryQuery 基礎部分。它們繼承了 BinaryQuery 的 rep 定義，但每個都覆寫 eval 函式。

就像 ~ 運算子，& 和 | 運算子也會回傳一個 shared_ptr 繫結到對應型別的一個新配置的物件。那個 shared_ptr 會在這各個運算子中的回傳述句被轉為 Query。

習題章節 15.9.3

練習 15.34：對於在圖 15.3 中建置的運算式：

(a) 列出在處理那個運算式的過程中所執行的建構器。
(b) 列出從 cout << q 進行的 rep 呼叫。
(c) 列出從 q.eval() 進行的 eval 呼叫。

練習 15.35：實作 Query 與 Query_base 類別，包括 rep 的定義，但省略 eval 的定義。

練習 15.36：在建構器和 rep 成員中放入列印述句，並執行你的程式碼來檢查第一個練習中你對 (a) 和 (b) 的答案。

練習 15.37：如果衍生類別有型別為 shared_ptr<Query_base> 而非 Query 的成員，你的類別需要做出什麼變更呢？

練習 15.38：下列的宣告是合法的嗎？如果不是，為什麼呢？如果是，請解釋該宣告的意義。

```
BinaryQuery a = Query("fiery") & Query("bird");
AndQuery b = Query("fiery") & Query("bird");
OrQuery c = Query("fiery") & Query("bird");
```

15.9.4 **eval** 函式

eval 函式是我們查詢系統的核心。這些函式每一個都會在其運算元上呼叫 eval 然後套用自己的邏輯：OrQuery 的 eval 運算回傳其兩個運算元結果的聯集；AndQuery 則回傳交集。NotQuery 則更為複雜：它必須回傳不在其運算元集合中的行號。

為了支援 eval 函式中的處理，我們需要使用定義了 §12.3.2 練習中新增的那些成員的那個版本的 QueryResult。我們會假設 QueryResult 具有能夠讓我們迭代過 QueryResult 所存放的行號集合的 begin 和 end 成員。我們也會假設 QueryResult 有一個名為 get_file 的成員會回傳一個 shared_ptr 指向我們在其上執行查詢的底層檔案。

我們的 Query 類別用到 §12.3.2 練習中為 QueryResult 定義的成員。

OrQuery::eval

一個 OrQuery 代表它兩個運算元之結果的聯集（union），而這些結果會藉由在它的運算元上呼叫 eval 來獲得。因為這些運算元是 Query 物件，呼叫 eval 就是對 Query::eval 的呼叫，而這會接著對底層 Query_base 物件上的 eval 進行虛擬呼叫。這些呼叫每個都會產出一個 QueryResult 代表其運算元在其中出現的行號。我們會將那些行號結合成一個新的 set：

```
// 回傳其運算元結果集合的聯集
QueryResult
OrQuery::eval(const TextQuery& text) const
{
    // 透過 Query 成員 lhs 和 rhs 的虛擬呼叫
    // 對 eval 的這些呼叫會為每個運算元回傳 QueryResult
    auto right = rhs.eval(text), left = lhs.eval(text);
    // 從左運算元拷貝行號到結果集合中
    auto ret_lines =
        make_shared<set<line_no>>(left.begin(), left.end());
    // 插入來自右運算元的文字行
    ret_lines->insert(right.begin(), right.end());
    // 回傳代表 lhs 和 rhs 聯集的新的 QueryResult
    return QueryResult(rep(), ret_lines, left.get_file());
}
```

我們使用接受一對迭代器的 set 建構器來初始化 ret_lines。一個 QueryResult 的 begin 和 end 成員回傳指向那個物件的行號 set 中的迭代器。所以，ret_lines 會藉由拷貝來自 left 的 set 的元素來創建。接著我們在 ret_lines 上呼叫 insert 來插入來自 right 的元素。在這個呼叫之後，ret_lines 會含有出現在 left 或 right 中的行號。

eval 函式最後建置並回傳一個 QueryResult 代表合併後的匹配。QueryResult 建構器（§12.3.2）接受三個引數：一個 string 代表查詢、一個 shared_ptr 指向匹配的行號所成的 set，以及一個 shared_ptr 指向代表輸入檔案的 vector。我們會呼叫 rep 來產生這個 string，並呼叫 get_file 來獲得對該檔案的 shared_ptr。因為 left 和 right 都指向相同的檔案，我們把哪一個用於 get_file 都沒差。

AndQuery::eval

AndQuery 版本的 eval 類似於 OrQuery 版本的，只不過它會呼叫一個程式庫演算法來找出兩個查詢共通的行號：

```
// 回傳其運算元的結果集合之交集
QueryResult
AndQuery::eval(const TextQuery& text) const
{
    // 透過 Query 運算元的虛擬呼叫，以獲得那些運算元的結果集合
    auto left = lhs.eval(text), right = rhs.eval(text);
    // 存放 left 和 right 交集的 set
    auto ret_lines = make_shared<set<line_no>>();
    // 將兩個範圍的交集寫到一個目的地迭代器
    // 這個呼叫中的目的地迭代器新增元素到 ret
    set_intersection(left.begin(), left.end(),
                     right.begin(), right.end(),
                     inserter(*ret_lines, ret_lines->begin()));
    return QueryResult(rep(), ret_lines, left.get_file());
}
```

這裡我們使用程式庫的 `set_intersection` 演算法來合併那兩個 `set`，我們會在附錄 A.2.8 中描述它。

`set_intersection` 演算法接受五個迭代器。它使用前四個來表示兩個輸入序列（§10.5.2）。它的最後一個引數代表一個目的地。這個演算法會將在兩個輸入序列中都有出現的元素寫到那個目的地中。

在這個呼叫中，我們傳入一個插入迭代器（§10.4.1）作為目的地。當 `set_intersection` 寫入這個迭代器，效果就會等同於插入一個新的元素到 `ret_lines`。

就像 OrQuery 的 eval 函式，此函式結束的方式也是建置並回傳一個 QueryResult 代表結合後的匹配。

NotQuery::eval

NotQuery 會找出在其中找不到它運算元的每一行文字：

```
// 回傳媒有在其運算元的結果集合中的那些文字行
QueryResult
NotQuery::eval(const TextQuery& text) const
{
    // 透過 Query 運算元的 eval 虛擬呼叫
    auto result = query.eval(text);
    // 一開始是空的結果集合
    auto ret_lines = make_shared<set<line_no>>();
    // 我們必須迭代過我們的運算元在其上出現的那些文字行
    auto beg = result.begin(), end = result.end();
    // 對於輸入檔案中的每一行，如果該行沒有在 result 中
    // 就將那個行號新增到 ret_lines
    auto sz = result.get_file()->size();
    for (size_t n = 0; n != sz; ++n) {
        // 如果我們尚未處理完 result 中的所有文字行
        // 檢查這一行是否出現
        if (beg == end || *beg != n)
            ret_lines->insert(n); // 如果沒在 result 中，就新增這一行
        else if (beg != end)
            ++beg;  // 否則取得 result 中的下一個行號，如果還有的話
    }
    return QueryResult(rep(), ret_lines, result.get_file());
}
```

就跟在其他的 eval 函式中一樣，我們會先在這個物件的運算元上呼叫 eval。那個呼叫所回傳的 QueryResult 含有該運算元在其上出現的行號，但我們想要的是運算元沒有在其上出現的那些行號。也就是說，我們想要輸入檔案中尚未在 result 中的每一行。

我們產生那個 set 的方式是以最大到檔案大小的整數依序迭代。我們會將沒有在 result 中的每個數字都放入 ret_lines。我們移動 beg 和 end 的位置來指向 result 中第一個元素和

剛超過最後一個元素之處。那個物件是一個 set，所以當我們迭代過它時，我們會以遞增順序獲得行號。

迴圈主體會檢查目前的數字是否在 result 中。如果沒有，就把那個數字加到 ret_lines。如果該數字在 result 中，我們就遞增 beg，它是我們指向 result 中的迭代器。

一旦我們處理完了所有的行號，我們就回傳一個 QueryResult，其中含有 ret_lines，以及跟前面 eval 函式一樣執行 rep 和 get_file 的結果。

習題章節 15.9.4

練習 15.39： 實作 Query 和 Query_base 類別。藉由估算並印出像圖 15.3 中那樣的一個查詢來測試你的應用程式。

練習 15.40： 在 OrQuery 的 eval 函式中，如果它的 rhs 成員回傳一個空集合，會發生什麼事？如果它的 lhs 成員這麼做，會發生什麼事？如果 rhs 和 lhs 都回傳空集合呢？

練習 15.41： 重新實作你的類別，使用指向 Query_base 的內建指標，而非 shared_ptr。記得你的類別將無法再使用合成的拷貝控制成員。

練習 15.42： 設計並實作下列的增強功能：

    (a) 僅一個句子印出一次字詞，而非每行一次。
    (b) 引入一個歷程系統，其中使用者能夠藉由數字參考之前的查詢，可能是對之進行增補，或將它與另一個查詢結合。
    (c) 允許使用者限制結果範圍，如此只有給定範圍的文字行中的匹配會被顯示出來。

本章總結

繼承能讓我們寫出與它們的基礎類別共有行為的新類別，而且可以在需要的時候覆寫或新增行為。動態繫結能讓我們忽略型別之間的差異，方法是在執行時期依據物件的動態型別選擇要執行函式的哪個版本。繼承和動態繫結的結合能讓我們寫出獨立於型別並具有型別限定行為的程式。

在 C++ 中，動態繫結只適用於被宣告為 virtual 並透過一個參考或指標來呼叫的函式。

一個衍生類別物件中會含有對應到它各個基礎類別的子物件。因為每個衍生物件都含有一個基礎部分，我們可以將對衍生類別型別的一個參考或指標轉換為對一個可存取的基礎類別的參考或指標。

繼承物件被建構、拷貝、移動和指定的方式是在處理衍生部分之前，先建構、拷貝、移動和指定那些基礎部分。解構器以反向順序執行，衍生型別會先被摧毀，接著執行基礎類別子物件的解構器。基礎類別通常應該定義一個虛擬解構器，即使它並不需要用到解構器也是一樣。這個解構器必須是虛擬的，才能應付實際定址一個衍生類別物件的對基礎指標被刪除的情況。

一個衍生類別會為它的每一個衍生類別都指定一個保護層級。一個 public 基礎的成員會是該衍生類別介面的一部分；一個 private 基礎的成員是無法存取的；一個 protected 基礎的成員可由該衍生類別所衍生的類別所取用，但該衍生類別的使用者不能取用。

定義的詞彙

abstract base class（抽象基礎類別） 具有一或多個純粹虛擬函式（pure virtual functions）的類別。我們無法創建抽象基礎類別型別的物件。

accessible（可存取的） 能夠透過一個衍生物件使用的基礎類別成員。可存取性取決於在衍生類別的衍生串列（derivation list）中指定的存取指定符，以及成員在基礎類別中的存取層級。舉例來說，經由 public 繼承所繼承的一個類別的 public 成員是衍生類別的使用者可以存取的。如果繼承是 private 的，一個 public 的基礎類別成員還是無法存取。

base class（基礎類別） 其他類別所繼承的類別。基礎類別的成員會變成衍生類別的成員。

class derivation list（類別衍生串列） 衍生類別列出的它所繼承的一串基礎類別，其中每個都能有一個選擇性的存取層級。如果沒提供存取指定符，那麼如果衍生類別是以 struct 關鍵字定義的，繼承就是 public 的，而如果類別是以 class 關鍵字定義的，繼承就是 private 的。

derived class（衍生類別） 繼承了其他類別的類別。一個衍生類別可以覆寫其基礎類別的 virtual，也可以定義新的成員。一個衍生類別的範疇是內嵌在其基礎類別的範疇中，衍生類別的成員可以直接使用基礎類別的成員。

derived-to-base conversion（衍生對基礎的轉換） 隱含地將一個衍生物件轉為對其基礎類別的一個參考，或是將對一個衍生物件的指標轉為對其基礎型別的指標的一種轉換。

direct base class（直接基礎類別） 一個衍生類別直接繼承的基礎類別。直接基礎類別指定於衍生類別的衍生串列中。一個直接基礎類別本身可以是一個衍生類別。

dynamic binding（動態繫結） 延遲到執行時期（run time）再決定要執行哪個函式。在 C++ 中，動態繫結指的是依據一個參考或指標所繫結的物件之底層型別在執行時期選定要執行哪個虛擬函式。

dynamic type（動態型別） 一個物件在執行時期的型別。一個參考或指標所指的物件之動態型別可能會與那個參考或指標的靜態型別不同。對基礎類別的指標或參考可以指向衍生型別的物件。在這種情況中，靜態型別是對基礎的參考（或指標），但動態型別是對衍生的參考（或指標）。

indirect base class（間接的基礎類別） 沒有出現在衍生類別的衍生串列上的基礎類別。直接基礎類別所繼承的一個類別，不管是直接或間接的，都是衍生類別的間接基礎類別。

inheritance（繼承） 以現有的類別（稱為基礎類別）定義一個新類別（稱作衍生類別）的程式設計技巧。衍生類別繼承基礎類別的成員。

object-oriented programming（物件導向程式設計） 使用資料抽象化、繼承和動態繫結撰寫程式的方法。

override（覆寫） 如果定義在一個衍生類別中的虛擬函式跟基礎類別中的一個 virtual 有相同的參數列，它就覆寫了基礎類別的定義。

polymorphism（多型） 用在物件導向程式設計中，指的是依據一個參考或指標的動態型別獲取型別專用行為的能力。

private inheritance（私密繼承） 在 private 繼承中，基礎類別的 public 和 protected 成員會是衍生類別的 private 成員。

protected access specifier（protected 存取指定符） 定義在 protected 關鍵字後的成員可被衍生類別的成員和 friend 存取。然而，這些成員只能透過衍生物件取用。protected 成員對類別的一般使用者而言是無法取用的。

protected inheritance（受保護的繼承） 在 protected 繼承中，基礎類別的 protected 和 public 成員會是衍生類別的 protected 成員。

public inheritance（公開繼承） 基礎類別的 public 介面是衍生類別 public 介面的一部分。

pure virtual（純粹虛擬的） 類別標頭中，緊接在分號前使用 = 0 宣告的虛擬函式。一個 pure virtual 函式不需要（但可以）被定義。具有 pure virtual 的類別是抽象類別。如果一個衍生類別沒有定義自己版本的某個繼承而來的 pure virtual，那個該衍生類別也會是抽象的。

refactoring（重構） 重新設計程式，將相關的部分收集到單一個抽象層（abstraction）中，使用新的抽象層取代原本的程式碼。一般來說，重構後的類別會把資料或函式成員移動到階層架構中最高的共通點，以避免程式碼的重複。

run-time binding（執行時期的繫結） 參閱動態繫結（dynamic binding）。

sliced down（切掉） 當衍生型別的一個物件被用來初始化或指定給基礎型別的一個物件時，會發生的事。物件的衍生部分會被「切掉（sliced down）」，只留下基礎部分，然後再指定給基礎類別物件。

static type（靜態型別） 定義一個變數時使用的型別，或是一個運算式產出的型別。靜態型別在編譯時期（compile time）就知道。

virtual function（虛擬函式） 定義型別限定行為（type-specific behavior）的成員函式。透過一個參考或指標呼叫一個 virtual 會在執行時期才解析（resolve），依據那個參考或指標所繫結的物件之型別。

16

模板與泛型程式設計
Templates and Generic Programming

本章目錄

物件導向程式設計（object-oriented programming，OOP）和泛型程式設計（generic programming）處理程式撰寫時尚未確定的型別。這兩個之間的差異在於，OOP 所處理的型別要到執行時期才能確定，而在泛型程式設計中，型別會在編譯過程中確定。

在第二篇中描述的容器、迭代器和演算法都是泛型程式設計的例子。當我們撰寫一個泛型程式，我們編寫程式碼的方式會獨立於任何特定型別。當我們使用一個泛型程式，我們會提供該程式的那個實體會使用的型別或值。

舉例來說，程式庫為每個容器，例如 vector，提供單一個泛型的定義。我們可以使用那個泛型定義來定義許多不同型別的 vector，它們之間差在 vector 所含有的元素之型別。

模板（templates）是泛型程式設計的根基。我們不需要知道它們是如何定義的，就能使用（也用過）模板。在本章中，我們會看看如何定義我們自己的模板。

模板（*templates*）是 C++ 泛型程式設計的根基。一個模板是用來創建類別或函式的一種藍圖或方程式。當我們使用一個泛型型別，例如 vector，或是一個泛型函式，例如 find，我們都會提供將那個藍圖變換為特定類別或函式所需的資訊。這種變換會發生在編譯過程中。在第 3 章和第二篇中，我們學過如何使用模板。在本章中，我們會學習如何定義它們。

16.1 定義模板

想像我們想要撰寫一個函式來比較兩個值，並指出第一個是小於、等於或大於第二個。實務上，我們可能會定義數個這種函式，每一個都會比較一個給定型別的值。我們的第一個嘗試會是定義數個重載的函式：

```
// 如果值是相等的，就回傳 0；如果 v1 比較小，就回傳 -1；如果 v2 比較小，就回傳 1
int compare(const string &v1, const string &v2)
{
    if (v1 < v2) return -1;
    if (v2 < v1) return 1;
    return 0;
}
int compare(const double &v1, const double &v2)
{
    if (v1 < v2) return -1;
    if (v2 < v1) return 1;
    return 0;
}
```

這些函式幾乎完全相同：它們之間唯一的差異是它們參數的型別。函式主體在這每個函式中都是相同的。

必須為我們要比較的每個型別重複函式的主體是很繁瑣而且容易出錯的。更重要的是，要怎麼知道我們的程式已經有了我們可能會想要 compare 的所有型別呢？如果我們希望在使用者可能會提供的型別上使用這個函式，這個策略就行不通了。

 ## 16.1.1 函式模板

我們不用為每個型別都定義一個新的函式，我們可以定義一個 **函式模板（function template）**。一個函式模板是我們可以從之產生出函式的型別專用版本的一種方程式。compare 的模板版本看起來會像

```
template <typename T>
int compare(const T &v1, const T &v2)
{
    if (v1 < v2) return -1;
    if (v2 < v1) return 1;
    return 0;
}
```

一個模板定義以關鍵字 template 開頭，後面跟著一個**模板參數列（template parameter list）**，它是由一或更多個**模板參數（template parameters）**所構成的一個逗號分隔的串列，以小於（<）大於（>）符號括起。

 在一個模板定義中，模板參數列不能是空的。

模板參數列的行為跟函式參數列很類似。函式參數列定義了指定型別的區域變數，但並未指明如何初始化它們。執行時，所提供的引數就會初始化那些參數。

同樣地，模板參數代表用於類別或函式定義中的型別或值。當我們使用一個模板，我們會指定，不管是隱含地或明確地，要繫結到模板參數的**模板引數（template argument）**。

我們的 compare 函式宣告了一個名為 T 的型別參數。在 compare 內，我們使用 T 這個名稱來參考一個型別。T 所代表的**實際型別（*actual type*）**則是在編譯時期依據 compare 的使用方式決定。

實體化一個函式模板

當我們呼叫一個函式模板，編譯器（一般來說）會使用該呼叫的引數為我們推論出模板引數。也就是說，當我們呼叫 compare，編譯器會使用引數的型別來判斷什麼型別要繫結到模板參數 T。舉例來說，在這個呼叫中

```
cout << compare(1, 0) << endl;        // T是 int
```

引數的型別為 int。編譯器會推論出 int 是模板引數，並將那個引數繫結到模板參數 T。

編譯器使用推論出來的模板參數來為我們**實體化（instantiate）**該函式的一個特定版本。當編譯器實體化一個模板，它會使用實際的模板引數取代對應的模板參數來創建出該模板的一個新「實體（instance）」。舉例來說，給定這個呼叫

```
// 實體化 int compare(const int&, const int&)
cout << compare(1, 0) << endl;        // T是 int
// 實體化 int compare(const vector<int>&, const vector<int>&)
vector<int> vec1{1, 2, 3}, vec2{4, 5, 6};
cout << compare(vec1, vec2) << endl;// T是 vector<int>
```

編譯器會實體化兩個不同版本的 compare。對於第一個呼叫，編譯器會撰寫並編譯 T 被 int 取代的一個 compare 版本：

```
int compare(const int &v1, const int &v2)
{
    if (v1 < v2) return -1;
    if (v2 < v1) return 1;
    return 0;
}
```

對於第二個呼叫，它會產生 T 被 vector<int> 取代的 compare 版本。這些編譯器產生的函式一般被稱作模板的實體化（instantiation）。

模板型別參數

我們的 compare 函式有一個模板**型別參數（type parameter）**。一般來說，我們可以把一個型別參數當作一個型別指定符（type specifier）使用，就跟我們使用內建或類別型別指定符一樣。特別是，一個型別參數可被用來指定回傳型別或函式的參數型別，以及用於變數宣告和函式主體內的強制轉型：

```
// ok：同樣的型別用於回傳型別和參數
template <typename T> T foo(T* p)
{
    T tmp = *p; // tmp 會有 p 所指的型別
    // ...
    return tmp;
}
```

每個型別參數的前面都必須有關鍵字 class 或 typename：

```
// 錯誤：U 的前面必須有 typename 或 class
template <typename T, U> T calc(const T&, const U&);
```

這些關鍵字有相同的意義，在一個模板參數列中可以互換地使用。模板參數列可以兩個關鍵字都使用：

```
// ok：typename 和 class 在模板參數列中沒有分別
template <typename T, class U> calc (const T&, const U&);
```

使用關鍵字 typename 來標明一個模板型別參數可能會比使用 class 更為直覺。畢竟，我們可以使用內建的（非類別）型別作為模板型別引數。此外，typename 更清楚地表明跟在它後面的是一個型別名稱（type name）。然而，typename 是在模板已經廣泛被使用之後才加到 C++ 中的，某些程式設計師還是只會使用 class。

非型別的模板參數

除了定義型別參數，我們可以定義接受**非型別參數（nontype parameters）**的模板。一個非型別參數代表一個值，而非一個型別。非型別參數的指定方式是使用特定的型別名稱來取代 class 或 typename 關鍵字。

模板被實體化的時候，非型別參數會被使用者提供或編譯器推論出來的一個值所取代。這些值必須是常數運算式（§2.4.4），這讓編譯器能在編譯過程中實體化該模板。

舉一個例子，我們可以撰寫一個版本的 compare，它會處理字串字面值（string literals）。這種字面值是由 const char 所構成的陣列。因為我們無法拷貝一個陣列，我們會把我們的參數定義為對陣列的參考（§6.2.4）。因為我們希望能夠比較不同長度的字面值，我們會賦

予我們的模板兩個非型別參數。第一個模板參數代表第一個陣列的大小,而第二個參數則表示第二個陣列的大小:

```
template<unsigned N, unsigned M>
int compare(const char (&p1)[N], const char (&p2)[M])
{
    return strcmp(p1, p2);
}
```

當我們呼叫這個版本的 compare:

```
compare("hi", "mom")
```

編譯器會使用那些字面值的大小來初始化一個版本的模板,其中的 N 和 M 以那些大小取代了。記得編譯器會插入一個 null 終止符號(null terminator)到一個字串字面值的結尾(§2.1.3),所以編譯器會實體化

```
int compare(const char (&p1)[3], const char (&p2)[4])
```

一個非型別參數可以是一個整數型別,或對一個物件或函式型別的指標或(lvalue)參考。繫結到一個非型別整數參數的引數必須是一個常數運算式(constant expression)。繫結到指標或參考非型別參數的引數必須有靜態的生命週期(第 12 章)。我們不可以把一個普通的(非static)區域物件或一個動態物件用作參考或指標非型別模板參數的模板引數。一個指標參數也能夠以 nullptr 或一個零值常數運算式(zero-valued constant expression)來實體化。

一個模板非型別參數是模板定義中的一個常數值。非型別參數可用在需要常數運算式的地方,例如指定陣列大小時。

> 用作非型別模板參數的模板引數必須是常數運算式。

inline 與 constexpr 函式模板

一個函式模板可被宣告為 inline 或 constexpr,就跟非模板的函式一樣。inline 或constexpr 指定符跟在模板參數列之後,並在回傳型別之前:

```
// ok:inline 指定符跟在模板參數列之後
template <typename T> inline T min(const T&, const T&);
// 錯誤:inline 指定符放置的位置錯誤
inline template <typename T> T min(const T&, const T&);
```

撰寫獨立於型別的程式碼

雖然簡單,但我們最初的 compare 還是展示了撰寫泛型程式碼的兩個重要原則:

- 模板中的函式參數是對 const 的參考。
- 主體中的測試僅使用 < 比較。

藉由讓函式參數是對 const 的參考，我們確保了我們的函式能被用在無法被拷貝的型別上。大多數的型別，包括內建型別，還有unique_ptr和IO型別以外我們用過的所有程式庫型別，都允許拷貝。然而，可能會有不允許拷貝的類別型別存在。讓我們的參數是對 const 的參考，我們就可確保這種型別能與我們的 compare 函式並用。此外，如果 compare 是以大型物件被呼叫，那麼這種設計也會使函式執行得更快。

你可能會想，比較的時候 < 和 > 運算子都使用會更自然一點：

```
// 預期的比較
if (v1 < v2) return -1;
if (v1 > v2) return 1;
return 0;
```

然而，讓寫出來的程式碼僅使用 < 運算子，我們就降低了能與我們的 compare 函式合用的型別之需求。那些型別必須支援 <，但不需要也支援 >。

事實上，如果我們真的在意型別獨立性和可移植性（portability），我們或許應該使用 less（§14.8.2）來定義我們的函式：

```
// 即使用在指標上，也能正確運行的 compare 版本：參閱 §14.8.2
template <typename T> int compare(const T &v1, const T &v2)
{
    if (less<T>()(v1, v2)) return -1;
    if (less<T>()(v2, v1)) return 1;
    return 0;
}
```

我們原版本的問題在於，如果使用者以兩個指標呼叫它，而那些指標並沒有指向相同的陣列，那麼我們的程式碼就會是未定義的。

Best Practices 　模板程式應該試著減少施加在引數型別上的限制數。

模板編譯

當編譯器看到一個模板的定義，它並不會產生程式碼。它只會在我們實體化該模板的一個特定實體時，才會產生程式碼。程式碼只會在我們使用一個模板時產生（而非在我們定義它的時候），影響到我們原始碼的組織方式，以及錯誤偵測的時機。

一般來說，當我們呼叫一個函式，編譯器只需要看到該函式的一個宣告。同樣地，當我們使用類別型別的物件時，該類別的定義必須可取用，但成員函式的定義並不一定要出現。因此，我們會將類別定義和函式宣告放在標頭檔（header files）中，而一般函式和類別成員函式的定義則放在源碼檔（source files）中。

模板則不同：要產生一個實體，編譯器需要有定義一個函式模板或類別模板成員函式的程式碼。因此，不同於非模板程式碼，模板的標頭除了宣告外，通常也會包括定義。

 函式模板的定義和類別模板的成員函式定義一般都會放到標頭檔中。

關鍵概念：範本與標頭

模板含有兩種名稱：

- 不依存於模板參數的那些
- 依存於模板參數的那些

模板的提供者要負責確保不依存於模板參數的所有名稱在模板被使用時，都看得見。此外，模板提供者必須確保模板的定義，包括類別模板的成員定義，在模板被實體化的時候，都看得見。

模板的使用者要負責確保用來實體化模板的型別相關的所有函式、型別和運算子之宣告都是看得見的。

這兩個需求都可以由正確使用標頭的，結構良好的程式輕易滿足。模板作者提供的標頭應該含有模板定義以及在類別模板或其成員定義中用到的所有名稱之宣告。模板的使用者必須為模板以及用來實體化該模板的任何型別引入標頭。

編譯錯誤大多會在實體化的過程中回報

「程式碼要到模板實體化時才會產生」這個事實影響到我們何時能得知模板內程式碼的編譯錯誤。一般來說，編譯器可能會在三個處理階段標記錯誤。

第一個階段是編譯器編譯模板本身的時候。編譯器通常無法在此階段找到很多錯誤。編譯器能夠偵測出語法錯誤，例如忘記分號，或拼錯了變數名稱，但大概就這樣了。

第二個錯誤偵測時機是在編譯器看到模板的使用之時。在這個階段中，編譯器能夠檢查的仍然不多。對於函式模板的呼叫，編譯器一般會檢查引數的數目是否正確。它也能夠偵測兩個應該有相同型別的引數是否真的如此。對於一個類別模板來說，編譯器可以檢查是否有提供正確數目的模板引數，但也就這樣了。

錯誤被偵測到的第三個時機是實體化的過程中。只有在這個時候，型別相關的錯誤才能被找出。取決於編譯器如何管理實體化，這些錯誤可能會在連結時期（link time）回報。

當我們撰寫一個模板，程式碼可能看不太出來對於型別的限制，但模板程式碼通常都會對要使用的型別做些假設。舉例來說，我們原本的 compare 函式中的程式碼：

```
if (v1 < v2) return -1;  // 型別為 T 的物件必須有 <
if (v2 < v1) return 1;   // 型別為 T 的物件必須有 <
return 0;                // 回傳 int，不取決於 T
```

假設引數型別必須有 < 運算子。編譯器處理這個模板的主體時，它無法驗證 if 述句中的條件是否合法。如果傳入 compare 的引數有 < 運算，那麼這段程式碼就沒問題，如果沒有就會出錯。舉例來說，

```
Sales_data data1, data2;
cout << compare(data1, data2) << endl; // 錯誤：Sales_data 上沒有 <
```

這個呼叫會實體化 T 被 Sales_data 取代的一個 compare 版本。其中的 if 條件試著在 Sales_data 上使用 <，但它沒有那種運算子。這個實體化所產生的函式版本將無法編譯。然而，像這樣的錯誤要到編譯器實體化型別 Sales_data 上的 compare 定義時才可能被偵測到。

呼叫者要負責確保傳入模板的引數有支援那個模板所用的任何運算，以及那些運算在模板使用它們的情境中能正確運作。

習題章節 16.1.1

練習 16.1：定義實體化（instantiation）。

練習 16.2：撰寫並測試你自己版本的 compare 函式。

練習 16.3：在兩個 Sales_data 物件上呼叫你的 compare 函式來看看你的編譯器如何處理實體化過程中出現的錯誤。

練習 16.4：撰寫一個行為像是程式庫 find 演算法的模板。這個函式會需要兩個模板型別參數，一個用來表示函式的迭代器參數，另一個用於值的型別。用你的函式在一個 vector<int> 和 list<string> 中找尋給定的值。

練習 16.5：為 §6.2.4 的 print 函式寫一個模板版本，接受對一個陣列的參考，並且能夠處理任何大小、任何元素型別的陣列。

練習 16.6：你認為程式庫接受一個陣列引數的 begin 和 end 函式是如何運作的？為這些函式定義你自己版本。

練習 16.7：撰寫一個 constexpr 模板回傳一個給定陣列的大小。

練習 16.8：在 §3.4.1 的「關鍵概念」補充說明欄中，我們提過，就習慣而言，C++ 程式設計師偏好使用 != 勝過於使用 <。解釋這個習慣背後的原因。

 ## 16.1.2 類別模板

類別模板（class template）是用來產生類別的一種藍圖。類別模板與函式模板之間差在編譯器無法為類別模板推論出模板參數的型別。取而代之，如我們見過很多次的，要使用一個類別模板，我們必須在模板名稱後的角括號內提供額外的資訊（§3.3）。這個額外資訊就是要用來取代模板參數的模板引數串列。

定義類別模板

舉個例子，我們會實作一個模板版本的 StrBlob（§12.1.1）。我們會將這個模板命名為 Blob 以代表它不再是 string 限定的。就像 StrBlob，我們的模板會提供對它所存放的元素之共用（且經過檢查的）存取。不同於那個類別，我們的模板可被用在幾乎是任何型別的元素上。就跟程式庫容器一樣，我們的使用者在使用一個 Blob 的時候必須指定元素的型別。

跟函式模板一樣，類別模板也是以關鍵字 template 開頭，後面接著一個模板參數列。在類別模板（與其成員）的定義中，我們會使用模板參數作為模板被使用時會提供的那些型別和值的替身：

```
template <typename T> class Blob {
public:
    typedef T value_type;
    typedef typename std::vector<T>::size_type size_type;
    // 建構器
    Blob();
    Blob(std::initializer_list<T> il);
    // Blob 中的元素數
    size_type size() const { return data->size(); }
    bool empty() const { return data->empty(); }
    // 新增和移除元素
    void push_back(const T &t) {data->push_back(t);}
    // 移動版本；參閱 §13.6.3
    void push_back(T &&t) { data->push_back(std::move(t)); }
    void pop_back();
    // 元素存取
    T& back();
    T& operator[](size_type i); // 定義於 §14.5
private:
    std::shared_ptr<std::vector<T>> data;
    // 如果 data[i] 無效，就擲出 msg
    void check(size_type i, const std::string &msg) const;
};
```

我們的 Blob 有一個名為 T 的模板型別參數。我們會在需要指涉 Blob 所存放的元素型別的任何地方使用這個型別參數。舉例來說，我們將提供對 Blob 中元素存取的運算之回傳型別定義為 T&。當使用者實體化一個 Blob，使用 T 的地方都會被取代為特定的模板引數型別。

除了模板參數列，以及使用 T 而非 string 之外，這個類別都與我們在 §12.1.1 中定義，並在 §12.1.6、第 13 章 和第 14 章更新過的那個版本相同。

實體化一個類別模板

如我們見過很多次的，使用一個類別模板時，我們必須提供額外的資訊。我們現在可以看到這個額外資訊就是一串**明確的模板引數**，它們會被繫結到模板的參數。編譯器使用這些模板引數從模板實體化出一個特定類別來。

舉例來說，要從我們的 Blob 模板定義出一個型別，我們必須提供元素型別：

```
Blob<int> ia;                    // 空的 Blob<int>
Blob<int> ia2 = {0,1,2,3,4};     // 具有五個元素的 Blob<int>
```

ia 與 ia2 都使用同一個型別限定版的 Blob（即 Blob<int>）。從這些定義，編譯器會實體化出一個等同於這樣的類別：

```
template <> class Blob<int> {
    typedef typename std::vector<int>::size_type size_type;
    Blob();
    Blob(std::initializer_list<int> il);
    // ...
    int& operator[](size_type i);
private:
    std::shared_ptr<std::vector<int>> data;
    void check(size_type i, const std::string &msg) const;
};
```

當編譯器從我們的 Blob 模板實體化出一個類別，它會改寫這個 Blob 模板，將模板參數 T 出現的每個地方都取代為給定的模板引數，在此是 int。

編譯器會為我們指定的每個元素型別產生一個不同的類別：

```
// 這些定義實體化兩個不同的 Blob 型別
Blob<string> names;     // 存放 string 的 Blob
Blob<double> prices;    // 不同元素型別
```

這些定義會觸發兩個不同類別的實體化動作：names 的定義會創建出其中 T 出現的每個地方都被取代為 string 的一個 Blob 類別。prices 的定義則會產生 T 被 double 取代的一個 Blob。

 一個類別模板的每個實體化，都構成一個獨立的類別。型別 Blob<string> 對任何其他 Blob 型別的成員都沒有特殊存取權，也沒有任何關係。

 ## 模板範疇中對模板型別的參考

閱讀模板類別程式碼的時候，記住「類別模板的名稱不是型別名稱」（§3.3）可能會有幫助。一個類別模板用來實體化一個型別，而一個已實體化的型別永遠都會包括模板引數。

可能會讓人困惑的是，類別模板中的程式碼一般不會使用一個實際型別（或值）的名稱作為模板引數。取而代之，我們經常會使用模板自己的參數作為模板引數。舉例來說，我們的 data 成員使用兩個模板，vector 和 shared_ptr。每當我們使用一個模板，我們就得提供模板引數。在此，我們提供的模板引數與用來實體化 Blob 的型別相同，因此，data 的定義

```
std::shared_ptr<std::vector<T>> data;
```

使用 Blob 的型別參數來指出 data 是 shared_ptr 的實體化，指向存有型別為 T 的物件的 vector 的實體化。當我們實體化一種特定的 Blob，例如 Blob<string>，data 就會是

```
shared_ptr<vector<string>>
```

如果我們實體化 Blob<int>，那麼 data 就會是 shared_ptr<vector<int>>，依此類推。

類別模板的成員函式

就跟任何類別一樣，我們可以在類別主體的內部或外部定義一個類別模板的成員函式。就跟任何其他的類別一樣，定義在類別主體內的成員隱含是 inline 的。

一個類別模板的成員函式本身是一個普通的函式。然而，類別模板的每個實體化都會有它自己版本的每個成員。因此，類別模板的成員函式會有跟類別本身相同的模板參數。因此，定義在類別模板主體外部的成員函式會以關鍵字 template 開頭，後面跟著該類別的模板參數列。

如同以往，當我們在一個類別的外部定義其成員，我們必須指出該成員屬於哪個類別。此外，也跟之前一樣的是，從一個模板產生的類別，其名稱會包含它的模板引數。當我們定義一個成員，模板引數會與模板參數相同，也就是說，對於我們定義成這樣的一個給定的 StrBlob 成員函式

```
ret-type StrBlob::member-name(parm-list)
```

其對應的 Blob 成員看起來會像這樣

```
template <typename T>
ret-type Blob<T>::member-name(parm-list)
```

check 和元素存取成員

我們會先定義 check 成員，它會驗證一個給定的索引：

```
template <typename T>
void Blob<T>::check(size_type i, const std::string &msg) const
{
    if (i >= data->size())
        throw std::out_of_range(msg);
}
```

除了類別名稱和模板參數列的使用這些差異外，這個函式與原本的那個 StrBlob 成員一模一樣。

下標運算子和 back 函式使用模板參數來指定回傳型別，不過除此之外都沒變：

```
template <typename T>
T& Blob<T>::back()
{
    check(0, "back on empty Blob");
    return data->back();
}
template <typename T>
```

```
T& Blob<T>::operator[](size_type i)
{
    // 如果 i 太大，check 就會擲出例外，防止對不存在的元素進行存取
    check(i, "subscript out of range");
    return (*data)[i];
}
```

在我們原本的 StrBlob 類別中，這些運算子會回傳 string&，而模板版本則會回傳一個參考指向實體化 Blob 時所用的任何型別。

pop_back 則與我們原本的那個 StrBlob 成員幾乎完全相同：

```
template <typename T> void Blob<T>::pop_back()
{
    check(0, "pop_back on empty Blob");
    data->pop_back();
}
```

下標運算子和 back 成員則是基於 const 重載。我們將這些成員，還有 front 成員的定義留作練習。

Blob 建構器

就跟其他在類別模板外部定義的任何成員一樣，建構器的開頭也會先宣告它所屬的類別模板的模板參數：

```
template <typename T>
Blob<T>::Blob(): data(std::make_shared<std::vector<T>>()) { }
```

這裡我們正在 Blob<T> 的範疇中定義名為 Blob 的成員。就像我們 StrBlob 的預設建構器（§12.1.1），這個建構器會配置一個空的 vector，並將對那個 vector 的指標儲存在 data 中。如我們所見，我們使用類別自己的型別參數作為我們配置的 vector 的模板引數。

同樣地，接受一個 initializer_list 的建構器使用它的型別參數 T 作為它的 initializer_list 參數的元素型別：

```
template <typename T>
Blob<T>::Blob(std::initializer_list<T> il):
            data(std::make_shared<std::vector<T>>(il)) { }
```

就像預設建構器，這個建構器會配置一個新的 vector。在此，我們以參數 il 初始化那個 vector。

要使用這個建構器，我們必須傳入一個 initializer_list，其中的元素必須與 Blob 的元素型別相容：

```
Blob<string> articles = {"a", "an", "the"};
```

這個建構器中的參數有型別 initializer_list<string>。該串列中的每個字串字面值都會隱含地被轉為 string。

類別模板成員函式的實體化

預設情況下，類別模板的成員函式只會在程式使用那個成員函式的時候實體化。舉例來說，這段程式碼

```
// 實體化 Blob<int> 及 initializer_list<int> 建構器
Blob<int> squares = {0,1,2,3,4,5,6,7,8,9};
// 實體化 Blob<int>::size() const
for (size_t i = 0; i != squares.size(); ++i)
    squares[i] = i*i; // 實體化 Blob<int>::operator[](size_t)
```

會實體化 Blob<int> 類別，以及它的三個成員函式：operator[]、size 和 initializer_list<int> 建構器。

如果一個成員函式沒被用到，那它就不會被實體化。「成員只會在我們用到它們的時候被實體化」這個事實，能讓我們實體化出其型別可以不符合該模板某些運算之需求的類別（§9.2）。

預設情況下，一個已實體化的類別模板的成員只會在該成員被使用的時候實體化。

在類別程式碼內簡化模板類別名稱的使用

「使用類別模板型別的時候必須提供模板引數」這個規則有一個例外。在類別模板本身的範疇中，我們可以使用模板的名稱，無須引數：

```
// BlobPtr 會在試著存取不存在的元素時擲出例外
template <typename T> class BlobPtr
public:
    BlobPtr(): curr(0) { }
    BlobPtr(Blob<T> &a, size_t sz = 0):
            wptr(a.data), curr(sz) { }
    T& operator*() const
    { auto p = check(curr, "dereference past end");
        return (*p)[curr]; // (*p) 是這個物件所指的 vector
    }
    // 遞增與遞減
    BlobPtr& operator++(); // 前綴運算子
    BlobPtr& operator--();
private:
    // 如果檢查成功，check 就會回傳一個 shared_ptr 指向那個 vector
    std::shared_ptr<std::vector<T>>
        check(std::size_t, const std::string&) const;
    // 儲存一個 weak_ptr，這表示底層的 vector 可以被摧毀
    std::weak_ptr<std::vector<T>> wptr;
    std::size_t curr; // 目前在陣列中的位置
};
```

細心的讀者可能已經注意到 BlobPtr 的前綴遞增和遞減成員會回傳 BlobPtr&，而非
BlobPtr<T>&。我們在類別模板的範疇內的時候，編譯器就會把對模板本身的參考視為我們
好像已經提供了與模板自己的參數相符的模板引數一樣。也就是說，這就好像我們是寫：

```
BlobPtr<T>& operator++();
BlobPtr<T>& operator--();
```

在類別模板主體外部使用一個類別模板名稱

當我們在一個類別模板的主體外部定義成員，我們必須記得，在看到類別名稱之前，我們都
不在該類別的範疇中（§7.4）：

```
// 後綴：遞增或遞減該物件，但回傳改變前的值
template <typename T>
BlobPtr<T> BlobPtr<T>::operator++(int)
{
    // 這裡不需要檢查；對前綴遞增的呼叫會進行檢查
    BlobPtr ret = *this;  // 儲存目前的值
    ++*this;      // 推進一個元素；前綴的 ++ 會對遞增進行檢查
    return ret;  // 回傳儲存起來的狀態
}
```

因為回傳型別出現在類別的範疇外，我們必須指明那個回傳型別會回傳以跟該類別相同的型
別實體化的一個 BlobPtr。在函式主體內，我們就在該類別的範疇中，所以定義 ret 的時候
不需要重複模板引數。當我們沒有提供模板引數，編譯器就會假設我們使用的跟該成員的實
體化是相同的型別。因此，ret 的定義就好像我們是這樣寫：

```
BlobPtr<T> ret = *this;
```

在一個類別模板的範疇內，我們指涉該模板的時候，可以不用指定模板引數。

類別模板和朋友

當一個類別含有一個 friend（朋友）宣告（§7.2.1），該類別和其朋友各自都可以是模板。
具有一個非模板朋友的類別模板賦予那個朋友的，是對該模板所有實體的存取權。當那個朋
友本身也是一個模板，給予朋友關係的那個類別就負責控制這個朋友關係是否包括那個模板
所有的實體，或是只包括特定的實體。

一對一朋友關係

一個類別模板對另一個模板（類別或函式）的朋友關係最常見的形式會在該類別與其朋友的
對應實體之間建立朋友關係。舉例來說，我們的 Blob 類別應該宣告 BlobPtr 類別，以及
Blob 相等性運算子的一個模板版本（原本是在 §14.3.1 的練習中為 StrBlob 所定義的）為
朋友。

為了指涉一個模板（類別或函式）的某個特定的實體，我們必須先宣告那個模板本身。一個模板宣告包括該模板的模板參數列：

```
// Blob 中的朋友宣告所需的前向宣告
template <typename> class BlobPtr;
template <typename> class Blob; // operator== 中的參數所需
template <typename T>
    bool operator==(const Blob<T>&, const Blob<T>&);
template <typename T> class Blob {
    // Blob 的每個實體都會賦予以相同型別
    // 實體化的 BlobPtr 和相等運算子版本存取權
    friend class BlobPtr<T>;
    friend bool operator==<T>
            (const Blob<T>&, const Blob<T>&);
    // 其他的成員跟 §12.1.1 中一樣
};
```

我們一開始會先宣告 Blob、BlobPtr 與 operator== 是模板。這些宣告對於 operator== 函式中的參數宣告和 Blob 中的朋友宣告來說是必要的。

朋友宣告使用 Blob 的模板參數作為它們自己的模板引數。因此，朋友關係僅限於 BlobPtr 和相等性運算子以相同的型別實體化的那些實體：

```
Blob<char> ca; // BlobPtr<char> 和 operator==<char> 是朋友
Blob<int> ia;  // BlobPtr<int> 和 operator==<int> 是朋友
```

BlobPtr<char> 的成員可以存取 ca（或任何其他的 Blob<char> 物件）的非 public 部分，但 ca 對 ia（或任何其他的 Blob<int>）或 Blob 的任何其他實體化都沒有特殊存取權。

一般和特定的模板朋友關係

一個類別也可以讓另一個模板的每個實體都變為它的朋友，或讓朋友關係限制在一個特定的實體：

```
// 要與一個模板的特定實體成為朋友所需的前向宣告
template <typename T> class Pal;
class C { // C 是一個普通的、非模板類別
    friend class Pal; // 以類別 C 實體化的 Pal 是 C 的朋友
    // Pal2 的所有實體都是 C 的朋友
    // 與所有的實體都成為朋友時不需要前向宣告（forward declaration）
    template <typename T> friend class Pal2;
};
template <typename T> class C2 { // C2 本身是一個類別模板
    // C2 的每個實體都有相同的 Pal 實體作為朋友
    friend class Pal<T>; // Pal 必須有一個模板宣告在範疇中
    // Pal2 的所有實體都是 C2 的每個實體的朋友，需要之前的宣告
    template <typename X> friend class Pal2;
    // Pal3 是一個非模板類別，它是 C2 的每個實體的朋友
    friend class Pal3; // Pal3 不需要先前的宣告
};
```

要讓所有的實體都成為朋友，朋友宣告所用的模板參數必須與類別本身所用的那些不同。

與模板自己的型別參數成為朋友

在新標準底下，我們可以讓一個模板型別參數成為朋友：

```
template <typename Type> class Bar {
friend Type; // 賦予用來實體化 Bar 的型別存取權
    // ...
};
```

這裡我們說的是，不管用來實體化 Bar 的型別是什麼，都跟它成為朋友。因此，對於某個名為 Foo 的型別，Foo 會是 Bar<Foo> 的一個朋友，而 Sales_data 會是 Bar<Sales_data> 的一個朋友，依此類推。

值得注意的是，即使朋友通常必須是類別或函式，讓 Bar 以一個內建型別實體化，也是沒問題的。這種朋友關係是被允許的，如此我們才能用內建型別來實體化像是 Bar 這樣的類別。

模板型別別名

一個類別模板的實體化定義了一個類別型別，而就跟任何其他的類別型別一樣，我們可以定義一個 typedef（§2.5.1）指涉那個已實體化的類別：

```
typedef Blob<string> StrBlob;
```

這個 typedef 能讓我們使用以 string 實體化的模板版 Blob 來執行我們在 §12.1.1 中撰寫的程式碼。因為模板不是型別，我們無法定義指涉模板的一個 typedef。也就是說，你不能定義一個 typedef 來指涉 Blob<T>。

然而，新標準能讓我們為一個類別模板定義一個型別別名：

```
template<typename T> using twin = pair<T, T>;
twin<string> authors;    // authors 是一個 pair<string, string>
```

這裡我們將 twin 定義成了其中成員具有相同型別的 pair 的一個同義詞。twin 的使用者只需要指定那個型別一次。

一個模板型別別名是一整個族系的類別的一個同義詞：

```
twin<int> win_loss;      // win_loss 是一個 pair<int, int>
twin<double> area;       // area 是一個 pair<double, double>
```

就跟我們使用一個類別模板時一樣，使用 twin 的時候，我們會指定我們要哪一個特定種類的 twin。

當我們定義一個模板型別別名，我們可以固定一或多個模板參數：

```
template <typename T> using partNo = pair<T, unsigned>;
partNo<string> books;   // books 是一個 pair<string, unsigned>
partNo<Vehicle> cars;   // cars 是一個 pair<Vehicle, unsigned>
partNo<Student> kids;   // kids 是一個 pair<Student, unsigned>
```

這裡我們定義了 partNo 作為其中 second 成員是一個 unsigned 的 pair 這一整個族系的型別之同義詞。partNo 的使用者會為這種 pair 的 first 成員指定一個型別，但對於 second 則無選擇。

函式模板的 **static** 成員

就像任何其他的類別，一個類別模板也能夠宣告 static 成員（§7.6）：

```
template <typename T> class Foo {
public:
    static std::size_t count() { return ctr; }
    // 其他的介面成員
private:
    static std::size_t ctr;
    // 其他的實作成員
};
```

這裡 Foo 是一個類別模板，它具有一個 public 的 static 成員函式，名為 count，以及一個 private 的 static 資料成員，名為 ctr。Foo 的每個實體都有它自己的 static 成員實例。也就是說，對於任何給定的型別 X，都會有一個 Foo<X>::ctr 和 Foo<X>::count 成員。型別為 Foo<X> 的所有物件都會共用相同的 ctr 物件和 count 函式。舉例來說，

```
// 實體化 static 成員 Foo<string>::ctr 和 Foo<string>::count
Foo<string> fs;
// 這三個物件都共用相同的 Foo<int>::ctr 和 Foo<int>::count 成員
Foo<int> fi, fi2, fi3;
```

就跟任何其他的 static 資料成員一樣，一個模板類別的每個 static 資料成員都必須剛好只有一個定義。然而，一個類別模板的每個實體都會有一個不同的物件。因此，我們定義一個 static 資料成員作為一個模板的方式就類似我們定義那個模板的成員函式的方式：

```
template <typename T>
size_t Foo<T>::ctr = 0; // 定義並實體化 ctr
```

就跟類別模板的任何其他成員一樣，我們一開始先定義模板參數列，後面跟著我們正在定義的成員之型別，以及該成員的名稱。一如以往，一個成員的名稱包括該成員的類別名稱，這對產生自一個模板的類別而言，就包括它的模板引數。因此，當 Foo 為某個特定的模板引數型別實體化了，就會有一個個別的 ctr 會為那個類別型別實體化出來，並被初始化為 0。

就跟非模板類別的靜態成員（**static members**）一樣，我們可以透過類別型別的一個物件來存取類別模板的一個 static 成員，或藉由範疇運算子的使用直接存取該成員。當然，要透過該類別使用一個 static 成員，我們必須指涉一個特定的實體：

```
Foo<int> fi;                    // 實體化 Foo<int> 類別
                                // 以及 static 資料成員 ctr
auto ct = Foo<int>::count();    // 實體化 Foo<int>::count
ct = fi.count();                // 使用 Foo<int>::count
ct = Foo::count();              // 錯誤：哪個模板實體化呢？
```

就像任何其他的成員函式，只有在它在程式中被使用時，一個 static 成員函式才會實體化。

練習 16.9：什麼是函式模板？什麼是類別模板？

練習 16.10：一個類別模板被實體化時，會發生什麼事呢？

練習 16.11：下列 List 的定義是不正確的。你會如何修正它？

```
template <typename elemType> class ListItem;
template <typename elemType> class List {
public:
    List<elemType>();
    List<elemType>(const List<elemType> &);
    List<elemType>& operator=(const List<elemType> &);
    ~List();
    void insert(ListItem *ptr, elemType value);
private:
    ListItem *front, *end;
};
```

練習 16.12：撰寫你自己版本的 Blob 和 BlobPtr 模板，包括本文中未展示的各個 const 成員。

練習 16.13：解釋你會為 BlobPtr 的相等性和關係運算子選擇何種朋友關係。

練習 16.14：撰寫一個 Screen 類別模板，使用非型別參數來定義 Screen 的高度和寬度。

練習 16.15：為你的 Screen 模板實作輸入與輸出運算子。如果有的話，類別 Screen 中有哪個朋友是必要的，才能使輸入和輸出運算子順利運作？請解釋每一個朋友宣告的必要性。

練習 16.16：改寫 StrVec 類別（§13.5）為名稱是 Vec 的一個模板。

16.1.3 模板參數

就像函式參數的名稱，模板參數的名稱也沒有固有的意義。我們一般會把型別參數命名為 T，但我們其實可以使用任何名稱：

```
template <typename Foo> Foo calc(const Foo& a, const Foo& b)
{
    Foo tmp = a;  // tmp 的型別與參數和回傳型別相同
    // ...
    return tmp;  // 回傳型別和參數有相同的型別
}
```

模板參數和範疇

模板參數依循一般的範疇規則。一個模板參數的名稱可在它被宣告之後使用，並可以一直用到模板宣告或定義的結尾為止。就跟任何其他的名稱一樣，一個模板參數會隱藏外層範疇中的對於該名稱的宣告。然而，不同於其他大多數的情境，一個被用作模板參數的名稱在模板中不可以被重複使用：

```
typedef double A;
template <typename A, typename B> void f(A a, B b)
{
    A tmp = a;   // tmp 的型別與模板參數 A 相同，不是 double
    double B;    // 錯誤：重新宣告了模板參數 B
}
+
```

一般的名稱遮蔽規則會讓 A 的 typedef 被名為 A 的型別參數遮蔽，因此，tmp 不會是一個 double，它的型別會是 calc 被使用時，繫結到模板參數 A 的任何型別。因為我們無法重複使用模板參數的名稱，宣告名為 B 的變數是一種錯誤。

因為參數名稱不可重複使用，模板參數的名稱只能在給定的模板參數列中出現一次：

```
// 錯誤：非法地重複使用模板參數名稱 V
template <typename V, typename V> // ...
```

模板宣告

一個模板宣告必須包括模板參數：

```
// 宣告但不定義 compare 和 Blob
template <typename T> int compare(const T&, const T&);
template <typename T> class Blob;
```

就跟函式參數一樣，模板參數的名稱在相同模板的宣告和定義之間不需要一樣：

```
// 所有的三個 calc 都指涉相同的函式模板
template <typename T> T calc(const T&, const T&); // 宣告
template <typename U> U calc(const U&, const U&); // 宣告
// 模板的定義
template <typename Type>
Type calc(const Type& a, const Type& b) { /* ... */ }
```

當然，給定模板的每個宣告和定義都必須有相同數目和種類（即型別或非型別）參數。

 就我們會在 §16.3 中解釋的原因，一個給定檔案所需的所有模板之宣告通常應該一起出現在一個檔案的開頭，在用到那些名稱的任何程式碼之前。

使用是型別的類別成員

回想到我們會使用範疇運算子（::）來存取 static 成員及型別成員（§7.4 和 §7.6）。在一般的（非模板）程式碼中，編譯器能夠存取類別定義。因此，它知道透過範疇運算子存取的一個名稱是一個型別或 static 成員。舉例來說，當我們寫 string::size_type，編譯器有 string 的定義，可以看到 size_type 是一個型別。

假設 T 是一個模板型別參數，編譯器看到像 T::mem 這樣的程式碼時，在實體化之前，它都無法知道 mem 是一個型別或一個 static 資料成員。然而，為了處理這個模板，必須知道一個名稱是否代表某個型別。舉例來說，假設 T 是一個型別參數的名稱，當編譯器看到具有下列形式的一個述句時：

```
T::size_type * p;
```

它需要知道我們是在定義一個名為 p 的定義，還是將一個名為 size_type 的 static 資料成員乘以名為 p 的變數。

預設情況下，此語言假設透過範疇運算子存取的名稱不是型別。因此，如果我們想要使用某個模板型別的一個型別成員，我們必須明確告知編譯器那個名稱是一個型別。我們這麼做的方式是使用關鍵字 typename：

```
template <typename T>
typename T::value_type top(const T& c)
{
    if (!c.empty())
        return c.back();
    else
        return typename T::value_type();
}
```

我們的 top 函式預期一個容器作為引數，並使用 typename 來指定其回傳型別，並在 c 沒有元素的時候產生一個值初始化的元素（§7.5.3）回傳。

> 當我們想要告知編譯器一個名稱所代表的是一個型別，我們必須使用關鍵字 typename，而非 class。

預設的模板引數

就像我們可以為函式參數提供預設引數（§6.5.1），我們也能夠提供**預設的模板引數（default template arguments）**。在新標準之下，函式和類別模板我們都可以為之提供預設引數。在此語言的早期版本中，只有類別模板允許預設引數。

舉一個例子，我們會改寫 compare，預設使用程式庫的 less 函式物件模板（§14.8.2）：

```
// compare 具有一個預設模板引數 less<T>
// 以及一個預設函式引數 F()
template <typename T, typename F = less<T>>
int compare(const T &v1, const T &v2, F f = F())
{
    if (f(v1, v2)) return -1;
    if (f(v2, v1)) return 1;
    return 0;
}
```

這裡，我們賦予了我們的模板名為 F 的第二個型別參數，它表示一個可呼叫物件的型別
（§10.3.2），並定義了一個新的函式參數 f，它會被繫結到一個可呼叫物件。

我們也為這個模板參數與其對應的函式參數提供了預設值。預設的模板引數指出，compare
會使用程式庫的 less 函式物件類別，並用與 compare 相同的型別參數將之實體化。預設的
函式引數則指出，f 會是一個預設初始化的物件，型別為 F。

當使用者呼叫這個版本的 compare，它們可以提供自己的比較運算，但並不一定要那麼做：

```
bool i = compare(0, 42);  // 使用 less；i 是 -1
// 結果取決於 item1 和 item2 中的 isbn
Sales_data item1(cin), item2(cin);
bool j = compare(item1, item2, compareIsbn);
```

第一個呼叫使用預設的函式引數，它是一個預設初始化的物件，型別為 less<T>。在這個呼
叫中，T 是 int，所以物件會有型別 less<int>。這個 compare 的實體會使用 less<int> 來
進行比較。

在第二個呼叫中，我們傳入 compareIsbn（§11.2.2）以及兩個型別為 Sales_data 的物件。
當 compare 以三個引數被呼叫，第三個引數的型別必須是一個可呼叫物件，回傳可轉為 bool
的一個型別，並且接受的引數型別必須與頭兩個引數之型別相容。一如以往，模板參數的型
別會從它們對應的函式引數推論而出。在這個呼叫中，T 的型別被推斷為 Sales_data，而 F
則被推斷為 compareIsbn 的型別。

就像函式的預設引數，只有在它右邊的所有參數都有預設引數時，一個模板參數才可以有預
設引數。

模板的預設引數和類別模板

每當我們使用一個類別模板，我們永遠都得在模板的名稱後加上角括號。這些角括號表示必
須從一個模板實體化出一個類別。特別是，如果一個類別模板為它所有的模板參數都提供預
設引數，而我們想要使用那些預設值，我們就必須在該模板的名稱後放上一對空的角括號：

```
template <class T = int> class Numbers {  // T 預設是 int
public:
    Numbers(T v = 0): val(v) { }
    // 數字上的各種運算
private:
    T val;
};
Numbers<long double> lots_of_precision;
Numbers<> average_precision;  // 空的 <> 指出我們想要預設的型別
```

這裡我們實體化了兩個版本的 Numbers：average_precision 以 int 取代 T 來實體化
Numbers；lots_of_precision 以 long double 取代 T 來實體化 Numbers。

練習 16.17：如果有的話，宣告為 `typename` 的型別參數和宣告為 `class` 的那種之間有什麼差異？什麼時候必須使用 `typename`？

練習 16.18：解釋下列每一個函式模板宣告，並識別出它們是否合法。更正你所指到的錯誤。

```
(a) template <typename T, U, typename V> void f1(T, U, V);
(b) template <typename T> T f2(int &T);
(c) inline template <typename T> T foo(T, unsigned int*);
(d) template <typename T> f4(T, T);
(e) typedef char Ctype;
    template <typename Ctype> Ctype f5(Ctype a);
```

練習 16.19：撰寫一個函式，接受對一個容器的參考，並印出那個容器中的元素。使用容器的 `size_type` 和 `size` 成員來控制印出元素的迴圈。

練習 16.20：改寫前一個練習的函式，使用從 `begin` 和 `end` 回傳的迭代器來控制迴圈。

16.1.4 成員模板

一個類別，不管是普通類別或類別模板，都可能會有某個成員函式本身也是一個模板。這種成員被稱為**成員模板（member templates）**。成員模板不可以是 virtual 的。

普通（非模板）類別的成員模板

作為具有成員模板的普通類別的一個例子，我們會定義一個類別，它類似於 `unique_ptr` 所用的預設刪除器型別（**default deleter type**，§12.1.5）。就像那個預設刪除器，我們的類別會有一個重載的函式呼叫運算子（§14.8），它會接受一個指標，並在所給的指標上執行 `delete`。不同於那個預設刪除器，我們的類別會在每次刪除器執行的時候，印出一個訊息。因為我們想要讓我們的刪除器能用於任何型別，我們會讓那個呼叫運算子是一個模板：

```
// 會在一個給定的指標上呼叫 delete 的函式物件類別
class DebugDelete {
public:
    DebugDelete(std::ostream &s = std::cerr): os(s) { }
    // 就像任何的函式模板，T 的型別是由編譯器推論出來的
    template <typename T> void operator()(T *p) const
      { os << "deleting unique_ptr" << std::endl; delete p; }
private:
    std::ostream &os;
};
```

就像任何其他的模板，成員模板會以它自己的模板參數列開頭。每個 DebugDelete 物件都有一個要在其上寫入的 ostream 成員，以及本身是一個模板的一個成員函式。我們可以用這個類別來取代 delete：

```
double* p = new double;
DebugDelete d; // 行為像是一個 delete 運算式的一個物件
d(p); // 呼叫 DebugDelete::operator()(double*)，這會刪除 p
int* ip = new int;
// 在一個暫時的 DebugDelete 物件上呼叫 operator()(int*)
DebugDelete()(ip);
```

因為呼叫一個 DebugDelete 物件會刪除所給的指標，我們也可以使用 DebugDelete 作為一個 unique_ptr 的刪除器。要覆寫一個 unique_ptr 的刪除器，我們必須在方括號中提供刪除器的型別，並提供刪除器型別的一個物件給建構器（§12.1.5）：

```
// 摧毀 p 所指的物件
// 實體化 DebugDelete::operator()<int>(int *)
unique_ptr<int, DebugDelete> p(new int, DebugDelete());
// 摧毀 sp 所指的物件
// 實體化 DebugDelete::operator()<string>(string*)
unique_ptr<string, DebugDelete> sp(new string, DebugDelete());
```

這裡我們指出 p 的刪除器會有型別 DebugDelete，而我們在 p 的建構器中提供了那個型別的一個無名物件。

unique_ptr 的解構器會呼叫 DebugDelete 的呼叫運算子。因此，每當 unique_ptr 的解構器被實體化，DebugDelete 的呼叫運算子也會實體化：因此，上面的定義將會實體化：

```
// DebugDelete 的成員模板的實體化範例
void DebugDelete::operator()(int *p) const { delete p; }
void DebugDelete::operator()(string *p) const { delete p; }
```

類別模板的成員模板

我們也可以定義類別模板的成員模板。在這種情況中，類別和該成員都會有它們自己的、獨立的模板參數。

舉個例子，我們會賦予我們的 Blob 類別一個建構器，它會接受兩個迭代器，代表要拷貝的一個範圍。因為我們想要支援各種序列的迭代器，我們會讓這個建構器是一個模板：

```
template <typename T> class Blob {
    template <typename It> Blob(It b, It e);
    // ...
};
```

這個建構器有它自己的模板型別參數 It，它會將之用為它的兩個函式參數的型別。

不同於類別模板一般的函式成員，成員模板是函式模板。當我們在一個類別模板的主體外定義一個成員模板，我們必須為類別模板以及函式模板都提供模板參數列。類別模板的參數列會先出現，然後是該成員自己的模板參數列：

```
template <typename T>        // 類別的型別參數
template <typename It>       // 建構器的型別參數
    Blob<T>::Blob(It b, It e):
        data(std::make_shared<std::vector<T>>(b, e)) { }
```

這裡，我們是在為具有一個模板型別參數 T 的類別模板定義一個成員。這個成員本身是一個函式模板，具有名為 It 的一個型別參數。

實體化和成員模板

要實體化一個類別模板的成員模板，我們必須提供引數給那個類別和函式模板的模板參數。一如以往，類別模板參數的引數取決於我們用來呼叫那個成員模板的物件之型別。此外，也跟之前一樣的是，編譯器通常都會從呼叫中傳入的引數推論出這個成員模板自己的參數的模板引數（§16.1.1）：

```
int ia[] = {0,1,2,3,4,5,6,7,8,9};
vector<long> vi = {0,1,2,3,4,5,6,7,8,9};
list<const char*> w = {"now", "is", "the", "time"};
// 實體化 Blob<int> 類別
// 以及具有兩個 int* 參數的 Blob<int> 建構器
Blob<int> a1(begin(ia), end(ia));
// 實體化有兩個 vector<long>::iterator
// 參數的 Blob<int> 建構器
Blob<int> a2(vi.begin(), vi.end());
// 實體化 Blob<string> 類別和 Blob<string>
// 建構器，它有兩個 list<const char*>::iterator 參數
Blob<string> a3(w.begin(), w.end());
```

當我們定義 a1，我們明確地指出編譯器應該實體化一個版本的 Blob，其模板參數繫結到 int。建構器自己參數的型別參數會從 begin(ia) 和 end(ia) 的型別推斷出來。那個型別是 int*。因此，a1 的定義實體化：

```
Blob<int>::Blob(int*, int*);
```

a2 的定義使用已經實體化的 Blob<int> 類別，並以 vector<short>::iterator 取代 It 來實體化建構器。a3 的定義（明確地）實體化那個類別的成員模板建構器，將其參數繫結到了 list<const char*>。

習題章節 16.1.4

練習 16.21：寫出你自己版本的 DebugDelete。

練習 16.22：改寫 §12.3 你的 TextQuery 程式，讓 shared_ptr 成員使用一個 DebugDelete 作為它們的刪除器（§12.1.4）。

練習 16.23：預測你的主要查詢程式中，呼叫運算子何時會被呼叫。如果你所預期的和實際發生的有所差異，請確定你理解原因何在。

練習 16.24：為你的 Blob 模板新增接受兩個迭代器的一個建構器。

16.1.5 控制實體化動作

實體化會在一個模板被使用時產生（§16.1.1），意味著相同的實體可能出現在多個目的檔（object files）中。當兩個或更多個分開編譯的源碼檔使用具有相同模板引數的同一個模板，這些檔案中每一個都會有那個模板的一個實體。

在大型系統中，在多個檔案中實體化相同模板的額外負擔可能會變得很大。在新標準底下，我們可以透過一個**明確實體化（explicit instantiation）**來避免這個額外負擔。一個明確的實體化具有下列形式：

```
extern template declaration;    // 實體化宣告
template declaration;           // 實體化定義
```

這裡的 *declaration* 是一個類別或函式宣告，其中所有的模板參數都被取代為模板引數。舉例來說，

```
// 實體化宣告和定義
extern template class Blob<string>;            // 宣告
template int compare(const int&, const int&);  // 定義
```

當編譯器看到一個 extern 模板宣告（**template declaration**），它不會在那個檔案中為那個實體化產生程式碼。將一個實體化宣告為 extern 是一種承諾，指出程式的其他地方會有那個實體化的一個非 extern 的使用。對於一個給定的實體化，可能會有數個 extern 宣告存在，但那個實體化的定義只能剛好有一個。

因為編譯器會在我們使用一個模板時，自動將之實體化，extern 宣告必須出現在用到那個實體化的任何程式碼之前：

```
// Application.cc
// 這些模板型別必須在程式中的其他地方實體化
extern template class Blob<string>;
extern template int compare(const int&, const int&);
Blob<string> sa1, sa2; // 初始化會出現在其他地方
// Blob<int>與它的initializer_list建構器在這個檔案中實體化
Blob<int> a1 = {0,1,2,3,4,5,6,7,8,9};
Blob<int> a2(a1); // 拷貝建構器在這個檔案中實體化
int i = compare(a1[0], a2[0]); // 實體化會在其他地方出現
```

檔案 Application.o 會含有 Blob<int> 的實體化，以及 initializer_list 和該類別的拷貝建構器的實體化。compare<int> 函式和 Blob<string> 類別不會在那個檔案中實體化。在程式的其他檔案中，必須有這些模板的定義存在：

```
// templateBuild.cc
// 實體化檔案必須為其他檔案宣告為 extern 的
// 每個型別和函式都提供一個（非 extern 的）定義
template int compare(const int&, const int&);
template class Blob<string>; // 實體化類別模板的所有成員
```

當編譯器看到一個實體化定義（instantiation definition，相對於一個宣告），它就會產生程式碼。因此，檔案 templateBuild.o 會含有以 int 實體化的 compare 和 Blob<string> 類別的定義。當我們建置這個應用程式，我們必須將 templateBuild.o 連結到 Application.o 檔案。

對於每一個實體化宣告，程式中的某個地方必須有一個明確的實體化定義對應。

實體化定義會實體化所有的成員

一個類別模板的實體化定義（instantiation definition）會實體化那個模板的所有成員，包括行內成員函式（inline member functions）。當編譯器看到一個實體化定義，它無法知道程式會用哪個成員函式。因此，不同於它處理一般類別模板實體化的方式，編譯器會實體化該類別所有的成員。即使我們沒用到一個成員，那個成員也會被實體化。結果就是，我們只能為能與該模板的所有成員並用的型別使用明確實體化。

實體化定義只能用於能與類別模板的每個成員函式並用的型別。

16.1.6 效率與彈性

程式庫的智慧指標型別（§12.1）很好地演示了模板設計者所需面對的設計抉擇。

shared_ptr 與 unique_ptr 之間明顯的差別在於它們用來管理所持有的指標的策略：一個類別提供我們共用的所有權；另一個則擁有它所持有的指標。這個差異是這些類別所做之事的基礎。

這些類別讓它們的使用者覆寫其預設刪除器的方式也有所不同。我們可以在創建或 reset 指標的時候，傳入一個可呼叫物件，輕易地覆寫一個 shared_ptr 的刪除器。相較之下，刪除器的型別卻是一個 unique_ptr 物件之型別的一部分。使用者必須在定義一個 unique_ptr 的時候提供該型別作為一個明確的模板引數。因此，unique_ptr 的使用者要提供他們自己的刪除器，就比較複雜了。

習題章節 16.1.5

練習 16.25：解釋這些宣告的意義：

```
extern template class vector<string>;
template class vector<Sales_data>;
```

練習 16.26：假設 NoDefault 是一個沒有預設建構器的類別，我們能夠明確地實體化 vector<NoDefault> 嗎？如果不行，為什麼呢？

練習 16.27：對於每個標注起來的述句，如果有的話，請解釋會發生怎樣的實體化。如果一個模板被實體化了，請解釋為什麼，如果沒有，請說明為何沒有。

```
template <typename T> class Stack { };
void f1(Stack<char>);                     // (a)
class Exercise {
    Stack<double> &rsd;                   // (b)
    Stack<int> si;                        // (c)
};
int main() {
    Stack<char> *sc;                      // (d)
    f1(*sc);                              // (e)
    int iObj = sizeof(Stack< string >);   // (f)
}
```

處理刪除器的方式之差異，是伴隨著這些類別的功能性而來的。然而，如我們會看到的，這個實作策略的差異，對於效能可能會有重大的影響。

在執行時期繫結刪除器

雖然我們不知道程式庫型別是如何實作的，我們可以推斷 shared_ptr 必須間接地存取它的刪除器。也就是說，這個刪除器必須被儲存為一個指標或封裝了一個指標的類別（例如 function，§14.8.3）。

我們可以確定 shared_ptr 並沒有把刪除器當作一個直接成員存放，因為刪除器的型別要到執行時期才會知道。確實，我們可以在一個給定的 shared_ptr 的生命週期中改變刪除器的型別。我們可以使用某個型別的刪除器來建構一個 shared_ptr，並在之後使用 reset 來賦予這同一個 shared_ptr 不同型別的刪除器。一般來說，我們沒辦法有型別會在執行時期改變的成員。因此，刪除器必須是間接儲存的。

為了思考刪除器實際的運作方式，讓我們假設 shared_ptr 把它所管理的指標儲存在一個名為 p 的成員中，而刪除器是透過名為 del 的成員來取用的。shared_ptr 的解構器必定包含像這樣的一個述句

```
// del 的值要到執行時期才會知道；透過一個指標呼叫
del ? del(p) : delete p; // del(p) 需要執行期的跳躍才能到達 del 的位置
```

因為刪除器是間接地儲存的，del(p) 呼叫會需要一個執行期的跳躍（run-time jump）才能抵達儲存在 del 中的位置，以執行 del 所指的程式碼。

在編譯時期繫結刪除器

現在，讓我們思考一下 unique_ptr 可能的運作方式。在這個類別中，刪除器的型別是 unique_ptr 的型別的一部分。也就是說，unique_ptr 有兩個模板參數，一個代表 unique_ptr 所管理的指標，而另一個則表示刪除器的型別。因為刪除器的型別是 unique_ptr 型別的一部分，刪除器成員的型別必須在編譯時期就知道。刪除器可以直接儲存在每個 unique_ptr 物件中。

unique_ptr 解構器的運作方式類似於它對應的 shared_ptr：它會呼叫使用者所提供的一個刪除器，或在它所儲存的指標上執行 delete：

```
// del 在編譯時期繫結；對刪除器的直接呼叫被實體化了
del(p);  // 沒有執行時期的額外負擔
```

del 的型別要不是預設的刪除器型別，就是使用者提供的型別。但這無關緊要，不管是哪個，會被執行的程式碼在編譯時期都會是已知的。確實，如果刪除器是像我們 DebugDelete 類別（§16.1.4）那樣的東西，這個呼叫在編譯時期甚至可能是 inline 的。

藉由在編譯時期繫結刪除器，unique_ptr 避免了間接呼叫其刪除器的執行時期成本。藉由在執行時期繫結刪除器，shared_ptr 讓使用者更容易覆寫刪除器。

習題章節 16.1.6

練習 16.28：撰寫你自己版本的 shared_ptr 和 unique_ptr。

練習 16.29：修改你的 Blob 類別，使用你自己版本的 shared_ptr 而非程式庫的版本。

練習 16.30：重新執行你的一些程式來驗證你的 shared_ptr 和修改過的 Blob 類別。（注意：weak_ptr 型別的實作超出了這本入門指南的範圍，所以你沒辦法把 BlobPtr 類別與你修改過的 Blob 並用。）

練習 16.31：請解釋如果我們合用 DebugDelete 和 unique_ptr，編譯器可能會如何 inline 對刪除器的呼叫？

16.2 模板引數推論

我們已經見過，預設情況下，編譯器會使用一個呼叫中的引數來判斷函式模板的模板引數。從函式引數決定模板引數的過程被稱作**模板引數推論（template argument deduction）**。在模板引數推論的過程中，編譯器會使用呼叫中的引數型別來找出適當的模板引數，以產生與給定的呼叫是最佳匹配的函式版本。

16.2.1 轉換與模板型別參數

就像非模板的函式，我們在一個呼叫中傳入給函式模板的引數會被用來初始化那個函式的參數。其型別使用一個模板型別的函式參數具有特殊的初始化規則。只有非常有限的轉換會自動被套用到這種引數上。編譯器不轉換這種引數，而是產生一個新的實體。

一如以往，在參數或引數中的頂層 const（top-level const，§ 2.4.3）都會被忽略。在一個呼叫中會對函式模板進行的其他轉換只有

- const 轉換：是對一個 const 的參考（或指標）的函式參數可以接受對非 const 物件（§4.11.2）的參考（或指標）。

- 陣列對指標（array-to-pointer）或函式對指標（function-to-pointer）的轉換：如果函式參數不是一個參考型別，那麼正常的指標轉換就會被套用到陣列或函式型別的引數上。一個陣列引數會被轉換為對其第一個元素的指標。同樣地，一個函式引數會被轉換為對該函式型別的一個指標（§4.11.2）。

其他的轉換，例如算術轉換（§4.11.1）、衍生對基礎的轉換（§15.2.2），以及使用者定義的轉換（§7.5.4 和 §14.9）都不會進行。

舉個例子，請思考對函式 fobj 和 fref 的呼叫。fobj 函式會拷貝其參數，而 fref 的參數則是參考：

```
template <typename T> T fobj(T, T); // 引數被拷貝
template <typename T> T fref(const T&, const T&); // 參考
string s1("a value");
const string s2("another value");
fobj(s1, s2); // 呼叫 fobj(string, string)；const 會被忽略
fref(s1, s2); // 呼叫 fref(const string&, const string&)
              // 在 s1 上使用對 const 的被允許的轉換
int a[10], b[42];
fobj(a, b); // 呼叫 f(int*, int*)
fref(a, b); // 錯誤：陣列型別不符合
```

在第一對呼叫中，我們傳入了一個 string 和一個 const string。即使這些型別並沒有完全匹配，兩個呼叫都還是合法的。在對 fobj 的呼叫中，引數會被拷貝，所以原本的物件是不是 const 並不重要。在對 fref 的呼叫中，參數型別是對 const 的一個參考。對一個參考參數來說，對 const 的轉換是允許的轉換，所以這個呼叫是合法的。

在下一對呼叫中，我們傳入了陣列引數，其中陣列的大小不同，因此有不同的型別。在對 fobj 的呼叫中，陣列型別不一樣的事實並不重要。兩個陣列都會被轉為指標。fobj 中的模板參數型別是 int*。然而，對 fref 的呼叫是非法的。參數是一個參考時，陣列不會被轉為指標（§6.2.4）。a 和 b 的型別並不匹配，所以該呼叫有錯。

> 具有模板型別的參數之引數會套用的自動轉換只有 const 轉換和陣列或函式對指標的
> 轉換。

使用相同模板參數型別的函式參數

一個模板型別參數可被用作一個以上的函式參數之型別。因為會做的轉換有限,這種參數的
引數基本上都必須有相同的型別。如果推論出來的型別不匹配,那麼呼叫就有錯。舉例來說,
我們的 compare 函式(§16.1.1)接受兩個 const T& 參數。其引數基本上必須有相同的型別:

```
long lng;
compare(lng, 1024); // 錯誤:無法實體化 compare(long, int)
```

這個呼叫是有錯的,因為 compare 的引數沒有相同的型別。從第一個引數推論出來的模板引
數是 long,第二個則是 int。這些型別並不匹配,所以模板引數的推論就失敗了。

如果我們想要允許引數的正常轉換,我們可以定義具有兩個型別參數的函式:

```
// 引數型別可以不同,但必須相容
template <typename A, typename B>
int flexibleCompare(const A& v1, const B& v2)
{
    if (v1 < v2) return -1;
    if (v2 < v1) return 1;
    return 0;
}
```

現在,使用者可以提供不同型別的引數:

```
long lng;
flexibleCompare(lng, 1024); // ok:呼叫 flexibleCompare(long, int)
```

當然,必須存在有能夠比較這些型別之值的 < 運算子。

為一般引數套用的正常轉換

一個函式模板能夠有使用一般型別定義的參數,也就是說,不涉及模板型別參數的型別。這
種引數沒有特殊的處理,它們會一如以往地被轉為參數的對應型別(§6.1)。舉例來說,思
考下列的模板:

```
template <typename T> ostream &print(ostream &os, const T &obj)
{
    return os << obj;
}
```

第一個函式參數有一個已知型別 ostream&。第二個參數 obj,則有一個模板參數型別。因為
os 的型別是固定的,print 被呼叫時,正常的轉換就會被套用到傳入 os 的引數:

```
print(cout, 42); // 實體化 print(ostream&, int)
ofstream f("output");
print(f, 10); // 使用 print(ostream&, int)；將 f 轉換為 ostream&
```

在第一個呼叫中，第一個引數的型別完全匹配第一個參數的型別。這個呼叫會使接受一個 ostream& 與一個 int 的 print 版本被實體化。在第二個呼叫中，第一個引數是一個 ofstream，而存在有從 ofstream 到 ostream& 的轉換（§8.2.1）。因為這個參數的型別並不依存於一個模板參數，編譯器會隱含地將 f 轉為 ostream&。

正常的轉換會被套用到其型別不是模板參數的引數上。

習題章節 16.2.1

練習 16.32：模板引數推論的過程中會發生什麼事？

練習 16.33：指出涉及了模板引數推論的函式引數上允許的兩種型別轉換。

練習 16.34：僅給定下列程式碼，請說明這些呼叫是否合法。如果是，T 的型別是什麼呢？如果不是，為什麼呢？

```
template <class T> int compare(const T&, const T&);
(a) compare("hi", "world");   (b) compare("bye", "dad");
```

練習 16.35：如果有的話，下列哪些呼叫有錯呢？如果呼叫是合法的，那 T 的型別是什麼呢？如果呼叫不合法，問題何在呢？

```
template <typename T> T calc(T, int);
template <typename T> T fcn(T, T);
double d;    float f;    char c;
(a) calc(c, 'c');    (b) calc(d, f);
(c) fcn(c, 'c');    (d) fcn(d, f);
```

練習 16.36：下列呼叫中發生了什麼事：

```
template <typename T> f1(T, T);
template <typename T1, typename T2) f2(T1, T2);
int i = 0, j = 42, *p1 = &i, *p2 = &j;
const int *cp1 = &i, *cp2 = &j;
(a) f1(p1, p2);        (b) f2(p1, p2);        (c) f1(cp1, cp2);
(d) f2(cp1, cp2);      (e) f1(p1, cp1);       (e) f2(p1, cp1);
```

16.2.2 函式模板的明確引數

在某些情況下，編譯器沒辦法推論出模板引數的型別。在其他情況中，我們則想要允許使用者控制模板的實體化。這兩種情況都最常出現於一個函式的回傳型別與參數列中所用的那些都不同的時候。

指定一個明確的模板引數

作為我們想要讓使用者指定要用哪個型別的一個例子，我們會定義一個名為 sum 的函式模板，它接受兩個不同型別的引數。我們想要讓使用者指定結果的型別。如此使用者就能挑選適當的精確度了。

我們定義第三個模板參數來代表回傳型別，以讓使用者能夠控制所回傳的型別：

```
// T1 無法推論出來：它沒有出現在函式參數列中
template <typename T1, typename T2, typename T3>
T1 sum(T2, T3);
```

在這種情況中，沒有其型別可被用來推論 T1 的型別的引數存在。呼叫者必須在每次呼叫 sum 的時候，提供一個**明確的模板引數**（**explicit template argument**）給這個參數。

我們提供一個明確的模板引數給一個呼叫的方式，就跟我們定義一個類別模板的實體時一樣。明確的模板引數指定在函式名稱後，引數列之前的角括號中：

```
// T1 是明確指定的；T2 和 T3 是從引數型別推論出來的
auto val3 = sum<long long>(i, lng); // long long sum(int, long)
```

這個呼叫明確地指定了 T1 的型別。編譯器會從 i 和 lng 的型別推論出 T2 和 T3 的型別。

明確的模板引數會從左到右與對應的模板參數配對，第一個模板引數配對到第一個模板參數，第二個引數到第二個參數，依此類推。只有對應到尾端（最右方）參數，而且能從函式參數推論出來的那些明確模板引數可以被省略。如果我們的 sum 函式是寫成這樣

```
// 不良設計：使用者必須明確指定所有的三個模板參數
template <typename T1, typename T2, typename T3>
T3 alternative_sum(T2, T1);
```

那我們就永遠都得為所有的三個參數指定引數了：

```
// 錯誤：無法推斷最初的模板參數
auto val3 = alternative_sum<long long>(i, lng);
// ok：所有的三個參數都明確指定了
auto val2 = alternative_sum<long long, int, long>(i, lng);
```

正常轉換適用於明確指定的引數

就像正常的轉換在使用一般型別定義的參數上是被允許的（§16.2.1），正常轉換也適用於其模板型別參數有明確指定的那些引數：

```
long lng;
compare(lng, 1024);          // 錯誤：模板參數不匹配
compare<long>(lng, 1024);    // ok：實體化 compare(long, long)
compare<int>(lng, 1024);     // ok：實體化 compare(int, int)
```

如我們所見，第一個呼叫有錯，因為 compare 的引數必須有相同的型別。如果我們明確地指
定模板參數型別，就會套用正常的轉換。因此，對 compare<long> 的呼叫等同於呼叫接受兩
個 const long& 參數的函式。int 參數會自動被轉換為 long。在第二個呼叫中，T 被明確地
指定為 int，所以 lng 會被轉換為 int。

習題章節 16.2.2

練習 16.37：程式庫的 max 函式有兩個函式參數，並會回傳其引數中較大的那個。這個函式有
一個模板型別參數。你可以呼叫 max 傳入一個 int 和一個 double 給它嗎？如果可以，怎麼
做呢？如果不可以，為何不行呢？

練習 16.38：當我們呼叫 make_shared（§12.1.1），我們就必須提供一個明確的模板引數。
解釋為何那個引數是必要的，以及它會如何被使用。

練習 16.39：使用一個明確的模板引數來讓我們能夠合理地傳入兩個字串字面值給 §16.1.1 原
本的 compare。

16.2.3 尾端回傳型別與型別變換

使用一個明確模板引數來代表一個模板函式的回傳型別在我們想要讓使用者決定回傳型別時
確實有效。在其他的情況中，要求明確的模板引數會為使用者帶來負擔，而且沒有補償性的
好處。舉例來說，我們可能想要撰寫一個函式接受代表一個序列的一對迭代器，並回傳一個
參考指向該序列中的一個元素：

```
template <typename It>
??? &fcn(It beg, It end)
{
    // 處理該範圍
    return *beg; // 回傳一個參考指向來自該範圍的一個元素
}
```

我們不知道我們想要回傳的確切型別，但我們知道我們希望那個型別是一個參考，指向我們
正在處理的序列的元素型別：

```
vector<int> vi = {1,2,3,4,5};
Blob<string> ca = { "hi", "bye" };
auto &i = fcn(vi.begin(), vi.end()); // fcn 應該回傳 int&
auto &s = fcn(ca.begin(), ca.end()); // fcn 應該回傳 string&
```

這裡，我們知道我們的函式會回傳 *beg，以及我們可以用 decltype(*beg) 來獲得那個運算
式的型別。然而，beg 要到參數列被看到之後，才會存在。為了定義這個函式，我們必須使
用一個尾端回傳型別（trailing return type，§6.3.3）。因為一個尾端回傳型別出現在參數
列之後，它可以使用該函式的參數：

```
// 一個尾端回傳讓我們在參數列被看到之後宣告回傳型別
template <typename It>
auto fcn(It beg, It end) -> decltype(*beg)
{
    // 處理這個範圍
    return *beg; // 回傳一個參考指向來自該範圍的一個元素
}
```

這裡我們告訴編譯器 fcn 的回傳型別與解參考其 beg 參數所回傳的型別相同。解參考運算子會回傳一個 lvalue（§4.1.1），因此 decltype 所推論出來的型別會是一個參考，指向 beg 所代表的元素之型別。所以，如果 fcn 是在一個序列的 string 上被呼叫，回傳型別就會是 string&。如果該序列是 int 的，那麼回傳的就會是 int&。

型別變換的程式庫模板類別

有的時候，我們對我們所需的型別沒有直接的存取權。舉例來說，我們可能想要撰寫一個類似 fcn 的函式，以值回傳一個元素（§6.3.2），而非回傳對元素的一個參考。

撰寫這個程式所面臨的問題是，我們對我們所傳遞的型別幾乎一無所知。在這個函式中，我們知道我們可以使用的唯一運算是迭代器運算，而並不存在會產出元素（相對於對元素的參考）的迭代器運算。

要獲得元素型別，我們可以使用程式庫的一個**型別變換（type transformation）**模板。這些模板定義在 type_traits 標頭中。一般來說，type_traits 中的類別會被用來進行所謂的 **template metaprogramming**（模板元程式設計），一個超出這本入門指南範圍的主題。然而，型別變換模板（**type transformation templates**）在一般的程式設計中也會有用處。這些模板描述於表 16.1 中，而我們會在 §16.5 中看到它們是如何實作的。

在此例中，我們可以使用 remove_reference 來獲取元素型別。remove_reference 模板有一個模板型別參數，以及一個（public）的型別成員，名為 type。如果我們以一個參考型別實體化 remove_reference，那麼 type 就會所指涉的型別（**the referred-to type**）。舉例來說，如果我們實體化 remove_reference<int&>，type 成員就會是 int。同樣地，如果我們實體化 remove_reference<string&>，type 就會是 string，依此類推。

更廣義地說，因為 beg 是一個迭代器：

```
remove_reference<decltype(*beg)>::type
```

會是 beg 所指的元素的型別：decltype(*beg) 回傳元素型別的參考型別。remove_reference::type 會剔除參考，僅留下元素型別本身。

藉由 remove_reference 以及一個 decltype 的尾端回傳，我們可以讓我們的函式回傳一個元素的值之拷貝：

```
// 必須使用 typename 才能使用一個模板參數的型別成員；參閱 §16.1.3
template <typename It>
```

```
auto fcn2(It beg, It end) ->
    typename remove_reference<decltype(*beg)>::type
{
    // 處理該範圍
    return *beg; // 回傳來自該範圍的一個元素之拷貝
}
```

請注意，type 是取決於一個模板參數的類別的成員。因此，我們必須在回傳型別的宣告中使用 typename 來告訴編譯器 type 代表一個型別（§16.1.3）。

表 16.1：標準的型別變換模板		
Mod`<T>`，其中 *Mod* 是	如果 T 是	那麼 *Mod*`<T>`::`type` 就是
remove_reference	X& 或 X&& 否則	X T
add_const	X&、const X 或函式 否則	T const T
add_lvalue_reference	X& X&& 否則	T X& T&
add_rvalue_reference	X& 或 X&& 否則	T T&&
remove_pointer	X* 否則	X T
add_pointer	X& 或 X&& 否則	X* T*
make_signed	unsigned X 否則	X T
make_unsigned	有號型別 否則	unsigned T T
remove_extent	X[n] 否則	X T
remove_all_extents	X[n1][n2]... 否則	X T

在表 16.1 中描述的每個型別變換模板的運作方式都與 remove_reference 類似。每個模板都有一個名為 type 的 public 成員，代表一個型別。這個型別可能會以模板名稱所指示的方式與模板自己的模板型別參數產生關聯。如果沒辦法（或沒必要）變換模板的參數，type 成員就會是模板參數型別本身。舉例來說，如果 T 是一個指標型別，那麼 remove_pointer<T>::type 就會是 T 所指的型別。如果 T 不是一個指標，那麼就不需要變換。在這種情況中，type 就跟 T 是相同型別。

習題章節 16.2.3

練習 16.40：下列函式是合法的嗎？如果不是，為什麼呢？如果是合法的，有的話，可被傳入的引數型別有什麼限制呢？回傳型別又是什麼？

```
template <typename It>
auto fcn3(It beg, It end) -> decltype(*beg + 0)
{
    // 處理該範圍
    return *beg;  // 回傳來自該範圍的一個元素之拷貝
}
```

練習 16.41：撰寫一個版本的 sum，它具有一個回傳型別保證大到足以容納加法運算的結果。

 ### 16.2.4 函式指標與引數推演

當我們以一個函式模板初始化或指定一個函式指標（§6.7），編譯器會使用指標的型別來推論出模板引數。

舉一個例子，假設我們有一個函式指標指向會回傳一個 int，並接受兩個參數的函式，這每個參數都是對一個 const int 的參考。我們可以使用這個指標來指向 compare 的一個實體：

```
template <typename T> int compare(const T&, const T&);
// pf1 指向實體 int compare(const int&, const int&)
int (*pf1)(const int&, const int&) = compare;
```

pf1 中參數的型別決定了 T 的模板引數之型別。T 的模板引數是 int。指標 pf1 指向 T 繫結到 int 的 compare 實體。如果模板引數無法從函式指標型別判斷出來，就會是錯誤：

```
// 重載版本的 func；每個都接受一個不同的函式指標型別
void func(int(*)(const string&, const string&));
void func(int(*)(const int&, const int&));
func(compare);  // 錯誤：compare 的哪個實體？
```

問題在於，光是看 func 的參數型別，沒辦法為模板引數判斷出一個唯一的型別。對 func 的呼叫可以實體化接受 int 版本的 compare，或是接受 string 的版本。因為沒辦法為 func 的引數識別出一個唯一的實體，這個呼叫就無法編譯。

我們可以使用明確的模板引數來消除 func 呼叫的歧義：

```
// ok：明確指定要實體化哪個版本的 compare
func(compare<int>);  // 傳入 compare(const int&, const int&)
```

這個運算式呼叫的 func 版本接受具有兩個 const int& 參數的一個函式指標。

 接受一個函式模板實體的位址時，所在的情境必須能讓每個模板參數都可判斷出一個唯一型別或值。

16.2.5 模板引數推論與參考

為了理解像這樣的函式呼叫會進行的型別推論:

```
template <typename T> void f(T &p);
```

其中函式的參數 p 是對模板型別參數 T 的一個參考,有兩個重點要牢記在心:一般的參考繫結規則也適用,而 const 會是低層的而非頂層(top level)的。

Lvalue 參考函式參數的型別推論

當一個函式參數是對模板型別參數的一個普通的(lvalue)參考(即有 T& 這種形式的),繫結規則指出,我們只能傳入一個 lvalue(例如一個變數或回傳參考型別的運算式)。那個引數有沒有 const 型別都可以。如果該引數是 const 的,那麼 T 會被推論為一個 const 型別:

```
template <typename T> void f1(T&);   // 引數必須是一個 lvalue
// 對 f1 的呼叫使用引數所指型別作為模板參數型別
f1(i);   // i 是一個 int;模板參數 T 是 int
f1(ci);  // ci 是一個 const int;模板參數 T 是 const int
f1(5);   // 錯誤:一個 & 參數的引數必須是一個 lvalue
```

如果一個函式參數有型別 const T&,一般的繫結規則指出,我們可以傳入任何種類的引數:一個物件(const 與否)、一個暫存物件(temporary)或一個字面值。當函式參數本身是 const,為 T 推論出來的型別將不會是一個 const 型別。const 已經是函式參數型別的一部分了,它不會也成為模板參數型別的一部分:

```
template <typename T> void f2(const T&);  // 可以接受一個 rvalue
// f2 中的參數是 const &;引數中的 const 則無關緊要
// 在這三個呼叫中,f2 的函式參數會被推斷為 const int&
f2(i);   // i 是一個 int;模板參數 T 是 int
f2(ci);  // ci 是一個 const int,但模板參數 T 是 int
f2(5);   // 一個 const & 參數可被繫結到一個 rvalue;T 是 int
```

Rvalue 參考函式參數的型別推論

當一個函式參數是一個 rvalue reference(§13.6.1,即它有 T&& 的形式),一般的繫結規則指出,我們可以傳入一個 rvalue 給這個參數。當我們這麼做,型別推論的行為就會類似於普通的 lvalue reference 函式參數。為 T 推論出來的型別會是那個 rvalue 的型別:

```
template <typename T> void f3(T&&);
f3(42);  // 引數是型別為 int 的一個 rvalue;模板參數 T 是 int
```

參考收合(Reference Collapsing)和 Rvalue 參考參數

假設 i 是一個 int 物件,我們可能會認為像 f3(i) 這樣的呼叫會是非法的。畢竟,i 是一個 lvalue,而一般來說,我們無法將一個 rvalue reference 繫結到一個 lvalue。然而,此語言為一般的繫結規則定義了兩個例外,允許這種的用法。這些例外是像 move 這類的程式庫機能運作的基礎。

第一個例外影響 rvalue reference 參數的型別推論是如何進行的。當我們傳入一個 lvalue（例如 i）給一個函式參數，而它是對一個模板型別參數的一個 rvalue reference（例如 T&&），編譯器就會將模板型別參數推斷為引數的 lvalue reference 型別。所以，當我們呼叫 f3(i)，編譯器會將 T 的型別推斷為 int&，而非 int。

推斷 T 為 int& 看似意味著 f3 的函式參數會是對型別 int& 的一個 rvalue reference。一般來說，我們無法（直接）定義對一個參考的參考（§2.3.1）。然而，我們可以透過型別別名（type alias，§2.5.1）或模板型別參數（template type parameter）間接地這麼做。

在這種情境中，我們可以看到一般繫結規則的第二個例外：如果我們間接地創建了一個對參考的參考（a reference to a reference），那麼那些參考就會「收合（collapse）」。除了一種情況以外，這些參考會收合成一個普通的 lvalue reference 型別。新標準擴充了收合規則，將 rvalue reference 也包含在內。參考收合成一個 rvalue reference 只會發生在對一個 rvalue reference 的 rvalue reference 的這種特定情況下，也就是說，對於一個給定的型別 X：

- X& &、X& && 及 X&& & 全都會收合成型別 X&
- 型別 X&& && 會收合為 X&&

> **Note**　參考收合僅適用於對參考的參考是間接創建的時候，例如在型別別名中或模板參數參數中。

參考收合規則和 rvalue reference 參數的型別推論特殊規則之結合，意味著我們可以在一個 lvalue 上呼叫 f3。當我們傳入一個 lvalue 給 f3 的（rvalue reference）函式參數，編譯器會將 T 推斷為一個 lvalue reference 型別：

```
f3(i);   // 引數是一個 lvalue；模板參數 T 是一個 int&
f3(ci);  // 引數是一個 lvalue；模板參數 T 是 const int&
```

當一個模板參數 T 被推斷為一個參考型別，收合規則指出，函式參數 T&& 會收合為一個 lvalue reference 型別。舉例來說，為 f3(i) 所產生的實體會是像這樣的東西：

```
// 無效程式碼，僅用於說明
void f3<int&>(int& &&);  // 當 T 是 int&，函式參數就是 int& &&
```

f3 中的函式參數是 T&& 而 T 是 int&，所以 T&& 會是 int& &&，這會收合為 int&。因此，即使 f3 中函式參數的形式是一個 rvalue reference（即 T&&），這個呼叫仍會以一個 lvalue reference 型別（即 int&）來實體化 f3：

```
void f3<int&>(int&);  // 當 T 是 int&，函式參數會收合為 int&
```

這些規則有兩個重要的後果：

- 如果一個函式參數是對模板型別參數的一個 rvalue reference（例如 T&&），它可以被繫結到一個 lvalue，以及

- 如果該引數是一個 lvalue，那麼推論出來的模板引數型別會是一個 lvalue reference 型別，而且函式參數會被實體化為一個（普通的）lvalue reference 參數（T&）

也值得注意的是，這也意味著，我們可以把任何型別的引數傳入給一個 T&& 函式參數。這種型別的一個參數（顯然）可以與 rvalue 並用，而且如我們剛見過的，也可以被 lvalue 所用。

 如果一個函式參數是對模板參數型別的一個 rvalue reference（即 T&&），那麼任何型別的引數都可以傳入給它。當一個 lvalue 被傳入給這種參數，該函式參數會被實體化為一個普通的 lvalue reference（T&）。

撰寫具有 Rvalue 參考參數的模板函式

「模板參數可能被推斷為一個參考型別」這個事實對於模板中的程式碼可能會有出乎意料的影響：

```
template <typename T> void f3(T&& val)
{
    T t = val;  // 拷貝或繫結一個參考？
    t = fcn(t);  // 這個指定僅改變 t 或 val 及 t？
    if (val == t) { /* ... */ }  // 如果 T 是一個參考型別，就永遠為 true
}
```

當我們在一個 rvalue 上呼叫 f3，例如字面值 42，T 就會是 int。在這種情況中，區域變數 t 會有型別 int，並且會藉由拷貝參數 val 的值來初始化。當我們對 t 進行指定，參數 val 仍然不變。

另一方面，當我們在 lvalue i 上呼叫 f3，T 就會是 int&。當我們定義並初始化區域變數 t，那個變數就有型別 int& 。t 的初始化將 t 繫結到了 val。當我們對 t 進行指定，我們同時也會改變 val。在 f3 的這個實體化中，那個 if 測試永遠都會產出 true。

當所涉及的型別可能是普通的（非參考）型別或參考型別，要寫出正確的程式碼就出乎意料地困難（雖然型別變換類別，像是 remove_reference，可以幫上點忙（§16.2.3））。

實務上，rvalue reference 參數會被用在兩個情境之一：可能模板會轉送（forwarding）其引數，或是該模板是重載的。我們會在 §16.2.7 看到轉送，並在 §16.3 看到模板重載。

至於現在，值得注意的是，使用 rvalue reference 的函式模板經常會以我們在 §13.6.3 看到的相同方式來使用重載：

```
template <typename T> void f(T&&);  // 繫結至非 const 的 rvalue
template <typename T> void f(const T&);  // lvalue 和 const rvalue
```

就跟非模板函式一樣，第一個版本會繫結到可修改的 rvalue，而第二個會繫結到 lvalue 或 const 的 rvalue。

習題章節 16.2.5

練習 16.42： 判斷下列的每個呼叫中 T 和 val 的型別：

```
template <typename T> void g(T&& val);
int i = 0; const int ci = i;
(a) g(i);        (b) g(ci);        (c) g(i * ci);
```

練習 16.43： 使用定義在前面練習的函式，如果我們呼叫 g(i = ci)，g 的模板參數會是什麼？

練習 16.44： 使用跟第一個練習中相同的三個呼叫，如果 g 的函式參數是宣告為 T（而非 T&&），請判斷 T 的型別。如果 g 的函式參數是 const T&，那又如何呢？

練習 16.45： 給定下列模板，解釋如果我們在一個字面值，例如 42，之上呼叫 g 的話，會發生什麼事？如果是在型別為 int 的一個變數上呼叫 g 呢？

```
template <typename T> void g(T&& val) { vector<T> v; }
```

 ## 16.2.6 了解 std::move

程式庫的 move 函式（§13.6.1）很好地演示了一個模板如何使用 rvalue reference（右值參考）。幸好，我們不必理解 move 所用的模板機制就能使用它。然而，檢視 move 是如何運作的，可以幫助我們更了解模板及其運用方式。

在 §13.6.2 中，我們提過，雖然我們無法直接繫結一個 rvalue reference 到 lvalue，我們可以使用 move 來獲取繫結到 lvalue 的一個 rvalue reference。因為 move 基本上可以接受任何型別的引數，它是一個函式模板這件事，應該不會令人感到驚訝。

std::move 是如何定義的？

標準將 move 定義如下：

```
// 對於回傳型別中 typename 的使用和強制轉型，請參閱 §16.1.3
// remove_reference 涵蓋於 §16.2.3
template <typename T>
typename remove_reference<T>::type&& move(T&& t)
{
    // static_cast 涵蓋於 §4.11.3
    return static_cast<typename remove_reference<T>::type&&>(t);
}
```

這段程式碼簡短但有許多細微難察之處。首先，move 的函式參數 T&& 是指向模板參數型別的一個 rvalue reference。透過參考收合（reference collapsing），這個參數可以匹配任何型別的引數。特別是，我們可以傳入一個 lvalue 或 rvalue 給 move：

```
string s1("hi!"), s2;
s2 = std::move(string("bye!")); // ok：從一個 rvalue 進行移動
s2 = std::move(s1); // ok：但在指定後，s1 會有不確定的值
```

std::move 的運作方式

在第一個指定中，move 的引數是 string 建構器 string("bye") 的 rvalue 結果。如我們所見，當我們傳入一個 rvalue 給一個 rvalue reference 函式參數，從該引數推斷出來的型別會是所指涉的型別（referred-to type，§16.2.5）。因此，在 std::move(string("bye!")) 中：

- T 的推斷型別是 string。
- 因此，remove_reference 會以 string 實體化。
- remove_reference<string> 的 type 成員會是 string。
- move 的回傳型別會是 string&&。
- move 的函式參數 t 有型別 string&&。

因此，這個呼叫會實體化 move<string>，它是函式

```
string&& move(string &&t)
```

這個函式的主體回傳 static_cast<string&&>(t)。t 的型別已經是 string&&，所以強制轉型什麼都不會做。因此，這個呼叫的結果會是它被給予的 rvalue reference。

現在思考第二個指定，它會呼叫 std::move(s1)。在這個呼叫中，move 的引數是一個 lvalue。這次：

- T 推斷出來的型別是 string&（對 string 的參考，而非普通的 string）。
- 因此，remove_reference 會以 string& 實體化。
- remove_reference<string&> 的 type 成員是 string。
- move 的回傳型別仍是 string&&。
- move 的函式參數 t，實體化為 string& &&，它會收合為 string&。

因此，這個呼叫實體化 move<string&>，也就是

```
string&& move(string &t)
```

而這正是我們所要的，我們想要將一個 rvalue reference 繫結到一個 lvalue。這個實體化的主體會回傳 static_cast<string&&>(t)。在這種情況中，t 的型別是 string&，強制轉型會把它轉為 string&&。

從一個 Lvalue 到一個 Rvalue 參考的 static_cast 是被允許的

一般來說，一個 static_cast 只能進行合法的轉換（§4.11.3）。然而，rvalue reference 同樣具有特許權：即使我們無法隱含地將一個 lvalue 轉換為一個 rvalue reference，我們可以明確地使用 static_cast 將一個 lvalue 強制轉型（cast）為一個 rvalue reference。

將一個 rvalue reference 繫結到一個 lvalue 賦予了作用在那個 rvalue reference 上的程式碼操弄那個 lvalue 的權限。有的時候，例如在 §13.6.1 我們 StrVec 的 reallocate 函式中，

我們知道操弄一個 lvalue 是安全的。藉由讓我們進行這個強制轉型，此語言允許了這種用法。藉由強制我們使用強制轉型，此語言試著防止我們意外地那麼做。

最後，雖然我們可以直接撰寫這種強制轉型，使用程式庫的 move 函式還是安全多了。此外，一致地使用 std::move 能讓我們更容易找出我們程式碼中有可能操弄 lvalue 的地方。

習題章節 16.2.6

練習 16.46：解釋來自 §13.5 StrVec::reallocate 中的這個迴圈：

```
for (size_t i = 0; i != size(); ++i)
    alloc.construct(dest++, std::move(*elem++));
```

 ## 16.2.7 轉送

某些函式需要將它們的一或多個引數轉送（forward）到另一個作為轉送目的的函式（forwarded-to function），而且其型別必須不變。在這種情況中，我們需要保留有關轉送引數的所有資訊，包括引數型別是否為 const，以及該引數是一個 lvalue 或 rvalue。

舉一個例子，我們會撰寫一個函式，它接受一個可呼叫的運算式，以及兩個額外的引數。我們的函式會用相反順序的另外兩個引數來呼叫所給的 callable。下列是我們翻轉（flip）函式的初稿：

```
// 接受一個 callable 和兩個參數的模板
// 並將那些參數「翻轉」之後用來呼叫給定的
// flip1 是一個不完整的實作：頂層 const 和參考都遺失了
template <typename F, typename T1, typename T2>
void flip1(F f, T1 t1, T2 t2)
{
    f(t2, t1);
}
```

這個模板在我們用它來呼叫具有參考參數（reference parameter）的函式之前都沒什麼問題：

```
void f(int v1, int &v2)  // 請注意 v2 是一個參考
{
    cout << v1 << " " << ++v2 << endl;
}
```

這裡 f 改變了繫結到 v2 的引數之值。然而，如果我們透過 flip1 呼叫 f，f 所做的變更不會影響到原本的引數：

```
f(42, i);           // f 更改它的引數 i
flip1(f, j, 42);    // f 透過 flip1 呼叫的話就不會動到 j
```

問題在於，j 會被傳到 flip1 中的 t1 參數。那個參數具有普通的、非參考的型別 int，而非 int&。也就是說，這個對 flip1 的呼叫之實體化是

```
void flip1(void(*fcn)(int, int&), int t1, int t2);
```

j 的值會被拷貝到 t1 中。f 中的參考參數會被繫結到 t1 而非 j。

定義保有型別資訊的函式參數

要透過我們的翻轉函式傳遞一個參考，我們得改寫我們的函式，讓它的參數會保留其給定引數的「lvalue 性質（lvalueness）」。稍微深入一點思考，我們可以想像我們也會想要保留引數的 const 性質（constness）。

我們保留一個引數中所有型別資訊的方式是將其對應的函式參數定義為對模板型別參數的一個 rvalue reference。使用參考參數（不管是 lvalue 或 rvalue 的）能讓我們保留 const 性質，因為參考型別中的 const 是低層（low-level）的。透過參考收合（reference collapsing，§16.2.5），如果我們將函式參數定義為 T1&& 和 T2&&，我們可以保留 flip 的引數之 lvalue/rvalue 特性（§16.2.5）：

```
template <typename F, typename T1, typename T2>
void flip2(F f, T1 &&t1, T2 &&t2)
{
    f(t2, t1);
}
```

就跟我們先前的呼叫一樣，如果我們呼叫 flip2(f, j, 42)，lvalue j 會被傳到參數 t1。然而，在 flip2 中，為 T1 推論出來的型別是 int&，這表示 t1 的型別收合為 int&。參考 t1 是繫結到 j。當 flip2 呼叫 f，f 中的參考參數 v2 會被繫結到 t1，而後者則會被繫結到 j。當 f 遞增 v2，它會改變 j 的值。

是對模板型別參數的一個 rvalue reference 的一個函式參數（即 T&&）會保留其對應引數的 const 性質和 lvalue/rvalue 特性。

這個版本的 flip2 解決了我們一半的問題。我們的 flip2 函式對於接受 lvalue reference 的函式而言，運作良好，但無法被用來呼叫具有 rvalue reference 參數的函式。舉例來說：

```
void g(int &&i, int& j)
{
    cout << i << " " << j << endl;
}
```

如果我們試著透過 flip2 呼叫 g，我們就會傳遞參數 t2 給 g 的 rvalue reference 參數。即使我們傳入一個 rvalue 給 flip2：

```
flip2(g, i, 42);  // 錯誤：無法以一個 lvalue 初始化 int&&
```

被傳給 g 的會是 flip2 內名為 t2 的參數。一個函式參數，就像任何其他的變數，是一個 lvalue 運算式（§13.6.1）。因此，在 flip2 中對 g 的呼叫會傳入一個 lvalue 給 g 的 rvalue reference 參數。

使用 `std::forward` 來保留一個呼叫中的型別資訊

我們可以使用一個名為 forward 的新程式庫機能，以能夠保留原引數之型別的方式傳遞 flip2 的參數。就像 move，forward 定義在 utility 標頭中。不同於 move，forward 必須以一個明確的模板引數（§16.2.2）被呼叫。forward 會回傳那個明確引數型別的一個 rvalue reference。也就是說，forward<T> 的回傳型別會是 T&&。

一般來說，我們使用 forward 來傳遞被定義為對模板型別參數的一個 rvalue reference 的函式參數，透過其回傳型別上的參考收合，forward 會保留其給定引數的 lvalue/rvalue 本質：

```
template <typename Type> intermediary(Type &&arg)
{
    finalFcn(std::forward<Type>(arg));
    // ...
}
```

這裡我們使用從 arg 推論出來的 Type 作為 forward 的明確模板引數型別。因為 arg 是對模板型別參數的一個 rvalue reference，Type 將會代表傳入 arg 的引數中的所有型別資訊。如果那個引數是一個 rvalue，那麼 Type 就會是一個普通的（非參考的）型別，而 forward<Type> 會回傳 Type&&。如果該引數是一個 lvalue，那麼透過參考收合，Type 本身就會是一個 lvalue reference 型別。在這種情況中，回傳型別就是對一個 lvalue reference 型別的一個 rvalue reference。同樣透過參考收合，這次是在回傳型別上，forward<Type> 將會回傳一個 lvalue reference 型別。

> 用於是對模板型別參數（T&&）的一個 rvalue reference 的函式參數之時，forward 會保留有關一個引數之型別的所有細節。

使用 forward，我們可以再一次改寫我們的 flip 函式：

```
template <typename F, typename T1, typename T2>
void flip(F f, T1 &&t1, T2 &&t2)
{
    f(std::forward<T2>(t2), std::forward<T1>(t1));
}
```

如果我們呼叫 flip(g, i, 42)，i 會被傳入給 g 作為一個 int&，而 42 會被傳入作為一個 int&&。

> 就跟 std::move 一樣，不為 std::forward 提供一個 using 宣告，會是個好主意。§18.2.3 會解釋為什麼。

16.3 重載與模板

函式模板可被其他的模板或一般的非模板函式重載。一如以往,具有相同名稱的函式,其參數的數目或型別就必須不同。

> **習題章節 16.2.7**
>
> **練習 16.47**:撰寫你自己版本的 flip 函式,並呼叫具有 lvalue 或 rvalue 參考參數的函式作為測試。

函式匹配(function matching,§6.4)會以下列幾種方式受到函式模板的影響:

- 一個呼叫的候選函式包括模板引數推論(§16.2)成功的任何函式模板實體。
- 候選的函式模板永遠都是合用(viable)的,因為模板引數推論會消除不合用的任何模板。
- 一如以往,合用的函式(模板或非模板)會以進行呼叫所需的轉換(如果有的話)來排位。當然,用來呼叫一個函式模板的轉換相當有限(§16.2.1)。
- 也如同以往,如果剛好只有一個函式提供了比任何其他函式還要好的匹配,那個函式就會被選取。然而,如果有數個函式提供一樣好的匹配,那麼:

  - 如果在匹配程度一樣好的集合中,只有一個非模板函式,那個非模板函式就會被呼叫。

  - 如果集合中沒有非模板函式,但有多個函式模板,而其中有一個模板的專用程度比其他的函式還要高,那麼較為專用的那個函式模板就會被呼叫。

  - 否則,該呼叫就有歧義。

WARNING

要正確地定義一組重載的函式模板,需要對型別之間的關係,以及套用到模板函式中引數的有限轉換有良好的理解。

撰寫重載的模板

舉個例子,我們會建置在除錯過程中可能會有用的一組函式。我們會將這組除錯函式命名為 debug_rep,它們每個都會回傳一個給定物件的 string 表示值(representation)。我們會先把這種函式中最通用版本撰寫為一個模板,接受對一個 const 物件的一個參考:

```cpp
// 印出我們不處理的任何型別
template <typename T> string debug_rep(const T &t)
{
    ostringstream ret; // 參閱 §8.3
    ret << t; // 使用 T 的輸出運算子印出 t 的一個表示值
    return ret.str(); // 回傳 ret 所繫結的 string 的一個拷貝
}
```

這個函式可被用來產生一個 string 對應到具有輸出運算子的任何型別的一個物件。

接著，我們會定義一個版本的 debug_rep 來印出指標：

```
// 印出指標為它們的指標值後面接著該指標所指的物件
// 注意：這個函式無法正確地處理 char*；參閱 §16.3
template <typename T> string debug_rep(T *p)
{
    ostringstream ret;
    ret << "pointer: " << p;               // 印出指標自己的值
    if (p)
        ret << " " << debug_rep(*p);       // 印出 p 所指的值
    else
        ret << " null pointer";            // 或指出 p 是 null
    return ret.str(); // 回傳 ret 所繫結的 string 的一個拷貝
}
```

這個版本會產生一個 string，其中含有該指標自己的值，並呼叫 debug_rep 來印出那個指標所指的物件。請注意到這個函式無法用來列印字元指標，因為 IO 程式庫為 char* 值定義了一個版本的 <<，這個版本的 << 假設指標代表一個 null-terminated 的字元陣列，並印出該陣列的內容，而非其位址。我們會在 §16.3 中看到如何處理字元指標。

我們可以像這樣來使用這些函式：

```
string s("hi");
cout << debug_rep(s) << endl;
```

對於這個呼叫，只有第一個版本的 debug_rep 是合用的。第二版本的 debug_rep 需要一個指標參數，而在這個呼叫中，我們傳入了一個非指標物件。一個非指標引數沒辦法實體化預期一個指標型別的函式模板，所以這個引數推論會失敗。因為只有一個合用的函式，它就會是被呼叫的那一個：

如果我們以一個指標呼叫 debug_rep：

```
cout << debug_rep(&s) << endl;
```

兩個函式都會產生合用的實體：

- debug_rep(const string*&)，這是第一版本的 debug_rep 之實體化，T 被繫結到了 string*
- debug_rep(string*)，這是第二個版本的 debug_rep 之實體化，T 被繫結到了 string

第二個版本的 debug_rep 之實體化是這個呼叫的完全匹配。第一個版本的實體化需要普通指標對 const 指標的一個轉換。一般的函式匹配規則指出，我們應該優先選用第二個模板，而確實，那也是被執行的那個。

多個合用的模板

舉另一個例子，思考下列的呼叫：

```
const string *sp = &s;
cout << debug_rep(sp) << endl;
```

這裡，兩個模板都是合用的，而且兩者都提供了完全匹配：

- debug_rep(const string*&)，第一個版本的模板之實體化，其中 T 被繫結到了 const string*
- debug_rep(const string*)，第二個版本的模板之實體化，其中 T 被繫結到了 const string

在這種情況中，一般的函式匹配程序無法區分這兩個呼叫。我們可能會預期這個呼叫會是有歧義的。然而，由於重載的函式模板之特殊規則，這個呼叫會解析為 debug_rep(T*)，它是更為專用的模板。

這個規則背後的原因在於，如果沒有它，就沒辦法在對 const 的一個指標上呼叫指標版本的 debug_rep 了。問題是，模板 debug_rep(const T&) 基本上可在任何型別上被呼叫，包括指標型別。那個模板比 debug_rep(T*) 更為通用，後者只能在指標型別上被呼叫。沒有這個規則的話，傳入對 const 指標的呼叫，就永遠都會是有歧義的。

 如果有數個重載的模板為一個呼叫提供了一樣好的匹配，那麼就會優先選用最專用的版本（most specialized version）。

非模板和模板重載

對於我們的下一個範例，我們會定義一個普通的、非模板的 debug_rep 版本，來印出雙引號內的 string：

```
// 印出雙引號內的 string
string debug_rep(const string &s)
{
return '"' + s + '"';
}
```

現在，當我們在一個 string 上呼叫 debug_rep，

```
string s("hi");
cout << debug_rep(s) << endl;
```

就會有兩個同樣合用的函式：

- debug_rep<string>(const string&)，T 被繫結至 string 的第一個模板
- debug_rep(const string&)，一般的非模板函式。

在這種情況中，兩個函式都會有相同的參數列，所以很明顯的，每個都會為此呼叫提供一樣好的匹配。然而，非模板的那個版本會被選取。就像匹配程度一樣好的函式模板中，最專用的那個會優先被選用，如果有匹配程度一樣好的函式模板，非模板的函式會被優先選用。

 當一個非模板函式為一個呼叫所提供的匹配程度跟一個函式模板一樣好，非模板的版本會優先被選用。

重載的模板和轉換

到目前為止，有一種情況我們尚未涵蓋：對 C-style 字元字串的指標以及字串字面值（string literals）。現在我們有接受一個 string 的 debug_rep 版本，我們可能會預期傳入字元字串的一個呼叫會匹配那個版本。然而，請思考這個呼叫：

```
cout << debug_rep("hi world!") << endl; // 呼叫 debug_rep(T*)
```

這裡，所有的三個 debug_rep 函式都是合用的：

- debug_rep(const T&)，T 繫結到了 char[10]
- debug_rep(T*)，T 繫結到了 const char
- debug_rep(const string&)，它需要從 const char* 到 string 的轉換

兩個模板都對引數提供了完全的匹配，第二個模板需要從陣列到指標（被允許的）轉換，而那個轉換就函式匹配的用途而言，被視為是完全匹配（§6.6.1）。非模板版本是合用的，但需要一個使用者定義的轉換。那個函式比完全匹配還要差一點，留下兩個模板作為可能會被呼叫的函式。跟之前一樣，T* 版本更為專用，也是會被選取的那一個。

如果我們想要把字元指標當成 string 處理，我們可以定義另外兩個非模板的重載：

```
// 將字元指標轉換為 string 並呼 string 版本的 debug_rep
string debug_rep(char *p)
{
    return debug_rep(string(p));
}
string debug_rep(const char *p)
{
    return debug_rep(string(p));
}
```

遺漏的宣告可能導致程式的行為異常

值得注意的是，要讓 char* 版本的 debug_rep 正確運作，這些函式被定義的時候，範疇中必須存在有 debug_rep(const string&) 的一個宣告。若沒有，就會呼叫到錯誤版本的 debug_rep：

```cpp
template <typename T> string debug_rep(const T &t);
template <typename T> string debug_rep(T *p);
// 下列宣告必須在範疇中
// 以讓 debug_rep(char*) 的定義做正確的事
string debug_rep(const string &);
string debug_rep(char *p)
{
    // 如果接受一個 const string& 的那個版本的之宣告不在範疇中
    // 回傳時就會呼叫到 T 被實體化為 string 的 debug_rep(const T&)
    return debug_rep(string(p));
}
```

一般來說，如果我們使用一個我們忘記宣告的函式，我們的程式碼就無法編譯。重載一個模板函式的函式就不是如此了。如果編譯器能夠從模板實體化那個呼叫，那麼缺漏的宣告就不重要了。在這個例子中，如果我們忘記宣告接受一個 string 的 debug_rep 版本，編譯器會默默地實體化接受一個 const T& 的那個模板版本。

定義一個重載集合中任何函式之前，先宣告其中的每個函式。如此，你就不需要擔心編譯器會不會在看到你想要呼叫的函式之前就實體化一個呼叫。

習題章節 16.3

練習 16.48：撰寫你自己版本的 debug_rep 函式。

練習 16.49：解釋下列呼叫中發生了什麼事：

```cpp
template <typename T> void f(T);
template <typename T> void f(const T*);
template <typename T> void g(T);
template <typename T> void g(T*);
int i = 42, *p = &i;
const int ci = 0, *p2 = &ci;
g(42); g(p); g(ci); g(p2);
f(42); f(p); f(ci); f(p2);
```

練習 16.50：定義前面練習中的函式，讓它們會印出一個識別用的訊息。執行該練習中的程式碼，如果那些呼叫的行為與你所預期的不同，請確定你理解原因何在。

16.4 參數可變的模板

一個**參數可變的模板**（**variadic template**）是可以接受不定數目的參數（a varying number of parameters）的模板函式或類別。這些數目不定的參數（varying parameters）被稱為一個**參數包**（**parameter pack**）。參數包有兩種：一個**模板參數包**（**template parameter pack**）代表零或更多個模板參數，而一個**函式參數包**（**function parameter pack**）則代表零或更多個函式參數。

我們會用一個省略符號（ellipsis）來指出一個模板或函式參數代表一個 pack。在一個模板參數列中，class... 或 typename... 指的是後續的參數代表一串零或多個型別；後面接著一個省略符號的型別名稱代表一串給定型別的零或多個非型別參數。在函式參數列中，其型別是一個模板參數包的一個參數就是一個函式參數包。舉例來說，

```
// Args 是一個模板參數包；rest 則是一個函式參數包
// Args 代表零或多個模板型別參數
// rest 代表零或多個函式參數
template <typename T, typename... Args>
void foo(const T &t, const Args& ... rest);
```

宣告 foo 是一個參數可變的函式（variadic function），它有一個名為 T 的型別參數，以及名為 Args 的一個模板參數包。那個 pack 代表零或多個額外的型別參數。foo 的函式參數列有一個參數，其型別是對 T 的一個 const &，還有一個名為 rest 的函式參數包。那個 pack 則代表零或多個函式參數。

一如以往，編譯器會從函式的引數推論出模板參數的型別。對於一個參數可變的模板，編譯器也會推論出 pack 中的參數數目。舉例來說，給定這些呼叫：

```
int i = 0; double d = 3.14; string s = "how now brown cow";
foo(i, s, 42, d);          // pack 中有三個參數
foo(s, 42, "hi");          // pack 有兩個參數
foo(d, s);                 // pack 中有一個參數
foo("hi");                 // 空的 pack
```

編譯器會實體化四個不同的 foo 實體：

```
void foo(const int&, const string&, const int&, const double&);
void foo(const string&, const int&, const char(&)[3]);
void foo(const double&, const string&);
void foo(const char(&)[3]);
```

在每種情況中，T 的型別會從第一個引數的型別推論而出。剩餘的引數（如果有的話）則會提供函式額外引數的數目和型別。

sizeof... 運算子

當我們需要知道一個 pack 中有多少元素，我們可以使用 sizeof... 運算子。就像 sizeof（§4.9），sizeof... 會回傳一個常數運算式（§2.4.4），並且不會估算它的引數：

```
template<typename ... Args> void g(Args ... args) {
    cout << sizeof...(Args) << endl; // 型別參數的數目
    cout << sizeof...(args) << endl; // 函式參數的數目
}
```

習題章節 16.4

練習 16.51：判斷 `sizeof...(Args)` 和 `sizeof...(rest)` 會為本節中對 `foo` 的每個呼叫回傳什麼。

練習 16.52：寫一個程式來檢查你對前一個練習的答案。

16.4.1 撰寫一個參數可變的函式模板

在 §6.2.6 中，我們看到，我們可以使用一個 `initializer_list` 來定義能夠接受不定數目引數的一個函式。然而，這些引數必須有相同的型別（或者能夠轉換為共通型別的型別）。參數可變的函式（Variadic functions）用在想要處理的引數之數目和型別我們都不清楚的時候。舉一個例子，我們會定義一個類似我們之前 `error_msg` 函式的函式，只不過這次我們也會允許可變的引數型別。我們會先定義名為 `print` 的一個參數可變的函式，它會在一個給定的資料流上印出一串給定引數的內容。

參數可變函式經常是遞迴的（recursive，§6.3.2）。第一個呼叫處理 pack 中的第一個引數，然後在剩餘引數上呼叫自身。我們的 `print` 函式就會這樣執行，每個呼叫都會在其第一個引數所代表的資料流上印出其第二個引數。要停止這個遞迴，我們也會需要定義一個非參數可變（nonvariadic）的 `print` 函式，接受一個資料流與一個物件：

```
// 結束遞迴並印出最後一個元素的函式
// 這個函式必須在參數可變版的 print 被定義之前先宣告
template<typename T>
ostream &print(ostream &os, const T &t)
{
    return os << t;        // pack 中最後一個元素後沒有區隔符號
}
// 這個版本的 print 會為 pack 中最後一個元素以外的所有元素被呼叫
template <typename T, typename... Args>
ostream &print(ostream &os, const T &t, const Args&... rest)
{
    os << t << ", ";       // 印出第一個引數
    return print(os, rest...); // 遞迴呼叫；印出其他的引數
}
```

第一個版本的 `print` 會在對 `print` 的最初呼叫中停止遞迴並印出最後引數。參數可變的第二個版本會印出繫結至 `t` 的引數，並呼叫自身來印出函式參數包中剩餘的值。

關鍵的部分是在參數可變函式內對 `print` 的呼叫：

```
    return print(os, rest...); // 遞迴呼叫；印出其他引數
```

我們 `print` 函式的可變參數版本接受三個參數：一個 `ostream&`、一個 `const T&`，以及一個參數包。然而這個呼叫僅傳入兩個引數。所發生的事情是，`rest` 中的第一個引數被繫結到了

t。rest 中剩餘的引數構成了對 print 的下一個呼叫的參數包（parameter pack）。因此，在每個呼叫中，pack 中的第一個引數會從中被移除，變為繫結到 t 的引數。也就是說，給定：

```
print(cout, i, s, 42); // pack 中有兩個參數
```

遞迴會像這樣執行：

呼叫	t	rest...
print(cout, i, s, 42)	i	s, 42
print(cout, s, 42)	s	42
print(cout, 42) 呼叫非參數可變版的 *print*		

前兩個呼叫只能匹配參數可變版的 print，因為非參數可變的版本並不合用。這些呼叫分別傳了四個和三個引數，而非參數可變版的 print 只接受兩個引數。

對於遞迴中的最後一個呼叫 print(cout, 42)，兩種版本的 print 都合用。這個呼叫剛好只傳了兩個引數，而第一個引數的型別是 ostream&。因此，非參數可變版的 print 是合用的。

參數可變的版本也是合用的，不同於一個普通的引數，一個參數包可以是空的。因此，參數可變版本的 print 可以只用兩個參數實體化：一個用於 ostream& 參數，而另一個用於 const T& 參數。

兩個函式都為該呼叫提供了一樣好的匹配。然而，非參數可變的模板比參數可變的模板更為專用，所以非參數可變的版本會為這個呼叫而挑選（§16.3）。

參數可變的版本被定義時，範疇中必須有一個非參數可變版的 print 的宣告。否則，參數可變版的函式會無限遞迴。

習題章節 16.4.1

練習 16.53：撰寫你自己版本的 print 函式，並印出一個、兩個和五個引數來測試它，其中每個引數都應該有不同的型別。

練習 16.54：如果我們在沒有 << 運算子的一個型別上呼叫 print，會發生什麼事？

練習 16.55：如果我們是在參數可變版本的定義之後才宣告非參數可變版本的 print，請解釋參數可變版本的 print 會怎麼執行。

 ## 16.4.2 參數包的展開

除了取得其大小外，我們可以對一個參數包（parameter pack）做的另外一件事就是**展開（expand）**它。當我們展開一個 pack，我們也會提供一個**模式（pattern）**要用在每個展開後的元素上。

展開一個 pack 會讓那個 pack 分離為其構成的元素，並在這麼做的過程中對每個元素套用那個模式。我們觸發展開動作的方法是在模式的右邊放上一個省略符號（...）。

舉例來說，我們的 print 函式含有兩個展開動作：

```
template <typename T, typename... Args>
ostream &
print(ostream &os, const T &t, const Args&... rest) // 展開 Args
{
    os << t << ", ";
    return print(os, rest...);                       // 展開 rest
}
```

第一個展開動作展開模板參數包，並為 print 產生函式參數列。第二個展開動作出現在對 print 的呼叫中。那個模式為 print 的呼叫產生引數列。

Args 的展開會對模板參數包 Args 中的每個元素套用模式 const Args&。這個模式的展開會是以逗號分隔的零或多個參數型別所成之串列，其中每個都會有 const *type*& 這樣的形式。舉例來說：

```
print(cout, i, s, 42); // pack 中有兩個參數
```

最後兩個引數的型別和模式一起決定了尾端參數的型別。這個呼叫會被實體化為

```
ostream&
print(ostream&, const int&, const string&, const int&);
```

第二個展開發生在對 print 的（遞迴）呼叫中。在這種情況中，模式是函式參數包的名稱（即 rest）。這個模式會展開為 pack 中元素所成的一個逗號分隔的串列。因此，這個呼叫等同於

```
print(os, s, 42);
```

理解參數包的展開

print 中函式參數包的展開只會將 pack 展開為它的組成部分。展開一個函式參數包時，更為複雜的模式也是可能的。舉例來說，我們可能會寫出第二個參數可變的函式，會在它的每個引數上呼叫 debug_rep（§16.3），然後呼叫 print 來印出所產生的 string：

```
// 在對 print 的呼叫中，對每一個引數呼叫 debug_rep
template <typename... Args>
ostream &errorMsg(ostream &os, const Args&... rest)
{
    // print(os, debug_rep(a1), debug_rep(a2), ..., debug_rep(an)
    return print(os, debug_rep(rest)...);
}
```

對 print 的呼叫使用模式 debug_rep(rest)。那個模式指出，我們想要在函式參數包 rest 中的每個元素上呼叫 debug_rep。展開後的 **pack** 會是以逗號分隔的一串 debug_rep 呼叫。也就是說，一個像這樣的呼叫

```
errorMsg(cerr, fcnName, code.nu m(), otherData, "other", item);
```

執行起來就好像我們是寫

```
print(cerr, debug_rep(fcnName), debug_rep(code.num()),
          debug_rep(otherData), debug_rep("otherData"),
          debug_rep(item));
```

相較之下，下列的模式就無法編譯：

```
// 將整個 pack 傳入給 debug_rep；print(os, debug_rep(a1, a2, ..., an))
print(os, debug_rep(rest...)); // 錯誤：沒有匹配的函式可以呼叫
```

這裡的問題在於，我們在對 debug_rep 的呼叫中展開 rest。這個呼叫執行起來，就會像我們是寫

```
print(cerr, debug_rep(fcnName, code.num(),
                      otherData, "otherData", item));
```

在這個展開中，我們試著以五個引數所成的一個串列呼叫 debug_rep。並不存在匹配這個呼叫的 debug_rep 版本。debug_rep 函式不是參數可變的，而且沒有具有五個參數的 debug_rep 版本。

一個展開中的模式會套用到參數包中的每個元素。

習題章節 16.4.2

練習 16.56：撰寫並測試一個參數可變版的 errorMsg。

練習 16.57：比較你的參數可變版 errorMsg 和 §6.2.6 中的 error_msg 函式。這兩種做法各有什麼好處與缺點？

16.4.3 轉送參數包

在新標準底下，我們可以使用將參數可變的模板與 forward 一起使用，來撰寫會將它們的引數原封不動傳遞給其他函式的函式。為了示範說明這種函式，我們會新增一個 emplace_back 成員到我們的 StrVec 類別（§13.5）。程式庫容器的 emplace_back 成員是一個參數可變的成員模板（§16.1.4），使用它的引數在容器所管理的空間中直接建構一個元素。

我們為 StrVec 新增的 emplace_back 也會是參數可變的，因為 string 有數個參數不同的
建構器。因為我們想要能夠使用 string 的移動建構器，我們也會需要保留傳入到 emplace_
back 的引數相關的所有型別資訊。

如我們見過的，型別資訊的保留是有兩個步驟的程序。首先，要保留引數中的型別資訊，我
們必須定義 emplace_back 的函式參數為指向模板型別參數的 rvalue reference（§16.2.7）：

```
class StrVec {
public:
    template <class... Args> void emplace_back(Args&&...);
    // 剩餘的成員跟 §13.5 中一樣
};
```

模板參數包展開動作中的模式 && 代表每個函式參數都會是指向其對應引數的一個 rvalue
reference。

其次，我們必須使用 forward 在 emplace_back 傳入那些引數給 construct 的時候保留引
數的原本型別（§16.2.7）：

```
template <class... Args>
inline
void StrVec::emplace_back(Args&&... args)
{
    chk_n_alloc(); // 必要時，重新配置 StrVec
    alloc.construct(first_free++, std::forward<Args>(args)...);
}
```

emplace_back 的主體會呼叫 chk_n_alloc（§13.5）來確保有足夠的空間放置一個元素，
並呼叫 construct 在 first_free 的位置創建一個元素。construct 呼叫中的展開：

```
std::forward<Args>(args)...
```

會展開模板參數包 Args 以及函式參數包 args。這個模式會產生具有下列形式的元素

$$\text{std::forward}<T_i>(t_i)$$

其中 T_i 代表模板參數包中的第 i 個元素，而 t_i 代表函式參數包中的第 i 個元素。舉例來說，
假設 svec 是一個 StrVec，如果我們呼叫

```
svec.emplace_back(10, 'c'); // 新增 cccccccccc 作為新的最後一個元素
```

construct 呼叫中的模式會展開為

```
std::forward<int>(10), std::forward<char>(c)
```

藉由在這個呼叫中使用 forward，我們保證了如果 emplace_back 是以一個 rvalue 被呼叫，
那麼 construct 也會得到一個 rvalue。舉例來說，在這個呼叫中：

```
svec.emplace_back(s1 + s2); // 使用移動建構器
```

emplace_back 的引數是一個 rvalue，它被傳入到 construct 為

```
std::forward<string>(string("the end"))
```

forward<string> 的結果型別是 string&&，所以 construct 會以一個 **rvalue reference** 被
呼叫。而接著 construct 函式會將這個引數轉送給 string 的移動建構器以建置這個元素。

建議：轉送和參數可變的模板

參數可變的函式經常會將它們的參數轉送給其他函式。這種函式通常會有類似我們 emplace_
back 函式的形式：

```
// fun 有零或更多個參數，其中每一個都是
// 一個 rvalue reference 指向一個模板參數型別
template<typename... Args>
void fun(Args&&... args)  // 展開 Args 為 rvalue reference 所成的一個串列
{
    // work 的引數會將 Args 和 args 兩者都展開
    work(std::forward<Args>(args)...);
}
```

這裡我們想要將 fun 所有的引數都轉送給另一個名為 work 的函式，它會進行該函式實際的工
作。就像我們 emplace_back 內對 construct 的呼叫，work 呼叫中的展開會將模板參數包
和函式參數包都展開。

因為 fun 的參數是 **rvalue reference**，我們可以傳入任何型別的引數給 fun，因為我們使用
std::forward 來傳遞那些引數，有關那些引數的所有型別資訊都會被保留在對 work 的那個
呼叫中。

習題章節 16.4.3

練習 16.58：為你的 StrVec 類別以及你為 §16.1.2 中練習所寫的 Vec 類別撰寫 emplace_
back 函式。

練習 16.59：假設 s 是一個 string，解釋 svec.emplace_back(s)。

練習 16.60：解釋 make_shared（§12.1.1）的運作。

練習 16.61：定義你自己版本的 make_shared。

 ## 16.5 模板的特化

我們並不總是有辦法寫出對於可能實體化該模板的所有可能的模板引數都最合適的單一模
板。在某些情況中，通用的模板定義對一個型別而言單純就是錯的：通用定義可能無法編譯
或可能不會做正確的事。其他時候，我們或許能夠運用某些特殊知識來寫出比從模板實體化
的程式碼更有效率的程式碼。當我們無法（或不想要）使用模板版本，我們可以定義特化版
（specialized version）的類別或函式模板。

我們的 compare 函式就是通用定義對於某個特定型別（即字元指標）不適用的一個函式模板
好例子。我們希望 compare 呼叫 strcmp 來比較字元指標，而非比較它們的指標值。確實，
我們已經重載了 compare 函式來處理字元字串字面值了（§16.1.1）：

```
// 第一個版本；能夠比較任何的兩個型別
template <typename T> int compare(const T&, const T&);
// 第二個版本以處理字串字面值
template<size_t N, size_t M>
int compare(const char (&)[N], const char (&)[M]);
```

然而，具有兩個非型別模板參數的那個 compare 版本只會在我們傳入一個字串字面值或一個陣列時被呼叫。如果我們以字元指標呼叫 compare，第一個版本的模板就會被呼叫：

```
const char *p1 = "hi", *p2 = "mom";
compare(p1, p2);         // 呼叫第一個模板
compare("hi", "mom");    // 呼叫具有兩個非型別參數的模板
```

你沒辦法將一個指標轉為對陣列的一個參考，所以第二個版本的 compare 在我們傳入 p1 和 p2 作為引數時並不合用。

為了處理字元指標（相對於陣列），我們可以定義第一個版本的 compare 的一個**模板特化**（**template specialization**）。一個 specialization（特化）是另一個分別的模板定義，其中一或更多個模板參數被指定為具有特定的型別。

定義一個函式模板的特化

當我們特化（specialize）一個函式模板，我們必須為原模板中的每個模板參數提供引數。為了指出我們正在特化一個模板，我們會使用關鍵字 template 後面接著一對空的角括號（<>）。空的括號代表我們會為原模板的所有模板參數提供引數：

```
// 特化版的 compare 用以處理對字元陣列的指標
template <>
int compare(const char* const &p1, const char* const &p2)
{
    return strcmp(p1, p2);
}
```

要了解這個特化，最困難的部分在於函式參數型別。當我們定義一個 specialization，函式參數型別必須匹配之前宣告的一個模板中的對應型別。這裡我們特化的是：

```
template <typename T> int compare(const T&, const T&);
```

其中函式參數是對一個 const 型別的參考。就跟型別別名一樣，模板參數型別、指標和 const 之間的互動可能出人意料（§2.5.1）。

我們想要定義這個函式的一個特化，讓 T 是 const char*。我們的函式需要對此型別的 const 版本的一個參考。一個指標型別的 const 版本是一個常數指標，不同於對 const 的指標（§2.4.2）。我們需要在我們的 specialization 中使用的型別是 const char* const &，這是一種參考，指向對 const char 的一個 const 指標。

函式重載 vs. 模板特化

當我們定義一個模板特化（template specialization），我們基本上就是把編譯器的工作拿來做。也就是說，我們提供了定義以使用原模板的一個特定的實體。要理解的一個重點是，一個特化（specialization）就是一個實體（instantiation），不是該函式名稱的一個重載版本。

特化會實體化一個模板，不是重載它。因此，特化並不會影響到函式匹配。

我們是將一個特定的函式定義為一個特化，或是一個獨立的、非模板函式，可能會影響到函式匹配。舉例來說，我們定義了兩個版本的 compare 函式模板，一個接受對陣列參數的參考，而另一個接受 const T&。我們還有用於字元指標的一個特化，對於函式匹配沒有影響。當我們在一個字元字面值上呼叫 compare：

```
compare("hi", "mom")
```

兩個函式模板都是合用的，而且為該呼叫所提供的匹配程度是一樣好的（即完全匹配）。然而，具有字元陣列參數的版本更為專用（§16.3），所以會為此呼叫而選用。

假設我們將接受字元指標的 compare 版本定義為了一個普通的非模板函式（而非模板的特化），這個呼叫就會以不同的方式解析。在這種情況中，會有三個合用的函式：那兩個模板，以及非模板的字元指標版本。這三個對於此呼叫的匹配程度也都一樣好。如我們見過的，當一個非模板函式所提供的匹配程度跟函式模板一樣好，那個非模板函式就會優先被選用（§16.3）。

關鍵概念：一般的範疇規則也適用於特化

為了特化一個模板，範疇中必須存在有原模板的一個宣告。此外，在任何的程式碼使用模板的實體之前，範疇中必須存在有特化的一個宣告。

就一般的類別和函式而言，缺漏的宣告（通常）很容易找到，因為編譯器將無法處理我們的程式碼。然而，如果一個 specialization 的宣告遺漏了，編譯器通常就會使用原模板來產生程式碼。因為編譯器通常都可以在沒有特化的時候實體化原本的模板，在一個模板和其特化之間的宣告中的錯誤，經常都是易犯但難尋。

如果一個程式使用的一個特化和原模板的一個實體有相同的模板引數組合，就會產生錯誤。然而，這是編譯器不太可能偵測到的一種錯誤。

模板和它們的特化應該被宣告在相同的標頭檔中。具有一個給定名稱的所有模板之宣告應該最先出現，後面接著那些模板的任何特化。

類別模板的特化

除了特化函式模板，我們也可以特化類別模板。舉一個例子，我們會定義程式庫 hash 模板的一個 specialization（特化），讓我們得以在一個無序容器中儲存 Sales_data 物件。預設情況下，無序容器使用 hash<key_type>（§11.4）來組織它們的元素。要把這個預設值用於我們自己的資料型別，我們就必須定義 hash 模板的一個 specialization。一個特化的 hash 類別必須定義

- 一個重載的呼叫運算子（§14.8），回傳一個 size_t，並接受該容器鍵值型別的一個物件
- 兩個型別成員 result_type 與 argument_type，它們分別是呼叫運算子回傳型別與引數型別。
- 預設建構器和一個拷貝指定運算子（可隱含地定義（§13.1.2））

定義這個 hash specialization 唯一的複雜之處在於，特化一個模板的時候，我們必須要在定義原本模板的相同命名空間（namespace）中這麼做。我們會在 §18.2 更深入討論命名空間。至於現在，我們需要知道的是，我們可以新增成員到一個命名空間。要這麼做，我們必須先開啟那個命名空間：

```
// 開啟 std 命名空間，讓我們可以特化 std::hash
namespace std {
} // 關閉 std 命名空間；注意：右大括號之後，沒有分號
```

在左大括號（open curly）和右大括號（close curly）之間出現的任何定義都會是 std 命名空間的一部分。

這裡為 Sales_data 定義了 hash 的一個 specialization：

```
// 開啟 std 命名空間以特化 std::hash
namespace std {
template <> // 我們正在定義一個 specialization
struct hash<Sales_data> // 以 Sales_data 作為模板參數
{
    // 用來為一個無序容器進行 hash 的型別必須定義這些型別
    typedef size_t result_type;
    typedef Sales_data argument_type; // 預設情況下，這個型別需要 ==
    size_t operator()(const Sales_data& s) const;
    // 我們的類別使用合成的拷貝控制和預設建構器
};
size_t
hash<Sales_data>::operator()(const Sales_data& s) const
{
    return hash<string>()(s.bookNo) ^
            hash<unsigned>()(s.units_sold) ^
            hash<double>()(s.revenue);
}
} // 關閉 std 命名空間；注意：右大括號之後，沒有分號
```

我們的 hash<Sales_data> 定義以 template<> 開頭，這表示我們正在定義一個完全特化的模板。我們要特化的模板名為 hash，而特化出來的版本為 hash<Sales_data>。而該類別的成員則依據特化 hash 的需求自然產生。

就跟其他任何的類別一樣，我們可以在類別的內部或外部定義一個 specialization 的成員，就跟我們這裡做的一樣。重載的呼叫運算子必須定義一個雜湊函數（hashing function）涵蓋給定型別的值。這個函式以一個給定的值被呼叫時，必須每次都回傳相同的結果。一個好的 hash 函數（幾乎總是）會為不相等的物件產出不同的結果。

這裡，我們將定義一個良好的 hash 函數的複雜性委派給了程式庫。程式庫有為內建型別與其他許多程式庫型別定義了 hash 類別的特化。我們使用一個（不具名的）hash<string> 物件為 bookNo 產生一個雜湊碼（hash code），一個型別為 hash<unsigned> 的物件從 units_sold 產生一個 hash，以及一個型別為 hash<double> 的物件從 revenue 產生一個 hash。我們為這些結果進行 exclusive OR 運算（§4.8）來為給定的 Sales_data 物件產生一個整體的 hash code。

值得注意的是，我們定義我們的 hash 函式來為所有的三個資料成員進行 hash 運算，而且定義方式會讓我們的 hash 函式與 Sales_data 的 operator== 定義（§14.3.1）相容。預設情況下，無序容器會使用對應於 key_type 的 hash specialization，連同該鍵值型別上的相等性運算子。

假設我們的 specialization 在範疇中，它會在我們使用 Sales_data 作為這些容器之一的鍵值時，自動被使用：

```
// 使用 hash<Sales_data> 以及來自 §14.3.1 的 Sales_data operator==
unordered_multiset<Sales_data> SDset;
```

因為 hash<Sales_data> 使用 Sales_data 的私密成員，我們必須讓這個類別是 Sales_data 的一個 friend：

```
template <class T> class std::hash; // 朋友宣告所需的
class Sales_data {
friend class std::hash<Sales_data>;
    // 其他的成員跟之前一樣
};
```

這裡我們指出 hash<Sales_data> 的特定實體是一個 friend。因為那個實體定義在 std 命名空間中，我們必須記得這個 hash 型別要定義在 std 命名空間中。因此，我們的 friend 宣告指涉 std::hash。

要讓 Sales_data 的使用者能夠使用這個 hash 特化，我們應該將這個特化定義在 Sales_data 標頭中。

類別模板的部分特化（Partial Specializations）

不同於函式模板，一個類別模板的特化不必為每個模板參數都提供一個引數。我們可以指定其中的一些模板參數，但不用全部，或是那些參數的某些面向，而非全部。

一個類別模板的**部分特化（partial specialization）**本身就是一個模板。使用者必須為特化沒有固定的那些模板參數提供引數。

 我們只能部分特化一個類別模板，無法部分特化一個函式模板。

在 §16.2.3 中，我們介紹了程式庫的 remove_reference 型別。那個模板會透過一系列的特化來運作：

```cpp
// 原本的，最通用的模板
template <class T> struct remove_reference {
    typedef T type;
};
// 會被用於 lvalue 和 rvalue reference 的部分特化
template <class T> struct remove_reference<T&> // lvalue references
    { typedef T type; };
template <class T> struct remove_reference<T&&> // rvalue references
    { typedef T type; };
```

第一個模板定義最通用的版本。它能以任何型別實體化；它使用其模板引數作為其名為 type 的成員之型別。接下來的兩個類別是這個原本的模板的部分特化。

因為一個部分特化是一種模板，一開始我們跟之前一樣會先定義模板參數。跟任何其他的特化一樣，一個部分特化有跟它所特化模板相同的名稱。這種特化的模板參數列包括與該部分特化並未完全固定其型別的每個模板參數對應的一個項目。在類別名稱後，我們會為我們要特化的模板參數指定引數。這些引數列於跟在模板名稱後的角括號內，它們依據位置對應到原模板中的參數。

一個部分特化的模板參數列是原模板參數列的一個子集，或一個特化。在此，特化所有的參數數目跟原模板一樣。然而，特化中參數的型別與原模板中的不同。這些特化分別會被用於 **lvalue** 和 **rvalue reference** 型別：

```cpp
int i;
// decltype(42) 是 int，使用原模板
remove_reference<decltype(42)>::type a;
// decltype(i) 是 int&，使用第一個 (T&) 部分特化
remove_reference<decltype(i)>::type b;
// decltype(std::move(i)) 是 int&&，使用第二個 (即 T&&) 部分特化
remove_reference<decltype(std::move(i))>::type c;
```

所有的三個變數 a、b 與 c 都有型別 int。

特化成員而非類別

我們可以不特化整個模板,而僅特化特定的成員函式。舉例來說,如果 Foo 是具有一個成員
Bar 的一個模板類別,我們可以只特化那個成員:

```
template <typename T> struct Foo {
    Foo(const T &t = T()): mem(t) { }
    void Bar() { /* ... */ }
    T mem;
    // Foo 的其他成員
};
template<>                     // 我們正在特化一個模板
void Foo<int>::Bar()          // 我們特化的是 Foo<int> 的 Bar 成員
{
    // 進行適用於 int 的任何特化處理
}
```

這裡我們僅特化 Foo<int> 類別的一個成員。Foo<int> 的其他成員則會由 Foo 模板提供:

```
Foo<string> fs;       // 實體化 Foo<string>::Foo()
fs.Bar();             // 實體化 Foo<string>::Bar()
Foo<int> fi;          // 實體化 Foo<int>::Foo()
fi.Bar();             // 使用我們的 Foo<int>::Bar() 特化
```

當我們以 int 以外的任何型別使用 Foo,成員會如往常實體化。當我們將 Foo 與 int 並用,
除了 Bar 以外的成員都會如常實體化。如果我們使用 Foo<int> 的 Bar 成員,那麼我們就會
得到我們特化的定義。

習題章節 16.5

練習 16.62:定義你自己版本的 hash<Sales_data> 並定義由 Sales_data 物件構成的一個
unordered_multiset。將數筆交易記錄放入那個容器並印出其內容。

練習 16.63:定義一個函式模板來計數一個給定的值在一個 vector 中出現的次數。傳入一個
由 double 組成的 vector、一個由 int 組成的 vector,以及由 string 組成的一個 vector
來測試你的程式。

練習 16.64:撰寫前一個練習的模板的特化版本,以處理 vector<const char*>,以及一個
使用該特化的程式。

練習 16.65:在 §16.3 中,我們定義了 debug_rep 的兩個重載版本,一個有 const char* 參數,
另一個則有 char* 參數。將這些函式改寫為特化。

練習 16.66:重載這些 debug_rep 函式和定義特化比起來,有什麼優缺點?

練習 16.67:定義這些特化會影響到 debug_rep 的函式匹配嗎?如果是,怎麼影響呢?如果不
是,為何不會?

本章總結

模板是 C++ 獨特的功能，並且是程式庫的基礎。模板是編譯器會用來產生特定類別型別或函式的一種藍圖。這個過程稱為實體化（instantiation）。我們只要撰寫一次模板，而編譯器會為我們與該模板並用的型別或值實體化模板。

我們可以定義函式模板和類別模板。程式庫演算法是函式模板，而程式庫容器則是類別模板。

一個明確的模板引數讓我們固定一或多個模板參數的型別或值。一般的轉換會被套用到具有明確模板引數的那些參數。

一個模板特化是使用者所提供的一個模板的實體化，其中將一或多個模板參數繫結到了指定的型別或值。如果存在我們無法（或不想）與模板定義並用的型別，特化就能派上用場。

最新發行的 C++ 標準主要的部分就是參數可變的模板（variadic templates）。一個參數可變的模板可以接受數目或型別不定的參數。參數可變的模板能讓我們撰寫會傳入引數給物件建構器的函式，例如容器的 emplace 成員和程式庫的 make_shared 函式。

定義的詞彙

class template（類別模板） 可以從之實體化出特定類別的定義。類別模板的定義使用 template 關鍵字，後面跟著以逗號分隔的一串一或多個模板參數，圍在 < 和 > 角括號中，後面再接著一個類別定義。

default template arguments（預設的模板引數） 使用者沒有提供對應的模板引數時，模板會用的一個型別或一個值。

explicit instantiation（明確實體化） 為所有的模板參數提供明確引數的一個宣告。用來引導實體化程序。如果這個宣告是 extern 的，模板就不會被實體化，否則的話，模板會以指定的引數實體化。對於每個 extern 的模板宣告，程式中的某處必須存在有對應的一個非 extern 的明確實體化。

explicit template argument（明確的模板引數） 對函式的一個呼叫中或定義一個模板類別型別時，使用者所提供的模板引數。明確的模板引數是在模板名稱後的角括號內提供。

function parameter pack（函式參數包） 代表零或更多個函式參數的參數包。

function template（函式模板） 可以從之實體化出特定函式的定義。一個函式模板的定義使用 template 關鍵字，後面跟著以逗號分隔的一串一或多個模板參數，圍在 < 和 > 角括號之間，後面再接著一個函式定義。

instantiate（實體化） 實際的模板引數被用來產生模板的特定實體的編譯器程序，其中參數會被對應的引數所取代。函式會依據一個呼叫中所用的引數自動實體化。使用一個類別模板時，我們必須提供明確的模板引數。

instantiation（實體化） 編譯器從一個模板產生類別或函式。

member template（成員模板） 本身是一個模板的成員函式。成員模板不能是 virtual 的。

nontype parameter（非型別參數） 代表一個值的模板參數。非型別模板參數的模板引數必須是常數運算式。

pack expansion（參數包展開） 一個參數包（parameter pack）被它對應的一串元素所取代的過程。

parameter pack（**參數包**） 代表零或更多個參數的模板或函式參數。

partial specialization（**部分特化**） 一個類別模板的一種版本，其中某些（但非全部的）模板參數已經指定好了，或是有一或多個參數尚未指定完全。

pattern（**模式**） 定義一個展開的參數包中每個元素的形式。

template argument（**模板引數**） 用來實體化一個模板參數的型別或值。

template argument deduction（**模 板 引 數 推論**） 編譯器判斷哪個函式模板要實體化的程序。編譯器會檢視使用模板參數指定的引數之型別。它會自動實體化一個版本的函式，其中那些型別或值被繫結到了模板參數。

template parameter（**模板參數**） 在模板參數列中指定的名稱，可在一個模板的定義內使用。模板參數可以是型別參數或非型別參數。要使用一個類別模板，我們必須為每個模板參數提供明確的引數。編譯器會使用那些型別或值來實體化一個版本的類別，其中用到參數的地方會被實際的引數所取代。當一個函式模板被使用，編譯器會從呼叫中的引數推論出模板引數，並使用推論出來的模板引數實體化一個特定的函式。

template parameter list（**模板參數列**） 參數所成的串列，以逗號分隔，會被用在一個模板的定義或宣告中。每個參數都可以是一個型別或非型別參數。

template parameter pack（**模板參數包**） 代表零或多個模板參數的參數包。

template specialization（**模板特化**） 重新定義一個類別模板、類別模板的一個成員，或是一個函式模板，其中某些（或全部的）模板參數都指定好了。一個模板特化必須出現在它所特化的基礎模板已經被宣告之後。一個模板特化必須在以特化引數使用模板之前出現。一個函式模板中的每個模板參數都必須完全地特化。

type parameter（**型別參數**） 在模板參數列中用來表示一個型別的名稱。型別參數指定在關鍵字 `typename` 或 `class` 之後。

type transformation（**型別變換**） 程式庫所定義的一種類別模板，它們會將給定的模板型別參數變換為一個相關的型別。

variadic template（**參數可變的模板**） 接受數目不定的模板引數的模板。一個模板參數包的指定方式是使用一個省略符號（例如 `class...`、`typename...` 或 `type-name...`）。

第四篇
進階主題

Advanced Topics

本篇目錄

第四篇涵蓋一些額外的功能，雖然在對的情境下有用處，但不是每個 C++ 程式設計師都會需要。這些功能分為兩大類：對大規模的問題有用的那些，以及適用於專門問題而非一般問題的那些。用於專門問題的功能語言本身有提供，那是第 19 章的主題，而程式庫也有提供，涵蓋於第 17 章。

在第 17 章中，我們涵蓋了四個特殊用途的程式庫機能：bitset 類別，以及三個新的程式庫機能，即 tuple、正規表達式（regular expressions）和隨機數（random numbers）。我們也會檢視 IO 程式庫較少被用到的某些部分。

第 18 章涵蓋例外處理（exception handling）、命名空間（namespaces），以及多重繼承（multiple inheritance）。這些功能通常在大規模問題中最有用。

即使是簡單到單一名作者就能寫出的程式也能受益於例外處理，這是為什麼我們在第 5 章就介紹了例外處理的基本知識。然而，在需要大型程式設計團隊來解決的問題中，處理執行期錯誤的需求通常會更為重要且更難以管理。在第 18 章中，我們會檢視一些額外的例外處理實用機能。我們也會更詳細討論例外是如何被處理的，並示範如何定義並使用我們自己的例外類別。那一章也會涵蓋新標準在指定特定函式不會擲出例外這方面的增益功能。

大型應用程式經常會使用來自多個獨立供應商的程式碼。如果供應商必須把它們定義的名稱放入單一個命名空間，要結合獨立開發的程式庫就會非常困難（如果不是不可能的話）。獨立開發的程式庫幾乎無可避免的都會用到與其他程式庫共通的名稱，在一個程式庫中所定義的名稱會與另一個程式庫中對該名稱的使用產生衝突。要避免名稱衝突，我們可以在一個 namespace 內定義名稱。

每當我們使用來自標準程式庫（standard library）的名稱，我們就是在使用定義在名為 std 的命名空間中的一個名稱。第 18 章會展示我們如何定義自己的命名空間。

第 18 章的結尾會介紹一個重要但不常用到的語言功能：多重繼承。多重繼承最適合用於相當複雜的繼承階層架構。

第 19 章涵蓋數個特殊用途的工具與技巧，適用於特定種類的問題。這一章所涵蓋的功能包括：重新定義記憶體配置（memory allocation）運作方式的技巧；C++ 對於執行期型別辨識（run-time type identification，RTTI）的支援，它能讓我們在執行期查明一個運算式的實際型別；以及我們可以如何定義與使用對類別成員的指標（pointers to class members）。對類別成員的指標有別於對一般資料或函式的指標。普通的指標只會隨著物件或函式的型別而變。對成員的指標還必須反映出那個成員所屬的類別。我們也會看看三個額外的彙總型別（aggregate types）：聯合（unions）、巢狀類別（nested classes）以及區域類別（local classes）。這章的結尾會簡短地看看一組本質上無法移植（nonportable）的功能：volatile 資格修飾符、位元欄位（bit-fields），以及連結指示詞（linkage directives）。

特殊用途的程式庫機能

Specialized Library Facilities

本章目錄

最新的標準大大地提升了程式庫的大小與範疇。確實,標準中有關程式庫的部分從 1998 年的第一次發行到 2011 年的標準之間,變為了兩倍多。結果就是,涵蓋 C++ 程式庫中每個類別的工作,遠超出了這本入門指南的範圍。然而,有四個程式庫機能雖然比我們涵蓋過的其他程式庫機能還要專用,還是通用到值得在這本入門書籍中討論:tuple、bitset、隨機數的產生,以及正規表達式。此外,我們也會涵蓋 IO 程式庫一些額外的具有特殊用途的部分。

程式庫（*library*）幾乎佔據了新標準三分之二的篇幅。雖然我們無法深入涵蓋每個程式庫機能，還是有幾個程式庫機能在許多應用中都很可能派上用場：tuple、bitset、正規表達式、以及隨機數。我們也會看一下一些而外的 IO 程式庫功能：格式控制（format control）、未格式化的 IO（unformatted IO）和隨機存取（random access）。

17.1 **tuple 型別**

tuple（元組）是類似於 pair（§11.2.3）的一種模板。每個 pair 型別的成員都有不同型別，但每個 pair 永遠都會剛好有兩個成員。一個 tuple 所具備的成員之型別也會隨著每個 tuple 型別而變，但一個 tuple 可以有任何數目的成員。每個不同的 tuple 型別都有一個固定數目的成員，但一個 tuple 型別的成員數可能會與另一個中的成員數不同。

tuple 最適合用在我們想要將某些資料結合成單一個物件，但不想特地定義一個資料結構用以表示那些資料的時候。表 17.1 列出了 tuple 所支援的運算。tuple 型別，連同其伴隨的型別和函式，都是定義在 tuple 標頭中。

> **Note**　一個 tuple 可被想成是一種「quick and dirty（簡陋但方便）」的資料結構。

17.1.1 定義並初始化 **tuple**

當我們定義一個 tuple，我們會它的每個成員指定型別：

```
tuple<size_t, size_t, size_t> threeD; // 所有的三個成員都設為 0
tuple<string, vector<double>, int, list<int>>
    someVal("constants", {3.14, 2.718}, 42, {0,1,2,3,4,5});
```

創建一個 tuple 物件的時候，我們可以使用預設的 tuple 建構器，它會值初始化（§3.3.1）每個成員，或者我們可以為每個成員提供一個初始器，就像我們在 someVal 的初始化中所做的那樣。這個 tuple 建構器是 explicit 的（§7.5.4），所以我們必須使用直接初始化語法：

```
tuple<size_t, size_t, size_t> threeD = {1,2,3}; // 錯誤
tuple<size_t, size_t, size_t> threeD{1,2,3}; // ok
```

又或者，類似於 make_pair 函式（§11.2.3），程式庫定義了一個 make_tuple 函式，它會產生一個 tuple 物件：

```
// 代表一筆書店交易的 tuple：ISBN、數量、每本書的價格
auto item = make_tuple("0-999-78345-X", 3, 20.00);
```

就像 make_pair，make_tuple 函式使用所提供的初始器之型別來推論 tuple 的型別。在此，item 是一個 tuple，其型別為 tuple<const char*, int, double>。

表 17.1：`tuple` 上的運算

`tuple<T1, T2, ..., Tn> t;`	t 是一個 tuple，其成員數跟 T1 ... Tn 中的型別數一樣多。這些成員是值初始化的（§3.3.1）。
`tuple<T1, T2, ..., Tn> t(v1, v2, ..., vn);`	t 是一個具有型別 T1 ... Tn 的 tuple，其中每個成員都會以對應的初始器 v_i 初始化。這個建構器是 explicit 的（§7.5.4）。
`make_tuple(v1, v2, ..., vn)`	回傳從給定的初始器初始化的一個 tuple。tuple 的型別會從初始器的型別推論而出。
`t1 == t2` `t1 != t2`	如果具有相同數目的成員，而且每一對成員都相等，那麼兩個 tuple 就是相等的。使用每個成員底層的 == 運算子。只要找到一個成員不相等，後續的成員就不會再繼續測試。
`t1 relop t2`	tuple 上的關係運算使用字典順序（§9.2.7）。這些 tuple 必須有相同數目的成員。t1 的成員會透過 < 運算子與 t2 的對應成員做比較。
`get(t)`	回傳一個參考指向 t 的第 i 個資料成員。如果 t 是一個 lvalue，結果就是一個 **lvalue reference**，否則，它會是一個 rvalue reference。一個 tuple 的所有成員都是 public 的。
`tuple_size<tupleType>::value`	能以一個元組型別（tuple type）實體化的一個類別模板，並且有一個 public 的 constexpr static 資料成員，名為 value，型別為 size_t，它是所指定的 tuple 型別中的成員數。
`tuple_element<i, tupleType>::type`	能以一個整數常數和一個元組型別實體化的一個類別模板，並具有一個名為 type 的 public 成員，它是指定的 tuple 型別中所指定的成員之型別。

存取一個 **tuple** 的成員

一個 pair 永遠都有兩個成員，這讓程式庫有辦法賦予這些成員名稱（即 first 和 second）。tuple 就不可能有這種命名慣例了，因為一個 tuple 能夠擁有的成員數並沒有限制。因此，這些成員都是不具名的。取而代之，我們可以透過一個名為 **get** 的程式庫函式模板存取一個 tuple 的成員。要使用 get，我們必須指定一個明確的模板引數（§16.2.2），它是我們想要存取的成員之位置。我們傳入一個 tuple 物件給 get，這會回傳一個參考指向指定的成員：

```
auto book = get<0>(item);        // 回傳 item 的第一個成員
auto cnt = get<1>(item);         // 回傳 item 的第二個成員
auto price = get<2>(item)/cnt;   // 回傳 item 的最後一個成員
get<2>(item) *= 0.8;             // 套用 20% 的折扣
```

角括號中的值必須是一個整數常數運算式（§2.4.4）。一如以往，這裡是從 0 起算，代表 get<0> 是第一個成員。

如果我們有一個 tuple，但不清楚其確切的型別細節，我們可以使用兩個輔助類別模板來找出該 tuple 成員的數目和型別：

```
typedef decltype(item) trans;  // trans 是 item 的型別
// 回傳型別為 trans 的物件中的成員數
size_t sz = tuple_size<trans>::value;  // 回傳 3
// cnt 的型別與 item 中的第二個成員相同
tuple_element<1, trans>::type cnt = get<1>(item);  // cnt 是一個 int
```

要使用 tuple_size 或 tuple_element，我們必須知道一個 tuple 物件的型別。一如以往，判斷一個物件的型別最簡單的方式是使用 decltype（§2.5.3）。這裡，我們使用 decltype 來為 item 的型別定義一個型別別名，並用它來初始化這兩個模板。

tuple_size 有一個名為 value 的 public static 資料成員，它是所指定的 tuple 中的成員數。tuple_element 模板接受一個索引及一個元組型別（**tuple type**）。tuple_element 有一個 public 的型別成員名為 type，它是所指定的 tuple 型別中指定的成員之型別。就像 get，tuple_element 使用的索引從 0 起算。

關係與相等性運算子

tuple 的關係和相等性運算子之行為類似容器上的對應運算（§9.2.7）。這些運算子會在左手邊和右手邊 tuple 上逐對（pairwise）成員進行運算。只有它們的成員數相同時，我們才能比較兩個 tuple。此外，要使用相等性或不等性運算子，使用 == 運算子比較每對成員都得是合法的才行；要使用關係運算子，使用 < 必須是合法的。舉例來說：

```
tuple<string, string> duo("1", "2");
tuple<size_t, size_t> twoD(1, 2);
bool b = (duo == twoD);      // 錯誤：我們無法比較一個 size_t 和一個 string
tuple<size_t, size_t, size_t> threeD(1, 2, 3);
b = (twoD < threeD);         // 錯誤：不同的成員數
tuple<size_t, size_t> origin(0, 0);
b = (origin < twoD);         // ok：b 是 true
```

因為 tuple 有定義 < 和 == 運算子，我們可以傳入由 tuple 構成的序列給演算法，也可以使用一個 tuple 作為有序容器中的鍵值型別。

習題章節 17.1.1

練習 17.1：定義一個 tuple 存放三個 int 值，並初始化那些成員為 10、20 與 30。

練習 17.2：定義一個 tuple 存放一個 string、一個 vector<string>，以及一個 pair<string, int>。

練習 17.3：改寫 §12.3 的 TextQuery 程式，改使用一個 tuple 取代 QueryResult 類別。你認為哪個設計比較好？請說明原因。

17.1.2 使用一個 **tuple** 回傳多個值

tuple 的一個常見的用途是從函式回傳多個值。舉例來說，我們的書店可能是數家連鎖商店中的一家。每家店都會有一個交易記錄檔案，存放有那家店最近售出的每本書籍的資料。我們可能會想要查看給定的一本書在所有店家的銷售記錄。

我們會假設每家店都有一個交易記錄檔。這每家店的交易記錄檔含有每本書歸為一組的所有交易記錄。我們會進一步假設某些其他的函式會讀取這些交易檔，為每家店建置出一個 vector<Sales_data>，並把那些 vector 放在一個由 vector 組成的 vector 中：

```
// files 中的每個元素都存有一個特定店家的交易記錄
vector<vector<Sales_data>> files;
```

我們會撰寫一個函式去搜尋 files 尋找售出一本給定的書的店家。對於有匹配的交易記錄的每家店，我們會創建一個 tuple 來存放那家店的索引和兩個迭代器。那個索引會是 files 中匹配的店家的位置。迭代器則標示給定的書籍在那家店的 vector<Sales_data> 中的第一筆記錄和超過最後一筆記錄一個位置處。

回傳一個 **tuple** 的函式

我們會先撰寫找出給定書籍的函式。這個函式的引數是剛才所描述的 vector 所組成的 vector，以及一個 string 表示那本書的 ISBN。我們的函式會回傳 tuple 組成的一個 vector，其中至少售出一本給定的書的每家店都會有一個項目：

```
// matches 有三個成員：一個是店家的索引，還有指向那家店的 vector 中的迭代器
typedef tuple<vector<Sales_data>::size_type,
              vector<Sales_data>::const_iterator,
              vector<Sales_data>::const_iterator> matches;
// files 存有每家店的交易記錄
// findBook 回傳一個 vector，其中有售出給定書籍的每家店都會有一個項目
vector<matches>
findBook(const vector<vector<Sales_data>> &files,
         const string &book)
{
    vector<matches> ret;  // initially empty
    // 對於每家店，找出匹配的書籍所在範圍，如果有的話
    for (auto it = files.cbegin(); it != files.cend(); ++it) {
        // 找出具有相同 ISBN 的 Sales_data 的範圍
        auto found = equal_range(it->cbegin(), it->cend(),
                                 book, compareIsbn);
        if (found.first != found.second)  // 這家店有銷售記錄
            // 記住這家店的索引，以及匹配的範圍
            ret.push_back(make_tuple(it - files.cbegin(),
                                     found.first, found.second));
    }
    return ret;  // 如果沒找到匹配，就是空的
}
```

這裡的 for 迴圈會迭代過 files 中的元素。那些元素本身是 vector。在那個 for 內，我們呼叫一個名為 equal_range 的程式庫演算法，它的運作方式就像關聯式容器的同名成員（§11.3.5）。equal_range 的頭兩個引數是代表一個輸入序列的迭代器（§10.1）。第三個引數是一個值。預設情況下，equal_range 使用 < 運算子來比較元素。因為 Sales_data 沒有 < 運算子，我們傳入對 compareIsbn 函式（§11.2.2）的一個指標給它。

equal_range 演算法回傳一個 pair 的迭代器，表示一個範圍的元素。如果沒找到 book，那麼迭代器就會是相等的，代表範圍是空的。否則，所回傳的 pair 的 first 成員會代表第一筆匹配的交易記錄，而 second 則表示超出最後一筆記錄一個位置處。

使用函式所回傳的一個 tuple

一旦我們建置出具有匹配交易記錄的店家所構成的 vector，我們就得處理這些交易記錄。在這個程式中，我們會為具有匹配銷售的每家店回報總銷售結果：

```cpp
void reportResults(istream &in, ostream &os,
                   const vector<vector<Sales_data>> &files)
{
    string s;  // 要尋找的書籍
    while (in >> s) {
        auto trans = findBook(files, s);  // 售出這本書的店家
        if (trans.empty()) {
            cout << s << " not found in any stores" << endl;
            continue;  // 取得要尋找的下一本書
        }
        for (const auto &store : trans)  // 對於具有一筆銷售的每家店
            // get<n> 從 store 中的 tuple 回傳所指定的成員
            os << "store " << get<0>(store) << " sales: "
                << accumulate(get<1>(store), get<2>(store),
                              Sales_data(s))
                << endl;
    }
}
```

其中的 while 迴圈重複地讀取名為 in 的 istream 以取得要處理的下一本書。我們呼叫 findBook 來看看 s 是否有出現，並將結果指定給 trans。我們使用 auto 來簡化 trans 之型別的撰寫工作，它是由 tuple 構成的一個 vector。

如果 trans 是空的，就表示沒有 s 的銷售。在此，我們會印出一個訊息，並回到 while 以取得要尋找的下一本書。

這裡的 for 迴圈將 store 繫結到了 trans 中的每個元素。因為我們並不想要變更 trans 中的元素，我們將 store 宣告為對 const 的一個參考。我們使用 get 來印出相關的資料：get<0> 是對應店家的索引，get<1> 是代表第一筆交易記錄的迭代器，而 get<2> 是超出最後一筆一個位置處的迭代器。

因為 Sales_data 有定義加法運算子（§14.3），我們可以使用程式庫的 accumulate 演算法（§10.2.1）來加總這些交易記錄。我們傳入一個 Sales_data 物件，它被接受一個 string 的 Sales_data 建構器（§7.1.4）初始化為加總的起點。那個建構器以給定的 string 初始化 bookNo 成員，並將 units_sold 和 revenue 成員初始化為零。

習題章節 17.1.2

練習 17.4：撰寫並測試你自己版本的 findBook 函式。

練習 17.5：改寫 findBook 回傳一個 pair，其中放有一個索引和迭代器所成的一個 pair。

練習 17.6：改寫 findBook，不使用 tuple 或 pair。

練習 17.7：解釋你偏好哪個版本的 findBook 及原因。

練習 17.8：在本節最後一個程式碼範例中，如果我們傳入 Sales_data() 作為 accumulate 的第三個參數，會發生什麼事？

17.2 **bitset** 型別

在 §4.8 中，我們涵蓋了會將一個整數運算元視為位元集合的內建運算子。標準程式庫定義了 **bitset** 類別來讓位元運算的使用更為容易，並讓我們能夠處理比最長的整數型別還要大的位元集合。bitset 類別定義於 bitset 標頭。

17.2.1 定義並初始化 **bitset**

表 17.2 列出了 bitset 的建構器。bitset 類別是一個類別模板，就像 array 類別，它有固定的大小（§9.2.4）。當我們定義一個 bitset，我們會指出這個 bitset 會含有多少位元：

```
bitset<32> bitvec(1U);  // 32 位元；低序位元是（low-order bit）是 1，其餘位元是 0
```

這個大小必須是一個常數運算式（§2.4.4）。此述句將 bitvec 定義為了存放 32 個位元的一個 bitset。就跟一個 vector 的元素一樣，一個 bitset 中的位元是不具名的，取而代之，我們會以位置來指涉它們。這些位元從 0 開始編號。因此，bitvec 有編號 0 到 31 的位元。從 0 開始的那些位元被稱作**低序（low-order）**位元，而結束於 31 的那些位元則被稱作**高序（high-order）**位元。

以一個 **unsigned** 值初始化一個 **bitset**

當我們使用一個整數值作為一個 bitset 的初始器，那個值會被轉換為 unsigned long long，並且會被視為一個位元模式（**bit pattern**）。bitset 中的位元會是那個模式的一個拷貝。如果 bitset 的大小大於一個 unsigned long long 的位元數，那麼剩餘的高序位元會被設為零。如果 bitset 的大小小於那個位元數，那麼只有給定值中的低序位元會被使用，超出 bitset 物件大小的高序位元會被捨棄：

表 17.2：初始化一個 **bitset** 的方式	
`bitset<n> b;`	b 有 n 個位元，每個位元都是 0。這個建構器是一個 constexpr（§7.5.6）。
`bitset<n> b(u);`	b 是 unsigned long long 值 u 的 n 個低序位元的一個拷貝。如果 n 大於一個 unsigned long long 的大小，那麼超出 unsigned long long 的那些位元會被設為零。這個建構器是一個 constexpr（§7.5.6）。
`bitset<n> b(s, pos, m, zero, one);`	b 是 string s 從位置 pos 開始的 m 個字元。s 只能包含字元 zero 和 one，如果 s 含有任何其他的字元，就會擲出 invalid_argument。那些字元儲存在 b 中分別作為 zero 和 one。pos 預設為 0，m 預設為 string::npos，zero 預設為 '0' 而 one 預設為 '1'。
`bitset<n> b(cp, pos, m, zero, one);`	跟前一個建構器一樣，不過是從 cp 所指的字元陣列拷貝。如果沒提供 m，那麼 cp 必須指向一個 C-style 的字串。如果有提供 m，那麼從 cp 開始就至少必須有 m 個是 zero 或 one 的字元。

接受一個 string 或字元指標的建構器是 explicit 的（§7.5.4）。指定 0 和 1 的替代字元的能力是在新標準中加入的。

```
// bitvec1 小於初始器；初始器的高序位元會被捨棄
bitset<13> bitvec1(0xbeef);  // 位元是 1111011101111
// bitvec2 大於初始器；bitvec2 中的高序位元會被設為零
bitset<20> bitvec2(0xbeef);  // 位元是 00001011111011101111
// 在具有 64 位元的 long long 的機器上，0ULL 是 64 個位元的 0，所以 ~0ULL 是 64 個一
bitset<128> bitvec3(~0ULL);  // 位元 0...63 是一；63...127 是零
```

以一個 string 初始化一個 bitset

我們能以一個 string 或指向一個字元陣列中某個元素的一個指標來初始化一個 bitset。在任一種情況中，那些字元都直接代表位元模式。一如以往，當我們使用字串來表示數字，字串中具有最低索引的那些字元會對應到高序位元，反之亦然：

```
bitset<32> bitvec4("1100");  // 位元 2 和 3 是 1，其他都是 0
```

如果 string 所含有的字元少於 bitset 的大小，高序位元會被設為零。

string 和 bitset 的索引慣例彼此之間有反向關係：string 中具有最高下標的字元（最右方的字元）會被用來初始化 bitset 中的低序位元（具有下標 0 的位元）。當你以一個 string 初始化一個 bitset，記得有這種差異存在是很重要的事情。

我們不需要使用整個 string 作為 bitset 的初始值，我們可以使用一個子字串作為初始器：

```
string str("1111111000000011001101");
bitset<32> bitvec5(str, 5, 4); // str[5] 開始的四個位元，1100
bitset<32> bitvec6(str, str.size()-4); // 使用最後四個字元
```

這裡 bitvec5 是以 str[5] 開始的子字串來初始化，延續四個位置。一如以往，子字串最右邊的字元代表最低序位元。因此，bitvec5 是以位置 3 到 0 的位元初始化，被設為了 1100，而剩餘的位元則設為 0。bitvec6 的初始器傳入了一個 string 及起點，所以 bitvec6 是以 str 從尾端開始的四個字元來初始化。bitvec6 中剩餘的位元會被初始化為零。我們可以將這些初始化視為

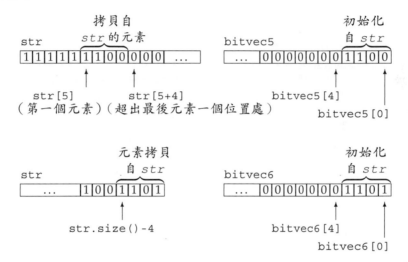

習題章節 17.2.1

練習 17.9：說明下列每個 bitset 物件所含有的位元模式：

(a) `bitset<64> bitvec(32);`
(b) `bitset<32> bv(1010101);`
(c) `string bstr; cin >> bstr; bitset<8>bv(bstr);`

17.2.2 在 **bitset** 上進行的運算

bitset 運算（表 17.3）定義了測試或設定一或多個位元的各種方式。bitset 類別也支援涵蓋於 §4.8 的位元運算子（bitwise operators）。這種運算子套用到 bitset 物件時所具有的意義與這些內建運算子套用到 unsigned 運算元時一樣。

表 17.3：`bitset` 運算	
`b.any()`	b 中有任何位元是開啟的嗎？
`b.all()`	b 中所有的位元都開啟嗎？
`b.none()`	b 中沒有位元開啟嗎？
`b.count()`	b 中開啟的位元數。
`b.size()`	一個 constexpr 函式（§2.4.4），回傳 b 中的位元數。
`b.test(pos)`	如果在位置 pos 的位元是開啟的，就回傳 true，否則為 false。
`b.set(pos, v)`	將在位置 pos 的位元設為 bool 值 v。v 預設為 true。如果沒有引數，
`b.set()`	就開啟 b 中的所有位元。
`b.reset(pos)`	關閉位置 pos 的位元，或關閉 b 中所有的位元。
`b.reset()`	
`b.flip(pos)`	改變位置 pos 的位元之狀態，或 b 中的每個位元。
`b.flip()`	
`b[pos]`	存取 b 中位置 pos 的位元；如果 b 是 const，那麼 b[pos] 會在該位元是開啟的時候，回傳一個 bool 值 true，否則為 false。
`b.to_ulong()`	回傳一個 unsigned long 或 unsigned long long，其中具有跟 b 中
`b.to_ullong()`	相同的位元。如果所指示的結果型別無法容納 b 中的位元模式，就擲出 overflow_error。
`b.to_string(zero, one)`	
	回傳一個 string 代表 b 中的位元模式。zero 和 one 預設為 '0' 和 '1'，並用來表示 b 中的位元 0 和 1。
`os << b`	印出 b 中的位元為字元 1 或 0 到資料流 os。
`is >> b`	從 is 讀取字元到 b 中。讀取動作會在下個字元不是 1 或 0，或者已經讀取了 b.size() 個位元時停止。

有數個運算，count、size、all、any 與 none，都不接受引數，並會回傳整個 bitset 狀態的相關資訊。其他的，set、reset 與 flip，則會改變 bitset 的狀態。改變 bitset 的成員是重載的。在各種情況中，不接受引數的版本會將給定的運算套用到整個集合；接受一個位置的本則會將運算套用到給定的那個位元：

```
bitset<32> bitvec(1U);  // 32 個位元；低序位元是 1，剩餘的位元是 0
bool is_set = bitvec.any();        // true，有一個位元是有設定的
bool is_not_set = bitvec.none();   // false，有一個位元有設定
bool all_set = bitvec.all();       // false，只有一個位元有設定
size_t onBits = bitvec.count();    // 回傳 1
size_t sz = bitvec.size();         // 回傳 32
bitvec.flip();      // 反轉 bitvec 中所有位元的值
bitvec.reset();     // 將所有的位元設為 0
bitvec.set();       // 將所有的位元設為 1
```

any 運算會在 bitset 物件有一或更多個位元是開啟（也就是，等於 1）的時候回傳 true。反過來，none 則會在所有的位元都是零的時候回傳 true。新標準引進了 all 運算，它會在所有的位元都是開啟時回傳 true。count 和 size 運算會回傳一個 size_t（§3.5.2）分別等於有設定的位元數，或該物件中的總位元數。size 函式是一個 constexpr，所以可被用在需要一個常數運算式的地方（§2.4.4）。

C++
11

flip、set、reset 與 test 成員讓我們讀取或寫入位於一個給定位置的位元：

```
bitvec.flip(0);            // 反轉第一個位元的值
bitvec.set(bitvec.size() - 1); // 開啟最後一個位元
bitvec.set(0, 0);          // 關閉第一個位元
bitvec.reset(i);           // 關閉第 i 個位元
bitvec.test(0);            // 回傳 false，因為第一個位元是開閉的
```

下標運算子則是依據 const 重載的。const 的版本會在位元給定索引的位元是開啟時，回傳一個 bool 值 true，否則為 false。非 const 的版本則會回傳一個特殊的型別，它是由 bitset 所定義的，能讓我們操作位於給定索引位置上的位元值：

```
bitvec[0] = 0;             // 關閉位元位置 0 的位元
bitvec[31] = bitvec[0];    // 將最後一個位元設為跟第一個位元同樣的值
bitvec[0].flip();          // 反轉位元位置 0 的位元值
~bitvec[0];                // 等效的運算；反轉位元位置 0 的位元
bool b = bitvec[0];        // 將 bitvec[0] 的值轉為 bool
```

取回一個 **bitset** 的值

to_ulong 與 to_ullong 運算會回傳一個值，它持有跟 bitset 物件相同的位元模式。我們只能在 bitset 的大小小於或等於對應的大小（to_ulong 是 unsigned long 而 to_ullong 是 unsigned long long）時使用這些運算：

```
unsigned long ulong = bitvec3.to_ulong();
cout << "ulong = " << ulong << endl;
```

這些運算會在 bitset 中的值無法完整放入所指定的型別時，擲出一個 overflow_error 例外（§5.6）。

bitset 的 IO 運算子

輸入運算子會從輸入資料流讀取字元到型別為 string 的一個暫存物件。它會持續讀取，直到讀取的字元量與對應的 bitset 大小相同時為止，或者遇到 1 或 0 以外的字元，又或者碰到檔案結尾或輸入錯誤。然後 bitset 會從那個暫存的 string 初始化（§17.2.1）。如果所讀的字元數比 bitset 的大小還要少，高序位元就會，一如以往地，被設為 0。

輸出運算子會在一個 bitset 物件中印出位元模式：

```
bitset<16> bits;
cin >> bits; // 從 cin 讀取最多 16 個 1 或 0 字元
cout << "bits: " << bits << endl; // 印出我們剛讀到的
```

使用 `bitset`

要示範 bitset 的使用，我們會重新實作 §4.8 計算成績的程式碼，使用一個 unsigned long 來表示 30 個學生通過或不及格的小考結果：

```
bool status;
// 使用位元運算子的版本
unsigned long quizA = 0;          // 這個值會被當作一個位元集合使用
quizA |= 1UL << 27;               // 代表編號 27 的學生通過了
status = quizA & (1UL << 27);     // 檢查編號 27 的學生表現得如何
quizA &= ~(1UL << 27);            // 編號 27 的學生不及格
// 使用 bitset 程式庫的等效動作
bitset<30> quizB;                 // 為每個學生配置一個位元，所有的位元都初始化為 0
quizB.set(27);                    // 代表編號 27 的學生通過了
status = quizB[27];               // 檢查編號 27 的學生表現如何
quizB.reset(27);                  // 編號 27 的學生不及格
```

習題章節 17.2.2

練習 17.10：使用序列 1, 2, 3, 5, 8, 13, 21 來初始化一個 bitset，讓對應於這個序列中數字的每個位置都有一個 1 位元。預設初始化另一個 bitset，並撰寫一個小程式來開啟每個適當的位元。

練習 17.11：定義一個資料結構，其中含有一個整數物件來記錄對有 10 個 true/false 小考問題的回答。如果這個小考有 100 個問題，你需要對這個資料結構做什麼變更（如果有的話）？

練習 17.12：使用前一個問題的資料結構，撰寫一個函式接受一個問題編號，以及代表 true/false 答案的一個值，並據此更新小考結果。

練習 17.13：撰寫一個整數物件，其中含有這個 true/false 小考的正確解答。使用它來處理前兩個練習的資料結構，以產生小考成績。

17.3 正規表達式

正規表達式（regular expression）是描述一個字元序列（a sequence of characters）的一種方式。正規表達式是非常強大的計算裝置。然而，描述用來定義正規運算式的語言遠超出了這本入門指南的範圍。取而代之，我們會專注於如何使用 C++ 的正規表達式程式庫（regular-expression library，RE 程式庫），它是新程式庫的一部分。這個 RE 程式庫，定義在 regex 標頭中，含有數個元件，列於表 17.4。

如果你尚不熟悉正規表達式的使用，你可能會想要快速讀過這一節，大概了解一下正規表達式能做些什麼事。

表 17.4：正規表達式的程式庫元件
regex	表示一個正規表達式的類別
regex_match	將一序列的字元與一個正規表達式做比對
regex_search	找出匹配正規表達式的第一個子序列
regex_replace	使用一個給定的格式取代一個正規表達式
sregex_iterator	迭代器轉接器，會呼叫 regex_search 來迭代過一個 string 中的匹配處
smatch	存放搜尋一個 string 的結果的容器類別
ssub_match	一個 string 中一個匹配的子表達式（matched subexpression）的結果

regex 類別代表一個正規表達式。除了初始化和指定，regex 還有幾個運算。regex 上的運算列於表 17.6。

regex_match 與 **regex_search** 函式判斷一個給定的字元序列是否與一個給定的 regex 匹配。regex_match 函式會在整個輸入序列都匹配表達式的時候回傳 true；regex_search 會在輸入序列中有一個子字串匹配的時候回傳 true。另外還有一個 regex_replace 函式，我們會在 §17.3.4 中描述。

regex 函式的引數描述於表 17.5。這些函式回傳一個 bool，並且是重載的：一個版本接受型別為 **smatch** 的一個額外引數。如果有出現，這些函式會將有關一個成功匹配的額外資訊儲存在給定的 smatch 物件中。

17.3.1 使用正規表達式程式庫

舉一個相當簡單的例子，我們會找尋違反了一個眾所皆知的拼寫經驗法則「*i* 要在 *e* 之前，除非在 *c* 後」的字詞：

```
// 尋找跟在 c 以外字元後的字元 ei
string pattern("[^c]ei");
// 我們要 pattern 在其中出現的整個字詞
pattern = "[[:alpha:]]*" + pattern + "[[:alpha:]]*";
regex r(pattern);      // 建構一個 regex 來找尋 pattern
smatch results;        // 定義一個物件來存放一個搜尋的結果
// 定義一個 string，其中有匹配 pattern 的文字也有不匹配的
string test_str = "receipt freind theif receive";
// 使用 r 在 test_str 中尋找 pattern 的一個匹配
if (regex_search(test_str, results, r))  // 如果有匹配
    cout << results.str() << endl;          // 印出匹配的字詞
```

我們先定義一個 string 來存放我們想要尋找的正規表達式。正規表達式 [^c] 指出我們想要不是一個 'c' 的任何字元，而 [^c]ei 則表達我們想要後面跟著字母 ei 的任何的這種字母。這個模式（**pattern**）描述的字串含有剛好三個字元。我們想要含有這個模式的整個字詞。要匹配這種字詞，我們需要一個正規表達式匹配會出現在我們三字母模式之前和之後的的字母。

注意：這些運算會回傳 bool 表示是否有找到匹配。

(*seq*, m, r, mft) (*seq*, r, mft)	在字元序列 *seq* 中尋找 regex 物件 r 中的正規表達式。*seq* 可以是一個 string、代表一個範圍的一對迭代器，或是對一個 null-terminated 字元陣列的指標。 m 是一個 *match*（匹配）物件，用來存放有關該匹配的細節。 m 和 *seq* 必須有相容的型別（參閱 §17.3.1）。 mft 是一個選擇性的 regex_constants::match_flag_type 值。這些值，列於表 17.13，會影響匹配過程。

那個正規表達式的組成是，零或多個字母後面跟著我們原本的三字母模式，再接著零或更多個額外的字元。預設情況下，regex 物件所用的正規表達式語言是 ECMAScript。在 ECMAScript 中，模式 [[:alpha:]] 匹配任何的字母字元，而符號 + 和 * 則分別代表我們想要「一或多個（one or more）」或「零或多個（zero or more）」的匹配。因此，[[:alpha:]]* 會匹配零或多個字元。

將我們的正規表達式儲存在 pattern 中之後，我們用它來初始化一個名為 r 的 regex 物件。我們接著定義我們會用來測試我們正規表達式的一個 string。我們以匹配我們的模式的字詞（例如 "freind" 和 "theif"），和不匹配我們模式的字詞（"receipt" 和 "receive"）來初始化 test_str。我們也會定義一個名為 results 的 smatch 物件，用來傳入給 regex_search。如果找到一個匹配，results 會存有匹配在何處發生的相關細節。

接著我們呼叫 regex_search。如果 regex_search 找到匹配，它會回傳 true。我們使用 results 的 str 成員來印出 test_str 匹配我們模式的部分。regex_search 只要在輸入序列中找到一個匹配的子字串，就會立刻停止尋找。因此，輸出會是

> freind

§17.3.2 會展示如何找出輸入中所有的匹配。

為一個 **regex** 物件指定選項

當我們定義一個 regex 或在一個 regex 上呼叫 assign 以賦予它一個新的值，我們可以指定一或多個會影響到那個 regex 運作方式的旗標（flags）。這些旗標控制那個物件所進行的處理。表 17.6 中所列的最後六個旗標指出撰寫正規表達式所用的語言。必須剛好設定有一個指定語言的旗標。預設情況下，設定的是 ECMAScript 旗標，這會使 regex 使用 ECMA-262 的規格，也就是許多 Web 瀏覽器所用的正規表達式語言。

其他三個旗標讓我們指定正規表達式處理獨立於語言的面向。舉例來說，我們可以指出我們希望正規表達式以不區分大小寫的方式匹配。

舉個例子，我們可以使用 icase 旗標來找出具有特定延伸檔名（file extension）的檔案名稱。大多數的作業系統都以不區分大小寫的方式來識別延伸檔名，我們可以把一個 C++ 程式儲存

在以 .cc 結尾的一個檔案中,或是 .Cc 或 .cC 或 .CC,都可以。我們會寫一個正規表達式來辨識這些中任何一個,以及其他常見的延伸檔名,如下:

表 17.6:`regex`(和 `wregex`)的運算
`regex r(re)` `regex r(re, f)`	*re* 代表一個正規表達式,可以是一個 string、代表一個範圍的字元的一對迭代器、指向一個 null-terminated 字元陣列的指標、一個字元指標及一個計數,或是大括號圍起的一串字元。f 是指定該物件會如何被執行的旗標。f 會以下面所列的值來設定。如果沒有指定 f,它預設會是 ECMAScript。
`r1 = re`	以 *re* 取代 r1 中的正規表達式。*re* 代表一個正規表達式,可以是另一個 regex、一個 string、對 null-terminated 字元陣列的一個指標,或以大括號圍起的一串字元。
`r1.assign(re, f)`	與使用指定運算子(=)有相同的效果。*re* 和選擇性的旗標 f 跟 regex 建構器對應的引數相同。
`r.mark_count()`	r 中的子表達式(subexpressions,會在 §17.3.3 中涵蓋)的數目。
`r.flags()`	回傳 r 的旗標集合。

注意:建構器和指定運算可能擲出型別為 `regex_error` 的例外。

一個 `regex` 定義時指定的旗標
定義在 `regex` 和 `regex_constants::syntax_option_type` 中

`icase`	比對時忽略大小寫
`nosubs`	別儲存子表達式匹配
`optimize`	偏好執行速度勝過於建構速度
`ECMAScript`	使用 ECMA-262 所指定的文法
`basic`	使用 POSIX 的基本正規表達式文法
`extended`	使用 POSIX 的延伸正規表達式文法
`awk`	使用 *awk* 語言的 POSIX 版本文法
`grep`	使用 grep 語言的 POSIX 版本文法
`egrep`	使用 egrep 語言的 POSIX 版本文法

```
// 一或更多個字母字元,後面接著一個 '.',再接著 "cpp" 或 "cxx" 或 "cc"
regex r("[[:alnum:]]+\\.(cpp|cxx|cc)$", regex::icase);
smatch results;
string filename;
while (cin >> filename)
    if (regex_search(filename, results, r))
        cout << results.str() << endl; // 印出目前的匹配
```

這個表達式會匹配有一或更多個字母或數字,後面接著一個句點(period),再接著三個延伸檔名之一的一個字串。這個正規表達式比對延伸檔名時不會區分大小寫。

就像 C++ 中有特殊字元(§2.1.3),正規表達式語言通常也會有特殊字元。舉例來說,點號(.)字元通常會匹配任何字元。就像在 C++ 中一樣,我們可以跳脫一個字元的特殊性質,只要在它的前面加上一個反斜線(backslash)就行了。因為反斜線在 C++ 中也是個特殊字元,我們必須在一個字串字面值中使用兩個反斜線來向 C++ 表示我們想要一個反斜線。因此,我們必須寫成 \\. 這樣才能表示會匹配一個點號的一個正規表達式。

指定或使用正規表達式時的錯誤

我們可以把一個正規表達式本身想成是以一種簡單的程式語言撰寫的一個程式。這個語言不會被 C++ 的編譯器解譯，取而代之，一個正規表達式會在執行時期一個 regex 物件以一個新的模式初始化或被指定時被「編譯」。就跟任何程式語言一樣，我們所寫的正規表達式可能會有錯誤。

 重要的是要了解，一個正規表達式的語法正確性是在執行時期（run time）估算的。

如果我們撰寫一個正規表達式的時候犯了一個錯誤，那麼程式庫就會在執行時期（*run time*）擲出型別為 **regex_error** 的一個例外（§5.6）。就像標準的例外型別，regex_error 具有一個 what 運算會描述所發生的錯誤（§5.6.2）。一個 regex_error 也有一個名為 code 的成員，它會回傳對應於所遭遇的錯誤型別的一個數值碼。code 所回傳的值是由實作所定義的。RE 程式庫可能擲出的標準錯誤列於 17.7。

舉例來說，我們可能不經意地忽略了模式中的一個方括號：

```
try {
    // 錯誤：alnum 後少了右方括號；建構器會擲出
    regex r("[[:alnum:]+\\.(cpp|cxx|cc)$", regex::icase);
} catch (regex_error e)
  { cout << e.what() << "\ncode: " << e.code() << endl; }
```

在我們的系統上執行時，這個程式會產生

```
regex_error(error_brack):
The expression contained mismatched [ and ].
code: 4
```

表 17.7：正規表達式的錯誤情況
定義在 regex 和 regex_constants::error_type 中
error_collate   無效的排序元素（collating element）請求
error_ctype   無效的字元類別（character class）
error_escape   無效的轉義字元（escape character）或尾端轉義
error_backref   無效的回溯參考（back reference）
error_brack   不相符的方括號（[或]）
error_paren   不相符的括弧（(或)）
error_brace   不相符的大括號（{ 或 }）
error_badbrace   一個 {} 內的範圍無效
error_range   無效的字元範圍（例如 [z-a]）
error_space   記憶體不足，無法處理這個正規表達式
error_badrepeat   一個重複字元（*、?、+ 或 {）的前面沒有有效的正規表達式
error_complexity   所請求的比對太過複雜
error_stack   記憶體不足，無法估算一個比對

我們的編譯器定義的 code 成員會回傳錯誤的位置，如表 17.7 中所列的順序，一如以往，從零起算。

建議：避免創建不必要的正規表達式

如我們所見，一個正規表達式所代表的「程式」是在執行時期（run time）編譯的，而非在編譯時期（compile time）。正規表達式的編譯可能會是出人意料緩慢的運算，特別當你用的是延伸的正規表達式文法（extended regular-expression grammar）或使用複雜的表達式之時。因此，建構一個 regex 物件與指定一個新的正規表達式給一個現有的 regex 可能會很耗時。要最小化這個額外負擔，你應該試著避免創建多餘的 regex 物件。特別是，如果你是在一個迴圈中使用一個正規表達式，你應該在迴圈外創建它，而非每次迭代都重新編譯它。

正規表達式類別和輸入序列型別

我們可以搜尋數種類型的輸入序列。這個輸入可以是一般的 char 資料或 wchar_t 資料，而那些字元可以儲存在一個程式庫 string 中，或是在由 char 所構成的一個陣列中（或者是寬字元版本的，wstring 或 wchar_t 陣列）。RE 程式庫定義了數個不同的型別對應到這些不同類型的輸入序列。

舉例來說，regex 類別存放型別為 char 的正規表達式。程式庫也定義了一個 wregex 類別以存放型別 wchar_t，並且具有跟 regex 相同的所有運算。唯一的差異在於，一個 wregex 的初始器必須使用 wchar_t 而非 char。

匹配（match）和迭代器型別（我們會在接下來幾節中涵蓋）就更特定了。這些型別不只字元型別不同，差別還有該序列是在一個程式庫 string 中或是一個陣列中：smatch 代表 string 輸入序列；cmatch 是字元陣列序列；wsmatch 是寬字串（wstring）輸入，而wcmatch 則是寬字元所成的陣列。

表 17.8：正規表達式的程式庫類別	
如果輸入序列有型別	**就使用正規表達式類別**
string	regex、smatch、ssub_match 與 sregex_iterator
const char*	regex、cmatch、csub_match 與 cregex_iterator
wstring	wregex、wsmatch、wssub_match 與 wsregex_iterator
const wchar_t*	wregex、wcmatch、wcsub_match 與 wcregex_iterator

重點在於，我們使用的 RE 程式庫型別必須符合輸入序列的型別。表 17.8 指出哪個型別對應到何種輸入序列。舉例來說：

```
regex r("[[:alnum:]]+\\.(cpp|cxx|cc)$", regex::icase);
smatch results; // 符合一個 string 輸入序列，但不符合 char*
if (regex_search("myfile.cc", results, r)) // 錯誤：char* 輸入
    cout << results.str() << endl;
```

（C++）編譯器會駁回這種程式碼，因為匹配引數（match argument）的型別和輸入序列的型別並不相符。如果我們想要搜尋一個字元陣列，我們必須使用一個 cmatch 物件：

```
cmatch results; // 符合字元陣列輸入序列
if (regex_search("myfile.cc", results, r))
    cout << results.str() << endl; // 印出目前的匹配
```

一般來說，我們的程式會使用 string 輸入序列，以及 RE 程式庫元件對應的 string 版本。

習題章節 17.3.1

練習 17.14：撰寫數個正規表達式，專門設計來觸發各種錯誤。執行你的程式，看看你的編譯器會為每種錯誤產生什麼輸出。

練習 17.15：寫個程式使用會找出違反「*i* 在 *e* 前，除非在 *c* 後」規則的模式。讓你的程式提示使用者提供一個字詞，並指出那個字詞是否 ok。以有違反和沒違反這個規則的字詞來測試你的程式。

練習 17.16：如果你在前面程式的 regex 物件是以 "[^c]ei" 初始化的，會發生什麼事？使用那個模式來測試你的程式，看看你的預期是否正確。

17.3.2 Match 與 Regex 迭代器型別

§17.3.1 中找尋違反「*i* 在 *e* 前，除非在 *c* 後」規則字詞的程式只會指出輸入序列中的第一個匹配。我們可以使用一個 **sregex_iterator** 來取得所有的匹配。regex 迭代器（regex iterators）是一種迭代器轉接器（iterator adaptors，§9.6），它被繫結到一個輸入序列和一個 regex 物件。如表 17.8 中所描述的，有對應到每個不同類型的輸入序列的 regex 迭代器型別存在。這種迭代器的運算描述於表 17.9。

當我們將一個 sregex_iterator 繫結到一個 string 和一個 regex 物件，這種迭代器就會自動定位在給定的 string 中第一個匹配處。也就是說，sregex_iterator 建構器會在給定的 string 和 regex 上呼叫 regex_search。當我們解參考（dereference）這種迭代器，我們會取得一個 smatch 物件對應到最新近搜尋的結果。當我們遞增這種迭代器，它就會呼叫 regex_search 在輸入 string 中找尋下一個匹配處。

使用一個 **sregex_iterator**

舉個例子，我們會擴充我們的程式來找出一個文字檔案中所有違反「*i* 在 *e* 前，除非在 *c* 後」文法規則的地方。我們會假設名為 file 的 string 存放有我們想要搜尋的輸入檔案的完整內容。這個版本的程式會使用與原本相同的 pattern，但會使用一個 sregex_iterator 來進行搜尋：

```
    // 找尋跟在 c 以外的字元後的字元 ei
    string pattern("[^c]ei");
    // 我們想要我們的 pattern 在其中出現的整個字詞
    pattern = "[[:alpha:]]*" + pattern + "[[:alpha:]]*";
    regex r(pattern, regex::icase);  // 比對時我們會忽略大小寫
    // 它會重複地呼叫 regex_search 來找出檔案中所有的匹配
    for (sregex_iterator it(file.begin(), file.end(), r), end_it;
            it != end_it; ++it)
        cout << it->str() << endl;  // 匹配的字詞
```

for 迴圈會迭代過 file 中對 r 的每個匹配。for 中的初始器定義 it 和 end_it。當我們定義 it，sregex_iterator 建構器會呼叫 regex_search 來將 it 定位在 file 中第一個匹配處。end_it 這個空的 sregex_iterator 則代表 off-the-end 迭代器。for 中的遞增會呼叫 regex_search 來「推進」迭代器。當我們解參考迭代器，我們會得到一個 smatch 物件代表目前的匹配。我們呼叫該匹配的 str 成員以印出匹配的字詞。

我們可以把這個迴圈想成是從一個匹配處跳到下一個匹配處，如圖 17.1 中所示。

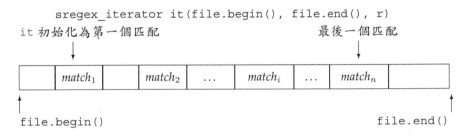

圖 17.1：使用一個 sregex_iterator

使用匹配的資料

如果我們在來自原程式的 test_str 上執行這個迴圈，輸出會是：

> **freind**
> **theif**

然而，只找出匹配我們表達式的字詞並不是很有用。如果我們在一個較大的輸入序列上執行這個程式，例如在本章的文字上，我們就會想要看到那些字詞在其中出現的情境，例如

> **hey read or write according to the type**
> **   >>> being <<<**
> ** handled. The input operators ignore whi**

除了讓我們印出輸入字串匹配的部分，匹配類別也提供我們有關匹配的更詳細的資訊。這些型別的運算列於表 17.10 和表 17.11。

表 17.9：`sregex_iterator` 運算
這些運算也適用於 **`cregex_iterator`**、**`wsregex_iterator`** 與 **`wcregex_iterator`**
`sregex_iterator it(b, e, r);` it 是一個 `sregex_iterator`，它會迭代過迭代器 b 和 e 所代表的 string。呼叫 `regex_search(b, e, r)` 來將 it 定位於輸入中的第一個匹配處。
`sregex_iterator end;` `sregex_iterator` 的 **off-the-end** 迭代器。
`*it` 回傳一個參考或指標指向最近一次呼叫 `regex_search` 所得到的 `smatch`
`it->` 物件。
`++it` 呼叫 `regex_search` 從輸入序列緊接目前匹配處後的地方開始搜尋。前綴
`it++` 版本會回傳一個參考指向遞增過的迭代器；後綴版本則回傳舊的值。
`it1 == it2` 如果它們都是 **off-the-end** 迭代器，那麼兩個 `sregex_iterator` 就相等。
`it1 != it2` 如果都是從相同的輸入序列和 `regex` 物件建構出來的，那麼兩個非末端（**non-end**）的迭代器就是相等的。

我們會在下一節中更詳細討論 smatch 和 **`ssub_match`** 型別。至於現在，我們需要知道的是，這些型別讓我們看到一個匹配的情境（**the context of a match**）。匹配型別有名為 prefix 與 suffix 的成員，它們各會回傳一個 ssub_match 物件分別代表輸入序列在目前匹配之前的部分，和之後的部分。一個 ssub_match 物件有名為 str 和 length 的成員，它們分別會回傳匹配的 string 和那個 string 的大小。我們可以使用這些運算來改寫我們文法程式的迴圈：

```
// 跟之前一樣的 for 迴圈標頭
for (sregex_iterator it(file.begin(), file.end(), r), end_it;
        it != end_it; ++it) {
    auto pos = it->prefix().length(); // prefix 的大小
    pos = pos > 40 ? pos - 40 : 0; // 我們最多想要 40 個字元
    cout << it->prefix().str().substr(pos) // prefix 最後的部分
         << "\n\t\t>>> " << it->str() << " <<<\n" // 匹配的字詞
         << it->suffix().str().substr(0, 40) // suffix 的第一個部分
         << endl;
}
```

這個迴圈本身的運作方式與我們之前的程式一樣。有改變的是 for 內部的處理，這會在圖 17.2 中顯示。

我們呼叫 prefix，這會回傳一個 ssub_match 物件代表 file 在目前匹配之前的部分。我們在那個 ssub_match 上呼叫 length 來找出匹配處之前部分的 file 有多少字元。接著我們調整 pos 為距離 **prefix** 尾端 40 個字元的索引。如果 **prefix** 的長度少於 40 個字元，我們就將 pos 設為 0，這表示我們會印出整個 **prefix**。我們使用 substr（§9.5.1）來印出給定位置到 **prefix** 尾端。

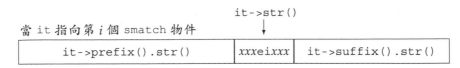

圖 17.2：表示一個特定匹配的 smatch 物件

印出在匹配之前的字元後，我們接著以一些額外的格式化印出匹配本身，以在輸出中凸顯匹配的字詞。印出匹配的部分後，我們會印出 file 在這個匹配之後部分的（最多）前 40 個字元。

表 17.10：smatch 運算
這些運算也適用於 **cmatch**、**wsmatch**、**wcmatch**， 以及對應的 **csub_match**、**wssub_match** 與 **wcsub_match** 型別。

m.ready()	如果 m 已經被對 regex_search 或 regex_match 的一個呼叫所設定，就為 true，否則為 false。如果 ready 回傳 false，m 上的運算就是未定義的。
m.size()	如果匹配失敗，就為零；否則就是一加上最新近匹配的正規表達式中的子表達式（subexpressions）數目。
m.empty()	如果 m.size() 是零就為 true。
m.prefix()	一個 ssub_match 代表匹配前的序列。
m.suffix()	一個 ssub_match 代表匹配尾端後的部分。
m.format(...)	參閱表 17.12

在接受一個索引的運算中，n 預設為零，而且必須小於 m.size()。
第一個子匹配（submatch，即索引為 0 的那個）代表整體的匹配。

m.length(n)	第 n 個匹配的子表達式的大小。
m.position(n)	第 n 的子表達式與序列開頭的距離。
m.str(n)	第 n 個子表達式匹配的 string。
m[n]	對應到第 n 個子表達式的 ssub_match 物件。
m.begin()、m.end() m.cbegin()、m.cend()	跨越 m 中 ssub_match 元素的迭代器。一如以往，cbegin 和 cend 回傳 const_iterator。

習題章節 17.3.2

練習 17.17：更新你的程式，讓它找出一個輸入序列中違反「ei」文法規則的所有字詞。

練習 17.18：修改你的程式，忽略含有「ei」但並不是拼錯的字詞，例如 "albeit" 和 "neighbor"。

17.3.3 使用子表達式

一個正規表達式中的模式經常含有一或更多個**子表達式（subexpressions）**。一個子表達式是模式的一部分，本身具有意義。正規表達式的文法通常會使用括弧（parentheses）來標示子表達式。

舉個例子，我們用來匹配 C++ 檔案的模式（§17.3.1）就使用括弧來為可能的延伸檔名分組。每當我們使用括弧來為替代選擇（alternatives）分組，我們也等於宣告了那些替代選擇構成了一個子表達式。我們可以改寫那個表達式，讓它賦予我們存取該檔案名稱的能力，也就是在點號之前那部分的模式，如下：

```
// r 有兩個子表達式：第一個是點號之前的檔案名稱部分
// 第二個則是延伸檔名
regex r("([[:alnum:]]+)\\.(cpp|cxx|cc)$", regex::icase);
```

我們的模式現在有兩個括弧圍起的子表達式：

- `([[:alnum:]]+)`，這是一或更多個字元所構成的一個序列

- `(cpp| cxx| cc)`，這是延伸檔名（file extension）

我們也能改寫 §17.3.1 的程式，修改輸出述句，只印出檔案名稱：

```
if (regex_search(filename, results, r))
    cout << results.str(1) << endl; // 印出第一個子表達式
```

就跟我們原本程式中一樣，我們呼叫 `regex_search` 在名為 `filename` 的 `string` 中尋找我們的模式，而我們傳入 `results` 這個 `smatch` 物件來存放匹配的結果。如果呼叫成功，那麼我們就印出結果。然而，在這個程式中，我們印出 `str(1)`，這是第一個子表達式的匹配。

除了提供有關整體匹配的資訊，匹配物件還提供了對模式中每個匹配的子表達式的存取。這些子匹配（submatches）是以位置存取的。第一個子匹配，在位置 0 上，代表整個模式的匹配。在那之後，每個子表達式就依序出現。因此，檔案名稱，也就是我們模式中的第一個子表達式，在位置 1 上，而延伸檔名則在位置 2 上。

舉例來說，如果檔案名稱為 `foo.cpp`，那麼 `results.str(0)` 會存有 `foo.cpp`；`results.str(1)` 會是 `foo`，而 `results.str(2)` 會是 `cpp`。在這個程式中，我們想要的是名稱在點號之前的部分，也就是第一個子表達式，所以我們印出 `results.str(1)`。

資料驗證用的子表達式

子表達式的一個常見用途是驗證必須符合特定格式的資料。舉例來說，美國的電話號碼必須有十個數字，由一個區域碼（area code）和七位數的一個本地號碼（local number）所構成。這個區域碼經常，但非總是，會被括在括弧中。剩餘的七個數字可由一個破折號（dash）、一個點號（dot）或一個空格（space）來分隔，或者完全不區隔。我們可能會想要允許具有

任何這些格式的資料，但拒絕接受其他形式的號碼。我們會分兩個步驟進行：首先，我們會使用一個正規表達式來找出可能是電話號碼的序列，然後呼叫一個函式來完成資料的驗證。

在我們編寫我們的電話號碼模式前，我們需要描述 ECMAScript 正規表達式語言的幾個面向：

- \{d} 代表單一個數字（digit），而 \{d}{n} 代表一序列的 n 個數字。（例如，\{d}{3} 會匹配三個數字所成的序列。）

- 方括號（square brackets）內的一組字元能匹配那些字元中任何一個。（例如，[-.] 會匹配一個破折號、一個點號，或一個空格。請注意，一個點號在方括號內沒有特殊意義。）

- 後面接著 '?' 的一個組成部分是選擇性的。（例如，\{d}{3}[-.]?\{d}{4} 匹配三個數字後面接著一個選擇性的破折號、點號或空格，再接著四個數字。這個模式會匹配 555-0132 或 555.0132 或 555 0132 或 5550132。）

- 就像 C++，ECMAScript 使用一個反斜線（backslash）來標示應該代表自身，而非其特殊意義的字元。因為我們的模式包括括弧，它們在 ECMAScript 中是特殊字元，我們必須把是我們模式一部分的括弧表示為 \(或 \)。

因為反斜線在 C++ 中是一個特殊字元，模式中出現一個 \ 的地方，我們就必須使用第二個反斜線來告知 C++ 我們想要一個反斜線。因此，我們會寫 \\{d}{3} 來代表正規表達式 \{d}{3}。

為了驗證我們的電話號碼，我們會需要存取模式的組成部分。舉例來說，我們會想要驗證，一個號碼如果為區域碼用了一個左括弧（opening parenthesis），那它是否也有在區域碼後使用一個右括弧（close parenthesis）。也就是說，我們希望駁回像是 (908.555.1800 這樣的號碼。

為了取得匹配的組成部分，我們需要使用子表達式來定義我們的正規表達式。每個子表達式都是以一對括弧來標示：

```
// 我們整體的表達式有七個子表達式: (ddd) separator ddd separator dddd
// 子表達式 1、3、4 與 6 是選擇性的; 2、5 與 7 則存有號碼
"(\\()?(\\d{3})(\\))?([-. ])?(\\d{3})([-. ]?)(\\d{4})";
```

因為我們的模式使用括弧，也因為我們必須轉義（escape）反斜線，這個模式可能會很難閱讀（和撰寫！）。閱讀它最簡單的方法是挑出每個（括弧圍起的）子表達式：

1. (\\()? 是區域碼的一個選擇性的左括弧
2. (\\d{3}) 是區域碼
3. (\\))? 是區域碼的一個選擇性的右括弧
4. ([-.])? 是區域碼之後的一個選擇性的分隔符號（separator）
5. (\\d{3}) 是號碼接下來的三個數字
6. ([-.]?) 是另一個選擇性的分隔符號
7. (\\d{4}) 是號碼的最後四個數字

下列程式碼使用這個模式來讀取一個檔案，並找出匹配我們整個電話號碼模式的資料。它會呼叫一個名為 valid 的函式來檢查號碼的格式是否有效：

```
string phone =
    "(\\()?(\\d{3})(\\))?([-. ])?(\\d{3})([-. ]?)(\\d{4})";
regex r(phone); // 用來找尋我們模式的一個 regex
smatch m;
string s;
// 從輸入檔案讀取每筆記錄
while (getline(cin, s)) {
    // 對於每組匹配的電話號碼
    for (sregex_iterator it(s.begin(), s.end(), r), end_it;
            it != end_it; ++it)
        // 檢查該號碼的格式是否有效
        if (valid(*it))
            cout << "valid: " << it->str() << endl;
        else
            cout << "not valid: " << it->str() << endl;
}
```

使用子匹配的運算

我們會使用在表 17.11 中概述的子匹配運算（submatch operations）來撰寫 valid 函式。要記得的重點是，我們的 pattern 有七個子表達式。因此，每個 smatch 物件都會含有八個 ssub_match 元素。位於 [0] 代表整體匹配；元素 [1]...[7] 則代表每個對應的子表達式。

當我們呼叫 valid，我們知道我們有整體匹配，但我們不知道我們選擇性的子表達式有哪些是該匹配的一部分。如果一個子表達式是整體匹配的一部分，那麼對應到那個子表達式的 ssub_match 的 matched 成員就會是 true。

在一個有效的電話號碼中，區域碼要不是有用成對的括弧圍起，就是完全沒有括弧。因此，valid 所做的工作取決於號碼是否以一個括弧開頭：

```
bool valid(const smatch& m)
{
    // 如果區域碼前有一個左括弧
    if(m[1].matched)
        // 區域碼後就必須跟著一個右括弧
        // 而後面則緊接著其餘的號碼，或一個空格
        return m[3].matched
            && (m[4].matched == 0 || m[4].str() == " ");
    else
        // 否則，區域碼後不能有一個右括弧
        // 其他兩個組成部分之間的分隔符號也必須匹配
        return !m[3].matched
            && m[4].str() == m[6].str();
}
```

表 17.11：子匹配運算

注意：這些運算適用於 ssub_match、csub_match、wssub_match、wcsub_match	
matched	一個 public bool 資料成員，指出這個 ssub_match 是否有匹配。
first second	public 的資料成員，它們是指向匹配序列開頭和超出尾端一個位置處的迭代器。如果沒有匹配，first 和 second 就會相等。
length()	這個匹配的大小。如果 matched 是 false 就回傳 0。
str()	回傳一個 string 含有輸入中匹配的部分。如果 matched 是 false 就回傳空的 string。
s = ssub	將 ssub 這個 ssub_match 物件轉為 string s。等同於 s = ssub.str()。這個轉換運算子不是 explicit 的（§14.9.1）。

我們會先檢查第一個子表達式（即左括弧）是否匹配。那個子表達式在 m[1] 中。如果它匹配，那麼號碼就從一個左括弧開始。在此，如果跟在區域碼後的子表達式也匹配（意味著區域碼後有一個右括弧），整個號碼就是有效的。此外，如果號碼有正確地以括弧括起，那麼下一個字元必須是一個空格，或號碼下一個部分的第一個數字。

如果 m[1] 不匹配（即沒有左括弧），跟在區域碼後的子表達式也必須是空的。如果它是空的，而且剩餘的分隔符號也相等，那麼號碼就是有效的，否則就無效。

習題章節 17.3.3

練習 17.19：為什麼呼叫 m[4].str() 而不先檢查 m[4] 是否匹配，是 ok 的？

練習 17.20：撰寫你自己版本的程式來驗證電話號碼。

練習 17.21：改寫你在 §8.3.2 的電話號碼程式，使用定義在本節中的 valid 函式。

練習 17.22：改寫你的電話號碼程式，讓它允許有任意數目的空白字元分隔一個電話號碼的三個部分。

練習 17.23：撰寫一個正規表達式來找出郵遞區號（zip codes）。一個郵遞區號可以有五或九個數字。前五個數字能以一個破折號與剩餘的四個區隔開來。

17.3.4 使用 regex_replace

我們使用正規表達式的時候，經常不僅需要找出一個給定的序列，也要以另一個序列取代之。舉例來說，我們可能想要將美國的電話號碼轉譯為「ddd.ddd.dddd」這種形式，其中區域碼和下三個數字是以一個點號分隔。

當我們想要尋找並取代輸入序列中的一個正規表達式，我們會呼叫 **regex_replace**。就像搜尋函式，regex_replace（描述於表 17.12 中）接受一個輸入字元序列，以及一個 regex 物件。我們也必須傳入一個字串描述我們想要的輸出。

我們撰寫一個替換字串（replacement string）的方法是包含我們想要的字元，再混合來自匹配的子字串的子表達式。在此，我們想要在我們的替換字串中使用第二個、第五個和第七個子表達式。我們會忽略第一個、第三個、第四個和第六個，因為那些是用在號碼原本的格式化中，並不是我們替換格式的一部分。我們使用一個 $ 符號後面接著一個子表達式的索引編號來指涉一個特定的子表達式：

```
string fmt = "$2.$5.$7"; // 重新格式化號碼為 ddd.ddd.dddd
```

我們可以像這樣使用我們的正規表達式模式和替換字串：

```
regex r(phone); // 用來找尋我們模式的一個 regex
string number = "(908) 555-0132";
cout << regex_replace(number, r, fmt) << endl;
```

這個程式的輸出是

```
908.555.0132
```

表 17.12：正規表達式的取代運算	
`m.format(dest, fmt, mft)` `m.format(fmt, mft)`	使用格式字串 *fmt*、m 中的匹配，以及 mft 中選擇性的 `match_flag_type` 旗標來產生格式化的輸出。第一個版本會寫入輸出迭代器 dest（§10.5.1）並接受是一個 string 或是代表一個字元陣列中一個範圍的一對指標的 *fmt*。第二個版本回傳放有輸出的一個 string，並接受是一個 string 或是對一個 null-terminated 字元陣列的指標的 *fmt*。mft 預設為 `format_default`。

`regex_replace`
`(dest, seq, r, fmt, mft)`
`regex_replace`
`(seq, r, fmt, mft)`
	迭代過 *seq*，使用 `regex_search` 來找尋對 regex r 的連續匹配。使用格式字串 *fmt* 和 mft 中選擇性的 `match_flag_type` 旗標來產生其輸出。第一個版本會寫入輸出迭代器 dest，並接受一對迭代器代表 *seq*。第二個回傳一個 string，放有輸出，而 *seq* 可以是一個 string 或是對 null-terminated 字元陣列的一個指標。在所有情況下，*fmt* 可以是一個 string 或是對一個 null-terminated 字元陣列的指標，而 mft 則預設為 `match_default`。

僅取代部分的輸入序列

我們正規表達式處理的一個更有趣的用法是取代內嵌在一個大型檔案中的電話號碼。舉例來說，我們可能會有一個名稱和電話號碼檔案，其中存有像這樣的資料：

```
morgan (201) 555-0168 862-555-0123
drew (973)555.0130
lee (609) 555-0132 2015550175 800.555-0100
```

而我們想要把這種資料變換為這樣

```
morgan 201.555.0168 862.555.0123
drew 973.555.0130
lee 609.555.0132 201.555.0175 800.555.0100
```

我們能以下列程式來產生這種變換：

```
int main()
{
    string phone =
        "(\\()?(\\d{3})(\\))?([-. ])?(\\d{3})([-. ])?(\\d{4})";
    regex r(phone); // 用來找尋我們模式的一個 regex
    smatch m;
    string s;
    string fmt = "$2.$5.$7"; // 將號碼重新格式化為 ddd.ddd.dddd
    // 從輸入檔案讀取每筆記錄
    while (getline(cin, s))
        cout << regex_replace(s, r, fmt) << endl;
    return 0;
}
```

我們將每筆記錄讀到 s 中，並把那個記錄交給 regex_replace。這個函式會尋找並變換其輸入序列中所有的匹配。

控制匹配和格式化的旗標

就像程式庫定義了旗標來指引正規表達式的處理方式，程式庫也定義了旗標來讓我們控制匹配程序或取代時所用的格式化。這些值列於表 17.13。這些旗標可以被傳入 regex_search 或 regex_match 函式，或傳給類別 smatch 的 format 成員。

匹配與格式旗標的型別為 match_flag_type。這些值定義於名為 regex_constants 的命名空間中。就像與 bind 一起使用的 placeholders（§10.3.4），regex_constants 也是定義在 std 命名空間內的一個命名空間。要使用來自 regex_constants 的一個名稱，我們必須以這兩個命名空間的名稱來為該名稱做資格修飾（qualify）：

```
using std::regex_constants::format_no_copy;
```

這個宣告指出，當我們的程式碼使用 format_no_copy，我們要的是來自命名空間 std::regex_constants 具有那個名稱的物件。我們也可以提供替代形式的 using，這會在 §18.2.2 中涵蓋：

```
using namespace std::regex_constants;
```

表 17.13：匹配旗標	
定義在 regex_constants::match_flag_type 中	
match_default	等同於 format_default
match_not_bol	別把第一個字元視為該行的開頭（beginning of the line）
match_not_eol	別把最後一個字元視為該行的結尾（end of the line）
match_not_bow	別把第一個字元視為一個字詞的開頭（beginning of a word）
match_not_eow	別把最後一個字元視為一個字詞的結尾（end of a word）
match_any	如果有一個以上的匹配，任何匹配都可以被回傳
match_not_null	別匹配一個空的序列
match_continuous	匹配必須從輸入中的第一個字元開始
match_prev_avail	輸入序列的第一個字元之前有字元
format_default	替換字串使用 ECMAScript 的規則
format_sed	替換字串使用 POSIX sed 的規則
format_no_copy	別輸出輸入不匹配的部分
format_first_only	僅取代第一個出現之處

使用格式旗標

預設情況下，regex_replace 會輸出它的整個輸入序列。不匹配正規表達式的那些部分會原封不動地輸出；匹配的部分則會依據給定的格式字串所指示的那樣加以格式化。我們可以在對 regex_replace 的呼叫中指定 format_no_copy 來改變這個預設行為：

```
// 僅產生電話號碼：使用一個新的格式字串
string fmt2 = "$2.$5.$7 ";  // 把空格放在最後一個數字後作為分隔符號
// 告訴 regex_replace 只拷貝它所取代的文字
cout << regex_replace(s, r, fmt2, format_no_copy) << endl;
```

給定相同的輸入，這個版本的程式會產生

```
201.555.0168 862.555.0123
973.555.0130
609.555.0132 201.555.0175 800.555.0100
```

習題章節 17.3.4

練習 17.24：撰寫你自己版本的程式來重新格式化電話號碼。

練習 17.25：改寫你的電話號碼程式，讓它只寫入每個人的第一個電話號碼。

練習 17.26：改寫你的電話號碼

練習 17.27：撰寫一個程式將一個九位數的郵遞區號重新格式化為 ddddd-dddd。

17.4 隨機數

程式經常會需要隨機數（random numbers）的一個來源。在新標準之前，C 和 C++ 都仰賴一個簡單的 C 程式庫函式，名叫 rand。那個函式會產生在 0 到取決於系統的最大值（至少 32767）的範圍中均勻分布（uniformly distributed）的偽隨機整數（pseudorandom integers）。

這個 rand 函式有幾個問題：有許多程式，如果不是大多數的話，所需的隨機數範圍與 rand 所產生的不同。某些應用程式需要隨機的浮點數。某些程式需要反映出某種非均勻分布的數字。程式設計師經常會在試著變換 rand 所產生之數字的範圍、型別或分布之時，引入了非隨機性。

定義在 random 標頭中的隨機數程式庫（random-number library）透過一組相互合作的類別解決了這些問題：**隨機數引擎（random-number engines）**和**隨機數分布類別（random-number distribution classes）**。這些類別描述於表 17.14。一個引擎（engine）會產生一序列的 unsigned 隨機數。一個分布（distribution）則使用引擎來產生在一個給定範圍中指定型別的隨機數，並且它們是依據特定的機率分布來分布的。

 C++ 程式不應該使用程式庫的 rand 函式。取而代之，它們應該使用 default_ random_engine 以及一個適當的分布物件。

表 17.14：隨機數程式庫的元件	
引擎	產生一序列隨機 unsigned 整數的型別
分布	使用一個引擎依據某個特定的機率分布回傳數字的型別

17.4.1 隨機數引擎與分布

隨機數引擎是函式物件類別（function-object classes，§14.8），它們定義了一個呼叫運算子，不接受引數，並會回傳一個隨機的 unsigned 數字。我們可以呼叫一個隨機數引擎型別的物件來產生原始的隨機數：

```
default_random_engine e; // 產生隨機的 unsigned 整數
for (size_t i = 0; i < 10; ++i)
    // e() 「呼叫」該物件來產生下一個隨機數
    cout << e() << " ";
```

在我們的系統上，這個程式會產生：

```
16807 282475249 1622650073 984943658 1144108930 470211272 ...
```

這裡，我們定義了一個名為 e 的物件，它的型別是 **default_random_engine**。在 for 中，我們會呼叫物件 e 來獲得下一個隨機數。

程式庫定義了數個隨機數引擎，它們之間的差異是效能和隨機性的品質。每個編譯器都會指定其中一個引擎作為 default_random_engine 型別。這個型別是要作為具有最通用性質的引擎。表 17.15 列出了引擎的運算，而標準所定義的引擎型別則列於 §A.3.2。

對大多數的用途而言，一個引擎的輸出都無法直接使用，這也是我們在前面稱它們為原始隨機數（raw random numbers）的原因。問題在於，這些數字的範圍通常與我們所需要的不同。正確地變換隨機數的範圍是出人意料困難的。

分布型別和引擎

要取得在一個指定範圍中的數字，我們使用一個分布型別的物件：

```
// 從 0 到 9 均勻分布，包括兩端
uniform_int_distribution<unsigned> u(0,9);
default_random_engine e; // 產生 unsigned 的隨機整數
for (size_t i = 0; i < 10; ++i)
    // u 使用 e 作為數字的一個來源
    // 每次呼叫都會回傳在指定範圍中的一個均勻分布的值
    cout << u(e) << " ";
```

這個程式碼產生的輸出會是

```
0 1 7 4 5 2 0 6 6 9
```

這裡我們定義 u 為一個 uniform_int_distribution<unsigned>。這個型別會產生均勻分布的 unsigned 值。當我們定義這個型別的一個物件，我們可以提供我們想要的最小與最大值。這個程式中，u(0,9) 指出我們希望數字是在 0 到 9 的範圍中，**包括兩端**（*inclusive*）。隨機數分布使用包含性的範圍（**inclusive ranges**），如此我們才能獲得給定的整數型別的每一個可能的值。

就像引擎型別，分布型別也是函式物件類別（**function-object classes**）。分布型別定義一個呼叫運算子，它接受一個隨機數引擎作為它的引數。分布物件使用它的引擎引數來產生隨機數，而分布物件會將它們映射到指定的分布。

注意到我們傳入引擎物件本身：u(e)。假設我們把這個呼叫寫成 u(e())，我們就是在試著傳入 e 所產生的下個值給 u，這會是編譯期錯誤。我們傳入引擎，而非引擎的下一個結果，因為某些分布可能會需要多次呼叫那個引擎。

> 當我們提到一個**隨機數產生器**（**random-number generator**），我們指的是一個分布物件與一個引擎的組合。

比較隨機引擎和 rand 函式

對於熟悉 C 程式庫 rand 函式的讀者，值得注意的是，呼叫一個 default_random_engine 物件的輸出類似於 rand 的輸出。引擎會遞送出系統定義的一個範圍中的 unsigned 整數。

對 rand 來說，這個範圍是 0 到 RAND_MAX。一個引擎型別的範圍只要在該型別的物件上呼叫 min 和 max 成員就會回傳：

```
cout << "min: " << e.min() << " max: " << e.max() << endl;
```

在我們的系統上，這個程式產生下列輸出：

min: 1 max: 2147483646

表 17.15：隨機數引擎的運算

Engine e;	預設建構器；使用引擎型別的預設種子（default seed）
Engine e(s);	使用整數值 s 作為種子
e.seed(s)	使用種子 s 重置引擎的狀態
e.min()	這個產生器會產生的最小和最大數字
e.max()	
Engine::result_type	這個引擎產生的 unsigned 整數值
e.discard(u)	推進引擎 u 個步驟；u 的型別為 unsigned long long

引擎產生一序列的數字

隨機數產生器有一個特性經常會使新手使用者感到困惑：即使所產生的數字看似隨機，一個給定的產生器每次執行時都會回傳相同序列的數字。這個序列不會變的事實在測試過程中非常有幫助。另一方面，使用隨機數產生器的程式必須考慮到這個事實。

舉一個例子，假設我們需要一個函式，它會產生由 100 個隨機整數組成的一個 vector，這些數字均勻分布在從 0 到 9 的範圍中。我們可能會把這個函式寫成這樣：

```
// 產生一個隨機整數 vector 的幾乎可以確定是錯的方式
// 這個函式的輸出每次呼叫都會是相同的 100 個數字！
vector<unsigned> bad_randVec()
{
    default_random_engine e;
    uniform_int_distribution<unsigned> u(0,9);
    vector<unsigned> ret;
    for (size_t i = 0; i < 100; ++i)
        ret.push_back(u(e));
    return ret;
}
```

然而，這個函式會在每次呼叫時都回傳相同的 vector：

```
vector<unsigned> v1(bad_randVec());
vector<unsigned> v2(bad_randVec());
// 會印出 equal
cout << ((v1 == v2) ? "equal" : "not equal") << endl;
```

這個程式碼會印出 equal，因為 v1 和 v2 這些 vector 都有相同的值。

撰寫這種函式正確的方式是讓引擎和所關聯的分布物件是 static 的（§6.1.1）：

```
// 回傳由 100 均勻分布的隨機數所構成的一個 vector
vector<unsigned> good_randVec()
{
    // 因為引擎和分布都會保留狀態，它們通常應該被
    // 定義為 static，如此呼叫時才會產生新的數字
    static default_random_engine e;
    static uniform_int_distribution<unsigned> u(0,9);
    vector<unsigned> ret;
    for (size_t i = 0; i < 100; ++i)
        ret.push_back(u(e));
    return ret;
}
```

因為 e 和 u 是 static 的，它們的狀態會在對此函式的各個呼叫間保存。第一次呼叫會使用 u(e) 所產生的序列的前 100 個隨機數，第二次呼叫會取得下 100 個數，依此類推。

一個給定的隨機數產生器永遠都會產生相同的數字序列。具有一個區域性隨機數產生器的函式應該讓那個產生器（即引擎和分布物件都要）是 static 的。否則，該函式每次被呼叫時，都會產生完全相同的序列。

為產生器提供種子

「產生器會回傳相同序列的數字」這個事實在除錯時很有幫助。然而，一旦我們的程式測試完畢，我們經常會想要使該程式的每次執行都產生不同的隨機結果。我們這麼做的方式是提供一個**種子（seed）**。一個種子是可以致使引擎從其序列中的一個新位置開始產生數字的一個值。

我們能以兩種方式為引擎提供種子：我們可以在創建一個引擎物件時提供種子，或是呼叫引擎的 seed 成員：

```
default_random_engine e1;                      // 使用預設的種子
default_random_engine e2(2147483646);     // 使用給定的種子值
// e3 和 e4 會產生相同的序列，因為它們使用相同的種子
default_random_engine e3;                      // 使用預設的種子值
e3.seed(32767);                                // 呼叫 seed 來設定一個新的種子值
default_random_engine e4(32767);          // 將種子值設為 32767
for (size_t i = 0; i != 100; ++i) {
    if (e1() == e2())
        cout << "unseeded match at iteration: " << i << endl;
    if (e3() != e4())
        cout << "seeded differs at iteration: " << i << endl;
}
```

這裡我們定義了四個引擎。頭兩個，即 e1 和 e2，有不同的種子，而應該會產生不同的序列。後兩個，即 e3 和 e4，則有相同的種子值。這兩個物件會產生相同的序列。

挑選一個良好的種子，就像與產生良好隨機數有關的大多數事情，都是出人意料困難的。或許最常見的做法是呼叫系統的 time 函式。這個函式，定義在 ctime 標頭中，會回傳從一個給定的曆元（epoch）起算的秒數。time 函式接受單一個參數，它是一個指標，指向要在其中寫入時間的一個資料結構。如果那個指標是 null，這個函式就會單純回傳時間：

```
default_random_engine e1(time(0));  // 一個有點隨機的種子
```

因為 time 回傳的時間是秒數，這個種子僅適用於在秒數層級或更長的間隔產生種子的應用。

WARNING　使用 time 當作種子在程式是作為某個自動化程序一部分重複執行的情況下，通常都行不通，最後可能會有好幾次都用了相同的種子。

習題章節 17.4.1

練習 17.28：撰寫一個會在每次被呼叫時，產生並回傳一個均勻分布的隨機 unsigned int 的函式。

練習 17.29：允許使用者提供一個種子作為你在前一個練習寫的函式之選擇性引數。

練習 17.30：再次改寫你的函式，這次為函式應該回傳的數字接受一個最小和最大值。

17.4.2 其他類型的分布

引擎會產生 unsigned 的數字，而且在引擎的範圍中的每個數字被產生出來的可能性都相同。應用程式經常會需要不同型別或不同分布的數字。程式庫處理這兩種需求的方式是定義不同的分布，它們與一個引擎並用時，會產生想要的結果。表 17.16 列出了這些分布型別所支援的運算。

產生隨機實數

程式經常會需要隨機浮點數值（random floating-point values）的一個來源。特別是，程式很常會需要介於零與一之間的隨機數。

從 rand 獲取一個隨機浮點數最常見，但**不正確**的方式是把 rand() 的結果除以 RAND_MAX，它是系統定義的一個上限，也就是 rand 能夠回傳的最大隨機數。這個技巧是不正確的，因為隨機整數的精確度（precision）通常比浮點數還要低，在這種情況下，有些浮點數值永遠都不會被產生作為輸出。

藉由新的程式庫機能，我們可以輕易地獲取一個浮點隨機數。我們定義型別為 uniform_
real_distribution 的一個物件，並讓程式庫處理隨機整數對隨機浮點數的映射
（mapping）。如我們為 uniform_int_distribution 所做的那樣，定義這個物件時，我
們會指定最小和最大值：

```
default_random_engine e; // 產生 unsigned 隨機整數
// 從 0 到 1 均勻分布，包括兩端
uniform_real_distribution<double> u(0,1);
for (size_t i = 0; i < 10; ++i)
    cout << u(e) << " ";
```

這段程式碼與產生 unsigned 值的那個程式幾乎完全相同。然而，因為我們用了一個不同的
分布型別，這個版本就會產生不同的結果：

> 0.131538 0.45865 0.218959 0.678865 0.934693 0.519416 ...

表 17.16：分布的運算
Dist d;   預設建構器；讓 d 可被使用。 其他的建構器取決於 *Dist* 的型別，請參閱 §A.3。 分布的建構器是 explicit 的（§7.5.4）。
d(e)   連續以相同的 e 呼叫會依據 d 的分布型別產生一序列的隨機數；e 是一個隨機數引擎物件。
d.min()   回傳 d(e) 會產生的最小與最大數。 d.max()
d.reset()   重新建立 d 的狀態，讓後續 d 的使用不會依存於 d 已經產生過的值。

使用分布的預設結果型別

除了會在 §17.4.2 中涵蓋的一個例外，分布型別都是具有單一個模板型別參數的模板，這個
參數代表該分布要產生的數字之型別。這些型別永遠都會產生浮點型別或整數型別。

每個分布模板都有一個預設的模板引數（§16.1.3）。產生浮點數值的分布型別預設會產生
double。產生整數結果的分布使用 int 作為它們的預設值。因為分布型別只有一個模板參數，
想要使用預設值的時候，我們就必須在其模板名稱後接上空的一對角括號，表示我們想要用
預設值（§16.1.3）：

```
// 空的 <> 代表我們想要使用預設的結果型別
uniform_real_distribution<> u(0,1);  // 預設產生 double
```

產生不是均勻分布的數字

除了能夠正確地產生在一個指定範圍中的數字，新程式庫的另一個好處是，我們能夠獲取非
均勻分布（nonuniformly distributed）的數字。確實，新程式庫定義了 20 個分布型別！這
些型別列於 §A.3。

舉一個例子，我們會產生一系列的常態分布值，並繪製出所產生的分布。因為 normal_distribution 會產生浮點數，我們的程式會使用來自 cmath 標頭的 lround 函式來將每個結果捨入（round）到其最接近的整數。我們會產生 200 個數字，它們的平均值（mean）是 4，並有 1.5 的標準差（standard deviation）。因為我們使用常態分布（normal distribution），我們可以預期所產生的數字中，大約只有百分之一會落在從 0 到 8（包括兩端）的範圍外。我們的程式會計數有多少出現的值會映射到這個範圍中的整數：

```cpp
default_random_engine e;              // 產生隨機整數
normal_distribution<> n(4,1.5);       // 平均為 4，標準差 1.5
vector<unsigned> vals(9);             // 九個元素，每個都是 0
for (size_t i = 0; i != 200; ++i) {
    unsigned v = lround(n(e));        // 捨入到最接近的整數
    if (v < vals.size())              // 如果這個結果有在範圍中
        ++vals[v];                    // 計數每個數字出現的頻率
}
for (size_t j = 0; j != vals.size(); ++j)
    cout << j << ": " << string(vals[j], '*') << endl;
```

我們一開始先定義我們的隨機產生器物件，以及一個名為 vals 的 vector。我們會用 vals 來計數範圍 0 … 9 中每個數字有多常出現。不同於我們使用 vector 的大多數程式，我們會以所要的大小配置 vals。因為這樣，一開始每個元素都會被初始化為 0。

在 for 迴圈內，我們呼叫 lround(n(e)) 來捨入 n(e) 所回傳的值到最接近的整數。獲得了對應到我們浮點隨機數的整數之後，我們會使用那個數字來索引我們的計數器 vector。因為 n(e) 可能產生在範圍 0 到 9 之外的一個數字，在用它來索引 vals 之前，我們會檢查得到的數字是否在範圍內。如果數字在範圍內，我們會遞增關聯的計數器。

當迴圈執行完畢，我們會印出 vals 的內容，這會產生像這樣的輸出

```
0: ***
1: ********
2: ********************
3: ****************************************
4: **************************************************************
5: ********************************************
6: ************************
7: *******
8: *
```

這裡我們印出一個 string，其中的星號（asterisks）數就是我們的隨機數產生器回傳目前的值的次數。請注意到這個圖並非完美對稱的。如果是，那個對稱就會讓我們有理由懷疑我們隨機數產生器的品質。

bernoulli_distribution 類別

我們注意到有一個分布並不接受模板參數。那個分布就是 bernoulli_distribution，它是一個普通的類別，而非一個模板。這個分布永遠都會回傳一個 bool 值。它會以一個給定的機率回傳 true。預設情況下，這個機率會是 .5。

作為這種分布的一個例子，我們可以有一個會與使用者玩遊戲的程式。要玩這個遊戲，其中一位玩家，可以是使用者或程式，必須先走。我們可以使用具有範圍 0 到 1 的一個 uniform_int_distribution 物件來選擇第一個玩家。又或者，我們可以使用一個 Bernoulli 分布來做這個抉擇。假設我們有一個名為 play 的函式會玩這個遊戲，我們可能會有一個像下面這樣的迴圈來與使用者互動：

```
string resp;
default_random_engine e; // e具有狀態，所以它必須在迴圈外部！
bernoulli_distribution b; // 預設是 50/50 的機率
do {
    bool first = b(e); // 若為 true，程式就會先走
    cout << (first ? "We go first"
                   : "You get to go first") << endl;
    // 傳入誰先走的指示器來玩遊戲
    cout << ((play(first)) ? "sorry, you lost"
                          : "congrats, you won") << endl;
    cout << "play again? Enter 'yes' or 'no'" << endl;
} while (cin >> resp && resp[0] == 'y');
```

我們使用一個 do while 來重複地提示使用者玩遊戲。

WARNING 因為引擎會回傳相同序列的數字（§17.4.1），很重要的是我們必須把引擎宣告在迴圈外部。否則的話，我們每次迭代都會創建一個新的引擎，而且每次迭代都會產生相同的值。同樣地，分布也會保留狀態，所以也應該定義在迴圈外部。

在這個程式中使用 bernoulli_distribution 的原因之一是，那麼做能讓程式有較高的機率先走：

```
bernoulli_distribution b(.55); // 賦予莊家一點優勢
```

如果我們使用這個 b 的定義，那麼程式就會有 55/45 的機率先走。

17.5 重訪 IO 程式庫

在第 8 章中，我們介紹了 IO 程式庫的基本架構和最常用到的部分。在本節中，我們會看看 IO 程式庫支援的三個更為專門的功能：格式控制（format control）、未格式化的 IO（unformatted IO），以及隨機存取（random access）。

17.5.1 有格式的輸入與輸出

除了其條件狀態（§8.1.2），每個 iostream 物件還會維護一個格式狀態（format state），控制 IO 是如何格式化的細節。格式狀態控制的格式化面向包括整數值的記法基數（notational base）、浮點數值的精確度、一個輸出元素的寬度等等。

程式庫定義了一組**操作符**（manipulators，§1.2），列於表 17.17 和 17.18，用來修改一個資料流（stream）的格式狀態。一個操作符是會影響一個資料流之狀態的函式或物件，並且可被用作輸入或輸出運算子的一個運算元。就像輸入和輸出運算子，一個操作符會回傳它所套用的資料流物件，所以我們能夠在單一述句中結合操作符和資料。

我們的程式已經用過一個操作符 endl，我們將之「寫入」到一個輸出資料流，就好像它是一個值一樣。但 endl 並不是一個普通的值，取而代之，它會進行一個運算：它會寫入一個 newline 並排清（flush）緩衝區。

許多操作符都會改變格式狀態

操作符用於兩大類的輸出控制：控制數值的呈現方式，以及控制填補（padding）的數量和位置。改變格式狀態的大多數操作符都是 set/unset 成對提供的，一個操作符設定（set）格式狀態為一個新的值，而另一個解除設定（unset），回復到一般的預設格式。

 改變資料流格式狀態的操作符通常會改變所有後續 IO 的格式狀態。
WARNING

「操作符會對格式狀態做出永久性變更」這個事實在我們有一組想要使用相同格式化的 IO 運算時特別有用。確實，某些程式利用操作符的這個面向來為它所有的輸入或輸出重置一或多個格式化規則的行為。在這種情況中，「操作符會改變資料流」的這個事實是我們想要的特性。

然而，有許多程式（以及或許更重要的，有許多程式設計師）會預期資料流的狀態符合一般的程式庫預設值。在這些情況中，讓資料流停留在一種非標準的狀態，可能會導致錯誤產生。因此，通常最好是在那些變更不再需要時，就復原所做的任何狀態變更。

控制 Boolean 值的格式

會改變其物件的格式狀態的一個操作符實例是 boolalpha 操作符。預設情況下，bool 值會
印出為 1 或 0。一個 true 值會被寫為整數 1，而一個 false 值會是 0。我們可以套用這個
boolalpha 操作符到資料流以覆寫這種格式化：

```
cout << "default bool values: " << true << " " << false
     << "\nalpha bool values: " << boolalpha
     << true << " " << false << endl;
```

執行之後，這個程式會產生下列結果：

```
default bool values: 1 0
alpha bool values: true false
```

一旦我們在 cout 上「寫入」boolalpha，從那時開始，我們就改變了 cout 印出 bool 值的
方式。後續列印 bool 值的運算都會把它們印出為 true 或 false。

要復原 cout 的這個格式狀態變更，我們會套用 noboolalpha：

```
bool bool_val = get_status();
cout << boolalpha  // 設定 cout 的內部狀態
     << bool_val
     << noboolalpha;  // 將內部狀態重置為預設格式化
```

這裡我們只為了印出 bool_val 的值而改變 bool 值的格式。一旦那個值被印出，我們就立即
將資料流重置回它最初的狀態。

為整數值指定基數

預設情況下，整數值是以十進位記法（decimal notation）來讀寫的。我們可以用操作符 oct
和 hex 將記法的基數改為八進位（octal）或十六進位（hexadecimal），或用操作符 dec 改
回十進位：

```
cout << "default: " << 20 << " " << 1024 << endl;
cout << "octal: " << oct << 20 << " " << 1024 << endl;
cout << "hex: " << hex << 20 << " " << 1024 << endl;
cout << "decimal: " << dec << 20 << " " << 1024 << endl;
```

編譯並執行後，這個程式會產生下列輸出：

```
default: 20 1024
octal: 24 2000
hex: 14 400
decimal: 20 1024
```

注意到，就像 boolalpha，這些操作符會改變格式狀態。它們會影響緊接在其後的輸出，以
及所有後續的整數輸出，直到調用另一個操作符重置了格式為止。

hex、oct 與 dec 操作符只會影響整數運算元，浮點數值的呈現方式不會受到影響。

在輸出上標示基數

預設情況下，當我們印出數字，沒有視覺線索會告訴我們所用的記法基數是什麼。舉例來說，20 真的是 20，或是 16 的八進位表示值（octal representation）？當我們在十進位模式印出數字，數字會如預期印出。如果我們需要印出八進位或十六進位值，很有可能我們也應該使用 showbase 操作符。showbase 操作符會導致輸出資料流使用跟指定一個整數常數之基數時相同的慣例：

- 一個前導的 0x 代表十六進位。
- 一個前導的 0 代表八進位。
- 上面兩者皆沒出現則代表十進位。

這裡我們修改了前面的程式，使用 showbase：

```
cout << showbase;  // 列印整數值的時候顯示基數
cout << "default: " << 20 << " " << 1024 << endl;
cout << "in octal: " << oct << 20 << " " << 1024 << endl;
cout << "in hex: " << hex << 20 << " " << 1024 << endl;
cout << "in decimal: " << dec << 20 << " " << 1024 << endl;
cout << noshowbase;  // 重置資料流的狀態
```

修改過的輸出讓我們可以清楚看出底層的值實際上是什麼：

```
default: 20 1024
in octal: 024 02000
in hex: 0x14 0x400
in decimal: 20 1024
```

noshowbase 操作符會重置 cout，讓它不再顯示整數值的記法基數。

預設情況下，十六進位值是以小寫印出，並有小寫的 x。我們可以顯示 X 和十六進位的數字 a-f 為大寫（uppercase），只要套用 uppercase 操作符就行了：

```
cout << uppercase << showbase << hex
     << "printed in hexadecimal: " << 20 << " " << 1024
     << nouppercase << noshowbase << dec << endl;
```

這個述句產生下列輸出：

```
printed in hexadecimal: 0X14 0X400
```

我們套用 nouppercase、noshowbase 與 dec 操作符來讓資料流回到原本的狀態。

控制浮點數值的格式

我們可以控制浮點數輸出的三個面向：

- 印出多少位數（digits）的精確度（precision）
- 數字是以十六進位、固定十進位（fixed decimal）或科學記法（scientific notation）印出

- 是否要為是整數的浮點數值印出一個小數點（decimal point）

預設情況下，浮點數值是以六位數的精確度印出；如果數值沒有小數部分（fractional part），小數點就會被省略；而是以固定的十進位印出，或以科學記法印出，則取決於數字的值。程式庫會挑選能提高可讀性的格式。非常大和非常小的值會以科學記法印出。其他的值則以固定的十進位印出。

指定要印出多少精確度

預設情況下，精確度（precision）控制被印出的總位數（total number of digits）。印出時，浮點數值會被捨入（rounded）為，而非截斷（truncated）為目前的精確度。因此，如果目前的精確度是四，那麼 3.14159 就會變為 3.142；如果精確度是三，那麼它就會被印出為 3.14。

我們可以呼叫一個 IO 物件的 precision 成員或使用 setprecision 操作符來改變精確度。precision 成員是重載的（§6.4）。一個版本接受一個 int 值，並會把精確度設定為那個新的值。它會回傳之前的精確度值。另一個版本不接受引數，並會回傳目前的精準度值。setprecision 操作符接受一個引數，用來設定精確度。

 setprecision 操作符和其他接受引數的操作符都是定義在 iomanip 標頭中。

下列的程式示範了控制浮點數值列印精確度的不同方式：

```
// cout.precision 回報目前的精確度值
cout << "Precision: "    << cout.precision()
     << ", Value: "      << sqrt(2.0) << endl;
// cout.precision(12) 請求印出 12 位數的精確度
cout.precision(12);
cout << "Precision: "    << cout.precision()
     << ", Value: "      << sqrt(2.0) << endl;
// 設定精確度的替代方式：使用 setprecision 操作符
cout << setprecision(3);
cout << "Precision: "    << cout.precision()
     << ", Value: "      << sqrt(2.0) << endl;
```

編譯並執行後，這個程式會產生下列輸出：

```
Precision: 6, Value: 1.41421
Precision: 12, Value: 1.41421356237
Precision: 3, Value: 1.41
```

表 17.17：定義在 **iostream** 中的操作符	
boolalpha	將 true 與 false 顯示為字串
* noboolalpha	將 true 與 false 顯視為 0、1
showbase	產生前綴指出整數值的數值基數
* noshowbase	不要產生記法基數前綴
showpoint	永遠都為浮點數值顯示小數點
* noshowpoint	只在數值有小數部分時顯示小數點
showpos	非負值數字顯示 +
* noshowpos	非負值數字不顯示 +
uppercase	十六進位印出 0X，科學記法印出 E
* nouppercase	十六進位印出 0x，科學記法印出 e
* dec	整數值以十進位數值基數顯示
hex	整數值以十六進位數值基數顯示
oct	整數值以八進位數值基數顯示
left	新增填補字元（fill characters）到值的右邊
right	新增填補字元到值的左邊
internal	在正負號（sign）和數值之間新增填補字元
fixed	以十進位記法顯示浮點數值
scientific	以科學記法顯示浮點數值
hexfloat	以十六進位顯示浮點數值（C++ 11 的新功能）
defaultfloat	重置浮點數格式為十進位（C++ 11 的新功能）
unitbuf	每次輸出運算後都排清（flush）
* nounitbuf	回復一般的緩衝區排清
* skipws	輸入運算子跳過空白
noskipws	輸入運算子不跳過空白
flush	排清 ostream 緩衝區
ends	插入 null，然後排清 ostream 緩衝區
endl	插入 newline，然後排清 ostream 緩衝區
* 代表預設的資料流狀態	

這個程式呼叫程式庫的 sqrt 函式，可以在 cmatch 標頭中找到它。sqrt 函式是重載的，可以在 float、double 或 long double 引數上呼叫。它會回傳其引數的平方根（square root）。

指定浮點數字的記法

 除非你需要控制浮點數的呈現方式（例如以欄位印出資料，或是印出代表金錢的資料，或百分比），通常最好還是讓程式庫挑選記法。

我們可以使用適當的操作符來迫使一個資料流使用科學、固定或十六進位記法。scientific 操作符會改變資料流狀態，使用科學記法。fixed 操作符會使資料流使用固定的十進位記法。

在新程式庫底下，我們也能使用 hexfloat 來迫使浮點數值使用十六進位格式。新的程式庫提供另一種操作符，名為 defaultfloat。這個操作符會讓資料流回復到其預設狀態，依據被印出的值來挑選記法。

這些操作符也會改變資料流的精確度的預設意義。執行 scientific、fixed、or hexfloat 後，精確度值控制的是小數點後的位數。預設情況下，精確度指定的是總位數，包括小數點前後。使用 fixed 或 scientific 讓我們印出以欄位（**columns**）對齊的數字，小數點則在固定的位置，相對於被印出的小數部分：

```
cout << "default format: " << 100 * sqrt(2.0) << '\n'
     << "scientific: " << scientific << 100 * sqrt(2.0) << '\n'
     << "fixed decimal: " << fixed << 100 * sqrt(2.0) << '\n'
     << "hexadecimal: " << hexfloat << 100 * sqrt(2.0) << '\n'
     << "use defaults: " << defaultfloat << 100 * sqrt(2.0)
     << "\n\n";
```

會產生下列輸出：

```
default format: 141.421
scientific: 1.414214e+002
fixed decimal: 141.421356
hexadecimal: 0x1.1ad7bcp+7
use defaults: 141.421
```

預設情況下，十六進位數字和用在科學記法中的 e 是以小寫印出。我們可以使用 uppercase 操作符來以大寫顯示那些值。

印出小數點

預設情況下，當一個浮點數值的小數部分是 0，小數點就不會被顯示出來。showpoint 操作符迫使小數點被印出：

```
cout << 10.0 << endl;        // 印出 10
cout << showpoint << 10.0    // 印出 10.0000
     << noshowpoint << endl;              // 恢復到小數點的預設格式
```

noshowpoint 操作符恢復預設的行為。下一個輸出運算式會有預設行為，也就是在浮點數值的小數部分為 0 時抑制小數點的印出。

填補輸出

當我們以欄位印出資料，我們經常需要相當精細地控制資料的格式化。程式庫提供了數個操作符來幫助我們達成我們可能會需要的控制：

- setw 用以指定下一個數值或字串值最少的空格。
- left 左對齊（**left-justify**）輸出。
- right 右對齊（**right-justify**）輸出。輸出預設是右對齊的。
- internal 控制正負號在負值上的放置位置。internal 左對齊正負號，並且右對齊數值，中間的空間以空格填補。

- setfill 讓我們指定要用來填補輸出的替代字元。預設情況下，這個值會是一個空格（space）。

> setw，像是 endl，不會改變輸出資料流的內部狀態。它決定的只是下個輸出的大小。

下列程式示範這些操作符的使用：

```cpp
int i = -16;
double d = 3.14159;
// 填補第一個欄位，在輸出中使用最少的 12 個位置
cout << "i: " << setw(12) << i << "next col" << '\n'
     << "d: " << setw(12) << d << "next col" << '\n';
// 填補第一個欄位，並左對齊所有的欄位
cout << left
     << "i: " << setw(12) << i << "next col" << '\n'
     << "d: " << setw(12) << d << "next col" << '\n'
     << right; // 回復一般的對齊方式
// 填補第一個欄位，並右對齊所有的欄位
cout << right
     << "i: " << setw(12) << i << "next col" << '\n'
     << "d: " << setw(12) << d << "next col" << '\n';
// 填補第一個欄位，但將填補字元放到欄位內部
cout << internal
     << "i: " << setw(12) << i << "next col" << '\n'
     << "d: " << setw(12) << d << "next col" << '\n';
// 填補第一個欄位，使用 # 作為填補字元
cout << setfill('#')
     << "i: " << setw(12) << i << "next col" << '\n'
     << "d: " << setw(12) << d << "next col" << '\n'
     << setfill(' '); // 回復一般的填補字元
```

執行後，這段程式化產生

```
i:          -16next col
d:      3.14159next col
i: -16         next col
d: 3.14159     next col
i:          -16next col
d:      3.14159next col
i: -          16next col
d:      3.14159next col
i: -#########16next col
d: #####3.14159next col
```

表 17.18：定義在 **iomanip** 中的操作符	
setfill(ch)	以 ch 填補空白
setprecision(n)	設定浮點數精確度為 n
setw(w)	讀取或寫入值為 w 個字元
setbase(b)	基數 b 中的輸出整數

控制輸入格式化

預設情況下，輸入運算子會忽略空白（blank、tab、newline、formfeed 與 carriage return）。下列迴圈

```
char ch;
while (cin >> ch)
    cout << ch;
```

若給定輸入序列

> **a b   c**
> **d**

會執行四次來讀取字元 a 到 d，跳過中介的空白、可能的 tabs 和 newline 字元。這個程式的輸出是

> **abcd**

noskipws 操作符會使輸入運算子讀取空白（whitespace），而非跳過。要回到預設行為，我們會套用 skipws 操作符：

```
cin >> noskipws; // 設定 cin 讓它讀取空白
while (cin >> ch)
    cout << ch;
cin >> skipws; // 重置 cin 到預設狀態，讓它捨棄空白
```

給定跟之前相同的輸入，這個迴圈會進行七次迭代，讀取輸入中的字元及空白。這個迴圈會產生

> **a b   c**
> **d**

習題章節 17.5.1

練習 17.34：寫一個程式，展示表 17.17 和 17.18 中所列的每個操作符的使用。

練習 17.35：改寫前面會印出 2 的平方根的程式，但這次以大寫印出十六進位數字。

練習 17.36：修改前面練習的程式，印出各個浮點數值，讓它們以欄位對齊。

17.5.2 未格式化的輸入與輸出運算

到目前為止，我們的程式只有用過**有格式的 IO（formatted IO）**運算。輸入和輸出運算子（<< 和 >>）會依據所處理的型別格式化它們所讀或所寫的資料。輸入運算子會忽略空白，而輸出運算子則會套用填補、精確度等等。

程式庫也提供了一組低階的運算，支援**無格式的 IO（unformatted IO）**。這些運算讓我們把一個資料流當作一序列未經解譯的位元組（a sequence of uninterpreted bytes）處理。

單位元組運算

有數個無格式運算會以一次一個位元組的方式處理一個資料流。這些運算，描述於表 17.19，會讀取而非忽略空白。舉例來說，我們可以使用無格式的 IO 運算 get 和 put 一次讀取或寫入一個字元：

```
char ch;
while (cin.get(ch))
        cout.put(ch);
```

這個程式會在輸入中保留空白。其輸出與輸入完全相同。它執行的方式與前面使用 noskipws 的程式相同。

表 17.19：單位元組的低階 IO 運算
is.get(ch)　　　　把來自 istream is 的下個位元組放入字元 ch 中。回傳 is。
os.put(ch)　　　　把字元 ch 放到 ostream os 上。回傳 os。
is.get()　　　　　從 is 回傳下一個位元組為一個 int。
is.putback(ch)　把字元 ch 放回到 is；回傳 is。
is.unget()　　　　將 is 移回一個位元組；回傳 is。
is.peek()　　　　回傳下一個位元組為一個 int 但別移除它。

放回到一個輸入資料流上

有的時候我們需要讀取一個字元才會知道我們尚未準備好處理它。在這種情況中，我們會想要把那個字元放回資料流。程式庫為我們提供了三種方式這樣做，它們每個之間有細微的差異：

- peek 回傳輸入資料流上的下一個字元的一個拷貝，但不會改變資料流。peek 所回傳的值仍會在資料流上。
- unget 會復原輸入資料流，讓上次回傳的任何值都還會在資料流上。即使我們不知道上次從資料流拿了什麼值，我們仍然可以呼叫 unget。
- putback 是 unget 更專用的版本：它回傳從資料流讀到的上一個值，但接受的一個引數必須跟上次讀到的值相同。

一般來說，我們保證能夠在下次讀取之前放回最多一個值。也就是說，我們並不被保證能夠連續呼叫 putback 或 unget，其間沒有中介有讀取運算。

來自輸入運算的 int 回傳值

peek 函式和不接受引數的 get 版本會從輸入資料流回傳一個字元為一個 int。這個事實可能令人驚訝，因為讓這些函式回傳一個 char 似乎更為自然。

這些函式回傳一個 int 的原因是要讓它們能夠回傳一個 end-of-file（檔案結尾）標記。一個給定的字元集被允許能夠使用 char 中的每個值來代表一個實際的字元。因此，那個範圍中沒有額外的值可以用來表示 end-of-file。

回傳 int 的函式會將它們回傳的字元轉為 unsigned char，然後將該值提升為 int。因此，即使字元集有對應到負值的字元，從這些運算回傳的 int 仍然會是正值（§2.1.2）。程式庫使用一個負值來代表 end-of-file，因此它保證會與其他任何的合法字元有不同的值。我們不需要知道所回傳的實際值，cstdio 標頭定義了一個名為 EOF 的 const，我們可以用它來測試看看 get 回傳的值是否為 end-of-file。所以使用一個 int 來存放從這些函式回傳的值是必要的：

```
int ch; // 使用一個 int，而非一個 char 來存放從 get() 回傳的值
// 用來讀或寫輸入中所有資料的迴圈
while ((ch = cin.get()) != EOF)
        cout.put(ch);
```

這個程式的運作方式與前面的程式相同，唯一的差異在於用來讀取輸入的 get 版本。

多位元組運算

某些無格式的 IO 運算會一次處理數個區塊（chunk）的資料。如果速度很重要，這些運算可能就會有用，但像是其他的低階運算，它們是很容易出錯的。特別是，這些運算要求我們配置和管理用來儲存和取回資料的字元陣列（§12.2）。這些多位元組的運算列於表 17.20。

get 與 getline 函式接受相同的參數，而它們的動作是類似的，但並非完全相同。在每種情況下，sink 都是其中可以放置資料的一個 char 陣列。這些函式會持續讀取，直到下列其中一種情況發生：

- 讀取了 size - 1 個字元
- 遇到檔案結尾（end-of-file）
- 遇到分隔符號字元（delimiter character）

這些函式之間的差異是對待分隔符號的方式：get 會讓分隔符號留存為 istream 的下個字元，然而 getline 會讀取並丟棄分隔符號。在任一種情況中，分隔符號都不會被儲存在 sink 中。

表 17.20：多位元組的低階 IO 運算
`is.get(sink, size, delim)`
從 `is` 讀取最多 `size` 個位元組的資料，並將它們儲存在字元陣列中從 `sink` 所指的位址開始的位置。持續讀取直到遇到 `delim` 字元或直到它已經讀了 `size` 個位元組，或遇到 end-of-file。如果 `delim` 有出現，它會被留在輸入資料流上，不會被讀進 `sink`。
`is.getline(sink, size, delim)`
與三個引數版的 `get` 有相同的行為，但會讀取並丟棄 `delim`。
`is.read(sink, size)`
讀取最多 `size` 個位元組到字元陣列 `sink` 中。回傳 `is`。
`is.gcount()`
回傳上一次呼叫一個無格式的讀取運算從資料流 `is` 讀得的位元組數。
`os.write(source, size)`
從字元陣列 `source` 寫入 `size` 個位元組到 `os`。回傳 `os`。
`is.ignore(size, delim)`
讀取並忽略最多 `size` 個字元，讀到 `delim` 為止並包括 `delim`。不同於其他的無格式函式，`ignore` 有預設引數：`size` 預設為 1，而 `delim` 預設為 end-of-file。

WARNING　一個常見的錯誤是，想要從資料流移除分隔符號（**delimiter**），但忘記那麼做。

判斷讀取了多少字元

有數個讀取運算都會從輸入讀取未知數目的位元組。我們可以呼叫 gcount 來判斷上次無格式的輸入運算讀取了多少字元。你必須在任何中介的無格式輸入運算之前呼叫 gcount。特別是，會把字元放回資料流的單字元運算也是無格式的輸入運算。如果 peek、unget 或 putback 在呼叫 gcount 之前被呼叫了，那麼回傳值就會是 0。

17.5.3 對一個資料流的隨機存取

各種資料流型別一般都有支援對它們關聯資料流的資料之隨機存取（random access）。我們可以重新調整資料流的位置，讓它跳來跳去，先讀取最後一行，然後第一行，依此類推。程式庫提供了一對函式來尋找（*seek*）一個給定位置，以及告知（*tell*）目前在關聯資料流中的位置。

隨機 IO 本質上就是依存於系統的。要了解如何使用這些功能，你必須查詢你系統的說明文件。

雖然這些 seek 和 tell 函式有為所有的資料流型別而定義，它們所做的事情是否有用則取決於該資料流所繫結的裝置（device）。在大多數系統上，繫結到 cin、cout、cerr 與 clog 的資料流並不支援隨機存取，畢竟，在我們正直接寫入 cout 的時候跳回十個位置代表什麼意義呢？我們可以呼叫 seek 和 tell 函式，但這些函式會在執行時期失敗，留下處於無效狀態的資料流。

注意：低階常式（low-level routines）容易出錯

一般來說，我們提倡使用程式庫所提供的高階抽象層（higher-level abstractions）。回傳 int 的 IO 運算就是說明原因的一個好例子。

常見的一個程式設計錯誤就是把從 get 或 peek 回傳的值指定給一個 char 而非一個 int。這麼做是一種錯誤，而且是編譯器不會偵測到的錯誤。取而代之，會發生的事取決於機器和輸入的資料。舉例來說，在 char 是被實作為 unsigned char 的機器上，這個迴圈會永遠執行：

```
    char ch; // 在這裡使用一個 char 等同於在召喚災難！
    // cin.get 的回傳會被轉為 char 然後與一個 int 做比較
    while ((ch = cin.get()) != EOF)
            cout.put(ch);
```

問題在於，當 get 回傳 EOF，那個值會被轉為一個 unsigned char 值。經過轉換的值不再等於 EOF 的 int 值，而迴圈就會持續到永遠。這種錯誤很可能在測試中被發現。

在 char 被實作為 signed char 的機器上，我們就無法肯定地判斷迴圈的行為會是什麼了。一個超出範圍的值被指定到一個 signed 值的時候會發生什麼事，會由編譯器來決定。在許多機器上，這個迴圈會看似好像能夠運作，除非輸入中的一個字元匹配 EOF 值。雖然這種字元不太可能出現在一般資料中，但我們之所以會使用低階 IO，可能就是因為我們要讀取無法直接映射到一般字元和數值的二進位值。舉例來說，在我們的機器上，如果輸入含有一個值為 '\377' 的字元，那麼迴圈就會提早終止。'\377' 在我們的機器上，就是 -1 被用作一個 signed char 時會轉換而成的值。如果輸入有這個值，那麼它就會被視為一個（過早出現的）的 end-of-file 指示符。

這種臭蟲不會在我們讀寫有型別的值時出現。如果你能使用程式庫支援的更有型別安全性、更高階的運算，請那麼做。

習題章節 17.5.2

練習 17.37：使用無格式版的 getline 一次一行地讀取一個檔案。給它一個含有空文字行的檔案，以及其中含有的文字行比你傳入給 getline 的字元陣列還要長的檔案，以測試你的程式。

練習 17.38：擴充你在前一個練習的程式，在自己的一行印出每個讀到的字詞。

因為 istream 和 ostream 型別通常不支援隨機存取，本節剩餘的部分應該被視為僅適用於 fstream 與 sstream 型別。

Seek 和 Tell 函式

為了支援隨機存取，IO 型別維護了一個標記（marker）來決定下次的讀取或寫入會在哪裡發生。它們也支援兩個函式：一個會藉由搜尋（seek）到一個給定的位置來調整標記的位置；第二個則告訴（tell）我們標記目前的位置。程式庫實際上定義了兩對的 seek 和 tell 函式，描述於表 17.21。一對會由輸入資料流所用，另一對則由輸出資料流使用。輸入與輸出版本之間是以是一個 g 或 p 的後綴來區分。g 的版本代表我們正在「getting」（取得，即讀取）資料，而 p 的版本代表我們正在「putting」（放置，即寫入）資料。

表 17.21：Seek 和 Tell 函式
`tellg()` `tellp()` 回傳標記目前在一個輸入資料流（tellg）或輸出資料流（tellp）中的位置。
`seekg(pos)` `seekp(pos)` 將一個輸入或輸出資料流中的標記移到資料流中給定的絕對位址。pos 通常會是之前對應的 tellg 或 tellp 函式呼叫所回傳的一個值。
`seekp(off, from)` `seekg(off, from)` 將一個輸入或輸出資料流的標記移動到 from 前或後整數 off 個字元處。from 可以是下列其中之一 • beg，相對於資料流開頭進行尋找 • cur，相對於資料流的目前位置進行尋找 • end，相對於資料流尾端進行尋找

根據這個邏輯，我們只能在一個 istream 或繼承自 istream 的型別 ifstream 與 istringstream（§8.1）上使用 g 版本。而 p 版本只能用在一個 ostream 或繼承自它的型別上，例如 ofstream 與 ostringstream。一個 iostream、fstream 或 stringstream 可以讀取也可以寫入關聯的資料流，在這些型別上，g 或 p 的版本都能使用。

標記只有一個

程式庫把 seek 和 tell 函式區分為「putting」和「getting」版本，可能有誤導之虞。雖然程式庫有做這種區別，它在一個資料流中維護的標記只有一個，並沒有讀取標記（read marker）和寫入標記（write marker）之分。

當我們處理的是僅限輸入或僅限輸出的資料流，甚至看不出來有這種分別存在。我們只能在這種資料流上使用 g 或 p 的版本。如果我們試著在一個 ifstream 上呼叫 tellp，編譯器就會抱怨。同樣地，它不會讓我們在一個 ostringstream 上呼叫 seekg。

fstream 與 stringstream 型別可以讀取和寫入相同的資料流。在這些型別中，只有單一個緩衝區存放要讀取或寫入的資料，以及代表在緩衝區中目前位置的單一個標記。程式庫會把 g 和 p 的位置都映射到這單一的標記。

因為標記只有一個，每當我們要在讀取和寫入之間切換，我們必須進行 seek 來重新
調整標記的位置。

重新調整標記的位置

seek 函式有兩種版本：一個移到檔案中的一個「絕對」位址；另一個移到距離一個給定位置
某個位元組位移量（byte offset）的地方：

```
// 設定標記到一個固定的位置
seekg(new_position); // 設定讀取標記到給定的 pos_type 位置
seekp(new_position); // 設定寫入標記到給定的 pos_type 位置

// 位移到給定的起點之前或之後某個距離的地方
seekg(offset, from); // 設定讀取標記到跟 from 距離 offset 的地方
seekp(offset, from); // offset 的型別為 off_type
```

from 可能的值列於表 17.21。

引數 new_position 與 offset 有取決於機器的型別，分別名為 pos_type 與 off_type。這些
型別定義在 istream 與 ostream 中。pos_type 代表一個檔案位置（file position），而 off_
type 代表從那個位置的一個位移量（offset）。型別為 off_type 的一個值可以是正的或負的，
我們可以在檔案中往前 seek 或往後 seek。

存取標記

tellg 或 tellp 函式會回傳一個 pos_type 值代表目前在資料流中的位置。這些 tell 函式通
常會被用來記住一個位置，讓我們在之後能 seek 回它：

```
// 將目前的寫入標記記錄在 mark 中
ostringstream writeStr; // 輸出 stringstream
ostringstream::pos_type mark = writeStr.tellp();
// ...
if (cancelEntry)
    // 回傳到剛記住的位置
    writeStr.seekp(mark);
```

讀取和寫入相同的檔案

讓我們看看一個程式設計範例。假設我們有一個要讀取的給定檔案。我們要在檔案結尾寫入
新的一行，含有每行開頭的相對位置。舉例來說，給定下列檔案，

abcd
efg
hi
j

程式應該產生下列修改過的檔案：

```
abcd
efg
hi
j
5 9 12 14
```

請注意，我們的程式不需要寫入第一行的位移量，它永遠都是在位置 0。也注意到這個位移量必須包括每一行結尾看不見的 newline 字元。最後，注意到輸出中的最後一個數字是我們的輸出開始那行的位移量。藉由包括這個位移量在我們的輸出中，我們就能分辨我們的輸出和檔案原本的內容。我們可以讀取所產生的檔案中的最後一個數字，並且 seek 到對應的位移量以取得我們輸出的開頭。

我們的程式會一次讀取一行的檔案。對於每一行，我們會遞增一個計數器，加入我們剛讀的文字行的大小。那個計數器就是下一行開始的位移量：

```cpp
int main()
{
    // 開啟來輸入和輸出，並且將檔案指標移到 end-of-file
    // 檔案模式的引數請參閱 §8.4
    fstream inOut("copyOut",
                    fstream::ate | fstream::in | fstream::out);
    if (!inOut) {
        cerr << "Unable to open file!" << endl;
        return EXIT_FAILURE; // EXIT_FAILURE 請參閱 §6.3.2
    }
    // inOut 是開啟在 ate 模式，所以它一開始就定位在尾端
    auto end_mark = inOut.tellg();    // 記得原本的 end-of-file 位置
    inOut.seekg(0, fstream::beg);     // 調整位置到檔案開頭
    size_t cnt = 0;                   // 計數位元組的累計器
    string line;                      // 存放每一行的輸入
    // 當我們尚未碰到錯誤並且仍在讀取原本資料時
    while (inOut && inOut.tellg() != end_mark
            && getline(inOut, line)) {   // 而且可以取得另一行的輸入
        cnt += line.size() + 1;          // 加 1 以算入 newline
        auto mark = inOut.tellg();       // 記住讀取位置
        inOut.seekp(0, fstream::end);    // 設定寫入標記到尾端
        inOut << cnt;                    // 寫入累計的長度
        // 如果這不是最後一行就印出一個分隔符號
        if (mark != end_mark) inOut << " ";
        inOut.seekg(mark);               // 回復讀取位置
    }
    inOut.seekp(0, fstream::end);        // seek 到末端
    inOut << "\n";                       // 在檔案結尾寫入一個 newline
    return 0;
}
```

我們的程式使用 in、out 與 ate 開啟它的 fstream（§8.4）。頭兩個模式指出，我們想要讀取和寫入同一個檔案。

指定 ate 會將讀取和寫入標記移到檔案結尾。一如以往,我們會檢查開啟是否成功,並在沒有的時候退出(§6.3.2)。

因為我們的程式會寫入其輸入檔,我們無法使用 end-of-file 來表示該停止讀取了。取而代之,我們的迴圈必須在抵達原輸入結尾時結束。因此,我們必須先記住原本的 **end-of-file** 位置。因為我們開啟檔案在 ate 模式,inOut 已經定位在尾端了。我們會把目前的位置(即原本的尾端)儲存在 end_mark 中。記住這個尾端位置後,我們會 **seek** 到距離檔案開頭 0 個位元組的地方,以把讀取標記的位置移動到檔案開頭。

這個 while 迴圈的條件有三個部分:我們先檢查資料流是有效的;如果是,我們就比較目前的讀取位置(tellg 所回傳的)和記在 end_mark 中的位置,來檢查我們是否耗盡了原本的輸入。最後,假設兩個測試都成功,我們會呼叫 getline 來讀取下一行的輸入。如果 getline 成功,我們就會執行迴圈的主體。

迴圈主體一開始先將目前的位置記在 mark 中。我們儲存那個位置是為了在寫入下個相對位移量之後回到那個位置。對 seekp 的呼叫會將寫入標記的位置移到檔案結尾。我們寫入計數器的值,然後往回 seekg 到我們記在 mark 中的位置。回存了標記後,我們就準備好重複 while 中的條件了。

迴圈的每次迭代都會寫入下一行的位移量。因此,迴圈的最後一次迭代會負責寫入最後一行的位移量。然而,我們仍然得寫入一個 **newline** 在檔案結尾。就像其他的寫入,我們呼叫 seekp 來調整檔案的位置到尾端,以寫入那個 **newline**。

習題章節 17.5.3

練習 17.39:為本節所展示的 seek 程式撰寫你自己的版本。

本章總結

本章涵蓋了額外的 IO 運算，以及四個程式庫型別：tuple、bitset、正規表達式和隨機數。

tuple 是一種模板，能讓我們將不同型別的成員捆在一起成為單一個物件。每個 tuple 都含有一個指定數目的成員，但程式庫沒有限制我們能為一個給定的 tuple 型別定義的成員數。

bitset 能讓我們定義一個指定大小的位元集合。一個 bitset 的大小並沒有受限要符合任何整數型別，而且甚至可以超過它們。除了支援一般的位元運算子（§4.8）外，bitset 定義了數個具名的運算，讓我們操作 bitset 中特定位元的狀態。

正規表達式程式庫提供了一組類別和函式：regex 類別管理以數種常見的正規表達式語言之一寫成的正規表達式。匹配類別存放有關特定匹配的資訊。這些類別會為 regex_search 與 regex_match 函式所用。這些函式接受一個 regex 物件，以及一個字元序列，並會偵測 regex 中的正規表達式是否匹配給定的字元序列。regex 迭代器型別是一種迭代器轉接器，使用 regex_search 來迭代過一個輸入序列，並回傳每個匹配的子序列。另外還有 regex_replace 函式讓我們將給定輸入序列的匹配部分取代為一個指定的替代選擇。

隨機數程式庫是一組隨機數引擎和分布類別。一個隨機數引擎會回傳一序列均勻分布的整數值。程式庫定義了數個具有不同效能特性的引擎。default_random_engine 被定義為應該適用於大多數普通用途的引擎。程式庫也定義了 20 個分布型別。這些分布型別使用一個引擎來遞送一個給定範圍內指定型別的隨機數，它們會依據特定的機率分布而分布。

定義的詞彙

bitset 標準程式庫的類別，存放一個集合的位元，其大小在編譯時期就知道，並提供了運算來測試和設定該集合中的位元。

cmatch csub_match 物件的容器，提供一個 regex 在 const char* 輸入序列上匹配的相關資訊。容器中的第一個元素描述整體的匹配結果。後續的元素描述子表達式的結果。

cregex_iterator 就像 sregex_iterator，只不過它會迭代過由 char 組成的一個陣列。

csub_match 存放一個正規表達式匹配一個 const char* 的結果。可以代表整個匹配或一個子表達式。

default random engine（預設的隨機引擎） 一般用途的隨機數引擎的型別別名。

formatted IO（有格式的 IO） 使用被讀或被寫的物件之型別來定義運算之動作的 IO 運算。有格式的輸入運算會進行適合被讀取的型別的任何變換，例如將 ASCII 數值字串轉換為所指示的算術型別，或是（預設的）忽略空白。有格式的輸出常式會將型別轉為可列印的字元表示值，填補輸出，並且可能進行其他的、型別限定的變換。

get 為一個給定的元組（tuple）回傳指定成員的模板函式。舉例來說，get<0>(t) 會從 tuple t 回傳第一個元素。

high-order（高序） 一個 bitset 中具有最大索引的位元。

low-order（低序） 一個 bitset 中具有最低索引的位元。

manipulator（**操作符**）　一種類函式（function-like）的物件，用來「操作（manipulates）」一個資料流。操作符可以用作重載的 IO 運算子 << 和 >> 的右運算元。大多數的操作符都會改變物件的內部狀態。這種操作符經常都會成對出現，一個用來改變狀態，而另一個則將資料流恢復到其預設狀態。

random-number distribution（**隨機數分布**）　標準的程式庫型別，會依據其具名的分布變換一個隨機數引擎的輸出。舉例來說，uniform_int_distribution<T> 會產生型別為 T 的均勻分布的整數、normal_distribution<T> 則產生常態分布的數字，諸如此類的。

random-number engine（**隨機數引擎**）　產生隨機的無號數字（random unsigned numbers）的程式庫型別。引擎主要是用作隨機數分布的輸入。

random-number generator（**隨機數產生器**）　一個隨機數引擎型別和一個分布型別的組合。

regex　管理一個正規表達式用的類別。

regex_error　會被擲出以表示一個正規表達式中有語法錯誤的例外型別。

regex_match　判斷整個輸入序列是否匹配給定的 regex 物件的函式。

regex_replace　使用一個 regex 物件和一個給定的格式來取代一個輸入序列中匹配的子表達式的函式。

regex_search　使用一個 regex 物件來找出一個給定的輸入序列的一個匹配的子序列的函式。

regular expression（**正規表達式**）　描述一個序列的字元的一種方式。

seed（**種子**）　提供給一個隨機數引擎，使它移動到它所產生的數字序列中的一個新位置的值。

smatch　ssub_match 物件的容器，提供一個 regex 在 string 輸入序列上匹配的相關資訊。容器中的第一個元素描述整體的匹配結果。後續的元素描述子表達式的結果。

sregex_iterator　會迭代過一個 string，使用一個給定的 regex 物件在這個給定的 string 中找尋匹配的迭代器。其建構器會呼叫 regex_search 來將迭代器定位在第一個匹配。遞增這種迭代器會呼叫 regex_search 在給定 string 中緊接在目前匹配後之處開始搜尋。解參考迭代器會回傳一個 smatch 物件描述目前的匹配。

ssub_match　存放一個正規表達式匹配一個 string 的結果的型別。可以代表整個匹配或一個子表達式。

subexpression（**子表達式**）　一個正規表達式模式用括弧括起的組成部分。

tuple（**元組**）　一種模板，它所產生的型別用來存放具有指定型別的無名成員。一個 tuple 可以定義的成員數沒有限制。

unformatted IO（**無格式的IO**）　將資料流視為一個未分化的位元組串流（an undifferentiated byte stream）的運算。無格式運算的使用者需要承擔更大的 IO 管理責任。

用於大型程式的工具

Tools for Large Programs

本章目錄

C++ 可以用在小到單一名程式設計師只要工作數小時就能解決的問題上,也可以用在需要數百名程式設計師花費多年開發和修改的數千萬行程式碼構成的龐大系統才能解決的問題上。在本書前面部分所涵蓋的機能對於在這兩個極端之間的程式設計問題都有用處。

這個語言還包括了一些功能,在比小型團隊能夠管理的系統還要複雜的系統上最有用處。這些功能,即例外處理、命名空間和多重繼承,就是本章的主題。

大規模程式設計（*large-scale programming*）對於程式語言的要求會比能由小型團隊的程式設計師能夠開發的系統之需求還要更高。大規模應用程式最具區別性的需求有

- 跨越獨立開發的子系統處理錯誤的能力
- 使用多多少少是獨立開發的程式庫之能力
- 為更為複雜的應用程式概念建立模型的能力

本章會檢視 C++ 專為這些需求所設計的三個功能：例外處理、命名空間，以及多重繼承。

18.1 例外處理

例外處理（**exception handling**）能讓一個程式獨立開發的各部分溝通並處理在執行時期（run time）出現的問題。例外能讓我們分離問題偵測和問題解決。程式的某個部分可以偵測問題，並能把解決問題的工作交給程式的另一個部分。偵測的部分不需要知道有關處理部分的任何資訊，反之亦然。

在 §5.6 中，我們介紹了使用例外的基本概念和機制。在本節中，我們會拓展那些基礎的涵蓋範圍。要有效使用例外處理，我們得了解一個例外被擲出時發生的事、它被捕捉時發生的事，以及傳達什麼出錯了的物件之意義。

18.1.1 擲出一個例外

在 C++ 中，一個例外被**提出**（**raised**）的方式是**擲出**（**throwing**）一個運算式。所擲出的運算式之型別，連同目前的呼叫串鏈（call chain），決定了哪個**處理器**（**handler**）會處理該例外。被選中的處理器會是在呼叫串鏈中最接近的，匹配所擲物件型別的那個。那個物件的型別和內容能讓程式負責擲出的部分告知處理的部分什麼出錯了。

當一個 throw 被執行，跟在那個 throw 後的述句不會被執行，取而代之，控制權會從那個 throw 轉給匹配的 catch。那個 catch 可能是相同函式中區域性的，或可能在直接或間接呼叫例外在其中發生的那個函式的某個函式中。控制權從一個位置轉交到另一個這個事實有兩個重大的後果：

- 呼叫串鏈上的函式可能提早退出。
- 進入到一個處理器時，呼叫串鏈沿路所創建的物件可能已經被摧毀了。

因為跟在 throw 後的述句沒有被執行，一個 throw 就像是一個 return 一樣：它通常會是某個條件述句的一部分，或者是一個函式的最後（或唯一）一個述句。

Stack Unwinding

當一個例外被擲出，目前函式的執行會暫停，開始尋找匹配的 catch 子句。如果 throw 出現在一個 **try 區塊**（**try block**）內，與那個 try 關聯的 catch 子句就會被檢視。如果有找到

匹配的 catch，例外就會由那個 catch 處理。否則，如果 try 本身是內嵌在另一個 try 中，搜尋就會接續到外圍 try 的 catch 子句。如果沒找到匹配的 catch，目前的函式就會被退出，並繼續在呼叫端的函式搜尋。

如果對擲出例外的函式的呼叫是在一個 try 區塊中，那麼與那個 try 關聯的 catch 就會被檢視。如果找到一個匹配的 catch，例外就會被處理。否則，如果 try 是巢狀的，外圍 try 的 catch 子句就會被搜尋。如果沒找到 catch，呼叫端的函式也會被退出。搜尋繼續在呼叫剛退出的函式的那個函式中進行，依此類推。

這個過程，被稱為 **stack unwinding（堆疊開展）**，會持續在巢狀函式呼叫的串鏈中進行，直到匹配例外的一個 catch 子句被找到為止，或是 main 函式因為沒找到匹配的 catch 而被退出為止。

假設有找到一個匹配的 catch，就會進入那個 catch，而程式的執行就會在那個 catch 內的程式碼繼續。當這個 catch 完成，執行就會在緊接於那個 try 區塊所關聯的最後一個 catch 子句後的位置繼續。

如果沒找到匹配的 catch，程式就會被退出。例外主要用於會使得程式無法繼續正常執行的事件。因此，一旦有一個例外被提出，它就不能一直未被處理。如果沒找到匹配的 catch，程式就會呼叫程式庫的 **terminate** 函式。如其名稱所示，terminate 會停止程式的執行。

> 未被捕捉的一個例外會終止程式。

Stack Unwinding 的過程中，物件會自動被摧毀

在 stack unwinding 的過程中，呼叫串鏈中的區塊可能會被提早退出。一般來說，這些區塊會創建區域物件，而區域物件通常會在它們在其中被創建的區塊退出時被摧毀。Stack unwinding 也不例外。在 stack unwinding 的過程中，若有區塊被退出，編譯器會保證在那個區塊中創建的物件會適當地被摧毀。如果一個區域物件是類別型別，那個物件的解構器就會自動被呼叫。一如以往，摧毀內建型別物件時，編譯器不會做什麼事。

如果有一個例外在一個建構器中發生，那麼正在建構的物件可能只有部分建構好。它的一些成員可能已經被初始化，但其他的在例外發生前可能尚未初始化。即使這種物件只有部分建構好，我們還是能保證已建構的成員會適當地被摧毀。

同樣地，一個陣列或程式庫容器型別之元素的初始化過程中，可能會發生例外。我們一樣會得到保證，在例外發生前已建構好的元素（如果有的話）將會被摧毀。

解構器和例外

解構器會被執行，但一個函式中釋放資源的程式碼可能被跳過，這個事實會影響到我們如何組織我們的程式。如我們在 §12.1.4 中看到的，如果一個區塊配置了一項資源，而例外發生在釋放該項資源的程式碼之前，釋放資源的那段程式碼就不會被執行。另一方面，類別型別的一個物件所配置的資源一般會被它們的解構器所釋放。藉由使用類別來控制資源的配置，我們可以確保資源會被適當地釋放，不管函式是正常退出或因為例外。

「Stack unwinding 的過程中解構器會被執行」這個事實會影響到我們如何撰寫解構器。如果有一個新的例外在 stack unwinding 的過程中被擲出，並且在擲出它的函式中沒被捕捉，terminate 就會被呼叫。因為解構器可能會在 stack unwinding 的過程中被調用，它們永遠都不應該擲出解構器本身不會處理的例外。也就是說，如果一個解構器進行了可能擲出例外的一個運算，它應該將那個運算包在一個 try 區塊中，並在解構器的區域範疇中處理它。

在實務上，因為解構器會釋放資源，它們不太可能會擲出例外。所有的標準程式庫型別都保證它們的解構器不會提出例外。

 在 stack unwinding 的過程中，解構器是在類別型別的區域物件上執行。因為解構器是自動被執行的，它們不應該擲出例外。如果，在 stack unwinding 的過程中，一個解構器擲出了它沒有捕捉的一個例外，程式就會終止。

例外物件

編譯器使用擲出運算式來拷貝初始化（§13.1.1）一個特殊的物件，它被稱作**例外物件**（**exception object**）。結果就是，一個 throw 中的運算式必須有一個完整的型別（complete type，§7.3.3）。此外，如果該運算式有類別型別，那個類別就必須有一個可存取的解構器，以及一個可存取的拷貝或移動建構器。如果例外有陣列或函式型別，該運算式就會被轉換為其對應的指標型別。

那個例外物件存在於編譯器所管理的空間中，保證能被所調用的任何 catch 所存取。這個例外物件會在例外完全被處理之後摧毀。

如我們所見，當一個例外被擲出，呼叫串鏈沿路上的區塊都會退出，直到有一個匹配的處理器被找到為止。當一個區塊被退出，那個區塊中的區域物件所用的記憶體會被釋放。因此，擲出對一個區域物件的指標幾乎可以肯定是種錯誤。這是錯誤的原因就跟從函式回傳對區域物件的指標是錯誤一樣（§6.3.2）。如果指標指向的是在 catch 之前就被退出的一個區塊中的某個物件，那麼該區域物件在 catch 之前就已經被摧毀了。

當我們擲出一個運算式，那個運算式的靜態、編譯時期型別（§15.2.3）決定了該例外物件的型別。這是必須牢記的重點，因為許多應用程式都會擲出其型別來自某個繼承層架構的運算式。如果一個 throw 運算式解參考對一個基礎類別型別的指標，而那個指標指向一個衍生型別的物件，那麼所擲出的物件會被切掉（sliced down，§15.2.3），只有基礎類別的部分會被擲出。

WARNING 若要擲出一個指標，那個指標所指的物件必定要存在，不管對應的處理器出現在哪裡。

習題章節 18.1.1

練習 18.1：下列 `throw` 中的例外物件是什麼型別呢？

(a)	`range_error r("error");`	(b)	`exception *p = &r;`
	`throw r;`		`throw *p;`

如果 (b) 中的 `throw` 是寫成 `throw p`，會發生什麼事呢？

練習 18.2：請解釋如果有個例外發生在所指示的位置，那會發生什麼呢？

```
void exercise(int *b, int *e)
{
    vector<int> v(b, e);
    int *p = new int[v.size()];
    ifstream in("ints");
    // 例外發生於此
}
```

練習 18.3：有兩種方式可以讓前面的程式碼在例外被擲出時正確運作，請描述它們並加以實作。

18.1.2 捕捉一個例外

一個 **catch 子句**中的**例外宣告**（exception declaration）看起來就像是剛好只有一個參數的函式參數列。就跟在參數列中一樣，如果 catch 不需要存取所擲出的運算式，那我們就可以省略那個捕捉參數（catch parameter）的名稱。

該宣告的型別決定了處理器可以捕捉什麼種的例外。那個型別必須是一個完整型別（§7.3.3）。該型別可以是一個 lvalue reference 但不可以是一個 rvalue reference（§13.6.1）。

進入一個 catch 的時候，在其例外宣告中的參數會以例外物件初始化。就像函式參數，如果 catch 參數有一種非參考型別，那麼 catch 中的參數就是例外物件的一個拷貝；在 catch 內對參數所做的變更是更改到區域性的拷貝，而非例外物件本身。如果參數有一個參考型別，那麼就像任何的參考參數，那個 catch 參數只是例外物件的另一個名稱。對該參數所做的變更會更改到例外物件。

就像一個函式參數，具有基礎類別型別的一個 catch 參數能以衍生自該參數型別的型別的一個例外物件來初始化。如果 catch 參數有一個非參考型別，那麼例外物件就會被切掉

（§15.2.3），就好像這樣的一個物件以值被傳到一個普通函式一樣。另一方面，如果參數是對一個基礎類別型別的參考，那麼參數就會以跟之前一樣的普通方式繫結到例外物件。

同樣地，就跟函式參數一樣，例外宣告的靜態型別決定了 catch 可以進行的動作。如果 catch 參數有一個基礎類別型別，那麼 catch 就無法使用專屬衍生型別的任何成員。

 一般來說，接受的例外之型別若有繼承關係，一個 catch 就應該把它的參數定義為一個參考。

找尋一個匹配的處理器

在搜尋一個匹配的 catch 的過程中，所找到的 catch 並不一定是最匹配例外的那一個。取而代之，所選的 catch 會是第一個匹配例外的那個。因此，在一串 catch 子句中，最專用的 catch 必須先出現。

因為 catch 子句是以它們出現的順序來匹配的，使用來自某個繼承階層架構的例外的程式必須特別排列它們的 catch 子句，讓衍生型別的處理器出現在其基礎型別的一個 catch 之前。

何時一個例外會匹配一個 catch 例外宣告的規則比用來匹配引數和參數型別的規則還要更嚴格。大多數的轉換都是不被允許的，除了幾個可能的差異外，例外的型別和 catch 宣告必須完全匹配：

- 從非 const 到 const 的轉換是允許的。也就是說，一個非 const 物件的 throw 可以匹配被指定為接受對 const 的一個參考的一個 catch。
- 從衍生型別到基礎型別的轉換是被允許的。
- 一個陣列會被轉換為對該陣列型別的一個指標；一個函式會被轉換為對函式型別的適當指標。

其他的轉換都不被允許用來匹配一個 catch。特別是，標準的算術轉換和為類別型別所定義的轉換都不被允許。

 型別之間有繼承關係的多個 catch 子句必須以從最接近的衍生型別到最遠的衍生型別的順序排列。

重擲（Rethrow）

有的時候，單一個 catch 無法完全處理一個例外。在某些矯正動作之後，一個 catch 可能會判斷該例外必須由呼叫串鏈中更上層的一個函式來處理。一個 catch 將其例外轉交給另一個 catch 的方式是**重新擲出（rethrowing）**該例外。重擲就是後面沒有跟著任何運算式的一個 throw：

```
    throw;
```

一個空的 throw 只能出現在一個 catch 中或從一個 catch（直接或間接）呼叫的一個函式中。
如果遇到一個空的 throw 的時候沒有處理器正在作用中，terminate 就會被呼叫。

一個 rethrow 不會指定一個運算式，（目前的）例外物件會在串鏈中往上傳遞。

一般來說，一個 catch 可能改變其參數的內容。如果，改變了它的參數之後，catch 重新擲
出了那個例外，那麼那些變更就只會在 catch 的例外宣告是一個參考的時候被傳播出去：

```
catch (my_error &eObj) {  // 指定符是一個參考型別
    eObj.status = errCodes::severeErr;  // 修改例外物件
    throw;  // 例外物件的 status 成員是 severeErr
} catch (other_error eObj) {  // 指定符是非參考型別
    eObj.status = errCodes::badErr;  // 僅修改區域性拷貝
    throw;  // 例外物件的 status 成員不變
}
```

全捕捉處理器（Catch-All Handler）

有的時候我們想要捕捉可能發生的任何例外，不管其型別為何。捕捉每一種可能的例外可
能會是種問題：有的時候我們不知道什麼型別會被擲出。即使我們知道所有的型別，為每
個可能的例外都提供一個特定的 catch 子句可能很繁瑣。要捕捉所有的例外，我們使用一
個省略符號（ellipsis）作為例外宣告。這種處理器，有時被稱作 **catch-all** 處理器，具有
catch(...) 這樣的形式。一個 **catch-all** 子句匹配任何型別的例外。

一個 catch(...) 經常與一個 rethrow 運算式搭配使用。那個 catch 會進行任何可以做的區
域性作業，然後重新擲出該例外：

```
void manip() {
    try {
        // 導致一個例外被擲出的動作
    }
    catch (...) {
        // 部分處理該例外的工作
        throw;
    }
}
```
一個 catch(...) 子句可被單獨使用，或作為數個 catch 子句之一。

> 如果一個 catch(...) 是與其他的 catch 子句搭配使用，它必須是最後一個。跟在
> 一個 catch-all 之後的任何 catch 永遠都不會匹配。

18.1.3 函式 **try** 區塊與建構器

一般來說，例外可能在程式執行的任何位置發生。特別是，例外可能發生在處理一個建構器
初始器（constructor initializer）的時候。建構器初始器會在進入建構器主體前執行。在建構

器主體內的一個 catch 無法處理一個建構器初始器所擲出的例外，因為建構器主體內的 try 區塊在那個例外被擲出時尚未生效。

習題章節 18.1.2

練習 18.4：先往前看看圖 18.1 中的繼承階層架構，解釋下列的 try 區塊有什麼問題，並加以更正。

```
try {
    // 使用 C++ 標準程式庫
} catch(exception) {
    // ...
} catch(const runtime_error &re) {
    // ...
} catch(overflow_error eobj) { /* ... */ }
```

練習 18.5：修改下列的 main 函式來捕捉圖 18.1 中所示的任何例外型別：

```
int main() {
    // 使用 C++ 標準程式庫
}
```

處理器應該在呼叫 abort（定義於 cstdlib）來終止 main 之前印出與例外關聯的錯誤訊息。

練習 18.6：給定下列的例外型別和 catch 子句，寫出一個 throw 運算式，創建一個可被每個 catch 子句所捕捉的例外物件：

```
(a)  class exceptionType { };
     catch(exceptionType *pet) { }
(b)  catch(...) { }
(c)  typedef int EXCPTYPE;
     catch(EXCPTYPE) { }
```

要處理來自一個建構器初始器的例外，我們必須將該建構器寫成一個**函式 try 區塊（function try block）**。一個函式 try 區塊能讓我們將一組 catch 子句關聯到一個建構器的初始化階段（或解構器的的解構階段），以及該建構器的（或解構器的）函式主體。舉個例子，我們可以把 Blob 建構器（§16.1.2）包在一個函式 try 區塊中：

```
template <typename T>
Blob<T>::Blob(std::initializer_list<T> il) try :
                data(std::make_shared<std::vector<T>>(il)) {
        /* 空的主體 */
} catch(const std::bad_alloc &e) { handle_out_of_memory(e); }
```

注意到關鍵字 try 出現在起始建構器初始器串列的冒號之前，也在構成建構器函式主體（在此為空的）的大括號之前。與這種 try 關聯的 catch 可被用來處理在成員初始化串列或建構器主體中擲出的例外。

值得注意的是，例外可能發生在初始化建構器的參數之時。這種例外**不是**函式 try 區塊的一部分。函式 try 區塊只會處理在建構器開始執行後發生的例外。就像任何其他的函式呼叫，如果一個例外在參數初始化的過程中發生，那個例外就是呼叫運算式（calling expression）的一部分，並且會在呼叫者（caller）的情境中處理。

建構器處理源自建構器初始器的例外的唯一方法是把該建構器寫成一個函式 try 區塊。

習題章節 18.1.3

練習 18.7： 定義你第 16 章的 Blob 和 BlobPtr 類別為它們的建構器使用函式 try 區塊。

18.1.4 noexcept 例外設定

知道一個函式不會擲出任何例外，對於使用者和編譯器都可能會有用處。知道一個函式不會擲出例外能夠簡化撰寫呼叫那個函式的程式碼的工作。此外，如果編譯器知道不會有任何例外被擲出，它（有的時候）就能進行有例外會被擲出時必須被抑制的最佳化了。

在新標準底下，一個函式能夠提供一個 **noexcept 設定（noexcept specification）** 來指出它不會擲出例外。關鍵字 noexcept 跟在函式參數列後，代表該函式不會擲出例外： `C++ 11`

```
void recoup(int) noexcept;   // 不會擲出
void alloc(int);             // 可能擲出
```

這些宣告指出，recoup 不會擲出任何例外，而 alloc 可能會。我們說 recoup 有一個**不擲出的設定（nonthrowing specification）**。

noexcept 指定符必須出現在一個函式的所有宣告和對應的定義上，或者完全不出現。這個指定符接在一個尾端回傳（trailing return，§6.3.3）前。我們也可以在一個函式指標的宣告和定義上指定 noexcept。它不可以出現在一個 typedef 或型別別名中。在成員函式中，noexcept 指定符跟在任何 const 或參考資格修飾符（**reference qualifiers**）之後，並在虛擬函式的 final、override 或 = 0 之前。

違反例外設定

要了解的重點是，編譯器不會在編譯時期檢查 noexcept 設定。事實上，編譯器不被允許只因為它含有一個 throw 或呼叫了一個可能會擲出例外的函式，而拒絕接受帶有 noexcept 指定符的一個函式（然而，好心的編譯器會對這種用法發出警告）：

```
    // 這個函式可以編譯，即使它明顯地違反了它的例外設定也是如此
    void f() noexcept          // 承諾不擲出任何例外
    {
        throw exception();  // 違反例外設定
    }
```

因此，很有可能一個宣稱不會擲出的函式實際上還是擲出了例外。如果一個 noexcept 函式確實擲出例外，terminate 就會被呼叫，藉此強制實行不會在執行時期擲出例外的承諾。這時是否會進行 stack unwinding，是未指定的。因此，noexcept 應該被用在兩種情況中：如果我們確信函式不會擲出例外，或者我們不知道要做什麼來處理錯誤之時。

指定一個函式不會擲出例外，在效果上等同於是向不擲出函式（nonthrowing function）的呼叫者承諾它們永遠都不需要處理任何例外。要不是函式不會擲出例外，就是整個程式會終止，無論如何，呼叫者都沒有責任。

一般來說，編譯器無法，而且不會，在編譯時期驗證例外設定。

回溯相容性：例外設定

早期版本的 C++ 有更為精細的例外設定，能讓我們指定一個函式可能會擲出的例外型別。一個函式可以指定關鍵字 throw 後面跟著一串被括弧圍起的型別，代表函式可能擲出的例外。這種 throw 指定符現在跟目前語言的 noexcept 指定符相同的地方。

這種做法從未廣泛被使用，而在目前的標準中已被棄用。雖然這些更為精細的設定已被棄用，這種舊的方式有一種用法廣為流傳。被標示為 throw() 的函式承諾不會擲出任何例外：

```
    void recoup(int) noexcept; // recoup 不會擲出
    void recoup(int) throw();  // 等效的宣告
```

recoup 的這些宣告是等效的。兩者皆指出 recoup 不會擲出例外。

---

noexcept 設定的引數

noexcept 指定符接受一個選擇性的引數，它必須可被轉換為 bool：如果這個引數為 true，那麼函式就不會擲出；如果引數為 false，函式就可能會擲出：

```
    void recoup(int) noexcept(true); // recoup 不會擲出
    void alloc(int) noexcept(false); // alloc 可以擲出
```

noexcept 運算子

C++
11

noexcept 指定符的引數經常是使用 **noexcept 運算子**來寫成的。noexcept 運算子是一個單元運算子（unary operator），會回傳一個 bool rvalue 常數運算式，指出一個給定的運算式是否可以擲出例外。就像 sizeof（§4.9），noexcept 不會估算其運算元。

舉例來說，這個運算式會產出 true：

```
noexcept(recoup(i)) // 如果呼叫 recoup 不會擲出，就為 true，否則為 false
```

因為我們以一個 noexcept 指定符宣告 recoup。更廣義地說，

```
noexcept(e)
```

會在 e 所呼叫的所有函式都有不擲出的設定（**nonthrowing specifications**）而且 e 本身不含有 throw 的時候回傳 true。否則，noexcept(e) 會回傳 false。

我們可以使用 noexcept 運算子來構成一個例外指定符，如下：

```
void f() noexcept(noexcept(g())); // f 有跟 g 相同的例外指定符
```

如果函式 g 承諾不擲出，那麼 f 也會是不擲出（**nonthrowing**）的。如果 g 沒有例外指定符，或是有允許例外的例外指定符，那麼 f 也可以擲出。

> noexcept 有兩種意義：跟在一個函式的參數列後時，它是一個例外指定符；它也是一個運算子，經常用作一個 noexcept 例外指定符的 bool 引數。

例外設定和指標、Virtual 及拷貝控制

雖然 noexcept 指定符不是一個函式之型別的一部分，一個函式是否有例外設定會影響到該函式的使用方式。

對函式的一個指標和那個指標所指的函式必須有相容的設定（**specifications**）。也就是說，如果我們宣告了具有不擲出例外設定的一個指標，我們就只能用那個指標來指向經過類似資格修飾的函式。一個（明確地或隱含地）指定了它可能會擲出的指標可以指向任何函式，即使那個函式包含了不擲出的承諾：

```
// recoup 和 pf1 都承諾不擲出
void (*pf1)(int) noexcept = recoup;
// ok：recoup 不會擲出，pf2 會擲出也沒關係
void (*pf2)(int) = recoup;
pf1 = alloc; // 錯誤：alloc 可能會擲出，但 pf1 說它不會
pf2 = alloc; // ok：pf2 與 alloc 都可能擲出
```

如果一個虛擬函式包含不擲出的一個承諾，繼承的 **virtual** 就必須也承諾不擲出。另一方面，如果基礎（**base**）允許例外，衍生函式更為受限，承諾不擲出，也不會有問題：

```
class Base {
public:
    virtual double f1(double) noexcept;  // 不擲出
    virtual int f2() noexcept(false);    // 可能擲出
    virtual void f3();                   // 可能擲出
};
class Derived : public Base {
public:
```

```
    double f1(double);          // 錯誤：Base::f1 承諾不擲出
    int f2() noexcept(false);   // ok：跟 Base::f2 相同的設定
    void f3() noexcept;         // ok：衍生的 f3 較受限
};
```

當編譯器合成拷貝控制成員，它會為合成的成員產生一個例外設定。如果所有成員和基礎類別的對應運算都承諾不擲出，那麼合成的成員就會是 noexcept。如果合成的成員所調用的任何函式可能擲出，那麼合成的成員就會是 noexcept(false)。此外，如果我們沒有為我們定義的解構器提供一個例外設定，編譯器就會為我們合成一個。編譯器所產生的設定會跟類別的解構器是它合成時所產生的一樣。

習題章節 18.1.4

練習 18.8：重新審視你寫過的類別，並為它們的建構器和解構器加上適當的例外設定。如果你認為你的解構器之一可能會擲出例外，就改變程式碼讓它無法擲出。

18.1.5 例外類別之階層架構

標準程式庫的例外類別（§5.6.3）所構成的繼承階層架構（第 15 章）如圖 18.1 中所示。

exception 型別定義的運算只有拷貝建構器、拷貝指定運算子、一個虛擬解構器，以及名為 what 的一個虛擬成員。what 函式會回傳一個 const char* 指向一個 null-terminated 的字元陣列，而且保證不會擲出任何例外。

exception、bad_cast 與 bad_alloc 類別還定義了一個預設建構器。runtime_error 與 logic_error 類別沒有預設建構器，但有接受一個 C-style 字元字串或一個程式庫 string 引數的建構器。那些引數是要用來提供有關錯誤的額外資訊。在這些類別中，what 會回傳用來初始化例外物件的訊息。因為 what 是 **virtual** 的，如果我們捕捉了對基礎型別的一個參考，對 what 函式的一個呼叫會執行適用於例外物件動態型別的版本。

書店應用程式的例外類別

應用程式經常會定義衍生自 exception 的類別（或衍生自 exception 的其中一個程式庫類別）來擴充 exception 階層架構。這些應用程式限定的類別代表了該應用領域特定的例外情況。

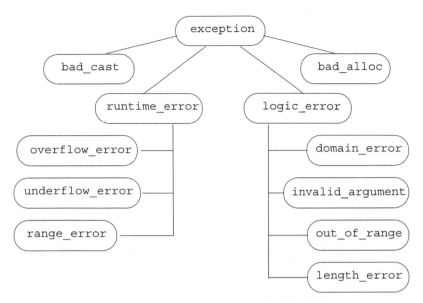

圖 18.1：標準的 exception 類別階層架構

如果我們是在建置一個真實的書店應用程式，我們的類別可能會比這本入門指南中所呈現的更為複雜許多。這種複雜性的其中一個來源就是這些類別如何處理例外。事實上，我們大概會定義我們自己的例外階層架構來表示應用程式限定的問題。我們的設計可能會包括像這樣的類別：

```cpp
// 書店應用程式假設性的例外類別
class out_of_stock: public std::runtime_error {
public:
    explicit out_of_stock(const std::string &s):
                         std::runtime_error(s) { }
};
class isbn_mismatch: public std::logic_error {
public:
    explicit isbn_mismatch(const std::string &s):
                         std::logic_error(s) { }
    isbn_mismatch(const std::string &s,
        const std::string &lhs, const std::string &rhs):
        std::logic_error(s), left(lhs), right(rhs) { }
    const std::string left, right;
};
```

我們應用程式限定的例外型別會繼承自標準的例外類別。就跟任何階層架構一樣，我們可以把這些例外類別想成是被組織成數層。隨著階層架構變得更深，每層都會變為更專用的例外。舉例來說，階層架構第一層，也是最通用的那層，是由類別 exception 所代表。我們捕捉型別為 exception 的一個物件時，我們所知道的，就只是有事出錯了。

第二層會特化 exception 為兩大類：執行期錯誤或邏輯錯誤。執行期錯誤（**run-time errors**）代表只能在程式執行時偵測到的事情。邏輯錯誤（**logic errors**）原則上代表我們可以在我們的應用程式中偵測到的錯誤。

我們的書店例外類別更進一步劃分了更專門的類別。名為 out_of_stock 的類別代表專屬於我們應用程式，可能在執行時期出錯的事情。它會被用來代表一個訂單無法被履行。類別 isbn_mismatch 代表一種更特定形式的 logic_error。原則上，一個程式可以在物件上比較 isbn() 的結果來防止和處理這種錯誤。

使用我們自己的例外型別

我們使用自己例外類別的方式跟使用標準程式庫類別一樣。程式的某部分會擲出這些型別之一的一個物件，而另一個部分則捕捉並處理所指出的問題。舉例來說，我們可以為我們的 Sales_data 類別定義複合的加法運算子，在偵測到 ISBN 不相符的時候擲出型別為 isbn_mismatch 的一個錯誤：

```
// 如果兩個物件不是指涉同一本書，就擲出一個例外
Sales_data&
Sales_data::operator+=(const Sales_data& rhs)
{
    if (isbn() != rhs.isbn())
        throw isbn_mismatch("wrong isbns", isbn(), rhs.isbn());
    units_sold += rhs.units_sold;
    revenue += rhs.revenue;
    return *this;
}
```

使用這個複合加法運算子（或本身用到這個複合加法運算子的一般加法運算子）的程式碼可以偵測到這種錯誤，並寫出一個適當的錯誤訊息，然後繼續執行：

```
// 使用假設性的書店例外
Sales_data item1, item2, sum;
while (cin >> item1 >> item2) {  // 讀取兩筆交易記錄
    try {
        sum = item1 + item2;      // 計算它們的總和
        // 使用 sum
    } catch (const isbn_mismatch &e) {
      cerr << e.what() << ": left isbn(" << e.left
           << ") right isbn(" << e.right << ")" << endl;
    }
}
```

練習 18.9：定義在本節描述的書店例外類別，並改寫你 `Sales_data` 的複合指定運算子來擲出一個例外。

練習 18.10：寫一個程式在具有不同 ISBN 的物件上使用 `Sales_data` 加法運算子。撰寫兩個版本的程式：一個有處理例外，一個沒有。比較這些程式的行為，以熟悉一個未被捕捉的例外發生時會發生的事。

練習 18.11：為什麼 `what` 函式沒有擲出是很重要的事情？

18.2 命名空間

大型程式通常都會使用獨立開發的程式庫。這種程式庫經常也會定義大量的全域名稱，例如類別、函式和模板。當一個應用程式使用來自許多不同供應商的程式庫，幾乎無法避免的是，其中有些名稱會有衝突。把名稱放入全域命名空間的程式庫會被說是導致了**命名空間污染**（**namespace pollution**）。

傳統上，程式設計師避免命名空間污染的方法是為他們所定義的全域實體（**global entities**）使用非常長的名稱。這些名稱經常會含有一個前綴（**prefix**）指出哪個程式庫定義了該名稱：

```
class cplusplus_primer_Query { ... };
string cplusplus_primer_make_plural(size_t, string&);
```

這種解法距離理想還差得遠呢：對程式設計師來說，撰寫和閱讀這種冗長的名稱都是很繁瑣的。

命名空間（**namespace**）提供了更有條理的機制來避免名稱衝突。這些命名空間會分割全域命名空間。一個命名空間就是一個範疇（**scope**）。藉由在一個命名空間中定義程式庫的名稱，程式庫的作者（和使用者）就可以避開全域名稱中固有的限制。

18.2.1 命名空間的定義

一個命名空間定義以關鍵字 `namespace` 開頭，後面接著命名空間的名稱。命名空間名稱後接的是以大括號（**curly braces**）分隔的一序列宣告和定義。能夠出現在全域範疇的任何宣告都可以被放入一個命名空間：類別、變數（與它們的初始化）、函式（與它們的定義）、模板，以及其他的命名空間：

```
namespace cplusplus_primer {
    class Sales_data { /* ... */};
    Sales_data operator+(const Sales_data&,
                         const Sales_data&);
    class Query { /* ... */ };
    class Query_base { /* ... */};
} // 就像區塊，命名空間並不以一個分號結尾
```

這段程式碼定義了一個名為 cplusplus_primer 的命名空間，它具有四個成員：三個類別，以及一個重載的 + 運算子。

就像任何名稱，一個命名空間的名稱在定義該命名空間的範疇中必須是唯一的。命名空間可以被定義在全域範疇或在另一個命名空間之內。它們不可以在一個函式或類別內部定義。

 一個命名空間並不以一個分號結尾。

每個命名空間都是一個範疇

就跟任何範疇一樣，一個命名空間中的任何名稱都必須指涉（refer to）那個命名空間中的一個唯一的實體（a unique entity）。因為不同的命名空間會引進不同的範疇，不同的命名空間可以有同名的成員。

定義在一個命名空間中的名稱可由該命名空間其他的成員直接存取，包括內嵌在那些成員中的範疇。在命名空間外的程式碼必須指出該名稱在其中定義的命名空間：

```
cplusplus_primer::Query q =
                cplusplus_primer::Query("hello");
```

如果另一個命名空間（例如 AddisonWesley）也提供了一個 Query 類別，而我們想要使用那個類別，而非定義在 cplusplus_primer 中的那一個，我們可以像這樣修改程式碼：

```
AddisonWesley::Query q = AddisonWesley::Query("hello");
```

命名空間可以是不相鄰的

如我們在 §16.5 中所見，不同於其他的範疇，一個命名空間可以被定義在數個部分中。撰寫一個命名空間定義：

```
namespace nsp {
// 宣告
}
```

要不是會定義一個名為 nsp 的新命名空間，就是會新增到一個現有的命名空間。如果 nsp 沒有指涉之前定義過的命名空間，那麼具有該名稱的一個新的命名空間就會被創建出來。否則，這個定義會開啟一個既存的命名空間，並將宣告加到那個已經存在的命名空間中。

命名空間的定義可以不相鄰（discontiguous）這個事實能讓我們從不同的介面和實作檔撰寫出一個命名空間。因此，一個命名空間能以我們管理自己類別和函式定義的相同方式來組織：

- 定義類別，以及函式與物件的宣告的命名空間成員是類別介面的一部分，可以被放到標頭檔中。這些標頭可被使用那些命名空間成員的檔案所引入。
- 命名空間成員的定義可被放到分別的源碼檔中。

以這種方式組織我們的命名空間也能滿足各種實體，例如非 inline 函式、靜態資料成員、變數等，在一個程式中只能被定義一次的要求。這些需求同樣也適用於定義在命名空間中的名稱。藉由分離介面和實作，我們可以確保函式和其他我們需要的名稱只被定義一次，但相同的宣告會在該實體被使用時看到。

 Best Practices 定義多個、不相關的型別的命名空間應該使用分別的檔案來代表該命名空間所定義的每個型別（或者相關型別的每個組合）。

定義我們的 Primer 命名空間

使用這個分離介面和實作的策略，我們就可以在數個分開的檔案中定義 cplusplus_primer 程式庫。Sales_data 與其相關的函式之宣告會被放在 Sales_data.h 中，第 15 章 Query 類別的那些則放在 Query.h，依此類推。對應的實作檔會放在像是 Sales_data.cc 與 Query.cc 這樣的檔案中：

```
// ---- Sales_data.h ----
// #include 應該出現在命名空間的開頭之前
#include <string>
namespace cplusplus_primer {
    class Sales_data { /* ... */};
    Sales_data operator+(const Sales_data&,
                         const Sales_data&);
    // Sales_data 介面中其餘函式的宣告
}
// ---- Sales_data.cc ----
// 請確定任何的 #include 都出現在命名空間的開頭之前
#include "Sales_data.h"
namespace cplusplus_primer {
// Sales_data 的成員和重載運算子的定義
}
```

使用我們程式庫的程式會引入（include）它所需要的任何標頭。那些標頭中的名稱是定義在 cplusplus_primer 命名空間內：

```
// ---- user.cc ----
// Sales_data.h 標頭中的名稱是在 cplusplus_primer 命名空間中
#include "Sales_data.h"
int main()
{
    using cplusplus_primer::Sales_data;
    Sales_data trans1, trans2;
    // ...
    return 0;
}
```

這個程式的組織方式為程式庫的開發人員和使用者提供了所需的模組性（modularity）。每個類別仍然組織為它自己的介面和實作檔案。一個類別的使用者不需要編譯與其他類別相關的名稱。我們可以隱藏實作不讓使用者知道，同時允許檔案 Sales_data.cc 與 user.cc 被編譯並連結到一個程式，而不導致任何編譯期或連結期錯誤。程式庫的開發者可以獨立作業實作各個型別。

值得注意的是，一般來說，我們不會把一個 #include 放到命名空間內。如果我們那麼做，就會好像我們是在試著把那個標頭中所有的名稱定義為外圍命名空間的成員。舉例來說，如果我們的 Sales_data.h 檔案在引入 string 標頭之前就開啟 cplusplus_primer，我們的程式就會出錯。那就會像是要把 std 命名空間定義在 cplusplus_primer 內部一樣。

定義命名空間成員

假設適當的宣告有在範疇中，在命名空間內的程式碼可以為定義在相同命名空間（或外圍命名空間）中的名稱使用簡短形式：

```
#include "Sales_data.h"
namespace cplusplus_primer { // 重新開啟 cplusplus_primer
// 定義在命名空間內的成員可以使用未經資格修飾的名稱 (unqualified names)
std::istream&
operator>>(std::istream& in, Sales_data& s) { /* ... */}
}
```

把一個命名空間成員定義在其命名空間定義之外，也是可能的。那個名稱的命名空間宣告必須在範疇中，而定義必須指定那個名稱所屬的命名空間：

```
// 定義在命名空間外的命名空間成員必須使用資格修飾過的名稱 (qualified names)
cplusplus_primer::Sales_data
cplusplus_primer::operator+(const Sales_data& lhs,
                            const Sales_data& rhs)
{
    Sales_data ret(lhs);
    // ...
}
```

就跟定義在類別之外的類別成員一樣，只要看到完整的資格修飾名稱（fully qualified name），我們就是在那個命名空間的範疇中。在 cplusplus_primer 命名空間之內，我們可以不經資格修飾（without qualification）就使用其他命名空間成員的名稱。因此，即使 Sales_data 是 cplusplus_primer 命名空間的一個成員，我們可以使用它未經資格修飾的名稱來定義這個函式中的參數。

雖然命名空間成員可以定義在其命名空間之外，這種定義必須出現在一個外圍的命名空間（enclosing namespace）中。也就是說，我們可以在 cplusplus_primer 命名空間或全域範疇（global scope）內定義 Sales_data operator+，但我們不能在一個不相關的命名空間中定義這個運算子。

模板特化

模板的特化（template specializations）必須定義在含有原模板的相同命名空間中（§16.5）。就跟其他任何命名空間名稱一樣，只要我們在命名空間內宣告過了該特化（specialization），我們就能在命名空間外定義它：

```
// 我們必須宣告這個特化為 std 的一個成員
namespace std {
    template <> struct hash<Sales_data>;
}
// 把特化的宣告加到 std 後
// 我們就能在 std 命名空間外定義特化了
template <> struct std::hash<Sales_data>
{
    size_t operator()(const Sales_data& s) const
    { return hash<string>()(s.bookNo) ^
             hash<unsigned>()(s.units_sold) ^
             hash<double>()(s.revenue); }
    // 其他的成員跟之前一樣
};
```

全域命名空間

定義在全域範疇的名稱（即定義在任何類別、函式或命名空間之外的名稱）就是定義在**全域命名空間（global namespace）**之內。全域命名空間是隱含地被宣告的，在每個程式中都存在。在全域範疇定義實體（entities）的每個檔案都會（隱含地）將那些名稱加到全域命名空間。

範疇運算子（scope operator）可被用來指涉全域命名空間的成員。因為全域命名空間是隱含的，它並沒有名稱。這個記號

```
::member_name
```

指涉全域命名空間的一個成員。

巢狀命名空間（Nested Namespaces）

一個巢狀的命名空間是定義在另一個命名空間之內的命名空間：

```
namespace cplusplus_primer {
    // 第一個巢狀命名空間：定義這個程式庫的 Query 部分
    namespace QueryLib {
        class Query { /* ... */ };
        Query operator&(const Query&, const Query&);
        // ...
    }
    // 第二個巢狀命名空間：定義這個程式庫的 Sales_data 部分
    namespace Bookstore {
        class Quote { /* ... */ };
        class Disc_quote : public Quote { /* ... */ };
        // ...
    }
}
```

cplusplus_primer 命名空間現在含有兩個巢狀的命名空間：這些命名空間名為 QueryLib 與 Bookstore。

一個巢狀命名空間就是一個巢狀範疇（nested scope）：其範疇內嵌在包含它的命名空間中。巢狀命名空間的名稱依循一般的規則：宣告在內層命名空間的名稱會遮蔽（hide）外層命名空間中相同名稱的宣告。定義在一個巢狀命名空間中的名稱對那個內層命名空間而言是區域性（local）的。在外圍命名空間外層部分的程式碼只能透過其經過資格修飾的名稱來指涉一個巢狀命名空間中的名稱：例如，宣告在巢狀命名空間 QueryLib 中的類別之名稱是：

```
cplusplus_primer::QueryLib::Query
```

行內命名空間（Inline Namespaces）

新標準引進了一種新的巢狀命名空間，即**行內命名空間（inline namespace）**。不同於一般的巢狀命名空間，在一個行內命名空間中的名稱可被直接使用，就好像它們是外圍命名空間的成員一樣。也就是說，我們不需要為來自行內命名空間的名稱資格修飾（qualify）上它們命名空間的名稱。我們只需要使用外圍命名空間的名稱就能存取它們。

一個行內命名空間定義的方式是在關鍵字 namespace 前面加上關鍵字 inline：

```
inline namespace FifthEd {
    // Primer Fifth Edition 中程式碼的命名空間
}
namespace FifthEd {  // 隱含地 inline
    class Query_base { /* ... */};
    // 其他 Query 相關的宣告
}
```

這個關鍵字必須出現在該命名空間的第一個定義上。如果那個命名空間之後被重新開啟，關鍵字 inline 沒必要重複出現，雖然那樣也可以。

行內命名空間常被用在一個應用程式發行了新版之後的程式碼變更上。舉例來說，我們可以把目前這一版 Primer 的所有程式碼都放到一個行內命名空間中，而之前版本的程式碼則放在非行內的命名空間（non-inlined namespaces）中：

```
namespace FourthEd {
    class Item_base { /* ... */};
    class Query_base { /* ... */};
    // 來自 Fourth Edition 的其他程式碼
}
```

整體的 cplusplus_primer 命名空間這兩個命名空間的定義都會包含。舉例來說，假設每個命名空間都是定義在具有對應名稱的一個標頭中，我們會將 cplusplus_primer 定義成這樣：

```
namespace cplusplus_primer {
#include "FifthEd.h"
#include "FourthEd.h"
}
```

因為 FifthEd 是 inline 的，指涉 cplusplus_primer:: 的程式碼將會得到來自那個命名空間的版本。如果我們想要使用早期版本的程式碼，我們就能以跟存取任何其他巢狀命名空間一樣的方式來存取它們，使用所有外圍命名空間的名稱，例如 cplusplus_primer::FourthEd::Query_base。

不具名的命名空間

一個**無名命名空間（unnamed namespace）**就是關鍵字 namespace 後面緊接著一個區塊的宣告，以大括號區隔。定義在一個無名命名空間中的變數有靜態的生命週期（**static lifetime**）：它們會在它們被第一次使用之前創建，並在程式結束時摧毀。

一個無名命名空間可在一個給定的檔案中不相鄰，但不能跨越檔案。每個檔案都有自己的無名命名空間。如果兩個檔案都含有無名命名空間，那麼那些命名空間彼此無關。那兩個無名命名空間都能定義相同的名稱，但那些定義會指涉不同的實體。如果一個標頭定義了一個無名命名空間，那麼在那個命名空間中的名稱定義的會是對引入該標頭的每個檔案都是區域性的實體。

 不同於其他命名空間，一個無名命名空間對於一個特定檔案而言是區域性的，永遠都不會跨越多個檔案。

定義在一個無名命名空間中的名稱會直接被使用，畢竟沒有命名空間名稱可以用來進行資格修飾，也不可能使用範疇運算子來指涉無名命名空間的成員。

定義在一個無名命名空間中的名稱所在的範疇跟該命名空間定義處的範疇相同。如果一個無名命名空間是定義在檔案的最外層範疇，那麼該無名命名空間中的名稱就必須與定義在全域範疇的名稱不同：

```
int i; // i 的全域宣告
namespace {
    int i;
}
// 有歧義：全域定義，並且是在一個非巢狀的無名命名空間中
i = 10;
```

就其他所有面向來看，一個無名命名空間的成員都算是一般的程式實體。一個無名命名空間，就像其他任何的命名空間，可以內嵌在另一個命名空間中。如果無名命名空間是巢狀的，那麼在它之中的名稱就會以一般方式存取，使用外圍命名空間的名稱：

```
namespace local {
    namespace {
        int i;
    }
}
// ok：i 定義在一個巢狀的無名命名空間中，與全域的 i 不同
local::i = 42;
```

無名的命名空間取代 File Statics

在引進命名空間之前，程式會將名稱宣告為 static 來讓它們對一個檔案來說是區域性的。這種 *file statics* 的用法源自於 C。在 C 中，被宣告為 static 的一個全域實體（global entity）在宣告它的檔案之外是看不到的。

 File static 宣告的使用已被 C++ 的標準所棄用。File statics 應該被避免，改用無名命名空間取代。

習題章節 18.2.1

練習 18.12：將你寫來回答每一章問題的程式組織為它們自己的命名空間。也就是說，命名空間 chapter15 會包含 Query 程式的程式碼，而 chapter10 會含有 TextQuery 程式碼。使用這種結構，編譯 Query 的程式碼範例。

練習 18.13：什麼時候你會使用無名命名空間？

練習 18.14：假設我們有下列的 operator* 宣告，它是巢狀命名空間 mathLib::MatrixLib 的一個成員：

```
namespace mathLib {
    namespace MatrixLib {
        class matrix { /* ... */ };
        matrix operator*
                (const matrix &, const matrix &);
        // ...
    }
}
```

你會在全域範疇中如何宣告這個運算子呢？

18.2.2 使用命名空間成員

指涉命名空間成員時要用 namespace_name::member_name 確實是有點繁瑣，特別是在命名空間的名稱很長的時候。幸好，有方法可以讓命名空間成員的使用更為簡單。我們的程式曾經就用過這些方式其中之一，即 using 宣告（§3.1）。其他的，也就是命名空間別名（namespace aliases）和 using 指示詞（using directives），將會在本節中描述。

命名空間別名

一個**命名空間別名（namespace alias）**可被用來將一個較短的同義詞關聯到一個命名空間名稱。舉例來說，一個很長的命名空間名稱，像是

```
namespace cplusplus_primer        { /* ... */ };
```

可以像這樣被關聯到一個較短的同義詞：

```
namespace primer = cplusplus_primer;
```

一個命名空間別名的宣告以關鍵字 namespace 開始,後面跟著別名名稱,接著是 = 符號,再跟著原本的命名空間名稱和一個分號。如果原本的命名空間名稱尚未被定義為一個命名空間,那就會是一種錯誤。

一個命名空間別名也可以指涉一個巢狀命名空間:

```
namespace Qlib = cplusplus_primer::QueryLib;
Qlib::Query q;
```

 一個命名空間可以有許多同義詞或別名。所有的別名和原本的命名空間名稱都可以互換地使用。

using 宣告:概要重述

一個 **using 宣告**一次只會引入一個命名空間成員。它能讓我們對於哪些名稱要用在我們的程式中有非常精細的控制。

在一個 using 宣告中引進的名稱遵守一般的範疇規則:它們從 using 宣告之處到該宣告在其中出現的範疇結束之間都是看得到的。定義在外層範疇中具有相同名稱的實體會被遮蔽。未經資格修飾的名稱只能在它在其中宣告的範疇和內嵌在那個範疇中的範疇內使用。只要範疇結束,就必須使用經過資格修飾的完整名稱。

一個 using 宣告可以出現在全域、區域、別名或類別範疇中。在類別範疇中,這種宣告只能指涉一個基礎類別成員(§15.5)。

using 指示詞

一個 **using 指示詞(using directive)**,就像一個 using 宣告,能讓我們使用未經資格修飾形式的命名空間名稱。不同於 using 宣告,我們無法控制要讓哪些名稱被看見,它們全都會。

一個 using 指示詞以關鍵字 using 開頭,後面接著關鍵字 namespace,再跟著一個命名空間名稱。如果該名稱之前沒被定義為一個命名空間名稱,就會是錯誤。一個 using 指示詞可以出現在全域、區域或命名空間範疇中。它不能出現在一個類別範疇中。

這些指示詞會讓來自一個特定命名空間的所有名稱都被看到,而無須使用資格修飾。簡短形式的名稱從 using 指示詞到其中出現 using 指示詞的範疇結尾之間都能使用。

 為不是由我們的應用程式所控制的命名空間,例如 std,使用一個 using 指示詞會重新帶入使用多個程式庫時固有的所有名稱衝突問題。

using 指示詞和範疇

一個 using 指示詞所引入的名稱之範疇比 using 宣告中名稱的範疇還要複雜。如我們所見,一個 using 宣告會把名稱放到跟 using 宣告本身相同的範疇中,就好像 using 宣告為命名空間成員宣告了一個區域性別名(local alias)一樣。

一個 using 指示詞則不會宣告區域別名，取而代之，它的效果是把該命名空間的成員提升到
含有該命名空間本身以及 using 指示詞的最接近的那個範疇中。

using 宣告和 using 指示詞之間範疇的差異直接源自於這兩個機能的運作方式。就 using 宣
告而言，我們單純是要讓名稱可在區域範疇中直接存取。相較之下，using 指示詞則是讓一
個命名空間的整個內容都能被取用。一般來說，一個命名空間可能包含無法出現在一個區域
範疇中的定義。因此，一個 using 指示詞會被視為它好像是出現在最接近的外圍命名空間範
疇一樣。

在最簡單的情況中，假設我們有一個命名空間 A 和一個函式 f，兩個都定義在全域範疇。如
果 f 有 A 的一個 using 指示詞，那麼在 f 中，就會好像是 A 中的名稱出現在全域範疇中，在
f 的定義之前的地方：

```cpp
// 命名空間 A 和函式 f 都定義在全域範疇
namespace A {
    int i, j;
}
void f()
{
    using namespace A;      // 從 A 把名稱注入到全域範疇中
    cout << i * j << endl;  // 使用來自命名空間 A 的 i 和 j
    // ...
}
```

using 指示詞的範例

讓我們看個範例：

```cpp
namespace blip {
    int i = 16, j = 15, k = 23;
    // 其他的宣告
}
int j = 0; // ok：blip 內的 j 被隱藏在一個命名空間中
void manip()
{
    // using 指示詞；blip 中的名稱被「新增」到全域範疇
    using namespace blip; // ::j 與 blip::j 衝突
                          // 只會在 j 有被使用時偵測到
    ++i;        // 設定 blip::i 為 17
    ++j;        // 錯誤，有歧義：全域的 j 或 blip::j？
    ++::j;      // ok：設定全域的 j 為 1
    ++blip::j;  // ok：設定 blip::j 為 16
    int k = 97; // 區域的 k 遮蔽了 blip::k
    ++k;        // 設定區域的 k 為 98
}
```

manip 中的 using 指示詞讓 blip 中所有的名稱都可直接取用；manip 中的程式碼可以使用
它們的簡短形式指涉那些成員的名稱。

blip 的成員看起來好像它們是被定義在定義了 blip 及 manip 的那個範疇中。假設 manip 是定義在全域範疇，那麼 blip 的成員看起來就會好像它們是被宣告在全域範疇中一樣。

當一個命名空間注入名稱到一個外圍範疇，那個命名空間中的名稱有可能與定義在那個（外圍）範疇中的其他名稱產生衝突。舉例來說，在 manip 內，blip 的成員 j 就與名為 j 的全域物件衝突。這種衝突是被允許的，但要使用那個名稱，我們必須明確地指出想要的是哪個版本。在 manip 中未經資格修飾地使用 j 是有歧義的。

要使用像是 j 這樣的一個名稱，我們必須使用範疇運算子來指出想要的是哪個名稱。我們會寫 ::j 來獲取定義在全域範疇中的變數。要使用定義在 blip 中的 j，我們必須使用它的資格修飾名稱 blip::j。

因為這些名稱在不同的範疇中，manip 中的區域宣告可能會遮蔽某些命名空間成員的名稱。區域變數 k 遮蔽了命名空間成員 blip::k。在 manip 中指涉 k 並不會有歧義，這指的會是區域變數 k。

標頭和 using 宣告或指示詞

在其頂層範疇（top-level scope）有一個 using 指示詞或宣告的標頭檔會把那些名稱注入到引入該標頭的每一個檔案中。一般來說，標頭應該只定義是其介面一部分的名稱，而非在它自己實作中使用的名稱。因此，除非是在函式或命名空間內，標頭檔案不應該含有 using 指示詞或 using 宣告（§3.1）。

注意：避免 using 指示詞

會將來自一個命名空間的所有名稱全都注入的 using 指示詞，看似好像很容易使用：只要單一個述句，一個命名空間的所有成員名稱就突然都看得見了。雖然這種做法看似簡單，它可能會帶來它自己的問題。如果一個應用程式使用許多程式庫，而如果在那些程式庫中的名稱都使用 using 指示詞變得可以取用，那麼我們就回到原點了，全域命名空間的污染問題又出現了。

此外，當新版本的程式庫被引進時，一個可以運作的程式可能會變得無法編譯。這種問題可能出現在新的版本引入了與應用程式正在使用的一個名稱衝突的名稱之時。

另一個問題是，using 指示詞所導致的歧義錯誤只會在使用的時候被偵測到。這種延遲的偵測意味著衝突可能會在引進一個特定的程式庫的很久以後才顯現。如果程式開始使用程式庫的一個新的部分，之前未偵測到的衝突就可能出現。

比較好的方法是不要仰賴 using 指示詞，而是為程式中所用的每個命名空間名稱使用一個 using 宣告。這麼做可以降低被注入到命名空間中的名稱數。using 宣告所導致的歧義錯誤會在宣告時就被偵測到，而非使用的時候，所以比較容易發現和修正。

 using 指示詞會有用處的一個地方是在命名空間本身的實作檔案中。

習題章節 18.2.2

練習 18.15：解釋 using 宣告和指示詞之間的差異。

練習 18.16：解釋下列的程式碼，假設命名空間 Exercise 所有成員的 using 宣告都位在帶有標籤 *position 1* 的地方。如果它們是出現在 *position 2* 會怎樣呢？現在回答相同的問題，但以命名空間 Exercise 的一個 using 指示詞來取代 using 宣告。

```
namespace Exercise {
    int ivar = 0;
    double dvar = 0;
    const int limit = 1000;
}
int ivar = 0;
// position 1
void manip() {
    // position 2
    double dvar = 3.1416;
    int iobj = limit + 1;
    ++ivar;
    ++::ivar;
}
```

練習 18.17：撰寫程式碼來測試你對前面問題的答案。

18.2.3 類別、命名空間與範疇

在一個命名空間內使用的名稱之名稱查找（name lookup）遵循一般的查找規則：搜尋會往外找過外圍的範疇。一個外圍範疇可以是一或多個集狀命名空間（nested namespaces），結束於包含一切的全域命名空間。只有在使用前已被宣告而且位在仍然開啟的區塊中的名稱會被考慮：

```
namespace A {
    int i;
    namespace B {
        int i;              // 在 B 中遮蔽 A::i
        int j;
        int f1()
        {
            int j;          // j 對 f1 來說是區域性的，並且會遮蔽 A::B::j
            return i;       // 回傳 B::i
        }
    } // 命名空間 B 已關閉，而在它裡面的名稱不再看得到
    int f2() {
        return j;           // 錯誤：j 並未定義
    }
    int j = i;              // 以 A::i 初始化
}
```

當一個類別被包裹在一個命名空間中,正常的查找程序仍會發生:當一個名稱被一個成員函式所用,就先在該成員中尋找那個名稱,然後在類別(包括基礎類別)中尋找,然後查看外圍範疇,其中一或多個可能會是命名空間:

```
namespace A {
    int i;
    int k;
    class C1 {
    public:
        C1(): i(0), j(0) { }      // ok:初始化 C1::i 和 C1::j
        int f1() { return k; }    // 回傳 A::k
        int f2() { return h; }    // 錯誤:h 尚未定義
        int f3();
    private:
        int i;                    // 在 C1 中遮蔽 A::i
        int j;
    };
    int h = i;                    // 以 A::i 初始化
}
// 成員 f3 定義在類別 C1 外部,也在命名空間 A 之外
int A::C1::f3() { return h; }     // ok:回傳 A::h
```

除了出現在類別主體內的成員函式定義(§7.4.1)這種例外,範疇永遠都是往上搜尋的,名稱在使用前必須先宣告才行。因此,f2 中的 return 將無法編譯。它試著參考來自命名空間 A 的名稱 h,但 h 尚未被定義。假設那個名稱在 C1 的定義之前就在 A 中被定義了,那麼 h 的使用就會是合法的。同樣地,f3 內的 h 使用是沒問題的,因為 f3 是定義在 A::h 之後。

> 範疇被檢視以找尋一個名稱的順序可從一個函式的資格修飾名稱看出。資格修飾名稱指出範疇被搜尋的反向順序。

資格修飾符 A::C1::f3 指出類別範疇和命名空間範疇被搜尋的反向順序。第一個被搜尋的範疇是函式 f3 的範疇。然後其外圍類別 C1 的類別範疇會被搜尋。在含有 f3 定義的範疇被檢視到之前,命名空間 A 的範疇是最後被搜尋的。

取決於引數的查找和類別型別的參數

思考下列簡單的程式:

```
std::string s;
std::cin >> s;
```

如我們所知,這個呼叫等同於(§14.1):

```
operator>>(std::cin, s);
```

這個 operator>> 函式是由 string 程式庫所定義的，而後者則定義在 std 命名空間中。然而我們卻可以呼叫 operator>> 而不用一個 std:: 資格修飾符，也不用一個 using 宣告。

在此我們能夠直接存取這個輸出運算子是因為「定義在一個命名空間中的名稱會被遮蔽」這個規則有一個重要的例外。當我們將一個類別型別的物件傳入給一個函式，編譯器除了正常的範疇查找之外，還會搜尋該引數的類別定義處所在的命名空間。這個例外也適用於傳遞對類別型別的指標或參考的呼叫。

在這個例子中，當編譯器看到對 operator>> 的「呼叫」，它就會在目前的範疇中找尋一個匹配的函式，包括包圍輸出述句的那些範疇。此外，因為 >> 運算式有類別型別的參數，編譯器也會查看 cin 和 s 的型別在其中定義的命名空間。所以說，對於這個呼叫，編譯器會在 std 命名空間中查看，它定義了 istream 和 string 型別。搜尋 std 的時候，編譯器會找到 string 的輸出運算子函式。

查找規則的這個例外允許在概念上是類別介面一部分的非成員函式無須另外的一個 using 宣告就能被使用。如果沒有查找規則的這個例外，我們就得為輸出運算子提供一個適當的 using 宣告：

```
using std::operator>>; // cin >> s 所需的
```

或者我們就得使用函式呼叫的記號法以包含命名空間的資格修飾符：

```
std::operator>>(std::cin, s); // ok：明確地使用 std::>>
```

你就沒辦法使用運算子的語法了。要不是這些宣告會顯得怪異，就是會讓 IO 程式庫的簡單使用變得複雜。

查找和 **std::move** 與 **std::forward**

有許多 C++ 程式設計師，或許甚至是絕大多數，永遠都不必考慮到取決於引數的查找（argument-dependent lookup）。一般來說，如果一個應用程式定義了在程式庫中也有定義的名稱，兩件事裡面會有一件是真的：要不是正常的重載過程會（正確地）判斷一個特定的呼叫是指應用程式的版本或是程式庫的版本，就是應用程式從來不曾想要使用程式庫的函式。

現在考慮程式庫的 move 和 forward 函式。這兩個函式都是模板函式，而程式庫定義了它們有單一個 rvalue reference 函式參數的版本。如我們見過的，在一個函式模板中，一個 rvalue reference 參數可以匹配任何型別（§16.2.6）。如果我們的應用程式定義了一個名為 move 的函式，接受單一個參數，那麼無論那個參數有什麼型別，應用程式版本的 move 都會與程式庫的版本衝突。同樣的事情對 forward 來說也是如此。

因此，與 move（和 forward）的名稱衝突，比跟其他的程式庫函式的衝突更可能發生。此外，因為 move 與 forward 會進行非常專門的型別操作，應用程式是特地想要覆寫這些函式的行為的機率相當小。

衝突的可能性比較大,而且是刻意的機率又比較小,解釋了為何我們會建議永遠都用這些名稱經過完整資格修飾的版本(§12.1.5)。只要我們寫 std::move 而非 move,我們就知道取得的會是標準程式庫的版本。

朋友宣告和取決於引數的查找

請回想一下,當一個類別宣告了一個 friend(朋友),其朋友宣告並不會讓那個朋友變得可以看見(§7.2.1)。然而,在一個函式宣告中初次被點名的一個除此之外尚未被宣告的類別或函式,會被假設是最接近的外圍命名空間的一個成員。這個規則和取決於引數的查找組合起來,可能導致令人意外的結果:

```
namespace A {
    class C {
        // 兩個朋友,除了朋友宣告外,兩個都尚未被宣告
        // 這些函式隱含是命名空間 A 的成員
        friend void f2();       // 會找不到,除非有其他宣告
        friend void f(const C&); // 經由取決於引數的查找而找到
    };
}
```

這裡,f 和 f2 都是命名空間 A 的成員。透過取決於引數的查找,即使 f 沒有額外的宣告,我們也能夠呼叫 f:

```
int main()
{
    A::C cobj;
    f(cobj);    // ok:透過 A::C 中的朋友宣告找到朋友 A::f
    f2();       // 錯誤:A::f2 沒有宣告
}
```

因為 f 接受類別型別的一個引數,而且 f 隱含地宣告在跟 C 一樣的命名空間中,呼叫時就會找到 f。因為 f2 沒有參數,它就不會被找到。

習題章節 18.2.3

練習 18.18:給定下列典型的 swap 定義(§13.3),如果 mem1 是一個 string,請判斷哪個版本的 swap 會被使用。如果 mem1 是一個 int 呢?解釋在這兩種情況下,名稱查找是如何運作的。

```
void swap(T v1, T v2)
{
    using std::swap;
    swap(v1.mem1, v2.mem1);
    // swap 型別為 T 的剩餘成員
}
```

練習 18.19:如果對 swap 的呼叫是 std::swap(v1.mem1, v2.mem1) 會怎樣?

18.2.4 重載與命名空間

命名空間對函式匹配（function matching，§6.4）有兩個影響。其中之一應該很明顯：一個 using 宣告或指示詞可以新增函式到候選集合（candidate set）。另一個就更為細微難察了。

 取決於引數的查找和重載

如我們在前面章節中看到的，具有類別型別的引數的函式之名稱查找會包含每個引數的類別定義處的命名空間。這個規則也會影響到我們如何決定候選集合。定義了被用作引數的類別的每個命名空間（以及定義了其基礎類別的那些）都會被搜尋以找出候選函式（candidate functions）。在那些命名空間中，與被呼叫的函式有相同名稱的任何函式都會被加到候選集合中。即使這些函式在呼叫之時是透過其他方法看不見的，它們也會被加進去：

```
namespace NS {
    class Quote { /* ... */ };
    void display(const Quote&) { /* ... */ }
}
// Bulk_item 的基礎類別宣告在命名空間 NS 中
class Bulk_item : public NS::Quote { /* ... */ };
int main() {
    Bulk_item book1;
    display(book1);
    return 0;
}
```

我們傳入給 display 的引數有類別型別 Bulk_item。對 display 的呼叫之候選函式，不僅限於 display 被呼叫時宣告有在範疇中的那些函式，還包含 Bulk_item 與其基礎類別 Quote 在其中宣告的命名空間內的那些函式。宣告在命名空間 NS 中的函式 display(const Quote&) 會被加到候選函式的集合中。

重載與 using 宣告

要了解 using 宣告和重載之間的互動，很重要的是要記得，一個 using 宣告的是一個名稱，而非一個特定的函式（§15.6）：

```
using NS::print(int);    // 錯誤：無法指定一個參數列
using NS::print;         // ok：using 宣告僅指定名稱
```

當我們為一個函式撰寫 using 宣告，那個函式的所有版本都會被帶到目前的範疇中。

一個 using 宣告會整合所有的版本以確保沒有違反命名空間的介面。程式庫的作者提供不同的函式是有原因的。允許使用者選擇性地忽略一個重載函式集合中的一些函式，而非全部的函式，有可能導致令人意外的程式行為。

一個 using 宣告所引入的函式會重載該 using 宣告所在的範疇中，已經出現的同名函式的任何其他宣告。如果 using 宣告出現在一個區域範疇中，這些名稱就會遮蔽外層範疇中對於該名稱的現有宣告。如果一個 using 宣告引入的一個函式，在範疇中已經有一個同名而且具有相同參數列的函式存在，那麼這個 using 宣告就會是個錯誤。否則，using 宣告會定義那個給定名稱另外的重載實體（overloaded instances）。效果上就是加大了候選函式的集合。

重載和 using 指示詞

一個 using 指示詞將命名空間的成員提升到了外圍的範疇中。如果一個命名空間函式的名稱與在那個命名空間所在的範疇中宣告的一個函式相同，那麼那個命名空間成員就會被加到重載集合：

```
namespace libs_R_us {
    extern void print(int);
    extern void print(double);
}
// 一般的宣告
void print(const std::string &);
// 這個 using 指示詞把名稱加到了對 print 的呼叫的候選集合中：
using namespace libs_R_us;
// 程式中這個位置對 print 的呼叫之候選函式有：
// 來自 libs_R_us 的 print(int)
// 來自 libs_R_us 的 print(double)
// 明確宣告的 print(const std::string &)
void fooBar(int ival)
{
    print("Value: ");    // 呼叫 global print(const string &)
    print(ival);         // 呼叫 libs_R_us::print(int)
}
```

跟 using 宣告的運作方式不同，如果一個 using 指示詞引入的函式與現有的同名函式有相同的參數，這並不會是錯誤。就跟 using 指示詞所產生的其他衝突一樣，除非我們試著呼叫那個函式，而且沒指定我們要的是來自那個命名空間的版本或是目前範疇的版本，不然不會有問題。

跨越多個 using 指示詞的重載

如果有許多 using 指示詞出現，那麼來自每個命名空間的名稱都會成為候選集合的一部分：

```
namespace AW {
    int print(int);
}
namespace Primer {
    double print(double);
}
// using 指示詞創建來自不同命名空間的函式所成的一個重載集合
using namespace AW;
```

```
using namespace Primer;
long double print(long double);
int main() {
    print(1);    // 呼叫 AW::print(int)
    print(3.1);  // 呼叫 Primer::print(double)
    return 0;
}
```

在全域範疇的 print 函式之重載集合包括函式 print(int)、print(double) 和 print(long double)。這些函式全都是 main 中的函式呼叫會考慮的重載集合的一部分，即便這些函式原本宣告在不同的命名空間範疇中也是一樣。

習題章節 18.2.4

練習 18.20：在下列程式碼中，如果有的話，判斷哪個函式匹配對 compute 的呼叫。列出候選與合用的函式。如果需要，何種轉換會被套用到引數上，以匹配每個合用函式中的參數？

```
namespace primerLib {
    void compute();
    void compute(const void *);
}
using primerLib::compute;
void compute(int);
void compute(double, double = 3.4);
void compute(char*, char* = 0);
void f()
{
    compute(0);
}
```

如果 using 宣告出現在 main 中對 compute 的呼叫之前，那會發生什麼事？回答跟之前相同的問題。

18.3 多重與虛擬繼承

多重繼承（multiple inheritance）是從一個以上的直接基礎類別（§15.2.2）衍生出一個類別的能力。一個多重衍生的類別繼承了它所有父類別的特性。雖然概念上很簡單，交織多個基礎類別的細節可能會帶來棘手的設計層面與實作層面問題。

為了探索多重繼承，我們會使用動物園（zoo）的動物階層架構作為一個教育性的例子。我們的動物園動物存在於不同的抽象層中。有個別的動物，以名字區分，例如 Ling-Ling、Mowgli 與 Balou。每個動物都屬於一個種（species），例如 Ling-Ling 就是一隻大貓熊（giant panda）。

種則是科（family）的成員。大貓熊是熊科（bear family）的一個成員。而每個科又都是動物界（animal kingdom）的成員，在此例中，就是一個特定動物園的較受限的界（kingdom）。

我們會定義一個抽象的 ZooAnimal 類別來存放對所有動物園動物都共通的資訊,並提供最通用的介面。Bear 類別則會含有專屬於 Bear 科的資訊,依此類推。

除了 ZooAnimal 類別,我們的應用程式也會含有輔助類別,用來封裝各種抽象層,例如瀕臨絕種的動物(endangered animals)。舉例來說,在我們的 Panda 類別實作中,一個 Panda 會多重地繼承自 Bear 和 Endangered。

18.3.1 多重繼承

一個衍生類別中的衍生串列(derivation list)可以含有一個以上的基礎類別:

```
class Bear : public ZooAnimal {
class Panda : public Bear, public Endangered { /* ... */ };
```

每個基礎類別都可以有一個選擇性的存取指定符(§15.5)。一如以往,如果存取指定符被省略了,而用的是 class 關鍵字,指定符預設就會是 private,若用 struct,那就預設為 public(§15.5)。

就跟單一繼承一樣,衍生串列只能包含已經被定義的類別,以及沒有定義為 final 的類別(§15.2.2)。語言本身並沒有對一個類別可以繼承的基礎類別數設下限制。一個基礎類別在一個給定的衍生串列中,只能出現一次。

多重衍生的類別會從每個基礎類別繼承狀態

在多重繼承之下,一個衍生類別的一個物件會含有對應到它每個基礎類別的一個子物件(§15.2.2)。舉例來說,如圖 18.2 中所示,一個 Panda 物件會有一個 Bear 部分(而它本身含有一個 ZooAnimal 部分)、一個 Endangered 類別部分,以及(如果有的話)在 Panda 類別中宣告的非 static 資料成員。

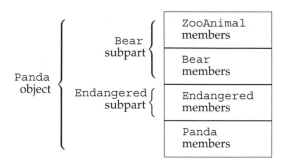

圖 18.2:一個 Panda 物件的概念結構

衍生建構器會初始化所有的基礎類別

建構衍生型別的一個物件會建構並初始化它的所有基礎子物件。就像繼承自單一個基礎類別時一樣（§15.2.2），一個衍生型別的建構器初始器（constructor initializer）可以只初始化它的直接基礎類別：

```
// 明確地初始化兩個基礎類別
Panda::Panda(std::string name, bool onExhibit)
     : Bear(name, onExhibit, "Panda"),
       Endangered(Endangered::critical) { }
// 隱含地使用 Bear 的預設建構器初始化 Bear 子物件
Panda::Panda()
     : Endangered(Endangered::critical) { }
```

建構器初始器串列可以傳入引數給每個直接基礎類別。基礎類別被建構的順序取決於它們在類別衍生串列中出現的順序。它們出現在建構器初始器串列中的順序則無關緊要。一個 Panda 物件會像這樣初始化：

- ZooAnimal，也就是 Panda 的第一個直接基礎類別 Bear 的階層架構上最終的基礎類別，會先被初始化。
- Bear，即第一個直接基礎類別，會接著初始化。
- Endangered，第二個直接基礎，接在後面初始化。
- Panda，最外層的衍生類別，會最後初始化。

繼承的建構器和多重繼承

C++
11

在新標準底下，一個衍生類別可以從它的一或多個基礎類別繼承建構器（§15.7.4）。從一個以上的基礎類別繼承相同的建構器（即具有相同參數列的）是一種錯誤：

```
struct Base1 {
    Base1() = default;
    Base1(const std::string&);
    Base1(std::shared_ptr<int>);
};
struct Base2 {
    Base2() = default;
    Base2(const std::string&);
    Base2(int);
};
// 錯誤：D1 試著從兩個基礎類別繼承 D1::D1(const string&)
struct D1: public Base1, public Base2 {
    using Base1::Base1; // 從 Base1 繼承建構器
    using Base2::Base2; // 從 Base2 繼承建構器
};
```

從多個基礎類別繼承相同建構器的一個類別必須為那個建構器定義自己的版本：

```
struct D2: public Base1, public Base2 {
    using Base1::Base1; // 從 Base1 繼承建構器
    using Base2::Base2; // 從 Base2 繼承建構器
    // D2 必須定義自己接受一個字串的建構器
    D2(const string &s): Base1(s), Base2(s) { }
    D2() = default; // 只要 D2 定義了自己的建構器就需要
};
```

解構器和多重繼承

一如以往，衍生類別中的解構器只負責清理該類別所配置的資源，衍生類別的成員和所有基礎類別都會自動被摧毀。合成的解構器有一個空的函式主體。

解構器永遠都是以建構器執行的相反順序來調用的。在我們的例子中，解構器被呼叫的順序是 ~Panda、~Endangered、~Bear、~ZooAnimal。

多重衍生類別的拷貝和移動運算

就像單一繼承的情況，具有多重基礎類別的類別，若有定義它們自己的拷貝或移動建構器和指定運算子，就必須拷貝、移動或指定整個物件（§15.7.2）。一個多重衍生類別的基礎部分只有在衍生類別使用那些成員的合成版本時會自動被拷貝、移動或指定。在合成的拷貝控制成員中，每個基礎類別會隱含地被建構、指定或摧毀，使用來自那個基礎類別的對應成員。

舉例來說，假設 Panda 使用合成的成員，那麼 ling_ling 的初始化：

```
Panda ying_yang("ying_yang");
Panda ling_ling = ying_yang; // 使用拷貝建構器
```

就會調用 Bear 建構器，而這會接著在執行 Bear 的拷貝建構器之前執行 ZooAnimal 拷貝建構器。一旦 ling_ling 的 Bear 部分建構好了，Endangered 拷貝建構器就會執行來創建該物件的那個部分。最後，Panda 拷貝建構器會被執行。合成的移動建構器也一樣。

合成的拷貝指定運算子之行為類似拷貝建構器。它會先指定物件的 Bear（以及經由 Bear 而來的 ZooAnimal）部分。接著，它會指定 Endangered 部分，最後是 Panda 部分。移動指定的行為也類似。

18.3.2 轉換與多重基礎類別

在單一繼承之下，對一個衍生類別的指標或參考可以自動被轉換為對可存取的基礎類別的一個指標或參考（§15.2.2 和 §15.5）。這對多重繼承而言也是一樣。對一個物件的任何（可存取的）基礎類別的一個指標或參考可被用來指向一個衍生物件。舉例來說，一個指向 ZooAnimal、Bear 或 Endangered 的指標或參考可以被繫結到一個 Panda 物件：

習題章節 18.3.1

練習 18.21：解釋下列的宣告。識別出任何有錯的，並解釋為何它們不正確：

```
(a) class CADVehicle : public CAD, Vehicle { ... };
(b) class DblList: public List, public List { ... };
(c) class iostream: public istream, public ostream { ... };
```

練習 18.22：給定下列的類別階層架構，其中每個類別都定義了一個預設建構器：

```
class A { ... };
class B : public A { ... };
class C : public B { ... };
class X { ... };
class Y { ... };
class Z : public X, public Y { ... };
class MI : public C, public Z { ... };
```

請問下列定義的建構器執行順序是？

```
MI mi;
```

```
// 這些運算接受指向型別 Panda 的基礎類別的參考
void print(const Bear&);
void highlight(const Endangered&);
ostream& operator<<(ostream&, const ZooAnimal&);
Panda ying_yang("ying_yang");
print(ying_yang);          // 傳入 Panda 給對 Bear 的一個參考
highlight(ying_yang);      // 傳入 Panda 給對 Endangered 的一個參考
cout << ying_yang << endl; // 傳入 Panda 給對 ZooAnimal 的一個參考
```

就衍生類別的轉換而言，編譯器不會試著在基礎類別之間做區分。對每個基礎類別的轉換都是一樣好的。舉例來說，如果存在有一個重載版本的 print：

```
void print(const Bear&);
void print(const Endangered&);
```

以一個 Panda 物件對 print 的未經資格修飾（**unqualified**）的呼叫，會是一種編譯期錯誤：

```
Panda ying_yang("ying_yang");
print(ying_yang);  // 錯誤：有歧義
```

基於指標或參考的型別進行查找

就像單一繼承，物件、指標或參考的型別決定了我們可以使用哪些成員（§15.6）。如果我們使用一個 ZooAnimal 指標，就只有定義在那個類別中的運算可以使用。Panda 介面的 Bear 限定、Panda 限定和 Endangered 的部分都會看不到。同樣地，一個 Bear 指標或參考只知道 Bear 和 ZooAnimal 的成員；而一個 Endangered 指標或參考只限於 Endangered 成員。

舉個例子，請思考下列呼叫，它們假設我們的類別定義了列於表 18.1 中的虛擬函式：

```
Bear *pb = new Panda("ying_yang");
pb->print();        // ok：Panda::print()
pb->cuddle();       // 錯誤：不是 Bear 介面的一部分
pb->highlight();    // 錯誤：不是 Bear 介面的一部分
delete pb;          // ok：Panda::~Panda()
```

當一個 Panda 經由一個 Endangered 指標或參考被使用，Panda 介面的 Panda 限定和 Bear 部分就會看不到：

```
Endangered *pe = new Panda("ying_yang");
pe->print();        // ok：Panda::print()
pe->toes();         // 錯誤：不是 Endangered 介面的一部分
pe->cuddle();       // 錯誤：不是 Endangered 介面的一部分
pe->highlight();    // ok：Panda::highlight()
delete pe;          // ok：Panda::~Panda()
```

表 18.1：**ZooAnimal/Endangered** 類別中的虛擬函式	
函式	類別自己定義的版本
print	ZooAnimal::ZooAnimal
	Bear::Bear
	Endangered::Endangered
	Panda::Panda
highlight	Endangered::Endangered
	Panda::Panda
toes	Bear::Bear
	Panda::Panda
cuddle	Panda::Panda
destructor	ZooAnimal::ZooAnimal
	Endangered::Endangered

18.3.3 多重繼承之下的類別範疇

在單一繼承之下，一個衍生類別的範疇是內嵌在其直接和間接基礎類別的範疇中（§15.6）。查找的方式是在繼承階層架構中往上尋找，直到找到給定的名稱為止。定義在一個衍生類別中的名稱會遮蔽一個基礎內對於那個名稱的使用。

在多重繼承之下，同樣的查找過程同時發生在所有的直接基礎類別中。如果一個名稱在多個基礎類別中被找到，那麼該名稱的使用就是有歧義的。

習題章節 18.3.2

練習 18.23：使用習題 18.22 中的階層架構，以及定義在下面的類別 D，並假設每個類別都定義有一個預設建構器，那麼請問，如果有的話，下列哪些轉換是不被允許的？

```
class D : public X, public C { ... };
D *pd = new D;
(a) X *px = pd;        (b) A *pa = pd;
(c) B *pb = pd;        (d) C *pc = pd;
```

練習 18.24：在前面，我們呈現了透過指向一個 Panda 物件的一個 Bear 指標所發出的一系列呼叫。假設我們改用指向一個 Panda 物件的一個 ZooAnimal 指標，請解釋那每個呼叫。

練習 18.25：假設我們有兩個基礎類別 Base1 與 Base2，每個都定義了一個名為 print 的虛擬成員，以及一個虛擬解構器。從這些基礎類別，我們衍生出了下列類別，其中美個都會重新定義 print 函式：

```
class D1 : public Base1 { /* ... */ };
class D2 : public Base2 { /* ... */ };
class MI : public D1, public D2 { /* ... */ };
```

使用下列指標，請判斷每個呼叫中用的是哪個函式：

```
Base1 *pb1 = new MI;
Base2 *pb2 = new MI;
D1 *pd1 = new MI;
D2 *pd2 = new MI;
(a) pb1->print();      (b) pd1->print();      (c) pd2->print();
(d) delete pb2;        (e) delete pd1;        (f) delete pd2;
```

在我們的例子中，如果我們透過一個 Panda 物件、指標或參考使用一個名稱，那麼 Endangered 和 Bear/ZooAnimal 子樹（**subtrees**）都會平行地被檢視。如果在一個以上的子樹中找到那個名稱，那麼該名稱的使用就是有歧義的。一個類別繼承具有相同名稱的多個成員是完全合法的。然而，如果我們想要使用那個名稱，我們就必須指定想要使用的是哪個版本。

當一個類別有多個基礎類別，這個衍生類別可以從兩個或更多個基礎類別繼承同名的一個成員。未經資格修飾地使用那個名稱，是有歧義的。

舉例來說，如果 ZooAnimal 和 Endangered 都定義了一個名為 max_weight 的成員，而 Panda 沒有定義那個成員，這個呼叫就會出錯：

```
double d = ying_yang.max_weight();
```

這種 Panda 的衍生，使得 Panda 有兩個名為 max_weight 的成員，是完全合法的。這種衍生會產生一種潛在的歧義。如果沒有 Panda 物件呼叫 max_weight，這種歧義就會被避免。如果對 max_weight 的每個呼叫有具體指出要執行的是哪個版本，即 ZooAnimal::max_ weight 或 Endangered::max_weight，那麼這種錯誤也能被避開。錯誤只會在試著使用該成員時有歧義發生，才會產生。

這兩個繼承而來的 max_weight 成員的歧義是相當顯而易見的。可能比較令人意外的是，即使兩個繼承而來的函式有不同的參數列，也會產生錯誤。同樣地，如果 max_weight 函式在一個類別中是 private 的，但在另一個中是 public 或 protected 的，也會是錯誤。最後，如果 max_weight 是定義在 Bear 中，而非在 ZooAnimal 中，那呼叫仍然會是錯的。

就跟之前都一樣，名稱的查找發生在型別檢查之前（§6.4.1）。如果編譯器在兩個不同的範疇中找到 max_weight，它會產生一個錯誤，指出該呼叫是有歧義的。

避免潛在歧義的最好方式是在衍生類別中定義該函式的一個會解析這種歧義的版本。舉例來說，我們應該賦予我們的 Panda 類別一個 max_weight 函式以解析這種歧義：

```
double Panda::max_weight() const
{
    return std::max(ZooAnimal::max_weight(),
                    Endangered::max_weight());
}
```

習題章節 18.3.3

練習 18.26：給定後面程式碼方塊中的階層架構，為什麼下列對 print 的呼叫有錯呢？修改 MI 來讓對 print 的這個呼叫能夠正確地編譯並執行。

```
MI mi;
mi.print(42);
```

練習 18.27：給定後面程式碼方塊中的類別階層架構，並假設我們新增了一個名為 foo 的函式給 MI，如下：

```
int ival;
double dval;
void MI::foo(double cval)
{
    int dval;
    // 練習的問題發生於此
}
```

(a) 列出在 MI::foo 中看得到的所有名稱。
(b) 有任何看得見的名稱是來自一個以上的基礎類別嗎？
(c) 把 Base1 的 dval 成員和 Derived 的 dval 成員之總和指定給區域性的 dval 實體。
(d) 將 MI::dvec 中的最後一個元素的值指定給 Base2::fval。
(e) 將來自 Base1 的 cval 指定給 Derived 的 sval 中的第一個字元。

章節 18.3.3 練習的程式碼

```
struct Base1 {
    void print(int) const; // 預設是 public
protected:
    int     ival;
    double  dval;
    char    cval;
private:
    int     *id;
};
struct Base2 {
    void print(double) const; // 預設是 public
protected:
    double  fval;
private:
    double  dval;
};
struct Derived : public Base1 {
    void print(std::string) const; // 預設是 public
protected:
    std::string sval;
    double       dval;
};
struct MI : public Derived, public Base2 {
    void print(std::vector<double>); // 預設是 public
protected:
    int                 *ival;
    std::vector<double> dvec;
};
```

18.3.4 虛擬繼承

雖然一個類別的衍生串列（derivation list）不可以包括相同的基礎類別超過一次，但一個類別可以多次繼承相同的基礎類別。這可能是間接地從它自己的直接基礎類別繼承了相同的基礎類別，或者是直接繼承了一個特定類別，並透過它的另一個基礎類別間接地再次繼承那個類別。

舉個例子，IO 程式庫的 istream 與 ostream 類別各自都繼承了一個共通的抽象基礎類別，名為 basic_ios。那個類別持有資料流的緩衝區並管理資料流的條件狀態。可以對一個資料流進行讀寫的類別 iostream 直接繼承了 istream 和 ostream。因為這兩個型別都繼承自 basic_ios，iostream 就繼承了那個基礎類別兩次，一次透過 istream，一次透過 ostream。

預設情況下，一個衍生物件含有對應到其衍生串鏈中每個類別的一個個別的子部分。如果相同的基礎類別在衍生中出現了超過一次，那麼衍生物件就會有該型別的多個子物件。

這種預設值對於像 iostream 這樣的類別無用。一個 iostream 物件想要使用相同的緩衝區來進行讀取及寫入，而且它想要其條件狀態反映出輸入及輸出運算。如果一個 iostream 物件有兩個拷貝的 basic_ios 類別，這種共用就不可能了。

在 C++ 中，我們使用**虛擬繼承（virtual inheritance）**來解決這種問題。虛擬繼承能讓一個類別指定它願意共用其基礎類別。這個共用的基礎類別子物件叫做一個**虛擬基礎類別（virtual base class）**。無論相同的虛擬基礎出現在一個繼承階層架構中多少次，衍生物件中都只會含有該虛擬基礎類別的一個共用的子物件。

一個不同的 Panda 類別

在過去，貓熊是屬於浣熊科（raccoon family）還是熊科（bear family），有些爭議存在。為了反映這種爭議，我們將 Panda 改為 Bear 和 Raccoon 都繼承。為了避免賦予 Panda 兩個 ZooAnimal 基礎部分，我們會定義 Bear 和 Raccoon 虛擬地繼承自 ZooAnimal。圖 18.3 展示了我們新的階層架構。

看看我們新的階層架構，我們會注意到虛擬繼承的一個非直覺的面向。虛擬繼承得在其需求出現之前就已經進行。舉例來說，在我們的類別中，虛擬繼承的需求只會在我們定義 Panda 的時候出現。然而，如果在它們對 ZooAnimal 的繼承上，Bear 與 Raccoon 沒有被指定為 virtual，那麼 Panda 類別的設計者就倒楣了。

在實務上，一個中介的基礎類別指定其繼承為虛擬的這種需求很少造成任何問題。一般來說，使用虛擬繼承的一個類別階層架構都是由個人或單一個專案設計團隊在某個時期所設計的。極少出現一個類別是單獨開發，而且在其基礎類別中需要有一個虛擬基礎但這個新類別的開發者無法改變現有的階層架構的情況。

 虛擬衍生影響到後續衍生自一個具有虛擬基礎的那些類別，而不會影響到衍生類別本身。

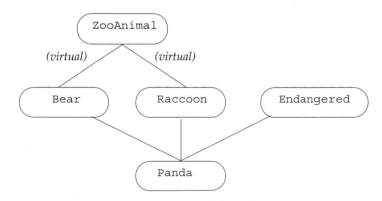

圖 18.3：虛擬繼承的 Panda 階層架構

使用一個虛擬基礎類別

我們指定一個基礎類別是虛擬的方式是在衍生串列（derivation list）中包括關鍵字
virtual：

```
// 關鍵字 public 和 virtual 的順序並不重要
class Raccoon : public virtual ZooAnimal { /* ... */ };
class Bear : virtual public ZooAnimal { /* ... */ };
```

這裡我們讓 ZooAnimal 是 Bear 與 Raccoon 兩者的一個虛擬基礎類別。

virtual 指定符陳述的是在後續的衍生類別中共用所指名的基礎類別之單一個實體的意願。
被用作一個虛擬基礎類別的類別沒有任何特殊限制存在。

繼承具有一個虛擬基礎的類別時，沒有什麼特殊的要做：

```
class Panda : public Bear,
              public Raccoon, public Endangered {
};
```

這裡 Panda 透過它的兩個基礎類別 Raccoon 與 Bear 繼承了 ZooAnimal。然而，因為那些類
別是虛擬地繼承自 ZooAnimal，所以 Panda 只會有一個 ZooAnimal 的基礎子部分。

對基礎的一般轉換是有支援的

衍生類別的物件可透過對一個可取用的基礎類別型別的指標或參考來操作（一如以往），不
管那個基礎類別是不是虛擬的。舉例來說，下列所有的 Panda 基礎類別轉換都是合法的：

```
void dance(const Bear&);
void rummage(const Raccoon&);
ostream& operator<<(ostream&, const ZooAnimal&);
Panda ying_yang;
dance(ying_yang);          // ok：傳入 Panda 物件作為一個 Bear
rummage(ying_yang);        // ok：傳入 Panda 物件作為一個 Raccoon
cout << ying_yang;         // ok：傳入 Panda 物件作為一個 ZooAnimal
```

虛擬基礎類別成員的可見性

因為每個共用的虛擬基礎只會有一個對應的共用子物件，在那個基礎中的成員可被直接存取，
並且不會有歧義。此外，如果來自虛擬基礎的一個成員只有沿著一個衍生路徑被覆寫，那麼
被覆寫的那個成員仍然可被直接存取。如果該成員被一個以上的基礎所覆寫，那麼衍生類別
一般來說就必須定義自己的版本。

舉例來說，假設類別 B 定義了一個名為 x 的成員；類別 D1 虛擬地繼承自 B，類別 D2 也是；
而 D 繼承自 D1 及 D2。在 D 範疇中，x 都可透過它的這兩個基礎類別見到。如果我們透過一
個 D 物件使用 x，那麼會有三種可能性：

- 如果 x 不是定義在 D1 中，也不是定義在 D2 中，它就會被解析為 B 中的一個成員，不會
  有歧義存在。一個 D 物件只含有一個 x 實體。

- 如果 x 是 B 的一個成員，也是 D1 或 D2 其中之一的一個成員（但非兩個皆是），這同樣也不會有歧義，衍生類別中的版本被賦予的優先序會比共用的虛擬基礎類別 B 還要高。
- 如果 x 在 D1 及 D2 中都有定義，那麼對那個成員的直接存取會是有歧義的。

就跟非虛擬的多重繼承階層架構中一樣，這種歧義最好是讓衍生類別為那個成員提供自己的版本來解決。

習題章節 18.3.4

練習 18.28：給定下列的類別階層架構，哪些繼承而來的成員可在 VMI 類別中不使用資格修飾來存取？哪些需要資格修飾？解釋你的推理。

```cpp
struct Base {
    void bar(int); // 預設是 public
protected:
    int ival;
};
struct Derived1 : virtual public Base {
    void bar(char); // 預設是 public
    void foo(char);
protected:
    char cval;
};
struct Derived2 : virtual public Base {
    void foo(int); // 預設是 public
protected:
    int ival;
    char cval;
};
class VMI : public Derived1, public Derived2 { };
```

18.3.5 建構器與虛擬繼承

在虛擬衍生中，虛擬基礎是由最外沿的建構器（*most derived constructor*）所初始化。在我們的例子中，當我們創建一個 Panda 物件，Panda 建構器就會單獨控制 ZooAnimal 基礎類別如何初始化。

要了解這個規則，請思考如果套用的是正常的初始化規則，那會發生什麼事。在那種情況中，一個虛擬基礎類別可能會被初始化多次。它會沿著含有那個虛擬基礎的每個繼承路徑被初始化。在我們的 ZooAnimal 範例中，如果一般的初始化規則適用，那麼 Bear 和 Raccoon 都會初始化一個 Panda 物件的 ZooAnimal 部分。

當然，階層架構中的每個類別都會在某個點成為這個「最外沿的（**most derived**）」物件。只要我們能夠創建型別衍生自一個虛擬基礎的獨立物件，那個類別中的建構器就必須初始化它的虛擬基礎。舉例來說，在我們的階層架構中，當一個 Bear（或 Raccoon）物件被創建，並不會涉及到更進一步的衍生型別。在這種情況中，Bear（或 Raccoon）建構器會跟之前一樣直接初始化它們的 ZooAnimal 基礎：

```
Bear::Bear(std::string name, bool onExhibit):
        ZooAnimal(name, onExhibit, "Bear") { }
Raccoon::Raccoon(std::string name, bool onExhibit)
      : ZooAnimal(name, onExhibit, "Raccoon") { }
```

當一個 Panda 被創建，它就是最外沿的衍生型別，控制共有的 ZooAnimal 基礎的初始化。即使 ZooAnimal 不是 Panda 的一個直接基礎，Panda 建構器還是會初始化 ZooAnimal：

```
Panda::Panda(std::string name, bool onExhibit)
     : ZooAnimal(name, onExhibit, "Panda"),
       Bear(name, onExhibit),
       Raccoon(name, onExhibit),
       Endangered(Endangered::critical),
       sleeping_flag(false) { }
```

一個虛擬繼承的物件是如何建構的？

具有一個虛擬基礎的物件的建構順序稍微與一般的順序不同：物件的虛擬基礎子部分會先被初始化，使用在最外沿衍生類別（most derived class）的建構器中提供的初始器。一旦物件的虛擬基礎部分建構好了，直接基礎子部分會以它們出現在衍生串列中的順序建構。

舉例來說，當一個 Panda 物件被創建：

- （虛擬基礎類別）ZooAnimal 的部分會先創建，使用在 Panda 建構器初始器串列中指定的初始器。
- 接著建構 Bear 部分。
- 再來建構 Raccoon 部分。
- 後面建構的是第三個直接基礎 Endangered。
- 最後，建構 Panda 部分。

如果 Panda 建構器沒有明確地初始化 ZooAnimal 基礎類別，那麼 ZooAnimal 的預設建構器就會被使用。如果 ZooAnimal 沒有預設建構器，那麼那段程式碼就有錯。

> 虛擬基礎類別永遠都會在非虛擬基礎類別之前先建構，不管它們出現在繼承階層架構中的什麼位置。

建構器和解構器的順序

一個類別可能會有一個以上的虛擬基礎類別。在那種情況中，虛擬子物件的建構順序是以它們出現在衍生串列中的順序從左到右建構的。舉例來說，在下列異想天開的泰迪熊

TeddyBear 衍生中,有兩個虛擬基礎類別:一個直接虛擬基礎 ToyAnimal,以及 Bear 的虛擬基礎類別 ZooAnimal:

```cpp
class Character { /* ... */ };
class BookCharacter : public Character { /* ... */ };
class ToyAnimal { /* ... */ };
class TeddyBear : public BookCharacter,
                  public Bear, public virtual ToyAnimal
                  { /* ... */ };
```

直接基礎類別會以宣告的順序被檢視,以判斷是否有任何的虛擬基礎類別。如果是,虛擬基礎類別會先被建構,後面接著以宣告順序進行的非虛擬基礎類別建構器。因此,要創建一個 TeddyBear,建構器會以下列順序被調用:

```cpp
ZooAnimal();         // Bear 的虛擬基礎類別
ToyAnimal();         // 直接虛擬基礎類別
Character();         // 第一個非虛擬基礎類別的間接基礎類別
BookCharacter();     // 第一個直接的非虛擬基礎類別
Bear();              // 第二個直接非虛擬基礎類別
TeddyBear();         // 最外沿的衍生類別
```

合成的拷貝或移動建構器也使用相同的順序,而在合成的指定運算子中,成員也是以這個順序指定的。如同以往,物件被摧毀的順序與被建構的順序相反。TeddyBear 的部分會先被摧毀,而 ZooAnimal 部分最後。

習題章節 18.3.5

練習 18.29:給定下列的類別階層架構:

```cpp
class Class { ... };
class Base : public Class { ... };
class D1 : virtual public Base { ... };
class D2 : virtual public Base { ... };
class MI : public D1, public D2 { ... };
class Final : public MI, public Class { ... };
```

(a) 在一個 Final 物件上,建構器和解構器的執行順序為何?

(b) 一個 Final 物件有多少個 Base 部分?有多少 Class 部分?

(c) 下列哪些指定是編譯期錯誤?

```cpp
Base *pb; Class *pc; MI *pmi; D2 *pd2;
```

(a) pb = new Class;   (b) pc = new Final;
(c) pmi = pb;   (d) pd2 = pmi;

練習 18.30:在 Base 中定義一個預設建構器、拷貝建構器,以及有一個 int 參數的建構器。在每個衍生類別中定義相同的三個建構器。每個建構器都應該使用它的引數來初始化它的 Base 部分。

本章總結

C++ 被用來解決廣泛的各類問題，從幾個小時就能解決的那些，到需要大型團隊數年時間開發的那些。C++ 中的某些功能在大規模問題的情境下最適用：例外處理、命名空間，以及多重或虛擬繼承。

例外處理讓我們分離程式錯誤偵測的部分和錯誤處理部分。當一個例外被擲出，目前執行中的函式就會被暫停，開始尋找最接近的匹配的 catch 子句。搜尋一個 catch 子句的同時，定義在被退出的函式內的區域變數，作為處理例外過程的一部分，也會被摧毀。

命名空間這種機制用來管理從獨立供應商所提供的程式碼建置出來的大型的複雜程式。一個命名空間就是一個範疇，其中可定義物件、型別、函式、模板和其他的命名空間。標準程式庫定義在名為 std 的命名空間中。

從觀念上來說，多重繼承是一個簡單的概念：一個衍生類別可以繼承多個直接基礎類別。衍生的物件會由衍生的部分和每個基礎類別所貢獻的基礎部分所構成。雖然概念上很簡單，但其中的細節可能複雜很多。特別是，繼承自多個基礎類別會帶來名稱衝突的新可能性，導致對物件基礎部分的名稱之有歧義的參考。

當一個類別直接繼承自多個基礎類別，有可能那些類別本身會有共通的其他基礎類別。在這種情況中，中介的類別可以選擇讓它們的繼承是虛擬的，這陳述了可以與階層架構中虛擬地繼承自同一個基礎類別的其他類別共享它們的虛擬基礎類別的意願。如此，在一個後續衍生出來的類別中，這個共用的虛擬基礎就只會有一個拷貝。

定義的詞彙

catch-all 其中的例外宣告是（...）的 catch 子句。一個 catch-all 子句會捕捉任何型別的例外。它通常被用來捕捉在區域內偵測到的例外，以用來進行區域性的清理工作。然後那個例外會被重新擲出給程式的另一個部分，以處理造成問題的底層原因。

catch clause（catch 子句） 程式處理例外的一個部分。一個 catch 子句由關鍵字 catch 後面接著一個例外宣告，以及一個區塊的述句所構成。在一個 catch 內的程式碼會進行處理定義在其例外宣告中的那個型別的例外所需的任何工作。

constructor order（建構器順序） 在非虛擬繼承底下，基礎類別會以它們在類別衍生串列中被指名的順序來建構。在虛擬繼承底下，虛擬基礎類別會在任何其他基礎之前先建構。它們會以它們出現在衍生型別的衍生串列中的順序被建構。只有最外沿的衍生型別（most derived type）可以初始化一個虛擬基礎，出現在中介的基礎類別中的那個基礎的建構器初始器會被忽略。

exception declaration（例外宣告） 指定 catch 能夠處理的例外型別的 catch 子句宣告。這個宣告的行為就像參數列，它的單一個參數是由例外物件來初始化。如果這個例外指定符是一個非參考型別，那麼例外物件就會被拷貝到 catch。

exception handling（例外處理） 用來管理執行期異常的語言層級支援。獨立開發的一段程式碼可以偵測並「提出（raise）」一個例外，讓程式另一個獨立開發的部分來「處理（handle）」。

程式的錯誤偵測部分會擲出一個例外，錯誤處理部分則在一個 try 區塊的一個 catch 子句中處理該例外。

exception object（例外物件） 被用來在一個例外的 throw 部分和 catch 部分之間進行溝通的物件。這個物件會在 throw 的時候被創建，並且是所擲出的運算式的一個拷貝。這個例外物件會持續存在，直到該例外的最後一個處理器（handler）完成了為止。此物件的型別會是所擲出的運算式的靜態型別。

file static 對一個檔案是區域性的，並以 static 關鍵字宣告的名稱。在 C 和標準化之前的 C++ 版本中，file static 用來宣告只能在單一個檔案中使用的物件。file static 在 C++ 中已被棄用，由無名的命名空間（unnamed namespaces）所取代。

function try block（函式 try 區塊） 用來捕捉來自建構器初始器（constructor initializer）的例外。關鍵字 try 出現在起始建構器初始器串列的冒號之前（如果初始器串列是空的，就是在建構器主體的左大括號之前），並以出現在建構器主體的右大括號之後的一或更多個 catch 子句做結。

global namespace（全域命名空間） 每個程式中用來存放所有全域定義的（隱含的）命名空間。

handler（處理器） catch 子句的同義詞。

inline namespace（行內命名空間） 一個命名空間被標示為 inline 的成員可被當作一個外圍命名空間（enclosing namespace）的成員使用。

multiple inheritance（多重繼承） 具有一個以上的直接基礎類別（direct base class）的類別。衍生類別會繼承其基礎類別的所有成員。每個基礎類別都可以附有一個分別的存取指定符。

namespace（命名空間） 把一個程式庫或其他的程式集合所定義的全部名稱都聚集到單一個範疇中的機制。不同於 C++ 中的其他範疇，一個命名空間範疇能以數個部分來定義。命名空間可在程式的不同部分被開啟和關閉，並再次重新開啟。

namespace alias（命名空間別名） 為一個給定的命名空間定義一個同義詞的機制：

```
namespace N1 = N;
```

定義 N1 作為名為 N 的命名空間的另一個名稱。一個命名空間可以有多個別名。命名空間的名稱和它的任何別名都可以互換地使用。

namespace pollution（命名空間污染） 會在類別與函式的所有名稱都被放在全域命名空間時發生。如果這些名稱是全域的，用到由多個獨立供應商所撰寫的程式碼的大型程式就經常會遇到名稱之間的衝突。

noexcept operator（noexcept 運算子） 回傳一個 bool 指出給定的一個運算式是否可能擲出一個例外的運算子。這種運算式是不會估算的。其結果是一個常數運算式。如果該運算式並不含有一個 throw 而且只呼叫標示為不擲出的函式，其值就為 true，否則結果就是 false。

noexcept specification（noexcept 設定） 用來指出一個函式是否會擲出的關鍵字。當 noexcept 跟在一個函式的參數列之後，它後面可以選擇性地跟著一個括弧括起的常數運算式，這個運算式必須可以轉換為 bool。如果運算式被省略，或者它是 true，該函式就不會擲出例外。是 false 的運算式或沒有例外設定（exception specification）的函式可以擲出任何例外。

nonthrowing specification（不擲出的設定） 承諾一個函式不會擲出的一個例外設定。如果一個不擲出的函式有擲出，terminate 就會被呼叫。不擲出指定符是不帶引數或具有一個會估算為 true 的引數的 noexcept 和 throw()。

raise（提出） 通常用作擲出（throw）的一個同義詞。C++ 程式設計師會互換地使用「擲出（throwing）」或「提出（raising）」例外。

rethrow（重擲） 沒有指定運算式的一個 throw。一個 rethrow 只在 catch 子句中有效或在從一個 catch 直接或間接呼叫的函式中有效。它的效果是重新擲出它所接收到的例外物件。

stack unwinding 函式在搜尋一個 catch 的過程中被退出的過程。在例外之前建構的區域物件會在進入對應的 catch 之前被摧毀。

terminate 例外沒有被捕捉或者處理器執行的過程中有例外發生時會被呼叫的程式庫函式。terminate 會結束程式。

throw e 中斷目前執行路徑的運算式。每個 throw 都會將控制權轉交到能夠處理所擲出的型別的例外的最接近的外圍 catch。運算式 e 會被拷貝到例外物件中。

try block（try 區塊） 由關鍵字 try 和一或更多個 catch 子句所圍起的述句區塊。如果 try 區塊內的程式碼提出了一個例外，而其中一個 catch 子句匹配例外的型別，那麼例外就會由那個 catch 所處理。否則，例外會被傳遞到 try 之外，在呼叫串鏈更上層的一個 catch。

unnamed namespace（無名命名空間） 沒有用名稱定義的命名空間。定義在一個無名命名空間中的名稱可以直接存取，不需要使用範疇運算子。每個檔案都有它自己唯一的無名命名空間。無名命名空間中的名稱在那個檔案之外是看不到的。

using declaration（using 宣告） 將來自一個命名空間的單一個名稱注入到目前範疇的機制：

```
using std::cout;
```

讓來自命名空間 std 的名稱 cout 能在目前範疇中取用。cout 這個名稱後續可以不帶 std:: 資格修飾符使用。

using directive（using 指示詞） 形式如下的宣告：

```
using NS;
```

這會讓名為 NS 的命名空間中所有的名稱在含有這個 using 指示詞及該命名空間本身的最接近的範疇中可以取用。

virtual base class（虛擬基礎類別） 在自己的衍生串列中指定 virtual 的基礎類別。即使階層架構中同樣的類別出現作為一個虛擬基礎超過一次，這個虛擬基礎類別的部分也只會出現一次。在非虛擬繼承中，建構器只能初始化它的直接基礎類別。當一個類別是虛擬地繼承時，那個類別會被最外沿的衍生類別（most derived class）初始化，因此它應該為它所有的虛擬父類別（virtual parent）都提供初始器。

virtual inheritance（虛擬繼承） 多重繼承的一種形式，其中衍生類別會共用一個基礎的單一個拷貝，而這個基礎類別在階層架構中出現超過一次。

:: operator（範疇運算子） 用來存取來自一個命名空間或類別的名稱。

19

特殊用途的工具與技巧
Specialized Tools and Techniques

本書的前三個部分討論 C++ 中大多數 C++ 程式設計師都很有可能在某個時間點用到的面向。除此之外，C++ 還定義了一些較為專用的功能。許多程式設計師永遠都不會（或非常少會需要）使用在本章中所呈現的功能。

C++ 就是設計要用在各式各樣的應用中。因此,它含有專屬於某些應用的功能,可能永遠不會被其他領域用到。在本章中,我們會看看這個語言中較不常被用到的一些功能。

19.1 控制記憶體的配置

有些應用程式會有特殊的記憶體配置(memory allocation)需求,無法由標準的記憶體管理機能所滿足。這種應用程式必須接管記憶體是如何配置的細節,例如安排 new 將物件放到特殊種類的記憶體中。為了這麼做,它們可以重載 new 和 delete 運算子來控制記憶體的配置。

19.1.1 重載 new 與 delete

雖然我們說我們可以「重載 new 和 delete」,這些運算子的重載方式與我們重載其他運算子的方式相當不同。為了理解我們如何重載這些運算子,我們得先更進一步了解 new 與 delete 運算是如何運作的。

當我們使用一個 new 運算式:

```
// new 運算式
string *sp = new string("a value"); // 配置並初始化一個 string
string *arr = new string[10];        // 配置十個預設初始化的 string
```

實際上會有三個步驟發生。首先,運算式呼叫名為 **operator new**(或 **operator new[]**)的一個程式庫函式。這個函式會配置原始的、無型別的記憶體空間,大到足以存放指定型別的一個物件(或一個陣列的物件)。接著,編譯器會執行適當的建構器以從指定的初始器建構出那些物件。最後,一個指向新配置並建構好的物件的指標會被回傳。

當我們使用一個 delete 運算式來刪除一個動態配置的物件:

```
delete sp;        // 摧毀 *sp 並釋放 sp 所指的記憶體
delete [] arr;.   // 摧毀陣列中的元素並釋放記憶體
```

有兩個步驟會發生。首先,適當的解構器會在 sp 所指的物件或 arr 所指的陣列中的元素上執行。接著,編譯器會分別呼叫名為 **operator delete** 或 **operator delete[]** 的程式庫函式來釋放記憶體。

想要接管記憶體配置控制權的應用程式會定義它們自己版本的 operator new 和 operator delete 函式。即使程式庫含有這些函式的定義,我們還是可以為它們定義我們自己的版本,編譯器不會抱怨重複的定義。取而代之,編譯器會使用我們的版本來取代定義在程式庫中的版本。

當我們定義全域的 operator new 和 operator delete 函式,我們就接管了所有動態記憶體配置的責任。這些函式必須是正確的:它們構成了程式中所有處理的一個至關緊要的部分。

應用程式可以在全域範疇中定義 operator new 和 operator delete 函式，或作為成員函式。當編譯器看到一個 new 或 delete 運算式，它會尋找對應的 operator 函式以呼叫。如果被配置（或解除配置）的物件具有類別型別，編譯器就會先在該類別的範疇中查看，包括任何的基礎類別。如果類別有一個成員是 operator new 或 operator delete，那個函式就會被 new 或 delete 運算式所用。否則，編譯器會在全域範疇中尋找一個匹配的函式。如果編譯器找到一個使用者定義的版本，它會使用那個函式來執行 new 或 delete 運算式。否則，就會使用標準程式庫的版本。

我們可以使用範疇運算子來迫使一個 new 或 delete 運算式繞過一個類別限定的函式，並使用來自全域範疇的那個。舉例來說，::new 只會在全域範疇中找尋一個匹配的 operator new 函式。對 ::delete 來說也是如此。

operator new 和 operator delete 介面

程式庫定義了八個重載版本的 operator new 和 operator delete 函式。前四個支援可能擲出一個 bad_alloc 例外的 new 版本。後四個支援不擲出版本的 new：

```
// 這些版本可能擲出一個例外
void *operator new(size_t);               // 配置一個物件
void *operator new[](size_t);             // 配置一個陣列
void *operator delete(void*) noexcept;    // 釋放一個物件
void *operator delete[](void*) noexcept;  // 釋放一個陣列

// 承諾不擲出的版本，參閱 §12.1.2
void *operator new(size_t, nothrow_t&) noexcept;
void *operator new[](size_t, nothrow_t&) noexcept;
void *operator delete(void*, nothrow_t&) noexcept;
void *operator delete[](void*, nothrow_t&) noexcept;
```

型別 nothrow_t 是定義在 new 標頭中的一個 struct。這個型別沒有成員。new 標頭也定義了一個名為 nothrow 的 const 物件，使用者可以傳入它來表達他們想要不擲出版本的 new（§12.1.2）。就像解構器，一個 operator delete 必定不能擲出一個例外（§18.1.1）。當我們重載這些運算子，我們必須指定它們不會擲出，這透過 noexcept 例外指定符（§18.1.4）來進行。

一個應用程式可以為任何的這些函式定義它自己的版本。如果它這麼做，它必須把那些函式定義在全域範疇或作為一個類別的成員。若定義為類別的成員，這些運算子就隱含是 static 的（§7.6）。沒必要明確地將它們宣告為 static，不過這麼做也是合法的。new 和 delete 成員函式必須是 static 的，是因為它們會在物件建構前被使用（operator new）或在它已經被摧毀（**operator delete**）之後。因此不會存在有要讓這些函式操作的成員資料。

一個 operator new 或 operator new[] 函式必須有回傳型別 void*，而其第一個參數必須有型別 size_t。那個參數不可以有一個預設引數。operator new 函式會在我們配置一個物件時使用；operator new[] 會在我們配置一個陣列時被呼叫。當編譯器呼叫 operator new，它會以存放指定型別的物件所需的位元組數來初始化 size_t 參數；當它呼叫 operator new[]，它會傳入儲存給定數目個元素的一個陣列所需的位元組數。

當我們定義自己的 operator new 函式，我們可以定義額外的參數。使用這種函式的 new 運算式必須使用放置型的 new（placement form of new，§12.1.2）來傳入引數給那些額外的參數。雖然一般來說我們可以定義自己版本的 operator new 有任何所需的參數，我們不可以定義具有下列形式的函式：

```
void *operator new(size_t, void*);  // 這個版本不可以被重新定義
```

這種特定的形式保留給程式庫使用，不可以被重新定義。

一個 operator delete 或 operator delete[] 函式必須有一個 void 的回傳型別，而且第一個參數的型別必須是 void*。執行一個 delete 運算式會呼叫適當的 operator 函式，並以指向要釋放的記憶體的一個指標來初始化其 void* 參數。

當 operator delete 或 operator delete[] 被定義為一個類別成員，函式可以有第二個型別為 size_t 的參數。若有出現，這個額外的參數會以第一個參數所定址的物件之大小（單位是位元組）來初始化。這個 size_t 參數會在我們刪除是某個繼承階層架構一部分的物件時使用。如果基礎類別有一個虛擬解構器（§15.7.1），那麼傳入給 operator delete 的大小會隨著所刪除的指標所指的物件之動態型別而變。此外，所執行的 operator delete 版本會是來自物件動態型別的那一個。

專有名詞：new 運算式 vs. operator new 函式

operator new 和 operator delete 程式庫函式的命名有誤解之虞。不同於其他的 operator 函式，例如 operator=，這些函式並不會重載 new 或 delete 運算式。事實上，我們無法重新定義 new 和 delete 運算式的行為。

一個 new 運算式執行的方式永遠都是呼叫一個 operator new 函式來獲取記憶體，然後在那個記憶體中建構一個物件。一個 delete 運算式執行的方式永遠都是摧毀一個物件，然後呼叫一個 operator delete 函式來釋放那個物件所用的記憶體。

藉由提供我們自己的 operator new 和 operator delete 函式的定義，我們可以改變記憶體配置的方式。然而，我們無法改變 new 和 delete 運算子的這種基本意義。

malloc 與 free 函式

如果你定義自己的全域 operator new 和 operator delete，那些函式必須以某種方式配置和解除配置記憶體。即使你定義這些函式以使用一個特殊的記憶體配置器（memory allocator），就測試用途而言，能以類似一般實作所做的那樣配置記憶體，可能仍然會有用處。

為此，我們可以使用 C++ 繼承自 C 的函式 **malloc** 和 **free**。這些函式定義在 cstdlib 中。

malloc 函式接受一個 size_t，指出要配置多少位元組。它會回傳一個指標指向所配置的記憶體，或者是 0 代表無法配置記憶體。free 函式接受一個 void*，它是 malloc 所回傳的指標的一個拷貝，並將關聯的記憶體歸還給系統。呼叫 free(0) 不會有任何效果。

撰寫 operator new 和 operator delete 的一個簡單的方式如下：

```
void *operator new(size_t size) {
    if (void *mem = malloc(size))
        return mem;
    else
        throw bad_alloc();
}
void operator delete(void *mem) noexcept { free(mem); }
```

對於其他版本的 operator new 和 operator delete 也類似。

習題章節 19.1.1

練習 19.1： 使用 malloc 撰寫你自己的 operator new(size_t) 函式，並使用 free 來撰寫 operator delete(void*) 函式。

練習 19.2： 預設情況下，allocator 類別使用 operator new 來獲取儲存空間，並使用 operator delete 來釋放之。重新編譯並重新執行你的 StrVec 程式（§13.5），使用前面練習你自己版本的函式。

19.1.2 放置型 new 運算式

雖然 operator new 和 operator delete 函式主要是要給 new 運算式使用，但它們也是程式庫中的一般函式。因此，一般的程式碼也可以直接呼叫這些函式。

在這個語言早期的版本中，在 allocator（§12.2.2）類別是程式庫一部分之前，想要分離配置（allocation）和初始化（initialization）的應用程式會呼叫 operator new 和 operator delete 來這麼做。這些函式的行為類似 allocator 的 allocate 和 deallocate 成員。就像那些成員，operator new 和 operator delete 函式會配置和解除配置記憶體，但不會建構或摧毀物件。

不同於一個 allocator，沒有 construct 函式可以呼叫來在 operator new 所配置的記憶體中建構物件。取而代之，我們使用 new 的**放置型 new** 形式（**placement new**，§12.1.2）

來建構一個物件。如我們所見，這種形式的 new 會為配置函式提供額外的資訊。我們可以使用放置型的 new 來傳入一個位址，在這種情況中，放置型的 new 運算式會有這種形式：

```
new (place_address) type
new (place_address) type (initializers)
new (place_address) type [size]
new (place_address) type [size] { braced initializer list }
```

其中 *place_address* 必須是一個指標，而 *initializers* 提供（可能是空的）逗號分隔的初始器串列用以建構新配置的物件。

以一個位址並且沒有其他引數呼叫時，放置型的 new 會使用 operator new(size_t, void*) 來「配置」它的記憶體。這是我們不被允許重新定義的 operator new 版本（§19.1.1）。這個函式不會配置任何記憶體，它單純只會回傳其指標引數。然後整個 now 運算式就在給定的位址初始化一個物件來完成它的工作。就效果上而言，放置型的 new 能讓我們在一個特定的、預先配置好的記憶體位址建構一個物件。

當我們傳入單一個引數，而且它是個指標，一個放置型的 new 運算式會建構一個物件，但不會配置記憶體。

雖然從許多方面來說，使用放置型的 new 類似於一個 allocator 的 construct 成員，其間有一個重要的差異存在。我們傳入給 construct 的指標必須指向由相同的 allocator 物件所配置的空間。我們傳入給放置型的 new 的指標沒必要指向由 operator new 所配置的記憶體。確實，如我們會在 §19.6 中看到的，傳入給一個放置型 new 運算式的指標甚至不需要指向動態記憶體。

明確的解構器調用

就像放置型 new 類似於使用 allocate，對解構器的明確呼叫也類似於呼叫 destroy。我們呼叫一個解構器的方式與呼叫任何其他的成員方式相同，在一個物件上進行或透過對一個物件的指標或參考：

```
string *sp = new string("a value"); // 配置並初始化一個 string
sp->~string();
```

這裡我們直接調用一個解構器。箭號運算子解參考指標 sp 以獲取 sp 所指的物件。然後我們呼叫解構器，它的名稱就是型別的名稱前面加上一個波狀符號（tilde，~）。

就像呼叫 destroy，呼叫一個解構器會清理給定的物件，但不會釋放物件所佔據的空間。如果想要，我們可以重新利用那個空間。

呼叫一個解構器會摧毀一個物件，但不會釋放記憶體。

19.2 執行期的型別識別

執行期的型別識別（run-time type identification，RTTI）是透過兩個運算子來提供的：

- `typeid` 運算子，它會回傳一個給定運算式的型別
- `dynamic_cast` 運算子，它會安全地把對基礎型別的一個指標或參考轉換為對衍生型別的指標或參考。

套用到具有虛擬函式的型別之指標或參考時，這些運算子會使用指標或參考所繫結的物件之動態型別（§15.2.3）。

這些運算子在我們有想透過對基礎類別物件的一個指標或參考進行的一個衍生運算，但沒辦法讓那個運算成為一個虛擬函式時會有用處。一般來說，我們應該盡可能使用虛擬函式。如果運算是虛擬的，編譯器就會依據物件的動態型別自動選擇正確的函式。

然而，定義一個 virtual 並非總是可行的。如果我們無法使用一個 virtual，我們就可以使用其中一個 RTTI 運算子。另一方面，使用這些運算子比使用虛擬成員函式更容易出錯誤：程式設計師必須知道物件應該強制轉型為什麼型別，而且必須檢查這種強制轉型有成功執行。

> RTTI 應該小心使用。可能的話，最好是定義一個虛擬函式，而非直接接管型別的管理工作。

19.2.1 `dynamic_cast` 運算子

一個 **dynamic_cast** 具有下列形式：

```
dynamic_cast<type*>(e)
dynamic_cast<type&>(e)
dynamic_cast<type&&>(e)
```

其中 type 必須是一個類別型別，而（一般來說）被指名的會是具有虛擬函式的一個類別。在第一個情況中，e 必須是一個有效的指標（§2.3.2）；在第二種情況中，e 必須是一個 lvalue；而在第三種情況中，e 必定不能是一個 lvalue。

在所有的這些情況中，e 的型別必須是公開繼承自目標 type 的一個類別型別、目標 type 的一個 public 基礎類別，或與目標 type 相同。如果 e 有這些型別其中之一，那麼強制轉型就會成功。否則，強制轉型會失敗。如果對一個指標型別的 dynamic_cast 失敗，結果就會是 0。如果對一個參考型別的 dynamic_cast 失敗，運算子就會擲出型別為 bad_cast 的一個例外。

指標型別的 `dynamic_cast`

舉個簡單的例子，假設 Base 是具有至少一個虛擬函式的類別，而類別 Derived 公開地繼承自 Base。如果我們有對 Base 的一個指標名為 bp，我們可以在執行時期將它強制轉型，轉為對 Derived 的一個指標，如下：

```
if (Derived *dp = dynamic_cast<Derived*>(bp))
{
    // 使用 dp 所指的 Derived 物件
} else {  // bp 指向一個 Base 物件
    // 使用 bp 所指的那個 Base 物件
}
```

如果 bp 指向一個 Derived 物件，那麼強制轉型（cast）會將 dp 初始化為指向 bp 所指的
Derived 物件。在這種情況中，就能讓 if 內的程式碼安全地使用 Derived 運算。否則，強
制轉型的結果就會是 0。如果 dp 是 0，if 中的條件就會失敗。在這種情況中，else 子句會
改為對 Base 進行適當的處理。

 我們可以在一個 null 指標上進行 dynamic_cast，結果會是所請求型別的一個 null
指標。

值得注意的是，我們是在條件內定義 dp 的。藉由在一個條件中定義那個變數，我們就在單一運
算中進行了強制轉型和對應的檢查。此外，指標dp在 if 外部是無法存取的。如果強制轉型失敗，
那麼未繫結指標就不會被用在後續我們可能會忘記檢查強制轉型是否成功的程式碼中。

 在一個條件中進行 dynamic_cast 確保強制轉型及其結果的檢查都在單一個運算式中
完成。

參考型別的 **dynamic_cast**

對參考型別的 dynamic_cast 與對指標型別的 dynamic_cast 差別在於它們指出有錯誤發生
的方式。因為並不存在有 null 參考這種東西，我們不可能把用在指標的相同錯誤回報策略用
於參考。當對一個參考型別的強制轉型失敗，這個強制轉型會擲出一個 std::bad_cast 例外，
它定義在 typeinfo 程式庫標頭中。

我們可以改寫前面的範例使用參考，如下：

```
void f(const Base &b)
{
    try {
        const Derived &d = dynamic_cast<const Derived&>(b);
        // 使用 b 所指涉的 Derived 物件
    } catch (bad_cast) {
        // 處理強制轉型失敗的情況
    }
}
```

19.2.2 **typeid** 運算子

為 RTTI 所提供的第二個運算子是 **typeid 運算子**。typeid 能讓一個程式詢問一個運算式：
你物件的型別是什麼？

習題章節 19.2.1

練習 19.3：給定下列的類別階層架構，其中每個類別都定義了一個 public 的預設建構器和虛擬解構器：

```
class A { /* ... */ };
class B : public A { /* ... */ };
class C : public B { /* ... */ };
class D : public B, public A { /* ... */ };
```

如果有的話，下列哪些 dynamic_cast 會失敗呢？

(a)　A *pa = new C;
　　　B *pb = dynamic_cast< B* >(pa);
(b)　B *pb = new B;
　　　C *pc = dynamic_cast< C* >(pb);
(c)　A *pa = new D;
　　　B *pb = dynamic_cast< B* >(pa);

練習 19.4：使用在第一個練習中定義的類別，改寫下列的程式碼來將運算式 *pa 轉為型別 C& ：

```
if (C *pc = dynamic_cast< C* >(pa)) {
    // 使用 C 的成員
} else {
    // 使用 A 的成員
}
```

練習 19.5：何時你應該使用一個 dynamic_cast 取代一個虛擬函式呢？

一個 typeid 運算式有 typeid(e) 這樣的形式，其中 e 是任何運算式或一個型別名稱。一個 typeid 運算的結果是對一個 const 物件的一個指標，這個物件有名為 type_info 的程式庫型別，或是公開地衍生自 type_info 的一個型別。§19.2.4 會更詳細地涵蓋這個型別。type_info 類別定義在 typeinfo 標頭中。

typeid 運算子可與任何型別的運算式並用。如同以往，頂層的 const（§2.4.3）會被忽略，而如果運算式是一個參考，typeid 會回傳該參考所指涉的型別。不過套用到一個陣列或函式時，對指標的標準轉換不會進行（§4.11.2）。也就是說，如果我們接受 typeid(a) 而 a 是一個陣列，結果描述的就是一個陣列型別，不是一個指標型別。

當運算元不是類別型別，或是沒有虛擬函式的一個類別，那麼 typeid 會指出該運算元的靜態型別。當運算元是一個類別型別的一個 lvalue，而該型別定義了至少一個虛擬函式，那麼其型別就會在執行時期估算。

使用 **typeid** 運算子

一般來說，我們使用 typeid 來比較兩個運算式的型別，或是將一個運算式的型別與一個指定的型別做比較：

```
Derived *dp = new Derived;
Base *bp = dp; // 兩個指標都指向一個 Derived 物件
// 在執行時期比較兩個物件的型別
if (typeid(*bp) == typeid(*dp)) {
    // bp 和 dp 指向相同型別的物件
}
// 測試執行期的型別是否為一個特定的型別
if (typeid(*bp) == typeid(Derived)) {
    // bp 實際上指向一個 Derived
}
```

在第一個 if 中，我們比較 bp 和 dp 所指的物件之動態型別。如果兩者皆指向相同型別，那麼條件就會成功。同樣地，如果 bp 目前指向一個 Derived 物件，第二個 if 就會成功。

請注意到 typeid 的運算元是物件，我們使用 *bp，而非 bp：

```
// 測試永遠都會失敗：bp 的型別是對 Base 的指標
if (typeid(bp) == typeid(Derived)) {
    // 程式碼永遠都不會執行
}
```

這個條件會將型別 Base* 與型別 Derived 做比較。雖然該指標指向具有虛擬函式的類別型別的一個物件，但該指標本身並不是一個類別型別的物件。型別 Base* 可能是在編譯時期估算的。那個型別不等於 Derived，所以條件永遠都會失敗，不管 bp 所指的物件的型別是什麼。

一個指標（相對於該指標所指的物件）的 typeid 會回傳該指標靜態的、編譯時期的型別。

typeid 是否使用執行時期的檢查決定了該運算式是否會被估算。編譯器只會在型別具有虛擬函式的時候估算運算式。如果該型別沒有 **virtual**，那麼 typeid 就會回傳運算式的靜態型別；編譯器不用估算運算式就知道其靜態型別。

如果運算式的動態型別可能與靜態型別不同，那麼運算式必須被估算（在執行時期）以判斷所產生的型別。這種差別在我們估算 typeid(*p) 時很重要。如果 p 是對某個型別的一個指標，而該型別沒有虛擬函式，那麼 p 就不需要是一個有效的指標。否則，*p 會在執行時期被估算，在那種情況中，p 必須是一個有效的指標。如果 p 是一個 **null** 指標，那麼 typeid(*p) 就會擲出一個 bad_typeid 例外。

19.2.3 使用 RTTI

作為 RTTI 何時可能會有用處的一個例子，請思考我們想要為之實作相等性運算子（§ 14.3.1）的一個類別階層架構。如果兩個物件有相同的型別，而且對於它們給定的一組資料成員，兩者皆有相同的值，那麼它們就是相等的。每個衍生型別都可以新增它自己的資料，而我們會想在測試相等性的時候包括它們。

習題章節 19.2.2

練習 19.6：寫一個運算式動態地將對 Query_base 的一個指標強制轉型為對 AndQuery（§15.9.1）的一個指標。使用 AndQuery 和另一個查詢型別的物件來測試強制轉型的結果。印出一個描述指出這種強制轉型是否行得通，並確保這個輸出符合你的預期。

練習 19.7：撰寫相同的強制轉型，不過是將一個 Query_base 物件強制轉型為對 AndQuery 的一個參考。重複測試以確定你的強制轉型正確地運作。

練習 19.8：撰寫一個 typeid 運算式來看看兩個 Query_base 指標是否指向相同的型別。現在檢查那個型別是否為一個 AndQuery。

我們可能會想，我們可以定義一組會在階層架構中每個層級進行相等性測試的虛擬函式來解決這個問題。給定這些 virtual，我們會定義單一個相等性運算子，作用在對基礎型別的參考之上。那個運算子可以將其工作委派給一個虛擬的 equal 運算，以進行實際的工作。

遺憾的是，這種策略並不完全行得通。虛擬函式在基礎和衍生類別中都必須有相同的參數型別（§15.3）。如果我們想要定義一個虛擬的 equal 函式，那個函式必須有一個參數是對基礎類別的一個參考。如果該參數是對基礎的一個參考，那個 equal 函式就只能使用來自基礎類別的成員。equal 就沒辦法比較在衍生類別中但不在基礎中的成員了。

要撰寫我們的相等性運算，我們必須先了解，如果我們試著比較不同型別的物件，相等性運算子應該要回傳 false 才對。舉例來說，如果我們試著比較基礎類別的一個物件和衍生類別的一個物件，那麼 == 運算子就應該回傳 false。

有了這個觀察之後，我們現在就知道如何使用 RTTI 來解決我們的問題了。我們會定義一個相等性運算子，其參數是對基礎類別型別的參考。相等性運算子會使用 typeid 來驗證運算元有相同的型別。如果運算元不同，那麼 == 就會回傳 false。否則，它會呼叫一個虛擬的 equal 函式。每個類別都會定義 equal 來比較自己型別的資料元素。這些型別會接受一個 Base& 參數，但會在進行比較前把運算元強制轉型為自己的型別。

類別階層架構

為了讓這個概念更具體一點，我們會定義下列類別：

```
class Base {
    friend bool operator==(const Base&, const Base&);
public:
    // Base 的介面成員
protected:
    virtual bool equal(const Base&) const;
    // Base 的資料和其他的實作成員
};
class Derived: public Base {
public:
```

```
        // Derived 的其他介面成員
protected:
    bool equal(const Base&) const;
        // Derived 的資料和其他的實作成員
};
```

區分型別的相等性運算子

現在讓我們看看我們會如何定義整個相等性運算子：

```
bool operator==(const Base &lhs, const Base &rhs)
{
    // 如果 typeid 不同，就回傳 false；否則對 equal 進行一個虛擬呼叫
    return typeid(lhs) == typeid(rhs) && lhs.equal(rhs);
}
```

如果運算元的型別不同，這個運算子就會回傳 false。如果型別相同，那麼它就會把比較運算元的真正工作委派給（虛擬的）equal 函式。如果運算元是 Base 物件，那麼 Base::equal 就會被呼叫。如果它們是 Derived 物件，Derived::equal 就會被呼叫。

虛擬的 **equal** 函式

階層架構中的每個類別都必須定義自己版本的 equal。衍生類別中的所有函式都會以相同的方式開始：它們會把它們的引數強制轉型為類別本身的型別：

```
bool Derived::equal(const Base &rhs) const
{
    // 我們知道型別是相等的，所以強制轉型不會擲出例外
    auto r = dynamic_cast<const Derived&>(rhs);
    // 進行比較兩個 Derived 物件的工作，並回傳結果
}
```

這個強制轉型應該永遠都會成功，畢竟，這個函式只會在測試過兩個運算元的型別相同之後，才會從相等性運算子被呼叫。然而，強制轉型是必要的，如此函式才能存取右手邊運算元的衍生成員。

基礎類別的 **equal** 函式

這個運算比其他的要簡單一點：

```
bool Base::equal(const Base &rhs) const
{
    // 進行比較兩個 Base 物件所需的任何工作
}
```

使用之前不需要強制轉型參數。*this 和參數都是 Base 物件，所以這個物件可取用的所有運算參數型別也有定義。

19.2.4 `type_info` 類別

`type_info` 的確切定義會隨著編譯器而變。然而，標準保證該類別會被定義在 `typeinfo` 標頭中，以及該類別至少會提供列於表 19.1 中的那些運算。

這個類別也提供一個 `public` 的虛擬解構器，因為它主要是要被當作一個基礎類別使用。當編譯器想要提供額外的型別資訊，它一般會在衍生自 `type_info` 的一個類別中這麼做。

表 19.1：`type_info` 上的運算	
`t1 == t2`	如果 `type_info` 物件 t1 和 t2 指涉相同的型別，就回傳 `true`，否則為 `false`。
`t1 != t2`	如果 `type_info` 物件 t1 和 t2 指涉不同的型別，就回傳 `true`，否則為 `false`。
`t.name()`	回傳一個 C-style 的字元字串，它是型別名稱的一個可列印的版本。型別名稱是以取決於系統的方式來產生的。
`t1.before(t2)`	回傳一個 `bool`，指出 t1 是否出現在 t2 之前。`before` 所施加的順序取決於編譯器。

`type_info` 沒有預設建構器，而拷貝和移動建構器和指定運算子全都被定義為 **deleted**（§13.1.6）。因此，我們無法定義、拷貝或指定型別為 `type_info` 的物件。創建一個 `type_info` 物件的唯一方式是透過 `typeid` 運算子。

`name` 成員函式回傳一個 C-style 的字元字串，它是那個 `type_info` 物件所代表的型別之名稱。一個給定的型別所用的值取決於編譯器，特別是，它並不需要符合用於程式中的型別名稱。關於 `name` 的回傳，我們唯一能夠保證的是，它會為每個型別回傳一個唯一的字串。舉例來說：

```
int arr[10];
Derived d;
Base *p = &d;
cout << typeid(42).name() << ", "
     << typeid(arr).name() << ", "
     << typeid(Sales_data).name() << ", "
     << typeid(std::string).name() << ", "
     << typeid(p).name() << ", "
     << typeid(*p).name() << endl;
```

這個程式，在我們的機器上執行時，會產生下列輸出：

i, A10_i, 10Sales_data, Ss, P4Base, 7Derived

> `type_info` 類別會隨著編譯器而變。某些編譯器有提供額外的成員函式，來供應有關程式中使用的型別的額外資訊。你應該查閱你編譯器的參考手冊來了解實際提供的 `type_info` 支援是什麼。

習題章節 19.2.4

練習 19.9：寫一個類似本節最後一個程式的程式，印出你的編譯器為常見的型別所使用的名稱。如果你的編譯器給出的輸出類似我們的，就寫一個函式來將那些字串轉譯為對人類更友善的形式。

練習 19.10：給定下列的類別階層架構，其中每個類別都定義了一個 public 的預設建構器，以及虛擬解構器，請問下列的述句會印出什麼型別名稱呢？

```cpp
class A { /* ... */ };
class B : public A { /* ... */ };
class C : public B { /* ... */ };
(a)  A *pa = new C;
     cout << typeid(pa).name() << endl;
(b)  C cobj;
     A& ra = cobj;
     cout << typeid(&ra).name() << endl;
(c)  B *px = new B;
     A& ra = *px;
     cout << typeid(ra).name() << endl;
```

19.3 列舉

列舉（enumeration）讓我們將一個集合的整數常數歸為一組。就像類別，每個列舉都會定義一個新的型別。列舉是字面值型別（literal types，§7.5.6）。

C++ 有兩種列舉：有範疇（scoped）的和無範疇（unscoped）的。新標準引進了**有範疇的列舉**（**scoped enumerations**）。我們定義有範疇的列舉的方式是使用關鍵字 enum class（或等效的 enum struct），後面接著列舉的名稱，以及逗號分隔的一個**列舉器**（**enumerators**）串列，以大括號圍起，還有一個分號跟在右大括號之後：

```cpp
enum class open_modes {input, output, append};
```

這裡，我們定義了一個名為 open_modes 的列舉型別（enumeration type），它有三個列舉器：input、output 與 append。

我們定義一個**無範疇的列舉**（**unscoped enumeration**）的方式是省略 class（或 struct）關鍵字。在一個無範疇的 enum 中，列舉名稱是選擇性的：

```cpp
enum color {red, yellow, green}; // 無範疇的列舉
// 無名的、無範疇 enum
enum {floatPrec = 6, doublePrec = 10, double_doublePrec = 10};
```

如果 enum 是無名的，我們就只能在定義那個 enum 的過程中定義該型別的物件。就跟類別定義一樣，我們可以在右大括號和結束 enum 定義的分號之間提供一個逗號分隔的宣告器串列（§2.6.1）。

列舉器

在一個有範疇的列舉中，列舉器的名稱依循一般的範疇規則，而且在該列舉的範疇外是無法存取的。在一個無範疇的列舉中，列舉器名稱會被放到跟該列舉本身相同的範疇中：

```
enum color {red, yellow, green};          // 無範疇的列舉
enum stoplight {red, yellow, green};      // 錯誤：重新定義列舉器
enum class peppers {red, yellow, green};  // ok：列舉器被隱藏了
color eyes = green;  // ok：對一個無範疇的列舉而言，列舉器在範疇中
peppers p = green;   // 錯誤：來自 peppers 的列舉器不在範疇中
                     // color::green 在範疇中，但有錯誤的型別
color hair = color::red;     // ok：我們可以明確地存取列舉器
peppers p2 = peppers::red;   // ok：使用來自 peppers 的 red
```

預設情況下，列舉器的值從 0 開始，而每個列舉器的值會比前一個多 1。然而，我們也可以為一或多個列舉器提供初始器：

```
enum class intTypes {
    charTyp = 8, shortTyp = 16, intTyp = 16,
    longTyp = 32, long_longTyp = 64
};
```

就像我們看到的 intTyp 與 shortTyp 的列舉器，一個列舉器的值不需要是唯一的。當我們省略一個初始器，列舉器就會有比前一個列舉器大 1 的值。

列舉器是 const 的，而若有初始化，它們的初始器必須是常數運算式（§2.4.4）。因此，每個列舉器本身也會是一個常數運算式。因為列舉器是常數運算式，我們可以在需要常數運算式的地方使用它們。舉例來說，我們可以定義列舉型別的 constexpr 變數：

```
constexpr intTypes charbits = intTypes::charTyp;
```

同樣地，我們可以使用一個 enum 作為一個 switch 述句中的運算式，並使用其列舉器的值作為 case 標籤（§5.3.2）。基於相同的理由，我們也可以使用一個列舉型別作為一個非型別的模板參數（§16.1.1），並且可以在類別定義內初始化類別列舉型別的 static 資料成員（§7.6）。

就像類別，列舉會定義新的型別

只要 enum 是具名的，我們就能定義並初始化該型別的物件。一個 enum 物件只能用它的列舉器之一或相同 enum 型別的另一個物件來初始化或指定：

```
open_modes om = 2;         // 錯誤：2 不是型別 open_modes 的
om = open_modes::input; // ok：input 是 open_modes 的一個列舉器
```

一個無範疇的列舉型別的物件或列舉器會被自動轉換為一個整數型別。因此，它們可以被用在需要整數值的地方：

```
int i = color::red;      // ok：無範疇的列舉器會隱含地被轉為 int
int j = peppers::red;    // 錯誤：有範疇的列舉不會隱含地轉換
```

指定一個 **enum** 的大小

雖然每個enum都定義一個獨特的型別，它是以內建的整數型別之一來表示的。在新標準底下，我們可以指定那個型別，只要在 enum 的名稱後面加上一個冒號，以及我們想要使用的型別之名稱就行了：

```
enum intValues : unsigned long long {
    charTyp = 255, shortTyp = 65535, intTyp = 65535,
    longTyp = 4294967295UL,
    long_longTyp = 18446744073709551615ULL
};
```

如果我們沒有指定底層的型別，那麼有範疇的 enum 預設會有 int 作為底層型別。無範疇的 enum 沒有預設值，我們知道的只有，底層的型別將大到足以容納列舉器的值。若有指定底層的型別（包括隱含地為有範疇的enum所指定的），那麼如果列舉器的值大到那個型別放不下，就會是一種錯誤。

指定一個 enum 的底層型別的能力讓我們控制跨越不同實作所使用的型別。我們可以確信我們的程式在一個實作底下編譯出來的程式碼會跟在另一個實作底下編譯時一樣。

列舉的前向宣告（Forward Declarations）

在新標準底下，我們可以前向宣告（forward declare）一個 enum。一個 enum 前向宣告必須指定（隱含地或明確地）enum 的底層大小：

```
// 名為 intValues 的無範疇 enum 的前向宣告
enum intValues : unsigned long long; // 無範疇的，必須指定一個型別
enum class open_modes; // 有範疇的 enum 預設可以使用 int
```

因為一個無範疇的 enum 沒有預設大小，每個宣告都必須包括那個 enum 的大小。我們可以宣告一個有範疇的 enum 而不用指定一個大小，在那種情況中，大小會被隱含地定義為 int。

就像任何的宣告，一個給定的 enum 的所有宣告和定義都必須彼此相符。就 enum 而言，這個需求意味著 enum 的大小在所有的宣告和那個 enum 的宣告中都必須是相同的。此外，我們無法在一個情境中把一個名稱宣告為一個無範疇的 enum，之後再重新將它宣告為一個有範疇的 enum：

```
// 錯誤：宣告與定義必須相符，不管 enum 是有範疇的或是無範疇的
enum class intValues;
enum intValues; // 錯誤：intValues 之前被宣告為有範疇的 enum
enum intValues : long; // 錯誤：intValues 之前被宣告為一個 int
```

參數匹配和列舉

因為 enum 型別的一個物件只能以那個 enum 型別的另一個物件或它的列舉器之一來初始化
（§19.3），剛好與一個列舉器有相同的值的一個整數值不可以被用來呼叫預期一個 enum 引
數的函式：

```
// 無範疇的列舉；底層的型別取決於所在的機器
enum Tokens {INLINE = 128, VIRTUAL = 129};
void ff(Tokens);
void ff(int);
int main() {
    Tokens curTok = INLINE;
    ff(128);        // 完全匹配 ff(int)
    ff(INLINE);     // 完全匹配 ff(Tokens)
    ff(curTok);     // 完全匹配 ff(Tokens)
    return 0;
}
```

雖然我們無法傳入一個整數值給一個 enum 參數，我們可以把無範疇的列舉的一個物件或列舉
器傳入給整數型別的一個參數。當我們這麼做，那個 enum 值會被提升為 int 或是一個較大
的整數型別。實際的提升型別取決於列舉的底層型別：

```
void newf(unsigned char);
void newf(int);
unsigned char uc = VIRTUAL;
newf(VIRTUAL);     // 呼叫 newf(int)
newf(uc);          // 呼叫 newf(unsigned char)
```

enum Tokens 只有兩個列舉器，其中較大的有值 129。那個值能以型別 unsigned char 來
表示，而許多編譯器會使用 unsigned char 作為 Tokens 底層的型別。不管底層的型別為
何，Tokens 的物件和列舉器會被提升為 int。一個 enum 型別的列舉器和值不會被提升為
unsigned char，即使該型別可以容納那些列舉器的值也一樣。

19.4 對類別成員的指標

對成員的指標（pointer to member）是可以指向類別的一個非 static 成員的一個指標。一
般來說，一個指標指向一個物件，但對成員的指標識別的是一個類別的一個成員，而非該類
別的一個物件。static 類別成員不是任何物件的一部分，所以指向一個 static 成員不需要
特殊的語法。對 static 成員的指標就是一般的指標。

對成員的指標之型別包含了一個類別的型別和該類別的那個成員的型別。我們初始化這種指
向一個類別的一個特定成員的指標時，不會識別出那個成員所屬的物件。當我們使用對成員
的一個指標，我們會提供其成員我們想要使用的物件。

為了說明對成員的指標，我們會使用來自 §7.3.1 的 Screen 類別的一個版本：

```cpp
class Screen {
public:
    typedef std::string::size_type pos;
    char get_cursor() const { return contents[cursor]; }
    char get() const;
    char get(pos ht, pos wd) const;
private:
    std::string contents;
    pos cursor;
    pos height, width;
};
```

19.4.1 對資料成員的指標

就跟任何的指標一樣，我們宣告對成員的一個指標時，會使用一個 * 來指出我們正在宣告的那個名稱是一個指標。不同於一般指標，對成員的指標還併入了含有該成員的類別。因此，我們必須在 * 前面加上 *classname*:: 來指出我們正在定義的指標可以指向 *classname* 的一個成員。舉例來說：

```cpp
// pdata 可以指向一個 const（或非 const）的 Screen 物件的一個 string 成員
const string Screen::*pdata;
```

宣告 pdata 是一個「指向類別 Screen 具有型別 const string 的一個成員的指標」。一個 const 物件中的資料成員本身也會是 const 的。藉由讓我們的指標成為對 const string 成員的一個指標，我們表達的是我們可以使用 pdata 來指向任何 Screen 物件的一個成員，不管是否為 const。但代價是我們只可以使用 pdata 來讀取，但不可以寫入，它所指的成員。

當我們初始化對成員的一個指標（或對它進行指定），我們要指出它所指的是哪個成員。舉例來說，我們可以讓 pdata 指向一個未指明的 Screen 物件的 contents 成員，如下：

```cpp
pdata = &Screen::contents;
```

這裡，我們把取址運算子（**address-of operator**）套用到了類別 Screen 的一個成員，而非記憶體中的一個物件。

當然，在新標準底下，宣告對成員的指標最簡單的方式就是使用 auto 或 decltype：

```cpp
auto pdata = &Screen::contents;
```

使用對資料成員的一個指標

要了解的一個重點是，當我們初始化或指定對成員的一個指標，那個指標尚未指向任何資料。它識別出一個特定的成員，但還不知道含有那個成員的物件。我們會在解參考（**dereference**）對成員的指標時提供那個物件。

類似於成員存取運算子 . 和 ->，對成員指標的存取運算子也有兩個，即 .* 和 ->*，讓我們提供一個物件，並解參考指標讓我們擷取那個物件的一個成員：

```
Screen myScreen, *pScreen = &myScreen;
// .* 解參考 pdata 以從物件 myScreen 擷取 contents 成員
auto s = myScreen.*pdata;
// ->* 解參考 pdata 以從 pScreen 所指的物件擷取 contents
s = pScreen->*pdata;
```

在概念上，這些運算子會進行兩個動作：它們解參考對成員的指標，以取得我們想要的成員，然後，就像成員存取運算子，它們會從一個物件（.*）或透過一個指標（->*）擷取那個成員。

回傳對資料成員之指標的函式

一般的存取控制也適用於對成員的指標。舉例來說，Screen 的 contents 成員是 private 的。因此，上面對 pdata 的使用必須是在一個成員或類別 Screen 的一個朋友中進行，否則就會是錯誤。

因為資料成員通常都是 private 的，我們一般無法直接取得對資料成員的指標，取而代之，如果像 Screen 這樣的類別想要允許對其 contents 成員的存取，它會定義一個函式回傳對那個成員的一個指標：

```
class Screen {
public:
    // data 是一個靜態成員，會回傳對成員的一個指標
    static const std::string Screen::*data()
        { return &Screen::contents; }
    // 其他的成員跟之前一樣
};
```

這裡我們新增了一個 static 成員給類別 Screen，它會回傳對一個 Screen 的 contents 成員的一個指標。這個函式的回傳型別與我們原本的 pdata 指標相同。從右到左閱讀這個回傳型別，我們可以看到 data 會回傳一個指標指向類別 Screen 的一個成員，它是一個 const 的 string。該函式的主體將取址運算子套用到 contents 成員，所以此函式會回傳一個指標指向 Screen 的 contents 成員。

當我們呼叫 data，我們會取得對成員的一個指標：

```
// data() 回傳一個指標指向類別 Screen 的 contents 成員
const string Screen::*pdata = Screen::data();
```

跟之前一樣，pdata 指向類別 Screen 的一個成員，不是指向實際的資料。要使用 pdata，我們必須將之繫結到型別為 Screen 的一個物件：

```
// 擷取名為 myScreen 的物件的 contents
auto s = myScreen.*pdata;
```

練習 19.11：一般的資料指標和對資料成員的指標之間有何差異呢？

練習 19.12：定義對成員的一個指標，讓它可以指向類別 Screen 的 cursor 成員。透過那個指標擷取 Screen::cursor 的值。

練習 19.13：定義可以表示對 Sales_data 類別的 bookNo 成員的指標的型別。

19.4.2 對成員函式的指標

我們也能定義可以指向類別成員函式的指標。就像對資料成員的指標，構成對成員函式指標最簡單的方法就是使用 auto 為我們推論出型別：

```
// pmf 是一個指標，它可以指向 Screen 的 const 成員函式
// 它回傳一個 char 並不接受引數
auto pmf = &Screen::get_cursor;
```

就像對資料成員的指標，對函式成員的一個指標是使用 *classname*::* 來宣告的。就像任何其他的函式指標（§6.7），對成員函式的一個指標會指定這種指標能夠指向的函式型別之回傳型別和參數列。如果成員函式是一個 const 成員（§7.1.2），或一個參考成員（§13.6.3），我們必須也包含 const 或參考資格修飾符（reference qualifier）。

就像一般的函式指標，如果成員是重載的，我們必須明確地宣告型別來分辨我們想要的是哪個函式（§6.7）。舉例來說，我們可以宣告一個指標指向有雙參數版本的 get，如下：

```
char (Screen::*pmf2)(Screen::pos, Screen::pos) const;
pmf2 = &Screen::get;
```

這個宣告中 Screen::* 周圍的括弧是必要的，因為優先序的關係。沒有括弧，編譯器會將下列這樣視為一個（無效的）函式宣告：

```
// 錯誤：非成員函式 p 不能有一個 const 資格修飾符
char Screen::*p(Screen::pos, Screen::pos) const;
```

這個宣告試著定義一個名為 p 的普通函式，它會回傳一個指標指向類別 Screen 的一個型別為 char 的成員。因為它宣告的是一個一般的函式，這個宣告的後面就不能跟著一個 const 資格修飾符。

不同於一般的函式指標，一個成員函式和對該成員的一個指標之間沒有自動的轉換存在：

```
// pmf 指向一個 Screen 成員，它不接受引數並回傳 char
pmf = &Screen::get; // 必須明確地使用取址運算子
pmf = Screen::get;  // 錯誤：成員函式沒有對指標的轉換
```

使用對成員函式的指標

就跟我們使用對資料成員的指標時一樣，我們使用 `.*` 或 `->*` 運算子以透過對成員的一個指標呼叫一個成員函式：

```
Screen myScreen, *pScreen = &myScreen;
// 在 pScreen 所指的物件上呼叫 pmf 所指的函式
char c1 = (pScreen->*pmf)();
// 傳遞引數 0, 0 給物件 myScreen 上的雙參數版本的 get
char c2 = (myScreen.*pmf2)(0, 0);
```

呼叫 `(myScreen->*pmf)()` 和 `(pScreen.*pmf2)(0,0)` 需要括弧，因為呼叫運算子的優先序高於對成員指標運算子。

若沒有括弧，

```
myScreen.*pmf()
```

會被解讀為代表

```
myScreen.*(pmf())
```

這段程式碼表達的是呼叫名為 `pmf` 的函式，並使用它的回傳值作為對成員指標運算子（`.*`）的運算元。然而，`pmf` 並不是一個函式，所以這段程式碼有錯。

因為呼叫運算子的相對優先序，對成員函式的指標之宣告和透過這種指標的呼叫必須使用括弧：`(C::*p)(parms)` 和 `(obj.*p)(args)`。

為成員指標使用型別別名

型別別名（**type aliases**）或 `typedef`（§2.5.1）能使對成員的指標更容易閱讀。舉例來說，下列的型別別名定義 Action 作為雙參數版本的 get 之型別的一個替代名稱：

```
// Action 是能夠指向 Screen 的一個成員函式的型別
// 這個成員函式回傳一個 char 並接受兩個 pos 引數
using Action =
char (Screen::*)(Screen::pos, Screen::pos) const;
```

Action 是「對類別 Screen 接受兩個型別為 pos 並回傳 char 的一個 const 成員函式的指標」這個型別的另一個名稱。使用這個別名，我們可以簡化對 get 的指標之定義，如下：

```
Action get = &Screen::get; // get 指向 Screen 的 get 成員
```

就跟任何其他的函式指標一樣，我們可以使用對成員函式的指標型別作為回傳型別或一個函式中的參數型別。就像任何其他的參數，一個對成員指標的參數可以有預設引數：

```
// action 接受對一個 Screen 的參考，以及對一個 Screen 成員函式的指標
Screen& action(Screen&, Action = &Screen::get);
```

action 是一個函式，它接受兩個參數，一個是對一個 Screen 物件的參考，以及對類別 Screen 的一個成員函式的指標，這個函式接受兩個 pos 參數，並回傳一個 char。我們可以傳給它 Screen 中一個適當成員函式的指標或位址來呼叫 action：

```
Screen myScreen;
// 等效的呼叫：
action(myScreen);            // 使用預設引數
action(myScreen, get);       // 使用我們之前定義的變數 get
action(myScreen, &Screen::get); // 明確傳入位址
```

 型別別名可以使使用對成員指標的程式碼更容易閱讀和撰寫。

對成員指標的函式表

函式指標和對成員函式指標一個常見的用途是將它們儲存在一個函式表（§14.8.3）中。對具有數個相同型別的成員的一個類別來說，這種表可被用來在那些成員的集合中挑選一個。讓我們假設我們的 Screen 類別被擴充為含有數個成員函式，它們每個都會將游標（cursor）移往一個特定的方向：

```
class Screen {
public:
    // 其他的介面和實作成員一如以往
    Screen& home(); // 游標移動函式
    Screen& forward();
    Screen& back();
    Screen& up();
    Screen& down();
};
```

這些每個新函式都不接受參數，並且會回傳一個參考指向它在其上被調用的那個 Screen。

我們可能想要定義一個 move 函式，它會呼叫這些函式其中之一，並進行所指示的動作。為了支援這個新的函式，我們會新增一個 static 成員到 Screen，它會是由指標構成的一個陣列，而這些指標指向那些游標移動函式：

```
class Screen {
public:
    // 其他的介面和實作成員一如以往
    // Action 是一個指標，可被指定任何的游標移動成員
    using Action = Screen& (Screen::*)();
    // 指定要移動的方向；enum 參閱 §19.3
    enum Directions { HOME, FORWARD, BACK, UP, DOWN };
    Screen& move(Directions);
private:
    static Action Menu[]; // 函式表
};
```

名為 Menu 的陣列會存放指向每一個游標移動函式的指標。那些函式會以對應到 Directions
中列舉器的位移量儲存。move 函式接受一個列舉器，並呼叫適當的函式：

```
Screen& Screen::move(Directions cm)
{
    // 在 this 物件上執行由 cm 所索引的元素
    return (this->*Menu[cm])(); // Menu[cm] 指向一個成員函式
}
```

move 內的呼叫會像這樣估算：cm 索引的 Menu 元素會被擷取。那個元素是一個指標，指向
Screen 類別的一個成員函式。我們在 this 所指的物件上呼叫那個元素所指的成員函式。

當我們呼叫 move，我們會傳入一個列舉器給它，指出移動游標的方向：

```
Screen myScreen;
myScreen.move(Screen::HOME); // 調用 myScreen.home
myScreen.move(Screen::DOWN); // 調用 myScreen.down
```

剩下的就是定義並初始化這個表本身了：

```
Screen::Action Screen::Menu[] = { &Screen::home,
                                  &Screen::forward,
                                  &Screen::back,
                                  &Screen::up,
                                  &Screen::down,
                                };
```

習題章節 19.4.2

練習 19.14：下列程式碼是合法的嗎？如果是，它做些什麼呢？如果不是，為什麼呢？

```
auto pmf = &Screen::get_cursor;
pmf = &Screen::get;
```

練習 19.15：一般的函式指標和對成員函式的指標之間有什麼差異？

練習 19.16：為可以指向 Sales_data 的 avg_price 成員的指標撰寫一個型別別名作為同義詞。

練習 19.17：為每個不同的 Screen 成員函式型別定義一個型別別名。

19.4.3 把成員函式當作可呼叫物件使用

如我們所見，要透過對成員函式的指標進行呼叫，我們必須使用 .* 或 ->* 運算子來將該指標
繫結至一個特定的物件。因此，不同於一般的函式指標，對成員的一個指標不是一個可呼叫
物件（callable object），這些指標並不支援函式呼叫運算子（§10.3.2）。

因為對成員的指標不是可呼叫物件，我們無法直接將對成員函式的一個指標傳入給演算法。
舉一個範例，如果我們想要在由 string 組成的一個 vector 中找尋第一個空的 string，這
個直覺的呼叫是行不通的：

```
auto fp = &string::empty; // fp指向 string 的 empty 函式
// 錯誤：必須使用 .* 或 ->* 來呼叫對成員的一個指標
find_if(svec.begin(), svec.end(), fp);
```

find_if 演算法預期一個可呼叫物件，但我們所提供的是 fp，它是對成員函式的一個指標。
這個呼叫將無法編譯，因為 find_if 內的程式碼會執行類似這樣的一個述句：

```
// 檢查給定的判斷式（predicate）套用到目前的元素是否為產出 true
if (fp(*it)) // 錯誤：必須使用 ->* 透過對成員的一個指標進行呼叫
```

這試著呼叫傳入給它的物件。

使用 **function** 來產生一個 Callable

從對成員函式的指標獲取一個 callable 的方法之一是使用程式庫的 function 模板
（§14.8.3）：

```
function<bool (const string&)> fcn = &string::empty;
find_if(svec.begin(), svec.end(), fcn);
```

這裡我們告訴 function 說 empty 是一個函式，能以一個 string 呼叫，並回傳一個 bool。
一般來說，成員函式在其上執行的物件會被傳入給隱含的 this 參數。當我們想要使用
function 來為一個成員函式產生一個 callable，我們必須「轉譯」這個程式碼來使那個隱含
的參數變為明確的。

當一個 function 物件存放有對成員函式的一個指標，function 類別知道它必須使用適當的
對成員指標運算子來進行呼叫。也就是說，我們可以想像 find_if 會有像這樣的程式碼：

```
// 假設 it 是 find_if 內的迭代器，所以 *it 是在給定範圍中的一個物件
if (fcn(*it)) // 假設 fcn 是 find_if 內的 callable 的名稱
```

function 將會使用適當的對成員指標運算子來執行它。基本上，function 類別會將這個呼
叫變換為像這樣的東西：

```
// 假設 it 是 find_if 內的迭代器，所以 *it 是在給定範圍中的一個物件
if ((((*it).*p)()) // 假設 p 是 fcn 內的對成員函式指標
```

當我們定義一個 function 物件，我們必須指定該物件能夠表示的函式型別，這個型別就是
可呼叫物件的特徵式（signature）。當 callable 是一個成員函式，這個特徵式的第一個參數
必須代表該成員將會在其上執行的那個（一般是隱含的）物件。我們給予 function 的特徵
式必須指定該物件會被當作一個指標或參考來傳入。

當我們定義 fcn，我們知道我們想要在一序列的 string 物件上呼叫 find_if。因此，我們要
求 function 產生接受 string 物件的一個 callable。假設我們的 vector 存放有對 string
的指標，我們就必須告知 function 得預期一個指標：

```
vector<string*> pvec;
function<bool (const string*)> fp = &string::empty;
// fp 接受對 string 的一個指標，並使用 ->* 來呼叫 empty
find_if(pvec.begin(), pvec.end(), fp);
```

使用 **mem_fn** 來產生一個 Callable

要使用 function，我們必須提供我們想要呼叫的成員的呼叫特徵式。取而代之，我們可以讓編譯器推論該成員的型別，只要使用另一個程式庫機能 **mem_fn** 就行了，它就像 function，定義在 functional 標頭中。就像 function，mem_fn 會從對成員的指標產生一個可呼叫物件（**callable object**）。不同於 function，mem_fn 會從對成員的那個指標推論出 callable 的型別：

```
find_if(svec.begin(), svec.end(), mem_fn(&string::empty));
```

這裡我們使用 mem_fn(&string::empty) 來產生一個可呼叫物件，接受一個 string 引數，並回傳一個 bool。

mem_fn 所產生的 callable 可以在一個物件或指標上被呼叫：

```
auto f = mem_fn(&string::empty); // f 接受一個 string 或一個 string*
f(*svec.begin());    // ok：傳入一個 string 物件；f 使用 .* 來呼叫 empty
f(&svec[0]);         // ok：傳入對 string 的一個指標；f 使用 .-> 來呼叫 empty
```

從效果上來說，我們可以把 mem_fn 想成是它好像產生了具有重載的函式呼叫運算子的一個 callable，一個接受 string*，另一個接受 string&。

使用 **bind** 來產生一個 Callable

為了完整性，我們也可以使用 bind（§10.3.4）從一個成員函式產生一個 callable：

```
// 將範圍內的每個 string 繫結到 empty 隱含的第一個引數
auto it = find_if(svec.begin(), svec.end(),
                  bind(&string::empty, _1));
```

就像 function，當我們使用 bind，我們必須讓成員函式一般是隱含的參數變得明確，這個參數代表該成員函式會在其上作用的那個物件。就像 mem_fn，bind 所產生的 callable 的第一個引數可以是對 string 的一個指標或一個參考：

```
auto f = bind(&string::empty, _1);
```

```
f(*svec.begin()); // ok：引數是一個 string，f 會使用 .* 來呼叫 empty
```

```
f(&svec[0]); // ok：引數是對 string 的一個指標，f 會使用 .-> 來呼叫 empty
```

19.5 巢狀類別

一個類別可被定義在另一個類別中。這樣的一個類別被稱作**巢狀類別（nested class）**，也被稱為**巢狀型別（nested type）**。巢狀類別最常被用來定義實作類別（implementation classes），例如在我們的文字查詢範例中使用的 QueryResult 類別（§12.3）。

習題章節 19.4.3

練習 19.18：撰寫一個函式，使用 `count_if` 來計數一個給定的 vector 中有多少空的 string。

練習 19.19：撰寫一個函式，接受一個 `vector<Sales_data>` 並找出平均售價大於某個給定量的第一個元素。

巢狀類別是獨立的類別，在很大程度上與它們的外圍類別沒有關係。特別是，外圍類別和其內嵌類別的物件是彼此獨立的。巢狀型別的一個物件不會有外圍類別所定義的成員。同樣地，外圍類別的一個物件也不會有巢狀類別所定義的成員。

一個巢狀類別的名稱在其外圍類別的範疇中是看得見的，但在該類別外是看不到的。就像任何其他的巢狀名稱，一個巢狀類別的名稱不會與該名稱在其他範疇中的使用有衝突。

一個巢狀類別可以有跟非巢狀類別相同種類的成員。就像任何其他的類別，一個巢狀類別會使用存取指定符來控制對其自有成員的存取。外圍類別對於一個巢狀類別的成員沒有特殊存取權限，而巢狀的類別對於其外圍類別的成員也沒有特殊存取權限。

一個巢狀類別在其外圍類別中定義了一個型別成員。就像任何其他的成員，外圍類別決定了對這個型別的存取權。定義在外圍類別的 `public` 部分的一個巢狀類別定義了可在任何地方使用的一個型別。定義在 `protected` 區段中的一個巢狀類別定義的型別只能由外圍類別、其朋友，以及它的衍生類別取用。一個 `private` 的巢狀類別定義的類別只能被外圍類別的成員和朋友存取。

宣告一個巢狀類別

§12.3.2 的 `TextQuery` 類別定義了一個伴隨的類別，名為 `QueryResult`。這個 `QueryResult` 類別緊密地接合到了我們的 `TextQuery` 類別。除了表示 `TextQuery` 物件上一個 query 運算的結果之外，把 `QueryResult` 用於任何其他的用途，都沒什麼意義可言。要反映這個緊密的接合關係，我們會讓 `QueryResult` 是 `TextQuery` 的一個成員。

```
class TextQuery {
public:
    class QueryResult; // 之後要定義的巢狀類別
    // 其他的成員就跟 §12.3.2 中一樣
};
```

我們只需要對原本的 `TextQuery` 類別做一個變更：我們宣告要將 `QueryResult` 定義為一個巢狀類別的意圖。因為 `QueryResult` 是一個型別成員（§7.4.1），我們必須在使用它之前宣告 `QueryResult`。特別是，我們必須在用它作為 query 成員的回傳型別之前，先宣告 `QueryResult`。我們原本類別的剩餘成員則不變。

在外圍類別外部定義一個巢狀類別

在 TextQuery 內我們宣告了 QueryResult 但尚未定義它。就像成員函式，巢狀類別必須在類別內宣告，但可以定義在該類別的內部或外部。

當我們在其外圍類別的外部定義一個巢狀類別，我們必須以其外圍類別的名稱來資格修飾（qualify）巢狀類別的名稱：

```
// 我們正在定義 QueryResult 類別，它是類別 TextQuery 的一個成員
class TextQuery::QueryResult {
    // 在類別範疇中，我們不必資格修飾 QueryResult 參數的名稱
    friend std::ostream&
            print(std::ostream&, const QueryResult&);
public:
    // 不需要定義 QueryResult::line_no，一個巢狀類別可以使用
    // 其外圍類別的成員，無須資格修飾該成員的名稱
    QueryResult(std::string,
                std::shared_ptr<std::set<line_no>>,
                std::shared_ptr<std::vector<std::string>>);
    // 其他的成員就跟 §12.3.2 中一樣
};
```

相較於我們原本的類別，我們所做的唯一變更是，我們沒有在 QueryResult 中定義一個 line_no 成員。QueryResult 的成員可以從 TextQuery 直接存取那個名稱，所以沒必要再次定義它。

 到定義在類別主體外部的巢狀類別實際定義被看到之前，該類別都會是一個不完整的型別（§7.3.3）。

定義巢狀類別的成員

在這個版本中，我們沒有在類別主體內定義 QueryResult 的建構器。要定義其建構器，我們必須指出 QueryResult 是內嵌在 TextQuery 的範疇中。我們這麼做的方式是以其外圍類別的名稱資格修飾巢狀類別的名稱：

```
// 為名為 QueryResult 的類別定義名為 QueryResult 的成員
// 這個類別內嵌在類別 TextQuery 內
TextQuery::QueryResult::QueryResult(string s,
                shared_ptr<set<line_no>> p,
                shared_ptr<vector<string>> f):
        sought(s), lines(p), file(f) { }
```

從右到左閱讀這個函式的名稱，我們可以看到我們正在為類別 QueryResult 定義建構器，前者內嵌在類別 TextQuery 的範疇中。這段程式碼本身單純是把所給的引數儲存到資料成員中，並沒有做其他的事。

巢狀類別的 `static` 成員定義

如果 QueryResult 有宣告一個 static 成員,其定義會出現在 TextQuery 的範疇之外。舉例來說,假設 QueryResult 有一個 static 成員,其定義看起來會像這樣:

```
// 定義 QueryResult 的一個 int static 成員
// 前者是內嵌在 TextQuery 中的一個類別
int TextQuery::QueryResult::static_mem = 1024;
```

巢狀類別範疇中的名稱查找

一般的名稱查找規則(§7.4.1)適用於一個巢狀類別內的名稱查找動作。當然,因為一個巢狀類別是一個巢狀的範疇,巢狀類別會有額外的外圍類別範疇要搜尋。這種範疇的內嵌解釋了我們沒有在巢狀版本的 QueryResult 內定義 line_no 的原因。我們原本的 QueryResult 類別定義這個成員,如此它自己的成員才能夠避免寫成 TextQuery::line_no 的必要。把我們結果類別的定義內嵌在 TextQuery 中之後,我們就不再需要這個 typedef 了。內嵌的 QueryResult 類別可以存取 line_no,而不用指出 line_no 是定義在 TextQuery 中。

如我們所見,一個巢狀類別是其外圍類別的一個型別成員。外圍類別的成員可以使用一個巢狀類別的名稱,就像使用其他任何的型別成員一樣。因為 QueryResult 內嵌在 TextQuery 中,TextQuery 的 query 成員就能直接指涉名稱 QueryResult:

```
// 回傳型別必須指出 QueryResult 現在是一個巢狀類別
TextQuery::QueryResult
TextQuery::query(const string &sought) const
{
    // 如果沒找到 sought 我們就會回傳一個指標指向這個 set
    static shared_ptr<set<line_no>> nodata(new set<line_no>);
    // 使用 find 而非一個下標,以避免新增字詞到 wm!
    auto loc = wm.find(sought);
    if (loc == wm.end())
        return QueryResult(sought, nodata, file);  // 沒找到
    else
        return QueryResult(sought, loc->second, file);
}
```

一如以往,回傳型別沒有在類別的範疇中(§7.4),所以我們一開始先指出我們的函式回傳一個 TextQuery::QueryResult 值。然而,在該函式的主體中,我們可以直接指涉 QueryResult,就如我們在 return 述句中所做的一樣。

巢狀和外圍類別是獨立的

雖然一個巢狀類別是定義在其外圍類別的範疇中,很重要的是要理解,外圍類別的物件和其內嵌類別的物件之間是沒有關聯的。一個巢狀型別的物件只含有定義在那個巢狀型別內的成員。同樣地,外圍類別的一個物件只擁有由那個外圍類別所定義的那些成員。它並不會含有任何巢狀類別的資料成員。

更具體的說，TextQuery::query 中的第二個 return 述句：

```
return QueryResult(sought, loc->second, file);
```

使用 TextQuery 物件的資料成員，query 會在這個物件上執行以初始化一個 QueryResult 物件。我們必須使用這些成員來建構我們要回傳的 QueryResult 物件，因為一個 QueryResult 物件並不會含有其外圍類別的成員。

習題章節 19.5

練習 19.20： 將你的 QueryResult 類別內嵌在 TextQuery 內，並重新執行你在 §12.3.2 中寫來使用 TextQuery 的程式。

19.6 `union`：節省空間的類別

union 是一種特殊的類別。一個 union 可以有多個資料成員，但在任何的時間點，它只有一個成員會有值。當一個值被指定給 union 的一個成員，所有其他的成員都會變為未定義的。配置給一個 union 的儲存區容量至少會與包含其最大的資料成員所需的一樣大。就像任何其他類別，一個 union 也定義了一個新的型別。

某些類別功能，但並非全部，也同樣適用於 union。一個 union 不可以有是參考的成員，但它可以有其他大多數型別的成員，包括，在新標準底下的，具有建構器或解構器的類別型別。一個 union 可以指定防護標籤來使其成員是 public、private 或 protected。預設情況下，就像 struct，一個 union 的成員會是 public 的。

一個 union 可以定義成員函式，包括建構器和解構器。然而，一個 union 不可以繼承自其他類別，也不可以被用作基礎類別。因此，一個 union 不可以有虛擬函式。

定義一個 `union`

union 提供了一種便利的方式來表示不同型別的一組彼此互斥的值。舉個例子，我們可能有一個程序處理不同種類的數值或字元資料。這個程序可能會定義一個 union 來存放這些值：

```
// 型別為 Token 的物件有單一個成員，它可以是所列的型別中的任何一個
union Token {
// 成員預設是 public 的
    char    cval;
    int     ival;
    double  dval;
};
```

一個 union 的定義從關鍵字 union 開始，後面接著一個（選擇性的）union 名稱，以及包在大括號中的一組成員宣告。這段程式碼定義了一個名為 Token 的 union，它可以存放是 char、int 或 double 的一個值。

使用一個 union 型別

一個 union 的名稱就是一個型別名稱。就像內建的型別，union 預設是未初始化的。我們可以明確地初始化一個union，方法就跟我們明確初始化彙總類別（aggregate classes，§7.5.5）時一樣，將初始器包圍在一對大括號中：

```
Token first_token = {'a'};    // 初始化 cval 成員
Token last_token;             // 未初始化的 Token 物件
Token *pt = new Token;        // 指向一個未初始化的 Token 物件的指標
```

如果有初始器出現，它就會被用來初始化第一個成員。因此，first_token 的初始化會賦予一個值給它的 cval 成員。

union 型別的物件之成員是使用一般的成員存取運算子來取用的：

```
last_token.cval = 'z';
pt->ival = 42;
```

指定一個值給一個 union 物件的某個資料成員會使得其他的資料成員變為未定義的。因此，當我們使用一個 union，我們必須知道目前儲存在那個 union 中的值是什麼型別。取決於成員的型別，對儲存在 union 中的值的取回或指定，如果透過了錯誤的資料成員，就可能導致當機或其他錯誤的程式行為。

匿名的 union

一個**匿名的 union** 是一個無名的 union，在結束其主體的右大括號和結束 union 定義的分號之間（（§2.6.1）不包含任何宣告。當我們定義一個匿名的 union，編譯器會自動創建那個新定義的 union 型別的一個無名物件：

```
union {              // 匿名的 union
    char    cval;
    int     ival;
    double  dval;
};  // 定義一個無名物件，其成員我們可以直接存取
cval = 'c';          // 指定一個新的值給那個無名的匿名 union 物件
ival = 42;           // 那個物件現在存放著值 42
```

一個匿名的 union 的成員在那個匿名的 union 定義處的範疇中可以直接存取。

一個匿名的 union 不能有 private 或 protected 成員，也不能定義成員函式。

具有類別型別的成員的 union

在早期版本的 C++ 底下，union 不能有成員是定義了自己的建構器或拷貝控制成員的類別型別。在新標準之下，這項限制鬆綁了。然而，具有的成員定義了它們自己的建構器或拷貝控制成員的 union 使用起來會比成員是內建型別的 union 還要複雜。

當一個 union 具有內建型別的成員，我們可以使用一般的指定來改變那個 union 所存放的值。而成員不是簡單類別型別的 union 就不是這樣了。當我們將 union 的值切換至或切換自類別型別的一個成員，我們就必須建構或摧毀那個成員：當我們將 union 切換至類別型別的一個成員，我們就必須執行那個成員的型別的一個建構器；當我們切換自那個成員，就必須執行它的解構器。

當一個 union 有內建型別的成員，編譯器會合成逐個成員（memberwise）版的預設建構器或拷貝控制成員。但對成員是定義有自己的預設建構器或一或多個拷貝控制成員的 union 來說，就不是如此了。如果一個 union 的成員的型別定義了這些成員其中之一，那麼編譯器就會把 union 對應的成員合成為 deleted（§13.1.6）。

舉例來說，string 類別定義了所有的五個拷貝控制成員，以及預設建構器。如果一個 union 含有一個 string，而且並沒有定義自己的預設建構器或其中一個拷貝控制成員，那麼編譯器就會合成那個缺少的成員為 deleted。如果一個類別有一個 union 成員具有一個 deleted 的拷貝控制成員，那麼該類別本身對應的拷貝控制運算也會是 deleted 的。

使用一個類別來管理 union 成員

因為建構和摧毀類別型別的成員所涉及的複雜性，具有類別型別成員的 union 通常都是內嵌在另一個類別中。如此一來，該類別就能管理朝向和源自那個類別型別成員的狀態變遷。舉個例子，我們會新增一個 string 成員給我們的 union。我們會定義我們的 union 作為一個匿名的 union，並讓它是名為 Token 的一個類別的成員。Token 類別會負責管理這個 union 的成員。

為了追蹤這個 union 存放有什麼型別的值，我們通常會定義一個分別的物件叫做 **discriminant（判別式）**。一個 discriminant 能讓我們辨別 union 可以存放的值。為了讓 union 和它的 discriminant 保持同步，我們也會讓這個 discriminant 是 Token 的一個成員。我們的類別會定義列舉型別（§19.3）的一個成員以記錄其 union 成員的狀態。

我們的類別會定義的函式只有預設建構器、拷貝控制成員，以及能將我們 union 型別之一的值指定給 union 成員的一組指定運算子：

```
class Token {
public:
    // 拷貝控制是必要的，因為我們的類別有一個 union 具有一個 string 成員
    // 移動建構器和移動指定運算子的定義則留作練習
    Token(): tok(INT), ival{0} { }
    Token(const Token &t): tok(t.tok) { copyUnion(t); }
    Token &operator=(const Token&);
    // 如果這個 union 存放一個 string，我們就必須摧毀之；請參閱 §19.1.2
    ~Token() { if (tok == STR) sval.~string(); }
    // 用來設定 union 不同成員的指定運算子
    Token &operator=(const std::string&);
```

```
        Token &operator=(char);
        Token &operator=(int);
        Token &operator=(double);
    private:
        enum {INT, CHAR, DBL, STR} tok;    // discriminant
        union {                             // 匿名的 union
            char     cval;
            int      ival;
            double   dval;
            std::string sval;
        }; // 每個 Token 物件都有這個無名的 union 型別的一個無名成員
        // 檢查 discriminant 並適當地拷貝這個 union 成員
        void copyUnion(const Token&);
    };
```

我們的類別定義了一個巢狀的、無名的、無範疇的列舉（§19.3），我們將之用作名為 tok
的成員之型別。我們在右大括號後，以及結束 enum 定義的分號之前定義 tok，這將 tok 定義
為擁有這個無名的 enum 型別（§2.6.1）。

我們會使用 tok 做為我們的 **discriminant**。當 union 存有一個 int 值，tok 會有值 INT；如
果 union 有一個 string，tok 會是 STR，依此類推。

預設建構器會初始化 **discriminant** 和 union 成員存有 0 的一個 int 值。

因為我們的 union 有一個帶有解構器的成員，我們必須定義我們自己的解構器以（條件式地）
摧毀 string 成員。不同於一般類別型別的成員，是一個 union 一部分的類別成員不會自動
被摧毀。解構器沒有辦法知道 union 存放的是哪個型別，所以無法知道要摧毀哪些記憶體。

我們的解構器會檢查被摧毀的物件是否存放一個 string。如果是，解構器會明確地呼叫
string 的解構器（§19.1.2）來釋放那個 string 所用的記憶體。如果 union 存有是任何內
建型別之一的一個成員，那麼解構器就沒有工作要做。

管理 Discriminant 並摧毀 **string**

這些指定運算子會設定 tok 並指定 union 的對應成員。就像解構器，這些成員必須在指定一
個新的值給 union 之前條件式地摧毀那個 string：

```
    Token &Token::operator=(int i)
    {
        if (tok == STR) sval.~string();    // 如果我們有一個 string，就釋放它
        ival = i;                           // 指定給適當的成員
        tok = INT;                          // 更新 discriminant
        return *this;
    }
```

如果 union 中目前的值是一個 string，我們必須在指定一個新的值給那個 union 之前先摧
毀那個 string。我們會呼叫 string 的解構器來這麼做。

一旦我們清理了那個 string 成員，我們會將那個給定的值指定給對應到該運算子參數型別的成員。在此，我們的參數是一個 int，所以我們指定給 ival。我們會更新 discriminant 然後回傳。

double 和 char 指定運算子的行為與 int 版本完全相同，就留作練習。string 版本與其他的不同，因為它必須管理變遷至或自 string 型別的工作：

```
Token &Token::operator=(const std::string &s)
{
    if (tok == STR) // 如果我們已經持有一個 string，就單純進行指定
        sval = s;
    else
        new(&sval) string(s);    // 否則，就建構一個 string
    tok = STR;                   // 更新 discriminant
    return *this;
}
```

在此，如果 union 已經持有一個 string，我們可以使用一般的 string 指定運算子來賦予新的值給那個 string。否則，沒有現有的 string 物件可以在其上調用 string 指定運算子。取而代之，我們必須在存放 union 的記憶體中建構一個 string。我們會使用放置型 new（§19.1.2）來這麼做，在 sval 所在的位置建構一個 string。我們初始化那個 string 作為我們 string 參數的一個拷貝。接著我們更新 discriminant 然後回傳。

管理需要拷貝控制的 Union 成員

就像型別限定的指定運算子，拷貝建構器和指定運算子必須測試 discriminant 才能知道如何拷貝所給的值。為了進行這個共通的工作，我們會定義一個名為 copyUnion 的成員。

當我們從拷貝建構器呼叫 copyUnion，那個 union 成員將會已經預設初始化了，這意味著那個 union 的第一個成員已被初始化。因為我們的 string 不是第一個成員，我們知道 union 成員不會存放一個 string。在指定運算子中，有可能那個 union 已經存放了一個 string。我們會在指定運算子中直接處理那種情況。那樣一來，copyUnion 可以假設，如果它的參數存放了一個 string，copyUnion 就必須建構它自己的 string：

```
void Token::copyUnion(const Token &t)
{
    switch (t.tok) {
        case Token::INT: ival = t.ival; break;
        case Token::CHAR: cval = t.cval; break;
        case Token::DBL: dval = t.dval; break;
        // 為了拷貝一個 string，使用放置型的 new 來建構之；請參閱 §19.1.2
        case Token::STR: new(&sval) string(t.sval); break;
    }
}
```

這個函式使用一個 switch 述句（§5.3.2）來測試 discriminant。對於內建型別，我們會指定該值給對應的成員；如果我們正在拷貝的成員是一個 string，我們就建構之。

指定運算子必須為它的 string 成員處理三種可能性：左運算元和右運算元都可能是一個 string；兩個運算元都不是 string；或者是其中有一個是 string 但非兩者皆是：

```
Token &Token::operator=(const Token &t)
{
    // 如果這個物件持有一個 string，而 t 沒有，我們就得釋放舊的 string
    if (tok == STR && t.tok != STR) sval.~string();
    if (tok == STR && t.tok == STR)
        sval = t.sval;    // 不需要建構一個新的 string
    else
        copyUnion(t);    // 如果 l.tok 是 STR，就會建構一個 string
    tok = t.tok;
    return *this;
}
```

如果左運算元中的 union 持有一個 string，但右手邊中的 union 沒有，那麼我們就得先釋放舊的 string，才能指定一個新的值給那個 union 成員。如果兩個 union 都持有一個 string，我們就能使用一般的 string 指定運算子來進行拷貝。否則，我們會呼叫 copyUnion 來進行指定。在 copyUnion 中，如果右運算元是一個 string，我們就會在左運算元的 union 成員中建構一個新的 string。如果兩個運算元都不是一個 string，那麼一般的指定就足夠了。

習題章節 19.6

練習 19.21：撰寫你自己版本的 Token 類別。

練習 19.22：新增型別為 Sales_data 的一個成員到你的 Token 類別。

練習 19.23：新增一個移動建構器和移動指定到 Token。

練習 19.24：說明如果我們指定一個 Token 物件給自身，會發生什麼事。

練習 19.25：撰寫接受 union 中每個型別的值的指定運算子。

19.7 區域類別

一個類別可以被定義在一個函式主體中。這樣的一個類別被稱作一個**區域類別**（**local class**）。一個區域類別定義的型別只能在它被定義處的範疇中看得到。不同於巢狀類別，一個區域類別的成員有嚴格的限制。

 一個區域類別的所有成員，包括函式，都必須完全定義在該類別的主體內。因此，區域類別的用處比巢狀類別還要少得多。

實務上，成員必須完全定義在類別內的要求，限制了一個區域類別的函式之複雜度。區域類別中的函式很少會超過幾行程式碼。超出那個範圍，程式碼對讀者來說就會變得難以理解。

同樣地，一個區域類別並不被允許宣告 static 資料成員，沒有辦法可以定義它們。

區域類別不可以使用來自函式的範疇的變數

外圍範疇中區域類別可以存取的名稱很有限。一個區域類別只能存取定義在外圍區域範疇中的型別名稱、static 變數（§6.1.1），以及列舉器。一個區域類別不可以使用該類別定義處的函式之普通的區域變數：

```
int a, val;
void foo(int val)
{
    static int si;
    enum Loc { a = 1024, b };
    // Bar 對 foo 來說是區域性的
    struct Bar {
        Loc locVal;  // ok：使用區域的型別名稱
        int barVal;
        void fooBar(Loc l = a)  // ok：預設引數是 Loc::a
        {
            barVal = val;    // 錯誤：val 對 foo 來說是區域性的
            barVal = ::val;  // ok：使用一個全域物件
            barVal = si;     // ok：使用一個 static 的區域物件
            locVal = b;      // ok：使用一個列舉器
        }
    };
    // ...
}
```

一般的防護規則適用於區域類別

外圍函式對於區域類別的 private 成員沒有特殊的存取權限。當然，區域類別可以讓外圍函式是成為一個朋友。更常見的是，一個區域類別會將其成員定義為 public。一個程式能夠存取一個區域類別的部分非常有限。一個區域類別已經封裝在函式的範疇中了。透過資訊隱藏的進一步的封裝通常都過分了。

一個區域類別中的名稱查找

區域類別主體中的名稱查找發生的方式跟其他類別一樣。用在類別成員的宣告中的名稱在該名稱的使用之前，就必須在範疇內。用於一個成員之定義中的名稱可以出現在類別中的任何位置。如果一個名稱不屬於任何類別成員，那麼搜尋就會接續在外圍範疇中，然後向外擴展到包圍函式本身的範疇。

巢狀的區域類別

將一個類別內嵌在一個區域類別中，是有可能的。在這種情況中，那個內嵌的類別定義可以出現在區域類別的主體之外。然而，這個內嵌類別必須定義在跟那個區域類別定義處相同的範疇中。

```cpp
void foo()
{
    class Bar {
    public:
        // ...
        class Nested;  // 宣告類別 Nested
    };
    // Nested 的定義
    class Bar::Nested {
        // ...
    };
}
```

一如以往，當我們在一個類別外定義一個成員，我們必須指出那個名稱的範疇。因此，我們定義 Bar::Nested，這指出 Nested 是定義在 Bar 的範疇中的一個類別。

內嵌在一個區域類別中的類別本身也會是區域類別，所有伴隨的限制都適用。那個內嵌類別的所有成員都必須定義在該內嵌類別本身的主體內。

19.8　本質上就無法移植的功能

為了支援低階程式設計，C++ 定義了本質上就**不可移植（nonportable）**的一些功能。不可移植的功能就是機器限定（machine specific）的功能。使用不可移植的功能的程式在從一種機器移到另一種時，經常需要重新進行程式設計的工作。算術型別的大小會隨著機器而變的事實（§2.1.1），就是我們已經用過的這種不可移植的功能之一。

在本節中，我們會涵蓋兩種額外的不可移植功能，它們是 C++ 從 C 繼承而來的：位元欄位（bit-fields）和 volatile 資格修飾符。我們也會涵蓋連結指示詞（linkage directives），這是 C++ 新增到從 C 繼承而來的那些不可移植功能之一。

19.8.1 位元欄位

一個類別可以定義一個（非 static 的）資料成員為一個**位元欄位（bit-field）**。一個位元欄位存放有一個指定數目的位元。位元欄位一般用在程式需要傳遞二進位資料（binary data）給另一個程式或硬體裝置時。

 一個位元欄位的記憶體布局（memory layout）方式取決於所在機器。

一個位元欄位必須有整數或列舉型別（§19.3）。一般來說，我們使用一個 unsigned 型別來存放一個位元欄位，因為一個 signed 的位元欄為之行為是實作定義的。我們指出一個成員是位元欄位的方法是在該成員名稱之後加上一個冒號，以及一個常數運算式指定位元的數目：

```
typedef unsigned int Bit;
class File {
    Bit mode: 2;          // mode 有 2 個位元
    Bit modified: 1;      // modified 有 1 個位元
    Bit prot_owner: 3;    // prot_owner 有 3 個位元
    Bit prot_group: 3;    // prot_group 有 3 個位元
    Bit prot_world: 3;    // prot_world 有 3 個位元
    // File 的運算和資料成員
public:
    // 檔案模式（file modes）指定為八進位字面值；參閱 §2.1.3
    enum modes { READ = 01, WRITE = 02, EXECUTE = 03 };
    File &open(modes);
    void close();
    void write();
    bool isRead() const;
    void setWrite();
};
```

mode 位元欄位有兩個位元，modified 只有一個，而另外的成員每個都有三個位元。如果可能，以連續的順序定義在類別主體中的位元欄位，會被放到相同整數的位元中，藉此壓縮了儲存空間。舉例來說，在前面的宣告中，那五個位元欄位（大概）會被儲存在單一個 unsigned int 中。這些位元會不會被塞入整數，以及如何塞入，都取決於所在機器。

取址運算子（&）不能套用到位元欄位上，所以不會有指向類別的位元欄位的指標存在。

一般來說，最好是讓一個位元欄為是一個 unsigned 型別。儲存在一個 signed 型別中的位元欄位之行為是實作定義的。

使用位元欄位

一個位元欄位被存取的方式與類別的其他資料成員相同：

```
void File::write()
{
    modified = 1;
    // ...
}
void File::close()
{
    if (modified)
        // ...儲存內容
}
```

具有的位元超過一個的位元欄位通常會以內建的位元運算子（bitwise operators，§4.8）來
操作：

```
File &File::open(File::modes m)
{
    mode |= READ;  // 預設設定 READ 位元
    // 其他的處理
    if (m & WRITE)  // 如果開啟 READ 和 WRITE
    // 以讀寫模式開啟檔案所需的處理
    return *this;
}
```

定義位元欄位成員的類別通常也會定義一組 inline 成員函式來測試和設定位元欄位的值：

```
inline bool File::isRead() const { return mode & READ; }
inline void File::setWrite() { mode |= WRITE; }
```

19.8.2 **volatile** 限定詞

WARNING volatile 的確切意義在本質上就取決於所在機器，只能藉由閱讀編譯器的說明文件
才得以了解。用到 volatile 的程式移到新的機器或編譯器時，通常都需要進行變更。

直接處理硬體的程式經常會有資料成員的值是由程式本身直接掌控範圍之外的程序所控制的。
舉例來說，一個程式可能會含有是由系統時鐘來更新的一個變數。當一個物件的值可能會以
程式無法控制或偵測的方式被變更，該物件就應該被宣告為 **volatile**。volatile 關鍵字是
對編譯器的一個指示詞（directive），告知編譯器不應該在這種物件上進行最佳化。

volatile 資格修飾符的使用方式跟 const 資格修飾符很類似。

它是對一個型別的額外修飾詞（modifier）：

```
volatile int display_register;  // 可能改變的 int 值
volatile Task *curr_task;       // curr_task 指向一個 volatile 物件
volatile int iax[max_size];     // iax 中的每個元素都是 volatile 的
volatile Screen bitmapBuf;      // bitmapBuf 的每個成員都是 volatile 的
```

const 與 volatile 型別資格修飾符之間沒有互動。一個型別可以同時是 const 和 volatile
的，在這種情況中，兩者的特質它都會有。

就像類別可以定義 const 的成員函式，它也能夠將成員函式定義為 volatile。只有
volatile 的成員函式可以在 volatile 的物件上被呼叫。

§2.4.2 描述了 const 資格修飾符和指標之間的互動。volatile 資格修飾符和指標之間也
存在有相同的互動。我們可以宣告是 volatile 的指標、對 volatile 物件的指標，以及是
volatile 而且指向 volatile 物件的指標：

```
volatile int v;            // v是一個 volatile int
int *volatile vip;         // vip 是對 int 的一個 volatile 指標
volatile int *ivp;         // ivp 是對 volatile int 的一個指標
// vivp 是對 volatile int 的一個 volatile 指標
volatile int *volatile vivp;
int *ip = &v;     // 錯誤：必須使用對 volatile 的一個指標
*ivp = &v;        // ok：ivp 是對 volatile 的一個指標
vivp = &v;        // ok：vivp 是對 volatile 的一個 volatile 指標
```

就像 const，我們只能指定一個 volatile 物件的位址（或拷貝對一個 volatile 型別的一個指標）給對 volatile 的一個指標。只有在參考是 volatile 的時候，我們才可以使用一個 volatile 物件來初始化一個參考。

合成的拷貝並不適用於 **volatile** 物件

對待 const 和 volatile 的方式之間有一個重要的差異，就是合成的拷貝／移動和指定運算子不能被用來初始化或指定自一個 volatile 物件。合成的成員接受是對（非 volatile）const 的參考的參數，而且我們無法將一個非 volatile 參考繫結到一個 volatile 物件。

如果一個類別想要允許 volatile 物件被拷貝、移動或指定，它就必須定義自己版本的拷貝或移動運算。舉個例子，我們可以將參數寫成是 const volatile 的參考，在這種情況中，我們就能拷貝或指定自任何種類的 Foo：

```
class Foo {
public:
    Foo(const volatile Foo&); // 拷貝自一個 volatile 物件
    // 從一個 volatile 物件指定到一個非 volatile 的物件
    Foo& operator=(volatile const Foo&);
    // 從一個 volatile 物件指定到一個 volatile 物件
    Foo& operator=(volatile const Foo&) volatile;
    // 類別 Foo 的剩餘部分
};
```

雖然我們可以為 volatile 物件定義拷貝和指定運算，一個更深層的問題是，拷貝 volatile 物件是否有任何意義可言。這個問題的答案密切地取決於在任何特定程式中使用 volatile 的原因。

19.8.3 連結指示詞：**extern "C"**

C++ 程式有的時候需要呼叫以另一個程式語言撰寫的函式，經常，這另一個語言會是 C。就像任何名稱，以另一個語言撰寫的一個函式之名稱必須被宣告。就像任何的函式，這個宣告必須指出回傳型別和參數列。編譯器檢查以另一個語言撰寫的函式之呼叫時，方法就跟它處理一般的 C++ 函式時相同。然而，編譯器通常都必須產生不同的程式碼以呼叫以其他語言撰寫的函式。C++ 使用**連結指示詞（linkage directives）**來指出任何非 C++ 函式所用的語言。

將 C++ 與以任何其他語言（包括 C）撰寫的程式碼混合使用時，我們必須能夠取用那個語言與你的 C++ 編譯器相容的編譯器。

宣告一個非 C++ 函式

一個連結指示詞可以有兩種形式之一：單一（single）或複合（compound）。連結指示詞不可以出現在一個類別或函式定義之內。相同的連結指示詞必須出現在一個函式的每個宣告上。

舉個例子，下列的宣告顯示 cstring 標頭中的某些 C 函式可以如何被宣告：

```
// 示範用的連結指示詞，可能會出現在 C++ 標頭 <cstring> 中
// 單述句連結指示詞
extern "C" size_t strlen(const char *);
// 複合述句連結指示詞
extern "C" {
    int strcmp(const char*, const char*);
    char *strcat(char*, const char*);
}
```

第一種形式的連結指示詞的組成是 extern 關鍵字後面跟著一個字串字面值，再接著一個「普通」的函式宣告。

那個字串字面值指出撰寫該函式所用的語言。一個編譯器必須支援 C 的連結指示詞。一個編譯器可以為其他語言提供連結設定，例如 extern "Ada"、extern "FORTRAN" 等等。

連結指示詞和標頭

我們可以一次賦予數個函式相同的連結設定，只要把它們的宣告圍在連結指示詞後的大括號中就好了。這些大括號的用途是將連結指示詞套用的宣告集合起來。除此之外，那些大括號就沒有作用了，在這些大括號中宣告的函式名稱在外部也是看得到的，就好像那些函式是宣告在大括號之外一樣。

多重宣告的形式可以套用到一整個標頭檔。舉例來說，C++ 的 cstring 標頭看起來可能會像

```
// 複合述句連結指示詞
extern "C" {
#include <string.h> // 操作 C-style 字串的 C 函式
}
```

當一個 #include 指示詞被包在複合的連結指示詞的大括號中，在那個標頭檔中宣告的所有普通函式都會被假設是以連結指示詞中的語言所撰寫的函式。連結指示詞可以是巢狀的，所以如果一個標頭含有帶有自己的連結指示詞的一個函式，那個函式的連結並不會受到影響。

C++ 繼承自 C 程式庫的函式被允許能夠定義為 C 函式，但並不一定要是 C 函式，要以 C 或 C++ 實作那些 C 程式庫函式，會由各個 C++ 實作來決定。

對 **extern "C"** 的指標

撰寫一個函式所用的語言是其型別的一部分。因此，定義有一個連結指示詞的函式的每個宣告都必須使用相同的連結指示詞。此外，指向以其他語言撰寫的函式之指標必須使用與函式本身相同的連結指示詞來宣告：

```
// pf指向一個 C 函式，它回傳 void 並接受一個 int
extern "C" void (*pf)(int);
```

當 pf 被用來呼叫一個函式，該函式呼叫被編譯時，會假設呼叫的是一個 C 函式。

對一個 C 函式的指標並不會與對一個 C++ 函式的指標有相同的型別。對 C 函式的指標不能用一個 C++ 函式初始化，或被指定為指向一個 C++ 函式（反之亦然）。就跟其他任何的型別不協調一樣，試著指定具有不同連結指示詞的兩個指標會是種錯誤：

```
void (*pf1)(int);                 // 指向一個 C++ 函式
extern "C" void (*pf2)(int);      // 指向一個 C 函式
pf1 = pf2; // 錯誤：pf1 和 pf2 有不同的型別
```

 WARNING 某些 C++ 編譯器可以接受前面的指定作為一個語言擴充功能，即使嚴格來說，它是違法的。

套用到整個宣告的連結指示詞

當我們使用一個連結指示詞，它會套用到函式和作為回傳型別或一個參數型別的任何函式指標：

```
// f1 是一個 C 函式；它的參數是對一個 C 函式的一個指標
extern "C" void f1(void(*)(int));
```

這個宣告指出，f1 是沒有回傳值的一個 C 函式。它有一個參數，是對一個函式的指標，這個函式不會回傳東西，並接受單一個 int 參數。連結指示詞適用於那個函式指標，也適用於 f1。當我們呼叫 f1，我們必須傳給它一個 C 函式的名稱，或是對一個 C 函式的指標。

因為一個連結指示詞套用到一個宣告中的所有函式，如果我們希望傳入對 C 函式的一個指標給一個 C++ 函式，我們就必須使用一個型別別名（§2.5.1）：

```
// FC 是對一個 C 函式的一個指標
extern "C" typedef void FC(int);
// f2 是一個 C++ 函式，它具有的參數是對 C 函式的一個指標
void f2(FC *);
```

匯出我們的 C++ 函式到其他的語言

藉由在一個函式定義上使用連結指示詞,我們可以使一個 C++ 函式能被以其他語言撰寫的程式取用:

```
// calc 可以從 C 程式來呼叫
extern "C" double calc(double dparm) { /* ... */ }
```

當編譯器為這個函式產生程式碼,它會產生適用於所指語言的程式碼。

值得注意的是,跨語言共用的函式中的參數和回傳型別經常都是有限制的。舉例來說,幾乎可以肯定的是,我們沒辦法撰寫傳遞一個(複雜的)C++ 類別的物件給一個 C 程式的函式。C 程式不會知道建構器、解構器或其他類別限定的運算。

連結至 C 的前置處理器支援

要讓相同的源碼檔在 C 或 C++ 底下都能編譯,前置處理器(preprocessor)會在我們編譯 C++ 時定義 __cplusplus(兩個底線符號)。使用這個變數,我們可以在編譯 C++ 的時候條件式地包含程式碼:

```
#ifdef __cplusplus
// ok:我們正在編譯 C++
extern "C"
#endif
int strcmp(const char*, const char*);
```

重載函式和連結指示詞

連結指示詞和函式重載之間的互動取決於目標語言。如果該語言支援重載函式,那麼為那個語言實作連結指示詞的編譯器也很有可能會支援來自 C++ 的那些函式的重載。

C 語言並不支援函式重載,所以 C 的連結指示詞只能為重載函式集合中的一個函式指定,應該不會讓人感到訝異:

```
// 錯誤:具有相同名稱的兩個 extern "C" 函式
extern "C" void print(const char*);
extern "C" void print(int);
```

如果一個重載函式集合中有一個函式是 C 函式,那麼其他的函式必須全都是 C++ 函式:

```
class SmallInt { /* ... */ };
class BigNum { /* ... */ };
// C 函式可從 C 或 C++ 程式呼叫
// C++ 函式重載那個函式,並且可以從 C++ 呼叫
extern "C" double calc(double);
extern SmallInt calc(const SmallInt&);
extern BigNum calc(const BigNum&);
```

`calc` 的 C 版本可以從 C 程式呼叫，也可以從 C++ 程式呼叫。額外的函式是具有類別參數的 C++ 函式，只能從 C++ 程式呼叫。宣告的順序並無關緊要。

習題章節 19.8.3

練習 19.26：解釋這些宣告，並指出它們是否合法：

```cpp
extern "C" int compute(int *, int);
extern "C" double compute(double *, double);
```

本章總結

C++ 提供了數個專用的機能，是為特殊種類的問題量身打造的。

某些應用程式需要控制記憶體配置的方式。它們可以定義程式庫 operator new 和 operator delete 函式的自己版本來這麼做，不管是類別專屬的或是全域的。如果應用程式定義了自己版本的那些函式，new 和 delete 運算式就會使用應用程式定義的版本。

某些程式需要在執行時期直接詢問一個物件的動態型別。Run-time type identification （RTTI，執行時期型別識別）為這種程式設計需求提供了語言層級的支援。RTTI 僅適用於定義有虛擬函式的類別。沒有定義虛擬函式的型別的型別資訊可以取用，但反映的是靜態型別。

當我們定義對一個類別成員的指標，這個指標型別也會包含該指標所指的成員所屬的類別之型別。對成員的一個指標可以繫結至具有適當型別的類別的任何成員。當我們解參考對成員的一個指標，我們必須提供要從之擷取成員的一個物件。

C++ 定義數個額外的彙總型別：

- 巢狀類別，它們是定義在另一個類別的範疇中的類別。這種類別經常被定義為它們外圍類別的實作類別。

- union 是一種特殊的類別，它們可以定義數個資料成員，但在任何時間點之下，只有一個成員可以擁有一個值。union 最常內嵌於另一個類別型別之中。

- 區域類別，它們定義在一個函式之中。一個區域類別的所有成員都必須定義在類別主體中。區域類別沒有 static 資料成員。

C++ 也支援數個本質上不能移植的功能，包括位元欄位和 volatile，這讓它能更容易與硬體介接，還有連結指示詞，這讓它能更輕易與其他語言撰寫的程式介接。

定義的詞彙

anonymous union（匿名的 union） 不會被用來定義一個物件的無名 union。一個匿名 union 的成員會變成外圍範疇的成員。這些 union 不可以有成員函式，也不可以有 private 或 protected 的成員。

bit-field（位元欄位） 具有整數型別的類別成員，指定要配置給該成員的位元數。在類別中以連續順序定義的位元欄位，如果可能的話，會被壓縮放到一個共通的整數值中。

discriminant（判別式） 一種程式設計技巧，使用一個物件來判斷給定的時間點上，一個 union 中所存放的實際型別。

dynamic_cast 能從一個基礎型別進行經過檢查的強制轉型到一個衍生型別的運算子。當基礎型別具有至少一個虛擬函式，這種運算子就會檢查參考或指標所繫結的物件的動態型別。如果物件的型別與強制轉型的型別（或衍生自該型別的一個型別）相同，那麼強制轉型就完成了。否則，一個指標的強制轉型會回傳一個零指標，或為對一個參考型別的強制轉型擲出一個例外。

enumeration（列舉） 將一組具名的整數常數封裝起來的型別。

enumerator（列舉器） 一個列舉的成員。列舉器是 const 的，並且可以用在需要整數常數運算式的地方。

free 低階的記憶體解除配置函式，定義在 cstdlib 中。free 只能用來釋放 malloc 所配置的記憶體。

linkage directive（連結指示詞） 用來允許以不同語言撰寫的函式可以從 C++ 程式來呼叫的機制。所有的編譯器都必須支援呼叫 C 和 C++ 函式。是否支援其他語言，則取決於編譯器。

local class（區域類別） 定義在一個函式內的類別。一個區域類別只能在它在其中定義的那個函式中看得見。該類別的所有成員都必須定義在類別主體內。區域類別不能有 static 成員。區域類別成員不可以存取定義在外圍函式中的非 static 變數。它們可以使用定義在外圍函式中的型別名稱、static 變數，或列舉器。

malloc 低階的記憶體配置函式，定義在 cstdlib 中。藉由 malloc 配置的記憶體必須以 free 釋放。

mem_fn 程式庫的類別模板，會從一個給定的對成員函式指標產生出一個可呼叫物件。

nested class（巢狀類別） 定義在另一個類別內的類別。一個巢狀類別定義在其外圍範疇中：巢狀類別的名稱在它們定義處的類別範疇中必須是唯一的，但可被重新使用在外圍類別外的範疇中。在外圍類別外對巢狀類別的存取必須使用範疇運算子來指定該類別所內嵌的範疇。

nested type（巢狀型別） 巢狀類別的同義詞。

nonportable（不可移植的） 本質上就是機器限定的功能，程式被移植到另一部機器或編譯器時，需要進行修改。

operator delete 釋放 operator new 所配置的無型別、未經建構的記憶體的程式庫函式。程式庫的 operator delete[] 會釋放 operator new[] 所配置的用來存放一個陣列的記憶體。

operator new 配置一個給定大小的無型別、未經建構的記憶體的程式庫函式。程式庫函式 operator new[] 為陣列配置原始記憶體。這些程式庫函式提供的配置機制比程式庫的 allocator 類別還要原始。現代的 C++ 程式應該使用 allocator 類別，而非這些程式庫函式。

placement new expression（放置型 new 運算式） 一種形式的 new，它會在指定的記憶體中建構其物件。它不會進行配置，取而代之，它會接受一個引數，用以指定應該建構物件的位置。它是 allocator 的 construct 成員所提供的行為的低階類比。

pointer to member（對成員的指標） 封裝了類別型別以及該指標所指的成員型別的指標。對成員指標的定義必須指定類別名稱以及該指標可以指向的成員型別：

```
T C::*pmem = &C::member;
```

這個述句定義 pmem 作為可以指向類別 C 的成員的指標，這種成員的型別是 T。這個述句還會把 pmem 初始化為指向 C 中名為 member 的成員。要使用這個指標，我們必須提供一個物件或對型別 C 的一個指標：

```
classobj.*pmem;
classptr->*pmem;
```

會從物件 classobj 或 classptr 所指的物件擷取 member。

run-time type identification（執行期的型別識別） 允許一個參考或指標的動態型別可以在執行時期獲取的語言和程式庫機能。RTTI 運算子 typeid 和 dynamic_cast 只會為定義有虛擬函式的類別提供動態型別。套用到其他型別時，所回傳的型別會是參考或指標的靜態型別。

scoped enumeration（有範疇的列舉） 新式的列舉，其中列舉器無法從外圍範疇直接存取。

typeid operator（typeid 運算子） 一種單元運算子，它會回傳一個參考指向程式庫型別 type_info 的一個物件，用以描述所給的運算式之型別。當運算式是一個物件，而它的型別具有虛擬函式,那麼該運算式的動態型別就會被回傳。這種運算式是在執行時期估算的。如果型別是一個參考、指標或其他沒有定義虛擬函式的型別,那麼所回傳的型別就會是那個參考、指標或物件的靜態型別。這種運算式不會被估算。

type_info typeid 運算子所回傳的程式庫型別。type_info 類別本質上就是取決於所在機器的,但必須提供一小組的運算,包括一個 name 函式,回傳一個字串表示該型別的名稱。type_info 物件不可以被拷貝、移動或指定。

union 類似類別的彙總型別,可以定義多個資料成員,在任何的時間點只有其中一個可以有值。

union 可以有成員函式,包括建構器和解構器。一個 union 不可以當作一個基礎類別。在新標準底下,union 可以有成員的型別是定義了它們自己的拷貝控制成員的類別型別。如果自己沒有定義對應的拷貝控制函式,這種 union 就會獲得 deleted 的拷貝控制。

unscoped enumeration(無範疇的列舉) 列舉器在外圍範疇中可以存取的列舉。

volatile 向編譯器表示一個變數可能在程式的直接控制之外被改變的型別資格修飾符。它是告知編譯器不可以進行特定最佳化的一種訊號。

A

程式庫

The Library

本附錄含有關於程式庫演算法和隨機數部分的額外細節。我們也會列出用過的所有程式庫名稱，以及定義該名稱的標頭名稱。

在第 10 章中，我們用過了一些常見的演算法，並描述那些演算法底層的架構。在本附錄中，我們列出了所有的演算法，以它們所進行的運算種類加以組織。

在 §17.4 中，我們描述了隨機數程式庫的架構，並用了數個程式庫的分布型別。程式庫定義了數個隨機數引擎和 20 個不同的分布。在本附錄中，我們列出了所有的引擎和分布。

A.1 程式庫名稱與標頭

我們的程式大多都沒有顯示編譯程式所需的實際 `#include` 指示詞。為了便利讀者，表 A.1
列出了我們程式用過的程式庫名稱，以及可以在其中找到它們的標頭。

表 A.1：標準程式庫名稱與標頭

名稱	標頭
abort	`<cstdlib>`
accumulate	`<numeric>`
allocator	`<memory>`
array	`<array>`
auto_ptr	`<memory>`
back_inserter	`<iterator>`
bad_alloc	`<new>`
bad_array_new_length	`<new>`
bad_cast	`<typeinfo>`
begin	`<iterator>`
bernoulli_distribution	`<random>`
bind	`<functional>`
bitset	`<bitset>`
boolalpha	`<iostream>`
cerr	`<iostream>`
cin	`<iostream>`
cmatch	`<regex>`
copy	`<algorithm>`
count	`<algorithm>`
count_if	`<algorithm>`
cout	`<iostream>`
cref	`<functional>`
csub_match	`<regex>`
dec	`<iostream>`
default_float_engine	`<iostream>`
default_random_engine	`<random>`
deque	`<deque>`
domain_error	`<stdexcept>`
end	`<iterator>`
endl	`<iostream>`
ends	`<iostream>`
equal_range	`<algorithm>`
exception	`<exception>`
fill	`<algorithm>`
fill_n	`<algorithm>`
find	`<algorithm>`
find_end	`<algorithm>`
find_first_of	`<algorithm>`

表 A.1：標準程式庫名稱與標頭（續）

名稱	標頭
find_if	`<algorithm>`
fixed	`<iostream>`
flush	`<iostream>`
for_each	`<algorithm>`
forward	`<utility>`
forward_list	`<forward_list>`
free	cstdlib
front_inserter	`<iterator>`
fstream	`<fstream>`
function	`<functional>`
get	`<tuple>`
getline	`<string>`
greater	`<functional>`
hash	`<functional>`
hex	`<iostream>`
hexfloat	`<iostream>`
ifstream	`<fstream>`
initializer_list	`<initializer_list>`
inserter	`<iterator>`
internal	`<iostream>`
ios_base	`<ios_base>`
isalpha	`<cctype>`
islower	`<cctype>`
isprint	`<cctype>`
ispunct	`<cctype>`
isspace	`<cctype>`
istream	`<iostream>`
istream_iterator	`<iterator>`
istringstream	`<sstream>`
isupper	`<cctype>`
left	`<iostream>`
less	`<functional>`
less_equal	`<functional>`
list	`<list>`
logic_error	`<stdexcept>`
lower_bound	`<algorithm>`
lround	`<cmath>`
make_move_iterator	`<iterator>`
make_pair	`<utility>`
make_shared	`<memory>`
make_tuple	`<tuple>`
malloc	cstdlib
map	`<map>`

表 A.1：標準程式庫名稱與標頭（續）

名稱	標頭
max	`<algorithm>`
max_element	`<algorithm>`
mem_fn	`<functional>`
min	`<algorithm>`
move	`<utility>`
multimap	`<map>`
multiset	`<set>`
negate	`<functional>`
noboolalpha	`<iostream>`
normal_distribution	`<random>`
noshowbase	`<iostream>`
noshowpoint	`<iostream>`
noskipws	`<iostream>`
not1	`<functional>`
nothrow	`<new>`
nothrow_t	`<new>`
nounitbuf	`<iostream>`
nouppercase	`<iostream>`
nth_element	`<algorithm>`
oct	`<iostream>`
ofstream	`<fstream>`
ostream	`<iostream>`
ostream_iterator	`<iterator>`
ostringstream	`<sstream>`
out_of_range	`<stdexcept>`
pair	`<utility>`
partial_sort	`<algorithm>`
placeholders	`<functional>`
placeholders::_1	`<functional>`
plus	`<functional>`
priority_queue	`<queue>`
ptrdiff_t	`<cstddef>`
queue	`<queue>`
rand	`<random>`
random_device	`<random>`
range_error	`<stdexcept>`
ref	`<functional>`
regex	`<regex>`
regex_constants	`<regex>`
regex_error	`<regex>`
regex_match	`<regex>`
regex_replace	`<regex>`
regex_search	`<regex>`

表 A.1：標準程式庫名稱與標頭（續）

名稱	標頭
remove_pointer	`<type_traits>`
remove_reference	`<type_traits>`
replace	`<algorithm>`
replace_copy	`<algorithm>`
reverse_iterator	`<iterator>`
right	`<iostream>`
runtime_error	`<stdexcept>`
scientific	`<iostream>`
set	`<set>`
set_difference	`<algorithm>`
set_intersection	`<algorithm>`
set_union	`<algorithm>`
setfill	`<iomanip>`
setprecision	`<iomanip>`
setw	`<iomanip>`
shared_ptr	`<memory>`
showbase	`<iostream>`
showpoint	`<iostream>`
size_t	`<cstddef>`
skipws	`<iostream>`
smatch	`<regex>`
sort	`<algorithm>`
sqrt	`<cmath>`
sregex_iterator	`<regex>`
ssub_match	`<regex>`
stable_sort	`<algorithm>`
stack	`<stack>`
stoi	`<string>`
strcmp	`<cstring>`
strcpy	`<cstring>`
string	`<string>`
stringstream	`<sstream>`
strlen	`<cstring>`
strncpy	`<cstring>`
strtod	`<string>`
swap	`<utility>`
terminate	`<exception>`
time	`<ctime>`
tolower	`<cctype>`
toupper	`<cctype>`
transform	`<algorithm>`
tuple	`<tuple>`
tuple_element	`<tuple>`

表 A.1：標準程式庫名稱與標頭（續）

名稱	標頭
tuple_size	<tuple>
type_info	<typeinfo>
unexpected	<exception>
uniform_int_distribution	<random>
uniform_real_distribution	<random>
uninitialized_copy	<memory>
uninitialized_fill	<memory>
unique	<algorithm>
unique_copy	<algorithm>
unique_ptr	<memory>
unitbuf	<iostream>
unordered_map	<unordered_map>
unordered_multimap	<unordered_map>
unordered_multiset	<unordered_set>
unordered_set	<unordered_set>
upper_bound	<algorithm>
uppercase	<iostream>
vector	<vector>
weak_ptr	<memory>

A.2 演算法簡介

程式庫定義了超過 100 個演算法。要學習如何有效使用這些演算法，我們得理解它們的結構，而非死記每個演算法的細節。據此，在第 10 章中，我們的焦點放在描述和理解這個架構。在本節中，我們會簡短地描述每個演算法。在下列的描述中，

- beg 與 end 是代表一個範圍的元素的迭代器（§9.2.1）。幾乎所有的演算法都作用在由 beg 與 end 所代表的一個序列上。

- beg2 是代表第二個輸入序列開頭的一個迭代器。如果有出現，end2 則代表這第二個序列的結尾。如果沒有 end2，beg2 所代表的序列就被假設跟 beg 與 end 代表的輸入序列一樣大。beg 與 beg2 的型別並不一定要相符。然而，必須要能夠把指定的運算或給定的可呼叫物件套用到那兩個序列中的元素才行。

- dest 是代表一個目的地的一個迭代器。這個目的地序列必須能夠視需要存放跟給定的輸入序列一樣多的元素。

- unaryPred 與 binaryPred 是單元和二元的判斷式（§10.3.1），它們會回傳一個可被當作條件使用的型別，並分別接受一個和兩個引數，這些引數是輸入範圍中的元素。

- comp 是一個二元的判斷式,滿足關聯式容器中鍵值的順序需求(§11.2.2)。
- unaryOp 與 binaryOp 是可呼叫物件(§10.3.2),分別能以來自輸入範圍的一個和兩個引數呼叫。

A.2.1 尋找一個物件用的演算

這些演算法會搜尋一個輸入範圍,尋找一個特定的值,或特定序列的值。

每個演算法都提供兩個重載版本。第一個版本使用底層型別的相等性(==)運算子來比較元素;第二個版本以使用者提供的 unaryPred 或 binaryPred 來比較元素。

簡單的尋找演算法

這些演算法搜尋指定的值並且需要輸入迭代器(*input iterators*)

```
find(beg, end, val)
find_if(beg, end, unaryPred)
find_if_not(beg, end, unaryPred)
count(beg, end, val)
count_if(beg, end, unaryPred)
```

find 回傳一個迭代器指向輸入範圍中第一個等於 val 的元素。find_if 回傳一個迭代器指向使用 unaryPred 成功的第一個元素;find_if_not 回傳一個迭代器指向使得 unaryPred 為 false 的第一個元素。如果不存在這種元素,這三個全都會回傳 end。

count 會回傳一個計數記錄 val 出現了多少次;count_if 計數讓 unaryPred 成功的元素。

```
all_of(beg, end, unaryPred)
any_of(beg, end, unaryPred)
none_of(beg, end, unaryPred)
```

分別回傳一個 bool 指出 unaryPred 對所有元素、任何元素或沒有元素是否成功。如果序列是空的,any_of 就會回傳 false;all_of 和 none_of 則回傳 true。

尋找許多值其中之一的演算法

這些演算法需要正向迭代器(*forward iterators*)。它們在輸入序列中找尋重複的元素。

```
adjacent_find(beg, end)
adjacent_find(beg, end, binaryPred)
```

回傳一個迭代器指向第一對相鄰(adjacent)的重複元素。如果沒有相鄰的重複元素,就回傳 end。

```
search_n(beg, end, count, val)
search_n(beg, end, count, val, binaryPred)
```

回傳一個迭代器指向 count 個相等元素所成的一個序列之開頭。如果沒有這種子序列存在,就回傳 end。

找尋子序列的演算法

除了 find_first_of 這個例外，這些演算法都需要兩對的正向迭代器。find_first_of 使用輸入迭代器來代表它的第一個序列，而第二個序列則需要正向迭代器。這些演算法搜尋子序列（subsequences）而非單一元素。

search(beg1, end1, beg2, end2)
search(beg1, end1, beg2, end2, binaryPred)
回傳一個迭代器指向輸入範圍中第二個範圍出現為一個子序列的第一個位置。如果沒找到該子序列，就回傳 end1。

find_first_of(beg1, end1, beg2, end2)
find_first_of(beg1, end1, beg2, end2, binaryPred)
回傳一個迭代器指向第一個範圍中有任何來自第二個範圍的元素出現的第一個位置。如果沒找到，就回傳 end1。

find_end(beg1, end1, beg2, end2)
find_end(beg1, end1, beg2, end2, binaryPred)
就像 search，但回傳一個迭代器指向輸入範圍中第二個範圍出現作為一個子序列的最後一個位置。如果第二個子序列是空的，或沒找到，就回傳 end1。

A.2.2 其他的唯讀演算法

這些演算法需要輸入迭代器作為它們的頭兩個引數。

equal 與 mismatch 演算法也接受一個額外的輸入迭代器，代表一個第二範圍的起點。它們也提供兩個重載的版本。第一個版本使用底層型別的相等性（==）運算子來比較元素；第二個版本使用使用者提供的 unaryPred 或 binaryPred 來比較元素。

for_each(beg, end, unaryOp)
套用可呼叫物件（§10.3.2）unaryOp 到其輸入範圍中的每個元素。從 unaryOp 回傳的值（如果有的話）會被忽略。如果迭代器允許透過解參考運算子的寫入，那麼 unaryOp 也可以修改元素。

mismatch(beg1, end1, beg2)
mismatch(beg1, end1, beg2, binaryPred)
比較兩個序列中的元素。回傳一個 pair（§11.2.3）的迭代器，代表每個序列中不匹配的第一個元素。如果所有的元素都匹配，那麼所回傳的 pair 會是 end1，以及指向 beg2 中，位移量是第一個序列長度的迭代器。

equal(beg1, end1, beg2)
equal(beg1, end1, beg2, binaryPred)
判斷兩個序列是否相等。如果輸入範圍中的每個元素都等於從 beg2 開始的序列中對應的元素，就回傳 true。

A.2.3 二元搜尋演算法

這些演算法需要正向迭代器，但它們經過最佳化，若以隨機存取迭代器呼叫，它們就會執行得更快速。嚴格來說，不管迭代器的型別是什麼，這些演算法都會執行對數（logarithmic number）次的比較。然而，與正向迭代器合用時，它們必須進行線性數目（linear number）的迭代器比較，以在序列中移動元素。

這些演算法要求輸入序列中的元素已經是排序好的。這些演算法的行為類似關聯式容器的同名成員（§11.3.5）。equal_range、lower_bound 與 upper_bound 演算法所回傳的迭代器指向序列中給定的元素可以插入而且仍然保持該序列順序的位置。如果元素大於序列中的任何其他元素，那麼所回傳的迭代器可能會是 off-the-end 迭代器。

每個演算法都提供兩個版本：第一個使用元素型別的小於運算子（<）來測試元素；第二個版本使用給定的比較運算。在下列的演算法中，「x 小於 y」代表 x < y 或 comp(x, y) 成功。

```
lower_bound(beg, end, val)
lower_bound(beg, end, val, comp)
```
回傳一個迭代器代表 val 不小於該元素的第一個元素，或在沒有這種元素存在時，回傳 end。

```
upper_bound(beg, end, val)
upper_bound(beg, end, val, comp)
```
回傳一個迭代器代表 val 小於該元素的第一個元素，或這種元素不存在時，回傳 end。

```
equal_range(beg, end, val)
equal_range(beg, end, val, comp)
```
回傳一個 pair（§11.2.3），其中 first 成員是會被 lower_bound 所回傳的迭代器，而 second 則是 upper_bound 會回傳的迭代器。

```
binary_search(beg, end, val)
binary_search(beg, end, val, comp)
```
回傳一個 bool 指出序列是否含有一個等於 val 的元素。如果 x 不小於 y，而 y 不小於 x，那麼 x 和 y 這兩值就會被視為相等的。

A.2.4 寫入容器元素的演算法

許多演算法都會寫入新的值到給定序列中的元素。這些演算法與彼此的區別在於，它們用來代表輸入序列的迭代器種類，以及它們寫入的是輸入範圍中的元素或是一個給定的目的地。

寫入元素但不讀取的演算法

這些演算法需要代表一個目的地的輸出迭代器。_n 版本接受第二個引數，指定一個計數，並將那個給定數目的元素寫到目的地。

```
fill(beg, end, val)
fill_n(dest, cnt, val)
generate(beg, end, Gen)
generate_n(dest, cnt, Gen)
```

指定一個新的值給輸入序列中的每個元素。fill 指定 val 這個值；generate 執行產生器物件 Gen()。一個產生器是一個可呼叫物件（§10.3.2），它會在每次被呼叫時產生一個不同的值。fill 和 generate 會回傳 void。_n 版本回傳一個迭代器指向緊接著寫入到輸出序列中的最後一個元素後的位置。

具有輸入迭代器的寫入演算法

這些每個演算法都會讀取一個輸入序列，並寫入到一個輸出序列。它們要求 dest 是一個輸出迭代器，而代表輸入範圍的迭代器必須是輸入迭代器。

```
copy(beg, end, dest)
copy_if(beg, end, dest, unaryPred)
copy_n(beg, n, dest)
```

從輸入範圍拷貝到 dest 所代表的序列。copy 拷貝所有的元素，copy_if 拷貝會使得 unaryPred 成功的那些，而 copy_n 則拷貝前 n 個元素。輸入序列必須至少有 n 個元素。

```
move(beg, end, dest)
```

在輸入序列中的每個元素上呼叫 std::move（§13.6.1）來將那個元素移動到以迭代器 dest 開頭的序列。

```
transform(beg, end, dest, unaryOp)
transform(beg, end, beg2, dest, binaryOp)
```

呼叫給定的運算，並將那個運算的結果寫到 dest。第一個版本會套用一個單元運算到輸入範圍中的每個元素上。第二個版本套用一個二元運算到來自兩個輸入序列的元素。

```
replace_copy(beg, end, dest, old_val, new_val)
replace_copy_if(beg, end, dest, unaryPred, new_val)
```

將每個元素拷貝到 dest，以 new_val 取代指定的元素。第一個版本取代 == old_val 的那些元素。第二個版本取代使得 unaryPred 成功的那些元素。

```
merge(beg1, end1, beg2, end2, dest)
merge(beg1, end1, beg2, end2, dest, comp)
```

兩個輸入序列都必須排序過。將一個合併後的序列寫入到 dest。第一個版本比較元素時使用的是 < 運算子；第二個版本使用給定的比較運算。

具有正向迭代器的寫入演算法

這些演算法需要正向迭代器，因為它們會寫入它們輸入序列中的元素。這些迭代器必須提供對那些元素的寫入權限。

```
iter_swap(iter1, iter2)
swap_ranges(beg1, end1, beg2)
```
將 iter1 所代表的元素與 iter2 代表的元素對調；或將輸入範圍中所有的元素調換為第二個序列從 beg2 開始的那些元素。這些範圍必定不能重疊。iter_swap 回傳 void；swap_ranges 回傳遞增過的 beg2，以代表緊接在最後一個調換的元素後的元素。

```
replace(beg, end, old_val, new_val)
replace_if(beg, end, unaryPred, new_val)
```
以 new_val 取代每個匹配的元素。第一個版本使用 == 來將元素與 old_val 比較；第二個版本取代使得 unaryPred 成功的那些元素。

具有雙向迭代器的寫入演算法

這些演算法需要在序列中往回走的能力，所以它們需要雙向迭代器。

```
copy_backward(beg, end, dest)
move_backward(beg, end, dest)
```
將輸入範圍中的元素拷貝或移動到給定的目的地。不同於其他演算法，dest 是輸出序列的 **off-the-end** 迭代器（即目的地序列會在 dest 之前結束）。輸入範圍中的最後一個元素會被拷貝或移動到目的地中的最後一個元素，然後倒數第二個元素會被拷貝或移動，依此類推。目的地中的元素會與輸入範圍中的那些有相同的順序。如果範圍是空的，回傳值就是 dest；否則，回傳值代表從 *beg 拷貝或移動的元素。

```
inplace_merge(beg, mid, end)
inplace_merge(beg, mid, end, comp)
```
將來自相同序列的兩個排序過的子序列合併為單一個有序序列。從 beg 到 mid 和從 mid 到 end 的子序列會被合併，並寫回到原本的序列中。第一個版本使用 < 來比較元素；第二個版本使用一個給定的比較運算。回傳 void。

A.2.5 分割與排序演算法

排序與分割演算法提供了各種策略來安排一個序列之元素的順序。

每個排序和分割演算法都提供穩定和不穩定的版本（§10.3.1）。一個穩定演算法（stable algorithm）會維護相等元素的相對順序。穩定演算法會做更多工作，所以比起不穩定的版本，可能執行的更緩慢，並使用更多記憶體。

分割演算法

一個 partition 會將輸入範圍中的元素分割為兩組。第一組由滿足指定的判斷式的那些元素構成；第二組則是不滿足的那些。舉例來說，我們可以依據元素是否為奇數來分割一個序列中的元素，或者一個字詞是否以大寫字母開頭，諸如此類的。這些演算法需要雙向迭代器。

is_partitioned(beg, end, unaryPred)

如果使得 unaryPred 成功的所有那些元素都在使得 unaryPred 為 false 的那些元素之前，就回傳 true。如果序列是空的，也回傳 true。

partition_copy(beg, end, dest1, dest2, unaryPred)

拷貝使得 unaryPred 成功的元素到 dest1，並拷貝那些使 unaryPred 失敗的到 dest2。回傳一個 pair（§11.2.3）的迭代器。first 成員代表拷貝到 dest1 的元素尾端，而 second 代表拷貝到 dest2 的元素尾端。輸入序列不可以與任一個目的地序列重疊。

partition_point(beg, end, unaryPred)

輸入序列必須由 unaryPred 分割過。回傳一個迭代器指向使得 unaryPred 成功的子範圍的後一個位置。如果所回傳的迭代器不是 end，那麼 unaryPred 對於所回傳的迭代器和在那個點之後的所有元素都要是 false。

stable_partition(beg, end, unaryPred)
partition(beg, end, unaryPred)

使用 unaryPred 來分割輸入序列。使得 unaryPred 成功的元素會被放在序列的開頭處；使得判斷式為 false 的那些則放在尾端。回傳一個迭代器指向使得 unaryPred 成功的最後一個元素後的地方，或在沒有這種元素時回傳 beg。

排序演算法

這些演算法需要隨機存取迭代器。排序演算法的每一個都提供兩個重載版本。一個版本使用元素的運算子 < 來比較元素；另一個則接受一個額外的參數指定一個順序關係（§11.2.2）。partial_sort_copy 回傳一個迭代器指到目的地中；其他的排序演算法則回傳 void。

partial_sort 與 nth_element 演算法只進行排序序列的部分工作。它們經常用來解決一般會排序整個序列來處理的問題。因為這些演算法所做的工作比較少，它們通常會比排序整個輸入範圍還要快。

sort(beg, end)
stable_sort(beg, end)
sort(beg, end, comp)
stable_sort(beg, end, comp)

排序整個範圍。

```
is_sorted(beg, end)
is_sorted(beg, end, comp)
is_sorted_until(beg, end)
is_sorted_until(beg, end, comp)
```

is_sorted 回傳一個 bool 指出整個輸入序列是否已經排序好了。is_sorted_until 找出輸入中從頭開始最長的已排序子序列，並回傳一個迭代器指向那個子序列最後一個元素之後。

```
partial_sort(beg, mid, end)
partial_sort(beg, mid, end, comp)
```

排序等於 mid - beg 的元素數。也就是說，如果 mid - beg 等於 42，那麼這個函式會把排序好的最低值元素放到序列中的前 42 個位置。partial_sort 完成之後，從 beg 到但不包括 mid 的範圍中的元素都已排序。已排序範圍中沒有元素會比 mid 之後範圍中的任何元素還要大。未排序的元素之間的順序是未指定的。

```
partial_sort_copy(beg, end, destBeg, destEnd)
partial_sort_copy(beg, end, destBeg, destEnd, comp)
```

排序輸入範圍中的元素，並將迭代器 destBeg 與 destEnd 所代表的序列中放得下的盡可能多的已排序序列放入。如果目的地範圍跟輸入範圍有同樣大小，或者有更多元素，那麼整個輸入範圍都會被排序，並儲存在 destBeg 開始之處。如果目的地的大小比較小，那麼只有容納得下的已排序元素會被拷貝。

回傳一個迭代器指向目的地中剛超過已排序的最後一個元素之處。如果目的地序列之大小小於或等於輸入範圍，那麼所回傳的迭代器就會是 destEnd。

```
nth_element(beg, nth, end)
nth_element(beg, nth, end, comp)
```

引數 nth 必須是一個迭代器定位在輸入序列中的一個元素之上。在 nth_element 之後，那個迭代器所代表的元素所具有的值會是整個序列都排序過的時候會在那裡的值。序列中的元素會以 nth 為分界被分割：在 nth 之前的都小於或等於 nth 所代表的值，而在它之後的那些則會大於或等於它。

A.2.6 通用的順序調整運算

有數個演算法會重新調整輸入序列的元素順序。頭兩個演算法，即 remove 與 unique，會重新調整序列，讓在該序列第一個部分的元素符合某些標準。它們回傳一個迭代器標示這個子序列的結尾。其他的，例如 reverse、rotate 與 random_shuffle，都會重新安排整個序列。

這些演算法的基礎版本會「就地（in place）」進行作業；它們會在輸入序列本身中重新安排那些元素。有三個重排演算法（reordering algorithms）提供「拷貝（copying）」版本，這些 _copy 版本會進行相同的重排作業，但會把重排過的元素寫到一個指定的目的地序列中，而非變更輸入序列。這些演算法需要目的地的輸出迭代器。

使用正向迭代器的重排演算法

這些演算法會重新安排輸入序列。它們要求迭代器至少要是正向迭代器。

`remove(beg, end, val)`
`remove_if(beg, end, unaryPred)`
`remove_copy(beg, end, dest, val)`
`remove_copy_if(beg, end, dest, unaryPred)`
從序列「移除（remove）」元素，方法是以要保留的元素覆寫它們。被移除的元素是那些 == val 或 unaryPred 會成功的。回傳一個迭代器指向沒有被移除的最後一個元素後。

`unique(beg, end)`
`unique(beg, end, binaryPred)`
`unique_copy(beg, end, dest)`
`unique_copy_if(beg, end, dest, binaryPred)`
重排序列，讓相鄰的重複元素被覆寫而「移除」。回傳一個迭代器指向剛超過最後一個獨特（unique）元素的地方。第一個版本使用 == 來判斷兩個元素是否相同；第二個版本使用判斷式來測試相鄰元素。

`rotate(beg, mid, end)`
`rotate_copy(beg, mid, end, dest)`
繞著 mid 所代表的元素轉動元素。位於 mid 的元素變為第一個元素；接下來是從 mid + 1 一直到但不包括 end 的元素，最後接著從 beg 到但不包括 mid 的範圍。回傳一個迭代器代表原本位在 beg 的元素。

使用雙向迭代器的重排演算法

因為這些演算法會反向處理輸入序列，它們需要雙向迭代器。

`reverse(beg, end)`
`reverse_copy(beg, end, dest)`
反轉序列中的元素。reverse 會回傳 void；reverse_copy 則會回傳一個迭代器指向剛超過拷貝到目的地的元素之處。

使用隨機存取迭代器的重排演算法

因為這些演算法會以某種隨機的順序重新安排元素，它們需要隨機存取迭代器。

`random_shuffle(beg, end)`
`random_shuffle(beg, end, rand)`
`shuffle(beg, end, Uniform_rand)`
將輸入序列中的元素重新「洗牌（shuffle）」。第二個版本接受一個 callable，它必須接受一個正的整數值，並產生在從 0 到給定的值（不包括）的範圍中均勻分布的一個隨機整數。shuffle 的第三個引數必須符合均勻的隨機數產生器之需求（§17.4）。所有的三個版本都回傳 void。

A.2.7 排列演算法

排列演算法（permutation algorithms）會產生一個序列的字典次序排列（lexicographical permutations）。這些演算法會重新調整一個排列以產生給定序列（字典次序）的下一個或前一個排列。它們會回傳一個 bool 指出是否有下一個或前一個排列。

要了解下一個或前一個排列代表的是什麼意思，請考慮下列三個字元的序列：abc。這個序列有六種可能的排列：abc、acb、bac、bca、cab 與 cba。這些排列會藉由小於運算子以字典次序列出。也就是說，abc 是第一個排列，因為它的第一個元素小於或等於其他每個排列中的第一個元素，而它的第二個元素小於具有相同的第一個元素的任何排列。同樣地，acb 之所以是下一個排列，是因為它以一個 a 開頭，這小於任何剩餘排列中的第一個元素。以 b 開頭的那些排列會出現在以 c 開頭的那些之前。

對於任何給定的排列，我們可以指出哪個排列出現在它之前，而哪個在它之後，這裡假設個別元素之間有一個特定的順序存在。給定排列 bca，我們可以說它的前一個排列是 bac，而其下一個排列是 cab。序列 abc 沒有前一個排列，而 cba 則是沒有下一個排列。

這些演算法假設序列中的元素都是獨特（unique）的。也就是說，這些演算法假設序列中任兩個元素都不會有相同的值。

要產生排列，這些序列必須被正向和反向處理，因此需要雙向迭代器。

is_permutation(beg1, end1, beg2)
is_permutation(beg1, end1, beg2, binaryPred)
如果第二個序列有一個排列與第一個序列有相同的元素數，而且那個排列中的元素與輸入序列中的元素都相等，那就回傳 true。第一個版本使用 == 比較元素；第二個使用所給的 binaryPred。

next_permutation(beg, end)
next_permutation(beg, end, comp)
如果序列已經是在其最後一個排列的狀態中，那麼 next_permutation 就會重排序列為最低的排列，並回傳 false。否則，它會把輸入序列變換為字典次序的下一個序列，並回傳 true。第一個版本使用元素的 < 運算子來比較元素；第二個版本使用所給的比較運算。

prev_permutation(beg, end)
prev_permutation(beg, end, comp)
就像 next_permutation，不過是變換序列為前一個排列。如果這是最小的排列，那麼它會重排序列為最大的排列，並回傳 false。

A.2.8 用於已排序序列的集合演算法

集合演算法實作了在已排序的序列上進行的通用集合運算。這些演算法不同於程式庫的 `set` 容器，而且不應該與 `set` 之上的運算搞混。取而代之，這些演算法在普通的循序容器（`vector`、`list` 等等）或其他的序列（例如輸入資料流）上提供了類集合的行為。

這些演算法會循序處理元素，需要輸入迭代器。除了 `includes` 這個例外，它們也接受一個輸出迭代器代表一個目的地。這些演算法會回傳它們遞增過的 `dest` 迭代器，以表示寫入到 `dest` 中最後一個元素後的元素。

每個演算法都是重載的。第一個版本使用元素型別的 `<` 運算子。第二個使用一個給定的比較運算。

```
includes(beg, end, beg2, end2)
includes(beg, end, beg2, end2, comp)
```
如果第二個序列中的每個元素都包含在輸入序列中，就回傳 `true`。否則回傳 `false`。

```
set_union(beg, end, beg2, end2, dest)
set_union(beg, end, beg2, end2, dest, comp)
```
創建在任一個序列中的元素所成的已排序序列。兩個序列中都有的元素只會在輸出序列中出現一次。將這個序列儲存在 `dest` 中。

```
set_intersection(beg, end, beg2, end2, dest)
set_intersection(beg, end, beg2, end2, dest, comp)
```
創建由兩個序列中都有元素所成的一個已排序序列。將該序列儲存在 `dest` 中。

```
set_difference(beg, end, beg2, end2, dest)
set_difference(beg, end, beg2, end2, dest, comp)
```
創建由出現在第一個序列中但沒有出現在第二個中的那些元素所成的一個已排序序列。

```
set_symmetric_difference(beg, end, beg2, end2, dest)
set_symmetric_difference(beg, end, beg2, end2, dest, comp)
```
創建由出現在任一個序列中，但沒有同時出現在兩個序列中的那些元素所成的一個已排序序列。

A.2.9 最小與最大值

這些演算法使用元素型別的 `<` 運算子或給定的比較運算。第一組中的演算法作用在值之上，而非序列上。第二個集合中的演算法接受由輸入迭代器所代表的一個序列。

```
min(val1, val2)
min(val1, val2, comp)
min(init_list)
min(init_list, comp)
max(val1, val2)
max(val1, val2, comp)
```

```
max(init_list)
max(init_list, comp)
```

回傳 val1 與 val2 的最小值／最大值，或 initializer_list 中的最小值／最大值。這些引數必須與彼此有完全相同的型別。引數和回傳型別都是對 const 的參考，代表物件不會被拷貝。

```
minmax(val1, val2)
minmax(val1, val2, comp)
minmax(init_list)
minmax(init_list, comp)
```

回傳一個 pair（§11.2.3），其中 first 成員是所提供的值中較小的，而 second 是較大的。initializer_list 版本回傳一個 pair，其中 first 成員是該串列中最小的值，而 second 成員是最大的。

```
min_element(beg, end)
min_element(beg, end, comp)
max_element(beg, end)
max_element(beg, end, comp)
minmax_element(beg, end)
minmax_element(beg, end, comp)
```

min_element 與 max_element 分別回傳迭代器指向輸入序列中最小和最大的元素。minmax_element 回傳一個 pair，其 first 成員是最小的元素，而 second 成員是最大的。

字典次序的比較

這個演算法基於第一對不相等的元素比較兩個序列。使用元素型別的 < 運算子或給定的比較運算。兩個序列都由輸入迭代器表示。

```
lexicographical_compare(beg1, end1, beg2, end2)
lexicographical_compare(beg1, end1, beg2, end2, comp)
```

如果第一個序列在字典次序上小於第二個，就回傳 true。否則，就回傳 false。如果一個序列比另一個還要短，而且它所有的元素都匹配較長序列中對應的元素，那麼較短的序列就字典次序而言，就比較小。如果序列的大小相同，而對應的元素相符，那麼兩者在字典次序上都不小於另一個。

A.2.10 數值演算法

數值演算法定義在 numeric 標頭中。這些演算法需要輸入迭代器；如果演算法會寫入輸出，它會使用一個輸出迭代器作為目的地。

`accumulate(beg, end, init)`
`accumulate(beg, end, init, binaryOp)`

回傳輸入範圍中所有的值的總和。總和的計算起始於由 init 所指定的初始值。回傳型別與
init 的型別相同。第一個版本套用元素型別的 + 運算子；第二個版本套用所指定的二元運算。

`inner_product(beg1, end1, beg2, init)`
`inner_product(beg1, end1, beg2, init, binOp1, binOp2)`

回傳兩個序列的乘積所產生的元素之總和。兩個序列會協同處理，而來自各個序列的元素會
相乘。然後乘法運算的結果會被加總起來。總和的初始值是由 init 指定。init 的型別決定
了回傳型別。

第一個版本使用元素的乘法（*）和加法（+）運算子。第二個版本套用所指定的二元運算，
使用第一個運算取代加法，第二個取代乘法。

`partial_sum(beg, end, dest)`
`partial_sum(beg, end, dest, binaryOp)`

寫入一個新的序列到 dest，其中每個新元素的值代表輸入範圍中其位置（包括）之前的所有
元素的總和。第一個版本使用元素型別的 + 運算子；第二個版本套用指定的二元運算。回傳
遞增過的 dest 迭代器，指向所寫入的最後一個元素後的位置。

`adjacent_difference(beg, end, dest)`
`adjacent_difference(beg, end, dest, binaryOp)`

寫入一個新的序列到 dest，其中每個新元素的值（除了第一個元素）都代表目前元素和前一
個元素之間的差。第一個版本使用元素型別的 − 運算；第二個版本套用所指定的二元運算。

`iota(beg, end, val)`

指定 val 給第一個元素，並遞增 val。指定遞增過的值給下一個元素，並再次遞增 val，然
後再次將遞增後的值指定給序列中的下一個元素。持續遞增 val，並指定其新值給輸入序列
中相繼的元素。

A.3　隨機數

程式庫定義了一組隨機數引擎（random number engine）類別和轉接器，使用不同的數學途
徑產生偽隨機數（pseudorandom numbers）。程式庫也定義了一組分布模板（distribution
templates）用以依據各種機率分布提供數字。引擎和分布都有對應到它們數學特性的名稱。

這些類別到底是如何產生數字的，遠超出了這本入門指南的範圍。在本節中，我們會列出引
擎和分布型別，但使用者必須查閱其他的資源以學習如何使用這些型別。

A.3.1 隨機數的分布

除了 bernouilli_distribution 這個例外（它永遠都產生型別 bool），分布型別都是模板。這些模板每個都接受單一個型別參數，指出該分布會產生的結果型別。

分布類別與我們用過的其他類別模板之間的差異在於，分布型別會對我們可以為其模板型別指定的型別設下限制。某些分布模板只能用來產生浮點數；其他的則只能用來產生整數。

在下列的描述中，我們指出一個分布是否產生浮點數的方法是指定型別為 *template_name*<RealT>。對於這些模板，我們可以使用 float、double 或 long double 來取代 RealT。同樣地，IntT 需要內建的整數型別之一，不包括 bool 或任何的 char 型別。可被用來取代 IntT 的型別有 short、int、long、long long、unsigned short、unsigned int、unsigned long 或 unsigned long long。

分布模板定義了一個預設的模板型別參數（§17.4.2）。整數分布的預設值是 int；產生浮點數的類別之預設值為 double。

每個分布的建構器具有專屬於那種分布的參數。那些參數有些指定分布的範圍。這些範圍永遠都是包含性（*inclusive*）的，不同於迭代器範圍。

均勻分布（Uniform Distributions）

```
uniform_int_distribution<IntT> u(m, n);
uniform_real_distribution<RealT> u(x, y);
```
在給定的包含性範圍中產生指定型別的值。m（或 x）是能夠被回傳的最小值；n（或 y）則是最大的。m 預設為 0；n 預設為一個型別 IntT 的物件能夠表示的最大值。x 預設為 0.0，而 y 預設為 1.0。

白努利分布（Bernoulli Distributions）

```
bernoulli_distribution b(p);
```
以給定的機率 p 產出 true；p 預設為 0.5。

```
binomial_distribution<IntT> b(t, p);
```
為樣本大小是整數值 t 所計算的分布，具有機率 p；t 預設為 1，而 p 預設為 0.5。

```
geometric_distribution<IntT> g(p);
```
每次試驗的成功機率 p；p 預設為 0.5。

```
negative_binomial_distribution<IntT> nb(k, p);
```
整數值 k 次試驗的成功機率 p；k 預設為 1 而 p 預設為 0.5。

Poisson 分布

```
poisson_distribution<IntT> p(x);
```
double 平均 x 的分布。

exponential_distribution<RealT> e(lam);
浮點數值的 lambda lam；lam 預設為 1.0。

gamma_distribution<RealT> g(a, b);
具有 alpha（形狀）a 和 beta（比例）b；兩者皆預設為 1.0。

weibull_distribution<RealT> w(a, b);
具有形狀（shape）a 和比例（scale）b；兩者皆預設為 1.0。

extreme_value_distribution<RealT> e(a, b);
a 預設為 0.0 而 b 預設為 1.0。

常態分布（Normal Distributions）

normal_distribution<RealT> n(m, s);
平均 m 和標準差 s；m 預設為 0.0，s 預設為 1.0。

lognormal_distribution<RealT> ln(m, s);
平均 m 和標準差 s；m 預設為 0.0，s 預設為 1.0。

chi_squared_distribution<RealT> c(x);
x 是自由度（degrees of freedom）；預設為 1.0。

cauchy_distribution<RealT> c(a, b);
位置 a 和比例 b，分別預設為 0.0 和 1.0。

fisher_f_distribution<RealT> f(m, n);
m 與 n 是自由度；兩者皆預設為 1。

student_t_distribution<RealT> s(n);
n 自由度，預設為 1。

樣本分布（Sampling Distributions）

discrete_distribution<IntT> d(i, j);
discrete_distribution<IntT> d{il};
i 和 j 是對由權重（weights）所組成的一個序列的輸入迭代器；il 是由大括號圍起的一串權重。這些權重必須可轉換為 double。

piecewise_constant_distribution<RealT> pc(b, e, w);
b、e 與 w 是輸入迭代器。

piecewise_linear_distribution<RealT> pl(b, e, w);
b、e 與 w 是輸入迭代器。

A.3.2 隨機數引擎

程式庫定義了三個類別，實作三種不同的演算法用以產生隨機數。程式庫也定義了三個轉接器用來修改一個給定引擎所產生的序列。引擎和引擎轉接器類別都是模板。不同於分布的參數，這些引擎的參數很複雜，需要對特定引擎所用的數學有深入的了解。我們在此列出那些引擎，以讓讀者知道它們的存在，但要描述如何產生這些型別，已經遠超出這本入門指南的範圍了。

程式庫也定義了數個型別，是從引擎或轉接器建置出來的。`default_random_engine` 型別是引擎型別之一的型別別名，經由專門設計用來為一般用途產生良好效能的變數參數化。程式庫也定義了數個類別，它們是一個引擎或轉接器完全特化的版本。程式庫所定義的引擎和特化有：

`default_random_engine`
其他引擎之一的型別別名，適用於絕大多數用途。

`linear_congruential_engine`
`minstd_rand0` 有乘數（multiplier） 16807，模數（modulus）2147483647，以及 0 的增量（increment）。
`minstd_rand` 有乘數 48271，模數 2147483647，以及 0 的增量。

`mersenne_twister_engine`
`mt19937` 32 位元 `unsigned` 的 Mersenne twister 產生器。
`mt19937_64` 64 位元 `unsigned` 的 Mersenne twister 產生器。

`subtract_with_carry_engine`
`ranlux24_base` 32 位元 `unsigned` 的 subtract with carry 產生器。
`ranlux48_base` 64 位元 `unsigned` 的 subtract with carry 產生器。

`discard_block_engine`
會丟棄來自其底層引擎的結果的引擎轉接器。參數為要使用的底層引擎、使用的區塊大小，以及已使用區塊（used blocks）之大小。
`ranlux24` 使用 `ranlux24_base` 引擎，區塊大小為 223，以及已使用區塊大小 23。
`ranlux48` 使用 `ranlux48_base` 引擎，區塊大小為 389，以及已使用區塊大小 11。

`independent_bits_engine`
產生具有指定數目個位元的數字的引擎轉接器。參數為要用的底層引擎、要在其結果中產生的位元數，以及一個無號的整數型別用以存放所產生的位元。所指定的位元數必須小於所指定的無號型別能存放的位數。

`shuffle_order_engine`
回傳的數字跟它底層引擎一樣，但在一個不同序列遞送它們。參數為要用的底層引擎，以及要洗牌的元素數。
`knuth_b` 使用表大小為 256 的 `minstd_rand0` 引擎。

索引

Index

粗體的頁數指向該詞彙初次定義的那一頁。斜體的數字指向定義該術語的「定義的詞彙」章節。

符號

A

O

W

X

Z

C++ Primer, 5th Edition 中文版

作　　者：Stanley B. Lippman 等

譯　　者：黃銘偉

企劃編輯：蔡彤孟

文字編輯：江雅鈴

設計裝幀：張寶莉

發 行 人：廖文良

發 行 所：碁峰資訊股份有限公司

地　　址：台北市南港區三重路 66 號 7 樓之 6

電　　話：(02)2788-2408

傳　　真：(02)8192-4433

網　　站：www.gotop.com.tw

書　　號：ACL037000

版　　次：2019 年 06 月初版
　　　　　2022 年 11 月初版九刷

建議售價：NT$990

國家圖書館出版品預行編目資料

C++ Primer, 5th Edition 中文版 ／ Stanley B. Lippman 等原著；黃
　銘偉譯. -- 初版. -- 臺北市：碁峰資訊，2019.06
　　面；　公分
　譯自：C++ Primer, 5th Edition
　　ISBN 978-986-502-172-6(平裝)
　1.C++(電腦程式語言)
312.932C　　　　　　　　　　　　　　　　108009224

讀者服務

- 感謝您購買碁峰圖書，如果您對本書的內容或表達上有不清楚的地方或其他建議，請至碁峰網站：「聯絡我們」\「圖書問題」留下您所購買之書籍及問題。(請註明購買書籍之書號及書名，以及問題頁數，以便能儘快為您處理)
  http://www.gotop.com.tw

- 售後服務僅限書籍本身內容，若是軟、硬體問題，請您直接與軟體廠商聯絡。

- 若於購買書籍後發現有破損、缺頁、裝訂錯誤之問題，請直接將書寄回更換，並註明您的姓名、連絡電話及地址，將有專人與您連絡補寄商品。